2013

中国海洋年鉴

CHINA OCEAN YEARBOOK

《中国海洋年鉴》编纂委员会 编

海洋出版社

2013年·北京

2012年3月23日，在中国国家主席胡锦涛和印度尼西亚总统苏西洛见证下，中国国家海洋局刘赐贵局长与印度尼西亚海洋与渔业部部长签署合作文件

胡锦涛主席为辽宁舰授旗

2012年9月25日，我国第一艘航空母舰“辽宁舰”在中国船舶重工集团公司大连造船厂正式交付海军。中共中央总书记、国家主席、中央军委主席胡锦涛出席交接入列仪式为辽宁舰授旗并登舰视察。

胡锦涛主席在辽宁舰检阅海军仪仗队

2012年9月21日，在乌兹别克斯坦进行正式友好访问的全国人大常委会委员长吴邦国视察中石油中乌天然气管道项目部

2012 年4月17日，中国国务院总理温家宝和泰国总理英拉出席《中华人民共和国国家海洋局与泰王国自然资源与环境部关于建立气候变化与海洋生态系统联合实验室的安排》签字仪式

2012年4月20～22日，中国国务院总理温家宝在冰岛出席《中国国家海洋局与冰岛外交部海洋与极地科技合作备忘录》签字仪式

2012年8月24~25日，中共中央政治局常委、国务院总理温家宝在广东省调研

2012年8月30日，中国国务院总理温家宝和德国总理安格拉·默克尔参加《中华人民共和国国家海洋局与德意志联邦共和国联邦教育和研究部关于加强中德海洋与极地领域合作的联合声明》签字仪式

2012年6月14~17日，中共中央政治局常委、全国政协主席贾庆林在福建调研。图为贾庆林在厦门集美新城同建设者亲切握手

2012年6月29~30日，中共中央政治局常委李长春在辽阳石化公司、渤海石油装备制造有限公司辽河重工公司海工基地考察

2012年4月22日，中共中央政治局常委、中央纪委书记贺国强考察中石化集团齐鲁石化公司胜利炼油厂联合装置

2012年2月16日，国家副主席习近平在美国加利福尼亚州洛杉矶市参观考察中海运洛杉矶码头，习近平向中海运“新欧洲”号船员挥手致意，对他们表示亲切问候

2012年12月8日，中共中央总书记、中央军委主席习近平在海军“海口舰”上考察

2012年12月7~11日，中共中央总书记、中央军委主席习近平在广东省考察工作。
图为习近平总书记在深圳前海深港现代服务业合作区考察

2012年12月7~11日，中共中央总书记、中央军委主席习近平在广东省考察工作。
图为习近平总书记在深圳罗湖区南湖街道渔民村社区考察时看望居民邓伟雄一家

2012年7月12日，中共中央政治局委员、国务院副总理张德江视察中国船舶重工股份有限公司重齿公司风电产业园

2012年6月28日，中共中央政治局委员、国务院副总理王岐山在国家海洋局局长刘赐贵陪同下，观看蛟龙号载人潜水器1：2模型

2012年5月19日，中共中央政治局委员、天津市委书记张高丽会见国家海洋局党组书记、局长刘赐贵一行

2012年3月14日，国家海洋局召开党组扩大会议学习贯彻全国两会精神

2012年7月10日，全国海洋厅局长座谈会隆重举行，国家海洋局党组书记、局长刘赐贵出席会议并讲话

2012年10月22日，中国海洋报社启动“深化走转改，喜迎十八大”主题采访活动，国家海洋局局长刘赐贵出席启动仪式并提出做好“三个突出”

2012年11月8日，国家海洋局系统干部职工认真收听收看十八大开幕式，中国海监船、“大洋一号”船、极地科考站也同步收听收看

2012年11月16日，国家海洋局在京组织召开全国海洋系统会议，传达学习贯彻中国共产党第十八次全国代表大会精神

2012年3月25日，中国海洋学会在福建宁德召开第七届三次常务理事会

2012年4月11~12日，第一届中国海洋可再生能源发展年会暨论坛在京举行

2012年8月21日，国家海洋局党组书记、局长刘赐贵等领导为中国电信厦门通信信道出入口局揭牌

2012年11月2日，2012厦门国际海洋论坛在厦门召开

2012年3月31日，中国海洋工程咨询协会一届三次理事会议暨首届海洋工程科学技术奖和“双十佳”颁奖大会在北京举行。

会议启动仪式及主席台

协会名誉会长、国土资源部部长徐绍史为获奖代表颁奖

2012年5月11日，2012韩国丽水世博会开幕式隆重举办。国家海洋局党组成员、纪委书记吕滨出席开幕式并为中国馆开馆剪彩

2012年6月8日，2012年“世界海洋日暨全国海洋宣传日”活动启动，北京主场同时举行了《蓝色海洋·你我同行》中外优秀海洋影片巡展首映礼暨年度海洋人物颁奖仪式。

主场活动会场

全国政协副主席罗富和宣布活动正式开始

国家海洋局党组书记、局长刘赐贵致欢迎辞

河北正式启动海洋法规进基层活动

浙江“护岛2012”联合执法行动启动

海域使用管理

2012年2月28日，国家海洋局副局长张宏声参加2012年全国海域管理工作会议

第一期全国海域评估业务培训班

海监执法人员和海域动态监测技术人员对填海项目进行联合执法检查

中国海监飞机对围填海项目进行巡查

无人机对辽宁省近岸重点用海区域进行航拍作业

海域动态监测工作人员开展重点用海项目现场监测

海域使用管理

天津海滨休闲旅游区临海新城围海造陆项目
一期工程竣工验收会

福建省东山县海域使用权公开拍卖会

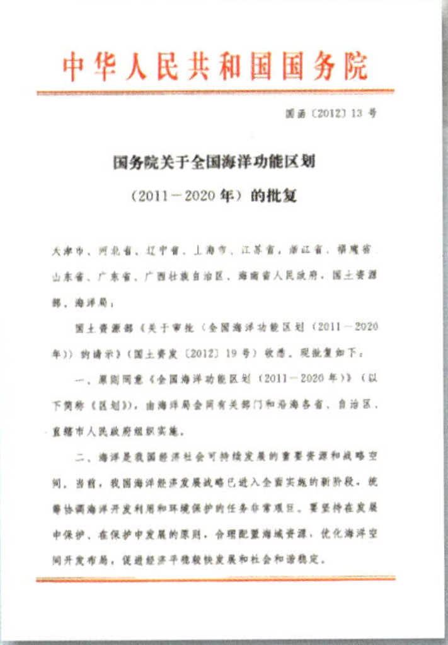

中华人民共和国国务院

国函〔2012〕13号

国务院关于全国海洋功能区划（2011－2020年）的批复

天津市、河北省、辽宁省、上海市、江苏省、浙江省、福建省、山东省、广东省、广西壮族自治区、海南省人民政府，国土资源部、海洋局：

国土资源部《关于审批〈全国海洋功能区划（2011－2020年）〉的请示》（国土资发〔2012〕19号）收悉。现批复如下：

一、原则同意《全国海洋功能区划（2011－2020年）》（以下简称《区划》），由海洋局会同有关部门和沿海各省、自治区、直辖市人民政府组织实施。

二、海洋是我国经济社会可持续发展的重要资源和战略空间。当前，我国海洋经济发展战略已进入全面实施的新阶段，统筹协调海洋开发利用和环境保护的任务非常艰巨。要坚持在发展中保护、在保护中发展的原则，合理配置海域资源，优化海洋空间开发布局，促进经济平稳较快发展和社会和谐稳定。

国务院关于全国海洋功能区划
（2011-2020年）的批复

国家海域动态监视监测管理系统

沿海省级海洋功能区划成果

国家能源重大用海项目——深圳市液化天然气项目

海岛管理

2012年11月24~26日，海岛论坛在广东省珠海市召开

西沙群岛现场调查

阳江支队开展海岛执法巡查

海岛巡护

海岛管理

《中国钓鱼岛地名册》封面

修复前

修复后

海门岛整治修复前后对比

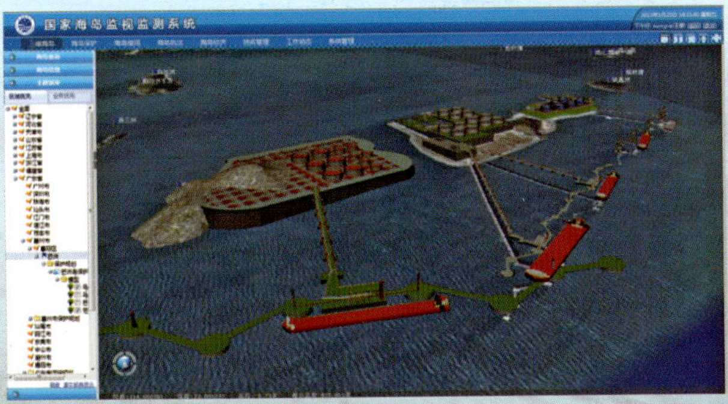

海岛监视监测系统中海岛开发利用具体方案三维可视化界面

中国海岛网公布我国钓鱼岛海域部分地理实体标准名称

海洋环境保护

2012年6月13日，国家海洋局刘赐贵局长在锦州视察锦州大笔架山国家级海洋特别保护区

2012年6月15日，国家海洋局刘赐贵局长在北戴河考察中直浴场整治修复工作

2012年6月15日，国家海洋局王飞副局长考察曹妃甸国际生态城淤泥质海岸生态修复示范工程

2012年5月21日，全国海洋环境保护领域第一枚"全国五一劳动奖章"颁奖仪式在北京举行，奖章授予山东省海洋环境监测中心技术室副主任孙珊

2012年6月7日，渤海环境保护及北戴河海域环境综合整治工作会议在河北省秦皇岛市召开。

工作会议会场

国家海洋局王飞副局长在工作会议上讲话

海洋科学与技术

2012年10月26日，新中国成立以来调查规模最大、涉及学科最全、采用技术手段最先进的国家综合性专项—“我国近海海洋综合调查与评价”专项（简称“908专项”）在北京顺利通过总验收，这标志着“908专项”圆满完成了预定任务，向国家递交了一份高水平答卷。

国家海洋局党组书记、局长刘赐贵发表重要讲话

我国近海海洋综合调查与评价专项总验收会议主席台

全国政协副主席陈宗兴（左）向沿海省市代表赠送专项成果

参观专项成果展现场

2012年3月2日，“海洋二号”卫星在轨交付仪式在北京举行

海洋科学与技术

“908专项”成果

1、渤、黄、东海空间重力异常（等值线间隔：10；单位：$\times 10^{-5}\,m\cdot s^{-2}$）
2、中国海底地势图
3、专项海底地形地貌调查位置分布图
4、江苏省海域使用现状分布
6、我国沿海风暴潮灾害危险性分布图
7、2008年“0814”台风风暴潮漫滩范围
8、我国近海及邻近海域海浪灾害危险性空间分布图
9、渤海及黄海北部海冰空间分布
10、百年一遇渤海和黄海海冰灾害风险分布图
11、我国海雾分布图
12、我国海水入侵现状分布图
13、我国沿海城市海底地质灾害易损度分布图
14.、2008年青岛近海浒苔绿潮
15、我国近海海水水质综合等级分布示意图（2005-2009年）
17、我国近海海洋可再生能源重点调查区分布
18、我国近海潮汐能资源密度分布
19、我国近海波浪能功率密度分布图
20、海水资源开发利用前景总体评价
21、我国海砂、砾石资源总体分布
22、潜在海水增养殖区全国选划图
23、我国海洋经济可持续发展空间布局
24、潜在滨海旅游开发区区划图—黄、渤海区

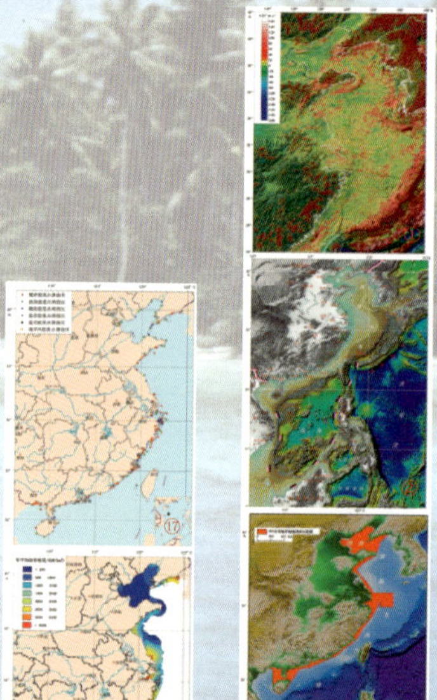

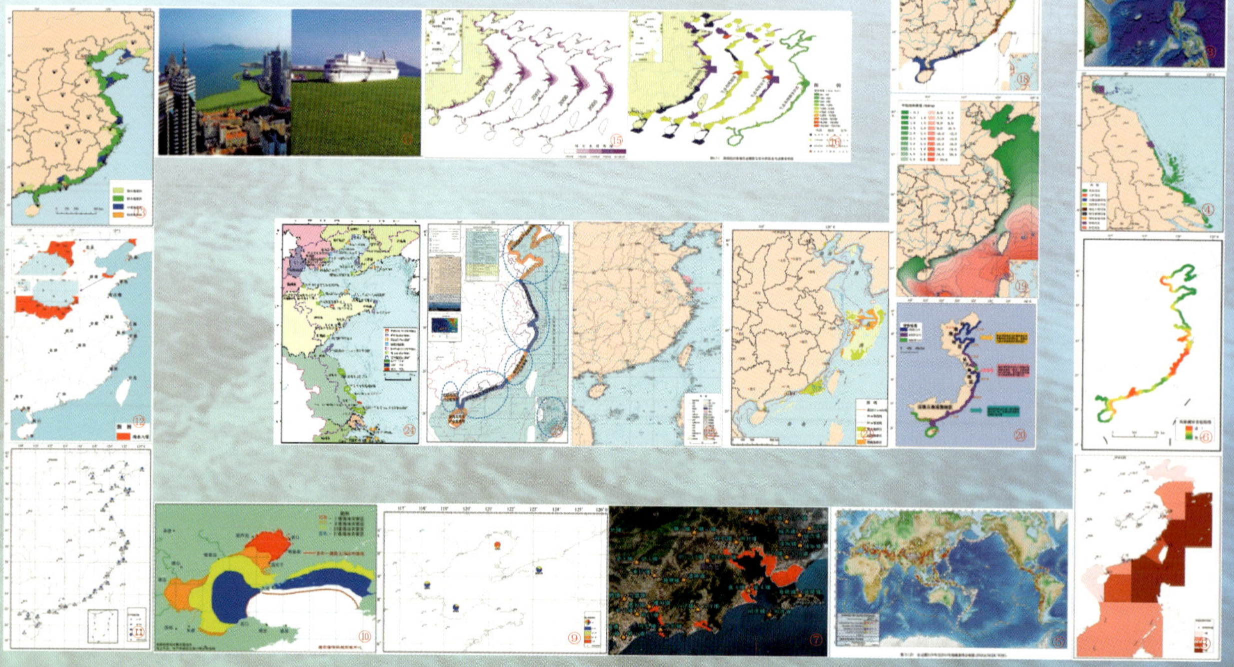

海洋防灾与减灾

2012年8月1日，国家海洋局局长刘赐贵部署“苏拉”“达维”风暴潮、海浪灾害应对工作，国家海洋局党组成员、副局长王宏主持会议并发言。

2012年8月3~4日，国家海洋局海洋防灾减灾中心高忠文主任带领有关专家组成的调研评估组，在山东、江苏调研台风“达维”过境给当地造成的海洋经济损失情况。

“启德”影响期间赴广东、广西开展灾情调查。

海洋执法监察

中国海监执法编队在钓鱼岛领海巡航

2012年12月13日，海监船舶、飞机编队首次对钓鱼岛开展海空立体巡航

黄岩岛巡航

粤港澳联合执法

韩国海洋警察厅3011训练舰访问中国海监

中国海监总队与韩国海洋警察厅签署第四次定期会议会谈纪要

海洋执法监察

文化遗产联合执法培训班

执法人员登检领海基点岛

乘海监船开展水下文化遗产联合执法行动

海盾

碧海2012

外输溢油软管破断处检查

高速执法快艇入列中国海监

初任海监执法人员培训

极地考察

2012年10月24～27日，2012 年度中国极地科学学术年会在杭州市召开

2012年4月19～22日，在加拿大蒙特利尔市召开的2012年北极科学高峰周会议（ASSW）上中国极地研究中心主任杨惠根成功当选国际北极科学委员会（IASC）副主席

2012年4月24～25日，国土资源部党组书记、部长徐绍史和国家海洋局党组书记、局长刘赐贵访问丹麦自治领格陵兰并会见格陵兰自治政府总理库皮克·柯雷斯特，双方就开展海洋与极地领域的合作进行了探讨

2012年2月24日，“南北极环境综合考察与评估”专项启动大会在北京召开

2012年7月31日，我国新建极地科学考察破冰船基本设计合同签署仪式在北京举行

2012年8月16日，应冰岛总统奥拉威尔格里姆松和冰岛政府的邀请，“雪龙”号极地科学考察船于第5次北极考察期间访问冰岛。

冰岛总统及夫人参观访问“雪龙号”极地科学考察船

冰岛总统在总统官邸前与中国第5次北极考察队员合影

极地考察

2012年7月2日，中国第5次北极考察队启程，国家海洋局局长刘赐贵、山东省委常委青岛市委书记李群、国家海洋局副局长陈连增、青岛市市长张新起为考察队送行

2012年9月27日，中国第5次北极考察队乘“雪龙”号极地科学考察船返抵上海，国家海洋局党组成员、副局长陈连增和上海市副秘书长翁铁慧出席欢迎仪式

2012年1月6～9日，国家海洋局党组书记、局长刘赐贵率团慰问视察中国南极长城站和“雪龙”号极地科学考察船，并顺访考察邻近的俄罗斯、智利、韩国和乌拉圭的考察站

2012年1月4～24日，AST3-1南极巡天望远镜在位于南极冰盖最高点的中国南极昆仑站安装成功，该望远镜是目前南极地区最大的光学望远镜

2012年4月8日，中国第28次南极考察队圆满完成各项考察任务，乘“雪龙”号极地科学考察船返抵上海。国家海洋局党组书记、局长刘赐贵，上海市副市长沈骏出席欢迎仪式

2012年11月5日，以国家海洋局极地考察办公室主任曲探宙为领队的中国第29次南极考察队，乘“雪龙”号极地科学考察船驶离广州前往南极执行考察任务。国家海洋局党组书记、局长刘赐贵和广州市委书记万庆良出席欢送仪式

大洋考察

大洋26航次，“大洋一号”船在平静的印度洋面上作业

2012年6月，蛟龙号载人潜水器在西太平洋马里亚纳海沟成功下潜至7062米深度

2012年6月15日，蛟龙号完成7000米级海上试验第一次下潜，三名潜航员出舱

大洋26航次，ROV回收到船上甲板

大洋26航次，中国和尼日利亚合作航段

“海洋六号”船与“向阳红09”船成功会师

大洋27航次喜获海山区多金属结核

2012年7月13日，北京大学走向海洋博士考察团到中国大洋样品馆参观学习

大洋考察

大洋26航次，航次现场安全培训

大洋26航次，又一次抓到了硫化物

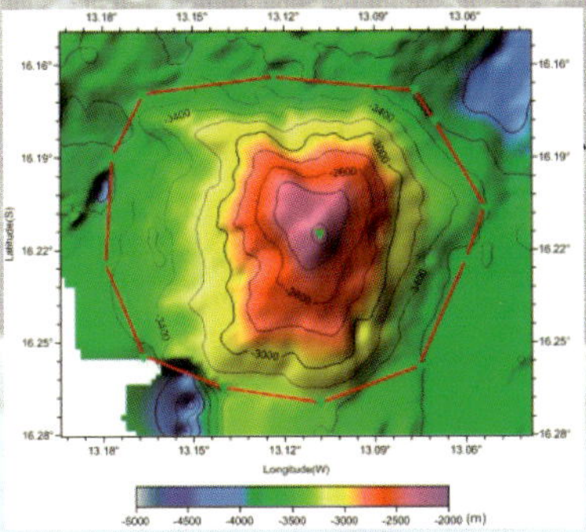
宵征海山水深等值线图
（等深线间隔200m）

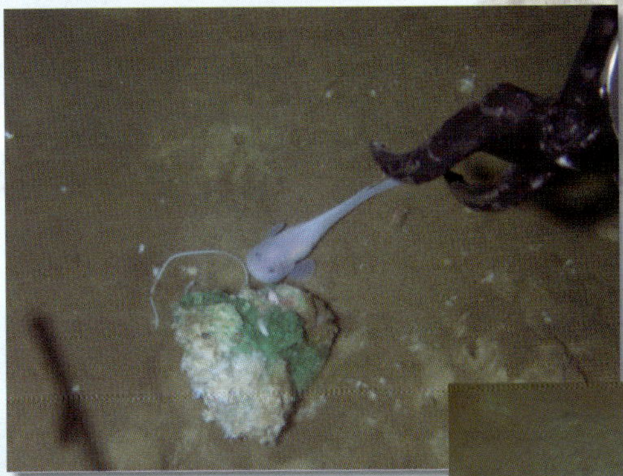
蛟龙号第五次下潜
拍摄到的狮子鱼

蛟龙号第五次下潜拍摄并
取得的海参

大型热液生物

蛟龙号1：6模型参加第十四届（深圳）
中国国际高新技术成果交易会

海洋油气业

科研人员解释油气勘探地震资料

中海油服渤海5号钻井船

“南海八号”深水钻井平台投用

“海洋石油201”建造完工赴南海

海洋石油981南海开钻

绥中36-1油田

海洋石油281施工中

海洋交通运输业

天津港装卸空客飞机部件

天津港保税港区集装箱码头夜景

天津国际邮轮母港

京唐港开通商品汽车内贸运输航线

营口港立起国内港口“第一吊”

万标箱班轮靠泊连云港大型集装箱码头

曹妃甸港

日照港

海洋船舶工业

中船重工为主研制的“蛟龙”号以7 062米创世界载人深潜记录

中国船舶重工集团公司武船集团交付“科学”号海洋科学考察船

中国船舶重工集团公司武汉船机海工装备-180T电动变频绞车

中国船舶重工集团公司青岛武船重工建造的亚洲最大吊高臂架式起重船交付

中国船舶重工集团公司武船集团交付世界顶级深水三用工作船

中国船舶重工集团公司渤海船舶重工有限责任公司交付第2艘38.8万吨VLOC（超大型矿砂船）

中国船舶重工集团公司海装风电5MW海上风机成功下线

我国首台6K90MC-C主机在中国船舶重工集团公司大连船柴交验

海洋旅游业

2012舟山群岛中国海洋文化节

2012大连国际沙滩文化节

山东潍坊第六届渔盐文化节

第八届洞头“渔家乐”民俗风情旅游节

珠海第三届沙滩帐篷节

宁波象山第十五届中国开渔节

浙江舟山桃花岛景区

西岛海洋旅游

第17届中国(上海)国际游艇展

三亚海滨

“中华之星”邮轮

海洋军事

2012年4月22~27日，中俄“海上联合-2012”军演在中国青岛附近黄海海域举行

2012年6月26日，中国海军郑和舰访问加拿大

中国深潜救生艇具备对海军所有潜艇救援能力

2012年11月25日，我军首批舰载机飞行员驾驶着国产歼15飞机在辽宁舰滑跃起飞

① 第十一批护航编队在亚丁湾护航

② 2012年7月3日，我海军赴亚丁湾、索马里海域第十二批护航编队起航

③ 第十一批亚丁湾护航编队指挥员与北约508特混编队指挥员互访

④ 第十二和十三批护航编队在亚丁湾西部海域举行分航仪式

2012年11月28日，中国海军舰艇编队经过宫古海峡赴西太平洋训练

2012年12月10日，中国海军舰艇编队在钓鱼岛附近海域巡航

《2013 中国海洋年鉴》编委会

（按姓氏笔画排序）

《中国海洋年鉴》编辑部

编辑说明

《中国海洋年鉴》是我国海洋界唯一的综合性、资料性、史册性工具书，于1982年首次出版，到2013年已连续出版了20卷。本年鉴旨在客观记载、全面反映我国海洋事业发展状况以及国家涉海各部门、各行业、各地区每年度的最新进展和主要成就，可为国内外全面了解我国海洋事业的发展提供翔实的史料。本年鉴由国家海洋局主办，国务院涉海各部、委、局与沿海省、自治区、市协办，《中国海洋年鉴》编辑部编辑，海洋出版社出版。

《2013中国海洋年鉴》所刊载的内容，主要是2012年度我国海洋事业的进展情况，少数资料由于事件的连续性而在时间上有所跨越。

《2013中国海洋年鉴》分设九大部分：①综合信息；②海洋经济；③海洋管理；④沿海海洋管理和海洋经济；⑤海洋公益服务；⑥海洋科技、教育与文化；⑦极地与国际海底；⑧海洋国际交流与合作；⑨附录。

《2013中国海洋年鉴》所刊载的内容分别由国家涉海和沿海地区海洋主管部门和单位提供。资料未包括香港特别行政区、澳门特别行政区和台湾省。

《中国海洋年鉴》的编辑出版得到了国家涉海各部门、各行业、各地区的大力支持和热情帮助，得到了海洋界众多领导和专家的指导和鼓励。在此，我们对所有为本年鉴编辑出版工作做出贡献的单位和个人表示衷心感谢。

本年鉴刊载的内容涉及国家涉海有关部门、行业和地区，如在框架安排、资料搜集和处理等方面有疏漏或不妥之处，恳请各位领导、各界专家和广大读者批评指正并提出宝贵建议。

《中国海洋年鉴》编辑部

2013年10月

目　次

2012 年我国海洋工作综述

综合信息

特　载

2012 年大事记

海洋法规和文件选编

海洋经济

海洋经济概况

海洋渔业

海洋油气业

海洋矿业

海洋盐业

海洋化工业

海洋生物医药业

海洋电力业

海水利用业

海洋船舶工业

海洋工程建筑业

海洋交通运输业

海洋旅游业

海洋管理

海洋立法与规划

海域使用管理

海岛管理

海洋环境保护

海洋观测预报和防灾减灾

海洋权益维护与执法监察

海洋交通管理

沿海海洋管理和海洋经济

辽宁省

大连市

河北省

天津市

山东省

青岛市

江苏省

上海市

浙江省

宁波市

舟山市

福建省

厦门市

广东省

深圳市

广西壮族自治区

海南省

海洋公益服务

海洋环境监测

海洋灾害与海洋环境预报服务

海洋信息管理与服务

海洋咨询服务

海洋标准计量工作

海事服务与救助打捞

海洋科技、教育与文化

海洋科学研究

海洋技术

海洋教育

海洋文化和体育

海洋军事

极地与国际海域

极地工作

国际海域

海洋国际交流与合作

海洋国际交流与合作

附　录

封面：蛟龙号7000米海试第四次下潜吊入放水

2012 年我国海洋工作综述

2012 年是我国海洋事业发展进程中重要的一年。在党中央国务院的正确领导下，全国各级海洋行政主管部门奋力开拓，务实进取，为建设海洋强国奠定了良好基础。

海洋经济继续保持平稳增长的良好势头　据初步核算，2012 年全国海洋生产总值 50087 亿元，比上年增长 7.9%，海洋生产总值占国内生产总值的 9.6%。国家海洋局采取多项举措推动海洋经济发展。一是政策规划引领发展。国务院批准了《国家海洋事业发展“十二五”规划》、《全国海洋经济发展“十二五”规划》、《全国海洋功能区划（2011-2020 年）》及 11 个省级海洋功能区划、《全国海岛保护规划》、《陆海观测卫星发展规划（2011-2020 年）》，国家海洋局联合财政部下发了《关于推进海洋经济创新发展区域示范的通知》，与国家开发银行签署战略合作协议，支持山东、青岛、浙江、宁波、福建、厦门、广东、深圳等省市开展海洋经济创新发展区域示范。二是行政措施服务发展。坚持保障发展与保护环境相统一的原则，紧密结合沿海地区的发展需要，统筹安排年度围填海计划，审查批准区域建设用海规划 23 个，农业围垦用海规划 2 个，全年报国务院批准项目用海 32 个，完成了香港惰性拆建物料新处置区选划工作，快速回应澳门惰性拆建物料内地海域处置需求，优先保障了国家重点基础设施、产业政策鼓励发展和民生项目用海需求。三是科技创新支撑发展。认真贯彻落实国务院办公厅“关于加快发展海水淡化产业的意见”，积极促进海水淡化产业的发展。海洋可再生能源工作在专项资金支持下取得可喜进展。建立了海洋工程科技奖励制度。利用公益专项重点支持了山东、福建、浙江、广东等省的科技创新、成果转化、产业发展。推动海洋经济创新发展区域示范立项，创建江苏、福建、大连三个国家科技兴海产业示范基地。辽宁、天津、广东、广西等各省市还因地制宜，广开渠道，组织各类资金支持科技兴海与产业发展。海洋卫星业务应用得到进一步拓展，地面应用系统建设取得全面进展。四是服务指导助推发展。会同国家有关部门共同对广东、浙江、辽宁、河北四省组织规划实施、海洋经济发展情况进行调查研究和指导。开展了风电项目用海调研并健全了相关管理制度。河北、江苏、浙江、福建等省进一步探索和完善了适合本省特点的海域使用权的招标、拍卖制度。上海推进 16 项海洋行政审批事项“全部上网、全程上网”。福建建立了联系县市、挂钩重点项目的挂点包片制度。江苏建立了海洋经济考核指标体系和核算体系。广东省编制了全国首部海洋经济地图，着力服务海洋经济发展和推进重点项目建设。五是海洋执法保障发展。“海盾”专项执法行动严厉打击和有效遏制了非法围填海行为。“海砂”专项行动对海砂开采密集区域实行重点监控，遏制了盗采滥挖海砂行为；“区域用海”专项行动对 91 个区域用海规划项目实施逐一检查；海岛定期巡查和海岛执法示范进一步规范了无居民海岛开发利用秩序。2012 年海域海岛执法共检查项目 34600 余个，立案查处违法行为 610 余起。

维护海洋权益斗争取得重大胜利　一是钓鱼岛维权成效显著。公布了钓鱼岛及其部分附属岛屿等 71 个岛屿的标准名称和地理坐标。中国海监针对日方对钓鱼岛所谓的“国有化”，持续地在钓鱼岛海域开展维权巡航执法。中国海监飞机飞抵钓鱼岛领空进行海空立体巡航执法。及时公布了钓鱼岛地理坐标、命名部分地理实体，公布钓鱼岛及其附属岛屿领海基点基线、播发钓鱼岛海区海洋环境预报、举办钓鱼岛问题座谈会、发布《钓鱼岛是中国的固有领土》白皮书、宣传册及地名册、公布钓鱼岛及其附属岛屿图件等，实现了我在钓鱼岛海域的常态化存在。二是在黄岩岛维权上赢得斗争的主动权。菲律宾海军非法登检我在黄岩岛海域正常作业的渔船，中国海监编队及时赶赴阻止菲方企图抓扣我渔民的侵权行为，保护了我渔民的人身和财产安全。三是有力反制越南公布海洋法的侵权行为。中国海监加大了南海我管辖海域的维权执法力度，中国海监第十支队、三沙海监支队和三沙海洋环境监测中心站相应建立。四是编制我国东海部分海域 200 海里以外大陆架划界案。于 2012 年 12 月 12 日正式提交至联合国，向国际社会重申了我东海大陆架延伸至冲绳海槽的一贯主张。

海洋科考与资源调查向深度与广度拓展 一是“蛟龙”号载人深潜试验取得重大突破。海试最大深度达到 7062 米，创造了同类作业型载人潜水器的世界新纪录，使我国具备了在 99.8%的海底深处进行科学考察和资源勘查能力。党中央、国务院专门发文予以表彰，授予海试团队“载人深潜英雄集体”荣誉称号，授予 7 名潜航员“载人深潜英雄”荣誉称号。二是大洋资源调查取得新进展。海洋资源调查范围涉及太平洋、印度洋和大西洋，涵盖多金属硫化物、富钴结壳、深海生物基因、深海环境调查等多项任务，其中，在南大西洋水深近 3000 米处获取了 1.2 吨多金属热硫化物样品，是迄今为止单次获得多金属硫化物样品量最多的一次。中国大洋协会第一个向国际海底管理局提交了位于西太平洋的富钴结壳矿区申请，这是我国在国际海底区域申请的第三块资源矿区。三是极地科考取得新成果。第 5 次北极科考首次穿越北极航道进入大西洋，到达冰岛并完成了合作科考项目，实现了两国总理达成的共识。南北极环境考察与评估专项全面铺开，现场考察、综合评估和战略研究已经取得初步成果。南极科考稳步开展，新建南极科学考察站前期工作已顺利启动。《南极活动管理条例》已经进入立法程序，在南极条约体系中发言权和影响力逐步上升。四是海洋调查重大专项稳步实施。我国近海资源环境综合调查与评价专项圆满收官，基本摸清了我国近海家底，更新了我国海岸线、海岛等一大批海洋资源环境基础数据，有力支撑了我权益维护、海洋开发、海洋管理、防灾减灾、环境保护及科技创新等各领域的发展需求。数字海洋服务工程和海洋资料整合稳步推进。

保障沿海地区发展能力得到加强 一是集约利用海域资源力度加大。控制海域开发规模，科学合理确定围填海计划指标。加大规划和项目审查力度，促进海域资源的节约集约利用。新增确权面积 254301.83 公顷，征收海域使用金 96.8 亿元。建立了海域使用权价值评估体系，完善海域使用权市场化出让制度，积极推进河北、浙江、江苏、广东开展凭海域使用权直接进入基本建设程序的试点工作，提高海域使用权的物权地位。全面推进海域动态监视监测管理系统业务化运行。海域海岸带整治修复逐步开展，批复实施 36 个整治修复项目。二是海岛保护利用取得重大进展。浙江、广东、广西、福建四省、区省级海岛保护规划已批准实施。全国海域、海岛地名普查任务全部完成，《中国海域海岛标准名录》正在报批。国务院已批准开展第二次海岛资源综合调查。海岛监视监测系统省级联网运行。批准实施了 40 个海岛整治修复项目。建立了区域用岛和海域海岛衔接等管理制度，山东、福建、广东、海南等 7 个项目用岛已获批准。三是海洋防灾减灾有效开展。国务院出台《海洋观测预报管理条例》。国家海洋局研究制定了《警戒潮位核定管理办法》等规章制度。妥善应对了“苏拉”、“达维”等 16 次台风风暴潮、海浪灾害，圆满完成 2011/2012

冬季的海冰灾害应对工作。对海上地震可能引发的海啸进行了监测和预警。辽宁、山东、江苏、浙江、福建、广东、海南沿海7个省的"海+渔"部门开展了海洋渔业生产安全环境保障服务系统的建设工作;河北、江苏、福建等省开展了海洋灾害风险区划试点工作。辽宁、上海、福建、广西、海南等省市开展了100个岸段的警戒潮位核定工作,广东岸基观测站点建设项目被列为省级重点项目,山东、浙江、广东等省开展了海洋灾情调查工作,国家与地方海洋防灾减灾体系初步构建。

海洋生态文明建设不断推进 一是海洋环境突发事件得到稳妥处置。依法依规对"蓬莱19-3"油田进行严格监管。同时,按照渔民利益优先的原则,促成相关企业出资16.83亿元用于赔偿和补偿溢油造成的生态损失,开创了海洋生态行政索赔的成功先例。继续开展西太平洋及我国管辖海域海洋环境放射性监测,及时发布监测预警信息,有效应对日本福岛核泄露事故对海洋生态安全影响和威胁。针对装载7000吨浓硫酸的韩国船只在广东海域沉没,可能导致严重环境灾难的事件,及时启动海洋环境应急监测,持续发布监测信息,消除了公众的恐慌心理,促进了社会稳定。二是海洋生态保护力度逐步加大。完成了山东、浙江、福建、广东等省、市首批国家级海洋生态文明示范区的申报创建工作,2012年新建了15个国家级海洋保护区(海洋公园),增加保护区面积751平方公里。印发《关于建立渤海海洋生态红线制度的若干意见》,在渤海率先建立实施海洋生态红线制度。各省环保工作有新突破,福建省政府下达了沿海区市"十二五"海洋环境保护责任目标并组织了年度考核。三是海洋生态修复顺利开展。为打造海洋生态安全新格局,中央财政全年投入近20亿元用于海岸带、海域和海岛的综合整治和修复,并依法设立了中央海岛保护专项资金。制定完善了《海洋环境污染损害修复管理暂行办法》、《海岛保护专项资金管理办法》。确定了21个海洋生态修复项目,70个海岛整治修复与保护项目。渤海及北戴河等重点区域综合整治取得明显成效。广东地方财政投入7亿元开展湛江湾等整治修复。四是海洋污染防控措施更加严格。从监测、审批和执法三个层面,严密监测各类污染源、严格评审和审批各类用海项目、严肃查处海上环境违法案件176起。加强海洋环境监测监督,实行定期巡航监测,定期发布通报,海洋行政执法行动发挥了积极作用,有效维护了我管辖海域的海洋生态安全。

海洋基础设施与装备能力得到提升 一是中国海监基础支撑条件改善。省级维权海监执法船、执法快艇顺利开工建造并陆续交付使用。中国海监维权执法基地启动维修改造。维权执法指挥系统建设顺利推进。二是海洋科考船规模进一步扩大。国家海洋调查船队正式组建,各领域19艘船舶加入船队。大洋资源综合调查船、蛟龙号工作母船、2艘4500吨级海洋综合科考船、极地破冰船的新建工作进展顺利。三是海洋观测预报基础能力提高。完成了54个海洋台站升级改造,新增多套X波段测波雷达、应急机动监测平台、海上油气平台以及江苏苏北浅滩观测站,业务化海洋观测领域逐步由近海向深海大洋延伸,岸基和离岸海洋观测能力进一步增强。"海洋二号"卫星完成在轨交付并进入业务化运行。海啸监测地震台网和海啸预警业务平台建设工作顺利推进。

海洋外交和海洋宣传影响扩大 一是海洋外交已成为海洋工作重要组成部分。《南海及其周边海洋国际合作框架计划(2011-2015)》获国务院批准。同东盟开展海洋科研环保与海洋经济合作的建议已纳入国家领导人提出的建立"海上新丝绸之路"—中国-东盟海洋合作伙伴关系倡议。在亚太区域率先提出了发展蓝色经济的理念和倡议,成功举办亚太经合组织蓝色经济论坛,成立了亚太区域海洋仪器检测评价中心并成为国际观测仪器比对的领导单位。经国际组织批准将由我国承建南中国海海啸咨询中心，参与组织丽水世博会中国馆建设并获得金奖，向国际海底地名委员会提交的 12 个海底地名提案获得通过，设立中国政府奖学金，为与我友好和重要合作伙伴培训海洋管理人员 150 余人，组织实施“中国-尼日利亚西部大陆架联合调查航次”，举办“第三届大陆架和国际海底区域制度科学与法律问题国际研讨会”。2012 年，多位党和国家领导人在与外国领导人的双边活动中见证了中印尼、中斯、中泰、中德、中冰海洋领域合作谅解备忘录的签署。二是海洋宣传工作出现新气象。2012 年，新华社、《人民日报》、中央电视台、中央人民广播电台等中央媒体不断加大海洋宣传力度，《中国海洋报》等局属媒体逐步加强深度报道，营造了海洋事业发展的良好舆论氛围。成功举办了 2012 年的“世界海洋日暨全国海洋宣传日”活动。出色完成了“科学发展成就辉煌”大型图片展海洋部分的展示工作。第六届“海洋强国战略论坛”成功举办。由国家海洋局和海军政治部联合摄制的海洋文化专题纪录片《走向海洋》获得优秀纪录片奖并在全国热播，广受好评，海洋科普宣传逐渐由沿海向内地延伸。三是海洋文化管理和建设工作得到肯定与认可。完成了全国海洋文化专题调研，形成《全国海洋文化建设调研报告》。组织出版了《中国区域海洋学》等一系列有影响的图书。编制完成《全国海洋文化发展规划纲要》，积极筹备中国海洋文化协会的成立。海洋文化课题首次列入国家社科项目。

综合信息

特载

中共中央总书记、国家主席、中央军委主席胡锦涛在中国科学院第十六次院士大会、中国工程院第十一次院士大会发表重要讲话（摘录）

（2012年6月11日）

2012年6月11日，中共中央总书记、国家主席、中央军委主席胡锦涛在中国科学院第十六次院士大会、中国工程院第十一次院士大会上发表重要讲话。他在讲话中指出，“蛟龙号载人潜水器创下5188米的下潜纪录，实现了我国空间海洋技术新跨越”、“空间海洋和平利用和开发将为可持续发展提供巨大增量资源”。他要求，“发展海洋战略高技术，提高我国海洋经济水平，保护海洋航运安全，开发深海资源”。

中共中央政治局常委、国务院副总理李克强为蛟龙号载人潜水器成功突破7000米深度发的贺信

（2012年6月24日）

2012年6月24日，蛟龙号载人潜水器成功突破7000米深度。中共中央政治局常委、国务院副总理李克强发来祝贺蛟龙号潜水器成功突破7000米深度的信，全文如下：

蛟龙号载人潜水器各参研单位，全体参试人员：

欣闻蛟龙号载人潜水器成功到达7000米水深，实现了深海技术发展的新突破和重大跨越，这标志着我国海底载人科学研究和资源勘探能力达到国际领先水平，意义十分重大，谨向参加蛟龙号研制和海试的所有人员，表示热烈祝贺和诚挚问候。希望你们再接再厉，严谨求实，拼搏奉献，圆满完成各项海试任务，为我国建设海洋强国和创新型国家不断作出新贡献。

中共中央政治局常委、国务院副总理李克强为蛟龙号载人潜水器 7000 米级海试圆满成功发的贺信

（2012 年 7 月 16 日）

2012 年 7 月 16 日，值蛟龙号载人潜水器 7000 米级海试凯旋之际，中共中央政治局常委、国务院副总理李克强发来贺信，祝贺蛟龙号载人潜水器 7000 米级海试圆满成功。全文如下：

蛟龙号载人潜水器各参研单位，全体参试人员：

欣悉蛟龙号载人潜水器 7000 米级海试任务取得圆满成功，胜利归来，谨代表党中央、国务院向参加蛟龙号研制人员、海试队员和海试保障人员，表示热烈的祝贺和亲切的慰问！

蛟龙号载人潜水器研制和海试成功，实现了我国深海装备和深海技术的重大进步，是我国建设创新型国家的新成就，对于促进海洋科技发展，提升认识海洋、保护海洋、开发海洋的能力，推动我国从海洋大国向海洋强国迈进，将产生重大而深远的影响。

人类对海洋的探索永无止境，希望你们继续大力弘扬科学求实、团结协作、顽强拼搏的优良传统，不断攀登我国载人深潜事业的新高峰，为建设创新型海洋强国做出新的更大贡献！

中共中央政治局委员、国务委员刘延东为蛟龙号载人潜水器成功突破 7000 米深度发的贺信

（2012 年 6 月 24 日）

2012 年 6 月 24 日，蛟龙号载人潜水器成功突破 7000 米深度。科技部党组副书记、副部长王志刚专程打来电话，转告了刘延东国务委员对蛟龙号海试的祝贺和慰问。内容如下：

蛟龙号载人潜水器海试现场指挥部，并各参研单位，全体参试队员：

欣闻蛟龙号载人潜水器海试成功突破 7000 米水深，谨致热烈祝贺和亲切慰问。你们的业绩和精神是对我国科技界的巨大鼓舞，为科技界增光，使国人倍感骄傲，感谢你们做出的巨大贡献。希望你们再接再厉，团结协作，克服困难，全面完成 7000 米级海试各项任务，为探索深海科学奥秘做出更大贡献，期盼你们凯旋归来。

管好海域资源 构建生态文明

——写在《中华人民共和国海域使用管理法》实施十周年之际

国家海洋局党组书记、局长 刘赐贵

（2012 年 3 月 12 日）

我国是海洋大国，辽阔的海域是我国经济社会实现可持续发展的重要载体和战略空间。2002年1月1日，《中华人民共和国海域使用管理法》正式施行，这是我国政府依法强化海洋综合管理的重大举措，在我国海洋法制建设史上具有里程碑意义。10年来，在党中央、国务院的高度重视下，在地方各级党委和政府的大力支持下，各级海洋行政主管部门认真履行职责，坚持依法行政，海洋功能区划、海域权属管理、海域有偿使用三项基本制度得到了较好落实，基本结束了海域使用“无序、无度、无偿”的状况，海域资源的配置朝着规划用海、集约用海、生态用海、科技用海、依法用海方向迈出了坚实步伐。

10 年来海域管理工作取得显著成绩

《海域使用管理法》实施的10年，是我国海域管理阔步前进的10年，是海域资源服务经济社会发展取得丰硕成果的10年，也是海域工作法制建设稳步推进、海域综合管理水平明显提高的10年。

一、海域管理配套法规体系日臻完善。在国务院办公厅《关于开展勘定省县两级海域行政区域界线工作有关问题的通知》、《关于沿海省、自治区、直辖市审批项目用海有关问题的通知》等文件的基础上，国家海洋局会同国家发改委、财政部等有关部门先后印发了《关于加强围填海规划计划管理的通知》、《关于加强海域使用金征收管理的通知》、《海域使用金减免管理办法》、《关于加强围填海造地管理有关问题的通知》、《海上风电开发建设用海管理暂行办法》等一系列规范性文件，制定发布了《海域使用权管理规定》、《海域使用权登记办法》、《关于加强区域建设用海管理工作的若干意见》等50多个规范性文件和技术标准，为《海域使用管理法》的贯彻实施，提供了科学规范、切实可行的制度措施保证。

二、海洋功能区划规划体系逐步建立健全。2002年8月，国务院批准发布《全国海洋功能区划》。2004年以后，沿海省（区、市）相继编制并实施了地方海洋功能区划。国家与地方各级海洋功能区划的相继批准实施，对有效统筹协调各涉海行业之间的用海矛盾，保护和改善海洋生态环境、促进海域的合理开发和可持续利用发挥了重要作用。随着第一轮海洋功能区划到期和海域使用管理的实际变动，从2009年底开始，国家启动了新一轮海洋功能区划的编制工作。日前，《全国海洋功能区划（2011年～2020年）》已获国务院批准实施，沿海省、区、市海洋功能区划已经编制完成，其中6个省级海洋功能区划已由省级人民政府报国务院审批。同时，为加强海岸资源开发利用的管理，国家海洋局还启动了海岸保护与利用规划的试点工作，对海洋功能区划规定的岸线和近岸部分作了进一步的量化和具体化，海岸资源对沿海地区经济社会可持续发展的保障能力得到进一步巩固和强化。

三、围填海管理制度不断创新。2009年，国家海洋局对建设项目填海规模指标实行试运行管理。2010年围填海计划正式纳入国民经济和社会发展计划，初步构成了“区划统筹、规划引导、计划调节、科学论证、严格审批、强化监管”的海域使用管理体系，制定和实施了区域用海规划和围填海平面设计等一系列的围填海管理政策。区域用海规划制度已经成为参与和执行国家宏观调控政策的有力抓手、控制投资规模和强度的有效“闸门”，对优化近岸海域空间利用，合理规划沿海区域布局发挥了积极的引导作用。

四、国家重大项目用海和传统渔民用海需求得到有效保障。10年来，国家海洋局认真贯彻落实国家宏观调控政策，坚持有保有压、突出重点，加强和规范新开工项目用海的管理，本着节约集约用海、满足工程需要的原则，从严高效地审核各类用海项目，先后上报国务院批准了辽宁红沿河核电、港珠澳大桥、上海洋山港、曹妃甸首钢搬迁等120多个国家重大建设项目用海，有效地保证了国家能源、交通、工业等重大建设项目和重点行业的用海需求。2005年底，根据养殖用海管理的实际情况开展了海域使用管理百县示范活动，出台了养殖用海管理的特殊优惠政策，开展养殖用海普查登记和确权发证工作。截至2011年底，全国累计确权海域面积200多万公顷，发放《海域使用权证书》近6万本。沿海各地积极落实养殖用海海域使用金减免等各项优惠政策，为确保渔民增收、渔业增效，促进沿海地区新农村建设提供了有力保障。

五、海域管理技术支撑体系发挥重要作用。2002年，启动了海域使用管理信息系统建设，2006年启动海域使用动态监视监测管理系统建设。经过几年的努力，建立了国家、省、市三级监视监测体系、60个监管中心，并于2009年2月正式业务化运行，为海域管理部门监管项目用海和海监执法队伍查处违法用海提供了决策支持。海域使用论证资质单位的管理进一步强化。目前，已批准执业的海域使用论证资质单位有82家，国家级和省级海域使用论证评审专家库已经建立。海域使用论证评审的结论已经成为项目用海审批的重要依据。同时，严格实施年度海域使用论证资质检查制度，坚决淘汰不合格的论证资质单位并全面加强论证监管工作。

六、海域管理监督检查和行政执法全方位开展。《海域使用管理法》实施10年来，党中央、全国人大、国务院领导高度重视海域管理工作，多次对海域管理工作作出重要批示，全国人大还组织开展了专门的执法检查。沿海各地普遍开展常规检查、专项检查和综合性执法行动，强化了对项目用海的监督检查，特别是重点查处了非法围填海等一批典型案例。自2003年以来，中国海监总队每年组织开展“海盾”专项执法行动，通过海、陆、空三个方面实施全方位监管，累计查处重大违法用海案件670余起，实施行政处罚25.1亿元。通过依法查处，打击了各类违法用海行为，加大了海洋资源和生态环境的保护力度，维护了正常的海洋开发利用秩序。

七、海域行政区域界线勘定基本完成。2002年，全国省县两级海域勘界工作正式启动。在制定《海域勘界管理办法》《海域勘界技术规程》《海域勘界档案工作手册》《海域勘界质量管理体系文件》等海域勘界配套规范体系的基础上，拟定了省际间和县际间海域行政区域划界方案。划界草案经协商达成一致，由涉界省级或县级人民政府签订海域行政区域界线协议书。目前，国务院已正式批准了辽冀、辽鲁、冀鲁、津冀北线、津冀南线、闽粤、粤桂和粤琼等8条省际间海域行政区域界线，及河北、山东、上海、浙江、福建、广西、海南7个省（区、市）的县际间海域行政区域界线。2009年沿海各省基本完成海岸线修测成果报批工作，经各省（区、市）人民政府批准的岸线修测成果已运用到地方的海洋管理工作中。

《海域使用管理法》实施10年来，海域管理工作取得了显著成效，海域开发利用秩序得到有效规范，但海域管理工作仍存在一些薄弱环节：一是行业用海矛盾突出，统筹协调难度依然很大。近年来沿海地区战略性新兴产业、旅游业和现代服务业等用海需求明显增加，对海域资源的刚性需求急剧上升，供需矛盾日趋紧张。二是海域空间资源粗放利用和不合理利用现象依然存在。有的盲目圈占海域，围而不填，填而不建，造成海域资源的浪费；有的项目未批先建、边批边建，违法违规用海；还有的地区和行业单位用海面积经济效益差，占用岸线长，资源利用水平低下。三是海域综合管控保障能力亟待加强。海域管理人员不足，基层海域管理队伍流动性较大，尤其是市、县两级编制经费紧张，海域管理的专门人才队伍还没有完全形成；理论研究不够深入，大量的实践经验还未能迅速上升为理论，难以为管理政策的制定提供充分的技术支撑。

上述这些问题还有待于在今后的工作中采取切实有效措施，努力加以解决。

今后一个时期强化海域管理工作的主要举措

“十二五”期间是海洋事业发展的重要战略机遇期，海域资源在沿海生产力布局中的地位与作用将愈加突出。国家“十二五”规划在关于推进海洋经济发展的章节中明确提出，要“强化海域和海岛管理，健全海域使用权市场机制”，“控制近海资源过度开发，加强围填海管理”，这为我们进一步做好海域使用管理工作指明了方向，也提出了更高的要求。今后一个时期，海域管理的总体思路是：围绕国家经济社会发展大局，深入贯彻落实科学发展观，牢固树立海洋生态文明意识，以合理配置资源、保障经济发展为目标，以《海域使用管理法》为准绳，坚持规划用海、集约用海、生态用海、科技用海、依法用海的工作理念，充分发挥海域管理手段的宏观调控作用，引导沿海地区形成节约资源和保护生态环境的产业布局、经济结构、增长方式和消费模式，推动经济社会的可持续发展。

一、坚持规划用海，进一步优化海洋开发利用布局

《全国海洋功能区划2011年～2020年》已获国务院批准实施。要充分发挥区划规划的统筹协调作用，实行功能管制和规模控制双管齐下，促进近海有序利用，拓展深海资源有效开发，规范各类海洋开发利用活动。严格实施海洋功能区划，切实提高区划的权威性和约束性。同时，加快新一轮省级海洋功能区划的修编，全面提升海洋功能区划的科学性、前瞻性。

二、坚持集约用海，科学控制海域开发规模和时序

要以加快转变海洋经济发展方式为目标，处理好保障发展与保护资源的关系，优化用海布局，调整用海结构，改变传统的分散用海、粗放用海方式，实现海域资源的合理配置。对自然资源条件适宜、区位优势明显、适宜集中连片开发的区域，进行合理引导，由市、县人民政府统一组织实施区域建设用海和区域农业用海。严格执行围填海计划管理制度，遏制盲目围填海。控制单个项目用海面积，制定不同行业单个用海项目面积标准，防止盲目圈海占海和浪费海域资源。依法推行海域使用权招标拍卖，建立健全海域资源市场化配置机制，充分发挥经济杠杆作用，提高用海特别是围填海成本，提高海域资源利用效率。

三、坚持生态用海，努力实现海域资源的可持续利用

要按照整体、协调、优化和循环的思路，进行海域资源的合理开发与可持续利用，维持海洋生态平衡。开发使用海域要维护、保持我国海洋生态系统的基本生态功能。根据海域的自然禀赋确定具体用海方式，最大程度地发挥特定海域的资源环境潜在功能与海域的经济效用，实现海域使用的生态效益与经济效益的最大化。坚持倡导在现有的技术条件下以生态友好、环境友好的方式开发使用海域，积极鼓励生态用海活动与海洋生态修复、建设的有机结合，确保海域使用的生态安全。

四、坚持科技用海，不断提升海域管理科学化水平

要着力加强海洋科技创新和监视监测，健全科技支撑体系，着力提高海域管理科学决策水平。继续推进海域动态监视监测系统的业务化运行。以卫星遥感、航空遥感为重点，结合现场监视监测，对区域用海规划实施情况及围填海项目建设过程实施动态监测，推动海域管理从静态管理向动态管理转变。加强海域使用论证监督管理，发布《海域使用论证技术导则》行业标准，进一步规范海域使用论证工作。认真总结科技兴海的成功经验，加大对高科技、高附加值产业用海项目的支持力度，引导和推动科技用海向深度和广度发展。

五、坚持依法用海，推动海域管理依法行政迈上新台阶

要按照全面推进依法行政、建设法治政府的要求，不断完善海域管理制度体系，进一步增强依法行政的自觉性和责任感，严格执行海域管理法律法规和政策，在维护海域使用秩序中树立海洋管理的法治权威，在保障合法用海权益中树立海洋执法的良好形象。进一步完善海域使用管理法律法规体系，依法审批用海，做到有法可依，有法必依。坚决查处违法用海、违规批海，做到执法必严、违法必究。继续深化“海盾”专项执法行动，重点查处非法围填海。加强海域管理领域的廉政建设，严格实行行政责任追究制度。

在《海域使用管理法》实施10周年之际，总结经验，弥补不足，明确思路，再创佳绩，对于我们在新时期、新形势下进一步做好海域管理工作具有十分重要的意义。在当前和今后一段时期，我们要继续深入贯彻落实科学发展观，切实执行国家“十二五”规划确定的各项工作部署，自觉践行“五个用海”理念，全面提升海洋综合管控能力，推动海洋经济实现又好又快发展，为把我国海洋这块蓝色国土建设好、发展好做出新的更大贡献！

发挥优势 主动担当 促进海洋事业实现新跨越

——国家海洋局党组书记、局长刘赐贵在中国海洋工程咨询协会一届三次理事会议上讲话

（2012 年 3 月 31 日）

今天（3月31日），中国海洋工程咨询协会举行第一届理事会第三次会议和首届海洋工程科学技术奖及“双十佳”颁奖仪式，表彰在我国海洋事业中做出突出贡献的海洋工程技术领域的科学工作者和管理工作者，并且总结2011年工作，部署2012年工作。

长期以来，周铁农副委员长、徐绍史部长、杜鹰副主任以及国家有关部委的各位领导、各位同志对中国海洋工程咨询协会、中国海洋事业和海洋工作给予了极大的关怀、关注和支持。在此，我代表国家海洋局向各位领导表示衷心的感谢，向获得首届海洋工程科学技术奖和“双十佳”奖的同志们表示热烈的祝贺！

中国海洋工程咨询协会是海洋工程领域第一个全国性的行业组织，汇集了全国海洋工程领域科研、生产和管理的主要力量，是国家海洋事务的重要智库，是国家层面协商协调海洋工作的重要平台。协会成立以来做了大量工作，成效显著。

针对日本地震海啸引发的核泄漏事件，协会及时向国务院提出了开展海洋灾害风险排查和区划的建议，得到国务院的高度重视；在深远海资源开发战略、海水利用等方面开展了专题研究，取得了重要进展，受到了有关部门的充分肯定；制定了行业发展规划，开展了标准体系建设，制定和实施了行业自律规范，建立了行业奖励激励机制，启动了行业管理创新研究，提高了行业的影响力和知名度。协会自身建设也得到不断加强，已经成为当前海洋领域的一支重要力量。

协会设立的海洋工程科学技术奖是海洋工程领域的最高科学技术奖项，对海洋科技人才成长、海洋科技创新和进步、海洋事业发展具有重要的推动作用。

2011年获奖项目涵盖了近年来我国海洋工程研究和开发领域自主创新、联合攻关、产学研共同努力的重要成果，反映了当前我国海洋工程领域的最高科技水平。我们要大力推广和应用这些重要科技成果，大力宣传获奖者勇攀高峰的科学创新精神。

此外，协会还适应海洋文化建设的需要，创造性地开展了“双十佳”评优活动。通过活动挖掘和弘扬爱国、敬业、创新、奉献的行业精神，进一步丰富了海洋文化内涵，使其成为推动行业发展进步的强大精神动力。首届“双十佳”获得者是我国海洋工程领域广大工作者的优秀代表，他们的感人事迹和奉献精神值得广大海洋工作者深入学习和广泛宣传。

2012年是国家实施“十二五”规划承前启后的重要一年，也是我国历史发展进程中具有重要意义的一年。国家海洋局将以科学发展观为统领，认真贯彻落实党的十七届五中、六中全会和中央经济工作会议精神以及“十二五”规划对海洋工作的战略部署，认真贯彻落实十一届全国人大五次会议政府工作报告作出的“制定和实施海洋发展战略，促进海洋经济发展”的部署要求。坚持陆海统筹，坚持规划用海、集约用海、生态用海、科技用海、依法用海“5个用海”工作理念，着力服务海洋经济发展，大力加强海洋生态文明建设，努力提升对海洋的综合管控能力，坚定维护我国海洋权益，积极拓展海洋发展空间，大力加强海洋文化建

设，以更加奋发进取的精神，更加求真务实的作风，不断推动海洋工作在新的起点上取得新的发展。

中国海洋工程咨询协会作为海洋工程领域的行业组织，担负着为海洋工作提供智力支持、技术支撑的重要职责。面对海洋工作发展的新形势，中国海洋工程咨询协会要进一步认清责任，明确任务，大胆工作，主动担当，在推动海洋事业又好又快发展中做出新的更大的贡献。在此，我对协会发展提出几点希望。

第一，要加强海洋重大问题研究。协会应当发挥研究全局性、战略性问题的智力优势，组织力量对陆海统筹、南海和东海问题、深海远海资源开发、海水西送、海上通道安全等海洋热点和难点进行深入研究，提出建设性意见供中央领导决策参考。

第二，要积极为海洋经济建设服务。近期要认真做好国务院交办的沿海大型工程海洋灾害风险排查技术方案的编制和报批，为全面排查做好技术准备。协会要利用行业优势，全面监测和评估海洋工程建设总体状况和发展趋势，为海洋管理提供科学的决策数据；要积极服务于海洋经济主战场，积极对外开展海洋工程建设的政策、规划、研究和论证等各类咨询服务。

第三，要切实推进海洋科技自主创新。通过海洋工程科学技术奖的评选和宣传，既要激发广大海洋科技和管理工作者的创新潜力和活力，又要准确把握奖励导向，合理引导海洋工程科技发展。当前要加强海洋基础和高科技研究，积极开发应用海洋高新技术特别是深远海开发技术，着力突破一批海洋核心技术和关键技术，不断提高原始创新、集成创新和再创新能力。积极推动形成产学研相结合的科技创新体制，加快科技向现实生产力的转化。

第四，要加大海洋咨询行业管理创新力度。要深入研究行业发展规律，创新海洋管理理念，推进观念、制度和方法创新。抓好协会自身管理，建设形式多样、机制灵活的分支机构，促进行业自律和创新发展。加大国际合作交流力度，引进吸收国外先进理念、方法和技术，积极扩大国内优势领域的国际影响力，不断提高国际海洋事务话语权。

第五，要大力弘扬行业精神。海洋工程咨询行业涌现了一大批事业心强、责任感重，具有先进性、创新性的单位和个人，形成了爱国、敬业、创新、奉献的行业精神。要大力宣传“双十佳”的先进事迹，弘扬行业精神，营造积极向上的文化氛围，增强社会影响力，为提高全民海洋意识、加强海洋文化建设做出贡献。

同志们，中国海洋工程咨询协会成立以来起步良好，发展迅速，海洋工程咨询工作前程广阔，大有可为。让我们紧密团结在以胡锦涛同志为总书记的党中央周围，团结拼搏，不断创新，扎实推进协会各项工作的顺利开展，为我国海洋事业快速健康发展建功立业，以实际行动和优异成绩迎接党的十八大胜利召开！

全面实施海洋功能区划大力推动海洋经济发展

国家海洋局党组书记、局长　刘赐贵

（2012 年 4 月 19 日）

《全国海洋功能区划（2011年～2020年）》已于2012年3月3日经国务院批准正式实施，这是继2002年8月国务院批准的《全国海洋功能区划》实施期满后，我国推出的新一轮全国海洋功能区划。它的实施，对于当前和今后一段时期深入贯彻落实《海域使用管理法》和《海洋环境保护法》，推动海洋经济科学发展，促进海洋生态文明建设，必将发挥新的重大作用，产生积极而深远的影响。

一、充分认识制定和实施海洋功能区划的重大意义

海洋功能区划制度是《海域使用管理法》和《海洋环境保护法》两部法律共同确立的一项基本制度。根据体现国家主权和维护国家利益的需要，《海域使用管理法》在第四条中明确规定“国家实行海洋功能区划制度。海域使用必须符合海洋功能区划”。《海洋环境保护法》明确规定，海洋功能区划是制定海洋环境保护规划、选择入海排污口、设置陆源污染物深海离岸排放排污口、兴建海洋工程建设项目的科学依据。由此可以看出，海洋功能区划具有规范性、约束性的法律特征，无论是用海者还是管理者，都必须充分尊重它的法律地位与作用，自觉增强法律意识，按照海洋功能区划提出的指导思想、基本原则、目标要求和划定的海洋功能区来组织实施海洋开发利用活动，使海洋开发活动与海域区位、自然资源、环境条件和开发利用的要求相符合，使海域使用综合效益与区划设定的功能目标相一致，从而有效实现用海需求与环境保护相协调、人与海洋相和谐的目的，促进经济社会可持续发展。

海洋功能区划制度的实践，不仅带来了人们用海管海思想观念的转变，而且促成了人们用海管海行为方式的进步，它与海域权属管理、海域有偿使用基本制度共同作用，有力地扭转了我国海域使用“无序、无度、无偿”的局面。《海域使用管理法》颁布后，国家海洋局迅速启动并完成了全国海洋功能区划的编制工作。在报请国务院批准实施后，又加紧推进省级海洋功能区划编制报批工作，很快形成了全国范围内区位清楚、功能清晰、目标明确的海洋功能区划布局。2002年以来，各级海洋管理部门以贯彻落实《海域使用管理法》为契机，以海洋功能区划作为开展海域管理、海洋环境保护等海洋管理工作的重要依据和有力抓手，完善制度，强化措施，积极推进海洋管理工作上台阶、出实效，基本实现了“建立符合海洋功能区划的海洋开发利用秩序，实现海域的合理开发和可持续利用，满足国民经济和社会发展对海洋需求”的区划目标，有力发挥了统筹协调行业用海、规范海洋开发秩序的重大作用，有效促进了海洋产业布局和结构的优化，使第一产业用海得到了全面提升，二、三产业用海得到了大力支持，有力促进了海洋经济发展。2010年，海洋生产总值占国内生产总值的比重接近10%，海水产品产量比2002年增加26%，沿海港口年货物吞吐量比2002年增加228%，海洋油气年产量占全国油气年产量的近20%，滨海旅游业增加值约占海洋产业增加值的22%，已经成为海洋经济的重要支柱产业。

当前，我国海洋事业在国家经济社会发展中的战略地位日益凸显，国家“十二五”规划对推进海洋经济发展作出了重大战略部署，沿海地区工业化和城镇化进程加快，海洋开发利用的范围和强度不断加大，涉海行业用海矛盾日益突出，陆源和海上污染物排海总量不断增长，海洋防灾减灾和处置海洋环境突发事件形势严峻，海洋开发、控制和综合管理依然面临着十分严峻的挑战。解决我国海洋开发利用与环境保护面临的矛盾与问题，促进海洋经济平稳较快发展，已经成为摆在我们面前的一项紧迫任务。解决这些问题，其根本途径，就是要进一步加强海洋综合管理，坚持在发展中保护、在保护中发展的原则，统筹协调海洋开发利用和环境保护。这就要求我们必须继续深化对海洋功能区划法律地位与作用的认识，毫不动摇、毫不松懈地维护其作为合理开发利用海洋资源、有效保护海洋生态环境法定依据的严肃性、权威性，在已有成果的基础上，不懈努力，奋发有为，使海洋开发利用更加有序，海洋资源配置更加合理，海洋产业布局更加优化，海洋生态环境更加优美。

二、准确把握海洋功能区划的指导思想和目标要求

《全国海洋功能区划（2011年～2020年）》在指导思想中明确提出“实现规划用海、集约用海、生态用海、科技用海、依法用海，促进沿海地区经济平稳较快发展和社会和谐稳定”。实现“规划用海”就是要严格依据海洋功能区划审批项目用海，充分发挥围填海计划的宏观控制作用；实现“集约用海”就是要实行集中适度规模开发，遏制粗放用海方式，提高单位岸线和用海面积的投资强度；实现“生态用海”就是要以生态友好、环境友好的方式开发使用海域，尽可能把对海洋生态环境的影响减轻到最低程度；实现“科技用海”就是要着力加强海洋科技支撑和监视监测，提高海域管理科学决策水平；实现“依法用海”就是切实做到有法必依、执法必严、违法必究，在维护海域使用秩序中树立海洋管理的法治权威，在保障合法用海权益中树立海洋执法的良好形象。

按照“五个用海”的指导思想，《区划》明确提出，到2020年，要实现6个方面的目标：一是增强海域管理在宏观调控中的作用，海域管理的法律、经济、行政和技术手段不断完善；二是改善海洋生态环境，扩大海洋保护区面积；三是维持渔业用海基本稳定，加强水生生物资源养护；四是合理控制围填海规模，围填海控制面积符合国民经济宏观调控总体要求和海洋生态环境承载能力；五是保留海域后备空间资源，严格控制占用海岸线的开发利用活动；六是开展海域海岸带整治修复。6个目标相互关联，有机统一，反映了经济社会发展对海洋空间资源的总体需求和海洋生态文明建设的本质要求，是科学发展观在海洋管理和开发利用活动中的生动体现和实践运用。具体体现在以下几个方面：

第一，坚持陆海统筹，推动陆海协调发展。《区划》把陆海统筹作为编制的重要原则，提出根据陆地空间与海洋空间的关联性，以及海洋系统的相对独立性，统筹协调陆地与海洋的开发利用和保护；《区划》要求实行陆源污染物排海总量控制，明确了围填海及形成土地的管理措施，为陆海协调发展确立了政策和方向。同时，《区划》在编制过程中与沿海区域规划、土地利用总体规划、城乡规划及有关规划进行了充分衔接。

第二，实施功能管控，优化海域资源配置。《区划》按照自然属性为基础、科学发展为导向、保护渔业为重点、保护环境为前提、陆海统筹为准则、国家安全为关键等6项基本原则，确定了四大海区及29个重点海域的主要功能和开发保护方向，为优化配置海域资源提供了科学依据。

第三，保护生态环境，促进海洋可持续利用。《区划》明确了各类功能区的海水水质、海洋沉积物、海洋生物质量标准，提出了控制陆源污染、加强海洋环境风险管理、全面开展海域海岸带综合整治、大力推进保护区网络建设等措施。同时，《区划》为海洋可持续发展储备战略资源，提出了保留区面积和大陆自然岸线保有率等控制指标。

第四，创新围填海管理，实现集约节约用海。《区划》提出实施差别化的海域供给政策，制定各类建设项目用海控制标准，适时调整海域使用金征收标准；加强区域用海整体规划、整体论证、整体审批和整体围填海管理；严格执行围填海计划管理制度；加强对围填海项目选址、平面设计的审查，引导围填海向离岸、人工岛式发展；推进海域使用权招标、拍卖、挂牌出让。

第五，保障和改善民生，促进社会和谐稳定。《区划》提出要保障渔民生产生活和现代化渔业发展用海需求，并针对农渔业区制定了详细的管理措施。在工业与城镇用海区中提出要保障社会公益项目用海，维护公众亲海需求；新建核电站、石化等危险化学品项目应远离人口密集的城镇。

目标既是努力方向，也是工作要求。目标所蕴涵、反映的科学发展观的基本要求，不仅应成为我们履行海洋管理职责、谋求海洋开发利用活动现实利益与长远利益协调统一的思想理念，更应成为我们关注海洋、热爱海洋、开发与建设海洋的自觉遵循。海洋行政管理部门、沿海各级人民政府和广大涉海用海单位，一定要站在实施国家海洋发展战略的高度，深刻理解、准确把握海洋功能区划的目标要求，真正使其成为地方规划海洋经济发展布局、调整海洋经济发展结构、转变海洋经济发展方式的政策指导，成为海洋行政管理部门履行职责、依法行政的行为准则，成为广大涉海用海单位开展海洋开发利用活动的制度规范，认真负责，扎实工作，为全面实现海洋功能区划目标作出积极努力。

三、深入抓好海洋功能区划的贯彻实施

贯彻好、实施好《全国海洋功能区划（2011年～2020年）》是海洋行政管理部门、沿海地方人民政府和广大涉海用海单位的共同责任。我们一定要从思想上高度重视，行动上高度自觉，统一思想认识，采取切实措施，认真抓好《区划》的贯彻实施。当前，我们要重点做好以下几项工作：

一是认真开展《区划》学习宣传工作。各级海洋行政主管部门要把认真贯彻国务院关于《区划》的批复精神，把学习、宣传和贯彻《区划》作为海洋管理工作的一项重要任务，多层次、多渠道、有针对性地做好海洋功能区划的宣传和培训工作，大力营造贯彻落实全国海洋功能区划的良好社会环境。

二是全力推进省级海洋功能区划报批工作。沿海各省（区、市）海洋管理部门要根据《区划》要求，紧密结合当地经济社会“十二五”发展规划和海洋空间环境自然属性，组织修改完善省级海洋功能区划。沿海省（区、市）人民政府要加大与国务院有关部门的协调力度，形成合力，密切配合，尽快完成省级功能区划的报批工作，尽早发挥海洋功能区划在引领与支撑、服务与保障地方海洋经济发展中的基础作用。

三是认真落实《区划》提出的实施保障措施。要采取保障海洋功能区划实施的法律、经济、行政和技术等手段，对《区划》执行情况进行跟踪评价和监督检查。建立全覆盖、立体化、高精度的海洋综合管控体系，不断完善海洋管理体制机制，加大海洋执法监察力度，整顿和规范海洋开发利用秩序。

四是努力健全海洋功能区划体系。要严格执行海洋功能区划制度，不断完善以海洋功能区划为基础的功能管制和规模控制制度，调整完善现行相关政策及规划，建立健全保障海洋功能区划实施的法律法规、管理制度、体制机制、技术支撑和跟踪评价制度，把贯彻落实《区划》的各项技术工作和措施保障工作做实做细。

五是要及时研究解决新情况、新问题。结合《区划》的全面贯彻实施，深入开展海域管理与海洋功能区划的理论、方法和技术手段研究，并针对在贯彻实施过程中出现的新情况、新问题，加强调查研究，强化政策指导，跟踪问责问效，着力研究解决，确保《区划》实施的稳定性和长效性。

《全国海洋功能区划（2011年～2020年）》确立了“十二五”时期及未来一个时期我国海洋空间开发、控制和综合管理的基调和目标。可以预见，随着《区划》的深入贯彻实施，随着海洋功能区划制度的日臻完善，海域资源配置一定会越来越合理，海域资源利用一定会越来越集约，海洋空间布局一定会越来越规范，海洋工作服务国家经济社会发展大局的空间也一定会越来越广阔。

加强海洋生态文明建设　促进海洋经济可持续发展

国家海洋局党组书记、局长　刘赐贵

（2012年6月7日）

党的十七大在强调坚持中国特色社会主义经济建设、政治建设、文化建设、社会建设的基础上，首次提出要推进社会主义生态文明建设。我国是一个陆海兼备的大国，在海洋上有着广泛的战略利益。国家“十二五”规划纲要和温家宝总理今年的《政府工作报告》，对海洋工作进行了全面部署，并对加强海洋环境保护提出了明确要求，海洋生态文明建设已成为促进海洋经济可持续发展和建设现代化海洋强国的必然选择。

一、加强海洋生态文明建设意义重大

海洋生态文明建设是社会主义生态文明建设的重要组成部分。当前，必须紧紧抓住海洋事业蓬勃发展的历史机遇，把海洋生态文明建设摆上更加突出的位置，为实现海洋经济协调发展、海洋产业合理布局、海洋生态和谐美好注入强劲动力。

加强海洋生态文明建设是贯彻落实科学发展观的本质要求。科学发展观，第一要务是发展，核心是以人为本，基本要求是全面协调可持续发展，根本方法是统筹兼顾。在海洋领域落实科学发展观，必然要求在开发利用海洋的过程中，加强海洋生态文明建设，充分尊重海洋的自然规律，以海洋环境承载能力为基础，不断提升资源集约节约和综合利用效率，促进人与海洋的长期和谐共处，最终实现海洋经济的全面、协调和可持续发展。

加强海洋生态文明建设是实现沿海经济社会可持续发展的根本出路。改革开放以来，东部沿海地区成为我国经济社会发展的龙头。但随着海洋开发的力度不断加大，海洋生态环境也面临着越来越大的压力。海洋污染造成部分近岸海洋生态系统退化，濒危珍稀海洋生物持续减少，海洋生态灾害时有发生。在这样的形势下，抓紧调整海洋经济结构，优化海洋产业布局，形成节约集约利用海洋资源和有效保护海洋环境的发展方式，就成为实现沿海经济社会可持续发展的一项重大而紧迫的任务。

加强海洋生态文明建设是满足人民群众过上美好生活期盼的客观需求。经过改革开放30多年的不懈努力，目前，我国人民的生活总体上达到了小康水平。在全面建设小康社会的新阶段，人民群众对进一步改善生活质量、进一步美化生活环境有了新要求。为了满足人民群众过上更美好生活的新期待，必须切实加强海洋生态文明建设，尽快扭转海洋生态环境恶化的趋势，努力构建和谐的人海关系，使海洋真正成为人民群众喜爱的蓝色家园。

二、加强海洋生态文明建设的总体思路

当前，我国海洋事业呈现出全面发展的良好势头，海洋经济持续快速增长，海洋产业蓬勃发展，海洋法律法规与政策规划体系初步建立，海洋环境监测体系日益健全，海洋综合管控能力显著提高，海洋科技研发能力不断增强，加强海洋生态文明建设正面临着难得的历史机遇。与此同时，我们也要清醒地看到，海洋生态文明建设还面临着严峻的挑战，比如海洋产业结构不尽科学、沿海产业布局不够合理、海洋发展方式仍然粗放等等，建设海洋生态文明的任务依然十分艰巨。

当前和今后一段时期，加强海洋生态文明建设的总体思路是：深入贯彻落实科学发展观，以提升海洋对我国经济社会可持续发展的保障能力为主要目标，以提高海洋资源开发利用水平、改善海洋环境质量为主攻方向，推动形成节约集约利用海洋资源和有效保护海洋生态环境的产业结构、增长方式和消费模式，在全社会牢固树立海洋生态文明意识，力争在海洋生态环境保护与建设上取得新进展，在转变海洋经济发展方式上取得新突破，在海洋生态文明建设上取得新成效。

海洋生态文明建设是一项长期任务、系统工程，必须牢牢把握以下几个方面：

一是要坚持“在开发中保护，在保护中开发”的工作方针。一方面，我国仍处于并将长期处于社会主义初级阶段，这一现实决定了必

须将发展作为第一要务，用发展的办法去解决前进中的问题；另一方面，我国海洋经济发展方式仍较为粗放，发展的资源环境代价仍然较大，海洋生态环境状况不容乐观，绝不能以牺牲海洋生态环境为代价来求得短期的发展，一定要坚持开发与保护并举的方针，确保海洋资源取之有道、用之有序；确保海洋环境不断改善、永续利用。因此，必须统筹好海洋经济发展与海洋环境保护的关系，将保护与开发并重的方针贯穿于海洋生态文明建设的全过程。

二是要坚持陆海统筹的发展战略。党的十七届五中全会和国家“十二五”规划纲要，提出了陆海统筹的海洋发展战略。海洋经济的发展离不开陆域经济的辐射和带动，陆域经济的发展也需要海洋经济的拓展和提升，两者之间互为依托、相互促进。在海洋生态文明建设中必须坚持陆海统筹，努力在海域与陆域开发上做到定位、规划、布局、资源、环境、防灾等六个方面相互衔接。坚决防止人为割裂陆海间资源禀赋、环境条件和功能定位的内在联系，不计代价地盲目开发海洋。

三是要坚持“五个用海”的总体要求。坚持规划用海，严格实施海洋功能区划，全面提升海洋功能区划的科学性、前瞻性。坚持集约用海，鼓励实行集中适度规模开发，提高单位岸线和用海面积的投资强度。坚持生态用海，以生态友好、环境友好的方式开发使用海洋，维护、保持海洋生态系统基本功能。坚持科技用海，提高对海洋资源环境变化规律的认识，推动海洋关键技术转化应用和产业化。坚持依法用海，进一步完善海洋开发管理法律法规体系，依法审批用海，坚决查处违法用海、违规批海。

三、深入推进海洋生态文明建设的重点任务

一是要实施科技兴海战略，推动海洋产业转型升级。深入实施全国“科技兴海”规划纲要，大力推进海洋科技与海洋经济的深度融合，加快促进海洋产业转型升级。大力发展海洋服务业、海洋旅游业和海洋文化产业，积极培育涉海金融服务业、海洋公共服务业。加快海洋渔业、海洋船舶、海洋油气业、海洋盐业和盐化工等传统产业改造升级。进一步推进海洋高新技术产业发展，提升海洋高新技术产业在海洋产业中的比重，加速海洋高技术产业集聚、辐射和扩散。

二是要开展示范区建设，构建海洋生态环境屏障。深入开展海洋生态文明示范区建设，探索海洋生态文明建设模式。在海洋经济发展试点省份和海峡西岸经济区积极探索经济、社会、文化、生态全面协调可持续发展模式，在“十二五”时期建成10—15个国家级海洋生态文明示范区。科学制定海洋生态文明示范区建设发展规划，保障海洋生态文明示范区建设的资金需求。尽快制定完善生态文明建设的目标、指标体系和考核评估办法，加强对海洋生态文明示范区建设的科学引领和规范实施。

三是要加强海洋综合管控，实现海洋生态环境安全。加强近岸海域、陆域和流域环境协同综合整治，限期治理超标的入海排污口，优化排污口布局，实施集中深、远海排放。在沿海地区试点开展重点海域排污总量控制，削减主要污染物入海总量。大力推进各类海洋保护区选划、建设与规范化管理，严格保护典型性海洋生态系统。加强海洋生物多样性保护与管理，提高滨海湿地、海岛植被覆盖率。健全完善沿海及海上主要环境风险源和环境敏感点风险防控体系以及海洋环境监测、监视、预警与防灾减灾体系。加强海洋行政监察执法工作，坚决打击各类海洋违法违规开发活动。

四是要倡导和谐海洋理念，增强海洋生态文明意识。继承和发展传统海洋文化精华，发展具有新时代特征的现代海洋文化，转变单纯以开发、扩张、追求商业利益为目标的传统海洋文化观，树立科学发展、谋求海洋经济与生态环境相协调的新的海洋文化观。深入开展海洋生态文明宣传教育工作，重点建设海洋保护区、海洋公园等海洋生态环境科普教育基地。建立完善公众参与机制，提高公众投身海洋生态文明建设的自觉性和积极性，努力形成关心、珍惜、保护海洋生态环境的良好氛围，在全社会牢固树立海洋生态文明理念。

全国政协副主席陈宗兴给我国近海海洋综合调查与评价专项（“908专项”）重要成果首发仪式发来的贺信

（2012年7月27日）

欣闻《中国区域海洋学》和《中国海洋物种和图集》正式发布，谨表热烈祝贺！

过去的几年里，我们通过调研等活动与国家海洋局以及海洋系统的同志们有过一些合作，很为同志们爱岗敬业、吃苦耐劳的精神所感动。今天，海峡两岸和香港300余位院士、专家、学者齐心协力，凝聚智慧，历经4年多的艰苦努力，成功完成这两项“908专项”任务，取得了重要研究成果，编纂了这两部集经典性、科学性、系统性和实用性于一体的海洋系列专著，对我国海洋资源的利用和开发具有极强的科学研究价值和直接的借鉴指导意义。希望能够宣传好、利用好这两部专著，使全社会广泛受益。

借此机会，也衷心希望海洋战线的广大工作者，扎实工作，开拓创新，不断深化对海洋的科学认知，推出更多优秀研究成果，推动我国海洋事业取得新的更大成绩！

全国政协原副主席宋健给我国近海海洋综合调查与评价专项（“908专项”）重要成果首发仪式发来贺信

（2012年7月27日）

同志们：

我十分高兴地听到，“908专项”的两个重要成果《中国区域海洋学》与《中国海洋物种和图集》今天就要正式对外发布了。我了解到这两部皇皇巨著是来自海峡两岸和香港的300余位院士、专家历经数年，协同奋斗的结果，在我国海洋科学研究与开发的进程中具有里程碑的意义。由于客观原因，我本人不能亲自到会，特委托张登义同志代我向大家表示热烈祝贺，并对各位为此付出的艰辛努力表示崇高的敬意。

我记得3年前，我也曾致信对“908专项”推出的重要成果《中华海洋本草》表示过祝贺，时至今日，又有这样两部全面反映我国海洋科学研究总体水平和认知能力的重要海洋著作呈现在我们大家面前，这充分说明，近年来在党和国家的高度重视下，我国的海洋科学研究正迈入一个新的历史阶段，无论是研究探索的深度、高度，还是成果应用的广度、强度，都有着跨越式的进步，支撑和推动着我国海洋事业又好又快地发展。作为一名一直在关注并为海洋科技工作鼓劲加油的老同志，我倍感兴奋和鼓舞。

当今世界国与国之间的竞争，归根到底是科技的竞争。在前不久召开的院士大会上，胡锦涛总书记从国家发展全局和战略高度，强调要大力发展空间和海洋等八大领域的科学技术，这些都是与我们国家经济社会发展和人民生活需要息息相关的重大命题。我衷心祝愿广大海洋科技工作者能够认真学习全国科技创新大会精神，牢记使命、开拓进取，在建设海洋强国和创新型国家的伟人征程中不断做出新的更大贡献。

国家海洋局党组书记、局长刘赐贵在“908专项”总验收会议上的讲话

（2012年10月26日）

在党的十八大即将隆重召开之际，“908专项”在全国3万多名海洋科技工作者和180多家单位的共同努力和联合攻关下终于圆满完成了。“908专项”成绩的取得与各任务承担单位和海洋工作者的努力分不开，更与国家综合部门和各省市政府的大力支持、各位院士专家的精心指导密不可分。借此机会，我代表国家海洋局和“908专项”领导小组，对国家发改委、财政部等部门对海洋工作一如既往的大力支持表示真诚感谢！向关心和指导“908专项”工作的各位院士、专家表示崇高敬意！对“908专项”顺利通过总验收表示热烈祝贺！向8年来为“908专项”实施付出辛勤劳动的同志们致以诚挚的问候！

我这里就“908专项”顺利圆满完成和下一步的工作谈几点看法。

一、总结专项实施成果经验，加强成果应用服务。

“908专项”三项基本任务，即我国近海海洋综合调查、我国近海海洋综合评价和中国“数字海洋”信息基础框架构建已全面完成，基本摸清了我国近海海洋环境资源家底，为国家决策服务、为经济建设服务和为海洋管理服务的立项目标成为现实，向党和国家提交了一份圆满的答卷。

总结起来，“908专项”成果主要体现在以下三个方面：

一是极大丰富了我国海洋基础数据，大幅提升了我国海洋综合调查能力，夯实了海洋经济发展基础。“908专项”涉及学科之多，调查范围之广，规模之宏大，手段之先进，都是新中国成立以来的第一次。专项调查全面更新和丰富了我国近海海洋环境基础数据，深化了对我国近海海洋环境要素的科学认识。

二是有效促进了海洋基础数据集成转化，构建了我国近海“数字海洋”信息基础框架，全面覆盖了我国11个沿海省（区、市）和18个国家海洋局局属单位，为各方面工作提供了重要的数据支撑。同时，在“908专项”实施中编纂了一批中国海洋学科典籍，如《中国近海海洋图集》系列、《中国近海海洋》系列专著、《中国区域海洋学》《中华海洋本草》等是其中的杰出代表。

三是专项成果在各领域获得深化应用，这些应用已经产生了很好的经济效益和社会效益。8年来，遵循“边调查、边评价、边应用”的原则，“908专项”已在维护海洋权益、海洋国防、沿海经济社会发展、海洋综合管理、科学研究、海洋文化建设等方面得到了广泛应用。

二、专项的完成离不开党中央、国务院领导的高度重视，也离不开各相关部门的大力支持。

“908专项”圆满完成并取得丰硕成果，完全归功于党中央、国务院的高度重视，归功于相关部门和地方省市的大力支持，归功于海洋科技工作者的辛勤付出。

党中央、国务院高度重视海洋工作，今年以来胡锦涛总书记等中央领导对海洋工作作出了一系列重要批示和指示，为海洋事业发展和海洋工作顺利开展指明了前进的方向。“908专项”从立项到实施的8年，中央领导对我们报送的《海洋专报》多次作出重要批示，及时指导我们开展工作，为我们提供了强大的精神动力。

在专项实施过程中，国家发改委、财政部等综合部门做了很多工作，为专项保驾护航；各沿海省市积极参与专项，相继匹配经费，并积极利用专项成果，编制了一批符合当地海洋实情和地方经济社会发展的区域开发规划。

三、下一步工作。

关于下一步工作，我强调两点：第一，要继续发挥“908专项”成果的作用。虽然我们前一段是“边研究、边调查、边评价、边出成果、边应用”，有了很好的开头，但是真正的应用应该是在验收过后全面实行。我觉得在5个方面要把握好，为成果的应用抓好5个方面的重点工作。一是为经济社会发展服务；二是为维护海洋权益服务；三是为学科建设、科学研究提供服务；四是为人民群众生产生活和为普及公众

海洋知识、增强海洋意识服务；五是为“数字海洋”提供重要支撑服务。

第二，要不断地更新重要信息资料。我们要为今后的这5个方面服务，就必须像刚才专家们提出的，进行常态化调查。只有常态化的调查才能解决数据实效性的问题，各项数据才能更加真实、准确。所以，数据要不断地补充、更新，要建设好数字海洋体系。

国家海洋局党组书记、局长刘赐贵

在海洋系统传达学习贯彻党的十八大精神会议上的讲话

（2012年11月16日）

同志们：

中国共产党第十八次全国代表大会于11月8～14日在北京胜利召开。这是在我国进入全面建设小康社会决定性阶段召开的一次十分重要的大会，也是党的奋斗历程中又一次承前启后、继往开来的大会，是一次高举旗帜、团结奋进的大会，意义重大，影响深远。

当前，海洋系统各级党组织、全体干部群众，要把深入学习领会和全面贯彻落实党的十八大精神作为当前和今后一个时期的首要政治任务。下面，我就如何学习贯彻谈几点看法。

一、传达好、学习好党的十八大精神。党的十八大会议内容十分丰富，要认真学习和深刻领会好会议精神。

一是必须全面学习好胡锦涛同志代表中共十七届中央委员会向大会作的题为《坚定不移沿着中国特色社会主义道路前进为全面建成小康社会而奋斗》的报告、中央纪委工作报告、党章修正案等文件，以及习近平同志在十八届一中全会上的重要讲话，深刻领会精神实质。党的十八大报告，高举中国特色社会主义伟大旗帜，以马克思列宁主义、毛泽东思想、邓小平理论、“三个代表”重要思想、科学发展观为指导，分析了国际国内形势的发展变化，回顾总结了过去5年的工作和党的十六大以来的奋斗历程及取得的历史性成就，确立了科学发展观的历史地位，提出了夺取中国特色社会主义新胜利的基本要求，确定了全面建成小康社会和全面深化改革开放的目标，对新的时代条件下推进中国特色社会主义事业作出了全面部署，对全面提高党的建设科学化水平提出了明确要求。报告描绘了全面建成小康社会、加快推进社会主义现代化的宏伟蓝图，为党和国家事业进一步发展指明了方向，是全党全国各族人民智慧的结晶，是我们党团结带领全国各族人民夺取中国特色社会主义新胜利的政治宣言和行动纲领，是马克思主义的纲领性文献。

二是要重点学习十八大对“建设海洋强国”作出的战略部署。党的十八大报告中明确提出要“提高海洋资源开发能力，发展海洋经济，保护海洋生态环境，坚决维护国家海洋权益，建设海洋强国”。这是党中央准确把握时代特征和世界潮流，在深刻总结世界主要海洋大国和我国海洋事业发展历程及其经验教训的基础上，作出的一项重大战略决策，是党的一项重大理论创新，具有重大的现实意义、深远的历史意义。“建设海洋强国”宏伟目标的提出，体现了党中央对海洋工作的高度重视和充分肯定，说明海洋在党和国家工作大局中的地位进一步提升，在国家经济发展格局和对外开放战略中的角色更加重要，在我国实现和平发展进程中的位置更加关键，在国家生态文明建设中的作用更加突出。全体海洋工作者必须以崇高的使命感、强大的责任感，自觉把建设海洋强国作为全面建成小康社会、夺取中国特色社会主义伟大胜利的重要内容去落实，去实践。

二、领会好、贯彻好建设海洋强国的战略部署。

建设海洋强国是实现中华民族伟大复兴的必然抉择。海洋与人类的生存和发展息息相关，与民族的兴衰紧密相连。综观各国发展史，许多国家都曾走过因海而兴、依海而强的道路。15世纪的葡萄牙、16世纪的西班牙、17世纪的荷兰、18世纪和19世纪的英国、20世纪的美国的崛起都是如此。进入21世纪，海洋已成为经济全球化、区域经济一体化的联系纽带和战略资源的接替空间，是国际政治、经济、军事、外交领域合作与竞争的重要舞台。世界各民族均以崭新的姿态走向世界，拥抱海洋。我国既是一个陆地大国，也是一个海洋大国，在历史上也曾拥有过优秀灿烂的海洋文明，古代“海上丝绸之路”、郑和七下西洋，都是明证。但自明清以来封建王朝漠视海洋，疏远海洋，有海无防。自鸦片战争以来，外敌从海上入侵就达470余次。新中国成立后，历代中央领导都高度重视海洋，毛泽东、邓小平、江泽民、胡锦涛、习近平等中央领导都对海洋工作、海洋事业、海洋权益问题发表过重要论述和讲话，极大地促进了我国海洋事业的快速健康发展。历史反复昭示我们，向海而兴，背海而衰，是一条亘古不变的铁律。中华民族要实现伟大复兴，必须义无反顾地走向海洋，经略海洋，坚定不移地走以海富国、以海强国的和平发展之路。

建设海洋强国是促进我国经济社会可持续发展的必由之路。从我国经济发展的增长点看，海洋经济正成为我国经济特别是东部沿海地区转型升级的新引擎。改革开放以来，我国海洋经济连续多年呈现快速和稳定增长的态势。“十一五”期间，全国海洋经济年均增速为13.5%，高于同期国民经济增长速度。2011年，全国海洋生产总值突破4.5万亿元，占国内生产总值的9.7%。到2020年要实现国民生产总值和人均收入比2010年再翻一番的目标，海洋开发对整体经济发展的拉动作用必将更加明显，呈现出广阔的发展空间。从我国发展对资源、能源的需求看，资源在经济发展中的瓶颈约束作用日益突出，对海洋资源、空间的依赖程度大幅提高。我国拥有约300万平方千米的主张管辖海域，蕴藏着丰富的油气、矿产和生物资源，面积大于500平方米的岛屿达6500多个。我国在大洋、极地和国际海底也有广泛的海洋利益。这些都为我国实现经济社会的永续发展提供了巨大的接替资源空间。从海上运输通道的安全看，我国经济已成为高度依赖海洋的开放型经济，对外贸易运输量的90%是通过海上运输完成的。当前，我国的利益遍布世界的每一个角落，海上运输通道的安全直接牵涉我国经济社会的可持续发展。此外，随着海洋开发利用强度的不断加大，海洋污染损害事件屡有发生，广大人民群众对美好海洋生态环境的要求更加迫切，对加快推进海洋生态文明建设、保障自身的环境权益有着新的期待。

建设海洋强国是维护我国海洋权益的紧迫需求。当今世界，随着海洋在沿海国家战略全局中的地位更加凸显，各国以维护和拓展海洋权益、空间为核心的海洋综合实力竞争愈演愈烈。可以预计，在未来相当长时间内，我国在维护国家海洋权益上面临的挑战将越来越多，海洋极有可能成为干扰我国发展战略机遇期和威胁国家安全的主要方向。一方面，沿海国家纷纷制定或调整海洋发展战略，加快海上力量建设并采取一系列先发制人的行动，加强对海洋的有效控制和对他国的战略钳制。某些大国凭借其海上优势，对我实施战略围堵。另一方面，全球范围的“蓝色圈地”运动挤压我未来的生存发展空间。目前，围绕南北两极和2.5亿平方千米公海的权益斗争持续升温，国际海底区域新矿物、新生物和新基因的争夺日趋白热化，南极的竞争暗流涌动，不少国家正在加紧对南极资源进行勘察，以便为日后商业性开采抢占先机。同时，环北极的一些国家更是纷纷采取实质性动作，宣示其对北极事务的主导权及主权要求。

通常，海洋强国是指在探索认知海洋、开发利用海洋、综合管控海洋方面具有强大实力的国家。海洋强国有几个特征：一是海洋经济要发达，二是海洋科技创新要强劲，三是海洋生态环境要优美，四是海防力量要强大，能有效捍卫国家主权，在维护海洋和平发展方面具有强大的实力。建设海洋强国，当前首先必须以党的十八大报告中的重要论述为指导，重点是提高海洋资源开发能力，发展海洋经济，改善海洋生态环境，坚决维护国家海洋权益。今后，随着工作实践的进一步展开，海洋强国的理论体系一定还会进一步丰富和完善。

三、谋划好、落实好海洋工作各项任务当前和今后一个时期的海洋工作，必须始终坚持以十八大精神为指导，按照建设海洋强国的要求来谋划，来开展。

一是要切实加大海洋生态文明建设力度。十八大报告提出要将生态建设融入到经济建设、政治建设、文化建设、社会建设各方面、全过程。海洋生态是整个生态文明建设的重要组成部分，美丽中国离不开美丽的海洋。建设海洋生态文明必须坚持陆海统筹，坚持规划用海、集约用海、生态用海、科技用海、依法用海，要将污染物排海总量控制落到实处。

二是要坚决维护海洋权益。要加强海洋战略问题、海洋立法问题、海洋管理体制问题的研究，加强对海上维权热点、重点、难点问题的对策研究，加强深海、极地战略问题研究。同时，要提升管控能力的建设，增强海上维权执法能力，推进极地破冰船、大洋科考船和海监船的建造。

三是要提高海洋资源开发能力。要从调查能力、技术培训、技术研发和人才队伍建设等多个角度去思考，去布局。

四是大力服务海洋经济发展。要依法依规开展服务，提升服务能力、水平和质量，特别是要注重绩效管理。

五是大力抓好海洋外交工作。我们要同世界各国包括周边国家开展海洋、极地方面的合作。加强与国际组织、研究机构的联系与沟通，在海洋科研、防灾减灾、国际培训方面继续拓展，取得新的成效。

六是高度重视海洋文化建设，增强全民族的海洋意识，打造海洋精神。我们的深潜精神、海监精神、极地精神、大洋精神都很好，应当继续发扬。同时要大力推进海洋知识进学校、进课堂、进教材，打造各种宣传教育平台。

七是要进一步加强党的建设。特别是要抓好基层党组织建设、党员干部队伍建设，保证全体党员在思想上、政治上、行动上都同以习近平同志为总书记的党中央保持高度一致，坚决贯彻党的理论和路线方针政策。要严明党的纪律，坚定不移地推进反腐败工作，保持海洋系统党员干部良好的形象。

同志们，让我们紧密团结在以习近平同志为总书记的党中央周围，高举中国特色社会主义伟大旗帜，以邓小平理论、“三个代表”重要思想、科学发展观为指导，解放思想，攻坚克难，为把我国建设成为海洋强国而努力奋斗，为我国全面建成小康社会、夺取中国特色社会主义事业的伟大胜利做出新的更大贡献！

关于建设海洋强国的若干思考

国家海洋局党组书记、局长　刘赐贵

（2012 年 11 月 26 日　中国海洋报）

党的十八大报告明确指出：“提高海洋资源开发能力，发展海洋经济，保护海洋生态环境，坚决维护国家海洋权益，建设海洋强国。”这是我们党准确把握时代特征和世界潮流，深刻总结世界主要海洋国家和我国海洋事业发展历程，统筹谋划党和国家工作全局而作出的战略抉择，充分体现了党的理论创新和实践创新，具有重大的现实意义和深远的历史意义。

海洋约占地球表面积的71%，与人类的生存息息相关，与国家的兴衰紧密相连。纵观世界历史，许多国家都曾走过因海而兴、依海而强的道路，葡萄牙、西班牙、荷兰、英国、日本、美国等西方国家的崛起就是如此。进入21世纪，海洋在国际政治、经济、军事、外交格局中的地位更加凸显。许多国家均以崭新的姿态走向世界，拥抱海洋。

我国既是一个陆地大国，也是一个海洋大国，在历史上也曾创造过优秀的海洋文明。但自明朝中叶以后，由于封建王朝漠视海洋，疏远海洋，最终沦入有海无防、丧权辱国的悲惨境地。新中国成立后，在毛泽东、邓小平、江泽民、胡锦涛、习近平等中央领导同志的亲切关怀下，我国的海洋事业快速发展，现已进入历史上最好的发展时期，加快建设海洋强国已经成为海内外中华儿女共同的心愿。

建设海洋强国的战略目标，是党中央在我国全面建成小康社会决定性阶段作出的重大决策，是中国特色社会主义道路的重要组成部分，是一条以海富国、以海强国、人海和谐、合作发展的道路。实现这一目标，需要海洋工作者以及全社会付出长期不懈的艰苦努力。从我国的现实国情出发，中国特色海洋强国的内涵应该包括认知海洋、利用海洋、生态海洋、管控海洋、和谐海洋等五个方面。

一、认知海洋

探索认知海洋是开发利用和保护海洋的先

决条件。人类对海洋的探索永无止境，只有全面、准确、深刻地了解海洋，掌握海洋的运动规律，才能为建设海洋强国提供坚实的科学依据。

一是要强化海洋科学研究。瞄准海洋领域的重大自然科学问题，加快基础研究，力争在知识创新上有所突破，对人类文明进步有所贡献。以技术创新为先导，提升海洋基础性、前瞻性、关键性技术研究与转化能力。加强深海生物基因研究，提高海洋探测技术研究水平。加强海洋防灾减灾技术攻关，提高海洋预报的精度和水平。建设常态化的海洋综合调查保障机制，不断丰富和更新海洋基础数据和资料。

二是要强化海洋专门人才的培养。面向建设海洋强国对各类人才的紧迫需求，要重点抓好海洋科技创新人才、海洋产业经营管理人才、海洋基础研究人才的培养。加快海洋高等教育和职业技术教育发展，壮大海洋人才队伍，优化海洋人才结构。加强高层次创新型领军人才培养，完善海洋人才工作体制机制。

三是要强化全民族的海洋意识。加大海洋文化和海洋宣传工作力度，扩大海洋科技、经济、法律等知识的普及面，凝练和弘扬包括深潜精神、海监精神、极地精神、大洋精神在内的海洋精神。发展公益性海洋文化事业，繁荣海洋文化产业，打造海洋宣传、文化的精品力作，努力在全社会形成关注海洋、热爱海洋、保护海洋的浓厚氛围，不断为建设海洋强国注入精神动力。

二、利用海洋

科学合理地开发利用海洋，发展壮大海洋经济是人类文明进步的重要标志，也是实现海洋资源环境可持续发展的必然要求。

一是要强化规划和区划的引领作用。坚持陆海统筹，完善全国和省级海洋功能区划体系，做好海洋事业发展规划、海洋经济规划、海岛保护规划同其他规划、区划的衔接与配合。加强海洋规划、区划的组织实施与监督检查，提高海洋开发利用行为的宏观管理水平，优化海洋开发的空间布局，使规划、区划在沿海地区经济社会发展中的调节作用得到充分发挥。

二是要提高海洋开发利用水平。围绕传统海洋产业改造升级、新兴海洋产业培育中遇到的技术瓶颈，加大产、学、研联合攻关力度，促进海洋经济又好又快发展。围绕资源高效集约利用，着力突破海洋油气勘探开发、海水综合利用等关键技术。围绕海洋生物资源开发，着力突破远洋渔业捕捞技术、海水增养殖技术、耐盐作物培育技术，使科技在海洋开发利用中的贡献率得到持续提升。

三是要提升海洋调查评价能力。着眼增加我国战略资源储备，拓展国家发展战略空间，做好大洋资源勘查工作。积极推进南北极科学考察。进一步推动载人深潜技术发展，使其保持国际领先水平。努力提高深海大洋探采设备国产化水平，大力推进深水油气生产作业装备、深海通用材料研发，增强深海开发重大装备的设计与制造能力。

三、生态海洋

海洋生态文明是我国生态文明建设不可或缺的重要组成部分，美丽中国离不开美丽海洋。要自觉把海洋生态文明建设融入经济建设、政治建设、文化建设、社会建设的各方面和全过程。

一是要坚持“五个用海”的总体要求。坚持规划用海，严格实施海洋功能区划，全面提升海洋功能区划的科学性、前瞻性；坚持集约用海，鼓励实行集中适度规模开发，提高单位岸线和用海面积的投资强度，严格执行围填海计划管理制度，建立健全海域资源市场化配置机制；坚持生态用海，以资源节约、环境友好的方式开发使用海域，维护保持我国海洋生态系统基本功能，保护重要海洋生态区域；坚持科技用海，提高对海洋资源环境变化规律的认识，推动海洋关键技术转化应用和产业化，培育和建设科技兴海产业示范基地，大力发展海洋战略性新兴产业；坚持依法用海，进一步完善海域使用管理法律法规体系，依法审批用海，坚决查处违法用海，违规批海。

二是要推进海洋生态文明示范区建设。有效控制入海污染物排放，加强海洋保护区建设和管理。强化海洋环境监测评估，有计划、有重点地开展受损严重的海岸线、海岛、海域环境的整治与修复。通过行政、法律、经济等多种手段，逐步形成有力促进海洋生态文明建设的产业结构、发展方式和消费模式。

四、管控海洋

综合管控海洋是建设海洋强国的重要保障。除了要有与本国国情相适应的海上防卫力量外，还应形成综合运用行政、法律、经济等手段、中央与地方相结合、政府主导与社会参与相协调的管控格局。

一是要完善海洋法律法规。在现有海洋法律法规基础上，进一步完善海洋法律法规体系。如尽快出台《海洋基本法》；继续推动《海洋环境保护法》及其配套法规的修订；促进《南极活动管理条例》、《渤海区域管理法》、《大洋矿产资源开发管理法》、《领海基点保护条例》的立法进程。

二是要强化海洋综合管理。建立有权威、效率高、职能相对集中、权责一致的海洋行政管理体制和海上执法体制，统筹对内行政执法和对外维权执法，为建设海洋强国提供组织机构保障。提高海域和海岛使用、海洋污染控制和生态环境保护的监管效率和服务水平。严格查处违法行为，规范海洋开发利用秩序。

三是要提高海洋维权执法能力。强化对我国管辖海域的定期维权巡航执法，完善海监、军方、外交三位一体的海上维权执法协调配合机制。稳步推进西沙、中沙、南沙等重点岛礁的建设。保障海上通道航行安全，为维护和拓展我国的海外利益提供安全保障。深入开展海洋维权法理和对策研究。不断提升维权执法基地和执法装备的现代化水平，继续推进极地破冰船、大洋科考船和海监船的建造。

五、和谐海洋

建设持久和平、共同繁荣的和谐世界，是各国人民的共同愿望。虽然我国维护海洋权益的任务十分艰巨，但仍致力于使海洋成为沿海国家的合作之海、友谊之海。

一是要秉持合作共赢的海洋外交方针。以邓小平理论、“三个代表”重要思想和科学发展观为指导，以“与邻为善、以邻为伴、和平友好、合作共赢”为方针，建设具有中国特色的和平海洋外交发展之路。

二是要深化拓展双边与地区海洋领域合作。在维护国家领土主权和海洋权益的前提下，统筹维权与维稳两个大局。做好南海区域的海洋预报减灾工作。推动我国与南海及印度洋、太平洋周边国家在海洋环保、科技、海啸、风暴潮领域的合作，培养海洋领域外国专家，密切我与发展中国家的合作关系。

三是要全面参与国际海洋事务。积极参与联合国相关海洋事务，提高参与国际海洋规则制定和海洋事务磋商能力，准确把握国际海洋秩序发展形势。深入参与海洋环保、海底资源开发、渔业资源管理、海事与救助等涉海国际公约、条约、规则的制定和修订工作。积极开展与相关国家及国际组织的国际海洋合作与技术培训，提升我国对国际海洋事务的影响力。

海洋强国的内涵十分丰富，不可能一成不变，必将随着建设海洋强国的伟大实践而不断充实和完善。当前，建设海洋强国的宏伟目标已经确定，广大海洋工作者要紧密团结在以习近平同志为总书记的党中央周围，进一步增强做好海洋工作的紧迫感、责任感和使命感，攻坚克难，奋力拼搏，为实现中华民族的伟大复兴做出新的更大的贡献！

2012 年大事记

1 月 1 日，《中华人民共和国海域使用管理法》实施 10 周年纪念日。

1 月 4 日，第 28 次南极考察队胜利抵达南极“昆仑”站。

1 月 6～7 日（北京时间 1 月 7～8 日），中国赴南极“长城”站视察慰问政府代表团先后访问考察了俄罗斯、智利、韩国和乌拉圭 4 国的南极科教站，对 4 国科考站装备建设和科考工作开展情况进行了调研。

1 月 18 日，国家海洋局批准了沿海各地上报的《海洋经济运行监测评估系统建设实施方案》。

1 月 19 日，中共中央政治局常委、国务院副总理李克强来到国家海洋环境预报中心，通过视频和电话连线，向正在冰雪极地和辽阔大洋执行科学考察任务的科考队员致以节日的问候和新春的祝福，并考察了海洋预报和卫星应用工作。

同日，国家海洋局党组书记、局长刘赐贵向正在南北极执行考察任务的我国第 28 次南极科学考察队暨“长城”站、“中山”站、“昆仑”站、“雪龙”船和北极“黄河”站全国考察队员发出了新春慰问电。

1 月 20 日，国家海洋局党组召开会议，传达中央领导在中纪委七次全会上的重要讲话，国务院领导在春节慰问极地大洋考察队员活动上的重要讲话精神，研究部署贯彻落实工作措施。

1 月 30 日，国家发改委和国家海洋局在京召开《全国海洋经济发展规划（2011 年～2015 年）》专家评审会。

2 月 2 日，国家海洋局党组书记、局长刘赐贵在京同中央军委委员、海军司令员吴胜利和海军政治委员刘晓江，就促进我国海洋事业发展进行沟通交流。

2 月 6 日，国务院办公厅发布《关于加快发展海水淡化产业的意见》。

2 月 10～12 日，“走向大洋 20 年”——中国大洋矿产资源研究开发协会成立 20 周年成果展览会在京举行。

2 月 16 日，正在美国访问的国家副主席习近平在加利福尼亚州洛杉矶市参观考察中海运洛杉矶码头。

同日，国家海洋局党组书记、局长刘赐贵主持召开国家海洋局专题会议，研究部署 2012 年海洋立法工作。

2 月 20 日，中共中央政治局常委、国务院副总理李克强视察中船江南造船基地。

同日，国家海洋局与财政部联合制定并印发《2012 年海洋可再生能源专项资金项目申报指南》。

3 月 1 日，国务院总理温家宝签署第 615 号国务院令，公布《海洋观测预报管理条例》。

同日，经国务院批准，国家海洋局、民政部受权公布我国钓鱼岛及其部分附属岛屿标准名称。

同日，国家海洋局 2012 年度党建和思想政治工作会议在北京召开。国家海洋局党组书记、局长刘赐贵出席会议并讲话。

3 月 2 日，“海洋二号”卫星在轨交付仪式在京举行。

同日，国家海洋信息中心、中山大学共建海洋经济研究中心签字仪式在京举行。

3 月 3 日，国务院正式批准《全国海洋功能区划（2011 年～2020 年）》。

3 月 6 日，国家海洋局党组书记、局长刘赐贵在京会见澳门特别行政区行政长官崔世安。

3 月 8 日，辽宁省海洋与渔业厅信息中心更名为辽宁省海域和海岛使用动态监视监测中心。

3 月 9 日，国家海洋局发布《2011 年中国海洋经济统计公报》。

同日，国家海洋局印发《关于开展国家海域动态监视监测管理系统运行情况检查的通知》。

3 月 14 日，全国人大代表，国家海洋局党组书记、局长刘赐贵主持召开国家海洋局党组扩大会议，学习贯彻十一届全国人大五次会议和全国政协十一届五次会议精神。

3月16日，国家海洋局发布《2011年中国海洋行政执法公报》。

3月22日，国家海洋局局长刘赐贵在京会见印度尼西亚海洋与渔业部部长沙立夫•苏达旧和秘书长盖尔文•朱素夫一行。

3月23日，国家海洋局局长刘赐贵出席中国国家主席胡锦涛为印度尼西亚总统苏西洛•尤多约诺举行的欢迎仪式，并参加了双边会议。

3月26日，国家海洋局和国家文物局联合召开我国管辖海域内文化遗产联合执法专项行动启动仪式电视电话会议。国家海洋局党组书记、局长刘赐贵，文化部副部长、国家文物局党组书记、局长励小捷出席会议并作重要讲话。

3月27日，国家海洋局党组书记、局长刘赐贵主持召开党组扩大会议。学习贯彻国务院第五次廉政工作会议精神。

3月28日，国家海洋局和中国航天科技集团公司战略合作框架协议签字暨海洋遥测工程技术研究中心揭牌仪式在京举行。

3月31日，中共中央政治局常委、国务院副总理李克强乘高铁自海口至博鳌途中，听取海南国际旅游岛铁路和交通建设情况汇报。

同日，国务院批准天津、河北等6省（市）15个海域，共60个海洋功能区的修改。

同日，中国海洋工程咨询协会一届三次理事会议暨首届海洋工程科学技术奖和“双十佳”颁奖大会在京举行。

4月5日，中共中央政治局委员、广东省委书记汪洋在广州会见到广东调研的国家海洋局党组书记、局长刘赐贵。

4月8日，中国第28次南极考察队圆满完成各项考察任务后返抵上海。国家海洋局党组书记、局长刘赐贵，上海市副市长沈骏出席欢迎仪式。

4月9日，海南省海洋与渔业厅印发《关于进一步规范填海计划指标申请审批工作的指导意见》。

4月10日，河北省海洋局印发《海籍变更调查实施方案》。

4月11日，国家海洋局党组书记、局长刘赐贵主持召开局党组会议，传达学习温家宝总理在福建考察时关于“加快发展海洋经济”的重要讲话精神。

4月11～12日，第一届中国海洋可再生能源发展年会暨论坛在京举行。

4月17日，国务院总理温家宝和泰国总理英拉出席《中华人民共和国国家海洋局与泰国自然资源与环境部关于建立气候变化与海洋生态系统联合实验室的安排》签字仪式。

4月18日，国家海洋调查船队成立大会暨成员船签约仪式在京举行。

4月19日，经国务院批准，《全国海岛保护规划》由国家海洋局正式公布实施。

4月20日，国家海洋局局长刘赐贵陪同国务院总理温家宝，前往冰岛共和国访问并出席两国总理间的双边会谈。

4月22日，中共中央政治局常委、中央纪委书记贺国强考察中石化集团齐鲁石化公司胜利炼油厂联合装置。

4月23日，应丹麦气候、能源和建筑部邀请，中国国土资源部部长徐绍史、国家海洋局局长刘赐贵访问该部，并与莫顿•柏克副常务秘书举行了工作会谈。

4月26日，全国海洋经济专题培训班在京举行。国家海洋局党组成员、副局长王宏出席开班仪式并讲话。

5月9日，中国首座代表世界最先进水平的第六代半潜式深水钻井平台“海洋981”在南海成功开钻。

5月11日，国家海洋局和国家标准化管理委员会联合发布《全国海洋标准化“十二五”发展规划》。

同日，国家海洋局发出《关于做好2012年汛期海洋防灾减灾工作的通知》。

5月14日，国家海洋局发布批准海域使用论证资质单位的公告，准予17家单位为海域使用论证资质单位，其中10家单位资质晋级，7家单位新申请资质。

5月18日，国家海洋局与国家开发银行在京共同签署《规划合作协议》。国家海洋局党组书记、局长刘赐贵与国家开发银行股份有限公司党委书记、董事长陈元进行了会谈并出席签约仪式。

同日，科技部“863”计划海洋技术领域办公室在厦门组织召开会议，正式启动深水与极地生物探测获取与应用技术系统研究、典型海洋生物重要功能基因开发与利用、海洋生态环境高通量生物检测技术开发、远洋渔业捕捞与加工关键技术研究等 4 个主题海洋生物项目，国拨经费总额达 1.58 亿元。

5 月 19 日，中共中央政治局委员、国务院副总理王岐山宣布 2012 年“中国旅游日”主题活动开幕。

同日，中共中央政治局委员、天津市委书记张高丽会见国家海洋局党组书记、局长刘赐贵一行。

5 月 20 日，联合国教科文组织政府间海洋学委员会、世界气象组织亚太区域海洋仪器检测评价中心在天津正式成立。

5 月 25 日，第十届中国国际航海博览会暨中国（青岛）国际船艇展览会在青岛奥帆中心开幕。

6 月 3 日～7 月 16 日，蛟龙号载人潜水器 7000 米级海试队奔赴马里亚纳海沟，执行并圆满完成 7000 米级海试任务。

6 月 4 日，国家海洋局批准同意夏金海缆铺设施工，该条光缆是海峡两岸首条直接通信的海底光缆。

6 月 5 日，国家海洋局召开 2012 年汛期海洋灾害应急管理视频会议，王宏副局长出席会议并发表重要讲话。

同日，福建省海洋与渔业厅印发《关于进一步规范项目用海审批工作的通知》。

6 月 8 日，2012 世界海洋日暨全国海洋宣传日主场活动，由国家海洋局、中国海洋石油总公司、保护国际基金会主办的“蓝色海洋 你我同行”中外优秀海洋影片巡展首映礼暨年度海洋人物颁奖仪式在北京举行。

6 月 11 日，胡锦涛总书记在中国科学院第十六次院士大会、中国工程院第十一次院士大会上发表重要讲话。

同日，国家海洋局党组书记、局长刘赐贵，中国地质调查局党组成员、纪检组组长李海清通过视频通话对正在马里亚纳海沟执行 7000 米级海试任务的蛟龙号载人潜水器海试队进行了亲切慰问。

6 月 15 日，在马里亚纳海沟试验区，我国首台自行设计、自主集成的大深度载人潜水器蛟龙号进行了 7000 米级海上试验第一次下潜。试航员叶聪、崔维成和杨波驾驶蛟龙号潜海 467 分钟，完成 80 余项试验内容，最深到达 6671 米，创造了我国载人潜水器海底下潜最大深度纪录。

6 月 18 日，国家海洋事业发展高级咨询委员会第二次会议在北京召开。中共中央政治局原委员、国务院原副总理、高咨委总顾问曾培炎出席会议并讲话。

6 月 20～21 日，中国共产党国家海洋局直属机关第七次代表大会在北京举行。

6 月 21 日，国务院批准撤销海南省西沙群岛、南沙群岛、中沙群岛办事处，设立地级三沙市，管辖西沙群岛、中沙群岛、南沙群岛的岛礁及其海域。三沙市人民政府驻西沙永兴岛。

6 月 24 日，蛟龙号载人潜水器 7000 米级海试现场再传捷报——蛟龙号在马里亚纳海沟完成第四次下潜任务时首次突破 7000 米，最大下潜深度达到 7020 米，国家海洋局党组书记、局长刘赐贵，国家海洋局党组成员、副局长、海试领导小组级长王飞在位于北京的蛟龙号海试陆基保障中心通过视频连线对蛟龙号海试队和正在 7020 米深海执行任务的潜航员叶聪、刘开周、杨波进行慰问。

同日，国务院副总理李克强致信祝贺蛟龙号载人潜水器突破 7000 米深度。

同日，国务委员刘延东致信祝贺蛟龙号载人潜水器突破 7000 米深度。

6 月 27 日，蛟龙号载人潜水器再次向深海挺进，成功下潜到 7062 米深度，创造了我国载人深潜乃至世界同类作业型载人潜水器下潜的新纪录。

6 月 28 日，2012 年韩国丽水世界博览会中国国家馆日活动在丽水举行，国务院副总理王岐山率中国政府代表团赴韩国出席国家馆日活动。

6 月 29～30 日，中共中央政治局常委李长春在辽阳石化公司、渤海石油装备制造有限公司辽河重工公司海工基地考察。

6 月 30 日，随着在马里亚纳海沟试验区进行 7000 米级海试第六次下潜的蛟龙号返回母船，蛟龙号载入潜水器 7000 米级海试圆满、超今年海试预定的全部试验任务。

7月2日，中国第五次北极科学考察队乘“雪龙”号科学考察船从青岛市奥帆中心码头起航，奔赴北极执行科学考察任务。

7月6日，国家海洋局海域管理司增设海籍管理处。

7月9～10日，全国海洋厅局长座谈会在北京举行。国家海洋局党组书记、局长刘赐贵出席座谈会并讲话。

7月9～12日，第四届东亚海大会及东亚海可持续发展部长论坛在韩国昌原召开，国家海洋局副局长陈连增率中国代表团参加了大会和部长论坛。

7月12日，河北省人民政府出台《关于进一步加强和规范海洋开发管理的意见》。

7月16日，国务院副总理李克强致信祝贺蛟龙号海试成功。

7月20日，国家海洋局党组书记、局长刘赐贵主持召开党组会议，集中学习《中央办公厅、国务院办公厅关于加强和改进中央和国家机关纪检监察组织建设的意见》和《中央纪委关于部分中央和国家机关对所属单位开展巡视工作的意见（试行）》，并对这两个重要文件的贯彻落实进行了研究部署。

7月21日，中共中央政治局委员、国务院副总理张德江视察中国船舶重工股份有限公司重齿公司风电产业园。

7月22日，全国海洋违法举报电话12323开通试运行。全国沿海地区用户可直接拨打12323举报海洋违法行为。

7月25日，我国近海海洋综合调查与评价专项（“908”专项）的重要成果——《中国区域海洋学》、《中国海洋物种和图集》首发仪式在京举行。

7月26日，国家海洋局党组书记、局长刘赐贵主持召开局党组会议，深入学习胡锦涛总书记在省部级主要领导干部专题研讨班上的重要讲话精神。

7月31日，我国新建极地科学考察破冰船基本设计合同签约仪式在国家海洋局举行。国家海洋局副局长陈连增、芬兰驻华使馆公使高宝兰女士以及有关部门领导出席仪式。

8月4日，我国首次在极地地区及深远海成功布放大型海气耦合浮标。

8月12日，中国第五次北极考察队在完成了我国北极科教首次在北冰洋——大西洋扇区挪威海、格陵兰海所开展的海洋水文与大气、海洋地质地球物理、海洋化学、海洋生物与生态等多学科综合环境考察后，于北京时间8月13日23时左右，抵达位于北纬62°10′、西经19°70′的冰岛附近海域发展以海洋地质学为主的海洋调查。

8月15日，国家海域动态监视监测管理系统对钓鱼岛、黄岩岛及西沙群岛等海域进行高分辨率卫星遥感监测。

8月16日，天津市发改委、海洋局联合印发《〈围填海计划管理办法〉实施细则》。

8月17日，冰岛共和国总统奥拉维尔•格里姆松及夫人来到停靠在雷克雅未克港的“雪龙”号船上参观访问。

8月20日，广东省委、省政府召开全省实施《广东省海洋经济综合试验区发展规划》工作会议。

8月21日，山东省海洋与渔业厅出台《山东省区域建设用海管理办法（试行）》。

同日，海峡第一条直通光缆——厦金海缆在厦门建成，国家海洋局党组书记、局长刘赐贵受邀在光缆建成庆典仪式上致辞。

同日，财政部、国家海洋局联合印发《中央海岛保护专项资金管理办法》。

8月24日，历经两个航次共34天的西沙群岛地名普查场调查任务圆满完成。

8月29日，中国“大洋一号”科考船完成为期9天的中国尼日利亚联合海洋调查航次，返航停靠尼日利亚拉各斯阿帕帕港。

8月30日，国务院总理温家宝和德国总理安格拉•默克尔参加《中华人民共和国国家海洋局与德意志联邦共和国联邦教育和研究部关于加强中德海洋与极地领域合作的联合声明》签字仪式。

同日，国家海洋局局长刘赐贵在京会见欧洲气象卫星应用组织主席阿兰•拉古埃一行。双方共同签署了《中欧海洋卫星数据应用与交换合作谅解备忘录》。

9月6日，由外交部条法司、国家海洋局国际合作司联合主办，中国海洋法学会承办，中国国际法学会协办的《联合国海洋法公约》开放签署 30 周年学术研讨会在北京举行。

9 月 10 日，中华人民共和国政府发表声明，公布了钓鱼岛及其附属岛屿的领海基线。

9 月 11 日，国家海洋局印发《领海基点保护范围选划与保护办法》。

9 月 14 日，全国人民代表大会财政经济委员会副主任委员彭小枫率全国人大财经委航天法立法调研组到国家卫星海洋应用中心、国家海洋环境预报中心调研。

9 月 15 日，中国海岛网受权发布钓鱼岛及其部分附属岛屿地理坐标和相关图件。

9 月 18～19 日，第 17 次全国海岛联席会议在大连长海县召开。会议主题为“新技术新材料在海岛保护与开发中的应用”。

9 月 21 日，全国人大常委会委员长吴邦国在乌兹别克斯坦友好访问时视察中石油中乌天然气管道项目部。

同日，经国务院批准，国家海洋局、民政部发布钓鱼岛等岛屿及其周边海域部分地理实体的标准名称及位置示意图。

9 月 25 日，中共中央总书记、国家主席、中央军委主席胡锦涛出席我国第一艘航空母舰“辽宁舰”交接入列仪式，为“辽宁舰”授旗登舰视察。

同日，国家海洋局印发《关于在无居民海岛周边海域开展围填海活动有关问题的通知》。

9 月 26 日，财政部、国家海洋局印发《全国海域地名普查专项资金管理暂行办法》。

10 月 10 日，国务院批准辽宁省、河北省、天津市、山东省、江苏省、浙江省、福建省、广西壮族自治区 8 个沿海省级海洋功能区划（2011～2020 年）。

10 月 12 日，国家海洋局批准同意福州—台北淡水海缆项目（TSE-1）海底光缆铺设施工，该条海底光缆是首条大陆直通台湾本岛的海底光缆。

10 月 24～27 日，2012 中国极地科学学术年会在浙江省杭州市举行。

10 月 26 日，新中国成立以来调查规模最大、涉及学科最全、采用技术手段最先进的国家综合性专项——我国近海海洋综合调查与评价专项在北京顺利通过总验收。

同日，“科学发展 成就辉煌”大型图片展在北京展览馆展出。由国家海洋局展出的蛟龙号载人潜水器模型受到党和国家领导人的关注，胡锦涛、吴邦国、贾庆林、习近平、李克强、贺国强、周永康等中央政治局常委，先后驻足观看，关心地询问蛟龙号研制、海试、未来应用等情况。国家海洋局党组书记、局长刘赐贵到现场一一作了简要介绍。

10 月 31 日，第二次全国海岛资源综合调查专项正式获国务院批准实施。

11 月 1 日，国务院批准广东省、海南省、上海市 3 个沿海省级海洋功能区划(2011—2020 年)。

11 月 2 日，2012 年厦门国际海洋论坛在厦门国际会议中心开幕。

11 月 4 日，作为 2012 厦门国际海洋周主要活动之一的首届海洋女科学家论坛开幕，200 余名中国女性海洋科技人才参加会议，以“蓝色经济，绿色增长中女性科学家的影响力”为主题进行研讨。

11 月 5 日，中国第 29 次南极考察队乘“雪龙”号极地科学考察船驶离广州前往南极执行科学考察任务。

11 月 5～8 日，国家海洋局举办全国首期海域评估培训班。

11 月 6 日，国家海洋局发布《关于 2012 年海域使用论证资质单位年度检查情况的通报》。

11 月 7 日，国家海洋局编制并印发《领海基点保护范围选划技术规程（试行)》。

11 月 9 日，国家海洋局印发《关于开展国家海岛监视监测系统部署和运行的通知》。

11 月 13 日，山东省人民政府印发《关于贯彻实施〈山东省海洋功能区划（2011～2020 年）〉的通知》。

同日，福建省纪委、监察厅和海洋与渔业厅联合召开全省海域资源市场化配置工作推进会。

11 月 14 日，国家海洋局党组书记、局长刘赐贵当选为中央纪律检查委员会委员。

同日，3000 吨级海监 137 船入列中国海监东海总队，并将赴我国东海海域执行定期维权巡航任务。

11 月 15 日，国家海洋局发布《关于国家海域动态监视监测管理系统运行检查情况与考评结果的通报》。

11 月 17 日，国家海洋局党组下发通知，要求沿海各省（区、市）及计划单列市海洋厅（局），国家海洋局局属各单位、局机关各部门认真传达学习贯彻党的十八大精神。

11 月 20 日，中国海监执法编队在钓鱼岛领海内巡航，对非法进入我领海活动的日方船只进行监视取证，同时喊话严正声明我国立场。

11 月 22～23 日，第三届大陆架和国际海底区域制度科学与法律问题国际研讨会在京召开。

11 月 24～26 日，主题为“强化海岛综合管理，依法保护开发海岛”的 2012 年海岛论坛在广东省珠海市召开。

11 月 27 日，山东省海洋与渔业厅出台《山东省区域建设用海规划范围内经营性项目用海登记规程（试行）》、《山东省区域建设用海规划范围内非经营性公共设施项目用海登记规程（试行）》。

同日，浙江省人大颁布《浙江省海域使用管理条例》。

12 月 3 日，国家海洋局印发《领海基点保护范围选划技术规程（试行）》，用于指导和规范领海基点保护范围选划工作。

同日，“908 专项”海岸线调查资料交接仪式在北京举行。

12 月 4 日，国家海洋局组织编制的《中国钓鱼岛地名册》由海洋出版社正式对外出版发行。

12 月 5 日，中共中央政治局委员、天津市委书记孙春兰在津会见了参加第二届亚太经合组织（APEC）蓝色经济论坛的国家海洋局党组书记、局长刘赐贵一行。

12 月 8 日，中共中央总书记、中央军委主席习近平在海军“海口舰”上考察。

12 月 10～11 日，由中国海洋学会和台湾海洋及水下技术协会共同举办的第三届海峡两岸海洋论坛在台北市举行。

12 月 11 日，国家海洋信息中心与中国海事服务网在京签署汐潮流预报数据产品发布合作协议，并举行在线潮汐表上线仪式。

12 月 12 日，国家海洋局印发《国家海洋局关于对区域用岛实施规划管理的若干意见》。

12 月 13 日，国家海洋局组织中国海监开展钓鱼岛海空立体巡航。

同日，2012 中国海洋经济博览会在广州开幕。

12 月 17 日，国家海洋局党组书记、局长刘赐贵主持召开党组扩大会议，传达学习了中央经济工作会议精神。

同日，国家海洋局发布《关于在全国推行招拍挂出让海砂开采海域使用权的通告》。

同日，浙江省海洋与渔业局会同浙江省发改委出台《浙江省围填海计划指标管理实施办法》。

12 月 21 日，2012 年度海洋工程科学技术奖评审委员会会议在北京召开。

12 月 22 日，我国西太平洋海洋环境放射性监测 2012 年度第 2 航次任务圆满完成。

12 月 25 日，国家海洋局认定辽宁大连现代海洋生物产业示范基地、江苏大丰海洋生物产业园和福建诏安金都海洋生物产业园为国家科技兴海产业示范基地。至此，我国国家科技兴海产业示范基地数量为 4 个。

12 月 27 日，“我们的海洋”为主题的第一届海洋中国新年音乐会在北京人民大会堂开帷。

12 月 28 日，国家海洋局印发《关于全面实施以市场化方式出让海砂开采海域使用权的通知》。

同日，福建省海洋与渔业厅印发《关于进一步优化海域使用审批程序的意见》。

海洋法规和文件选编

全国海洋经济发展“十二五”规划

（2012 年 9 月 16 日）

第一章　规划背景

“十一五”期间，我国海洋经济快速发展并取得显著成就。同时，受国际金融危机等不利因素影响，海洋经济发展也面临着严峻挑战。

第一节　发展成就

海洋经济总量持续快速增长。“十一五”期间，我国海洋经济年均增长 13.5%，持续高于同期国民经济增速。2010 年，海洋生产总值近 4 万亿元，比“十五”期末翻了一番多；海洋生产总值占国内生产总值和沿海地区生产总值比重分别为 9.9%和 16.1%，较“十五”期末分别提高了 0.3 个和 0.8 个百分点；涉海就业人员 3350 万人。海洋经济已经成为拉动国民经济发展的有力引擎。

沿海地区产业集聚水平显著提高。随着我国参与经济全球化程度不断加深，沿海地区区位优势日益凸显，产业空间布局趋于优化。“十一五”期间，国家加强了对沿海地区经济发展的分类指导，相继出台了一系列发展规划，沿海地区增长极不断涌现，一批临港临海产业园区快速崛起，海洋经济的规模效益明显提升。环渤海、长江三角洲和珠江三角洲地区海洋经济规模不断扩大，2010 年三大区域海洋生产总值占全国海洋生产总值的比重达 88%。

海洋新兴产业快速起步。海洋技术创新取得新突破，海上风能发电技术进入商业化运行阶段，潮流能、波浪能发电技术进入示范运行阶段，海水提取钾、溴、镁技术进入工业化试验阶段。以海洋高技术为支撑的海洋新兴产业快速发展，年均增速超过 20%。2010 年，海水利用业增加值近 9 亿元，比“十五”期末翻了一番多；海洋可再生能源业增加值近 40 亿元，比“十五”期末翻了三番多。同时，邮轮游艇、休闲渔业、海洋文化、涉海金融及航运服务业等一批新型服务业态加快发展，成为“十一五”期间海洋经济发展的新亮点。

重大海洋基础设施建设取得突破性进展。2010 年，沿海港口千吨级以上泊位通过能力超过 55 亿吨，深水泊位 1774 个，较“十五”期末分别新增 30 亿吨和 661 个，港口设施大型化、规模化、专业化和航道深水化水平大幅提升。青岛海湾大桥、杭州湾跨海大桥、舟山跨海大桥、平潭海峡大桥、厦漳跨海大桥、南澳跨海大桥、港珠澳大桥、青岛胶州湾海底隧道、崇明长江隧道、厦门翔安海底隧道等一批跨海桥梁和海底隧道相继建成或开工建设。重大海洋基础设施的不断完善，加快了生产要素流动与区域经济融合，促进和支撑了沿海地区经济发展。

海洋产业的国际地位和影响力不断提升。我国海运能力不断提高，截至 2010 年底，超过亿吨的港口 20 余个，货物吞吐量连续 7 年保持世界第一；海洋油气生产跨入大国行列，2010 年海洋油气产量超过 5000 万吨油当量；造船能力全面提升，2010 年造船工业的造船完工量、手持订单量、新承接订单量均居世界第一，船舶出口覆盖全球 169 个国家和地区；海水工厂化养殖和远洋渔业捕捞能力显著增强，海洋水产品加工和出口能力不断提高。随着海洋产业国际地位的提升，我国海洋经济的国际竞争力和抗风险能力进一步增强。

第二节　机遇挑战

经过“十一五”时期的发展，我国海洋经济迈上新台阶，站在了新的历史起点上。“十二五”时期是加快海洋经济发展方式转变的重要阶段，必须科学判断和准确把握发展趋势，充分利用好各种有利条件，努力保持海洋经济长期平稳较快发展。

从国际看，经济全球化深入推进，国际产业分工和转移加快，科技创新孕育新的突破，新技术的推广和应用促进了海洋经济结构转型升级，这为我国加快实施海洋经济“走出去”战略，推进海洋经济在更广范围、更大规模、更深层次上参与国际合作与竞争，进一步拓展新的开放领域和发展空间提供了良好条件。同时，受国际金融危机影响，全球经济发展和市场需求仍存在诸多不确定性，各种形式的保护主义抬头；随着能源资源竞争的不断加剧，围绕海洋资源的权益争夺将愈演愈烈；地区性摩擦和冲突频发，主要国际航线面临的非传统安全领域威胁日趋严峻；海洋生态环境约束日益显现，全球气候变化与海洋灾害影响加剧等问题更加突出，这些因素对我国海洋经济发展提出了严峻挑战。

从国内看，我国综合国力稳步增强，工业化、城镇化深入发展，经济发展方式加快转变，市场需求潜力不断扩大，科技教育水平显著提升，基础设施日趋完善，宏观调控能力明显提高，为海洋经济加快发展创造了良好条件。同时，海洋经济发展中不平衡、不协调和不可持续的问题依然突出，粗放增长方式尚未根本转变，产业结构和布局不尽合理，自主创新和技术成果转化能力不强，资源与生态环境约束加剧，保障发展的体制机制尚不完善，这些因素仍制约着我国海洋经济的持续健康发展。

第二章　总体要求

按照全面建设小康社会的总体部署和《中华人民共和国国民经济和社会发展第十二个五年规划纲要》有关要求，确定“十二五”时期海洋经济发展的指导思想、基本原则和总体目标。

第一节　指导思想

以邓小平理论和“三个代表”重要思想为指导，深入贯彻落实科学发展观，坚持陆海统筹，科学规划，合理布局，着力推进海洋产业结构调整升级，增强科技创新能力，强化海洋资源节约集约利用和生态环境保护，完善体制机制，全面提升我国海洋经济可持续发展能力、国际竞争能力和抗风险能力。

第二节　基本原则

陆海统筹，联动发展。统筹陆海资源配置，统筹陆海经济布局，统筹陆海环境整治和灾害防治，统筹陆海开发强度与利用时序，统筹近岸开发与远海空间拓展，全面提高综合开发水平。

结构调整，优化发展。调整产业结构，优化空间布局，合理配置生产要素，改造提升海洋传统产业，培育壮大海洋新兴产业，积极发展海洋服务业，统筹安排各行业用海，加快转变海洋经济发展方式。

生态优先，绿色发展。统筹考虑海洋生态环境保护与陆源污染防治，大力发展海洋循环经济，加强海洋资源节约集约利用，推进海洋产业节能减排与清洁生产，强化海洋生态环境保护和防灾减灾，不断增强海洋经济可持续发展能力。

科技引领，创新发展。完善科技创新体系，着力提升海洋科技自主创新和成果转化能力，发挥科技的支撑引领作用，注重海洋人才培养，改革和创新海洋管理体制，增强海洋经济发展的内生动力和竞争能力。

国际视角，开放发展。充分利用“两个市场”、“两种资源”，积极参与经济全球化，继续实施“走出去”战略，进一步扩大双边、多边经贸合作，加快提升海洋经济对外开放水平。

第三节　总体目标

综合考虑未来海洋经济发展趋势，确定“十二五”时期全国海洋经济发展的主要目标：

海洋经济总体实力进一步提升。海洋经济平稳较快发展，海洋经济增长质量和效益明显提高。海洋生产总值年均增长 8%，2015 年占国内生产总值的比重达到 10%。海洋经济对就业的拉动作用进一步增强，新增涉海就业人员 260 万人。

海洋科技创新能力进一步加强。海洋领域研究与试验发展经费占海洋生产总值比重稳步提升。2015 年，海洋科技成果转化率达到 50%以上，海洋科技对海洋经济的贡献率达到

60%以上。

海洋可持续发展能力进一步增强。海洋资源节约集约利用程度进一步提高，海洋环境恶化趋势得到有效遏制，氮、磷等主要入海污染物排放总量得到初步控制，近岸海域水质总体保持稳定。长江、黄河、珠江等重要河流入海口和渤海等重点海域的水质有所改善。新建各级各类海洋保护区 80 个，2015 年海洋保护区面积占管辖海域面积的比重达到 3%。海洋防灾减灾能力显著增强。

海洋产业结构进一步优化。海洋传统产业升级加快；海洋新兴产业实现突破性进展，2015 年增加值较“十一五”期末翻一番，占海洋生产总值比重超过 3%；海洋服务业增加值年均增长 9%，在海洋生产总值中的比重继续提高。

“十二五”期间海洋经济发展主要预期指标

指标名称		2010 年	2015 年	年均增长
经济发展	海洋生产总值年均增长（%）			8
	海洋生产总值占国内生产总值的比重（%）	9.9	10	
	新增涉海就业人员（万人）		(260)	52
科技创新	海洋研究与试验发展经费占海洋生产总值比重（%）	1.48	2	
	海洋科技成果转化率（%）		＞50	
	海洋科技对海洋经济的贡献率（%）	54.5	＞60	
结构调整	海洋新兴产业增加值占海洋生产总值比重（%）	1.6	＞3	
	海洋服务业增加值年均增长速度（%）			9
环境保护	新建各级各类海洋保护区（个）		(80)	16
	海洋保护区面积占管辖海域面积的比重（%）	1.1	3	

注：（ ）为五年累计数。

海洋经济调控体系进一步完善。海洋经济的政策指导和调节能力不断增强，监测与评估能力逐步提升，标准制度日益健全，对外开放水平明显提高，综合管理体制与协调机制进一步完善。

到 2020 年，我国海洋经济综合实力显著提高，海洋经济发展空间不断拓展，海洋产业布局更为合理，对沿海地区经济的辐射带动能力进一步增强，海洋资源节约集约利用水平明显提高，海洋生态环境得到持续改善，海洋可持续发展能力不断提升，沿海居民生活更加舒适安全。

第三章　优化海洋经济总体布局

根据不同地区和海域的自然资源禀赋、生态环境容量、产业基础和发展潜力，按照以陆促海、以海带陆、陆海统筹、人海和谐的原则，积极优化海洋经济总体布局，形成层次清晰、定位准确、特色鲜明的海洋经济空间开发格局。充分发挥环渤海、长江三角洲和珠江三角洲三个经济区的引领作用，推进形成我国北部、东部和南部三个海洋经济圈；结合落实国家关于沿海区域发展的部署，着力培育一批重要的海洋经济增长极。加大海岛及邻近海域保护力度，有序推进重要海岛开发建设，扶持边远海岛发展，加强海岛地区生态保护，促进经济社会协调发展。

第一节　北部海洋经济圈

北部海洋经济圈由辽东半岛、渤海湾和山东半岛沿岸及海域组成。该区域海洋经济发展基础雄厚，海洋科研教育优势突出，是我国北方地区对外开放的重要平台，是我国参与经济全球化的重要区域，是具有全球影响力的先进制造业基地和现代服务业基地、全国科技创新与技术研发基地。

辽东半岛沿岸及海域。该区域发展的功能定位是东北地区对外开放的重要平台、东北亚重要的国际航运中心、全国先进装备制造业和新型原材料基地、重要的科技创新与技术研发基地、生态环境优美和人民生活富足的宜居区。“十二五”时期建设重点是：大力发展水产品养殖，建设浅海水产品养殖基地及大连海珍品增殖基地，推进海洋牧场建设。整合沿海旅游资源，打造具有地域特色的东北亚黄金旅游线路。充分发挥东北地区出海通道和对外开放门户的作用，加强主要港口和集装箱干线港建设，抓紧完善航运基础设施和服务体系，形成以大连港、营口港为主要港口，锦州港、丹东港为地区性重要港口，葫芦岛港、盘锦港为一般港口的总体发展格局。重点打造以大连为主的海洋工程装备制造基地。重点建设大连海洋生物医药中试与产业化基地，加快研制一批附加值高、市场前景好的新型海洋药物和生物制品。积极发展海水利用业，建设大连海水综合利用示范区。加快推进大连、丹东、葫芦岛等海上风电及其他海洋可再生能源基地建设。加强辽河流域和近岸海域污染防治，加强对典型海洋生态系统、珍稀濒危海洋生物的保护。

渤海湾沿岸及海域。该区域发展的功能定位是我国北方对外开放的重要门户、全国科技创新与技术研发基地，以及全国现代服务业、先进制造业、高新技术产业和战略性新兴产业基地。“十二五”时期建设重点是：依托天津港、秦皇岛港、唐山港、黄骅港，重点发展中转、配送、采购、转口贸易及出口加工等业务，推进天津北方国际航运中心和国际物流中心建设。推进重大旅游项目建设，支持天津邮轮游艇经济发展和东疆保税港核心功能区建设。合理控制渤海油气资源的开发规模，重点做好南堡、曹妃甸油气区的开发，合理布局石化产业集群。积极发展生态型增殖养殖业，建设大型海洋水产品加工基地和物流中心，大力发展休闲渔业。稳定盐业生产，加快盐田改造，提升自动化作业水平。推进形成海水淡化及综合利用、海洋化工循环经济产业链。发挥海洋科技优势，重点发展海水淡化、海上风电、海洋药物和生物制品等海洋新兴产业。改进和完善对海洋经济的金融服务，大力发展船舶融资、船运保险、资金结算等航运金融业务。加强海洋文化基础设施建设，构建以国家海洋博物馆为核心的海洋文化产业集聚区。加强入海河流小流域综合整治和渤海湾海域污染防治，强化陆源污染控制，推进防护林体系建设。

山东半岛沿岸及海域。该区域发展的功能定位是具有较强国际竞争力的现代海洋产业集聚区、具有世界先进水平的海洋科技教育核心区、国家海洋经济改革开放先行区、全国重要的海洋生态文明示范区。“十二五”时期建设重点是：着力培育海洋渔业特色品种，推进海洋牧场建设，建成全国重要的海水养殖遗传育种中心、海洋生物种质资源库和海产品质量检测中心；积极发展高附加值的水产加工业，提升精深加工水平。构筑以青岛港为核心，烟台港、日照港为骨干，威海港、潍坊港、东营港、滨州港为支撑的东北亚国际航运综合枢纽，发展现代航运服务，逐步形成以港口为中心的物流网络和临港物流集聚区。重点发展国际滨海休闲度假、邮轮游艇、海上运动等高端海洋旅游业，建设长岛休闲度假岛和荣成好运角旅游度假区，打造全国重要的海洋文化和体育产业基地。重点发展青岛造船和海洋工程装备制造基地。加强以青岛为核心的海洋科技教育基地建设，依托海洋科技创新优势，在青岛、烟台、威海等地建设海洋新兴产业基地，重点发展海洋药物和生物制品、海洋新材料、海水淡化等海洋新兴产业，加快推进海上风电及其他海洋可再生能源基地建设。加快推进青岛西海岸、烟台东部、潍坊滨海、威海南海等海洋经济新区和青岛中德生态园、日照国际海洋城、潍坊滨海产业园三个中外合作园区建设，建成具有较强自主创新能力和国际竞争力的现代海洋产业集聚区。建设沿海生态廊道，加强自然保护区和海岸带保护，维护生态系统多样性。

第二节　东部海洋经济圈

东部海洋经济圈由江苏、上海、浙江沿岸及海域组成。该区域港口航运体系完善，海洋经济外向型程度高，是我国参与经济全球化的重要区域、亚太地区重要的国际门户、具有全球影响力的先进制造业基地和现代服务业基地。

江苏沿岸及海域。该区域发展的功能定位是我国重要的综合交通枢纽，沿海新型的工业基地，重要的土地后备资源开发区，生态环境优美、人民生活富足的宜居区。“十二五”时期建设重点是：实行江海联动，加快打造以连云港港为核心的江苏沿海港口群。积极发展滩涂农林牧业，改良和培育耐盐碱农作物，营造沿海滩涂防护林带，因地制宜发展滩涂种草养畜。发挥海洋、湿地、文化等旅游资源优势，培育我国东部旅游新基地和生态休闲旅游带。积极推进南通、盐城、连云港沿岸及海域的海上风电基地和盐城风电装备基地建设。推进建设无锡海洋深潜装备研发基地，打造新型高端海洋船舶工业带。大力发展海洋药物和生物制品业，重点建设泰州、连云港、大丰、启东海洋生物产业基地，积极发展高端海洋生物技术产品。加快培育涉海业务中介组织，重点发展海洋环保、海洋科技成果转化交易等服务业。积极培育海洋文化创意产业，规划建设创意设计产业基地。加强自然保护区、湿地、滩涂以及水源保护区等的保护，推进滨海湿地生态修复与保护，构建潮间带和滩涂生态屏障。

上海沿岸及海域。该区域发展的功能定位是国际经济、金融、贸易、航运中心。“十二五”时期建设重点是：推进上海国际航运中心建设，提升上海港国际地位，统筹规划集疏运体系，提高码头泊位的大型化和专业化水平，形成以深水港为枢纽、中小港口相配套的沿海港口和现代物流体系。加强国际航运中心软环境建设，大力发展航运物流、航运金融、航运信息等服务业，探索建立国际航运发展综合试验区；拓展上海航运交易所服务功能，开展船舶交易签证、船舶拍卖、船舶评估等服务；加快发展上海北外滩、陆家嘴、临港新城等航运服务集聚区。进一步拓展旅游市场，整合区内旅游资源，加快发展邮轮产业，建设吴淞口国际邮轮码头。结合发展休闲渔业，积极倡导生态、健康型水产养殖。不断提高船舶自主设计制造能力，重点开发海洋工程装备及关键配套系统，加快建设长兴岛海洋工程装备制造基地。推进海洋可再生能源开发，重点建设东海大桥、临港新城和奉贤海上风电场。加强长江口和近海海域污染综合治理及生态保护，完善区域污染联防机制，推进区域环境保护基础设施共建、信息共享和污染综合整治。

浙江沿岸及海域。该区域发展的功能定位是我国重要的大宗商品国际物流中心、海洋海岛开发开放改革示范区、现代海洋产业发展示范区、海陆协调发展示范区、海洋生态文明和清洁能源示范区。“十二五”时期建设重点是：着力构建大宗商品现货交易平台、海陆联动集疏运网络、金融和信息支撑系统“三位一体”的港航物流服务体系，加快推进以宁波—舟山港为核心的大宗商品储运加工贸易基地和集装箱干线港建设，建设我国大宗商品交易中心。支持发展现代航运服务业，建设宁波、舟山、温州等航运服务集聚区。建设舟山现代远洋渔业基地，优先发展高效生态海水养殖，建设一批生态型水产养殖园区和海洋生物资源精深加工区。加强大洋勘查技术与深海科学研究开发基地建设，支持开展深海装备研制。加强海洋生物技术研究，建设国内重要的海洋生物产业基地。积极发展海水利用业，建设具有国内领先水平的海水资源开发利用工程研究平台、产品中试与产业化基地。积极开发潮汐能、潮流能等海洋清洁能源，积极推进杭州湾、舟山、宁波、台州、温州等海域的海上风电建设。深入挖掘历史文化、民俗文化旅游资源，继续办好海洋文化节，建成我国知名的海洋文化和休闲旅游目的地。严格控制围垦规模，加强沿海标准海塘、防护堤及防护林等建设。

第三节 南部海洋经济圈

南部海洋经济圈由福建、珠江口及其两翼、北部湾、海南岛沿岸及海域组成。该区域海域辽阔、资源丰富、战略地位突出，是我国对外开放和参与经济全球化的重要区域，是具有全球影响力的先进制造业基地和现代服务业基地，也是我国保护开发南海资源、维护国家海洋权益的重要基地。

福建沿岸及海域。该区域发展的功能定位是两岸交流合作先行先试区域、服务周边地区发展新的对外开放综合通道、东部沿海地区先进制造业的重要基地、我国重要的自然和文化旅游中心。“十二五”时期建设重点是：加快发展游艇帆船等高端旅游，积极拓展闽台旅游合作，共同打造“海峡旅游”品牌。积极开展闽台渔业协作，建设生态型海水养殖和海产品精深加工基地，打造全国重要的海水养殖优质品种制种和遗传育种基地。加强厦门港集装箱干线港建设，加快建设连接两岸及港澳、服务中西部地区发展的海峡西岸港口群，积极发展国际物流，构建现代港航物流体系。优化发展船舶修造、海洋工程装备设计研发和制造、海洋精细化工等产业。积极推进海上风电等海洋可再生能源开发，推进闽台新能源合作。加快培育海洋药物和生物制品业，推进厦门、福州、泉州等海洋药物及生物制品生产基地建设。积极发展海水利用业，实施海水淡化和海水综合利用高技术产业化示范工程。以区域特色海洋文化资源为依托，积极培育海洋文化创意产业。加强沿海港湾、近海岛屿保护，加强入海河流小流域污染综合整治和近岸海域污染防治。

珠江口及其两翼沿岸及海域。该区域发展的功能定位是提升我国海洋经济国际竞争力的核心区、促进海洋科技创新和成果高效转化的集聚区、加强海洋生态文明建设的示范区、推进海洋综合管理的先行区。“十二五”时期建设重点是：加强粤港澳邮轮航线合作，打造世界邮轮旅游航线重要节点，积极发展新兴旅游项目，重点建设南澳岛、惠东巽寮、红海湾等一批海洋综合旅游区，建成国际高端旅游目的地。以广州、深圳、湛江、珠海、汕头等主要港口为依托，打造世界级港口群和国际物流中心。加快深海油气资源勘探、开发、储备和综合加工利用，推进广州、深圳、珠海、湛江、惠州等地深海油气资源开发装备研究、生产基地建设，在汕头、南澳海域适度开发海上风电。支持广州提升大型船舶制造基地自主设计制造能力；大力发展船舶配套产业，建设广州、江门船舶配套基地；积极发展游艇制造业，重点建设珠海、东莞、中山等游艇制造基地；积极发展深海勘探和开发设备、海洋新能源开发设备等海洋工程装备制造业。积极拓展深水大网箱等海洋离岸养殖，加快发展水产品加工流通业，建成一批水产品加工基地和物流中心。充分利用南海海洋生物资源优势，重点发展海洋药物和生物制品。严格控制珠江口围垦，保护河口和海岸湿地，加强典型海洋生态系统、珍稀濒危物种和重要渔业资源的保护。

广西北部湾沿岸及海域。该区域发展的功能定位是中国—东盟开放合作的物流、商贸、先进制造业基地和信息交流中心、重要的国际区域经济合作区。“十二五”时期建设重点是：大力推广生态养殖，鼓励发展珍珠、海水名贵鱼等特色品种养殖，建立红树林区生态养殖示范基地；实施海水养殖苗种工程，加快建设水产原良种场和遗传育种中心；加快发展水产品精深加工及配套服务业，建设水产品冷冻加工基地。建设广西北部湾沿海港口，规划建设一批万吨级以上泊位和深水航道，完善西南地区出海大通道的交通基础设施。进一步培育集装箱干线航线，开辟对东盟国家的航线，探索开辟远洋国际航线。积极开发多层次的海洋旅游精品，发展以游艇和帆船为主的海上运动休闲旅游，建立环北部湾滨海跨国旅游区。加快海岛旅游开发，重点推进涠洲岛整体开发和海岛生态修复。积极发展海洋油气业，加大对北部湾盆地的勘探力度，提高对莺歌海盆地海洋油气资源的开采、储存和加工能力。加强红树林生态系统的保护和修复，构建海岸生态防护带，加强海洋保护区建设。

海南岛沿岸及海域。该区域发展的功能定位是我国旅游业改革创新的试验区、世界一流的海岛休闲度假旅游目的地、全国生态文明建设示范区、国际经济合作和文化交流的重要平台、南海资源开发和服务基地、国家热带现代农业基地。“十二五”时期建设重点是：加快海南国际旅游岛建设，积极开发滨海度假、海洋观光、海岛休闲、邮轮游艇、海上运动等特色旅游项目。规范中沙群岛、西沙群岛旅游开发活动，建设热带海岛风情休闲度假基地。发展热带休闲和观赏渔业，推进西沙渔业生产服务基地和海洋水产种质资源保护区建设。建设海南三亚珊瑚礁自然保护区生态教育基地和珊瑚礁修复基地。重点建设海口、洋浦、八所等港口，完善港口功能和配套设施，打造面向东南亚的航运枢纽、物流中心和出口加工基地。加大琼东南盆地深水领域的油气勘探开发力度，鼓励发展商业石油储备和成品油储备。加大对南海海洋矿产资源勘查开发力度。结合海岛供能系统建设，开发海上风电和海洋能等。加强红树林、珊瑚礁、海草床等典型生态系统与生物多样性保护。

第四节　海岛开发与保护

深入贯彻《中华人民共和国海岛保护法》，认真实施《全国海岛保护规划》，统筹海岛保护、开发与建设，严格规范海岛开发利用秩序，强化海岛分类管理，实现海岛的合理开发与可持续利用。

重点开发三大海（群）岛。根据国家区域发展总体战略，统筹考虑海岛的区位条件、发展潜力和生态环境容量，重点开发浙江舟山群岛新区、福建平潭综合实验区和广东横琴岛。浙江舟山群岛新区重点发展港口物流业、高端船舶和海洋工程装备制造业、海洋可再生能源业、现代海洋渔业和海洋旅游业，集中建设战略性资源储备中转基地、大宗商品国际物流基地，将其打造成为我国大宗商品国际储运中转加工交易中心、东部地区重要的海上开放门户、海洋海岛综合保护开发示范区、重要的现代海洋产业基地、陆海统筹发展先行区。福建平潭综合实验区重点发展高新技术产业、海洋产业、旅游业和现代服务业，积极开展两岸产业合作，加强两岸关键产业领域与核心技术联合研究开发，建设海峡西岸高新技术产业基地、现代服务业集聚区、海洋经济示范基地和国际知名的海岛旅游休闲目的地，将其打造成为两岸交流合作的先行区、体制机制改革创新的示范区、两岸同胞共同生活的宜居区、海峡西岸科学发展的先导区。加快广东横琴岛开发建设，重点发展商务服务、休闲旅游、科教研发和高新技术等产业，建设粤港澳地区的区域性商务服务基地、与港澳配套的国际知名旅游度假基地、珠江口西岸的区域性科教研发平台、融合港澳优势的国家级高新技术产业基地，将其建设成为“一国两制”下探索粤港澳合作新模式的示范区、深化改革开放和科技创新的先行区、促进珠江口西岸地区产业升级发展的新平台。

合理开发近岸海岛。以保护为核心，集约利用近岸海岛资源，控制海岛及周边海域的开发规模和开发强度。因岛制宜，科学发展以生态养殖、休闲渔业、生态旅游等产业为主的海岛经济。严格限制围填海等改变海岛岸线的行为，严格限制填海连岛工程建设。支持缺水海岛建设海水淡化、中水回用、海水直接利用以及大陆引水、蓄水等工程。鼓励在有条件的海岛利用风能、太阳能、波浪能等可再生能源发电。

扶持边远海岛发展。在强化保护的前提下，支持有条件的海岛发展特色产业；重点支持边远海岛交通、能源、饮水、环保、防灾减灾等基础设施建设，积极利用风能、潮汐能、太阳能等可再生能源，鼓励边远海岛建设集雨、储水设施以及海水淡化、中水回用等工程；加强边远海岛基础教育、公共卫生、劳动就业、社会保障等公共服务能力建设，着力解决边远海岛居民最急需、最迫切的民生问题。

严格海岛资源保护和开发管理。加强海岛资源和生态、开发利用状况调查评价，建立海岛监视监测系统，全方位跟踪和监测海岛开发利用情况和海岛资源及生态状况，推进海岛生态修复等工作。海岛新建工程项目要符合海岛保护规划，对不符合海岛保护规划的项目要提出停工、拆除、迁址或关闭的时间要求。严格规范无居民海岛利用活动。

第四章　改造提升海洋传统产业

通过技术创新，加快海洋渔业、海洋船舶工业、海洋油气业、海洋盐业和盐化工等传统产业改造升级，提高产品技术含量和附加值，增强市场竞争力。

第一节　海洋渔业

合理调整拓展养殖空间，加快推进标准化健康养殖。合理控制、科学规划近海养殖容量，积极拓展深水大网箱等海洋离岸养殖，支持工厂化循环水养殖，推广应用健康养殖标准和模式，不断优化养殖品种结构和区域布局。发展与海水养殖业相配套的现代苗种业，加强水产新品种选育，提高水产原良种覆盖率和遗传改良率。加快水生动物疫病防控和质量安全检验监管体系建设。因地制宜发展海洋滩涂农牧林业等新型业态。

严格控制近海捕捞强度，大力发展远洋渔业。严格执行休渔、禁渔制度，强化渔业资源保护管理，推进海洋捕捞渔民转产转业，促进渔业可持续发展。积极开展渔业资源增殖放流，加强人工鱼礁和海洋牧场建设，加强重要水产种质资源产卵场、索饵场和洄游通道保护与管理，保护水生生物物种。积极发展过洋性渔业，继续加快开拓大洋性渔业，提高大洋渔场环境及渔情速报等预测预报能力，加强新资源、新渔场的调查与探捕，稳妥推进极地海洋生物资源利用。加强远洋渔业装备和技术研发，积极推动海洋渔船标准化更新改造，培育一批具有国际竞争力的远洋渔业企业和现代化远洋渔业船队。推进海外渔业基地建设，形成集产供销和后勤补给为一体的海外陆上后勤基地。支持远洋渔业发展，继续完善相关扶持政策。以沿海渔港建设项目为平台，延长海洋渔业产业链，带动港区水产品交易、加工等相关产业发展，打造渔港经济圈。

积极发展水产品精深加工业，进一步健全营销体系。培植壮大一批现代化水产品精深加工龙头企业，提高水产品和加工副产品综合开发利用水平，促进水产品加工业集群式发展和优化升级，培育一批具有较高市场占有率的知名品牌。规范水产品交易市场，积极培育大型水产品网络交易平台，建成多渠道、便捷化配送体系，推动单一的传统营销方式向多元化现代营销方式转变。

第二节　海洋船舶工业

建立现代造船模式，推进产品结构调整。适应国际造船标准规范，遵循现代造船模式，强化精细管理，加快推进大型散货船、油船、集装箱船等主力船型的优化升级，开发设计节能环保、安全高效的绿色船舶，着力提高产品核心竞争力，积极拓展国际市场。加强高端船舶和特种船舶研究设计，重点研发系列化大型及支线液化天然气船、液化石油气船、特种工程船舶、豪华客滚船等高技术、高附加值船舶。发展新型高性能远洋渔船、海洋调查船、冰区船舶，培育豪华邮轮、旅游观光游艇等品牌产品。做强做优船舶工业，集中力量优化提升环渤海、长江口和珠江口区域三个具有国际影响力的现代化大型造修船基地。

提高自主研发能力，大力发展船舶配套产业。进一步完善船舶配套产品研发体系，提升自主品牌船舶配套设备的开发能力，提高船舶配套产品本土化装船率，重点研发船用柴油机、轴舵系统、通信导航系统、甲板系统及废物处理设备等高技术、高附加值的船舶配套产品。引导中小企业积极参与大船厂的分段制造生产体系，提高配套服务能力，形成适应现代造船模式的船舶工业产业集群。

第三节　海洋油气业

加大海洋油气勘探力度，稳步推进近海油气资源开发，加强勘探开发全过程监管和风险控制。提高渤海、东海、珠江口、北部湾、莺歌海、琼东南等海域现有油气田采收率，加大专属经济区和大陆架油气勘探开发力度。依靠技术进步加快深水区勘探开发步伐，提高深远海油气产量。到 2015 年，争取实现新增海上石油探明储量 10 亿—12 亿吨，新增海上天然气探明储量 4000 亿—5000 亿立方米；海上油气产量达到 6000 万吨油当量。进一步优化发展沿海石油石化产业，加大对现有化工园区的整合力度，推动产业集聚升级。强化沿海液化天然气接卸能力和油气输配管网建设，提高储备周转与区际调配能力。

第四节　海洋盐业和盐化工

合理规划原盐生产布局，稳定原盐生产规模，加快盐田改造，提高自动化作业水平和原盐生产效率。提升工艺技术和装备水平，积极开发高附加值盐产品，推进原盐加工业精细化、系列化发展。积极发展盐化工业，培育盐化工产业新增长点。

第五章　培育壮大海洋新兴产业

以国家级产业园区为依托，以重大技术突破为支撑，以市场需求为导向，巩固壮大海洋工程装备制造业，加快发展海水利用业，扶持培育海洋药物和生物制品业以及海洋可再生能源业，有效提升产业竞争力。

第一节　海洋工程装备制造业

海洋油气资源勘探开发装备。重点研发新型、深水装备及关键配套设备和系统，突破设计制造核心技术，重点发展半潜式钻井平台、自升式钻井平台、半潜式生产平台、浮式生产储卸装置、钻井船、物探船、起重铺管船等装备，全面提升海洋平台电站、动力定位系统、钻井系统、水处理系统、油气处理系统及水下采油、施工、检测、维修系统等设备配套能力。掌握深海油气田开发装备的自主设计和建造技术，形成我国自主开发深海油气资源的装备体系，提升装备总装、配套、技术服务能力。

海洋可再生能源利用装备。提升适合各种类型海上风电场施工安装专用装备的制造能力，加快 5 兆瓦以上海上风电机组及配套设备的研发和产业化。积极开发海上风电永磁发电系统、海洋浮式风力发电系统、大容量储能系统等新产品以及海洋潮汐能、波浪能和潮流能发电装备。推进海洋能源综合集成利用，加快研发海岛可再生能源独立电力系统设备。

海水利用装备。提高海水利用装备国产化水平，积极研发日产 10 万吨以上海水淡化设备、循环冷却及海水脱硫成套设备，延伸海水利用装备产业链条。

第二节 海洋药物和生物制品业

开发安全有效、具有自主知识产权、市场前景广阔的海洋新药物，重点开发抗肿瘤、抗感染、抗病毒，以及治疗心脑血管疾病、神经系统疾病、糖尿病、老年性疾病的海洋药物；积极探索海洋生物资源新物质和海洋生物制品新功能，推进海洋生物新技术、新产品产业化。建立海洋生物和药物资源样品库，推进海洋生物产业公共服务及创新平台建设。加强用于生产海洋药物与生物制品的动植物养殖和栽育，积极推进海洋生物酶制剂、海洋生物功能材料和海洋绿色农用生物制剂等的研发与产业化，积极开发海洋保健品和功能食品。建立健全海洋生物制品研发、生产、检测的标准体系，提升海洋药物和生物制品生产装备的研发制造能力，在有条件的城市建设海洋药物和生物制品产业基地。

第三节 海洋可再生能源业

海上风电。优化开发布局，扶持与农渔业兼容发展的潮间带风电建设，积极发展离岸风电项目，提高产业集中度，有序推进海上风电基地建设。加强海上风电输电规划，完善配套基础设施，提高气象保障能力，加强电网并网技术研究。

海洋能。加强海洋能资源勘查，科学选划海洋能利用空间。建设近岸万千瓦级潮汐能电站、近岸兆瓦级潮流能电站、海岛多能互补独立电力系统等示范工程，积极推进产业化进程。

第四节 海水利用业

海水淡化。提高海水淡化技术自主化水平，实施海水淡化科技产业化工程，开展产业化技术和政策示范，鼓励并支持沿海城市、海岛组织实施大规模海水淡化产业示范工程。在满足相关指标要求并确保人体健康前提下，积极开展海水淡化项目纳入市政饮用水工程试点工作，在有条件的海岛以海水淡化水为主要水源，鼓励沿海城市与企业以海水淡化水作为生产生活用水。

海水直接利用。在沿海地区围绕电力、化工、石化等重点行业，大力推广直接利用海水作为工业用水。结合沿海高耗水行业节水改造和新建项目，大力推广应用海水循环冷却。在有条件的沿海城市，推广海水作为大生活用水。

海水综合利用。推进海水化学资源综合利用，大力开发精细化工产品，重点研发海水提取钾、溴、镁等系列产品的应用技术。

第六章 积极发展海洋服务业

大力发展海洋交通运输业、海洋旅游业和海洋文化产业，积极发展涉海金融服务业、海洋公共服务业，加快推进产业结构转型升级，保障海洋经济健康发展。

第一节 海洋交通运输业

海上运输。优化海运船舶运力结构，促进海运船舶的大型化、专业化。培育一批规模较大、竞争力较强的航运企业，增强远洋航运能力。2015 年，远洋船舶平均吨位达到 25000 吨，沿海港口货物吞吐量达到 78 亿吨。提高运输组织化水平，加快发展大宗货物和集装箱等的多式联运，推进完善陆海联运体系。加快上海国际航运中心建设，推进天津北方国际航运中心、大连东北亚国际航运中心建设，提升国际航运合作水平。积极发展航运保险、航运金融、海事仲裁和信息咨询等高端航运服务业，初步形成现代航运服务体系。

港口建设。有序推进沿海港口建设，完善布局，拓展功能，着力提升港口保障能力和服务水平。重点推进煤炭、原油、液化天然气、铁矿石和集装箱等主要货类运输码头建设。到 2015 年，沿海港口深水泊位达到 2214 个。推进港口企业规模化、集约化经营，鼓励发展公用码头。加强港口深水航道、防波堤等公共基础设施和集疏运系统建设。

港口物流。加快发展港口物流，推进港口与临港产业园区的有效对接和联动，建设以港口为依托的全国性物流枢纽、物流园区和国际物流中心，构建以港口为重要节点的物流服务网络。支持口岸基础设施建设，改善口岸监管条件。加快电子口岸建设，在主要港口建立港航电子数据交换中心，为通关一体化服务创造条件；推进港口物流公共信息平台和电子商务平台等重大示范工程建设，逐步建成区域性物流公共信息平台。

第二节 海洋旅游业

科学规划和开发滨海、海岛等旅游资源，积极推进生态旅游示范区、滨海度假区等建设。实施旅游精品战略，因地制宜打造各具特色的滨海黄金旅游带。推进海南国际旅游岛建设。积极推进海岛旅游，有序引导社会资本投资无居民海岛的保护开发。积极发展休闲渔业。大力发展邮轮经济，推进大连、天津、青岛、上海、厦门、深圳、北海、三亚等港口邮轮运输，完善港口码头的旅游服务功能，支持有条件的地方发展成为邮轮母港。建设游艇基地，规范游艇市场秩序，发展以游艇和帆船为主体的海上运动休闲旅游。

第三节 海洋文化产业

弘扬海洋文化，充分挖掘以涉海文物、遗址、古建筑等为代表的历史文化和以海岛生活习俗、节日庆典、体育活动等为特色的民俗文化，支持开展渔文化生态保护区建设，打造一批海洋文化品牌。继续办好中国海洋文化节、青岛国际海洋节、厦门国际海洋周、象山开渔节、全国大中学生海洋知识竞赛等海洋文化活动。充分利用各类媒介，广泛传播海洋文化，规划建设一批具有海洋特色的博物馆及民俗文化景区。积极培育以海洋为主题的演艺、展览、出版、动漫等文化创意产业。

第四节 涉海金融服务业

加强金融市场建设，拓宽海洋经济融资渠道，创新金融保险工具，完善海洋金融服务体系。探索海域使用权抵押贷款等创新模式，发展和培育海域使用权二级交易市场。积极支持符合条件的涉海企业以发行股票、公司债券等多种方式筹集资金。探索海洋灾害保险新模式，建立和完善海洋保险和再保险市场。

第五节 海洋公共服务业

加快海洋信息体系建设，提供海上通信、海上定位、海洋资料及情报管理服务等，积极培育海洋信息服务企业，促进信息服务向专业化、网络化、品牌化发展。利用国家陆海统一的测绘基准框架和数字海洋信息基础框架，加强海洋测绘地理信息公开和服务。提升海洋立体监测和预报服务能力，积极开展海洋产业安全生产、环境保障、气象预报等专题服务，强化面向港口作业、海洋油气生产、海上旅游、海洋渔业、海洋盐业等领域的服务。提高海洋工程环境影响评价、海域使用论证、海洋工程勘查、气候可行性论证、海洋气象灾害风险评估等服务水平，积极拓展海洋公共服务领域。对海上渔船安全实行实时监控，完善海上搜救应急服务，积极推进搜救活动的双边、多边和区域合作。提高海域治安管理能力，构建海上治安打防管控体系，改进出入境船舶边防检查服务，优化国际航行船舶管控服务。

第七章 提高海洋产业创新能力

推动海洋产业核心技术的原始创新、集成创新、引进消化吸收再创新，提高海洋科技成果转化率，增强科技创新与支撑能力，积极引导和鼓励科技型涉海企业发展，加强海洋产业创新型人才队伍建设。

第一节 积极发展海洋产业核心技术

支持发展市场前景广阔、辐射带动作用显著、有利于促进海洋产业结构升级的核心技术。在海水利用技术领域，加强海水淡化、海冰淡化和海水直接利用新技术研究，开发大型低温多效、反渗透海水成套技术，发展适于海岛的多能源耦合海水淡化技术和装置，研发大生活用海水高效预处理技术和后处理技术、海水脱硫技术及海水冷却技术。在海洋油气勘探开发技术领域，进一步研发具有自主知识产权的深水油气勘探和安全开发技术，发展深水工程重大装备及配套作业技术。在海洋工程装备技术领域，加快特种船舶建造、深海探测、深水油气生产作业、天然气水合物开采、深海通用材料等技术和装备研发。在海洋生物资源综合利用技术领域，发展深远海生物资源利用技术，深化海洋生物产品精深开发技术与装备研发，加强海洋药物、海洋功能食品和海洋微生物开发等关键共性技术研究。在海洋可再生能源利用技术领域，突破温差能等海洋能开发利用关键技术，自主研发万千瓦级潮汐能、兆瓦级潮流能、百千瓦级波浪能发电装置等核心设备。在海洋观测监测技术领域，重点研发海洋调查、观测、监测设备与仪器。

第二节 加快推进海洋科技成果产业化

建立健全海洋科技成果转化机制。充分发挥市场、政府和中介机构的作用，完善产学研结合模式，积极推动协同创新，加快建设公共转化平台和成果转化基地。完善海洋科技成果转化相关政策，创新海洋科技成果转化激励和评价机制，积极推进海洋科技成果转化，发展海洋高技术产业园区和技术交易市场等。创新投融资机制，鼓励企业、社会团体和中介机构参与海洋科技创新及成果推广应用。加强海洋科技成果、技术转让等信息资源的共享服务，建设并完善海洋科技成果产业化信息服务网络。有条件的地区在统筹现有资源的基础上，建设海洋科技成果转化平台、交易服务和推广中心。

加强海洋高技术产业园区建设。重点鼓励海洋高技术产业发展基础好、竞争优势突出的园区拓展发展空间，提高建设和管理水平，强化创新功能，提高产业承载和集聚能力。支持各类产业园区优化调整结构，推行园中园和一区多园模式，建设特色海洋产业园区，推进建设国家科技兴海产业示范基地和海洋高技术产业基地，规划建设青岛蓝色硅谷海洋科技自主创新示范区。

第三节 鼓励科技型涉海企业发展

积极推进涉海企业技术创新，加快培育一批集研发、设计、制造于一体的海洋科技型骨干企业。采取技术合作、知识共享、共同开发等方式，加快构建以企业为主体、市场为导向、产学研相结合的海洋产业技术创新战略联盟。支持涉海企业、社会团体和中介机构制定国际、国内海洋技术及产品标准。鼓励民营经济和中小企业积极参与海洋新兴产业发展。

第四节 培养海洋产业创新型人才

加强海洋产业高层次创新型人才培养和引进，壮大海洋工程装备、海洋资源开发、海洋公共服务专业技术人才队伍和海洋高技能人才队伍，加强跨学科优秀科技创新团队建设。营造海洋产业创新型和领军型人才发展的良好环境，建立海洋产业人才教育培训基地，完善海洋产业人才培养开发、评价发现、选拔任用、流动配置和激励保障机制，引导和鼓励涉海企业建立创新人才培养、引进和奖励制度；大力推进海洋产业人才创业，积极推动符合条件的海洋产业人才进入国家创新型人才创业扶持计划；构建统一开放的海洋产业人才信息服务平台，完善人力资源市场服务功能，促进海洋产业人才合理流动。

第八章 推进海洋经济绿色发展

科学开发利用海洋资源，积极发展循环经济，大力推进海洋产业节能减排，加强陆源污染防治，有效保护海洋生态环境，切实增强防灾减灾能力，推进海洋经济绿色发展。

第一节 大力发展循环经济

鼓励涉海企业加大海洋资源循环利用技术研发和应用等方面的投入，引导园区及企业开展海洋领域循环经济示范。重点围绕海水养殖业、海水利用业、海洋盐业和盐化工等领域，探索构筑沿海地区循环产业体系。积极开展有关循环经济的信息咨询和技术推广，支持涉海企业参与循环经济领域的国际交流与合作，引进国外先进的循环经济技术和模式。

第二节 加强海洋生态环境保护

在促进海洋经济快速发展过程中，要高度重视海洋生态环境保护，促进海洋经济和生态环境和谐发展。在海洋资源利用过程中，要坚持优先保护生态，在保护中开发，在开发中保护。坚持海陆统筹、河海兼顾，完善海洋生态环境保护协调合作机制。继续推进海洋环境监测网络建设，提升装备能力和技术水平。提高海洋污染防控力度，编制实施近岸海域污染防治规划和主要入海河流河海统筹规划，大力实施渤海环境保护总体规划等专项规划，加强污染源治理和监督性监测。加强海洋环境风险管理和防控能力建设，完善海洋环境影响评价制度，制定海洋环境风险、灾害风险评估规范和技术标准。对于海上石油勘探开发等新建项目，要严把环评审批关，不得批准不符合海洋环境保护规划要求的项目。建立海洋工程灾害风险评估机制，对于在建和已建项目，要定期开展环境风险排查整治。建立健全海洋生态损害赔偿和损失补偿制度。加大海洋污染监督执法力度，强化海洋生态监控和生态灾害管理，重点对典型海洋生态区、核电和危险化学品集聚区、城市相邻海域、临港临海产业园区和重大工程建设、海洋倾废实行实时和全过程环境监管，加强海漂垃圾整治。建立海上石油勘探开发溢油事故责任追究制度。强化海洋生态建设和海洋保护区管理，编制实施海洋生态保护与建设规划。加强海岸带综合治理，统筹规划海岸带整治修复工作。高度重视海岸湿地及近海特别是滩涂、红树林、珊瑚礁以及生物多样性等保护，严格控制开发占用湿地，制定并实施海洋珍稀物种专项保护行动计划，推进受损海洋生态系统修复，建设海洋生态文明示范区。

第三节 推进海洋产业节能减排

大力推进海洋产业节能减排。根据区域海洋环境容量和生态承载能力，制定严格的产业准入标准，完善海洋环境风险项目准入制度。严格执行环境影响评价制度。加强重大工业项目建设的前期论证，严格立项和审批程序，严格禁止国家产业政策限制类、淘汰类项目在沿海地区布局。推广节能环保发展模式，通过技术改造创新，淘汰落后生产工艺装置，促进传统高耗能、高污染企业改造升级，进一步降低能耗和污染物排放量。积极开发利用潮汐能、波浪能、海上风能等清洁能源，鼓励资源节约型和环境友好型产业园区建设。在滨海湿地、三角洲和海岛等典型生态区，鼓励发展生态渔业、生态旅游和海洋清洁能源，充分发挥其蓝色碳汇功能，实现经济效益、社会效益和生态效益的有机统一。

加快发展海洋产业节能环保技术。增强涉海企业节能减排意识，建立以企业为主体的节能技术创新体系。推广先进节能技术和产品，积极发展海洋环保装备及环保材料，加快淘汰高耗能老旧渔船和装备，着力解决海上溢油、重金属、有机污染物、放射性物质等主要海洋污染物的防治问题。加快制定涉海行业节能减排标准。

严格控制污染物排放。根据海洋功能区环境保护要求，严格执行陆源入海排污口及海上人工设施污染物达标排放标准，规范入海排污口设置，评估近岸海域环境容量，对重点海域实施入海主要污染物排放总量控制；严格管理船舶污水排放，建立港口码头油污水集中处理设施。切实提高污水处理设施运行率和达标处理率。强化新建排海污水处理厂脱氮脱磷工艺，提高现有排海污水处理厂脱氮脱磷效率。

第四节 提高海洋防灾减灾能力

增强企业安全生产和灾害防范意识，开展应急预案演练和应急知识教育，切实提高应急、自救、互救能力。加强防灾减灾基础设施建设和海洋灾害风险评估，危险品生产企业严格执行预警信息发布和上报制度，提高防灾标准，最大限度减少海洋自然灾害损失。加强海洋灾害的监测预报，及时发布预警信息。重点加强水产养殖、海岛旅游等产业防灾减灾避灾能力建设，提高海上作业人员和旅游人员防御海潮、风暴潮等灾害能力，最大程度保障灾害发生后人员安全。加强海上石油勘探开发溢油风险实时监测及预警预报，防范海上石油平台、输油管线、运输船舶等发生泄漏，完善海上溢油应急预案体系，建立健全溢油影响评价机制。加强信息沟通，提高灾害信息服务水平，深化灾害应急联动协作机制。建立应对灾害救援产品与特种装备生产体系，健全海上应急救援队伍，研究制定海洋应急处置管理办法。

第九章 加强海洋经济宏观指导

强化海洋经济规划指导与调节，合理布局临港临海产业，加强海洋经济监测与评估，推进全国海洋经济发展试点，建立与海洋经济发展转型相适应的调控体系。

第一节 强化海洋经济规划指导

加强海洋经济规划指导和政策扶持。进一步完善海洋经济发展规划体系，强化各级各类规划的衔接配合。加强对海洋经济结构调整关键领域和薄弱环节的规划指导，尽快组织编制深海油气资源勘探开发、海水利用、海水养殖、海洋新能源开发利用、海洋旅游发展等领域专项规划。制定相关配套政策，引导海洋传统产业改造升级，着力扶持海洋新兴产业和海洋服务业发展。研究制定海洋产业发展指导目录，确定国家鼓励、限制和淘汰的海洋产业类型，促进产业结构优化升级。

强化海洋主体功能区规划和海洋功能区划对海洋开发活动的指导与约束。科学编制实施海洋主体功能区规划和海洋功能区划，根据不同海域空间的功能定位和管理要求，确定开发方向，控制开发强度，规范开发秩序，优化开发布局，完善开发政策，统筹谋划海洋空间利用和海岸带经济布局。加强区域用海整体规划、整体论证、整体审批和整体围填海管理，充分发挥海域使用管理对海洋产业布局的调控作用。强化执行力度，切实发挥海洋主体功能区规划和海洋功能区划在促进海洋经济科学发展中的基础性、约束性和指导性作用。

第二节 加强海洋经济监测评估

健全海洋经济统计制度，推进国家、省（自治区、直辖市）、市海洋经济核算工作，完善海洋经济核算体系。开展全国海洋经济调查，推进国家和省级海洋经济运行监测与评估能力建设，定期发布海洋经济监测和评估信息，提高辅助决策能力和社会服务水平。搭建国家海洋经济研究平台，加强海洋经济运行分析评估和海洋经济重大问题研究。

第三节 推进全国海洋经济发展试点

积极推进全国海洋经济发展试点工作，加大对试点工作的指导和支持力度，重点在海洋资源可持续利用、海洋经济发展方式转变、海洋生态文明建设和海洋综合管理等方面探索新思路和新模式。试点地区要建立试点工作定期报告制度，国务院有关部门要加强对试点工作的监督检查和评估，研究解决试点中出现的新情况、新问题，及时总结试点工作经验，抓紧研究制定支持全国海洋经济发展的指导意见。

第十章 保障措施

深化海洋管理体制改革，加强各行业部门间的统筹协调与交流合作，建立健全促进海洋经济发展的制度。加强财政、金融等政策的协调配合，强化规划组织实施和监督评估工作，逐步完善促进海洋经济又好又快发展的政策保障体系，切实提高对海洋经济发展的组织管理与引导能力。

第一节 加强海洋经济管理的统筹协调

完善海洋管理体制，建立健全海洋经济综合管理与协调机制。创新陆海统筹综合管理模式，统筹推进集监管立体化、执法规范化、管理信息化、反应快速化于一体的现代海洋管理体系建设。加强涉海管理部门之间的统筹协调和沟通配合，提高中央与地方海洋经济管理工作的联动性，增强海洋行政管理效能。

国务院各有关部门要加大对海洋经济管理的统筹协调，明确工作分工，落实工作责任。发展改革委、海洋局要会同国务院有关部门建立部际联席会议工作机制，加强对海洋经济的指导与调节。沿海省级人民政府要根据本地区的实际情况，统筹协调各方面力量，抓紧研究制定有利于促进海洋经济发展的政策措施。

第二节 优化海洋经济发展的制度环境

完善海洋法律法规体系。抓紧制定海域使用管理法、海洋环境保护法、海岛保护法、海上交通安全法、矿产资源法、渔业法等法律法规的配套制度，加大执法力度，强化执法监督。加强对地方海洋立法工作的指导，支持沿海地区进行制度创新和改革。

加强海洋产业标准化建设。完善海洋新兴产业、海洋资源开发与综合利用、海洋生态与环境保护等标准体系，加快建立邮轮游艇、休闲渔业、公共服务及文化产业等涉海服务标准体系，提升海洋产业标准化水平。积极参与国际标准的研究和制定，全面加强海洋产业标准化建设。

第三节 完善支持海洋经济发展的政策体系

财政政策。进一步加大对海洋生态环境保护、防灾减灾、基础设施建设等公益事业领域的支持力度。探索通过相关措施加大对海水综合利用、海洋新能源开发、海洋工程装备设计、深海资源勘探开发、海洋药物与生物制品研发、海水养殖、远洋渔业、海洋产业节能减排、海洋环境保护等的支持力度。中央和省级财政要加大对边远海岛的财政转移支付力度，重点支持基础设施、社会保障、基础教育、公共卫生等领域建设。

投融资政策。鼓励和引导民间资本参与海洋产业发展。尽快形成多元化的投融资机制，扩大直接融资比重。鼓励金融机构加大对海洋渔业和海洋新兴产业的信贷支持力度，发挥信贷资源优化配置对海洋产业投资结构的引导和调整作用。支持有实力、有潜力且符合条件的涉海企业上市融资。探索建立促进海洋产业发展的专项基金，鼓励各类创业投资基金投资小型微型海洋科技企业。积极探索海洋自然灾害保险的运作机制，研究建立由被保险人、保险公司、相关政府和融资市场风险共担的保险和担保机制。

海域和海岛管理政策。创新海域和无居民海岛使用权流转的管理制度，推进资源市场化配置进程，完善海域和无居民海岛使用权招拍挂制度，探索建立海域和无居民海岛使用权二级市场以及海域使用权抵押贷款制度。严格控制传统养殖区和捕捞区的建设用海，完善渔业水域、滩涂占用补偿制度。完善海域使用金制度，加强海域整治、保护和管理。科学编制并严格执行围填海计划，加强对围填海项目选址、平面设计的审查，严格按照法定权限审批围填海项目，加强对集中连片围填海的管理。

第四节 加强规划组织实施和督促检查

国务院有关部门要按照职能分工，加强对本规划实施的指导、检查和监督，确保完成规划提出的各项任务。沿海地方各级人民政府要根据本规划确定的功能定位和发展重点，制定或修订本地区海洋经济发展规划，创新机制，明确责任，加强领导，主动与国务院有关部门沟通衔接，确保规划提出的各项任务落到实处。规划实施中涉及的重大政策、改革试点和建设项目按规定程序另行报批。发展改革委要会同海洋局建立健全规划评估机制，加强对本规划实施情况的督促检查，研究解决实施过程中出现的新情况、新问题，重大问题及时报告国务院。

全国海岛保护规划

（2012年4月18日）

一、现状与形势

（一）海岛保护与利用现状

我国拥有面积大于500平方米的海岛7300多个（《规划》所列海岛数量，除特殊说明外，均指500平方米以上海岛的统计数），海岛陆域总面积近8万平方千米，海岛岸线总长14000多千米。按海区分布统计，渤海区内海岛数量占总数的4%，黄海区占5%，东海区占66%，南海区占25%。按离岸距离统计，距大陆岸线10千米之内的海岛数量占总数的70%，10－100千米的占27%，100千米之外的占3%。我国海岛广布温带、亚热带和热带海域，生物种类繁多，不同区域海岛的岛体、海岸线、沙滩、植被、淡水和周边海域的各种生物群落和非生物环境共同形成了各具特色、相对独立的海岛生态系统，一些海岛还具有红树林、珊瑚礁等特殊生境；海岛及其周边海域自然资源丰富，有港口、渔业、旅游、油气、生物、海水、海洋能等优势资源和潜在资源。

我国海岛保护工作起步较晚，但发展迅速。已经建立涉及海岛的自然保护区和特别保护区共57个，含805个海岛，其中海洋自然保护区48个，含524个海岛；海洋特别保护区9个，含281个海岛。针对生态破坏严重的海岛，开展了综合整治和生态修复工作，浙江、福建、广东等省的“封岛育林”、“封岛护养”工程已取得一定成效。

我国海岛经济社会发展特征明显。一是人口总量少，分布集中。全国现有2个海岛市，14个海岛县（市、区），191个海岛乡（镇），2007年全国海岛人口约547万人（不包括港、澳、台和海南岛），其中98.5%居住在上述市县乡中心岛上。二是经济总量小，结构单一。2007年海岛地区生产总值2238亿元，占11个沿海省（自治区、直辖市）地区生产总值的1.4%，海洋渔业产值占海岛地区生产总值的比重普遍较大。三是无居民海岛使用类型多样。全国已经利用的无居民海岛1900多个，其中，特殊用途海岛1020个，公共服务用岛365个，旅游娱乐用岛73个，农林牧渔业用岛340个，工业、仓储、交通运输用岛49个，可再生能源、城乡建设等其他用岛80多个。

（二）机遇与挑战

海岛是我国经济社会发展中一个非常特殊的区域，在国家权益、安全、资源、生态等方面具有十分重要的地位。当前是海岛保护事业发展的关键时期，必须准确把握国际国内海岛工作发展形势，充分认识我国海岛保护工作面临的困难和问题：

1．海岛生态破坏严重。炸岛炸礁、填海连岛、采石挖砂、乱围乱垦等活动大规模改变海岛地形、地貌，甚至造成部分海岛灭失；在海岛上倾倒垃圾和有害废物，采挖珊瑚礁，砍伐红树林，滥捕、滥采海岛珍稀生物资源等活动，致使海岛及其周边海域生物多样性降低，生态环境恶化。

2．海岛开发秩序混乱。无居民海岛开发利用缺乏统一规划和科学管理，导致开发利用活动无序无度；一些单位和个人随意占有、使用、买卖和出让无居民海岛，造成国有资源性资产流失；在一些地方，管理人员及其他人员登岛受到阻挠，影响国家正常的科学调查、研究、监测和执法管理活动。

3．海岛保护力度不足。一些海岛具有很高的权益、国防、资源和生态价值，这些特殊用途海岛需要严格保护，但由于缺乏有力的保护与管理，有些海岛已经遭受破坏，存在严重的国家安全隐患。

4．海岛经济社会发展滞后。海岛经济基础薄弱，水、电、交通等基础设施建设滞后，政府公共服务保障能力不足，防灾减灾能力缺乏，居民生活与生产条件艰苦，边远海岛的困难尤其突出。

同时，海岛保护事业也面临着非常有利的发展形势。从国际背景看，自 1994 年《联合国海洋法公约》生效以来，世界沿海国家越来越关注海岛，通过立法、规划和管理加强海岛的保护和建设，形成了丰富的可供借鉴的海岛保护工作经验。从国内情况看，党中央、国务院高度重视海岛的保护与发展，对建设海洋强国、实施海洋战略、发展海洋产业、保护海洋资源作出了一系列决策部署，为海岛保护与管理以及经济社会发展提供了有利条件。

未来十年是我国经济社会发展的重要战略机遇期，也是资源环境约束加剧的矛盾凸显期。海岛保护的挑战和机遇并存，必须本着对国家、人民高度负责的态度，立足保障科学发展，增强海岛保护的国家意识、战略意识、危机意识，统筹海岛保护和开发利用，积极探索海岛发展新模式，改善海岛人居环境，促进海岛权益、安全、资源、生态以及经济社会的协调发展。

二、指导思想、基本原则和规划目标

（一）指导思想

全面落实科学发展观，深入贯彻实施《中华人民共和国海岛保护法》，统筹海岛保护、开发与建设。以保护和改善海岛及其周边海域生态系统，促进海岛经济社会的可持续发展为目的，强化海岛分类分区管理，实施海岛保护重点工程，保障国家海洋权益、国防安全和生态安全，实现海岛及其周边海域生态系统保护和海岛经济社会协调发展。

（二）基本原则

——坚持科学规划，保护优先。充分认识海岛保护的重要性，尊重海岛生态系统的特殊性，对维持海岛存在的岛体、海岸线、沙滩、植被、淡水和周边海域等生物群落和非生物环境实行科学规划和严格保护。在海岛开发利用的过程中，强调因岛、因地制宜，根据各个海岛的实际情况，采取有针对性的对策措施，科学选择开发利用模式，合理利用海岛资源。

——坚持统筹兼顾，分类管理。统筹海岛的自然、经济、社会属性，综合运用法律法规、政策规划等手段，协调海岛保护与开发利用活动。根据海岛的区位、资源与环境、保护和利用现状、基础设施条件等特征，兼顾保护与发展的实际，对海岛保护实施分类、分区指导与管理。

——坚持维护权益，保障安全。以维护国家海洋权益为核心，加强特殊用途海岛的监管和保护；严格保护海岛上的军事设施和科学观测、助航导航、测绘等公益性设施，保障海上通道和交通安全；强化边远海岛的基础设施建设，加强保护管理和实际利用，体现主权和管辖权，确保国家安全。

——坚持科技支撑，创新发展。开展海岛保护技术研究，大力发展海岛保护关键技术，引导和支持新能源、新材料、新技术在海岛保护与建设工作中的应用，倡导绿色、环保、低碳、节能的理念，探索海岛生态型发展模式，通过示范和推广，以技术创新促进海岛保护工作健康发展。

——坚持全面推进，突出重点。根据国家发展战略和区域经济社会发展目标的要求，既要加强对自然保护区核心区、国防和领海基点保护范围内等不可开发利用海岛的保护和管理，也要加强对可利用无居民海岛的保护和管理，充分发挥我国海岛资源优势，全面推进海岛规划、保护、开发和建设，大力实施海岛保护重点工程，带动全国海岛经济社会可持续发展。

（三）规划目标

1．规划期目标（2011～2020 年）

在国民经济和社会发展规划要求的基础上，力争在规划期内，实现以下目标：

（1）海岛生态保护显著加强。在现有保护区的基础上，新建 10 个自然保护区、30 个海洋特别保护区，对 10%的海岛实施严格保护；重要的生态栖息地纳入保护范围，基本遏制植被退化、生物多样性降低的局面；选择 10－20 个典型生态受损的海岛进行生态修复试点，逐步推广海岛生态修复经验，至规划期末，基本修复重要生态受损海岛；渔业资源和濒危物种保护管理能力得到加强，海岛周边海域的重要渔业水域、海洋生物资源产卵场、索饵场、洄游通道得到有效保护。

（2）海岛开发秩序逐步规范。建立海岛监视监测体系，实施定期或不定期海岛保护巡查制度；清理非法用岛活动，加强登记发证管理，逐步规范无居民海岛开发利用秩序；无居民海岛利用过程中产生的废水和固体废物 100%按规定处理和排放；海岛产业结构趋向合理，以海岛生态旅游、生态养殖、休闲渔业、港口仓储等特色产业为主的海岛经济协调发展。

（3）海岛人居环境明显改善。海岛基础设施建设明显加强，生产、生活条件逐步改善，海岛居民生活稳定；有居民海岛应控制主要污染物排放总量，80%的有居民海岛固体废弃物和污水得到有效处置；建设一批可再生能源开发利用、海水淡化、生态建设等实验基地；海岛防灾减灾能力显著提高。

（4）特殊用途海岛保护力度增强。加强领海基点海岛保护工作，对领海基点海岛的保护状况进行评估，对部分严重受损的领海基点海岛进行修复；开展领海基点、自然保护区、国防等特殊用途海岛的标志设置工作；海岛上的助航导航、测量、气象观测、海洋监测和地震监测等公益性设施保护措施要加强。

2．远期目标（2021－2030 年）

在实现规划期目标（2011－2020 年）的基础上，全面增强海岛保护能力，扩大生态修复范围，海岛生态系统保持良性循环状态；有效控制海岛污染，环境质量明显改善；无居民海岛开发活动规范有序，海岛产业结构趋向合理，海岛地区生态保护和经济社会协调发展；特殊用途海岛保护制度有效实施，维护国家海洋权益能力进一步提高。

三、海岛分类保护

（一）严格保护特殊用途海岛

特殊用途海岛是指具有特殊用途或者重要保护价值的海岛，主要包括领海基点所在海岛、国防用途海岛、海洋自然保护区内的海岛和有居民海岛的特殊用途区域等。任何单位和个人不得擅自开发利用特殊用途海岛。

严格保护领海基点海岛。领海基点所在的海岛，应当由海岛所在省、自治区、直辖市人民政府划定保护范围，报国务院海洋主管部门备案。领海基点及其保护范围周边应当设置明显标志。禁止在领海基点保护范围内进行工程建设以及其他可能改变该区域地形、地貌的活动。确需进行以保护领海基点为目的的工程建设的，应当经过科学论证，报国务院海洋主管部门同意后依法办理审批手续。禁止损毁或者擅自移动领海基点标志。县级以上人民政府海洋主管部门应当按照国家规定，对领海基点所在海岛及其周边海域生态系统实施监视、监测。任何单位和个人都有保护海岛领海基点的义务。发现领海基点以及领海基点保护范围内的地形、地貌受到破坏的，应当及时向当地人民政府或者海洋主管部门报告。

推进海岛的保护区建设。对有代表性的自然生态系统、珍稀濒危野生动植物物种天然集中分布区、高度丰富的海洋生物多样性区域、重要自然遗迹分布区等具有特殊保护价值的海岛及其周边海域，依法设立海洋自然保护区。对具有特殊地理条件、生态系统、生物与非生物资源及海洋开发利用特殊需要的海岛及其周边海域，依法设立海洋特别保护区。自然保护区核心区内的海岛，禁止开发利用，任何单位和个人未经批准不得进入。建立海洋自然保护区海岛宣传教育基地，加强对海洋自然保护区内海岛的科学研究，选划并确定科学研究和考察的线路与通道。

积极保护国防用途海岛。任何单位和个人不得非法登临、占用、破坏国防用途海岛；不得以国防用途名义从事非国防目的的活动，不得将国防用途海岛以任何方式交给其他单位或个人使用和管理；采取有效措施保护和维持国防用途海岛的自然地形、地貌；严格执行《中华人民共和国军事设施保护法》和有关规定，划定“两区两范围”，设定禁止开发区和限制开发区。

加强保护有居民海岛特殊用途区域。对设置在有居民海岛上的领海基点、国防设施、自然保护区，应当划定特殊用途区域，在周边设置明显标志，明确保护范围和保护措施。任何单位和个人不得非法进入特殊用途区域，因不可抗拒原因或紧急避险进入该区域的，应经管理部门同意并遵守区内各项规定，险情消失后必须立即退出特殊用途区域。禁止破坏有居民海岛特殊用途区域及周边地形、地貌；未经批准禁止在特殊用途区域内进行摄影、摄像、录音、勘察、测量、描绘和记述等活动。安排有居民海岛建设项目或开辟旅游景点，应避开特殊用途区域。加强教育，引导海岛地区居民积极支持和配合特殊用途区域的保护与管理工作；对有居民海岛特殊用途区域的保护，要兼顾经济建设和当地群众的生产生活，因设立特殊用途区域或在特殊用途区域内开展相关活动而影响海岛居民生产生活的，应当采取适当方式消除影响，对造成损失的，应当予以合理补偿。

（二）加强有居民海岛生态保护

有居民海岛应当保护海岛沙滩、植被、淡水、珍稀动植物及其栖息地，优化开发利用方式，改善海岛人居环境。

加强生态保护。保护海岛生态系统、生物物种、沙滩、植被、淡水、自然景观和历史遗迹等，维护海岛及其周边海域生态平衡；积极开展海岛生态资源调查，实施海岛生态修复工程，建立海岛生态保护评价体系，严格执行海岛保护规划，凡是不符合海岛保护规划的工程项目不得审批和建设；保护海岛周边海域渔业资源，实施伏季休渔、增殖放流、人工鱼礁等措施；适度控制海岛居住人口规模；广泛宣传和普及海岛生态保护知识，鼓励和引导公众参与生态保护。

防治海岛污染。制定海岛主要水污染物减排规划和固体废弃物（包括船舶垃圾）污染防治规划，选取部分人口较为集中的海岛建设分散型污水处理工程和固体废弃物处置工程，开展海洋垃圾清理工作，对污水全部采取集中处理，防止污染海岛淡水和海水资源，增强海岛居民海洋环境保护意识。

合理开发利用。在海岛及其周边海域划定禁止开发和限制开发区域；开发建设活动应当在科学评估后进行；海岛的开发建设应当合理控制规模，不得超出海岛的水资源承载能力和环境容量；新建、改建、扩建建设项目，必须符合海岛主要污染物排放、建设用地、防治水土流失和用水总量控制指标的要求；已有建设项目应当推进清洁生产，污染物不能达标排放和用水总量超标的，必须限期整改；严格限制在海岛沙滩建造建筑物和设施以及采挖海砂；严格限制填海、围海等改变海岛岸线的行为，严格限制填海连岛工程建设，禁止实体坝连岛；工程建设应当坚持先规划后建设、生态保护设施优先建设或者与工程项目同步建设的原则，并符合相关行业规划。

改善人居环境。支持海岛淡水储存、海水淡化和岛外淡水引入工程设施的建设；采取防止台风、风暴潮、海冰和地质灾害等自然灾害侵袭的措施，保障居住安全；开发建设优先采用风能、海洋能、太阳能等可再生能源和雨水集蓄、海水淡化、污水再生利用等技术；完善公共基础设施，推进教育、医疗卫生、社会服务等社会事业发展，满足海岛居民不断提高的生活需要。

（三）适度利用无居民海岛

无居民海岛应当优先保护、适度利用。按照无居民海岛的主导用途，分别提出海岛保护的总体要求。

旅游娱乐用岛。倡导生态旅游模式，突出资源的不同特色，注重自然景观与人文景观相协调，各景区景观与整体景观相协调，旅游设施的设计、色彩、建设与周边环境相协调；合理确定海岛旅游容量，落实生态和环境保护要求；严格保护海岛地形、地貌，加强水资源保护和水土保持，提高植被覆盖率；鼓励采用节能环保的新技术。

交通运输用岛。科学分析各种交通运输方式的合理用岛规模，制定不同的控制指标，集约、节约用岛，最大程度降低对海岛生态环境造成的不良影响；工程建设与生态保护措施同步进行，制定防灾减灾应急预案；严格限制炸岛、炸礁、开山取石、填海连岛等开发利用活动。

工业用岛。工业用岛的规划与建设应当与自然景观和谐一致；实施清洁生产，建设污水处理场或设施，实现中水循环利用；工业废物要进行无害化处理、处置，危险废弃物应当集中外运；工业废气应当按规定净化后达标排放；在工业建设和生产过程中对海岛生态造成破坏的，应当进行修复。

仓储用岛。根据建设规模、建筑形式和仓储内容合理确定仓储区的建设用岛面积；合理利用周边海域空间资源，尽量减少对海岛地形、地貌和原生植被等自然风貌的破坏，减少对海岛岸线的占用；建设造成岛体裸露及生态破坏的，应当予以修复；仓库以多层为主，限制敞开式仓储模式。

渔业用岛。根据环境与资源的承载量，科学合理的安排渔业设施建设规模，适当控制围海用岛养殖方式；倡导生态增养殖技术，减小水产养殖对海岛周边海域水体的污染；鼓励发展休闲渔业；集中处理和外运海岛上的废弃渔业生产设施；加强对海岛周边海域水质的监视监测。

农林牧业用岛。调控管理农牧业规模总量和发展方向；农林牧业生产应当节约用水，保护海岛植被，促进水源涵养；引入外来物种应当经过科学论证，防止引进有害物种造成生态灾害；严格保护珍稀野生动植物资源，维护生态平衡；严格限制建筑物和设施建设。

可再生能源用岛。统筹安排和综合利用风能、太阳能、海洋能等可再生能源；可再生能源工程设施的建设应当科学论证、合理选址，保持与海岛景观相协调，减少对生态环境的不利影响。

城乡建设用岛。严格限制填海连岛活动，确需实施的，应当经过科学论证；科学发展、统筹规划，综合平衡和控制区域开发强度；保护海岛植被、淡水、沙滩、自然岸线、自然景观和历史遗迹及周边海域的红树林、珊瑚礁和海草床等。

公共服务用岛。支持利用海岛开展科研、教育、监测等具有公共服务性质的活动；任何单位和个人不得妨碍公共服务活动的正常开展，禁止损毁或者擅自移动公益设施；开展公共服务活动应当控制建筑规模，不得造成海岛及其周边海域生态系统破坏。

保留类海岛。保留类海岛应当保持其自然生态原始状态，防止海岛资源遭到破坏；任何单位和个人未经批准不得在保留类海岛采集生物和非生物样本，或者进行采石、挖海砂、采伐林木以及进行生产、建设、旅游等活动。

四、海岛分区保护

依据海岛分布的紧密性、生态功能的相关性、属地管理的便捷性，结合国家及地方发展的区划与规划，立足海岛保护工作的需要，注重区内的统一性和区间的差异性，将我国海岛分为黄渤海区、东海区、南海区和港澳台区等4个一级区进行保护。

（一）黄渤海区

黄渤海区共有海岛700多个，是辽宁、河北、天津、山东、江苏等省市海洋经济发展的前沿阵地，是北方内陆地区由海与外界联系的窗口，对于北方内陆地区经济发展具有重要的辐射意义和区位意义。按照海岛分布特征将黄渤海区划分为长山群岛及辽东沿岸区、渤海区、庙岛群岛区、环山东半岛区、江苏沿岸及辐射沙洲区五个区。

1. 长山群岛及辽东沿岸区

规划范围包括丹东市鸭绿江口至大连市老铁山角的毗邻海域内的所有海岛。该区域共有海岛194个，其中有居民海岛28个，无居民海岛166个。该区域具有丰富的渔业资源、独特的生态旅游资源。

规划重点保护外长山列岛附近的边远海岛，开展海洋岛、南坨子、大门顶等边远海岛生态养护工作；加强石城岛黑脸琵鹭保护区、长海海洋珍稀生物、海王九岛等保护区建设和生态海岛建设，选划并建成一批有特色的海岛保护区；发展海岛生态旅游及周边海域放流、增养殖，逐步建成以獐子岛为龙头的现代化海洋牧场和以大长山岛、小长山岛、广鹿岛为中心的旅游度假胜地；与辽宁沿海经济带战略相衔接，加强长山群岛及辽东沿岸区海岛基础设施建设，支持海洋岛补给中转基地建设。

2．渤海区

规划范围从大连市老铁山角起，沿辽东湾、渤海湾和莱州湾分布，至烟台蓬莱角。该区域共有海岛271个，其中有居民海岛8个，无居民海岛263个。该区域具有渔业资源、旅游资源、港址资源和卤水资源等多种重要资源。

规划重点保护沙泥岛及其周围海域生态环境，加强大连斑海豹等自然保护区的建设；积极应对海平面上升、河流径流量变化对沙泥岛的影响，实施海岸防护、岛陆生态建设、海岛修复等工程；积极防控海上油污染对海岛及其周边海域生态的破坏；发挥唐山湾三岛、菊花岛、滦河口诸岛和大连沿岸海岛等的区位优势和旅游资源优势，逐步建成环渤海海岛生态旅游圈；与辽宁沿海经济带、曹妃甸循环经济示范区、黄河三角洲高效生态经济区规划相协调，促进以长兴岛、曹妃甸为中心的临港工业区和滨州、东营、潍北、莱州临港产业区海岛循环经济的发展。

3．庙岛群岛区

规划范围包括渤海、黄海交汇处的渤海海峡内的海岛，由南长山岛、北长山岛、庙岛、砣矶岛等32个海岛组成，其中有居民海岛10个，无居民海岛22个。该区域是渤海潮汐通道和鸟类迁徙通道，具有丰富的渔业资源、潮汐发电资源和生态旅游资源。

规划重点加强特殊用途海岛及其周边海域生态系统保护，加强山东长岛、庙岛群岛斑海豹等自然保护区的建设；选划并建设一批有特色的海洋特别保护区；建设生态型海岛，推进大竹山岛、螳螂岛等无居民海岛生态养护；严格控制航道周边海岛岸线开发活动，保护设置在海岛上的助航导航设施，保障渤海门户航道安全；逐步建成以砣矶岛、大钦岛、小钦岛、南隍城岛、北隍城岛为中心的多元、立体现代化生态渔业基地；支持以南、北长山岛为中心的生态旅游休闲度假基地建设。

4．环山东半岛区

规划范围包括从烟台市蓬莱角起延伸到鲁苏交界的绣针河口山东省管辖海域范围内的海岛。该区域共有海岛210个，其中有居民海岛20个，无居民海岛190个。该区域渔业资源和旅游资源丰富。

规划重点加强镆铘岛、苏山岛、潮连岛等领海基点海岛的保护，推进海岛保护区建设；促进养马岛、田横岛、灵山岛等海岛生态旅游业发展，开展生态受损海岛的修复工作；加强对绿潮（浒苔）的防范治理；加强海岛基础设施建设，重点建立远洋捕捞和科考补给中转基地，为进行远洋捕捞、大洋科考和海上运输等活动的船舶提供能源、淡水和食物等补给服务。

5．江苏沿岸及辐射沙洲区

规划范围包括分布于江苏沿海区域的海岛及辐射沙洲群。该区域共有海岛15个，其中有居民海岛4个，无居民海岛11个。辐射沙洲群南北长200千米，东西宽140千米，面积约22470平方千米，包括太阳沙、冷家沙、腰沙、外磕脚、麻菜珩等沙洲。该区域拥有丰富的海涂资源、水产资源、港口资源和旅游资源等。

规划重点实施麻菜珩、外磕脚等领海基点海岛保护工程；有效保护基岩海岛地形、地貌、动植物资源及人文景观资源；选划建设秦山岛生态保护区、鸽岛海蚀地貌保护区、东西连岛沙生植物保护区、竹岛蝮蛇保护区；与江苏沿海地区发展规划相协调，强化辐射沙洲区的保护性开发，充分利用海岛岸线资源，挖掘建设深水港口，有效拓展港口作业空间，支持徐圩港区、西太阳沙人工岛及港口建设。

（二）东海区

东海区共有海岛4200多个，海岛数量最多，分布跨度广。东海区地理位置开阔，是我国对外经济开放的门户，对于中西部内陆地区的经济发展具有重要的辐射意义和区位意义，一些边远海岛区位重要，具有维护国家海洋权益的战略意义。按照海岛分布特征将东海区划分为长江口—杭州湾区、舟山群岛区、浙中南区和福建沿岸区四个区。

6．长江口一杭州湾区

规划范围为长江口区域上海辖区内海岛以及上海芦潮港灯标至浙江甬江口东侧长跳嘴一线以西海域内诸岛。该区域共有海岛 74 个，其中有居民海岛 4 个，无居民海岛 70 个。该区域具有港口航道和生态旅游等特色资源。

规划重点保护佘山岛等领海基点海岛；加强九段沙、金山三岛等保护区建设；维护大巫子山、下盘山、七里峙等海岛上的航标、灯塔等公益设施的正常使用；发展以崇明岛和杭州湾内海岛为代表的现代海岛生态旅游业；服务上海国际航运中心建设，支持发展港口航运业、临港工业以及以长兴岛为代表的海洋装备制造业。

7．舟山群岛区

规划范围包括上海芦潮港灯标至浙江甬江口东侧长跳嘴一线以东的舟山市管辖区域内海岛。该区域共有海岛 1258 个，其中有居民海岛 139 个，无居民海岛 1119 个。该区域具有丰富的深水岸线、旅游和渔业资源。

规划重点保护两兄弟屿、海礁、东南礁等领海基点海岛；加强五峙山、马鞍列岛、中街山列岛等保护区的建设管理；修复受损海岛及其周边海域生态系统；发展海岛特色生态旅游业和生态渔业；完善舟山岛定海西码头、沈家门等中心渔港的配套设施建设；支持港口航运、物流及临港工业发展；支持舟山群岛新区建设。

8．浙中南区

规划范围包括浙江甬江口东侧长跳嘴以南区域内海岛。该区域共有海岛 1559 个，其中有居民海岛 99 个，无居民海岛 1460 个。该区域具有丰富的海洋生物资源和旅游资源。

规划重点保护渔山列岛、台州列岛、稻挑山等领海基点海岛及其周边海域；加强韭山列岛、南麂列岛、渔山列岛和西门岛等保护区的建设管理；支持以港口航运、物流及临港工业、海产品精深加工业、海洋渔业、旅游业为重点的海洋产业带建设；建设象山港湾海岛旅游娱乐区，支持洞头、南麂等海岛生态旅游发展。

9．福建沿岸区

规划范围包括福建辖区内的所有海岛。该区域共有海岛 1374 个，其中有居民海岛 101 个，无居民海岛 1273 个。该区域主要有渔业资源、旅游资源、港口资源和海洋能资源等。

规划重点保护东引岛、东沙岛、牛山岛等领海基点海岛；保护红树林、珊瑚礁等典型海岛生态系统；加强日屿岛、台山列岛等保护区建设与管理；积极推进厦门岛、湄洲岛、海坛岛、东山岛及大嵛山岛等海岛旅游景观建设，发展海岛旅游业；与海峡西岸经济区发展政策相衔接，促进平潭综合实验区建设；支持临港与临海工业、港口航运业、海洋渔业、海洋新兴产业发展；以平潭、东山、湄洲、琅岐、三都、江阴、大嶝、紫泥等建制乡以上海岛保护开发为重点，拓展海峡两岸交流合作。

（三）南海区

南海区共有岛礁 1800 多个，分布范围广阔，区位优势明显，具有丰富的生物、油气、矿产等资源，是连接东北亚一西太平洋与印度洋一中东地区的交通枢纽，具有重要的权益、安全价值。根据海岛区位分布特征将南海区划分为粤东区、珠江口区、粤西区、广西北部湾区、海南岛区、西沙群岛区、中、南沙群岛区等七个海区。

10．粤东区

规划范围包括自闽粤交界的大埕湾至大鹏湾东部海区内的海岛。该区域共有海岛 322 个，其中有居民海岛 12 个，无居民海岛 310 个。该区域具有丰富的珍稀物种、渔业、旅游和深水岸线等资源。

规划重点保护南澎列岛、针头岩等领海基点海岛；保护大亚湾内海岛珊瑚礁、南澎列岛生物多样性；加强海岛旅游基础设施建设，逐步建成以大、小三门和南澳岛为中心的生态旅游度假基地；促进南澳岛清洁能源基地建设，推动生态经济区发展；合理利用纯洲、芒洲、马鞭洲等海岛深水岸线资源，发展海岛交通运输及物流仓储业。

11．珠江口区

规划范围包括从高栏列岛至大鹏湾海域内的海岛。该区域共有海岛 185 个，其中有居民海岛 14 个，无居民海岛 171 个。该区域港口资源和航道资源丰富。

规划重点保护佳蓬列岛等领海基点海岛；加大内伶仃岛、淇澳岛、大襟岛等海岛珍稀动植物资源及海洋生态环境的保护力度；与珠江三角洲地区改革发展规划纲要相协调，加强海岛基础设施建设，促进龙穴岛、高栏岛等大型深水港口及临海工业建设；推动淇澳岛、野狸岛、九洲列岛等海岛旅游区建设；发展万山列岛、蜘洲列岛等海水增养殖业；促进横琴岛生态经济建设。

12．粤西区

规划范围包括从黄茅海以西至粤桂交界处海域内的海岛。该区域位于珠江口西侧，共有海岛252个，其中有居民海岛18个，无居民海岛234个。该区域海岛植被覆盖良好，自然资源丰富，拥有较好的港口及旅游资源。

规划重点保护围夹岛、大帆石等领海基点海岛；加强阳西大树岛、新寮岛、南鹏列岛等典型海岸地貌景观和海洋生态系统保护；在上川岛、下川岛、海陵岛等发展生态旅游、海上运动、度假疗养、休闲渔业、邮轮旅游等多元化旅游产业；促进新寮岛风力发电、海水淡化等海洋新兴产业的发展，建设粤西沿海大型可再生能源基地和东海岛海洋综合开发示范区。

13．广西北部湾区

规划范围包括广西辖区内的所有海岛。该区域共有海岛651个，其中有居民海岛11个，无居民海岛640个。该区域拥有丰富的港口资源、旅游资源和海洋生物资源。

规划重点加强涠洲岛、北仑河口保护区的建设和管理；开展红树林、珊瑚礁、海草床等特殊生态系统与生物多样性的保护与修复；开发海岛生态旅游，支持涠洲、斜阳两岛的休闲度假旅游岛建设，发展以"七十二泾"为主的海岛生态旅游；合理利用海岛深水岸线资源，发展海岛交通运输及物流仓储业。

14．海南岛区

规划范围包括海南岛及周边海域内海岛。该区域共有海岛181个，其中有居民海岛12个，无居民海岛169个。该区域资源丰富，拥有红树林、珊瑚礁、海草床、热带季雨林等多种重要的海洋生态系统，生态环境优越，旅游资源优势明显。

规划重点保护莺歌嘴、感恩角、四更沙角等领海基点海岛；加强大洲岛、三亚珊瑚礁等自然保护区内海岛生态系统的保护；与建设海南国际旅游岛战略相衔接，加快开发海岛旅游资源，完善海岛旅游基础设施建设，调整优化西瑁洲岛、蜈支洲岛等海岛的开发利用模式，科学发展琼南和琼东海岛生态旅游。

15．西沙群岛区

规划范围包括宣德、永乐群岛等30多个岛礁，位于南海中部、海南岛的东南方。该区域具有丰富的旅游资源、生物资源和油气资源。

规划重点保护领海基点海岛；推进甘泉岛、东岛、西沙州、金银岛的保护区建设，保护海岛植被和海龟、海鸟、珊瑚礁等生物物种资源；实施中建岛、永兴岛、北礁、浪花礁、华光礁、盘石屿、玉琢礁等珊瑚礁生态修复工程；推进海岛补给中转公共服务设施建设；积极稳妥开放开发西沙群岛旅游产业；开展养殖和远洋捕捞等渔业生产活动；积极稳妥推进海洋石油资源勘探开发；开展海水淡化、可再生能源发电、垃圾污水处理及交通、通讯等基础设施建设。

16．中、南沙群岛区（略）

（四）港澳台区（略）

五、重点工程

为保障《规划》目标的实现，解决海岛开发、建设、保护中的重大问题，在规划期内，组织实施十项重点工程。

（一）海岛资源和生态调查评估

工作目标：摸清海岛现状，分析和评价海岛情况，为保护海岛及其周边海域生态系统、合理利用海岛资源、加强海岛管理、维护国家海洋权益提供基础数据和科学依据。

工作任务：每10年开展一次"全国海岛资源和生态调查与评估"，结合全国土地调查，清查我国海岛的数量、位置、面积、资源生态保护与利用的基本情况和变化情况；适时开展"海岛地名普查"、"领海基点海岛保护情况调查"和"无居民海岛使用情况普查"等专项调查，获取重点工程和专项工作需要的数据和资料；发布海岛统计调查公报，公布有居民海岛名录和海岛对外开放名录。

（二）海岛典型生态系统和物种多样性保护

工作目标：加强海岛典型生态系统和物种

多样性保护，维护海岛生态特性和基本功能，重点保护具有典型生态系统和珍稀濒危生物物种资源的海岛。

工作任务：加强海岛保护区管理，完善保护区管理机构设置，强化保护区基本设施的建设和投入；开展保护区管理评估，建立培训制度，提高管理人员素质；强化保护区巡航监督、跟踪监测等规范化、科学化管理；新建 10 个自然保护区、30个海洋特别保护区，保护具有典型生态系统和珍稀濒危生物物种资源的海岛；建立 10～20 个海岛生态建设实验基地，倡导和引导生态型开发模式；开展海岛物种登记，防止外来物种入侵；加强科学研究和宣传教育，普及海岛典型生态系统和物种多样性知识。

（三）领海基点海岛保护

工作目标：严格保护领海基点海岛及其周边海域的生态系统，保持领海基点海岛地形、地貌的稳定。

工作任务：制定领海基点海岛保护技术标准和规范，划定领海基点海岛的保护范围，开展领海基点保护范围的标志设置工作；建立并实施领海基点保护范围标志定期维护制度；在麻菜珩、外磕脚、中建岛等开展领海基点海岛地形、地貌及其演变规律的长期连续性观测与监测工作，保持领海基点海岛及其周边区域地形、地貌的稳定；对生态受损的领海基点海岛实施修复；将领海基点海岛的监视监测系统纳入国家海岛监视监测体系的优先建设范围。

（四）海岛生态修复

工作目标：通过试点推广方式，完成 50 个较为典型的生态受损海岛的生态修复工作。

工作任务：编制海岛生态修复技术规程；选取辽宁大王家岛、山东崆峒岛、浙江桥梁山、北渔山和南韭山、广东罗斗沙、三角岛和小蜘洲等，实施海岛陆域生态系统受损修复试点工程；选取辽宁广鹿岛、山东麻姑岛、福建东山岛和海坛岛、广西沙井岛、海南赵述岛等作为试点，实施岛体周围沙滩生态修复工程；选取福建湄洲岛、海南永兴岛、西瑁洲岛和小洲岛等作为试点，实施海岛周边红树林、珊瑚礁生态修复工程；根据试点经验，沿海各省结合各地实际情况，组织开展海岛生态修复工作。

（五）海岛淡水资源保护与利用

工作目标：保护海岛淡水资源，保障有居民海岛居民生活用水，逐步解决生产用水需求。

工作任务：实行最严格水资源管理制度，严格保护海岛水源地，实施海岛绿化和水源涵养工程；海岛开发利用要充分考虑水资源条件和承载能力，严格管理和合理利用海岛淡水资源，严格控制地下水开发；因地制宜建设海岛水库、大陆引水等工程；在严重缺水的边远海岛支持建设家庭水窖、蓄水池等雨水收集设施；推广节水和水资源二次利用技术；加大海水淡化工程建设；在辽宁海洋岛和长兴岛、山东灵山岛、大管岛、养马岛、田横岛、刘公岛和坨矶岛、浙江舟山岛、六横岛、衢山岛、大门岛、鹿西岛、洞头岛和虾峙岛、福建海坛岛、南日岛和浯屿岛、广东担杆列岛、南澎岛和北尖岛、广西涠洲岛、海南东锣岛、西鼓岛、东瑁洲、西瑁洲、分界洲、大洲岛、蜈支洲岛、甘蔗岛、七洲列岛和西沙群岛等建设海水淡化工程和雨水收集示范工程；对其他海岛海水淡化、水库建设和维修、大陆引水、雨水收集、水资源二次利用等工程给予补助。

（六）海岛可再生能源建设

工作目标：充分利用海岛可再生能源，保障边远海岛用电需求，改善人居环境。

工作任务：开展海岛风能、太阳能、海洋能等可再生能源开发利用技术及多能互补技术研究，在辽宁大王家岛、塞里岛、褡裢岛、猪岛和三山岛、山东大管岛、庙岛、灵山岛、北长山岛、南长山岛、大黑山岛和小黑山岛、浙江屏风山、海山、上大陈岛、下大陈岛和舟山群岛、福建海坛岛、东山岛、六屿岛、福屿、南日群岛和台山群岛、广东漭洲岛、南澎岛、北尖岛、大万山岛和担杆列岛、广西麻蓝岛、海南大洲岛、东瑁洲和西沙群岛等建设海岛可再生能源独立电力系统示范基地；加强对其他边远海岛可再生能源建设工程的扶持力度；支持符合条件的近岸海岛建设风能、太阳能、海洋能等可再生能源发电系统，逐步提高可再生能源在海岛能源消费中所占比例。

（七）边远海岛开发利用

工作目标：加快边远海岛（边远海岛名录

见附录）渔业、旅游业等特色产业的发展，改善基础设施和社会事业发展滞后的局面，提高政府公共服务能力。

工作任务：建立边远海岛名录制度，定期更新和发布边远海岛名录；探索边远海岛开发利用方式，编制无居民海岛保护与利用规划；重点扶持并建成5—10个边远海岛开发利用示范性工程；加强边远海岛交通基础设施建设，在山东北隍城岛、浙江大长涂山岛、福建南日岛、大嵛山岛、广东担杆岛、广西涠洲岛、斜阳岛、海南西沙群岛等，建设交通码头和岛上公路的示范工程；开展补给中转基地建设，在辽宁海洋岛、山东灵山岛、西沙群岛等，建设适当规模的补给中转基地示范工程，鼓励和扶持其他中小型补给中转基地建设；鼓励远洋捕捞、海水养殖、生态旅游、交通运输、中转贸易等海岛特色产业发展，对符合国家鼓励政策的海岛开发项目给予优惠政策扶持；国家优先研究和安排边远海岛对外开放，选择区位条件特殊、资源状况较好的边远海岛，建立海岛对外开放试验区；各级人民政府要按照逐步实现基本公共服务均等化的要求，加大对边远海岛县、乡（镇）的财政转移支付力度和边远海岛基础设施建设的资金投入力度，逐步增强基层人民政府提供公共服务的能力；扶持边远海岛社会事业发展，加快边远有居民海岛中小学校、县（乡、村）医疗机构、广播电视和通讯设施等建设步伐；将边远海岛地区纳入国家艰苦边远地区范围，逐步提高海岛地区机关和事业单位工作人员的工资待遇水平。

（八）海岛防灾减灾

工作目标：海岛地区的灾害监测预警、防灾减灾、应急处置、灾害救助、恢复重建能力和水平显著提升，防灾减灾知识的公众普及程度明显提高。

工作任务：实施海岛防风、防浪、防潮工程，重点加强避风港、渔港、防波堤、海堤、护岸等设施建设，加强海岛城镇排涝设施建设，防治海岛山洪和地质灾害；提高河口海岛防洪安全意识；完善海岛与陆地联网的灾害监测预警、预报系统；加强海岛灾害风险评估、信息管理能力、海上救援体系建设；提高海岛防灾抗灾科技能力，推动减灾科技创新与成果转化；开展海岛防灾减灾规划体系与技术标准规范建设工作；在长山群岛、庙岛群岛、舟山群岛、东山岛、海坛岛、万山群岛、涠洲岛、西沙群岛等建设海岛防灾减灾综合示范区；扶持在台风、风暴潮、洪涝、滑坡、泥石流等灾害高风险区建设社区避难场所；开展多层次专业化教育，增强公众防灾减灾意识，强化防灾减灾管理人员责任意识。

（九）海岛名称标志设置

工作目标：完成6000个海岛的名称标志设置工作。

工作任务：确定立碑的海岛名录和立碑时序；编制海岛名称标志设置工作方案；进行现场踏勘选址；完成海岛名称标志制作和设置，完善放置海岛名称标志的管理和维护工作；建立海岛名称标志纸质档案和电子档案。

（十）海岛监视监测系统建设

工作目标：动态监控我国海岛保护与利用情况，面向海洋管理部门、涉海单位、社会公众等提供多种形式的海岛信息服务及海岛信息产品，实现海岛监视监测系统业务化运行，为国家制定海岛保护和开发政策提供翔实的海岛综合数据。

工作任务：建设海岛监视监测业务体系；建设海岛数据平台、海岛管理平台、海岛监视监测网络和信息安全体系；设计海岛监视监测产品范例；实现卫星遥感监测、航空遥感监测、登岛实地监测、船舶巡航监测、海岛统计调查、无人机航拍监测、视频监测等多种方式的海岛监视监测，建立海岛生态评估和预警系统。军队设防海岛监视监测系统工程建设由军地双方共同组织实施，所获资料严格保密。

六、规划实施保障措施

（一）加强组织领导，健全管理协调机制

沿海各级人民政府要充分认识海岛保护对促进经济社会可持续发展的重要作用和意义，统一思想，高度重视，加强领导，落实责任，全力支持和精心组织海岛保护规划的实施，把海岛保护的各项工作落到实处。沿海省、自治区、直辖市人民政府要按照全国海岛保护规划的总体要求，结合实际，科学制定省级海岛保护规划，并纳入本地区国民经济和社会发展规划，认真组织实施。建立海岛保护与管理的高层次协调机制，强化涉岛部门之间、涉岛行业之间的协调配合，各司其职，精心组织好规划重点工程的实施，及时解决海岛保护与利用决策中的重大问题，形成促进海岛保护事业发展的合力。

（二）完善规章制度，规范海岛开发秩序

加强海岛保护规章制度建设，完善国家和地方海岛保护规划体系，建立健全海岛统计调查制度、海岛名称管理制度、无居民海岛开发利用审查批准制度、无居民海岛有偿使用制度等；建立海岛监视监测管理体系，规范无居民海岛使用项目论证秩序，加强无居民海岛建筑物和设施管理，开展海岛保护规划实施评估，强化海岛执法监督检查及巡查，依法查处海岛保护、开发、建设以及相关管理活动中的违法行为，制止破坏海岛资源和生态环境的行为，规范海岛开发利用秩序，保证规划实施效果。

（三）重视人才培养，加强海岛管理与科研队伍建设

实施和推进人才战略，加强管理人才、专业技术人才和执法人才队伍建设。落实必要的工作机构和人员编制，建立科学的考核、评价制度和激励机制，提高海岛管理人才队伍整体素质；重视科技投入，积极引进、培养海岛专业技术人才，特别是高层次海岛科技人才，建立一支“开放、流动、竞争、协作”的海岛科技人才队伍，建设一批有特色的海岛科技服务机构，加强重大问题与关键技术研发力度，为全面加强海岛保护提供技术支撑；充实和加强海洋执法力量，用现代化的船舶和飞机及先进的仪器设备装备海上执法队伍，提高应对违法、违规事件及其他突发事件的应急处置能力；强化执法人员监督管理，提高执法人员的综合素质，努力建设专业的海岛执法队伍。

（四）加强宣传教育，建立公众参与机制

多形式、多层次、多渠道地宣传海岛保护规划，特别是宣传海岛保护规划在依法加强海岛生态保护和无居民海岛使用权管理、规范海岛开发秩序、维护国家海洋权益中的重要作用，提高公众的海岛保护意识，为规划实施创造一个良好的社会环境。建立和完善公众参与机制，增强规划编制和修编的公开性和透明度，听取公众意见，实行民主决策；严格执行海岛保护法规定的规划公示制度，及时将已批准的海岛保护规划依法向社会公布，保障公民知情权、参与权；充分发挥社会公众监督力量，拓宽和畅通群众举报投诉渠道，接受公众监督；建立和完善规划编制的专家咨询制度，加强规划的协调、咨询和论证等工作，提高规划决策的科学化和民主化水平。

（五）落实规划任务，强化重点工程管理

国家和地方各有关部门应当对《规划》确定的重点工程的立项、审批、实施给予支持。各项重点工程应严格执行国家基本建设程序，按规划选项，按项目管理，按工程建设进度安排建设资金，按效益考核。重点工程建设所在地区的各级人民政府，要组织力量对工程建设进行科学规划和设计，广泛吸收各方面意见，特别是海岛地区居民的意见和建议。引入竞争机制，通过公开招投标的方式选择工程的实施单位。建立质量管理和技术监督体系，按照国家施工标准，实行工程监理制，定期对工程建设情况进行检查、考核和评估，切实加强工程资金管理，确保工程质量。逐步推行重点工程标准化、规范化、法制化、信息化建设与管理的长效机制。坚持军民融合式发展，充分考虑工程建设国防需求，促进海岛开发利用经济效益与军事效益的最优化。

（六）设立专项资金，建立稳定投入机制

有关人民政府应当加大对海岛保护工作的投入力度，保障落实《规划》重点工程和工作任务的资金需求。国家依法安排海岛保护专项资金，用于海岛的保护、生态修复和科学研究活动。国家在海岛收取的各类生态补偿资金要专项用于海岛生态保护与恢复。积极发挥政府财政性投资导向作用，建立多渠道、多元化的投融资机制，鼓励和引导单位、个人投资海岛。特别要加大对边远海岛的资金投入力度，创新融资模式，利用多种方式和途径吸引资金，促进边远海岛的开发、建设和保护。

附录：

边远海岛名录

序号	行政隶属	海岛名称
1	辽宁省	大长山岛、小长山岛、哈仙岛、塞里岛、巴蛸岛、乌蟒岛、广鹿岛、格仙岛、瓜皮岛、獐子岛、褡裢岛、大耗子岛、小耗子岛、海洋岛、洪子东岛、葫芦岛、沙珠坨子、元宝坨子、草坨子（长海县）、井坨子、菠萝坨子、平岛、石城岛、寿龙岛、长坨子、大王家岛、大鹿岛、小鹿岛、菊花岛、西蚂蚁岛
2	山东省	北隍城岛、南隍城岛、小钦岛、大钦岛、砣矶岛、大黑山岛、小黑山岛、庙岛、北长山岛、南长山岛、崆峒岛、赭岛、大管岛、灵山岛、竹岔岛
3	江苏省	开山岛、秦山岛
4	浙江省	花鸟山、东绿华岛、西绿华岛、东库山、大盘山、张其山、壁下山、柱住山、金鸡山、枸杞岛、嵊山、泗礁山、马迹山、大黄龙岛、徐公岛、滩浒山、大洋山、小衢山、黄泽山、鼠浪湖岛、衢山岛、大鱼山、岱山岛、小长涂山、大长涂山、江南山、官山（舟山市）、大交山、秀山岛、穿鼻岛、外神马岛、里神马岛、外峙岛、峙中山、黄兴岛、庙子湖岛、青浜岛、长白岛、东福山岛、大鹏山、中钓山、外钓山、葫芦岛、大五奎山、盘峙岛、西蟹峙、东蟹峙、西巨岛、凤凰山（舟山市）、小盘峙、大王脚山、东巨岛、大馒头山（舟山市）、洛伽山、刺山、柴山、大猫岛、摘箬山、马峙、白沙山、蚂蚁岛、登步岛、悬鹁鸪山、西峰岛、东白莲山、大双山、西白莲山、桃花岛、小双山、湖泥山、六横岛、佛渡岛、虾峙岛、走马塘岛、凉潭岛、元山岛、对面山（舟山市）、缸爿山、东屿山、道人山、南韭山、崇岛、铜钱礁、对面山（象山县）、檀头山、北渔山、白石山、中央山、铜山、田湾岛、龙山、壳塘山、雀儿岙岛、田岙岛、头门岛、上大陈岛、大横床岛、大青山、茅坦山、茅埏岛、江岩山、洋屿、鸡山、大鹿山、披山岛、白沙岛、小横床岛、小门岛、鹿西岛、大门岛、青山岛、大瞿岛、南策岛、铜盘山、长大山、上干山、王树段岛、凤凰山（瑞安市）、北龙山、大峙山、齿头山、冬瓜屿、北麂岛、过水屿、关老爷山、下岙岛、大檑山、竹屿、南麂岛、官山岛（苍南县）、南关岛、北关岛
5	福建省	东台山、西台山、大嵛山、小嵛山、福屿、长屿（福鼎市）、腰屿、牛屿、青屿岛、浮鹰岛、马刺岛、西洋岛、小西洋岛、雷江岛、锋火岛、北澳岛、东安岛、长腰岛、竹江岛、六屿岛、鸟屿、官沪岛、三都岛、斗帽岛、鸡公山、青山岛、白匏岛、粗芦岛、壶江岛、东洛岛（连江县）、川石岛、长屿（长乐市）、吉钓岛、小麦屿、目屿、鼓屿、小练岛、大练岛、小庠岛、东庠岛、屿头岛、草屿、塘屿、黄瓜屿、南日岛、小日岛、东罗盘屿、大鳌屿、赤山、西箬杯岛、东箬杯岛、惠屿、紫泥岛、浯屿
6	广东省	西澳岛、汛洲岛、南澳岛、小岛、大三门岛、小三门岛、大洲头、桂山岛、东澳岛、大万山岛、外伶仃岛、担杆岛、荷包岛、上川岛、下川岛、漭洲、大襟岛、盘皇岛、水东岛、南三岛、特呈岛、东头山岛、硇洲岛、后海岛、冬松岛
7	广西壮族自治区	涠洲岛、斜阳岛、七星岛、麻蓝岛
8	海南省	海头岛、北港岛、东屿岛、石头公-下朗、西沙群岛等

注：边远海岛，一般是指交通不便、经济社会基础薄弱的海岛。国家海洋局可以根据实际情况，会同有关部门对边远海岛名录定期更新和发布。

全国海洋功能区划（2011-2020年）

（2012年3月3日）

第一章　海洋开发与保护状况

第一节　海域和海洋资源

我国濒临渤海、黄海、东海、南海及台湾以东海域，跨越温带、亚热带和热带。大陆海岸线北起鸭绿江口，南至北仑河口，长达1.8万多千米，岛屿岸线长达1.4万多千米。海岸类型多样，大于10平方千米的海湾160多个，大中河口10多个，自然深水岸线400多千米。

我国海洋资源种类繁多，开发潜力大。海洋资源的开发利用为沿海地区经济社会发展做出了重要贡献。2010 年，海洋生产总值占国内生产总值的比重接近 10%，涉海就业人员超过 3300 万；海水产品产量 2798 万吨，比 2002 年增加 26%；沿海港口 150 多个，年货物吞吐量 56.45 亿吨，比 2002 年增加 228%，其中吞吐量位居世界前十位的港口有 8 个；海洋油气年产量超过 5000 万吨油当量，占全国油气年产量的近 20%；滨海旅游业增加值约占海洋产业增加值的 22%，发展迅速，已经成为海洋经济的重要支柱产业。

第二节 海域管理与环境保护

2002 年，国务院批准了全国海洋功能区划，为海域管理提供了科学依据。到 2010 年底，国务院和沿海县级以上地方各级人民政府依据海洋功能区划确权海域使用面积 194 万公顷，基本解决了海域使用中长期存在的“无序、无度、无偿”等问题。依法审批建设用海 24.2 万公顷，切实保障了能源、交通等国家重大基础设施和防灾减灾等民生工程用海需求，成为沿海地区拓展发展空间、推动经济社会发展的重要途径；依法确权海水增养殖及渔港、人工鱼礁等渔业用海 160 多万公顷，为沿海渔业发展、渔民增收提供了用海保障。

海洋污染防治和生态建设工作不断加强。国家与地方相结合的立体海洋环境监测与评价体系基本形成。沿海地区采取有效措施加大陆源入海污染物控制力度，减少海上污染排放。海洋保护区数量和面积稳步增长，已建各级各类海洋保护区 221 处，其中海洋自然保护区 157 处，海洋特别保护区 64 处，总面积 330 多万公顷（含部分陆域）。已建立海洋国家级水产种质资源保护区 35 个，覆盖海域面积达 505.5 万公顷。通过红树林人工种植等生态修复工程，恢复了部分区域的海洋生态功能。通过采取海洋伏季休渔、增殖放流、水产健康养殖，水产种质资源保护区、人工鱼礁和海洋牧场建设等措施，减缓了海洋渔业资源衰退趋势。目前，我国管辖海域海洋环境质量状况总体较好，基本满足海洋功能区管理要求。

但是，海域管理和环境保护仍存在一些问题。海域管理的法律法规、制度与任务要求不相适应，海域监管能力薄弱；海岸和近岸海域开发密度高、强度大，可供开发的海岸线和近岸海域后备资源不足；工业和城镇建设围填海规模增长较快，海岸人工化趋势明显，部分围填海区域利用粗放；陆地与海洋开发衔接不够，沿海局部地区开发布局与海洋资源环境承载能力不相适应；近岸部分海域污染依然严重，滨海湿地退化形势严峻，海洋生态服务功能退化，赤潮、绿潮等海洋生态灾害频发，溢油、化学危险品泄漏等重大海洋污染事故时有发生。

第三节 面临的形势

当前和今后一个时期，是我国全面建设小康社会的关键时期，也是坚定不移走科学发展道路、切实提高生态文明建设水平的重要阶段，必须深刻认识并全面把握海洋开发利用与环境保护面临的新形势，有效化解由此带来的各种矛盾。

——海洋经济发展战略加快实施。党的十七届五中全会提出“科学规划海洋经济发展”，国家“十二五”规划对推进海洋经济发展做出战略部署。国务院批准了沿海多个区域规划，启动了海洋经济发展试点。

——沿海地区工业化、城镇化进程加快。能源、重化工业向沿海地区集聚，滨海城镇和交通、能源等基础设施在沿海布局，各类海洋工程建设规模不断扩大，海洋新兴产业迅速发展，建设用海需求旺盛。

——陆源和海上污染物排海总量快速增长，重大海洋污染事件频发。气候变化导致了海平面上升、极端天气与气候事件频发等，海洋自然灾害损失倍增，海洋防灾减灾和处置环境突发事件的形势严峻。

——涉海行业用海矛盾突出，渔业资源和生态环境损害严重，统筹协调海洋开发利用的任务艰巨。近岸海域渔业用海进一步被挤占，稳定海水养殖面积、促进海洋渔业发展、维护渔民权益的任务艰巨。

——沿海地区人民群众的环境意识不断增强。对清洁的海洋环境、优美的滨海生活空间和亲水岸线的要求不断提高，对健康、安全的海洋食品需求不断增加，对核电、危险化学品生产安全高度关注。

——海洋权益斗争趋于复杂。沿海国家制定和实施海洋战略，围绕控制海洋空间、争夺海洋资源、保护海洋环境等方面，加强对海洋的控制、占有和利用。

总之，随着我国经济社会发展及沿海地区人口增长，必然导致对海域空间提出持续增长的数量需求和质量安全需求。我们既要保障经济发展提出的建设用海需求，又要保障渔业生产、渔民增收提出的基本用海需求，更要保障生态安全提出的保护用海需求。

第二章 指导思想、基本原则和主要目标

第一节 指导思想

以邓小平理论和“三个代表”重要思想为指导，深入贯彻落实科学发展观，适应“发展海洋经济”“提高海洋开发、控制、综合管理能力”“维护我国海洋权益”战略实施的新形势，坚持在发展中保护、在保护中发展，科学分区、准确定位、综合平衡，合理配置海域资源，统筹协调行业用海，优化海洋开发空间布局，提高海域资源利用效率，实现规划用海、集约用海、生态用海、科技用海、依法用海，促进沿海地区经济平稳较快发展和社会和谐稳定。

第二节 基本原则

——自然属性为基础。根据海域的区位、自然资源和自然环境等自然属性，综合评价海域开发利用的适宜性和海洋资源环境承载能力，科学确定海域的基本功能。

——科学发展为导向。根据经济社会发展的需要，统筹安排各行业用海，合理控制各类建设用海规模，保证生产、生活和生态用海，引导海洋产业优化布局，节约集约用海。

——保护渔业为重点。渔业可持续发展的前提是传统渔业水域不被挤占、侵占，保护渔业资源和生态环境是渔业生产的基础，渔民增收的保障，更是保证渔区稳定的基础。

——保护环境为前提。切实加强海洋环境保护和生态建设，统筹考虑海洋环境保护与陆源污染防治，控制污染物排海，改善海洋生态环境，防范海洋环境突发事件，维护河口、海湾、海岛、滨海湿地等海洋生态系统安全。

——陆海统筹为准则。根据陆地空间与海洋空间的关联性，以及海洋系统的特殊性，统筹协调陆地与海洋的开发利用和环境保护。严格保护海岸线，切实保障河口海域防洪安全。

——国家安全为关键。保障国防安全和军事用海需要，保障海上交通安全和海底管线安全，加强领海基点及周边海域保护，维护我国海洋权益。

第三节 主要目标

通过科学编制和严格实施海洋功能区划，到2020年，实现以下主要目标：

——增强海域管理在宏观调控中的作用。海域管理的法律、经济、行政和技术等手段不断完善，海洋功能区划的整体控制作用明显增强，海域使用权市场机制逐步健全，海域的国家所有权和海域使用权人的合法权益得到有效保障。

——改善海洋生态环境，扩大海洋保护区面积。主要污染物排海总量得到初步控制，重点污染海域环境质量得到改善，局部海域海洋生态恶化趋势得到遏制，部分受损海洋生态系统得到初步修复。至2020年，海洋保护区总面积达到我国管辖海域面积的5%以上，近岸海域海洋保护区面积占到11%以上。

——维持渔业用海基本稳定，加强水生生物资源养护。渔民生产生活和现代化渔业发展用海需求得到有力保障，重要渔业水域、水生野生动植物和水产种质资源保护区得到有效保护。至2020年，水域生态环境逐步得到修复，渔业资源衰退和濒危物种数目增加的趋势得到基本遏制，捕捞能力和捕捞产量与渔业资源可承受能力大体相适应，海水养殖用海的功能区面积不少于260万公顷。

——合理控制围填海规模。严格实施围填海年度计划制度，遏制围填海增长过快的趋势。围填海控制面积符合国民经济宏观调控总体要求和海洋生态环境承载能力。

——保留海域后备空间资源。划定专门的保留区，并实施严格的阶段性开发限制，为未来发展预留一定数量的近岸海域。全国近岸海域保留区面积比例不低于10%。严格控制占用海岸线的开发利用活动，至2020年，大陆自然岸线保有率不低于35%。

——开展海域海岸带整治修复。重点对由于开发利用造成的自然景观受损严重、生态功能退化、防灾能力减弱，以及利用效率低下的海域海岸带进行整治修复。至 2020 年，完成整治和修复海岸线长度不少于 2000 千米。

第三章 海洋功能分区

第一节 农渔业区

农渔业区是指适于拓展农业发展空间和开发海洋生物资源，可供农业围垦，渔港和育苗场等渔业基础设施建设，海水增养殖和捕捞生产，以及重要渔业品种养护的海域，包括农业围垦区、渔业基础设施区、养殖区、增殖区、捕捞区和水产种质资源保护区。

农业围垦区主要分布在江苏、上海、浙江及福建沿海。渔业基础设施区主要为国家中心渔港、一级渔港和远洋渔业基地。养殖区和增殖区主要分布在黄海北部、长山群岛周边、辽东湾北部、冀东、黄河口至莱州湾、烟（台）威（海）近海、海州湾、江苏辐射沙洲、舟山群岛、闽浙沿海、粤东、粤西、北部湾、海南岛周边等海域；捕捞区主要有渤海、舟山、石岛、吕泗、闽东、闽外、闽中、闽南—台湾浅滩、珠江口、北部湾及东沙、西沙、中沙、南沙等渔场；水产种质资源保护区主要分布在双台子河口、莱州湾、黄河口、海州湾、乐清湾、官井洋、海陵湾、北部湾、东海陆架区、西沙附近等海域。

农业围垦要控制规模和用途，严格按照围填海计划和自然淤涨情况科学安排用海。渔港及远洋基地建设应合理布局，节约集约利用岸线和海域空间。确保传统养殖用海稳定，支持集约化海水养殖和现代化海洋牧场发展。加强海洋水产种质资源保护，严格控制重要水产种质资源产卵场、索饵场、越冬场及洄游通道内各类用海活动，禁止建闸、筑坝以及妨碍鱼类洄游的其他活动。防治海水养殖污染，防范外来物种侵害，保持海洋生态系统结构与功能的稳定。农业围垦区、渔业基础设施区、养殖区、增殖区执行不劣于二类海水水质标准，渔港区执行不劣于现状的海水水质标准，捕捞区、水产种质资源保护区执行不劣于一类海水水质标准。

第二节 港口航运区

港口航运区是指适于开发利用港口航运资源，可供港口、航道和锚地建设的海域，包括港口区、航道区和锚地区。

港口区主要包括大连港、营口港、秦皇岛港、唐山港、天津港、烟台港、青岛港、日照港、连云港港、南通港、上海港、宁波—舟山港、温州港、福州港、厦门港、汕头港、深圳港、广州港、珠海港、湛江港、海口港、北部湾港等；重要航运水道主要有渤海海峡（包括老铁山水道、长山水道等）、成山头附近海域、长江口、舟山群岛海域、台湾海峡、珠江口、琼州海峡等；锚地区主要分布在重点港口和重要航运水道周边邻近海域。

深化港口岸线资源整合，优化港口布局，合理控制港口建设规模和节奏，重点安排全国沿海主要港口的用海。堆场、码头等港口基础设施及临港配套设施建设用围填海应集约高效利用岸线和海域空间。维护沿海主要港口、航运水道和锚地水域功能，保障航运安全。港口的岸线利用、集疏运体系等要与临港城市的城市总体规划做好衔接。港口建设应减少对海洋水动力环境、岸滩及海底地形地貌的影响，防止海岸侵蚀。港口区执行不劣于四类海水水质标准。航道、锚地和邻近水生野生动植物保护区、水产种质资源保护区等海洋生态敏感区的港口区执行不劣于现状海水水质标准。

第三节 工业与城镇用海区

工业与城镇用海区是指适于发展临海工业与滨海城镇的海域，包括工业用海区和城镇用海区。

工业与城镇用海区主要分布在沿海大、中城市和重要港口毗邻海域。

工业和城镇建设围填海应做好与土地利用总体规划、城乡规划、河口防洪与综合整治规划等的衔接，突出节约集约用海原则，合理控制规模，优化空间布局，提高海域空间资源的整体使用效能。优先安排国家区域发展战略确定的建设用海，重点支持国家级综合配套改革试验区、经济技术开发区、高新技术产业开发区、循环经济示范区、保税港区等的用海需求。重点安排国家产业政策鼓励类产业用海，鼓励海水综合利用，严格限制高耗能、高污染和资源消耗型工业项目用海。在适宜的海域，采取离岸、人工岛式围填海，减少对海洋水动力环境、岸滩及海底地形地貌的影响，防止海岸侵蚀。工业用海区应落实环境保护措施，严格实行污水达标排放，避免工业生产造成海洋环境污染，新建核电站、石化等危险化学品项目应远离人口密集的城镇。城镇用海区应保障社会公益项目用海，维护公众亲海需求，加强自然岸线和海岸景观的保护，营造宜居的海岸生态环境。工业与城镇用海区执行不劣于三类海水水质标准。

第四节　矿产与能源区

矿产与能源区是指适于开发利用矿产资源与海上能源，可供油气和固体矿产等勘探、开采作业，以及盐田和可再生能源等开发利用的海域，包括油气区、固体矿产区、盐田区和可再生能源区。

油气区主要分布在渤海湾盆地（海上）、北黄海盆地、南黄海盆地、东海盆地、台西盆地、台西南盆地、珠江口盆地、琼东南盆地，莺歌海盆地、北部湾盆地、南海南部沉积盆地等油气资源富集的海域；盐田区主要为辽东湾、长芦、莱州湾、淮北等盐业产区；可再生能源区主要包括浙江、福建和广东等近海重点潮汐能区，福建、广东、海南和山东沿海的波浪能区，浙江舟山群岛（龟山水道）、辽宁大三山岛、福建嵛山岛和海坛岛海域的潮流能区，西沙群岛附近海域的温差能区，以及海岸和近海风能分布区。

重点保障油气资源勘探开发的用海需求，支持海洋可再生能源开发利用。遵循深水远岸布局原则，科学论证与规划海上风电，促进海上风电与其他产业协调发展。禁止在海洋保护区、侵蚀岸段、防护林带毗邻海域开采海砂等固体矿产资源，防止海砂开采破坏重要水产种质资源产卵场、索饵场和越冬场。严格执行海洋油气勘探、开采中的环境管理要求，防范海上溢油等海洋环境突发污染事件。油气区执行不劣于现状海水水质标准，固体矿产区执行不劣于四类海水水质标准，盐田区和可再生能源区执行不劣于二类海水水质标准。

第五节　旅游休闲娱乐区

旅游休闲娱乐区是指适于开发利用滨海和海上旅游资源，可供旅游景区开发和海上文体娱乐活动场所建设的海域。包括风景旅游区和文体休闲娱乐区。

旅游休闲娱乐区主要为沿海国家级风景名胜区、国家级旅游度假区、国家 5A 级旅游景区、国家级地质公园、国家级森林公园等的毗邻海域及其他旅游资源丰富的海域。

旅游休闲娱乐区开发建设要合理控制规模，优化空间布局，有序利用海岸线、海湾、海岛等重要旅游资源；严格落实生态环境保护措施，保护海岸自然景观和沙滩资源，避免旅游活动对海洋生态环境造成影响。保障现有城市生活用海和旅游休闲娱乐区用海，禁止非公益性设施占用公共旅游资源。开展城镇周边海域海岸带整治修复，形成新的旅游休闲娱乐区。旅游休闲娱乐区执行不劣于二类海水水质标准。

第六节　海洋保护区

海洋保护区是指专供海洋资源、环境和生态保护的海域，包括海洋自然保护区、海洋特别保护区。

海洋保护区主要分布在鸭绿江口、辽东半岛西部、双台子河口、渤海湾、黄河口、山东半岛东部、苏北、长江口、杭州湾、舟山群岛、浙闽沿岸、珠江口、雷州半岛、北部湾、海南岛周边等邻近海域。

依据国家有关法律法规进一步加强现有海洋保护区管理，严格限制保护区内影响干扰保护对象的用海活动，维持、恢复、改善海洋生态环境和生物多样性，保护自然景观。加强海洋特别保护区管理。在海洋生物濒危、海洋生态系统典型、海洋地理条件特殊、海洋资源丰富的近海、远海和群岛海域，新建一批海洋自然保护区和海洋特别保护区，进一步增加海洋保护区面积。近期拟选划为海洋保护区的海域应禁止开发建设。逐步建立类型多样、布局合理、功能完善的海洋保护区网络体系，促进海洋生态保护与周边海域开发利用的协调发展。海洋自然保护区执行不劣于一类海水水质标准，海洋特别保护区执行各使用功能相应的海水水质标准。

第七节　特殊利用区

特殊利用区是指供其他特殊用途排他使

用的海域。包括用于海底管线铺设、路桥建设、污水达标排放、倾倒等的特殊利用区。

在海底管线、跨海路桥和隧道用海范围内严禁建设其他永久性建筑物，从事各类海上活动必须保护好海底管线、道路桥梁和海底隧道。合理选划一批海洋倾倒区，重点保证国家大中型港口、河口航道建设和维护的疏浚物倾倒需要。对于污水达标排放和倾倒用海，要加强监测、监视和检查，防止对周边功能区环境质量产生影响。

第八节　保留区

保留区是指为保留海域后备空间资源，专门划定的在区划期限内限制开发的海域。保留区主要包括由于经济社会因素暂时尚未开发利用或不宜明确基本功能的海域，限于科技手段等因素目前难以利用或不能利用的海域，以及从长远发展角度应当予以保留的海域。

保留区应加强管理，严禁随意开发。确需改变海域自然属性进行开发利用的，应首先修改省级海洋功能区划，调整保留区的功能，并按程序报批。保留区执行不劣于现状海水水质标准。

第四章　海区主要功能

本次区划将我国管辖海域划分为渤海、黄海、东海、南海和台湾以东海域共5大海区，29个重点海域。

第一节　渤海

渤海是半封闭性内海，大陆海岸线从老铁山角至蓬莱角，长约2700千米。沿海地区包括辽宁省（部分）、河北省、天津市和山东省（部分）。海域面积约7.7万平方千米。渤海是北方地区对外开放的海上门户和环渤海地区经济社会发展的重要支撑。海区开发利用强度大，环境污染和水生生物资源衰竭问题突出。

渤海海域实施最严格的围填海管理与控制政策，限制大规模围填海活动，降低环渤海区域经济增长对海域资源的过度消耗，节约集约利用海岸线和海域资源。实施最严格的环境保护政策，坚持陆海统筹、河海兼顾，有效控制陆海污染源，实施重点海域污染物排海总量控制制度，严格限制对渔业资源影响较大的涉渔用海工程的开工建设，修复渤海生态系统，逐步恢复双台子河口湿地生态功能，改善黄河、辽河等河口海域和近岸海域生态环境。严格控制新建高污染、高能耗、高生态风险和资源消耗型项目用海，加强海上油气勘探、开采的环境管理，防治海上溢油、赤潮等重大海洋环境灾害和突发事件，建立渤海海洋环境预警机制和突发事件应对机制。维护渤海海峡区域航运水道交通安全，开展渤海海峡跨海通道研究。

1．辽东半岛西部海域

包括大连老铁山角至营口大清河口毗邻海域，主要功能为渔业、港口航运、工业与城镇用海和旅游休闲娱乐。旅顺西部至金州湾沿岸重点发展滨海旅游，适度发展城镇建设，加强海岸景观保护与建设，维护海岸生态和城镇宜居环境；普兰店湾重点发展滨海城镇建设，开展海湾综合整治，维护海湾生态环境；长兴岛重点发展港口航运和装备制造，节约集约利用海域和岸线资源；瓦房店北部至营口南部海域发展滨海旅游、渔业等产业，开展营口白沙湾沙滩等海域综合整治工程；仙人岛至大清河口海域保障港口航运用海，推动现代海洋产业升级。区域近海和岛屿周边海域加强斑海豹自然保护区等海洋保护区的建设与管理。

2．辽河三角洲海域

包括营口大清河口至锦州小凌河口毗邻海域，主要功能为海洋保护、矿产与能源开发、渔业。双台子河、大凌河河口区域重点加强海洋保护区建设与管理，维护滩涂湿地自然生态系统，改善近岸海域水质、底质和生物环境质量，养护修复翅碱蓬湿地生态系统；辽东湾顶部按照生态环境优先原则，稳步推进油气资源勘探开发和配套海工装备制造，并协调好与保护区、渔业用海的关系；大辽河河口附近及其以东海域适度发展城镇和工业建设，完善海洋服务功能；凌海盘山浅海区域加强渔业资源养护与利用。区域实施污染物排海总量控制制度，改善海洋环境质量。

3．辽西冀东海域

包括锦州小凌河口至唐山滦河口毗邻海域，主要功能为旅游休闲娱乐、海洋保护、工业与城镇用海。锦州白沙湾、葫芦岛龙湾至菊花岛、绥中西部、北戴河至昌黎海域重点发展滨海旅游，维护六股河、滦河等河口海域和典型砂质海岸区自然生态，严格限制建设用围填海，禁止近岸水下沙脊采砂，积极开展锦州大笔架山、绥中砂质海岸、北戴河重要沙滩、昌黎黄金海岸等的养护与修复。锦州湾、秦皇岛南部海域发展港口航运。兴城、山海关至昌黎新开口海域建设滨海城镇，防止城镇建设破坏海岸自然地貌，维护滨海浴场风景区海域环境质量安全。

4．渤海湾海域

包括唐山滦河口至冀鲁海域分界毗邻海域，主要功能为港口航运、工业与城镇用海、矿产与能源开发。天津港、唐山港、黄骅港及周边海域重点发展港口航运。唐山曹妃甸新区、天津滨海新区、沧州渤海新区等区域集约发展临海工业与生态城镇。区域积极发展滩海油气资源勘探开发。加强临海工业与港口区海洋环境治理，维护天津古海岸湿地、大港滨海湿地、汉沽滨海湿地及浅海生态系统、黄骅古贝壳堤、唐山乐亭石臼坨诸岛等海洋保护区生态环境，积极推进各类海洋保护区规划与建设。稳定提高盐业、渔业等传统海洋资源利用效率。开展滩涂湿地生态系统整治修复，提高海岸景观质量和滨海城镇区生态宜居水平。区域实施污染物排海总量控制制度，改善海洋环境质量。

5．黄河口与山东半岛西北部海域

包括冀鲁海域分界至蓬莱角毗邻海域，主要功能为海洋保护、农渔业、旅游休闲娱乐、工业与城镇用海。黄河口海域主要发展海洋保护和海洋渔业，加强以国家重要湿地、国家地质公园、海洋生物自然保护区、国家级海洋特别保护区、黄河入海口、水产种质资源保护区等为核心的海洋生态建设与保护，维护滨海湿地生态服务功能，保护古贝壳堤典型地质遗迹以及重要水产种质资源，维护生物多样性，促进生态环境改善，严格限制重化工业和高耗能、高污染的工业建设。黄河口至莱州湾海域集约开发滨州、东营、潍坊北部、莱州、龙口特色临港产业区，发展滨海旅游业，合理发展渔业、海水利用、海洋生物、风能等生态型海洋产业，加强水产种质资源保护，重点保护三山岛等海洋生物自然保护区。区域海洋开发应与黄河口地区防潮和防洪相协调；屺姆岛北部至蓬莱角及庙岛群岛海域重点发展滨海旅游、海洋渔业，加强庙岛群岛海洋生态系统保护，维护长山水道航运功能。开展黄河三角洲河口滨海湿地、莱州湾海域综合整治与修复。区域实施污染物排海总量控制制度，改善海洋环境质量。

6．渤海中部海域

位于渤海中部，是我国重要的海洋矿产资源利用区域，主要功能为矿产与能源开发、渔业、港口航运。西南部、东北部海域重点发展油气资源勘探开发，协调好油气勘探、开采用海与航运用海之间的关系。区域积极探索风能、潮流能等可再生能源和海砂等矿产资源的调查、勘探与开发。合理利用渔业资源，开展重要渔业品种的增殖和恢复。加强海域生态环境质量监测，防治赤潮、溢油等海洋环境灾害和突发事件。

第二节　黄海

黄海海岸线北起辽宁鸭绿江口，南至江苏启东角，大陆海岸线长约 4000 千米。沿海地区包括辽宁省（部分）、山东省（部分）和江苏省。黄海为半封闭的大陆架浅海，自然海域面积约 38 万平方千米。沿海优良基岩港湾众多，海岸地貌景观多样，沙滩绵长，是我国北方滨海旅游休闲与城镇宜居主要区域。淤涨型滩涂辽阔，海洋生态系统多样，生物区系独特，是国际优先保护的海洋生态区之一。

黄海海域要优化利用深水港湾资源，建设国际、国内航运交通枢纽，发挥成山头等重要水道功能，保障海洋交通安全。稳定近岸海域、长山群岛海域传统养殖用海面积，加强重要渔业资源养护，建设现代化海洋牧场，积极开展增殖放流，加强生态保护。合理规划江苏沿岸围垦用海，高效利用淤涨型滩涂资源。科学论证与规划海上风电布局。

7．辽东半岛东部海域

包括丹东鸭绿江口至大连老铁山角毗邻海域，主要功能为渔业、旅游休闲娱乐、港口航运、工业与城镇用海和海洋保护。鸭绿江口至大洋河口、城山头、老铁山附近海域主要发展生态保护和滨海旅游，维护鸭绿江口与大洋河口滨海湿地生态系统；长山群岛海域主要发展海岛生态旅游和海洋牧场建设，维护海岛生态系统，协调旅游、渔业、海岛保护与基础设施建设用海关系；大连市南部海域主要发展滨海城镇建设和旅游，维护城山头、金石滩、小窑湾等大连南部基岩海岸景观生态，推动现代海洋服务产业升级；大连湾至大窑湾海域、大东港海域发展港口航运，保障海上交通和国防安全；大东港西部海域、庄河毗邻海域、花园口、大小窑湾、大连湾顶部重点发展滨海城镇和现代临港产业。加强近岸海域环境保护与治理，修复青堆子湾、老虎滩湾、大连湾等海湾系统。

8．山东半岛东北部海域

包括蓬莱角至威海成山头毗邻海域，主要功能为渔业、港口航运、旅游休闲娱乐和海洋保护。蓬莱角至平畅河海域重点发展滨海旅游、海洋渔业；套子湾西北部、芝罘湾海域重点发展港口航运；烟台市区至成山头近岸海域主要发展滨海旅游与现代服务业。区域应协调海洋开发秩序，维护成山头水道、烟威近岸航路等港口航运功能。严格禁止近岸海砂开采和砂质海岸地区围填海活动。重点保护崆峒列岛、长岛、依岛、成山头、牟平砂质海岸、刘公岛等海洋生态系统。开展芝罘湾、威海湾、养马岛、金山港、双岛湾等海域综合整治。

9．山东半岛南部海域

包括威海成山头至苏鲁海域分界毗邻海域，主要功能为海洋保护、旅游休闲娱乐、港口航运和工业与城镇用海。成山头至五垒岛湾海域主要发展海洋渔业，荣成近岸海域兼顾区域性港口建设和滨海旅游开发，适度发展临海工业；五垒岛湾至日照海域主要发展滨海旅游业，建设生态宜居型滨海城镇，禁止破坏旅游区内自然岩礁岸线、沙滩等海岸自然景观，加强潟湖、海湾等生态系统保护，加强胶州湾、千里岩岛等海洋生物自然保护区建设；青岛西南部、日照南部合理发展港口航运和临港工业。开展石岛湾、丁字湾、胶州湾等海湾综合整治。

10．江苏沿岸海域

包括江苏省连云港、盐城和南通三市的毗邻海域，主要功能为海洋保护、港口航运、工业与城镇用海、农渔业、矿产与能源开发。海州湾和灌河口以北海域重点依托连云港发展港口航运业，集聚布局滨海工业、城镇用海区和旅游休闲娱乐区；灌河口至射阳河口海域主要发展海水养殖、港口和临港工业；射阳河口以南至启东角和辐射沙洲海域协调发展农渔业、港口航运、工业与城镇和可再生能源开发等。区域加强海域滩涂开发与管理，推进海州湾生态系统、盐城丹顶鹤、大丰麋鹿、蛎蚜山牡蛎礁、吕泗渔场水产种质资源等保护区建设与管理，实施射阳河口至东灶港口淤涨岸段、废黄河三角洲和东灶港口至蒿枝港口侵蚀岸段的海岸综合整治。区域实施污染物排海总量控制制度，改善海洋环境质量。

11．黄海陆架海域

位于长山群岛以南、山东半岛和苏北海域外侧的陆架平原，为我国重要的海洋矿产与能源利用和海洋生态环境保护区域。本区应积极开展陆架盆地区油气资源的勘探开发和浅海陆架砂矿资源的调查与评估，合理开发渔业资源。积极推进黄海海洋生态系统的保护，加强对重要水产种质资源产卵场、索饵场、越冬场和洄游通道的保护，扩大对虾和洄游性鱼类的增殖放流规模。

第三节　东海

东海海岸线北起江苏启东角，南至福建诏安铁炉港，大陆海岸线长约 5700 千米。沿海地区包括江苏省部分地区、上海市、浙江省和福建省。自然海域面积约 77 万平方千米。东海面向太平洋，战略地位重要，海岸曲折，港湾、岛屿众多，沿岸径流发达，滨海湿地资源丰富，生态系统多样性显著，是我国海洋生产力最高的海域。

东海海域要充分发挥长江口和海峡西岸区域港湾、深水岸线、航道资源优势，重点发展国际化大型港口和临港产业，强化国际航运中心区位优势，保障海上交通安全。加强海湾、海岛及周边海域的保护，限制湾内填海和填海连岛。加强重要渔场和水产种质资源保护，发展远洋捕捞，促进渔业与海洋生态保护的协调发展。加强东海大陆架油气矿产资源的勘探开发。协调海底管线用海与航运、渔业等用海的关系，确保海底管线安全。

12．长江三角洲及舟山群岛海域

包括长江口、杭州湾和舟山群岛毗邻海域，主要功能为港口航运、渔业、海洋保护和旅游休闲娱乐。长江口毗邻海域重点发展以上海港为核心的港口航运服务业及海洋先进制造业，加快培育海洋生物医药、新能源等战略性新兴产业，注重长江口航道维护，保障航运和防洪防潮安全，适度开展农业围垦，加强近岸海域与海岛毗邻海域围填海和采砂活动管理，协调港口航运、河道整治与其他海洋开发活动的关系。杭州湾、宁波—舟山海域重点发展港口航运业、临港工业、海洋旅游和海洋渔业，支持浙江舟山群岛新区建设，推进海岛开发开放，加强油气等矿产资源的勘探、开采。加强崇明东滩鸟类、九段沙湿地、长江口北支河口湿地、长江口中华鲟、杭州湾金山三岛、五峙山、韭山列岛、东海带鱼水产种质资源等保护区建设，保护河口、湿地、海湾、海岛和舟山渔场生态环境。开展重点受损近岸海域的整治与修复。区域实施污染物排海总量控制制度，改善海洋环境质量。

13．浙中南海域

包括台州、温州毗邻海域，主要功能为渔业、港口航运、工业与城镇用海。台州湾至乐清湾海域主要发展港口航运和临港产业，适度进行滩涂围垦，建设滨海城镇，因地制宜开发海洋能，加强滨海湿地保护和南麂列岛、渔山列岛等保护区建设；瓯江口至浙闽交界海域主要发展港口航运业和海洋旅游业，适度进行滩涂围垦，建设工业和滨海城镇；洞头列岛海域重点做好海岛资源的保护与开发，积极发展具有海岛特色的滨海生态旅游和海洋渔业。区域海洋开发应注重维护近岸岛礁系统自然景观，严格限制沿海重要岛礁、海湾地区的围填海活动，保护鱼山渔场、温台渔场生态环境，恢复重要渔场生物资源和受损近岸岛礁生态系统。区域实施污染物排海总量控制制度，改善海洋环境质量。

14．闽东海域

包括闽浙交界至福州黄岐半岛的毗邻海域，主要功能为海洋保护、工业与城镇用海和渔业。沙埕港至晴川湾海域主要发展渔业基础设施、工业与城镇，保护红树林生态系统和海洋珍稀水生生物，因地制宜开发海洋能；福宁湾海域主要发展渔业资源保护、海岛生态系统保护和滨海旅游等；三沙湾海域主要发展港口航运、临港工业和城镇、海水养殖、海洋保护等；罗源湾海域主要发展港口航运和临港工业。区内应严格控制海湾内围填海，节约集约用海，注重对海岛、红树林生态系统和重要水产种质资源的保护。

15．闽中海域

包括福州黄岐半岛至湄洲湾南岸毗邻海域，主要功能为工业与城镇用海、渔业和海洋保护。黄岐半岛到海坛岛海域主要发展港口航运、工业与城镇、海水养殖、海洋保护区建设，因地制宜开发海洋能，保护和修复闽江口滨海湿地生态系统、长乐海蚌资源、平潭中国鲎自然生态系统和山洲岛厚壳贻贝繁育区生态系统；湄洲湾、兴化湾海域主要发展港口航运和临港工业，合理开发港口岸线资源，保护重要渔业资源，加强湄洲岛海岛生态系统和滨海旅游资源的保护。

16．闽南海域

包括湄洲湾南岸至闽粤海域分界的毗邻海域，主要功能为港口航运、旅游休闲娱乐、渔业、工业与城镇用海。泉州湾海域主要以港口航运、海洋保护、旅游和渔业基础设施建设为主，重点保护泉州湾河口湿地；厦门湾及毗邻海域主要发展港口航运、滨海旅游、工业与城镇和保护区建设等，以沿海重要港湾为依托，重点发展临港工业集中区，支持海峡西岸城市群发展，以厦门市为核心，积极发展滨海旅游和文化旅游，重点保护厦门海洋珍稀物种、九龙江口红树林等重要海洋生态系统；厦门湾以南至闽粤交界海域主要发展海洋渔业、临港工业、海洋旅游业、保护区建设等，以菜屿列岛、东山岛为核心大力发展海岛特色旅游业，重点保护漳江口红树林、东山珊瑚礁等重要海洋生态系统。区域实施污染物排海总量控制制度，改善海洋环境质量。

17．东海陆架海域

包括上海、浙江、福建以东专属经济区和大陆架海域，为我国重要的海洋矿产与能源利用和海洋渔业资源利用区域。区域重点加强油气资源和浅海砂矿资源勘探开发，建设东海油气资源开采基地，加强传统渔业资源区的恢复与合理利用，重点加强上升流区、鱼类产卵场、索饵场等重要海洋生态系统保护与管理。加强海洋环境监测，防治溢油等海洋环境灾害和突发事件发生。维护重要国际航运水道和海底管线设施安全。

18．台湾海峡海域（略）

第四节　南海

南海大陆海岸线北起福建诏安铁炉港，南至广西北仑河口，大陆海岸线长5800多千米。沿海地区包括广东、广西和海南三省。自然海域面积约350万平方千米。南海具有丰富的海洋油气矿产资源、滨海和海岛旅游资源、海洋能资源、港口航运资源、独特的热带亚热带生物资源，同时也是我国最重要的海岛和珊瑚礁、红树林、海草床等热带生态系统分布区。南海北部沿岸海域，特别是河口、海湾海域，是传统经济鱼类的重要产卵场和索饵场。

南海海域要加强海洋资源保护，严格控制北部沿岸海域特别是河口、海湾海域围填海规模，加快以海岛和珊瑚礁为保护对象的保护区建设，加强水生野生动物保护区和水产种质资源保护区建设。加强重要海岛基础设施建设，推进南海渔业发展，开发旅游资源。开展海洋生物、油气矿产资源调查和深海科学技术研究，推进南海海洋资源的开发和利用。开展琼州海峡跨海通道研究。

19．粤东海域

包括汕头、潮州、揭阳、汕尾等市毗邻海域，主要功能为海洋保护、渔业、工业与城镇用海、港口航运。大埕湾至柘林湾重点发展渔业、港口航运，保护大埕湾中华白海豚和西施舌种质资源及海洋生态系统；南澳海域重点发展生态旅游和养殖、清洁能源等产业，保护性发展海山岛、南澳岛旅游，维护海岛自然属性，保护南澎列岛、勒门列岛及周边海域的生物多样性，保护南澎列岛领海基点；南澳至广澳湾重点发展工业与城镇、港口航运、渔业和旅游休闲娱乐，重点保护海岸红树林、中国龙虾和中华白海豚，维持牛田洋、濠江等海域的水动力条件和防洪纳潮能力；海门湾至神泉港重点发展渔业、港口航运、工业与城镇，重点保护石碑山角领海基点和沿海礁盘生态系统；碣石湾至红海湾重点发展渔业、海洋保护、港口航运，保护碣石湾海马资源，严格保护沿海礁盘生态系统和遮浪南汇聚流海洋生态系统，维持海洋生态环境和生物多样性。

20．珠江三角洲海域

包括广州、深圳、珠海、惠州、东莞、中山、江门毗邻海域，主要功能为港口航运、工业与城镇用海、海洋保护、渔业和旅游休闲娱乐。大亚湾至大鹏湾重点发展海洋保护、港口航运、旅游休闲娱乐，重点保护红树林、珊瑚礁及海龟等生物资源，保护针头岩领海基点；狮子洋至伶仃洋重点发展港口航运、工业与城镇、旅游休闲娱乐，重点保护中华白海豚、黄唇鱼和红树林等生物资源，狮子洋两岸严格控制填海造地，保障防洪泄洪和航道安全；万山群岛重点发展海洋保护、旅游休闲娱乐、港口航运、渔业，重点保护佳蓬列岛领海基点，以及珊瑚礁和上升流生态系统；磨刀门至镇海湾重点发展港口航运、工业与城镇、渔业、旅游休闲娱乐，重点安排横琴总体发展规划用海；珠江口外重点开展油气和矿产资源的勘探开发，保护围夹岛和大帆石领海基点，保护中华白海豚等生物资源及红树林和海草床等生态系统。区域加强对海岸、海湾及周边海域的整治修复。区域实施污染物排海总量控制制度，改善海洋环境质量。

21．粤西海域

包括阳江、茂名、湛江毗邻海域，主要功能为海洋保护、渔业、港口航运。海陵湾重点发展渔业、港口航运，保障临海工业用海需求，重点保护海陵岛、南鹏列岛海草床等海洋生态系统，保护大树岛龙虾种质资源；博贺湾至水东湾重点发展渔业、港口航运，围绕博贺中心渔港发展现代化渔业产业基地，重点保护沿海礁盘生态系统和红树林，保护大放鸡岛海域文昌鱼自然资源；水东湾至湛江湾重点发展港口航运、渔业和海洋保护，重点支持湛江主枢纽港及临海产业的综合发展，保护东海岛附近海域海草床生态系统，保护吴阳文昌鱼种质资源和湛江硇洲岛海洋资源，开展特呈岛周边海域红树林湿地生态系统的修复；雷州湾至英罗港重点发展海洋保护、渔业和港口航运，保障渔业用海发展，重点保护和修复红树林、珊瑚礁、海草床等生态系统，保护中华白海豚、白蝶贝、儒艮等生物资源。区域实施污染物排海总量控制制度，改善海洋环境质量。

22. 桂东海域

包括桂粤交界至大风江毗邻海域以及涠洲岛—斜阳岛周边海域，主要功能为港口航运、旅游休闲娱乐、海洋保护和渔业。铁山港湾海域重点发展港口航运、临海工业，保护山口红树林和合浦儒艮生态系统及马氏珠母贝、方格星虫等重要水产种质资源；北海近岸海域重点发展旅游休闲娱乐，保障现有渔港和渔业基地发展用海需求，开展银滩及其毗邻海域综合整治，保护大珠母贝等生物资源；廉州湾近岸海域重点发展工业与城镇、滨海旅游和港口航运，加强渔业资源高效利用；涠洲岛-斜阳岛海域重点保护珊瑚礁生态系统，发展海岛旅游、港口航运以及油气资源勘探开发和渔业资源开发，开展海域海岸带整治修复。区域实施污染物排海总量控制制度，改善海洋环境质量。

23. 桂西海域

包括大风江至中越边界毗邻海域，主要功能为海洋保护、渔业、工业与城镇用海。大风江海域重点保护红树林生态系统，推进渔业资源的综合利用；三娘湾海域重点发展旅游休闲娱乐，保护中华白海豚；茅尾海海域重点保护海洋生态和近江牡蛎水产种质资源，保障滨海新区建设，开展茅尾海海域综合整治；钦州湾外湾与防城港海域重点发展港口航运和工业与城镇用海，开展防城港湾海域综合整治；江山半岛南部海域重点发展旅游休闲娱乐；珍珠湾—北仑河口海域重点发展海洋渔业与滨海旅游，保护红树林生态系统以及泥蚶、文蛤等重要水产种质资源，开展京族三岛和北仑河口东北岸的综合整治。

24. 海南岛东北部海域

包括海口市、临高县、澄迈市、文昌市、琼海市和万宁市毗邻海域，主要功能为港口航运、旅游休闲娱乐、渔业。海口、文昌、澄迈、临高海域主要发展港口航运和滨海旅游，加快发展新兴临港海洋产业，优化传统海洋渔业，控制潟湖港湾养殖规模，严格限制潟湖港湾及河口区域围海造地，保护东寨港红树林生态系统和临高白蝶贝和珊瑚生物资源；琼海、万宁海域主要发展滨海旅游、农渔业和海洋保护，重点做好以博鳌为中心的滨海旅游业和相关产业综合开发，发展生态渔业和远洋渔业，加强潭门渔港远洋渔业基地建设，加强琼海麒麟菜、文昌麒麟菜、清澜港红树林和大洲岛生态系统保护。

25. 海南岛西南部海域

包括陵水县、三亚市、乐东县、东方市、昌江县、儋州市毗邻海域，主要功能为旅游休闲娱乐、渔业、海洋保护、矿产与能源开发。三亚、陵水和乐东海域主要发展滨海旅游和生态保护，优先安排海南国际旅游岛发展用海，打造世界级热带滨海旅游城市，带动周边旅游产业发展。保护三亚红树林、珊瑚礁、海草床等海洋生态系统；东方、昌江、儋州海域主要发展港口航运与渔业，重点发展洋浦港、八所港临港产业，积极开展莺歌海和北部湾海域油气资源勘探开发，推进海洋牧场建设，发展远洋捕捞，保护东方黑脸琵鹭和儋州红树林生态系统以及白蝶贝等生物资源。区域应协调旅游用海与渔业生产布局，加速传统海洋产业升级与改造，建设一批高标准海岛旅游、渔业、交通基础设施，提升海洋服务功能。

26. 南海北部海域

位于广东、广西、海南毗邻海域以南，至北纬 18 度附近的海域，水深 100 米～1000 米，是我国重要的油气资源分布区。区域主要功能为矿产与能源开发、渔业、海洋保护，区域重点加强珠江口盆地、琼东南盆地、莺歌海盆地、北部湾盆地油气资源勘探开发，加强渔业资源利用和养护，加强水产种质资源保护区建设，保护重要海洋生态系统和海域生态环境。

27. 南海中部海域

南海中部海域是我国重要的传统渔业资源利用区，珊瑚礁、海草床生态系统发育。区域重点加强渔业资源利用和养护、油气资源的勘探开发，加强水产种质资源保护区建设，开展海岛旅游、交通、渔业等基础设施建设，开发建设永兴岛-七连屿珊瑚礁旅游区，合理开发海岛旅游资源，加强海岛、珊瑚礁、海草床等生态系统保护，建设西沙群岛珊瑚礁自然保护区。

28. 南海南部海域

南海南部海域重点开展海洋渔业资源利用和养护，扶持发展热带岛礁渔业养殖，加强珍稀濒危野生动植物自然保护区和水产种质资源保护区建设，保护珊瑚礁等海岛生态系统。

第五节 台湾以东海域

29．台湾以东海域（略）

第五章 实施保障措施

海洋功能区划是合理开发利用海洋资源、有效保护海洋生态环境的法定依据，必须严格执行。各有关部门和沿海县级以上地方人民政府要按照《区划》的要求，完善海洋功能区划体系，调整完善现行海洋开发利用和海洋环境保护政策及相关规划，建立健全保障海洋功能区划实施的法律法规、管理制度、体制机制、技术支撑和跟踪评价制度，依法建立覆盖全部管辖海域的海洋综合管控体系，对海洋开发利用和海洋环境保护情况进行实时监视监测、分析评价和监督检查，确保《区划》目标的实现。

第一节 发挥区划的整体性、基础性和约束性作用

——强化海洋功能区划自上而下的控制性作用。依据《区划》，编制省级海洋功能区划，划定海岸和近海基本功能区。依据省级海洋功能区划，开展新一轮市县级海洋功能区划编制工作，市县级海洋功能区划的功能分区和管理要求必须与省级海洋功能区划保持一致。编制、修改和上报各级海洋功能区划，应征求有关部门和军事机关的意见。建立区划编制和执行过程中的公众参与制度，提高海洋功能区划的科学化和民主化水平。国家海洋局要加强对海洋功能区划编制工作的指导和监督，财政部门要积极支持海洋功能区划工作。

——加强海洋功能区划实施的部门协调。海洋功能区划是编制各级各类涉海规划的基本依据，是制定海洋开发利用与环境保护政策的基本平台。国务院有关部门和沿海县级以上地方人民政府制定涉海发展战略和产业政策、编制涉海规划时，应当征求海洋行政主管部门意见。渔业、盐业、交通、旅游、可再生能源、海底电缆管道等行业规划涉及海域使用的，应当符合海洋功能区划；沿海土地利用总体规划、城乡规划、港口规划涉及海域使用的，应当与海洋功能区划相衔接。

——从严控制海洋功能区划的修改。省级海洋功能区划批准实施两年后，因公共利益、国防安全或者进行大型能源、交通等基础设施建设，经国务院批准的区域规划、产业规划或政策性文件等确定的重大建设项目，海域资源环境发生重大变化，确需修改省级海洋功能区划的，由省级人民政府提出修改方案，报国务院批准。严禁通过修改市县级海洋功能区划，对省级海洋功能区划确定的功能区范围做出调整。

——编制实施海洋综合规划和专项规划。依据《区划》编制全国海洋环境保护规划、全国海岛保护规划、专属经济区和大陆架及其他管辖海域的开发保护规划。

第二节 全面提高海域使用管理水平

——审批项目用海，必须以海洋功能区划为依据。不断完善以海洋功能区划为基础的功能管制制度，切实提高海洋功能区划的权威性和约束性，严禁不按海洋功能区划审批项目用海。省级海洋功能区划是县级以上各级人民政府审批项目用海的主要依据，任何单位和个人不得违反。海洋行政主管部门在审查项目用海时，应当征求有关部门和单位的意见。涉及军事用海的，必须征求有关军事机关的意见。

——严格执行建设项目用海预审制度。涉海建设项目在向审批、核准部门申报项目可行性研究报告或项目申请报告前，应向海洋行政主管部门提出海域使用申请。海洋行政主管部门主要依据海洋功能区划、海域使用论证报告、专家评审意见及项目用海的审核程序进行预审，并出具用海预审意见。用海预审意见是审批建设项目可行性研究报告或核准项目申请报告的必要文件，凡未通过用海预审的涉海建设项目，各级投资主管部门不予审批、核准。

——实施差别化的海域供给政策。重点安排国家产业政策鼓励类产业、战略性新兴产业和社会公益项目用海。制定各类建设项目用海控制标准，适时调整海域使用金征收标准，促进节约集约使用海域资源。加强对海岸线的管理，将占用海岸线长度作为项目用海审查的重点内容。

——完善海域权属管理制度。按照《物权法》和《海域使用管理法》的规定，建立海域

使用权登记岗位责任制，规范海域使用权登记管理。加强海域使用权的审批工作，完善海域使用金的征收使用和管理制度。推进海域使用权招标、拍卖和挂牌出让工作，充分发挥市场在海域资源配置中的基础性作用。规范海域使用权转让、出租、抵押行为，建立海域价值评估制度，积极培育海域使用权市场，总结经验，出台相关政策。

第三节 创新和加强围填海管理

——科学编制全国围填海计划。围填海计划是国民经济和社会发展计划的重要组成部分，是政府履行宏观调控、经济调节、公共服务职责的重要依据。国家海洋局要根据围填海资源现状和年度需求，按照适度从紧、集约利用、保护生态、海陆统筹的原则，经综合平衡后形成全国围填海计划草案，征求有关部门意见后按程序纳入国民经济和社会发展年度计划。

——严格执行围填海计划。围填海计划指标实行指令性管理，不得擅自突破。建立围填海计划台账管理制度，对围填海计划指标使用情况进行及时登记和统计。加强围填海计划执行情况的评估和考核，对地方围填海实际面积超过当年下达计划指标的，暂停该省（区、市）围填海项目的受理和审查工作，并严格按照“超一扣五”原则扣减下一年度指标。

——加强对集中连片围填海的管理。对于连片开发、需要整体围填用于建设或农业开发的海域，省级海洋行政主管部门要指导市、县级人民政府组织编制区域用海规划，经省级人民政府审核同意后，报国家海洋局审批。区域用海规划应当依据海洋功能区划编制。要加强区域用海整体规划、整体论证、整体审批和整体围填海管理。

——严格依照法定权限审批围填海项目。围填海项目的审批权在国务院和沿海各省、自治区、直辖市人民政府，各省、自治区、直辖市不得违反法律和国务院的规定下放围填海项目审批权。要提高办事效率，加强围填海项目用海审批管理，规范围填海项目海域使用论证和环境影响评价工作。严禁规避法定审批权限，将单个建设项目用海化整为零、拆分审批。

——加强对围填海项目选址、平面设计的审查。禁止在经济生物的自然产卵场、繁殖场、索饵场和鸟类栖息地进行围填海活动。引导围填海向离岸、人工岛式发展，限制顺岸式围填海，严格控制内湾和重点滨海湿地围填海。围填海项目尽量不占用、少占用岸线，保护自然岸线，延长人工岸线，保留公共通道，打造亲水岸线。建设项目同时涉及占用陆域和海域的，国土资源主管部门和海洋主管部门应相互征求意见，核定用地和用海规模。加强围填海动态监测，完善竣工验收制度，严格禁止违法违规围填海。探索建立闲置海域使用权收回制度。

第四节 强化海洋环境保护和生态建设

——坚持陆海统筹的发展理念，切实发挥海洋功能区划在海洋开发活动的控制作用，限制高耗能、高污染、资源消耗型产业在沿海布局，禁止利用新建项目使污染物排放转嫁进入海洋。结合近岸海域污染状况和海域环境容量，实施主要污染物排海总量控制制度，制定减排方案并监督实施。排污口的设置应满足海洋功能区环境保护要求。

——各类海洋功能区应按照国家相关标准，明确海洋环境保护要求和具体管理措施，严格执行海洋功能区环境质量标准。定期开展海洋功能区环境质量调查、监测和评价，各类用海活动必须严格执行规定的海洋功能区划环境保护要求。加强海洋开发项目的全过程环境保护监管和海洋环境执法，完善海洋工程实时监控系统，建立健全用海工程项目施工与运营期的跟踪监测和后评估制度。加强海洋环境风险管理，完善海洋环境突发事件应急机制，加强赤潮、绿潮、海上溢油、核泄漏等海洋环境灾害和突发事件的监测监视、预测预警和鉴定溯源能力建设。

——大力推进海洋保护区网络建设，实施海洋保护区规范化建设和管理，海洋保护区周边的海洋开发活动不得影响保护区环境质量和保护区的完整性。在海洋生态受损严重区域组织实施海洋生态修复工程，开展滨海湿地固碳示范区建设和海洋生态文明示范区建设试点，提升海域生态服务价值和经济效益。

——切实保护海洋水生生物资源，保护渔业可持续发展。对沿岸海域科学规划、合理布局，切实做好重要渔业水域、水产种质资源保护区、水生野生动植物保护区的管理和保护，严格限制对海洋水生生物资源影响较大用海工程的规划和审批。尽可能减少涉渔工程对渔业的影响，保护重要水产种质资源，维护海洋水生生物多样性，促进渔业经济全面可持续健康发展。

第五节 加强区划实施的基础建设

——推进海域管理科技创新与队伍建设。加强海域管理与海洋功能区划的理论、方法和技术手段研究，加强海域管理专业教育和继续教育，促进海域管理学科发展。建立健全完善的海域管理科技标准体系，制定或修订海洋功能区划有关技术方面的国家标准和行业标准。建立海域管理国际合作交流平台，借鉴国外海洋管理和海洋空间规划的先进经验和方式。

——完善海域管理从业人员上岗认证和机构资质认证制度，切实提高海域管理技术和管理人才的专业素养。提高海域使用论证及资质管理的水平，重点对改变海域自然属性、对海洋资源和生态环境影响大的用海活动进行严格把关。海域使用论证过程要公开透明，充分征求社会公众意见。

——开展海域海岸带综合整治。根据海洋功能区划确定的目标，制定和实施海域海岸带整治修复计划，在重要海湾、河口、旅游区及大中城市毗邻海域全面开展整治修复工程。中央和地方海域使用金收入要专项支持开展海域海岸带综合整治修复工作。

第六节 建立覆盖全部管辖海域的动态监管体系

——全面推进国家、省、市、县四级海域动态监视监测体系建设。利用卫星遥感、航空遥感、远程监控、现场监测等手段，对我国管辖海域实施全覆盖、立体化、高精度监视监测，实时掌握海岸线、海湾、海岛及近海、远海的资源环境变化和开发利用情况。建立海洋功能区划和围填海计划实施监测制度，完善建设项目用海实时监控系统，重点对围填海项目进行监视监测和分析评价。有关部门和沿海地方县级以上人民政府要加大对海域动态监管体系的支持力度。

——加强海洋行政执法和监督检查。加快推进海洋综合执法基地建设，通过日常监管和执法检查，整顿和规范海域使用管理秩序。对未经批准非法占有海域，无权批准、越权批准或者不按海洋功能区划批准使用海域，擅自改变海域用途等违法行为的，坚决予以查处。依托海域动态监管系统，逐步实现从现场检查、实地取证为主转为遥感监测、远程取证为主，从人工分析、事后处理为主转为计算机分析、主动预警为主，提高发现违法违规开发问题的反应能力及精确度。建立健全海洋开发利用违法举报制度，广泛实行信息公开，加强社会监督和舆论监督。

——加大对我国管辖海域开展巡航监视力度。深化全海域定期维权巡航执法，重点加强对敏感目标、重点海域的巡航监视，有效监管各种海洋涉外活动。组织开展专项维权执法行动，定期检查海洋油气资源勘探开发、海底光缆和油气管道作业活动，及时发现和制止各种海洋侵权行为，保障海上通道安全，维护我国海洋权益。

第七节 完善保障区划实施的法律制度和体制机制

——按照全面推进依法行政、建设法治政府的要求，抓紧制定和修订相关法律法规，为海洋功能区划的实施提供更加完备、有效的法制保障。适时启动《海域使用管理法》修订工作，制定军事用海管理、围填海管理、海上人工构筑物管理等法规，探索建立专属经济区、大陆架及其他海域用海活动管理制度。

——沿海县级以上地方人民政府要高度重视海洋功能区划的编制和实施工作，要把海域管理和海洋环境保护工作放在突出位置，列入重要议事日程，明确目标任务，完善政策措施。加强海洋管理队伍建设，严格实行行政责任追究制度。

——加强海洋意识宣传，为实施海洋功能区划营造良好的社会环境。各地区、各有关部门要深入持久地开展海洋法律法规的宣传教育活动，深刻认识我国海洋的重要地位和加强海洋管理工作的必要性和紧迫性。各级领导干部应当带头学习海洋知识，关心海洋事务，尊重海洋规律，切实研究和解决海洋发展面临的新情况、新问题，牢固树立依据海洋功能区划开发和保护海洋的自觉性。新闻媒体应当发挥好舆论的信息、教育和监督作用，以多种方式普及宣传海洋知识，在全社会形成关注海洋、热爱海洋、保护海洋和合理开发利用海洋的良好氛围。

附表：

海洋功能区分类及海洋环境保护要求

一级类	二级类	海水水质质量（引用标准：GB3097-1997）	海洋沉积物质量（引用标准：GB18668-2002）	海洋生物质量（引用标准：GB18421-2001）	生态环境
1 农渔业区	1.1 农业围垦区	不劣于二类			不应造成外来物种侵害，防止养殖自身污染和水体富营养化，维持海洋生物资源可持续利用，保持海洋生态系统结构和功能的稳定，不应造成滨海湿地和红树林等栖息地的破坏
	1.2 养殖区	不劣于二类	不劣于一类	不劣于一类	
	1.3 增殖区	不劣于二类	不劣于一类	不劣于一类	
	1.4 捕捞区	不劣于一类	不劣于一类	不劣于一类	
	1.5 水产种质资源保护区	不劣于一类	不劣于一类	不劣于一类	
	1.6 渔业基础设施区	不劣于二类（其中渔港区执行不劣于现状海水水质标准）	不劣于二类	不劣于二类	
2 港口航运区	2.1 港口区	不劣于四类	不劣于三类	不劣于三类	应减少对海洋水动力环境、岸滩及海底地形地貌的影响，防止海岸侵蚀，不应对毗邻海洋生态敏感区、亚敏感区产生影响
	2.2 航道区	不劣于三类	不劣于二类	不劣于二类	
	2.3 锚地区	不劣于三类	不劣于二类	不劣于二类	
3 工业与城镇用海区	3.1 工业用海区	不劣于三类	不劣于二类	不劣于二类	应减少对海洋水动力环境、岸滩及海底地形地貌的影响，防止海岸侵蚀，避免工业和城镇用海对毗邻海生态敏感区、亚敏感区产生的影响
	3.2 城镇用海区	不劣于三类	不劣于二类	不劣于二类	
4 矿产与能源区	4.1 油气区	不劣于现状水平	不劣于现状水平	不劣于现状水平	应减少对海洋水动力环境产生影响，防止海岛、岸滩及海底地形地貌发生改变，不应对毗邻海洋生态敏感区、亚敏感区生产影响
	4.2 固体矿产区	不劣于四类	不劣于三类	不劣于三类	
	4.3 盐田区	不劣于二类	不劣于一类	不劣于一类	
	4.4 可再生能源区	不劣于二类	不劣于一类	不劣于一类	
5 旅游休闲娱乐区	5.1 风景旅游区	不劣于二类	不劣于二类	不劣于二类	不应破坏自然景观，严格控制占用海岸线、沙滩和沿海防护林的建设项目和人工设施，妥善处理生活垃圾，不应对毗邻海洋生态敏感区、亚敏感区产生影响
	5.2 文体休闲娱乐区	不劣于二类	不劣于一类	不劣于一类	
6 海洋保护区	6.1 海洋自然保护区	不劣于一类	不劣于一类	不劣于一类	维持、恢复、改善海洋生态环境和生物多样性，保护自然景观
	6.2 海洋特别保护区	使用功能水质要求	使用功能沉积物质量要求	使用功能生物质量要求	

续表

一级类	二级类	海水水质质量（引用标准：GB3097-1997）	海洋沉积物质量（引用标准：GB18668-2002）	海洋生物质量（引用标准：GB18421-2001）	生态环境
7 特殊利用区	7.1 军事区				
	7.2 其他特殊利用区				防止对海洋水动力环境条件改变，海岛、岸滩及海底地形地影响，防止海岸侵蚀，避免对毗邻海洋生态敏感区、亚敏感区产生影响
8 保留区	8.1 保留区	不劣于现状水平	不劣于现状水平	不劣于现状水平	维持现状

海水淡化产业发展“十二五”规划

（2012 年 12 月 9 日）

一、前言

我国水资源贫乏，且时空分布不均，多年平均年缺水量约为 404 亿立方米。沿海尤其是北方沿海地区和海岛水资源短缺问题更加严重，部分缺水城市因超量开采地下水已造成地面沉降、区域性地下漏斗面积增大、生态环境恶化和地质灾害频发等问题。水资源短缺已成为制约我国经济社会发展的重要因素之一。

为缓解水资源危机，我国在厉行节水的同时，积极开发利用海水等非常规水源。海水淡化是稳定的水资源增量技术，可作为水资源的重要补充和战略储备。发展海水淡化产业，对缓解我国沿海缺水地区和海岛水资源短缺状况，促进中西部地区苦咸水、微咸水淡化利用，优化用水结构，保障水资源可持续利用具有重要意义，也有利于培育形成新的经济增长点。

《中华人民共和国国民经济和社会发展第十二个五年规划纲要》明确指出：“大力推进再生水、矿井水、海水淡化和苦咸水利用”。为加快发展海水淡化产业，保障沿海地区、海岛及苦咸水资源丰富地区水资源可持续利用，制定本规划。规划期为 2011 年至 2015 年。

二、发展现状与面临形势

（一）发展现状

目前，我国海水淡化产业已初具规模，是少数能够完整自主设计建设海水淡化工程的国家之一，海水淡化技术、装备制造、工程设计建设等方面发展迅速，应用规模不断扩大，海水淡化市场已经显现，产业发展前景广阔。

“十一五”期间，我国海水淡化产能年均增长超过 60%，截止 2010 年底，国内建成海水淡化装置 70 多套，设计淡化水产能 60 万立方米/日；在建装置 5 套，设计淡化水产能 26 万立方米/日。其中，反渗透法占总产能的 66%，低温多效蒸馏法占 33%，其他海水淡化方法占 1%。

反渗透和低温多效蒸馏两大主流海水淡化技术得到较快发展，成本不断降低。反渗透海水膜、高压泵、能量回收装置、反渗透膜压力容器、海水预处理连续膜过滤组器等取得明显进步；膜通量增加了近 40%，脱盐率由 99.2%提高到 99.7%以上；能量回收装置的应用和不断改进使能耗大幅降低，新一代正位移式能量回收装置的回收效率达 94%以上。我国已自主建成日产万立方米级反渗透海水淡化装置，海水淡化工程进入大型化阶段。目前，反渗透海水淡化投资为 6000～8000 元/立方米，综合产水成本为 5～6 元/立方米。

低温多效蒸馏海水淡化具有水质好和可利用工厂余热或低品位热源的优点，主要应用于需提供锅炉补给水和工艺纯水，且有低品位蒸汽或余热可利用的电力、石化、钢铁等企业。我国自主建成了 1.25 万立方米/日低温多效海水淡化蒸馏装置，为大型热法海水淡化工程的启动奠定了基础。目前， 蒸馏海水淡化投资为8000～11000元/立方米，综合产水成本为6～8元/立方米。

《海水利用专项规划》发布实施五年来，海水淡化产业发展得到各级政府的高度关注，国家和沿海地方政府出台了一系列鼓励海水淡化及综合利用的政策措施，对海水淡化生产企业给予所得税优惠，安排中央预算内资金支持了一批海水淡化示范工程，相关技术专利、标准和法规建设取得积极进展，为加快海水淡化产业发展创造了良好的政策环境。

（二）存在问题

一是战略意义认识不足。缺乏从战略高度充分认识海水淡化的重要性和紧迫性，对海水淡化没有明确定位。

二是自主创新能力较弱。基础研究不足，具有自主知识产权的关键技术较少，设备制造及配套能力较弱。目前，反渗透海水淡化的核心材料和关键设备，如海水膜组器、能量回收装置、高压泵及一些化工原材料等主要依赖进口，按工程设备投资价格比，国产化率不到50%；蒸馏法用耐海水腐蚀管材、蒸汽喷射装置（热泵）、传热效率等与国际先进水平相比有较大差距。

三是产业发展水平低。我国从事海水淡化设备制造和工程成套的企业规模普遍较小，制造业基础薄弱，技术成果转化能力较弱，严重制约了海水淡化技术产业化进程；制造产业链尚未形成，即便是从国外引进生产线，大部分原材料仍需要进口，难以形成较强的品牌效应；还未形成海水淡化装备制造业基地和具有国际竞争能力的专业化龙头企业或企业集群，在市场竞争上也不具备与国外公司抗衡的能力。

四是配套政策不足。我国海水淡化产业发展的相关政策不完善，政策力度不够，可操作性差，没有形成合理统一的水资源开发利用市场机制，反映资源稀缺性的水价形成机制尚未建立。

（三）面临形势

1．发展机遇

一是我国海水淡化技术已有较大的进步，并取得了突破性进展；二是在技术研发、装备制造、工程设计建设和工程应用等方面都取得了较快地发展，海水淡化产业发展已具备条件；三是海水淡化市场已基本形成，包括海水淡化水及其产业链的各个环节；四是各级人民政府高度重视海水淡化，积极出台推动海水淡化产业发展的政策措施；五是社会各界关注海水淡化产业发展。

2．面临挑战

一是在技术、装备、工程和资金等方面，我国海水淡化整体实力较弱且处于劣势，而国外有关方面占有优势，并十分关注我国海水淡化市场，积极开展相关工作，抢占我国海水淡化市场。二是在现行水价体系下，海水淡化成本较高，与自来水价格相比缺乏竞争力。三是水资源统筹机制尚未建立等。

因此，必须充分认识海水淡化的重要性和紧迫性，抓住机遇，加大工作力度，推动海水淡化产业健康发展，增强水资源可持续利用能力。

三、指导思想和发展目标

（一）指导思想

以邓小平理论和“三个代表”重要思想为指导，深入贯彻落实科学发展观，把海水淡化作为水资源的重要补充和战略储备，统筹规划、依靠科技、集聚发展、深化试点、完善政策、健全标准、加强监管，推动海水淡化产业又好又快发展，实现经济社会发展与生态资源环境共赢，为促进我国水资源持续利用和供水安全做出贡献。

（二）基本原则

1．坚持政府引导和市场机制相结合

加强政府引导，通过制定相关规划、政策、法规和标准等，培育和规范市场；发挥市场机制作用，以企业为主体，发挥市场在资源配置中的基础性作用。

2．坚持积极开发与合理利用相结合

大力发展海水淡化产业，根据需求和实际条件合理选择地点、规模、工艺路线和应用方式等；积极推动利用海水淡化水，将海水淡化水纳入水资源统筹规划，并优化用水结构，保障海水淡化产业发展的经济性和合理性。

3．坚持海水淡化与资源综合利用相结合

以循环经济理念推动海水淡化产业发展。在大力发展海水淡化的同时，要注重保护生态环境，做好浓海水资源的综合利用；加大余热余压蒸汽和可再生能源及核能在海水淡化中的利用，提高资源综合利用水平、降低海水淡化成本；优化海水淡化工艺、合理利用热膜耦合和电水联产等工艺，提高海水淡化适应性和发展水平。

4．坚持原始创新、集成创新与引进消化吸收再创新相结合

发展海水淡化产业，既要重视原始创新，也要注重集成创新和引进消化吸收再创新。要从人才、技术水平和创新能力等多方面提升海水淡化科技水平，从技术、装备、工程设计建设和工程应用等多方面增强我国海水淡化产业实力。

（三）产业定位

海水淡化水是一种新的水源，可用于生产和生活等。海水淡化作为水资源的重要补充和战略储备，要纳入水资源统筹规划和调配。

海水淡化产业是战略性新兴产业，是新的经济增长点。海水淡化产业是以生产海水淡化水为主要目的，包括相关技术研发、设备制造、工程设计与建设、生产运营、原材料生产与销售、咨询服务、宣传培训和交流等工序和环节，具有完整产业链的生产体系。通过大力发展海水淡化，促进产业链延伸，发挥拉动效应。

（四）发展目标

提高海水淡化产能。到 2015 年，我国海水淡化产能达到 220 万立方米/日以上，海水淡化对解决海岛新增供水量的贡献率达到 50%以上，对沿海缺水地区新增工业供水量的贡献率达到 15%以上；大幅度提高苦咸水、微咸水的淡化利用能力。

完善海水淡化产业体系。建立我国自主技术研发、装备制造、工程设计建设和应用、原材料生产等完整的海水淡化产业体系，完善海水淡化产业链。海水淡化产业产值达到 300 亿元以上。海水淡化原材料、装备制造自主创新率达到 70%以上。增强海水淡化竞争力。海水淡化成本不断降低，关键技术、装备、材料的研发和制造能力达到国际先进水平，拓展海水淡化市场，提高国内外市场竞争力。

四、主要任务

发展海水淡化产业的重点在技术研发、装备制造、工程应用、用水保障、标准规范和管理协调等领域，涉及创新、产业、供水、标准和管理等体系建设。主要任务如下：

（一）加强技术创新，尽快提高海水淡化核心竞争力

海水淡化创新体系，包括专业人才、核心技术、创新机制和创新能力等。依靠技术进步，增强创新能力，加快海水淡化核心技术和关键部件的研发步伐，包括反渗透海水膜与膜组件、能量回收装置、高压泵等；蒸馏法海水淡化传热材料及蒸发器等核心部件。

（二）强化设备制造，提升关键设备和成套装置制造能力

加大设计研发和制造力度，优化海水淡化单机和整套装置设计、制造技术，提高设备制造能力，特别是关键设备和成套装置的制造能力。

（三）注重工程示范，提高工艺设计水平和工程建设能力

积极开展海水淡化新技术、新工艺的应用示范，优化海水淡化工艺设计、提高集成技术水平；增强海水淡化工程建设能力，依托重点工程，促进海水淡化核心和关键技术的产业化示范，不断提升工程配套能力。

（四）加快应用淡化水，发挥海水淡化水的保障作用

加快研究海水淡化水进入水源或市政供水系统及调水的相关技术和管理办法等。扩大海水淡化水应用规模，提高海水淡化水利用效率和效益，增强其对水资源补充和保障作用。

（五）建立标准规范，促进海水淡化产业健康发展

建立包括海水淡化技术、装备、工程、原材料和供水等各环节在内的标准体系，研究制定各类有关标准，包括取排水、原材料及药剂等相关标准，工艺技术、检测技术、工程设计、运行管理等标准，淡化水水质标准，相关设备的设计和质量标准等，加强对海水淡化产业发展的引导和规范。

五、重点工程

（一）国家海水淡化重大示范工程

建设 2 个 5～10 万立方米/日的国家级海水淡化重大示范工程。示范工程不仅要缓解当地淡水资源短缺，向工业或居民提供合格淡化

水，而且要为海水淡化技术、装备、工程设计建设和规模化应用提供良好的产业示范；为具有自主知识产权的技术、装备、工程设计和管理模式提供研发和应用平台；为专业培训提供实习基地，从而有助于提高我国海水淡化的整体实力。

（二）重点领域海水淡化应用示范工程

基于沿海工业园区建设或重点行业布局调整对淡水资源需求的增加，根据不同海域情况，采用膜法、热法或热膜耦合等工艺，建设一批大型海水淡化工程。在沿海缺水地区，结合电力、冶金、石油和化工等行业的企业新建和扩建项目，建设海水淡化工程，作为重点领域的应用示范，以解决工艺用水或锅炉补给水的供给问题；结合电力企业发电，建设电水联产项目；结合制盐或盐化工，建设浓海水综合利用示范项目等。

（三）海水淡化水进入市政供水系统的试点工程

结合海水淡化示范工程有序地开展海水淡化水进入水源或市政供水系统的试点，在沿海缺水地区，海水淡化供给企业与用户可通过市政供水系统或点对点供应淡化水。通过试点，开展淡化水进入水源或市政供水系统运行管理机制的研究，以及水质调整、管网稳定性等相关技术规范的研究，为海水淡化水进入市政供水系统提供支撑。

（四）近海城市供水安全保障试点工程

鼓励近海城市把海水淡化水作为解决城市新增供水水源，改善水资源结构，提高水资源安全保障水平，以缓解城市淡水资源短缺矛盾，构建城市多水源保障格局。近海城市供水安全保障试点工程应优化海水淡化工艺和路由；研究项目运营管理机制、淡化水与当地水资源联合调配、管网稳定性及水质调整和海水淡化水价等问题。

（五）建立海水淡化产业基地

以企业为主体，以项目为依托，以技术装备为核心，促进海水淡化研究设计、装备制造、工程设计应用等要素在区域上集聚，培育和建立若干个海水淡化产业基地，如装备制造基地、原材料生产基地等。加快提高我国在海水淡化装备制造、工程设计应用和原材料生产等方面水平和能力，培育一批具有国际竞争力的海水淡化装备制造企业、工程设计建设企业和原材料生产企业等。

（六）创建海水淡化试点城市

在沿海缺水地区，选择若干个城市（含海岛和工业园区，下同）开展海水淡化试点。创建海水淡化试点城市，要积极推动海水淡化水的应用，城市新增用水优先使用海水淡化水，优化用水结构；在保障公共饮用水安全的前提下将海水淡化水作为市政供水的一个新的选项；大力发展海水淡化产业。

初步测算，“十二五”时期海水淡化产业发展需投资约 210 亿元，其中海水淡化工程及配套管网建设 165 亿元，海水淡化产业基地建设 35 亿元，海水淡化产业发展相关制度建设 10 亿元。资金筹措要充分发挥市场机制作用，采取企业自筹、银行贷款、社会融资、利用外资、政府补助等多种方式，建立多元化、多渠道、多层次、稳定可靠的海水淡化投入保障体系。政府安排财政性资金对本规划中确定的重点工程，给予适当的补助。

六、环境评价

（一）增加水资源、改善生态环境

水是基础性自然资源和战略性经济资源，也是生态系统和环境的控制要素。随着我国经济社会的快速发展和城市化进程的推进，水资源短缺和时空匹配矛盾日益突出，特别在沿海和海岛，水资源缺乏已成为制约社会经济发展的瓶颈之一。因此，为保障水资源持续利用，一方面必须节约用水、提高水资源利用效率，另一方面需要增加一些水资源量。与攫取地下水和跨流域调水等措施相比，海水淡化受时空和气候影响较小，占用土地面积少，建设周期短，规模灵活，供水稳定；有利于减少沿海地区因过度开采地下水而造成的地下漏斗扩大、地面沉降严重等问题，有利于沿海地区保护和改善生态环境，有利于沿海地区经济社会的可持续发展。

（二）科学处理浓海水问题

海水淡化系统的浓海水处置是各界关注的焦点，处置不当将会对海洋环境产生影响。因此，在进行海水淡化系统设计时应采取必要的措施，比如控制药剂加入量、降低排水温度、在排水管线上设置在线监测仪表等，以尽量减少对环境造成的影响。浓排水有综合利用条件时，宜优先考虑对浓海水进行综合利用，暂时不能综合利用时，应对浓排水进行适当的处理并选择正确的排放方式，对排放情况应进行跟踪检测，控制浓排水对海洋环境的影响。

（三）严格执行有关法律法规和标准

海水淡化应严格执行国家海洋环境保护法律及有关配套法规和标准。新建和改扩建项目必须依法开展环境影响评价，采取必要的防范措施，以防范或减轻可能出现的不良环境影响问题。一是从源头抓起，采取切实可行的清洁生产技术和管理措施，如尽可能采用节能、节地和清洁生产工艺技术等，实现资源消耗减量化。二是按照循环经济的理念和发展模式，积极开展浓海水制盐，提取化学资源，构筑海水淡化产业链。三是各项环境保护措施的工程，必须符合“三同时”等要求，并确保工程投资及时足额到位。

七、保障措施

（一）提高认识水平

进一步提高认识，从战略的高度充分认识海水淡化的重要性和紧迫性，充分认识海水淡化的战略意义和现实意义；准确把握海水淡化是水资源的重要补充和战略储备的战略定位。

（二）健全法律法规

建立健全海水淡化相关法律法规体系，从资源开发、环境保护、安全供给和产业发展等方面对海水淡化产业发展进行引导和规范，如海水淡化开发利用的相关规范、浓海水排放的环境保护和供水水质安全等，进一步推动海水淡化产业健康快速发展。

（三）建立支撑体系

建立行之有效的海水淡化产业发展支撑体系，保障海水淡化产业健康快速发展。一是建立海水淡化标准体系，研究制订海水淡化设计规范和技术标准；二是建立海水淡化检测和评价体系，按照国家要求建立海水淡化技术及设备的权威检测与评价机构；三是建立海水淡化技术创新体系，以组建工程技术中心等为重点，以企业为主体，搭建若干个技术创新平台。

（四）强化政策引导

研究制定有利于海水淡化产业发展的相关政策，包括产业政策、财税政策、金融政策和价格政策。中央基建投资积极支持海水淡化重点示范工程和海水淡化水进入水源或市政供水系统的海水淡化试点工程项目；落实和完善有关海水淡化的税收优惠政策，如研究制定海水淡化开发和利用企业所得税、增值税及营业税等的相关优惠政策；鼓励金融机构在风险可控和商业可持续的前提下，创新信贷品种和抵押方式；支持符合条件的海水淡化企业通过发行股票、债券等多种方式筹集资金；引导民间资本合理、规范地进入海水淡化产业；加快建立能够反映资源稀缺性、合理配置水资源、提高用水效率、促进水资源可持续利用和水资源保护的水价形成机制，推进海水淡化水的应用。

（五）加强监督管理

建立行业规章和管理办法，加强行业监管。各级政府有关部门切实加强对沿海地区和海岛新建、改建和扩建高耗水工业项目的审批工作的监督管理；加强对海水淡化相关设备和产品的质量监督；严格实行海水淡化水进入市政供水系统的规范管理，加强生产运营和供水水质的监管，以确保供水和水质安全；严格执行环境保护法律法规和标准。支持相关行业组织，发挥其组织协调和产业推动作用。

（六）组建产业联盟

以市场为导向，加强产学研商用的结合，推动海水淡化技术研发、装备制造、工程设计建设和应用、原材料生产以及产业服务等整个产业链中各环节在自愿的基础上整合资源、强强联合，组建若干个海水淡化产业联盟，形成整体优势，提高市场竞争力。

（七）积极推广应用

通过海水淡化工程示范、供水试点、产业基地建设、产业联盟组建，以及海水淡化试点示范城市的创建等方式，积极培育完整的海水淡化产业链，建立海水淡化产业体系。通过试点示范，提高海水淡化技术，总结产业发展经验；在此基础上，积极开展推广应用工作，真正体现和发挥试点示范的作用，提升我国海水淡化产业发展的整体水平，增强国际竞争力。

（八）加强交流培训

利用各种宣传媒介广泛宣传海水淡化的

重大意义，增强公众对水资源的忧患意识；广泛开展国内外海水淡化技术交流合作，不断提高我国海水淡化的核心竞争力；建立海水淡化培训基地，积极开展各级各类培训，不断提高海水淡化从业人员的技术水平和业务素质。

（九）强化组织协调

建立由国家发展改革委牵头，科技部、工业和信息化部、财政部、环境保护部、住房城乡建设部、水利部、卫生部、税务总局、质检总局、能源局、海洋局等有关部门参加的海水淡化产业发展部际协调机制。国家发展改革委负责综合协调和指导推动，各有关部门按照职责分工做好工作。加强统筹协调，综合发挥作用，共同推动产业发展。

国务院办公厅关于加快发展海水淡化产业的意见

（2012 年 2 月 6 日）

各省、自治区、直辖市人民政府，国务院各部委、各直属机构：

我国是淡水资源缺乏的国家，人均水资源拥有量低，且时空分布不均。发展海水淡化产业，对缓解我国沿海缺水地区和海岛水资源短缺，促进中西部地区苦咸水、微咸水淡化利用，优化用水结构，保障水资源持续利用具有重要意义，有利于培育新的经济增长点，推动发展方式转变。“十一五”期间，我国海水淡化能力快速增长，已具备进一步发展的条件。为加快发展海水淡化产业，经国务院同意，现提出以下意见：

一、总体思路和发展目标

（一）总体思路。以科学发展观为指导，坚持政府引导与市场驱动相结合，海水淡化处理与资源综合利用相结合，统筹规划、依靠科技、集聚发展、强化试点、完善政策、健全标准、加强监管，推动海水淡化产业又好又快发展，实现经济社会发展与生态环境保护双赢，为保障我国水资源安全作出贡献。

（二）发展目标。到 2015 年，我国海水淡化能力达到 220 万～260 万立方米/日，对海岛新增供水量的贡献率达到 50%以上，对沿海缺水地区新增工业供水量的贡献率达到 15%以上；海水淡化原材料、装备制造自主创新率达到 70%以上；建立较为完善的海水淡化产业链，关键技术、装备、材料的研发和制造能力达到国际先进水平。

二、重点工作

（一）加强关键技术和装备研发。加大大型热法膜法海水淡化、大型海水循环冷却等关键技术，反渗透海水淡化膜组件、高压泵、能量回收等关键部件和热法海水淡化核心部件，以及化工原材料和相关检验检测技术的研发力度，鼓励开发海水淡化新技术，增强自主创新能力和配套能力。积极研究开发利用电厂余热以及核能、风能、海洋能和太阳能等可再生能源进行海水淡化的技术，鼓励沿海有条件的发电企业实行电水联产。研究建立国家级工程技术中心等科技创新服务平台，加强国际技术交流与合作，提高海水淡化关键设备、成套装置研制能力和技术集成水平。

（二）提高工程技术水平。在加强海水淡化关键技术研发的基础上，强化系统集成，不断提高海水淡化产业的设计、制造、建设及应用等工程技术水平。积极研究开发海水淡化取水、预处理、淡化水后处理、浓盐水综合利用和排放处置等各环节的工程技术和成套装置。

（三）培育海水淡化产业基地。以企业为主体，以项目为依托，以技术装备为核心，促进海水淡化研究设计、装备制造和工程应用等要素在区域上集聚，鼓励研究机构、高校、工程设计和装备制造企业、相关原材料生产企业等在有条件的地区集中投入建立海水淡化产业基地，培育一批具有国际竞争力的海水淡化装备制造企业和工程设计建设企业。

（四）组建海水淡化产业联盟。以市场为导向，加强产学研商用的结合，推动海水淡化技术研发、装备制造、工程建设和应用、原材料生产以及产业服务等产业链各环节在自愿的基础上加强集聚，组建海水淡化产业联盟，使分散的各类资源和能力形成合力参与市场竞争，形成完善的产业链。

（五）实施海水淡化示范工程。根据不同

海域和地区、行业、企业的实际情况及不同水质要求，针对海水淡化膜法、热法及热膜耦合等工艺技术，自主设计和建设运营一批海水淡化重点示范工程，到2015年建成2个日产能5万～10万吨的国家级海水淡化重大示范工程和20个日产能万吨级海水淡化示范工程，5个浓盐水综合利用示范项目。

（六）建设海水淡化示范城市。鼓励沿海缺水地区在保障公共饮用水安全的前提下积极创建海水淡化示范城市，城市新增用水优先使用海水淡化水，积极发展海水淡化产业。到2015年，在全国建成20个海水淡化示范城市。选择居民较多、淡水匮乏、关系国家海洋权益的海岛作为海水淡化示范海岛，将海水淡化水作为这些海岛新增供水的第一水源。鼓励结合地区特点，建设以海水淡化水作为重要水源的示范工业园区。

（七）推动使用海水淡化水。沿海淡水资源匮乏或地下水严重超采地区新建、改建和扩建高耗水工业项目，要优先使用海水淡化水作为锅炉补给水和工艺用水水源。加强统一调度和监管，在满足各相关指标要求、确保人体健康的前提下，允许海水淡化水依法进入市政供水系统。将海水淡化水作为海岛新增供水的重要来源之一。将海水淡化水作为水资源的重要补充，纳入水资源的统一配置，优化用水结构。推动和督促临海、近海企业将海水淡化产生的浓盐水用于制盐及盐化工产业。

三、政策措施

（一）加大财税政策支持力度。各级政府要加大对发展海水淡化产业的投入力度。中央预算内投资积极支持实施海水淡化重点示范工程和以市政供水为主要目的的海水淡化工程项目。对海水淡化水进入市政供水系统研究出台适当的支持政策。

（二）实施金融和价格支持政策。鼓励金融机构在风险可控和商业可持续的前提下，创新信贷品种和抵质押方式，加大对海水淡化项目的信贷支持；支持符合条件的海水淡化企业采取发行股票、债券等多种方式筹集资金，拓展融资渠道；引导民间资本合理、规范地进入海水淡化产业。在沿海地区，特别是沿海缺水地区和海岛，加快建立能够反映资源稀缺性、科学合理的水价形成机制，提高供水企业使用海水淡化水的积极性，推动海水淡化产业加快发展。

（三）完善法规标准。研究制定海水淡化相关法律法规，明确海水淡化的战略定位，从资源开发、环境保护、安全供给和产业发展等方面对海水淡化产业发展进行引导和规范。研究制定海水淡化取排水、原材料和药剂、淡化水水质及卫生检验、海水淡化工艺技术、检测技术、工程设计和运行管理、海水淡化监管标准以及相关设备的设计和质量标准等，加强对海水淡化产业发展的引导和规范。

（四）加强监督管理。各级政府有关部门切实加强对沿海地区和海岛新建、改建和扩建高耗水工业项目审批工作的监督管理，杜绝违规批准不符合规定的项目。加强对海水淡化相关设备和产品的质量监督。严格实行海水淡化水进入市政供水系统的审批制度，加强对海水淡化生产运行和供水水质的监管，确保供水安全。严格执行环境保护法律法规和标准，依法对取水和浓盐水排放行为开展环境影响评价，加强污染物排放监管，确保海水淡化产业与生态环境协调发展。

（五）强化宣传培训。利用各种宣传媒介广泛宣传海水淡化的重大意义，不断提高公众的水资源忧患意识，充分认识海水淡化作为水资源的重要补充和战略储备，以及在提高资源利用效率和保护环境方面的重要作用。积极开展各级各类培训，不断提高海水淡化从业人员的技术水平和业务素质。

四、组织协调

发展海水淡化产业是一项系统工程，建立由发展改革委牵头，科技部、工业和信息化部、财政部、环境保护部、住房城乡建设部、水利部、卫生部、税务总局、质检总局、能源局、海洋局等有关部门参加的海水淡化产业发展部际协调机制，发展改革委负责综合协调和指导推动，各有关部门按照职责分工做好工作，加强统筹协调，综合发挥各相关部门作用共同推进海水淡化产业健康快速发展。

《钓鱼岛是中国的固有领土》白皮书

（2012年9月26日）

前言

钓鱼岛及其附属岛屿是中国领土不可分割的一部分。无论从历史、地理还是从法理的角度来看，钓鱼岛都是中国的固有领土，中国对其拥有无可争辩的主权。

日本在1895年利用甲午战争窃取钓鱼岛是非法无效的。第二次世界大战后，根据《开罗宣言》和《波茨坦公告》等国际法律文件，钓鱼岛回归中国。无论日本对钓鱼岛采取任何单方面举措，都不能改变钓鱼岛属于中国的事实。长期以来，日本在钓鱼岛问题上不时制造事端。2012年9月10日，日本政府宣布“购买”钓鱼岛及附属的南小岛、北小岛，实施所谓“国有化”。这是对中国领土主权的严重侵犯，是对历史事实和国际法理的严重践踏。

中国坚决反对和遏制日本采取任何方式侵犯中国对钓鱼岛的主权。中国在钓鱼岛问题上的立场是明确的、一贯的，维护国家主权和领土完整的意志坚定不移，捍卫世界反法西斯战争胜利成果的决心毫不动摇。

一、钓鱼岛是中国的固有领土

钓鱼岛及其附属岛屿位于中国台湾岛的东北部，是台湾的附属岛屿，分布在东经123°20′－124°40′，北纬25°40′－26°00′之间的海域，由钓鱼岛、黄尾屿、赤尾屿、南小岛、北小岛、南屿、北屿、飞屿等岛礁组成，总面积约5.69平方千米。钓鱼岛位于该海域的最西端，面积约3.91平方千米，是该海域面积最大的岛屿，主峰海拔362米。黄尾屿位于钓鱼岛东北约27千米，面积约0.91平方千米，是该海域的第二大岛，最高海拔117米。赤尾屿位于钓鱼岛东北约110千米，是该海域最东端的岛屿，面积约0.065平方千米，最高海拔75米。

（一）中国最先发现、命名和利用钓鱼岛
中国古代先民在经营海洋和从事海上渔业的实践中，最早发现钓鱼岛并予以命名。在中国古代文献中，钓鱼岛又称钓鱼屿、钓鱼台。目前所见最早记载钓鱼岛、赤尾屿等地名的史籍，是成书于1403年(明永乐元年)的《顺风相送》。这表明，早在十四、十五世纪中国就已经发现并命名了钓鱼岛。

1372年(明洪武五年)，琉球国王向明朝朝贡，明太祖遣使前往琉球。至1866年(清同治五年)近500年间，明清两代朝廷先后24次派遣使臣前往琉球王国册封，钓鱼岛是册封使前往琉球的途经之地，有关钓鱼岛的记载大量出现在中国使臣撰写的报告中。如，明朝册封使陈侃所著《使琉球录》(1534年)明确记载“过钓鱼屿，过黄毛屿，过赤屿，……见古米山，乃属琉球者”。明朝册封使郭汝霖所著《使琉球录》(1562年)记载，“赤屿者，界琉球地方山也”。清朝册封副使徐葆光所著《中山传信录》(1719年)明确记载，从福建到琉球，经花瓶屿、彭佳屿、钓鱼岛、黄尾屿、赤尾屿，“取姑米山(琉球西南方界上镇山)、马齿岛，入琉球那霸港”。

1650年，琉球国相向象贤监修的琉球国第一部正史《中山世鉴》记载，古米山（亦称姑米山，今久米岛）是琉球的领土，而赤屿（今赤尾屿）及其以西则非琉球领土。1708年，琉球学者、紫金大夫程顺则所著《指南广义》记载，姑米山为“琉球西南界上之镇山”。 以上史料清楚记载着钓鱼岛、赤尾屿属于中国，久米岛属于琉球，分界线在赤尾屿和久米岛之间的黑水沟(今冲绳海槽)。明朝册封副使谢杰所著《琉球录撮要补遗》(1579年)记载，“去由沧水入黑水，归由黑水入沧水”。明朝册封使夏子阳所著《使琉球录》(1606年)记载，“水离黑入沧，必是中国之界”。清朝册封使汪辑所著《使琉球杂录》(1683年)记载，赤屿之外的“黑水沟”即是“中外之界”。清朝册封副使周煌所著《琉球国志略》(1756年)记载，琉球“海面西距黑水沟，与闽海界”。

钓鱼岛海域是中国的传统渔场，中国渔民世世代代在该海域从事渔业生产活动。钓鱼岛作为航海标志，在历史上被中国东南沿海民众广泛利用。

（二）中国对钓鱼岛实行了长期管辖　早在明朝初期，为防御东南沿海的倭寇，中国就将钓鱼岛列入防区。1561年(明嘉靖四十年)，明朝驻防东南沿海的最高将领胡宗宪主持、郑若曾编纂的《筹海图编》一书，明确将钓鱼岛等岛屿编入“沿海山沙图”，纳入明朝的海防范围内。1605年(明万历三十三年)徐必达等人绘制的《乾坤一统海防全图》及1621年(明天启元年)茅元仪绘制的中国海防图《武备志•海防二•福建沿海山沙图》，也将钓鱼岛等岛屿划入中国海疆之内。

清朝不仅沿袭了明朝的做法，继续将钓鱼岛等岛屿列入中国海防范围内，而且明确将其置于台湾地方政府的行政管辖之下。清代《台海使槎录》、《台湾府志》等官方文献详细记载了对钓鱼岛的管辖情况。1871年（清同治十年）刊印的陈寿祺等编纂的《重纂福建通志》卷八十六将钓鱼岛列入海防冲要，隶属台湾府噶玛兰厅(今台湾省宜兰县)管辖。

（三）中外地图标绘钓鱼岛属于中国　1579年（明万历七年）明朝册封使萧崇业所著《使琉球录》中的“琉球过海图”、1629年(明崇祯二年)茅瑞徵撰写的《皇明象胥录》、1767年(清乾隆三十二年)绘制的《坤舆全图》、1863年(清同治二年)刊行的《皇朝中外一统舆图》等，都将钓鱼岛列入中国版图。

日本最早记载钓鱼岛的文献为1785年林子平所著《三国通览图说》的附图“琉球三省并三十六岛之图”，该图将钓鱼岛列在琉球三十六岛之外，并与中国大陆绘成同色，意指钓鱼岛为中国领土的一部分。

1809年法国地理学家皮耶•拉比等绘《东中国海沿岸各国图》，将钓鱼岛、黄尾屿、赤尾屿绘成与台湾岛相同的颜色。1811年英国出版的《最新中国地图》、1859年美国出版的《柯顿的中国》、1877年英国海军编制的《中国东海沿海自香港至辽东湾海图》等地图，都将钓鱼岛列入中国版图。

二、日本窃取钓鱼岛

日本在明治维新以后加快对外侵略扩张。1879年，日本吞并琉球并改称冲绳县。此后不久，日本便密谋侵占钓鱼岛，并于甲午战争末期将钓鱼岛秘密“编入”版图。随后，日本又迫使中国签订不平等的《马关条约》，割让台湾全岛及包括钓鱼岛在内的所有附属各岛屿。

（一）日本密谋窃取钓鱼岛　1884年，有日本人声称首次登上钓鱼岛，发现该岛为“无人岛”。日本政府随即对钓鱼岛开展秘密调查，并试图侵占。日本上述图谋引起中国的警觉。1885年9月6日(清光绪十一年七月二十八日)《申报》登载消息：“台湾东北边之海岛，近有日本人悬日旗于其上，大有占据之势。”由于顾忌中国的反应，日本政府未敢轻举妄动。

1885年9月22日冲绳县令在对钓鱼岛进行秘密调查后向内务卿山县有朋密报称，这些无人岛“与《中山传信录》记载的钓鱼台、黄尾屿和赤尾屿应属同一岛屿”，已为清朝册封使船所详悉，并赋以名称，作为赴琉球的航海标识，因此对是否应建立国家标桩心存疑虑，请求给予指示。同年10月9日，内务卿山县有朋致函外务卿井上馨征求意见。10月21日，井上馨复函山县有朋认为，“此刻若有公然建立国标等举措，必遭清国疑忌，故当前宜仅限于实地调查及详细报告其港湾形状、有无可待日后开发之土地物产等，而建国标及着手开发等，可待他日见机而作”。井上馨还特意强调，“此次调查之事恐均不刊载官报及报纸为宜”。因此，日本政府没有同意冲绳县建立国家标桩的请求。

1890年1月13日，冲绳县知事又请示内务大臣，称钓鱼岛等岛屿“为无人岛，迄今尚未确定其管辖”，“请求将其划归本县管辖之八重山官署所辖”。1893年11月2日，冲绳县知事再次申请建立国标以划入版图。日本政府仍未答复。甲午战争前两个月，即1894年5月12日，冲绳县秘密调查钓鱼岛的最终结论是：“自明治十八年（1885年）派县警察对该岛进行勘察以来，未再开展进一步调查，故难提供更确切报告。……此外，没有关于该岛之旧时记录文书以及显示属我国领有的文字或口头传说的证据。”

日本外务省编纂的《日本外交文书》明确记载了日本企图窃取钓鱼岛的经过，相关文件清楚地显示，当时日本政府虽然觊觎钓鱼岛，但完全清楚这些岛屿属于中国，不敢轻举妄动。

1894年7月，日本发动甲午战争。同年

11月底，日本军队占领中国旅顺口，清朝败局已定。在此背景下，12月27日，日本内务大臣野村靖致函外务大臣陆奥宗光，认为"今昔形势已殊"，要求将在钓鱼岛建立国标、纳入版图事提交内阁会议决定。1895年1月11日，陆奥宗光回函表示支持。同年1月14日，日本内阁秘密通过决议，将钓鱼岛"编入"冲绳县管辖。

日本官方文件显示，日本从1885年开始调查钓鱼岛到1895年正式窃占，始终是秘密进行的，从未公开宣示，因此进一步证明其对钓鱼岛的主权主张不具有国际法规定的效力。

（二）钓鱼岛随台湾岛被迫割让给日本 1895年4月17日，清朝在甲午战争中战败，被迫与日本签署不平等的《马关条约》，割让"台湾全岛及所有附属各岛屿"。钓鱼岛等作为台湾"附属岛屿"一并被割让给日本。1900年，日本将钓鱼岛改名为"尖阁列岛"。

三、美日对钓鱼岛私相授受非法无效

第二次世界大战后，钓鱼岛回归中国。但20世纪50年代，美国擅自将钓鱼岛纳入其托管范围，70年代美国将钓鱼岛"施政权""归还"日本。美日对钓鱼岛进行私相授受，严重侵犯了中国的领土主权，是非法的、无效的，没有也不能改变钓鱼岛属于中国的事实。

（一）"二战"后钓鱼岛归还中国 1941年12月，中国政府正式对日宣战，宣布废除中日之间的一切条约。1943年12月《开罗宣言》明文规定，"日本所窃取于中国之领土，例如东北四省、台湾、澎湖群岛等，归还中华民国。其他日本以武力或贪欲所攫取之土地，亦务将日本驱逐出境"。1945年7月《波茨坦公告》第八条规定："《开罗宣言》之条件必将实施，而日本之主权必将限于本州、北海道、九州、四国及吾人所决定之其他小岛。"1945年9月2日，日本政府在《日本投降书》中明确接受《波茨坦公告》，并承诺忠诚履行《波茨坦公告》各项规定。1946年1月29日，《盟军最高司令部训令第677号》明确规定了日本施政权所包括的范围是"日本的四个主要岛屿(北海道、本州、九州、四国)及包括对马诸岛、北纬30度以北的琉球诸岛的约1000个邻近小岛"。1945年10月25日，中国战区台湾省对日受降典礼在台北举行，中国政府正式收复台湾。1972年9月29日，日本政府在《中日联合声明》中郑重承诺，充分理解和尊重中方关于台湾是中国不可分割一部分的立场，并坚持《波茨坦公告》第八条的立场。

上述事实表明，依据《开罗宣言》、《波茨坦公告》和《日本投降书》，钓鱼岛作为台湾的附属岛屿应与台湾一并归还中国。

（二）美国非法将钓鱼岛纳入托管范围 1951年9月8日，美国等一些国家在排除中国的情况下，与日本缔结了"旧金山对日和平条约"(简称"旧金山和约")，规定北纬29度以南的西南诸岛等交由联合国托管，而美国为唯一施政当局。需要指出的是，该条约所确定的交由美国托管的西南诸岛并不包括钓鱼岛。

1952年2月29日、1953年12月25日，琉球列岛美国民政府先后发布第68号令(即《琉球政府章典》)和第27号令(即关于"琉球列岛的地理界限"布告)，擅自扩大托管范围，将中国领土钓鱼岛划入其中。此举没有任何法律依据，中国坚决反对。

（三）美日私相授受钓鱼岛"施政权" 1971年6月17日，美日签署《关于琉球诸岛及大东诸岛的协定》(简称"归还冲绳协定")，将琉球群岛和钓鱼岛的"施政权""归还"给日本。海内外中国人对此同声谴责。同年12月30日，中国外交部发表严正声明指出："美、日两国政府在'归还'冲绳协定中，把我国钓鱼岛等岛屿列入'归还区域'，完全是非法的，这丝毫不能改变中华人民共和国对钓鱼岛等岛屿的领土主权。"台湾当局对此也表示坚决反对。

面对中国政府和人民的强烈反对，美国不得不公开澄清其在钓鱼岛主权归属问题上的立场。1971年10月，美国政府表示，"把原从日本取得的对这些岛屿的施政权归还给日本，毫不损害有关主权的主张。美国既不能给日本增加在他们将这些岛屿施政权移交给我们之前所拥有的法律权利，也不能因为归还给日本施政权而削弱其他要求者的权利。……对此等岛屿的任何争议的要求均为当事者所应彼此解决的事项"。同年11月，美国参议院批准"归还冲绳协定"时，美国国务院发表声明称，尽管美国将该群岛的施政权交还日本，但是在中日双方对群岛对抗性的领土主张中，美国将采取中立立场，不偏向于争端中的任何一方。

四、日本主张钓鱼岛主权毫无依据

1972年3月8日，日本外务省发表《关于尖阁列岛所有权问题的基本见解》，阐述日本政府对于钓鱼岛主权归属问题的主张：一是钓鱼岛为“无主地”，不包含在《马关条约》规定的由清政府割让给日本的澎湖列岛和台湾及其附属岛屿的范围之内。二是钓鱼岛不包含在“旧金山和约”第二条规定的日本所放弃的领土之内，而是包含在该条约第三条规定的作为西南诸岛的一部分被置于美国施政之下，并根据“归还冲绳协定”将施政权“归还”日本的区域内。三是中国没有将钓鱼岛视为台湾的一部分，对“旧金山和约”第三条规定将钓鱼岛置于美国施政区域内从未提出过任何异议。

日本的上述主张严重违背事实，是完全站不住脚的。

钓鱼岛属于中国，根本不是“无主地”。在日本人“发现”钓鱼岛之前，中国已经对钓鱼岛实施了长达数百年有效管辖，是钓鱼岛无可争辩的主人。如前所述，日本大量官方文件证明，日本完全清楚钓鱼岛早已归属中国，绝非国际法上的无主地。日本所谓依据“先占”原则将钓鱼岛作为“无主地”“编入”其版图，是侵占中国领土的非法行为，不具有国际法效力。

无论从地理上还是从中国历史管辖实践看，钓鱼岛一直是中国台湾岛的附属岛屿。日本通过不平等的《马关条约》迫使清朝割让包括钓鱼岛在内的“台湾全岛及所有附属各岛屿”。《开罗宣言》、《波茨坦公告》等国际法律文件规定，日本必须无条件归还其窃取的中国领土。上述文件还对日本领土范围作了明确界定，其中根本不包括钓鱼岛。日本试图侵占钓鱼岛，实质是对《开罗宣言》和《波茨坦公告》等法律文件所确立的战后国际秩序的挑战，严重违背了日本应承担的国际法义务。

美国等国家与日本签订的片面媾和条约“旧金山和约”所规定的托管范围不涵盖钓鱼岛。美国擅自扩大托管范围，非法将中国领土钓鱼岛纳入其中，后将钓鱼岛“施政权”“归还”日本，都没有任何法律依据，在国际法上没有任何效力。对于美日上述非法行径，中国政府和人民历来是明确反对的。

五、中国为维护钓鱼岛主权进行坚决斗争

长期以来，中国为维护钓鱼岛的主权进行了坚决斗争。

中国通过外交途径强烈抗议和谴责美日私相授受钓鱼岛。1951年8月15日，旧金山会议召开前，中国政府声明：“对日和约的准备、拟制和签订，如果没有中华人民共和国的参加，无论其内容和结果如何，中央人民政府一概认为是非法的，因而也是无效的。”1951年9月18日，中国政府再次声明，强调“旧金山和约”是非法无效的，绝对不能承认。1971年，针对美、日两国国会先后批准“归还冲绳协定”的行为，中国外交部严正声明，钓鱼岛等岛屿自古以来就是中国领土不可分割的一部分。

针对日本侵犯中国钓鱼岛主权的非法行径，中国政府采取积极有力措施，通过发表外交声明、对日严正交涉和向联合国提交反对照会等举措表示抗议，郑重宣示中国的一贯主张和原则立场，坚决捍卫中国的领土主权和海洋权益，切实维护中国公民的人身和财产安全。

中国通过国内立法明确规定钓鱼岛属于中国。1958年，中国政府发表领海声明，宣布台湾及其周围各岛属于中国。针对日本自20世纪70年代以来对钓鱼岛所采取的种种侵权行为，中国于1992年颁布《中华人民共和国领海及毗连区法》时，明确规定“台湾及其包括钓鱼岛在内的附属各岛”属于中国领土。2009年颁布的《中华人民共和国海岛保护法》确立了海岛保护开发和管理制度，对海岛名称的确定和发布作了规定，据此，中国于2012年3月公布了钓鱼岛及其部分附属岛屿的标准名称。2012年9月10日，中国政府发表声明，公布了钓鱼岛及其附属岛屿的领海基线。9月13日，中国政府向联合国秘书长交存钓鱼岛及其附属岛屿领海基点基线的坐标表和海图。

中国始终在钓鱼岛海域保持经常性的存在，并进行管辖。中国海监执法船在钓鱼岛海域坚持巡航执法，渔政执法船在钓鱼岛海域进行常态化执法巡航和护渔，维护该海域正常的渔业生产秩序。中国还通过发布天气和海洋观测预报等，对钓鱼岛及其附近海域实施管理。

一直以来，钓鱼岛问题受到港澳同胞、台湾同胞和海外侨胞的共同关注。钓鱼岛自古以来就是中国的固有领土，这是全体中华儿女的共同立场。中华民族在维护国家主权和领土完整问题上有着坚定的决心。两岸同胞在民族大义面前，在共同维护民族利益和尊严方面，是一致的。港澳台同胞和海内外广大华侨华人纷纷开展各种形式的活动，维护钓鱼岛领土主权，强烈表达了中华儿女的正义立场，向世界展示了中华民族爱好和平、维护国家主权、捍卫领土完整的决心和意志。

结束语

钓鱼岛自古以来就是中国的固有领土，中国对其拥有无可争辩的主权。20世纪70年代，中日在实现邦交正常化和缔结《中日和平友好条约》时，两国老一辈领导人着眼两国关系大局，就将“钓鱼岛问题放一放，留待以后解决”达成谅解和共识。但近年来，日本不断对钓鱼岛采取单方面举措，特别是对钓鱼岛实施所谓“国有化”，严重侵犯中国主权，背离中日两国老一辈领导人达成的谅解和共识。这不但严重损害了中日关系，也是对世界反法西斯战争胜利成果的否定和挑战。

中国强烈敦促日本尊重历史和国际法，立即停止一切损害中国领土主权的行为。中国政府捍卫国家领土主权的决心和意志是坚定不移的，有信心、有能力捍卫国家主权，维护领土完整。

领海基点保护范围选划与保护办法

（2012年9月11日）

第一章 总 则

第一条 为加强领海基点保护，维护国家海洋权益，依据《中华人民共和国领海及毗连区法》、《中华人民共和国海岛保护法》及相关法律法规，制定本办法。

第二条 从事领海基点保护范围选划和保护活动，适用本办法。

本办法所称领海基点，是指中华人民共和国政府公布的领海基点。

本办法所称领海基点保护范围，是指为了保障领海基点安全，依法在领海基点周围划定的特别保护区域。

第三条 国家海洋局负责监督指导领海基点保护范围选划和保护工作；省、自治区、直辖市人民政府海洋主管部门负责管辖区内领海基点保护范围选划工作；县级以上人民政府海洋主管部门负责管辖区内领海基点保护范围保护工作。

第二章 选划与审批

第四条 省、自治区、直辖市人民政府海洋主管部门应当编制领海基点保护范围选划工作方案，报省、自治区、直辖市人民政府批准后组织实施。

第五条 领海基点保护范围选划，应当按照领海基点保护范围选划技术规程要求，根据领海基点所在区域的自然环境条件，按照有利于保护原则，兼顾周边社会经济活动，编制领海基点保护范围选划报告。

领海基点保护范围选划报告应当包括领海基点所在区域概况、选划依据、选划方法和过程、合理性论证分析、保护范围位置、范围、面积、保护对象、保护措施和要求等内容。

第六条 领海基点保护范围外边界距离领海基点所在位置原则上不小于300米。

第七条 领海基点保护范围选划，应妥善处理与相关利益者的关系。

第八条 领海基点保护范围选划报告经国家海洋局审查通过后，由省、自治区、直辖市人民政府海洋主管部门报请省、自治区、直辖市人民政府批准，并报国家海洋局备案。

第九条 经批准的领海基点保护范围，省、自治区、直辖市人民政府海洋主管部门应当及时向社会公布。

第三章 保护与管理

第十条 县级以上人民政府海洋主管部门应当在领海基点保护范围周边设置明显标志。

标志应当注明领海基点保护范围位置、范

围、保护对象、保护要求等内容。

第十一条 禁止在领海基点保护范围内进行工程建设以及其他可能改变该区域地形、地貌的活动。确需进行以保护领海基点为目的的工程建设的，应当经过科学论证，报国家海洋局同意后依法办理审批手续。

第十二条 禁止损毁或者擅自移动领海基点标志和领海基点保护范围标志。

第十三条 县级以上人民政府海洋主管部门应当加强对领海基点保护范围的监视监测与评价。

各级海监机构应当对领海基点保护范围实施监督检查。

第十四条 任何单位和个人都有保护领海基点的义务。发现领海基点标志、领海基点保护范围标志以及领海基点保护范围内的地形、地貌受到破坏的，应当及时向当地人民政府或者海洋主管部门报告。

第十五条 领海基点以及领海基点保护范围内地形、地貌受到破坏的，由省、自治区、直辖市人民政府海洋主管部门编制修复方案，报国家海洋局批准后实施。

第十六条 县级以上人民政府海洋主管部门应当加强领海基点保护的宣传教育工作，增强公民保护领海基点意识，引导全社会自觉并共同维护国家海洋权益。

第十七条 领海基点保护范围选划和保护过程中形成的文件、图件和资料等，应当按照有关档案管理规定予以归档。

第十八条 违反本办法规定，在领海基点保护范围内进行工程建设或者其他可能改变该区域地形、地貌活动，损毁或者擅自移动领海基点标志，以及其他活动致使领海基点受到破坏的，依据《中华人民共和国海岛保护法》等有关法律法规予以处罚。

第四章 附 则

第十九条 领海基点保护范围选划技术规程由国家海洋局另行制定。

第二十条 本办法自颁布之日起施行。

关于印发《钓鱼岛及其部分附属岛屿标准名称》的通知

（2012 年 3 月 2 日）

沿海各省、自治区、直辖市及计划单列市海洋厅（局），局属各单位、机关各部门：

根据《中华人民共和国海岛保护法》，我局对我国海域海岛进行了名称标准化处理。经国务院批准，现将钓鱼岛及其部分附属岛屿标准名称印发你们，请遵照执行。

钓鱼岛及其部分附属岛屿标准名称

序号	标准名称	汉语拼音	位置描述
1	钓鱼岛	Diàoyú Dǎo	距温州市约 356 千米、福州市约 385 千米、基隆市约 190 千米
2	龙头鱼岛	Lóngtóuyú Dǎo	位于钓鱼岛东北
3	鲳鱼岛	Chāngyú Dǎo	位于钓鱼岛西南
4	大黄鱼岛	Dàhuángyú Dǎo	位于钓鱼岛南
5	小黄鱼岛	Xiǎohuángyú Dǎo	位于钓鱼岛南
6	金钱鱼岛	Jīnqiányú Dǎo	位于钓鱼岛东南
7	金钱鱼西岛	Jīnqiányúxī Dǎo	位于钓鱼岛东南
8	梅童鱼岛	Méitóngyú Dǎo	位于钓鱼岛东南
9	梅童鱼东岛	Méitóngyúdōng Dǎo	位于钓鱼岛东南
10	梅童鱼西岛	Méitóngyúxī Dǎo	位于钓鱼岛东南
11	龙王鲷岛	Lóngwángdiāo Dǎo	位于钓鱼岛东南
12	龙王鲷西岛	Lóngwángdiāoxī Dǎo	位于钓鱼岛东南
13	龙王鲷东岛	Lóngwángdiāodōng Dǎo	位于钓鱼岛东南
14	龙王鲷南岛	Lóngwángdiāonán Dǎo	位于钓鱼岛东南
15	黄姑鱼岛	Huánggūyú Dǎo	位于钓鱼岛东南
16	黄尾屿	Huángwěi Yǔ	位于钓鱼岛东北约 27 千米处
17	海豚岛	Hǎitún Dǎo	位于黄尾屿西北
18	大珠岛	Dàzhū Dǎo	位于黄尾屿西

续表

序号	标准名称	汉语拼音	位置描述
19	小珠岛	Xiǎozhū Dǎo	位于黄尾屿西
20	上虎牙岛	Shànghǔyá Dǎo	位于黄尾屿北
21	下虎牙岛	Xiàhǔyá Dǎo	位于黄尾屿北
22	西牛角岛	Xīniújiǎo Dǎo	位于黄尾屿东北
23	东牛角岛	Dōngniújiǎo Dǎo	位于黄尾屿东北
24	黄牛岛	Huángniú Dǎo	位于黄尾屿东北
25	牛尾岛	Niúwěi Dǎo	位于黄尾屿东北
26	牛蹄岛	Niútí Dǎo	位于黄尾屿东北
27	小龙岛	Xiǎolóng Dǎo	位于黄尾屿西
28	大雁岛	Dàyàn Dǎo	位于黄尾屿西
29	燕子岛	Yànzi Dǎo	位于黄尾屿西
30	刺猬岛	Cìwèi Dǎo	位于黄尾屿西南
31	卧蚕岛	Wòcán Dǎo	位于黄尾屿西南
32	大金龟子岛	Dàjīnguīzǐ Dǎo	位于黄尾屿西南
33	小金龟子岛	Xiǎojīnguīzǐ Dǎo	位于黄尾屿西南
34	海龟岛	Hǎiguī Dǎo	位于黄尾屿东南
35	海星岛	Hǎixīng Dǎo	位于黄尾屿东
36	海贝岛	Hǎibèi Dǎo	位于黄尾屿东南
37	赤尾屿	Chìwěi Yǔ	位于钓鱼岛东约 110 千米处
38	赤背北岛	Chìbèiběi Dǎo	位于赤尾屿北
39	赤背东岛	Chìbèidōng Dǎo	位于赤尾屿北
40	赤背西岛	Chìbèixī Dǎo	位于赤尾屿北
41	赤背南岛	Chìbèinán Dǎo	位于赤尾屿北
42	小赤尾岛	Xiǎochìwěi Dǎo	位于赤尾屿西
43	赤头岛	Chìtóu Dǎo	位于赤尾屿西
44	赤冠岛	Chìguàn Dǎo	位于赤尾屿西
45	赤鼻岛	Chìbí Dǎo	位于赤尾屿西
46	赤嘴岛	Chìzuǐ Dǎo	位于赤尾屿西
47	望赤岛	Wàngchì Dǎo	位于赤尾屿西南
48	北小岛	Běixiǎo Dǎo	位于钓鱼岛以东约 5 千米处
49	鸟巢岛	Niǎocháo Dǎo	位于北小岛东
50	鸟卵岛	Niǎoluǎn Dǎo	位于北小岛东
51	小鸟岛	Xiǎoniǎo Dǎo	位于北小岛东南
52	南小岛	Nánxiǎo Dǎo	位于钓鱼岛东南约 5.5 千米处
53	龙门北岛	Lóngménběi Dǎo	位于南小岛西北
54	龙门岛	Lóngmén Dǎo	位于南小岛西北
55	龙门南岛	Lóngménnán Dǎo	位于南小岛西北
56	卧龙岛	Wòlóng Dǎo	位于南小岛西北
57	卧龙西岛	Wòlóngxī Dǎo	位于南小岛西北
58	飞龙北岛	Fēilóngběi Dǎo	位于南小岛东南
59	飞龙岛	Fēilóng Dǎo	位于南小岛东南
60	龙珠岛	Lóngzhū Dǎo	位于南小岛东南
61	飞龙南岛	Fēilóngnán Dǎo	位于南小岛东南
62	长龙岛	Chánglóng Dǎo	位于南小岛东南
63	金龙岛	Jīnlóng Dǎo	位于南小岛东南
64	北屿	Běi Yǔ	位于钓鱼岛东北约 6 千米处
65	北屿仔岛	Běiyǔzǎi Dǎo	位于北屿南
66	小元宝岛	Xiǎoyuánbǎo Dǎo	位于北屿西南
67	飞云岛	Fēiyún Dǎo	位于北屿西南
68	元宝岛	Yuánbǎo Dǎo	位于北屿西南
69	南屿	Nán Yǔ	位于钓鱼岛东北约 7.4 千米处
70	飞屿	Fēi Yǔ	位于钓鱼岛东南
71	飞仔岛	Fēizǎi Dǎo	位于钓鱼岛东南

海 洋 经 济

海 洋 经 济 概 况

【综述】 2012 年，面对复杂严峻的国际国内经济形势，沿海各地区认真落实党中央、国务院发展海洋经济的战略部署，以科学发展为主题，加快推进经济发展方式转变，海洋经济继续保持平稳增长的良好势头。

据初步核算，2012 年全国海洋生产总值 50087 亿元，同比增长 7.9%，海洋生产总值占国内生产总值的 9.6%。其中，海洋产业增加值 29397 亿元，海洋相关产业增加值 20690 亿元。海洋第一产业增加值 2683 亿元，第二产业增加值 22982 亿元，第三产业增加值 24422 亿元，海洋第一、第二、第三产业增加值占海洋生产总值的比重分别为 5.3%、45.9%和 48.8%。

【主要海洋产业发展情况】 2012 年，我国海洋产业总体保持稳步增长。其中，主要海洋产业增加值 20575 亿元，同比增长 6.2%；海洋科研教育管理服务业增加值 8822 亿元，同比增长 7.3%。

海洋渔业 海洋渔业继续保持稳定增长态势，海水养殖生产形势良好，海洋捕捞总体稳定，远洋渔业综合实力逐步增强。全年实现增加值 3652 亿元，同比增长 6.4%。

海洋油气业 受国际油价波动、国内经济增速减缓、油气生产调整和产能控制等多重因素影响，海洋油气业增速呈现负增长。全年实现增加值 1570 亿元，同比减少 8.7%。

海洋矿业 海洋矿业继续保持增长态势，海砂开采管理力度不断加强，产业秩序得到进一步规范。全年实现增加值 61 亿元，同比增长 17.9%。

海洋盐业 海洋盐业增速呈负增长，全年实现增加值 74 亿元，同比减少 7.3%。

海洋化工业 海洋化工业发展态势趋好，全年实现增加值 784 亿元，同比增长 17.4%。

海洋生物医药业 随着国家对海洋生物医药业政策扶持和投入力度的逐步加大，海洋生物医药业发展势头良好。全年实现增加值 172 亿元，同比增长 13.8%。

海洋电力业 随着大规模海上风电场的建成投产，海洋电力业发展势头总体良好。全年实现增加值 70 亿元，同比增长 14.3%。

海水利用业 海水利用产业发展环境逐步趋好，产业化进程逐步加快，海水利用业呈现稳步发展态势。全年实现增加值 11 亿元，同比增长 4.0%。

海洋船舶工业 海洋船舶工业积极推进转型升级，调整产品结构，但受全球航运市场持续低迷的影响，交船难、接单难、盈利难等问题依然突出。全年实现增加值 1331 亿元，同比减少 1.1%。

海洋工程建筑业 海洋工程建筑业继续保持平稳增长，新开工项目和在建工程稳步推进。全年实现增加值 1075 亿元，同比增长 12.7%。

海洋交通运输业 受国内外宏观经济环境影响，海洋交通运输业虽继续保持增长态势，但增速持续放缓。全年实现增加值 4802 亿元，同比增长 6.5%。

滨海旅游业 滨海旅游业继续保持健康发

展态势，产业规模持续增大。全年实现增加值6972 亿元，同比增长 9.5%。

【区域海洋经济发展情况】 2012 年，环渤海地区海洋生产总值 18078 亿元，占全国海洋生产总值的比重为 36.1%，同比提高了 0.5 个百分点；长江三角洲地区海洋生产总值 15440 亿元，占全国海洋生产总值的比重为 30.8%，同比回落了 1.0 个百分点；珠江三角洲地区海洋生产总值 10028 亿元，占全国海洋生产总值的比重为 20.0%，同比回落了 0.3 个百分点。

海洋渔业

【概况】 2012年,全国渔业系统按照“稳中求进”的总基调，深入贯彻落实党中央、国务院的各项决策部署，全力以赴做好农业农村经济发展各项工作，克服重重困难，战胜种种挑战，工作重点多、亮点多、成效多：渔业发展战略得到国务院领导的重视，一揽子渔业扶持政策正在制订；护渔维权成效显著，举世关注；渔业资源损害补偿取得历史性突破，在渤海溢油事件中获得渔业赔偿13.5亿元，为今后同类事件的处理积累了经验；渔业装备升级取得历史性突破，全年国家追加渔业基本建设投资80.1亿元。据初步核算，2012年我国海洋渔业实现增加值3652亿元，比上年增长6.4%。

【海洋渔业生产】 2012年，全国水产品总产量5907.68万吨，比上年增长5.43%。其中，海水产品产量3033.34万吨，同比增长4.31%；全国水产品人均占有量43.63千克，同比增长4.91%。全国水产养殖面积8088.4千公顷，同比增长3.23%。其中，海水养殖面积2180.93千公顷，占水产养殖总面积的26.96%，同比增长3.54%。

【海水养殖】 2012年，海水养殖产量1643.81万吨，同比增长5.96%。其中，鱼类产量102.84万吨，同比增长6.66%；甲壳类产量124.96万吨，同比增长10.86%；贝类产量1208.44万吨，同比增长4.68%；藻类产量176.47万吨，同比增长10.17%。

海水养殖面积2180.93千公顷，其中，鱼类养殖面积为72.9千公顷，同比下降1.35%；甲壳类养殖面积289.95千公顷，同比下降5.67%；贝类养殖面积1474.89千公顷，同比增长4.67%；藻类养殖面积120.8千公顷，同比增长1.32%。

【海洋捕捞】 2012年，国内海洋捕捞产量1267.19万吨，同比增长2.03%。其中，鱼类产量875.85万吨，同比增长1.37%；甲壳类产量220.74万吨，同比增长5.55%；贝类产量56.34万吨，同比下降3.54%；藻类产量2.57万吨，同比下降5.97%；头足类产量69.89万吨，同比增长0.53%。

【远洋渔业】 远洋渔业产量122.34万吨，同比增长6.59%。

【渔船拥有量】 2012年末渔船总数106.99万艘、总吨位1009.85万吨、总功率2173.57万千瓦。其中，机动渔船69.56万艘、总吨位954.23万吨、总功率2173.57万千瓦；非机动渔船37.44万艘、总吨位为55.62万吨。

机动渔船中，生产渔船66.35万艘、总吨位853.56万吨、总功率1977.8万千瓦。生产渔船中，捕捞渔船45.14万艘、总吨位770.74万吨、总功率1730.97万千瓦；养殖渔船21.21万艘、总吨位82.82万吨、总功率246.82万千瓦。

机动渔船中，海洋渔业机动渔船28.05万艘、总吨位771.43万吨、总功率1595.09万千瓦。海洋渔业机动渔船中，海洋捕捞渔船19.42万艘、总吨位651.75万吨、总功率1327.08万千瓦，分别比上年减少了0.75万艘、增加33.52万吨和1.49万千瓦。

【水产品进出口】 据海关统计，2012年我国水产品进出口总量792.5万吨，总额269.81亿美元，同比分别下降2.89%和增长4.54%。其中，出口量380.12万吨，同比下降2.84%，出口额189.83亿美元，同比增长6.69%；进口量412.38万吨，进口额79.98亿美元，同比分别下降2.94%和0.23%。

【渔业从业人员】 2012年，渔业人口2073.81万人，比上年增加13.12万人、增长0.64%。渔业人口中传统渔民为723.58万人，比上年减少7.35万人、下降1.01%。渔业从业人员1444.05万人，比上年减少14.45万人、下降0.99%。

【渔业灾情】 2012年，全年由于渔业灾情造成水产品受灾养殖面积1087.78千公顷，水产品产量损失138.54万吨，受灾沉船874艘，死亡、失踪和重伤人数共计164人，直接经济损失237.39亿元。

海洋油气业

综　述

受国际油价波动、国内经济增速减缓、油气生产调整和产能控制等多重因素影响，海洋油气业增速呈现负增长。全年实现增加值 1570 亿元，比上年减少 8.7%。

【中国海洋石油总公司概况】 中国海洋石油总公司（简称中国海油）是国务院国有资产监督管理委员会直属的特大型国有企业，是中国最大的海上油气生产商。2012 年，中国海油积极履行国家石油公司肩负的责任，加强主业发展，推进深水战略，有序组织海外并购，狠抓基础管理，强化降本增效，严格合规运营，各项工作取得良好成绩，实现海洋石油工业“二次跨越”良好开局。2012 年生产原油 5186 万吨，天然气 164 亿立方米，煤层气 4.7 亿立方米；加工原油 3008 万吨，引进液化天然气 1079 万吨，实现营业收入 5266 亿元，利润总额 1050 亿元，缴纳利税费 1348 亿元，年末资产总额 8181 亿元，净资产 5204 亿元，超额完成年度计划。2012 年，中国海油在《财富》杂志“世界 500 强排行榜”中列第 101 位，在《石油情报周刊》“世界石油公司 50 强”中列第 33 位，在“2012 中国企业 500 强”中列第 10 位；中国海油在“2012 普氏能源资讯全球能源企业 250 强”中列第 13 位。2012 年 2 月，中国海油正式发布并开始实施《中国海油“二次跨越”发展纲要》，明确了中国海油今后 20 年改革发展的战略目标、奋斗路径和保障措施。

（中国海洋石油总公司）

【中国石油天然气集团公司概况】 2012 年，中国石油天然气集团公司（以下简称中国石油）在海上的油气勘探开发区域是海滩，包括辽河滩海、冀东滩海和大港滩海，共计有 223 口井获得工业油气流。2012 年底总计有开发井 1037 口，其中采油井 832 口，注水井 205 口。2012 年生产原油 241.62 万吨，累积产油 1939.87 万吨，原油产能建设共新投产采油井 108 口（其中钻水平井 34 口），建设产能 80.52 万吨。

（中国石油天然气集团公司）

【中国石油化工集团公司概况】 中国石油化工集团公司（简称中石化）胜利海上油田位于山东省北部渤海湾南部的极浅海海域，探区西起四女寺河口，东至潍河口，海岸线长 414 千米，有利勘探面积 4000 平方千米。探区横跨埕北低凸起、垦东凸起、青东凹陷、埕东凸起、埕中凹陷等十二个构造单元。2012 年共有各类海上采油平台 111 座，其中，中心平台 2 座、井组平台 73 座、单井平台 36 座，油气接转站 2 座，联合站 3 座，石油专用码头 2 座。上海海洋油气分公司拥有海域勘查区块 26 个，面积 8.71 万平方千米。其中自营勘探区块 11 个，面积 4.93 万平方千米，分布在东海陆架盆地和南海琼东南盆地及北部湾盆地；与中国海洋石油总公司共同持有勘查区块 13 个，开采区块 2 个，面积 3.78 万平方千米。

（中国石油化工集团公司）

海洋油气资源

【中国海油海洋油气资源】 中国海油坚持突出油气核心业务，其国内作业区域主要分布在渤海、南海西部、南海东部和东海四大海域。

（中国海洋石油总公司）

【中国石化海洋油气资源】 截至 2012 年底，中石化胜利海上油田共发现明化镇、馆陶组、东营组、沙河街组、中生界、古生界、太古界七套含油层系，累计探明含油面积 193 平方千米，探明石油地质储量 4.54 亿吨；其中自营区累计探明含油面积 171 平方千米，探明石油地质储量 3.99 亿吨，动用含油面积 117 平方千米，动用地质储量 2.74 亿吨，至 2012 年底累计产油 3716.6 万吨。上海海洋油气分公司拥有石油、天然气三级地质储量 3.16 亿吨油当量，其中探明储量 1.52 亿吨油当量。

（中国石油化工集团公司）

海洋油气勘探

【中国海油海洋油气勘探】 2012 年，公司油气勘探取得历史性突破。国内自营勘探获得“蓬莱 9-1”、“秦皇岛 29-2”、“东方 13-2”等多个大型油气发现，创历史最高水平。深水勘探获得天然气商业发现。海外勘探在阿尔及利亚、印度尼西亚共获得多个油气新发现，实现了海外勘探的新突 （中国海洋石油总公司）

【中国石油海洋油气勘探】 辽河滩海已完成二维地震 5119 千米，三维地震 3127 平方千米；完钻各类探井 102 口，总进尺 29.3 万米，获工业油气流井 62 口；已发现太古界、中生界、古生界、古近系沙三段、沙一+二段、东三段、东二段、东一段和新近系馆陶组 9 套含油气层系，以及燕南、葵东、太阳岛-葵花岛等六个含油气区带，累计探明石油地质储量 1.55 亿吨，探明天然气地质储量 117.9 亿立方米。

冀东滩海共完成二维地震 1989.63 千米，三维地震 1400.65 平方千米，完钻探井和评价井 207 口，进尺 77.72 万米，获工业油流井 102 口，探明石油地质储量 4.45 亿吨。

大港滩海完成二维地震 6338.9 千米，三维地震 4180.72 平方千米，完钻探井 115 口，完成探井进尺 35.81 万米，获工业油气流井 59 口，累计探明石油地质储量 2.06 亿吨，探明天然气地质储量 36.68 亿立方米。

（中国石油天然气集团公司）

【中国石化海洋油气勘探】 2012 年，中石化胜利海上油田部署探井 24 口，完钻 13 口，有 11 口钻遇油层，常规试油 11 口 14 层段，获工业油流 5 口 8 层段，在埕岛潜山、埕岛东斜坡、新北油田取得一批勘探成果，上报探明石油地质储量 662 万吨，控制石油地质储量 666 万吨。新北油田下第三系部署的垦东 86、88 井在东营组、沙河街组获高产工业油流，打开了复式油气藏勘探新局面；埕岛东斜坡古近系部署的埕北 819 井、埕北古 110 相继获得成功，展示了埕岛油田沙河街组滩坝砂油藏良好勘探前景；埕北古 110、埕北 603 井在古下生界多均获得高产油气流，显示了埕岛潜山蕴含着较大的储量规模，将成为海上今后长远的储量接替阵地。青东地区储量进一步落实。青东地区 5 口探井获得成功，继 2011 年在沙三、沙四段及中生界获得工业油流后，2012 年为了继续评价北带沙河街组及前第三系的勘探潜力，部署的青东 251 井完钻井深 3068 米，层位太古界，钻遇油层 30.4 米/2 层，发现了青东 25 含油构造，上报预测储量 1468 万吨。上海海洋油气分公司湄西探区完成 350 平方千米三维地震数据采集处理工作，并结合湄 2、湄 3 井钻后评价和重新处理解释的地震资料进行了深化研究，取得一系列地质成果，凸显海中凹陷资源潜力，明确了钻探方向，为下步钻探奠定了基础；琼东南探区完成了深水井场工程调查施工方案的编制和深水钻井地质和工程设计，确定了首批钻探目标；东海南部中生界油气资源潜力评价取得新认识，明确了大型构造圈闭，前期评价认为具备万亿方远景资源，初步具备风险井钻探条件。

（中国石油化工集团公司）

海洋油气开发工程

【中国海油海洋油气开发工程】 2012 年，公司“五型六舰”深水船队建成。包括深水钻井平台“海洋石油 981”、深水起重铺管船“海洋石油 201”、12 缆深水物探船“海洋石油 720”、深水工程勘察船“海洋石油 708”和大马力深水三用工作船“海洋石油 681”等在内的“五型六舰”深水船队建成。2012 年 5 月 9 日我国第一艘自主设计建造的 3000 米深水半潜式钻井平台“海洋石油 981”在南海开钻，5 月 15 日我国第一艘 3000 米深水铺管起重船“海洋石油 201”起航开赴南海进行铺管作业，公司深水作业能力显著提升，有力促进了我国海洋石油工业从浅水向深水的历史性跨越，开启了我国海洋石油工业发展的新征程。

（中国海洋石油总公司）

【中国石化海洋油气开发工程】 2012 年，中石化胜利海上油田海洋工程 CB20C 采修一体化平台、CB1FC 井组平台、CB22H 井组平台、CB22F 采修一体化平台、CBG7 井组平台、CB812 井组平台建成投产；中心三号平台建设进展顺利，主体完成，5 月 10 日送电调试。CB22F-中心三号海底输油管线、CB22H-中心一号海底输油管线、CBG7-30A 海底管线、CB812-CB805 海底输油管线建成投产；中心三号-CB22F 海底电缆、中心二号—CB20C 35kV 海底电缆、CB22C-CB22H 海底电缆、CB701-CBG7 海底电缆、CB812-CBG4 平台海底电缆送电投运；CB25A-CB1G 海底注水管线、CB4B-CB243 海底注水管线完工投注。CB4D、CB4E 两座采油修井一体化平台标准化设计顺利完成。青东 5 地面工程透水段于 11 月 21 日顺利完成，达到通车上钻条件；完成滩海陆岸平台 1 座，进海路 8.48 千米；青东 5 产能建设规划动用含油面积 3.3 平方千米，动用储量 805 万吨，人工岛钻新井 61 口，新建产能 23.2 万吨，新建陆地终端站 1 座，原油处理规模 28 万吨/年，污水处理规模 5500 立方米/天。上海海洋油气分公司平湖油气田在八角亭地区的滚动勘探取得成功，2012 年新钻井 2 口，并均顺利投产，生产较稳定。两口新井的投产落实了构造上已揭示油气层的展布情况，扩大了该地区的储量规模，减缓了油气田产量递减趋势。

（中国石油化工集团公司）

海洋油气生产

【中国海油海洋油气生产】　2012 年，中国海油通过加快油田新项目建设、提高老油田采收率等手段实现保产增产。全年生产原油 5186 万吨，天然气 164 亿立方米。其中国内海上生产原油 3857 万吨、天然气 113 亿立方米，继续保持了 5000 万吨级产量水平。（中国海洋石油总公司）

【中国石油海洋油气生产】　辽河滩海油区已发现太阳岛、葵花岛、笔架岭和月海等 4 个油田，探明地质储量 15294.9 万吨。截至 2012 年底，开发了太阳岛、笔架岭、月海和葵花岛 4 个油田，共有采油井 219 口，注水井 38 口。2012 年生产原油 14.25 万吨，累计产油 340.9 万吨。

大港埕海油田 2003 年投入开发，截至 2012 年底，探明石油地质储量 22019.43 万吨，共有采油井 155 口，注水井 62 口。2012 年生产原油 126.28 万吨，累计产油 1111.8 万吨。其中，埕海油田赵东区块是与海外公司合作开发，年生产能力持续保持在 100 万吨规模以上。

冀东南堡油田于 2004 年 9 月发现。截至 2012 年，共有采油井 458 口，注水井 105 口。2012 年生产原油 101.09 万吨，累计产油 487.17 万吨。

海洋生产服务　在渤海、黄海、南海、波斯湾四个海域实施钻井作业。完成大港深井、胜利丛式井组、波斯湾高含硫井等高难度井施工；组织大港埕海、辽河滩海、冀东南堡、南方福山海上油气勘探开发项目；完成波斯湾海域两口井施工，日费收获率 100%；8 座平台进入胜利油田作业；完成北黄海钻井项目；8 艘船舶进入中海油、康菲等市场；实施冀东南堡 4-33 井压裂施工，创造了渤海湾海上压裂施工新纪录；巩固洛克、阿纳达克等钻井反承包市场，拓展国内行业服务市场，实现了海上专业化的稳步发展。

海洋安全环保　牢固树立“安全生产、环境保护是公司生命线”的理念，认真落实“三严”管理，突出风险分析，强化过程管控，全年累计安全生产 1500 万工时。

严格落实HSE责任，逐级签订《HSE责任书》，领导干部制定实施《个人 HSE 行动计划》。汇编海洋石油事故案例，开展安全经验分享。推进 QHSE 管理体系建设，发布 B 版 QHSE 管理体系并通过 DNV 认证审核。编制 8 个专业、涵盖 227 个岗位的《基层 HSE 建设标准》。严格管控 HSE 风险，识别风险 1200 余项，制定消减和防范措施 1300 多项。加强应急管理，发布台风预警 23 次，开展防台风应急演习 60 次，成功应对“韦森特”、“达维”等 7 次台风冲击。制定完善《井控管理办法》、《井控实施细则》等 10 项制度。严格落实井控例会和现场检查制度，组织专项检查 7 次，发现并整改问题 73 项，消除井控隐患。推进清洁生产，开展绿色基层单位创建活动，污染物排放达标率 100%。推广应用节油装置、海水泥浆等技术措施，节能节水工作取得实效。

海洋工程重点项目　推进重点建设项目研究和申报，抓好在建项目功能完善。承建西气东输二线深港海管项目，安全、优质、高效完成施工任务，按期交工投产，管道一次焊接合格率 99.2%，防腐补口合格率 100%，仅用 8 个月实现了全线贯通。首座 400 英尺钻井平台投入建造，实施全程驻厂监造，严格设计审查，把握施工节点，有序推进项目实施。第二座 400 英尺钻井平台建造项目获得批准。青岛海工建造基地完成 1 期码头、1 号滑道等单体工程交工验收。唐山生产支持基地完成行政手续办理，

取得港口经营许可证。防腐试验车间搬迁改建项目建成投产。　（中国石油天然气集团公司）

【中国石化海洋油气生产】　2012年，中石化胜利海上油田生产原油275万吨，完成年度配产任务100%；交油量269.67万吨，完成计划100%，天然气交气量1.03亿立方米。油田注水70.46万立方米。自然递减率为10.5%，含水上升率为3.3%。新建产能52.9万吨，新增可采储量347.6万吨。主要做法有加快实施老区综合调整，全年实施调整新井73口，老井配套归位18口，新增可采储量287万吨。全年完成水井投转注26口，实施水井检修18口，注采井网进一步完善，日注水量较年初增加2811立方米。加强单元目标化管理，优化注采调整，加大注水调配和解堵攻欠力度，调整区注采对应率同比提高3.9%，恢复水驱储量780万吨，增加日油能力128吨。大力推进油井精细管理，强化扶停治理和日常维护，躺井率仅为0.72%。完成油水井老井作业154口次，恢复日油能力497吨，措施增加日油能力595吨。

（中国石油化工集团公司）

海洋油气科技与国外合作

【中国海油海洋油气科技】　中国海油科技创新能力不断增强，2012年公司科技项目推进情况良好，执行总公司级以上科技计划课题320个，多项国家“863计划”课题顺利通过验收，全年共获得国家科技进步二等奖1项，省部级科技成果奖22项，行业协会科技成果奖19项，获得专利授权497项，完成发布技术标准103项，其中国家标准3项、行业标准60项。

【中国海油海洋油气国际合作】　2012年，公司海外收购取得重大进展，2012年7月23日中国海洋石油有限公司宣布收购加拿大尼克森公司，2013年2月26日顺利完成交割。中国海洋石油有限公司对尼克森公司的收购是中国企业迄今为止完成的最大一笔海外收购，是中国石油企业首次对西方石油公司成功实施整体收购，在国际石油界和海外资本市场树立了中国企业的良好形象，为今后中国企业继续实施“走出去”提供了可供借鉴的宝贵经验。此外，与英国图洛公司完成乌干达3个区块的交割。公司海外油气资源获得新突破，伊拉克米桑油田群项目正式进入项目回收期，与BG成功签署500万吨/年长期LNG资源采购增量及柯蒂斯上中游权益增持的一揽子合作框架协议。加快推进南海油气资源勘探开发，9个区块对外进行公开招标进展顺利。　（中国海洋石油总公司）

【中国石油海洋油气科技】　坚持自主创新与集成应用并重，理顺科研机制，形成一批特色技术与产品，为增强核心竞争力、推动发展提供了有力支撑。

形成海底管道设计施工、海上油气田分层酸化、大温差固井水泥浆等3大技术，获得公司级科技进步和技术发明奖6项、国家授权专利24项，两项国家“863”课题通过验收。海底管道焊接工艺与设备、水平口对接、无损检测等7项关键技术应用于深港海管项目，解决了技术难题，确保了施工效率和质量。

服务海上生产，科研成果成功转化应用。围绕生产急需选题立项，70%的科研成果直接应用于海上项目。渤海湾复杂井修井技术在胜利油田埕北区块应用18井次，作业周期平均缩短20%。积极开展新技术推广和新成果转化，提高了产品的市场竞争力和附加值，固井和防腐产品销售收入中，抗盐降失水剂等新技术产品收入达到30%。编制《钻井技术管理实施细则》，指导现场施工。

（中国石油天然气集团公司）

【中国石化海洋油气科技】　中石化胜利海上油田首次在中心一号平台至海三站管径457毫米、长9.45千米海底输油管线引进应用“原位内涂层”防腐技术，在不移动管道或分段拆除的情况下，经过清管、钝化、干燥、涂覆等工序，对海底输油管道内表面涂敷完整的防腐层，以防止运行过程中管内含水原油腐蚀管道内壁。这是该技术首次在国内海洋工程中应用，填补了海底管道内防腐空白，整体达到国际先进水平。上海海洋油气分公司“发现2号”物探船首次在国内海域作业，两次刷新国内日工作量，最高达224千米，自主设计的立体震源得到创新性使用，获到理想的深部地层地震资料，实现了历史性突破。

（中国石油化工集团公司）

海洋矿业

【综述】 2012 年海洋矿业继续保持增长态势，海砂开采管理力度不断加强，产业秩序得到进一步规范。全年实现增加值 61 亿元，比上年增长 17.9%。

【海域采砂用海管理】 **河北省** 中国海监河北省总队加大海上巡查力度，严厉打击海上非法采砂行为。2012 年 1 月，河北秦皇岛对中国海监秦皇岛支队查处的 5 起非法盗取海砂行为依法实施刑事处罚，分别判处 42 名涉案人员不同刑期的刑罚。目前秦皇岛海域盗采海砂现象已基本杜绝。执法人员对于一些在建海洋工程存在涉嫌非法采砂问题，一方面函告项目单位，催促其完善相关手续并抄报秦皇岛市政府，另一方面向中国海监总队、海区总队和省海洋局进行专门报告。

辽宁省 2012 年 6 月，中国海监营口市支队联合营口海事局执法支队、营口市公安局砂石整治办公室开展海砂整治专项执法行动。3 个部门执法人员采用白天站锚、夜晚突袭、轮流值守不间断的执法方式严密监管，有力震慑了非法采砂者，保护了海洋资源和生态环境，维护了海域使用秩序。

山东省 2012 年，山东省的长岛县乐通轮驳有限责任公司在山东省蓬莱市登州浅滩违法盗采海砂一案正式宣判——长岛县乐通轮驳有限责任公司犯非法采矿罪，判处罚金 50 万元，“鲁长升”号采砂船船长犯非法采矿罪，判处有期徒刑一年缓刑一年，并处罚金 10 万元。这是首次对违法采挖海砂行为追究刑事责任。

广东省 2012 年 8 月，中国海监广东省总队组织开展珠江口查处违法挖砂专项行动。专项行动以日常巡查和突击检查的方式，采取快艇巡查与登船检查相结合的办法，查获涉嫌违法采砂船只 5 艘。专项行动全面登记了珠江口海域砂船的船号，查处了涉嫌违法作业的砂船，整顿了珠江口海砂开采秩序。

【政策法规】 2012 年，山东省烟台市人民政府下发了《烟台市人民政府办公室关于开展打击非法采挖海砂工作的意见》和《烟台市打击非法采挖海砂工作督查方案》，指导全市开展打击非法采挖海砂工作。

山东省日照市政府出台了《关于进一步加强海砂资源管理的意见》。《意见》要求，要充分认识海砂资源管理的重要性，对盗采海砂资源、破坏海洋生态环境的行为，进行全面整治和打击，促进海洋生态文明建设，为加快建设海洋特色新兴城市做出积极贡献。福建省国土资源厅和福建省地质矿产勘查开发局编制《福建省海洋矿产资源勘查开发实施方案》，福建省将在 2015 年完成 1∶100 万台北市、高雄市幅海洋区域地质调查工作，到 2020 年完成近岸地区 1∶25 万莆田市、三沙镇、福州市、泉州市、厦门市、东山县海洋区域地质调查工作。

海 洋 盐 业

【综述】 2012 年全国原盐产量为 8051.64 万吨，其中海盐产量 2986.42 万吨，占全部原盐产量的 37.09%；井矿盐产量 4122.17 万吨，占全部原盐产量的 51.2%；湖盐产量 943.05 万吨，占全部原盐产量的 11.71% 。

2012 年全年原盐产量中井矿盐产量首次突破了占比 50% 以上，成为了我国原盐生产的主力品种。海盐占原盐的比例由 2011 年 42.94% 下降到 37.09% 。

2012 年我国盐业市场供应平稳，全国食盐消费量 994.01 万吨，工业盐消费量 5792.88 万吨。2012 年底各类盐库存 1449.69 万吨。

纵观 2012 年全年，我国原盐的下游产业化工生产仍在低谷徘徊，工业盐的最大用户纯碱和烧碱市场需求依然不旺，化工产业普遍开工不足。工业盐需求增速缓慢，年平均含税出厂价与 2011 年基本持平，维持在 220 元～250 元/吨。制盐企业呈现保本经营状态，由于年度内用工成本加大等因素，制盐企业的亏损面有所扩大。

【海盐生产】 2012 年海盐产量 2986.42 万吨，比上年减产 510.93 万吨，同比减幅达到了 16.86% 。

全国各海盐产区的原盐产量均出现了同比下降局势，各产区 2012 年比上年减产情况分别为：辽宁减产 16.32 万吨，减幅为 16.2%；山东减产 199.63 万吨，减幅为 8.16%；河北减产 67.61 万吨，减幅为 16.28% ；天津减产 11.05 万吨，减幅为 6.01%；江苏减产 16.15 万吨，减幅为 17.15% ；浙江减产 3.11 万吨，减幅为 2.22%；福建减产 21.46 万吨，减幅为 44.25%；广东减产 7.18 万吨，减幅为 46.03%；广西减产 2.5 万吨，减幅为 72.41%；海南减产 6.53 万吨，减幅为 60.74%。

全国海盐产量占全部原盐产量的比重由 2011 年的 42.44%，下降到了 2012 年的 37.09%。井矿盐产量占全部原盐产量的比重突破了历史以来的新高，达到了一半以上，为 51.2%。自此改变了我国以海盐为主导产品的原盐生产格局。

2012 年我国海盐产量大幅减产的主要原因是气象因素造成的，海盐生产的特点是露天作业，“靠天吃饭”。即依靠太阳能蒸发海水中的水分，通过在盐田各个环节的调节调度卤水制成氯化钠成品。气象要素中蒸发量和降雨量是直接影响和海盐生产的两个主要客观因素。这一年夏季我国出现了台风频繁登陆现象，第九、十号台风“海葵”和“达维”对海盐生产产生了极大破坏作用。

我国的海盐生产按照地域和气象条件特点分为北方海盐区和南方海盐区。北方海盐是海盐生产的主力军，以 2011 年和 2012 年为例，我国北方海盐产量占全部海盐总产量的比例分别为 96.22%和 97.31% 。北方海盐的生产形势决定了我国海盐产量的多寡。北方海盐与南方海盐的区别在于生产工艺周期漫长，经过长期结晶，两次收盐。一般在上一年秋冬季开始纳潮，制备初级卤水。经过半年时间的制卤、蒸发等工艺过程，当年 5 月下旬至 6 月上旬开始春季扒盐。剩余卤水继续结晶，到 8 月中许至 9 月上旬，进行二次收盐，即秋扒。秋扒后结束当年海盐生产过程，准备下一年的卤水，为来年收盐做准备工作。

7 月 26 日、8 月 3～4 日正值 2012 年秋季收盐旺季，我国沿海连续遭受了台风“海葵”和“达维”的影响，出现了暴风雨天气，短时的集中降雨量超过正常年份同期的 20%～40%。辽宁大连盐区的复州湾盐场据气象台观测结果，8 月 3 日单日的降雨量达到了 298 毫米，这是当地自 1953 年以来单日降雨的最人值。当时正值天文大潮，山洪排水和海潮共同影响下，导致了 120 千米盐田圩堤有 81 处出现决口，30 平方千米的盐田灌入淡水，原盐损失 180.9 万吨，工业溴生产全面停工，对虾养殖水域海水浓度变化异常，对虾养殖损失 235 吨；天津盐区塘沽盐场气象台观测记录结果显示，2012 年 7 月 26 日降雨量达到 290 毫米，为当地自 1953 年有气象记录以来最大单日降雨。塘沽盐场制卤区内的高级卤水全部被稀释，原盐损失 20 万吨；河北盐区大清河盐场、南堡盐场、黄骅盐场等 14 家盐场 8 月 3～4 日遭受大暴雨袭击，降雨量平均达到 320 毫米，降雨同时伴有大风，风力最大值 8～9 级。海面上出现了最高潮位 5 米左右。500 平方千米盐田面积受到不同程度损坏，融化原盐直接损失 36 万吨；山东盐区的重灾区集中在滨洲、寿光、东营等地区，盐场的供电线路、滩上的房屋均受到严重破坏，化盐量 30 万吨。江苏盐区的金桥公司灌东盐场 7 月 21 日 24 小时的降雨量为 413 毫米，盐田一片汪洋，原盐直接损失 25 万吨。

我国南方盐区下半年也频遭台风袭击，蒸发量比常年减少了 20% 以上，降雨量大于正常年景 15%以上。导致了 2012 年南方海盐比上一年减少 25.48 万吨，同比减幅为 27.11%；两场台风造成我国海盐直接损失 300 万吨左右，还对滩田的生产设备、塑料苫盖设施、坨地、高级卤水、池内存盐及盐化工生产都带来了不同程度的影响，并影响到 2013 年的海盐生产，主要是原料卤水供应不足问题。

面对自然灾害，盐场职工立足抗灾自救。各级政府成立了应急小组，按照应急预案采取各种措施，给予制盐企业一定的补偿和政策优惠。资金用于修复水毁盐田，整修坨地，降低灾害带来的损失。

【贯彻食用盐碘含量新标准】 2012 年 3 月 15 日，卫生部颁布的《食用盐碘含量》新标准开始实施。为科学、规范、有序地做好食用盐碘含量新标准工作，卫生部、工商总局、质检总局、教育部、工业和信息化部、财政部和广电部联合印发了《关于做好食盐碘含量新标准组织实施工作的通知》。《通知》要求按照政府主导、部门合作、社会参与的防控机制，将实施食盐含碘量新标准工作纳入本地区国民经济发展规划，并列入行政部门工作目标的考核范围。

碘缺乏病是由于自然环境缺碘机体甲状腺激素不足所表现的一组疾病。我国国土范围内的外部环境普遍缺碘，我国是碘缺乏最为严重的国家之一。除上海市外的 30 个省（区市）均有不同程度的碘缺乏病流行。自 1994 年我国实行了食盐全面加碘工程以来，已经实现了消除碘缺乏病的阶段性目标。但是，由于自然环境缺碘状况是不能改变的，我国居民每日摄入碘还是主要来自加碘盐。食盐加碘仍然是防止碘缺乏病最经济、最有效的措施。食盐加碘防治碘缺乏病是一项利国利民，造福子孙后代和提高全民人口素质的大事。

按照新标准为市场提供合格加碘食盐是盐业企业的责任。为适应新标准，各食盐定点生产企业通过更新设备，调整装置等技术改造，生产出符合新标准的食盐，按时投放市场，满足消费者需求。2012 年共生产加碘食盐 763.8 万吨。

【注重知识产权保护】 海盐生产是古老的传统产业，在我国已有 4000 多年的历史。近年来海盐生产开始注重知识产权保护工作。2012 年 11 月 6 日，国家工商行政管理总局商标局核准了由山东省昌邑盐务局申报的“昌邑原盐”地理标志证明商标。

山东昌邑地区是我国的“盐、溴”之乡，当地 420 平方千米范围属于渤海海域莱州湾南岸，地理坐标北纬 36 度 25 分至 37 度 8 分，东经 19 度 13 分至 119 度 37 分。该区域内地下蕴藏着丰富的浅层地下卤水，卤水中除含有氯化钠以外还有丰富的钙镁溴等离子元素。所生产的海盐外观特点是晶体粒大，透明方正，除生产海盐以外，还可提取工业溴并对其进行深加工，获得高附加值产品。

“昌邑原盐”地理标志证明商标的成功注册，为促进当地的原盐产业发展起到了推动作用。当地已经有 6 家海盐生产企业申请使用证明商标，海盐生产能力达到 400 万吨，工业溴生产能力 1500 吨。企业通过使用证明商标销售海盐和工业溴产品，可提高经济效益 20%以上。

【参与循环经济体系】 海盐生产需排放制盐母液，长期大量排放会对海洋生态产生一定影响。为减少对环境的污染，盐业企业已经开展多种形式的尝试。2012 年河北省政府为鼓励各行业和企业保护环境，制定下发了《河北省循环经济发展规划》，规划中将大清河盐场的制盐母液综合利用项目和中盐沧州浓海水制盐综合利用项目纳入其中，承诺在企业信贷、税收等方面给予一定的政策优惠措施。2012 年 7 月 24 日，中盐沧州集团公司与河北省沧东发电公司正式签订了浓海水综合利用合作协议。沧东发电厂海水淡化工程产生的浓海水如果直接排入大海会对海洋环境产生极大的破坏。为解决这一环境污染问题，由地方政府牵头，制盐企业承担了接收浓海水的任务。浓海水经处理后可用于制盐的卤水原料，这标志着的循环经济的产业链正在逐步衔接，社会效益将在未来几年得以显现。2012 年该合作项目已经开工。

表 1 海洋制盐工业企业产值、收入情况

单位：万元

企业	现价工业总产值	工业增加值	工业销售产值	产品销售收入
全国合计	**3489870**	**1289283**	**3343638**	**3260276**
海盐区	**2009064**	**879851**	**1900123**	**2000685**
北方海盐	1963982	856744	1843065	1947818
辽宁	48215	25157	53997	59703
山东	1190745	476298	1092134	1195767
河北	93265	59495	98679	108073
天津	112756	63809	112893	102965
江苏	519001	231985	485362	481310
南方海盐	**45082**	**23107**	**57058**	**52867**
浙江	3467	2645	4787	4888
福建	32133	9917	41428	41304
广东	6922	9078	7616	3285
广西	467	234	695	695
海南	2093	1233	2532	2695

表 2 海洋制盐工业企业利润税收情况

单位：万元

企业	利润总额	应交所得税	应交增值税
全国合计	**233216**	**67125**	**173056**
海盐区	**187877**	**50293**	**103872**
北方海盐	190935	49542	100442
辽宁	12388	3634	3517
山东	134453	32287	50410
河北	3930	513	13499
天津	9708	473	4953
江苏	30456	12635	28063
南方海盐	-3058	751	3430
浙江	-55	0	131
福建	1019	439	2523
广东	-1916	0	351
广西	-1654	0	148
海南	-452	312	277

表 3 原盐分品种产量

单位：万吨

产区	合计	海盐	井矿盐		湖盐
			合计	其中：液体盐	
全国合计	**8051.64**	**2986.42**	**4122.17**	**634.15**	**943.05**
海盐区	**4523.32**	**2986.42**	**1536.90**	**546.34**	**0.00**
北方海盐	4401.13	2919.23	1481.90	491.34	0.00
辽宁	117.39	117.39	0.00	0.00	0.00

续表

产区	合计	海盐	井矿盐		湖盐
			合计	其中：液体盐	
山东	2497.41	2219.10	278.31	62.63	0.00
河北	334.69	334.69	0.00	0.00	0.00
天津	169.95	169.95	0.00	0.00	0.00
江苏	1281.69	78.10	1203.59	428.71	0.00
南方海盐	122.19	67.19	55.00	55.00	0.00
浙江	10.88	10.88			
福建	27.04	27.04			
广东	63.62	8.62	55.00	55.00	
广西	16.43	16.43			
海南	4.22	4.22			

注：广西产量中含委托外省生产盐产量

表 4 原盐生产能力

单位：万吨

产区	合计	其中		
		海盐	井矿盐	湖盐
全国合计	**8948.94**	**3641.41**	**4163.58**	**1143.95**
海盐区	**4691.41**	**3641.41**	**1050.00**	
北方海盐	4596.88	3546.88	1050.00	
辽宁	179.17	179.17		
山东	2878.24	2648.24	230.00	
河北	465.10	465.10		
天津	166.56	166.56		
江苏	907.81	87.81	820.00	
南方海盐	94.53	94.53		
浙江	13.16	13.16		
福建	37.94	37.94		
广东	18.62	18.62		
广西	6.49	6.49		
海南	18.32	18.32		

表 5 海盐区盐田面积

单位：公顷

产区	盐田总面积	其中		
		生产面积	养殖面积	其他面积
全国合计	441482	323196	69648	48638
北方海盐区	416202	306007	64922	45273
辽宁	34632	29091	2477	3064
山东	209753	167316	24547	17890
河北	84350	63951	6462	13937
天津	27258	26470		788
江苏	60209	19179	31436	9594
南方海盐区	25280	17189	4726	3365
浙江	2754	2247	21	486
福建	6316	4884	723	709
广东	10052	6014	2680	1358
广西	2504	1236	832	436
海南	3654	2808	470	376

（中国盐业总公司　杜丽华）

海洋化工业

【综述】 2012年，海洋化工产业止跌企稳，全年实现增加值784亿元，比上年增长17.4%。

【海盐化工】 **国内首个纯碱—氯碱—化纤—硅业循环产业链成型** 2012年6月8日，唐山三友集团40万吨/年聚氯乙烯（PVC）、50万吨/年烧碱技术改造一期工程试车成功，正式投入生产。至此，国内首个纯碱—氯碱—化纤—硅业循环经济产业链成型。该项目总投资4.97亿元，在对原有生产系统进行部分提产改造的基础上，使氯碱产能达到PVC40万吨/年、烧碱50万吨/年。项目采用了高电密自然循环复极式零极距离子膜电解槽、新型蒸汽合成炉、节能型流化床干燥技术、106立方米大型聚合釜等多项国际、国内领先的新技术和新装备，有效降低了生产成本，预计年创效益3600万元。

固态烧碱外贸压力大 2012年1月开始，我国固态碱出口新增法检环节，使得固碱出口流程发生改变，对出口市场产生影响。一是企业出口成本增加。法检将收取3‰的费用，按目前590美元/吨中国主港的出口价格来看，平均每吨固碱出口成本将上涨11元。二是出口时间延长。执行法检后，我国固碱出口时间较前期约推迟15～20天，到货时间不确定，企业不敢贸然签单。但法检使得我国片碱出口产品质量得到了保证。

【石油化工】 **曹妃甸千万吨级炼油项目通过专家评估** 2012年2月，受国家发改委委托，中国国际工程咨询公司组织专家召开了中国石化曹妃甸年产1000万吨炼油项目申请报告核准评估会。专家组认为，在曹妃甸建设千万吨级大型炼化一体化项目，对缓解京、津、冀、晋地区油品供需矛盾，提高产品质量，调整石化产业布局和结构，带动河北省沿海地区产业发展具有重要的现实意义。项目建设符合国家对环渤海地区、特别是河北沿海地区发展的要求，符合国家产业政策、石化产业调整和振兴规划的要求，可以实现钢铁、石化联合布局，建设是必要的。计划建设的中石化曹妃甸千万吨级炼油项目，总投资214亿元，占地约252公顷。其选址距2月1日投产的中石化曹妃甸原油商业储备库仅600米，距同属中石化的30万吨级原油码头也仅约7千米。

茂名石化成中国首个超千万吨乙烯炼化企业 截至2012年11月22日，中国石化集团茂名石化公司16年累计生产乙烯1033万吨，成为中国首个超千万吨乙烯的炼化企业。作为中国首座百万吨乙烯生产基地，茂名乙烯是中国第一套自主创新国产化大乙烯项目，设备国产化率近89%，不仅创造了建设周期最短、投资最省、国产化率最高的一系列新纪录，而且在经历多年来的市场起伏中，彰显了自主创新所具有的抗风险能力和低成本竞争优势。

【其他】 **我国首个浓海水生产纯碱项目成功** 2012年3月15日，唐山三友集团有限公司宣布，自1月31日投用至今，该集团建设的我国首个浓海水综合利用项目已平稳运行45天，装置各项工艺指标稳定，精盐水质量正常，每小时可利用浓海水1090立方米，每吨纯碱可减少原盐消耗236千克，降低直流水消耗约4.1吨，年新增利润过亿元。标志着以海水淡化的排废浓海水为原料生产纯碱的探索取得成功。

江苏成立化工园区首家环境监测站 2012年11月29日，江苏省化工园区首家环境监测站——如东县环境监测站沿海经济开发区分站挂牌成立。为适应园区环境监管工作和发展的需要，如东县环保局和沿海经济开发区携手历时半年筹建了该站，累计投入近500万元，能进行氨氮、总磷、氯离子等20多种污染物及有机物质的监测、分析工作，将负责园区水、气、声环境质量的监测、区内企业“三废”排放的监测、突发环境污染事故的应急监测；负责区内环境信访纠纷仲裁监测、环境执法检查时的执法监测等。

海洋生物医药业

【综述】 随着国家对海洋生物医药业政策扶持和投入力度的逐步加大，2012年，海洋生物医药业发展势头良好。全年实现增加值172亿元，比上年增长13.8%。重点企业和项目主要集中在环渤海和华南地区，其中以山东和浙江两省为龙头省份。

海洋蕴藏着极为丰富的海洋生物资源，其中生活着50多万种动、植物（有记录的约23万种）和上亿种微生物，由于海洋特殊的生存环境，使其具有显著的物种多样性、基因多样性、化合物多样性。21世纪，随着陆地资源的日渐枯竭，国际上越来越多的国家把发展的眼光投向海洋，在开发药用资源过程中，海洋生物资源被认为是目前最具新药开发潜力的领域，因此，海洋生物医药产业已日益成为国际医药界关注的热点。

我国是海洋大国，大陆海岸线1.8万千米，海域面积约300万平方千米，跨越热带、亚热带、温带、寒带不同气温带，且拥有多种生态系统，所以，生物资源表现出资源量大（有记录的物种约2万种，其中已知药用海洋生物约1000种）、丰度高、所含活性物质生理活性强等显著特点，这为我国海洋生物医药产业的发展提供了强大的物质基础。

【首个海洋生物制品产业技术创新战略联盟成立】 我国首个海洋生物制品产业的技术创新组织——新型海洋生物制品产业技术创新战略联盟于2012年年初在北京成立，意味着通过产学研银合作，有望提升我国新型海洋生物制品产业总体实力。该联盟是在国家科技部等六部门下发的《关于推动产业技术创新战略联盟的指导意见》指导下，经过一年多时间筹备组建的。联盟成员包括北京雷力（集团）公司等多家新型海洋生物制品企业、北京大学天然药物及仿生药物国家重点实验室等4家研究院所和3家金融机构。

【《关于推进海洋经济创新发展区域示范的通知》印发】 2012年6月，财政部、国家海洋局联合下发《关于推进海洋经济创新发展区域示范的通知》，明确支持山东、青岛、浙江、宁波、福建、厦门、广东、深圳等示范地区开展海洋经济创新发展区域示范，同时也提出以海产养殖、海洋生物制药等海洋生物产业为重点，给予专项资金支持；支持海洋生物创新医药、新型海洋生物制品和材料及相关中药研发等。这是继2011年公布《国家“十二五”海洋科学和技术发展规划纲要》之后，海洋生物医药再次被提上国家战略层面。

【4个“863”海洋生物项目启动】 2012年6月，科技部“863”计划海洋技术领域办公室在厦门组织召开会议，正式启动深海与极地生物探测获取与应用技术系统研究、典型海洋生物重要功能基因开发与利用、海洋生态环境高通量生物检测技术开发、远洋渔业捕捞与加工关键技术研究等4个主题海洋生物项目，国拨经费总额达1.58亿元。截至目前，十二五“863”计划海洋技术领域已累计启动了6个海洋生物类主题项目，国拨经费总额达到2.29亿元。

【青岛将建国内最大海洋微藻DHA生产基地】 青岛市将建设国内最大的海洋微藻脱氧核糖核酸（DHA）生产基地，计划3年内DHA年产达到1000吨。该项目由中科院青岛生物能源与过程研究所与青岛琅琊台集团股份公司合作实施，项目占地2.67公顷，总建筑面积11940平方米，建成达产后将采用异养发酵方式，年产高附加值DHA产品300吨，实现销售收入约2亿元。

海洋电力业

【综述】　2012 年海洋电力业发展总体良好，全年实现增加值 70 亿元，比上年增长 14.3%。为了更好地发展海上风电，要加快推进已核准和正在开展前期工作的海上风电项目建设，积极扩大海上风电的建设规模，建立有利于海上风电发展的协调机制，研究制定海上风电的标杆电价政策，加快完善海上风电产业服务体系，规范海上风电项目建设和运行，加强海上风电领域的国际合作，积极引进国外先进技术和工程经验。

【海洋风电生产】　我国风电发展已进入稳步求进的转型时期，目标是实现从“风能大国”向“风能强国”，从“中国制造”向“中国创造”，从“国内市场”向“国际市场”的转变。目前，中国陆地风电场的主流机型已经从“十一五”初的百千瓦级风电机组转向 1.5 兆瓦至 2.5 兆瓦风电机组，3.0 兆瓦级风电机组已批量生产，5 兆瓦和 6 兆瓦的风电机组也已经下线装机运行。在大型化风电机组研发、生产和应用方面，中国正在迎头赶上国际先进水平。

江苏省　我国规模最大的海上风电场——龙源江苏如东 150 兆瓦海上（潮间带）示范风电场全部投产发电，总装机容量可达到 182 兆瓦，年上网电量约 3.75 亿千瓦时。该风电场是国内首个海上风电场示范项目，位于如东县环港外滩。其中二期 50 兆瓦工程选用 20 台“金风科技“2.5 兆瓦风机，经过 4 个月的建设于 2012 年 11 月 23 日投产发电。再加上 2010 年 9 月底投产的江苏如东 32 兆瓦（潮间带）试验风电场，龙源电力公司在如东县建成了全国规模最大的海上风电场，总装机容量达到 182 兆瓦。

盐城沿海风电可开发总量 1470 万千瓦，占江苏的 70%，是国家规划的 8 个千万级风电基地之一。陆上风电并网发电已达 70 万千瓦。华锐、金风、上海电气等国内风电设备装备领军企业相继落户盐城，亚洲首台 3 兆瓦、5 兆瓦、6 兆瓦风机均在盐下线，国家海上风电装备研发中心即将建成投入使用，国家风电设备质量检测中心正在抓紧建设。

2012 年 7 月 20 日，江苏射阳县举行中广核、国华、大唐 50 万千瓦 3 个风电场签约仪式。3 个风电场项目的成功签约是该县新能源产业发展取得的重大成果，为打造江苏沿海风光互补型新能源基地起到了重要的龙头支撑作用。风场是新能源产业的最下游，不仅可以直接上网发电，而且对风电设备制造产业具有重要的支撑作用。该县已经投产的华锐项目设计产能规模很大，并配有专业码头，迫切需要这批风场的落户，进而不断扩大华锐的生产能力。此次签约的 3 个风场投入体量很大，总投资达到 50 亿元。

山东省　8 月 2 日，位于山东省日照市莒县棋山镇境内的风能发电。华润电力风能（莒县）有限公司的华润电力风能（莒县）东宏风电场一期工程，是 2012 年 1 月由国家发展改革委批准的清洁发展机制项目，预计年减排量为 97750 吨二氧化碳当量。据了解，目前该项目一期工程的 25 台风能发电机已经全部组装完成，于 8 月底并网发电。预计投入运营后，每小时可发电 5 万度，所发电能将并入国家电网。

山东省风电场主要集中分布在沿海的东营、烟台、威海、潍坊、滨州、青岛以及临沂山区，2011 年并网风电发电量达到了 42.3 亿千瓦时，占全省电网装机总容量的 3.75%。

福建省　晋江金井电场一期工程启动 1 台机组发电，并入泉州电网运行。这是泉州地区第一台成功并网发电的风机。晋江风电金井风电场作为能源集团在泉州地区的第一个风电项目，其首台风机成功并网发电为集团公司风电事业在该地区的发展奠定了良好基础。晋江风电金井风电场一期工程已完成 13 台风机基础浇筑、7 台风机吊装，建成后将以清洁能源的优势有效改善泉州地区电源结构，缓解泉州电力工业的环境保护压力，进一步增强泉州电网的供电能力，凸显良好的经济效益、生态效益和社会效益。

上海市　中国电力建设企业协会组织了2012 年度“中国电力优质工程奖”评选工作，经过严格的申报资料预审、工程现场复查、评审和公示等各项程序，上海东海大桥 100 兆瓦海上风电示范项目荣获 2012 年度“中国电力优质工程奖”。上海东海大桥 100 兆瓦海上风电示范项目是国家发展和改革委员会核准的我国第一个大型海上风电示范项目。东海大桥风电场位于东海大桥东侧 1～4 千米、浦东新区岸线以南 8～13 千米的上海市海域，这里平均水深 10 米，共安装 34 台华锐风电公司生产的单机容量 3 兆瓦的离岸型风机，总装机容量 102 兆瓦，项目总投资 22.8 亿元。

海南省　中国大唐集团新能源股份有限公司所属的临高海上试验风机项目近日获海南省发改委核准。该项目是海南核准的首个海上风电项目，也是我国单机容量最大的海上风力发电机组。项目位于临高县临高角北面海域，将安装一台单机容量 6 兆瓦的 WTG136-6000 型风电机组作为试验样机，试验风机为我国新下线的风电机组。该项目的建设将为海南发展海上风电提供基础资料，积累开发经验，同时对提高国产海上风电机组的制造技术水平，推进国产大功率风机装备的商业化具有重要意义。

浙江省　象山县重点工程中广核象山涂茨风电场一期项目进入风机安装阶段。该项目共安装 20 台单机容量为 1.5 兆瓦的风电机组，每台机组的风力发电轮毂高度达 65 米，转轮直径 77 米，切入风速为 3 米/秒，切出风速为 25 米/秒，额定风速为 12 米/秒。

【政策规划】　风电发展“十二五”规划　2012 年国家能源局颁布《风电发展“十二五”规划》中提出要积极开拓海上风电开发建设。该《规划》对我国沿海省、市、区海上风电的发展起到了促进的作用。“十二五”时期，在海上风电示范项目取得初步成果的基础上，重点开发建设上海、江苏、河北、山东海上风电，加快推进浙江、福建、广东、广西和海南、辽宁等沿海地区海上风电的规划和项目建设。到 2015 年，全国投产运行海上风电装机容量 500 万千瓦。

风力发电科技发展“十二五”专项规划　2012 年 3 月国家能源局颁布《风力发电科技发展“十二五”专项规划》中提到：在海上风电开发领域，我国初步解决了海上运输、安装和施工等关键技术，开始积累海上风电场运营经验。我国自主研究开发了一系列海上风电场设计、施工技术，研制了一批专用的海上风电施工机械装备。该规划重点解决与自主创新能力相关的关键科技问题，攻克一批陆上及海上风电机组设计制造和风电并网及非并网接入的关键技术。加强基础性、共性技术研究，建立链条紧密、结构合理的科技研发和公共服务体系。重视企业在技术创新领域的主体地位，以风电场规模化开发带动风电产业化发展，促进产、学、研链条的形成和健康发展，以科技推动产业进步。

海水利用业

【综述】　2012 年我国海水利用产业发展环境逐步趋好，产业化进程逐步加快，海水利用业呈现稳步发展态势。初步核算全年实现增加值 11 亿元，比上年增长 4.0%。在相关政策的引导下，海水利用业发展活力进一步增强，多项海水淡化项目相继开工，科技创新成果不断涌现，产业发展态势良好。

【沿海地区发展概况】　**河北省　河北国华沧东电厂黄骅三期 2.5 万吨/天海水淡化主设备蒸发器由上海电气自主设计承制**　2012 年 11 月，上海电气集团承制的河北国华沧东电厂黄骅三期 2.5 万吨/天海水淡化主设备蒸发器在上海辅机厂开工制造。该项目是国内自主设计开发的单机产水量最大的海水淡化项目，已向国家发改委和科技部申报大型低温多效海水淡化示范工程项目。该项目的成功实施，使电气海水淡化能力翻了一番，对提升国产海水淡化关键技术，推动上海电气海淡新产业发展具有重要的意义。

海南省　西沙永兴岛海水淡化工程启动　2012 年 11 月 10 日，由天津海水淡化与综合利用研究所承建的西沙永兴岛供水工程（海水淡化）正式开工。该项目总投资约 2.2 亿元，包括海水淡化与雨水净化工程，预计 2013 年 12 月竣工。项目完成后，将解决西沙永兴岛用水难的问题，满足驻岛军民生产生活用水需求，同时可为周边部分岛礁和过往船只补给生活淡水。该项目采用电膜法海水淡化技术，能源利用水品高，与传统淡水补给方法对比，降低了用水成本。

山东省　胶南灵山岛海水淡化项目已顺利通过验收，日可淡化海水 300 吨　2012 年 11 月，总投资 400 万元的灵山岛海水淡化项目目前已经完工并顺利通过验收。这项工程采用国家海洋局天津海水淡化与综合利用研究所反渗透技术，经过潜水泵取海水、自清洗过滤器、反渗透装置等流程进行海水淡化。项目建成后，每日可淡化海水 300 吨，能保证灵山岛上 3000 人的基本生产、生活用水。

辽宁省　大连普湾新区松木岛新建大型海水淡化项目　大连市将投资 7.7 亿元，在普湾新区松木岛建设一座年海水淡化项目。该项目共包括以下三部分：8 万吨/天海水淡化项目，年生产 8000 小时；2000 吨/年浓海水提溴项目，年生产 6000 小时；30 万吨/年精制工业盐项目，年生产 7200 小时。其中，海水淡化项目采用反渗透海水淡化的生产工艺方案；提溴工艺采用酸法空气吹出法；制盐采用蒸发精制工艺。

松木岛化工园区及周边淡水匮乏松木岛化工园区西、南两侧毗邻渤海，北、东两侧毗邻山丘，既无地表水来源，更无合适的地下水源，淡水资源更为匮乏。园区内陆续进驻的化工企业，均是用水大户，都将面临着缺水的难题。化工园区周边的居民长期以来生活饮用水不仅供水不足，水质恶化情况也很严重，供水条件亟待改善。该项目达产后，不但能解决松木岛化工园区周边部分居民的生活用水，而且还能形成一条绿色产业链。

广东省　国内首个海水淡化砂生产线试点工程落户广州番禺　4 月 12 日，我国首个海水淡化砂生产线落户广州番禺，该试点工程的台时产量为 1000 吨，每天工作 20 小时，一天的洗砂量可达 20000 吨，这些砂石也都通过海运被运往沿海城市。这是我国海水综合利用的一大进步，一方面降低产品成本，提高了海水资源利用率，另一方面充分利用海水不但可减轻天然砂石资源紧张状况，而且为企业带来了明显的经济效益。

浙江省　建设海水淡化工程，六横成淡水资源"出口"岛　舟山六横 10 万吨级海水淡化项目总投资 7.4 亿元。2012 年 5 月份开始运行，已向外输水能力达日均 2000 吨以上。项目建成后，可使虾峙诸多企业告别船运装水的历史，并保障虾峙、湖泥、西白莲、金钵盂四岛共 2.2 万人口的生活生产用水。

【海水利用技术】　中科院广州能源所研制出新型海水淡化装置　中国科学院广州能源研究所研制成功一种太阳能吸附式海水淡化装置，对原水水质和驱动热源温度要求低，能提高系统的能源利用效率，增加淡水产率，并减少海水对设备的腐蚀，未来可以应用到电力短缺的海岛上。

1.5万吨/日海水淡化装置设计完成　天津海水淡化与综合利用研究所海水淡化技术研究室完成了单机 15000 吨/日低温多效蒸馏海水淡化装置设计工作。该装置拟建于大唐山东发电有限公司，解决了低压供热蒸汽利用率偏低的问题。

“万吨级膜法海水淡化关键技术与装备研究”课题通过验收　2012 年 4 月，“十一五”国家科技支撑计划课题“万吨级膜法海水淡化关键技术与装备研究”通过验收。该课题突破了反渗透海水淡化膜元件、反渗透海水淡化高压泵、玻璃钢压力容器等关键设备制造技术，并将这些设备应用于自主设计建造的单机 10000 立方米/天反渗透海水淡化示范工程，反渗透装置本体吨水能耗小于 2.2 千瓦时，产水水质符合国家《生活饮用水卫生标准》。该课题在我国反渗透海水淡化关键设备研制方面取得了新的突破，将为我国沿海和海岛地区水资源安全保障提供重要技术支撑，有力推动我国海水淡化产业的发展。

我国海水淡化反渗透膜不再依赖进口　反渗透海水淡化是解决水资源短缺问题的重要战略手段。反渗透复合膜是膜法海水淡化的关键材料，它可以将海水、苦咸水、污水转化为纯净的淡水。但目前我国绝大多数的反渗透膜依赖进口，主要原因是缺乏先进的膜材料及精密的生产设备。经过两年多的研发，中国科学院长春应用化学研究所中科院科研装备研制项目——自主设计的中试海水淡化反渗透复合膜制备设备解决了温度控制、张力控制、纠偏控制等关键技术问题，实现了对设备硬件系统和软件系统的协调优化，制备出集聚合、热交联、成膜、后处理等多种功能为一体的反渗透复合膜制备设备，为科学研究及工业化生产提供了基础研究平台，填补了国内空白。

【政策规划】　国家在产业发展方面的扶持政策力度逐年加大，对促进海水综合利用业发展发挥巨大作用。

国务院办公厅发布《关于加快发展海水淡化产业的意见》　2012 年 2 月 6 日，国务院办公厅发布了《关于加快发展海水淡化产业的意见》，提出了到 2015 年的产业发展目标：我国海水淡化能力达到 220 万～260 万立方米/日；海水淡化原材料、装备制造自主创新率达到 70%以上；建立较为完善的海水淡化产业链，关键技术、装备、材料研发和制造能力达到国际先进水平。

科技部、国家发改委联合下发《海水淡化科技发展“十二五”专项规划》　2012 年 8 月 14 日，科技部、国家发改委联合下发的《海水淡化科技发展“十二五”专项规划》正式公布。《规划》指出，海水淡化装置制造的产值将达到 75 亿～100 亿元/年。通过专项 5 年的实施，我国海水淡化技术创新体系将初步形成。

国家海洋局印发《关于促进海水淡化产业发展的意见》　2012 年 9 月 26 日，国家海洋局印发了《关于促进海水淡化产业发展的意见》。《意见》强调，促进海水淡化产业发展要重点做好七项工作：一是支持海水淡化技术研发与应用，二是健全海水淡化标准体系建设，三是保障海水淡化工程用海供给，四是促进海水淡化与海洋环境协调发展，五是加强海水淡化工程运行监测评估，六是加快开展海水淡化工程海洋灾害风险评估，七是加大海水淡化宣传和培训力度。

《海水淡化产业发展“十二五”规划》出台　2012 年 12 月，《海水淡化产业发展“十二五”规划》出台，规划确定了“到 2015 年，我国海水淡化产能达到 220 万立方米/日以上，海水淡化对解决海岛新增供水量的贡献率达到 50%以上，对沿海缺水地区新增工业供水量的贡献率达到 15%以上”的目标。

海洋船舶工业

【全国船舶工业发展概况】 2012 年，在全球经济、贸易增长放缓的环境下，航运市场持续低迷，中国船舶工业发展面临形势更趋严峻。我国船舶工业努力克服困难，积极推动转型升级，调整产品结构，继续保持稳定发展。

船舶工业基本情况 2012 年，全国规模以上船舶工业企业 1647 个，分布在全国 23 个省市区。其中船舶制造企业 824 个，船舶配套设备制造企业 546 个，船舶改装与拆除企业 125 个，船舶修理企业 119 个，其他企业 33 个。按企业规模分，大型企业 124 个，中型企业 305 个，小型企业 1218 个。船舶工业从业人员人数达到 74.4 万人。

经济规模与效益 2012 年，全国规模以上船舶工业企业完成工业总产值 7903.1 亿元，比上年增长 3.4%；实现主营业务收入 7131.3 亿元，比上年略有下降；利润总额 337.9 亿元，比上年减少 31.5%。

（1）分专业情况。船舶制造业完成工业总产值 5950.6 亿元，与上年持平；实现主营业务收入 5344.3 亿元，比上年下降 4.5%；利润总额 258.7 亿元，下降 38.4%。船舶配套业完成工业总产值 1130 亿元，比上年增长 15.1%；实现主营业务收入 1055.3 亿元，增长 15.7%；利润总额 53.8 亿元，增长 1.2%。船舶修理业完成工业总产值 181 亿元，比上年增长 11.6%；实现主营业务收入 152.3 亿元，比上年下降 0.5%；利润亏损 4800 万元，下降 118.6%。

（2）分地区情况。江苏、辽宁、浙江和上海四省市船舶企业完成工业总产值 5180.7 亿元，占全国船舶工业总产值的 65.6%；实现主营业务收入 4631.8 亿元，占全国船舶工业主营业务收入的 64.9%；利润总额 258.2 亿元，占全国船舶工业利润总额的 76.4%。其中，江苏省稳居全国首位，完成工业总产值 2716 亿元，比上年增长 3.9%，实现主营业务收入 2446.3 亿元，增长 1.1%，利润总额 234.2 亿元，比上年下降 12.4%；辽宁省完成工业总产值 1016.7 亿元，比上年下降 1.4%，实现主营业务收入 978.7 亿元，下降 3.6%，利润总额 40.4 亿元，下降 32.6%；浙江省完成工业总产值 850.1 亿，比上年下降 1.9%，实现主营业务收入 651.3 亿元，下降 15.9%，利润总额 9000 万元，下降 96.6%；上海市完成工业总产值 597.7 亿元，下降 12.3%，实现主营业务收入 555.6 亿元，下降 16.3%，利润亏损 17.3 亿元，下降 148.8%。

生产经营情况 （1）船舶制造业。2012 年，全国造船完工量 6439.6 万载重吨，比上年下降 16.3%，近十年来首次出现负增长；新承接船舶订单 2165.3 万载重吨，比上年下降 45.5%；年末手持船舶订单 11000 万载重吨，比上年底下降 28.8%。据英国克拉克松公司统计数据，按载重吨计，我国造船完工量、新接订单量、手持订单量分别占世界市场份额的 42.5%、41.8%、42.2%。

主要造船集团：2012 年，中国船舶工业集团公司和中国船舶重工集团公司造船完工量合计 2435.3 万载重吨，分别位居世界造船企业集团第二位和第三位，占全国造船完工量的 37.8%；新接订单量合计 1063.7 万载重吨，分别位居世界造船企业集团第一位和第五位，占全国新接订单量的 49.1%；年末手持订单量合计 3994.4 万载重吨，分别位居世界造船企业集团第一位和第四位，占全国手持订单量的 36.3%。

主要造船企业：2012 年，我国造船完工量排列前 10 名的企业造船完工量 3008.7 万载重吨，占全国完工总量的 46.7%，其中，大连船舶重工（集团）公司造船完工 554.4 万载重吨，居全国之首；上海外高桥造船有限公司造船完工 543.3 万载重吨，位居全国第 2 位；江苏熔盛重工集团有限公司造船完工量 380.1 万载重吨，排列位居全国第 3 位。我国造船产量突破 100 万载重吨的企业达到 17 个。

主要造船地区：2012 年，江苏省造船完工量2309.4万载重吨，上海、浙江、辽宁造船完工量分别为1042.4、1032.3、856.3万载重吨，四省市造船完工量合计5240.3万载重吨，占全国总量的81.4%。

2012年，辽宁省新接订单量242万载重吨，比上年增长70.7%；江苏省、浙江省分别承接订单485.6、411.3万载重吨，比上年下降50%以上；上海市接单量422.2万载重吨，与比上年基本持平略有增加。辽宁省新接订单量242万载重吨，比上年增长70.7%。四省市新接订单量合计占全国新接订单总量的73%。

2012年，江苏省手持船舶订单4034.4万载重吨，比上年下降了31.1%；浙江省、辽宁省、上海市手持订单分别为1926.3万、1105.5万、1795.5万载重吨，均比上年下降，四省市手持订单量合计占全国手持订单总量的80.6%。

（2）船舶配套业。2012年，我国造船完工量出现下滑使处在成长期的船舶配套业遭受重创。大部分企业船用设备产量大幅下降减少，出现产能闲置状况；产品价格大幅下降，企业经营业绩普遍降低，不少企业面临转产和破产。但有部分骨干企业通过加强研发、强化市场营销和售后服务，进军海工配套及非船领域，加速转型升级和结构调整，取得较好成绩。船舶配套业全年的工业总产值、主营业务收入均比上年增长15%。

（3）船舶修理业。2012年，船舶修理业仍面临着产能过剩、成本上升和持续性低价竞争的严重冲击。由于，船东修船采用招标等方式压低价格，加剧了企业的低价竞争。面对修船工程量减少和修船价格的进一步下滑，主要大中型修船企业发挥各自优势，修造船结合，开发海洋工程装备的制造与修理，将改装船工程纳入了修船工作重点。2012年，骨干企业完成修船2776艘；造船完工25艘、180万载重吨；交付了超深水海洋钻探储油工作平台、深水半潜式钻井平台、第六代钻井平台、风车安装船等多个海工产品；完成改装船舶29艘，其中16多艘8000箱改10000箱的集装箱船全部按期交付。船舶修理企业的工业总产值实现了比上年较大幅度的增长。

（4）船舶拆解业。2012年，船舶报废数量持续增加，拆解废钢船数量连续四年在历史高位运行，持续处于世界前列。但是，受废钢价格大幅下跌、废船物资成本较高及大量积压等因素影响，2012年国内拆船企业盈利能力大幅下降，整体呈亏损状态。国内会员拆船企业共计采买各类废钢船340艘、255万轻吨，吨位比上年增长13.3%，贸易额超过62亿元。

（5）海工装备制造业。2012年，我国海工装备制造业紧紧把握市场，在装备建造、市场开拓方面取得新成绩。全年完工交付7座各类钻井平台和工作平台，累计承接11座各类钻井平台和工作平台，2艘钻井船、2座FPSO以及浮式LNG液化再气化存储装置（FLRSU）项目的总承包合同。我国自行设计、自主集成建造的“蛟龙号”载人潜水器成功完成7000米级海试，水下和海底作业长达11小时零35分，中国成为世界上第五个掌握大深度载人深潜技术的国家。

（6）船艇制造业。2012年，船艇制造业积极拓展国内外市场，不断创新商业模式，企业活力进一步增强，实现了进出口贸易、销售总额稳步增长的较好业绩。公务船艇建造向水上公安边防、武警、海军、渔政、海关、海监交付了一批高速缉私艇、高速摩托艇、海监艇等产品；休闲娱乐、体育健身船艇不断增加，企业通过引进国外先进技术，不断加大技术研发投入，逐步创立了上海红双喜、湖南太阳鸟、厦门毅宏、厦门瀚盛、广东海星、浙江盛世等中国品牌；救生艇、救助艇除为国内造船配套外，积极开拓韩国、日本国外市场。全年船艇销售额达223亿元，中国正在成为全球船艇新兴制造市场。

船舶进出口情况 2012年，全国出口船舶建造完工5123.9万载重吨，比上年下降17.1%；新接出口船舶订单1580.4万载重吨，比上年下降43.7%；手持出口船舶订单9253.6万载重吨，比上年下降27.9%。出口船舶分别占我国造船完工总量、新接订单量和手持订单量的79.6%、72.9%和84.1%。

全年船舶出口总额388.2亿美元，比上年下降11.1%。三大主流船型出口金额275.2亿美元，占出口总额的70.9%，其中，散货船占54.7%、油船占8.4%、集装箱船占7.8%。我国船舶产品出口至178个国家和地区，向亚洲的出口排在第一位，出口金额226.2亿美元，占出口总额的 58.3%；出口欧洲 59.9 亿美元，占 15.4%；出口非洲 27.3 亿美元，占 7%。

2012 年，我国船舶产品进口总额 17.8 亿美元，比上年下降 1.5%。进口产品主要是供拆卸的船舶、未装有舷外发动机的汽艇和挖泥船。15 万吨以下散货船进口额比上年下降 48.9%。

科技开发与技术进步 （1）主流船型节能环保。三大主流船型重点瞄准节能环保方向加强研发，推出了一系列综合技术经济性能优秀的船型。"绿色海豚"灵便型散货船概念设计能效设计指数（EEDI）较基准值减少 25%。新型节能环保型散货船油耗相对同级别船型下降 10%～20%，并获得全球首个法国船级社 EEDI 证书；新型超大型油船（VLCC）整船油耗减少约 30%，EEDI 低于基线值 20%以上。7.5 万载重吨宽体浅吃水型油船综合技术性能达到同期国际先进水平。4600TEU 集装箱船采用宽体少压载水设计，综合技术指标达到国际同型船先进水平。

（2）高新技术船舶和特种船舶研制。2012 年，我国在小型 LNG 船、豪华旅游船、极地科考破冰船、海洋科学综合考察船、绞吸式挖泥船等产品领域取得了较大进展。

上海船舶研究设计院开发出国内首艘 3 万立方米级独立 C 型（自持式压力容器）LNG 船，该船型这是目前世界上舱体最大的 C 型 LNG 船，用于国内大型 LNG 接收终端和 LNG 卫星站间的二程转运。

上海佳豪完成中国首艘 500 客位沿海豪华旅游客船设计，该船采用双艉、前倾艏柱带球鼻艏、艉机型设计，装有双机、双桨、双舵，配备减摇装置，适航于中国沿海航区。

我国首艘自主研发的极地科考破冰船详细设计启动，该船具有艏艉双向破冰能力，船舶结构强度满足 PC3 冰级要求，可在厚度不低于 1.5 米加 0.2 米雪的极区海冰中以 2～3 节速度连续破冰航行，其船型设计、破冰能力、综合调查能力等都位居世界前列。

海洋科学综合考察船"科学"号正式交付使用，该船具备全球航行和全海深观测能力，是目前世界最先进的海洋科学考察船之一，将成为中国深远海重大基础科学研究和探测的支撑平台与共享平台。

武昌船舶重工有限责任公司自主设计建造了中国首艘自航绞吸式挖泥船下水，该船是长江上游主机总功率最大、作业效率最高的疏浚工程船。

（3）海洋工程装备自主研发与建造。海洋工程装备研发和建造继续向着系列化、深水化和高端化方向发展。钻井装备完成 400 英尺 JU-2000E 自升式平台详细设计，具备在自升式钻井平台领域的系列化自主设计和建造能力；TIGER 系列钻井船设计工作取得突破，该系列钻井船可在 3000～5000 英尺水深的海域进行作业，最大钻井深度可达 3 万英尺，将实现国内水深 1000 米钻井船自主化设计、总包建造零的突破；第六代半潜式圆筒型海洋钻井平台"SEVAN BRASIL"具备 12500 英尺水深和 40000 英尺井深的钻井能力。

海工辅助船方面，自主开发了 WS-1、WS-2 型系列海洋平台工作船，形成新一代高效节能专利船型，并开展 8000HP-32000HP 多用途平台工作船的系列船型研发。开工建造了我国首艘作业能力达到 3000 米的多功能海洋工程船；用于 10000～18000 吨导管架下水和 10000～18000 吨组块浮托安装工程的甲板驳船；"华西 5000"号大型全回转海工起重船 4958 吨试吊实验成功，成为"单钩亚洲第一"起重船。已建成交付国内新一代 UT788CD 型深水三用工作船；世界上第一艘带动力定位的 5 万吨级以上自航式半潜船，该船载重量在世界同类船舶中排名第二。

（4）重点配套设备品牌建设与国产化。自主设计研发的柴油/液化天然气双燃料发动机投入应用，首台 6K90MC-C 主机交验；自主研发制造 1000 千瓦高温超导电动机；青岛双瑞船舶压载水管理系统首次为出口远洋船配套并通过日本船级社认证，自主研发的"海博士"船舶压载水管理系统通过了国际海事组织基本批复，CYECO 船舶压载水处理系统获得中国船级社颁发的型式认可证书；自主研发设计的油缸变幅吊车通过中国船级社认证，填补了国产自主研发油缸变幅吊车的空白；600 吨重型海洋起重机、80 吨钻井船用海洋起重机、65 吨挖泥船用龙门行走起重机等多项新产品的研发及设计工作已经完成。

主要建设项目 （1）造修船基地。新港临港造修船基地造船区建成投产。大连船舶重工集团有限公司修船基地基本建成。武汉船舶重工集团有限公司双柳特种船舶基地造船区部分建成投产。沪东中华造船（集团）有限公司LNG船建造技术改造（第二阶段）、国家能源LNG海上储运装备重点实验室LNG船建造技术改造等工程稳步推进。

（2）配套基地。大连长兴岛舵轴生产基地开工建设，同时设立长兴岛舵轴研发中心。

安庆中船柴油机配套产业园一期建设项目开工，重点发展柴油机气缸盖、连杆、曲轴、气缸套等关键部件。

（3）海洋工程基地。中远船务（启东）海洋工程有限公司二期建设项目进入全面生产建设阶段。扬子江船业在江苏太仓港经济技术开发区投资建设海洋工程制造基地。广东省珠海市高栏港经济区三一海洋重工产业园开工建设。上海外高桥造船海洋工程有限公司海工平台竣工验收并投入使用。黄埔造船龙穴二期海洋工程建设项目进展顺利。舟山市船舶与海洋工程装备基地被列入第三批“国家新型工业化产业示范基地”。（中国船舶工业行业协会）

【中国船舶工业集团公司发展概况】 中国船舶工业集团公司（简称中船集团公司）组建于1999年7月1日，是在原中国船舶工业总公司所属部门企事业单位基础上组建的中央直属特大型国有企业，是国家授权投资机构，由中央直接管理。

截至2012年底，中船集团公司拥有60余家下属，分布在北京、上海、广东、江苏、江西、安徽、广西、香港等地，拥有中国船舶工业股份有限公司、广州广船国际股份有限公司、中船江南重工股份有限公司3家上市公司，现有员工5.3万人，年用工总量11.5万人。中船集团公司在中国香港及美国、俄罗斯、泰国等8个国家和地区设有驻外机构。

中船集团公司旗下聚集了一批实力雄厚的造修船企业和船舶配套企业，包括江南造船（集团）有限责任公司、沪东中华（造船）集团有限公司、上海外高桥造船有限公司、上海江南长兴造船有限公司、上海江南长兴重工有限公司、广州中船龙穴造船有限公司、广船国际股份有限公司、广州文冲船厂有限责任公司等，还拥有中国船舶及海洋工程设计研究院、上海船舶研究设计院、广州船舶与海洋工程设计研究院三个船舶研究设计机构。

中船集团公司能够设计、建造符合世界上任何一家船级社规范、满足国际通用技术标准和安全公约要求、适航于任一海区的现代船舶，以及具有国际先进水平的大型海洋工程装备产品，产品种类从普通油船、散货船到具有当代国际先进水平的超大型油船（VLCC）、液化天然气（LNG）船、大型集装箱船、液化石油气（LPG）船、自卸船、化学品船、客滚船及超深水半潜式钻井平台、大型海上浮式生产储油船、多缆物探船、深水工程勘察船、大型半潜船等，形成了多品种、多档次的产品系列，产品已出口到150多个国家和地区。

生产经营情况 2012年，中船集团公司全球造船市场份额逆市提升，按载重吨计，新接订单量和年底手持订单量两项指标均位居世界第一。2012年，中船集团公司承接新船订单量同比增长25%，占国内市场份额的44.5%，占全球市场份额的17%；承接各类产品合同金额增长16.4%；承接船用柴油机订单211.5万千瓦，占国内市场份额超过60%。2012年全年造船完工量占全球份额的9.3%，与2011年基本持平。2012年底手持船舶订单量占全球份额的9.8%，比2011年提高1.6个百分点。

2012年，中船集团公司解析规律，抓住关键，推动全局，从船舶装备技术进步与市场动力源头来把握船东需求，作出了航运市场的主要矛盾将由运力与运量矛盾转变为船队运力结构矛盾的新判断，在自主研发设计出的78型新船型中精选推出40型低油耗、低排放、效果突出、综合竞争力强的节能环保船型，引领和激活了市场需求，仅半年时间就有16型船获得市场认可，斩获85艘新船订单。

围绕市场需求，适应新规则、新规范的变化，中船集团公司加快船型优化和新产品研发的步伐，产品结构实现了高端突破，其中，在造船领域，系列大型LNG船、新型半潜式钻井平台等一批高技术船舶和海工装备研发已经形成技术储备，自主开发的超大型液化气体运输船（VLGC）、LNG船等高端产品逐渐得到市场认可，全年新接船舶订单技术复杂度系数提升到0.44；在海工装备领域，承接了自升式钻井平台、半潜式钻井平台、钻井船、多功能水下作业工程船、平台供应船等多个高端项目；在修船领域，逐步向高端改装迈进，成功承接了LNG船改装浮式储油船（FSU）、钻井平台修理改装以及浮式生产储油船（FPSO）改装等一批高技术项目。2012年，中船集团公司全年申请专利395件，获得专利授权160件，比2011年增加了20%。

此外，2012年，中船集团公司在业务结构调整上迈出实质性步伐。中船工业成套物流有限公司自2012年8月成立以来，签订合同金额超百亿元；中国船舶（香港）航运租赁公司完成注册并开展了首单业务，境外接船、融资的业务平台初步形成；中船财务公司在调整股东结构、充实资本金后，业务范围进一步拓展；中船九院成功中标多个保障房项目及市政配套工程项目；通过加强与地方政府合作，城市垃圾焚烧电站、陆用电站等项目承接取得突破；镇江中设、安庆中柴的移动箱式电站实现了批量出口。中船集团公司相关多元业务破局发展的态势初步形成。

产品开发和技术进步 （1）绿色船舶完成系列化开发。中船集团公司通过不断丰富三大主流船型，形成了3万～21万载重吨散货船、4万～32万载重吨油船和1100TEU～16000TEU集装箱船船型系列，同时，这些船型经济技术指标均达到国际先进水平；配置了新型低转速高效率主机；开发出了适应低航速营运并能满足高航速运行要求的线型；油耗比老旧船舶下降20%～40%，减少排放18%以上；船舶能效设计指数（EEDI）低于基线值15%～35%；满足最新生效或即将生效的国际海事新规则、新规范。通过降航速、换主机、优化线型和螺旋桨、采用节能装置等措施，中船集团公司船舶的节能环保指标有了很大改善，其中，20.8万载重吨纽卡斯尔型散货船日油耗下降27%；8.2万载重吨卡萨姆型散货船日油耗下降29%；32万载重吨VLCC、5万载重吨灵便型油船日油耗分别下降25%和28%；10000TEU、2200TEU集装箱船日油耗降幅分别达到17%和40%，这些船型油耗与日、韩等国际先进水平基本处于同一水平。

（2）高技术船舶产品研发。通过着重掌握核心关键技术，中船集团公司推出了自主设计的具有国内领先水平和较强国际竞争力的高技术、高附加值船舶，并开展了战略性、前瞻性产品的预研，加强了技术储备。为了满足抢接高技术、高附加值船舶订单的需求，中船集团公司完成了一批双高船舶的合同设计，其中包括17.4万立方米电力推进LNG船，3万立方米小型LNG船，2.1万立方米LEG船，1000客/490米车线客滚船，4.5万吨集装箱滚装船，14000TEU、16000TEU超大型集装箱船，6700车汽车运输船（PCTC），3万立方米大型挖泥船，极地科考船，综合海洋环境调查船等。为了实现双高产品的顺利研制，中船集团公司还完成了多型双高船舶的详细设计，包括10000TEU超大型集装箱船、8.3万立方米VLGC、5000立方米/小时绞吸式挖泥船、18立方米抓斗式挖泥船、流刺网渔船、灯光罩网渔船等。通过对豪华游船、冰区及极地运输船、深潜器母船、多功能远洋渔船、LNG燃料动力渔船等的预研，为发展储备了技术和产品。

（3）海洋工程产品研发。着眼市场需求和海工业务发展要求，中船集团公司完成了自升式边际油田采油平台、新型半潜式钻井平台、适应南海需求的新型15万吨FPSO、5000吨级起重铺管船、1500米水深钻井船、3000米水深多功能水下工程船、7万吨级半潜式自航工程船、平台供应船、1.8万吨导管架下水驳等海工装备设计，启动了浮式液化天然气生产储油船（LNG-FPSO）、深海半潜式生产平台、浮式液化天然气储存及再气化船（LNG-FSRU）等高端前瞻性装备的预研工作，增强了在新型海工装备领域的技术储备。

（4）配套产品研发。中船集团公司深入开展船用和海工配套产品的自主研制及高端产品的研发工作，自主品牌船用小缸径低速柴油机、柴油机废气选择性催化还原后处理装置基本完成概念设计，自主品牌中速柴油机完成基本设计；动力系统、燃滑油供应系统等船用设备系统集成实现了实船配套；新型压载水处理系统通过国际海事组织（IMO）的基本认可；电子海图通过了船级社型式认可，具备装船条件；电力推进系统完成设计验证；中高压海工电站完成样机研制；LNG海上转运装卸系统完成工程设计。开展了高压共轨和控制系统、柴油机余热再利用装置、柴油机减震降噪技术、400 吨主动波浪补偿高端海工吊机的前期研究。

（5）非船产品研发。中船集团公司非船研发对现有技术优势的挖掘更加深入，研究覆盖领域更广更细。经过前期的研发投入，海上风电设备、导电滑环、核电应急发电机、盾构机、管子自动生产线等产品已经完成了向商品化转移的技术开发升级改造，创造了较好的经济效益；船舶产品陆用化、消防系统、城市垃圾污水处理、喷水推进装置、介质燃烧器等优势非船产品的产业化应用技术开发进一步深入，已经完成样机研制和台架试验，部分已经形成商品小批量推向市场；智能制造、物联网等一系列代表未来市场发展方向的新技术新产品的研发工作已经启动。

（6）科技创新体系不断完善，自主创新能力显著增强。截至 2012 年底，中船集团公司国家级企业技术中心数量已达 11 家，成为集团自主创新的主要力量。外高桥船厂和沪东中华企业技术中心创新能力建设项目顺利完成，提升了骨干企业设计建造能力。以沪东重机为依托，重点配套企业参加的集团动力研发平台，构筑集团公司在动力系统领域的核心研发能力，开展自主品牌中低速柴油机、船舶动力系统集成等研制工作，形成船用动力系统设计实验验证能力。以国家能源大型 LNG 海上储运装备实验室为平台，积极为集团 LNG 船和 LNG 产业链的开发提供支撑。

（7）获得科技进步奖和专利情况。2012 年，中船集团公司获得国家科技奖 7 项，其中二等奖 3 项，三等奖 4 项；同时，全年申请专利 395 件，获得专利授权 160 件，比去年提高 20%。

对外贸易与合作交流　2012 年，中船集团公司出口各类船舶合计 98 艘、1071.8 万载重吨，按载重吨计算，散货船、油船、集装箱船分别约占全部出口船舶的 65.9%、24.4%、7.6%。产品主要出口到德国、希腊、丹麦、瑞典、荷兰、加拿大、美国、新加坡、中国香港等国家和地区。

企业改制与资产运营　以经营权整合与股权调整相结合，推进了中船集团公司造修船资源优化配置，为进一步加强军民融合奠定了基础。桂船、西船两公司的整合发展取得初步成效，实现了中船澄西对广州船坞的股权重组，沪东中华、江南、外高桥公司等骨干企业的资源整合正在推进，明确了九江地区的整合方向，启动了系统工程部海丰公司与上海航仪整合，中船三井实现并表运行，内部资源优化配置的力度不断加大。为适应转型发展和实行现代企业制度的需要，中船集团公司管控模式改革正在推进，确定了运营型向战略与财务管控型转变的改革方向，启动了总部组织机构设置、职能划分和运行机制改革工作。

（中国船舶工业集团公司　王光睿）

【中国船舶重工集团公司发展概况】　中国船舶重工集团公司（简称中船重工）成立于 1999 年 7 月 1 日，是在原中国船舶工业总公司所属部分企事业单位基础上形成的中央直属特大型国有企业，是国家授权投资的机构和资产经营主体。自 2004 年国资委对中央企业实行业绩考核以来，中船重工是为数不多的连续 8 年获得 A 级的中央企业之一。2012 年中船重工再次进入世界 500 强，排名比上年提高 29 位，实现了新的发展。

2012 年中船重工承担研制的我国首艘航母“辽宁”舰交付海军，蛟龙号载人潜水器成功下潜 7062 米，刷新世界同类型载人潜水器的最大下潜深度记录。得到了党中央、国务院、中央军委的高度肯定。

中船重工，拥有总资产 3593 亿元，员工 16 万人。成员单位中除风帆股份有限公司、中国船舶重工股份有限公司、乐普（北京）医疗器械股份有限公司 3 个上市股份制公司外其余均为国有独资或国有控股单位。成员单位分布在辽宁、重庆、陕西、山西等 18 个省、市。

中船重工是中国最大的造修船集团之一，拥有我国目前最大的造修船基地，集中了我国舰船研究、设计的主要力量，有近 5 万多名科研设计人员，4 个国家级研发中心，9 个国家级重点实验室，10 个国家级企业技术中心，150 多个大型实验室，具有较强的自主创新和产品开发能力。

主要产品　中船重工能够按照世界知名船级社的规范和各种国际公约，设计、建造和坞修各种油船、化学品船、散货船、集装箱船、滚装船、LPG 船、LNG 船、工程船舶及海洋工程装备等，拥有齐全的船舶配套能力，形成了各种系列的船舶主机、辅机、仪表等设备的综合配套能力。船舶及船舶配套产品除满足国内需要外，主要出口到世界五大洲等60多个国家和地区。

生产经营 2012年，在国际国内经济形势复杂多变，船舶行业持续低迷的大环境下，中船重工主要经济指标持续稳定增长，全年实现经济总量1943亿元，同比增长7.3%；实现营业收入1751亿元，同比增长7.7%：完成增加值351亿元，同比增长7.2%；实现利润总额99亿元，同比增长7.8%。

（1）民船产业好于预期。一是民船经营好于行业平均水平，保持一定盈利。2012年，在造船市场持续低迷的情况下，中船重工继续坚持有限、相关、多元发展，全年船舶完工量1031.99万吨，民船板块仍保持一定盈利，明显好于国内船舶行业平均水平，位居国内前列。二是产品结构调整取得新成效。38.8万吨和30万吨矿砂船、VLCC、6600箱集装箱船等主流船型以及深潜水工作母船、大型科考船等高端船舶完工交付；承接的国内首艘大型远洋金枪鱼围网渔船交付，标志着我国远洋渔业装备制造正式迈入高附加值装备领域。三是现代造船模式基本建立。造船总装化、管理精细化、信息集成化水平进一步提高，有力支撑了造船效率效益。四是修船结构变化明显。修船产业克服市场低迷徘徊的影响，全年修理船舶548艘、钻井平台2座，船舶改装产值占修船产值比重的35.4%。五是船舶配套有新发展。配套率逐年提升，甲板机械、舱室机械、舱室设备、船舶自动化领域不断取得新突破，产业化进程明显加快。世界首台6K90MC-C主机成功交验；船舶压载水处理装置累计承接78台套；超大型低压拖缆机、180吨电动变频绞车等海工配套产品打破国外垄断，实现批量接单。六是海洋工程装备自主开发能力提升，创新能力显著增强，产业规模持续增长，形成研发设计、总装建造、系统集成和设备配套能力体系，拥有全产业链发展实力。2012年成功交付国内首次建造的世界顶级深水三用工作船“海洋石油681号”，自主研发的400英尺自升式海洋平台升降驱动系统，通过中美两国船级社认证，打破了国外公司垄断。

（2）非船产业支撑作用更加凸显。一是经济总量快速增长。占中船重工经济总量的比重达到46.5%，上升5.3个百分点，首次超过民船产业。承接合同同比增长22.6%，占中船重工合同金额的比重达到57.4%。二是一批重点产业持续发展。首个自营风场建成，并网发电；5兆瓦海上风电机组样机实现并网发电。中标港珠澳大桥主体工程钢箱梁项目并开工建造，三峡升船机开展全面装配调试，新签向家坝升船机主体设备合同，昆明新机场三大系统正式交付运营。蓄电池、齿轮箱、煤机装备、桥梁工程、铁路车辆、自动化物流、钛产业、医药器械、热塑制品、办公耗材等保持较快发展。物资贸易在市场困难中强化创新，拓展盈利空间，保持持续增长。三是一批新产品、新领域不断拓展。高耐磨性OPC鼓、保密办公产品等投放市场；大型先进制造自动化装备集成系统进入空调、汽车等新领域。铁路货车摇枕、侧架等批量出口俄罗斯，合成枕木首次进入台湾市场，捣固装煤推焦一体车首次出口印度。四是经营模式不断创新。风电实现从配套、总装、风场开发到运营全产业链发展；BOT等模式从分布式能源领域拓展到桥梁、环保、港口建设等领域；签订华威和田热电厂和鄂尔多斯体育场馆建设合同，实现大型工程建设项目管理总承包；承接上海中心大厦冷热电三联供工程，合同能源管理进一步拓展；深化电子商务平台建设，由制造型企业向集成服务供应商转型；通过境外并购，快速搭建营销平台，积极开拓国际市场。

产品开发与技术进步 中船重工以强化创新为主攻方向，突破了一批核心、关键技术，推出了具有自主知识产权的船舶、海工、配套及非船产品，储备了一批前沿性、基础性及共性技术，科技创新结出丰硕成果。

2012年中船重工全年科研经费投入151亿元，同比增长10.22%，占主营业务收入的比重达8.72%。现拥有两院院士12人，国家“百万工程”人选27人，享受国务院政府津贴的在职专家217人。3个项目获得国家科学技术奖，56个项目获得国防科学技术奖。申报并被受理专利2404项，其中发明专利1400项；获得专利授权1360项，其中发明专利580项。

一批科研项目成果显著。“蛟龙号”载人潜

水器实现我国深海探测的新突破，最大下潜深度达到7062米，并完成了取样等一系列科考任务，标志着我国具备在全球99.8%以上的广阔海域开展载人深潜作业的能力，谱写了我国海洋事业发展的新篇章；自主品牌船用中速柴油机开展系列化机型研制；自主品牌高速大功率柴油机完成总装与性能试验；极低频探地工程设备研制稳步推进。

一批新产品研制成功。11万吨油船等主流船型节能环保技术及实船应用开发不断加强，为开拓市场奠定了基础。我国首艘具有自主知识产权的大型远洋金枪鱼围网渔船完工交付。大型船舶电站研制成功并实现装船。我国单缸功率最大的中速柴油机、首台兆瓦级高温超导电机、高速卷烟分拣系统等研制成功。

一批重点科研项目和创新平台获得国家支持。1200米深水半潜式钻井支持平台、大功率船用中速天然气发动机等40余项重点科研项目获得国家批准立项，大型无压载水油船关键技术研究等正式启动。新增2家国家级企业技术中心，中船重工拥有的国家级企业技术中心达到10家。

对外贸易与合作 2012年，实现进出口总额64亿美元，完成各类船舶出口70艘、865.99万载重吨，占造船完工总量的83.9%。产品主要出口到美国、德国、新加坡、俄罗斯、埃及、希腊、挪威、英国、丹麦、加拿大、缅甸、印度、日本、韩国、中国香港等国家和地区。

主要建设项目 新港临港造修船基地造船区建成投产，大船集团修船基地基本建成，武船双柳特种船舶基地造船区部分建成投产。

资本运营 2012年底，中船重工控股的中国重工（601989）、乐普医疗（300003）、风帆股份（600482）3家上市公司总市值为809.26亿元。

2012年中国重工通过发行可转债方式，完成了对武昌船舶重工有限责任公司等六家公司100%股权和中船重工船舶设计研究中心有限公司29.41%股权的收购。通过本次可转债发行工作，募集资金80.5亿元，成为2012年度国内资本市场规模最大的可转债项目，并荣获“2012年度最佳股票挂钩交易奖”。

风帆股份作为我国蓄电池行业的龙头上市公司，积极应对环保整治及准入条件给行业带来的形式变化，主要经济指标持续增长，2012年再次荣获“中船重工年度经营业绩考核特等奖”和“中船重工非船装备产业突出贡献单位”。

乐普医疗是我国心血管支架制造领域最大的上市公司，上市后通过连续并购，成为能够研制全系列心血管介、植入医疗产品的企业。2012年，乐普医疗核心产品血管内含药（雷帕霉素）洗脱支架系统和心脏瓣膜产品通过CE认证，产品技术指标符合欧盟相关要求，具备欧盟市场的准入条件。

在经济增长同时，中船重工上市公司也给投资者带来可观投资收益。2012年中国重工派发现金红利9.97亿元，乐普医疗派发现金红利1.46亿元。（中国船舶重工集团公司）

海洋工程建筑业

【综述】 2012年，海洋工程建筑业保持平稳发展，沿海地区继续投资基础设施建设，跨海大桥施工进展顺利，沿海港口为提升输送能力投资改扩建工程，海上风电等其他海洋工程也都有不同程度的进展。全年实现增加值1075亿元，比上年增长12.7%。

【跨海大桥工程】 **“六横跨海大桥”进入立项关键阶段** “六横大桥”的全称叫作“舟山六横梅山疏港公路”，2012年4月初，在必要的完善优化后，完成了项目最终预可性研究报告的编制，并上报了评估单位，标志着该项目已经到了立项关键阶段。“六横大桥”工程的主体，就是建设和舟山跨海大桥一样的特大型跨海大桥。该项目总投资将达到175亿元左右，远远超出已经建成通车的舟山跨海大桥，是舟山历史上投资规模最大的建设工程。

泉州湾跨海大桥海域施工全部出水 截止2012年11月21日，泉州湾跨海大桥开工累计完成投资24.8亿元，占项目总概算69.23亿元的35.8%。泉州湾跨海大桥在保质保量及安全的情况下，海域施工都已“出水”。

山东南北长山跨海大桥开建 2012年2月28日，南北长山联岛大桥第一根桩基开钻，标志着山东省第一座海岛跨海大桥正式开工建设。该工程计划工期36个月，工程总造价约为1.67亿元。

【港口及渔港建设】 **河北省6个港口建设项目获得核准** 截至2012年4月末，唐山港京唐港区26号-27号集装箱泊位工程、第三港池工作船泊位工程，曹妃甸港区矿石码头三期工程、煤码头三期工程、多用途泊位工程、通用散货泊位二期工程等6个港口建设项目获得核准立项。曹妃甸港区液体化工码头工程已获交通运输部岸线使用批复。

黄河口国家级中心渔港开港通航 2012年7月28日，黄河口国家级中心渔港正式开港通航。该渔港的建成，彻底改变了东营港渔港、商港混用的状况，实现了渔船集中停靠、渔民集中居住和渔业集聚发展，对于改善渔民生活条件、稳定油田及港口生产秩序、加快构建现代渔业产业体系具有重要意义。

【其他海洋工程】 **潍坊为渔业工程和海岛海岸整治投资2亿元** 2012年，潍坊市投入资金2亿元以上，重点推进潍坊渔港、海岸海岛综合整治修复、海洋牧场、现代渔业等重点项目。其中，海洋牧场争取项目资金3000万元，潍坊市把海洋牧场建设作为打造山东半岛蓝色经济区的重要载体和措施，通过底播增殖、人工增殖放流、筏式养殖、种质资源保护区建设等，全力推进海洋牧场建设。

国家水下文化遗产保护青岛基地举行签约仪式 2012年3月17日，国家水下文化遗产保护青岛基地项目举行签约仪式，预计整个基地将于2014年建成。国家水下文化遗产保护青岛基地项目将在青岛市规划的蓝色硅谷核心区建设，建成投产后将成为集调查、勘探、发掘、保护、展示、研究、培训于一体的国家级水下文化遗产保护基地。据悉，国家水下文化遗产保护青岛基地项目由青岛市人民政府投资，总投资额1.5亿元，计划占地3.3公顷，总建筑面积16810平方米。

曹妃甸原油商业储备基地工程投产 2012年1月31日，中国石化曹妃甸原油商业储备基地工程正式竣工投产，曹妃甸原油商业储备基地可储存原油320万立方米，为我国第三大原油商业储备基地。

海洋交通运输业

综述

2012年，受国内外宏观经济环境影响，海洋交通运输业虽继续保持增长态势，但增速持续放缓。全年实现增加值4802亿元，同比增长6.5%。

海洋交通运输

【国际航运情况】 2012年，全球经济形势依旧严峻，欧债危机令欧元区经济处于轻度衰退状态，美日经济温和复苏，中国、印度等新型经济体增速放缓。全球航运市场不容乐观，全球贸易不景气仍然是造成航运业低迷的主要原因，而运力与市场总需求失衡则进一步恶化了不景气的局面。2012年，世界货运运力增长达到12%，而需求仅增长了3%；国际干散货运价指数BDI从2012年初开始就不断下跌，平均值为920点，比上年下降40.6%；国际油轮运价指数BDTI平均值为719点，比上年下降8.15%。在这种“需求放缓，运力增加，成本上涨，运价下降，亏损扩大”的市场态势下，大批中小航运企业濒临破产倒闭的边缘。

2012年，中国集装箱港口吞吐量1.77亿TEU，占世界集装箱总吞吐量的31.3%；规模以上港口外贸原油进口量2.51亿吨，占世界原油海运贸易量的13.5%；规模以上港口外贸金属矿石、煤炭及其制品进口量分别为7.44亿吨和2.52亿吨，占世界铁矿石和煤炭海运贸易量的比重分别为67.0%和24.1%。

2012年，为应对严峻和复杂多变的国际航运形势，交通运输部以“转方式、调结构”作为抓手，在支持鼓励航运企业自我调整的同时，采取多种举措引导航运企业加强结构调整、企业重组、企业之间联合，或通过一些经济、技术、安全标准等手段加快老旧船的淘汰，改善供求关系方面取得一定的进展，在深化改革开放和推进自主创新上取得新突破，在强化行业管理、提升公共服务能力和水平上取得新成效。发布《关于促进我国国际海运业平稳有序发展的通知》，推动国际海运业结构调整升级，构建良好的行政服务环境，加强合作提高企业抵御危机和防控风险能力，发挥行业协会在应对危机中的积极作用。开展全国船舶交易服务机构调查评估，研究现有船舶交易服务机构布局合理性、服务规范性等问题，加强对船舶交易的管理，规范船舶交易行为，提升交易服务水平。发布《关于加强国际海上旅客运输市场准入管理的公告》，规范国际海上旅客运输活动，保障中国国际海上旅客运输安全。发布《交通运输部办公厅关于进一步加强港澳航线运输管理工作的通知》，加强港澳航线运输管理，督促和引导经营者依法经营，加强行业自律，维护健康稳定的市场秩序。发布《关于在“十二五”期内继续实施中资方便旗船舶特案免税登记政策的公告》，延长政策有效期限，巩固政策效果。

【国内航运情况】 **国内水路运输企业和运力方面** 2012年，全国共有国内水路运输企业6866家，其中沿海运输企业2249家；从事个体运输的经营者29550户。截至2012年末，全国拥有沿海运输船舶10947艘，净载重吨6523.25万吨，载客量18.90万客位，集装箱位22.72万标箱，分别比上年增长0.4%、12.8%、11.8%和11.8%。

客货运输服务方面 全国沿海运输完成货运量16.27亿吨、货物周转量20657.06亿吨千米，分别比上年增加6.9%和5.9%。在客运方面，全国完成水路客运量2.58亿人、旅客周转量77.48亿人千米，分别比上年增长4.9%和4.0%。

【两岸间海上运输】 **两岸交通运输交流合作** 2012年，海峡两岸交通运输领域交流合作不断深化，形成全方位、宽领域、深层次的合作格局，促进两岸直航企业转型升级和携手应对挑战。一是扩大市场开放水平，推动ECFA服务贸易协议交通运输领域相互开放和扩大投资的协商进程。9 月，大陆的中远集团、中海集团、招商局集团和台湾阳明海运签署入股阳明海运在高雄港货柜码头项目的备忘录。二是建立健全两岸联系合作机制，两岸建立海上搜救联系机制，8 月，台方在厦金海域主办第二次两岸海上联合搜救演练，检验在复杂情况下两岸搜救协作能力，推动建立资源共享、紧密协作的区域性救助体系，推动建立海上搜救常态化合作机制；大陆海峡两岸航运交流协会与台湾中华搜救协会在搜救、打捞等方面达成多项共识，同意建立两岸海上专业救助船舶互访工作机制；天津港、连云港港、广西北部湾港集团与台湾港务股份有限公司签署合作意向，大陆已有 14 个港口与台湾主要商港建立合作关系。三是开辟合作新领域，10 月中国公路学会与台湾“中华”道路协会、香港公路学会、澳门工程师学会在江苏联合主办首届公路交通发展论坛，并商定建立公路交通发展论坛常态化机制，每年实行轮流举办；11 月在台湾举办首届两岸港埠发展论坛。

两岸海运直航 2012 年，两岸海运直航促进两岸经贸交流和人员往来。发布 4 项对台海运惠民政策措施，大陆新增两个直航港口（港区），两岸直航港口达 85 个；两岸运输服务保障能力得到增强，对台客货运基础设施建设稳步推进；水路客运服务能力继续提升，福建平潭至台中高速客运班轮航线实现常态化运行，大陆至台湾本岛客运量增长快速，厦门至金门客运航线试运行双向夜航，为构建厦金“一日生活圈”提供交通保障。水路客货运量稳步增长，全年完成货运量 6250 万吨，比上年增长 4.2%；运送集装箱 188 万标箱，比上年增长 8.1%；完成客运量 166.4 万人次，比上年增长约 6%。建立两岸集装箱运价备案制度，有效遏制两岸集装箱运输“零运价”、“负运价”现象。

【交通运输支持系统建设】 2012 年是“十二五”规划的推进年，交通运输支持系统各领域的专业规划和实施方案相继通过并进入全面建设阶段。

2012 年，交通运输支持系统完成投资 64.59 亿元。其中，中央投资 61.91 亿元。救捞系统基本建设完成投资 24.8 亿元，其中中央投资 22.5 亿元，在建项目 28 个，其中新开工项目 2 个，完工项目 3 个。300 米饱和潜水工作母船“深潜”号填补了中国在 300 米饱和潜水成套技术应用方面和利用饱和潜水母船支持饱和潜水作业方面两项空白；首次配置直升机船载功能和 2 级动力定位系统的 14000 千瓦救助船“东海救 101”交付使用。

海事系统基本建设完成投资 15.56 亿元，全部为中央投资，在建项目 171 个，其中新开工项目 124 个，完工项目 117 个。大连船舶溢油应急设备库、浙北 VTS 工程、汕头海事监管基地等重点工程相继投入使用。

科研、教育类等支持系统基本建设完成投资 9.64 亿元，其中中央投资 9.25 亿元，在建项目共 85 个，其中新开工项目 9 个，完工项目 36 个。在建的第四代国际海事卫星北京关口站工程、“十二五”北斗专项规划中的示范工程之一重点运输过程监控管理服务示范工程、大型水动力实验室二期工程项目等进展顺利；大型水动力实验室（一期）工程项目、交通运输统计分析监测及投资计划管理系统（一期）工程”、射频识别（RFID）技术交通应用实验室工程、大连海事大学机舱实验楼建设项目等一批重点工程相继完工并投入使用。

协调和推进《规划》内重大装备和建设项目前期工作。8000 千瓦海洋救助船（16 号-18 号）已开工建造，50000 吨自航半潜船和 12000 吨抬浮力打捞工程船完成前期工作；5000 吨大型起重船完成 EPC 建造选厂招标工作，完成大型溢油回收船项目方案设计；4 架救助直升机（9 号-12 号）完成购机谈判。同时加快《规划》中监管救助工作船建设计划的执行，在年度常规投资计划外，新增一批救助船、巡逻船（2 艘大型巡航救助船、4 艘 8000 千瓦大型海洋救助船、4 艘近海快速救助船和 6 艘 60 米级海巡船），启动 4 架救助直升机（13 号-16 号）的前期工作。此外，还积极推进《规划》中监管基地、救助基地、飞行基地船舶交通管理系统、通信系统、基层站房等基础设施建设，有序推进小型巡船艇的建造。

【双边海运合作交流】 2012 年，交通运输部继续推进双边海运磋商。与欧盟、美国、日本、韩国、加拿大、丹麦举行定期海运磋商及政策交流。双边海运磋商及政策交流的议题是应对金融危机措施及政策、国际航运市场竞争秩序监管、综合物流体系建设、引导企业转型经营等。

中欧会谈，双方就船舶节能技术研究应用、中国船员赴欧签证、客船安全监管、海事人员交流培训和国际海运反垄断政策实施等议题进行交流。此外，双方还就 IMO 公约、WTO/GATS 谈判进展交换意见，并对双方业界提出的问题进行澄清。

中美会谈，双方交流两国海运管理与政策的最新动态。美方通报其联邦海事委员会已将美国无船承运人在美国交纳的保证金额度从 9.6 万美元提高至 12. 5 万美元，与中国规定的 80 万人民币保证金额度相当，并介绍美国吨位税制、硫氧化物排放控制、压载水排放标准，以及“受控承运人”制度执行情况。双方还就综合运输体系建设、《鹿特丹规则》以及中国船员赴美签证待遇等问题进行讨论。

中日海运政策磋商中，双方围绕提高本国航运竞争力的政策措施进行交流讨论。日方重点介绍船舶吨位税制度的最新进展，以及由政府、企业和研究机构共同参与的节能船型研发项目。双方还就国际航运市场竞争监管、老旧船舶和客船安全监管、打击海盗、日本核辐射检测、WTO/GATS 谈判、集装箱多式联运安全管理和国际公约等议题进行讨论。

为纪念中韩建交 20 周年，中韩双方在韩国釜山举行中韩海运合作 20 周年纪念活动，回顾总结二十年合作的经验和成就，探讨中韩海运未来发展方向，并于同期举办第 20 次中韩会谈。会谈明确中韩航线向安全、绿色、舒适和现代化发展的方向；经营主体要不断实现升级和转型，形成规模化经营；要求协会和科研单位加强合作，形成政府、企业、协会和科研单位共识的发展规划，指导今后中韩海运事业发展，目标是将中韩航线办成中韩间经贸、文化交流的精品。

中加会谈在加拿大举行。加方重点介绍振兴港口及海运业务的政策措施，一是对加公司在国外建造的船舶减免 25%进口关税；二是《沿海贸易法案》作出修订案，对加拿大大陆架的油脉开采活动予以豁免；三是加强加拿大油轮安全法规的计划。另外，双方还就促进邮轮产业发展，包括立法、基础设施建设、航线和码头管理等一系列问题进行深入交流，对亚太门户与走廊计划（APGCI）、内河航道建设养护、海铁联运等话题进行讨论。

中丹会谈着重就世界航运发展形势、市场竞争秩序监管、丹麦船舶吨位税制、丹麦国际船舶登记制、水上客运安全管理等议题进行讨论。

（交通部水运局）

沿海港口建设与生产

【丹东港】　丹东港位于东北亚经济圈的中心和环渤海经济带的东端，是中国海岸线最北端的国际贸易商港，是我国东北东部地区新的出海大通道，是连接俄罗斯、蒙古、韩国、日本最便捷的海铁物流大通道。已与日本、韩国、俄罗斯、美国、巴西、印度等 70 多个国家和地区的 90 多个港口开通了散杂货、集装箱、客运航线。

“十二五”期间以建设东北东部及东北亚地区交通物流枢纽为定位，不断完善港口功能和配套设施，提高港口生产自动化、管理专业化和信息化水平，建设超大型油品、矿石、集装箱、粮食、汽车滚装、邮轮等专业化深水泊位及其配套设施。预计到“十二五”期末新建大型深水泊位 60 余个。同时 ，大力发展以石化、钢铁、造船等为核心的综合现代临港产业和以港口为依托的现代服务产业，推进港口创新升级，加快由货物吞吐港向发展带动港转变，由产业支撑港向要素聚集港转变，使丹东港成为以东北亚为基点、面向全球的重要物流枢纽中心和现代大型产业集群港口。

港口综合能力　丹东港不断加大港口建设力度，重点开展了大东港区新港池建设，将原来的能力不足 5 万吨、数量不足 10 个码头的小型港区、改造建设成为拥有大型挖入式港池和 30 余个大型粮食、矿石、集装箱等专业化深水化泊位的现代化港口。其中，现代化粮食泊位群和配套的 80 万吨筒仓、千余台散粮专用车，使港口粮食吞吐能力增至 1000 万吨以上，新增的 50 万吨筒仓和第二套自动化装粮系统正在快速建设当中。现代化矿石专用泊位群和自动化装卸系统的投入使用，使丹东港的矿石和煤炭周转能力新增 1000 万吨以上。同时，后方堆场的防风抑尘喷淋系统的投入使用，实现了建设现代环保港区的目标。现代化集装箱泊位建设，极大改善和提升了丹东港对东北地区现代物流的服务牵动能力。30万吨矿石泊位的开工建设，助推了丹东港迈入国家级大港行列。5万吨级液体化工泊位的建设，为丹东地区建设石化产业和油品储备库区提供了前期条件。此外，东沟港池防波堤工程、疏港公路、铁路、堆场、供电、给水、消防、环保及生产生活辅助区等配套设施建设也同步跟进。

港口吞吐量　2012年，丹东港完成货物吞吐量9606多万吨，同比增长25.8%；集装箱吞吐量125万标箱，同比增长76.5%。短短的七年时间，丹东港货物年吞吐量由2005年的1506万吨增加到2012年的9606万吨，每年以30%的速度增长。

临港工业　现代农业综合项目：主要包括食用油系列产品、蛋白综合处理、粮食综合处理、饲料综合处理、养殖基地、环保利用、绿色农田改造、生物制品、冷链物流项目，以及建立农村合作机制，支持小城镇建设。依托养殖基地，采取场地租赁、农户入股共同养殖等合作方式，采用美国霍利菲尔德的管理和销售经营方式，采用芬兰技术养殖和环保处理设备，充分利用农村剩余劳动力和土地，发展现代绿色农业，促进农村现代化，支持小城镇建设。上述项目前期工作正在开展，并加快推进。2012年帕斯特谷物项目一期工程建成投产，运行良好，效益显著。二期工程主要车间及配套设施建设正在收尾，力争下半年竣工投产。两条生产线年加工大豆量达200万吨，可成为我国北方最大的粮谷加工企业。在建成使用80万吨粮食筒仓和自动化装卸系统的基础上，又扩建50万吨粮食筒仓，港口粮食年周转能力已达1500万吨以上。通过与中储粮、中粮、北大荒、温氏集团等国家级大型粮食物流企业合作，联手建设现代化大型粮食中转基地。同时，投入500辆新型散粮专用自备车，既增加了港口吞吐量，又增加了粮食物流量。

2012年在建船舶4艘（3艘海上石油工程船和1艘溢油回收船），待建即将开工船舶3艘，订单船舶19艘，共26艘海洋工程船。主要建造船型为海洋工程辅助船、溢油回收船、补给船和15万吨钢结构模块等。中韩合资丹东大宇海洋重工项目协议已签定，进入实质性建设阶段。占地5.5平方千米，分三期实施，建成后年生产能力可达600万载重吨。主要包括：海洋工程装备、钢结构、海洋工程装备维修、大型、超大型船舶制造、14000标箱以上集装箱船建造，各类海洋工程配套船舶（补给船、溢油回收船）等。

2012年主要建设一期工程长600米、宽150米的干船坞一座、下水滑道1条、700米舾装码头、24000平方米修理制造车间及20万平方米户外制造场地以及研发中心和附属设施。

（丹东港）

【营口港】　2012年吞吐量再次突破3亿吨，跃居全国沿海第8位，集装箱吞吐量超过480万标准箱，成为中国沿海发展最快的港口之一。

营口港既是一个开埠百年的老港，又是一个在改革开放中建设和崛起的新港。现辖营口、鲅鱼圈、仙人岛和盘锦4个港区，形成陆域面积50多平方千米，共有生产泊位78个，其中20万吨级泊位1个，30万吨级泊位2个。2012年开始承接丹东海洋红港区和葫芦岛绥中港区的建设。

营口港共有集装箱、钢材、矿石、汽车、原油、成品油及液体化工品、粮食、大件设备、煤炭等9种类型货种的专用码头，其中，集装箱码头可停靠第五代集装箱船；矿石码头、原油码头分别为30万吨级大型深水泊位；大件设备码头的起重能力达到目前国内港口码头最大能力350吨以上，并可在码头现场对大件设备进行拆装组合。

营口港已同50多个国家和地区140多个港口建立了航运业务关系。装卸的主要货种有：集装箱、汽车、粮食、钢材、矿石、煤炭、原油、成品油、液体化工品、化肥、木材、非矿、机械设备、水果、蔬菜等。其中，粮食、非矿的装卸量位居全国第一；矿石、钢材、煤炭、内贸集装箱的运量名列东北各港之首。

营口港已开通日本、韩国和东南亚等国家和地区十几条国际班轮航线和多条可中转世界各地的内支线。每月300多班、40多条内贸集装箱航线已覆盖沿海主要港口。2012年开通的营口港至广州南沙港集装箱天天班航线成为全国第一条南北集装箱天天班航线。

每周两班往返于营口港和韩国仁川港之间的豪华邮轮“紫丁香”号，开辟了营口港第一条国际客运航线。

500万平方米的集装箱堆场、400万平方米的物流园区设施先进、功能齐全，配有恒温库、钢材库、期货交割库、保税库、入仓即可退税的出口监管仓及可办理国际保税物流业务的保税物流中心。

为更好地为东北及内蒙古东部地区经济建设和对外开放服务，降低客户的综合物流成本，营口港将港口功能前移，先后在沈阳、长春、哈尔滨、通辽、吉林西、沈北、法库、黑龙江的铁力和建三江等地建立了陆港。

营口港交通便捷，沈大高速、哈大公路沿港区而行，长大铁路直通码头前沿，与港内11条1050米铁路装卸线相连。现已开通营口港至哈尔滨、大庆、长春、德惠、公主岭、四平、松原、佳木斯、牡丹江、绥芬河等40多条海铁联运集装箱班列，其中，经满洲里过境直达欧洲各国的班列已由每周两班增至三班，使营口港成为欧亚大陆桥新的桥头堡。

（营口港　卢昕　曹立斌）

【烟台港】　烟台港现拥有芝罘湾港区、西港区、龙口港区和蓬莱港区四大港区，码头岸线1.82万米，各类泊位95个，其中万吨级以上泊位56个、10万吨级以上泊位8个，装卸机械899台(套)。2012年，全港完成货物吞吐量2.03亿吨，同比增长11.3%，成功迈上两亿吨台阶；完成集装箱吞吐量185万标箱，同比增长8.3%；完成旅客发送量215.8万人次，滚装车发送量39万辆；火车装卸车完成32.6万辆，其中卸车5.7万辆，同比增长52.7%。货物吞吐量、集装箱吞吐量等主要经济指标均创历史最好水平。

港口生产　散杂货运输。年内全港铝矾土进口吞吐量占全国进口铝矾土市场的58.5%，巩固和提升了烟台港的全国进口铝矾土第一港地位。煤炭、油品同比分别增长15.7%、24.7%。基本构筑起以铝矾土、铁矿石、煤炭三个吞吐量过两千万吨货种为规模支撑，以化肥、木材、钢铁、油品为效益支撑的货源保障新格局。

集装箱运输。2012年，新增1条内支线，5条内贸航线；日本航线为10条，平均每周10班；韩国航线8条，每周13班；内支线5条，每周12班；内贸集装箱航线27条，平均每周39班。

客滚运输。年内新增烟台至中东商品车滚装外贸航线，成功争取6家新增客户，成为吉利汽车商品车出口基地港。全年商品车出口同比增长50.4%。芝罘湾港区旅客、滚装车发送量分别完成201.8万人次、完成36.2万辆，旅客、滚装车发送量市场份额分别达到79%和77%，同比提高2.7百分点和6.2个百分点；蓬莱港区旅客、滚装车发送量分别完成14万人次、完成2.8万辆，同比分别增长26.9%和7.5%。成功开通烟台至长岛季节旅游航线，搭建烟台滨海旅游新平台。

港口建设　西港区：年内，烟台港西港区一期工程的码头主体38座沉箱安装施工作业全部完成。其中，最大沉箱单体设计高28米，沿码头纵长21.8米，横宽31米，自重近万吨，是目前世界上整体储运尺度和吨位最大的沉箱。9月，中海油烟台港石化仓储有限公司在烟台港西港区举行石化仓储项目一期工程奠基仪式。

芝罘湾港区：烟台港三突堤集装箱码头工程全部完工，正式启动项目验收程序。烟台港芝罘湾港区31#客滚泊位工程、烟台港芝罘湾港区32#-34#客滚泊位改造工程完工，其中31#、32#泊位进入试生产阶段；D4泊位工程完成主体建设。

龙口港区：龙口港区27#、28#、29#通用泊位工程中，28#泊位主体完工，29#泊位试投产，同时加快推进27#泊位扩能升级。10万吨级航道拓宽工程完成疏浚量930万方，占总量的75%。

蓬莱港区：东、西两条防波堤工程，于2012年7月开工建设，至年底西侧防波堤完成700米，预计2013年底完工；东侧防波堤2013年将完成总量的60%。蓬莱—长岛陆岛交通货滚码头工程主体完工，具备简易投产条件。

（烟台港集团有限公司　鲍恩忠）

【青岛港】　面对严峻复杂的经济形势，山东青岛港（集团）有限公司坚持“科学发展是硬道理，逆境增长是硬功夫”，胜利实现港口生产逆势增长。2012年吞吐量突破4亿吨，同比增长9.5%，稳居全国第五，全球第七位。青岛港吞吐量跨越4亿吨，是个历史性的台阶。

2012年青岛港创新组织，强力提速效率快港。春节会战火车装车5破3000车，“孙波效率”第18次、19次刷新世界矿石接卸纪录、“振超效率”引领全港集装箱昼夜突破4.8万标准箱，纸浆接卸效率保持世界第一。2012年实现了雾天安全引航、CAPE矿船减载靠泊老港区、19米以上大矿船频靠前湾港区、主航道通航30万吨满载大油船、董家口CAPE船满载直靠等一系列新突破。

2012年青岛港集中全港揽货优势，大力拓展内陆，把握产业西移趋势，率先在郑州建成第一个内陆无水港，为强力拓展内陆、扩大腹地赢得先机。同时抓住大宗资源性商品进口仍将扩大的机遇，组织精兵强将、全面出击、抢揽进口矿、进口煤、进口铝矾土、进口油、进口粮，确保全国第二大外贸口岸不动摇。强力推进中转，充分发挥青岛港深水码头、效率快港优势，加强中转分拨，增强资源配置能力，建设枢纽港，向东北亚国际航运中心挺进。马士基在港口集装箱年度操作量突破100万标准箱；30万吨级油轮在青岛港实现满载直靠，极大增强了港口核心竞争力。

青岛港着力推进港航、港货、港港、港贸、港运、港代“六大联盟”，创造了“四国八方”合作运营世界级集装箱发展平台等一系列中国港口战略合作的成功范本。通过高达455亿元的董家口合资合作项目，青岛港将与合作伙伴充分发挥各自的行业优势和整体的组织、协调优势，通过资源共享、互惠互利、优势互补，分别就董家口港区的码头、堆场、罐区、配套设施建设及物流、粮食深加工等有关事项展开全面合作，共同按照第四代港口的发展模式，加快建成一批世界一流的矿、煤、油和散杂货深水码头，进一步提升港口综合物流、专项物流、加工、保税、仓储、商贸、信息、金融和综合服务等功能，不断促进西海岸经济新区建设，为实现蓝色跨越并助力青岛建设成为宜居幸福的现代化国际城市做出新的更大的贡献。

（青岛港）

【连云港港】 2012年，连云港港口集团万名职工认真贯彻落实连云港市委、市政府各项决策部署，牢记以港强市、做大引擎的光荣使命，积极应对错综复杂、快速多变的经济形势，紧紧把握好中求快总基调，突出转型发展着力点，在建设东方强港、构筑和谐家园的征途上迈出了新步伐，主要体现在：

港口生产 全港完成货物吞吐量1.85亿吨，增长11.4%，其中完成集装箱运量502万标箱，增长3.5%；完成固定资产投入37.2亿元，创历史新高；推动项目合资11个，客方到位外资8030万美元、内资6.5亿元；完成营业收入71亿元，实现利润2.2亿元；职工收入水平稳步增长，福利待遇明显增加。

物流服务 港口积极放大铁水联运示范通道效应，实现3条班列客车化往返运行并新开至霍尔果斯口岸过境班列，新增9条集装箱航线，提升内陆综合物流场站运营质量，做大“集改散”、“散改集”规模，集装箱铁水联运量完成30.3万标箱，继续领跑国内沿海港口。中韩轮渡航线保持每周4班密度，对韩经贸交流通道顺畅。科学整合、调度生产资源，车船作业纪录频频刷新，铁路日均装车量、公路疏港量、矿石转水量、海河联运量、保税业务量再攀新高，以“现场保市场”、以“疏运促上量”战略实施效果显著，港、航、路、贸等合作关系更加密切。

生产能力建设 伴随25万吨级航道竣工通航，主体港区功能升级，30万吨级矿石码头正式对外开放，氧化铝、散化肥泊位建成试投产，旗台防波堤、1#液体散货泊位水工、56号至57号泊位水工、保税物流中心二期土建、公路中心货运站A楼主体等项目按期完工，矿石码头铁路专用线、矿石带式输送机系统、内河29个泊位等项目有序实施；技术装备保障增强，海关H986系统上线运行，矿石多功能取制样系统建成投用，3500立方绞吸船交付启用，铁水联运信息化项目、口岸公共信息平台分获国家立项和省级验收；两翼港区布局拉开，赣榆港区开港试运营，灌河港区形成吞吐能力，徐圩港区一期工程开工建设。

转型升级 坚持“低碳港口促转型、智能港口促发展”理念，不断加快生态港口建设，加强信息化与产业化融合，连云港港成为全国唯一低碳示范港、首个科技示范港和江苏首家集装箱甩挂运输交易中心，船用岸电技术、海铁联运物联网工程上升为国家标准，建设“国内集装箱绿色示范航线”方案上报待批，油改电（气）、节能工艺改进、节能设备应用等项目快速铺开，港口集团被评为“2012 年节能中国先进单位”、“全国交通行业节能减排优秀贡献企业”。主体港区经 3 个月的港容港貌整治出新，呈现出布局合理、层次分明、色调和谐、环境整洁的崭新形象。

（连云港港口集团新闻中心　薛广东）

【海南港】　海南港航控股有限公司主要从事港口装卸、仓储、水上客货运输、集装箱运输、外轮理货、船舶修理、商业贸易、旅游、房地产开发、物业管理等业务，是海南省最大的国有港航企业。对拥有的海口秀英港区、海口新港区、马村港区 3 个港区实行统一规划、统一建设、统一经营、统一管理，新港港区因海口市政府实施城市化改造已全部停止码头生产业务，退化港口功能。新开工建设的海口港新海港区客货滚装码头将是公司未来的新港区。港口生产设施齐全，机械设备先进，配备生产辅助船舶 4 艘和旅游船 1 艘，各类主要生产机械设备共 323 台，仓库 5.73 万平方米，堆场 40.88 万平方米。资产总额 60.02 亿元。

生产经营　2012 年是公司重组成立八年来港口主业生产跌宕起伏的一年。面对多变的国际经济形势、国内经济下行压力及航运市场的不景气，公司加大市场营销力度，积极开拓货源市场，重点抓好 VIP 客户服务。对全港生产进行统一管理，统一调度，做到全港一盘棋，千方百计提高码头利用率，港口生产在困境中继续保持良好发展势头。全年共完成货物吞吐量 5048.8 万吨，同比增长 11.6%。其中，集装箱吞吐量完成 1000110.25TEU，首次突破 100 万 TEU 大关，同比增长 23.8%；轮渡进出口车辆完成 126.9 万辆次，同比增长 3.8%；旅客进出口人数完成 787.8 万人次，同比下降 8.8%。除旅客进出口人数下降外，三项重要生产指标再创历史新高，连续八年保持增长势头。

航线运力　公司开通了海口至海安、湛江、蛇口、广州、北海等地的汽车旅客班轮运输航线，目前正常运营的有海口至海安、北海航线。公司控股的海峡航运股份有限公司在深交所上市后充分利用募集资金建造大型客滚船舶，2012 年迎来新建船舶投入运营高峰期。“信海 19”号、“海峡 1 号”、“宝岛 16 号”分别于 1 月 19 日、2 月 10 日和 7 月 16 日投入海口至海安航线运营。海峡航运已拥有客滚船 16 艘、普通客船 2 艘，运力大幅增加。

为了做大集装箱业务，积极争取海口市政府的优惠政策和财政 3000 万元资金扶持，公司引导、协助和鼓励船运公司增开新航线。外贸航线除了经香港中转至世界各地的国际班轮外，10 月 24 日，中海公司投入海口至越南胡志明市国际班轮航线。国内航线开通了海口至上海、天津、营口、福建、浙江、锦州、太仓、珠三角干线及海口至北部湾四条支线。目前，国内集装箱班轮干线、支线直达沿海各港口，形成了辐射全国各港口的航线布局。

港口建设　海口港二期工程自 2009 年底试投产后，2012 年完成了最后一笔海域使用金返还及 84.9 公顷海域证换发土地证工作，5 月 15 日顺利完成了竣工验收工作并取得交通部颁发的竣工验收证书。在建工程——马村中心港区二期扩建工程的施工进展顺利，稳步推进挡浪墙浇筑、软基处理、陆域吹填、港内道路、管沟等工序的施工，全年完成投资 50764 万元，累计完成投资 90004 万元，完成工程总投资（16.74 亿元）的 53.8%。被列为海南省和海口市“十二五”计划重点项目的海口港新海港区汽车客货滚装码头一期起步工程于 2012 年 3 月 23 日在新海乡隆重举行开工典礼，项目总投资 24 亿元，分两期建设。项目完工后，将建成 18 个 3000～10000 吨级泊位，年吞吐能力超过 300 万辆次和 2000 万人次。目前累计完成投资 5936 万元，占年度计划 5000 万元的 118%。马村中心港区三、四期扩建工程和国家一级渔港项目的前期申报工作也正有条不紊地推进。《海口马村中心港区、新海港区汽车客货滚装码头投资及工程总承包（BT）项目》BT 合同于 6 月 27 日正式签订，总投资约 88.9 亿元。此外，公司于 10 月份成功发行 8.5 亿元企业债券，用于港口建设和补充营运资金，票面年利率为 6.8%，期限 7 年。

（海南港航控股有限公司　曾涛）

海洋旅游业

综 述

海洋旅游是我国旅游业的重要组成部分。在中国经济持续发展、国际形势发生变化的大背景下，海洋旅游逐渐成为一大旅游热点，发展潜力巨大，市场前景广阔。国家旅游局十分重视海洋旅游业发展，将2013年确立为“中国海洋旅游年”，致力于通过加强对海洋旅游资源和产品的宣传推介，使海洋旅游保持平稳较快发展势头。目前，海洋旅游市场持续扩大，海洋旅游新产品不断完善，服务水平进一步提升，成为中国旅游业持续增长主要动力之一。

【我国海洋旅游业发展现状】 滨海旅游正向全面开发迈进 我国海洋旅游资源丰富，海滨旅游景点1500多处，滨海沙滩100多处。在12个国家级旅游度假区中，其中8个为滨海度假区。作为国家海洋发展战略和区域协调发展战略的重要组成部分，滨海旅游经济发展迈入一个崭新阶段。通过对沿海旅游资源的全面整合，构建合理的地域分工体系，推进旅游产业结构优化升级，实现滨海旅游由点向面，梯次发展，整体协同的全面开发新格局。

海洋旅游发展初具规模 一是我国沿海地区已形成完整的战略体系。河北沿海经济带、辽宁沿海经济带、天津滨海新区、山东半岛蓝色经济区、江苏沿海经济带、长三角经济区、浙江海洋经济发展示范区、福建海峡西岸经济区、珠三角经济区、广东海洋经济综合试验区、广西北部湾经济区、海南国际旅游岛等一系列沿海经济板块及相关规划，共同构成了我国沿海地区发展的完整战略体系，这也意味着从国家战略层面上实现了对全国1.8万千米大陆海岸线、所有沿海区域的覆盖；二是产品体系逐步完善，基本形成了以滨海观光为主，康体疗养、休闲度假为辅，兼及新型产品和高端产品的产品体系；三是形成了一批具有特色的滨海城市旅游目的地和海洋旅游岛屿。

海洋旅游开始由“近海”向“远洋”扩展 海洋旅游正从滨海观光向滨海度假转变，从近海观光休闲向远洋化、度假型转变。在2011年国务院批准的《全国海洋功能区划(2011-2020年)》中，特别强调了对远海旅游开发问题。目前，西沙群岛旅游资源开发和永兴岛的建设工作，正在逐步有序地推进。

滨海邮轮游艇旅游发展步入新阶段 我国邮轮产业已从过去五年经历的产业基础环境建设阶段，步入市场主体培育和行业内涵发展建设阶段，产业发展的整体战略日益清晰。其中邮轮母港建设成效显著，挂靠港建设进入了新时期；邮轮公司设立有所突破，邮轮市场主体逐步形成；邮轮产业链拓展加速，正逐步向邮轮产业链上游延伸。我国已成为世界各大邮轮公司高度关注和大力开发的新兴市场，巨大的国内旅游市场将成为今后相当长时期内推动我国海洋旅游扩大规模、提升水准的主要动力。

海洋旅游发展的综合效益日益凸显，并成为社会公众关注的焦点 海洋旅游的发展除了提高全民族海洋意识，普及海洋文化，形成海洋旅游产业经济外，在目前纷繁复杂的国际政治环境下，海洋旅游的影响和作用不断扩大，海洋旅游业发展日益融合到国家蓝海战略布局中。

【我国海洋旅游业发展存在的问题】 缺少高端海洋旅游产品 目前我国的海洋旅游业产品主要仍是以传统观光线路占主导，缺乏邮轮游艇等高端旅游项目，缺乏高端海洋旅游度假产品，对于高端消费游客难以形成吸引力，相对其他国际知名滨海旅游城市，更是难以形成有效竞争。同时，个别沿海地区海洋旅游资源开发不足，无法充分发挥海洋旅游资源优势。

海洋旅游线路整体规划水平较低 我国海洋旅游及水上娱乐项目主要集中在海南、福建等旅游城市，丰富的海洋旅游资源未能得到有效开发，海岸线资源被房地产开发业不断侵占，海洋旅游线路缺少统一合理规划，无法形成联动效应，这些因素都制约了海洋旅游产业的发展速度和质量。

产业规模偏小，服务不配套 海洋旅游项目多为企业独立经营，规模较小，从而造成了旅游的开发和产业规模偏小，服务设施不齐备，各旅游景点及旅游企业间无法有效合作等问题。

滨海旅游

滨海旅游在我国旅游业发展中占有重要的地位。我国旅游业较为发达的省、市、区，大多分布于沿海地区。2012年我国滨海旅游业产业规模持续增大，成为占比份额较大的细分产业。全年实现增加值6972亿元，上年比增长9.5%，以33.9%的占比位居海洋产业之首，达到历年最高。

【滨海旅游带】 **环渤海湾滨海旅游带** 经过多年的融合发展，环渤海区域海陆空立体交通网络体系初步建成，公共基础服务设施日臻完善，产业关联性和依存度不断增强，已经发展成为我国城市聚集，创新能力和综合实力最强的区域之一。2012年9月，环渤海16个港口城市旅游合作会议在天津梅江会展中心召开。会上，环渤海港口城市旅游合作组织16个成员城市天津、大连、青岛、烟台、秦皇岛、丹东、滨州、沧州、东营、葫芦岛、锦州、盘锦、唐山、威海、潍坊、营口经友好协商，共同签署了《区域联合 共谋发展》旅游合作协议。2013年4月国家旅游局批准天津滨海新区为中国邮轮旅游发展实验区，以推进完善邮轮产业政策体系、促进母港建设管理能力、提升邮轮产业服务质量、培育本土邮轮服务力量、扩大邮轮经济产业水平等方面为主要内容。

长三角滨海旅游带 2012年长三角区海洋旅游继续保持高速发展的态势，苏、浙、皖、沪三省一市的旅游合作日益紧密。2012年9月，国家旅游局批准上海宝山区、虹口区为中国邮轮旅游发展实验区。2012年11月，苏浙皖沪代表团参加了2012长三角旅游合作联席会议，会上发布了《长三角房车旅游发展大纲》，将共同谋划房车旅游的未来；签署了《共同推进长三角休闲度假旅游发展合作协议》等。这标志着三省一市的旅游合作将进入一个新阶段，长三角将进一步集聚各方力量，创新区域旅游合作模式，打造一体化的世界著名旅游城市群。

海峡西岸滨海旅游带 2012年海峡西岸围绕“海峡旅游”品牌，整合优势资源，不断加强旅游景点及配套设施建设，加快形成东部蓝色滨海旅游带和西部绿色生态旅游带。特别是东部蓝色滨海旅游带，将以福州昙石山文化遗址、三坊七巷、莆田妈祖文化、屏南白水洋、福鼎太姥山、雁荡山等为重点，积极发展滨海旅游和文化旅游，打造以福州为中心的海峡西岸东北翼旅游产业集群；以厦门鼓浪屿、海上丝绸之路泉州史迹、潮州历史文化名城、漳州滨海火山、南澳国际生态海岛等为重点，积极发展滨海旅游和文化旅游，打造以厦门为中心的海峡西岸南翼旅游产业集群。

珠三角滨海旅游带 2012年，珠三角海洋经济区的临海工业、海洋运输业和海洋新兴产业快速发展，重点在提升海洋自主创新能力，积极培育海洋新兴产业，突出发展海洋高端制造业和现代服务业。其中广东省将珠三角、粤东、粤西三大海洋经济区作为发展海洋经济的主体区域，涵盖了广州、深圳、惠州、汕头和湛江为首的五大区域海洋经济重点市。

海南省国际旅游岛 海南省国际旅游岛建设提速，推进了国内岛屿的开发建设。海南邮轮游艇业、高尔夫休闲旅游业等旅游新兴业态不断发展，为海南旅游创新发展奠定了基础。2012年海南实现地区生产总值2855.26亿元，人均地区生产总值达到5147美元。截至2012年底，海南酒店宾馆共有3000余家，包括172家星级酒店。其中，五星级23家，四星级46家，三星级80家。海南省旅游项目正在进行品牌化、精品化改造提升，在帆船、冲浪、海钓、山地自行车等体育旅游方面，不断探索和尝试。此外，旅游会展节庆活动也日益丰富，进一步提升了海南旅游的整体形象。

【滨海旅游城市】 **青岛市** 2012年，青岛市接待国内外游客5717万人次，同比增长12.7%；实现旅游收入807亿元，增长18.5%。2012年，青岛市主要取得了三方面成绩：①制定旅游总体规划修编。修编了青岛市旅游产业发展总体规划，加快构筑“三城两线”旅游发展布局。完成了乡村旅游等专项规划修编；编制了《邮轮经济发展规划》，确定了依托青岛港，并将周边的小港、中港海岸区域整体开发为“国际邮轮城”的发展战略，确立了邮轮经济发展的近期、中期和远期目标。开展了邮轮母港、森林公园、啤酒文化休闲商务区、凤凰岛旅游开发等规划编制工作。②推进旅游大项目建设。2012年内，重点实施了“千万平方米旅游休闲度假及会展设施”建设工程，推进了81个旅游大项目建设。“千万平方米”建设工程累计投资到位资金275亿元，完成目标任务过半。③加强旅游标准化试点创建。在试点创建期间指导试点单位共建立了13548项企业标准，制定出台了海水浴场、海岛旅游、旅游码头三个特色地方标准，填补了全国海滨旅游标准的空白。

烟台市 2012年，烟台市共接待海内外游客4503万人次，实现旅游收入475.5亿元，同比增长14.9%和17.9%。2012年，烟台市主要取得了三方面成绩：①推进旅游项目建设。全市在建旅游项目66个，总投资1395亿元，累计完成投资389亿元，本年度完成投资124亿元；制定出台了《重点旅游项目管理办法》。②制定完善相关规划和标准。完成了昆嵛山总体发展规划，推进滨河景观工程建设；制定出台了《烟台市旅游度假区管理办法》，编制了《烟台市乡村旅游暨城郊游憩带规划》，出台了《烟台市休闲农业与乡村旅游星级企业（园区）评定管理办法》，建立了乡村旅游业联席会议制度。大力发展海上游，引进了新绎游船公司、海鲨游艇公司，开通了市区至长岛的旅游航线，并积极拓展邮轮旅游市场。③加强合作交流。与韩国蔚山市、群山市签署了《旅游战略合作协议》、与香港旅行社协会签署了《互送客源协议》、与北京等11个城市签署了《促进对俄旅游合作北戴河四月宣言》、与环渤海16港口城市签署了《区域联合，共谋发展》合作宣言等，促进了烟台与国内外旅游城市的交流与合作，提升了烟台旅游的国际化水平。

威海市 2012年，威海市共接待国内外游客2714.8万人次，旅游总收入297.2亿元，同比分别增长12.47%和17.5%。2012年，威海市主要取得了三方面成绩：①重点项目建设快速推进。以项目库为抓手，加强对重点旅游项目的跟踪服务。全市实施旅游考核项目11个，完成投资24.8亿元。②景区景点上档升级。实施了景区升级和创A计划，全年新增A级景区10家。乡村旅游、工业旅游、农业旅游快速发展，新增11处省级农业旅游示范点、6处省级工业旅游示范点、6个旅游强镇、6个旅游特色村、6个好客人家星级农家乐。③休闲度假旅游加快发展。制定了《威海市国民休闲发展纲要》，指导各旅游度假区持续发展。

厦门市 厦门高端旅游基础设施建设不断加快，国际豪华邮轮码头、五缘湾海上休闲运动基地、香山国际游艇俱乐部等已经建成或在建，有力地支持了厦门海洋旅游的全面升级。为开发新型高端海洋旅游产品，厦门积极发展邮轮、游艇、游船等“三船”旅游产品，推动开辟厦门至澎湖和台湾本岛的邮轮旅游航线；同时大力发展对台特色旅游，努力构建对台旅游的重要口岸城市。

漳州市 漳州加大滨海旅游政策扶持、资金投入和资源整合力度，以漳州滨海火山国家地质公园和东山风动石旅游区为龙头，整合漳浦、东山、龙海、云霄和诏安等县滨海风光、温泉休闲、人文史迹和自然生态等资源，初步形成了滨海旅游“双核”（东山岛、漳州滨海火山国家地质公园）驱动的产业格局，基本建成了独具特色的滨海观光休闲度假区、滨海火山探险旅游区、台胞寻根谒祖旅游区和金汤湾海水温泉度假区，成为漳州旅游产业的核心品牌之一。

宁波市 2012年，宁波市在建旅游项目109个，总投资达340亿元，其中慈溪达蓬山旅游度假区、象山半边山度假区、慈溪杭州湾湿地公园、宁海湾游艇俱乐部等滨海旅游项目实质性启动或建成。目前，宁波市已形成以杭州湾、象山港、三门湾为板块，杭州湾片区、镇海北仑片区、梅山春晓片区、象山港片区、松兰山—大目湾片区、石浦—大塘港片区、宁海三门湾片区等一批海洋旅游产品聚集区，推出了海洋观光、海钓、游艇、海洋节庆、海洋休闲度假等多类型的海洋旅游产品。

湛江市 2012年湛江市接待游客2239万人次，增长23.6%；过夜游客1265.2万人次，增长37%；旅游收入127亿元，增长36.7%；旅游增加值超过57亿元，同比增长30%以上，约占全市 GDP 的 3%；完成旅游投资 45 亿元，增长 1.2 倍。2012 年，湛江市主要取得了三方面成绩：①强化规划引领发展。一是实施《湛江市旅游产业发展规划》，把湛江旅游空间布局为“一心一带两极三板块”，二是实施《五岛一湾滨海旅游产业园发展规划》，突出“五岛”各自亮点，形成“五岛拱一湾、一岛一主题”的联动化、差异化发展格局。②强化旅游基础设施建设。安排 120 多亿元建设园区基础设施，园区建设用地实现“五通一平”，完善供水、供电、排水、通讯等配套建设。投入 3 亿多元实施港湾清障，清理海域 185.5 平方千米、岸线 243 里，实现还景于民、还海于民。

海岛旅游

我国不少岛屿拥有丰富的旅游资源，地理位置优越，海岛旅游开发潜力巨大。海岛旅游成为滨海旅游开发的前沿和滨海旅游开发的重要组成部分。

【浙江省舟山群岛】　2012 年，舟山市预计实现游客接待 2139 万人次，旅游收入 142 亿元，旅游业及其相关收入占全市 GDP 比重超过 20%。舟山市突出“海”“佛”主题，加快推进和提升大众海钓游、海鲜美食游、度假会展游、海洋文化游、舟山群岛海上游、农（渔）家乐游、禅修体验游、佛教文化旅游等海洋“八大游”项目建设，打造海洋旅游精品产品。舟山群岛作为全国首批旅游综合改革试点城市，舟山群岛海洋旅游综合改革试验区积极打造邮轮、游艇、禅修、运动、养生和海钓基地，加快推进舟山在旅游体制机制、新产品开发、标准化体系研究、生态文明建设、营销模式创新、探索产业政策等“六个方面”先行先试。

【福建省湄州岛】　湄洲岛位于海峡西岸中部，与宝岛台湾一水相连。湄洲岛 1992 年成为国务院批准创办的国家旅游度假区，2002 年 2 月被评为国家 4A 级旅游景区，2012 年被批准为国家风景名胜区，近年来先后荣获“全国首批特色景观旅游名镇”、“海峡两岸交流基地”、“中国十大名岛”、等称号，在海峡西岸经济区和湄洲湾港口城市建设中具有独特的优势。湄洲妈祖文化独具特色，2009 年 9 月，《妈祖信俗》被联合国教育、科学及文化组织列入世界非物质文化遗产代表作名录。湄洲岛围绕“朝圣岛、度假岛、生态岛”和世界妈祖文化中心的建设目标，充分发挥妈祖文化、滨海旅游资源和对台优势，不断完善度假区功能，促进湄台交流与合作，确保了度假区旅游业的可持续发展。

【广西壮族自治区北海涠洲岛】　涠洲岛位于北海市区南部海面上，距市区 21 海里，总面积 26.88 平方千米（含斜阳岛 1.89 平方千米）。涠洲岛旅游区管理委员会下辖 1 个乡镇即涠洲镇，11 个村（居）委，总人口约 1.6 万人。其拥有丰富多彩的火山景观、海蚀景观、海岸景观、珊瑚景观、人文景观，而且岛上中西方文化共生共存，有建于 1853 年的“涠洲天主教堂”、建于 1882 年的“法国天主圣母教堂”和建于 1738 年的“三婆庙”。2012 年，涠洲岛旅游区实现接待上岛游客 45 万人次，同比增长 12.5%。全年完成了首批 9 个基础设施项目的建设，完成投资约 1.3 亿元，并集中开工、启动第二批 15 个项目，计划总投资约 11.2 亿元。　（国家旅游局　罗筱）

海 洋 管 理

海 洋 立 法 与 规 划

综 述

2012 年，按照全国海洋工作会议精神，研究确立了深化海洋战略研究和规划工作、推进海洋重大项目建设、强化海洋经济监测评估、加强依法行政、开展海洋督察试点、完善海洋听证、行政复议制度七项重点工作任务，各项工作进展顺利。

海洋规划

【国务院批准《国家海洋事业发展“十二五”规划》】 2012 年 8 月，国务院批准了《国家海洋事业发展“十二五”规划》。《规划》立足 2008 年 2 月国务院批准的《国家海洋事业发展规划纲要》，结合面临的新形势，对新时期海洋事业发展做了全面深入的部署，这对于科学发展海洋事业，不断提高海洋开发、控制与综合管理能力，加快经济发展方式转变、促进沿海地区经济社会发展、维护国家安全和权益、全面建设小康社会具有重要意义。

“十二五”时期我国海洋事业发展的指导思想是：以邓小平理论和“三个代表”重要思想为指导，以科学发展为主题，以加快转变经济发展方式为主线，以体制机制创新和科技进步为支撑，坚持陆海统筹，科学利用海洋资源，合理保护海洋生态环境，积极推进海洋经济发展，提高海洋意识，繁荣海洋文化，维护国家海洋权益，参与国际海洋事务，拓展发展空间，全面提高海洋开发、控制和综合管理能力，为建设现代化海洋强国奠定坚实基础。

海洋事业发展的基本原则是：坚持陆海统筹、坚持全球视野、坚持服务为本、坚持持续发展、坚持科技创新。

海洋事业发展的目标是：到 2015 年，实现海洋综合管理能力稳步提高，海洋可持续发展能力显著增强，海洋环境质量持续好转，海洋经济结构明显优化，海洋公共服务水平大幅提升，防灾减灾体系日益完善，海洋巡航执法能力不断强化，海洋科技创新能力大幅提升，海洋人才支撑力量显著增强，海洋文化事业繁荣发展。

《规划》提出了科学养护和利用海洋资源、加强海域使用管理、实施海岛分类分区管理、提高海洋污染防控力度、加大海洋生态保护和修复力度、加强对海洋经济发展的指导与服务、提高海洋公共服务能力、增强海洋应对气候变化和灾害风险防范能力、加强海上维权巡航执法、全面参与国际海洋事务、加强国际海域资源调查与极地考察、推进海洋技术产业化、强化海洋教育和人才培养、健全海洋法律法规体系、培育海洋文化产业等 15 项主要任务。同时，也提出了制定海洋发展战略、实施海洋综合管理、强化规划配套指导、加大政府投入力度等保障措施。

国务院要求，要贯彻生态环境保护优先方针，实施污染物排海总量控制，加强近岸重点海域环境综合整治。严格执行海洋功能区划制度，进一步优化海洋开发空间布局，促进海洋开发规模、强度与生态环境承载力相适应。严格围填海及重大建设项目用海管理。要加快转变海洋经济发展方式，坚持陆海统筹，积极调整产业结构，培育壮大海洋高新技术产业和文化产业。提高海洋公共服务质量和水平，切实增强海洋防灾减灾能力。

国务院强调，沿海各省、自治区、直辖市人民政府要将《规划》内容纳入地方经济社会发展规划，制定实施计划。要有序推进重点项目建设，加快培育适合本地区发展的海洋产业，不断促进产业结构调整和布局优化。国务院有关部门要按照职能分工，加强对《规划》实施的指导和支持，加大对海洋事业的投入力度，进一步落实和完善各项政策措施。发展改革委、海洋局要加强对《规划》实施情况的跟踪分析和督促检查，会同有关部门和沿海各省、自治区、直辖市人民政府适时开展《规划》的实施评估。

【《全国海洋经济发展“十二五”规划》印发】 2012 年 9 月 16 日，国务院正式印发《全国海洋经济发展“十二五”规划》，确定了我国今后一段时期海洋经济发展的总体思路、发展目标和主要任务，这也是继 2003 年我国制定发布的第一个纲领性文件《全国海洋经济发展规划纲要》之后，再次推出的新一轮全国海洋经济综合性规划。

《规划》根据不同地区和海域的自然资源禀赋、生态环境容量、产业基础和发展潜力，按照以陆促海、以海带陆、陆海统筹、人海和谐的原则，积极优化海洋经济总体布局，形成层次清晰、定位准确、特色鲜明的海洋经济空间开发格局。充分发挥环渤海、长江三角洲和珠江三角洲三个经济区的引领作用，推进形成我国北部、东部和南部三个海洋经济圈；结合落实国家关于沿海区域发展的部署，着力培育一批重要的海洋经济增长极。加大海岛及邻近海域保护力度，有序推进重要海岛开发建设，扶持边远海岛发展，加强海岛地区生态保护，促进经济社会协调发展。

《规划》明确了海洋产业发展导向。一是加快传统产业改造升级。通过技术创新，加快海洋渔业、海洋船舶工业、海洋油气业、海洋盐业和盐化工等传统产业改造升级，提高产品技术含量和附加值，增强市场竞争力。二是培育壮大海洋新兴产业。大力发展包括海洋工程装备制造业、海洋药物和生物制品业、海洋可再生能源业、海水利用业等。三是积极发展海洋服务业。大力发展海洋交通运输业、海洋旅游业和海洋文化产业，积极发展涉海金融服务业、海洋公共服务业，加快推进产业结构转型升级，保障海洋经济健康发展。

《规划》同时要求，提高海洋产业创新能力，加强海洋产业创新型人才队伍建设，大力推进海洋经济绿色发展，加强海洋经济宏观指导，提出需要从加强海洋经济管理的统筹协调、优化海洋经济发展的制度环境、完善支持海洋经济发展的政策体系、加强规划组织实施和督促检查等方面加强保障措施。

【《全国海洋功能区划（2011-2020 年）》出台】 国务院正式批准《全国海洋功能区划(2011 年～2020 年)》(以下简称《区划》)，确定了我国未来 10 年海洋空间开发、控制和综合管理的基调和目标。

《区划》确立了以自然属性为基础、科学发展为导向、保护渔业为重点、保护环境为前提、陆海统筹为准则、国家安全为关键 6 项原则，划分了农渔业、港口航运、工业与城镇用海、矿产与能源、旅游休闲娱乐、海洋保护、特殊利用、保留等 8 类海洋功能区，确定了渤海、黄海、东海、南海及台湾以东海域的主要功能和开发保护方向，并据此制定了保障《区划》实施的政策措施。

《区划》明确提出，到 2020 年要实现六大主要目标；①增强海域管理在宏观调控中的作用。②改善海洋生态环境，扩大海洋保护区面积。至 2020 年，海洋保护区总面积达到我国管辖海域面积的 5%以上，近岸海域海洋保护区面积占到 11%以上。③维持渔业用海基本稳定，加强水生生物资源养护。至 2020 年，海水养殖用海的功能区面积不少于 2.6 万平方千米。④合理控制围填海规模。严格实施围填海年度计划制度，遏制围填海增长过快的趋势。⑤保留海域后备空间资源。全国近岸海域保留区面积比例不低于 10%。严格控制占用海岸线的开发利用活动，至 2020 年，大陆自然岸线保有率不低于 35%。⑥开展海域海岸带整治修复。至 2020 年，完成整治和修复海岸线长度不少于 2000 千米。

【《全国海岛保护规划》颁布】 2012 年 3 月，《全国海岛保护规划》经国务院批准正式颁布实施。这是继《海岛保护法》之后，中国海岛事业发展的又一重大举措，对于保护海岛及其周边海域生态系统，合理开发利用海岛资源，维护国家海洋权益，促进海岛地区经济社会可持续发展具有重要意义。

《规划》全面分析了当前中国海岛保护与利用现状、存在问题和面临的形势，提出到2020年实现“海岛生态保护显著加强、海岛开发秩序逐步规范、海岛人居环境明显改善、特殊用途海岛保护力度增强”的目标。《规划》明确了海岛分类、分区保护的具体要求，确定了海岛资源和生态调查评估、偏远海岛开发利用等十项重点工程，并在组织领导、法制建设、能力建设、公众参与、工程管理和资金保障等方面提出了具体保障措施。

【《陆海观测卫星业务发展规划（2011-2020年)》发布】 2012年3月，国务院批复了由国土资源部等部委联合编制的《陆海观测卫星业务发展规划(2011-2020 年)》，明确要建成满足国土资源领域各主体业务应用系统规模化运行、支持其他行业相关应用需求的卫星业务体系。按照《陆海观测卫星业务发展规划》，2020年前，我国将发射 8 颗海洋系列卫星，包括 4 颗海洋水色卫星、2 颗海洋动力环境卫星和 2 颗海陆雷达卫星。在形成对我国全部管辖海域乃至全球海洋水色环境和动力环境遥感监测能力的同时，也将加强对我国黄岩岛、钓鱼岛及西沙、中沙和南沙群岛全部岛屿附近海域的监测。

【《海水淡化产业发展“十二五”规划》发布】 2012年12月，国家发改委正式印发了《海水淡化产业发展“十二五”规划》(以下简称《规划》)，这是我国海水淡化领域的第一个专项规划。

《规划》明确了“十二五”期间的发展目标，提出要提高海水淡化产能，完善海水淡化产业体系，增强海水淡化竞争力，到 2015 年，我国海水淡化产能达到220万立方米 / 日以上，海水淡化对解决海岛新增供水量的贡献率达到 50%以上，对沿海缺水地区新增工业供水量的贡献率达到15%以上；建立我国自主技术研发、装备制造、工程设计建设和应用、原材料生产等完整的海水淡化产业体系，海水淡化原材料、装备制造自主创新率达到 70%以上，完善海水淡化产业链；海水淡化成本不断降低，关键技术、装备、材料的研发和制造能力达到国际先进水平，拓展海水淡化市场，提高国内外市场竞争力。

《规划》提出，发展海水淡化产业的重点在技术研发、装备制造、工程应用、用水保障、标准规范和管理协调等领域，涉及创新、产业、供水、标准和管理等体系建设。包括加强技术创新，尽快提高海水淡化核心竞争力；强化设备制造，提升关键设备和成套装置制造能力；注重工程示范，提高工艺设计水平和工程建设能力；加快应用淡化水，发挥海水淡化水的保障作用；建立标准规范，促进海水淡化产业健康发展。

【《海水淡化科技发展“十二五”专项规划》印发】 2012 年 8 月，科技部和国家发改委联合印发《海水淡化科技发展“十二五”专项规划》的通知。规划要求，通过 5 年的实施，初步形成海水淡化技术创新体系，加快培育和壮大海水淡化相关产业，积极建设海水淡化示范工程。

规划目标：突破 6 项以上海水淡化核心共性技术，研制 6 项以上具有自主知识产权的海水淡化关键装备。建设 2～3 座日产水 5 万吨以上的大型海水淡化示范工程，关键设备国产化率达到 75%以上。此外，要组建 2～3 个海水淡化产业技术创新战略联盟，培育 10 家以上具有国际竞争力的海水淡化核心部件和设备制造企业，形成较为完善的海水淡化产业链等。

【国务院批复十一个省级海洋功能区划】 国务院于 2012 年 10 月 10 日、11 月 1 日先后批复了山东、浙江、江苏、福建、天津、上海、广东、海南等 11 个省级海洋功能区划。各区划对建设用围填海规模、污水排放达标率等都做了明确规定。《海洋功能区划》是合理开发利用海洋资源、有效保护海洋生态环境的法定依据，一经批准，任何单位和个人不得随意修改；确需修改《海洋功能区划》范围、海岸线和海洋功能区类型的，由省级人民政府提出修改方案，报国务院批准。编制各类产业规划涉及海域使用的，应当符合《区划》的要求。

国务院《批复》强调，要认真落实《区划》提出的各项任务和措施，不断完善海域管理的体制机制，严格执行项目用海预审、审批制度和围填海计划，健全海域使用权市场机制。坚持陆海统筹方针，切实加强海洋环境保护，地方海域使用金收入要支持海域海岸带开展综合整治修复。加大海洋执法监察力度，规范海洋开发利用秩序。加强社会和舆论监督。国家海洋局要加强对《区划》修改工作的管理，对《区划》的实施工作予以指导、协调和监督检查。

【国务院批准 7 个沿海省县际间海域行政区域界线】　2012 年 1 月、6 月，国务院先后正式批准了河北、山东、上海、浙江、福建、海南、辽宁 7 省(市)县际间海域行政区域界线共计 162 条，其中河北 7 条、山东 26 条、上海 5 条、浙江 34 条、福建 46 条、海南 12 条、辽宁 32 条。海域勘界工作取得又一重大进展。此前，国务院已于 2011 年批准了广西壮族自治区的 6 条县际间海域行政区域界线。

国务院批复要求，涉界有关省(市)人民政府要按照《行政区域界线管理条例》和海洋管理法律法规的规定，落实管理责任，依法加强海域行政区域界线管理，健全维护涉界海域社会稳定的协调机制，及时妥善处理涉海界线纠纷，合理开发利用海洋资源，保护和改善海洋生态环境，共同促进界线附近海域社会稳定和海洋经济可持续发展。批复指出，国家海洋局要加强对涉界有关省(市)人民政府海域行政界线管理工作的指导和协调，做好相关督促检查工作。

县际间海域行政区域界线是由沿海省(区、市)人民政府组织勘定，由国家海洋局牵头建立全国海域勘界工作部际联席会议制度，指导和协调沿海省(区、市)的县际间海域勘界工作。沿海省(区、市)人民政府成立了海域勘界领导小组，组织技术承担单位，经过资料搜集、调查勘测、拟定划界草案等步骤，采取平等协商、协调与裁决相结合的办法，勘定县际间海域行政区域界线。据悉，江苏和广东省县际间海域行政区域界线也将报国务院批准，天津市因行政区划调整，已无县际间海域行政区域间界线。

【《“十二五”国家战略性新兴产业发展规划》印发】　2012 年 7 月，经国务院常务会议讨论通过的《“十二五”国家战略性新兴产业发展规划》印发实施。发展战略性新兴产业是一项重要战略任务，在当前经济运行下行压力加大的情况下，对于保持经济长期平稳较快发展具有重要意义。《“十二五”国家战略性新兴产业发展规划》面向经济社会发展的重大需求，提出了七大战略性新兴产业的重点发展方向和主要任务。①节能环保产业要突破能源高效与梯次利用、污染物防治与安全处置、资源回收与循环利用等关键核心技术，发展高效节能、先进环保和资源循环利用的新装备和新产品，推行清洁生产和低碳技术，加快形成支柱产业。②新一代信息技术产业要加快建设下一代信息网络，突破超高速光纤与无线通信、先进半导体和新型显示等新一代信息技术，增强国际竞争力。③生物产业要面向人民健康、农业发展、资源环境保护等重大需求，强化生物资源利用等共性关键技术和工艺装备开发，加快构建现代生物产业体系。④高端装备制造产业要大力发展现代航空装备、卫星及应用产业，提升先进轨道交通装备发展水平，加快发展海洋工程装备，做大做强智能制造装备，促进制造业智能化、精密化、绿色化发展。⑤新能源产业要发展技术成熟的核电、风电、太阳能光伏和热利用、生物质发电、沼气等，积极推进可再生能源技术产业化。⑥新材料产业要大力发展新型功能材料、先进结构材料和复合材料，开展共性基础材料研究和产业化，建立认定和统计体系，引导材料工业结构调整。⑦新能源汽车产业要加快高性能动力电池、电机等关键零部件和材料核心技术研发及推广应用，形成产业化体系。《规划》还提出了 20 项重大工程。

【《“十二五”节能环保产业发展规划》发布】　2012 年 6 月，国务院印发了《“十二五”节能环保产业发展规划》的通知。《规划》分析了我国节能环保产业发展现状及面临的形势；提出到 2015 年我国节能环保产业总产值达 4.5 万亿元，增加值占国内生产总值的比重为 2%左右的总体目标；明确了政策机制驱动、技术创新引领、重点工程带动、市场秩序规范、服务模式创新的基本原则；并提出了七个方面的政策措施。《规划》圈定了重大节能技术与装备产业化、海水淡化产业基地建设、节能环保服务业培育等节能环保领域的八大重点工程。其中，海水淡化产业基地建设工程。培育由工程设计和装备制造企业、研究单位、大学、相关原材料生产企业等共同参与，集研发、孵化、生产、集成、检验检测和工程技术服务于一体的海水淡化产业基地。到 2015 年，建成 2～3 个国家级海水淡化产业化基地，关键技术与装备、相关材料研发和制造能力达到国际先进水平，海水淡化产能达到 220 万～260 万吨/日，海水淡化及相关产业产值 500 亿元。

【《全国海洋环境监测与评价业务体系“十二五”发展规划纲要》印发】 2012 年初，国家海洋局印发了《全国海洋环境监测与评价业务体系“十二五”发展规划纲要》（简称《规划纲要》），对我国 2011 年～2015 年海洋环境监测与评价工作作了总体规划。

《规划纲要》指出，到 2015 年，基本形成科学的海洋环境监测与评价体系，各级海洋环境监测机构能力得到进一步提升，人才队伍建设优质发展，监测领域进一步拓展，为我国海洋环境保护、环境风险防范、社会民生利益和沿海经济发展提供强有力的服务和保障。具体目标为：健全科学的海洋环境监测与评价体系，海洋环境监测机构基础能力明显增强，海洋环境监测人才队伍优质发展，公益服务和管理支撑能力显著提升，海洋环境监测领域空间不断拓展。

《规划纲要》部署了 6 项主要任务：一是加强科学研究和实践，构建创新型监测与评价体系；二是健全和发展业务体系，稳步提升海洋环境监测机构业务能力；三是强化人才队伍建设，构建专业化创新型人才队伍；四是创新发展海洋环境监测评价产品，不断增强综合服务效能；五是健全渤海海洋环境监测与评价体系，切实保障渤海环境管理和综合整治；六是拓展海洋环境监测空间，提升海洋环保国际话语权。

【广西壮族自治区印发《广西海洋事业发展规划纲要（2011-2015 年）》】 2012 年 6 月，《广西海洋事业发展规划纲要（2011-2015 年）》（以下简称《纲要》）通过自治区人民政府审批，并由自治区海洋局和发改委联合印发。据悉，这是广西首次发布实施海洋事业发展规划纲要，对进一步促进广西北部湾经济区开放开发和广西海洋事业又好又快发展、实现富民强桂新跨越具有重要意义。

该《纲要》提出了“十二五”期间广西海洋事业发展的目标：广西海洋经济要实现又好又快发展，海洋经济发展速度必须保持高于全国平均水平，海洋生产总值年平均递增 21.5%，到 2015 年力争达到 1510 亿元，占全区生产总值的比重为 9.7%左右。《纲要》从海洋资源开发和科学利用、海洋经济的统筹协调、海洋环境保护与生态建设等 9 个方面，对“十二五”期间广西海洋事业发展的重大任务作出科学合理的安排，并提出了规划实施的有效保障措施。规划期限为 2011-2015 年，远景展望到 2020 年。

【广西壮族自治区印发《海洋经济发展“十二五”规划》】 2012 年 6 月 13 日，广西壮族自治区人民政府批准《广西壮族自治区海洋经济发展“十二五”规划》（以下简称“规划”），该规划属于自治区重点专项规划之一，由自治区海洋局牵头组织编制，区发展和改革委和海洋局联合印发。

该《规划》明确了“十二五”时期广西海洋经济的发展战略、发展目标、重点任务、空间布局和保障措施，是指导广西今后一个时期海洋经济发展的总体蓝图和行动纲领。《规划》的地域范围包括广西管辖的海域和海洋经济发展依托的相关陆域。涉及的产业包括海洋渔业、海洋船舶工业、海洋油气业和海滨砂矿业、海洋盐业和盐化工业、海洋工程建筑业、海洋生物医药业、海洋可再生能源业、海洋新材料业、海水利用业、海洋节能环保业、海洋交通运输业、海洋旅游业、海洋文化业、涉海金融服务业、海洋信息服务业等海洋及相关产业，以及依托港口联动发展的临海工业。

【上海市印发《上海市海洋发展“十二五”规划》】 2012 年 7 月，《上海市海洋发展“十二五”规划》获市政府批准并由上海市海洋局和上海市发展改革委印发。该《规划》围绕国家“实施海洋开发”和“发展海洋经济”的战略部署，把优化提升海洋产业能级作为大力建设上海国际金融中心和国际航运中心、率先实现经济发展方式转变的重大战略举措。《规划》突出了 4 个方面的发展重点：以优化布局、调整结构为重点，促进海洋经济持续发展；以源头控制、生态修复为重点，加强海洋生态环境保护；以积聚力量、科技创新为重点，推进海洋科技成果转化；以夯实基础、强化服务为重点，提高海洋综合管理水平。

该《规划》注重传统海洋产业向海洋先进制造业、海洋战略性新兴产业和海洋高端服务业转型升级；海洋环境保护由末端治理为主向清洁生产、源头控制和过程处置为主转变；海洋科技更加突出创新驱动和成果转化；海洋管理重在加强综合性规划、系统性建设和长效化管理。在发展布局上，以建设国际先进、国内一流的海洋产业高地为目标，通过海洋产业结构优化升级，努力形成“一带三圈七片”的海洋产业布局，并逐步由沿江沿海带状分布向周边区域延伸辐射，实现海陆产业互动和区域经济一体化发展。

【广东省印发《广东省海洋经济发展“十二五”规划》】 2012 年 6 月，广东省政府发布《广东省海洋经济发展“十二五”规划》，提出“十二五”期间该省海洋经济年均增长率达到 13%，总量继续保持全国领先，到 2015 年海洋经济生产总值达 1.5 万亿元，占全省生产总值的比重达到 20%以上。

该《规划》提出要大力提升高技术、高附加值船舶的设计建造能力和船舶配套设备自主开发能力，发展以中高档游艇为主的游艇制造业，加快推进游艇休闲港等配套设施建设；提高船舶改装技术水平和修船效率，在做好常规船舶修理的基础上，重点发展大型化、高技术、高附加值船舶的维修。

该《规划》要求积极发展深海勘察和开发设备、海洋新能源开发设备、海洋环保设备、海水利用成套装备制造等；打造珠江口西岸世界级海洋工程装备制造基地。

【福建省印发《福建省现代海洋服务业发展规划》】 2012 年 10 月，《福建省现代海洋服务业发展规划》印发。该规划范围包括福建省管辖海域与福州、厦门、漳州、泉州、莆田、宁德 6 个沿海设区市及平潭综合实验区，并将与台湾的两岸海洋经济深度合作以及与周边地区的涉海领域区域合作内容纳入规划。规划基准年为 2010 年，规划期限为 2011—2015 年，展望到 2020 年。

【福建省印发《福建海峡蓝色经济试验区发展规划》】 2012 年 11 月，国务院批准了《福建海峡蓝色经济试验区发展规划》（以下简称《规划》）。该《规划》明确了海峡蓝色经济试验区六大战略定位：深化两岸海洋经济合作的核心区、全国海洋科技研发与成果转化重要基地、具有国际竞争力的现代海洋产业集聚区、全国海湾海岛综合开发示范区、推进海洋生态文明建设先行区和创新海洋综合管理试验区。《规划》同时确定了今后两个阶段的发展目标：到 2015 年，海洋生产总值达到 7300 亿元，年均增长 14%以上；到 2020 年，全面建成海洋经济强省。

【福建省印发《福建省海洋新兴产业发展规划》】 2012 年 11 月，《福建省海洋新兴产业发展规划》已经福建省政府研究同意，正式出台。规划提出，到 2015 年，海洋新兴产业增加值达到 500 亿元以上，占海洋主要产业增加值的比重提高到 15%左右，成为海峡蓝色产业带的重要组成部分。建设具有区域特色的海洋新兴产业园，支持和推动符合条件的海洋产业园区增容扩区，扶持建设一批国家级、省级海洋新兴产业示范园区，重点支持园区配套基础设施和公共服务平台建设。从 2012 年起每年组织认定一批省级海洋新兴产业示范园区，对园区内符合产业布局规划、城乡规划和节能环保要求的海洋生物医药、海洋工程装备、海水淡化与综合利用等海洋新兴产业企业，给予财政奖励、用海指标倾斜、海域使用金减免等政策支持。

【海南省印发《海南省海洋环境保护规划（2011-2020 年）》】 《海南省海洋环境保护规划（2011-2020 年）》（以下简称《规划》）获海南省政府批准实施。《规划》确定了环境质量指标：到 2015 年海岸基本功能区海域水质达到或优于二类水质标准的面积达 90%以上，维持近海基本功能区及西、南、中沙海域水质的优良状况；到 2015 年，海南省直排海工业企业和城镇污水集中处理厂污水排放达标率达到 98%，城镇生活污水处理率和生活垃圾无害化处理率分别达到80%和90%；提高海洋保护区的管理水平，基本维持海洋保护区总数不变，保护红树林、珊瑚礁、海草床等典型热带海洋生态系统，保持红树林、珊瑚礁、海草床的面积至少不低于现状值。科学规划海洋保护区布局，经优化调整和新建海洋保护区后，到2020年全省海洋保护区总数达到21个。

【海南省印发《海南省海洋产业人才发展中长期规划（2011－2020年）》】 2012年4月，海南省海洋渔业厅制定《海南省海洋产业人才发展中长期规划（2011－2020年）》，明确了“围绕海南国际旅游岛建设和南海资源开发，培养造就数量充足、素质优良、结构合理、发展协调、实力强劲的海洋产业创业创新人才队伍，在海洋产业形成人才发展的明显优势，力争进入海洋人才资源强省行列”的总体目标。

该《规划》提出，“扩大海洋人才培养规模，加大海洋产业领军人才引进力度，提高海洋产业人才团队规模和数量”。到2020年，使涉海从业人员总量达到50万人，使海洋产业人才资源总量达到15万人，占海洋产业就业人员总量的比例达30%。海洋专业技术人员由原来的2.86万人增加到6万人。在涉海类八大产业中，培养在省内有较高学术地位和影响力的中青年专家150名。

【浙江省出台《浙江省海洋灾害防御“十二五”规划》】 《浙江省海洋灾害防御“十二五”规划》（下称《规划》）于2012年4月正式出台，成为我国首个沿海省级海洋灾害防御规划。《规划》侧重于海洋灾害防御非工程性措施，范围为浙江沿海行政区域和管辖海域，同时包括部分远洋船舶活动区域；规划期限为2011～2015年。该《规划》将在浙江省现有防灾减灾建设体系基础上，针对浙江省海洋灾害防御新要求，着力实施5个重点工程，即：海洋灾害综合观测网工程、海洋灾害预警网工程、海洋灾害信息服务网工程、海洋灾害应急指挥体系工程和海洋灾害风险评估与区划工程。《规划》的实施，有助于全面提升浙江省沿海安全保障能力、生态环境承载能力及海洋灾害综合防御能力，将有效保障海洋经济强省的建设。

【浙江省发布《浙江省海岛基础设施建设“十二五”规划》】 2012年4月，浙江省发改委、省海洋与渔业局联合发布了《浙江省海岛基础设施建设“十二五”规划》。该《规划》的重点是乡级及乡级以上政府所在地海岛，包括海岛交通、能源、水利、防灾减灾、市政和生态环境保护等基础设施领域，规划期限为2011年～2015年。《规划》要求，通过5年努力，“十二五”期间全省基础设施建设总投资力争达到526亿元，努力实现岛内交通网络体系基本适应，建成海岛公路190千米，新建陆岛交通码头泊位85个，3000人以上的海岛实现一岛两码头，5000人以上的海岛配齐车（客）渡码头；能源保障基本覆盖，海岛骨干电网建设与改造加快推进，基本实现与大陆通网同价；水利设施基本健全，大陆引水、海水淡化和本地水资源开发全面推进，新增引水能力约每天20万立方米，新增海水淡化能力约每天10万吨；防灾减灾能力明显提升，加固海塘约230千米，新建标准渔港约10个；市政设施明显改善；生态环境保护成效明显，到2015年海岛城镇污水处理率达到80%，垃圾集中处理率达到88%以上。

海洋政策与立法

【海洋观测预报管理条例发布】 《海洋观测预报管理条例》于2012年6月1日起正式施行。《海洋观测预报管理条例》共六章四十条，主要就海洋观测网的统一规划与建设、海洋观测站（点）和观测环境的保护、海洋观测资料汇交和共享、海洋预报警报信息发布等作了规定。

该《条例》规定，国家建立海上船舶、平台志愿观测制度。同时确立了海洋观测资料统一汇交和公益事业使用资料的无偿取得制度，规定从事海洋观测活动的单位要向海洋主管部门统一汇交海洋观测资料，国家机关决策和防灾减灾、国防建设、公共安全等公益事业需要使用海洋观测资料的，由海洋主管部门无偿提供。

该《条例》还要求，沿海县级以上地方人民政府指定的媒体要安排固定的时段或者版面，及时刊播海洋预报和海洋灾害警报，沿海县级以上地方人民政府要建立和完善海洋灾害信息发布平台，解决海洋灾害预报“最后一千米”的问题。针对个别非专业机构和个人擅自向社会发布海洋预报和海洋灾害警报的问题，条例还规定了除海洋主管部门所属的海洋预报机构外，其他任何单位或者个人不得向公众发布海洋预报和海洋灾害警报。

【国务院发布《关于加快发展海水淡化产业的意见》】　为促进海水淡化产业健康快速发展，2012 年 2 月，国务院办公厅发布了《关于加快发展海水淡化产业的意见》(以下简称《意见》)。《意见》指出到 2015 年的产业发展目标：我国海水淡化能力达到 220 万～260 万立方米/日；海水淡化原材料、装备制造自主创新率达到 70%以上；建立较为完善的海水淡化产业链，关键技术、装备、材料研发和制造能力达到国际先进水平。《意见》指出，发展海水淡化产业要重点做好以下几项工作：一是加强关键技术和装备研发；二是提高工程技术水平；三是培育海水淡化产业基地；四是组建海水淡化产业联盟；五是实施海水淡化示范工程；六是建设海水淡化示范城市；七是推动使用海水淡化水；八是完善海水淡化标准体系。为加快落实海水淡化重点工作，《意见》提出了加大财税政策支持力度、实施金融和价格支持政策、完善相关法律法规、加强监督管理、强化宣传培训等多项政策措施。

【关于加强区域农业围垦用海管理的若干意见】　2012 年 2 月，国家海洋局发布了《关于加强区域农业围垦用海管理的若干意见》。《意见》要求由市、县级人民政府组织编制区域农业围垦用海规划，然后逐级上报国家海洋局审查，国家海洋局组织专家对海域使用论证报告进行评审。评审通过的，由省级海洋部门将规划（报批稿）报经省政府同意后，上报国家海洋局审批。

该《意见》明确区域农业围垦用海规划经国家海洋局批准后，由市、县级人民政府按照规划要求，统一组织整体实施。对于区域农业围垦用海规划范围内的单宗用海项目，种植业、林业和畜牧业项目用海 50 公顷以上的，报国务院审批；50 公顷以下的，由省级人民政府审批，海域使用金按照农业用填海造地一次性征收。围海养殖项目用海，100 公顷以上的，报国务院审批，100 公顷以下的，按照地方各级人民政府的审批权限审批，海域使用金按照围海养殖用海标准和方式征收。

【国家海洋局印发《关于建立渤海海洋生态红线制度的若干意见》】　2012 年 10 月，国家海洋局印发《关于建立渤海海洋生态红线制度的若干意见》(以下简称意见)。《意见》提出，要将渤海海洋保护区、重要滨海湿地、重要河口、特殊保护海岛和沙源保护海域、重要砂质岸线、自然景观与文化历史遗迹、重要旅游区和重要渔业海域等区域划定为海洋生态红线区，并进一步细分为禁止开发区和限制开发区，依据生态特点和管理需求，分区分类制定红线管控措施。《意见》提出了 4 项目标：①渤海总体自然岸线保有率不低于 30%，辽宁省、河北省、天津市、山东省自然岸线保有率分别不低于 30%、20%、5%、40%。②海洋生态红线区面积占渤海近岸海域面积的比例不低于 1/3，辽宁省、河北省、天津市、山东省海洋生态红线区面积占其管辖海域面积的比例分别不低于 40%、25%、10%、40%。③到 2020 年，海洋生态红线区陆源入海直排口污染物排放达标率达到 100%，陆源污染物入海总量减少 10%～15%。④到 2020 年，海洋生态红线区内海水水质达标率不低于 80%。

《意见》提出，环渤海三省一市要坚持“陆海统筹、多措并举、科学实施、分区分策、严格监管”的原则，按照“严标准、限开发、护生态、抓修复、减排放、控总量、提能力、强监管”的总体思路，重点完成 4 个方面的工作：一是严格实施红线区开发活动分区分类管理政策；二是有效推进红线区生态保护与整治修复；三是严格监管红线区污染排放；四是大力推进红线区监视监测和监督执法能力建设。

【国务院关于印发《国家环境保护“十二五”规划》重点工作部门分工方案的通知】　2012 年 8 月，国务院办公厅印发了《关于印发〈国家环境保护“十二五”规划〉重点工作部门分工方案的通知》（以下简称《通知》），有效落实“十二五”环保规划任务。《通知》指出，要按照《分工方案》的要求，对涉及本部门的工作进一步细化分解，制定具体措施，认真抓好落实。对工作分工中涉及多个部门的工作，部门间要密切协作，牵头部门要加强协调，及时跟踪进展情况。

《通知》特别强调，各省(区、市)人民政府要落实地方责任，做好与有关部门的衔接沟通，抓好工作落实。《分工方案》共计85条，涉及45个部门，有三大创新性：①首次以国办文件印发部门规划任务分工，充分体现了党中央、国务院对环境保护工作的重视，同时也将为提高规划的执行力，强化各项保障措施，促进规划实施发挥重要作用。②首次将环保规划任务分工印送各省(区、市)及计划单列市人民政府和新疆生产建设兵团，这有利于将规划的任务和政策措施落到实处，并对各省(区、市)“十二五”环保规划任务分解工作起到示范作用。③文件中明确提出“各省(区、市)人民政府要落实地方政府责任”，这对于切实落实“地方政府对本行政区域主要污染物总量削减、环境质量和环境安全负总责的管理制度”具有重要的现实意义，也有利于充分发挥地方政府的积极性，促进规划的各项任务扎实推进，取得实效。

【《船舶油污损害赔偿基金征收使用管理办法》出台】 2012年5月，财政部、交通运输部联合出台了《船舶油污损害赔偿基金征收使用管理办法》，明确征收船舶油污损害赔偿基金的对象为中国管辖水域内接收从海上运输持久性油类物质的货物所有人或其代理人。所谓持久性油类物质，主要包括原油、燃料油、重柴油、润滑油等持久性烃类矿物油。

“管理办法”明确，船舶油污损害赔偿基金征收标准为每吨持久性油类物质0.3元。财政部可依据船舶油污损害赔偿需求、持久性油类物质的货物到港量以及积累的船舶油污损害赔偿基金规模等因素，并充分考虑货物所有人的承受能力，会同交通运输部确定、调整征收标准或者暂停征收。对于在中国管辖水域内接收从海上运输的非持久性油类物质，以及中国水域内过境运输持久性油类物质，不征收船舶油污损害赔偿基金。对于在中国境内的同一货物所有人接收中转运输的持久性油类物质，只征收一次船舶油污损害赔偿基金。

《管理办法》明确，船舶油污损害赔偿基金主要用于油污损害及相关费用的赔偿、补偿。使用范围包括：同一事故造成的船舶油污损害赔偿总额超过法定船舶所有人油污损害赔偿责任限额的；船舶所有人依法免除赔偿责任的；船舶所有人及其油污责任保险人或者财务保证人在财力上不能履行其部分或全部义务，或船舶所有人及其油污责任保险人或者财务保证人被视为不具备履行其部分或全部义务的偿付能力；以及无法找到造成污染船舶的水域油污损害事件。

《管理办法》明确，船舶油污损害赔偿基金对任船舶油污事故的赔偿或补偿金额不超过3000万元人民币。国家将设立由交通运输部、财政部、农业部、环境保护部、国家海洋局、国家旅游局以及缴纳船舶油污损害赔偿基金的主要石油货主代表等组成的船舶油污损害赔偿基金管理委员会，负责处理船舶油污损害赔偿基金的具体赔偿或者补偿事务。

【《港口岸线使用审批管理办法》出台】 《办法》主要适用于在港口总体规划区内建设码头等港口设施使用港口岸线的申请、审批行为的相关管理。《办法》明确规定了港口深水岸线审批程序，同时要求县级以上地方人民政府港口行政管理部门按照本办法和省级人民政府规定的职责，具体实施包括港口非深水岸线在内的港口岸线使用审批的相关工作。

该《办法》共二十三条：第一至五条分别是关于立法目的、适用范围、港口岸线使用原则、主管部门职责等方面的规定，第六至十五条是关于港口岸线使用审批程序及具体要求等方面的规定，第十六条至十九条是关于港口岸线审批效力、岸线使用证等方面的规定，第二十至二十二条是关于法律责任的规定，第二十三条是关于实施日期的规定。

【《中华人民共和国渔业船舶登记办法》公布】 2012年10月，农业部公布了新修订的《渔业船舶登记办法》。该《办法》自2013年1月1日起施行。《办法》共十章五十七条。新《办法》明确渔业船舶必须申办国籍登记,取得中华人民共和国国籍,方可悬挂中华人民共和国国旗,获得航行的权利。同时规定经批准从事远洋渔业的渔船,需要加入他国国籍的,必须凭有关文件办理中止该船的中国国籍。

【《渔业船舶水上安全事故报告和调查处理规定》】 2012年12月，农业部以2012年第9号令公布了《渔业船舶水上安全事故报告和调查处理规定》,《规定》共六章四十一条，包括了水上安全事故报告、事故调查、事故处理、调解等内容,《规定》将自2013年2月1日起施行。《规定》适用于两类情形，一是船舶、设施在中华人民共和国渔港水域内发生的水上安全事故；二是在中华人民共和国渔港水域外从事渔业活动的渔业船舶以及渔业船舶之间发生的水上安全事故（注：不限于沿海水域)。

根据该《规定》，水上安全事故包括水上生产安全事故和自然灾害事故。水上生产安全事故是指因碰撞、风损、触损、火灾、自沉、机械损伤、触电、急性工业中毒、溺水或其他情况造成渔业船舶损坏、沉没或人员伤亡、失踪的事故。自然灾害事故是指台风或大风、龙卷风、风暴潮、雷暴、海啸、海冰或其他灾害造成渔业船舶损坏、沉没或人员伤亡、失踪的事故。渔业船舶水上安全事故分为特别重大事故、重大事故、较大事故、一般事故。特别重大事故指造成三十人以上死亡、失踪，或一百人以上重伤（包括急性工业中毒，下同)，或一亿元以上直接经济损失的事故。

县级以上人民政府渔业行政主管部门及其所属的渔政渔港监督管理机构负责渔业船舶水上安全事故的报告。除特别重大事故外，碰撞、风损、触损、火灾、自沉等水上安全事故，由县级以上人民政府渔业行政主管部门及其所属的渔政渔港监督管理机构组织事故调查组按《规定》调查处理；机械损伤、触电、急性工业中毒、溺水和其他水上安全事故，经有调查权限的人民政府授权或委托，有关渔船事故调查机关按《规定》调查处理。

【《关于推进海洋经济创新发展区域示范的通知》印发】 2012年6月，财政部、国家海洋局联合下发《关于推进海洋经济创新发展区域示范的通知》，决定以发展海洋生物等战略性新兴产业为抓手，支持部分地方开展海洋经济创新发展区域示范，并通过专项资金对相关工作予以支持。

这份对山东、青岛、浙江、宁波、福建、厦门、广东、深圳八省市下发的通知，明确示范地方应当根据国家相关产业发展规划的总体部署，结合本地特色优势，选择本省重点发展的产业领域，对发展现状、资源分布和优势力量等进行梳理，找出存在的问题和未来发展的方向，做好顶层设计和规划。通知要求，示范省份要搭建创新平台，建立由省（市）领导挂帅、相关单位负责人参加的工作协调机制，重点是做好顶层设计和科学规划，促进目前分散在相关中央部门（高等学校、科研院所）渠道以及各相关地方单位的资金、资源、人才等要素向优先发展领域和技术集中。

在创新支持方式上，通知指出，示范省份要结合产业发展的不同阶段和特点，分别运用补助、贴息、风险投资、担保费用补贴等多种有效方式，尤其是要注重发挥财政资金支持方式灵活优势，加强与所在地金融机构的衔接，引导金融机构参与，创新金融产品，引导社会资金更多投向海洋经济。对于国家补助资金的支持方式，通知明确，战略性新兴产业发展专项资金采取目标考核、滚动支持、包干使用的方式，方案批复后，预拨部分启动资金，以后年度财政部将会同国家海洋局根据示范省份所提并经批准同意的预期目标对实施方案执行情况进行一揽子考核，并视考核结果，分年下达补助资金。

【《河北省海洋环境保护管理规定》出台】 2012年12月,《河北省海洋环境保护管理规定》出台。《规定》提出，因工程建设、排放污染物、倾倒废弃物或者海洋环境污染事故对海洋生态环境、渔业资源造成损害的，由当地县（市、区）政府主管部门向责任者提出海洋生态环境损害补偿、渔业资源损害赔偿要求，所得款项用于海洋生态环境的保护修复、渔业资源增殖。

该《规定》要求，海洋环境保护应当纳入当地国民经济和社会发展规划，沿海县级以上政府将海洋环保纳入对所属部门、下级政府环境保护责任的考核范围。加强海洋环境监督管理，海洋行政主管部门要定期对管辖海域进行海洋环境调查评价，包括海洋生物资源、海洋生态环境状况及重点海域、主要入海河流污染物排放等基本情况。因发生事故造成或可能造成海洋环境污染事故的，当事人要立即采取有效措施，避免或者减少污染损害，及时向可能受到危害者通报，并立即就近向有关部门报告，接受调查处理。

【《福建省海洋捕捞渔船拆解管理暂行规定》施行】 2012年4月13日，福建省海洋与渔业厅根据《中华人民共和国渔业法》、《中华人民共和国防止拆船污染环境管理条例》等有关规定，制定出台了《福建省海洋捕捞渔船拆解管理暂行规定》。《暂行规定》共分为总则、渔业船舶拆解厂（点）、拆解程序、拆解管理和附则等5个章节，共28条。对福建省行政区域内海洋捕捞渔船拆解及监督管理等相关活动进行了规范。《暂行规定》明确了各有关部门的工作职责。县级以上地方人民政府渔业行政主管部门负责本行政区域内海洋捕捞渔船拆解管理工作，具体实施和检查监督由渔业行政主管部门所属的渔船登记机关负责。

该《暂行规定》的制定，进一步加强了对福建省海洋捕捞渔船拆解的监督管理、规范渔船拆解相关行为和文书材料、保证渔船拆解的真实性和文书材料的规范化、推动渔业捕捞许可管理工作健康发展，对于提升福建省海洋捕捞渔船拆解监管水平具有积极的作用。

【《海南省沿海边防治安管理条例》颁布】 2012年11月，海南省四届人大常委会35次会议审议通过了新修订的《海南省沿海边防治安管理条例》（以下简称《条例》），明确界定外国船舶及其人员进入海南管辖海域不得违反沿海边防治安管理的六项行为。对非法进入海南省管辖海域的外国船舶，《条例》要求公安边防机关可依法采取登临，检查，扣押，驱逐，令其停航、改航、返航等措施予以处置。

该《条例》对外国船舶及其人员，进入海南管辖海域不得有违反沿海边防治安管理的行为进行了界定，包括：通过海南管辖领海海域时非法停船或者下锚，寻衅滋事；未经查验准许擅自出境入境或者未经批准擅自改变出境入境口岸；非法登上海南管辖岛屿；破坏海南管辖岛屿上的海防设施或者生产生活设施；实施侵犯国家主权或者危害国家安全的宣传活动和其他法律、法规规定违反沿海边防治安管理的行为。

该《条例》规定，外国船舶及其人员有以上规定情形之一的，公安边防机关可以依法采取登临，检查，扣押，驱逐，令其停航、改航、返航等措施予以处置，可以收缴作案船舶或者附属通航设备等工具，并依照《中华人民共和国治安处罚管理法》、《中华人民共和国出境入境管理法》等有关法律、法规追究其法律责任。

同时，为鼓励海南邮轮、游艇业的发展，《条例》规定，对邮轮、游艇以及近海作业渔船等船舶，可以减免边防签证手续，具体范围由海南省公安边防机关确定并向社会公布，“船员以外的人员出海，应当持有居民身份证、护照、港澳台通行证等有效身份证件，接受公安边防机关检查和管理。”

【《河北沿海地区发展规划实施意见》印发】 2012年9月，河北省政府正式印发《河北沿海地区发展规划实施意见》（以下简称《意见》）。《意见》明确，力争通过5年～10年的努力，使河北省沿海地区基本形成港口功能完善、产业布局合理，以先进制造业、战略新兴产业和现代服务业为主导，以循环经济为特色的现代临港产业体系，成为全省经济发展的强大引擎和全国综合实力较强、产业基地作用凸显的重要地区之一。

【《河北省沿海船舶边防治安管理条例》施行】 《河北省沿海船舶边防治安管理条例》于2012年11月25日在河北省第十一届人民代表大会常务委员会第三十三次会议上审议通过。《条例》规定，省和沿海的设区的市、县（市、区）人民政府应当加强对沿海船舶边防治安管理工作的领导，建立健全治安防范、行政调节、相关部门联合执法和信息互通共享机制，及时协调解决沿海船舶边防治安管理中出现的重大问题。

该《条例》规定，对违反本条例规定的出海船舶或者生产作业人员，当场不能按照法定程序作出行政处罚决定且事后难以执行的，经公安边防支队或者海警支队批准可以扣押涉案船舶。扣押船舶不得超过 10 日；案情复杂的，经省公安边防机关批准可以延长 20 日。违法扣押船舶造成损失的，当事人有权申请国家赔偿。《条例》还对违反本条例规定行为的处罚额度作出具体规定，并针对不同的违法行为设定了警告、罚款、吊销出海边防证件等行政处罚。

【《浙江省沿海船舶边防治安管理条例》颁布】《浙江省沿海船舶边防治安管理条例》于 2012 年 11 月 29 日经浙江省第十一届人民代表大会常务委员会第三十六次会议通过，将于 2013 年 1 月 1 日起施行。

新《条例》包涵了 25 项条款，首次对出海旅游人员、船舶租借、建造、修理信息报备，以及小型船舶管理进行了明确。条例要求公安边防部门发现有违反海洋环境、矿产资源保护、渔业捕捞、海域使用、海上交通管理、海关监管等行为的，应当予以制止并通报有关部门依法处理。这是第一次在地方性法规中对公安边防部门沿海船舶边防治安管理的职责予以明确和规范。此外，新《条例》还推出了多项便民服务条款，规定从事远洋渔业生产、国际客货运输、国内固定航线客运以及国家另有规定的船舶免于办理《出海船舶户口簿》；持有《中华人民共和国海员证》或《船员服务簿》的人员，客船（渡船）上的旅客和出海旅游、休闲的人员，免于办理《出海船民证》；客轮、渡船和海事部门实行定期签证的非渔业船舶，免于办理边防签证。

【《浙江省海域使用管理条例》公布】 2012 年 11 月，浙江省海域使用管理条例经浙江省第十一届人民代表大会常务委员会第三十六次会议通过并公布。条例共六章四十五条。自 2013 年 3 月 1 日起施行。《条例》规定，工业、商业、旅游、娱乐和其他经营性项目用海以及同一海域有两个以上相同海域使用方式的意向用海者的，应通过招标、拍卖、挂牌方式取得海域使用权。海域使用权最多不超过 50 年，付费得来的使用权可看作所有者的财产，可以转让、抵押、出租、继承。《条例》还规定，该省各级人民政府审批权限内的海域使用项目，通过申请批准或招标、拍卖、挂牌方式取得海域使用权后，均由县（市、区）政府登记和颁发《海域使用权证书》，县（市、区）海洋主管部门承担海域使用权登记的具体工作，即实行海域使用权属地管理。此外，《条例》还率先以立法形式将 2011 年试点的海域使用权“直通车”制度合法化，并在全省推广。此项条款规范了涉海建设项目的海域使用管理与规划、建设、房屋产权管理的衔接。

（国家海洋局政策法规和规划司）

海 域 使 用 管 理

综 述

2012年是实施“十二五”规划的关键一年，也是《海域使用管理法》实施十周年。全国各级海洋行政主管部门深入贯彻落实科学发展观，以服务海洋经济又好又快发展为第一要务，坚持规划用海、集约用海、生态用海、科技用海、依法用海，强化海洋开发利用的统筹协调和综合管控，合理配置海域资源，不断规范海域使用秩序，海域管理工作成效显著。全年共发放海域使用权证书3901本，新增确权海域面积28.34万公顷，征收海域使用金96.8亿元。

【海洋功能区划】 2012年，新一轮全国和省级海洋功能区划编制报批工作顺利收官。3月3日，国务院批准了《全国海洋功能区划（2011—2020年）》。10月10日，国务院批准辽宁省、河北省、天津市、山东省、江苏省、浙江省、福建省、广西壮族自治区等8个省级海洋功能区划；11月1日，国务院批准广东省、海南省、上海市等3个省级海洋功能区划。国家海洋局通过中央电视台、《中国海洋报》等多家新闻媒体向社会公布了《全国海洋功能区划（2011—2020年）》，并在全国范围开展宣传贯彻活动。沿海各地区通过召开宣贯会议、媒体宣传报道等形式，积极开展丰富多样的宣传活动。

【海域权属管理】 2012年，国家海洋局积极落实国家宏观调控和产业政策，规范海域使用申请审批和登记工作，推进海域市场化建设，提高海域资源配置和保障能力。为完善海域使用权登记制度，组织开展海域使用登记规程、宗海图编绘技术规范的拟定工作。2012年1月1日起，通过国家海域动态监视监测管理系统全面实施海域使用权证书统一配号，全年通过统一配号共发放海域使用权证书3901本，新增确权海域面积283385.50公顷。通过申请审批，全国依法发放海域使用权证书2348本，确权海域面积271689.85公顷。优先保障国家重大基础设施、重点海洋产业等用海需求，全年报国务院批准重大项目用海32个。

积极推进海域资源市场化配置，依法开展海域使用权招标拍卖，规范海域使用权转让、出租、抵押，全国通过招标、拍卖共发放海域使用权证书70本，确权海域面积11695.65公顷，办理海域使用权抵押登记426宗，抵押海域面积30184.63公顷，金融机构发放抵押贷款1310917.81万元。

【海域使用金征缴】 2012年，各级海洋部门进一步加强海域使用金征收管理，强化海域使用金减免审查，实现海域国有资源性资产的保值增值。全年全国征收海域使用金96.8亿元，其中缴入中央国库29.7亿元，缴入地方国库67.1亿元。全国共减免海域使用金4.2亿元。

【围填海管理】 2012年，各级海洋部门严格执行围填海计划，强化用海审查，加强开发监管，围填海管理成效日益显著。

按照适度从紧、集约利用、保护生态、海陆统筹的原则，国家海洋局和沿海省海洋厅（局）全年共安排建设用围填海计划指标19422.73公顷，农业用围填海计划指标1454.85公顷，优先保障了国家重点基础设施、产业政策鼓励发展项目和民生领域项目，围填海计划执行情况良好。

为提高区域用海规划管理的科学性和规范性，进一步完善区域农业围垦用海规划管理制度，国家海洋局印发《关于加强区域农业围垦用海管理的若干意见》，明确了区域农业围垦用海规划的编制、审查、论证和实施，以及区域农业围垦用海规划范围内项目用海的申请审批和计划管理等要求。规范区域用海规划的编制工作，公布了首批区域用海规划编制机构推荐名录共38家。加大围填海项目选址、平面设计审查力度，严格控制海域、海岸线资源消耗，全年批准围填海项目310个，批准围填海面积8868.54公顷。

【专项用海管理】　加强海砂开采用海管理。12 月 17 日，国家海洋局发布《关于在全国推行招拍挂出让海砂开采海域使用权的通告》，规定自 2013 年 1 月 1 日起，在全国范围内实施以拍卖挂牌等市场化配置方式出让海砂开采海域使用权。12 月 28 日，国家海洋局印发《关于全面实施以市场化方式出让海砂开采海域使用权的通知》，明确了全面实施海砂开采海域使用权市场化配置工作的各项要求。9 月 7 日，国家海洋局联合工信部印发《国家海洋局 工业和信息化部关于加强党的十八大会议期间海底光缆保护的通知》，保证海底光缆安全，做好会议期间的通信保障工作。全年批准铺设国际性或跨省份海底电缆管道 6 条，总长度 7347.09 千米。

【海域动态监视监测】　2012 年，国家海域动态监视监测业务全面开展，国家海域动态监视监测管理系统功能日趋完善，应用不断深化。全年对全海域开展了 2 次 30 米分辨率的卫星遥感监测，对近岸开发利用海域开展了一次 2.5 米分辨率卫星遥感监测，对钓鱼岛、黄岩岛及西沙群岛等热点海域进行了 0.5 米分辨率卫星遥感监测，通过卫星遥感监测发现较大规模的疑点疑区 54 处。各海区完成近岸重点海域 2670142.42 公顷的航空遥感监测。年初在江苏连云港部署了海域无人机遥感监测试点，9 月完成试点成果验收，并完成江苏、辽宁等省近岸 2514.53 公顷重点海域的无人机遥感监测任务。

省、市海域动态监管中心积极开展区域用海规划实施情况和重点项目用海情况的现场监测，监测重点用海项目 203 个，监测海域面积共计 38574.52 公顷。在重点海域和重点用海项目现场建成了 298 个视频监控点，实时掌握了海域开发利用状况。利用系统开展了海域使用权证书统一配号、海域使用统计、围填海计划台账等管理业务，强化海域管理的信息化水平。

加强机构体系管理，开展国家海域动态监视监测管理系统运行检查与考评，通报了检查情况与考评结果，20 家单位为优秀，30 家为良好，10 家为较差。举办国家海域动态监视监测系统软件应用和网络操作培训班，实行监测业务持证上岗制度。

【海域使用论证评估】　2012 年，国家海洋局进一步加强海域使用论证专业队伍建设，海域使用论证资质队伍逐步扩大，审定批准了海域使用论证资质单位 17 家，其中甲级 5 家、乙级 9 家、丙级 3 家，从事论证的资质单位总数增加到 91 家。开展海域使用论证资质单位年度检查，对存在问题的资质单位进行了通报，注销 1 家单位资质证书，责令 7 家单位限期整改，通报批评 8 家单位。

开展《海域使用论证技术导则》的行业技术标准编制和《海域使用论证收费标准》修订工作。成立海域使用论证岗位考试用书编写委员会组织，编制考试用书。为建立健全海域资讯市场化配置机制，初步建立了海域评估制度。经地方推荐及单位自荐、资格条件审查、专家审定等程序，公布首批 27 家海域评估机构推荐名录。成功举办第一期全国海域评估业务培训班。编制《海域评估管理规定》、《海域评估技术规范》。

【海域海岸带整治修复】　2012 年，海域海岸带整治修复工作有序开展，国家海洋局制订了海域海岸带整治修复的相关政策，从整治修复目标分解到省、整治修复项目申报、项目实施、监督管理等方面加以规范落实。全年批准海域海岸带整治修复项目 36 个，争取中央分成海域使用金支出 7.6 亿元。自海域海岸带整治修复启动以来，国家累计批准海域海岸带整治修复项目 73 个，中央财政累计补助资金达 16.45 亿元。

（国家海洋局海域管理司）

各海区海域使用管理

【北海区海域使用管理】　**区域建设用海海域使用论证评审**　组织完成了董家口港口物流产业聚集区区域建设用海规划海域使用论证的评审工作，参与了 3 个区域建设用海规划的预审和 15 个国管项目海域使用论证评审。

国管项目监督管理　对目前在建的 10 个国管围填海项目提出了具体监管要求并督促检查落实，有效履行了对国管海域使用项目的监督管理职责。参与了北海区区域建设用海专项执法检查行动，先后参与了对北海区三省一市区域建设用海进行的监督检查。

完成填海项目竣工验收　组织开展了 3 个填海竣工验收测量工作和专家验收工作，将已完成的 5 个项目的填海竣工验收意见上报国家海洋局。

临时用海管理 理顺了临时用海备案流程，2012年审查备案材料54份，签发海上油气勘探作业临时用海备案通知书54份，保障了海上石油勘探作业顺利进行。

海砂开采管理 加强了海砂开采用海的动态监测工作，将瓦房店市巨恒建筑材料有限公司浮渡河口海砂开采等3个海砂开采项目的监督管理情况上报国家海洋局。

海底电缆管道管理 严格海底电缆管道的审批和备案制度，进一步规范申请审批程序，严格按照相关法规和工作程序审查了10个项目的路由调查申请和8个项目的调查勘测报告，批复了5个项目电缆管道的铺设施工作业，颁发铺设施工许可证5份，对5项电缆管道维修工作进行了备案。准予注册备案海底电缆管道6条。下发了《海底电缆管道铺设施工作业动态监测简明规范》（试行稿），组织审查了《蓬莱曹妃甸天然气利用项目海管铺设动态监测报告》，为海底电缆管道铺设过程中的动态监测管理积累了经验。组织开展油气开采企业电缆管道核查工作，组织专家审查了中海油天津分公司提交的《超过设计使用年限油气管道核查工作报告》，有效地防范了油气管道的风险。

（国家海洋局北海分局）

【东海区海域使用管理】 2012年，东海分局以落实“五个用海”要求为指导，以提高东海区海域综合管控能力为目标，以深化海域监管为主线，以围填海监管为重点，有效推进了东海区海域管理各项工作。

海域使用权属管理 2012年东海区各级海洋行政主管部门共发放海域使用权证书649本，确权海域面积62999.62公顷，其中：填海造地3270.25公顷，构筑物416.06公顷，围海3944.39公顷，开放式53468.61公顷，其他方式80.96公顷，临时用海1819.35公顷。征收海域使用金273435.71万元，减免海域使用金12679.99万元。办理海域使用权抵押登记的证书188本，抵押贷款649700.64万元，充分发挥了海域管理促进地方经济发展、提升海域资产价值的重要作用。

围填海管理 东海区各省级海洋行政主管部门严格按照围填海年度计划管理，认真执行2012年度围填海计划，加强了对围填海指标的统筹协调，优化围填海计划指标项目用海排序，优先保障了工业、交通、能源等重点项目的建设，确保指标不突破、不混用。认真开展集约节约用海管理，积极指导沿海市、县政府编制和实施区域用海规划，及时做好规划的审查、审核、上报等工作。

国管用海项目和区域用海规划监督管理 东海分局监督检查了连云港徐圩港区（一期）北区、江苏国华陈家港电厂等6个区域用海规划和国管用海项目。组织完成了福建石狮鸿山热电厂填海竣工海域使用验收工作。组织审查了瓯飞高涂围垦养殖规划、宁德核电厂等6个填海海域使用动态监测方案和动态监测年度报告。全年对新获批准或预审的20个国管用海项目和7个区域用海规划提出了海域监管要求。

海底电缆管道管理 东海分局组织召开了党的十八大期间东海区海底管线保护工作协调会。组织开展了平湖油气田海底输油管道断裂事故的应急处置工作，批准了管道修复施工作业。组织召开了亚太直达（APG）国际海底光缆上海崇明段和南汇段、东海“黄岩”、“平北”等6条海底光缆管道预选路由的协调会和桌面研究报告审查会。开展了海区省市自2004年来新增海底电缆管道情况的调查统计工作。全年共受理并批准海底光缆管道调查、铺设施工和维修施工及变更等申请29件，在《中国海洋报》发布管理公告29期。（国家海洋局东海分局）

【南海区海域使用管理】 开展国管围填海项目动态监管 根据国管围填海项目用海预审意见和批复的要求，南海分局自2011年末至2012年初，分别对中国海监南海总队、各相关技术单位及部分涉及国管填海项目企业进行走访调研，并结合管理要求，考虑到减轻企业负担，将海域和海洋环境共同纳入动态监管系统。

2012年南海分局出台了《南海区国管填海项目建设用海监督管理办法（暂行）》和《南海区填海项目海域使用与海洋环境动态监测技术大纲》，分局海域管理、环保管理和海监执法监督三项职能相结合，相继对西气东输二线项目、防城港钢铁基地项目、台山发电厂二期扩建工程项目、湛江中科炼化项目以及防城港核电项目等国管围填海项目开展相关动态监管工作。

填海项目竣工海域使用验收 受国家海洋

局委托，南海分局先后负责组织实施深圳港盐田港区集装箱码头扩建工程填海项目和深圳机场飞行区扩建工程一期填海项目。

海砂开采动态监管　截至2012年11月，2012年度南海区持海域使用权证的海砂开采区共18块，广东省17块，其中2块属经挂牌出让方式获得海域使用权，其余15块属依申请审批获得海域使用使用权；广西区1块，属依申请审批方式获得海域使用权；海南省暂无。在海砂开采管理中，分局承担动态监测工作，2012年至今，对港源、迪洋、宝海、牛星、顺德汇星、北海南海洋石英砂、海岸金湾等海砂开采区动态监测报告进行审查，对动态监测中发现的问题要求对方及时整改，通过严格的审查机制促进海砂开采活动依法依规、有序进行。

海底电缆管道管理工作　2012年3月，南海分局完成对东南亚—日本海底光缆（SJC）路由调查报告的评审工作，2012年10月，根据国家海洋局的批复，南海分局正式发函业主要求其在施工过程中委托相关技术单位实施动态监测，并接受海洋管理部门和海监机构的随船监管，12月初登检该航次施工船，履行随船监管工作任务，实施对东南亚—日本海底通信光缆（SJC）全过程监管。

作好海底电缆管道备案登记、紧急维修施工批复和数据查询等工作。先后完成对HZ19-2/3海管铺设完工和陆丰13-2油田海管等铺设施工的备案登记工作；受理并批复中海油深圳分公司、中海油湛江分公司等多起海底电缆管道紧急维修施工；及时答复中铁公司第二工程局等多家公司对南海区海底电缆管道的查询申请。

针对亚洲快线海底光缆系统（ASE）以及南海深水开发项目中主体工程——荔湾3-1气田开发项目，与南海区渔政局共同出具《关于落实海洋环境及渔业资源保护、修复等工作的意见》，对项目的开工建设提出管理要求。

（国家海洋局南海分局）

海岛管理

综述

2012年，在党中央、国务院的正确领导下，沿海各级海洋行政主管部门求真务实、开拓进取，深入贯彻落实《海岛保护法》和“十二五规划”对海岛工作的战略部署，以维护国家海洋权益、服务海洋经济发展和改善海岛生态环境为目标，以深化海岛管理制度建设、完善海岛保护规划体系、推进海岛整治修复、规范海岛开发秩序、推进全国海岛资源综合调查试点工作、完成海域海岛地名普查任务和实现海岛监视监测业务化运行为重点，海岛执法监察力度得到加强，海岛管理队伍不断壮大，各项海岛工作任务取得显著成效。

【海岛权益维护】 2012年3月2日，公布了钓鱼岛及其部分附属岛屿的标准名称。9月15日，公布了钓鱼岛及其部分附属岛屿的地理坐标及相关图件。9月21日，公布了钓鱼岛等岛屿及其周边海域山峰、海湾等地理实体的标准名称。编制出版了《中国钓鱼岛地名册》。5～9月，对西沙群岛和南沙群岛组织开展了三个航次历时51天的现场调查。制定了《领海基点保护范围选划与保护办法》和《领海基点保护范围选划技术规程（试行）》，并对外磕脚等5个领海基点开展保护范围选划与实时监测。对佘山岛、赵述岛2个领海基点海岛开展保护与整治修复。

【配套制度建设】 为进一步加强无居民海岛使用管理工作，国家海洋局先后出台了《国家海洋局关于在无居民海岛周边海域开展围填海活动有关问题的通知》、《国家海洋局关于区域用岛实施规划管理的若干意见》、《无居民海岛使用金免缴内部审查工作规则》等文件。

沿海各省、自治区、直辖市海洋主管部门积极推进省级海岛保护法律制度建设，辽宁省出台了《辽宁省无居民海岛使用金征收使用管理办法》，广东省出台了《适用<无居民海岛使用申请审批试行办法>具体程序》，浙江、福建等地海岛保护管理配套制度建设有序推进。

【海岛保护规划】 海岛保护规划制度是《海岛保护法》确立的重要制度。2012年2月29日，国务院正式批准实施《全国海岛保护规划》，这是继《海岛保护法》之后，我国在加强海岛管理方面的又一重大举措，对于引导全社会保护和合理利用海岛资源、促进海岛地区经济社会可持续发展具有重要意义。

沿海各级海洋行政主管部门依据《全国海岛保护规划》，加紧制定本区域的海岛保护规划。截至2012年底，浙江、福建、广东、广西四省（区）已经批准实施了省级海岛保护规划，其他省（市）海岛保护规划已编制完成，正在按程序报批。

【海岛生态保护】 在浙江西门岛、福建海门岛、山东小黑山岛、广东外伶仃岛等海岛开展了海岛垃圾污水处理、沙滩植被修复等技术研究与示范，为实施海岛保护项目实施起到了示范和带动作用。

2012年，财政部依法设立了中央海岛保护专项资金，当年资金额度2亿元，支持了10个海岛生态修复示范工程与5个领海基点保护试点工作。为规范专项资金的使用方向和主要支持对象，国家海洋局与财政部联合印发了《中央海岛保护专项资金管理办法》。

2012年，中央海域使用金返还支持海岛整治修复与保护项目30项，资金约6.5亿元。截至2012年底，中央财政共投入资金13多亿元，共支持70个海岛保护项目。

【海岛使用管理】 无居民海岛使用确权登记工作继续推进。2012年，全国共批准了7个无居民海岛使用项目，其中福建省3个，广东省2个，山东省和海南省各批准了本省首个无居民海岛使用项目。

为进一步规范海岛保护与利用管理工作，促进海岛地区经济发展，国家海洋局对法前使用无居民海岛活动、无居民海岛开发建设管理、促进海岛地区经济社会发展等工作进行了专题研究。

【全国海岛资源综合调查】 2012 年 10 月 31 日，全国海岛资源综合调查专项获国务院批准，该项目将全面查清我国海岛的基础地理、自然资源环境、经济社会和文化等基本情况，将为海岛行政管理、海岛地区小康社会和美丽海岛建设、海洋权益维护提供支撑。编制完成了海岛调查总体方案和技术规程，针对不同类型海岛开展了多次现场调查试点，并利用机载蓝光测深设备开展海岛周边海域水深地形测量试验，为全面铺开海岛调查奠定了坚实基础。

【海域海岛地名管理】 2012 年，全国海域海岛地名普查任务全部完成。查清了我国海域海岛地理实体及名称，对不规范的名称全部进行标准化处理，建立了地名信息数据库，在重要海岛设置了海岛名称标志。

【海岛监视监测】 国家海岛监视监测系统服务支撑能力逐步体现。建立了以航空监测为主要手段，卫星、无人机、船舶巡航、登岛核实等作为辅助的监视监测体系，形成近万个海岛的三维数据库，累计部署节点 137 个，实现了省级联网运行。中国海岛网开设了“图说中国钓鱼岛及其附属岛屿”等专题，引起了社会的强烈关注，已成为政民互动的重要平台。

【海岛执法监察】 2012 年，中国海监各级机构全面开展海岛定期巡查执法，及时发现、制止和查处违法行为，全面履行海岛保护执法职责。

海岛执法工作制度不断完善。印发了《关于中国海监各海区总队开展海岛保护定期巡航执法检查工作的意见》、《中国海监关于无居民海岛立案查处工作的意见》、《中国海监海岛定期巡查工作评查标准（试行）》等文件，全面推进海岛保护执法工作。

海岛执法示范工作首次启动。印发了《关于开展 2012 年中国海监海岛执法示范工作的通知》，全年组织 10 个基层海监机构开展海岛保护执法示范工作。

海岛执法检查力度显著提升。经统计，2012 年全年共开展海岛执法检查 18099 次，检查海岛 10818 个，发现违法行为 40 起，做出行政处罚决定 14 件，决定罚款额 79.19 万元。

【海岛管理队伍建设】 地方海岛行政管理队伍建设取得新进展。除海南、舟山等地已设置专门的海岛管理机构外，2012 年，辽宁省海洋与渔业厅、锦州市和大连市海洋与渔业局也单独设立了海岛管理处。

海岛技术支撑体系进一步完善。国家海洋局南海分局南海工程勘察中心、国家海洋局天津海水淡化与综合利用研究所都成立了专门的海岛研究机构，有效增强了海岛技术支持力度，为顺利开展各项海岛工作奠定了基础。

国家海洋局先后在厦门、青岛、杭州举办 3 期海岛保护与利用管理培训班，来自各省、市、县的近 550 名海岛管理人员参加了培训，提高了各级海岛管理人员的管理能力和技术人员的从业水平。

【海岛论坛、部委调研及舆论宣传】 9 月 18～19 日，第 17 次全国海岛联席会议在大连长海县召开。会议主题为“新技术新材料在海岛保护与开发中的应用”。11 月 24～26 日，主题为“强化海岛综合管理，依法保护开发海岛”的 2012 年海岛论坛在广东省珠海市召开。全国政协原副主席宋健向论坛发来贺电，国家海洋局原局长、中国太平洋学会会长张登义出席论坛并讲话。

4 月 25～28 日，全国人大环资委和国家海洋局联合组织开展“海岛保护法西沙群岛专题调研”，全国人大环资委副主任委员、解放军总后勤部原政委、上将张文台和全国人大常委会委员、环资委副主任委员、中共中央直属机关工委副书记陈希明率队调研了西沙群岛海岛保护现状和海岛保护法贯彻实施情况。

2012 年，国家海洋局充分利用海岛网、海洋报、局网站、新闻发布会、电视节目等多种渠道，加强海岛工作宣传。发布了 13 期《海岛舆情》，印发了 18 期《海岛工作情况交流》，拍摄了 11 期全国海岛保护规划视频访谈节目，引发了全社会关注海岛的热潮，有效增强了全民海岛保护意识。

（国家海洋局海岛管理司）

各海区海岛管理

【北海区海岛管理】 **领海基点海岛保护工作**采取航空遥感、环岛巡视、登岛检查等手段进行检查，防止损害领海基点和领海基点标志的行为。组织开展了镆铘岛领海基点开展领海基点保护范围选划工作，完善了北海区 8 个领海基点海岛的航片、照片、摄像资料，有效的加强了领海基点保护工作。

海岛航空数据获取工作 组织完成 552 个海岛的海岛照片、录像、正射影像、数字高程模型等数据资料处理并汇交到国家海洋信息中心，为国家海岛监视监测系统提供了数据支持。

（国家海洋局北海分局）

【东海区海岛管理】 组织完成了 2012 年度东海区领海基点地面监视监测工作，完成了对基点岛监视监测成果的分局验收。2011 年度东海区海岛工作项目成果顺利通过国家局审查和绩效考评。组织完成了对东海区 17 个领海基点及其所在海岛（包括 4 个台占岛）的巡航监视。其中，登岛 11 个、巡航监视 5 个、航空遥感监视 1 个，形成巡视成果报告 12 份，集成报告 1 份。组织开展了东海区领海基点及其所在岛屿视频实时监控试点工作的前期研究。编制了《东海区领海基点位置校核探讨》和《东海区领海基点标志所在海岛开发保护现状分析》等研究报告。（国家海洋局东海分局）

【南海区海岛管理】 2012 年 2 月 17 日，国家海洋局海岛司在海口市召开了边远海岛发展研讨会，会议邀请外交部、中编办、总参、西南中沙工委等单位代表共商边远海岛保护、可持续开发等问题，会议从政策上、可操作性上及与相关部门协调关系方面进行了充分的讨论，为下一步边远海岛开发利用工作奠定了较好的基础。

2012 年 4 月 25～28 日，全国人大环资委副主任委员、原解放军总后勤部政委张文台上将一行，赴西沙开展全国人大海岛保护法专题调研，进一步了解海岛保护法贯彻实施情况，听取需要研究解决的问题和建议。

西沙群岛地名管理工作进展顺利，在完成海岛地名普查的工作基础上，补充完成了海岸线测量、地形剖面测量、社会经济及文化调查等工作，较翔实和全面地掌握了西沙群岛及其周边情况。

2012 年南海分局分别实施了两个航次的全国海岛资源综合调查项目，按 2012 年工作计划，完成了选定岛屿的试点工作，开展了海岛基础属性调查、社会经济文化调查、岛陆及周边水下地形测量等，圆满完成了预定工作任务，外业调查基本结束，2012 年 10 月相关技术人员参加国家海洋局组织的总结大会，并承担海岛退化、岸线侵蚀等几项专题报告的资料收集和整理工作，当前相关成果汇总正在进行中。

（国家海洋局南海分局）

海洋环境保护

综　述

2012 年，国家海洋局会同沿海省、市、区海洋行政管理部门和局属有关单位，按照党中央、国务院的决策部署，贯彻落实局党组确定的“三个六”的工作思路和“五个用海”的具体要求，以科学发展观为指引，扎实推进海洋生态文明建设，海洋环境保护各项工作取得了显著成效。

【海洋环境保护监督管理】　积极推进健全法律制度、探索区域用海规划环评两项重点工作。扎实做好“一法两条例”修订工作，先后 3 次向国务院法制办汇报，组织 5 次专题修改，征求两轮意见，形成了报国务院法制办修订草案。制定发布了《关于进一步加强海上溢油信息报告与发布管理若干意见》，明确了责任分工、规范了信息报告、发布形式与工作流程。配合有关部门开展《海洋环境保护违法违纪处分规定》起草修订调研工作。探索开展了首例区域用海规划环评的审查工作，在系统总结经验、逐步深化认识的基础上，又陆续受理审查了 12 个区域建设用海规划的环评。

扎实做好倾废、环评等海洋环境监管常规工作。全年共受理海洋/海岸工程环评、海洋倾倒区申请 160 余件。完成了香港惰性拆建物料台山新处置区选划工作，为香港惰性拆建物料处置解决了出路。积极回应澳门惰性拆建物料内地海域处置需求，提出了明确的处理意见。

【海洋环境监测评价体系建设】　积极做好全国海洋环境监测评价体系发展规划。2012 年，国家海洋局积极做好海洋环境监测与评价业务体系发展规划制定工作，于 2012 年初印发《全国海洋环境监测与评价业务体系“十二五”发展规划纲要》，作为“十二五”时期监测评价工作的根本指导，统筹部署海洋环境监测与评价业务体系建设。

继续推进推进创新型海洋环境评价业务体系建设。国家海洋局不断加强海洋环境评价项目的监督管理，对“二氧化碳海-气交换通量评估方法”等 8 个项目实施验收，开展了北海区海洋环境质量综合评价方法研究等 4 个项目中期执行情况检查，确保各项目工作进展及质量。

继续加强监测评价专业人才队伍建设。2012 年，国家海洋局建立海洋环境监测评价人才队伍定期培训机制，组织开展基础综合类、管理综合类及专题技术类 3 大类培训工作。同时组织对监测与评价专业技术人员等级证书使用情况进行调查，继续组织开展监测评价专业技术人员考评工作。

不断深化海洋环境信息发布制度。2012 年 6 月，国家海洋局在京召开新闻发布会，发布《2011 年中国海洋环境状况公报》，引起社会公众的广泛关注和认可，取得了良好社会成效。国家海洋局不断加大海洋环境信息公开力度，通过国家海洋局政务网站发布海洋环境信息 7 期。

【渤海环境保护和北戴河环境综合整治】　落实渤海“两个最严格”政策。2012 年，为落实国务院关于渤海“最严格的围填海管理与控制政策、最严格的环境保护政策”的要求，国家海洋局刘赐贵局长组织局属有关部门和单位赴辽宁、河北就渤海海洋环境保护工作进行调研，组织召开渤海环保专题会议，提出了减排放、控总量、护生态、抓修复、建体系、强监管、重协调、立法规等 8 项重点工作。

建立实施海洋生态红线制度。印发了《关于建立渤海海洋生态红线制度的若干意见》，提出了在渤海生态脆弱敏感区域划定海洋生态红线的区域综合治理新思路，通过生态保护、生态修复、污染防治、环境监督一整套“组合拳”来解决海洋环境问题，得到了社会公众的高度关注和环渤海三省一市人民政府的积极响应。

大力开展北戴河环境综合整治。系统推进了北戴河环境综合整治的工作，明确监视监测方案和执法方案，建立海洋环境信息统一发布机制，印发了《关于加强暑期秦皇岛海洋生态环境保护的若干意见》，开展了海洋生态红线制度试点，实施了污染企业停产减排、入海河流综合整治、海洋环境监督检查、海洋环境监测预报预警等一揽子环境管控措施，在较短时间内实现河流入海污染物大幅下降、海域环境质量明显改善、赤潮和溢油发生频次和范围有效减少的目标。

【海洋环境灾害及突发事件应急处置工作】依法依规做好“蓬莱 19-3”油田溢油事故的后续处置工作。落实“蓬莱 19-3”溢油事故生态修复工作，成立了溢油生态修复工作管理委员会等工作机构，制定了赔偿款、补偿款管理办法等配套办法，为修复工作顺利开展打下坚实基础。完成了事故调查总结报告并报国务院，圆满完成了联合调查组各项任务，得到了国务院相关领导的充分肯定，并及时对外发布了事故调查处理报告。积极推进蓬莱 19-3 油田环评重新核准工作，在做好环评审查前期工作的前提下，完成了环评报告书重新编制全部审查程序，及时印发了环评核准文件。

推进日本福岛核泄漏事故和西太平洋海洋环境放射性监测。继续对我国管辖海域实施放射性监测，并于 5～6 月和 11～12 月完成两个西太平洋海洋环境放射性监测航次，掌握核泄漏事故对西太平洋海域及我国管辖海域的影响。及时向社会公布 2011 年第二航次和 2012 年第一航次结果，结果表明，日本福岛以东的西太平洋公共海域受核污染影响范围扩大。我国管辖海域尚未受到日本福岛核泄漏事故的影响。同时，推进西太平洋海洋环境放射性监测预警体系建设，编制印发《西太平洋海洋环境放射性监测预警体系中长期建设规划纲要》，为下一步工作打下了坚实基础。

应对赤潮（绿潮）、化学品船舶沉没、搁浅等海洋生态灾害和环境突发事件。有效应对 3 月份广东近岸海域韩籍化学品船沉没、3 月份福建近岸海域新加坡籍货轮搁浅事故、4～6 月份福建沿海赤潮爆发、7～9 月份青岛水域水母爆发等海洋环境突发事件和灾害，对相关海域实施高频次、针对性的监视监测工作，并及时在公众媒体上发布监测信息，为地方政府及时处置提供了强有力的技术支撑。

【海洋工程与海洋倾废管理】 强化海洋工程环评审批 加强海洋环境准入管理，把好海洋工程和海洋倾废行政许可关，对不符合海洋功能区划的项目坚决不予受理，对环境影响不确定不清楚的暂缓或退回，同时，对参加环评审查的专家以及专家决策机制予以明确。为优化海洋产业结构调整和转变海洋经济增长方式服务。受理海洋工程、海洋倾废行政审批事项 160 余件。

依法开展区域用海规划环评 按照国家海洋局有关文件要求，积极研究探索开展了第一例区域用海规划环评的审查工作，从海洋环境保护角度对规划审批和建设提出意见和建议，促进沿海经济社会健康可持续发展。在此基础上继续推进、深化，陆续受理、组织审查了 28 个区域建设用海规划的环评。

加强海上溢油信息报告与发布 印发《关于加强海上溢油信息报告与发布管理若干意见》。对海上溢油信息报告与发布工作进行规范，明确了分局与地方的责任分工，细化了信息报告、发布形式与工作流程。

积极配合海洋环境保护法律法规修改 认真贯彻落实国务院“抓紧研究完善海洋环境保护的法律法规”指示精神，配合国务院法制办完成了《海洋环境保护法》和《海洋石油勘探开发环境保护管理条例》的修订稿，完成《海洋倾废条例（修订征求意见稿)》。

积极做好港澳跨区倾倒工作 积极稳妥推进港澳惰性物料跨区倾倒工作。召开了香港惰性拆建物料在内地海域处置第七次联席会议；根据港方的需求，积极稳妥推进台山新处置区的选划工作，组织召开了广东台山处置区现场工作会，完成了香港惰性拆建物料台山新处置区选划工作，为香港“十二五”期间产生的惰性拆建物料处置解决了出路，对促进香港经济繁荣发展和社会稳定具有重要意义。此外，对澳门惰性拆建物料内地海域处置需求予以了积极回应。

继续依法依规科学稳妥做好“蓬莱 19-3”油田溢油事故的后续处置工作 2012 年，继续组织开展“蓬莱 19-3”油田溢油现场监视监测和监督管理，要求康菲石油中国有限公司抓紧完成“三继续”工作，继续彻底清除海底残留油污，完成“蓬莱 19-3”油田风险隐患排查和整改工作。完成事故调查处理总结报告报送国务院，并将主要内容在局网站上公布，主动接受社会监督，圆满完成了联合调查组的各项任务。完成“蓬莱 19-3”油田重新编制的环评报告书的核准工作。此外，有效应对突发事件，及时妥善处理了北海市输油船漏油等 7 起海上溢油事件，上报值班信息 14 期。

【海洋生态环境保护与管理】　做好海洋生态保护与建设的顶层设计。积极参与、推动国家发展改革委牵头的《全国生态保护与建设规划》、《全国湿地工程实施规划（2011-2015）》编制与实施，提出了“一带、四海、十二区”的海洋生态保护布局，一大批海洋生态保护与建设重点项目首次列入国家规划。

推进海洋保护区体系建设。新建 1 个国家级海洋自然保护区，新建天津大神堂牡蛎礁等 3 处国家级海洋特别保护区和山东大乳山等 10 处国家级海洋公园，海洋保护区面积增加 867 平方千米，海洋保护区网络体系进一步拓展充实。同时，通过开展海洋保护区规范化建设项目提高了海洋保护区建设成效，审核通过了两个自然保护区内旅游和生态修复建设活动。开展了海洋保护区专项检查、海洋自然保护区先进集体和个人评选，保护区工作形式进一步丰富、管理更加规范。

积极推进海洋生态整治修复工作。组织申报盘锦双台子河口滨海湿地植被修复示范工程等 21 个海洋生态修复项目。组织开展海洋生态修复技术方法、管理制度研究，健全海洋生态损害赔偿机制和海洋生态补偿制度，制定完善《海洋环境污染损害生态修复管理暂行办法》等办法和标准。组织开展 2010 年度、2011 年度批复实施的海洋生态修复项目专项检查，海洋生态修复工作的成效日益显著。

建立渤海海洋生态红线制度。及时印发《关于加强秦皇岛暑期海洋生态环境保护的若干意见》，部署在秦皇岛及其周边海域探索建立海洋生态红线制度，对北戴河环境综合整治取得阶段性成效起到了重要的促进作用。印发实施《关于加强渤海海洋生态红线制度的若干意见》，明确海洋生态红线区分区分类管控措施，要求环渤海三省一市加快建立实施渤海海洋生态红线制度，取得了广泛关注。

【海洋生态文明建设】　积极组织海洋生态文明理论研究　按照国家局党组的统一部署，开展了“加强海洋生态文明建设专题研究”，系统研究梳理了海洋生态文明的内涵、指导思想、目标、任务等问题，形成了专题研究报告。

初步形成海洋生态文明理论架构　在研究报告的基础上，进一步提炼、完善，主要研究成果以刘赐贵局长署名文章《加强海洋生态文明建设 促进海洋经济可持续发展》的形式于 2012 年 6 月 7 日在《人民日报》发表，充分体现了国家海洋局对海洋生态文明建设工作的高度重视，在社会各界引起了广泛关注。

率先进行海洋生态文明建设的实践探索　2012 年初，印发了《关于开展“海洋生态文明示范区”建设工作的意见》，编制了《海洋生态文明示范区建设指标体系》等 4 项配套办法，组织山东、浙江、福建、广东申报创建首批国家级生态文明示范区，得到了沿海地方政府的高度关注和广泛参与，共有 12 处市（县、区）提出了创建申请，在生态文明示范建设方面打出了品牌、走在了前列。

（国家海洋局海洋环境保护司）

【近岸海域污染防治规划（2012-2015 年）】　为促进海洋环境质量改善，维护近岸海域生态健康，确保沿海地区可持续发展，2012 年，环境保护部联合国务院有关部门和沿海地方政府完成了首个全国性海洋污染防治规划--《近岸海域污染防治规划(2012-2015 年)》(以下简称《规划》）的编制工作。《规划》分析了近岸海域污染防治形势，以分区分类、陆海统筹、突出重点为原则，明确了近岸海域环境保护的目标、任务和重点区域和保障措施，确定了主要入海河流考核、监控断面和重点海域考核、监控站位，提出了沿海各地市的主要污染物的排放量控制目标和全国近岸海域水质目标要求。

【关于进一步加强近岸海域环境保护的指导意见】　针对我国海洋环境污染现状及面临的潜在压力，2012 年环境保护部结合近年来海洋环保工作成果和经验，根据落实七次环保大会精神和海洋环保工作的总体思路，向沿海省、区、市印发了《关于进一步加强近岸海域环境保护的指导意见》（以下简称《指导意见》）。《指导意见》分析了我国海洋环境保护面临的形势和压力，明确了近期近岸海域会议环境保护工作的指导思想和基本原则，提出了用规划指导和统领海洋环境保护工作；抓住重点大力加强陆源污染防治；坚持污染防治和生态保护并重，切实加强海洋生态保护；开展沿海环境风险排查和隐患整治，妥善处置突发环境事件；加强协调配合，开展海洋环保执法检查；加大投入，切实加强海洋环境保护能力建设；夯实基础，不断完善海洋环境保护制度建设；提高海洋意识，加大海洋环保宣传力度共 8 项环保部门海洋环境保护工作的重点任务，为指导沿海地区的海洋环境保护工作发挥了积极的作用。

【全国沿海地区入海河流、直排海污染源监测】 2011 年对全国 194 个入海河流断面、432 个日排污水量大于 100 立方米的直排海污染源进行了主要污染物入海量监测。监测结果表明，入海河流水质总体较差，河流污染物入海量大于直排海污染源污染物入海量。194 个入海河流监测断面中，Ⅰ类水质 1 个，Ⅱ、Ⅲ类水质 86 个，占断面总数的 44.4%；Ⅳ、Ⅴ类水质 54 个，占断面总数的 27.8%；劣Ⅴ类水质 53 个，占断面总数的 27.3%。入海河流监测断面水质达标方面，在 194 个入海河流断面中，183 个明确了水质类别目标，达标率为 62.3%。

四大海区入海河流断面达标率分别为：渤海 43.5%，黄海 73.1%，东海 52.0%，南海 71.7%。入海河流的主要污染物为化学需氧量、氨氮、高锰酸盐指数和总磷。194 个入海河流断面的主要污染物排海总量为：高锰酸盐指数 375.9 万吨；氨氮 64.0 万吨；石油类 4.5 万吨；总磷 26.3 万吨。432 个直排海污染源排放污染物总量为：化学需氧量 21.0 万吨、石油类 907 吨、氨氮 2.02 万吨、总磷 3047 吨、汞 0.322 吨、六价铬 0.451 吨、铅 3.017 吨、镉 0.879 吨。

【辽宁沿海主要环境风险源调查和评估】 为加强全国沿海环境风险源管理，为近岸海域环境管理提供技术支持，2012 年以辽宁省为示范，开展对近岸海域的主要环境风险源进行调查和评估，完成了《辽宁省沿海主要环境风险源调查和评估报告》为其他沿海区域风险源管理提供示范。辽宁省大连市、丹东市、葫芦岛市、营口市和盘锦市的 392 个企业参与调查和评估，评估表明存在一至五级风险的风险源分别为 40 个、10 个、15 个、28 个、23 个，共 116 个，其中，大连市 53 个，丹东市 6 个，葫芦岛市 23 个，锦州市 7 个，营口市 25 个，盘锦市 2 个，一级风险源主要风险物质为原油及其制品。

【海洋环境保护国际合作】 2012 年 1 月联合国环境署在菲律宾马尼拉召开的《保护海洋环境免受陆上活动污染全球》执行情况第三次政府间审查会议。来自中国、美国、日本等 65 个国家、多个国际公约秘书处、政府间组织和非政府组织等派代表参加了会议。会议主要针对营养物质、海洋垃圾、污水问题，全球行动计划（GPA）在 2012-2016 年的政策指南，以及 GPA 在 2012-2016 年工作计划等议题展开讨论，最终审议通过了一份《保护海洋环境免受陆地活动影响全球行动计划的马尼拉宣言》。会议普遍认为应在全球、区域、国家层面上大力推动 GPA 的实施，特别是把营养物质、海洋垃圾、污水问题作为 2012-2016 年 GPA 的工作重点抓住了当前海洋环境保护关键和要害，应不遗余力加以落实。

2012 年 11 月，西北太平洋行动计划（NOWPAP）第十七次政府间会议于在韩国济州举行，来自中国、俄罗斯、日本、韩国四个成员国、NOWPAP 区域协调处及区域中心、黄海大海洋生态系统项目（YSLME）等机构的 30 余名代表参加了会议。会议主要讨论了 2012 年 NOWPAP 实施进展、特殊监测与海岸带环境评估区域中心联络员会议的职权范围修改、区域协调处协调员和副协调员在富山、釜山办公室之间轮值、NOWPAP 与国际海事组织合作事宜、NOWPAP 信托基金增资、NOWPAP 未来财政状况的应对措施等议题。并就上述议题通过了三项决议。

（环境保护部　佟羽　李义　孟庆佳　廖岩）

各海区海洋环境保护

【北海区海洋环境保护】 **海洋工程管理** 加大海洋石油勘探开发监管力度，先后制定并下发了《海洋石油开发工程三同时检查、竣工验收工作程序》、《溢油应急计划审查、审批工作制度》、《新投产生产井信息报送制度》。重点做好蓬莱 19-3 油田溢油事故后续监管、海洋生态损害评估与索赔工作；受海洋局委托，组织开展蓬莱19-3油田重新编制环评的技术审查工作，通过前期约谈康菲公司、优选评审专家、认真组织等方式高效稳妥地完成了环评技术审查工作；做好溢油事故赔偿补偿款的使用管理工作。

组织完成1个围填海项目的环评听证工作，先后组织1个油气开发工程环保设施“三同时”检查，14个油气开发工程环保设施竣工验收；基本实现每日1次卫星溢油监视。完成6份化学消油剂和57份海洋钻井泥浆（添加剂）的年度检验核准工作，受理泥浆、钻屑排放申请74份，共批准排放泥浆15381m³，岩屑41860.14m³。加强海洋石油勘探开发溢油应急管理工作，严格执行溢油应急计划审批程序，完成了26份溢油应急计划的审批。

制定并下发了《北海区海洋环境保护监管专家库管理办法》，截至2012年底已入库专家120人，其中国家海洋局系统内59人、系统外61人，涵盖海洋环境等十余个专业领域。

海洋倾废管理 认真落实海洋环境保护政策，不断完善监管制度，依靠科技手段提高监管水平。统筹协调海洋倾倒与环境保护，主动协调倾废区相关涉海部门，支持地方经济建设。印发了《北海区海洋倾废记录仪管理办法》，全面推进新型倾废记录仪安装工作，全覆盖开展海洋倾倒跟踪监测，实现了海洋倾废全过程监管和实时动态监管。严格倾倒区选划审查把关，优化倾倒区整体布局，依法对青岛董家口港区航道工程等4个临时倾倒区下达监管要求，关闭烟台西港区等4个使用期限到期的临时海洋倾倒区。全年共批准海洋倾倒许可证35份，审查同意地方海洋行政管理部门签发海洋倾倒许可证8份，批准倾倒量4768万立方米。全年有效开展156次倾废执法检查，首次在烟台、黄骅、大连长兴岛等3个倾废海域开展了交叉执法行动，进一步提高了执法效力。

黄海浒苔绿潮应急响应 自3月下旬起启动用浒苔绿潮卫星遥感监测，5月16日卫星遥感首次在34°40′N以南黄海海域发现较大规模浒苔绿潮，5月21日启动浒苔绿潮灾害三级应急响应，至8月21日，成规模的浒苔绿潮基本消失，8月31日终止浒苔绿潮三级应急响应。

浒苔绿潮发生时，全面开展黄海浒苔应急监视监测，支持地方政府做好浒苔防灾减灾工作。做好亚沙会等重大活动的保障工作，为组委会提供每天一次的加密监测和精细化预报信息，派人员和应急监测车进驻比赛现场提供服务。组织向阳红08船等8艘海监船，开展亚沙会会场周边海域浒苔同步专项监测，为亚沙会的顺利举行提供强有力的技术支持。

浒苔应急期间，发布绿潮卫星遥感监测信息快报157期、亚沙会专项预报74期、向地方政府发布绿潮通报27期，共出动中国海监飞机飞行11个架次、监视航程约6765千米，出动海监船舶8艘、总航程13600海里，监测站位374个、采集分析水质样品63个、浒苔样品32个，利用MODIS、HJ 、SAR数据进行绿潮监测，发布绿潮卫星遥感监测信息快报157期，陆岸巡视累计9160余千米。

日本福岛核事故应急监测 继续组织开展了日本福岛核泄漏事件对北海区海洋环境影响的监测预警，共发布核辐射应急监测预警通报53期。派出向阳红09船完成西太平洋海洋环境放射性监测秋季航次船舶保障任务。

海洋溢油和赤潮应急 对渤海开展全天候、高频率的溢油卫星监视。对卫星发现的多次溢油异常区，派出飞机、船舶赴现场进行核查。针对康菲石油中国有限公司蓬莱19-3油田“蓬勃”号储油轮进行泄压排液作业、渤中28-2南油田“海洋石油102”浮式储油装置（FPSO）在准备外输作业原油泄漏事故，组织开展溢油应急监视监测，开展对海洋生态损害评估及索赔，维护了国家海洋权益。

2012年北海区共发现赤潮15起，其中渤海共发现8次赤潮，赤潮发生区总面积达3869平方千米，赤潮生物主要为抑食金球藻、中肋骨条藻等；黄海中北部共发现7次赤潮，总面积为846平方千米，赤潮生物主要夜光藻，共发生4次；其余赤潮生物有塔玛亚历山大藻、旋沟藻、红色赤潮藻。分局组织有关单位对赤潮进行了预报预警和跟踪监测，共发布赤潮通报30期，指导地方政府采取针对性的防灾减灾措施，降低了赤潮灾害带来的损失，保障了公众身体健康。

应对气候变化和海洋节能减排 2012年北海分局继续开展近海CO2海气交换通量的业务

化监测工作，完善包含岸/岛基站监测、浮标监测、船基走航式监测和遥感监测在内的立体化监测体系，圆满完成了2、5和8月三个航次的北海区海-气二氧化碳交换通量断面监测工作；实现小麦岛岸岛基站二氧化碳监测连续在线监测；通过二氧化碳监测，基本掌握北海区海域碳源汇情况，为海洋领域应对气候变化决策部署提供了基础依据。　（国家海洋局北海分局）

【东海区海洋环境保护】　2012年，东海分局组织海区沿海省市海洋行政主管部门开展海洋环境监测，深化开展了海洋生物多样性和海水、沉积物、海洋大气状况监测；对海洋环境灾害、突发海洋污染事故和各类海洋环境风险加强了防范；进一步深化对海洋倾废、海洋油气勘探开发、涉海工程、海洋保护区和陆源入海排污的监管力度；继续加强对海水浴场、滨海旅游度假区和海水增养殖区的监测和评价能力，为海洋开发管理、沿海地方海洋经济服务。

海洋环境监测与评价　组织编制《2012年东海区海洋环境监测工作方案》，稳步推进海区海洋环境监测、海洋环境风险监测、海洋环境监管监测、公益服务监测和海洋环境监视等工作，获取各类监测数据约20万组（不包括在线监测数据）；组织编制并印发了《东海分局海洋环境监测与评价业务体系“十二五”发展规划纲要》；编制完成并发布《2011年东海区海洋环境公报》。推进在线监测技术的应用，完成三都澳养殖区水质在线监测系统的建设，实现该养殖区24小时在线监视监测，提高了监测工作效能。

海洋环境保护监管　继续推进东海区海洋环境保护工作机制建设，深化海洋环境保护分区分级责任制。深入落实海洋倾废、海洋工程监管，出台了《关于完善海洋倾倒废弃物分类评价工作的意见》，2012年，受理并批准海洋倾倒申请13起、变更申请26起，审查辖区省级海洋倾倒初审意见257份，批准向海倾倒疏浚物约12090万立方米，骨灰撒海1620盒；组织开展8个临时倾倒区的选划或延期；审核、批复溢油应急计划3份、试油申请3份。完成86艘船舶“海洋倾废动态实时监控系统”船载监控仪（黑匣子）安装，提升了海洋倾废监控能力；对东海区在用的倾倒区、疏浚工程区域、倾废船舶实施了680次监视监测、检查，对各类海洋(涉海)工程进行了1066次监视监测、检查，对16个国管工程邻近海域、6个电厂的温排水进行了跟踪监测。

海洋突发事件和环境灾害应急管理　对3月15日福建海域集装箱船搁浅事故、6月25日长江口碰撞船舶溢油事故、8月9日平湖油气田输油管道断裂事故等海洋突发事件，利用卫星、航空、船舶等技术和装备优势开展全方位的应急监视监测及预警，及时向有关部门报送监测信息。特别是福建船舶搁浅事故，从方案设计阶段即基于联合、联动、共享工作机制，实现资源共用、数据共享，降低了应急成本，提高了工作效率，为环境灾害的应急管理工作积累了丰富经验。

继续做好赤潮、绿潮监视监测和预警工作。全年海区共发现赤潮42起，有毒赤潮24起，向各级政府发送赤（绿）潮应急通报10余期。总结历年东海区赤潮（绿潮）、海水入侵、土壤盐渍化、核辐射、物种入侵、海洋溢油与化学品泄漏等六大环境风险，组织编制了《东海分局海洋环境风险监测及评价工作报告》，精心谋划江苏南部海域环境风险监测与预警、西太平洋海洋环境监测预警体系建设等工作。

海洋生态保护与建设　组织开展东海区典型生态系统海洋生物多样性监测，以全面地掌握海区海洋生物种类、分布、数量及变化状况；对漳州红树林、厦门珍稀物种等海洋保护区进行实时在线监控；组织开展了东海钓鱼岛海洋特别保护区选划的相关工作；2012年7月，厦门海洋保护区视频监控系统在厦门火烧屿东侧海域捕获白海豚影像，对研究白海豚的分布、活动规律，制定保护和管理政策提供了资料。

海洋环境保护信息化建设　全面建成了覆盖东海分局3个业务中心、6个中心站、3个支队和东海区3省3市监测中心共18家单位的业务化运行传输网络和视频会商系统，实现了东海区环保数据资料的在线传送；继续组织开展海洋倾废监管系统、海洋保护区视频监控系统、油气平台在线监控系统、龙源海上风力发电区监控系统、养殖区水质环境自动在线监控系统等建设，提升海洋环境监视监管的能力；推进海区海洋环境综合信息平台建设，逐步整合黑匣子、石油平台、保护区、三都澳养殖区、二氧化碳等在线监测监视信息网络平台，提高海洋环境监管体系的运行效率。

（国家海洋局东海分局）

【南海区海洋环境保护】 **南海区海洋石油勘探开发环境保护管理工作会议** 2012年9月19日至22日，国家海洋局南海分局组织召开了2012年南海区海洋石油勘探开发环境保护管理工作会议。会议全面总结了2011年南海区海洋石油勘探开发工程环境保护日常管理工作、溢油风险排查以及各公司溢油应急计划修订等情况，探讨了海洋环境保护、溢油风险防范和溢油应急工作机制等方面存在的问题和解决办法。

汕尾沉船事故应急监测 一艘装载7000吨浓硫酸、140吨燃料油的韩籍化学品船，在汕尾碣石湾近岸海域沉没，事故引发社会各界高度关注，南海分局积极组织应急监视监测工作。沉船打捞工作于9月26日完成，监测结果显示，事故海域环境受明显影响。

南海近海赤潮巡视监测 南海分局按照工作方案组织开展南海近海赤潮巡视监测工作，2012年在南海近海海域共监测到赤潮16次，累计面积约741平方千米，均发生在广东沿岸海域，没有造成较大的海洋渔业经济损失和人员伤亡。赤潮生物种类主要有锥状施克里普藻、中肋骨条藻、双胞旋沟藻、夜光藻、红色赤潮藻、脆根管藻、长角弯角藻、丹麦细柱藻、米氏凯伦藻等。有毒有害的甲藻和鞭毛藻赤潮发生次数较2011年略有增加。

选划论证海洋自然保护区、海洋公园 2012年南海分局积极配合南海三省（区）各级海洋行政主管部门，推进海洋生态保护各项工作，协助海南省厅、广东省局、广西区局及多个市级海洋行政主管部门开展国家级海洋特别保护区、海洋公园以及生态整治修复项目的选划论证申报工作。

海洋石油勘探开发生产设施的日常监管 为加强南海区海洋石油勘探开发生产设施日常监管，形成月报、试油作业报告、钻井作业报告和油基泥浆审批四大制度。2012年，南海区油气田油产量1774.0万吨，气产量8.4×109立方米，共排放达标含油生产污水约12587.6万立方米。南海分局共开展了7项工程的环保设施“三同时”检查和3项工程的环保设施竣工验收，审查批复了30份溢油应急计划。

含油污水监测化验员考核 南海分局于2012年9月10日至14日，组织进行了第七期南海区海洋石油勘探开发含油污水监测化验员考核。

南海区海洋倾废管理 2012年，南海分局共签发废弃物海洋倾倒许可证72份，批准疏浚物倾倒量约7441万方，批准香港惰性拆建物料处置量1360万吨，收缴倾倒费约2074万元（未含香港惰性拆建物料倾倒费）。办理港珠澳大桥香港段工程、中委广东石化加工工程、中海油粤东LNG项目、西气东输二线海底管道工程等11项工程的疏浚物临时性海洋倾倒区选划及增量论证工作，获国家海洋局批准同意使用。分局现正对国华粤电台山发电有限公司煤码头港池航道维护工程等4个工程开展增量论证工作。

香港惰性拆建物料台山处置区监管 2012年，香港惰性拆建物料台山处置区共接收物料2730船次，约944.8万吨，总处置量约5366.16万吨。4月13日，国家海洋局在台山组织召开港澳惰性物料跨区倾倒有关事宜专题会议，肯定了台山处置区的阶段性成果。

（国家海洋局南海分局）

海洋观测预报和防灾减灾

综 述

2012 年，海洋观测预报和防灾减灾工作战线上的全体同志紧紧围绕国家海洋局的总体部署和观测预报与防灾减灾工作“四一二一”体系发展目标，创新思路、团结协作、扎实工作、攻坚克难，各项工作都取得了显著成效。

海洋观测预报

【海洋观测预报法律法规和标准制度建设】 各项法规和标准制度建设工作取得阶段性成果。《海洋观测预报管理条例》由国务院第 192 次常务会议审议通过，自 2012 年 6 月 1 日起正式施行。国家海洋局组织编制《条例》的配套制度和标准规范共 19 个，目前已印发《关于地方基本海洋观测网规划编制工作的指导意见》，规范和指导地方基本海洋观测网规划的编制工作，其余配套制度正在抓紧编制，计划于 2013 年陆续出台。

【海洋观测能力建设】 加大海洋观测基础能力建设力度，提高岸基和离岸海洋观测能力，着力推进海洋台站升级改造。截至 2012 年底，国家海洋局已经完成了 54 个海洋台站升级改造，海洋台站的面貌得到了很大改善。完成了 24 套 X 波段测波雷达安装和试运行、11 套应急机动监测平台、30 套海况视频监控系统和 4 套海上油气平台观测系统的建设工作。业务化海洋观测领域逐步由近海向深海大洋延伸，业务化海洋观测体系拓展到印度洋，目前在印度洋有 3 套深海锚系浮标和 1 套深海潜标,在西北太平洋海域布放了 44 套 Argo 浮标和 21 套表面漂流浮标。

进一步强化海洋观测业务管理，海洋观测网业务化运行更加规范。国家海洋局印发了《国家海洋局海洋站（点）观测业务运行管理规定（试行)》等三个管理制度，强化了台站管理责任制，使台站业务管理制度建设落到了实处。

南中国海区域海啸预警系统建设取得显著成效。在国家海洋预报中心新建了海啸预警专用的值班平台，引进了 Antelope 全球地震台网接收分析系统，开发了海啸预警制作发布自动化软件系统；完成了宽频地震仪招投标设备采购和地震台选址工作。

初步构建海洋观测数据地理信息平台、并行数据库系统，稳步推进平台安全系统的建设，为海洋环境保障和防灾减灾工作等提供数据和信息服务。

【海洋环境预警报服务能力建设】 大力推动海洋预报业务体系改革工作。积极推动面向沿海重点保障目标的精细化预报工作开展，研究制定了首批试点工作方案。海洋渔业生产安全环境保障系统已投入业务化试运行，为沿海广大渔民提供了及时、便捷、精细化的海洋预警报服务。制定了海上搜救环境保障系统建设工作方案；启动了大洋航路和海洋油气作业保障系统建设预研工作。深入开展边缘海项目研究工作。开展海洋预报高性能计算机运行状况评估、人机交互工作平台研发推广和海洋预报准确性检验评估等工作，有效提高了海洋预报工作水平。

着力做好预警报决策服务工作。2012 年以来，国家海洋局主动加强与国家有关部委的工作联系，并与中国海上搜救中心的工作人员举行座谈。同时，着力为各种海上重大活动做好服务保障工作。围绕汕尾危化品运输船沉没应急处理工作、多部委南沙调研活动、亚洲沙滩运动会、海峡两岸联合搜救演练和蛟龙号 7000 米载人深潜、大洋极地考察与海军亚丁湾护航等活动，精心安排，周密策划，为上述活动的顺利举办提供了精细化的海洋环境服务保障。

积极开展主权争议海域的海洋预报工作。为维护我国对黄岩岛的领土主权，体现我国政府对黄岩岛的有效管理，海南省厅从 6 月 9 日起在海南省电视台正式发布了黄岩岛邻近海域的 24 小时海洋环境预报。根据钓鱼岛维权形势需要，国家海洋环境预报中心从 9 月 11 日起在中央电视台正式发布了钓鱼岛海域的海洋环境预报。

海洋防灾减灾

【海洋灾害风险评估和区划工作】　为有效解决沿海区域经济发展规划编制、沿海工程项目审批和建设中普遍存在的对海洋灾害，尤其是巨灾风险考虑和评估不足的问题，国家海洋局统一组织开展风暴潮、海浪、海啸、海冰、海平面上升等灾害风险评估和区划工作（以下简称区划工作）。2012 年，下发试行风暴潮、海浪、海啸、海冰、海平面上升 5 个灾种的灾害风险评估和区划技术导则、《海洋灾害风险区划制图规范》和《海洋灾害风险评估和区划基础数据采集和调查技术规程》，并组织开展了国家尺度的风暴潮、海浪、海啸、海冰、海平面上升区划工作，河北省尺度的风暴潮、海浪、海啸、海冰、海平面上升区划试点工作，以及南通市、连江县的风暴潮和海啸区划试点工作，取得了阶段性成果。

【警戒潮位核定工作】　警戒潮位是指防护区沿岸可能出现险情或潮灾，需进入戒备或救灾状态的潮位值。2012 年，国家海洋局组织沿海省（区、市）海洋部门开展新一轮警戒潮位核定工作。颁布了新国标《警戒潮位核定规范》（GB/T17839-2011），采用一组四色警戒潮位值，取代了原有的旧国标。出台了《警戒潮位核定管理规定》、《警戒潮位核定技术指导组工作规则》和《警戒潮位核定技术审查工作流程》等配套制度。沿海各省（区、市）按照新国标积极推进重点岸段的警戒潮位核定工作，其中，福建省率先完成了全省 33 个岸段的警戒潮位核定工作并向社会进行了发布，浙江省也启动了该项工作，其他沿海省份均已完成本省警戒潮位核定工作方案并报国家海洋局审批。

【海洋灾害应对工作】　2012 年，我国主要海洋灾害为风暴潮和海浪，导致的直接经济损失逾 152 亿元，死亡（含失踪）人数 12 人。全年，我国管辖海域共发生 24 次风暴潮过程，41 次灾害性海浪过程，其中，1211 号台风“海葵”导致的风暴潮直接经济损失最为严重，1210 号台风“达维”高纬度生成并一路西行进入我国黄海登陆，是 1949 年以来登陆长江以北最强台风。

国家海洋局对海洋灾害防御工作高度重视，先后召开了 6 次行政部署异地视频会。刘赐贵局长亲自出席“苏拉”、“达维”双台风海洋灾害防御部署会，并作重要指示，提出了“加强会商、准确预报；及时发布、广泛预报；预警到位、责任到人”三点要求。汛期期间，各相关单位严格实行领导带班和工作人员 24 小时值班制度，确保全天候人员在岗、通讯畅通，并将每项海洋灾害预警工作责任落实到岗、细化到人。

国家海洋局北海、东海、南海分局加密开展应急观测、及时传输观测数据，报送海洋观测速报，确保全国海洋观测网正常运转。国家海洋环境预报中心组织应急预警会商 84 次，发布各类风暴潮、海浪警报和实况速报，为各级政府和社会公众应对海洋灾害提供及时、准确、可靠的信息支撑。国家海洋局以《海洋专报》和《值班信息》的形式及时将海洋灾害预警信息和防御措施建议上报给国务院，国家海洋环境预报中心、国家海洋局北海、东海、南海分局和沿海各省（区、市）海洋厅局也积极参与国家防总和当地防汛指挥部门组织的工作会商，加强了对国务院和地方的决策服务。

国家海洋局海洋减灾中心和国家海洋环境预报中心 6 次派出灾情调查组，深入沿海一线协助当地政府做好海洋观测预报、灾害防御、灾情调查和评估工作。通过开展现场调查及时了解和统计海洋灾情信息，编制全国海洋灾情分析报告并上报国务院应急办和国家减灾委。2011/2012 年海冰灾害影响期间，国家海洋局成立 4 个调查组，分别奔赴环渤海 4 省（市），与辽宁、河北、天津、山东三省一市海洋部门的工作组一起调查当地遭受海冰灾害的实际情况，提出了灾害防御具体措施及建议。通过对我国全年海洋灾情统计、调查和分析，编制了《2012 年中国海洋灾害公报》。

【防灾减灾宣传工作】　加强海洋防灾减灾宣传教育，对提高全社会的海洋灾害风险防范意识，有效降低海洋灾害造成的人员伤亡和经济损失具有十分重要的意义。

国家海洋局高度重视海洋减灾宣传教育工作，利用“5•12”防灾减灾日、“6•8”世界海洋日重要契机，组织开展了一系列面向社区、学校和公众的诸如全国海洋宣传日主题宣传活动、海洋宣传开放日活动、海洋灾害应急演练等多种形式的海洋防灾减灾知识宣传教育活动，有效提升了全社会的海洋灾害风险防范意识。2012 年 5 月，国家海洋局海洋减灾中心会同国家海洋局北海分局、国家海洋局宣传教育中心、山东省海洋与渔业厅、青岛市教育局、青岛市海洋与渔业局在山东省青岛市第三十九中学组织开展以“弘扬防灾减灾文化，提高海洋减灾意识”为主题的现场宣传活动，对增强全社会特别是中学生群体的海洋防灾减灾意识起到了很好的作用。

（国家海洋局海洋预报减灾司）

海洋权益维护与执法监察

综　述

2012 年，海洋执法工作全面开展。我国管辖海域海洋权益维护工作取得突破，定期维权巡航执法工作逐步深入，持续进行了钓鱼岛、黄岩岛等海域的系列维权巡航执法行动；海域使用执法工作扎实开展，重点实施了“海盾 2012”专项行动、“区域用海专项执法检查”行动，组织开展海砂开采重点监控区执法试点工作，打击非法围填海、滥采海砂等用海行为，规范海域使用秩序；海洋环境保护执法工作全面开展，重点实施了“碧海 2012”专项行动，开展了“渤海环境保护及北戴河海域环境综合整治专项执法”、“全海域石油勘探开发和定期巡航执法检查”、“国家级海洋保护区执法示范”和“海洋工程环境保护执法示范”建设等工作，努力制止污染海洋环境、破坏海洋生态的行为；海岛保护执法工作快速推进，完善了海岛定期巡航执法工作，启动了“海岛保护执法示范”工作，全面推进全国海岛保护执法工作。

全年海洋执法共派出海监飞机 904 架次，海监船舶 14559 艘次。监视外国船舶、飞机等目标共 3303 艘（架）次，拍摄照片 134417 张，告知询问 866 次；行政执法检查次数总计 130737 次，作出行政处罚决定 1217 件，决定罚款总额 175006.65 万元。

海洋权益维护

【海洋维权执法】　周密组织定期维权巡航，全力实施钓鱼岛、黄岩岛重大专项维权执法行动，有力配合了国家外交斗争，有效捍卫了我国海洋权益。

（1）钓鱼岛专项维权。3 月，为反制日本非法命名，在我国正式公布钓鱼岛等岛屿名称后，组织实施了钓鱼岛专项维权巡航。9 月，我国公布钓鱼岛及其附属岛屿领海基点基线后，中国海监船编队开始在钓鱼岛海域开展常态化维权巡航。12 月 13 日，海监飞机飞抵钓鱼岛海域上空巡航。

（2）黄岩岛专项维权。4 月 10 日，菲律宾军舰非法登检并企图抓扣我国在黄岩岛正常作业的十多艘渔船，中国海监船编队及时赶赴现场，解救了我被困渔船渔民，随后实施了黄岩岛海域常态化巡航。

（3）定期维权巡航。在我国管辖海域内实施定期维权巡航执法，对在我管辖海域活动的外籍海军舰船进行监视；驱赶在我东海非法调查的日本“昭洋”号、“拓洋”号调查船；反制越南分布的《越南海洋法》。　（中国海监总队）

各海区海洋权益维护

【北海区海洋权益维护】　**（1）2012 年北海区涉外海洋科研活动监督检查**　为加强涉外海洋科研管理，全面落实有关文件精神，中国海监北海总队并于 2012 年 5～9 月份组织开展了北海区涉外海洋科学研究监督检查。

本次检查派出执法人员 153 人次，对 47 个单位的 27 个海洋科研项目逐一进行了排查，基本掌握了 2012 年以来这些单位的涉外海洋科研合作情况及今后的合作意向，取得了重要的调查资料，丰富了涉外海洋科研项目执法管理经验，推进了涉外海洋科研项目的执法检查工作。

此次监督检查的重点：一是涉及 2010 年以来经国家海洋局审批和未审批的涉外海洋科研项目，检查的具体内容包括：项目名称、中外方执行单位、签订协议情况、审批情况、调查研究区域、调查研究内容、所获资料和样品目录及研究成果的提交情况等。二是落实涉外海洋科研单位分管涉外海洋科研工作的领导、联络员，并登记备案，涉及多个部门的要分别登记备案。

北海区党的十八大会议期间海底光缆巡护专项执法　为加强中国共产党第十八次全国代表大会期间海底光缆的保护工作，确保海底光缆安全畅通，根据《国家海洋局 工业和信息化部关于加强党的十八大会议期间海底光缆保护的通知》（国海发[2012]41号）精神和中国海监总队《关于开展党的十八大会议期间海底光缆巡护专项执法行动的通知》要求，中国海监北海总队于2012年10月19日至11月15日期间组织实施了北海区党的十八大会议期间海底光缆巡护专项执法行动。先后安排7艘海监船舶、1架海监飞机、执法人员448人次，海监船舶累计航程8540海里，海监飞机累计飞行3架次，航时16小时30分，航程3630千米。在光缆路由区域检查、监视过往船舶511余艘，驱离进入光缆保护区的船舶196余艘，登临检查渔船9艘，并对其进行相关法规宣传，发放各种宣传资料2000余份，及时排出了危害海底光缆安全隐患，保障了“十八大”会议期间北海区海底光缆安全畅通。（国家海洋局北海分局）

【东海区海洋权益维护】 全年累计派出维权执法船舶79艘次，执法人员847人次，海上巡航1042天；派出海监飞机188架次，飞行791小时、179727千米；发现各类侵权目标1588余艘（架）次。

东海定期维权巡航执法 组织海监船舶和飞机组成编队开展东海定期维权巡航。巡航范围覆盖了东海我国主张管辖全部海域。巡航过程中，执法人员对各类侵权目标实施了维权执法和调查取证，同时，对“KDDI OCEAN LINK”光缆施工船等进行了监管。

钓鱼岛专项维权执法 2012年，东海分局组织海监船机编队开展了钓鱼岛海域维权巡航执法活动。

其他专项维权执法 2012年6月11日至7月17日，派出“中国海监50”船、“中国海监B-7115”直升机赴南海执行了黄岩岛专项维权任务。

6月24日至7月13日，派出“中国海监66”船赴南海执行了对越定期维权巡航执法任务。同时与编队一起先后抵北部湾口、西沙、南沙等海域巡航，开展了海上编队演练，有效宣示了我对南海的主权，强化了我对南海海域的实际管辖。

“东海协作-2012”军地海上联合维权演练 10月19日，派出“中国海监50”等4艘海监船和“中国海监3806、7115”两架海监飞机，与海军东海舰队开展“东海协作-2012”军地海上联合维权演习，提高了军地海上联合维权指挥协同和应急处置能力。（国家海洋局东海分局）

【南海区海洋权益维护】 2012年，国家海洋局南海分局共派出中国海监船舶执行定期和专项维权任务67艘次，累计出海887天，总航程105987海里；海监飞机飞行165架次，561小时15分，航程128268千米，完成专项任务2个，发现并监视各类侵权船舶148艘次，外籍飞机58架次。

定期维权巡航执法 2012年，国家海洋局南海分局组织开展24次定期维权巡航执法，内容包括：①对南沙岛礁实施抵近观察。掌握了周边国家侵占中国岛礁的证据材料和开发利用情况。②对我国“九段线”内油气开采情况进行摸查。对外国在中国专属经济区内开展的油气开发、开采活动进行维权执法，掌握了南海周边国家掠夺南海油气资源的有力证据。③组织大规模编队巡航执法进行南海巡航。海监船编队对南海岛礁和海域实施维权巡航执法，彰显了中国政府一贯立场，切实维护国家海洋权益。④实施西沙值班船制度，加强对西沙及附近海域的实际管控。2012年，南海分局派出海监船在西沙海域进行维权巡航和值班，多次协助军方驱赶违法作业的越南渔船，还不定期派出海监飞机进行空中监视。⑤开展文化遗产保护联合执法行动。3月26日至4月4日，“海监83”船执行西沙海域文化遗产保护联合执法任务，在西沙甘泉岛、珊瑚礁等岛礁进行现场执法，未发现蓄意破坏水下文物及国家文化遗产的违法行为。⑥对外国海洋调查船在中国专属经济区从事海洋科研活动进行维权执法。

专项维权执法行动 2012年在我国管辖海域圆满完成的专项维权执法任务，主要包括：①黄岩岛专项行动。4月10日，菲律宾15号军舰将我国12艘正在作业的渔船堵在黄岩岛潟湖内，企图抓捕我渔民渔船。海监编队迅速反应，及时赶到现场，有效阻止菲方的非法行为，成功解救我被困渔民渔船。随后，对黄岩岛海域实施了常态化巡航执法。②开展党的十八大期间光缆巡护专项行动。组织广东、广西、海南三省（区）开展南海区海底光缆巡护专项执法行动，确保了党的十八大期间南海区海底光缆安全畅通。

南海三省区海监机构定期维权巡航执法工作 2012 年，南海三省区全面开展省级海监机构定期维权巡航执法，范围覆盖我国南海北部、北部湾海域、西沙群岛海域，其中：

广东省总队组织开展了 3 个航次的定期维权巡航执法工作，共巡航 45 天，航程 3810 海里。开展海缆联合巡护“百日行动”，加强“十八大”期间海缆巡护工作，组织基层队伍开展海上巡查，出动执法船艇 85 艘（次），海上巡查 2650 海里，空中巡查 3 架次，驱赶进入海缆保护区的渔船 527 艘，向渔民派发宣传资料 3000 多册（张），保障海缆通讯安全。进一步贯彻落实国家关于海域文化遗产联合执法工作机制，加强与省文物局的合作，9 月初在汕头市举办广东海域水下文化遗产联合执法行动启动仪式，组织海监队伍对汕头、汕尾、珠江口等重点海域进行巡查，开展形式多样的宣传活动，提高社会各界和群众保护水下文化遗产意识，为“南澳 1 号”等重要文物打捞工作提供安全保障。

广西区省总队联合广西文化（文物）部门组成联合执法队，对钦州市勒沟港码头至大庙墩的海域进行水下文化遗产专项联合执法巡查，航程 32 海里，监视各类船只 21 艘。

海南省总队首次联合海南省文化稽查总队在琼州海峡东口开展打击盗采水下文物的执法行动，登临检查船舶 2 艘。积极参加南海维权执法行动，全年共派出 12 人次参加南海总队组织的海上维权执法工作。党的“十八大”期间，组织开展对琼州海峡海底光缆进行了为期 12 天的党的“十八大会议期间海缆巡护专项执法行动”，出动执法船只 15 艘次，出动执法人员 65 人次，发放海缆安全资料 245 份，劝离入区作业船只 28 艘次。 （国家海洋局南海分局）

海洋执法监察

【概述】 坚持严格规范公正文明执法，全面开展海域使用、海洋环境保护和海岛保护执法，为规范海洋开发秩序、促进海洋经济可持续发展、建设海洋生态文明，发挥重要的服务保障作用。

【海域使用执法】 2012 年，继续以专项执法行动与常规检查相结合，深化海域使用执法工作，以规范海域使用秩序、服务沿海经济发展为目的，开展了近岸海域定期巡查和专项执法行动，切实加强了对用海项目的监督和引导。组织了“海盾 2012”专项执法行动，立案 89 起，作出处罚决定 80 件，收缴罚款 15.68 亿余元，打击重大违法用海行为。组织区域用海规划专项执法行动，对全国 91 个区域用海规划实施情况逐一进行了检查，共发现并查处违法行为 34 起。在辽宁、山东、江苏、浙江、福建、广东 6 省组织海砂开采重点监控区执法试点，查处非法采砂案件 150 余起。全年海域使用管理执法检查用海项目 27531 个，检查 73311 次，发现违法行为 1443 起，作出处罚决定 671 件。

【海洋环境保护执法】 组织“碧海 2012”专项执法行动，着力打击重大海洋环境违法行为，共立案 178 件，执行收缴罚款 1323 万元。根据北戴河海域环境综合整治任务，组织北戴河海域海洋环境保护专项执法行动，共立案查处违法案件 20 件。组织 14 个支（大）队，开展国家级海洋保护区执法和海洋工程环境保护执法示范，共查办案件 24 件。组织全海域油气勘探开发定期巡航执法，航程 21385 海里，发现并查处 8 起违法行为。沃尔沃环球帆船赛三亚站比赛准备期间，有关开展赛道海域环境整治清理行动，为帆船赛提供了重要的海上环境保障。

全年共进行海洋环境保护监督检查 37290 次，发现违法行为 606 起，作出行政处罚 524 件，决定罚款 3865.35 万元。其中，进行海洋工程建设项目环境监督检查 26906 次，发现违法行为 257 起，作出行政处罚 188 件；进行海洋倾废监督检查 6419 次，发现违法行为 148 起，作出行政处罚 145 件；进行海洋生态保护监督检查 3965 次，发现违法行为 201 起，作出行政处罚 191 件。

【海岛保护执法】 2012 年，沿海各级海监机构全面开展海岛定期巡查和违法案件查处工作，建立并实施中国海监海区海岛定期巡航工作制度，重点巡查领海基点岛屿、国防用途岛屿和自然保护区岛屿。在十个海监大队中开创海岛保护执法示范工作，并通过部署和运行国家海岛监视监测系统、选配海岛执法装备和开展海岛执法业务培训，不断强化海监队伍的海岛保护综合执法能力。

全年共开展海岛执法检查18099次，检查海岛10818个，发现违法行为40起，作出行政处罚决定14件，决定罚款额79.19万元。

【装备建设】 在国家大力扶持下，统筹推进执法平台、执法装备、指控系统、保障基地等各项建设，取得前所未有的成效和进展，履行维权和行政执法职能、完成多样化任务的物质技术基础更加巩固。

执法平台建设与管理 2012年，海监船艇装备工作进展迅速，新增执法船11艘、执法艇95艘。为贯彻落实《中国海监执法执勤用车配备使用管理办法》，中国海监各海区总队执法执勤用车通过财政部核审。

严密组织船舶、飞机调度指挥和油料保障，高度重视安全管理，召开船舶安全管理工作会议，3月份开展船舶"安全月"活动，组织船舶规范化管理试点和年度船舶安全检查，开展第四届船员安全技能竞赛，确保船艇、飞机、车辆高效运转、安全运行。

执法装备建设与技术发展 依托"中国海监技术支撑体系"，组织各支撑单位开展年度课题立项和13个项目成果鉴定。各地方海监机构积极争取所在地方政府经费支持，采购监测、监视、取证等执法装备，发展信息化执法业务系统，提高执法科技含量。

指挥体系和维权基地建设 29个维权执法基地维修改造工作进展顺利，70%以上的工程开工建设。维权执法指挥系统建设顺利推进，项目管理办法、制度基本完备，总体设计方案完成并上报。中国海监应急指挥中心建设完成购楼工作，为后续改造装修顺利开展创造了良好条件。

【队伍建设】 2012年，坚持抓好海监队伍规范化建设，于11月26日至12月14日，组织开展了全国海监队伍体能、礼仪两项规定贯彻落实情况及训练情况的巡回检查，促进了各级海监队伍规范化管理。探索队伍建设对口帮带机制，启动了海监总队机关处(室)与县(市)级海监大队建立联系点工作。

坚持以培训强能力提素质，组织一类业务培训10个班次，培训人员1373人次，研发海洋执法监察证年审培训课程，推广拓展中国海监远程教育网实际应用。

【其他工作】 （1）7月18日，中国海监总队与韩国海洋警察厅在京召开第四次会议，并签署会议纪要；9月4～6日，韩国海洋警察厅首次派出3011训练舰访问中国海监东海总队，此举开创了中国海监与外国海上执法队伍船舶互访的先河。

（2）3月26日，国家海洋局和国家文物局在京召开"2012年度我国管辖海域内文化遗产联合执法专项行动启动仪式"电视电话会。并联合启动了"2012年度我国管辖海域内文化遗产联合执法专项行动"，在沿海部分海域及西沙海域进行联合执法，进一步提高了我国管辖海域水下文物保护的力度。

（3）2012年中俄海上联合军事演习期间，中国海监派出执法船在黄海海域，执行军事演习的外围警戒任务。

（4）对亚太网络B8、B17段海底光缆回收施工期间进行了执法检查，登检了主作业船新加坡籍"Cable Retriever"号，对其在我国管辖海域开展的海底废弃光缆打捞回收项目全程跟船检查。

（5）开展粤港澳首次海洋环境保护执法行动。重点巡查了港珠澳大桥工程的施工现场，检查了各类施工作业中海洋环境保护措施落实情况，以及中华白海豚保护措施落实情况。

（6）7月22日，公布设立"12323"全国海洋违法举报电话，搭建起海洋执法领域的群众监督平台。

（7）10月至11月底，组织各级海监机构开展海洋行政执法档案检查。

（8）加强保密工作，组织完成重大任务信息安全保障。

（9）完善政府采购流程和制度，加强内部审计监督和资金监管，组织执法专项经费使用管理核查，提高财务规范化管理水平。

各海区海洋执法监察

【北海区海洋执法监察】 2012年，中国海监北海总队带领下属各支队、各部门根据年度工作部署，全面推进、突出重点，不断加强专项执法队伍建设，进一步完善行政执法协调机制，强化定期执法检查，深入开展专项执法行动，圆满完成了行政执法工作任务，促进了北海区海洋经济发展和行政执法工作开展。全年累计派出执法人员 3336 人次，陆岸巡查 222527 千米、海上巡航 14942 海里、空中巡航 91344 千米，海域使用项目检查 1578 个次、海洋倾废项目检查 94 个次、石油平台登检 158 座次、海岛巡航和登检 461 个、海洋自然保护区检查 21 个次，采集原油样品 636 个；全年编报国家海洋局和中国海监总队溢油应急各类报共 203 期；全年共立案 44 起，累计处罚决定额 1835.6525 万元、实际收缴罚款 1463.4125 万元。

专项执法工作　深入开展“海盾”、“碧海”、北海区区域建设用海联合专项执法、北戴河海域海洋环境保护专项执法、海洋倾废交叉执法、2012 年北海区非法围填海疑点疑区核查专项行动等 6 个专项执法工作，严肃查处各项违法行为。在“海盾”专项执法行动方面，全年列入案件 6 起，全部下达了处罚决定，处罚决定额 1155.18 万元、已收缴 788.94 万元（含往年海盾罚款 194.4 万元），全年完成案件 4 起；在“碧海”专项行动方面，全年列入案件 11 起，处罚决定额 88 万元、已收缴 88 万元，全年完成案件 10 起；在北海区区域建设用海联合专项执法方面，于 9～11 月开展，主要由中国海监北海总队牵头，通过立体、同步、多部门联动，对北海区 26 个已获批复的区域建设用海及 494 个单位用海项目进行了全面检查，发现违法行为 18 起，全部依法查处；在北戴河海域海洋环境保护专项执法方面，于 9～11 月开展，采取了卫星遥感监测、海监飞机航空监测、海上浮标即时监测、海监船舶巡航监视以及陆岸交叉巡视五位一体的监视监测手段，中国海监北海总队和河北省总队组成 10 艘船艇在海上设置了三道防线，为北戴河海域海洋环境整治取得实效提供了有力保障，立案查处违法违规行为 17 起、收缴罚款 86 万元，北戴河海域海洋环境得到了明显改观；在海洋倾废交叉执法行动方面，主要是在烟台、黄骅、大连长兴岛等海域开展了首次交叉执法行动，共检查巡视三个倾废海域，对存在的问题进行了整改；在 2012 年北海区非法围填海疑点疑区核查专项行动方面，主要是针对通过卫星遥感影像分析发现的 19 处疑点疑区进行了专项检查，共发现违法填海行为 12 处。

定期和不定期执法巡查　强化定期，促进各项执法工作不断深入开展。2012 年定期执法包括单独定期执法检查、海岛定期巡航执法、渤海定巡执法等 3 项。全年单独定期执法检查共 6 次，派出执法人员 1100 余人次、陆地行程合计 8.3 万余千米、检查巡视围填海及其他类型海域使用项目 1432 个次；海岛定期巡航执法派出执法人员 231 人次，完成 461 个海岛的巡视和巡航登岛检查，同时按照一岛一档的要求，建立了海岛执法巡查档案；渤海定巡执法共 4 个航次，发现涉嫌违法、违规行为 7 起，进行了及时有效的查处。与此同时，注重不定期执法检查的开展，各支队利用小型执法船艇对大连、营口、青岛、烟台、日照和天津、黄骅等近岸海域开展了例行性执法巡航。

蓬莱 19-3 油田溢油事故现场值守监视　在 2012 年 7 月 20 日终止了蓬莱 19-3 油田溢油事故三级溢油应急响应之后，鉴于康菲公司仍在执行国家海洋局“三停”、“三继续”的决定之中，海监船舶、飞机及执法人员仍在继续执行动态监视和现场监管。2012 年向国家海洋局、中国海监总队发报蓬莱 19-3 油田监视专报 161 期，执法人员平台值守累计 572 天。通过严格的监视监管，保证了国家海洋局对蓬莱 19-3 油田提出的“两确保、两彻底、三停、三继续”等决定和各项监管要求的有效落实。

执法监督与协调　逐步完善约谈告诫制度，针对龙口市政府组织的龙口湾人工岛区域建设用海、莱州市土山镇的重大违法用海、营口港的海洋违法案件多发问题分别约谈了政府领导和企业负责人，增强了执法的管控力度，取得了良好约谈成效。同时，根据执法协调机制，定期向北海区三省一市通报海区行政执法情况，落实行政执法通报制度，北海区各行政执法支队与航空支队加强执法协调联系，通过联动执法，取得了良好的效果。

（国家海洋局北海分局）

【东海区海洋执法监察】　东海分局全面落实定期巡查与单独专项执法检查制度，认真开展“海盾”、“碧海”、“海岛”等专项执法和联合执法行动，积极查处各类海洋违法案件。2012 年，共组织开展海洋行政执法检查 9169 次，派出执法人员 7426 人次，出动船舶 240 航次、454

天，飞机99架次、飞行307小时，车辆238台次、行程11.9万千米，查处案件30起（其中“海盾”案件5起、“碧海”案件7起），结案29起，收缴罚款1882.6989万元。

日常执法检查与举报案件办理 全年开展岸线定期巡查6期、海岛定期巡航执法检查4期，检查各类项目5338个，实现对辖区海域的有效监管。完成“12323”全国海洋违法举报电话在东海总队的筹备、安装、使用、管理、维护等工作，通过包括“12323”举报电话在内的多种途径，接收并处理有效举报11起，数量为历年来最多。

区域用海专项执法 对东海区内29个区域建设用海规划和25个区域农业围垦用海规划实施情况开展全面检查。查处多起违法用海行为，促进了地方政府正确认识、依法实施区域用海规划建设。

东海区海岛联合执法 2012年5～6月，中国海监东海总队会同中国海监福建、浙江省总队开展了海岛联合执法行动，在全国首创四级海监机构海岛联合执法先河，率先实现国家级海监队伍海岛案件查处“零”的突破。根据中国海监总队“先试先行”的要求，东海总队联合技术单位在全国率先开展海岛执法装备试训试用工作，部分装备已在全国扩大试点。东海总队共检查各类岛礁3409个，发现各类违法行为10起，其中立案3起，结案2起，收缴罚款13万元，其余7起指定地方海监机构办理。

（国家海洋局东海分局）

【南海区海洋执法监察】 2012年，对南海区11个区域用海规划项目开展专项执法检查，采用陆海空相结合的方式，加大了对各类海域案件的查处力度。共检查海域使用项目813个，发现违法行为13起，立案10宗，决定处罚金额971.012万元，实际收缴1321.944万元（含往年案件执行金额545.58万元）。查处“海盾”案件5起，其中3起已结案，1起已缴纳首期罚款100万元，1起已上报海监总队审核，决定处罚金额796.782万元，已收缴罚款1259.062万元（含往年案件执行金额545.58万元），完成中国海监总队下达的“海盾2012”办案任务。

南海区海洋环境保护执法 “碧海2012”专项行动与定期巡航执法有效结合，共检查海洋工程项目663个，登检倾废船舶1712艘次，巡视倾废区29个次，检查海洋自然保护区和生态监控区32个次，发现违法行为8起，立案8起，决定处罚金额67万元，收缴罚款69万元（含往年案件执行金额8万元）。查处“碧海”案件6起，均为违法倾废案件，已全部结案，收缴罚款51万元。

积极组织开展石油勘探开发定巡工作，重点加强对南海区海上石油平台、海底管道和相关沿岸设施的监督检查。全年开展定期巡航5航次，登检石油平台47个，检查FPS08个，检查陆地终端4个，覆盖率为100%。

碣石湾“雅典娜”号沉船事故发生后，中国海监南海总队先后派出海监飞机22架次、海监船2艘次，连续48天对事故处理过程进行监视监测，及时报送现场信息。

积极组织开展石油勘探开发定巡工作，重点加强对南海区海上石油平台、海底管道和相关沿岸设施的监督检查。全年开展定期巡航5航次，登检石油平台47个，检查FPS08个，检查陆地终端4个，覆盖率为100%。

海岛定巡工作 中国海监南海总队2012年共开展4次海岛定期巡航执法工作，主要为飞机空中巡视，船舶绕岛观察、抵近监视和人员登岛检查等。船舶巡查海岛519个，其中巡视无居民海岛485个，有居民海岛13个，领海基点海岛18个；登岛检查156个。采用航空监视手段，共获取3014个照相和摄像等海岛侧方资料，采用三维航空遥感技术，共获取2338个海岛资料，并依照《中国海监海岛定期巡查工作规则》的要求，按照“一岛一档”的方式，初步建立起南海区海岛定期巡查档案。

涉海案件司法工作 《中华人民共和国行政强制法》实施后，中国海监南海总队第一个向国家海洋局请示申请法院强制执行了两个案件。一是“珠海港鑫和码头有限公司非法占用海域行政处罚案”；二是“广西北部湾国际港务集团有限公司未取得海域使用权非法占用海域行政处罚案”；2012年南海总队还组织承办了汕尾海丰县海丽国际高尔夫球场有限公司向国家海洋局申请复议案件的工作。

南海区海洋监队伍执法培训 2012年，中国海监南海总队组织开展7次执法业务培训，举办了2期“南海区拟任海监执法人员上岗资格面授培训班”，来自广东、广西、海南和南海总队的233名拟任执法人员参加了培训；举办了两期“南海总队专职执法人员执法业务培训班”，南海总队各支队共58名专职执法人员参加了培训；召开了行政执法业务研讨会，南海总队、深圳和珠海管理处等39人参加了会议，编制了“襄阳研讨会情况通报”，发至各支队指导执法工作；举办了南海总队行政执法信息系统业务培训班，南海总队机关以及各支队行政执法骨干共21人参加了培训；举办了南海总队海岛保护执法业务培训班，南海总队以及各支队的行政执法骨干等33人参加了培训。

行政执法档案监督检查 根据海监总队相关文件精神，由南海总队牵头，南海档案馆和南海总队所属各支队组成行政执法档案管理评查组，于2012年10月和11月，对所辖省（区）总队和南海总队各支队的档案管理工作进行了全面评查。对各单位的建章立制、档案馆（室）或档案柜等硬件、档案保管各项指标和条件、所立案卷的质量等情况进行了检查。

核发和换发《海洋执法监察证》 2012年，分两批对到期的41本《海洋执法监察证》进行换发工作，向19人核发了《海洋执法监察证》，调整了2本有误的《海洋执法监察证》号码。

（国家海洋局南海分局）

海 洋 交 通 管 理

海洋交通政策和法规

【《港口节能减排工作的指导意见》发布】 面对"十二五"期港口节能减排的新形势和新要求，交通运输部水运局根据港口实施《"十二五"水运节能减排总体推进实施方案》工作的完成情况，组织港口企业、行业专家一起分析港口节能减排工作的重点和趋势，完成《关于港口节能减排工作的指导意见》的修订工作。对比2007版的"港口节能减排工作的指导意见"，此次修订主要在以下几方面进行增改：

新增内容方面，一是提出建立长效机制是港口节能减排工作的根本任务。提出推行节能减排工作的绩效考核制度、开展绿色港口试点工作、建立绿色港口建设评价指标体系、实施港口能效管理制度、节能减排计量管理和统计制度，以及健全节能减排监督管理体系、加强节能减排文化和队伍建设和对在节能工作中做出突出成绩的单位和个人予以表彰奖励的要求。二是明确鼓励港口在邮轮、集装箱、散货码头等环节和部位使用清洁能源。三是提出加大一系列新技术研究与推广力度，如干散货装卸、输送、堆场节能减排技术、LNG动力港作船舶及码头平面关键技术、底开门车技术、港口含油、含煤污水和危险化学品污水集成处理技术等。四是明确推广先进节能操作法。五是提出发挥交通运输节能减排专项资金的引领作用，支持港口推广应用节能减排新机制、新技术、新工艺、新产品的开发和应用。

修改内容方面，一是对总体框架进行调整，按照"建立长效机制、加快清洁能源推广应用、推进节能减排技术应用、加大节能减排技术的研究与推广力度、加强节能减排管理制度建设"六个方面进行起草。二是扩大"油改电"的内容、加深"油改电"的程度，由"加快集装箱码头RTG油改电"，修改为"继续深化港口装卸机械油改电"。三是归纳并细化减少电能损耗、降低电能消耗的具体措施，细化提高作业效率、促进节能减排的具体措施，细化鼓励雨污水回用技术。四是细化节能减排宣传教育培训内容，增加"开展示范推广节能减排技术与经验的基础工作，建立试点和推广机制"。

【《码头船舶岸电设施建设技术规范》发布】 交通运输部根据《"十二五"水运节能减排总体推进实施方案》，将"推广靠港船舶使用岸电"作为推进水运节能减排、建设绿色低碳港航的一项重要工作，并决定在取得部分岸电技术成功经验的基础上，编制《码头船舶岸电设施建设技术规范》，以指导码头岸电设施的建设。

交通运输部2012年第19号公告发布《码头船舶岸电设施建设技术规范》（JTS155-2012）。规范的编制主要是合理规划中国码头船岸供电设施系统的总体方案，规范中国码头船岸供电设施系统设计的技术标准，提高中国码头船岸供电设施系统的设计水平，从而指导中国码头船岸供电设施建设。交通运输部水运局通过对连云港港、上海港、深圳港蛇口港区和黄骅港等码头船舶岸电试点、示范工程建设和设计经验的总结，借鉴国内外现有相关技术，组织部水运科学研究院和有关港口集团公司等单位开展制定工作。

《码头船舶岸电设施建设技术规范》是在调查研究和总结目前中国成功实施船舶岸电技术经验的基础上，结合中国港口码头的运营特点，注重船舶岸电系统运行安全、稳定，力求内容既具有较强的专业特点，又具有较好的适用性。规范主要包括码头船舶岸电系统的用电负荷、设备布置、计量、继电保护、计算机管理与监控系统、防雷接地和安全防护、电气设备等技术内容。《岸电规范》条文内容全面、层次清晰、规定明确，可操作性强，对岸电的建设和设计具有较强的指导意义。

【《港口设施维护管理规定（试行）》发布】 2012年12月，交通运输部发布《港口设施维护管理规定（试行）》（以下简称《管理规定》）。《管理规定》以有效延长港口设施的使用寿命为目标，以港口设施管理为主线，以设施使用安全为核心，以维护技术为依托，突出日常维护保养的理念。《管理规定》明确港口设施维护工作的资金来源，清晰各方的职责和义务，理顺港口设施维护工作的程序。《管理规定》的发布从制度上确保在役港口设施能够得到及时、有效的维护，提高港口设施的运行效率和港口资源的有效利用，最大程度地避免重大质量、安全事故的发生。（交通部水运局）

海上交通管理

【口岸开放管理】 对 1 个口岸扩大开放、2 个口岸对外开放进行验收。共办理国际航行船舶临时进出非开放水域审批 50 件次，办结件 50 件次。涉及辽宁、河北、山东、江苏、浙江、福建、广东、广西、海南等 9 个沿海省份，共计 26 个区域。

【海事基建管理】 （1）基本建设项目管理。2012 年，直属海事系统共有在建基本建设项目 180 个，已累计下达投资 45 亿元，其中，2012 年下达投资计划 15 亿元，应执行预算 16 亿元（含以前年度结转 1 亿元）。截至 2012 年 12 月 31 日，已累完成投资 43 亿元，其中 2012 年已完成投资 15.6 亿元，年度预算完成率约为 97.3%，基本完成年度考核目标。

加强对溢油设备库工程、VTS、基地码头等重点工程的组织管理。共完成大连船舶溢油应急设备库等 12 个工程、浙北 VTS 等 4 个工程、汕头海事监管基地等 23 个工程的建设任务。加强项目前期工作管理，注重项目实施日常监管，编制“海事项目管理办法”，完成《海事建设项目法规汇编》、《海事建设项目工作指南》编制及印发工作，开展海事制服装具方案设计工作，做好制服装具配发管理工作。

（2）船艇建设。2012 年，直属海事系统在建船舶 108 艘，12 艘 60 米级巡逻船分批次开工建设，大型巡航救助船“海巡 01”进入后期建设，3 艘中型溢油回收船交付使用，通过转移支付和集中采购方式，为中西部地方局配备了 35 艘巡逻船；相继开发建造了 5000 吨级大型巡航救助船、3000 吨级巡视船、80 米级巡逻船，60 米级 A 型巡逻船、60 米级 B 型巡逻船、40 米级 B 型巡逻船、30 米级 B 型巡逻船大型航标船等一批新船型，开发建造了双体穿浪船和 12 米高海况巡逻船等高技术性能的船型。截至 2012 年底，共有各类船舶 1037 艘，其中，海事巡逻船 930 艘，航标测量船 107 艘。

（3）信息化建设。加快实施海事信息系统顶层设计，推进“智慧海事”建设。筹建中国海事局船舶动态监控中心。编制和印发《海事云数据中心建设指导意见》、《海事信息系统安全等级保护定级和整改工作指导意见》。开展智慧海事一期总集成项目，完成上海一级云数据中心和船舶、船员、船检、审核、AIS、法规、财务、人事等业务数据至上海中心的汇聚，船舶远程电子签证系统建设取得了阶段性成效。完成海事信息主干网设备更新，开展海事信息系统安全等级保护整改项目。实施船舶船员业务协同信息化项目和船舶、船员、船检、事故调查、通航、人事、党建等一批专业业务系统开发、完善和系统内推广应用项目。

【通航管理】 （1）优化通航环境。截至 2012 年底，中国沿海和内河实施船舶定线制的水域已达 18 个。推进厦门船舶定线制、乐清湾船舶定线制、成山角船舶定线制制定，开展宁波—舟山港深水航路船舶定线制评估，对泰州长江公路大桥水域航路设置情况进行调研。推进渤海水域扫测，组织召开渤海水域航路扫测工作座谈会。规范锚地设置工作，研究《锚地设置指南》，加强港口生产和应急锚地配套建设，批复唐山港京唐港区锚地、黄骅港综合港区起步工程锚地和岛港董家口港区临时锚地，开展辽宁营口水域锚地规划研究，服务地方经济建设，保障海上通航安全、有序。组织起草《中国沿海航行安全指南》，防止和减少了商船渔船碰撞事故的发生。

规范并加强水上水下活动安全监管和保障工作，服务国家重点涉水工程建设。2012 年在沿海及长江水域共审批和监管各类水上水下施工作业 12841 起，比上年增加 1%。组织召开港珠澳大桥领导小组工作会议和安全监管现场协调会，全面落实对港珠澳大桥、天津港、曹妃甸港、“西气东输工程香港支线工程”、天津港南 LNG 项目等重点项目的安全监管，确保重点工程施工作业安全。组织完成有关码头、桥梁、石油开发、采砂、管线铺设等重大涉水工程的通航安全论证评估工作。强化长江口12.5米深水航道上延至太仓后的通航安全管理工作。组织召开珠江口海区采砂安全管理现场会，对采砂作业活动、通航环境及船舶航行安全的影响等进行研究。组织开展为期1个月的涉水工程通航安全大检查工作，督查落实通航安全主体责任。

（2）规范通航秩序。2012年，直属海事系统共完成巡航里程818万海里，巡航时间86.3万小时，比上年分别增加1.8%、减少1%，完成空巡870架次，巡航里程9万千米，巡航时间650小时，其中对专属经济区空巡27架次。

推进巡航救助一体化建设，加强巡航工作督查和效能评估，推行海事巡航执法队伍半军事化管理，组织开展多层次的巡航救助技能培训。加强专属经济区巡航监管，维护海上主权。组织对沿海重要航路、事故多发区，特别是商渔船碰撞多发的浙江沿海水域巡航监管；组织对中越海上分界线、北部湾海域、东海油气开采作业水域、外国籍船舶在苏岩礁进行沉船打捞作业等进行监管；开展渤海冰冻水域巡视。积极开展立体巡航，加强空巡军地协调，组织开展无人机应用研究。山东、长江干线初步建立了电子巡航平台；在渤海继续开展卫星遥感在海事监管中的应用研究。

（3）加强VTS管理。2012年，新开通船舶交通管理系统（简称VTS）中心3个，新建并投入使用雷达（中继）站15个。目前，全国共有33个VTS中心和125个雷达（中继）站。2012年，全国各VTS中心共接收船舶报告591.1万次，比上年增加2.2%；跟踪船舶382.7万艘次，比上年增加4.1%；向船舶提供信息服务326.6万次和助航服务11.9万次，比上年分别增长22.1%、减少17.3%；2012年通过VTS避免险情14461万艘次。

推进VTS“创品牌”工作，全面规范VTS运行管理。印发《中华人民共和国海事局船舶交通管理系统“四型海事”建设创品牌活动方案》、《直属海事系统船舶交通管理中心文明执法示范窗口建设规范》和《直属海事系统船舶交通管理系统内部管理办法》。

（4）开展长效管理和季节性监管工作。推进治理超载运输长效管理，推广长江干线治超经验，在湖北武汉召开治超工作推进会，赴江西、长江、江苏、浙江、上海等地进行治超工作督查，完善工作机制，船舶超载运输导致事故多发的现象得到有效遏制。

推进砂石运输船长效治理取得新进展，发布《砂石运输船治理长效机制实施意见》，开展环渤海和长江口大规模联合整治活动，开展砂石运输船现状与安全监管对策课题研究，全面推动全国砂石运输船治理工作。

加强引航管理，开展引航登轮点核查，发布引航员登轮点（水域）公告，规范引航登轮行为。推进沉船沉物打捞，对渤海水域无主或有主但船东无能力打捞的沉船进行全面普查，确定急需打捞的沉船，积极推动由政府出资打捞。组织开展长期停航船舶普查，督促船舶采取有效措施保障安全。开展与农业部渔业局的合作，指导海事系统与渔业管理部门在安全信息发布、交换和共享、开展安全警示教育、组织联合执法、开展巡查驻守、加强海上搜寻救助等开展全方位合作，共同做好商渔船碰撞防范工作。（交通运输部海事局）

【交通电子口岸建设】 2012年，在全国范围内建设6个交通电子口岸分中心和14个港航电子数据交换中心，成为地方电子口岸的重要平台或基础性平台。

9月，交通运输部与国家质检总局在福建厦门联合召开“合力提升口岸便利化现场推进会”，强调要共同利用信息化手段，提升口岸监管能力、提高运输和贸易便利化水平。12月29日，两部委联合下发《关于开展交通质检信息共享共用窗口建设和电子闸口推广示范项目的通知》（交水发〔2012〕795号），计划用两年的时间，在天津、大连、连云港等8个示范港口率先建成交通质检信息共享共用窗口系统；用3年时间，在主要港口推广应用一体化、集约化的电子闸口监管模式，实现信息资源集聚和一站式电子放行管理；适时在部分公路口岸试点开展国际道路运输口岸管理信息化合作。

6月20日，副部长徐祖远代表交通运输部参加“国家电子口岸建设指导委员会会议”，明确将《电子口岸发展“十二五”规划》细化并分解交通运输部的工作内容，明确各相关司局任务和责任，并将交通电子口岸建设的相关费用纳入部年度预算。组织科研单位依托交通运输部相关交通科技研究项目“交通电子口岸建设体系架构、运作模式和相关标准研究”，开展交通电子口岸建设方案与顶层设计工作。

（交通运输部水运局）

【航道管理养护】　2012 年，交通运输部组织开展《全国航道管理与养护发展纲要（2011-2015 年）》宣贯工作，通过专题报道、召开会议等形式，将航道管理与养护工作推向深入；开展“航道数据元”标准制定工作，组织实施“长江兰家沱至大布街河段智能航道示范工程”、“大宗散货低碳运输北江示范工程”等全国水运结构调整示范工程。

开展 2012 年度全国航道养护技术考核年度抽查工作，在各地区自查的基础上，对广东、江苏、江西等 9 个省贯彻执行《航道养护管理规定》的情况进行检查，印发通报、总结经验、查找问题；开展 2012 年度全国航道养护管理情况统计工作。

加强跨河、拦河、临河（海）通航建筑物审批管理，贯彻落实《中华人民共和国水上水下活动通航安全管理规定》（部 2011 年第 5 号令）等规定，做好涉水工程立项前的通航安全影响论证审查工作，完成福州至平潭铁路海坛海峡大桥、重庆寸滩长江大桥等 7 座跨越国家航道桥梁的通航安全影响论证审批工作，发布《桥梁安全影响论证研究报告编制规定》。做好洞庭湖岳阳综合枢纽、广西百色枢纽、广西大藤峡水利枢纽等涉及航道通航审查等方面的协调工作。

（交通运输部海事局）

海上交通安全

【航标和测绘管理】　（1）航标管理。2012 年，在中国沿海设置各类航标 11070 座，比上年增加 1059 座；管理、维护航标 6942 座，比上年增加 500 座。其中，船舶自动识别系统（AIS）岸台 375 座、船舶交通服务系统（VTS）中心 28 个、雷达站 91 个、无线电指向标—差分全球定位系统（RBN—DGPS）台站 22 座。航标正常率 99.94%，航标维护正常率 99.99%，DGPS 信号可利用率 99.74%。共启动应急预案 75 次，应急设标 90 座。

2012 年，交通运输部海事局开展海区航标效能专项检查，了解港口、航道发展，船舶交通情况和交通事故以及环境的现状和变化特征，掌握对航标的需求，完善沿海航标总体布局规划，确保航标工作满足经济和安全需求。继续开展内河 AIS 岸基网络系统完善工程建设，截至 2012 年，共建成 5 个水系管理中心、17 个辖区中心和 249 座基站，实现了内河 AIS 岸基网络系统与沿海 AIS 岸基网络系统的互联互通，实现了对内河四级以上高等级航道网及部分湖区等封闭水域的连续覆盖，并根据地方海事局的需求配备了相应的终端设备以及船台。

根据建设进度及时协调组织港珠澳大桥周边航标设置及维护管理工作，开展 AIS 播发港珠澳大桥安全信息研究，论证通过 AIS 播发跨海大桥安全信息的可行性，编制数据播发标准，开展“基于 ArcGIS 的通航环境数据服务系统”项目建设，进一步完善港珠澳大桥通航环境数据服务系统的软件、数据内容和服务功能，实现了 AIS 船舶动态数据的接入，建立数据制作和发布的管理流程，供港珠澳大桥建设使用，保障了港珠澳大桥建设的顺利进行。

（2）测绘管理。2012 年，测量港口 32 个，海域测绘面积达 24849.13 平方千米，编绘、更新出版各种比例尺港口航道图 267 幅、电子海图 150 幅、专题图（集）174 份；发行纸质海图 183856 张、电子海图 329064 幅次；发布中英文改正通告 53 期及《2013 年上海、杭州湾潮汐表》合订本 1 册。共承担应急扫测任务 28 项，扫测面积达 634.05 平方千米。

配合沿海船舶定线制和航路总体规划，组织前期测绘工作，完成山东威海成山角水域新增定线制扫测工程，完成沿海船舶定线制和航路测量技术方案和工作量测算，制定了 5 年和 10 年测量计划以有效配合规划的分步实施计划；服务国家区域经济发展战略，围绕辽宁沿海经济带、天津滨海新区、上海国际航运中心、海峡西岸经济区等国家战略的实施，优先安排港口航道通航尺度校核测量，完成天津港复式航道、青岛董家口等港口建设项目的航海保障工作；助力西部经济社会发展，开展宁夏沙湖测绘工作等。

开展中国民用航海图书专题研究，出版发行 2012 年版《中国沿海港口航道图目录》，修订编制《港口航道图规划目录》，规划了中国海事航海图书品种及主要内容、序列编号和更新周期，确立了海事测绘的产品体系框架，全面提高了测绘服务能力。

【船舶管理】 （1）船舶登记。截至 2012 年 12 月 31 日，中国现有登记在册船舶 30 万艘，其中持有效国籍证书营运的船舶 21.4 万艘，约 1.4 亿总吨。2012 年新建造并办理登记手续的船舶 10664 艘，1450 万总吨，其中，办理临时国籍证书的船舶 371 艘，173 万总吨。享受国家中资特案免税登记政策回国登记的船舶 43 艘，76 万总吨。抵押权登记未解除的船舶约 3.5 万艘，其中建造中船舶 116 艘。光船租赁登记未注销船舶 8210 艘，1677 万总吨，其中以融资租赁形式登记的船舶 520 艘，涉及融资租赁公司 29 家。

持中国有效国籍证书的船舶按航行区域划分，海船 20127 艘，7142 万总吨（国际航行 1280 艘，2670 万总吨；港澳航线 296 艘，45 万总吨；国内航行 18551 艘，4427 万总吨）；内河船 193721 艘，7186 万总吨（国际航行 266 艘，13 万总吨；港澳航行 1100 艘，118 万总吨；国内航行 192355 艘，7055 万总吨）。按船舶种类划分，客船类 27545 艘，280 万总吨；普通货船类 146903 艘，11628 万总吨；液货船类 8747 艘，1385 万总吨；工程船类 11616 艘，625 万总吨；工作船类 2508 艘，59 万总吨；拖船类 5059 艘，100 万总吨；其他类 11476 艘，271 万总吨。

全年通过全国统一船舶登记系统共办理各类船舶登记 134043 次，其中所有权登记 34917 次，国籍登记（含临时国籍登记）53725 次，抵押权登记 12974 次，光船租赁登记 2655 次，船舶注销登记 29722 次，废钢船登记 50 次。

（2）船舶进出口岸查验及签证。2012 年，全国共办理国际航行船舶进出口岸查验 292617 艘次，船舶进出港签证 1091.23 万艘次（含定期签证），签证及查验共计 1120.49 万艘次。比上年，办理国际航行船舶进出口岸查验艘次下降 3.1%，船舶进出港签证艘次下降 6.2%。

（3）港口国监督和船旗国检查。各直属海事局共实施国轮安全检查 95459 艘次，其中海船安检 26199 艘次，滞留 1721 艘次，滞留率为 6.57%；河船安检 69260 艘次，滞留 3020 艘次，滞留率为 4.36%。

各直属海事局对 8327 艘次外籍船舶实施了港口国监督检查（初次），发现并纠正缺陷 46354 项，对其中 603 艘缺陷严重的船舶实施滞留措施，单船平均缺陷为 5.57 项，滞留率为 7.24%。比上年，初次检查绝对数、单船平均缺陷、滞留率分别增加 6.4%、下降 12%、下降 16.6%。

中国籍国际航行船舶有 920 艘次在亚太地区接受港口国监督检查，458 艘次船舶存在缺陷，其中 8 艘次船舶被滞留，被滞留率为 0.87%，低于亚太地区 4.59%的平均滞留率。综合考虑亚太、巴黎、黑海三个备忘录地区和美国海岸警卫队的检查，中国籍国际航行船舶共有 10 艘次在外被滞留，比上年，滞留绝对数减少 2 艘次。滞留船舶分布如下：印度 2 艘次，澳大利亚 5 艘次，越南 2 艘次，印度尼西亚 1 艘次。中国国际航行船队在全球履约状况总体稳定，继续保持低滞留率。

74 艘船舶被列入海事局公布的重点跟踪船舶名单，22 艘船舶经过系统整改脱离了重点跟踪船舶名单，“上榜”船舶总数为 184 艘。依据诚信船舶评选程序，评选了 190 艘船舶为 2012 年度安全诚信船舶。

【水上交通事故调查和处理】 **水上交通事故情况** 2012 年，全国发生运输船舶水上交通事故 270 件，死亡失踪 277 人，沉船 165 艘次，直接经济损失 4.66 亿元，比上年分别下降 9.4%、4.8%、5.7%，上升 19.0%，四项指标三降一升。

事故调查与处理 印发《关于规范水上交通事故调查相关处理工作的通知》、《中华人民共和国海事局水上交通事故调查挂牌督办办法》、《关于印发〈交通运输部关于海事管理机构向交通公安机关移送涉嫌犯罪案件的规定〉的通知》，出台《水上交通事故调查处理简易程序规定》，简化小事故调查处理程序，便民、高效为行政相对人减少因事故处理而延误船期。召开全国海事调查工作会，总结近五年来海事调查工作经验，部署下一阶段海事调查重点工作，建成“事故调查统计分析系统”。

2012 年，交通运输部海事局对湖南 2·2“三洲 666”轮沉没、福建 2·18“鑫源顺 6”轮沉没、广西桂平 3•11“锐丰 329”轮与“石咀客渡 035”轮碰撞、湖南 5•27“湘辰溪客 0085”轮沉没、马鞍山 8•16“马和渡 104”轮沉没、湖南沅江 10•5“湘沅江机 0073”与无证船舶碰撞等事故开展调查工作。交通运输部挂牌督办辽宁庄河 2•16“珍河”轮沉没事故、山东烟台 11•11“新晨光 18”轮沉没事故、海南三亚 10•28“建安 8”沉没事故、广东汕尾 12•2“新鸿翔 18”轮与“CM90094V”渔船碰撞事故、湖南益阳 12•9 渡船倾覆事故、辽宁葫芦岛 11•27“先锋 118”轮沉没事故、广西钦州 12•15“建桥 151”轮搁浅事故和山东威海 12•20“华顺达 1”轮与渔船“辽大甘渔 15279”碰撞事故。

“New Lucky Ⅲ”轮与“苏梅盛 0826”轮碰撞事故、2011 年青岛 10•28“HAMBURG BRIDGE”轮与“ORIENTAL SUNRISE”碰撞事故、2011 年黄海 7•14“COSCO FUKUYAMA”轮与“新晨晖 9”轮碰撞事故、2011 年上海 11•21 “浙嵊 97316”轮与“苏启渔 02559”船碰撞事故和湖南 2•2“三洲 666”风灾事故均已调查结案。

事故调查国际协作　交通运输部在江苏扬州召开第八届中韩海事调查合作会议，派 2 名调查官到韩国交流学习，并接待韩国 3 名调查人员来华交流学习。

委托韩国海事安全审判院调查“Bum Chin”与“Zhe Dai Yu02335”碰撞事故。组织协调韩国海事调查人员赴广东对“雅典娜”轮沉没事故进行调查。修改《中港海事调查合作措施》，多次协助香港海事处开展事故调查并提供事故调查相关资料。完成 IMO 履约分委会交办的海事调查报告分析工作，向 IMO 报送四份中国籍国际航行船舶事故调查报告。

海事调查官管理　2012 年，交通运输部举办海事调查官培训班 6 期，现持有高级、中级、助理级海事调查官证书的分别为 189 人、762 人和 2762 人，另持有涉外海上事故安全调查官证书 19 人。参加中港海事合作会议，修改《中港海事调查合作措施》。向 IMO 报送四份中国籍国际航行船舶事故调查报告。

【船舶及海上设施检验管理】　**综合管理**　2012 年 11 月，在安徽合肥召开全国船检工作会议，谋划船检工作未来发展。全面开展吨位丈量统一管理工作，健全吨位丈量统一管理工作机制。组织制定外国在华验船机构年度审核程序和标准，加强外国船检机构在中国境内检验行为的监督管理。开展疑似套号船舶专项清理整顿工作，妥善解决疑似套号船舶检验登记问题。加强内河自卸砂船检验管理工作，完善在建内河运砂船技术要求。开展客渡船乘客定额专项复查工作，提升客渡船舶安全技术水平。组织制定船舶检验质量监督检查指南，实现了船检质量监督检查与船舶安检的有机结合。组织拟定《“十二五”推进船舶节能减排实施方案》，推进内河普通船舶使用 LNG 作为动力燃料的有关工作，组织制定并实施 LNG 燃料动力试点船舶管理和技术要求。开展船舶检验监督管理系统完善、船检发证管理系统非水网地区集中版推广应用、船舶吨位丈量管理系统升级、全国船用产品检验信息数据库建立等信息化工作。

注册验船师和船检机构管理　截至 2012 年底，全国共有 30 个省级船检机构、420 个分支机构；中国船级社 1 个、分社 12 个、办事处 36 个；经批准的国外船舶检验机构驻华验船公司机构 21 个。全国共有注册验船师 6250 名，其中 A 级注册验船师 2474 名，B 级注册验船师 1395 名，C 级注册验船师 1847 名，D 级注册验船师 234 名。

船舶及海上设施检验监督管理　2012 年，累计签发船舶吨位证书 21078 份。全国船舶检验机构共有检验登记船舶 276489 艘，总吨位 17745 万，其中，国内航行船舶 274401 艘、总吨位 14535 万，国际航行船舶 2088 艘、总吨位 3210 万。

【危险品与防污染管理】　**船舶载运危险货物管理**　2012 年，监管进出港危险货物 127444.35 万吨，其中，包装危险货物 4668.08 万吨，散装危险货物 122776.27 万吨。监管载运危险货物船舶 426338 艘次。现场检查危险货物集装箱 72370 箱，其中，现场开箱 14542 箱，查处谎报瞒报 616 箱，缺陷箱数 6061 个，缺陷数 8052 个。

船舶防治污染管理　2012 年，实施船舶防污染检查 122922 艘次，船舶洗舱、清舱、驱气审批 3059 次，舷外拷铲及油漆作业审批 1464 次，拆船作业审批 199 次，船舶污染应急计划审批 3171 艘次，船舶垃圾管理计划审批 3370 艘次，《程序与布置手册》的审批 56 艘次，签发《油类记录簿》《垃圾记录簿》和《货物记录簿》17310 艘次，签发《油污损害民事责任保险或其他财务保证证书》8675 艘次，船舶油污水接收处理 75574 艘次，船舶垃圾接收处理 359446 艘次，船舶其他污染物接收处理 15532 艘次，压载水排放或接收 36660 艘次。比上年，拆船作业审批增加 3.11 %，《程序与布置手册》的审批与 2011 年持平，其他作业均有所下降。

全年共对 3658 艘船舶排污设备实施铅封，铅封率达到 99 %，减排船舶残油、污油水近 202.32 万吨。全年共发生 0.1 吨以上船舶污染事故 19 起（全部 40 起），总泄漏量 334.98 吨。其中，溢油事故 35 起，总溢油量 287.97 吨，50 吨以上溢油事故 2 起;化学品泄漏事故 3 起，总泄漏量约 45 吨。事故主要发生在环渤海、长三角以及珠三角水域。

【船员管理】 **船员考试、培训和发证** 2012 年,全国海船船员无纸化适任考试 138520 人次，内河船员无纸化适任统考 25198 人次。共办理海员证 88030 本，开具出境证明 60784 份，122352 人次出境。审批各类船员培训机构 43 家，船员服务机构 279 家。组织两期船员管理处长培训，直属海事系统 60 多位船员管理处长、考试中心主任参加培训；组织 100 人的船员注册与服务管理人员培训、200 人的海船船员适任评估和培训合格证评估考官培训、内河船员管理人员培训和 90 多人参加的船员管理和教育、培训质量体系外审员培训和知识更新培训。

船员权益保障 举办以“维护船员权益，促进航运科学发展、安全发展”为主题的中国海员大会，开设“海员发展与保障”和“国际公约履约”论坛，为“五一劳动奖章”、“金锚奖”、“全国十佳海员”获奖人员颁奖，举办海员文化展等活动。

海员外派管理 开展全国船员服务和海员外派调研，继续按照许可要求开展资质审批工作，截至 2012 年 12 月 31 日，168 家海员外派机构取得外派资质，实现了商务部与交通运输部海员外派管理职能交接后外派市场的平稳过渡，理顺机构管理与船员出入境证件管理的关系。

（交通运输部海事局）

【港口设施保安工作】 （1）开展第 3 次全国港口保安演习。2012 年 9 月 21 日，交通运输部与天津市人民政府在天津国际邮轮母港联合举行“2012 年全国港口设施保安演习”，这是自 2004 年和 2007 年以来的第 3 次全国港口保安演习。

（2）召开全国港口设施保安工作会议。2012 年 9 月 21 日，交通运输部在天津召开全国港口设施保安工作会议。海口、舟山、上海和天津等地的港口企业、港口行政管理部门、港口公安就开展港口设施保安工作做交流发言。会议对加强客运码头保安工作、推进港口设施保安信息化建设、推进全港保安工作等方面提出具体要求。

（3）设立全国港口设施保安专家库。在各省市港口管理部门的配合下，“全国港口设施保安专家库”于 2012 年 7 月完成调整工作，并下发《关于公布新港口设施保安专家库名单的通知》。

（4）开展港口设施保安相关研究。交通运输部委托科研单位和有关港政部门开展客滚码头、集装箱、危险货物码头等港口设施保安体系研究工作，形成研究报告。

（5）组织港口保安风险评估技术国际交流。美国船级社和美国海岸警卫队的海上保安专家与中国从事港口设施保安评估工作的技术人员就“港口保安风险评估软件”（Port Security Risk Assessment Tool）进行交流，为中国研发适合中国国情的港口设施保安风险评估软件提供基础。

（交通运输部水运局）

沿海海洋管理和海洋经济

辽 宁 省

综 述

2012 年，辽宁省沿海经济带开发开放全面推进，42 个重点园区蓬勃发展。全长 1443 千米的滨海大道建成通车，大连东北亚国际航运中心建设取得明显进展。一条充满生机与活力的产业带、城市带和旅游带正在形成。

海洋经济与海洋资源开发

【概况】 辽宁省各级海洋主管部门紧紧围绕沿海经济带建设大局，提供优质服务，充分发挥规划引领作用，科学配置海域资源，保障重大项目用海，充分发挥集约用海优势，引导产业集聚，优化产业布局，促进沿海产业园区、产业集群发展。面对 2012 年严峻复杂的经济形势，坚持稳中求进、稳中求快的工作总基调，实现了全省海洋经济企稳回升。

【海洋渔业】 2012 年，辽宁省海洋渔业经济继续保持快速发展，渔业产业不断壮大。全年实现海洋渔业总产值 1166.8 亿元，同比增长 13%。全省拥有海洋渔业乡 89 个，村 405 个，海洋渔业人口约 56.1 万人，海洋渔业从业人员 38.5 万人。2012 年，全省海洋捕捞产量 128.0 万吨，其中远洋捕捞产量 20 万吨，分别同比增长 2.6%和 7.8%。海水养殖产量实现 263.6 万吨，同比增长 8.2%。全省海水养殖面积 81.7 万公顷，同比增长 8.7%。

海洋牧场建设全面推进。全年新建人工鱼礁 37 处，面积 6800 公顷。新增浅海底播面积 3.33 万公顷，同比增长 6.9%。增殖放流再创历史新高，总规模达到 117 亿个单位。海水增殖 47 亿个单位，同比增长 30%。

【海洋盐业】 辽宁省各地努力提高和稳定海盐单产水平，积极发展盐田生态系统。2012 年全省海洋盐业产值 4.8 亿元。全省盐田总面积为 34868 公顷，其中盐田生产面积 29091 公顷。全省海盐产量 117.39 万吨，盐加工产量 29.47 万吨，年末海盐生产能力 179.17 万吨。

【海洋船舶工业】 辽宁沿海经济带已经形成了集造船、修船、海洋工程、配套为一体的强势发展的船舶产业集群。现有大连（环大连湾、旅顺、长兴岛）、葫芦岛、辽河入海口（盘锦、营口）三大造船基地，并实现错位竞争、均衡发展。

2012 年，辽宁省海洋船舶工业继续保持稳定增长。全省修造船完工量为 754 艘，其中造船 114 艘，修船 640 艘。造船完工量达 1270 万载重吨。修造船舶营业收入达 875 亿元，年末从业人员达 12 万人。

【海洋交通运输业】 辽宁省已形成以大连为中心，营口、锦州、丹东为枢纽，旅顺、葫芦岛、绥中、盘锦、庄河、瓦房店等为网络，中小结合、层次分明、功能齐全、分布合理的海洋交通运输布局。

2012 年，辽宁省海洋交通运输系统紧紧抓住沿海经济带发展机遇，港口业和运输业保持稳定增长。全省沿海港口货物吞吐量保持稳定增长，共完成货物吞吐量 88502 万吨，外贸货物吞吐量 17602 万吨，国际标准集装箱吞吐量 1513.4 万标准箱。全省沿海水路运输企业完成货运量 12631 万吨，货运周转量 74833231 万吨/千米；完成客运量 588 万人，客运周转量 75042 万人千米。

截至 2012 年底，辽宁省沿海主要港口拥有生产用码头泊位 366 个，码头长度约 68402 米，其中万吨级码头泊位 187 个。

【海洋旅游业】 2012 年全省海洋旅游业继续快速发展。全年接待旅游者 1.5 亿人次，其中接待入境旅游者 269.9 万人次；全年接待旅游者天数 4.9 亿人天，其中接待入境旅游者 770.5 万人天。旅游外汇收入 15.8 亿美元，同比增长 14.4%。星级饭店 294 家，旅行社 618 家。

海洋立法与规划

【海洋立法】 重新修订并印发了《辽宁省海洋与渔业行政处罚自由裁量权标准》、《辽宁省海洋与渔业行政执法监督规则》。加快推进《辽宁省实施〈中华人民共和国海岛法〉办法》的制定工作，目前该办法正在论证阶段。

【海洋规划】 《辽宁省海洋经济发展十二五规划》经辽宁省政府批准印发。该规划围绕陆海统筹、区域协调、整体推进和重点发展并举、科技创新和开发与保护并重的原则，在渤海和北黄海区域重点推进海洋精品渔业基地、海洋工程装备制造基地、东北亚航运基地、滨海旅游度假基地、海洋新能源基地、海洋生物医药基地、海洋综合利用基地、海洋石化和新材料基地、现代海洋服务产业基地、科技兴海示范基地等工作。

加快推进《辽宁省海岛保护规划》的编制工作，多次召开座谈会、深入重点海岛地区调研，努力建立健全海岛管理法规体系，该规划现已通过国家评审。

海域使用管理

【概况】 2012 年辽宁省海域管理总的要求是：坚持陆海统筹、坚持“五个用海”、坚持依法管理，切实提高海洋开发、控制和综合管理能力，充分发挥海洋功能区划的整体控制作用，优化用海布局、控制用海规模、规范用海秩序，提高海域空间利用质量。2012 年，全省通过申请审批依法发放海域使用权证书 531 本，确权海域面积 135811.76 公顷。

【海洋功能区划】 在沿海各市及有关部门共同努力下，重新修订的海洋功能区划在全国第一批获得国务院批准。新的海洋功能区划确定了全省海洋发展战略布局，全面满足了沿海经济带发展用海需求，全力推进东北亚国际航运中心和临港产业带建设，为沿海经济带开发建设提供了重要支撑。

【区域用海规划】 加快推进区域建设用海规划报批，促进海域资源科学配置。从规划上解决优化产业布局、引导产业集聚、合理有序实施围填海的问题，为下一步单体用海项目上马提供规划支持。2012 年，营口市仙人岛港（一期）、大连长兴岛临港工业区（二期）、大连临空产业园、大连庄河滨海新区 4 个区域用海规划经国家批准实施，规划填海总规模 5423.1 公顷。

【规范用海审批管理】 2012 年，辽宁省对地方上报的用海项目提出更加严格细致的要求。一是严格围填海造地项目审查，坚决杜绝没有实际需求就进行围填海的行为；二是认真执行国家海洋局和国家发改委联合下发的《围填海计划管理办法》，经过一年多时间的磨合，辽宁省各级发改部门已经基本实现将用海预审意见作为其对项目立项或核准的依据；三是严格执行审批权限，杜绝分散审批、化整为零审批情况的发生，要求各地海域管理部门把好入口关，该是哪一级审批的项目就报哪一级审批；四是积极推动建设用海项目直接进入基本建设程序的“直通车”试点，将海域使用权纳入基本建设程序，实现海域管理制度与城乡规划、基本建设管理制度的衔接。

【围填海计划管理】 2012 年辽宁省沿海地区年度整体填海需求近 30 平方千米，国家下达给辽宁省的围填海计划指标仅为 22 平方千米。为有效缓解围填海计划指标缺口造成的压力，从年初起，实行差别化的海域供给政策，优先安排国家级和省级重大项目，优先安排符合国家鼓励产业类项目、战略新兴产业和社会公益民生项目。根据国家要求对渤海海域实施最严格的围填海管理与控制政策，限制大规模围填海活动，降低环渤海区域经济增长对海域资源的过度消耗，节约集约利用海岸线和海域资源。2012 年，全省共审批围填海项目 81 宗，用海面积 1749 公顷，其中填海面积 1219.9 公顷。

【海域使用动态监视监测管理系统】 2012 年，成立了辽宁省海域和海岛使用动态监视监测中心，海域动态监管不断加强，管控能力不断提高。海域动态管理战线加大力度推进全方位、高精度动态监视监测系统建设。完善建设项目用海实时监控系统，重点对围填海项目进行监测和评价，逐步实现从现场检查、实地取证为主转为遥感监测、远程取证，从人工分析、事后处理为主转向计算机分析、主动预警，提高发现违法违规开发的反应能力和精确度。

全面开展用海数据核查工作，确保数据质量。严格实施海域使用权证书统一配号，实现海域权属数据及时准确入库。重点对区域用海规划实施、填海造地项目进行全面核查。各地高度重视此项工作，协调动态监管部门组成专门机构，专题处理，按国家要求，保质保量完成了自查和数据整理工作。

无人机航拍　2012 年，继续对 3 个重点区域 980 平方千米进行无人机航拍试点。启动无人机遥感监视监测基地建设，通过海域无人机完成 11 个区域建设用海及重点用海项目跟踪监测。引进 0.5 米分辨率高清航空遥感影像，实现全省近岸 1 万余平方千米海域的全覆盖、高精度监视监测。

【海域海岸带整治修复】　2012 年，经国家批准实施的海域整治修复项目 6 个，国家给予的支持金额达 1.33 亿元，其中 2010 年项目已经进入实施阶段，2011 年项目的物模和数模实验也基本完成。认真抓好项目的落实和监督检查。重点对资金使用、工程质量、施工、招标、监理等工作进行评估和考核。对地方提出的整治修复项目开展统筹排序，明确海域整治项目的位置、类型、内容、规模、措施和目标，为下一步海域海岸带整治修复规划的编制打好了基础。

海 岛 管 理

【概况】　认真贯彻落实国家海洋局海岛管理工作要点有关要求，以科学发展观为统领，深入贯彻落实《海岛保护法》、《全国海岛保护规划》和全国海洋“十二五规划”对海岛工作的战略部署，积极推进海岛管理相关制度建设、海岛整治修复项目推进与申报、海域海岛地名普查收官工作、纪念世界海洋日宣传活动等各项工作。辽宁省政府高度重视无居民海岛的管理工作，为加强对无居民海岛工作的组织领导，辽宁省编办于 2012 年 3 月批准辽宁省海洋与渔业厅增设海岛管理处，明确了海岛管理的职责，为开展海岛工作创造了条件。

【无居民海岛使用管理】　有针对性地开展对法前已开发利用无居民海岛使用情况的调研工作，加大推进无居民海岛使用权的申请报批工作。通过调研，拟初步确定依法对张家山岛、杨家山岛、西沙坨子岛和猪岛进行纳规管理。西沙坨子岛与猪岛单岛规划和开发利用方案已编制完成，其余两个海岛的单岛规划和开发利用方案正在编制中。

【海岛整治修复与保护】　辽宁省觉华岛和大鹿岛海岛整治修复项目得到国家海洋局的批复实施。同时，加强了对已批准整治修复项目的监督检查，与项目技术支撑单位对整治修复项目执行情况开展了跟踪检查，对项目建设标准、程序和工程进度进行检查，实现海岛整治修复项目的延伸管理。2012 年底国家又批复两个海岛整治修复项目，批复资金 2439 万元。

【海岛地名普查】　2012 年，辽宁省海岛地名普查工作取得阶段性成果。海岛地名普查各项工作按照国家海洋局要求结点顺利开展，完成了全省海岛名称标准化处理工作，《全国海域海岛地名普查数据集》（辽宁卷）和《中国海域海岛标准名录》（辽宁分册）的初稿编制完成，设置海岛名称标志 109 个。

【海岛信息化工作】　为深入推进国家海岛监视监测系统业务化运行工作，进一步丰富海岛监视监测技术手段，于 2012 年启动了海岛无人机遥感监测试点工作及国家海岛监视监测系统节点部署和试运行工作。对辽宁省大笔架山岛和觉华岛进行了一次海、陆、空的全方位监视监测，全省完成了近 50 个节点的省市县三级节点的系统部署工作。

海洋环境保护

【海洋环境保护管理】　2012 年，辽宁省政府继续将入海排污口超标排放和海洋工程环境保护设施验收纳入对沿海市政府绩效考评指标。组织人员深入重点环保企业，对全省已竣工的海洋工程进行摸排，指导企业按要求配备环保设施。认真落实国家关于渤海环境保护总体要求，把新上化工、石油等海洋工程纳入重点审核对象，防止高污染企业落户渤海，从源头上把好关口。由环保、海监、监测中心等部门组成联合执法组，对全省重点涉海企业和海洋环境保护重点目标、重点区域进行了执法检查，共检查涉海企业35家。按照国家海洋局的要求，组织开展了新型海洋倾废记录仪的安装，全省疏浚船驳全部安装完成。严格审查海洋倾废审批手续，全共签发许可证10个，批准倾倒量37万方，人体骨灰5150具。

【海洋环境监测】 按照国家海洋局监测方案，2012年开展了十大类、22项监测任务，其中国家局下达监测任务16项，省厅自主安排监测项目6项，投入监测经费800多万元。发布了《2011年辽宁省海洋环境状况公报》。开展了大连7.16溢油事故和蓬莱19-3油田溢油事故继续开展跟踪监测，积极争取生态赔偿和生态补偿资金。

【海洋生态保护与建设】 开展了渤海海洋生态红线区的选划工作，拟通过将目前已建海洋类保护区纳入生态红线区，选划新的保护区，采取海洋生态修复等手段，达到国家海洋局提出的辽宁省渤海自然岸线保有率不低于30%，海洋生态红线区占近岸海域面积不低于 40%的管控目标。“锦州大笔架山国家级海洋特别保护区”已完成监测体系建设，即将完成监测快艇建造。认真开展锦州大笔架山海洋特别保护区景观修复、双台子河口受损滨海湿地景观修复示范工程正按方案组织实施，进展良好。

海洋环境预报与防灾减灾

【海洋环境预报工作】 坚持每日在辽宁省海洋与渔业厅网站发布全省24小时潮汐、海浪、海温和海冰预报，组织制作《海洋预报》电视节目，在辽宁卫视播报全省海洋环境预报。全年无一日漏发、错发，实现无差错运行，得到了政府、涉海部门和社会公众的高度肯定。

【海洋灾害警报发布】 全年开展海洋灾害应急会商31次，常规会商56次，向全省发布海洋灾害警报38期，通过手机发布警报2万余条，为各级政府和涉海企事业单位、渔民开展防灾减灾提供了保障。

【海平面变化影响和评估工作】 制定了《辽宁省2012年度海平面变化影响调查评估工作实施方案》和《辽宁省2012年度海平面变化影响调查评估技术方案》，开展了海平面变化影响重点区域和典型事件实地调查，编写完成了调查报告和年度工作报告。开展了沿海警戒潮位的核定工作。

【建立健全应急预案】 修订完成并以省政府的名义印发了《辽宁省突发海洋自然灾害应急预案（修订）》（辽政办发〔2012〕79号），预案的印发，进一步明确了辽宁省海洋与渔业部门和其它相关部门应对突发海洋自然灾害的职能，提高了应对海洋自然灾害的能力；编制并印发了《辽宁省海洋与渔业厅海洋溢油突发事件应急预案（试行）》，《辽宁省赤潮灾害应急预案》，为海洋与渔业部门应对海上溢油和赤潮灾害应急保障工作提供了依据。

【积极应对海冰灾害】 2011年12月初到2012年 2 月底，组织开展了六次海冰的实地调查，调查范围覆盖了辽宁沿海，六次调查共走访了码头、渔港、石油钻井平台、养殖户和海岛居民等 33 处，打点取样 79 处。根据国家海洋预报中心、北海海洋预报中心发布的海洋灾害预警报信息，及时组织发布全省预警报。应对海冰期间共发布海冰警报13期，电视滚动字幕13期，传真6000余份，短信万余条。

【开展汛期海洋灾害应急管理】 落实国家海洋局《关于做好2012年汛期海洋防灾减灾工作的通知》要求，对汛前海洋防灾减灾工作进行了安排部署，对汛期可能发生的海洋灾害进行研判，熟悉预案，明确责任制；集中精力开展自查，排查隐患；加强与国家海洋环境预报中心的会商；做好灾情信息的收集与灾情评估工作四项工作原则。积极稳妥应对了超强台风“达维”和“布拉万”，及时组织发布了风暴潮、海浪警报，为各地政府及时有效应对灾害提供了保障，减轻了海洋灾害损失。

【渔业安全生产保障平台建设】 根据国家海洋局的年度工作部署，投入 160 万元完成了全国海洋渔业生产安全环境保障服务系统辽宁省节点建设任务，并按国家海洋局要求在汛期前实现了业务化试运行。主要产品为每日辽东湾渔场、海洋岛渔场和海东渔场24小时海面风预报产品1份，24小时海浪预报产品1份，并于上午10时前上传到国家海洋环境预报中心。

【海洋环境预报与防灾减灾宣传教育】 开展了“防灾减灾日”和“生物多样性与海洋”宣传活动。全省共设置宣传现场56个，采取省、市、县联动，参与宣传人员近3000人，出动宣传车18辆，宣传活动遍布沿海及内陆100多个社区、渔村和 10 多所学校，悬挂宣传条幅 130 多条，张贴宣传标语 5000 多张，发放各类海洋防灾减灾宣传品、宣传册（单）6 万余份，展出专题展板 350 余块，现场直接受教育达 5 万余人。通过宣传，广大民众对海洋观测预报有了初步了解，对海洋灾害有了更进一步的认识，海洋防灾减灾技能得到普遍提高。

海洋执法监察

【海洋行政执法监督】 正式印发《辽宁省行政执法监督规则》，并成立了海洋督察委员会、行政权力运行领导小组、行政听证委员会，全面规范了层级监督机制、体系、制度、方法等。同时，采取了部门和单位自查、上级不定期检查、执法信息备案等有效措施，对执法行为进行明察暗访，形成了自我约束和外部监督相结合的监督管理机制，保证了行政执法严格、规范、高效运转。

【海洋权益维护】 根据中国海监总队统一部署，辽宁省各级海监机构依法履行中国海监海上维权巡航执法职责，在本省管辖海域全面开展定期维权巡航与专项执法，逐步加大维权巡航力度，海洋维权工作取得显著成效，圆满完成了本年度维权巡航执法工作任务。全年共派出人员 1834 人次，船舶 49 航次，出航 162 天，航时 1088 小时，航程 11258 海里。

【海域使用管理执法】 辽宁省继续以专项执法行动促进日常执法工作的进行，各级海监机构以规范海域使用秩序为目标，开展近岸海域定期巡查和专项执法行动，重点查处大型违法围填海行为。同时，继续组织"海盾 2012"专项执法行动，查处海域使用领域的重大案件。此外，为遏制滥采海砂行为，辽宁省总队组织大连、营口、葫芦岛和绥中等地海监机构开展了多次专项行动，针对海砂开采较为集中区域进行专项整治，依法查处未经批准采砂等违法行为。全年海域使用执法共对 3857 个用海项目进行了检查，检查次数 10353 次，发现违法用海行为 84 起，作出行政处罚 82 件，已收缴罚款 59845.6794 万元。

【海洋环境保护执法】 辽宁省海洋环境保护执法工作全面展开。为促进对重大海洋环境违法行为的监督检查，实施了"碧海 2012"专项执法行动，重点查处海洋工程未经海洋环境影响评价即开工建设，无证倾倒废弃物与未按批准区域进行倾倒，在海洋自然保护区未经有权部门批准审核开展的违法用海活动。并在海湾、入海河口、滨海湿地等特殊敏感的海洋生态区域开展了执法检查。2012 年度，辽宁省各级海监机构共监督检查海洋工程建设项目 1457 个，检查 6151 次，发现违法行为 47 起，作出行政处罚 46 件，已收缴罚款 357.5 万元；共检查海洋倾废项目 67 个，检查 230 次，发现违法行为 4 起，作出行政处罚 4 件，已收缴罚款 15 万元；共检查海洋生态项目 12 个，检查 118 次。

【海岛保护执法】 根据中国海监总队统一部署，辽宁省各级海监机构依据《中华人民共和国海岛保护法》及其相关规定，开展了海岛保护与利用定期执法检查工作。在对区域内海岛进行执法巡查的同时，还对海岛开发与利用现状基础信息档案进行了补充。中国海监长海县大队被中国海监总队确定为全国海岛执法示范单位。本年度，检查 2038 次，发现违法行为 2 起，作出行政处罚 2 件，已收缴罚款 51 万元。

【海监执法装备及执法队伍建设】 6 月份开工建造两艘 1000 吨级海监船，3 艘新执法快艇分别交付省总队大连、锦州支队和葫芦岛市支队使用。执法码头基地建设积极推进，渤海锦州、海洋岛维权执法基地维修改造项目得到了国家海洋局专家组的肯定。海洋岛维权执法基地维修改造项目初步设计的报批工作和渤海锦州维权执法基地维修改造项目主体工程已于 9 月份完成。辽宁省海监总队与沈阳体育学院共建体能礼仪培训基地，开展全省海监体能礼仪竞赛及训练和全省海监执法业务培训班。建立了总队机关工作人员学习制度，各项工作有章可循。

海洋科技、教育与文化

【科技兴海】 全年向国家、省推荐海洋公益性、行业科研等项目 10 余项，推荐省部奖项 5 项，省厅下达科技项目 18 项。组织验收项目 15 项，其中两项苗种繁育成果，在丹东、营口应用于放流。通过省科技厅成果鉴定 3 项，其中《海蜇资源可持续利用综合技术开发与灾害水母制约机理研究》成果整体水平处于国际领先。修订地方标准 11 项，其中 8 项通过审定。大连现代海洋生物产业示范基地成为国家四个科技兴海示范基地之一。大连海洋大学参与完成的《海水池塘高效清洁养殖技术研究与应用》获得国家科学技术进步二等奖。

【“908 专项”】 “908 专项”工作全面完成验收。12 个评价项目已全部通过验收，资料与成果汇交已经完成，各专题成果报告、图集及数据集编制工作均已完成；评价项目、“数字海洋”工作已通过国家验收；7 个成果集成项目通过专家评审。《辽宁省近海海洋综合调查与评价总报告》、《辽宁省海洋环境资源基本状况》专著及蓝皮书和《辽宁省沿海经济带发展政策建议书》等成果不仅全面客观地记述了辽宁省海洋地理、海洋环境、海洋资源及其开发利用等内容，为社会公众全面认识和了解辽宁省沿海资源环境状况提供最新、最系统、最直接的数据资料。同时也及时运用到了海洋管理中，在地方宗海管理、海洋功能区划修编、用海补偿等方面得到了应用，效果良好。

【世界海洋日】 组织开展了“6.8”世界海洋日宣传活动暨万里海疆行大型书画展。此次活动由辽宁省海洋与渔业厅、中国青少年美育协会等 6 家单位主办，紧紧围绕“海洋与可持续发展”的主题，共展出反映海洋内容的书画家作品 270 余部，各有关单位约 700 人参加了活动。中国海洋报、辽宁电视台、东北新闻网等多家媒体进行了报道，在全行业及社会大众中产生了良好的影响。 （辽宁省海洋与渔业厅）

大　连　市

海洋经济与海洋资源开发

【概况】　2012 年，大连市 20 条县际间海域行政界线以及瓦房店市与盖州市、庄河市与丹东市海域行政界线经国务院批准实施；完成大连政协 2012 年“一号提案”的办理答复工作；全市批准用海项目 711 宗，确权面积 12 万公顷，征收海域使用金 7.2 亿元，批准区域用海规划面积 33.65 平方千米，开展全市海域使用统一配号工作，推动全市海域管理电子化、信息化进程；开工建设重点人工鱼礁区 36 处；大连市海洋预报台自 2012 年 2 月 6 日，海浪、水温、潮汐信息每日通过大连电视台、市政府网站、大连晚报、半岛晨报向公众发布；对海岛、海岸带修复整治项目进行检查；海岛监管力度不断加大，健全海岛保护执法监察系统。

【稳步推进海洋牧场建设】　2012 年大连市开工建设重点人工鱼礁区 36 处，其中 33 处为新建、3 处为扩建（分别是獐子岛海洋牧场示范区、金州东源人工鱼礁区、三山岛海洋牧场示范区），全市所有项目完成投放 213 万立方米（空），完成改造 6067 余公顷。其中，长海县人工鱼礁项目 18 处，投放鱼礁 72 万立方米，改造海域面积 2367 余公顷；金州新区人工鱼礁项目 5 处，投放鱼礁 22 万立方米，改造海域面积 533 余公顷；旅顺口区人工鱼礁项目 12 处，投放鱼礁 74 万立方米，改造海域面积 2067 余公顷；大连市三山岛人工鱼礁项目投放鱼礁 5 万立方米，扩建 8.8 公顷。预计带动小型业户投放各类鱼礁 40 万立方米，改造海域面积 1100 公顷。农业部 2011 年批复扶持资金 400 万元的獐子岛海洋牧场项目也在 2012 年开始全面建设。

海域使用管理

【海域管理】　2012 年，大连市海洋与渔业局批准用海项目 711 宗，确权面积 12 万公顷，征收海域使用金 7.2 亿元，比上年减少 56.6%。其中，市本级财政入库约 8190 万元。

完成大连市政协 2012 年“一号提案”的办理答复工作。年初，大连市政协十一届五次会议将《关于全力推进大连市加快发展海洋经济的提案》确定为 2012 年政协“一号提案”。大连市政府将提案办理办公室设在大连市海洋与渔业局。5 月，大连市海洋与渔业局成立了“一号提案”办理工作领导小组，并制定《大连市海洋渔业局办理 2012 年市政协“一号提案”工作实施方案》，方案进一步明确办理重点，细化工作任务，推动了提案办理的扎实有效开展。9 月，大连市海洋与渔业局编制完成《关于市政协十一届五次会议“一号提案”办理工作情况的通报》。

【区域用海规划项目】　2012 年 7 月 2 日，国家海洋局批准长兴岛区域建设用海规划二期，批准规划填海面积 12.78 平方千米；10 月 22 日，国家海洋局批准《大连临空产业园（新机场）区域建设用海规划》，批准规划填海面积 20.87 平方千米，加快新机场建设。2012 年，《大连庄河市滨海新区区域建设用海总体规划》和《大连金州新区七顶山区域建设用海总体规划》，规划填海面积分别为 43.32 平方千米和 17.57 平方千米，经大连市政府同意后上报国家海洋局待批。金州七顶山、普湾新区、金渤海岸、瓦房店太平湾临港工业园区 4 个区域用海规划通过了辽宁省海洋渔业厅组织的专家评审。

【海域信息化管理】　开展全市海域使用统一配号工作，所有新增、变更用海项目，均需登录《海域动态监视监测管理系统》，进行统一配号，海域统计报表工作，也需通过《海域动态监视监测管理系统》逐级上报，推动了全市海域管理电子化、信息化进程。2012 年，通过《海域动态监视监测管理系统》完成配号 711 宗。按照辽宁省海洋与渔业厅对重点项目进行核查的要求，对世茂嘉年华渔人码头项目、大连东港总部经济区填海工程等 79 个用海项目进行现场监测。

【县际间海域行政界线经国务院审批】　2012 年 8 月，大连市 20 条县际间海域行政界线以及瓦房店市与盖州市、庄河市与丹东市海域行政界线经国务院批准实施，这是历史上首次明确大连市海域管理行政界线，为大连市海域管理提供了可靠依据和坚实基础。

海 岛 保 护

【无居民海岛管理】 建立健全大连市无居民海岛政策法规，组织草拟《大连市无居民海岛管理条例》、《大连市无居民海岛申请审批程序》，并向大连市人大专委会汇报全市无居民海岛管理情况，大连市人大将2013年列入《大连市无居民海岛管理条例》立法调研阶段，2014年列入立法阶段。

海洋环境保护

【海洋环境监测】 2012年，大连市海洋与渔业局继续开展海洋趋势性、入海排污口、海水浴场、赤潮、养殖区、海洋工程、海水浴场、潮汐海浪八大类的常规监测；开展管辖海域海洋环境监视监测预报，编制完成《2012年大连市海洋环境质量公报》、《2012年上半年大连市海洋环境质量通报》、《2012年下半年大连市入海排污口及邻近海域环境质量通报》，并通过政府官方网站和《大连日报》等媒体对外发布。2012年1月18日，国家海洋局北海分局与大连市人民政府在大连举行“大连市海洋预报台”成立揭牌仪式，标志大连海洋预报台成立。自2012年2月6日，海浪、水温、潮汐信息每日通过大连电视台、市政府网站、《大连晚报》、《半岛晨报》向公众发布。

全年监测结果显示，2012年大连市近岸海域海水质量一般。按照监测站位计算，符合二类水质标准海水站位比例为39.7%，较2011年上升18.3%；符合三类水质标准海水站位比例为26.3%，较2011年下降6.2%；符合四类水质标准海水站位比例为5.8%，较2011年下降18.2%；劣于四类水质标准海水站位比例为28.2%，较2011年上升6.1%。受强降水影响，8月和10月劣于四类水质站位增多。劣于四类水质海域主要分布在大连湾、青堆子等近岸海域，主要污染物为无机氮和活性磷酸盐；长山列岛典型海洋生态系统海洋生态环境较好。2012年，由碧流河和复州河携带入海的主要污染物总量为2.73万吨，比上年下降了67.9%；全市约50.0%实施监测的入海排污口超标排放污染物，主要超标污染物为悬浮物、氨氮和CODCr。海水增养殖区环境质量状况优良，适宜养殖；滨海旅游度假区、海水浴场环境状况优良；2012年獐子岛赤潮监控区内未发现赤潮，但在黄海海域发现赤潮2次，引发赤潮的优势种类分别为塔玛亚历山大藻和夜光藻。

【海洋生态保护与建设】 2012年8月，大连市海洋与渔业局听取老虎滩、普湾新区、蛤蜊岛、金石滩、海洋岛海域海岸带整治与修复项目进展情况，组织大连市海域使用动态监管中心对2010年、2011年国家海洋局批准的整治修复项目进行动态跟踪监测，对照片、影像资料进行存档。其中，老虎滩整治项目完成招投标工作；普湾新区清淤工作完成85%；蛤蜊岛替代桥初步设计完成；金石滩沙滩整治正在进行人工岬角施工招标及施工等工作；海洋岛整治修复项目，已完成太阳能路灯工程、绿化工程，正在开展水土流失整治工程。2012年末，市海洋与渔业局负责管理的国家级自然保护区有1个，即大连斑海豹自然保护区，总面积90.9万公顷；市级海洋自然保护区有4个，总面积5143公顷，其中大连老偏岛—玉皇顶海洋自然保护区1484公顷，大连海王九岛海洋景观自然保护区2143公顷，大连长山列岛珍贵海洋生物自然保护区413公顷，大连三山岛海珍品资源增殖自然保护区1103公顷。

海洋执法监察

2012年，参与用海项目海洋生态环境评价和听证17次，落实项目13个，重点对虎平岛上违规建筑和新机场、恒力石化、大连港等用海项目实施专项执法检查，督促项目单位落实生态补偿措施，检查覆盖率、补偿率分别为100%，收缴海洋生物资源赔偿费3626万元。海岛监管力度不断加大，健全海岛保护执法监察系统，无居民海岛标识工作基本就绪，执法巡查海岛300余个，登岛执法检查70个，查处违法开发利用海岛案件2起，罚款49万元。突出海砂开采和岸线监管，出动巡检船艇200余艘次，查办非法采砂、违法填海等案件12起，扣查船只3艘，收缴罚款80万元。

（大连市海洋与渔业局 张则飞）

河 北 省

综 述

河北省沿海地区处于环渤海经济圈的中心地带，海洋生物、港口、原盐、石油、旅游等海洋资源丰富，盐田面积 8 万公顷，近海石油探明储量8.4亿吨、天然气97.1亿立方米。河北省沿海地区气候环境适宜，海洋灾害少，是发展海水养殖、盐和盐化工、港口运输、滨海旅游等产业的优良地带，适合进行各种形式的综合开发，具有发展海洋经济的巨大潜力。河北省主要海洋产业有滨海旅游业、海洋交通运输业、海洋船舶工业、海洋盐业、海洋化工业以及海洋渔业

海洋经济与海洋资源开发

【海洋经济运行监测】 成立全省海洋经济运行监测与评估系统建设领导小组，建立省、市、县三级协调机制，明确项目参加单位、沿海市县海洋局工作职责；编制完成了《系统方法与技术体系构建报告》、《监测指标体系及监测报表》；开展港口物流业、海水利用企业和临港产业经济运行监测与评估；筛选采集全省4300余家涉海企业基本信息，建立了涉海企业基本信息数据库；协调省直有关部门和沿海三市海洋局，汇总上报了河北省海洋经济统计数据和海洋统计报表制度年报数据。结合全省海洋经济实际，就如何促进海洋经济发展、实施海洋经济示范区支持政策、设立重点海洋产业专项支持资金等方面向国家海洋局提出了意见和建议。

海洋立法与规划

《河北省海洋功能区划（2011-2020）》于2012年10月10日经国务院批准正式实施，对全省未来十年的海域使用和海洋环境保护做出全面部署和具体安排；全面启动了新一轮市级海洋功能区划编制工作。《乐亭县临港产业聚集区（京唐港区）区域建设用海规划》于2012年2月10日经国家海洋局批准实施。编制完成《秦皇岛旅游人工岛区域建设用海规划》和《曹妃甸工业区化学产业园区二期区域建设用海规划》，上报国家海洋局审查；《河北省海岸线保护与利用规划》完成初稿；《河北省海域海岛海岸带整治修复保护规划》逐步修改完善。

海域使用管理

【保障建设项目用海需求】 按照规划用海、集约用海、生态用海、科技用海、依法用海的原则，推进建设项目向园区集聚，优先保障重大项目、高新技术产业项目和民生项目建设用海。2012年，国家下达河北省围填海计划指标1300公顷，在围填海计划指标相对紧张的情况下，全力保障曹妃甸新区、渤海新区的用海需求，全省共安排围填海计划指标1287.99公顷，其中曹妃甸新区、渤海新区安排1232.18公顷，占95.67%；在国家对各省的围填海计划指标不再进行追加的情况下，为解决重大项目建设用海指标不足的问题，积极争取国家围填海计划指标支持，将4个重大项目的539.28公顷填海造地用海列入国家围填海计划指标，解决了全省用海计划指标相对不足的问题；按照保急需、保重点、保民生原则，加强建设项目用海预审和确权服务，2012年共报经省政府审批用海项目35个，面积968.55公顷，经国家批准用海项目6个，面积542.5929公顷，征收海域使用金11.4439亿元，保障了曹妃甸千万吨炼油、黄骅综合港区20万吨航道工程等一大批重点项目的用海需求。

【海域集约节约利用】 严格执行建设用海控制标准管理，执行投资强度每公顷3750万元的用海控制标准，2012年批准的围填海项目，平均投资强度达到每公顷5000万元以上，提高了建设用海的利用效率。推进区域建设用海管理，抓好曹妃甸近期、中期、渤海新区近期、乐亭县临港产业聚集区（京唐港区）等四个区域用海规划的实施，四个区域建设用海规划涉及用海总面积451.59平方千米，其中可填海造地区

域306.09平方千米，初步形成了各具特色的集约用海区域；指导地方编制了秦皇岛旅游人工岛、曹妃甸工业区化学产业园区二期工程两个区域建设用海规划。加强闲置用海的管理，在调查认定、处置利用、预防监管等方面进行了积极探索，研究起草了闲置海域处置办法。

【海域海岸带整治修复保护】 开展了北戴河等区域的整治修复保护工作，建立了北戴河海滩动态原位监测站，北戴河海域综合整治与海洋国家保障工程项目修复北戴河沙滩长度680米，增加沙滩面积4.96公顷，2012年8月，胡锦涛同志在对戴河海域综合整治与海洋国家保障工程效果给予了充分肯定。河北省北戴河新区洋河一葡萄岛岸线整治与修复项目和河北省丰南区涧河口海域综合整治与修复项目，分别争取国家资金支持3000万元。河北省的整治修复做法在2012年2月份全国海域管理工作会上做了典型介绍。

【海域管理基础工作】 积极推进全省海域动态监管系统建设，省市海域使用动态监管中心全部实现业务化运行，以黄骅市、京唐港开发区、昌黎县为试点，启动了县级动态监测中心建设工作。在全国率先开展了海籍变更调查，进行了县级成果验收，得到国家海洋局海域司领导的重视与肯定。加强海域管理技术支撑力量建设，唐山市地产评估咨询中心成为全省首家由国家海洋局认定的海域评估推荐机构，省城乡规划设计研究院、秦皇岛市规划设计研究院、河北信达城乡规划设计院有限公司成为河北省首批由国家海洋局认定的区域用海规划编制推荐机构。

【规范海域管理】 加强海域使用项目登记管理，全年共办理初始登记项目18个，变更登记2个，注销登记3个；对2008年以来的338宗批准用海项目进行了重新整理，全部完善了初始登记手续；加强围填海项目的竣工验收管理，全年对79个围填海项目进行了填海造地竣工验收，涉及面积1518.87公顷；以全国海域管理延伸审计为契机，对全省海域管理工作进行了再梳理、再规范；积极促进海域使用权市场建立，共办理海域使用权抵押登记项目23个，涉及抵押贷款金额19.11亿元；编印的《海域海岛使用管理法律法规文件汇编》下发全省海洋管理部门和相关单位，编印的《海域使用管理行政许可规范文本》对海域使用管理行政许可和非行政许可审批事项的格式、申报资料、内容和程序进行了规范；举办了全省海域管理工作培训班，对全省各级海域管理人员进行了政策法规培训。

海岛管理

【海岛地名普查工作】 开展外业补充调查和成果编制等工作，组织完成了海岛地名普查外业补充调查、报告成果编制等工作，梳理全省海岛数量演变情况，开展现场普查成果与遥感成果信息比对，编制全省《海岛名录》和《数据集》，组织通过了省内验收；完成9个海岛名称标志的实地设置工作并通过省内验收；启动河北省海岛地名志编制工作，编制了实施方案。

【无居民海岛使用管理】 拟制无居民海岛使用预审和使用权审批等职责表和流程图，规范无居民海岛使用审批程序；完成了全省5个无居民海岛和9个人工岛、116个使用项目的现场调查，编制海岛使用情况《登记表》和《统计表》，绘制116幅项目位置图和布局图，14幅海岛开发利用现状图，建立海岛利用现状数据库和查询系统并通过验收。

【海岛保护规划】 启动全省海岛保护规划编制工作，编制完成了《河北省海岛保护规划》文本和相关图件，组织召开专家咨询座谈会和部门座谈会，征求国家海洋局、相关省直部门、省军区、相关沿海市县海洋局和部分专家意见，对《规划》文本和相关图件进行了修改。

【无居民海岛整治修复保护】 认真实施国家海岛整治修复保护项目。完成“唐山湾三岛及周边海域综合整治”项目海域清淤和岛体回填修复等主体工程，组织开展了省内预验收。“唐山湾海域海岸带综合整治修复”项目进展顺利；推进国家级海岛开发利用示范基地建设，组织编制了《国家级海岛开发利用示范基地建设方案》（初稿）。

海洋环境保护

【海洋环境保护法制体系】 印发《河北省海洋环境保护管理规定》。该《规定》于2013年2月1日起实行，是河北省第一部海洋环境保护政府法规，填补了全省海洋环境保护法规空白。

北戴河近岸海域环境综合整治。制定并实施了北戴河及相邻地区近岸海域环境综合整治海洋环境保障与岸滩修复实施方案，完成实验室升级改造工作，优化监测断面、站点和频率，开展赤潮、溢油等暑期应急保障监测工作，建设了面向公众的海洋环境信息和预警报暑期专题服务网站，实时发布海水浴场及周边重点海域海洋环境监测预报信息。

【海洋生态环境保护】 新建昌黎保护区远程视频监控系统，配合地方政府和相关部门开展了昌黎国家级自然保护和石臼蛇省级自然保护功能区和范围调整工作。开展陆域核心区管护围栏建设，组织有关单位启动了河北省海洋生态红线区划定试点工作。

海洋环境预报与防灾减灾

【海洋环境监测】 建立工作技术保障体系，明确具体工作时限和项目负责人，对全省近岸海域 340 余个站位进行了海洋环境常规监测，共获取监测数据 17000 余个；及时发布海洋环境监测信息，组织编制并发布了《2011 年河北省海洋环境状况公报》和《通报》；全年共核准海洋工程环境影响报告书(表)46 份，评价率达到 100%；开展了海洋工程、海洋倾废环境监管月报工作，对新建的海洋工程建设项目采取跟踪监测。

【海洋预警减灾】 全年共采集水文气象观测数据 988 万组，全部通过了国家海洋信息中心的台站资料质量评估，资料良好率达到 100%，通过质量控制率达到 100%。完成秦皇岛海洋站升级改造工程和对京唐港海洋站进行设备更新，提高了无人值守观测站数据上传率。定期开展仪器设备维护保养和观测记录对比等工作，保障了系统运转正常。参与了与国家、海区所有海洋预报会商工作，为沿海各级政府和有关部门防灾减灾及时提供相关数据信息。加强沿海远程视频监视系统建设，提高海洋环境信息专项服务能力，每天通过省、市电视台、报刊等新闻媒体向社会公众发布各类海洋环境和海洋灾害预警报，全年共发布海洋环境预报 2064 份。加强海洋防灾减灾专题技术研究，完成了《河北省警戒潮位核定报告》，配合国家海洋减灾中心等部门开展了全省海洋灾害风险评价及区划试点工作。以“海洋与可持续发展”为主题，结合《海洋观测预报管理条例》宣传贯彻，举办了海洋宣传日活动和全省海洋环境保护与海洋预报减灾技术培训班。

【暑期环境监管】 严格实行 24 小时值班制度，切实做到早发现、早报告、早处理。建立暑期海洋预报会商制度，每天会同环保、海事、气象等部门的专家对北戴河海域环境状况进行会商，会商结果以快报形式报省暑办和国家海洋局。积极配合秦皇岛市政府做好赤潮应急处置工作，为赤潮应急处置工作积累了经验。

海洋执法监察

【执法监察工作体系】 根据河北省海监总队管理体制情况，完善机关管理、执法巡查、内部会审、执法监察报告、责任追究等制度，确保海洋执法组织到位、措施到位。建立各级海监机构、海洋行政许可部门、海洋技术支持单位、海上执法力量（海警、边防、渔政等）之间的沟通协调联合执法机制，形成了上下联动，横向配合的海洋执法监察工作体系。加强对重点时期和重点区域执法巡查频次和检查力度，有效遏制了违法大案的发生。年内全省共立案查处海洋违法案件 23 起，结案 22 起，其中 1 起非法采砂案件移送司法机关追究刑事责任，没有发生行政复议和行政诉讼案件。

【“海盾 2012”专项执法行动】 根据《河北省“海盾 2012”专项执法行动实施方案》，组织秦皇岛、唐山、沧州开展了围填海专项执法检查，进一步摸清了围填海项目基本情况，完善和建立了海域使用监管档案；省海洋执法联合检查组对唐山、沧州辖区重点项目用海项目开展了专项执法检查。针对个别项目存在的未批先干或拖欠海域使用金等情况，提出了相应处理意见，督促 4 个用海项目按规定缴纳了海域使用金，按法定程序明晰了海域使用权属关系；开展区域建设用海专项执法检查，重点对 2011 年 6 月以后国家海洋局批复的区域建设用海项目进行了检查。在“海盾 2012”专项执法行动中，共立案查处违法占用海域案件 8 起。

【“碧海 2012”专项执法行动】 按照《河北省“碧海 2012”专项执法行动实施方案》，对全省海洋工程项目进行了全面检查；结合开展北戴河海域海洋环境保护专项执法行动，抽调 7 艘执法船艇和 9 辆执法车对秦皇岛海域进行巡航巡查；落实《2012 年暑期秦皇岛海洋环境保护执法工作方案》，加大暑期巡航巡查频次，应急监视和报告了几次溢油现象。本次专项执法行动共查处海洋环境违法案件 14 起，结案 13 起，查处非法采砂案件 1 起。

【海岛执法】 确定乐亭县海监大队为全国海岛执法示范大队，全面推进“护岛 2012”专项执法行动，集中开展海岛全面执法检查，进一步整顿和规范海岛开发利用秩序。全年集中开展海岛检查 4 次，共派出执法人员 63 人次，行程 463 海里，航时 42 小时，及时获取了有关照片和影像资料。积极开展了全省 17 个岛屿中 8 个面积较大、具有开发保护价值和岛体相对稳定海岛的命名与标志设置工作。

【水下文化遗产联合执法】 制订专项行动方案，明确责任，细化分工，建立了海域文物联合执法长效机制。协调联系各级文物部门，共出动海监船艇 4 艘次，联合执法人员 60 余人次，分别在唐山、秦皇岛、沧州海域开展了联合执法专项行动。重点检查了水下文物保护区域和疑似区域，对区域内的作业工程船、渔业船等进行了文物保护法律宣传，并利用报纸、电视进行了广泛宣传报道。

【维权巡航执法】 根据国家维权执法工作需要，河北省分别于 10 月、11 月、12 月派出三批共 8 名骨干执法人员，随北海区维权执法编队赴指定海域进行维权巡航执法。期间，参与维权执法的队员与海区和兄弟总队的海监队员一起，加强团结协作，始终坚守岗位，经受住了恶劣海况、船只故障及晕船等带来的种种困难和考验，用实际行动捍卫了国家海洋权益，圆满完成了维权巡航执法任务。

（河北省海洋局）

天 津 市

综 述

2012年是落实天津市海洋经济和海洋事业发展“十二五”规划的承启之年。在国家海洋局的帮助指导下，天津市海洋局按照天津市委市政府的决策部署，以邓小平理论、“三个代表”重要思想、科学发展观为指导，认真贯彻落实市委市政府“调结构、惠民生、上水平”的部署，坚持海洋管理工作以人为本、执政为民、服务经济、助推发展，全面加强海洋综合管控能力，积极为天津滨海新区的开发开放做好服务保障，圆满完成各项海洋管理工作，推进海洋行政管理再上新水平，为全面落实“十二五”规划奠定了坚实的基础。

海洋经济与海洋资源开发

【综述】 2012年，天津市认真贯彻落实党中央、国务院关于发展海洋经济建设海洋强国的战略部署，着力提高海洋经济发展的质量和效益，加快推进经济发展方式转变和海洋产业结构调整，全市海洋经济继续保持平稳较快增长的良好势头。

【主要海洋产业】 2012年，天津市海洋产业总体保持稳步增长。海洋渔业积极推进海洋渔业产业结构调整，鼓励发展远洋捕捞和工厂化海水循环水养殖，保持稳定增长。海洋油气业受国际油价波动、油气生产调整和产能调控等多重因素影响，海洋油气业出现负增长。海洋盐业生产情况保持稳定。海洋化工产业发展态势趋好。海水利用业作为海洋新兴产业，随着政策扶持逐渐加大和海水淡化关键技术科技攻关有所进展，循环经济产业链逐渐完善，海水利用业保持稳定。海洋生物医药业增加新产品，天津天士力制药集团股份有限公司的新品润生软胶囊投产。海洋电力业随着天津龙源风力发电有限公司、天津津能风电有限责任公司的多个风电项目稳定运行发电，海洋电力业持续为全市提供可再生清洁能源。海洋工程建筑业保持快速增长，天津港航道码头建设工程、中石油100万方石油储备库、滨海欢乐水魔方文化休闲园等重大项目稳步推进。海洋船舶工业积极推进转型升级，加快调整产品结构，但受国际航运市场持续低迷的影响，订单量减少、盈利额降低。海洋交通运输业积极调整产业结构，应对全球航运市场低迷的现状，扭转去年负增长局面，总体呈上升趋势，中远散货运输（集团）有限公司重组。滨海旅游业平稳较快增长，通过整合航母主题公园、北塘古镇、东疆湾景区、国际邮轮母港等旅游资源，形成滨海旅游带，举办特色旅游文化节庆活动等。

【海洋经济发展试点工作】 在国家海洋局、国家发改委的大力支持下，国务院批复同意将天津确定为全国海洋经济发展试点地区。“十二五”时期，天津市将努力建设成为富有特色的海洋经济科学发展示范区、海洋生态环境综合保护试验区、高新海洋产业集聚区和海陆统筹发展先行区，为全国类似区域发展海洋经济提供典型经验。试点的获批有利于提高天津市海洋资源集约高效利用效率，推进渤海环境综合整治，提升科技创新能力，探索海洋循环经济发展模式和海洋生态文明建设路径，进一步推进滨海新区开发开放国家战略的深入实施。为了加强组织领导，经市委市政府批准，成立由市政府主要负责同志任组长，分管市领导任副组长，18个部门主要负责同志为成员的天津市海洋经济发展试点建设领导小组，领导小组办公室设在天津市海洋局。经过9轮集中编写和修改，编制完成了《天津海洋经济发展试点工作方案试点规划》和《天津海洋经济发展试点工作方案试点方案》，经市政府审定后上报国家发改委审批。

【海洋经济运行监测与评估系统】 系统建设实施方案经国家海洋局批准，由市政府办公厅向全市转发，项目建设顺利通过国家中期检查，得到高度评价。编制完成系统建设二期方案，财政部已批准二期经费预算1000万元。圆满完成海洋经济监测统计任务，全市海洋经济运行良好。

【海洋经济信息发布】 2012年5月，首次发布《天津市海洋经济统计公报》，提高了天津市海洋经济数据的权威性和公信度。

海洋立法与规划

【《天津市海洋环境保护条例》颁布实施】 2月22日《天津市海洋环境保护条例》通过天津市第十五届人大常委会第三十次会议审议，于2012年5月1日施行。

新颁布的《天津市海洋环境保护条例》明确了海洋、环保、海事、渔业、水务、港口等部门的职责。明确了市海洋行政主管部门负责组织编制海洋环境保护规划，拟定国家海洋环境质量标准中未作规定项目的本市海洋环境质量标准，发布海洋环境质量公报，建立本市海洋环境监测监视网络，定期组织海洋环境调查评价，制定本市重大海洋环境污染事故应急预案和赤潮、风暴潮、海冰等突发性海洋自然灾害应急预案及其启动程序，以及现场执法检查等内容。规定了天津市实行重点海域污染物排海总量控制制度，市海洋行政主管部门会同有关部门制定污染物排海总量控制指标。还对海洋工程和海岸工程环境影响评价做出规定。为解决天津海洋环境保护中出现的新情况、新问题，推进海洋环境保护事业发展提供了最重要的法律依据。

【海洋相关规划】 编制完成《天津古海岸与湿地国家级自然保护区七里海湿地保护与恢复规划（2012-2015年）》、《规划编制说明》及《规划编制方案》。

海域使用管理

【概述】 2012年，海域管理工作在优化审批程序的基础上，进一步规范用海项目审批和论证管理，严格执行海域使用项目审核委员会规定，实行用海项目“全流程”管理，继续实行用海主体申报制度，严格落实围填海指标管理制度，及时掌握各用海功能区用海规模和重点项目，对年度填海规模进行测算，严格按照建设填海指导标准审批海域，全年共批准用海项目34宗，用海面积916公顷（其中填海582公顷），用海登记3宗，用海面积526公顷；征缴海域使用金14.7亿元。

【天津市海洋功能区划（2011-2020年）获国务院批准】 2012年10月10日，天津市海洋功能区划（2011-2020年）正式获得国务院批准。新版《区划》的获批为满足滨海新区实施未来10年发展规划和重大项目用海需求奠定了基础，为保证各大用海功能区大项目落位和滨海新区空间发展战略实施提供了强有力的保障，为进一步加强海域资源节约集约利用和优化配置、强化海洋环境保护、落实各项管理目标提供了重要的基础性依据。

【“双港双城”发展战略】 天津市海洋功能区划（大港近岸海域）修改方案3月获得国务院批准，随后5月份南港工业区区域建设用海规划又获得了国家海洋局批复。区划和规划的获批，解决了南港工业区重大项目规划瓶颈问题，为满足南港工业区近期重大项目开发建设的用海需求提供了最重要的保障，落实了市“双港双城”发展战略，保障了重点区域南港工业区的建设，解决了中俄东方炼化等一批重大项目落位南港的迫切需求。

【围填海指标管理制度】 与天津市发改委研究联合出台了《围填海计划管理办法》实施细则，促进海域资源合理开发利用。严格落实围填海指标管理制度，全年地方共安排围填海指标799.9451公顷，全面推行《天津市建设项目用海规模控制指导标准》，实施用海项目“全流程”管理和用海主体申报制度，确保大项目、好项目用海需求。

【海域动态监视监测系统】 推进海域使用动态监视监测系统日常管理和业务化运行，对辖区海域已开展遥感影像监测4期，编制地面监视监测报告10期，完成全市所有海域审批项目整编入库，编制了《天津市海域使用项目权属图》；启动海域使用项目台账管理和海域使用权证书配号管理，完成历史与本年度围填海台账数据的补录。对视频会议系统的设备进行了升级更新。实现动态专网从2M到4M的网络升级，进行了内部网络的施工改造，依托动态监测系统，开展了“天津市海域使用选址预审管理办法和程序研究”研究。2012年，在全国动态监视监测系统运行情况检查评比活动中被评为优秀单位。

【重大项目】 通过现场办公、调研和协调会等形式，及时帮助企业解决有关问题，为用海单位做好服务，帮助推动中俄东方石化（天津）有限公司1300万吨/年炼油项目通过国家预审，支持南港天津液化天然气（LNG）项目的尽快落位，出具了前期审查意见，推动天津浮式LNG接收终端项目成功获得国家能源局批准，争取国家海洋局海域管理司委托天津市代为组织实施临海新城一期验收，并成功获批。积极协调国家相关部门，完成渤海水产增殖站迁建、渤海基地综合公务码头等4宗项目减免申报和审查，共减免海域使用金9054万元，有效推进了重点公益项目的建设进程。

海岛管理

【概述】 完成天津市海域海岛地名普查工作并通过验收，完成了三河岛名称标志立碑工作。按照国家海洋局的统一部署，编制完成了《中国海域海岛标准名录（天津分册）》（初稿）。

【海岛保护和管理执法快艇正式列装】 2012年3月、9月两次赴广东珠海参加中国海监总队第二批执法快艇设计方案评审会和海监执法快艇试航，对快艇的技术方案从刚性、稳性、抗沉性等方面进行了研讨论证，提出了建议并形成了评审意见和整改意见。3艘海岛保护和管理执法快艇和3艘海监执法快艇于4月、10月先后列入海监装备序列。

【加强海岛执法】 针对天津市只有一个无居民海岛且未开展经营性开发利用这一特点，研究制定了《天津市海岛定期巡查工作制度》，规定每季度海岛登岛巡查不少于1次，海岛有开发利用或保护活动时，每季度巡航检查不少于2次，加强监管督查。

海洋环境保护

【海洋环境监测】 按照国家海洋局关于海洋环境保护工作部署，将提升海洋环境监测工作水平作为重中之重着力推进，天津市积极部署2012年海洋环境监测工作，编制落实《2012年天津市海洋环境监测工作实施方案》。组织开展了包括海水、海洋沉积物、海洋生物多样性、海水增养殖区、池塘和工厂化海水养殖区、赤潮监控区、入海江河、陆源入海排污口及邻近海域环境监测、海洋工程、蓬莱19-3溢油事故跟踪监测、突发海洋环境污染事件应急监测和海洋保护区监测在内的12个专项监测，累积获得各类监测数据39900余组。完成海域普查及陆源污染排查，进一步摸清天津市海洋家底，为今后的海洋管理奠定了坚实的基础。

【海洋生态保护】 完成“天津市南港工业区园区湿地生态恢复工程”、“天津临港经济区北区东防波堤生物多样性修复示范工程”和“天津滨海旅游区海岸带生态修复及保护工程”3个项目的申报工作。积极组织实施《天津滨海旅游区海岸修复生态保护项目》和《天津大神堂浅海活牡蛎礁独特生态系统保护与修复项目》。完成蓬莱19-3溢油事故生态修复补偿基金项目的申报工作。

着手开展天津市海洋生态红线划定准备工作。组织技术部门全面分析天津市海洋生态环境现状，根据不同海域生态环境特点、功能定位和管理需求，提出了天津市近岸海域海洋生态红线区选划初步设想。依据国家海洋局渤海海洋生态红线制度建设指导意见和红线划定技术指南，细化完善了天津市海洋生态红线划定工作方案，为天津市海洋生态红线划定工作做好充分准备。

【海洋保护区保护与管理】 市政府原则同意《天津古海岸与湿地国家级自然保护区七里海湿地保护与恢复规划（2012-2015年）》，2012-2015年期间每年将投入5000万元资金用于七里海湿地修复、治理和保护。将在加强天津市生态城市建设，实现人与自然和谐，促进区域经济社会可持续发展等方面将发挥重要作用。天津大神堂牡蛎礁国家级海洋特别保护区已通过国家海洋局批准建立。配合国家环保部等7部门完成国家级自然保护区评估检查工作，被评为优秀等级。

【建立健全部门合作机制】 为进一步完善天津市涉海行政主管部门间的沟通合作机制，借助与天津市环保局签署合作框架协议的良好契机，2012年1月，与天津市水产局共同签署建立全面合作机制的框架协议，将在海洋生态环境监测、海洋生态修复与渔业资源增殖等方面加强合作。

海洋环境预报与防灾减灾

【海洋预报与防灾减灾】 进一步拓宽海洋灾

害预报信息发布渠道，海洋预报在天津电视台滨海频道试播，并实现了新浪微博平台播报。全年在塘沽、汉沽和大港电视台发布天津近海海浪、水温、海面能见度、潮汐等常规海洋环境预报 828 期；在广播电台交通频道和城市快报发布周边旅游景点及港口海洋环境预报 305 期，天津市海洋局网站发布常规海洋环境预报信息 305 期；在《每日新报》发布未来一周天津近海的海浪、水温、潮汐海洋环境预报 15 期。2012 年 1～10 月，天津市沿海共发生 9 次风暴潮过程，3 次大浪过程。灾害发生期间，共组织发布风暴潮预警报 24 期，海浪预警报共 8 期，传真 1632 份，手机短信 47600 余条，电子邮件 782 封，网站发布预警报信息 32 期。

按照国家海洋局和天津市防汛抗旱指挥部关于做好 2012 年汛期海洋防灾减灾工作的有关要求，在汛期到来之前，组织完成海洋防灾减灾各项准备工作自查，为汛期海洋预报减灾工作顺利开展提供保障。同时要求各涉海企事业单位加强汛期海洋灾害防范和应急管理工作，确定本单位应急联络员，确保灾害期间信息顺利上传下达，为有效应对海洋灾害创造条件。

【海洋灾害应急管理】 积极应对年初的海冰灾害，以及 1 月 25 日临港经济区思多而特码头“对二甲苯”泄漏、5 月 21 日天津港航道附近海域燃料油泄漏两起突发海洋环境污染事件和两起赤潮灾害，发布各类海洋环境信息 28 期，为政府应急管理决策和涉海企事业防范提供了信息和技术支持。

【警戒潮位核定】 按照国家海洋局关于警戒潮位核定工作安排，组织制定了《天津市沿海警戒潮位核定工作方案》，并按照《方案》要求，组织开展了警戒潮位核定相关资料收集整理、数据分析处理计算和调研等工作，依据《警戒潮位核定规范》(GB/T17839-2011)，编制完成了《天津市警戒潮位核定技术报告》(送审稿)，并通过内审。

【海洋观测预报能力建设】 依据国家《海洋观测预报管理条例》，结合《天津市海洋经济和海洋事业发展“十二五”规划》内容，组织编制了《天津市海洋观测网发展规划》(2012-2020 年)，初步规划形成海洋观测网布局，为建立完善海洋观测网络体系提供科学依据。

海洋执法监察

【海域使用管理执法】 以查处海域使用违法案件,有效预防和遏制盲目围填、突击用海等无序用海违法行为，规范海域使用正常秩序为宗旨，制定“海盾 2012”专项执法行动实施方案，成立领导小组和实施小组，扎实开展专项执法行动。执法人员深入各大用海单位，送法上门，加强事前服务和事中监督，同时，积极进行案源排查，全年共办理“海盾”案件 4 宗，罚款合计约 2793.43 万元，全部顺利执结。

【海洋环境保护执法】 以查处海洋工程的海洋环境影响评价报告书未经核准即开工建设、无证倾倒废弃物等重大海洋环境违法行为为重点，周密安排“碧海 2012”专项执法行动方案，对天津海域进行了全面排查，对破坏海洋环境、海洋资源和海洋生态等行为加强巡查力度，立案查处 6 宗“碧海”案件，收缴罚款 96 万元。

【联合执法】 与渔政部门、海洋环境监测部门建立海洋环境联合执法工作机制，通过海上、陆上定期或不定期的联合执法，有效提高了海洋环境执法的工作效率。

与天津市文化局（文物局）、天津市文化市场行政执法总队、天津市文化遗产保护中心等单位建立长效沟通机制，推进天津市海域文化遗产保护联合执法工作。8 月 17 日，联合启动天津市管辖海域文化遗产联合执法行动，行动中未发现违法打捞和破坏水下文物、擅自进行水下文物考古活动等违法行为。

10 月 9～11 日，与国家海洋局北海分局、中国海监第二支队、北海信息中心、北海海洋技术保障中心、天津海域动态监管中心等单位联合开展了 2012 年北海区（天津）区域建设用海联合专项执法检查行动。重点对全市范围内已经国家海洋局批准的临海新城、临港工业区二期、南港工业区一期 3 个区域建设用海总体规划审批情况、区域建设用海范围内的单项工程用海审批情况以及用海项目施工期间海洋环境评价、海域使用论证的执行情况进行了执法检查。

【维权执法】 首次参加国家维权执法行动。6 月，抽调 10 名执法人员参加了中国海监北海总队组织的中国海监北海区 2012 年维权执法培训班。10 月，派出 3 名执法人员前往钓鱼岛参加维权执法行动。

【保护区执法】 全年累计巡查里程达42490千米，出动执法人员796人次，在保证无重大违法案发生，负面报道为零的同时，结合七里海湿地“爱鸟周”活动，组织了“清网行动”、“为鸟类迁徙护航”等专项执法，现场清理并销毁捕鸟网具91片，总长度近4千米，放飞野生候鸟27只，有效地打击了非法猎捕野生鸟类的行为，取得了良好的效果。

海洋科技

【科技兴海资金投入】 2012年科技兴海立项35项，投入资金3000万元，创历史新高。3年来累计立项75项，投入资金6000万元，引导企业成为科技自主创新主体，带动企业配套科技研发投资1.5亿元，项目实施后可产生经济效益5亿元以上，累计形成专利成果50项，高水平论文75篇，培养硕士及以上人才37名，建立生产基地、示范基地18个。

【海洋科技管理】 为切实提升海洋科技管理水平，先后制定了《天津市科技兴海项目经费管理暂行办法》、《天津市科技兴海项目管理暂行办法》和《天津市科技兴海项目管理办公室工作制度（暂行）》等规章制度，并报有关部门备案，为规范海洋科技管理工作提供了制度保障。

联合天津市科委、财政局有关部门共同对2010-2011年26项科技兴海项目进行了中期检查和重点项目调研，履行了科技兴海工作协调推动小组办公室的职能。不仅掌握了项目进度、经费使用、阶段性成果、产业化准备工作等情况，也了解了项目研究过程中出现的新问题、新情况，提出了解决建议，使项目管理工作更加“有的放矢”。

【“908专项”】 积极组织开展“908专项”验收收尾工作：完成现场查验会议问题整改工作，重新印刷相关成果报告。完成“908专项”档案（357卷）整编及电子档案制作。档案向国家移交进馆工作已全面完成。完成了数字海洋三区节点建设工作，5月23日于大港召开“数字海洋节点建设运行培训会议”。10月底，大港、汉沽和塘沽节点已经全部联通运行。10月底，项目顺利通过国家“908”办组织的总验收。

【国家海洋科技项目】 完成2013年度国家海洋公益性项目推荐工作，向国家海洋局推荐5项，获得立项1项。完成2008年度海洋公益性行业科研专项“天津滨海新区风暴潮监测预报预警技术与示范”项目验收工作。组织参加第十五届科博会海洋科技展览会，获得最佳组织奖和最佳展示奖。

海洋宣传教育

【全国海洋宣传日活动】 6月8日，由天津市海洋局和国家海洋局驻津单位联合举办的世界海洋日暨全国海洋宣传日天津分会场活动在塘沽金街广场举行。国家海洋局驻津机构、市海洋局系统和中交天津航道局职专、滨海新区大沽街等300余名同志参加了活动。本次海洋日活动以“海洋与可持续发展”为主题，设立主题背景板1块、海洋知识宣传展板40块。活动现场安排了内容丰富的文艺演出和海洋知识展览，吸引和感染了数百名群众驻足参与，进一步促进广大群众关注海洋、了解海洋、善待海洋，圆满实现了预期目的。会后，天津市海洋局还深入社区、企业、工地和学校开展面对面的宣传活动，使海洋日活动的影响力向更大的范围、更广领域拓展和延伸。

【防灾减灾日活动】 5月12日在天津滨海新区的塘沽、汉沽和大港同时启动2012年天津市海洋防灾减灾宣传日活动。共发放《天津市海洋防灾减灾知识手册》、《天津市风暴潮、海浪、海冰和海啸灾害应急预案》、《北海区海冰防灾减灾知识手册》等1000多本宣传手册，展出赤潮、风暴潮、海浪、海啸灾害科普知识宣传展牌50块，社会公众参与人数达1000余人次。活动通过扎实开展形式丰富的宣教工作，进一步提高了群众海洋防灾减灾意识，增强了群众预防各类海洋灾害的知识，展示了海洋行政主管部门服务滨海新区的良好社会形象。

海洋文化

【国家海洋博物馆建设】 自2012年6月，天津市海洋局牵头国家海洋博物馆建设以来，取得了一系列重要进展：国家海洋博物馆管理办公室于9月份得到天津市编委的批准，核定事业编制15名，岗位设置已经天津市人力社保局批准；博物馆建设项目立项评审获得国家发改委批复；编制完成了藏品征集方案，根据专家意见对细化方案和管理制度进行修改完善，并汇编成册，为下一步藏品征集工作打下了坚实基础；完成部分涉海馆藏资源调查，并先期启动了藏品征集工作。

【媒体宣传报道】 全年在各类新闻媒体共发表海洋新闻70余条。其中，头版8条、头条3条、专版2个。包括功能区划调整、出台《天津市海洋环境保护条例》、发展海洋经济试点、科技兴海行动和渤海基地开工等重要工作和活动，均在各类媒体上得到充分宣传。结合海域法十周年宣贯活动，在《天津日报》发表天津市海洋局局长蔡明玉署名文章《凝心聚力谋发展、经略海洋谱新篇》，全面总结了海域法实施十周年来天津海域管理工作的取得的成就和未来工作的规划；为贯彻落实天津市第十次党代会精神，在《天津工作》杂志发表《开拓创新 锐意进取 共谱海洋事业新篇章》，系统总结了天津市海洋事业“十一五”以来的成就，规划了“十二五”时期的发展宏图，为宣传海洋事业取得了良好的效果。

【海洋文化丛书编撰】 为提高社会公众对海洋的关注度，增强海洋意识，普及海洋知识，推动天津海洋文化事业全面发展，天津市海洋局组织专家编写了《天津海洋文化丛书》。2012年，编写组对《天津海洋文化丛书》内容进行了进一步充实，对不同作者的作品风格进行了统一，计划于2013年印刷出版。这是天津市首次从文化视野角度系统论述天津海洋经济、海洋管理、海洋科技、海洋民俗、海洋历史和文化产业的专著。该作品在总结和普及天津海洋历史，传播天津海洋文化，弘扬天津海洋精神方面将发挥积极作用。（天津市海洋局）

山 东 省

综　述

2012 年，山东省海洋系统上下认真落实山东省委、省政府的决策部署，紧紧把握稳中求进的工作总基调，全力服务于山东半岛蓝色经济区和黄河三角洲高效生态经济区建设，科学管海用海护海，有力地促进了全省海洋经济平稳较快发展。海洋经济为拉动全省经济发展发挥了重要作用。

海洋经济与海洋资源开发

【海洋渔业】 全省海洋渔业呈现产量增、价格涨、效益好态势。全省海洋渔业经济总产值 2624.8 亿元，同比增长 17.6%；全省海洋渔业产出 1088.9 亿元，增长 27.3%；海水产品产量 686.1 万吨，同比增长 3.2%。近海资源持续衰退，同比受灾相对较轻，海洋捕捞产量 236.3 万吨，同比下降 0.9%。海水养殖产量 436.2 万吨，同比增长 5.5%，海水鱼、海参、贝类等品种养殖稳定增长，特别是文登市新增 4666.7 公顷牡蛎养殖、日照市新增 3333.3 公顷贻贝筏式养殖，带动全省海水养殖产量有较大的提升。

渔业园区建设 全省共命名 66 家规模大、标准高、具有引领示范作用的省级现代渔业园区，东营、滨州等地规划建设了一批 6666.7 公顷以上的特大园区。积极推进水产品健康养殖，新建 69 处国家级和 81 处省级健康养殖示范场，新增健康养殖面积 6.5 万公顷；全省健康养殖示范场累计达到 384 处，养殖面积 16.8 万公顷，健康养殖示范规模提高到养殖总量的 25%以上。组织开展以好客山东休闲汇“相约海洋，渔乐无限”为主题的系列活动，主题活动荣获省政府 2012 年“好客山东休闲汇优秀专题休闲活动奖”。

海洋资源修复 全省共投入海洋增殖放流资金 1.57 亿元，同比增长 17%；省级以上资金 1.06 亿元，同比增长 43%，共放流各类海洋水产苗种 56.8 亿单位，同比增放 26%，资金投入与放流规模再创历史新高。海洋增殖资源秋汛回捕产量 4.1 万吨，产值 19.9 亿元，分别比上年增长 10%和 12.4%。新选划建立了 6 处国家级、10 处省级水产种质资源保护区，全省保护区总量达到 64 处，面积 34.15 万公顷。人工鱼礁建设势头迅猛，省扶持项目计划总投资 2.2 亿元，其中省级以上财政扶持 6530 万元，比上年分别增长 5%和 5.2%。新上财政扶持项目 17 个，在建项目达到 32 个，示范带动全省 165 处人工鱼礁建设，总建设规模达 950 万空方，用海面积 1.5 万公顷。

远洋渔业 加强远洋渔船更新改造，远洋渔业呈现跨越发展态势。大力实施渔业“走出去”战略，远洋渔船装备水平、作业空间和冷链建设等方面即将实现新的重大突破。自 2011 年到 2012 年底，农业部批准山东省建造专业远洋渔船 284 艘，总投资达 52 亿元，渔船类型从过洋性单拖网、中小型鱿鱼钓向大型金枪鱼围网、大型拖网加工、金枪鱼延绳钓、专业鱿鱼钓等现代化远洋渔船转变。全省具有农业部远洋渔业资格的企业占全国的 1/5，从事远洋渔业生产的渔船占全国的 1/3，赴朝鲜东部海域作业渔船占全国的 72%。远洋渔船装备水平显著提升，代表世界先进水平的远洋秋刀鱼渔船建成下水。积极拓展远洋渔业发展空间，开辟了 4 个新的作业渔场，新成立 5 家境外渔业合资企业。金枪鱼超低温储存能力已达 4.7 万吨，占全国 75%。

【其他传统海洋产业】 全省海洋化工业产出 718.33 亿元，同比增长 19.18%。全省船舶工业产出 705.91 亿元，同比增长 7.73%。全省海洋油气业产能稳步增长，原油价格基本持平，全年累计完成产值 121.59 亿元，同比增长 8.1%。全省海洋盐业产值 128.41 亿元，同比减少 7%，产业呈现产销降、价格升态势。

【海洋服务业】 全省海洋服务业持续快速发展。海洋交通运输业平稳增长，海洋交通运输业产出 819 亿元，同比增长 12.54%。沿海港口生产稳定增长，外贸、集装箱形势好于预期，集装箱增速高于全国平均水平。海洋旅游业取得了快速发展，全省海洋旅游业产出 2289.15 亿元，同比增长 19.41%，为区域经济发展发展做出了突出贡献，成为带动现代服务业发展的龙头产业。

【新兴海洋产业】 新兴海洋产业迅速发展。全省海洋电力业产出 62.5 亿元，同比增长 22.5%，呈现规模增、势头好态势。全省海洋生物医药业产出 187.5 亿元，同比增长 10.3%。海洋药物的应用领域不断扩大，市场前景广阔。随着国家相关政策的有力实施，全省海洋医药业企业已研制开发了海洋药物、保健品、功能食品等 70 多个品种，海洋生物医药业继续保持快速增长态势。

海洋立法与规划

【政策研究】 全省首次设立了海洋与渔业重大问题软科学研究课题，围绕当前海洋与渔业热点、难点问题，确定了关于集中集约用海、海砂采挖法制化管理等 8 个重大问题软课题研究题目开展调研。通过成果集成，深入推进集中集约用海、建设海洋生态文明示范区等研究成果进入了山东省委、省政府领导决策部署，进一步优化了海洋发展政策环境。根据省委、省政府《山东半岛蓝色经济区发展规划》实施方案，组织起草了新“海十条”政策，经多次修改完善、征求意见后，上报省政府待批。

【海洋立法】 创新开展了《山东省海砂管理条例》立法工作。《山东省海砂管理条例》被列为省人大二类立法项目。《条例》已经完成初稿，主要在以下方面实现突破：一是建立政府负责、属地管理、部门协作、综合惩处的海砂管理新体制；二是建立规划管理制度，划定禁采区、限采区、可采区，堵疏结合；三是建立海砂开采总量控制制度；四是建立海砂开采权招拍挂制度，提高准入门槛；五是建立了海砂运输经营许可制度，将整个产业链纳入管理；六是建立岸段负责制和巡查报告制度。积极推进《山东省渔业港口和渔业船舶管理办法》立法和《山东省国有渔业养殖水域滩涂使用权补偿费和安置补助费计算办法》制定工作并取得积极进展。

【海洋规划】 依据山东省海洋功能区划，对《山东省海域海岛海岸带整治修复保护规划》、《山东省海岸带保护与利用规划》等规划进行调整、衔接。编制完成了《山东省海岛保护规划》、《山东省海洋观测网体系规划》。

【海洋督察】 在全国率先开展了海域使用审批专项督察工作。成立了山东省海洋与渔业厅督察委员会，制定了《海域使用管理专项督察省管项目卷宗核查办法》，对全省海域使用审批项目进行了督察。重点进行了 2007～2010 年的 4 年的海域使用审批项目案卷核查，核查内容多达 13 项，核查案卷共计 240 余卷，在审批、公示、海域使用金缴纳等方面提出了具体整改意见。并形成《关于省厅海域使用管理专项督察工作情况的报告》。组织两个督察组赴沿海 7 市及部分县（市、区）进行海域使用审批专项督察。形成了《关于全省海域使用审批管理专项督察情况的报告》，向沿海 7 市 10 个县（市、区）反馈 30 余条整改意见，并进行了整改验收。通过督察有力地促进了海域使用审批规范化管理，为国家审计署的审计工作奠定了基础。认真组织落实“行政程序年”各项活动，推动海洋队伍依法行政再上新水平。

海域使用管理

【概况】 2012 年，山东省海域管理工作坚持依法管海、科学用海，以服务“蓝黄”两区建设为中心，以深入实施区域建设用海为抓手，加强海域管理信息化建设，创新工作思路，不断提高海洋综合管控能力，有力地促进了海洋经济平稳较快发展。全省共发放海域使用权证书 434 本，确权海域面积 6.64 万公顷，征收海域使用金 4.72 亿元；其中，国务院批准确权海域面积 1481.1 公顷，发放海域使用权证书 14 本，省政府批准确权海域面积 532.9 公顷，发放海域使用权证书 49 本。截至 2012 年底，全省已确权海域面积 49.1 万公顷，发放海域使用权证书 1.18 万本。

【海洋功能区划】 《山东省海洋功能区划（2011—2020 年）》于 10 月 10 日正式获得国务院批准，为今后较长一个时期全省科学管海用海提供了法定依据。制定了《山东省海洋功能区划实施宣传贯彻方案》，以省政府名义召开了《<山东省海洋功能区划（2011-2020 年）>贯彻实施座谈会》，取得了良好效果。印发了《山东省人民政府关于贯彻实施<山东省海洋功能区划（2011-2020年）>的通知》，就做好宣传贯彻工作、严格执行区划、做好县级海洋功能区划的编制、加强区划的技术支撑与建设、加强监督检查力度等方面进行安排。召开了全省海洋功能区划视频培训会议，为更好的执行好、实施好新一轮功能区划打下坚实基础。

【集中集约用海】 实施集中集约用海迈入快车道，潍坊、龙口湾（招远部分）、烟台东部、丁字湾（海阳部分）、董家口、烟台套子湾等区域集中集约用海规划获得国家海洋局批复，并陆续开始组织实施，龙口人工岛120千米的围堰工程全部完成。海州湾、丁字湾、石臼湾等区域集中集约用海规划正在推进。“9大10小”集中集约用海规划已有三分之一左右获批，建设用海面积达120余平方千米，为打造具有重大引领作用的蓝色经济园区提供了有力保障。出台了《山东省区域建设用海管理办法（试行）》、《山东省区域建设用海规划范围内经营性项目用海登记规程（试行）》、《山东省区域建设用海规划范围内非经营性项目用海登记规程（试行）》等管理制度，进一步深化细化了区域集中集约用海规范化管理。协调省国资委、烟台市政府等单位，推进筹建烟台海洋产权交易中心，《烟台海洋产权交易中心建设方案》已报省政府待批。

【动态监管】 4月23日，印发了《关于全面推进山东省海域动态监视监测工作的意见》，在东营市召开了全省海域动管系统业务培训大会。7月1日，山东省海域动态监视监测管理系统开始试运行，初步实现了海域许可、动态监管、后期评估、评价决策等业务的信息化、网络化，项目的事前审批、事中监管与事后评估全覆盖，提高了海域动态监管工作的反应能力和精准度，全省利用现代信息网络技术提升服务海洋经济发展水平开启新篇章。

【海域界线管理】 在妥善处置广饶寿光涉界海域矛盾纠纷的基础上，进一步理清了全省县际界线，对存在的历史问题进行了统一处置。1月20日，国务院办公厅批复了山东省省内县际间海域界线，全省海域界线管理进一步得到加强，有法可依、有据可循的涉界海域管理秩序已经形成，全省重点岸线、重点区域用海秩序良好，民情、舆情稳定。

海岛管理

【概况】 对全省外业调查的1220个海岛实体进行梳理归纳，经专家审查，初步确定了纳入《山东省海岛名录》海岛数量，完成海岛标准名录上报稿。根据全省海岛地名普查工作方案，完成了140个海岛名称标志的设置工作。邀请有关专家对《山东省海岛保护规划》文本、登记表、图集等编制成果进行初步审查，规划顺利通过国家海洋局组织的专家评审。烟台市崆峒岛、麻姑岛和青岛市三平岛、灵山岛、竹岔岛列入全国第一批海岛保护专项资金扶持项目，山东高角岛列入全国第一批领海基点保护试点海岛。

【桃花岛颁证】 12月27日，山东省人民政府颁发了日照市桃花岛无居民海岛使用权证书，标志着全省无居民海岛管理工作逐步走向法制化、规范化，掀开了全省无居民海岛使用管理的新篇章。桃花岛成为全省首个确权的无居民海岛，该岛东西最宽87米，南北长116米，岛屿面积0.4029公顷，距离大陆最近点距离0.54千米，功能定位为滨海生态旅游岛，规划重点保护区、生态修复区、开发利用区和特殊利用区4大功能区域，是桃花岛村委旅游产业的龙头项目。

海洋环境保护

【概况】 2012年，全省海洋环境保护和海洋生态建设工作深入贯彻落实科学发展观，全力服务“蓝黄”两区建设，坚持抓好监测评价、修复保护、防灾减灾等关键环节，不断强化海洋环境监测和观测预报的技术支撑能力和服务保障水平，加快推进海洋生态文明建设，有力地促进了海洋经济持续健康发展。根据全省海水无机氮、活性磷酸盐、石油类和化学需氧量等指标的综合评价结果显示，全省海域符合第一类海水水质标准的海域面积约占全省毗邻海域面积的90%；符合第二类、第三类和第四类海水水质标准的海域面积分别为6811、3328和1693平方千米；受强降水的影响，未达到第四类海水水质标准的海域面积为4463平方千米，主要分布在滨州、东营近岸海域和莱州湾，主要超标物质为无机氮。

【渤海生态保护】 积极落实海洋生态环境保护规划，加强渤海环境污染治理和生态修复。启动了“蓬莱 19-3 油田溢油事故海洋生态修复行动”，编制了《山东省“蓬莱 19-3 油田溢油事故海洋生态修复”总体方案》，提出了渤海重点海域海洋环境监视监测能力建设工程、海洋生态整治修复工程、典型海洋保护区建设示范工程和海洋生态环境保护相关重大课题研究等四大工程。

【海洋保护区管理】 组织开展了现有保护区的本底调查，基本摸清了各类涉海保护区的底数和空间分布，开发了海洋保护区建设与管理信息系统，在“海上山东”网站试运行。初步制定了《海洋特别保护区管理办法》和《海洋特别保护区考核评估办法》，为进一步健全完善保护区管理、考核、评估的标准规范体系奠定了基础。国家海洋局批复了建设 2 处海洋公园和 2 处海洋特别保护区，全省获批省级以上海洋自然/特别保护区 39 处，其中海洋自然保护区 12 处，总面积 40.27 万公顷；海洋特别保护区 27 处，总面积 27.4 万公顷。国家级水产种质资源保护区（海洋）25 处，总面积 10.29 万公顷。

【生态文明示范区创建】 结合全省海洋功能区划和“十二五”规划，提出了全省建设海洋生态文明示范区的总体目标和基本思路。深入调查研究，提出了省级海洋生态文明示范区创建的工作程序，制定了省级海洋生态文明示范区创建的相关标准、管理和考核办法等，扎实推进海洋生态文明示范区建设工作。积极推荐并配合核查国家级海洋生态文明示范区建设试点，威海市、日照市和长岛县成为全国首批国家级海洋生态文明示范区；启动创建青岛市黄岛区等 10 个县（市、区）省级海洋生态文明示范区。

【海岸线海域海岛修复】 全年共争取中央级和省级分成海域使用金 3.78 亿元，安排海岸线、海域和海岛修复及海洋生态保护项目 25 个。荣成市爱莲湾海岸整治防护工程、威海市刘公岛修复整治工程、长岛县长山尾海岸带修复整治工程、威海湾海域环境综合治理工程等 9 个整治修复项目获得财政部中央分成海域使用金支持。

【海洋生态红线制度】 启动海洋生态红线划定工作。结合相关技术规范，将生态红线划定的工作目标、职责逐级分解细化，开展了工作方案编制、现状调查、资料收集整理、生态红线区划定等工作。对海洋生态红线区内的重要河口、重要滨海湿地、特殊保护海岛、海洋保护区、自然景观与历史文化遗迹、重要砂质岸线与沙源保护海域、重要渔业海域和重要滨海旅游区等 9 大目标分别划定边界线，按照相应的管理指标，实行分类指导、分区管理、分级保护。

【海洋工程环评】 切实加强涉海工程环境影响评价管理，建立了涉海工程环境影响评价专人管理制度，明确了环评责任，提升了环评质量。对项目预审、专家评审、核准等关键环节制定管理办法，不断规范工作流程，健全项目管理档案。进一步加强用海项目批后监管，结合海域动管系统推进实施，制定已核准用海项目跟踪监测管理办法和监测数据管理办法，修改完善项目验收管理办法，将用海项目批后监管措施落到实处。

海洋环境预报与防灾减灾

【监测体系建设】 加强海洋环境监测机构能力建设，全省已建立各级海洋环境监测机构 41 处，其中包括省海洋环境监测中心、沿海 7 市海洋环境监测中心（站）以及 33 处县级海洋环境监测站。全年省级以上共投入 1100 万元，加密布设站位，提高监测站位的覆盖率和代表性，提高监测频率。进一步优化监测布局，增设监测站位 200 多个，新增监测项目 50 多个，监测频率提高 1 倍；全部监测站位达到 912 个，全部监测要素达到 124 个，为开发更多监测产品，提高监测服务水平打下坚实基础。

【海洋环境监测】 全省共开展了海洋环境监测、环境风险监测、环境监管监测、公益服务监测和专项监测等 5 大项 18 类监测，获得监测数据近 34 万个，监测数据更加全面、客观，向国家海洋局报送监测数据居全国首位。亚沙会期间，重点组织开展赛区海水水质、赤潮、绿潮等项目的监视监测，为亚沙会顺利举办提供了可靠的技术支撑。

【提升服务能力】 加强海洋环境监测评价，制定印发了《2012 年山东省海洋环境信息产品制作工作方案》，开发应用新的监测产品，将监测信息和评价产品分为 4 种类型 8 种形式，规范了信息评价产品编制的内容、标准、格式、报送范围、频率等，编制发布海洋环境状况的季报、半年报、年报和信息专报、通报等，为各级政府决策和公众活动提供了服务保障。

【评估检查】 加强海洋环境监测机构运行情况评估和监督检查。制定了《全省海洋环境监测机构监测能力评估实施方案》，积极开展监测机构运行情况评估，对全省 1 处省级、6 处市级、27 处县（市、区）级海洋环境监测机构进行了现场调查评估，编制完成《全省海洋环境监测体系建设方案》。配合国家局北海分局对烟台海洋环境监测中心开展了飞行检查，并对东营等 3 个地市监测中心和垦利等 5 个县级监测中心进行了质量监督检查。同时对滨州等 6 个地市监测中心和寿光等 5 个县级监测中心进行了外控样考核，发放了 4 个浓度批次、28 个标准样品，强化了质量监管。

【技术培训】 积极组织开展监测与评价技术培训，制定了《2012 年海洋环境监测专业技术培训方案》，举办了首期海洋环境监测技术培训班，对各市（县、区）海洋环境监测机构 50 余名专业技术人员开展了“海洋环境监测数据远程编报系统”软件使用、实验室样品分析、外业采样、总氮、总磷检测等 10 余项专业技术培训。省中心对外业采样技术进行现场演示考核，提高了工作人员业务技能，监测工作进一步规范。

【防灾减灾】 加强海洋灾害观测预报和应急管理，不断提升海洋灾害预报预警和防灾减灾水平。一是做好海阳亚沙会期间浒苔应急处置工作。协调北海预报中心做好实时监测和精细化预报工作，共发布亚沙会海洋环境专项预报 27 期、专项风场预报 17 期，报送《亚沙会绿潮应急工作情况专报》14 期。二是做好海洋防灾减灾和预警报信息发布。共向省内各级政府、海洋行政管理部门、涉海单位和媒体发布风暴潮消息 15 期、风暴潮橙色警报 1 期、黄色警报 12 期、蓝色警报 5 期，发布海浪消息 15 期、海浪橙色警报 3 期、黄色警报 22 期、蓝色警报 12 期。共发送预警报传真 1 万余份，短信 1.32 万条。三是完成全国海洋渔业生产安全环境保障服务系统山东节点的建设，完成全省渔船动态和静态数据、省海洋环境预警报产品同时向国家海洋局及其北海分局的数据输送，基本实现了海洋预警报产品与渔船动态监管系统的融合、展示和开发利用。

海洋执法监察

【概况】 全省各级海洋行政主管部门及海监机构坚持以科学发展观为统领，以“海盾 2012”、“碧海 2012”、“护航蓝区建设”等专项执法行动为主线，加大巡查力度，规范执法程序，拓展执法领域，维护海洋开发和使用秩序，保护海洋生态环境，为“蓝黄”两区建设提供了强有力的执法保障。全省各级海监机构共派出海监船舶 1490 航次，航程 5.7 万海里；海监车辆 1 万余车次，行程 34.1 万千米；执法人员 1.7 万人次，检查用海项目 6997 个次，查处海洋违法案件 117 起。

【海域使用管理执法】 制定实施了《山东省海域使用执法规程》，由省政府法制办予以登记发布，从管辖、巡查、立案等十余个方面对海域使用违法案件办理做出明确规定，全省海域使用违法案件的查处工作进一步规范。开展了“海盾 2012”专项执法行动和区域建设用海专项执法检查，全省各级海监机构共立案查处海域使用类违法案件 89 起，其中“海盾”案件 28 起，收缴罚款 6.3 亿元，“海盾”案件查处数量和处罚金额均居全国首位。

【海洋环境保护执法】 制定了《山东省“碧海 2012”专项执法行动实施方案》，开展了“碧海 2012”专项执法行动，以专项执法行动和各项执法示范活动为依托，依法查处破坏海洋生态环境行为，保护海洋生态环境。积极推进保护区执法工作，做好滨州贝壳堤岛与湿地国家级自然保护区和昌邑国家级海洋生态特别保护区执法示范，开展了黄河三角洲国家级自然保护区及所辖利津底栖鱼类、黄河口生态、河口浅海贝类、莱州湾蛏类、广饶沙蚕五个海洋特别保护区的执法监管工作。加大对海洋工程建设项目的监督检查力度，日照市支队被中国海监总队确定为全国海洋工程环境保护执法试点，查获海洋工程环保案件 2 起，其中一起为全省首起查获的未遵守“三同时”制度施工的海洋环保案件。全省共立案查处海洋环保类违法案件21起，决定处罚金额159万元，实际收缴罚款147万元，其中立案查处“碧海”案件20起（其中办结19起，结案率95%），决定处罚金额157万元，实际收缴罚款145万元，超额完成了中国海监总队下达的8起“碧海”案件的任务目标。

【海洋维权执法】 成立了山东省定期维权巡航执法指挥部，制定了《山东省2012年维权执法工作实施方案》。选派20多名执法人员参加了北海总队组织的维权执法培训，并选派6名执法人员参加了北海总队组织的3个航次维权巡航执法任务。推进水下文物保护联合执法进程，成立了山东省管辖海域内文化遗产联合执法领导小组和领导小组办公室，建立起山东省管辖海域内文化遗产联合执法工作机制。烟台市、滨州市分别启动了水下文物保护联合执法行动，对海域内存在的可能对文化遗产造成破坏的行为进行了排查。10月16日至11月14日，实施了山东省管辖海域海底光缆巡护专项执法行动，参与行动海监船累计巡航254小时、2428海里，出动执法人员400余人次，驱离渔船46艘次，确保了海底光缆的通信畅通和“十八大”稳定。

【海岛保护执法】 扎实开展海岛定期巡查执法工作。省、市、县（市、区）三级海监机构严格落实海岛定期巡查工作制度，采取陆海空结合的方式，对全省管辖海岛进行多角度、全方位的执法巡查，掌握了全省海岛及周边海域开发利用情况，建立了全省海岛基础档案库，提高了全民海岛保护意识。积极开展海岛执法示范工作。长岛县大队被推选为“2012年中国海监海岛执法示范单位”。全省海监机构共组织海岛执法检查720次，检查海岛764个次，派出执法车1243车次，行程10.3万千米，执法船舶408航次，航程1.7万海里，执法人员3203人次，拍摄海岛照片2148张，录制执法视频1638分钟，全年共查处海岛违法案件6起。

【海砂管理执法】 积极开展海砂开采重点监控区执法试点工作，烟台市支队被中国海监总队列为山东省海砂开采重点监控区执法试点单位；制定了《山东省（烟台市）海砂开采重点监控区执法试点工作实施方案》和《山东省海砂开采重点监控区试点工作突发事件应急预案》。烟台市各级海监机构联合公安边防、海事等部门，开展海陆联合巡查，严厉查处非法采挖海砂行为。共查获5起非法采挖海砂案件，行政处罚85万元，刑事拘留18人。

海洋科技

【重大科技专项】 实施海洋经济创新发展区域示范等重大项目，促进科技与产业发展融合。山东省积极谋划，研究确定了海洋生物高效健康养殖为主体，以海洋生物医药与生物制品为补充，以海洋装备和平台建设为支撑的发展思路和规划布局，编制完成了实施方案，筛选近百项优势产业项目，制定了专项管理办法、申报指南、重大项目承诺书等，有力推动了工作的有序开展；财政部、国家海洋局正式批复山东省实施方案并安排财政资金2.6亿元。全面启动了2012年国家海洋公益性行业科研专项5个重大项目。围绕现代渔业园区建设技术需求设计的“规模化园区海水养殖环境工程生态优化技术集成及示范”项目被列为2013年国家海洋公益性专项重大项目，支持经费1600万元。

【科技平台建设】 建立科技发展长效机制，增强科技创新内生动力。积极推进现代渔业产业技术体系建设，建立了全省第一个海洋产业省级创新团队—刺参创新团队，为刺参产业健康发展提供了有力支撑。“山东省海洋经济生物种质资源库”建设正式启动，获年度山东省良种工程重大课题支持。“山东省海洋与渔业厅黄河三角洲海洋渔业科研推广中心”正式启用，“水生动物营养与饲料研发中心创新示范平台”、“海水健康养殖工程技术创新示范平台”等确定为海洋经济创新发展区域示范公共服务平台项目并获得资金支持。积极推进国家海洋局科技兴海产业示范基地建设，“荣成海洋生物技术产业化基地”通过国家初审。积极推动科技协同创新，威海等市均与驻鲁科研院所建立了长期合作关系，共建教学、科研、实践、试验基地等合作平台，开展科技创新新机制新模式研究，一批成长性好、发展前景好的企业均与科研院所建立了稳定合作关系，联合开展科技创新和成果产业化。全省省部级以上的工程技术研究中心达15个、重点实验室39个。

【科技攻关】 科研机构和科技人员拓宽领域，立足产业需求开展科技攻关，不断为现代渔业和海洋经济建设提供新品种、新技术、新模式。2008 年、2009 年海洋公益性专项顺利通过国家海洋局验收，建立了贝类生物体中污染物测定技术的标准体系，完成了入海口滨海湿地主要风险源的识别与分区风险评价，形成了“海草场修复”和“藻类附着+海草移植+海珍品养护”等多种修复模式。省水产良种工程获得一批生产性状好、抗逆强的新品系、新品种，为全省海洋与渔业发展提供了有力的技术支撑。全省海洋与渔业领域年内共获市厅级以上奖励近 60 项。全省海洋与渔业行业科技奖——“山东省海洋与渔业科技奖”正式启动，首次组织申报成果 41 项，评选出获奖成果 25 项。在省政府召开的首次全省科技兴农大会上，渔业领域的唐启升院士、雷霁霖院士获得“山东省科技兴农功勋科学家”金牌。

【科技管理】　组织召开了全省渔业科技工作会议、水产种质资源库建设座谈会、省农业良种工程水产重大课题总结部署会等会议 15 次，参加了国家区域示范专题调研、海洋能开发利用现状调研等大型活动的组织协调工作。提升申报项目质量和立项率取得实效，组织申报各类科研项目近 200 项，获国家和省级立项 45 项，经费 1.37 亿元。6 个项目获国家自然基金立项支持，软课题“山东省推动传统海洋渔业产业升级的政策研究”首获省科技发展计划立项。

【渔技推广】　争取中央财政资金 2000 万元，在全省 80 个县启动实施了以“健全管理体制、完善服务机制、提升队伍能力、提高服务效果”为目标的全省基层渔技推广体系改革与建设项目，有力推动了科技服务能力和质量的提升。开展了“科技进塘入场到户、助推健康安全增收”为主题的渔业科技促进年活动，举办了刺参健康养殖与产业可持续发展研讨会，在全省推广 20 个主导品种和 8 项主推技术，辐射推广养殖面积 12.9 万公顷，科技入户核心示范区优质苗种覆盖率达 100%，示范区养殖效益明显提高。全省共举办各类渔业技术培训班等 300 多期，培训技术人员 3 万人次，发放技术资料 4 万余份，发放专家联系卡近 1 万张，解决群众难题 1000 多个。

海洋宣传与教育

【海洋宣传】　在党的十八大和山东省第十次党代会以及全国和省“两会”召开前后，通过媒体开辟的专题报导栏目，突出宣传全省海洋开发保护领域取得的突出成就。中央电视台新闻频道“行进中国”专题栏目对山东省十年来坚持开展人工鱼礁建设，保护海洋生态取得的巨大成效进行了报道；山东卫视新闻联播“辉煌五年路”、“蓝黄巡礼”、“两会聚焦”对海洋开发管理做了专题报道；在《大众日报》上推出《喜迎党的十八大特刊——海洋渔业》，全方位、多角度展示了全省海洋渔业 5～10 年来的发展成就，产生了强烈的社会反响。初步统计，全年共组织各类宣传采访活动 20 余次，制作视频宣传片 3 部，省级以上主流媒体发稿 400 余条，其中中央媒体发表有较大影响的稿件数量有明显提升，被各大网站转载上千条。

【海洋教育】　突出“海洋与可持续发展”主题，结合海域和海岛开发管理、海洋生态环境保护、海洋防灾减灾、海洋生物资源增殖和海洋监察执法等重点工作，在世界海洋日暨全国海洋宣传日，以电视、广播、报纸和网络媒介为载体，面向社会公众，连续开展系列宣传活动，努力提高公众参与度，积极营造关注海洋的舆论氛围。开展了“5.12 防灾减灾日”大型图片展等活动，为普及海洋防灾减灾知识、提高社会对海洋防灾减灾的认识水平，起到了积极的推动作用。

海 洋 文 化

“中国海洋文化系列丛书山东分册”编撰工作有序进行，成立了编纂委员会，编委会设办公室，全面负责资料搜集、材料整理、街志编纂、协调调度等工作；强化措施、加快进度，整体工作进展顺利。山东分册编撰工作带动了全省海洋与渔业文化研究工作的逐步展开，各市（县、区）文化研究编纂工作稳步进行。

（山东省海洋与渔业厅）

青 岛 市

综 述

2012 年，青岛市经济社会保持平稳较快发展，实现生产总值7302.1亿元，同比增长10.6%；公共财政预算收入670.2亿元，同比增长18.4%。三次产业比例为4.4∶46.6∶49.0。城市居民人均可支配收入、农民人均纯收入分别达到32145元和13990元，同比增长12.5%和13.1%。实现外贸进出口总额732亿美元，出口总额超过400亿美元。外商直接投资到账46亿美元，累计有111家世界500强企业、219个项目落户青岛。

海洋经济与海洋资源开发

【概述】 2012年，为突出蓝色经济引领作用，加快蓝色经济重点区域建设，打造蓝色硅谷和西海岸经济新区、红岛经济区“一谷两区”三大创新型经济集聚区。积极推进重点领域科技创新，加快发展以水产苗种、标准化养殖为主体的现代渔业，做大做强以海洋工程装备、海洋仪器仪表、海洋化工为主导的海洋制造业，着力发展以现代港口物流、滨海旅游为特色的现代海洋服务业，大力培育以海洋生物、海洋新能源利用、海洋生态环保等为重点的战略性新兴产业，努力建设国际一流、国内领先的现代海洋产业聚集区。

【海洋渔业】 全年实现渔业总产值420亿元，同比增长5.5%；水产品产值133亿元，同比增长4.7%；水产品总产量112.44万吨，同比减少0.85%。渔业标准化示范园区建设累计投入资金7100余万元，重点抓好青岛市海珍品健康养殖示范基地等一批标准化园区建设，改造标准化养殖区706.7公顷。全市海水养殖池塘已达11万亩，其中海参养殖面积4000多公顷，总产量1.2万吨，海参产业综合产值100亿元。加大陆基工厂化养殖建设力度，升级改造了一批重点水产养殖企业的生产车间和设备，新上循环水系统10套，扩建养殖车间近4万平方米。大力推进人工鱼礁和海洋牧场建设，全市五处增殖型人工鱼礁区已完成投资4820万元，投放礁体35.5万方。大力实施渔业资源修复工程，全市增殖放流资金累计达到2076万元，较上年增加488万元，放流苗种9.5亿单位，较上年新增10%，实现放流规模和资金双突破。远洋渔业发展实现新突破，进一步修改完善了《青岛市远洋渔业发展规划》，把远洋渔业发展纳入《青岛市蓝色经济区发展规划》。市政府出台《青岛市关于加快发展远洋渔业的实施意见》，全市新引进青岛远洋渔业有限公司、青岛中泰远洋渔业有限公司等8家注册资金1000万元以上的外地远洋渔业企业落户青岛。计划新建远洋渔船97艘，其中已批在建渔船20艘，待批待建77艘。已为11艘在建远洋渔船争取国家补助资金9800万元。积极协调推进“中国北方（青岛）国际水产品交易中心和冷链物流基地”的规划设计和选址，争取青岛市8艘300kW大马力冷冻拖网渔船入朝鲜东部海域远洋作业项目名额。积极实施渔业品牌战略，成立了青岛市海洋渔业协会，加强了渔业企业的组织管理。组织企业参加了山东名优农产品新加坡精品展、中国-北京第十届国际农产品交易会、山东十大渔业品牌推介会、中国山东（青岛）第一届国际农产品交易会等展会，展示了以“青岛海参”、“青岛鲍鱼”及“崂山金钩海米”等为代表的青岛十大渔业品牌。全年参展企业成交额达到1亿元，较上年增长20%。加强水产良种繁育体系建设，重点扶持了一批一万立方米以上育苗水体的大型水产育苗基地，组织验收了“青岛大菱鲆良种场”、“青岛刺参良种场”等6处省级良种场。重点推广“黄海一号”中国对虾、仙胎鱼、金乌贼等十大水产良种，促进了青岛市水产良种的培育、示范及推广应用，全市水产良种覆盖率达80%以上。年内完成水产品及苗种抽检任务812批次，水产品综合合格率99.5%。全市新增无公害水产基地24个，总数达123个；新增无公害水产品24个，总量达113个。

青岛市重点渔业市(区)基本情况

市（区）	渔业总产值（万元）	水产品总产量（吨）	其中				养殖面积（公顷）	其中	
			海洋捕捞	海水养殖	内陆捕捞	淡水养殖		海水	淡水
青岛市	**1241494.69**	**1124409**	**272091**	**805881**	**0**	**46437**	**52279**	**35947**	**16332**
黄岛区	46292.59	34346	9075	25051	0	220	3741	3528	213
崂山区	65455.00	71437	52060	19377	0	0	1600	1600	0
城阳区	207646.00	259919	48698	209228	0	1993	9719	7958	1761
胶州市	140611.00	128014	31552	84398	0	12064	4708	2308	2400
即墨市	289010.00	297894	65048	230847	0	1999	13253	12079	1174
平度市	9571.00	11005	0	0	0	11005	3800	0	3800
胶南市	473040.00	310620	65658	236980	0	7982	10754	8474	2280
莱西市	9869.10	11174	0	0	0	11174	4704	0	4704

【海洋交通运输业】 全市有 1 万吨级以上泊位 70 个，海上航线 153 条。其中国际航线 115 条、国内航线 38 条，通航 166 个国家。全年完成港口吞吐量 4.146 亿吨，增长 9.0%，居全国沿海港口第五位；外贸吞吐量 2.89 亿吨，增长 8.3%，居全国沿海港口第三位；集装箱吞吐量 1450.27 万标箱，增长 11.4%，居全国沿海港口第五位。水路客货运量分别完成 413.68 万人次、1790.69 万吨，分别下降 47.74%和增长 10.2%，占全省总量的 16%和 13%；客货运周转量分别达到 6404.2 万人千米、1426.03 亿吨千米，分别下降 41.4%和增长 28%。

港口建设 2012 年，编制完成《青岛港鳌山湾港区总体规划》初稿，鳌山湾港区将在 2015～2020 年逐步发展成为青岛国际集装箱干线港的重要组成部分，以及青岛港新的大型综合性深水港区。加快推进港口工程建设，全年港口建设完成投资 32.12 亿元，新增 1 万吨级泊位 2 个，新增通过能力 3093 万吨；全市累计有 1 万吨级泊位 70 个、通过能力 2.46 亿吨，集装箱通过能力达到 1145 万标准箱。胶州湾内的青岛港前湾港区招商局国际集装箱码头工程（1-3 号泊位）完成竣工初步验收，黄岛港区红星液化码头基本建成，国家海洋局青岛海洋科学考察基地项目码头工程完成设计审批，“亿升”、“捷润”、“炼化”等码头和六号码头扩建邮轮码头等项目开展前期工作。推进董家口港区建设，防波堤工程基本完工，港区进港航道完成设计审批，青岛港集团董家口港区矿石码头工程完成竣工初步验收，山东液化天然气项目一期工程配套码头及陆域形成工程开工建设，大唐码头一期工程完成施工招投标备案，华能通用泊位投入试运行；董家口港区初具规模，其中 30 万吨级矿石码头、华能通用泊位实现试运营，港区基础设施、重点入驻项目加快建设。大港港区建成可满足世界最大邮轮停靠的泊位。

青岛港(集团)有限公司 2012 年，青岛港（集团）有限公司完成货物吞吐量 40690 万吨，同比增长 9.3%。其中，外贸吞吐量 28502 万吨，增长 8%，继续居中国大陆外贸口岸第二位；集装箱吞吐量 1450.3 万标准箱，增长 11.4%；矿石吞吐量 13250 万吨，增长 16.4%；石油吞吐量 6539 万吨，增长 3.9%；煤炭吞吐量 1707 万吨，增长 7.1%。安全靠离船舶 35962 艘次(其中长度为 200 米以上大型船舶 7902 艘次)，增长 12.7%。全港疏运量 1.68 亿吨，增长 15%；其中铁路疏运日均装车 2475 车，增长 11%，居全国沿海港口首位。全年港口营业收入完成 120.73 亿元，增长 16%；实现利润 30.64 亿元，同比增长 6.6%，各项绩效指标继续保持港口行业先进水平。

【海洋旅游业】 重点实施“千万平方米”旅游休闲度假及会展设施工程，丰富高端旅游产品体系，推进总投资 1360 亿元的 81 个重点旅游项目建设。截至 2012 年底，青岛市有旅游单位 758 家。其中，星级饭店 154 家（包括五星级 9 家、四星级 31 家）；星级餐馆 45 家（包括五星级 1 家、四星级 18 家）；A 级旅游景区 76 家（包括 5A 级 1 家、4A 级 20 家、3A 级 34 家）；旅行社 383 家（包括出境组团社 27 家）；国家级旅游度假区 1 家，省级旅游度假区 3 家和游艇俱乐部 3 家。2012 年，青岛市实现旅游总收入807.6亿元，同比增长18.5%。其中，入境旅游收入8.25亿美元，增长19.6%；国内旅游收入755.5亿元，增长18.5%。接待旅游总人数5717.5万人次，增长12.7%。其中，入境游客127万人次，增长9.8%；国内游客5590.5万人次，增长12.8%。年内，青岛市以第一名的成绩获首批全国旅游标准化示范城市，连续两年居中国最佳休闲城市榜首。

【海洋电力业】 11月，胶南斋堂岛500千瓦海洋能独立电力系统示范工程正式动工，集控中心主体建筑基本建成，正在开展海底施工前期准备。该项目由中国海洋石油总公司牵头，总投资5500万元，以海流能装置为主，辅以风能与太阳能，着力解决海洋能装备可靠性与可维护性差、发电出力不稳定等瓶颈问题，项目预计于2013年示范运行。

【海水利用业】 海水淡化重点推进反渗透膜、中空纤维膜的研发和产业化，组织开展一批示范工程。引进南车汇通公司与青岛华轩环保科技有限公司合作，建立国内最先进的反渗透膜生产基地；青岛海诺水务科技股份有限公司等正在建设中空纤维超（微）滤膜与水工业装备产业化基地，已具备年加工处理能力为20万～30万吨/日海水综合利用装置的生产能力；青岛碱业公司研制的7000立方米/日海水淡化装置在国内首家实现“纯碱—海水淡化——热电联产”一体化的循环经济模式；青岛百发的10万立方米/日海水淡化项目进入建设阶段。

【海洋生物医药业】 重点开展生物活性物质、海洋药物及医用敷料产业化，推广海洋药物、功能食品、化妆品等高附加值精细海洋化工和新型海洋生物制品成果。全市有海洋药物、海洋保健品以及海洋生化制品企业30余家，9种海洋类新药取得一类新药证书，其他类别的药物有近20种，青岛博益特生物材料有限公司的手术止血材料、青岛颐中生物工程有限公司的止血纱布、青岛明月海藻集团的纤维材料、青岛中皓生物工程有限公司的组织工程眼角膜等系列产品完成中试，正大海尔药业与中国海洋大学合作开展海洋药物PSS二次开发。以浒苔为原料加工生产海藻肥项目已建成年产2万吨生产基地。青岛成为国内新兴的海洋新药及海洋生化制品研发生产基地。

【海洋工程装备制造业】 海洋石油工程（青岛）有限公司等开展自升式钻井船建造重大关键技术研究，建造完成自升式钻井船4艘，产值19亿；青岛双瑞防腐防污工程有限公司生产的电解次氯酸钠装置占国内电解制氯行业70%以上的市场份额，是国内核电领域电解制氯设备唯一供应商；青岛海德威科技有限公司、中船重工七二五研究所研发成功具有自主知识产权的船舶压载水处理装置，成为国内仅有的两家通过国际船级社的认证产品；山东省海洋仪器仪表所重点在海洋环境监测设备、深海大洋探测设备等海洋监测和海洋车上技术领域取得一批海洋仪器装备成果，被科技部批准为国家海洋监测设备工程技术研究中心。

青岛北海船舶重工有限责任公司 2012年，该公司完成工业总产值46亿元，出口创汇5.18亿美元。居2011年青岛企业100强第32位、青岛市制造企业100强第20位。全年开工船舶5艘60.6万载重吨，高峰时段同时在建19艘234万载重吨，完工交付8艘104.8万载重吨。其中，18万吨散货船和8.2万吨散货船各4艘。围绕市场调整产品结构，船舶质量和建造水平得到市场认可。交付两种型号的8.2万吨散货船首制船，是该公司首次实现自主生产设计的首个产品，标志着该公司在自主造船能力建设方面实现大的进展。针对改装船、海洋工程及特种船舶，抢占高端修船市场，16艘马士基8000箱改装1万箱集装箱船项目于年内全部按期交付；承接的3艘挪威汽车滚装船切断加长改装工程和新签订的5艘马士基集装箱船球鼻艏换新工程，创修造结合的成功范例。

海洋立法与规划

扎实推进海洋与渔业立法工作，修订完善了《青岛市海洋渔业安全生产管理办法》，组织开展了《青岛市人工鱼礁管理办法》立法调研。加快推进集中集约用海规划，《董家口港口物流产业聚集区区域建设用海规划》获国家海洋局批复，一次性批复董家口港区建设用海27平方千米。《丁字湾海洋文化旅游产业聚集区区域用海规划》、《凤凰岛海洋文化旅游产业聚集区区域建设用海规划》上报山东省政府审核，《青岛市海洋功能区划》完成前期修编招标工作。同时，围绕西海岸经济区和蓝色硅谷建设，加快编制《海洋重要资源勘探专项规划》、《青岛市滩涂保护与利用规划》和《无居民海岛保护和利用规划》等一批专项规划，编制完成了《青岛市海岸线利用规划》、《海砂资源开发与利用规划》和《卤水开发与利用规划》，进一步完善全市海洋规划体系。

海域使用管理

加快重点涉海项目海域使用审批服务速度，将海域审批时限由 20 天压缩到 10 天，提高审批服务效率。积极做好重大项目报批和大企业直通车工作，参与搞好青钢搬迁、邮轮母港建设等重大项目服务。加快推进国家深海基地建设，国家深海基地项目规划设计方案获国家海洋局批复，协调国家海洋局顺利办理国家海域使用权证书，并办理完成免缴地方海域使用金手续。全年共受理用海申请 16 宗，审核通过董家口大唐码头等用海项目 6 宗，征收海域使用金 2.15 亿元。加快海域海岛海岸带整治修复工作进度，围绕“海岸带综合整治”主题召开十四个沿海城市海洋与渔业局长专题座谈会，广泛学习借鉴先进地区工作经验，进一步明确青岛市海岸带整治修复的思路和措施。编制上报了《青岛市海域海岛海岸带整治修复保护规划建议》，规划实施整治修复项目 34 个，对重点海域海岸带实施科学整治与修复。加快推进“数字海洋”工程建设，建立了国家、省、市、市区四级专网互联互通，开展了市级与区市级监视监测系统专网建设，完成 6 个区市监管中心和 33 个前端点位基本建设。积极组织开展省级海洋生态文明示范区创建工作，2012 年 12 月 11 日，山东省正式授予黄岛区和崂山区为首批省级海洋生态文明建设示范区。

海 岛 管 理

加大海岛保护与利用管理力度，完成了《无居民海岛保护与利用规划》编制工作，提出了海岛保护和管理的具体措施和重点工作。编制上报了《2012 年青岛市海岛整治修复保护计划》，灵山岛、竹岔岛生态修复示范项目得到国家批复，获扶持资金 6000 万元。加强有居民和无居民海岛分类管理，推进海岛名称标准化，设置海岛标志 41 个。组织开展了有居民海岛调查和边远海岛材料收集工作，对 2009 年以来省、市、县批准的涉及海岛发展建设的规划措施等进行了收集整理，填报《有居民海岛基本情况表》。年底，组织召开“青岛市海岛保护利用与旅游开发专家咨询座谈会”，根据青岛市海岛资源环境禀赋和开发现状，围绕青岛市海岛保护利用和旅游开发等议题进行了深入座谈讨论。

海洋环境保护

【海洋环境质量状况】　2012 年，青岛市近岸海域海水环境质量状况总体良好，第一类和第二类水质海域面积占青岛市近岸海域面积的 97%以上，比上年略有增加，污染较重的第四类和劣四类水质海域面积所占比例低于 1%，主要分布在胶州湾北部和东北部湾底，近岸海域海水环境主要污染物仍为无机氮、活性磷酸盐和石油类。近岸海域沉积物环境质量良好。青岛市近岸海域主要海洋功能区环境质量基本满足环境保护目标要求。沿岸排污口超标排放现象较上年有所缓解，超标排放的污染物主要为总磷、悬浮物和生化需氧量（BOD_5）。75%的排污口对邻近海域有“低”或“较低”环境压力，25%的排污口对邻近海域有“中等”环境压力，未出现对邻近海域有“较高”或“高”环境压力的排污口。重点入海排污口邻近海域环境状况总体一般，比上年略有好转。

【海洋环境监测】　在继续开展青岛市近岸海域海水、沉积物和生物多样性监测的基础上，重点对胶州湾等海湾、临海工业工程用海区、重点海水浴场与滨海旅游度假区、重点增养殖区等海域进行监测，同时加强陆源入海污染物监测、海洋灾害监测与防治，推进海岛自然保护区生态环境示范性监测，完成了全市海域 348 个监测站位的现场监测工作，获取各类海洋环境监测数据 3.2 万余个，监测频率和点位处于全国前列。

【海洋保护区建设】　继续推进海洋保护区建设，加快编制《青岛市海洋保护区规划》。在加强大公岛岛屿生态系统省级自然保护区、胶南灵山岛省级自然保护区和青岛文昌鱼水生野生动物市级自然保护区日常管理工作的同时，重点加强了胶州湾滨海湿地海洋特别保护区的建设管理，完成了保护区观测塔建设，进行了保护区定期巡查和联合执法检查，开展了保护区生态调查与修复工作，摸清了胶州湾湿地生态系统的结构、功能及变化情况，查明了胶州湾湿地的主要污染物种类，提出了受损湿地环境修复措施和技术，开展了胶州湾滨海湿地生态修复实验，为胶州湾生态环境修复和改善提供了科学依据。

海洋防灾减灾

【海洋灾害与防治】 切实加强海洋防灾减灾工作，完善海洋灾害应急预案，修改完善了《青岛市海洋赤潮灾害应急预案》、《青岛市海洋大型藻类灾害应急处置工作预案》、《青岛市风暴潮、海浪、海啸、海冰灾害应急预案》，调整加强了应急处置工作机构。为提升海洋灾害监测预警水平、有效预防和减少风暴潮灾害影响，研发了胶州湾风暴潮漫滩模式，开展了风暴潮警戒潮位核定工作，分别核定了市南区和黄岛区两个重点岸段的四色警戒潮位值，提高了青岛市风暴潮灾害预警预报的准确性。同时，建立了海洋预警报信息发布平台和手机短信平台，进一步扩大了海洋预报信息和海洋灾害预警信息的发布范围。

赤潮灾害 2012 年，青岛近岸海域共发现 2 次赤潮。发生时间分别在 5 月份和 9 月份，赤潮种类为无毒的夜光藻和旋沟藻。两次赤潮的发生面积均较小，持续时间较短，未对周围海域环境造成明显影响。

浒苔灾害 2012 年 4 月中旬开始，黄海南部海域发生浒苔绿潮，5 月 24 日浒苔最北端进入青岛海域，青岛管辖海域浒苔最大分布面积 5 810 平方千米，最大覆盖面积 98 平方千米，对青岛市滨海景观和海洋环境造成不利影响。浒苔灾害发生后，青岛市成立浒苔灾害应急处置指挥部，开展了管辖海域浒苔监视监测和预警预报工作，并利用海域动态监视监控系统和执法船只进行海面实时监控和海上巡航监视。按照青岛市委、市政府“宁早勿迟，宁远勿近，御浒苔于岸外”的部署要求，设立“海上打捞、近海拦截、陆域清运”三条防线对浒苔进行拦截处理，在前海设置拦截网 2.44 万米，调集 110 艘船只对重点海域的浒苔进行拦截打捞，并按照属地化管理原则组织力量清理岸边浒苔，全市共清理浒苔 12.26 万吨，减轻了浒苔灾害对近海生态和滨海景观的影响，实现了“到岸最少、影响最小”的浒苔处理目标。至 8 月中旬，浒苔基本消亡。

海洋执法监察

建立了海监、海事、公安边防、海警部门联合执法机制。全年共组织海上联合执法检查 36 航次，检查涉嫌违法船只 21 艘。其中，加强非法盗采海砂专项执法，出动执法船只 20 航次，检查各类疑似船只 15 艘；实施了“维稳 2012”执法行动，出动执法船只 3 航次，检查各类疑似船只 7 艘。积极开展“海盾”、“碧海”、“护岛”、“护渔”专项执法活动，进一步加强“海盾”专项执法检查，重点检查集中集约用海项目 2 个，查处非法填海案件 1 宗；加大“碧海”专项执法力度，检查涉嫌危害海洋环境违法行为 13 起，查处非法倾废案件 3 宗；组织“护岛”专项执法检查，对全市 69 个海岛登临检查 296 次；组织“护渔”专项执法检查，出动执法船只 1320 航次，航行 55628 海里，查处违规渔船 328 艘。同时，加强伏季休渔执法，全市累计岸上检查 12360 艘次，联合检查市场 93 次，海上检查 1082 航次，查处违规渔船 194 艘次；加强水产品质量安全专项执法，检查水产养殖、苗种生产单位 1183 家，查处违规案件 29 起；加强水生野生保护动物执法，青岛市海洋与渔业局、公安局、青岛海关首次联合开展了打击“非法捕捉走私经营利用水生野生动物”专项执法行动，检查餐饮、驯养和制作标本单位 18 家。加快海洋执法装备建设，推进 1500 吨、1000 吨、600 吨级海洋执法船建设，国家维权执法保障基地维修改造项目开工实施，年内 3 条执法艇入列海监队伍。

海 洋 科 技

【青岛蓝色硅谷核心区】 2012 年 1 月 31 日，青岛蓝色硅谷核心区工委、管委会正式成立，蓝色硅谷核心区规划建设全面启动；2 月 17 日，市政府发布《青岛蓝色硅谷发展规划》（青政发〔2012〕6 号）；4 月 27 日，《蓝色硅谷核心区总体规划》和《蓝色硅谷核心区启动区控制性详细规划》通过评审。该核心区陆域规划面积 218 平方千米，海域规划面积 225 平方千米，辖鳌山卫街道和温泉街道、116 个村庄、10.29 万人；以创建“中国蓝色硅谷，海洋科技新城”为目标，突出科技孵化和创新驱动、科技创新综合服务两大主体功能，建设国际知名的海洋人才集聚中心、海洋科技研发中心、海洋成果孵化中心、海洋新兴产业培育中心和海洋知识产权交易中心。年内编制完成符合核心区发展定位和发展实际的产业发展规划，确定海洋生物、海洋仪器仪表及海洋装备、海洋可再生能源与环保、海水资源综合利用与新材料等四大科技创新领域，突出海洋新材料、深海技术与装备、船舶装备与仪器仪表、海洋生物与医药、海洋新能源、海洋节能环保、海水种苗繁育与健康养殖和海水综合利用等八大产业发展方向，建立国内外涉海科研机构数据库和高新技术企业数据库。9 月，青岛蓝色硅谷被正式写入《全国海洋经济发展规划（2011～2015 年）》

【海洋科研机构与人才】　截至 2012 年底，青岛市有中国海洋大学、中国科学院海洋研究所、农业部中国水产科学院黄海水产研究所、国家海洋局第一海洋研究所、国土资源部青岛海洋地质研究所等 28 个驻青海洋科研与教学机构。有各类海洋专业技术人才 5000 余人。其中，高级海洋专业技术人才 1300 人，占全国同类人才的 40%；有中国科学院院士、中国工程院院士 18 人（不含外聘），博士生导师 281 人。有博士学位一、二级学科授予点各 7、42 个，博士后流动站 8 个，国家级重点学科 5 个；有海洋科学观测台站 11 个，其中国家级 1 个、部委级 6 个；有各类海洋科学考察船 20 余艘，其中 1000 吨级以上的远洋科学考察船 7 艘；9 月，中国最先进的“科学号”海洋科学综合考察船在青正式交付使用；建有科学数据库 12 个、种质资源库 5 个、样品标本馆（库、室）6 个；中科院海洋所建成青岛市海洋科研领域首台 10 万亿次高性能计算平台。

【海洋科技项目及成果】　做好“海洋经济创新发展区域示范”前期基础性工作，开展了海洋生物等战略性新兴产业现状调研，征集海洋生物产业项目、海洋公益性专项项目、海洋产业公共服务平台项目近 30 个，并争取 9 个示范项目列入国家重点支持范围。成功申报了目前全国最大的海洋可再生能源专项资金项目“L1 泊位潮流能试验平台研建”项目，并争取国家专项资金 4000 万元。大型海洋环境监测浮标、海洋寡糖系列衍生物、船舶压载水处理设备、海洋防腐新材料等项目获国家、省重大专项支持。人工眼角膜、水下焊接、自升式钻井平台等一批重大技术实现突破。2012 年，驻青海洋科研机构研发的“海水池塘高效清洁养殖技术研究与应用”等 3 个项目获国家科技进步二等奖；“大菱鲆‘丹法鲆’新品种培育与养殖技术”等 2 个项目获山东省科技进步一等奖。

【海洋科技创新平台建设】　海洋国家实验室基础建设在蓝色硅谷核心区计划投资 13 亿元，规划用地 42.67 公顷，分三期建设海洋国家实验室，一期工程全部竣工，二、三期工程分别于 8 月、12 月开工建设。完成青岛国家海洋技术交易服务与推广中心信息平台建设。与海军科技管理部门和中海油、中船重工等央企建立工作渠道，启动海洋军民融合创新平台和示范基地规划建设。中船重工第七一〇研究所青岛基地在高新区注册成立。中船重工第七二五研究所海洋新材料研究院落户蓝色硅谷核心区并完成规划选址。美国 TSC 集团投资 1 亿美元的海工装备研究院和页岩油气产业基地启动建设。中海油投资 5500 万元的海洋能综合利用示范基地开工建设。正大海洋生物医药研究院及产业园达成投资意向。年内，组织完成深海技术与装备等 6 个孵化器的建设框架方案。海洋设备检验检测、海洋新材料、海洋药物等 3 个平台完成专家论证。在西海岸经济新区、红岛经济区、蓝色硅谷核心区规划建设大企业研发园，引进国内外海洋企业研发中心；实施企业研发中心培育计划，重点培育 30 家涉海企业研发中心。

（青岛市海洋与渔业局）

江 苏 省

综 述

深入实施沿海开发国家战略，是江苏省委、省政府促进区域协调发展的重大举措。2012年，全省上下紧紧围绕沿海开发战略目标，大力实施沿海开发五年推进计划，沿海地区基础设施不断完善，新特产业快速崛起，滩涂围垦有序推进，居民收入持续增加，联动效应逐步显现，提前一年实现国家规划确定的前3年目标，2012年沿海地区生产总值突破9000亿元，占全省比重提高到17.2%。

全省海洋系统围绕服务沿海开发战略实施和海洋经济发展，扎实工作，开拓创新，深入推进海域海岛管理，加快海洋科技进步，强化海洋环境保护，加强海洋预报减灾和海洋执法监察工作，海洋综合管理能力显著提升。8月，中共江苏省委在南京举办领导干部学习会，省委书记罗志军，省委副书记、省长李学勇出席学习会，国家海洋局党组书记、局长刘赐贵应邀作了题为《海洋开发保护与发展海洋经济》的专题报告。

海洋经济与海洋资源开发

【海洋经济概况】 2012年，在国内外需求放缓、宏观经济形势复杂多变的大背景下，全省海洋经济发展总体上保持了平稳增长的态势。海洋交通运输、海洋船舶、海洋渔业、滨海旅游等海洋主导产业稳步发展，四大产业增加值占主要海洋产业的比重基本上均超过10%。海洋工程装备、风电、生物医药等新兴产业迅猛发展。

【海洋渔业】 2012年，海洋渔业总产量达147.1万吨，其中海洋捕捞产量56.6万吨，产量与上年持平，产值有所增加；海水养殖产量90.5万吨，产量有所增加，产值增幅超过产量增幅。远洋渔业发展加快，全省新注册远洋渔业企业3家，申请农业部船网工具指标批准书32艘，开工建造远洋渔业渔船15艘。南通大型专业鱿鱼钓船首航东南太平洋国际公海水域，实现了江苏远洋渔业从过洋性作业到大洋性生产的突破。

【海洋新能源】 江苏沿海风能资源十分丰富，被列为国家首个千万千瓦级海上风电建设基地。2012年，全省沿海风电装机容量为186.87万千瓦，同比增长22.1%；年发电量为32.59亿千瓦时，同比增长33.2%。

2012年11月30日，江苏省政府办公厅印发《关于支持风能与海水淡化产业示范园建设发展的意见》（苏政办发〔2012〕198号），提出要充分发挥江苏沿海风能、海水、滩涂等资源优势，推进国家“973”计划风电非并网淡化海水技术产业化，加快江苏省风能与海水淡化产业发展。江苏省政府决定在大丰港经济开发区内设立盐城风能与海水淡化产业示范园，2013～2015年，省财政每年给予盐城风能与海水淡化产业示范园1000万元补助，用于支持园区建设和发展。省政府成立省风能与海水淡化产业推进协调小组，加强组织领导，协调解决推进工作中的重大问题。

【海洋船舶工业】 受全球船舶市场持续低迷的影响，2012年，江苏省船舶工业发展受到了严峻考验，三大指标有所下降。全省造船完工量为2218万载重吨，同比下降18.2%；新承订单量为478.9万载重吨，同比下降61.7%；手持订单量为4034万载重吨，同比下降30.9%。

【海洋工程装备产业】 2011年江苏出台的《江苏省“十二五”培育和发展战略性新兴产业规划》和《江苏省十二五海洋经济发展规划》都将“海洋工程装备产业”作为“十二五”期间重点扶持的战略性新兴产业之一。经过几年发展，江苏海洋工程装备制造业迅速崛起，产品约占全国市场的1/3，创造了数项中国乃至世界第一：南通中远船务建造了世界最先进圆筒型超深水海洋钻探储油平台、江苏熔盛重工有限公司建造了国内自主设计的亚洲第一艘3000米深水铺管起重船等，南通市已经成为国家海洋工程装备与船舶产业集聚标准化示范区。

【海洋交通运输业】　江苏具有江海交汇的独特区位优势，海洋交通运输包括沿海和沿江两大部分。2012 年，沿海三市港口货物吞吐量 4.02 亿吨，集装箱 554 万标箱；沿江七市港口货物吞吐量为 10.94 亿吨；集装箱 1037 万标箱；全省沿海沿江港口货物吞吐量同比增长 10.7%，集装箱运量同比增长 13.0%。江苏省共有 7 个亿吨大港：连云港港、南通港、苏州港、江阴港、泰州港、镇江港、南京港，数量居全国第一。

【海洋旅游业】　随着交通等基础设施改善，江苏省海洋旅游业快速发展，滨海旅游接待人次逐年提高，2012 年，沿海共接待旅游人次达 5150.9 万人次，其中境外旅游者近 60.9 万人次。

【海洋经济核算】　12 月 18 日，江苏省海洋与渔业局在南京市组织召开了《江苏省海洋经济统计指标体系》（以下简称《指标体系》）和《江苏省海洋生产总值核算技术报告》（以下简称《技术报告》）专家评审会。专家组一致同意《指标体系》和《技术报告》通过评审，并建议进一步修改完善后尽快实施。《指标体系》包括海洋企业、海洋产业、海洋事业、海洋环境和海洋区域 5 个大类，涵盖了国家《海洋经济统计指标体系》所列的 247 个小类。《技术报告》提出了报表统计数据法、增加值率法和行业剥离法 3 种核算方法，主要采用自上而下的方法从国民经济核算数据中剥离出海洋经济数据。在剥离系数的确定过程中，采用了涉海企业比重、涉海产业比重、地区人口比重、海洋科研课题比重、高校海洋专业招生人数比重等多种方法，不仅核算出 12 个主要海洋产业的增加值，还首次核算出海洋科研教育管理服务业的增加值，具有较强的创新性和可操作性。《指标体系》和《技术报告》课题由江苏省海洋与渔业局牵头，江苏省统计局和南京师范大学作为合作单位共同编制。

【海洋经济监测与评估中心成立】　2012 年 10 月 10 日，国家海洋信息中心与江苏省海洋与渔业局举行共建江苏省海洋经济监测与评估中心签字仪式。国家海洋信息中心中心主任徐胜与江苏省海洋与渔业局局长唐庆宁共同为该中心揭牌，国家海洋信息中心副主任何广顺与江苏省海洋与渔业局副局长汤建鸣分别代表签约双方在共建协议上签字。江苏省海洋经济运行监测与评估中心挂靠在江苏省海洋与渔业信息中心，是国家海洋信息中心首次与地方海洋行政主管部门以共建形式成立的海洋经济研究与监测评估单位。中心成立后，将整合资源，积极发挥国家与地方各自优势，共同开展海洋经济运行监测与评估工作。

【沿海开发】　加快实施《沿海开发五年推进计划》，到 2012 年年底，180 个重大项目已开工建设 131 个，累计完成投资 3228 亿元。一批投资规模大、带动能力强的重特大项目取得突破。重大基础设施项目全面实施。港口航道建设进展较快，连云港 30 万吨航道一期工程建成通航，跻身我国沿海十大深水航道港口之列，赣榆港正式开港通航；盐城大丰港 10 万～15 万吨级航道试验段工程、滨海港中电投煤炭码头一期工程开工建设；南通洋口港区 10 万吨级液化码头、吕四港区 10 万吨级挖入式港池建设稳步推进。集疏运体系日益完善。临海高等级公路全线开工建设，连盐、沪通铁路即将开工建设，连申线航道整治顺利推进，盐河连云港疏港航道、刘大线建成通航。能源水利保障能力不断增强，连云港田湾核电站 3、4 号机组开工建设，我国最大海上风电项目龙源如东风电 100 兆瓦并网发电，江水东引、平原水库等水利项目进展顺利。临港产业快速集聚，新兴产业加快成长，新的经济增长点不断涌现壮大。重大滩涂围垦工程难中求进，东台条子泥匡围一期主体工程基本完成，连云港新城围海造地 1200 公顷，通过滩涂围垦工程的实施，港口、港城、产业、生态用地持续增加。重大载体平台建设亮点纷呈，国家东中西区域合作示范区建设全面展开，南通、南通保税区获批设立，大丰海洋生产产业园成为国家科技兴海产业示范基地，创新载体、投融资平台建设稳步推进。

海洋立法与规划

【江苏省渔业安全生产管理办法】　6 月 6 日，江苏省省长李学勇签署第 84 号省政府令，宣布《江苏省渔业安全生产管理办法》已于 2012 年 5 月 30 日经省人民政府第 93 次常务会议讨论通过，自 2012 年 7 月 1 日起施行。

【江苏省海域使用权出让和流转管理办法】《办法》被列入江苏省府 2012 年政府规章立法项目。江苏省海洋与渔业局配合省政府法制办完成了《办法》文本的多轮调研、修改和立法协调工作。12 月 24 日，江苏省政府法制办正式将《办法》提交省政府常务会议待审议。

海域使用管理

【海洋功能区划】 2012 年 10 月 10 日，国务院以国函〔2012〕162 号正式批复《江苏省海洋功能区划（2011—2020 年）》，批复指出，江苏省位于我国东部沿海经济发达地区，区位优势独特。全省海洋资源丰富，海域滩涂宽阔。要坚持在发展中保护、在保护中发展的原则，合理配置海域资源，优化海洋开发空间布局，实现规划用海、集约用海、生态用海、科技用海、依法用海，促进经济平稳较快发展和社会和谐稳定。批复要求，通过实施《区划》，到 2020 年，全省建设用围填海规模控制在 26450 公顷以内，海水养殖功能区面积不少于 30 万公顷，海洋保护区面积达到管辖海域面积的 11%以上，保留区面积比例不低于 10%，大陆自然岸线保有率不低于 35%，整治修复海岸线长度不少于 300 千米；围填海等改变海域自然属性的用海活动得到合理控制，海域滩涂资源得到科学开发，渔民生产生活和现代化渔业发展得到保障，主要污染物排海总量控制制度基本建立，海洋生态环境质量明显改善，海洋可持续发展能力显著增强。批复强调，《区划》是合理开发利用海洋资源、有效保护海洋生态环境的法定依据，一经批准，任何单位和个人不得随意修改；确需修改《区划》范围、海岸线和海洋功能区类型的，由省人民政府提出修改方案，报国务院批准。编制各类产业规划涉及海域使用的，应当符合《区划》的要求。要尽快完成沿海市、县（市）海洋功能区划编制批报工作。要认真落实《区划》提出的各项任务和措施，不断完善海域管理的体制机制，严格执行项目用海预审、审批制度和围填海计划，健全海域使用权市场机制。坚持陆海统筹方针，切实加强海洋环境保护，地方海域使用金收入要支持海域海岸带开展综合整治修复。加大海洋执法监察力度，规范海洋开发利用秩序。加强社会和舆论监督。国家海洋局要加强对《区划》修改工作的管理，对《区划》的实施工作予以指导、协调和监督检查。

【海域使用管理】 严格执行海域使用“三项制度”，2012年，全省新确权用海297宗，省级征收海域使用金8.65亿元。建立海域使用权抵押贷款和招标、拍卖制度，全省新增海域使用权抵押35宗，抵押融资27亿元，累计超过120亿元。推进海上构筑物产权登记试点，全面完成了试点县的海上构筑物普查工作，如东县政府制定印发了《如东县涉海建（构）筑物登记试行办法》和《关于涉海建设管理工作的试行意见》。南通市政府于12月14日出台了《关于建立海域使用权“直通车”制度的通知》，明确了经规划许可的用海建设项目直接以海域使用相关手续进入基本建设项目审批程序。

【海域动态监管】 扎实推进动态监管系统业务化运行，在国家海洋局组织的年终考核中，江苏省海洋与渔业局和沿海三市海洋与渔业局全部被评为优秀，是全国唯一全省考核均为优秀的省份。加快了国家无人机监测试点工作，建立了集航空监测、高空摄像、遥感监测等多功能于一体的无人机海域遥感监管平台，并顺利通过国家验收。

海 岛 管 理

编制完成了《中国海域海岛标准名录》江苏分册和《全国海域海岛地名普查数据集》江苏卷。编制完成了秦山岛、竹岛二个单岛规划。《江苏省海岛保护规划》编制完成，6月6日通过了国家海洋局组织的专家审查。2012年完成了11个海岛地名标志的设置。

海洋环境保护

【海洋环境监督管理】 加强海洋环境监测监管，全省海洋与渔业环境监测站位达到800多个，及时发布年度全省海洋环境质量公报。加强涉海工程项目海洋环境影响评价报告审查，严格审批各类用海项目。妥善应对处理了7.28启东事件。推进重点海域环境容量研究，完成了射阳河口及邻近海域的水文及地形测量，建立了潮流和水质扩散模型，初步计算并得出COD、活性磷酸盐、无机氮的环境容量，为全省建立污染物排海总量控制制度打下基础。组织了第二届海洋环境监测技术比赛，经过4天的激烈角逐，江苏省海洋环境监测预报中心获得团体一等奖，连云港市海洋环境监测中心获得团体二等奖和组织奖，江苏省海洋水产研究所获得团体三等奖，国家海洋局南通海洋环境监测中心站获得团体特别奖。

【近岸海域环境质量】 2012 年在江苏近岸海域共设各类监测站位 674 个，获得各类监测数据 40000 余个。监测结果表明：近海、远海海域环境状况总体良好。

近岸海域 与 2011 年相比，污染海域面积有所增加。海水中的主要污染物为无机氮和活性磷酸盐，严重污染区域主要集中在绣针河口以南至羊山岛、灌河口、扁担河口以南至方塘河口、如泰运河口以南至长江口等沿岸海域；沉积物质量总体良好，综合潜在生态风险低；近岸海域贝类生物质量状况基本稳定。

海洋功能区 农渔业区、港口航道区、工业与城镇建设区、海洋保护区、特殊利用区部分海域环境质量符合功能区要求；旅游娱乐区海域环境质量符合功能区要求。

陆源入海排污口 69.6%的排污口超标排放，个别重点排污口邻近海域环境污染严重。

苏北浅滩生态系统 滨海湿地滩涂资源丰富，滩涂植被存量不大，滩涂潮间带经济贝类资源量高。

赤潮 赤潮发现次数和面积较上年增加，未发生大面积赤潮。

陆源污染物排海仍然是造成全省近岸海域污染的主要原因。

【海洋生态建设】 如东洋口和海门蛎岈山国家海洋公园获国家海洋局批准。如东海洋生态廊道建设等一批项目获国家扶持资金 3000 多万元。海洋生态补偿加快推进，连云港 30 万吨航道项目启用生态补偿金 2000 万元用于增殖放流和人工鱼礁建设，龙源海上风电工程落实生态补偿资金 1600 万元。

海洋环境预报与防灾减灾

【海洋预报减灾】 认真贯彻《海洋观测预报条例》，加强海洋预警报信息的发送，妥善应对“达维”、“苏拉”、“海葵”等台风灾害。加快海洋预警报体系建设，辐射沙脊群三座海洋观测浮标持续稳定运行，新建了苦水洋、黄沙洋、西洋等 3 个验潮站和灌河口、毛竹沙、太阳沙等 3 个外海观测平台，完成海洋观测志愿船 12 艘，初步建成海洋渔业生产安全环境保障服务系统，海洋预警报条件明显改善。完成了海平面变化影响调查和南通海洋灾害风险区划试点工作，启动了江苏沿海警戒潮位核定工作。

【防灾减灾宣传】 “5.12”防灾减灾日期间，江苏省海洋与渔业局制作了展板、发放宣传册和光盘等，面向中小学生、大学生、社区居民宣传2100余人次。组织了《海洋观测预报条例》宣贯系列活动。

【海洋灾害】 **赤潮** 2012 年，继续对全省近岸海域开展了赤潮监视监测。5 月 25 日，南通以东两处海域（32° 25′ N，122° 48′ E；32° 21′ N，123° 02′ E）发生赤潮，赤潮发生区橘红色，呈条带状分布，面积分别为 42 平方千米、95 平方千米。6 月 25 日，连云港以东海域发生赤潮，赤潮发生区域暗红色，呈条带状分布，最大面积 50 平方千米，7 月 2 日，本次赤潮消亡。7 月 13～16 日，在连云港海州湾海域（34° 42′ N～34° 50′ N，119° 35′ E 以西）发生了面积约 300 平方千米的赤潮。赤潮优势种为中肋骨条藻，最大密度为 7.80×10^7个/升。

绿潮 4月，在如东太阳岛附近海域发现绿藻漂流，面积在100～20000平方米之间。5月，在盐城东台至射阳近岸海域陆续发现长约2海里，宽80米～500米较大范围的绿藻，并向北扩散迁移。5月16～19日，于31° 59′ N，123° 22′ E和31° 56′ N，123° 27′ E等海域发现大量成片的马尾藻，受到影响的海域大约有600平方千米。6月，盐城滨海近岸海面漂浮绿藻较多，成片在岸边堆积。连云港海域除燕尾港以外，均发现沿岸分布的带状绿藻；绿藻分布呈南少北多走势，赣榆沿岸绿藻灾害特别严重，沿岸沙滩、滩涂上布满绿藻，最大堆积厚度达40厘米左右。

海水入侵 连云港赣榆和盐城大丰沿海地区海水入侵较严重。海水入侵程度受水期影响明显，枯水期入侵程度较丰水期严重。

土壤盐渍化 盐城大丰沿岸未发现土壤盐渍化现象。

海洋放射性 5月和10月，江苏近岸海域海洋生物中总β放射性水平无异常。样品中的放射性含量未超国家标准限值。田湾核电站邻近海域海水中锶-90、铯-137、总β、总铀、氚等放射性核素含量处于海洋环境放射性本底水平范围之内。

风暴潮 2012年，江苏沿岸共发生风暴潮过程4次，均为台风风暴潮过程，且全部出现在8月。风暴潮灾害造成的直接经济损失为60573万元。其中台风“达维”造成的风暴潮灾害最为严重，连云港最大增水达178厘米，损毁滨海基础设施17个，损毁码头1个，紧急安置转移人口8760人，毁坏房屋233间，水产养殖受灾面积42275公顷，直接经济损失52777万元。

灾害性海浪 2012年，江苏近海海域共发生灾害性海浪过程9次，其中台风浪5次，冷空气浪和气旋浪4次。受海浪灾害影响，损毁船只86艘，损毁货物11吨，直接经济损失932万元。

海洋执法监察

【海洋执法管理】 全省海监机构重点开展了“海盾”、“碧海”、海岛、海洋文化遗产、海砂开采等专项执法行动，查处了违法用海的千万元级大案。共组织执法检查 1305 次，出动执法船艇 351 航次，航时 8191 小时，航程 78027 海里；派出执法车辆 1713 次，行程 138720 千米；出动执法人员 4743 人次；检查项目 583 个，巡查覆盖率 100%。装备能力显著提升，1000 吨级海监船顺利下水，600 吨海监船开工建造，南通和连云港维权执法基地建设如期推进。

【海岛联合执法】 7 月 19 日，中国海监江苏省总队和连云港市连云区人民政府联合开展的“中国海监 2012 年度江苏省海岛联合执法行动”在连云港市启动。

此次海岛联合执法行动是中国海监江苏省总队和地方人民政府首次开展的海、陆、空协同配合的联合执法行动。执法行动共出动无人直升机一架、海监船艇 3 艘、海监执法车辆 10 辆，在 2 天时间里，对连云区管辖海域内 2 个有居民岛、11 个无居民和 3 个驻军海岛及其周边海域进行全面检查。

【文化遗产联合执法】 为了贯彻落实国家文物局、国家海洋局关于《加强我国管辖海域内文化遗产联合执法工作的通知》、《国家文物局 国家海洋局关于合作开展水下文化遗产保护工作的框架协议》精神和《江苏省公安厅 江苏省文物局关于联合打击文物违法犯罪和加强文物安全工作的规定》要求，江苏省文物局、省海洋与渔业局、省公安厅建立了江苏省辖区海域内文化遗产联合执法工作机制，成立了领导小组和办公室，成员包括省文物局、省海洋与渔业局、南京博物院、中国海监江苏省总队、省公安厅，并且决定于 4 月至 9 月开展江苏管辖海域内文化遗产联合执法专项行动。巡查重点包括：在管辖海域内文物保护单位周边和水下文物保护区域内，是否存在非法打捞、哄抢、破坏水下文物的行为；是否存在未经审批，擅自在管辖海域内进行水下文物考古活动；是否存在其他涉嫌破坏水下文物的违法违规行为。

海 洋 科 技

【概况】 全面高质量完成了江苏“近海海域资源环境综合调查与评价专项”（908专项）各项工作，形成了重大政策建议。江苏省海洋与渔业局组织编制了《江苏省海洋生物产业发展规划》，推动成立了“江苏省海洋生物产业技术合作联盟”。大丰海洋生物产业园区被国家海洋局认定为首个在县级设立的国家科技兴海产业示范基地。实施了多项国家海洋公益性行业科研专项。

【“908 专项”】 完成了“908 专项总报告”、“海洋环境资源基本现状专著”、“南黄海辐射沙脊群资源环境专著”、“海岸滩涂及其利用潜力专著”、江苏“908 专项”图集及海岸带与海岛图等 5 部江苏“908 专项”综合成果的定稿。10 月 26 日，江苏省副省长徐鸣出席了“我国近海海洋综合调查与评价”专项总验收会。徐鸣表示，江苏“908 专项”的研究成果，成为江苏省特别是沿海地区各级党委、政府决策海洋事业发展、科学开发利用海洋和实施“五个用海”的重要科学依据。

【江苏省海洋生物产业技术合作联盟】 12 月 7 日，江苏省海洋生物产业技术合作联盟大会成立大会在淮海工学院召开。该联盟是为促进江苏省海洋生物产业发展，提升产业技术创新能力，构建江苏省海洋生物产业创新体系，由江苏省海洋与渔业局倡议，淮海工学院、南京中医药大学、江苏省海洋水产研究所等单位共同发起成立的。国家海洋局专门发来贺电，祝贺江苏省海洋生物产业技术合作联盟大会成立。江苏省海洋与渔业局党组书记、局长唐庆宁，连云港市人民政府副市长陈岩松，淮海工学院党委书记陈明辉、院长晏维龙共同为联盟成立揭牌。

【科技兴海示范基地】 12月25日，国家海洋局作出批复，认定大丰海洋生物产业园为“国家科技兴海产业示范基地”。该产业园也成为全国县级首家“国家科技兴海产业示范基地”。江苏大丰海洋生物产业园在耐盐植物、海藻和滩涂贝类养殖等领域具有独特的区域产业特色，规划目标明确，园区依托江苏及长三角地区雄厚的人才、资源、技术等有利条件，成功引进了几家龙头骨干企业，发展前景较好。

海洋文化

【海洋日活动】 2012年6月8日，《新华日报》以一个整版的篇幅刊发世界海洋日暨全国海洋宣传日宣传稿件，江苏省副省长徐鸣发表了题为《依法管海科学用海，促进海洋经济可持续发展》的署名文章，这也是海洋宣传日活动自2008年举办以来，江苏省政府领导连续5年就海洋工作发表署名文章，引起了江苏各界和公众的广泛关注。2012年，江苏省海洋与渔业局早部署，早安排，制订活动方案，通过海洋日当天活动和前后活动相结合，营造持续良好的宣传氛围。结合参加丽水世博会，制作了高清电视宣传片《蓝色家园美好江苏》，同时制作了精美的海洋宣传画册，在海洋日当天和世博会期间向社会发放。江苏省海洋与渔业局门户网站专门开设了海洋日宣传专栏，全面报道海洋日系列宣传活动组织及开展情况。6月8日，组织观看大型海洋文化纪录片《走向海洋》。沿海的南通、盐城、连云港等市（县）积极行动，在海洋日当天免费开放海监船、渔政船等设施供公众参观，并在市区组织广场宣传活动。

（江苏省海洋与渔业局）

上 海 市

综 述

2012年，上海市海洋系统围绕“创新驱动、转型发展”的全市大局，以服务经济社会发展和保障城市安全为主线，着力构建海洋规划体系、加强海洋管理制度建设、规范海洋行政审批、有序推进海洋基础设施建设、努力夯实依法履职基础、全面提升海洋综合管理能力，各方面工作取得进步。

海洋经济与海洋资源开发

2012年，上海市海洋船舶工业、海洋交通运输业、滨海旅游业等海洋产业仍占主导地位。

【海洋交通运输业】 2012年，受全球经济环境持续恶化影响，海洋交通运输业增速放缓，上海港全年货物吞吐量7.36亿吨，位居世界第二；集装箱吞吐量3253万TEU，继续保持世界第一。

【海洋旅游业——邮轮产业】 2012年，上海市邮轮产业快速发展。在吴淞口国际邮轮码头、上海国际客运中心“双母港”同时运营，上海港邮轮客流大幅增长，共计出入境（港）各类邮轮247艘次，游客船员50.3万余人次。2012年上海港邮轮“主力军”是以上海为母港运营海上旅游航线的4艘大型豪华邮轮——皇家加勒比邮轮公司“海洋神话”号和“海洋航行者”号、意大利哥诗达邮轮公司“维多利亚”号以及日本豪斯登堡邮轮公司的“海洋玫瑰”号。

海洋立法与规划

【《上海市海洋发展“十二五”规划》】 2012年6月，《上海市海洋发展“十二五”规划》获上海市政府批准同意，该规划是落实《中华人民共和国国民经济和社会发展第十二个五年规划纲要》“发展海洋经济”战略的重要组成部分，是上海市第十三届人大批准的《上海市国民经济和社会发展第十二个五年规划纲要》的进一步深化和拓展，是指导“十二五”期间本市海洋发展的行动纲领，是履行政府管理职能、提供公共服务的重要依据，对服务上海经济社会可持续发展具有十分重要的意义。

《规划》指出，要紧紧围绕创新驱动、转型发展、改善民生的全市大局，以科学发展为主题，以优化提升海洋产业能级为主线，坚持江海联动、海陆统筹，坚持安全、资源、环境协调发展，进一步提高海洋综合管理能力和公共服务水平，为上海经济社会可持续发展提供支撑保障。

《规划》明确，在“十二五”期间，将以调整海洋产业布局、加强海洋生态环境保护、推进海洋科技成果转化和提高海洋综合管理水平等四个方面为发展重点，并提出了具体目标和措施。

【《上海市海洋功能区划（2011-2020年）》】 2012年11月1日《上海市海洋功能区划（2011-2020年）》获国务院批复同意（国函〔2012〕183号）。该区划根据上海海域区位、自然资源、环境条件和开发利用的要求，按照海洋基本功能区的标准，将上海海域划分为不同类型的海洋基本功能区，明确各功能区管理要求，并提出实施措施，是合理开发利用海洋资源、有效保护海洋生态环境的法定依据。

海域使用管理

【概况】 2012年，上海市海洋局进一步加强用海项目审批，全面落实海域使用管理基本制度。全年共批准用海项目7个，发放海域使用权证10本，确权海域面积54.19公顷；征收市管项目海域使用金728.57万元；批准海底电缆路由勘测申请1起。

【大陆海岸线修测】 为科学选择海岸线主体走向，妥善解决海岸线与海塘保护、海域使用管理和土地使用管理的衔接，上海市海洋局正式启动了上海市大陆海岸线修测工作。本次修测工作按照《海岸线修测技术规程》及“海岸线国家标准”的要求，遵照结合实际、尊重历史的原则，对上海市长江口岸段和杭州湾岸段进行修测。

【海域动态监视监测管理系统（国家投资部分）建设】 2012 年，经国家海洋局同意，上海市海洋局根据国家海域动态监视监测系统建设要求和《上海市海域动态监视监测管理系统总体方案》，启动了上海市海域动态监视监测管理系统（国家投资部分）的建设工作。年内按要求完成了系统（国家投资部分）的全部建设内容，实现了上海市海洋局与国家动管中心高清视频会商、上海市海域使用证书统一配号和动态监视监测信息上传下发等业务化运行的基本功能。

【海域使用权创新机制研究】 2012 年，《上海市海域使用权创新机制研究》课题正式通过验收。课题旨在研究上海市海域使用管理机制创新方略及相应的制度建设，为提高海域管理能力提供理论支撑，以充分发挥海域管理在加快转变经济发展方式、促进海洋经济又好又快发展中的重要作用。课题主要从集约用海、精细化用海及海域使用管理市场机制等三个方面出发，在充分研究分析我国沿海省市现状的基础上，探索上海市海域使用管理机制创新的切入点和路线图，研究建立和完善相应的管理制度，并对海域使用权市场机制进行探索。

【编制《上海市海洋工程建设项目环境影响报告书审查要点》】 12 月 19 日，上海市海洋业务受理中心编写的《上海市海洋工程建设项目环境影响报告审查要点》顺利通过专家评审。《上海市海洋工程建设项目环境影响报告审查要点》依据海洋工程建设项目环境影响报告书核准的行政许可条件及相关技术规范，结合上海市海洋工程的现状、趋势以及海域的特征，进行整理并编制，对审查《海洋工程建设项目环境影响报告书》具有指导作用。

海 岛 管 理

【海岛地名普查】 上海市海岛地名普查工作是查清本市海岛地名、位置及相关属性信息的一项重要的基础性专项调查工作，同时，要对有地无名的地理实体按程序进行命名、对不规范地名进行标准化处理、设置海岛地名标志、建立信息数据库、实现规范化和信息化管理，为社会提供全面、准确的地名信息。2012 年，上海市海洋局已组织完成全部技术工作，12 月 17 日，《上海市无居民海岛、低潮高地、暗礁标准名录》获上海市人民政府正式批准同意。

【金山三岛海洋自然保护区专项工程】 金山三岛海洋自然保护区专项工程于 11 月 20 日完成。项目承担单位是上海市海洋管理事务中心，委托金山三岛海洋生态自然保护区管理署实施建设。工程分为岛上设施维护修缮和视频监视系统两个任务，项目总投资 79.2 万元，全部由市财政承担。项目完成后，极大地改善了岛上的基础设施，为守岛工作和保护区日常管理提供有力保障。通过安装安防系统，对停靠码头的船只和进出岛屿的人员进行实时监控，利用技防和人防相结合的方式，加大对大金山岛的监管力度，确保大金山岛生态保护安全。

海洋环境保护

【海洋环境保护立法】 2012 年，上海市海洋局以构建海洋地方法规体系，进一步推动本市海洋立法工作为目标，顺利完成了《上海市海洋环境保护条例》立法研究课题报告和立法草案，并通过了专家组评审。

【编制海洋环保专项规划】 在《上海市海洋发展“十二五”规划》的基础上，上海市海洋局会同相关部门开展了上海市海洋环境保护专项规划编制工作，着重梳理海洋环保取得的主要成绩和存在的主要问题，重点分析海洋环境质量的现状，加强调研，确定目标，细化重点项目安排。

【发布《2011 年上海市海洋环境质量公报》】 根据 2011 年上海市海洋环境监视、监测及调查结果，上海市海洋局组织有关技术单位并会同上海市环保、海事、渔业和驻沪海军等部门，对 2011 年上海市海洋环境质量状况进行了综合分析与评价，编制完成《2011 年上海市海洋环境质量公报》，于 2012 年 4 月发布。

【废弃物海洋倾倒情况】 2012 年，上海市海洋局共签发《废弃物海洋倾倒普通许可证》正本 155 本、副本 926 本，许可倾倒 587.483 万立方米，征收倾倒费 176.243 万元，倾倒骨灰撒海倾倒许可证正本 3 本，副本 13 本，共计 2339 盒骨灰。

【开展海域生态修复】 2012 年，上海市渔业管理部门开展了水生生物增殖放流、水生野生动物救助、海洋牧场示范区建设，全面推动长江口及附近海域的水域环境和渔业资源修复保护工作。全年投入增殖放流资金近2000万元，放流鱼种、苗种近1.5亿尾（只）；成功救护各类水生保护动物500余尾（只）；建设竹阵鱼礁6万平方米，有效提高了海洋牧场实施区域的生物量。

海洋环境预报与防灾减灾

【海水入侵和土壤盐渍化】 2012年，对崇明县的东部滨海地区开展了海水入侵和土壤盐渍化监测工作。结果表明，崇明岛的东部和北部出现海水入侵，土壤有重盐渍化土和轻盐渍化土的分布。

【长江口咸潮入侵】 2012年，长江口共发生咸潮入侵1次，出现在11月17日，持续4天，过程最高盐度达0.55（氯度288毫克/升）。

【赤潮】 2012年，上海市近岸海域未发现赤潮。长江口领海界外海域发生赤潮4起，累计影响面积约129平方千米。在长江口赤潮监控区监测发现赤潮生物58种，包括硅藻27种，甲藻27种，金藻和蓝藻各2种。其中有毒藻类7种，密度未超出预警值。

【重点岸段海岸侵蚀】 2012年，对崇明东滩南部典型岸段开展侵蚀监测。结果表明，监测岸段年平均侵蚀宽度增大，侵蚀速率加快。2011～2012年间，崇明东滩海岸（海滩）侵蚀主要分布在南侧的奚家港至团结闸之间岸滩，海岸（海滩）侵蚀长度为3.42千米，平均侵蚀宽度为22.1米，最大侵蚀宽度为47.0米，侵蚀总面积为0.0756平方千米。

【海洋环境监测】 2012年，根据《上海市2012年海洋环境监测工作方案》，上海市海洋局组织实施上海市海洋环境监视、监测及调查。完成了海洋环境趋势性监测、功能区监测、水源地邻近水域专项监测和陆源入海排污口及其邻近海域环境监测等各项海洋环境监测任务。采集各类样品5200余份，获取52000余个监测数据，编制了各类海洋环境质量通报和监测报告40余份。同时，上海海洋局继续做好海洋环境放射性监测。结果表明，监测海域海水中总β、^{131}I、^{137}Cs、^{90}Sr放射性水平均在我国近海海洋天然本底范围内。

【落实陆源排污口管理制度】 2012年，为加强对沿海污水处理厂排海的管理，上海市海洋局下发《关于报送陆源污染物排海相关资料的通知》，要求沿海污水排海按法律法规要求报备相关资料和有关情况，并对部分污水排海企业进行了实地调研。同时，上海市海洋局组织有关技术单位开展2011年陆源污染物入海基本情况调查，掌握了上海市污染物入海的总体状况，为入海污染总量控制管理提供基础资料。

【修订《上海市海洋赤潮应急预案》】 为完善上海市海洋赤潮等海洋灾害应急反应机制，全面提高应急综合管理水平和处置能力，2012年，上海市海洋局修订了《上海市海洋赤潮应急预案》，按计划该预案将在2013年报批后实施。

【应对长江口溢油环境突发事件】 5月19日和6月26日，长江口海域发生了两次溢油污染环境事件。为应对溢油影响和掌握溢油信息，上海市海洋局组织技术单位开展长江口水源地取水口周边水域和海洋环境应急监测工作，并将监测结果及时报送国家海洋局和海区分局，至溢油影响完全消除，累计报送应急监测通报10余期。

海洋执法监察

【概述】 2012年，中国海监上海市总队共开展海域使用监督检查117次共23个项目；开展海洋倾废监督检查116次96个项目；开展海岛保护监督检查66次16个项目；开展海底电缆管道巡护9航次10个项目；开展海洋工程建设项目环境保护监督检查96次6个项目；开展海洋生态保护监督检查10次2个项目。累计出动执法人员1008人次，组织空中巡视2架次，航时3小时，航程240千米；海上巡航65航次73天，航时555小时，航行4527海里；陆上巡视249车次，车程34049千米。立案查处18件，结案18件，执行罚款金额51.8万元。

【海域使用执法】 2012年中国海监上海市总队在加强陆上执法巡查频率的同时，将近几年收集的海域使用项目资料统一整理、汇编成册，建立了海域使用项目档案，并通过与东海航空支队的空中联合执法以及借助上海市海洋局电子政务网站中的相关航拍照片和历史资料进行交叉比对，梳理用海现状。

【海洋环境保护执法】 2012年中国海监上海市总队继续加大海洋倾废监督检查力度，并加强对杭州湾北岸用海项目的跟踪监视，确保对海洋工程的全程监管。此外，结合海岛定期巡查工作，加大对九段沙自然保护区、金山三岛自然保护区等海洋生态保护区执法检查力度，及时掌握保护区生态现状。2012 年共查处海洋环境违法行为 18 件，结案 18 件，执行罚款金额 51.8 万元。

【海岛保护巡航执法】　2012 年，中国海监上海市总队启动了海岛执法示范工作，着力从海岛定期巡航制度化、基础台账规范化、工作协同常态化等方面开展工作，并加强对本市无居民海岛开发、海岛周边海域生态环境的检查，进一步完善海岛执法档案，加大海岛保护宣传力度。全年共实施海岛定期巡航执法 40 次（检查海岛 66 个次），检查上海海域海岛 16 个，其中无居民海岛 8 个，特殊用途海岛 5 个，有居民海岛 3 个；拍摄照片 169 张，视频 2 段；出动执法人员 160 人次，未发现危害海岛安全的违法行为。

【海洋维权执法】　中国海监上海市总队于 2012 年 7 月参与了对东海我国管辖海域的维权巡航执法任务，对春晓、平湖油气田、中日东海共同开发区、苏岩礁等附近海域开展了维权巡航执法。此次巡航历时 17 天，航程 2500 海里。

【“海盾 2012”专项行动】　在“海盾 2012”专项执法中，中国海监上海市总队以查处非法占用海域、不按区域规划用海为重点，积极开展专项执法检查。在巡查频率上，中国海监上海市总队除根据国家总队工作部署于 4 月至 11 月期间开展执法检查之外，其他月份仍保持每周两次全岸线的执法巡查频率。通过高频率的执法巡查，有效遏制了违法用海行为。

【“碧海 2012”专项行动】　中国海监上海市总队通过蹲守伏击及加强对倾废许可的事后监督检查，严厉打击未经批准、未按要求向海洋倾倒废弃物等危害海洋生态环境的违法行为。针对违法当事人利用夜间疯狂进行违法倾废的情况，联合长江公安部门等执法单位开展夜间伏击检查。碧海案件共立案查处 5 件，结案 5 件，收缴罚款 29.3 万元。

【海底光缆管道保护专项行动】　为保障党的“十八大”期间上海海域海底光缆管道的安全运行，中国海监上海市总队加强对崇明渔业村等特定对象的宣传力度，并采用巡航监视、定点待命相结合的工作方式开展执法巡航，共计 6 航次 10 天，航时 64 小时，巡航里程 696 海里，派出执法人员 46 人次，监视船舶 13 艘，发现并驱离在海光缆管道保护区范围内违规停泊、作业等船舶 3 艘；拍摄照片 10 张，摄像 5 分钟，未发现危害海底光缆管道安全的行为。

【2012 年上海涉海（水）执法部门专项联合执法行动】　为纪念 2012 年“世界海洋日暨全国海洋宣传日”，中国海监上海市总队、海监第五支队、东海航空支队及本市渔政、海事、海警、水上城管、航政、长江公安、文化执法等 10 家涉海（水）执法单位，围绕海洋资源开发利用、海岛资源及海洋环境保护、海洋设施保护、海域文化遗产保护、渔业资源保护及渔业作业管理、海上交通安全、水上市容管理、长江口深水航道保护、海（水）上治安等领域开展了为期三天的联合执法行动。

【装备建设】　中国海监上海市总队积极推进中国海监维权执法基地维修改造项目建设，建立了完善的规章制度，严格遵守各项规定，规范开展建设工作，严格做好工程质量、投资、进度、安全和廉政等的控制工作。码头于 2012 年 9 月正式开工，预计于 2013 年 4 月竣工交付使用。中国海监 6011、6012、6013 三艘执法快艇于 11 月入列，上海海监执法船舶实现“零”的突破，为中国海监上海市总队更好地履行执法职能提供了有力保障。

海 洋 科 技

【“上海市海洋高新技术产业化决策咨询平台建设与运行”项目通过验收】　由上海市海洋规划设计研究院和上海临港海洋高新技术产业发展有限公司联合承担的“上海市海洋高新技术产业化决策咨询平台建设与运行研究”项目通过了上海市海洋局组织的验收。该项目在调查了解上海市高新技术产业化服务平台现状的基础上，确定了海洋高新技术产业化决策咨询平台建设思路，初步拟定了平台建设与运行管理暂行办法，建立了产业化决策咨询专家库，为平台的正式建立和运行奠定基础。

【上海市海洋局首个工程技术研究中心挂牌成立】　9 月 28 日，“上海市海洋局河口海岸及近海工程技术研究中心”（以下简称“工程中心”）

在上海市水利工程设计研究院有限公司（以下简称“市水利院”）挂牌成立。由上海市水利工程设计研究院有限公司牵头，联合上海交通大学共 4 家单位组建的工程中心是上海市海洋局同意组建的第一个工程技术研究中心。此工程中心建设契合国家海洋局关于规范和严格围填海管理的要求，聚焦河口海岸及近海领域的开发、利用与保护工程的研究、设计、咨询等服务领域，将开展一系列河口海岸及近海工程技术研究和产业化工作。工程中心的组建是上海市海洋局贯彻落实全国科技兴海规划纲要、推动上海市海洋科技产业化、推进市海洋经济发展、提高海洋科技自主创新能力的一项重大举措；同时，也体现了企业、高校和科研院所间的强强联合、优势互补、协同攻关，共同推动河口海岸及近海工程技术研发与产业化工作的决心。

【深海水平定向钻进系统海试成功】 5 月，由上海交通大学海洋工程国家重点实验室水下工程研究所葛彤课题组研制的深海水平定向钻进系统在浙江绿华山海域顺利通过海试验收，标志着中国在深海钻进领域取得突破性技术进展，并已进入实用和推广阶段。深海水平定向钻进系统是为水下沉船和沉物打捞研发的新型作业平台，可实现水深 200 米，最大钻进距离 100 米的海底水平定向钻进作业，系统作业完全通过水面遥控完成，适合于所有大型船只的打捞任务。该系统采用国际上最先进的钻进和导航定位技术，完全通过自主设计、自主集成完成，并且大部分关键设备实现了国产化，是目前国际上最先进的深海沉船打捞平台。

【海洋倾废动态实时监控系统通过验收】 该项目由国家海洋局东海信息中心牵头负责，同济大学、中国船舶重工集团公司第七〇五研究所协助完成，2012 年 11 月 4 日通过国家海洋局东海分局验收。该项目利用传感器、3G 无线网络、GIS、数据库等技术实现了对海上倾倒作业船只装、运、卸等工作状态的在线、远程、智能跟踪与监测，是国内首先研发出的以海洋倾废业务化管理需求为出发点，将物联网技术应用于海洋倾废管理的动态、实时信息管理系统。项目核心技术已具备产业化生产条件，为推进上海航道疏浚工程监管，建设安全的国际航运中心提供有效的管理手段。

【融合卫星 SAR 数据和 VTS 雷达的海上交通监测技术研究】 上海海事大学依托“融合卫星SAR数据和VTS雷达的海上交通监测技术”项目，对采用卫星遥感探测的船舶识别与交通监测及其与船用雷达、船舶自动识别（AIS）等常规水上监测数据的融合技术进行了深入研究，在基于 SAR 数据的船舶定位与识别、多源传感图像的配准、海况参数的获取、SAR 数据与航海雷达数据的空间融合方法等技术上取得重大突破。该项目通过星载遥感手段，将大范围的船舶遥感图像与雷达、AIS 数据一起集成到船舶交通监测系统中，在海上智能交通领域具有重要的理论意义和实用价值，弥补了目前船舶交通管理系统（VTS）中雷达和 AIS 对于密集水域船舶监测的缺陷，并对遥感船舶检测中的定位、航速航向、船舶分类等方面进行修正和补充，提高小型船舶、非法工作船和故障船舶的航行情况的监测能力。该技术可协助海事部门掌握交通流量，提高预测、预防交通拥堵的能力，同时还可用于气象条件恶劣情况下的海事搜救工作中，从而更好地指导航空与船舶搜寻，能有效降低搜救成本，缩短搜救时间。

海洋教育

【举办滇沪青少年暑期海洋科学夏令营活动】 8 月 10 日，由上海市海洋局、上海市科学技术协会和云南省科学技术协会共同组织的“携手看海去”2012 年沪、滇青少年海洋知识传播行动之暑期主题夏令营在上海举行。10 名从海洋（环境、能源、工程）科学创意竞赛中脱颖而出的云南和上海地区优秀中小学生参加了此次夏令营。此次海洋科学夏令营活动结合中国科协、国家教育部“全国青少年高校科学营上海科学营”活动共同开展。

【“海洋，我们的家园”2012 年江浙沪青少年动手做大赛】 9 月 23 日，由上海市海洋局、国家海洋局东海分局和上海市科学技术协会等单位共同主办的“海洋，我们的家园”2012 年江浙沪青少年动手做大赛在中国航海博物馆举行。江浙沪三地近 10 万名青少年参与了先期进行的基层选拔赛，脱颖而出的近 500 名青少年选手参加了活动当天的决赛比拼，100 余幅获奖的“未来海上资源利用畅想”科学幻想绘画优秀作品参加了现场展示。

【上海首个“全国海洋意识教育基地”在上海海洋大学附属大团高级中学揭牌】 10月27日，上海首个“全国海洋意识教育基地”在上海海洋大学附属大团高级中学揭牌。国家海洋局自2011年开展“全国海洋意识教育基地”建设工作，浦东新区大团高级中学成为全国第8个“全国海洋意识教育基地”。基地建成了海洋科普展示厅、海洋科普馆、海洋科学讲坛、学生海洋实验室等平台，形成“金字塔”结构的分层次课程体系。

【上海市海洋局与上海海洋大学、上海海事大学分别签订局校战略合作协议】 为了更好地履行行政职能、发挥高校的科研和人才优势，促进上海市海洋经济、海洋科技和海洋环保等方面的科学研究，努力把上海建设成为海洋经济发达、海洋科技先进、海洋生态良好的沿海城市，4月12日，上海市海洋局与上海海洋大学签订了关于上海海洋大学科学研究院共建合作框架协议；12月27日，与上海海事大学签订了战略合作框架协议。

海 洋 文 化

【“2012·上海—釜山海洋研讨会”成功举办】 6月27日，由上海市海洋局、国家海洋局东海分局、釜山市海洋农水产局、韩国国土海洋部釜山地方海洋港湾厅联合主办，上海市海洋湖沼学会、韩国海洋产业研究院承办的“2012·上海—釜山海洋研讨会”在韩国釜山召开。上海市委常委、副市长艾宝俊，釜山市市长许南植、韩国国会议员李宪昇、中国驻釜山总领事郝晓飞出席会议并致辞。上海、釜山两地海洋管理部门负责人，相关学者和企业代表等共130余人参加。会议围绕海洋产业、海洋航运、海洋环境和资源等主题进行了学术交流和讨论。本次“2012·上海—釜山海洋研讨会”的举办，是上海与釜山进一步深化合作交流的又一载体，对进一步拓宽上海、釜山两座友城合作交流的渠道，构建人与海洋和谐发展的理念，促进两地海洋经济可持续发展具有积极的促进作用。

【2012·上海海洋论坛】 以“蓝色经济 绿色发展”为主题的“2012·上海海洋论坛”于12月4日在宝山区举行。上海市海洋局局长张嘉毅，国家海洋局东海分局副局长阿东，宝山区委书记斯福民，宝山区委副书记、区长汪泓，法国布莱斯特城市共和体副主席麦克·拉比等领导出席论坛并致辞。

上海海洋论坛至今已举办五届，本届论坛由上海市海洋局和宝山区人民政府共同主办，会议围绕贯彻党的十八大“发展海洋经济，建设海洋强国”的战略部署，聚焦海洋新能源开发与安全应急管理、海洋科技体制与机制创新、海洋科技园区构建和以邮轮经济为代表的新兴产业培育、河口海岸的生态环境保护等重点领域进行交流研讨。上海市海洋局副局长沈依云，国家海洋局北海分局副局长王斌，上海市水上旅游促进中心董事长许培星，上海市交港局巡视员朱建华就海洋经济发展和海洋科技园区产业化建以及海洋安全、海洋环境应急处置分别发表主旨演讲。来自法国布雷斯特海洋园区和澳大利亚海洋产业协会的专家分别介绍了法国海洋科技园区建设发展和海洋产业发展的情况。

【组织十项活动隆重纪念世界海洋宣传日】 一是组织上海市纪念2012年世界海洋日、全国海洋宣传日暨首届高校“海洋杯”高校龙舟大赛活动；二是庆祝上海海洋大学百年校庆，开展“我眼中的海洋”摄影比赛和“百名少年绘长卷”活动；三是开展涉海（水）执法部门联合执法行动和海洋环保、海岛保护、光缆保护知识宣讲活动；四是组织市民看邮轮和中小学生探秘河口科技馆活动；五是开展海洋主题辩论赛和海洋与可持续发展论坛活动；六是联合开展海洋知识外滩广场宣传活动和《海域法》颁布实施十周年专题活动；七是组织开展上海市海洋环保志愿者清洁海岸、清洁海岛活动；八是开展上海极地科普馆开放活动；九是开展上海、云南两地青少年“携手看海去”海洋知识传播行动”；十是上海海洋大学洋山港港口首个生态系统野外科学研究观测站在洋山岛正式揭牌启用。旨在广泛传播海洋知识，大力弘扬海洋文化，进一步增强社会公众珍爱海洋、保护海洋、合理开发利用海洋的海洋意识，促进海洋的可持续发展。

（上海市海洋管理事务中心）

浙 江 省

综 述

2012 年，浙江省沿海地区各有关部门继续贯彻落实国务院关于浙江海洋经济发展示范区规划的批复精神，继续深入实施“创业富民、创新强省”的总战略、围绕实现“物质富裕、精神富有”现代化浙江的奋斗目标，大力推进浙江海洋经济发展示范区和舟山群岛新区建设，加快海洋经济发展，加强海洋事务综合管理，推动海洋科技、教育和文化发展，取得了重要的阶段性成果。

海洋经济与海洋资源开发

【海洋渔业】 2012 年全省海洋渔业（一产）总产出（包括远洋渔业）384.9 亿元，同比增长 5.3%；全省海洋水产总产量 345.1 万吨，同比增长 5.7%，其中国内海洋捕捞产量 316 万吨，同比增长 4.2%、远洋渔业产量 29.1 万吨，同比增长 23.8%；海洋养殖产量 86.1 万吨，同比增长 1.9%。2012 年全省渔民人均纯收入为 16017 元，同比增长 8.3%。

【海洋盐业】 2012 年，浙江省保有盐田总面积 2733.78 公顷，盐田生产面积 2247.32 公顷；全省制盐企业 22 家，职工人数 1545 人；全省盐业专营机构 81 家，职工人数 2335 人；全年共产盐 10.88 万吨，出场 11.66 万吨，购进各类盐产品 98.12 万吨；销售各类盐产品 104.58 万吨，其中食盐 69.48 万吨，工业盐 33.06 万吨；年末全省盐产品库存总量 26.96 万吨；全省盐业实现销售收入 19.45 亿元。

【海洋船舶工业】 2012年，浙江省船舶工业完成总产值867亿元，同比下降17.5%，占全国的比重为11%。其中：船舶制造业产值661.4亿元，同比下降24.6%；船舶配套业产值65.4亿元，同比增长3.0%；船舶修理业产值85.1亿元，同比增长31.5%；完成主营业务收入582.6亿元，同比下降14.3%。企业利润总额急剧下滑，同比下降84.0%，利润率降至0.7%，创2008年金融危机爆发以来的新低。从生产经营情况看，全年实现造船完工量1040.1万载重吨，同比下降7.6%；新接订单424.5万载重吨，同比下降52.1%，手持订单1938万载重吨，同比下降25.7%。按载重吨计，造船完工量、新接订单量、手持订单量分别占全国市场份额的17.3%、20.4%和18.1%，继续保持稳中有升的态势，三大造船指标在各省市排名中继续保持前三位。

【海水淡化业】 浙江省民用海水淡化工程主要集中在舟山市的普陀区、岱山县、嵊泗县和温州市的洞头县。2012 年，全省新增完成普陀区白沙 300 吨/日设备安装建设，开工建设普陀区六横 10 万吨级海水淡化与综合利用产业化二期工程 20000 吨/日已完成投资 2700 万。岱山县衢山岛 5000 吨/日海水淡化二期工程已完成投资 1260 万元。秀山乡 3000 吨/日海水淡化二期工程已完成 1180 万元。海水淡化总设计规模 28000 吨/日，已完成投资 5140 万元。到 2012 年底，全省民用海水淡化总生产能力已达到 53700 吨/日。舟山市是浙江省海水淡化生产能力及利用的重点地区。到 2012 年底，全市已建成海水淡化厂 12 座，海水淡化总生产能力 53650 吨/日。全市海水淡化利用量达到 555 万吨。海水淡化已成为舟山市边远小岛解决居民生活、生产用水的重要方式。

【海洋交通运输业】 2012 年全省完成港航建设投资 140.5 亿元，与上年基本持平，完成年度计划的 136%；完成沿海港口货物吞吐量 9.25 亿吨，同比增长 6.8%；完成集装箱吞吐量 1773.3 万标箱，同比增长 11.7%。其中宁波-舟山港完成货物吞吐量 7.4 亿吨，同比增长 7%，继续保持世界海港首位，集装箱吞吐量 1616.8 万标箱，同比增长 9.9%。全省水运运力规模突破 2200 万载重吨，其中海运船舶 1920 万吨，居全国各省市首位。累计完成水路货运量 7.38 亿吨，水路货物周转量 7366 亿吨千米，同比分别增长 1.3%、7.1%。完成水路客运量 3453 万人，完成水路旅客周转量 61579 万人千米，同比分别减少 0.3%、

4.3。一批基础设施建设项目通过验收投入使用。

【海洋旅游业】 2012 年全省接待入境游客 865.9 万人次，同比增长 11.9%，实现国际旅游（外汇）收入 51.5 亿美元，同比增长 13.4%；全省接待国内游客 3.9 亿人次，同比增长 14.1%，实现国内旅游收入 4475.8 亿元，同比增长 18.2%；实现旅游总收入 4801.2 亿元，同比增长 17.7%。全省 37 个沿海县（市、区）接待滨海旅游游客达到 2.35 亿人次，接待海洋入境旅游者 308.5 万人次，同比增长 14%，旅游创汇收入 15.02 亿美元，同比增长 11.6%，全年实现滨海旅游总收入超过 2600 亿元人民币，同比增长 16.6%。

【临港钢铁工业】 2012 年，浙江省重点临港钢铁工业企业实现工业产值 546.7 亿元，重点企业共完成钢、铁、钢材产量分别为 868.08 万吨、676.53 万吨和 935.73 万吨。其中，不锈钢粗钢和不锈钢钢材产量分别为 102.06 万吨和 190.31 万吨。临港钢铁工业粗钢产量占全省钢铁工业的 66.51%，其中不锈钢产量占全省不锈钢总量的 58.45%。宁钢、宝新不锈、东方特钢等重点企业产能发挥良好。但受国际及国内宏观经济面影响，钢铁价格持续下跌，企业效益不容乐观。

【临港石化工业】 2012 年浙江省临港石化工业完成销售收入 2860 亿元，同比下降 3.5%。全省形成了以炼油、有机化工原料、合成材料及下游化学品制造为主体的石油化工产业体系，PTA、ABS、PC、MDI 和氨纶等一批产品在全国乃至全球具有较强的影响力，基本形成了以临港石化园区为载体，以宁波为龙头，嘉兴至温台沿海为两翼的发展格局。

【围填海开发】 2012 年浙江省在建省重点滩涂围垦工程 29 个，概算总投资 5078019 万元，设计总规模 4.91 万公顷。全年共完成圈围面积 0.8 万公顷，新开工滩涂围垦工程面积 0.94 万公顷，总投资 485247 万元。

【海洋经济重大项目建设】 根据“十二五”全省海洋经济发展重大建设项目规划，编制印发了《2012 年度浙江海洋经济发展重大建设项目实施计划》，安排年度重大项目 428 项。另外，与驻浙部队共同组织了军民融合发展调研，积极推进一批涉军项目规划建设。经过努力，2012 年超额完成全省海洋经济投资 1800 亿元的计划目标。

海洋立法与规划

【海洋立法】 2012 年，浙江省海洋与渔业局继续配合做好地方性法规——《浙江省海域使用管理条例》的立法工作。11 月 30 日，该《条例》获得省第十一届人大常委会第三十六次会议正式通过，于 2013 年 3 月 1 日起正式施行。《条例》分总则、海洋功能区划、海域使用权的取得、海域使用与保护、法律责任、附则等六章，共计四十五条。《条例》明确建设工程的规划、施工、房屋产权登记等可以凭海域使用权证书办理，工业、商业、旅游、娱乐项目用海应当通过招标、拍卖、挂牌方式取得海域使用权，县（市、区）人民政府是海域使用权登记和颁发海域使用权证书的主体，并对海域使用管理与土地管理的衔接做了相应规定。同时，继续配合开展省政府规章《浙江省无居民海岛开发利用管理办法》的立法工作。至年底，该办法已完成立法调研、部门协调、专家论证、公开听证等工作，将提交省政府常务会议审议。

【涉海规划】 3 月 27 日，浙江省政府发布实施《浙江省海洋灾害防御“十二五”规划》。《浙江省海洋灾害防御“十二五”规划》是列入省级“十二五”规划编制体系目录的重点规划，也是全国首个沿海省级海洋灾害防御规划。《规划》将在浙江省现有防灾减灾建设体系基础上，针对浙江省海洋灾害防御新要求，着力实施 5 个重点工程，即海洋灾害综合观测网工程、海洋灾害预警网工程、海洋灾害信息服务网工程、海洋灾害应急指挥体系工程和海洋灾害风险评估与区划工程。1 月 31 日，省发展和改革委员会、省海洋与渔业局联合发布实施《浙江省海洋环境保护“十二五”规划》。根据《规划》，到 2015 年，浙江省海洋环境保护法规和管理体制建设方面进一步完善，海洋功能区环境控制指标基本实现，入海污染源和污染物总量得到有效控制，海洋环境保护水平与海洋生态修复的技术和能力有所提高，海洋环境调查工作有序开展，海洋生态环境区域监控与预警体系基本建立。此外，先后发布实施《浙江省海洋与渔业执法装备建设“十二五”规划》、《浙江省标准渔港建设与提升“十二五”规划》、《浙江省标准渔港建设与提升“十二五”规划》。

【海洋功能区划修编】 10月10日，《浙江省海洋功能区划（2011～2020）》获国务院批准。这是自2002年《中华人民共和国海域使用管理法》实施以来浙江省第二部省级海洋功能区划，是“十二五”至“十三五”期间实现依法用海、科学用海、集约用海，加强海洋环境保护，保障浙江海洋经济示范区建设和舟山群岛新区建设两个国家战略的实施，促进海洋经济强省建设的基础性依据。

海域使用管理

【海域使用审批】 2012年，浙江省各级政府为112个用海项目批准了海域使用，用海面积3634.29公顷。其中省政府审批海域面积2494.87公顷；宁波市、县（市、区）政府审批海域面积230.8875公顷；舟山市、县（市、区）政府审批海域面积582.7676公顷；温州市、县（市、区）政府审批海域面积140.7395公顷；台州市、县（市、区）政府审批海域面积143.1195公顷；嘉兴市、县（市、区）政府审批海域面积41.90公顷。全省征收海域使用金130501.78万元。

【围填海计划管理】 全年使用围填海计划指标3819.3888公顷(含宁波市1403.0343公顷)。其中建设用围填海计划指标项目122个，面积2364.5394公顷(含宁波市36个,面积798.0343公顷)；农业用围填海计划指标1454.8494公顷（含宁波市605公顷）。安排农业用围填海计划指标项目40个，面积1454.8494公顷（含宁波市15个，面积605公顷），2012年全省新增开发利用围填海1781.2307公顷，核发海域使用权证书57本。其中:高涂围垦养殖用海487.6517公顷，核发海域使用权证书3本；建设用填海1293.579公顷，核发海域使用权证书52本；农业用围填海3.1195公顷，登记公益性用海项目1个。向国家海洋局上报了舟山群岛新区钓梁区块、平阳新兴产业园区、象山县大港口、台州湾经济产业集聚区东部新区等4个区域建设用海规划，面积7020.0876公顷，获国家批准区域用海规划3个，面积11753.2597公顷。

【海底工程】 全年共受理审查15个项目64条海底电缆、管道。其中：审批4个项目7条海底电缆管道；审核6个项目26条海底电缆管道;配合参与协调路由9个项目50条海底电缆、管道，满足了浙江海洋经济发展示范区和舟山群岛新区的基础建设需要。

【海域使用权市场化运作】 审批海域使用权招拍挂方案7个，面积81.5748公顷。积极开展海域使用评估体系研究和海域使用权二级市场建设研究，探索研究海域使用评估体系基本要素、评估方法、机制建设。完成了《海域使用评估体系研究》课题，为海域使用权“招拍挂”和流转提供条件。积极指导象山县《象山县海域海岛基准价格测算》课题研究，开展海域海岛权属和产权价值评估与应用、海域海岛收购储备工作机制探索、收储海域海岛使用规划管控、海域海岛权属公开出让机制探索、海域海岛权属及其产权登记制度创新以及海域海岛二级交易市场和技术服务交易平台建设。

【海域使用权抵押】 2012年全省海域使用权抵押99宗，抵押金额22.40亿元。其中：渔业基础设施用海5宗，抵押金额0.3126亿元；围海养殖用海2宗，抵押金额0.86亿元；船舶工业用海33宗，抵押金额5.4183亿元；其它工业用海10宗，抵押金额4.6988亿元；港口用海42宗，抵押金额5.2806亿元；航道用海1宗，抵押金额0.096亿元；城镇建设填海造地用海3宗，抵押金额4.7549亿元。

海岛管理

【海岛规划】 根据《浙江省无居民海岛保护与利用规划》和《浙江省重要海岛开发利用和保护规划》，拟定市、县级海岛保护规划编制方案，浙江省首个县域（乐清）海岛保护规划完成专家评审工作，内长屿等十余个可利用无居民海岛保护与利用规划也已通过评审。至此，浙江省、市、县三级海岛保护规划和单岛保护与利用规划点面结合的海岛保护规划体系雏形初步建立。

【海岛地名标志设置】 浙江省海域海岛地名普查领导小组办公室通过实地抽样检查和会议汇报相结合的形式，对宁波、舟山、温州、台州四市2011年设置的480个海岛地名标志工作进行检查和验收，对各地在地名标志档案管理、资金使用、地名标志设置地点、碑文刻制等提出整改意见；完成各地上报的纳入和不纳入海岛标准名录海岛审核并上报国家海洋局。启动

2012 年度 500 个海岛地名标志设置工作，完成国家地名普查资金分配并由财政厅下达各地市和省级技术承担单位。

【无居民海岛开发利用】 组织专家对全国首个招拍挂方式出让无居民海岛使用权的大羊屿进行开发利用具体方案和项目论证报告评审，并于 11 月获省政府批准。认真探索法前已使用无居民海岛项目的管理工作，开展《浙江省无居民海岛使用现状调研》的课题研究，通过对现状的调研、了解，分析存在的问题，以更好地规范无居民海岛的开发利用活动。

【海岛整治修复】 积极组织地方申报海域使用金中央分成项目和海洋经济发展示范区项目，除宁波市外共计 10 个海岛整治修复项目获中央财政 1.2883 亿元资金补助，推动各地海岛地区基础设施建设和生态修复工作。继续推进南麂岛保护和整治修复项目，指导南麂自然保护区管理局开展资料收集、细化实施方案等工作，组织专家到南麂岛现场指导生态修复工作，优化国家资金利用方式。为了进一步做好海岛整治修复项目前期储备工作，省海洋与渔业局部署全省各地开展海岛整治修复项目库建设工作，要求在每年 11 月底前完成次年拟上报项目可行性研究报告编制工作，并通过专家论证、筛选进库等方式逐步建立并充实海岛整治修复项目库。

海洋环境保护

【概况】 2012 年，符合第一类、第二类海水水质标准的海域面积约占全省近岸海域面积的 26%，海洋沉积物质量总体良好，海洋生物群落结构基本稳定。海水增养殖区、滨海旅游区、海洋保护区、海洋倾倒区和工程用海区等海洋功能区环境质量总体良好，基本满足海域功能使用要求。海洋垃圾总体处于较低水平。滨海地区海水入侵和盐渍化不明显。全省近岸海域水质富营养化状况仍旧明显，约 70%的海域呈现富营养化状态。监测的入海排污口污染物超标排放现象有所好转，但达标排放率仍然较低，主要江河携带入海污染物总量与上年持平。有毒有害赤潮发生次数上升，赤潮灾害损失有所加重。

【海洋环保宣传】 2012 年，为提高全体公民的海洋环境保护意识，举办了“6·8 世界海洋日暨全国海洋宣传日”、“小鱼治水——清源洁水行动”等主题宣传活动。此外，依托浙江日报、浙江之声、浙江电视台公共新农村频道“政策民对面”、浙江电视台民生休闲频道“民生圆桌会”等媒体和栏目，筹划组织了领导专访等形式的宣传活动，在社会上产生了广泛影响。

【海洋生态环境建设】 围绕“蓝色屏障行动”，开展了一系列海洋生态环境建设工作。组织申报了象山县、洞头县和玉环县等三个国家级海洋生态文明建设示范区；新建了温州洞头和宁波渔山等 2 个国家级海洋公园。全省共增殖放流水生生物 117565.15 万尾，总投资 4455.25 万元。争取 2012 年度中央分成海域使用金返还 22659 万元，共实施项目 17 个，主要包括海岛、岸线整治修复和保护区建设等。

【涉海工程建设项目监督管理】 2012 年，全省各级海洋行政主管部门认真落实国家和地方相关政策，严格执行涉海工程环境影响评价制度，省本级全年审核海岸工程 2 项，核准海洋工程建设项目环境影响报告书 37 项，组织召开了所有围填海工程建设项目听证会，组织初审区域建设用海规划环评篇章 5 项。推动海洋工程环保设施验收，明确了全省海洋环保设施验收、拆除、闲置等行政许可、海洋生态补偿的办理程序和有关要求。签发疏浚物海洋倾倒证 83 个，合计允许倾倒疏浚物 379 万立方米，组织开展了西蟹峙、七里屿、檀头山等海洋倾倒区跟踪监测，及时掌握倾倒区环境状况。

【海洋环境能力建设】 2012 年，重点推进了浙江省近岸海域浮标实时监测系统建设，建设内容包括 5 个海上自动监测浮标系统、5 个数字化监控平台、2 个岸基视频系统以及温州南麂海滨浮标数据接收系统改造和备份传感器配置等。编制了《浙江省海洋环境应急监测能力建设实施方案》，对“十二五”期间全省海洋环境应急监测能力建设提出具体的工作目标、任务及时间表。

海洋环境预报和防灾减灾

【海洋环境预报】 2012 年影响浙江海域的热带气旋有 10 个，主要集中在 8～9 月份，针对热带气旋活动频繁并有可能对浙江造成不利影响的情况，省海洋预报部门积极开展海洋灾害与预警报工作，全年共发布大浪警报 100 份，风暴潮警报45份，北太鱿钓区海洋环境预报138份，渔船安全保障预警报服务信息144份。同时，通过各种媒体发布日常海洋环境预报1464次。在防御“海葵”台风，“苏拉”和“达维”、“天秤”和“布拉万”双台风过程中，省海洋预报部门通过接受现场采访、海洋预报电视节目和滚动字幕、广播、网络等多种形式及时向公众滚动加密发布各类海洋灾害预警报信息。

【重大海洋灾害】 2012年浙江省海洋灾害总体较常年偏重，海洋灾害造成人员死亡（含失踪）共18人，直接经济损失428592万元。台风风暴潮灾害重于常年，直接经济损失425703万元，为近十年来最高。全年发生3次台风风暴潮过程：1209号“苏拉”台风、1211号“海葵”台风、1214号“天秤”和1215号“布拉万”台风，该3次台风风暴潮分别对浙江省造成直接经济损失分别为5812万元、414509万元、5382万元，均无人员伤亡，未发生温带风暴潮。全年出现4米以上巨浪的天数为65天，较常年明显偏多，造成直接经济损失563万元，船只损毁7艘，死亡（含失踪）13人。全年风暴潮和海浪造成直接经济损失共426266万元，灾情较常年偏重。2012年浙江省近岸海域共发生赤潮17次，累计面积约1502平方千米。与上年同期相比，赤潮发生次数下降3次，累计面积持平，但赤潮生物种类有所增加，有害赤潮发生次数和面积大幅上升。

【海洋灾害防御规划】 2012年3月27日，全国首个由省级人民政府颁布的《浙江省海洋灾害防御“十二五”规划》正式出台。《规划》侧重于海洋灾害防御非工程性措施，确定了“十二五”期间海洋防灾减灾6大主要任务、5大重点工程、5项保障措施，本省范围内有关海洋灾害的观测与预警预报、应急管理、风险评估与区划、科普教育和宣传等均应符合本规划的要求。《规划》的实施，有助于全面提升浙江沿海安全保障能力、生态环境承载能力及海洋灾害综合防御能力，将有效保障两大国家海洋战略的实施和海洋经济强省的建设。

【海洋灾害防御行动】 为贯彻实施《浙江省海洋灾害防御“十二五”规划》，结合本省海洋与渔业防灾减灾工作实际，确定了2012年全省防灾减灾18项重点工作，实施了86个海洋防灾减灾项目，总投资6871.5万元。其中，开展了全省海洋灾害风险调查与隐患排查，启动了沿海警戒潮位的重新核定，开展了以县为基本单元的全省海洋灾害风险调查与隐患排查，实施了玉环等4个沿海县（区）、以风暴潮、海啸为主要海洋灾害的风险评估与区划工作；建成了温州洞头大门海洋自动观测站、温岭X波段雷达观测站，启动了温州龙湾、临海头门、平湖杭州湾北岸海洋自动观测站建设和10艘海上志愿观测船建设等。5月和8月，省海洋与渔业局分别于国家海洋局有关部门签署了《关于共同建设浙江省海洋防灾减灾中心》合作协议及《共建共管浙江省海洋观测系统合作协议》。

【标准渔港建设】 加大对标准渔港建设重点项目的服务指导力度，建立标准渔港建设重点项目联系制度。2012年全省标准渔港建设进展顺利。截至12月底，全省全年新开工3个项目，11个项目完工，6个项目通过竣工验收，还有在建项目32个，3个项目在做前期工作。1～12月份累计完成投资6.4亿元，完成年度计划的106.9%。

【海塘建设和维护】 浙江省现已建成防御20年一遇以上标准海塘1723千米，保护沿海重要城镇和设施的主要闭合区已经基本形成。2012年，按照浙江省委、省政府“强塘固房”的决策部署，完成加固182千米海塘，按计划如期完成年度建设任务。加强标准海塘的维护，全年投入海塘日常维护管理经费5000余万元，有效促进了海塘工程日常维护工作及工程总体安全，发挥了显著的防台减灾效益。

海洋执法监察

【概述】 2012年，浙江省共派出船艇1252航次、航时10491小时、航程109111海里，派出车辆2481车次，行程149802千米，对渔业、交通、工矿、旅游、排污倾倒、围填海等海域使用、海洋工程建设项目环境保护、海洋倾废、海洋生态保护进行各类执法检查9690次，投入执法人员14661人次，检查各类项目4528个，查处各类海洋违法案件76起，办结案件65起，收缴罚没款7250.6万元，其中罚没款在100万元以上的“海盾”9起，办结8起，收缴罚没款4871.62万元；罚款5万元以上的“碧海”案件9起，收缴罚没款69.2万元。

【东海定期维权巡航】　根据规定和要求，全省派出4名执法人员参加中国海监46号巡航执法1个航次，共12天。自行组织毗连海域维权巡航执法6个航次，航时644小时、航程1426海里，重点巡航7个领海基点岛屿外侧、南麂列岛以东、东海油气管道路由、国际海底光缆路由海域。逐步建立保密通讯渠道和开展维权执法相关培训。

【“海盾 2012”专项执法行动】　2012年全省共查处海域使用违法案件45起，结案25起，收缴罚款6147.6767万元，其中（罚款在100万元以上）“海盾”大案9起，8起结案（其中罚款在1000万以上的大案有四起），1起已发出处罚决定书，执行罚款4871.62万元，另收缴2011年1起“海盾”案件罚款1034万元。

【“碧海 2012”专项执法行动】　2012年度全省共查处各类海洋环保违法案件18起，收缴罚没款74.55万元，其中对个人处罚5000元以上、单位处罚5万元以上的“碧海”案件办结9起，均已结案，收缴罚没款69.2万元。

【“护岛 2012”专项执法行动】　针对浙江众多海岛的实际，重点加强领海基点、全省首批开发、重点开发海岛及其周边海域的巡查，对辖区内1000余个海岛建立了执法档案。并会同东海总队在舟山开展了“2012年度浙江海岛联合执法行动”，对舟山市的65个海岛、81个项目进行了检查，发现4起违法案件已办结。共组织定期执法巡查290次、不定期执法巡查303次、专项执法巡查60次、联合执法巡查26次，共检查海岛2169个；共立案查处海岛违法案件13起，结案11起，收缴罚没款758.409万元。象山大队作为浙江省2012年度唯一的国家级海岛执法示范单位，在海岛定期巡查、海岛保护宣传、海岛执法档案管理、海岛执法装备建设、海岛执法实践等进行了探索与研究，受到国家总队的高度赞赏。

【水下文化遗产联合执法】　一是建立联合工作机制；二是开展联合执法应急预案演练；三是开展水下文化遗产联合执法理论业务培训；四是切实开展跨部门联合执法实践活动。此外，开展党的“十八大”期间海底管线巡护执法，行动期间总航时908小时，总航程8725海里，观察船数657艘，劝离船数304艘，检查船数143艘，拆除网具5顶，保证了党的“十八大”会议期间海底管线的安全畅通。

海 洋 科 技

【重大科技专项】　在海水淡化关键技术及装备研究与示范方面，反渗透海水淡化膜元件、海水预处理膜组器、海水高压泵及高压增压泵、能量回收装置等核心技术的研制取得了阶段性成果，初步实现关键设备的规模化生产或在大型示范工程中的应用，产品性能达到世界先进水平，膜法海水淡化技术和产业化规模继续保持全国领先。国内最大的舟山六横日产10万吨级膜法海水淡化国产化关键技术开发与示范项目，2012年已完成1.25万吨/日级反渗透海水淡化单机制造技术和新型工程设计软件，开发了大规模海水淡化建设所需的取水、预处理、后处理、淡化厂控制管理等共性工程技术。在船舶修造技术方面，华鹰集团研发的“无敌牌”新赛艇，2012年获得伦敦奥运会4轮竞标所需的全部80艘赛艇的订单。该集团已是全球规模最大的赛艇制造企业，年产各种比赛用艇3000多条，超过其他几个国际赛艇制造巨头的总和。扬帆集团攻克了新一代双壳体大型油轮关键技术，设计、制造了32万吨VLCC（超大型油轮）船；突破了甲板柔性设计关键技术，能计、制造6700PCTC的汽车滚装船。在海水养殖与加工方面，浙江海洋学院等单位完成的曼氏无针乌贼工厂化养殖方法项目于11月荣获中国专利优秀奖。曼氏无针乌贼曾是中国重要的“四大海产”之一，由于过度捕捞，其自然资源已近枯竭。该项专利的实施，使曼氏无针乌贼自然资源的全面恢复成为可能。

【海洋科技创新】　2月，浙江海洋学院获得国家科技部海洋设施养殖工程技术研究中心立项，成为全省高校第二家国家级工程技术研究中心。该中心将逐步建成我国海洋设施养殖的创新、开发、服务和产学研结合示范中心。在海洋产业技术创新战略联盟发展方面，省船舶制造产业技术创新战略联盟集聚了17家业内骨干龙头企业和知名院所，合作建设扬帆船舶设计研究院和省船舶工程重点实验室。利用联盟资源培养研究生和在职进修人员的数量35人，对联盟成员单位开放共享的实验室场地建筑面积达3000平方米，仪器设备及试验装置资产总值超过2000万元。浙江大学等单位牵头的海洋先进装备产业技术创新战略联盟围绕海洋装备、定位推进器、遥控水下机器人、海底观测网等方面建设的海洋工程装备国家地方联合工程实验室于2012年10月获国家发改委批准。该实验室在省科技厅扶持的省海洋先进装备产业技术创新战略联盟的基础上建立，是浙江省高校首个国家地方联合工程实验室。

【海洋公益性科研重大项目】 为支持浙江海洋经济发展示范区建设，根据浙江海洋经济发展急需解决的问题及海洋产业发展需求，围绕海洋空间布局优化管理、海洋资源利用、海洋高端装备、海水淡化等领域影响产业发展的关键技术，12月，国家海洋局在海洋公益性科研专项中集中支持了由“岛群综合开发风险评估与景观生态保护技术及示范应用”等5个项目组成的重大项目“浙江海洋经济发展示范区海洋资源综合利用与生态环境保护关键技术研究及示范”，总经费达7094万元，以期通过项目实施带动浙江海洋经济发展示范区的跨越发展，并为全国海洋经济发展提供示范。

【海洋经济创新发展区域示范项目】 根据财政部和国家海洋局《关于推进海洋经济创新发展区域示范的通知》，组织编制了《浙江海洋经济创新发展区域总体实施方案》。10月31日，《浙江省海洋经济创新发展区域示范总体实施方案》获财政部、国家海洋局批准，下达启动资金1亿元，计划组织实施成果转化及产业化项目12项（其中海洋生物高效健康养殖项目5项、海洋生物医药与制品项目3项、海洋装备项目4项），海洋产业公共服务平台项目1项。根据《浙江海洋经济创新发展区域示范总体实施方案》及成果转化等4个专项实施方案，浙江省将加大资金配套力度，加强海洋医药与生物制品、海洋生物高效健康养殖和海洋装备等海洋新兴产业3大重点领域的支持，引导科技成果转化与产业化，支持企业创新发展，2012～2015年，海洋经济创新发展区域示范资金总投入将达到300亿元，拉动社会总投资超过500亿元，将形成以海洋生物医药为代表的一批海洋新兴产业集群，成为中国海洋新兴产业创新发展的重要示范基地。

【海洋与渔业科技工作】 5月29日，浙江省海洋与渔业局与省科技厅联合发布了《关于加快推进海洋与渔业科技创新的若干意见》，文件明确了“十二五”海洋与渔业科技发展目标和主要工作，提出了抓好海洋与渔业科技创新工作、成果转化、创新能力的工作思路和保障措施。

【“908专项”】 作为新中国成立以来最大规模的综合性海洋调查—中国近海海洋综合调查与评价专项（“908专项”）有机组成部分的浙江省“908专项”自2005年启动以来，经过任务承担单位和沿海地区相关部门历时8年的共同努力，全面完成了既定的各项调查、评价、成果集成及省级“数字海洋”信息基础框架建设四大类任务。其中，省级“数字海洋”信息基础框架建设于2010年11月、2011年1月完成国家组织的现场查验和会议验收；调查、评价、成果集成于2012年4月、2012年10月完成国家组织的现场查验和会议验收。2012年10月“908专项”整体完成国家验收。

海洋教育

【涉海重点高校建设】 浙江大学和舟山市共建以海洋教学和科研为特色的浙江大学舟山校区（浙江大学海洋学院）项目于6月10日正式签订协议，12月24日，校区校园建设正式开工。10月8日，教育部副部长杜玉波、浙江省副省长郑继伟和宁波市市长刘奇分别代表三方在杭州签署了宁波大学部省市共建协议书。将浙江海洋学院更名大学列入《浙江省高等学校设置“十二五”规划》并上报教育部备案，教育厅在浙江海洋学院的基本建设、经费投入、专业设置、学科和师资队伍建设、招生计划安排等方面给予指导与支持，使其尽快达到大学设置标准。

【涉海类学科专业建设】 2012年底，启动了浙江工业大学、浙江师范大学、杭州电子科技大学、浙江工商大学和浙江财经大学等五所高校对口帮扶浙江海洋学院学科专业建设，并取得初步成效。全面实施浙江省高校海洋学科专业建设与发展规划，2012年已经立项建设的“十二五”省重点学科中，有涉海类学科39个，其中：省重中之重一级学科1个，省重点学科

38个，超额完成了浙江省海洋学科专业发展规划中原定30个涉海学科的计划。启动“十二五”优势专业建设，23个涉海类专业入选。启动教育部、财政部“支持高等职业学校提升专业服务产业发展能力”建设项目，浙江交通职业技术学院、浙江国际海运职业技术学院共3个涉海类专业列入。浙江国际海运职业技术学院的航海技术实训基地列入中央财政支持项目。浙江海洋学院与扬帆集团股份有限公司联合申报的工程实践教育中心列入国家级大学生校外实践基地。舟山职业技术学校成功申报国家改革发展示范中职校。普陀职教中心成功创建省级改革发展示范学校，舟山航海学校船舶驾驶专业被遴选为2012年中央财政支持实训基地，舟山技工学校港口机械运行与维修专业被列为省级实训基地。普陀职教中心旅游专业和舟山航海学校船舶驾驶专业分别被评为省级骨干专业和特色专业。

【海洋类专门人才培养和引进】　加强涉海院校师资队伍建设，加大师资队伍建设经费投入，进一步加强创新型海洋领军人才队伍建设，鼓励高校加大引进涉海方向的创新型人才，全年引进海洋科技相关领域领军人才10余人，资助力度从原来的60万/人增加到125万/人。加大涉海类专业人才培养力度。2012年，全省涉海类研究生招生、在校生分别达到202人、557人，比上年增长11.6%、7.3%；涉海类本专科专业招生、在校生分别达到4099人、12032人，比上年增长11.1%，5.1%；涉海类中职专业招生、在校生分别达到898人、3497人，分别比上年增加13%、5.5%。

【高校涉海类科研发展和成果转化】　根据教育部、财政部有关文件要求和《浙江省人民政府办公厅转发省教育厅 省财政厅关于加快推进高校创新能力提升计划意见的通知》（浙政办发〔2012〕120号）精神，在学校前期培育组建的基础上，审核认定了宁波大学“浙江海洋高效健康养殖协同创新中心”为省级“2011协同创新中心”。2012年上半年，组织高校科研成果面向企业转化推介，1500项成果和239家参会企业中，涉海成果和涉海企业成为亮点。组织了高校教授、博士团赴地方开展服务活动，通过调研、技术需求对接和科技人才合作洽谈等形式，促进地方优势产业和产业集群与高校优势学科的充分对接。建立了浙江省高校科研成果面向企业转化信息平台，将省内高校涉海类科研成果作为重点介绍内容之一。

【中小学海洋教育】　全省各地的地方课程、校本课程建设对海洋教育非常重视，中小学地方课程《人自然社会》教材中主要涉及海洋环境与保护、海洋经济与资源、海洋历史与文化等三大方面，小学、初中、高中海洋教育课时分别达到16、15、6课时。除全省通识地方课程开展海洋教育外，舟山、宁波、台州、温州等沿海地区广泛开设与海洋教育相关的校本课程，如舟山市的《蓝色海洋教育》、温州市的《话说温州》、宁波市的《我与宁波》等，努力培养学生们的海洋意识。

海洋文化

【海洋文化设施建设】　12月29日，舟山海洋文化艺术中心正式启用。该项目于2009年4月奠基，2012年7月竣工。总建设面积53633.40平方米，由图书馆、博物馆、文化馆（美术馆）、城市展示馆等4个单体组成。建筑设计方案构思源于海浪拍打礁石的动态，运用石材和玻璃材质的对比，表现礁石和海水一柔一坚，一动一静，碰撞交融，相互作用的海洋文化特色。

【海洋文化遗产保护】　舟山白节山海域水下考古调查列入国家文物局2012年重点项目，取得国家专项资金支持；舟山群岛沿海的白节山、唐脑山、鱼腥脑、洛伽山、大菜花山、太平山、半洋礁七座近代灯塔入选由国家文物局主持编撰的《第三次全国文物普查百大新发现》；在第三次全国文物普查中，新发现不可移动文物604处。

【海洋文化产业发展】　普陀岑氏木船作坊入选国家级文化出口项目目录；渔民画和“绿眉毛”古代帆船模型等文化产品受邀参加2012年世博会，其中渔民画被中国馆指定为馈赠各国贵宾的礼品。

【第七届舟山群岛·中国海洋文化节】　6月16日，2012年舟山群岛·中国海洋文化节在舟山市岱山县岱东镇“鹿栏晴沙”拉开序幕，开幕式的休渔谢洋大典以一场“龙文化”盛宴共飨四方宾朋，海坛上，400渔民祭海，盛况空前。

本届海洋文化节由国家海洋局和浙江省人民政府联合主办，舟山市政府、浙江省文化厅、浙江省海洋与渔业局、浙江省旅游局和中国海洋报社共同承办，历时 2 个月，包括开幕式休渔谢洋大典、中国海洋文化论坛、渔民秀、国际游艇展、全国当代水墨艺术家邀请展等 18 项活动，共有 11 个国家和地区，15 个沿海城市、20 余万群众参与其中。海洋文化节被国务院列入批准的节庆活动，被人民网等评为首批中国最具影响力十大品牌节庆之一。

【第十届中国普陀山南海观音文化节】 10 月 22 日，第十届中国普陀山南海观音文化节在普陀山隆重举行。此次文化节以“自在人生、慈悲情怀”为主题，包括佛教文化交流活动——“台湾南海观音普陀山寻根之旅”、第四届中国普陀山佛教用品博览会、“同愿、同行、和天下”观音文化节大型音诗画、中国普陀山慈航广场佛教用品专业市场招商洽谈会、“佛顶顶佛”朝拜法会、“弘法演说”讲经法会、“慈悲普陀，大爱至深”普陀山—深圳“千人斋”旅游推介会等系列活动，于 12 月底结束。本届观音文化节由舟山市人民政府主办，普陀山风景名胜区管理委员会、舟山市民族宗教事务局、普陀山佛教协会、普陀山旅游发展股份有限公司承办。佛博会的主展区慈航广场由潘天寿艺术研究院院长朱仁民先生设计，建筑萃取了传统海岛民居和普陀山佛教文化元素，因地制宜，进行艺术化重组架构，体现了浓厚的舟山地域特色。

【第十四届中国舟山国际沙雕节】 9 月 26 日，第十四届中国舟山国际沙雕节在朱家尖开幕，本届沙雕节将沙雕文化与电影文化相结合，用沙雕演绎电影经典场景和人物。沙雕作品由来自中国、美国、荷兰、加拿大、捷克和西班牙等国的 35 名沙雕手完成。内容分为舟山沙之影城入口、电影历史博物馆、超级英雄过山车、惊悚鬼屋、冒险乐园、名誉之墙、中国戏院、好莱坞餐馆、未来世界、怪物之山 10 个区域。此外，还有东海音乐节、沙滩体育嘉年华、现场沙雕创作体验等配套活动。

（浙江省海洋与渔业局）

宁 波 市

综 述

2012年，按照建设海洋经济核心示范区的要求，宁波市各涉海部门和单位认真贯彻落实国家、省和市委市政府关于海洋经济发展的一系列决策部署，以体制机制创新为动力，以港航服务业、临港大工业、海洋新兴产业和海岛资源开发保护为重点，建平台、抓项目、求突破、创亮点、出实效，为实施宁波市由海洋经济大市向海洋经济强市转变、建设成为全国海洋经济发展的重要区域迈出坚实步伐。2012年，宁波市主要海洋经济产业在运行质量、投资力度和项目建设等方面都呈现良好的发展态势。

海洋经济与海洋资源开发

【海域资源】 根据浙江省海洋功能区划（2011-2020年），宁波海域海岸线北至宁波绍兴交界、南至宁波三门交界。根据最新现状自然和人工岸线量算，大陆岸线长818.2千米，海域面积8355.8平方千米。

【海岛资源】 根据最新普查成果，宁波市共有海岛614个，岛域总面积255.99平方千米。其中乡级以上有居民海岛4个（大榭岛、梅山岛、南田岛和高塘岛），乡级以下有居民海岛15个，无居民海岛595个。

【宁波-舟山港货物吞吐量】 2012年我国港口货物吞吐量前10名排行榜出炉。宁波-舟山港货物吞吐量达到7.44亿吨，首次突破7亿吨，超过上海港800余万吨。这是宁波-舟山港首次超越上海港，成为货物吞吐量排名中国及世界第一的港口。

在我国沿海和内河港中，货物吞吐量排名前十位依次是宁波-舟山港、上海港、天津港、广州港、苏州港、青岛港、大连港、唐山港、营口港、日照港。

【海洋旅游业】 2012年宁波市实现旅游总收入862.8亿元，比上年增长14.8%。接待入境旅游者116.2万人次，增长8.2%；旅游外汇收入7.3亿美元，增长12.1%；全年接待国内旅游者5748.3万人次，增长11.0%；国内旅游收入816.4亿元，增长15.2%。年末宁波市共有星级饭店170家，其中五星级19家，比上年新增1家；4A级旅游景区28处，比上年新增5处，5A级旅游景区1处。

海域使用管理

【海域审批】 宁波市2012年度核发海域使用权证书33本，新增确权海域面积1093.8公顷，用海项目类型主要是工业用海，征收海域使用金6.75亿元。注销海域使用权证书7本，注销面积942.7公顷。办理海域使用权抵押登记6本，抵押金额7475万元。使用围填海计划指标1796.19公顷，其中建设用围填海计划指标1196.19公顷，农业用围填海计划指标600公顷。

【象山海洋产权交易中心全国海洋管理创新试点】 象山县海洋产权交易中心被国家海洋局确定为全国海洋管理创新试点单位，依据国家现有相关法律、政策并结合实际情况，可以先行先试、创新海域和海岛等海洋产权及交易管理方法。国家海洋局领导、海域管理司、海岛管理司和浙江省海洋与渔业局，多次与宁波市海洋与渔业局、象山县政府就试点实施方案和试点工作内容进行商议。2012年12月25日，象山县海洋与渔业局会同县级有关部门和鹤浦镇政府，在收储的基础上，对鹤浦镇盘基塘1号宗海19.7980公顷的建设用围填海海域使用权进行挂牌出让，最终由中国供销集团（宁波）海洋经济发展有限公司以2536万元竞得该宗海域使用权。

海洋环境保护

【海域水质状况】 2012年，宁波市所辖海域继续受营养盐（无机氮、活性磷酸盐）富营养化的影响。枯水期（3月），劣四类、四类、三类、二类、一类海水水质的海域面积分别为7524平方千米、1189平方千米、462平方千米、301平方千米、282平方千米，所占百分比分别为

77%、12%、5%、3%、3%；劣四类海域主要分布在领海基线以内的绝大部分海域。

平水期（5月），劣四类、四类、三类、二类、一类海水水质的海域面积分别为4260平方千米、1147平方千米、1660平方千米、2395平方千米、296平方千米，所占百分比分别为44%、12%、17%、24%、3%；劣四类海域主要分布在杭州湾南岸、甬江口、大榭-北仑港、象山港、三门湾（我市所辖海域）等海域，二类海域主要分布在渔山列岛附近区域。

丰水期（8月），劣四类、四类、三类、二类海域面积分别为6190平方千米、2412平方千米、825平方千米、331平方千米，所占比例分别为63%、25%、8%、3%。劣四类海域分布在杭州湾南岸、甬江口、大榭-北仑港、象山港、三门湾等海域，二类海域主要分布在领海基线外缘线附近的部分海域。

无机氮含量在枯水期、丰水期绝大部分海域及平水期部分海域超四类海水水质标准；活性磷酸盐含量在枯水期、平水期、丰水期均为部分海域超四类海水水质标准。

枯水期、平水期、丰水期无机氮和活性磷酸盐具有自北向南逐渐降低的趋势，即杭州湾南岸最高，甬江口、大榭-北仑港区次之，象山港、三门湾相对较低。

【近岸海域浮标实时监测系统】 “十二五”期间，宁波市计划开展近岸海域自动监测浮标系统建设项目，总投资约2750万元。主要包括海上自动监测浮标系统、数字化监控平台、近岸海域实时监测与信息管理系统和系统运行管理等四部分，建成能覆盖宁波市近岸海域运行较稳定、功能较齐全、可提供有效服务的浮标实时监测系统，初步实现对宁波市近岸海域赤潮高发区、重点养殖区、海洋保护区、滨海旅游区等重要海洋功能区、重点港湾和生态敏感海域气象、水质状况多参数连续、自动监测与动态评价，为海洋生态环境保护和海洋防灾减灾提供决策支撑服务，为社会公众提供海洋生态环境状况实时信息服务，为节能减排提供环境基础资料。

【象山港海洋牧场试验区】 象山港海洋牧场试验区经过近2年的建设，人工渔礁区域面积达250000平方米，投放渔礁体1015个，形成7个鱼礁群，在试验区西侧的中央山北侧建设10公顷海藻场，在牧场试验区试放毛蚶苗400kg，增殖大规格毛蚶苗种2000多斤，放流青石斑5万尾和岱衢族大黄鱼100万尾、黑鲷10万尾、褐鲳鲉1万尾，以丰富和补充牧场人工渔礁区资源。同时启动象山港海洋牧场试验平台方案设计并开展平台招投标工作。8月，在象山组织召开了全市海洋牧场建设推进会，会议提出进一步推进海洋牧场建设，在宁波打造“百万亩碳汇渔业”示范区设想。

【甬江口附近海域海底整治工程试验性项目】 甬江口海底整治工程总体整治面积约33.26平方千米，工程量总计6099.35万立方米，使水深疏浚深至-12.8m、-9m，计划四年完成，资金预算约11亿元。5月启动在试验区试挖工作，将清理出的淤泥和细粉砂作为周边回填海工程回填料利用，既解决了围填区的石料来源问题、节约了填海工程成本，又解决了疏浚物的出路问题，避免产生疏浚泥抛泥引起的二次污染，保护了海洋生态环境。已完成150万立方米疏浚量。该工程对恢复海域水深及水动力条件，改善海域生态环境，保障港口、航道、锚地、倾倒区等海域功能的正常发挥，消除通航和锚泊等安全隐患，保证海洋经济示范核心区宁波—舟山港区功能有效发挥具有重要意义。

【渔山列岛为国家级海洋公园】 12月21日，国家海洋局正式批复同意象山渔山列岛国家级海洋生态特别保护区加挂国家级海洋公园牌子。渔山列岛位于宁波东南部的中心渔场，由大小54个岛礁组成，总面积约2平方千米，列岛东侧的伏虎礁是我国领海基线岛之一，地理位置十分重要。建立渔山列岛国家级海洋公园，不仅对维护海洋生态系统的稳定，挖掘海洋景观的价值具有重要意义，而且对合理布局渔山列岛的旅游资源，以旅游环境容量控制入岛人数具有重要的作用。

【国家级海洋生态文明示范区】 为深入贯彻落实科学发展观，推动象山县海洋生态文明示范区建设，加快象山海洋（海岛）综合开发试验区建设，促进海洋生态文明建设与经济、社会发展协调，象山县人民政府以《象山县国家级海洋生态文明示范区建设规划（2012-2020）》为依据，全面提升全民的海洋生态文明意识，积极创建国家级海洋生态文明示范区。11月，国家考核审查委员会对象山县海洋经济发展、海洋空间资源利用、海洋生态与保护、海洋文化建设、海洋保障管理等五大指标进行核查预审通过。

【象山港污染物总量及减排试点】 宁波市海洋环境监测中心承担的《象山港污染物总量控制及减排试点示范研究》项目，经过一年多时间的深入调查，在象山港污染源调查的基础上，以象山港主导海洋功能区为依据，通过对象山港区域自然环境、社会经济、开发利用现状等的调查，结合生态敏感区域及污染源对水体污染的贡献、生态效应和沉积物环境影响程度，核算象山港环境容量，制定主要污染物总量控制方案，同时对减排试点示范进行探讨。该项目的研究，可为实现环境容量资源的持续、有序利用，节能减排政策的有效实施积累实践经验。

【蓝色海洋行动计划】 2 月 29 日根据宁波市政府办公厅《关于印发宁波市蓝色海洋行动方案的通知》。“十二五”期间开展蓝色海洋行动计划，要求各地政府和部门出台相应的实施计划或方案。着力解决近岸海域、海岸带环境污染，生态系统损害的突出问题，科学开发利用海洋资源，保障宁波市海洋经济强市战略目标的实现。

海洋执法监察

【海域执法】 根据国家总队“海盾 2012”行动的整体部署，中国海监宁波支队抽调精干力量，组成行动小组，继续把“海盾”行动作为本年度的重要任务。通过日常巡查、专项检查以及群众举报，发现非法用海项目并立案共 8 起，其中结案 6 起、收缴罚没款 750 余万元、办结百万以上“海盾”大案 2 起。

【海岛执法】 2012 年度宁波组织全市海岛定期巡查 24 个航次，历时 95 天，航程 6842 海里，完成年初制定的对全市所辖 659 个海岛至少巡查一次的海岛定巡工作。发现违法行为 1 起，做出行政处罚 1 件，收缴罚款 3.5 万元。根据上级海监总队对海岛执法基础资料管理的要求，在 2011 年海岛巡查档案的基础上，结合最新海岛普查成果，组织各大队完善海岛执法基础资料，建立一岛一档纸质和电子化执法档案，共建成海岛执法基础信息档案 659 份，建档率达 100%。 （宁波市海洋与渔业局）

舟 山 市

综 述

2012年，舟山市紧紧围绕浙江舟山群岛新区建设，充分发挥区位优势和资源优势，科学规划，突出重点，实现海洋资源开发、海洋综合管理、海洋环境保护、海洋行政执法、海洋科技创新等各项海洋事业新发展，成为了国家实施海洋开发战略的前沿阵地，全市海洋经济呈现大项目、大开发、大发展的强劲势头。2012年，全市实现地区生产总值853.16亿元，同比增长10.2%。按常住人口计算，全市人均GDP为75454元，约10475美元，首次突破1万美元大关。

海洋经济与海洋资源开发

【海洋渔业】 2012年，舟山市渔业经济总产出349.95亿元，同比增长11.18%。全市水产品总产量148.30万吨，总产值115.38亿元，同比分别增长4.48%和2.44%；全市渔民劳均收入达到42803元，人均收入达到17202元，同比分别增长9.41%和11.39%。

海洋捕捞 2012年，舟山市捕捞渔船7573艘，同比增加24艘。国内捕捞产量110.64万吨，产值81.27亿元，同比分别增长0.44%和4.5%。全市远洋渔业投产渔船383艘，同比增加48艘，远洋渔业产量25.05万吨，产值21.60亿元，同比分别增长18.96%和0.73%。

海水养殖 2012年，舟山市海水养殖面积6262公顷，同比减少718公顷，海水养殖产量12.61万吨，同比增长17.53%，产值12.31亿元，同比减少7.12%。全市新增无公害认证水产品8个、无公害产地17个，全市拥有无公害水产品产地44家、无公害水产品34个，面积达1853公顷。全市新增大棚养殖面积13.7公顷，总面积达到38.5公顷；新增高位池精养面积22.7公顷，总面积达到165公顷，养殖效益可观。

【海洋船舶工业】 2012年，全市船舶工业产值基本保持平稳增长运行。全年实现船舶工业产值692.1亿元，小幅增长3.85%，占全市工业产值43.7%，所占比重较上年减少2.6个百分点。47家规模以上企业实现船舶工业产值616.8亿元，同比增长8.1%。

造船三大指标 2012年，全市交船249艘，实现造船产值520.9亿元，基本与去年同期持平。造船完工量达827万载重吨，新接订单353.8万载重吨，手持订单1620万载重吨，三大指标分别占到全国份额的13.74%、17.34%、15.15%，较上年均有小幅提升。

修船业 2012年，全市修理各类船舶2752艘，实现产值81.2亿元，同比增长26.3%，其中外轮修理产值34.1亿元，同比增长22.3%。尽管修理船舶艘数同比下降，但产值增长，主要得益于骨干企业改装船业务增多、修理船型多样化等因素，鑫亚承修大型豪华游轮，东邦承修15万吨级的大型集装箱船，同时海工装备修理和改装等高端业务领域的相继涉足也带动了修船产业的稳步发展。

船舶出口 2012年，全市造船企业交付出口船舶716.2万载重吨，同比增长10.4%，占全市造船完工量的86.6%。全市船舶出口额45.1亿美元，比上年增长18.0%，占全市工业出口额的48.9%。新接出口订单294.3万载重吨，同比下降34.7%。手持出口订单1474.9万载重吨，同比下降21.7%。

【海洋交通运输业】 2012年底，全市有水上客渡运企业25家，拥有客、渡运船舶178艘，37720客位、647车位，其中客滚船34艘，10646客位、647车位；航速20节以上中高速客运船舶60艘，7843客位。运输企业完成海上客运量2224.1万人次，客运客运周转量46927万人千米；完成货运量15242.2万吨，货运周转量9352604.7万吨千米。

港口物流业 2012年，舟山港域完成货物吞吐量 29098.68 万吨，同比增长 11.69%。其中：外贸货物吞吐量 9816.49 万吨，同比增长 14.46%；集装箱吞吐量 50.34 万 TEU，同比增长 143.41%。完成旅客吞吐量 241.4 万人次。港口主要货种吞吐量，煤炭完成 3115 万吨，同比增加 28.95%；矿砂完成 9651 万吨，同比增加 7.78%；粮食完成 706 万吨，同比增加 5.36%；油品完成 5038 万吨。全年安全引领各类中外船舶 6746 艘次、3.39 亿总吨，同比分别增长 1%和 5%；引领 10 万吨级及以上船舶 2047 艘次，同比增长 6.8%。舟山港域全社会港航固定资产投资完成 73.8 亿元，新增万吨级以上码头 6 座。至年底，舟山港域拥有各类泊位 297 个，其中万吨级以上码头泊位 42 个，25 万吨级以上码头泊位 5 个。全市共有航运企业 269 家，船舶运力保有量达到 505.72 万载重吨，同比增加 53.46 万载重吨。万吨级以上货船 125 艘 263.68 万载重吨，占全市总运力的 52.63%；特种船舶运力 506 艘 138.4 万载重吨，占全市总运力的 27.63%。货船平均吨位达到 3494 吨，首次突破 3000 吨。船舶管理企业 28 家，其中 5 家具有国际船舶管理资质。国际船舶代理企业 49 家，货运代理和船舶代理企业 113 家。

【海洋旅游业】 2012 年，全市共接待境内外游客 2771.02 万人次，同比增长 12.6%，其中入境旅游者 31.05 万人次，增长 11.9%，实现旅游收入 266.76 亿元，同比增长 13.3%。

第二届中国（舟山群岛）国际游艇展 于 7 月 12～16 日在普陀区举办，包括展商预展和开幕式共历时四天半，分为陆上展区（东港滨海广场）和水上展区（普陀国际游艇会）两部分。本次游艇展共招展国内游艇展商 60 家，包括游艇经销商 15 家、游艇厂商 35 家以及游艇配套 10 家，其中 35 家以特装展位的形式进行了展出。同时，参展国内外游艇实船达到 102 艘，包括水上展区的 27 艘和陆上展区的 75 艘，涵盖了来自国内外的 40 多个品牌，其中最大的游艇为 81 英尺。共有 20000 多人次参观了游艇展，当场成交包括游艇、豪车等 8 件展品，现场成交金额 1500 万元，签订意向协议金额 5000 万元，成交量比首届翻了一番。

海域使用管理

【概述】 发挥海洋功能区划的统筹作用，合理配置资源，进一步规范和优化项目用海审批程序，严格执行围填海计划管理，重点保证新区基础设施和重大项目用海。积极向上争取政策支持，3 月，国务院批准的《全国海洋功能区划》中明确写明“支持舟山群岛新区建设”；国家海洋局出台《关于支持浙江舟山群岛新区建设的若干意见》，明确给予新区八个方面十五项内容上的倾斜支持。2012 年，各级政府在舟山市范围内批准用海项目 190 个，确权面积 1835.813 公顷，征收海域使用金 29089.6 万元，其中围填海项目 18 个，使用地方围填海指标 355.4556 公顷。至 2012 年底，全市累计发放海域使用权证书 1189 本，确权面积约 23904 公顷，征收海域使用金约 119332 万元；其中国家审批项目 34 个，确权面积 9822 公顷，征收海域使用金 27888 万元；省审批项目 148 个，确权面积 3941 公顷，征收海域使用金 68502 万元。推进海域使用权市场化融资，全年办理海域使用权抵押登记 51 宗，抵押海域面积 358.5653 公顷，抵押融资额 54530.44 万元。至年底，累计办理海域使用权抵押登记 204 宗，抵押海域面积 1468.4677 公顷，抵押融资额 253036.12 万元。

【海域使用管理机制】 率先在全省实施海域使用权出资登记，出台《舟山市海域使用权出资公司登记管理暂行办法》，进一步拓展了公司出资方式和融资渠道，推进海域使用权市场配置工作。开展了凭海域使用手续办理项目建设手续工作和海域使用权二级市场的转让交易、抵押工作的调查、研究，形成《关于开展凭海域使用权证书按程序办理项目建设手续工作的意见》和《舟山市海域使用权流转管理暂行办法》，进一步创新海洋管理机制和开发模式，规范涉海项目基本建设管理，简化涉海项目审批手续，破解海域要素保障瓶颈。

【海底管线铺设】 组织协调了舟山多端柔性直流输电示范工程、长峙—临城海底污水输送管道等海底管线预选路由。2012 年，舟山市全年共铺设海底电缆管道 5 条，其中输电电缆 4 条、取排水管 1 条。至 2012 年底，舟山海域现有各种海底管线累计 145 条，分别为海底输电电缆 67 条，其中跨市 4 条；通信电缆 40 条，其中跨市 6 条；输油（气）管道 10 条，其中跨市 2 条；输水管道 25 条，其中跨市 1 条；取排水管 1 条。

【海洋管理信息化】 推进国家海域动态监视监测管理系统业务化运行工作，历年确权用海数据全部输入国家系统。完成舟山市历年已确权用海权属数据的坐标转换工作，并通过省局组织的验收（市本级 39 宗，定海区 179 宗，普陀区 275 宗，岱山县 95 宗，嵊泗县 159 宗）。

海岛管理

2012 年，开展了海岛地名普查后续工作，完成 15 个海岛标志名称设置，尝试海岛名称标志设置“摩崖石刻”创新试点，获各方好评，组织技术力量对已立碑体进行全面的质量检查。开展海岛法前开发利用纳轨前期工作，对全市无居民海岛开发利用现状进行全面调查和权属核查，摸清无居民海岛开发利用情况。无居民海岛开发利用实质启动，普陀区小癞头礁、岱山县大平山岛、稻桶山岛、明礁和大瓦窑门屿 5 个无居民海岛编制完成保护与利用规划并通过专家评审，开展了十六门诸岛区域用岛整体开发利用项目前期准备工作。积极开展海岛整治修复工作，从项目储备着手，做好海岛整治修复项目甄选与入库工作，全市 38 个海岛整治修复项目入库；积极组织海岛整治修复和海洋经济创新发展区域示范项目申报，普陀山生活污水集中处理、定海干览镇环境保护和整治修复等 8 个海岛整治修复项目通过国家海洋局和财政部初审，计划争取中央资金 9383 万元。

海洋环境保护

【海洋生态环境监测】 2012 年，浙江省舟山海洋生态环境监测站在舟山近岸海域共设置生态环境监测站位 23 个，全年进行了二期海水水质和海洋生物监测，一期海域沉积物监测。并在舟山本岛及附近岛屿设置潮间带生物监测断面 7 个，在夏季监测一期。对全部 19 个近岸海域环境功能区进行了二期水质监测。

结果显示，2012 年舟山近岸海域海水水质四类和劣四类海水占 57.2%，三类海水占 4.4%，一类和二类海水占 38.4%。影响海域水质的主要超标指标为无机氮和活性磷酸盐，按二类标准统计，样品超标率分别达到 68.6%和 39.0%。部分水样溶解氧和化学需氧量超标，个别样品生化需氧量和 pH 超标。海域水体富营养化指数范围为 0.81～11.99，均值为 3.44，属中度富营养化状态。

近岸海域浮游动物生境质量等级为一般，浮游植物、底栖生物和潮间带生物生境质量等级均为差；表层沉积物质量优良，100%为第一类；近岸海域环境功能区达标率为 22.2%，影响功能区水质超标的主要指标为无机氮和活性磷酸盐。

【涉海工程环境监督】 2012 年，进一步完善海洋工程建设项目的环境影响全过程管理，全年共核准、审核涉海工程项目 36 个（核准海洋工程 27 个，审核海岸工程 9 个），其中受省局委托核准海洋工程项目 10 个；市本级核准海洋工程 7 个，审核海岸工程 9 个，核准、审核率 100%。全年共举行听证会 7 个，组织海洋工程环保“三同时”竣工验收项目 14 个。全市全年未发生海洋工程环境事故，未发生因海洋工程建设引发的群体上访事件。全市全年共签订环境监测、监理项目 22 个，落实生态补偿项目 28 个。

【海洋生态修复】 2012 年，全市共投入生态修复资金 790 万元，共放流 35 个批次的海蜇、标志大黄鱼等苗种共 43738 余万尾（只、尾、粒），为历年来资金投入和放流数量最多的一年。

海洋环境预报和防灾减灾

【海域环境监测预报】 2012 年，舟山市继续开展对陆源入海排污口、海水增养殖区、海洋特别保护区、滨海旅游度假区、海水浴场、海洋垃圾和赤潮等监视监测工作，加大对风暴潮、灾害性海浪的监测预报力度。全年共布设各类监测站位 200 余个，动用监测船只 130 船次，总航程近 4000 海里，获取监测数据 40000 余个。

【海洋灾害与防灾减灾】 2012 年，舟山市继续采用卫星遥感、航空监视监测、船舶监测等方式，对嵊泗、岱山 2 个国家级赤潮监控区和普陀省级赤潮监控区开展了业务化监视监测，并开展了舟山全海域赤潮常规监视监测和应急监测。全年舟山海域共发现赤潮 7 次，累计面积 755 平方千米，其中有害赤潮 4 次，面积约 365 平方千米，主要藻种为鱼毒性的米氏凯伦藻，其它几起无毒赤潮主要优势种为东海原甲藻和红色中缢虫，赤潮主要发生在嵊泗和朱家尖近岸海域。全年舟山受台风风暴潮侵袭 5 次，舟山海域发生灾害性海浪过程 4 次，其中受冷空气影响 1 次，台风及低压系统影响 3 次，灾害性海浪发生天数略低于上年。

2012 年，舟山市遭遇“海葵”、“布拉万”等一次双台风和一次三台风的影响，期间共发出各类预警 30 余次，全市共转移群众 180436 人，5405 余艘（60 马力以上）渔船、1887 余艘客（货）船全部在安全港内或安全海域避风，近 100 余艘无动力船只全部落实加固措施。台风期造成全市直接经济损失 22.156 亿元。全市一线标准海塘无一处溃堤决口，小型以上水库无一处发生重大险情。

海洋执法监察

2012 年，舟山市开展海洋执法 1467 次，出动执法人员 1981 人次，执法车辆 260 次，出动海监执法船艇 431 航次，航程 12062 海里，全市共查处违法案件 13 起，收缴罚款共计 3150.89 万元。其中，检查海洋环境保护类项目 212 个，查处违法案件 4 起，收缴罚款 39 万元；检查海域使用项目 314 个，查处违法案件 8 起，收缴罚款 3111.8312 万元；开展海岛执法检查 424 次，共检查海岛 348 个，发现违法用岛行为 1 起，圆满完成东海总队与省总队在舟山联合开展的中国海监 2012 年度浙江海岛联合执法行动。

2012 年 10 月 3～14 日和 11 月 7～16 日，中国“渔政 33006”船遵照上级指示，在钓鱼岛海域开展了护渔巡航工作，累计航行 319 小时，航程 3200 余海里，圆满完成了上级交给的维权护渔光荣使命。开展“护渔 2012”执法行动，连续 18 年实现伏季休渔“零违规”。广泛宣传，严格执法，打击违法捕捞海洋生物幼体资源整治行动取得成效。坚持开展“打非治违”和“平安渔业”、“平安海区”示范创建工作，落实渔政船定点值班和巡航护渔制度，确保渔民生命财产安全。做好东海油气管道溢油事件的应急处置和海上警戒工作。加强巡航，确保十八大期间海底光缆通信畅通。

海 洋 科 技

【概述】 2012 年，舟山市本级共投入科技经费 6000 余万，争取到省部科技经费 1.1 亿元。全年共实施各级各类科技项目 720 项，其中国家级 53 项，省级 280 项。全年获省市级政府奖的科技成果数 50 项，其中省级奖 4 项。认定登记技术合同 61 项，成交合同金额 4554 万元。全年申请专利 2200 件，其中发明专利申请量 522 件。专利授权量 1096 件，其中发明专利授权量 115 件。目前全市已有省级企业研究院 4 家，省级专利示范企业 15 家，高新技术企业 34 家，省级创新型试点企业 5 家，省级科技型企业 99 家，省级农业科技企业 65 家。已培育省级高新技术研发中心 24 家，省级农业科技企业研发中心 22 家，省级区域创新服务中心 8 家。

【海洋科技创新平台建设】 一是推进舟山市科技创意研发园建设。重点建设科技研发园、产业示范园、创新创业园，重点打造海洋科技研发产业集群和海洋电子信息产业集群两大产业集群，打造国内一流的、具有科创园特色的园区综合运维服务体系。目前启动区块建设初具规模，已累计完成投资额近 5 亿元。二是浙江省海洋开发研究院建设不断深化。全面启动船舶制造、水产加工制造、海洋生物医药等产业技术创新战略联盟的建设，扎实推进国际科技合作基地、重点实验室、船舶设计虚拟仿真平台等载体和平台的建设。科技攻关取得重大突破，获批国家及省部级项目 10 项，立项经费 2500 余万元，立项经费与到位经费均创历史新高；成果转化创历史新高，获省科技进步奖二等奖 2 项。三是全面启动摘箬山科技示范岛建设。浙江大学摘箬山岛外海实试基地工程建设接近尾声，该基地发挥着科研、教学、实习、科研试验，以及海洋装备产业技术研发和试验等重要作用。四是浙江大学海洋学院（筹）于 12 月在舟山成立并开建，占地近 700 亩，预计 2015 年 6 月交付使用。

首次荣获海洋领域中国专利优秀奖　由浙江海洋学院、浙江东海海洋研究院、浙江大海洋科技有限公司联合申报的“一年两茬曼氏无针乌贼工厂化养殖方法”发明专利，荣获中国专利优秀奖，这是舟山市海洋领域专利首获中国专利奖。

舟山群岛新区科技·人才·经济融合发展高层论坛　11月，举办舟山群岛新区科技·人才·经济融合发展高层论坛，主题是“促进舟山群岛新区科技、人才与经济融合发展，加快创新型城市建设”，旨在探讨交流新形势下浙江舟山群岛新区如何依靠科技提升传统产业、培育新兴产业以及完善科技人才创新体系环境建设等问题，为舟山科技创新发展以及招才引智等出谋划策。

海洋防腐技术开发应用院士专家工作站成立　11月，浙江省海洋开发研究院与中科院海洋所侯保荣院士及其团队合作共建的“海洋防腐技术开发应用院士专家工作站”正式成立。工作站主要开展涂料等相关防腐蚀产业及企业战略咨询和技术指导，围绕大桥、码头等海洋工程设施安全运行面临的重大关键技术难题组织院士及其团队开展联合攻关，共建人才培养基地，引进院士及其团队的防腐蚀技术成果，共同开展转化和产业化。

【海洋科技项目】　10月，舟山市港航管理局牵头承担的“大型无动力船舶防台锚泊工程关键技术”获得突破，该项目在涉及台风灾害天气锚泊水域船舶安全保障方面，填补国内外大型无动力船舶防台锚泊工程技术的空白。项目已完成锚地选址过程多因子系统的研究、系缆力和锚链拉力的模拟与仿真计算研究、超大型船舶锚链安全高效的系泊作业技术研究等，完成5座10万吨级无动力船舶防台浮筒及1座30万吨级防台浮筒的建造工作，并正式投入使用。11月，由浙江欣海船舶设计研究院设计、浙江凯灵船厂建造的全国首艘多功能电力电缆敷设船正式交付并投入使用。该船配备先进的动力定位系统、侧推系统、动力退钮系统和埋设系统，多项指标达到国内领先。海缆船项目的成功实施，可有效提高我市电缆敷设船建造水平，同时提升电力部门海缆敷设能力和埋设技术。舟山欧森天元科技有限公司创业创新团队成功研发的新型海水流体冰制冰设备——FCIG6型制冰机，是水产保鲜技术的又一重大突破，日产-1℃～3℃流体冰6冷吨，可直接使用海水制冰，其制出的直径仅为0.1～0.2毫米、高流动性的球形流体冰可通过管道直接与水产品混合，可广泛应用于捕捞渔船、运输船的水产品低温保鲜。该设备的研发成功，改进了我国传统机制冰保鲜工艺，使我国的水产品品质由低温保质上升为低温保鲜阶段，填补了我国保鲜技术在水产运输冷链环节的空白。

海洋教育

【概述】　深入推进现代海洋教育　2012年，开展融海洋文化于学校教育的现代海洋教育研究，通过开展主题教育活动，开发海洋校本教材与课程，在教育理念、教学模式和教育实践等方面基本形成了以海洋为特色的素质教育框架，涌现了一批现代海洋教育特色学校。普陀区50多所学校将推进现代海洋教育作为“牛鼻子”工程，建立了现代海洋教育项目推进的牵头学校和网络学校。启动《现代海洋教育读本》编写工作，9月，《普陀海洋英语读本》正式出版，并在八年级地方课程中启用。岱山县开发了《我是海岛小主人》、《沙韵、海音、故乡情》等校本教材，其中高亭小学开发的《海洋知识与劳技》被评为浙江省第一届中小学德育精品课程。5月，还开展了“畅游蓝海，共创未来”海洋科普主题季活动。

【增设海洋类专业】　对接《浙江舟山群岛新区发展规划》，中职教育新增报关与国际货运、港口机械运行与维护、国际邮轮乘务3个专业；浙江国际海运学院新增船舶电气工程技术、港口物流设备与自动控制、国际航运业务管理、休闲旅游4个专业；浙江海洋学院新增海洋工程与技术、船舶电子电气工程、海洋生物资源与环境3个涉海类专业并招生。

【首期游艇操作人员培训班】　10月10日，浙江舟山群岛新区首期游艇驾驶人员培训班在浙江国际海运职业技术学院开班。首期游艇操作人员培训共有学员19名，培训时间10天，共完成游艇操纵基本知识、游艇机械推进动力装置基本知识、游艇避碰技术等理论课程和靠离码头、驶进和系离浮筒、锚泊作业航行、蛇形绕标、救助落水人员等水上训练内容。

【舟山群岛新区研究中心】　为推进“浙江海洋经济发展示范区”和“浙江舟山群岛新区”两大国家战略，浙江海洋学院成立浙江舟山群岛新区研究中心，该中心将围绕新区的经济、社会、文化工作中的热点、重点、难点问题展开研究，为政府决策提供参考。

【浙江海洋学院海洋课题立项】　由浙江海洋学院崔旺来教授主持的“我国政府海洋管理体制创新研究”课题获 2012 年度国家社会科学基金一般项目立项。

【首艘海洋综合科学考察船开工】　10 月，作为浙江省“海洋渔业科学与技术”学科建设项目中一个重要组成部分的浙江海洋学院首艘海洋综合科学考察船，在青岛格时达船业股份有限公司开工建造。此科考船是一艘集科研教学于一体、具备近海综合调查能力的作业船，主要用于海洋渔业资源调查，海上教学实习，近海海洋气象、化学、生物、地质、环境、水文等多学科综合调查，以及潜水钻探等海洋物探调查。该船总长 36.9 米、宽 7.8 米、型深 3.8 米，总吨位 290 吨，最高航速 12 节，船上将搭载 CTD、ADCP、浅地层剖面仪、多波束彩色水平鱼探仪等各类科考设备，预计总造价在 1500 万元以上。建成后将争取进入国家科考船队行列。

海 洋 文 化

【第七届舟山群岛·中国海洋文化节】　6 月 16 日，2012 年舟山群岛·中国海洋文化节在舟山市岱山县岱东镇“鹿栏晴沙”拉开序幕，开幕式的休渔谢洋大典以一场“龙文化”盛宴共飨四方宾朋，海坛上，四百渔民祭海，盛况空前。本届海洋文化节由国家海洋局和浙江省人民政府联合主办，舟山市政府、浙江省文化厅、浙江省海洋与渔业局、浙江省旅游局和《中国海洋报》社共同承办，历时 2 个月，包括开幕式休渔谢洋大典、中国海洋文化论坛、渔民秀、国际游艇展、全国当代水墨艺术家邀请展等 18 项活动，共有 11 个国家和地区，15 个沿海城市、20 余万群众参与。

【第十届中国普陀山南海观音文化节】　10 月 22 日，第十届中国普陀山南海观音文化节在普陀山隆重举行。此次文化节以“自在人生、慈悲情怀”为主题，包括佛教文化交流活动——“台湾南海观音普陀山寻根之旅”、第四届中国普陀山佛教用品博览会、“同愿、同行、和天下”观音文化节大型音诗画、中国普陀山慈航广场佛教用品专业市场招商洽谈会、“佛顶顶佛”朝拜法会、“弘法演说”讲经法会、“慈悲普陀，大爱至深”普陀山—深圳“千人斋”旅游推介会等系列活动，于 12 月底结束。本届观音文化节由舟山市人民政府主办，普陀山风景名胜区管理委员会、舟山市民族宗教事务局、普陀山佛教协会、普陀山旅游发展股份有限公司承办。佛博会的主展区慈航广场由潘天寿艺术研究院院长朱仁民先生设计，建筑萃取了传统海岛民居和普陀山佛教文化元素，因地制宜，进行艺术化重组架构，体现了浓厚的舟山地域特色。

【第十四届中国舟山国际沙雕节】　9 月 26 日，第十四届中国舟山国际沙雕节在朱家尖开幕，本届沙雕节将沙雕文化与电影文化相结合，用沙雕演绎电影经典场景和人物。沙雕作品由来自中国、美国、荷兰、加拿大、捷克和西班牙等国的 35 名沙雕手完成。内容分为舟山沙之影城入口、电影历史博物馆、超级英雄过山车、惊悚鬼屋、冒险乐园、名誉之墙、中国戏院、好莱坞餐馆、未来世界、怪物之山 10 个区域。此外，还有东海音乐节、沙滩体育嘉年华、现场沙雕创作体验等配套活动。

（舟山市海洋与渔业局）

福 建 省

综 述

2012年，福建省坚持以科学发展观为指导，抢抓海峡蓝色经济试验区建设机遇，坚持陆海统筹，落实“五个用海”，稳中求进，好中求快，着力服务海洋经济发展，提升海洋综合管控能力，推进现代渔业建设，海洋与渔业各项工作取得明显成效。

海洋经济与海洋资源开发

【概述】 2012年是福建加快推进海洋经济强省建设的重要一年。海洋渔业、海洋交通运输业、滨海旅游业、海洋船舶工业、海洋工程建筑五个海洋传统优势产业发展较快。环三都澳海洋经济集聚区、闽江口海洋经济区、湄洲湾海洋经济集聚区、泉州湾海洋经济集聚区、厦门湾海洋经济集聚区、东山湾海洋经济集聚区构成的沿海海洋经济区域布局已经基本形成。

【海洋渔业】 2012年，福建省坚持以转方式、调结构、惠民生为主题，通过培育渔业主导产业，巩固渔业发展基础，强化渔业科技支撑，推进现代渔业建设，渔业经济呈现持续健康发展的良好态势。全省渔业经济总产值2017.32亿元，同比增长14.17%，增加值1070.5亿元，同比增长14.4%；水产品总产量628.61万吨，同比增长4.1%，其中：海水养殖产量达332.66万吨，同比增长5.22%，海洋捕捞（含远洋）产量213.88万吨，同比增长1.82%；水产品加工产量290.52万吨，同比增长6.13%，产值546.81亿元，同比增长19.34%；水产品出口额47.8亿美元，同比增长17.79%，占全省农产品出口总额的63.2%；渔区渔民人均纯收入11790元，同比增长14.1%，比全省农民人均纯收入高出1823元。海水养殖面积14.55公顷，同比增加2.23%。

【海洋交通运输业】 2012年，福建省海洋交通运输业稳步增长。沿海港口货物吞吐量累计完成4.14亿吨，同比增长10.9%，其中：福州港完成1.14亿吨，同比增长11.6%；厦门港完成1.72亿吨，同比增长10.1%；全省集装箱吞吐量完成1073.07万TEU，同比增长10.6%，其中福州、厦门港两港分别完成182.5万TEU和720.17万TEU，同比分别增长9.9%和11.4%。全省完成水路旅客运输量1701.65万人、2.72亿人千米，同比增长6.7%和13.0%；水上货物运输量完成2.11亿吨、2922.99亿吨千米，同比增长11.8%和14.4%。福建省政府相继出台了《关于促进航运业发展的若干意见》、《关于加快发展港口群促进“三群”联动的若干意见》，以及支持厦门东南国际航运中心建设的十条措施、促进船舶工业转型升级的十一条措施，不断完善港口规划及配套基础设施，提升港口群综合服务功能和支撑动力。

【海洋旅游业】 2012年，福建省出台《关于加快旅游产业发展的若干意见》，进一步明确了旅游产业发展的目标方向，加大了旅游产业发展的扶持力度，人均旅游消费增加，产业转型升级初露端倪，旅游经济呈稳步发展态势。全年旅游总人数16703.8万人次，同比增长17.0%；旅游总收入1916.94亿元，同比增长17.2%，其中：接待国内游客16210.13万人次，同比增长17.1%，国内旅游收入1650.00亿元，增长17.9%；接待入境游客493.67万人次，同比增长15.5%，外汇收入42.26亿美元，同比增长16.3%。滨海旅游业发展迅速，文化旅游强劲增长，以节促游成效显著，莆田举办湄洲妈祖文化旅游节，吸引两岸百团万人游湄洲，接待226.49万人次，同比增长20.2%，平潭岛接待128.4万人次，同比增长54.8%；假日旅游再创新高，经济效益显著提升，黄金周期间全省接待旅游者突破1000万人次，达1208.16万人次，同比增长21.4%；两岸政策互惠，促进台胞市场快速增长，全年接待台湾同胞211.16万人次，增幅达14.1%，占入境游客总数的42.8%；口岸优势日趋明显，港澳市场增势喜人，全年累计接待港澳同胞115.50万人次，同比增长12.9%，福建省作为中国东南沿海旅游的中转站作用日趋明显。

海洋立法与规划

【海洋规划】　2012 年 9 月，国务院批准了《福建海峡蓝色经济试验区发展规划》，国家发展改革委批复了《福建海洋经济发展试点工作方案》，标志着福建海峡蓝色经济试验区建设上升为国家战略，国家从资金安排、项目布局、政策配套、体制创新等方面支持福建海峡蓝色经济试验区发展。8 月，福建省委召开九届五次全会，提出加快推进海洋经济强省建设的战略目标，福建省出台了《关于加快海洋经济发展的若干意见》、《关于支持和促进海洋经济发展九条措施》，提出一系列力度大、针对性强的发展措施，为加快海洋经济发展提供了良好的条件。10 月，福建省印发了《福建省海洋新兴产业发展规划》、《福建省现代海洋服务业发展规划》，进一步推动海洋经济发展各项政策的落实。为进一步加强海洋与渔业执法队伍建设，强化海洋与渔业执法力度，推动海洋与渔业执法事业全面发展，福建省编制了《福建省海洋与渔业执法发展规划（2011～2020）》，提出了提升队伍综合素质、着力资源保护、加强安全监管、强化维权巡航等 21 项任务。

【海洋立法】　福建省修订了《福建省海域使用管理条例》、《福建省实施〈中华人民共和国渔业法〉办法》和《福建省实施〈中华人民共和国野生动物保护法〉办法》等三部地方性法规，有力保障了《行政强制法》在海洋与渔业领域的正确有效实施，切实维护国家法制统一。

海域使用管理

【区域建设用海规划】　10 月，《福建省海洋功能区划（2011～2020 年）》获得国务院批准，为福建未来十年海域管理提供科学依据。福建省积极指导市、县政府编制和实施区域建设用海规划，莆田石门澳、晋江滨海新区、南安石井、厦门大嶝、泉港峰尾 5 个区域用海规划获得国家海洋局批准，全省在建区域建设用海规划达到 9 个，围填海总面积 60 多平方千米。积极推进福清江阴东部片区、长乐松下港区、莆田涵江新区、长乐外文武沙、宁德中海油工业区、漳州古雷石化园区等区域建设用海规划，围填海达 80 多平方千米，为推进临海产业集中集聚发展，促进海域资源集约节约利用发挥重要作用。

【重点项目用海管理】　全面保障“五大战役”项目用海，对福建省政府重点建设项目和经济新增长区域用海，指定专人负责，主动跟踪服务，指导做好用海审批的相关工作，一大批重点项目用海获得批准，全省海域使用确权发证面积 5487 公顷，减免海域使用金 1.18 亿元。建立服务平潭用海项目工作机制，制定出台《关于贯彻落实平潭综合实验区总体发展规划的实施意见》，从保障建设项目用海用岛等 7 个方面提出 24 条具体措施，支持平潭综合实验区先行先试。建立领导挂点包片工作制度，每月深入重点项目现场，研究解决用海过程存在的问题和困难，指导推进用海各项工作，促进重点项目和重要用海区域经济发展。

【海域资源市场化配置】　1 月，厦门东坑湾游艇项目海域使用招拍挂方案获得福建省政府批准，为围填海项目市场化配置探索经验。11 月，福建省召开了全省海域资源市场化配置工作推进会，全面推进全省海域资源市场化配置工作，并提出海域资源市场化配置 6 个“百分百目标”，即：沿海各县必须 100%设立海域资源市场配置的动态管理台账；原有承包合同到期，重新发包养殖用海项目必须 100%实行公开招拍挂；新开发的养殖项目必须 100%实行公开招拍挂；海砂临时用海必须 100%实行公开招拍挂；经营性开发利用无居民海岛必须 100%实行公开招拍挂；非养殖用海逐步实现 100%公开招拍挂。2012 年福建省通过招标挂牌拍卖出让海域使用权 46 宗，面积 2282.15 公顷，征收海域使用金 2428.3 万元；开展海域使用权抵押登记 54 宗，抵押海域面积 2930.51 公顷，抵押贷款金额 15.55 亿元。

【海域动态监管系统】　积极开展海域动态系统业务化运行，建立用海项目网上审批系统。开展重大用海项目和重点岸段地面实时视频跟踪监测工作。完成省市县三级海域使用专线网络的构建，实现国家海域动态监视监测管理系统延伸至沿海县和省、市海域管理人员桌面，并开发系统软件与国家监管系统对接，实现海域使用权证书统一配号、海域使用数据自动汇总和省、市、县三级海域使用项目管理体系。

海岛管理

【海岛保护】 福建省编制完成《福建省海岛保护规划》，明确了全省 2214 个海岛的主导功能定位、海岛保护分区、近期和远期保护与利用规划、保护与开发的实施措施等，为全省保护和合理利用海岛资源提供依据。编制完成《福建省无居民海岛保护与利用控制性规划》，对532个适度利用类无居民海岛，进行岛陆分区和岸线分段规划，科学有序控制开发利用方向、范围和方式，有效保护海岛地形地貌和岛陆岛滩和海域自然资源，以及海岛生物多样性和重要生态环境。开展领海基点海岛保护范围的选划，并采取措施，保护领海基点海岛的生态环境，维护国家海洋权益。

【海岛开发】 起草《福建省无居民海岛使用申请审批试行程序》，出台《关于开展已开发利用无居民海岛确权登记工作的通知》，推动无居民海岛的审批进程，推进无居民海岛的适度利用。宁德小岁屿无居民海岛使用项目及莆田箭屿休闲旅游开发用岛、连江洋屿综合旅游开发用岛 3 个无居民海岛使用项目获得福建省政府批准登记。完成海岛地名普查和海岛名称标准化工作，开展海岛立碑，设置海岛名称标志 380 个。

海洋环境保护

【海洋生态保护】 福建省在全国率先实行沿海设区市海洋环保责任目标考核制度，省政府下达《沿海设区市海洋环保责任目标（2011～2015)》，内容包括海洋环境质量指标、海洋污染控制目标、海洋生态保护目标等，同时下发了《2012 年度沿海设区市海洋环保责任目标》、《2012 年度沿海设区市海洋环保责任目标考核办法》，对沿海设区市和平潭综合实验区落实海洋环保目标责任的情况进行检查考核，使海洋环保工作的地位上升到新高度。编制了《福建省沙滩保护规划》，通过对滨海沙滩资源的开发活动进行指导和管理，实现资源利用最大效益，促进滨海沙滩资源环境的开发与保护。加强水生生物资源养护和生物多样性保护，全省投入 1480 万元，增殖放流鱼虾贝苗种 5.5 亿尾(粒)，其中海水增殖放流苗种 4.8 亿尾（粒），放流水域覆盖全省 13 个海湾；淡水增殖放流苗种 7000 万尾，放流水域主要为闽江、九龙江流域的主要干、支流。渔业周期间，在闽江口海域联合举办以“养护海洋渔业资源，共建和谐海峡两岸”为主题的增殖放流活动，农业部、福建省以及台湾地区等各界人士参加了放流活动。海洋生态保护取得明显成效，新建福鼎福瑶列岛、长乐漳港、莆田湄洲岛和诏安城洲岛等 4 个国家级海洋公园，厦门、晋江和东山等 3 个市县入列首批国家级海洋生态文明示范区。

【海洋环境整治】 安排海洋污染治理专项资金，采取截流治污、养殖迁移、治理米草、种植红树、增殖放流和人工鱼礁建设等措施，实施一批海洋环境综合整治和生态修复重点项目，综合整治区域突出海洋环境问题，在罗源湾岐头-北山沿岸开展海岸带环境整治及入海污染物总量控制示范工程，在泉州张坂前见至东园秀涂开展海岸带资源环境保护综合整治修复项目，为地方海洋经济发展创造优越的海洋环境。加强污染物排海控制，对临海村镇、海滨、渔港、旅游度假区等重点海域开展“海漂垃圾”综合整治，组织清理渔港及避风港内的废弃渔船，在渔船推广配置油污和垃圾回收“两桶”，探索建立海上保洁工作的长效机制和运行模式。

【海洋环境监测】 编制发布 2012 年全省海洋环境状况公报和渔业生态环境状况公报，重点开展了 14 个主要海湾、69 个重点涉海工程、11 条主要江河入海污染物总量、69 个陆源入海排污口、4 个海洋保护区、3 个海水增养殖区、11 个海水浴场，2 个核电站附近海域放射性物质等海洋环境监测监视工作，实现全省海域环境监视监测的全覆盖，并定期通报全省海洋环境质量状况，及时发布赤潮预测和灾情报告；开展全省重点渔业养殖区环境监测工作，建设 10 个重点养殖水域 51 个浮标在线水环境监测预警系统，编制完成项目可行性研究报告。严密监测监控赤潮，共发现赤潮 17 起，其中有毒赤潮 10 起，无毒赤潮 7 起，累计影响面积 396.8 平方千米，持续时间 105 天。提升渔业水域污染事故的能力，对新加坡“巴莱里”集装箱船搁浅事故海洋环境与生态损害影响进行持续 93 天的监测评估，为政府妥善处置事故提供科学依据。

海洋环境监测表明，2012 年福建省海洋环境质量状况总体保持在较好水平，符合第一类及第二类海水水质标准的海域面积占监测海域面积的比例为 62.9%，同比提高 1.3 个百分点。

海洋环境预报与防灾减灾

【海洋环境预报】 积极开展海洋灾害应急演练，保障海洋预警报实时发布，完成海洋预警报决策会商系统升级改进，对原有的“防台会商 PPT 智能组织系统”、“历史台风暴潮数据分析系统”、“十五风暴潮模型”、“海洋防灾减灾辅助决策支持系统”、“赤潮预警系统”等 5 个预报业务系统进行了改进和完善。完善海洋环境预报服务，拓展渔业海况气象预报范围，从 3 月 20 日起，增加钓鱼岛海域未来 7 天海况预报；开展重点保障目标服务，从 1 月 9 日起为平潭到台中“海峡号”航线提供大面航线海洋环境预报服务，有力保障了两岸直航客滚轮海上航行安全；提供海上突发事故应急救助保障预报服务，全年提供海上落水人员漂移轨迹及事发地海况预报 10 期。进一步完善信息发布渠道，完成厦门高崎、莆田湄洲岛、福鼎沙埕三个渔港 LED 显示屏建设工作，拓宽了预警报信息发布渠道；改版《福建省海洋环境预报》节目，策划完成主持人上镜版节目，8 月 8 日正式在电视台播出。加强项目建设，全面推进“重点区域精细化风暴潮预报业务化应用”、“海洋预报综合信息系统示范应用”、“平潭综合实验区附近海域落水人员漂移精细化预报”等项目。

【海洋防灾减灾】 完善应急预案，组织修订了《福建省渔业防台风应急预案》，将原来的三级响应改为四级响应，增强了预案的科学性和可操作性，同时根据新核定并公布的警戒潮位值，修订了《福建省风暴潮灾害应急预案》。首次编制福建省海洋灾害公报，内容涵盖风暴潮、海浪、赤潮、海啸、海水入侵与土壤盐渍化等主要海洋灾害。完成海洋渔业生产安全环境保障服务系统建设，海洋渔业安全环境保障系统进入业务化运行，实现省、市、县。渔港等 73 个结点渔船管理平台的四级网络安全互联与管理，该平台还延伸至福建省人民政府驻浙江渔业生产指挥部。渔船动态船位数据和预警报产品互联互通，实现预警报产品在 GIS 集成显示平台上与渔船定位的叠加，有效提升了海洋预警预报对海上渔船管理服务水平。连江县风暴潮风险评估与区划试点工作进展顺利，完成基础数据收集、补充调查和分析工作。开展防灾减灾宣传，举“新中国成立以来重大灾害与应对措施”讲座，开设“防灾减灾日”专题网页，在“防灾减灾日”宣传活动周期间，共印制《海洋与渔业防灾减灾知识手册》1 万册、《海洋观测预报管理条例》0.5 万册，制作防灾减灾宣传彩旗 200 多面，发放传单 1.5 万余张。

海洋执法监察

【执法能力建设】 “中国海监 8002”1000 吨级省级维权执法专用海监船正式入列，下水投入使用后将为维护我国海洋权益发挥重要作用，另有 600 吨级和 1500 吨级 2 艘海监船正在加紧建造中；福州、东山 2 个省级海洋与渔业执法基地已进入施工招标阶段。基层执法力量得到加强，全省一线渔港监督机构已挂牌 47 家，人员到位 264 人；省海洋与渔业执法总队新增高级船员编制 51 名，编外聘用、财政保障普通船员 39 名。

【海洋综合执法】 强化海域使用秩序、海洋环境和海岛生态动态监管，全面落实海域岸线、海岛巡查和海洋工程监管三项制度。开展“海盾”、“碧海”专项执法行动，查处海洋倾废和海域采砂等重点领域违法案件 353 宗；与台湾海巡机构在连江-马祖、厦门-金门海域开展海上协同执法 3 次，海洋违法行为得到有效遏制。出色完成钓鱼岛附近海域和专属经济区 5 次渔政巡航维权任务和 4 次海洋维权巡航行动，农业部专电向福建省政府发来感谢信。加强部门合作，拓展合作领域，把管辖海域内文化遗产联合执法行动纳入海域岸线和海岛巡查工作，在连江定海、莆田南日岛、漳州龙海“半洋礁”等重点海域开展巡查工作。

海洋科技与文化

【海洋科技】 科技兴海平台建设持续推进，厦门南方海洋研究中心正式揭牌，为实施科技兴海战略和海洋经济发展提供科技支撑；福建省政府与国家海洋局签订建设国家海洋局海岛研究中心协议，为发挥“海峡、海湾、海岛”优势，做好海洋经济发展中“海岛”这篇文章起着科学引领和技术支撑作用；诏安金都海洋生物产业园成为福建省首家国家科技兴海示范基地。科技创新成果丰硕，“水产品加工副产物的高值化开发与应用技术研究”等 2 个项目荣获国家 2012 年度海洋科学技术奖，“两岸联合开展台湾海峡主要渔业资源利用与养护”等 5 项成果获得省科技奖；”908 国家重大专项”通过总验收，为海洋管理提供科技支撑和服务；“海洋西岸平潭实验区海水与海洋能利用集成技术研究与示范”等 6 个海洋公益项目全面启动。项目成果对接成效显著，第十届“6·18”期间与国家海洋局共同打造“海洋科技成果馆”，成功对接项目 83 个，总投资 20 亿元；海峡渔业周签约金额首次突破百亿元大关。

【海洋文化】 海洋文化建设取得新进展，5 月 22 日，福建省依托福州大学闽商文化研究院成立了福建省海洋文化中心。组织海洋研究方面的专家学者撰写《福建海洋文化》分册。举办韩国丽水世博会中国馆以“潮涌海西、蓝色福建”为主题的福建活动周活动，充分展示福建省海洋经济文化等方面的深厚底蕴和成就；成功举办了“厦门国际海洋周·海洋文化论坛”。组织拍摄了《福建海洋文化》宣传片和十二集大型电视系列片《福建海洋调查》，8 月，《福建海洋调查》在福建电视综合频道《新闻启示录》栏目正式开播。（福建省海洋与渔业厅）

厦 门 市

综 述

2012 厦门市生产总值 2817.07 亿元，按常住人口计算人均生产总值达 77392 元（折合 12260 美元）。2012 年，厦门凭借海洋和海湾资源的优势，以项目为抓手，大力发展临海工业、港口交通运输、滨海旅游和海洋高新技术产业等海洋产业，海洋经济对全市国民经济发展的贡献率逐步增大。2012 年，海洋经济增加值 318.47 亿元，占全市国内生产总值的 11.3%，海洋经济已成为厦门国民经济发展的重要力量。2012 年厦门港货物吞吐量 12227.31 万吨；港口集装箱吞吐量 720.17 万标箱 TEU。海洋旅游业的整体服务水平不断提升，滨海旅游不断扩大。2012 年全市接待海内外旅游人数 4124.43 万人次。其中，境外游客 539.88 万人次，旅游外汇收入 15.77 亿美元。

海洋经济与海洋资源开发

【概述】 2012 年，为贯彻落实中共福建省委九届五次全会精神，根据市委工作部署，厦门市海洋与渔业局着手起草《中共厦门市委 厦门市人民政府关于加快海洋经济发展的实施意见》，广泛征求了市发改委、市财政局、市地税局、市国土资源管理局、市规划局、市国资委和港口局等部门的意见，对《实施意见》进行了多次反复修改完善。并与财政局就资金部分内容进行多次沟通，积极争取设立海洋经济发展专项经费。8 月 15 日，市委十一届四次全体（扩大）会议讨论了该《实施意见》，9 月 26 日厦门市委下发《中共厦门市委 厦门市人民政府关于加快海洋经济发展的实施意见》，并根据实施意见内容，提出各部门的任务责任分工意见。

【创建国家级海洋经济创新发展区域】 根据财政部、国家海洋局《关于推进海洋经济创新发展区域示范的通知》的要求，广泛动员和征集厦门大学、海洋三所、集美大学等涉海科研院所和厦门市涉海企业申报海洋经济创新发展区域示范项目，与国家海洋局海洋科学技术司、发改委高新司和财政部有关部门反复沟通，起草了《厦门市海洋经济创新发展区域示范总体实施方案》及成果转化和产业化、公益性科研、公共服务平台、海域海岸带整治修复 4 个分项实施方案，共申报 21 个专项，通过市政府上报省政府，并转报国家海洋局和财政部。通过开展海洋经济创新发展区域示范工作，拟开展海洋生物医药与制品、高效健康养殖、海洋装备等领域科技成果的转化和产业化示范，努力实现申请专利数量 40～50 项，成果转化 25～30 项，发展壮大 9 家战略性新兴产业示范企业，到 2016 年争取直接新增产值达到 13.57 亿元。联合科研院所和高校，依托国家海洋局第三海洋研究所建立海洋药源生物种质资源库、海洋生物产业化中试技术研发公共服务平台和厦门大学、七二五研究所厦门分部建立海洋涂料产业及材料环境海上试验场，为海洋科技创新和产业发展提供支撑。

【扶持战略性新兴产业】 2012 年，厦门市加快产业结构调整，大力发展战略性新兴产业的机遇，主动作为，宣传推介发展海洋经济的重要性和必要性，组织编制《厦门市海洋战略性产业“十二五”规划》，海洋高新产业已被厦门市列入六大战略性新兴产业之一。同时，根据厦门市发展战略性新兴产业的总体部署，编写《厦门海洋战略性新兴产业发展目录》，包含海洋生物产业、邮轮游艇业、海洋工程装备业、海水利用业和海洋可再生能源业等五大类近 30 项产业指导目录。编写 2012 年重点项目建议，提出了产业化和关键技术项目 19 项，技术平台 1 项，申请扶持金额 6420 万元，提交市发改委统筹安排，为厦门市海洋高新产业的发展奠定基础。

【海洋经济运行监测与评估】 2012 年，厦门市申请国家海洋局专项资金 1480 万元，建设“厦门海洋经济运行监测与评估系统”。按照国家海洋局《关于 2011 年度省级海洋经济运行监测与评估系统建设方案的批复》（国海规字[2011]937号）精神，高度重视“厦门海洋经济运行监测与评估系统”项目建设，加强组织管理，成立了该项目建设领导小组及办公室，组建专家咨询组、项目管理部，制定工作制度，完善工作机制，编写实施方案，并完成了“海洋经济调查研究”、“厦门海洋经济运行监测与评估业务应用系统”、“厦门海洋经济运行监测与评估硬件平台”3个标段的公开招标工作，签订合同，并组织实施；做好2012年度省级海洋经济运行监测与评估系统续建项目的申报，编写可行性报告和项目申请，申请经费2200万元，主要建设：应用支撑平台三网（互联网、海洋专网、电子政务网）的进一步完善、安全保障体系的建设、数据容灾备份及业务系统应用深化等。

【海洋渔业】 2012年，渔业产值6.02亿元，同比减少3.2%。水产品总产量2.96万吨，同比减少8.9%，其中，捕捞产量0.44万吨，同比减少26.7%，养殖产量2.52万吨，同比减少4.9%。水产品加工产量15.37万吨，同比减少11.9%，水产苗种产值5.55亿元，同比增加44.4%。生产对虾苗3974亿尾、同比增加36.56%。水产品出口8.64万吨，同比减少39.33%，出口货值24300万美元，同比减少22.9%。

休闲渔业 一是办好“2012中国（厦门）休闲渔业博览会暨海峡两岸水族·钓具展”。展馆面积6603平方米，标准展位330个，展商来自马来西亚、印尼以及台湾、香港、北京、上海等地和厦门周边地区的水族企业、渔场和个人达190家，参观人流达到3万人次，配套举办的两岸水族贸易签约洽谈会，意向金额超过6000万元人民币。二是做好休闲渔船的试点工作。进一步完善和扩大休闲渔船试点规模，由2011年的2艘增加到6艘。加强休闲渔船引导和管理，核发相关证件，进行休闲渔船职务船员培训，辅导试点单位合理安排线路，准确定位，努力现实可持续发展。三是推动休闲渔业基地建设。开展全国性基地创建工作，将小嶝休闲渔村、五缘湾基地以及休闲渔船推向全国。完成白哈礁休闲垂钓基地建设。开展漳州海域浯屿附近无居民海岛矶钓基地建设的调研。

远洋渔业 2012年，根据厦门市渔业发展实际，在借鉴省政府相关扶持意见精神和其他地方经验的基础上，组织制订《厦门市扶持远洋渔业发展若干意见》（草案）。积极指导帮助远洋企业申报项目、组建船队、促进项目落地。现有3家远洋渔业企业落户厦门市。2012年农业部已批准厦门市远洋企业建造20艘钢质（每船功率为920千瓦、船长45米、总吨位298吨、单船造价880万元）过洋性拖网捕捞渔船船网工具指标，作业区域位于印尼阿拉弗拉海海域。另有20艘大洋性远洋渔船项目正在申报过程。

渔港与渔船建设 厦门市拥有在册渔船1880艘（不包括公务科研船和其它渔业辅助船6艘），其中捕捞渔船1190艘，60马力以上外海捕捞渔船7艘，渔工近3700人。现有渔港4个，中心渔港一个，群众渔港三个。全年共检验渔业船舶1839艘次，办理进出港签证4456艘次，办理职务船员证书发证、审换证110人次，办理渔业船舶登记30艘次。

渔业资源增殖放流 一是组织开展增殖放流苗种公开采购。按照政府公开采购程序，最后以竞争性谈判形式展开，成交价为206万元，比原采购价213.9万元降低了7.9万元，达到了预期效果。二是开展增殖放流评估工作。通过建立科学适用的增殖放流综合评估技术体系，应用标志放流、渔获物市场调查、渔获物统计、渔业资源监测等，综合评估厦门湾黄鳍鲷的增殖放流效果。三是组织实施增殖放流活动。在厦门海域开展增殖放流10批次，投放平均规格6.10厘米真鲷30.28万尾，完成了年度任务的100.93%；投放平均全长规格7.35厘米黄鳍鲷30.2万尾，完成年度任务的100.67%；投放平均规格6.98厘米黑鲷30.83万尾，完成年度任务的102.77%；投放平均规格1.22厘米长毛对虾7560万尾，完成年度任务的108%；投放平均规格134.06厘米中华鲟249尾，完成年度任务的125.01%。

海域使用和海岛管理

【概述】 2012年，根据国家海洋局2012年海域管理和海岛管理工作要求，积极贯彻落实科学发展观，推进厦门海域清淤整治等生态修复工程，提高用海保障能力，依法审批用海项目，加大用海项目监督力度，做好重点工程服务，积极推进海域资源市场化配置，扎实开展信息化建设，做好海岛管理工作，有力地促进了海域与海岛管理的各项工作，较好地完成各项工作任务。

【海域使用管理】　全年共办结市级用海审批手续6项，面积约27万平方米，省级审批用海项目2项，面积约99公顷，已征收海域使用金约1.2亿元。

【大嶝海域区域建设用海规划】　2012年10月23日，国家海洋局批准了厦门市大嶝区域建设用海规划，该规划期限为2012～2017年，规划填海面积624公顷以内。厦门市大嶝区域建设用海规划获得国家批准，标志着大嶝航空城建设用海前期工作取得突破性进展，将对大嶝航空城各项建设起到极大的推动作用。

【填海指标管理】　厦门市积极落实围填海指标。按照严格控制湾内围填，适当开展湾外围填的原则，加强围填海管理，控制填海规模。同时，建立围填海计划台账管理制度，跟踪填海项目办理进度，既充分满足交通、民生等重点工程填海需求，进一步提高用海保障水平，填海规模控制在国家下达的2012年度填海指标内。

【海域使用权市场配置】　填海项目海域使用权招拍挂取得实质性进展。一是厦门东坑湾游艇码头B项目海域使用权出让方案已获省政府批准，正在编制拍卖出让文件。二是做好迎接国家海洋局对全市海域动态监视监测管理系统运行情况开展全面检查工作，获得良好成绩。三是保障动态系统正常运行，做好海域使用权证国家统一配号系统试运行工作，首次实现海域使用权证统一配号。四是完善更新厦门市海域使用确权数据、空间属性数据以及项目用海的图件。五是充分利用动态系统，配合用海项目验收和用海项目执法检查工作。六是继续完善海岛管理信息系统。在已开发的信息系统的基础上，把新的海岛调查、海岛规划、海岛利用等各类海岛资料尽快纳入信息系统，以提高系统的完整性和适用性，夯实海岛管理基础。

海洋环境保护

【概述】　2012年，厦门市海洋环境保护工作以科学发展观为指导，以维护厦门海洋生态系统健康为目标，以厦门海域生态修复与保护为主线，创新理念，完善机制，努力推进海洋环境监测与评价能力建设和海洋生态文明建设。

【海洋环境质量公报】　2012年厦门市海洋环境质量公报显示：2011年厦门海域水环境质量基本稳定，海水中主要污染物仍然是无机氮和活性磷酸盐。厦门海域海洋沉积环境和近岸贝类生物质量总体良好；主要保护物种中华白海豚和文昌鱼数量稳定；九龙江入海污染物总量、同安东西溪入海污染物总量较2010年有所增加，增加的污染物主要为化学需氧量、总氮；所监测的13个陆源入海排污口主要污染物（化学需氧量、氨氮、总磷）排放量有所增加，陆源排污口邻近海域生态环境生态质量有所下降。

【海洋生态修复工程】　厦门市以海堤开口和清淤为主线，恢复沙滩为抓手，大力开展海洋生态修复工作，努力探索生态用海新模式。一是海域清淤整治工作取得新进展。针对清淤遇到的实际困难和问题，进一步优化厦门海域清淤调配方案，提出海域清淤调配实施意见和具体措施，积极推动厦门东、西海域清淤工作。厦门海域清淤整治工程累计完成海域清淤4300多万立方米，其中：海沧湾海域累计完成清淤1770多万立方米，高集、集杏海堤开口附近海域完成累计清淤2640多万立方米。同时，积极推动同安湾人工沙滩前沿海域的清淤整治工作，工程现已动工。二是海堤开口改造工程取得新突破。积极落实海堤开口方案，集杏海堤开口主体工程已基本完成，开口长度330米；高集海堤开口改造主体工程转入大规模施工阶段，海堤已经开口长约260米；马銮海堤开口改造工程正在有序推进，开口任务已经完成过半；东坑湾海堤开口改造工程所需的东坑湾大桥建设已接近完成。三是沙滩保护修复工作取得新成效。积极向国家申请海域使用金返还项目，厦门东南海岸天泉湾岸段整治修复项目已通过财政部和国家海洋局的批准；做好会展岸段景观沙滩修复工程，已经基本完成；国家海域使用金返还项目曾厝安段沙滩修复工程进入施工阶段；同安湾西岸人工沙滩修复工程已分期实施；长尾礁至五通岸段沙滩修复工程在开展前期工作。

【海洋工程环评和监管】　2012年，共组织完成对9个海洋工程项目环境影响评价的审查核准。同时，认真组织在建海洋工程项目检查，共检查 108 个次。

【国家级海洋生态文明示范区】 2012 年，厦门市积极组织开展首批国家级海洋生态文明示范区的申报与创建工作，成立了以刘可清市长为组长的海洋生态文明示范区创建领导小组，并成立创建领导小组办公室挂靠市海洋与渔业局。同时，组织完成了《厦门市海洋生态文明示范区建设规划》，并在市海洋与渔业局网站上进行公示。在此基础上，做好申报国家级海洋生态文明示范区的所有相关材料的报送工作。

【增殖放流恢复海域生态资源】 2012 年，厦门市海洋与渔业局继续在厦门海域开展人工增殖放流，全年共投放平均体长 5.67 厘米黄鳍鲷 99.25 万尾（其中 1.5 万尾标志放流）；投放平均体长规格 6.19 厘米真鲷 55.26 万尾；放流平均全长 1.014 厘米长毛对虾 11352 万尾；放流平均体长 124.67 厘米中华鲟 269 尾；放流平均体长 1.30 厘米文昌鱼 23.90 万尾。

【国家级海洋公园建设】 2012 年，厦门市积极推动厦门国家级海洋公园建设，组织开展《厦门国家级海洋公园建设总体规则》编制，并完成了会展中心长 2.2 千米，面积约 30 万平方米的沙滩修复工程，将该岸段直立式人工堤前淤泥质潮滩、混浊的水体以及滩面凌乱的局面变成相对稳定而美丽的黄金海岸，同时对该段海岸与海滩的侵蚀具有一定防护作用。

【下潭尾湿地生态公园一期建设】 2012 年，厦门市组织完成了下潭尾湿地公园一期工程，对现有滩面杂乱养殖围网和杂石（埂）清理，形成适宜于水鸟及海洋底栖动物觅食和生活的滩面 155 公顷，构建适宜红树林生长的人工滩涂岛 5 个，完成红树林种植 18.98 公顷。该湿地公园建成后，将形成一个集科普、环境保护、旅游、休闲、观赏于一体的下潭尾湿地公园。

海洋环境预报与防灾减灾

【概述】 2012 年，厦门市加大对海洋灾害的预警预报工作，不断完善相关预案，按照福建省海洋与渔业厅公布的各核定点的四色警戒潮位进行风暴潮灾害预警报工作，提高对海洋灾害的防御能力。2012 年海洋灾害天气较少，没有因赤潮、风暴潮等海洋灾害造成的直接经济损失。

【海洋赤潮预报与监测】 2012 年，厦门市认真按照《厦门市赤潮防灾减灾应急预案》，利用海域浮标水质自动在线监测系统，做好厦门海域赤潮等级预报和预警工作。2012 年厦门海域在赤潮等级预报期间，共发布了赤潮等级预报 184 期。厦门海域没有发生赤潮 1 起，仅发生 2 起临界赤潮，没有造成直接经济损失。

【海洋风暴潮灾害】 2012 年，受 1205 号强热带风暴“泰利”、1209 号强台风“苏拉”、1214 号强台风“天秤”和 1217 号超强台风“杰拉华”的影响，厦门海域分别出现最大增水为 53、116、63、81 厘米的台风风暴潮。在台风外围影响下，厦门港出现 6 次接近蓝色警戒潮位的高潮位。在农历八月初一和九月初一天文大潮期间，受冷空气影响，厦门港分别出现超过蓝色警戒潮位 15 厘米和 17 厘米的高潮位，但都没有带来风暴潮灾害。

海洋执法监察

【概述】 2012 年，开展行政许可 28 项，征收海域使用金 11975.37 万元，实施执法检查 4816 次，发现违法行为 282 起，做出行政处罚 188 件，收缴罚没款总额 279.69 万元。

【法治建设】 2012 年，通过推进法制建设、依法行政和执法监督等措施，促进海洋与渔业法治工作的深入开展。①法制建设取得新进展。完成了《水产品批发市场管理规定》立法后评估及其修订草案、《游艇管理规定》、《休闲渔船管理办法》等三个立法项目。完成了对《中华人民共和国航道法》、《福建省行政区域界限管理办法》、《厦门经济特区城乡规划条例》等 12 部法规、规章提出修改意见；向市人大提交五年法规立法建议项目 1 个，向市政府和市法制局提交三年立法规划，7 个项目；起草了《厦门市马銮湾海上钓鱼活动管理暂行规定（征求意见稿）》；向省厅提出厦门海域鱼类优势种及主要经济种类的可捕标准；②依法行政取得新突破。建立和完善依法行政各项制度的基础上，及时响应市政府开展的依法行政示范单位创建活动，认真按照《厦门市依法行政示范单位考核指标及评分标准》组织落实，采取形式多样方式营造依法行政良好氛围，并获得“厦门市依法行政示范单位”称号。③行政执法监督取得新成效。结合养殖整治、打击非法填海、打击非法采砂和厦金航线夜航保障等重点执法工作，开展现场伴随式督察，及时指出存在的问题和改进的方法，得到国家海洋局东海分局的表扬；落实海洋与渔业听证制度，共组织 3 个填海项目海洋环境影响听证，涉及填海面积 116 公顷 、投资金额 15 亿元；加强海洋与渔业行政处罚的审查和规范，查处海洋、渔业违法案件 178 起、罚款 156.2 万元，组织 2 起非法填海案、4 起非法采砂案件重大案件会审，涉及处罚金额约 948.28 万元，全面、严格地办好重大案件；减少和下放行政审批项目 3 项，审批事项审批时限全部减少 60%，将海洋行政许可条件、依据、程序、提交材料、时限等内容向社会公布，并对全局现有 14 项行政审批进行明确和规范；审查各类合同、协议、招标等法律文件 129 份，金额达 12570 余万元。

【执法保障】　①保障厦金夜航开通和航线安全畅通。协调海事、港口、海警、公安等部门，组织各自所属执法队伍开展海上巡航 218 次、联合行动 4 次，出动执法力量 1300 余人次，拆除定置网浮子 1000 余个、定置网具 239 张，处罚违规渔船 16 艘次，检查渔船 400 余艘次，劝导驱赶渔船 117 艘，处罚违法违规渔船 14 艘次，收缴罚款 1.2 万元。②全力抓好养殖回潮整治清理。采取“市区联动”、“海岸呼应”措施，组织执法拆除 120 多天次，出动执法船艇 730 艘次，执法人员 3650 人次，租用民工船 723 艘次，雇用民工 2169 人次，共拆除新增养殖 1073.5 公顷，完成拆除率 95.22%，整治取得明显的成绩，得到市政府的肯定。③严厉执法打击非法采砂违法行为。执法支队采取 24 小时蹲点驻守、成立采砂专项小组和日常巡查相结合多种方式，查处非法采砂案 56 起，收缴罚没款 176 万元，同时积极探讨非法采砂追究刑事责任，持续保持高压打制态势。④保障海洋重点工程建设。市、区海洋与渔业执法机构检查在建海洋工程 91 个次、各类海洋项目（围海、填海、倾废、采砂、养殖、其他）726 个次，发现制止违法行为 117 次，劝阻阻挠施工行为 15 起，处置违规人员 25 人次，化解群体纠纷 3 起，保证了海上重点工程的顺利施工。

【专项执法行动】　①“海盾 2012”专项执法行动。以查处重大海域使用违法案件，预防、打击并遏制非法围填海行为，合理开发利用海洋资源为宗旨，重点查处非法围填海等违法用海行为。办理 1 起海盾案件，处罚款 813.54 万元。②“护岛 2012”专项执法行动。对全市 16 个无居民岛屿进行了建档，建立海岛执法定期巡查制度，并通过省总队责任制考核，无居民海岛执法巡查共 135 航次，累计行程 3785 海里，出动执法人员 661 人次，查处案件 1 起，经过执法人员多次的海岛法宣传和沟通、督促，当事人已经自行拆除违建，恢复了海岛原状。③“碧海 2012”专项执法行动。累计检查填海、围海、倾废、采砂、养殖等海洋项目 726 个次，检查在建海洋工程建设项目 91 个次。对在建工程的建设情况、环保措施、施工记录等基本情况进行了全面摸底调查、并逐个建立档案，及时跟踪检查，督促落实环保措施，有效加强海洋工程监管。共查处非法倾废案件 3 起，处罚款 11 万元。④“打非治违”专项行动。坚决整顿治理、关闭取缔非法违法和不符合安全生产条件的生产经营建设单位，严厉打击“三无”船舶从事渔业捕捞等非法违法行为，坚决遏制和有效防范重特大事故发生，促进安全生产形势持续稳定好转。开展巡航巡查 279 航次，出动执法人员 2480 人次，检查港口 57 次，登临检查渔船 412 艘次。⑤打击走私专项行动。在辖区内的渔村、澳口、港口、码头等区域，大力宣传打击走私活动，广泛发动群众，加强反走私宣传。并结合敏感水域专项行动对厦门海域形成 24 小时不间断的监管，有效控制同安湾口和中线海域态势，为海峡西岸经济区的建设做好服务和保障工作。⑥实施伏季休渔制度。出版伏季休渔简报五期，在各级渔业网站上刊发报道十余篇；开展海上执法巡查 299 次、出动执法人员 1897 人次，检查渔船 191 艘次，对 20 艘违规龙海籍渔船发出责令整改通知书。⑦水生野生动物保护专项执法行动。出动执法人员 114 人次，发放宣传材料、画报 400 余份，张贴标语 54 份，检查各类水生野生动物经营利用单位共计 165 家，收缴中华鲟、大鲵、花鳗鲡、中国鲎、栉江珧、大竹蛏、玳瑁、冠螺、鹦鹉螺、砗磲、虎斑宝贝等水生野生保护动物及其制品累计达 140 余个。⑧水产苗种质量安全专项执法行动。共出动执法人员 215 人次，发放各类宣传材料 506 份，检查了养殖场 292 家，发出整改意见书 5 份。

【公共安全维护】 2012 年，立足提升行政执法社会效益，组织厦门市海洋综合行政执法支队、厦门市渔港渔船管理处和厦门市闽台渔轮避风港管理处等队伍，多管齐下积极维护公共安全：①平安海域维护。加强海上治安协作，开展 110 联动工作，接处警 178 起，办结率达 100%。开展海上治安巡查 86 航次，劝阻阻挠施工的行为 15 起，处置违规人员 25 人次，化解群体性纠纷事件 3 起，有效维护海上正常秩序。②水产品质量安全保障。还开展“厦门市水产品质量安全分析与监控对策”研究，配合农业部开展水产品产地贮藏保鲜质量安全专项风险评估抽检，全年共开展药残和有毒有害物质抽检 260 批次，甲醛监测 3000 批次出动执法人员 215 人次，发放各类宣传材料 506 份，检查了养殖场 292 家，发出整改意见书 5 份，确保水产品质量安全。③台风等自然灾害防范。加强高崎中心渔港安全设施建设，并配齐避险中心物质，成功防御了第 5 号台风“泰利”，604 艘船舶进港避风，保障了人民群众的生命财产安全。④海上遇险船舶安全救助。依托渔业安全应急指挥系统成功救助遇险渔船 2 艘 5 人，利用甚高频 90A 电台、短波单边带电台及应急指挥系统向辖区渔船通播各种安全信息，及时通播气象警报、航行警报、搜救协调等信息 24388 条。

海洋科技与国际合作

【海洋与渔业科技项目的推介和转化】 一是充分利用“6.18”平台抓好海洋与渔业项目成果的转化。积极向涉海企业、科研院所传达省、市政府有关做好 2012 年“第十届中国·海峡项目成果交易会”项目对接工作的文件精神，发布有关成果交易会的信息，“走出去，请进来”，做好征集海洋与渔业企业技术需求、技术难题和项目对接等工作；明确分管领导、负责处室和联络人，并对项目对接工作进行详细部署，在人力、物力和财力等方面均给予保障；联合市渔业协会召开“海洋与渔业项目成果对接恳谈会”，科研单位推介科技成果，企业畅谈技术需求，促成了成果项目的融合。厦门市海洋与渔业项目成果对接取得成效，征集关键技术难题 15 项和企业技术需求 4 项，科技成果与企业需求对接项目 14 项。其中，国家海洋局天津海水淡化与综合利用研究所与波鹰（厦门）科技有限公司联合实施推动福建省和辽宁省盘锦市海水综合利用发展“海水淡化、海水综合利用、水处理、防腐处理以及相关工程咨询”项目在厦门展馆签约现场正式签约；厦门万泰沧海生物技术有限公司与国家传染病诊断试剂与疫苗工程技术研究中心合作项目“国家一类新药重组戊型肝炎疫苗”（总投资 5 亿元）、国家海洋局第三海洋研究所与中海源（福建）生物科技有限公司合作项目“海洋微藻高密度异养发酵生产 DHA 技术”，项目一期投资 2 亿元，二期投资 3 亿元分别在国家海洋局和省海洋与渔业厅联合召开签约仪式上正式签约。厦门新阳洲产品和集美大学机械工程学院海洋能发电项目“螺旋双转子式波浪能发电装置”也在展馆上现场展示，获得好评。二是做好 2012 年涉海产业化重点项目的服务工作。“海洋生物毒素‘替曲朵辛’产业化”和“蓝湾工业园暨海洋生物多糖产业化项目”被列入 2012 年度市重点工程。

【申报和实施海洋公益性科研等专项】 2012 年，厦门抓好 2010 年海洋公益性行业科研专项“海洋生物功能性产物高值开发关键工程化技术研究与应用”项目、《几种重要海洋药用生物种质资源发掘、保藏和利用》等项目的实施，成立领导小组及办公室、专家咨询小组、监理，加强对项目实施的组织领导、技术咨询和协调监督，召开启动动员会、年度工作总结和部署会，及时了解项目进展和问题的协调解决，确保项目顺利实施。积极向国家海洋局申报一批 2013 年度国家公益性项目，经过项目反复筛选，其中“几种海洋医用和农用生物新材料及制品产业化关键技术研究与示范”项目获得国家海洋局 1500 万元的资金支持，已组织课题组对项目建议书进行修改完善。同时开展“DHA、EPA 甲酯国家标准样品研究开发”和“海洋微藻生产生物活性虾青素关键技术研究和示范应用”等项目研究。上述一批项目的实施，为相关产业的发展提供技术保障。

【举办“2012 厦门国际海洋周”】 “2012 厦

门国际海洋周”于 11 月 1 日晚开幕，11 月 2～8 日在厦门隆重举行。本届海洋周主题为“蓝色经济，绿色增长——科技引领海洋经济发展”，活动内容由国际海洋论坛、海洋专题展览和海洋文化活动三部分组成。其中，国际海洋论坛有 2012 厦门国际海洋论坛（主论坛）、发展中国家海洋可持续发展部长论坛等近十项论坛活动。来自中国、美国、加拿大、澳大利亚、瑞典、韩国等近 50 个国家和地区的政府部门和相关机构的领导以及海洋领域的知名专家学者；联合国开发计划署驻华代表处、东亚海域环境管理区域项目组织、联合国教科文组织政府间海洋学委员会、国际海洋学院、斯德哥尔摩国际水资源研究院等 10 多个重要国际组织和政府部门，以及国内外知名专家、学者和院士，中国相关部委、沿海城市的领导和代表以及社会各界人士共 500 多人参加了海洋周主论坛。参加本届海洋周主论坛和其他论坛的代表超过 2000 人次；参加海洋周各项活动的社会各界人士超过 10 万人次。

【参加第四届东亚海大会】　第四届东亚海大会于 2012 年 7 月 9～13 日在韩国昌原市召开，本届大会主题是“共建蓝色经济：东亚海战略、合作和机遇”，含主题研讨会 14 个、特别研讨会、青年论坛、部长论坛及同主题技术实践展览等，来自东亚各国 1000 多名代表参加了本届大会。政协副主席潘世建代表厦门市和东亚海岸带可持续发展地方政府网络（PNLG），做了题为“通过区域网络（PNLG）巩固地方政府在实施海岸带综合管理中的作用”的报告。大会期间，市海洋与渔业局代表厦门市参展，以张贴展板和发放资料为主要形式，着重介绍厦门海洋管理和生态修复情况、推广厦门国际海洋周和 PNLG、推介厦门旅游等。

【推进与韩国水产业的合作交流】　2012 年 8 月，韩国水产业协合中央会（韩国最大的三个经济协会之一）代表团走访厦门高崎避风港和避险中心，厦门水产集团，考察市渔港状况及水产集团标准冷库及生产线建设，并与厦门鱼市场管理处、水产集团人员就海洋传统捕捞、海洋环境保护、海洋休闲渔业、养殖业、水产品加工与进出口等方面进行交流、沟通。

【弘扬海洋文化、普及海洋意识】　一是建设海峡两岸科技展示馆。根据市政府第 126 次常委会议纪要，委托厦门科技馆建设海峡两岸海洋科技展示馆，该馆为国内首个海洋科技展示馆，建有生命起源、海峡科学和极地科学 3 个主题区，展示作品 38 项（40 件），面积 1600 平方米，于 2012 年春节对外试开放，吸引众多青少年和游客前往参观，成为厦门市展示海洋科技的重要科普窗口。二是组织“海上马拉松独木舟环岛赛”，大力宣传海洋文化。成功主办“海上马拉松独木舟环岛赛”，配合迎接“厦门号”帆船返航，推动“中国俱乐部杯帆船挑战赛”、“海峡杯帆船赛”和“海峡两岸大学生帆船赛”等国内、国际高水平游艇（帆船）赛事的成功举办。专题拍摄多期“海洋视点”，进一步营造发展游艇文化的氛围。三是推动海洋文化博物馆概念性规划研究。委托海洋三所，成立课题组，开展厦门海洋文化博物馆概念性规划，争取在环东海域丙州片区，建设集海洋科技、文化、生态、旅游于一体的海洋文化综合体。

【渔业对台合作交流】　2012 年，对台合作与交流进一步深化。一是以休闲渔业博览会为平台，增进对台休闲渔业合作。2012 年的休闲渔业博览会“突出”对台休闲渔业产业合作与交流的主题。首次以台湾相关协会共同承办展会。二是推动台湾水产品登陆厦门。通过大嶝小额贸易平台、小三通、大三通等渠道，批量从台湾引进石斑鱼等水产品、观赏鱼和水产苗种等，厦门对台区位优势在水产品物流上的效果得到初步体现。三是与台湾观赏鱼行业协会建立了良好的联络机制。特别突出的是与“中华台北”水族协会、台湾省水族协会、屏东观赏水族养殖协会等联系密切，合作编撰《海峡两岸观赏鱼名录互认图册》。　（厦门市海洋与渔业局）

广 东 省

综 述

广东是全国海洋经济大省之一。它不仅是我国实行改革开放政策的先行地，而且还是我国海洋经济能够参与国际分工和全球化竞争的主要区域之一。据统计，自2007年以来，广东海洋经济生产总值年均净增长20%。2012年全省海洋经济生产总值再次取得10%以上增长，比全省生产总值增幅高3.8个百分点。

海洋经济与海洋资源开发

【资源支撑】 广东是全国海洋资源大省之一。海洋资源种类繁多，港湾、生物、石油天然气、固体矿产、可再生能源、旅游等海洋资源丰富。全省有大、小海湾510多个，适宜建设港口的200多个，浅海滩涂10多万公顷；有记录的海洋鱼类1065种；可供开发的滨海沙滩174处、长572千米；探明滨海砂矿矿石量4.7亿立方米、非砂矿固体矿产矿石量2167.3万吨；在珠江口、北部湾、台西南、雷东等盆地有石油资源量约97亿吨。这是广东海洋经济得以持续稳定高速发展的物质基础。特别是近两年，在省委、省政府统一协调和部署下，广东海洋资源得到科学合理有效开发利用，有力地支持了广东海洋经济的发展。例如东西两翼极为丰富的海洋资源为广东区域协调发展提供了新的物质支撑，正在发展中的深圳前海、南沙新区、横琴新区三大滨海新区启动了珠三角地区做大海洋经济的新的物质支持，而摆在广东面前的丰富的南海资源，更为广东海洋经济的发展提供了一个巨大的富矿。

【优化结构布局】 2012年，广东通过做强优势海洋产业、做优海洋新兴产业、做大临海工业加快构建现代海洋产业体系，进一步优化海洋经济发展格局和布局，推动了海洋经济发展。

【做强优势海洋产业】 大力发展“深蓝渔业”，推进建设10个引领全国渔业转型升级的现代渔业示范基地；推进大型船舶修造基地和游艇制造基地建设，加快打造世界级修造船基地；积极发展高端海洋旅游业，推进建设一批海洋综合旅游区，加快打造世界邮轮旅游航线著名节点；积极推进海洋交通运输业转型升级，加快打造布局合理、分工明确、功能完善的世界级港口群。

做优海洋新兴产业。加快发展高附加值的海洋生物医药新产品，培育具有较强竞争力的海洋生物医药产业；大力推进海洋工程装备制造业发展，培育形成具有较强国际竞争力和现代化技术水平的海洋装备制造业集群；以广州南沙、深圳前海、珠海横琴为重点，培育发展现代海洋服务业；积极建设海水综合利用和海洋能利用示范工程。

做大临海工业。积极推进湛江钢铁基地建设，打造千万吨级的现代化钢铁基地；重点推进湛江东海岛、茂名、揭阳惠来和惠州大亚湾等四大沿海石化基地建设；推进建设台山核电、阳江核电等电源项目。例如涉海重大项目—中委合资广东石化2000万吨/年重质原油加工工程正式开工。该项目是继中科合资广东炼化一体化项目之后开工建设的又一大型中外合作石化项目，也是世界上首个一次性投资建设年炼油能力2000万吨的项目。

【加快转型升级】 2012年，广东海洋经济通过转型升级实现了更有质量、更具持续性的增长，各项海洋产业的发展都行走在快车道上，尤其是海洋战略型新兴产业的发展展现出更加旺盛的活力，海洋产业体系正在不断完善、优化和提高。

其中，广东海洋工程建筑业所受带动最大，新一轮的海洋开发热潮极大地推动了该产业的增长。2012年，全省继续推进了港澳珠大桥、三一海洋装备工业园、东海岛钢铁石化基地、珠海深水海洋工程装备制造基地专用码头工程等一大批桥梁、港口、石化、旅游、海岸防护等重点海洋工程建筑项目的建设。深海开发将是下一轮海洋经济的热点所在，受其带动，海洋工程建筑业的增长很有活力。

因为滨海旅游资源丰富，在市场化开发下，滨海旅游业成为海洋经济的热点。业内人士预测：党的十八大报告中“美丽中国”的理念为整个行业注入了新的动力，预计 2013 年滨海旅游业的发展也依然将保持 25%以上的增速。

海洋渔业等传统产业也围绕着“深蓝转型”做起文章，积极谋求向现代渔业升级。阳江深水网箱产业园区大镬岛示范基地、粤兴水产品加工综合楼建设项目、国联深水网箱产业园区等项目的建设，标志着广东“深蓝渔业”发展态势良好。

2012 年 4 月，广东省率先在珠海横琴新区启动了创建国家级海洋生态文明示范区活动，组织了横琴新区、徐闻县、南澳县申报第一批国家级海洋生态文明示范区。广东还积极开展了湛江港湾整治工作，推进湛江特呈岛、阳江海陵岛国家级海洋公园建设，并在汕头南澳、阳江阳西等地开展了蓝色碳汇生态功能区建设试点。

【基地推动】 根据国家相关规划部署，广东正积极发挥多重优势，加快全海岸谋划打造“滨南海海洋产业走廊”。广东制定的临海工业实施方案，按照“三区、三圈、三带”的海洋综合开发新格局，统筹协调珠三角、粤东、粤西三大海洋经济区临海工业空间布局，将基本建成具有国际竞争力的现代化临海工业基地。 重点打造广州、江门、深圳核电产业基地，形成粤东、粤西沿海能源生产基地、珠三角清洁电源基地以及若干个沿海煤炭、原油接收储备基地等。为实现上述目标，广东将实施海洋工程装备制造业升级、沿海石化基地扩能等四大工程，重点建设项目 55 个，投资总额将达 8000 多亿元。

海域使用管理

【规划先行】 一是国务院正式批复《广东海洋经济综合试验区发展规划》，这是继《珠江三角洲地区改革发展规划纲要》之后，推动广东省经济和社会发展的又一国家层面的战略规划。广东海洋经济综合试验区范围包括广东海域面积 41.9 万平方千米，陆域面积 8.4 万平方千米，这是广东最具活力的区域。2012 年广东省委、省政府召开全省实施海洋经济综合试验区发展规划工作会议，出台《关于充分发挥海洋资源优势 努力建设海洋经济强省的决定》以及五个实施方案（《广东省发展临海工业实施方案》、《广东省发展海洋新兴产业及海洋科技实施方案》、《广东省发展滨海旅游业实施方案》、《广东省集中集约用海实施方案》、《广东省海洋生态保护实施方案》），涉及项目 224 个，总投资超万亿元。此举标志广东海洋经济综合试验区建设全面部署和启动。

二是国务院批复《广东海洋功能区划》。2012 年，广东省海洋与渔业局根据全省经济和社会发展需要，按照海域资源、生态环境等自然属性和区位特点，修编《广东海洋功能区划》，合理确定各类海域功能，并重点选划 46 个用于工业与城镇建设的海洋功能区。国务院正式批复该区划，提出到 2020 年全省建设用围填海面积 230 平方千米，为全省经济发展提供了重要空间。全年海域使用安排用海面积 100 平方千米，围填海 12.7 平方千米。湛江中科炼化、揭阳中委石化、湛江钢铁基地、珠海三一重工等一批重大项目“落地下海”。

三是 2012 年广东省委、省政府做出《关于充分发挥海洋资源优势，努力建设海洋经济强省的决定》和制定《广东省发展临海产业实施方案》等 5 个配套工作方案。尤其是省委、省政府做出的决定提出以“三年打基础、五年见成效、十年大发展”方式，推动全省最终实现“建设海洋经济强省”的目标，给全省各级海洋部门工作和海洋经济发展发展指明方向。

【综合试验区建设】 在 2011 年获得国务院正式批准基础上，2012 年广东省委、省政府召开全省实施海洋经济综合试验区发展规划工作会议，出台《关于充分发挥海洋资源优势 努力建设海洋经济强省的决定》以及五个实施方案（《广东省发展临海工业实施方案》、《广东省发展海洋新兴产业及海洋科技实施方案》、《广东省发展滨海旅游业实施方案》、《广东省集中集约用海实施方案》、《广东省海洋生态保护实施方案》），涉及项目 224 个，总投资超万亿元。此举标志广东海洋经济综合试验区建设全面部署和启动。广州南沙、深圳前海、珠海横琴国家级新区，以及珠海高栏港、汕头海湾新区、东莞长安港区、新会银洲湖、台山广海湾、阳江港吉树港区等区域用海获得国家批准，茂名滨海新区、中山翠亨新区、湛江东海岛临港工业区等区域用海加快推进。

【编制海洋经济地图】 2012年，国内首部海洋经济地图——《广东海洋经济地图》编制完成。为做好《广东海洋经济地图》编制工作，省政府成立了由省长朱小丹为主任，省委常委、副省长徐少华和副省长刘昆为副主任的编委会。《广东海洋经济地图》以科学发展为主题，以“加快转型升级，建设幸福广东”为核心，以《广东海洋经济综合试验区发展规划》为引领，以打造海洋经济强省为目标，生动地描绘了一幅广东海洋经济科学发展的精美画卷。

海岛管理

【《广东省海岛保护规划》获准实施】 《广东省海岛保护规划》于2012年1月通过广东省人民政府批准实施。该规划以加强海岛生态保护、改善人居环境，规范海岛开发秩序为目标，规划的实施将为海岛的保护、开发、建设和管理提供依据，也将促进海岛的经济、社会发展，进一步拓宽广东省海洋经济发展空间。在该规划推动下，珠海大、小三洲首批无居民海岛获准开发。

【增设海岛管理处】 广东省编办于5月24日正式下文批复，同意省海洋与渔业局海域与海岛管理处更名为海域管理处，增设海岛管理处。增加行政编制4名，下达2011年军队转业干部行政编制2名。增加正、副处级领导职数各1名。此举标志全省海岛行政规范管理上了一个新阶段，进入一个新时期。

【海岛管理培训】 广东省海洋与渔业局于6月26～27日在深圳市举办了全省海岛管理培训。沿海各市分管海岛工作领导、科（处）长、海岛大县的分管领导共50多人参加了培训班。局党组成员、巡视员李建设出席并做了开班动员。此次培训班采取了授课与现场考察相结合的方式，国家海洋局海岛管理司给予了大力支持，吕彩霞司长亲临授课、并对海岛管理工作提出了希望和要求。国家海洋技术中心及海洋一所、海洋二所的知名专家，结合国际国内海岛开发利用案例进行授课。国家海洋局政策法规处有关同志对《无居民海岛使用申请审批试行办法》具体程序做了解读。此次培训班还实地考察孖洲和大铲两个岛开发利用的情况，进一步提高了海岛开发利用的感性认识。

海洋环境保护

【海洋生态文明示范区建设】 2012年，广东省率先在全国开展海洋蓝色碳汇试点等方式继续推进海洋生态文明示范区建设。

率先开展海洋蓝色碳汇试点。选择在阳江市阳西县程村海域开展以贝类增殖、海藻养殖、海草种植为主要内容的海洋蓝色碳汇试点，开展海洋蓝色碳汇研究。推进珠海万山东澳低碳旅游岛建设。

开展环境容量和总量控制试点。会同有关部门共同建立重点海域入海污染物总量控制工作机制和陆海监测信息共享制度，研究制定海洋环境容量和入海污染物总量控制相关标准和实施办法。

加强海洋生态环境修复。研究确定重要海洋生态区域名录。组织开展惠州考洲洋、珠海横琴、潮州柘林湾、雷州半岛西部等8个海域环境整治和生态修复试点，建成一批海洋生态环境修复示范区。建立海洋生态补偿制度。

积极推进海洋保护区建设。新建一批海洋保护区、海洋公园、水产种质资源保护区、人工鱼礁区和海洋牧场，加快推进条件成熟的海洋与渔业保护区晋升为省级、国家级保护区。在科学论证和合理规划的基础上，在湛江特呈岛、阳江海陵岛国家级海洋公园和徐闻珊瑚礁、惠东港口海龟国家级自然保护区开展海洋生态旅游试点。

强化海洋环境事故应急处置能力。推动沿海石化、运输、能源、制造、冶金等可能发生重大海洋环境污染事故的单位，制订海洋环境污染事故应急预案，配备必要的应急设施，提高企业处置海洋污染事故能力。探索在海洋开发密集区建立赤潮、风暴潮、海洋污染事故应急处置中心，配备应急处置设备和物资，突出强化海上溢油风险监视监测与应急处置能力建设。

探索建立海洋环境责任考核机制。组织专家研究制订海洋环境保护责任考核指标体系，积极推进开展海洋环境保护责任考核试点。

【审议通过《海洋特别保护区管理规定》】 省委副书记、省长朱小丹于2月17日主持召开省政府常务会议，审议并原则通过《广东省海洋特别保护区管理规定》，该《规定》有利于保护和恢复海洋区域的生态系统及其功能，科学、合理地利用海洋资源，促进海洋经济可持续发展。设立海洋特别保护区是加强海洋生态保护的措施之一。《国家海洋事业发展规划纲要》提出了“海洋保护区总面积达到管辖海域面积的5%，推进海洋保护区网络建设”的要求，《广东海洋经济综合试验区发展规划》也明确规定要新建一批海洋特别保护区。目前广东省已建立了广东特呈岛和广东海陵岛2个国家级海洋特别保护区（海洋公园）。

【发布2011年海洋环境状况公报】 省政府新闻办于6月21日上午，召开新闻发布会，正式发布《2011年广东省海洋环境状况公报》。依据《广东省实施〈中华人民共和国海洋环境保护法〉办法》，2011年省海洋与渔业局组织全省海洋环境监测机构，实施了广东省管辖海域环境质量现状和趋势监测、入海污染源监测、海洋功能区监测等海洋环境常规监测，及时有效开展赤潮等海洋环境灾害、海洋环境突发事件应急监测和第26届世界大学生夏季运动会海洋环境保障监测。根据全省海洋环境监测数据及相关信息资料，对广东省海域海洋环境质量状况进行了综合分析和评价，编制了2011年《2011年广东省海洋环境状况公报》，全省海洋环境质量总体保持基本稳定，局部海域得到改善。

【海洋环境专题预报室正式启用】 省海洋与渔业局于8月31日举行广东省海洋预报台海洋环境专题预报室启用开播仪式，局长郑伟仪宣布广东省海洋预报台海洋环境专题预报室正式开播，并和国家海洋局海洋预报减灾司预报处处长褚骏一起按下首播启动按钮。广东省海洋环境专题预报室是在全国建立的首个以“精细化”预报为目标的地方海洋专题预报机构。它的建立并投入业务化运行是深化海洋预报体系建设的一个亮点，不仅是对全国海洋预报体系建设的有益补充，还将会对全国地方海洋预报体系改革产生一定的示范性作用，对进一步提高认识海洋变化规律和应对气候变化的能力，推动海洋预报技术创新发展，防御和减少海洋灾害，支持地方海洋经济发展做出积极贡献。

海洋执法监察

【海洋维权】 2012年，广东派出省属一支队和珠海、惠州、汕头、湛江等支队10艘（次）执法船、300多人次执法人员参与黄岩岛、钓鱼岛、美济礁、北部湾海洋维权行动，得到了国家主管部门和省委、省政府的充分肯定。

【海监执法】 加大“海盾”、“碧海”专项执法行动力度，查处案件50宗。其中包括开展海岛保护、海砂开采执法，巡查海岛1308个，办结违法采砂案件43宗；打击电鱼、“三无”渔船，清理取缔“三无”船舶324艘。

一是联合首次开展广东海域文化遗产保护执法。省文化厅、省海洋与渔业局联合开展了首次广东省管辖海域内文化遗产联合执法专项行动。水下文化遗产是不可再生、无可替代的公共文化资源，但水下文物安全形势很严峻。本次行动是广东省海洋部门和文物部门的首次联合执法，标志着广东对所辖海域文化遗产的管理和保护走向规范化、常态化。

二是粤港澳开展首次海洋环境保护联合执法。省海洋与渔业局与香港特区政府渔农自然护理署、环境保护署及澳门特区政府港务局联合开展了粤港澳首次海洋环境保护联合执法行动。为加强珠江口海洋资源护理和生态保护，促进粤港澳海洋执法合作，省海洋与渔业局在粤港海洋资源护理专题小组工作框架的基础上，与香港特区政府渔农自然护理署、环境保护署及澳门特区政府港务局3方协商共同组织实施了这次联合执法行动。为确保行动的顺利实施，中国海监总队、中国海监南海总队派员指导，粤港澳3方建立了联合行动协调运行机制，并指定了联络员。粤方参加行动的单位有中国海监广东省总队以及广东省总队直属二支队、深圳支队、珠海支队及珠江口中华白海豚国家级自然保护区支队，派出了中国海监9012、9017、9018等执法船艇；港方渔护署、环保署各出动两艘船参加联合巡查；澳方港务局派出人员跟随粤方执法船参加行动。当日，粤港澳三方联合开展了粤港澳交界海域和自然保护区巡航执法，重点巡查了港珠澳大桥工程的施工现场，检查了工程施工作业中海洋环境保护措施落实情况，以及中华白海豚保护措施落实情况。在行动中，执法人员还对施工作业船进行了现场登检，对人工岛工程实施了登岛检查，现场检查各类施工作业船舶92艘。

海洋科技和文化

【海洋科技创新】 2012年，广东围绕以下四大主题开展海洋科技创新，且获得一系列成果。2012年，广东获得国家2.68亿元资金支持，启动实施国家海洋经济创新发展区域示范项目。与中山大学、南海海洋研究所签订合作框架协议，进一步扩大海洋政产学研合作平台。成功承办"海洋院士广东行"系列活动。"908"专项通过国家验收。阳江万事达公司成功从美国引进南美白对虾选育技术和团队，打破了对虾养殖受制于人的被动局面。一是重点推进海洋关键技术攻关。深入实施《全国海洋科技兴海规划纲要》，重点组织开展海洋生物医药、海水综合利用、海洋生物资源、海洋可再生能源、海洋工程装备制造等关键技术专项攻关，形成一批了具有自主知识产权的创新成果。二是建立一批海洋科技成果高效转化、孵化示范基地。围绕构建现代海洋产业体系，培育壮大海洋新兴产业，争取国家支持，建立南海（广东）科技兴海产业示范基地和海洋工程技术转移中心。三是加强海洋科技人才培养。实施海洋科技人才队伍建设工程，重点加强主要海洋产业急需的高层次人才培养、引进，支持企业引进和培养高端海洋人才、设立海洋科研机构。推进广东海洋工程职业技术学院建设，加快培养应用型、技能型海洋科技人才。四是优化海洋科技创新机制。继续深化政产学研合作创新机制。重点推动建立一批企业、科研院所和高校共同参与的海洋产业技术创新联盟，引导创新要素资源向海洋企业集聚，完善海洋新兴产业创业孵化环境。

【"908专项"】 国家海洋局"908专项"办公室于4月8日在广州组织召开了"广东省908专项任务（908－SJ－GD)"现场查验会议。本次专项任务现场查验会议由省发改委、财政厅，中国海洋大学、国家海洋信息中心、监测中心、标准计量中心、海洋一所、海洋二所，国家海洋局办公室（财务司）、科技司、纪委监察专员办公室的有关专家组成审核组。审核组听取了广东省"908专项"办公室所作的任务执行情况总结报告、技术总报告及主要成果的汇报，对提供的全部验收材料进行了查验和审核。验收组认为：广东省"908专"项任务摸清了广东省海洋环境、海岸带海岛资源、海域使用现状等基础状况，全面更新了相关基础数据，在海洋综合管理和海洋经济建设中得到了广泛应用，发挥了重要作用。广东省"908专项"任务完成了任务合同书规定的工作内容和工作量，采取的技术路线和方法科学、合理，提供的有关验收材料齐全、完整，符合国家"908专项"验收要求。审核组一致同意广东省"908专项"任务通过现场查验，可以参加沿海省市专项任务总验收会议。

【举办海博会】 2012年，广东省政府和国家海洋局联合举办2012中国海洋经济博览会，中央政治局委员、原广东省委汪洋书记，省政府朱小丹省长，国家海洋局刘赐贵局长等领导出席开幕式。此次海博会共促成投资和贸易项目198个，投资总额和贸易成交额为929.68亿元。此次项目签约规模超过百亿元的有两个，而签约金额超过1亿元的多达72个，项目总额883.47亿元，占同类项目总额的95.03%。全部项目平均金额为4.70亿元。其中，广东省东西两翼7个沿海市投资和贸易项目97个，项目金额391.53亿元，分别占项目同类总额48.99%和42.11%。

【成立广东海洋协会】 全国首个海洋领域枢纽型社会组织——广东海洋协会于10月9日举行隆重的成立大会，省委副书记、省社工委主任朱明国专门发来贺信，省政府副省长刘昆出席大会并讲话。该协会于2012年4月正式被广东省民间组织管理局批准筹备成立。广东海洋协会成立是广东省海洋事业发展的一件大事，标志着我省海洋社会组织发展实现新的突破。组建广东海洋协会，将它打造成为服务于海洋发展的高层次枢纽型社会组织，有利于进一步增强海洋领域的自我管理、自我服务、自我调节能力；有利于在海洋领域创新社会管理，促进海洋事业科学发展。（广东省海洋与渔业局）

深　圳　市

综　述

2012 年，深圳市委、市政府坚定不移地推进陆海统筹。深圳市海洋局牌子加挂到深圳市规划和国土资源委员会，开启了海域与陆域的资源配置优化、规划一体化的崭新局面。深圳市海洋局深入贯彻落实科学发展观，抓住深圳市海洋机构改革的体制优势，创新海洋管理理念与工作方式，全力提升海洋综合管控水平，加强海洋城市建设，推动深圳市海洋工作在各个方面取得了全新进展和显著成效。

海洋经济与海洋资源开发

【概述】　2012 年，深圳市海洋经济总体保持平稳发展，在渔业管理方面，深圳市积极推进宝安远洋渔业基地建设工作。2 月，宝安远洋渔业基地建设被列入深圳市 2012 年重大项目计划（前期预备项目），完成了基地工程项目勘察测量工作。同时落实远洋渔业各项管理制度。完成 6 家远洋渔业企业资格和项目年审，做好远洋渔业项目申报审核上报，做好远洋渔业企业回运自捕水产品和生产情况统计工作。加强远洋渔船船位监测管理，认真执行远洋渔船出入口岸备案及过境审批制度，确保远洋渔船安全生产。

【海洋经济规划】　出台《深圳市海洋经济发展“十二五”规划》，统筹规划全市海洋经济发展。根据《深圳市国民经济和社会发展第十二个五年规划纲要》、《广东省海洋经济综合试验区发展规划》精神和《深圳市国民经济和社会发展规划编制与实施办法》的有关规定，结合深圳市海洋经济发展现状，编制了《深圳市海洋经济发展“十二五”规划》，5 月经深圳市政府批准实施。

【全国海洋经济科学发展示范市】　根据国务院《关于广东海洋经济综合试验区发展规划的批复》（国函[2011]81 号）将深圳市列为全国海洋经济科学发展示范城市。深圳市研究编制了《深圳市创建全国海洋经济科学发展示范市实施方案》（征求意见稿），重点针对提高海洋资源利用效率、发展海洋产业、加快建设前海深港现代服务业合作区、创新海洋综合管理体制等方面进行科学发展示范，发挥深圳在海洋领域的先行先试作用。

海洋立法与规划

【海洋立法】　2012 年，海洋立法与规划得到大力推进。在资金和编制单位上加强了对《深圳市海域管理条例》、《深圳市海域使用金管理使用暂行办法》等法规研究起草工作的支持和保障。其中《深圳市海域使用金管理使用暂行办法》已完成初审稿，并根据初次征求意见结果继续修改完善。《深圳市海域管理条例》已列入深圳市 2013 年一类立法工作，确保 2013 年该条例出台实施。

【海洋功能区划】　深圳市通过大量基础研究，合理界定海洋功能区，实现科学调整海洋功能区划。通过推进广东省海洋功能区划修编，为城市发展提供了优质空间。在海洋功能区划调整的基础上，按照区域建设用海有关规范要求，深圳市海洋局组织开展了《深圳市围填海策略研究》、《深圳大空港综合发展规划》、《深圳市坝光地区片区发展单元规划》和《深圳市西部围填海水动力环境影响研究》。在专题研究的基础上，编制完成了《深圳市西部大空港新城区域建设用海规划》，为进一步推进深圳市科技用海、生态用海奠定坚实基础。

海域使用管理

【海域动态监管】　结合国家-省-市三级联动的海域动态监管体系，开展了围填海项目的资料核查、确权用海项目的现场核对以及对重点用海项目的动态监测等工作，完善了深圳市海域基础库系统，建立了海域动态监管系统，完成全市 294 宗用海项目、共 67.72 平方千米海域的核查。实现了对全市近岸海域的全覆盖、高精度监视监测，为进一步提升海域资源管理精细化与海洋监察执法行动反应速率提供技术保障。

【海域使用金管理】 海域使用金征收管理逐步规范。彻底清查了 2002 年至今 10 年间的海域使用金征收情况，整理更新了相关数据和档案，收缴海域使用金 1.56 亿元，促使深圳市海域使用金的征收管理工作进一步规范化、系统化。经过与市财政委的多次沟通协调，将海域使用金纳入深圳市非税收入征管系统，已于 10 月份正式上线运行，标志着深圳市海域使用金征收进入电子化系统管理。

【海域勘界】 海域勘界工作取得显著成绩。在内伶仃岛正式归属深圳、交椅湾养蚝保护区遗留问题得以妥善解决的基础上，深圳市与珠海、东莞两市勘界的难点问题获得突破，勘界工作进入快车道。与惠州市、东莞市分别商定了勘界方案，并以市政府的名义分别签订了《海域行政区域界线协议书》，深圳市海域勘界工作全部完成。

海岛管理

【海岛规划】 为合理开发利用深圳市首批开发无居民海岛，根据大铲岛“工业和交通用岛”的主体功能，组织开展了大铲岛单岛保护规划，划定了绝对保护区、环境协调区和开发建设区，明确了“三区”的开发强度。规划送审稿已完成。

【海岛修复】 海岛修复整治工作得到财政部和国家海洋局的大力支持，深圳市小铲岛和内伶仃岛的修复整治项目于 2010 年、2011 年共获得中央分成海域使用金合计 2649 万元。内伶仃岛修复工作已确定施工单位，小铲岛项目施工已全面展开，整治工作进入快车道。

【海岛巡查】 严格执行《中国海监海岛定期巡查工作规则》，提高海岛专用执法快艇利用率，全年共出动执法船艇 89 艘（次）、海监执法人员 879 人（次），对全市 28 个海岛进行巡查执法，并在 20 个主要岛上设立海岛保护宣传牌。

海洋环境保护

【概述】 2012 年，深圳市严格审查海洋环境影响报告书，要求涉海工程项目严格按规定执行海洋环保措施。积极推进深圳湾综合治理策略研究工作以及各项海洋生态修复项目工作。积极推进珠江口深圳海域生态环保工作。

【海洋环境状况】 对 2012 年深圳近岸海域、功能区、陆源入海排污口及其邻近海域环境质量状况和主要河流入海污染物总量等调查数据进行了科学分析和评价，编制并发布了《2012 年深圳市海洋环境状况公报》。

【海洋旅游区】 在监测的滨海旅游度假区共有 15 个。东部海域的 11 个滨海旅游度假区均满足功能区水质要求，其中 6 个滨海旅游度假区水质质量良好，属于清洁或较清洁海域。列入国家重点滨海旅游度假区的梅沙滨海旅游度假区水质优良，海面状况良好，适宜开展海上休闲娱乐活动。梅沙海水浴场适宜和较适宜游泳天数均占总监测天数的 81.1%，不适宜游泳天数为 18.9%，不适宜主要因为天气不佳。西部 4 个滨海旅游度假区水质较差，主要超标因子为无机氮和活性磷酸盐。

【华侨城滨海湿地修复】 2012 年正式开园的华侨城滨海湿地公园成为样本示范。在市政府的大力推动下，该湿地作为全国唯一处于都市腹地的原生态湿地，修复工作充分利用国家海洋公益性科研转专项成果，开创了“政府主导、企业投资、科技支撑”的修复受损滨海湿地生态系统的新模式，荣获国家海洋局“国家级滨海湿地修复示范项目”称号，成为集科普教育、生态保护、休闲旅游多功能为一体的生态公园。

海洋环境预报与防灾减灾

【概述】 开展了深圳市风暴潮与海浪、海啸灾害风险评估，及时向市政府应急管理部门提出海洋灾害风险评估报告。积极推动深圳市海平面变化对深圳市城市安全威胁研究，为未来应对气候变化与海洋灾害提供科学依据。

【海洋环境监测】 制定了《2012 年深圳市海洋环境监测工作方案》，组织实施了 3 次近岸海域海水质量监测、1 次近岸海域沉积物质量监测、8 次海水增养殖区监测、16 次赤潮监控区监测、3 次江河入海污染物总量监测、4 次陆源入海排污口监测工作、8 起赤潮跟踪监测及每周 2 次的海水浴场和滨海旅游度假区监测工作。全年共出海 150 航次，航行约 1700 海里，获取监测数据 25000 组，圆满完成年度监测任务。

【自动监测】 海洋浮标自动监测系统实现业

务化运行，根据 2011 年投放的 5 个浮标，发布 30 期海洋环境监测周报，为海水养殖区和赤潮多发区的环境监测、灾害预警提供数据支撑；在赤潮高发季节根据海域叶绿素水平首次准确预报赤潮发生；为养殖区鱼类大量死亡的突发事故确因提供有力科学证据。2012 年 9 月份新投放的海浪监测浮标提高了滨海浴场海洋环境预报的实用价值，为保障滨海活动安全提供指导性参考信息。

【台风、风暴潮和赤潮】 2012 年，影响深圳的灾害性天气主要发生三次，分别为 6 月 29 日强热带风暴“杜苏芮”、7 月 24 日台风“韦森特”、8 月 16 日台风“启德”。这些台风给深圳带来的影响主要是大风与降水。其中台风“韦森特”对深圳影响最大，台风期间深圳陆地最大平均风 7～8 级，阵风 10 级，沿海最大平均风 8～9 级，阵风 12 级，11.5 万棵树木在狂风中折断倒伏，损失惨重。其中，未发生台风引起的风暴潮。2012 年，深圳海域共发生赤潮 8 起，累积面积 125 平方千米。其中大鹏湾海域发现赤潮次数最多，为 4 次。赤潮累计面积为近 5 年最大。

【海洋环境突发事件】 2012 年，深圳海域发生了化学品泄漏、鱼类死亡等突发性事件。8 月 3 日至 5 日，停靠盐田港的巴拿马货轮发生单氰胺等化学品泄漏事故。一定量化学品渗透到货轮甲板，少量挥发。事故得到有效处理，未对事发海域及周边海水浴场造成明显影响。8 月 17 日，南澳海域养殖鱼类大量死亡，死亡品种主要有花尾胡椒鲷、白鲳、青石斑鱼等。自动监测数据显示，16 日 23 时左右事发海域属严重贫氧海域，海水其他理化指标均正常，可能由台风“启德”所致。

海洋执法监察

【概述】 全年共出动执法人员共 12000 余人次，执法船艇 2000 余艘次，航行 2 万余海里。海监立案 39 宗，结案 30 宗，渔政立案 111 宗，结案 111 宗，未结海监案件力争尽早办结；海监渔政执行罚款 175.88 万元，已全部上缴财政；全年共检验渔业船舶 1364 艘，受检率 99%，全年未发生安全生产责任事故。

【打击非法倾废】 针对 2012 年深圳市西部海域非法倾废现象抬头趋势，保持打击非法倾废高压态势。加强与业主单位沟通联系，建立海洋疏浚工程倾废监管联席会议制度。宣传在前，及时送达《依法用海告知书》，明确施工单位违法倾废的法律责任。利用倾废仪监督倾废船舶的倾倒情况。建立倾废船舶备案制度，为海监部门的日常监管提供信息支持。全年办理倾废案件 29 宗，执行罚款 148.5 万元，西部海域非法倾废行为大大减少，海洋环境得到有效保护。

【海监基地建设】 与国家海洋局和中国海监总队就海监基地项目沟通协调，获深圳市发改委立项批复。项目海域使用论证和环评报告通过专家评审。海监基地项目实施方案完成优化调整，现已划定用地范围，完成了初步勘查设计。

【执法装备配置】 海岛专用执法快艇配置到位。600 总吨海监船配套高速快艇和浅滩执法快艇完成项目招标，设计图纸审验完成，即将开工建造。全力推进广东省渔业安全生产通讯指挥系统深圳分中心和各大队站点建设，实现全省渔船资源共享、数据共享；全市本地渔船 100% 安装 AIS 防碰撞系统，手持、船载终端一键报警系统安装完成 100%，无源 IC 卡、有源 IC 卡均已 100%安装完成。

海洋科技与文化

【海洋科技】 国家对深圳市海洋科学研究的支持力度空前增强，深圳市承担的国家重大海洋公益科研专项逐年增多。获批 2012 年度中央分成海域使用金支出项目 2 个，经费 5997 万元；获批 2013 年度海洋公益性行业科研专项 2 个，经费 3131 万元，投入比例居全国沿海地区前列。

【海洋文化】 “世界海洋日暨全国海洋宣传日”期间，借助企业、公益组织、艺术协会等社会力量，组织开展了为期 3 个月的宣传活动。多个具有首创性的宣传内容获得社会热烈反响。首次海监船巡游公益活动收到全市 7000 余名市民报名，湿地与城市发展论坛成为国内首个从城市发展角度进行生态旅游研究交流的专业论坛，全市首届海洋主题摄影大赛及作品展获得全市积极参与，国际海洋清洁日活动由 2000 多名志愿者清理了海洋垃圾逾 2 吨。激发市民“关注海洋、了解海洋、亲近海洋”的热情，营造了新颖独特的海洋文化氛围。

（深圳市海洋局）

广西壮族自治区

综 述

2012 年，广西壮族自治区海洋局认真贯彻落实自治区党委、政府加快实现“富民强桂”新跨越的战略部署和国家海洋局党组“三个六”的工作部署，紧紧围绕“保经济促发展，保民生促和谐”大局，全力保障广西北部湾经济区开放开发，以服务海洋经济又好又快发展为主线，以提高海洋开发、控制、综合管理能力为目标，转变思想观念，完善发展思路，主动务实推进，扎实有效开展海洋综合管理各项工作，为下一步建设海洋强区奠定了良好的基础。

海洋经济与海洋资源开发

2012 年广西沿海地区深入贯彻实践科学发展观，认真落实自治区党委、政府和国家海洋局发展海洋经济的战略部署，加快推进广西海洋经济发展方式转变和结构调整，形成了以海洋渔业、海洋交通运输业、海洋工程建筑业和滨海旅游业为主体的全面发展新格局。海洋三次产业结构逐步优化，现代海洋产业体系基本形成。

海洋立法与规划

【《广西壮族自治区海域使用收回补偿办法》颁布】 2012 年 4 月 9 日，广西壮族自治区第十一届人民政府常务委员会公告第 76 号文公布《广西壮族自治区海域使用收回补偿办法》，这将使广西海域使用权的收回和补偿工作有法可依，有效维护海域使用权人的合法权益。《办法》明确指出，海域使用权因公共利益或者国家安全需要的，由原批准使用该海域的县级以上人民政府依法收回，县级以上人民政府海洋行政主管部门负责海域使用权收回补偿的具体实施工作。收回养殖用海的，应当支付收回海域使用权补偿费、海域附着物补偿费和养殖产品补偿费。海域等级系数、海域补偿标准基数，由自治区海洋行政主管部门同自治区发改委等部门制订并报自治区政府批准。《办法》进一步明确，海域附着物和养殖产品的具体补偿标准，由沿海设区的市人民政府制定。收回除养殖用海以外其他项目用海的，补偿费用由县级以上人民政府和海域使用权人双方采取市场评估方式确定。《办法》共 17 条，自 2012 年 6 月 1 日起施行。

【《广西海洋主体功能区规划》发布】 根据广西壮族自治区人民政府及国家海洋局的工作部署和要求，广西壮族自治区海洋局 2012 年开展了《广西海洋主体功能区规划》(以下简称《规划》）的编制工作。2012 年 10 月《规划》通过专家评审，已经上报国家海洋局审查。编制和实施《规划》，对于科学划分广西海域不同区域的主体功能定位，优化海洋国土开发格局，促进广西北部湾经济区陆海统筹和科学发展，加快实现广西北部湾经济区建设的宏伟目标，具有十分重大的意义。

海域使用管理

【概况】 2012 年广西壮族自治区人民政府共批准用海项目 44 宗（含 3 宗招拍挂项目），用海面积 1060.636 公顷（其中填海面积 724.1142 公顷）。通过预审批复安排使用 2012 年度围海填海指标 674.65 公顷。全年征收海域使用金 58130 万元，上缴自治区财政 11626 万元。2012 年办理工程建设项目海域使用权初始登记 26 宗，发放海域使用权证书 34 本；办理海域使用权变更登记项目 6 宗，换发海域使用权证书 10 本。2012 年 10 月 10 日，国务院国函[2012]166 号批准《广西海洋功能区划（2011-2020 年)》实施省级海洋功能区划。

【海域使用权招拍挂试点】 2012 年，广西壮族自治区海洋局组织展开了工程建设项目海域使用权招拍挂工作。钦州市茅尾海东岸辣椒槌片区 A 区、B 区、C 区 3 宗商业用海海域使用权成功挂牌出让。茅尾东岸辣椒槌片区 A 区、B 区分别以 850 万元和 2780 万元的价格由钦州市天钦投资有限公司竞得。钦州市茅尾海东岸辣椒槌片区 C 区海域使用权以 6880 万的价格由钦州市龙海置业有限公司成功竞出。广西工程建设项目海域使用权招拍挂工作走在全国前列。

海 岛 管 理

【概况】 全区组织上报了第三批开发利用无居民海岛名录，海岛开发用途涉及旅游娱乐、交通运输、城乡建设等领域，加强对海岛的保护和管理，规范区海岛开发利用秩序，进一步保护好海岛资源，制定了《广西无居民海岛使用申请、审理、审核、报批办法》、《广西无居民海岛开发利用论证管理办法》、《广西无居民海岛使用金征收使用管理办法》、《广西无居民海岛使用项目专家评审委员会建设和管理办法》、《广西无居民海岛使用权出让评估办法》等多项配套制度。

【海岛海岸带整治修复】 2012 年 5 月，编制完成了《广西海域海岛海岸带整治修复规划（2011—2015)》，建立海域海岛海岸整治修复项目库。推动北海银滩综合整治项目、北海涠洲岛整合整治项目、钦州茅尾海综合整治修复项目、广西防城港市西湾红沙环生态海堤整治创新示范工程等项目开展，在传统海堤建设的基础上，结合生态、护岸、休闲科普多种功能，创新开展海岸带整治修复工作。

【海域海岛地名普查】 2012 年已完成了《中国海岛标准名录》（广西分册）和《中国海域海岛数据集》（广西卷）的编制工作。完成了 100 个海岛标志的设置工作，超额完成了国家海洋局下达的年度工作任务。

【海岛保护规划工作】 广西壮族自治区按照《中华人民共和国海岛保护法》及其配套制度的相关规定，在 2011 年完成《广西海岛保护规划》的编制发布工作的基础上，将至 2012 年在各市完成规划的编制工作。

海洋环境保护

2012 年广西核准海洋工程环评报告书(表)51 宗，依法评审 25 次，并对其中的围填海项目实行听证。海洋管理部门全年累计发送日常海洋预报 1460 份次，专项预报 365 次。在近岸海域组织实施包括海洋生物多样性、海水、海洋沉积物、海洋自然保护区、陆源入海排污口及邻近海域、入海江河、海洋垃圾、海水浴场、海水增养殖区等在内的各项海洋环境监测。编制和发布《2011 年广西海洋环境质量公报》。编制完成《广西海域海岛海岸带整治修复与保护规划（2011-2015 年)》，并于 2012 年 10 月获国务院批复，广西是全国第一批获得批准的省区。广西山口红树林生态自然保护区、北仑河口保护区管理部门加强日常巡查和应急监察，及时制止各种破坏保护区生态的行为。北海涠洲岛珊瑚礁国家级海洋公园获国家海洋局批准建立。《广西山口红树林生态国家级自然保护区总体规划（2011-2020 年)》获国家海洋局批准实施。

海洋防灾减灾

2012 年，广西沿海发生风暴潮灾害过程 3 次，全年受灾人口 69.40 万人，水产养殖受灾面积 103.81 千公顷，海岸防护工程损毁 21.07 千米，房屋损毁 7000 间，直接经济损失 5.33 亿元。广西沿岸出现波高≥3.0 米的大浪天数共 3 天，沿岸实测最大波高 3.8 米（涠洲海洋站 8 月 18 日测得)；广西沿海及北部湾北部海域出现波高≥3.0 米大浪天数共 33 天，其中冷空气引起的大浪 19 天，西南大风引起的大浪 8 天，热带气旋引起的大浪 6 天。2012 年，广西沿海共发生了 6 次异常大潮过程，其中有 3 次过程（6 月 5 日、11 月 16～18 日和 12 月 14～16 日）实测最高潮位达到或略超当地警戒潮位，其余 3 次过程实测最高潮位均低于或接近当地警戒潮位。异常大潮过程未造成灾害。2012 年广西沿海未发现赤潮事件，溢油事故 1 起。2012 年海洋管理部门在广西沿海举办 1 次海洋风暴潮灾害应急演练，开展了 8 个核定岸段的警戒潮位核定。2012 年汛期，全区海洋系统共值班超 300 人次，累计发布风暴潮和海浪消息、警报等 33 期；共计发布传真 858 份数，向各级相关单位领导和乡镇、行政村等领导发送海洋灾害预警报短信手机短信 30000 余条，发布异常大潮预警报 104 份。

海洋执法监察

2012 年中国海监广西总队实施海域巡查 1853 次，其中海上巡查 790 次，陆地巡查 1063 次。有效制止违法行为 127 起，立案查处 53 宗

（其中违法占用海域9宗，非法开采海砂37宗，损害海洋环境6宗，涉嫌占用开发海岛1宗）。办结案件49宗，实际收缴罚款2111.12万元(其中含收缴上年度罚款1104.7万元)。在“海盾”专项执法行动中查处案件2件，罚款872.31万元；在“碧海”专项执法行动中，查处涉嫌损害海洋环境违法案件5宗，结案3宗，收缴罚款人民币19万元。开展北部湾管辖海域内水下文化遗产保护联合执法2次，确定了三处重点联合执法区域。开展遏制海区非法采砂活动，年内共立案查处海砂开采违法案件37宗。

海洋科技

【“908专项“】 2012年，广西近海海洋综合调查与评价专项（”908专项”）结束了全部专题任务，完成了所有专题成果的档案归档、样品汇交、资料汇交、质量评估和第三方财务审计等工作。在此充分准备之基础上，4月26日，广西908专项顺利通过了由国家海洋局”908专项”办组织的专家组的现场查验。8月底，又通过了国家海洋局”908专项”办组织的会议验收。此次广西”908专项”历时7年之久，是广西有史以来涉及领域和调查范围最广、学科综合度最高、调查内容和要素最全、国家和地方投入最大、参与部门和技术人员最多、采用的技术手段和仪器设备最先进的海洋主题综合调查与评价类项目。共涉及8个调查专题、6个独立评价专题、1个数字海洋专题，1个总集成专题，总共16个专题，获得了一大批具有较高应用价值的成果：产出了10本基础调查数据集、13本专题图集，14部调查和评价报告，出版了《广西近海环境与资源现状》、《广西北仑河口环境特征》和《广西滨海旅游区评价与选划》三本专著，发表了论文30余篇(其中3篇为SCI检索)，此外，还获取了大量珍贵的高清遥感影像资料和重点港湾地形图等。这些成果将作为科研项目的基础资料、工程项目主要数据、政府决策的重要参考以及海洋管理重要支撑，为广西海洋事业的发展提供有力的支持。

【科技兴海专项】 2012年，在自治区海洋局的高度重视下，继续实施广西科技兴海专项，全年申请财政预算资金144万余元。广西壮族自治区海洋局组织了当年度的项目申请、立项和监督实施工作。此次专项开展，共有10余家单位参与，征集获得项目需求15份，支持了其中六个符合要求的项目。同时，为规范专项项目管理，出台了《广西科技兴海专项项目管理办法》和《广西科技兴海专项项目验收办法》，发布了项目申报指南。整个专项的管理纳入了自治区绩效办对广西海洋局的考核事项。2012年，是广西科技兴海专项实施的第二年，广西科技兴海专项的设立，填补了广西海洋局科技口没有专项资金支持的空白，为广西科技兴海规划的实施提供了强有力的支撑，为海洋科技成果的应用转化搭建了重要的平台。

海洋文化

2012年，广西壮族自治区海洋局委托国家海洋局宣教中心编制完成《广西海洋文化及海洋文化产业发展策划》，为下一步弘扬广西海洋文化、打造海洋文化产业奠定了良好的基础。广西区部分院校还利用广西北部湾历史文化资源，开设了《环钦州湾历史文化研究》、《广西北部湾古建筑文化研究》、《广西北部湾民俗研究》等课程进行海洋文化教育，为海洋文化的保护利用开发培养人才。以全国海洋宣传日为契机，抓好2012年世界海洋日暨全国海洋宣传日系列活动宣传工作，紧紧围绕“海洋与可持续发展”主题，切实改善人民群众的生活环境，增强群众海洋保护意识，形成“全民动员、全民参与”的浓厚氛围，让海洋更美丽、家园更清洁、环境更优美，为突出北部湾地区海洋环境特色，广西壮族自治区海洋局联合北海、钦州、防城港等3个沿海市局全面开展了丰富多彩的活动，取得良好宣传效果。

（广西壮族自治区海洋局）

海 南 省

综 述

2012 年，海南省海洋经济在国民经济中的地位显著提升，已经成为海南国民经济快速发展的重要支柱。海域与海岛使用管理、海洋环境保护、海洋环境预报协调发展，海洋维权执法、海洋防灾减灾工作、海洋科技工作不断加强。6 月 21 日，中华人民共和国国务院正式批准撤销县级西沙、中沙、南沙群岛办事处，直接设立地级三沙市，下辖西沙、中沙、南沙诸群岛及其海域。三沙市的海域范围逾 200 万平方千米，大约相当于全中国陆地面积的四分之一。

10 月 25 日，海南省海洋工作会议在海口召开。海南省委书记、省人大常委会主任罗保铭，省委副书记、省长蒋定之，国家海洋局党组书记、局长刘赐贵出席会议并讲话。省政协主席于迅，省委副书记李宪生，海南省领导许俊、陈辞、马勇霞、谭力、李秀领、孙新阳等出席会议。海南省委、省政府决定出台《中共海南省委、海南省人民政府关于加快建设海洋强省的决定》，确定今后一个时期全省海洋发展目标、思路、任务和措施，动员全省加强海洋工作，共同推动海洋事业发展，海洋工作得到社会各界广泛关注和支持。

海域使用管理

【概述】 2012 年，全省确权海域使用项目 54 宗，确权面积约 1474.73 公顷。其中渔业用海 12 宗，确权面积 1002.15 公顷；工业用海 3 宗，确权面积 58.79 公顷；交通运输用海 3 宗，确权面积 16.73 公顷；旅游娱乐用海 35 宗，确权面积 396.56 公顷；特殊用海 1 宗，确权面积 0.5 公顷。换发（变更）证书 5 宗，面积 89.1109 公顷。2012 年全省共征缴海域使用 16591 万元，其中完成省本级全年海域使用金征收计划的 69.36%。

【（区域用海规划）审核】 2012 年，重点抓好国家、省政府重点项目（区域用海规划）海域使用的审核报批工作，如国家海洋局已批的《洋浦港区及邻近海域建设用海总体规划（一期）》内若干单个具体建设项目、洋浦港神头港区用海项目、海口港马村港区扩建二期项目、三亚凤凰岛国际邮轮港二期项目、中国石化海南炼化码头扩建工程项目等的审核。积极协调国家海洋局推进《洋浦港神头港区北部区域建设用海规划》和《儋州市香槟岛区域建设用海规划》的审批工作，组织开展了对《海口湾南海明珠项目区域建设用海规划》的专家初审工作，并报送国家海洋局审查。

【围填海】 2012 年国家下达全省围填海年度计划指标 1000 公顷，至 2012 年，全省共安排围填海项目 31 个，安排填海指标 553.91 公顷，主要用于工业、旅游、交通和渔业等方面。

【海域动态系统建设】 海南省在海域动态监管系统建设管理上，充分利用了省直管市县的行政体制特点，创造性地开展全省海域动态系统建设，率先全国实现了从国家到省至所有沿海市县“国家海域动态监视监测管理系统”2M 专网的安装调试和试运行测试任务，并有效利用防灾减灾视频会商系统实现资源整合和共享，完成了网络系统“三网合一”工作任务。5 月 10 日召开的全国海域动态监视监测工作会议上，对海南省在海域动态监管工作取得的成绩予以了充分肯定，海南省市两级海域管理部门被评为全国海域动态监管工作先进单位。三沙市成立后，在按照国家海洋局的工作部署，重点推进三沙市海域使用动态监视监测系统的建设，为三沙市的海洋维权和海洋经济开发提供保障。

【海南省海洋功能区划获批】 2012 年 11 月 1 日，国务院关于海南省海洋功能区划（2011—2020 年）的批复：原则同意《海南省海洋功能区划（2011-2020 年）》（以下简称《区划》）。

批复提出，海南是我国唯一的热带海洋省份和最大的经济特区，战略地位重要。要坚持在发展中保护、在保护中发展的原则，合理配置海域资源，优化海洋开发空间布局，实现规划用海、集约用海、生态用海、科技用海、依法用海，促进经济平稳较快发展和社会和谐稳定。通过实施《区划》，到 2020 年，全省建设用围填海规模控制在 11150 公顷以内，海水养殖功能区面积不少于 40 万公顷，海洋保护区面积达到管辖海域面积的 5%以上，近岸海域海洋保护区面积占到 11%以上，近岸海域保留区面积比例不低于 10%，自然岸线保有率不低于 55%，整治修复海岸线长度不少于 200 千米，功能区环境质量达标率在 95%以上；围填海等改变海域自然属性的用海活动得到合理控制，渔民生产生活和现代化渔业发展得到保障，主要污染物排海总量得到控制，海洋生态环境质量明显改善，海洋可持续发展能力显著增强。《区划》是合理开发利用海洋资源、有效保护海洋生态环境的法定依据，一经批准，任何单位和个人不得随意修改；确需修改《区划》范围、海岸线和海洋功能区类型的，由海南省人民政府提出修改方案，报国务院批准。编制各类产业规划涉及海域使用的，应当符合《区划》的要求。要尽快完成沿海市、县（市）海洋功能区划编制批报工作。要认真落实《区划》提出的各项任务和措施，不断完善海域管理的体制机制，严格执行项目用海预审、审批制度和围填海计划，健全海域使用权市场机制。坚持陆海统筹方针，切实加强海洋环境保护，地方海域使用金收入要支持海域海岸带开展综合整治修复。加大海洋执法监察力度，规范海洋开发利用秩序。加强社会和舆论监督。国务院批准的《海南省海洋功能区划(2011-2020 年)》确定了海南省未来 10 年海洋空间开发、控制和综合管理的基调和目标。

海南省海洋功能区划按类型划定了农渔业区、港口航运区、工业与城镇用海区、矿产与能源区、旅游休闲娱乐区、海洋保护区、特殊利用区、保留区共 8 个一级类海洋功能区，共划分基本功能区 188 个。区划还紧紧围绕《海南国际旅游岛建设规划纲要》和《海南省“十二五”发展规划纲要》，坚持“陆海统筹”的原则，与全省土地利用规划、城乡建设规划以及海洋经济发展规划、港口布局规划、旅游发展规划等涉海行业规划衔接，充分保障重点规划项目的用海需要，优化全省海洋产业布局，加快全省海洋经济增长方式的转变和升级，促进全省海洋经济全面可持续发展。区划还统筹考虑海洋环境保护与陆源污染防治，控制污染物排海，改善海洋生态环境，防范海洋环境突发事件，提高海洋防灾减灾能力。重点整治修复受侵蚀的滨海岸线、受污染的潟湖和海湾、受损的海洋生态系统和重要海岛，重点保护珊瑚礁、红树林、海草床等典型热带海洋生态系统，维护河口、海湾、海岛、滨海湿地等海洋生态环境。切实保护海洋环境，建设海洋生态文明区，实现海洋经济的绿色崛起。

《区划》综合考虑了沿海土地利用规划、经济产业带发展战略布局、区域生态安全、海洋旅游安全、海洋交通安全和国防安全等因素。与原区划相比，对各功能区的设置和面积做了科学合理的调整。比如海口港和洋浦港面积根据港口规划和发展需要，范围明显扩大；旅游休闲娱乐区主要分布于海南岛东南沿岸海域，与海南国际旅游岛滨海旅游区规划布局一致；区划在海南岛近岸海域大幅度地扩大了保留区范围，既为未来海洋经济发展预留了海域开发空间，又保护了近岸海域的海洋资源，使之成为海洋经济可持续发展的重要保障。

海岛管理

推进《海南省海岛保护规划》编制工作，3 月，《海南省海岛保护规划》(2011-2020 年）通过评审，该规划根据“科学规划，保护优先；统筹协调，优化布局；分类管理，科学利用；突出重点，全面推进；维护权益，保障安全”的编制原则，范围包括海南岛岛区和三沙市各岛区。积极开展开发利用无居民海岛保护利用规划编制工作，三亚小青洲海岛保护与利用规划于 9 月通过评审。大力推进法前用岛活动确权发证工作，办理了“三亚东锣岛、西鼓岛”两个无居民海岛的确权发证的海岛为。积极推进海岛地名普查工作，完成了 120 个海岛名称标志设置工作任务，开展《海南省海岛地名志》和海岛名称标志图册的编制工作。推动了海岛整治修复及保护项目的申报及实施工作，海南省西沙羚羊礁海岛整治及基础设施建设项目、赵述岛领海基点保护试点工作分别被列入 2012 年度中央分成海域使用金支持项目及海岛保护专项资金支持的领海基点保护试点项目。

海洋环境保护

历经三年的《海南省海洋环境保护规划》（2011-2020 年）通过了省政府专题会议的审议，于 7 月获省政府批准印发实施。有序推进了海洋环境监测与评价、海洋生态补偿赔偿立法和标准制定、海洋环境保护规划、海洋工程建设项目监督管理、海洋生态保护、海洋环境污染防治等方面工作。海南省管辖海域海洋环境质量继续保持良好状态，海洋生态环境良好，滨海旅游度假区、海水增养殖区等海洋功能区海水水质能够满足功能区水质要求。

一是组织实施全省海洋环境监测与评价工作。全省近岸海域、西沙群岛海域共布设监测站位 263 个，监测频率与项目均比往年增加，完成 2012 年海洋环境监测监视及分析评价工作。

二是加强海洋工程建设项目监督管理。受理海洋工程环境影响评价报告书审核申请 4 宗，组织召开 4 次专家评审论证，2 次核准听证会，核准批复 4 宗。签发海洋废弃物倾倒普通许可证 2 宗，变更 3 宗，批准海洋倾倒物 29.0165 万立方米。

三是加强海洋生态保护。编制了《海南省海洋生态损害赔偿与海洋生态补偿管理办法》草案和《海南省海洋生态损害赔偿与生态补偿评估标准》（省级地方标准）；完成了《海南三亚珊瑚礁国家级自然保护区总体规划（2011－2020 年）》和《海南万宁大洲岛海洋生态国家级自然保护区保护与发展规划（2011－2020 年）》的编制。完成了《海南省海洋国家公园规划》、《热带典型海洋生态系统关键技术》、《文昌、琼海麒麟菜保护区调查研究》三个项目的研究。开展《海水养殖对海南近岸海洋环境影响研究》、《海口湾污染物总量控制研究》两个项目的实施。

海洋环境预报与防灾减灾

【概述】　完成各项海洋与渔业环境监测与调查工作。累计出海 239 航次，获得监测数据约 10280 个，发布海洋环境状况通报 37 期。

【实施海洋环境监测】　完成全省近岸海域趋势性、东海岸珊瑚礁、东海岸海草床、西沙珊瑚礁等 80 个监测站位的任务，海口湾、三亚湾、亚龙湾、后水湾等 81 个监测站位的任务，内容包括水文气象、和水质状况等项目。完成了陆源入海排污口及其邻近海域监测 78 航次。公益服务部分完成了海水增养殖区环境监测任务 20 个航次；海水浴场 4～10 月的监测任务；完成了滨海旅游度假区 3～10 月的监测任务。

【海洋预报】　西南中沙海域海洋环境预报节目正式播出，海洋预警报工作得到广泛关注。6 月 9 日，永兴岛黄岩岛永暑礁海洋环境预报节目正式改版播出。海南省海洋监测中心发布的海洋环境预报节目内容更新为南海海区未来 24 小时海浪预报、重点港湾、海岛海洋环境预报，重点增加了西沙永兴岛、中沙黄岩岛和南沙永暑礁 3 个岛礁的海洋环境预报。改版后的海洋环境预报节目播出频道和时段分别为，海南广播电视总台综合频道每日 19:02 分播出；海南广播电视总台新闻广播的播出时间为每日 6:00、17:55、22:00；交通广播的播出时间为每日 12:00、18:00。改版后的海洋环境预报节目进一步提高了南海海洋环境预报精确度，为海上交通、渔民海上作业等海上活动提供更精细的安全保障服务。

2012 年，海南省海洋监测中心发布海浪消息 12 次 468 份，海浪警报（蓝色）14 次 546 份，海浪警报（黄色）33 次 1287 份，海浪警报（橙色）4 次 156 份，海浪解除警报 8 次 312 份。风暴潮警报（蓝色）12 次 468 份，风暴潮解除警报 3 次 117 份，顺利地完成了海洋灾害预警报任务，以及顺利完成 2010 年度海南省海洋灾害总结与 2011 年度南海区海洋灾害趋势预测任务。

海洋执法监察

开展南海定期巡查执法及专项执法，参与维护黄岩岛主权的维权巡航，参与南海总队对海南省周边海域 18 个领海基点的巡查工作。开拓航空执法新领域，联合南海总队航空支队开展了航空巡航执法。开展南海维权护渔，完成巡航任务 20 余航次，历时 200 天，航程 1 万余海里，登临、驱赶进入我国管辖海域进行违法活动的国外（越南）渔船上百艘次，有力打击了外国侵权侵渔行为，维护了我国海洋权益。积极推进维权执法专用海监船及基地建设，两艘1000吨级省级维权执法专用海监船建造项目稳步推进，完成了中国海监 2131、2132、2133海岛执法快艇验收和入列工作，并向农业部提出建设3000吨级渔政船1艘、1000吨级渔政船2艘的申请。积极推进海口海监渔政综合服务基地和琼海维权执法基地维修改造项目进度。

海洋科技

【“908专项”】 2012年，海南省基本完成了历时8年的“908专项”任务。“908专项”是“我国近海海洋综合调查与评价”专项的简称，是国务院于2003年9月批准立项、国家海洋局组织实施的一项我国海洋发展史上投入最大、调查要素最多、任务涉及部门最广的海洋环境基础调查和评价工作。

4月27日，国家海洋局“908专项“办公室在海口组织召开了“海南省‘908专项‘任务（908-SJ-HN)”现场查验会议，会议顺利通过了对已实施八年的海南省近海海洋综合调查和评价专项（简称“908专项”）任务的现场验收。审核组一致同意海南省“908专项”任务通过现场查验，将参加沿海省市专项任务总验收会议。审核组对海南省“908专项”八年来所取得的成绩以及我省在“908专项”组织实施、特色创新等方面的工作给予了充分肯定。

10月26日，海南省“908专项”成果通过国家海洋局在北京组织的全国总验收，标志着海南省“908专项”成果阶段工作的圆满完成。

海南省“908专项”任务的工作范围为海南省管辖的海域范围，主要包括海南岛近岸及近海海域、岛礁，西南中沙岛礁及其海域。海南省“908专项”任务，始终围绕以下目标开展工作：全面认识海南省近岸海域资源环境的基本特征；围绕“以海带陆，依海兴琼”的基本战略，重点开展海洋资源开发利用的评价与选划、热带海洋环境与生态系统保护、海洋灾害防治、海洋经济可持续发展战略与海洋管理等评价工作，把握海洋为全省国民经济和社会发展可提供的支撑和承载能力，认识海洋资源的可持续利用潜力；突出“发展海洋经济”主题，为海南省海洋经济可持续发展、海域使用管理及海洋生态环境保护和海洋减灾防灾提供全面的基础数据，为政府决策、海南省海洋经济建设和海南省海洋管理提供科学依据，同时也为维护国家权益和国防建设提供高精度的数字化服务。

海南省“908专项”主要完成了以下任务：海南省海岛、海岸带调查地面(包括陆地和相关海域)实测任务；海南省海域使用现状调查；海南省沿海地区社会经济基本情况调查；海南省近岸海域化学和生物生态调查；海南省典型海洋生态系统调查；海南省新型潜在开发区评价和选划及其他近海海洋综合评价；对以上综合调查和综合评价任务所取得的各项成果的综合集成及成果推广应用；中国近海“数字海洋”信息基础框架海南省业务化应用分系统建设等。海南省承担的专项任务主要包括01专项(综合调查）的7个专项任务，02专项（综合评价）5个专项任务、03专项（海南省“数字海洋”信息基础框架建设任务）和04专项(成果集成）10个专项任务，以及相关的组织协调、质量管理、资料成果档案管理等项工作。

海洋文化

实施海洋博物馆建设项目。项目已完成了保护区项目评估、海域使用论证、环境影响评价、项目建议书、项目策划等前期工作的委托，项目概念性规划方案设计招标已完成，征集到了8个概念性规划设计方案；项目策划已提交了初稿。海洋博物馆项目已被追加为2012年省重点预备项目。 （海南省海洋与渔业厅）

海洋公益服务

海洋环境监测

【综述】 2012年，为全面掌握我国管辖海域海洋环境状况，国家海洋局组织各级海洋行政主管部门开展了海洋环境监测工作，深化了海洋生物多样性和生态状况监测，加强了海洋环境灾害和突发事件应急监测与风险防范，强化了渤海等重点海域的监测工作。各级海洋环境监测机构共完成约8400个站位的监测工作，获得各类海洋环境监测数据240余万个。

2012年监测的主要内容有海洋环境监测、海洋环境风险监测、海洋环境监管监测、公益服务监测。①海洋环境监测：我国管辖海域海洋生物多样性监测，海水水温、盐度、海流以及海水质量状况监测，沉积物类型和沉积环境质量状况监测，二氧化碳交换通量监测，大气污染物沉积状况监测等；②海洋环境风险监测：重点海域主要环境风险监测，赤潮（绿潮）灾害及赤潮监控区监测，突发海洋污染事件及溢油跟踪监测，海洋放射性监测，海水入侵和土壤盐渍化状况监测，重点岸段海岸侵蚀状况监测等；③海洋环境监管监测：海洋倾倒区、海洋石油勘探开发区、海洋保护区等环境状况、潜在风险监测以及陆源入海排污口及邻近海域、入海江河、海洋垃圾等陆源污染物排海状况监测；④公益服务监测：海水浴场和滨海旅游度假区环境状况监测，海水增养殖区环境状况和养殖生物安全监测。

2012年，我国海洋环境质量状况总体维持在较好水平。符合第一类海水水质标准的海域面积约占我国管辖海域面积的94%，海洋沉积物质量良好。海水、海洋沉积物、海洋生物的放射性水平和海洋大气γ辐射空气吸收剂量率均处于本底范围内。国家级海洋保护区环境质量总体良好，主要保护对象或保护目标基本保持稳定。重点海水浴场、滨海旅游度假区环境质量总体良好。海水增养殖区环境质量基本满足养殖活动要求。海洋倾倒区环境状况总体稳定，未因倾倒活动产生明显影响。

近岸海域水体污染、生态受损、灾害多发等环境问题依然突出。经河流排海的氮、磷入海量较2011年明显增大，陆源入海排污口达标排放率依然较低。近岸海域劣于第四类海水水质标准的海域面积较2011年明显加大，约1.9万平方千米海域呈重度富营养化状态。81%实施监测的河口、海湾等典型海洋生态系统处于亚健康和不健康状态。全海域发现赤潮73次，累计面积较2011年增加1895平方千米。渤海滨海平原地区海水入侵和土壤盐渍化严重。砂质海岸和粉砂淤泥质海岸侵蚀范围扩大，局部地区侵蚀速度加快。“蓬莱19-3”油田溢油事故和大连新港“7.16”油污染事件对邻近海域生态环境造成的污染损害依然存在。日本福岛核泄漏事故尚未对我国管辖海域造成影响。

【海洋环境监测】 **海水环境状况监测** 由国家海洋局各分局负责组织沿海省市区海洋行政主管部门实施，目的是掌握我国管辖海域海水水温、盐度、海流分布及变化，了解各海域主要污染物质分布、污染程度及变化状况。

冬季（2～3月）共开展55个站位监测工作；春季（4～6月）监测1401个站位；夏季（7～9月）监测1738个站位；秋季（10～12月）监测464个站位。渤海海域开展了全年6次监测；黄海、东海及南海的近岸重点海域开展了3次监测，其他近岸及近岸以外海域于 8 月份开展了 1 次监测。监测指标包括水温、盐度、pH、溶解氧、叶绿素 a 等环境基本要素和化学需氧量、无机氮、活性磷酸盐、石油类、总氮、总磷、重金属等污染要素。

在水动力监测方面，开展了定点连续的浮标监测，渤海和北黄海共布设 7 个浮标站位；东海区在江苏如东和长江口区域分别开展了水动力定点连续监测及在线监测；南海区在珠江口海域开展浮标观测，并在湛江东海岛西部（通明海）海域开展水动力定点监测。

海洋沉积物质量监测 由国家海洋局各分局负责组织沿海省市区海洋行政主管部门实施，目的是掌握我国管辖海域沉积物类型和现状，了解污染物质在海洋沉积物中的分布、污染程度及变化状况。

在我国管辖海域 581 个站位开展了海洋沉积物监测，其中近岸站位 498 个，近岸以外站位 83 个，监测指标包括石油类、重金属、砷、多氯联苯、硫化物和有机碳等。

海洋生物多样性状况监测 由国家海洋局各分局负责组织沿海省市区海洋行政主管部门实施，目的是通过全面开展我国管辖海域海洋生物多样性监测，掌握我国管辖海域海洋生物种类、分布、数量及变化状况。

2012 年春、夏季，以典型海洋生态系统和关键生态区域为重点，在我国管辖海域 994 个站位开展了海洋生物多样性状况监测，监测内容包括浮游生物、底栖生物、海草、红树植物、珊瑚等生物的种类组成和数量分布。根据数据质量和上报结果，春季（4～6 月）选择滦河口-北戴河、黄河口、珠江口、苏北浅滩、渤海湾、莱州湾、大亚湾、埕岛、庙岛群岛和渔山列岛共 10 个区域进行多样性评价；夏季（7～9 月）选择滦河口-北戴河、黄河口、长江口、珠江口、苏北浅滩、渤海湾、莱州湾、杭州湾、乐清湾、闽东沿岸、大亚湾、庙岛群岛、舟山群岛、渔山列岛共 14 个区域进行多样性评价。

海洋二氧化碳源汇状况监测 由国家海洋局各分局负责所辖海域海-气二氧化碳交换通量岸岛基站、走航、浮标监测工作；国家海洋环境监测中心负责大连园岛岸岛基站以及北黄海走航监测工作。目的是掌握我国管辖海域海气界面二氧化碳交换通量，了解海洋环境主要调控因子对二氧化碳分压的影响。

在渤海、黄海、东海以及南海北部开展冬季（2 月）、春季（5 月）、夏季（8 月）、秋季（11 月）4 个航次的海-气二氧化碳交换通量的断面走航监测。监测要素包括海水二氧化碳分压、大气二氧化碳分压，水文气象要素以及总碱度、pH、溶解无机碳、溶解氧、浊度、叶绿素 a、亚硝酸盐、硝酸盐、磷酸盐、铵盐、硅酸盐等环境要素。此外，部分正在建设的岸/岛基站和浮标站启动了试运行工作。

海洋大气污染物沉降状况监测 由国家海洋局各分局负责所辖海域大气监测站监测工作；国家海洋环境监测中心负责旅顺大气监测站点监测工作。目的是掌握我国重点海域大气污染物沉降状况，重点关注渤海大气污染物沉降通量的空间分布。

在全国 4 个重点大气站及 9 个渤海大气站开展 2（渤海为 3 月）、5、8 和 10 月共 4 个月大气污染物沉降连续监测。监测内容除气象要素外，干沉降监测要素包括总悬浮颗粒物、铜、铅、镉、锌、砷、硝酸盐、亚硝酸盐、铵盐、磷酸盐；湿沉降监测要素包括铜、铅、镉、锌、砷、硝酸盐、亚硝酸盐、铵盐、磷酸盐、降水电导率、降水、pH 等。

赤潮（绿潮）监测 由国家海洋局各分局负责组织沿海省市区海洋行政主管部门实施，目的是掌握我国管辖海域赤潮灾害发生风险，及时发现赤潮灾害，为赤潮应急监测提供基本信息和支持。为养殖提供赤潮灾害信息。国家海洋局各分局、沿海省市海洋行政主管部门需按照《赤潮灾害应急预案》组织开展赤潮（绿潮）灾害应急监测，及时发布赤潮（绿潮）灾害监测预警信息产品。

各分局及沿海各级海洋行政主管部门利用航空遥感、卫星遥感、船舶、海洋站、志愿者等多种手段，对所辖海域实施赤潮（绿潮）监视监测，及时发现赤潮（绿潮），进行动态监视、预警和应急跟踪监测，共对 19 个赤潮监控区进行了监测。

突发海洋污染事件监测　2012 年，国家海洋局组织相关单位对广东汕尾海域沉船事件和福建莆田海域集装箱船触礁搁浅事故进行了环境质量应急监测。

继续对 2011 年发生的蓬莱 19-3 溢油事故和 2010 年发生的大连新港“7•16”油污染事件附近海域开展跟踪监测，目的是掌握溢油在海洋环境中的残留和漂移变化情况，了解油污染对周边海域海水水质、沉积物、生物体质量以及生态系统的中长期影响。

海洋放射性监测　由国家海洋局各分局负责组织，沿海省市区海洋行政主管部门实施，目的是了解沿海核电站周边海域放射环境基本状况及潜在风险，掌握核电开发活动对周边海域海洋环境的影响。核电站及核设施邻近海域海洋环境放射性常规监测海域为秦山、田湾和大亚湾核电站邻近海域以及青岛沙子口核设施邻近海域，背景调查海域为海阳、三门、台山和阳江核电站邻近海域，具体监测指标包括：海水中的氚、总铀、总β、铯-137、锶-90；海洋生物中的总β、铀-238、镭-226、钍-232、钾-40、铯-137；海洋沉积物中的总β、铀-238、镭-226、钍-232、钾-40、铯-137。

2012 年我国继续开展应对福岛核泄漏事故的海洋环境放射性水平应急监测，具体监测指标包括：部分海区海洋大气中的γ辐射空气吸收剂量率和部分海域海洋生物中的总β。为掌握放射性物质的迁移扩散状况，分析核泄漏事故对我国管辖海域及西太平洋海洋环境的影响，国家海洋局连续两年组织实施了西太平洋海洋环境监测。西太平洋日本福岛以东和东南海域，台湾海峡及邻近海域的放射性监测数据，具体监测指标包括：海水中的铯-134、铯-137、锶-90、银-110m、钴-58、钴-60；海洋生物中的总β、锶-90、镭-226、铯-134、铯-137、银-110m、钴-58、钴-60；海洋沉积物中的总β、锶-90、铯-134、铯-137、银-110m、钴-58、钴-60。

海水入侵和土壤盐渍化状况监测　由国家海洋局各分局负责组织沿海省市海洋行政主管部门实施，目的是掌握滨海地区海水入侵和土壤盐渍化现状、成因和环境风险。

于枯水期（3～4 月）和丰水期（8～9 月）开展了 2 次滨海地区海水入侵和土壤盐渍化监测，其中监测海水入侵区域 30 个，主要监测水样中的水位、氯度和矿化度等；监测土壤盐渍化区域 22 个，监测断面 48 条，主要监测土壤中的 Cl^-含量、SO_4^{2-}含量、pH 值和含盐量等。

重点岸段海岸侵蚀状况监测　由国家海洋局各分局负责组织实施，目的掌握我国沿海重点岸段海岸侵蚀现状、变化状况、成因和环境风险。

采用现场、航空遥感和卫星遥感等手段对我国具有代表性的 7 个岸段开展监测。监测要素主要包括侵蚀海岸长度、年平均侵蚀宽度、年最大侵蚀宽度、年侵蚀面积等。

海洋倾倒区监测　由国家海洋局各分局负责对 2012 年正在使用的海洋倾倒区实施全覆盖监测，目的是掌握倾倒物组成成份及其在倾倒海域的迁移扩散过程，了解倾倒区及其邻近海域生态环境和渔业资源变化情况，评估倾倒活动对渔业资源和其他海上活动的影响，在此基础上，科学合理调整海洋倾倒区设置和倾倒许可证的签发。

全年对 42 个海洋倾倒区 471 个站位开展了水深、水质、沉积物质量、大型底栖生物、浮游植物及浮游动物的监测，其中包括 35 个正在使用的和 7 个未使用的海洋倾倒区，使用倾倒区监测覆盖率达 76%。

海洋石油勘探开发区监测　由国家海洋局各分局负责本海区油气开发区及溢油多发海域开展监测，目的是掌握油气开发活动排海物质排放状况、油气区环境质量状况，评价油气开发活动的环境影响及其潜在风险影响。

全年对 35 个油气区开展了水质、沉积物质量、大型底栖生物、浮游植物及浮游动物的监测，其中渤、黄海 27 个，东海 2 个，南海 6 个。与 2012 年海洋环境监测工作任务相比，监测覆盖率为 100%。

海洋工程建设项目监测　由国家海洋局各分局根据海区内海洋经济开发建设的重点和热点组织开展相关监测，目的是掌握建设项目施工期和运营期污染物排海状况及对海洋环境的影响。北海区选择8个大规模围填海活动区域进行监测，分别为河北省秦皇岛山海关填海工程海域及唐山国际旅游岛海域综合整治区域、河北省曹妃甸工业区、沧州渤海新区、天津市滨海新区、辽宁沿海经济带（营口鲅鱼圈、大连市长兴岛临港工业区）、青岛董家口和潍坊滨海新城区。东海区涉海工程主要包括港口码头、桥梁工程、围填海工程、航道工程、海底管线等类型。南海区重点开展港珠澳大桥建设项目、珠江口海砂开采对海洋环境影响监测。地方各级海洋行政主管部门按审批权限对核准工程开展监测。

海洋保护区监测 由国家海洋局各分局组织沿海省市区海洋行政主管部门以及各国家级海洋保护区管理机构共同开展监测，目的是掌握海洋保护区主要保护对象、海洋环境、海洋生物多样性的现状及变化情况，为评估保护区的管理成效和制订保护区管理计划提供依据。

全年对 19 个海洋生物物种类保护区和 13 个海洋自然遗迹类保护区开展生物多样性、生境及被保护对象监测，共完成 384 个站位的监测工作。监测项目包括保护区管理基本情况、保护对象、珊瑚礁群落、红树林群落等；监测站位累计 67 个。

陆源入海排污口及邻近海域监测 由国家海洋局各分局组织沿海省市区海洋行政主管部门实施，目的是掌握我国陆源入海排污口入海排污状况以及对邻近海域海洋环境的变化和影响，为监督陆源污染物排海提供技术支撑。

于3月、5月、8月、10月对我国沿海435个入海排污口开展监督性监测，监测的入海排污口中，工业排污口占34%，市政排污口占38%，排污河占23%，其他类排污口占5%。另外，于5月、8月重点监测了100个陆源入海排污口邻近海域的环境状况。监测内容包括排污口是否超标排放，减排指标变化情况，以及入海污染物对周边海域的主要生态环境、主要功能等造成的影响和危害。

入海江河监测 由国家海洋局各分局组织沿海省市区海洋行政主管部门实施，目的是掌握江河入海污染物的种类、入海量及变化趋势。于枯水期、丰水期和平水期对 72 条入海河流共 277 个站位开展监测。监测要素包括盐度、石油类、化学需氧量（CODCr）、氨氮、总磷、硝酸盐氮、亚硝酸盐氮、砷、重金属及河流年径流量等。

海洋垃圾监测 由沿海省市区海洋行政主管部门负责组织实施，目的是掌握我国管辖海域海岸带垃圾的种类、数量和来源以及垃圾对海洋生态环境的影响。监测内容包括海面漂浮垃圾、海滩垃圾和海底垃圾的种类、数量及来源。其中 33 个站位开展了海滩垃圾监测；28 个站位开展了海面漂浮垃圾监测；11 个站位开展了海底垃圾监测工作。

海水浴场和滨海旅游度假区监测 由沿海省市区海洋行政主管部门负责组织实施，目的是掌握海水浴场海洋环境状况，保障沿海社会公众娱乐休闲活动及人体安全健康。

在游泳季节对全国23个重点海水浴场和17个重点滨海旅游度假区开展每日监测，监测要素涉及水文、气象、水质、游泳人数和休闲人数等指标。

海水增养殖区养殖环境和养殖生物安全监测 由国家海洋局各分局组织沿海省市区海洋行政主管部门实施，国家海洋环境监测中心及国家海洋局第三海洋研究所负责开展大连及厦门海域重点养殖区域的监测工作。目的是掌握海水增养殖区环境质量现状和变化趋势，关注由于海水增养殖活动带来的潜在环境风险、养殖生物质量及食用安全性，为保障人民身体健康和生命安全提供服务。

全年对63个海水增养殖区共486个站位开展水质、沉积物质量和生物质量监测。监测数据的时间段为5～10月，一般监测增养殖区5、7月、8月和10月各监测一次水质；8月或10月监测一次沉积物质量和生物质量；重点监测增养殖区，主要养殖周期内每半月监测一次。监测要素包括海水养殖状况，增养殖区海水、沉积物及底栖生物环境状况，以及养殖生物体中有机污染物、重金属、毒素、药物残留等。

【海域环境状况】 **海水环境状况** 2012 年夏季，海水中无机氮、活性磷酸盐、石油类和化学需氧量等监测要素的综合评价结果显示，我国管辖海域海水环境状况总体较好，但近岸海域海水污染依然严重。符合第一类海水水质标准的海域面积约占我国管辖海域面积的94%，符合第二类、第三类和第四类海水水质标准的海域面积分别为46910平方千米、30030平方千米和24700平方千米，劣于第四类海水水质标准的海域面积为67880平方千米，较2011年增加了24080平方千米。渤海、黄海、东海和南海劣于第四类海水水质标准的海域面积分别增加了8870平方千米、6990平方千米、6700平方千米和1520平方千米。劣于第四类海水水质标准的区域主要分布在黄海北部、辽东湾、渤海湾、莱州湾、江苏沿岸、长江口、杭州湾、珠江口的近岸海域。近岸海域主要污染要素是无机氮、活性磷酸盐和石油类。南海中南部中沙群岛及南沙群岛海域水质状况良好，海水中无机氮、活性磷酸盐、石油类和化学需氧量等监测要素均符合第一类海水水质标准。

我国管辖海域各月海洋表层水温实测数据分析结果显示，渤海、黄海和东海月均海洋表层水温2月最低，分别为2.3℃、7.9℃和16.6℃，南海1月海洋表层水温最低，为24.9℃；渤海、黄海、东海和南海8月海洋表层水温最高，分别为24.4℃、26.6℃、28.3℃和29.1℃；渤海和黄海的海洋表层水温月际变化最为明显，东海次之，南海变化最小。

我国管辖海域8月表层海水盐度变化范围为0.11～35.30。四个海区中，南海盐度最高，其次是东海、黄海，渤海最低，平均盐度分别为34.15、33.69、31.74、28.05。近岸海域盐度低于27.00的区域主要分布在辽河口、黄河口、长江口、珠江口等河口区域，面积分别为1680平方千米、2240平方千米、8250平方千米和8370平方千米。与2011年相比，辽河口、黄河口和珠江口的低盐区分布范围有所扩大，长江口低盐区分布范围有所减小。

海水pH值多在7.8～8.5之间，辽东湾西岸、海州湾等近岸局部海域pH值出现大于8.5的现象。渤海及其他海区近岸海域大部分区域溶解氧含量高于6毫克/升，符合第一类海水水质标准；长江口、杭州湾等局部海域底层水体溶解氧含量低于4毫克/升。

无机氮含量超第一类海水水质标准的海域面积约147150平方千米，渤海、黄海、东海和南海分别为39480平方千米、34720平方千米、58160平方千米和14790平方千米，其中劣于第四类海水水质标准的海域面积分别为13030平方千米、14530平方千米、33150平方千米和4060平方千米，主要分布在黄海北部、辽东湾、渤海湾、莱州湾、江苏沿岸、长江口、杭州湾、珠江口的近岸海域。活性磷酸盐含量超第一类海水水质标准的海域面积约107890平方千米，渤海、黄海、东海和南海分别为11490平方千米、30980平方千米、52590平方千米和12830平方千米，其中劣于第四类海水水质标准的海域面积分别为1280平方千米、7620平方千米、13360平方千米和990平方千米，主要分布在大连湾、莱州湾、江苏沿岸、长江口、杭州湾、珠江口的近岸海域。石油类含量超第一、二类海水水质标准的海域面积约21890平方千米，渤海、黄海、东海和南海分别为5860平方千米、2430平方千米、7720平方千米和5880平方千米，污染区域主要分布在渤海、大连湾、长江口、杭州湾、闽江口、珠江口、北部湾的局部海域。近岸局部海域化学需氧量超第一类海水水质标准，总面积约15450平方千米，主要分布在渤海近岸、江苏北部近岸及杭州湾等海域。

海水富营养化状况　海水中无机氮和活性磷酸盐含量超标导致了近岸局部海域的富营养化，呈富营养化状态的海域面积约9.8万平方千米，较2011年增加2.4万平方千米，其中重度、中度和轻度富营养化海域面积分别为19250平方千米、39980平方千米和38660平方千米。重度富营养化海域主要集中在黄海北部、辽河口、渤海湾、莱州湾、长江口、杭州湾和珠江口的近岸区域。

海洋水动力状况　渤海海域重点开展了渤海海峡、辽东湾口、渤海湾口和莱州湾口海域的海流监测。结果表明，渤海海峡表层海流呈现往复流特征，主流向为西北-东南向；夏季流速最大，涨潮流强于落潮流，冬季流速较小，涨潮流与落潮流相差不大。辽东湾口中部海域表层海流基本呈现往复流特征，主流向为东北-西南向，涨潮流略强于落潮流，四季海流强度相差不大，春、秋季稍强，冬、夏季稍弱。渤海湾口北部海域表层海流基本呈现往复流特征，主流向为西北西—东南东向，涨潮流略强于落潮流，四季海流强度相差不大，夏季稍强，冬季稍弱。莱州湾口东部海域表层海流基本呈现旋转流特征，强流向为北北西和东南向，落潮流略强于涨潮流，四季海流强度相差不大，夏季稍强。

黄海海域重点开展了山东沿岸和苏北海域的海流监测。结果表明，成山头近岸以外监测海域表层海流基本呈现旋转流特征，强流向为北北东和东南向，落潮流稍强于涨潮流，四季海流强度相差不大，夏季稍强，冬季稍弱。青岛近岸监测海域表层海流基本呈现旋转流特征，强流向为东北向，涨潮流稍强于落潮流，四季海流强度相差不大，冬、春季稍强，夏、秋季稍弱。海州湾近岸以外监测海域表层海流基本呈现往复流特征，主流向为东—西向，落潮流稍强于涨潮流，四季海流强度相差不大，但冬、春季强于夏季。苏北监测海域的海流以往复流为主，主流向受地形控制，沿深槽方向往复流动，其中，苦水洋海域海流主要沿西南-东北方向涨落，涨潮流强于落潮流，垂向上各层流向基本一致，流速从表层到底层依次减小，底层流速约为表层的一半；烂沙洋海域海流主要沿西-东方向涨落流动，涨潮流强于落潮流；辐射沙脊群外缘海域海流呈现旋转流特征，强流向为北和东南向。

东海海域重点开展了闽浙沿岸流和长江口近岸以外海域、台湾海峡北口—南口海域的海流监测。结果表明，闽浙沿岸流冬季表层海流流向为西南向，流速较强，流幅较宽；夏季表层海流流向为东北向，流速稍弱；冬季西南向表层最大流速约比夏季东北向表层最大流速大10%；春、秋季具有转换期特征。长江口近岸以外监测海域表层海流呈现旋转流特征，冬季强流向为东南向，春季强流向为南向，春季流速强于冬季。台湾海峡北口—南口表层海流基本呈现往复流特征，北口中部海域主流向为东北—西南向，涨潮流强于落潮流，南口中部海域主流向为东北—西南向，落潮流稍强于涨潮流，南口流速大于北口。

南海海域重点开展了珠江口近岸以外海域、雷州湾和钦州湾的海流监测。结果表明，珠江口近岸以外监测海域冬季表层海流基本呈现旋转流特征，强流向为西北和西南向，涨潮流明显强于落潮流。雷州湾南侧海域春季海流呈现往复流特征，主流向为西北—东南向，落潮流强于涨潮流，垂向上各层流向基本一致，流速从表层到底层依次减小。钦州湾夏季海流较为复杂，表层沿水道方向往复运动，落潮流强于涨潮流；底层呈现旋转流特征，强流向为沿水道方向，涨潮流强于落潮流。

海洋沉积物质量状况 近岸海域沉积物质量状况总体良好，沉积物中铜含量符合第一类海洋沉积物质量标准的站位比例为85%，其余监测要素含量符合第一类海洋沉积物质量标准的站位比例均在96%以上。近岸以外海域沉积物质量状况良好，仅个别站位的部分监测要素含量超第一类海洋沉积物质量标准。

四个海区中，东海近岸沉积物综合质量良好的站位比例最高，为96%，渤海、黄海和南海近岸沉积物综合质量良好的站位比例依次为95%、94%和91%。全国重点海域沉积物综合质量评价结果显示，黄海北部近岸沉积物综合质量状况较差，其余重点海域综合质量良好。黄海北部近岸污染区域集中在大连湾，主要超标要素为石油类、铜、镉和锌，其中石油类含量超第三类海洋沉积物质量标准。

海洋生物多样性状况 2012 年春、夏季，以典型海洋生态系统和关键生态区域为重点，在我国管辖海域开展的海洋生物多样性状况监测结果显示，共鉴定出浮游植物 636 种，浮游动物 704 种，大型底栖生物 1087 种，海草 7 种，红树植物 10 种，造礁珊瑚 68 种。浮游生物和底栖生物的物种数和生物多样性指数从北至南呈增加趋势，符合其自然分布规律。

渤海区域鉴定出浮游植物 182 种，主要类群为硅藻和甲藻；鉴定出浮游动物 77 种，主要类群为桡足类和水母类；鉴定出大型底栖生物

343 种，主要类群为环节动物、软体动物和节肢动物。2008 年以来，渤海湾和莱州湾海域浮游动物多样性指数呈上升趋势，滦河口-北戴河海域底栖生物多样性指数呈下降趋势，黄河口和莱州湾海域底栖生物多样性指数呈上升趋势。

黄海区域鉴定出浮游植物 214 种，主要类群为硅藻和甲藻；鉴定出浮游动物 66 种，主要类群为桡足类和水母类；鉴定出大型底栖生物 250 种，主要类群为环节动物、软体动物和节肢动物。2008 年以来，苏北浅滩海域浮游生物和底栖生物多样性指数均呈下降趋势。

东海区域鉴定出浮游植物 336 种，主要类群为硅藻和甲藻；鉴定出浮游动物 237 种，主要类群为桡足类和水母类；鉴定出大型底栖生物 459 种，主要类群为环节动物、软体动物和节肢动物。2008 年以来，长江口海域浮游植物多样性指数呈下降趋势，长江口和闽东沿岸海域浮游动物多样性指数呈下降趋势，乐清湾海域浮游动物多样性指数呈上升趋势。

南海区域鉴定出浮游植物 438 种，主要类群为硅藻和甲藻；鉴定出浮游动物 586 种，主要类群为桡足类和水母类；鉴定出大型底栖生物 587 种，主要类群为软体动物、节肢动物和脊索动物；鉴定出海草 7 种，红树植物 10 种，造礁珊瑚 68 种。2008 年以来，珠江口和大亚湾海域浮游植物多样性指数均呈上升趋势，浮游动物多样性指数均呈下降趋势，珠江口海域底栖生物多样性指数呈下降趋势，大亚湾海域底栖生物多样性指数呈上升趋势。

海洋二氧化碳源汇状况 在渤海、黄海、东海和南海北部海域开展了春、夏、秋、冬四个航次的海-气二氧化碳（CO_2）交换通量断面走航监测。

综合 2011 年和 2012 年的监测结果，监测海域总体吸收大气 CO_2，全年表现为大气 CO_2 的弱汇。渤海冬、春季从大气吸收 CO_2，夏、秋季向大气释放 CO_2；黄海冬、春和夏季从大气吸收 CO_2，秋季向大气释放 CO_2；渤、黄海海域水深较浅，易与大气充分交换，全年对大气 CO_2 的吸收/释放接近平衡。东海冬、春季从大气显著吸收 CO_2，夏、秋季则向大气释放 CO_2，冬、春季吸收的量明显大于夏、秋季释放的量，因此全年表现为显著吸收大气 CO_2；东海冬季水温较低，以及春季初级生产力水平整体较高、夏季长江冲淡水区域的生物吸收显著，是该海域全年显著吸收大气 CO_2 的重要原因。南海北部冬季从大气吸收 CO_2，春、夏季向大气释放 CO_2；由于水温较高、初级生产力低等因素，南海北部在各个季节与大气交换 CO_2 的强度均不大。

【近岸海域生态系统健康状况】 2012 年，对重点监测区的河口、海湾、滩涂湿地、珊瑚礁、红树林和海草床等典型海洋生态系统健康状况进行评价。结果表明，处于健康、亚健康和不健康状态的海洋生态系统分别占 19%、71%和 10%。

河口生态系统 河口为河流与海洋相互作用的区域，是许多重要海洋经济生物的产卵场、索饵场和栖息地。2012 年，监测的典型河口生态系统均呈亚健康状态。

双台子河口、长江口和珠江口海水富营养化严重；滦河口—北戴河大型底栖生物密度偏低，浮游植物丰度偏高；黄河口大型底栖生物密度、生物量偏低，浮游植物丰度偏高；长江口浮游植物丰度异常偏高且大型底栖生物量偏低；各河口区鱼卵仔鱼密度总体较低。

海湾生态系统 海湾是深入陆地形成明显水曲的海域，是人类从事海洋开发活动的重要场所。2012 年，监测的海湾生态系统多数呈亚健康状态，锦州湾和杭州湾生态系统呈不健康状态。

受围填海等人为活动的影响，锦州湾栖息地丧失严重；渤海湾浮游植物丰度异常偏高；杭州湾海水富营养化严重，栖息地面积缩减，大型底栖生物密度偏低；各海湾鱼卵仔鱼密度总体较低。

滩涂湿地生态系统 滩涂湿地具有涵养水源、净化水质、护岸减灾和维持区域生态平衡等功能，是应对环境变化的缓冲区。2012 年，苏北浅滩滩涂湿地生态系统呈亚健康状态。

苏北浅滩湿地围垦速度较快，滩涂植被现存量较低，栖息地面积大规模缩减，浮游植物丰度偏高，浮游动物密度偏低。

珊瑚礁生态系统 珊瑚礁生态系统具有丰富的生物多样性和极高的生产力水平，同时也是重要生态旅游资源。2012 年，雷州半岛西南沿岸和广西北海珊瑚礁生态系统呈健康状态，海南东海岸和西沙珊瑚礁生态系统呈亚健康状态。

海南东海岸和西沙等区域的造礁珊瑚平均盖度处于较低水平，硬珊瑚补充量较低，部分监测区域有长棘海星和核果螺等敌害生物侵害珊瑚的现象。

红树林生态系统 红树林具有稳定和保护海岸的重要作用，为许多海生和陆生生物提供栖息地和食物，是部分海洋鱼类的重要繁育场所。2012 年，广西北海红树林生态系统呈健康状态，北仑河口红树林生态系统呈亚健康状态。

监测的红树林生态系统栖息地状况良好，红树林面积保持稳定。广西北海山口红树林监测区域红海榄、白骨壤等红树群落均呈良好生长状态，植株高大，林相整齐。北仑河口红树林监测区域底栖生物密度和生物量偏低。

海草床生态系统 海草床是生产力和生物多样性较高的生态系统，具有净化水体、防浪护岸的功能，是众多经济鱼类和濒危动物的栖息和繁育场所。2012 年，海南东海岸海草床生态系统呈健康状态，广西北海海草床生态系统呈亚健康状态。

海南东海岸海草平均盖度和密度稳定，海草生物量为 1427 克/平方米，较 2011 年增加 978 克/平方米。广西北海海草床水环境质量有所下降，海草平均盖度较低。

【海洋环境灾害和环境风险状况】 **赤潮** 全海域共发现赤潮 73 次，累计面积 7971 平方千米。东海发现赤潮次数最多，为 38 次；渤海赤潮累计面积最大，为 3869 平方千米。赤潮高发期集中在 5～6 月。2012 年赤潮发现次数为 2008 年以来最多，但累计面积较五年平均值减少 2585 平方千米。

引发赤潮的优势藻类共 18 种。其中米氏凯伦藻作为第一优势种引发的赤潮次数最多，为 19 次；中肋骨条藻和夜光藻次之，均为 9 次；东海原甲藻 7 次；锥状施克里普藻 4 次；红色赤潮藻 3 次；抑食金球藻、双胞旋沟藻、丹麦细柱藻各 2 次；脆根管藻、红色中缢虫、亚历山大藻、塔玛亚历山大藻、多纹膝沟藻、具刺膝沟藻、圆海链藻、旋沟藻和暹罗角毛藻各 1 次。2008 年以来，有毒有害的甲藻和鞭毛藻赤潮发生比例呈增加趋势。

绿潮 3～8 月在南黄海沿岸海域发生浒苔绿潮。3 月下旬在江苏如东沿岸海域发现漂浮浒苔。5 月 16 日，黄海南部浒苔分布面积达 1110 平方千米，随后漂浮浒苔向偏北方向漂移，主要分布在黄海中部及近岸海域。6 月 13 日，漂浮浒苔分布面积和覆盖面积均达到最大，分别为 19610 平方千米和 267 平方千米。进入 7 月，漂浮浒苔面积逐渐减小。8 月 30 日，浒苔绿潮基本消失。2012 年我国黄海沿岸海域绿潮规模为 2008 年以来最小。

海水入侵和土壤盐渍化 渤海滨海平原地区海水入侵和土壤盐渍化严重，局部地区呈加重趋势；黄海、东海和南海滨海地区海水入侵和土壤盐渍化范围小，个别监测区近岸站位氯度和含盐量明显增加。

海水入侵严重地区分布于渤海滨海平原地区，海水入侵距离一般距岸 10～30 千米。黄海、东海和南海沿岸海水入侵范围小、程度低，海水入侵距离一般距岸 5 千米以内。与 2011 年相比，渤海沿岸辽宁盘锦和葫芦岛龙港区北港镇、河北唐山市梨树园村和秦皇岛、山东潍坊寒亭区央子镇和昌邑卜庄镇西峰村以及烟台莱州海庙村监测区入侵范围有所增加，辽宁营口和葫芦岛、河北唐山和秦皇岛、山东潍坊地区个别站位氯度明显升高。黄海、东海和南海大部分监测区基本稳定，但黄海滨海地区山东威海张村镇监测区海水入侵范围有所增加；东海滨海地区福建长乐市漳港镇监测区海水入侵有所加重；南海滨海地区广东茂名电白县陈村和湛江、广西北海近岸站位氯度有所增加。

土壤盐渍化严重地区分布于渤海滨海平原地区，盐渍化范围一般距岸 10～30 千米，主要盐渍化类型为氯化物型、硫酸盐-氯化物型和硫酸盐型轻盐渍化土和盐土。黄海、东海和南海滨海地区土壤盐渍化范围小，其中黄海沿岸辽宁丹东东港北井子镇、山东威海地区盐渍化范围一般距岸 5～9 千米，盐渍化主要类型为硫酸盐-氯化物型和硫酸盐型中、重盐渍化土；东海和南海滨海地区盐渍化范围一般距岸 3 千米以内，土壤盐渍化类型为氯化物型中盐渍化土、盐土和硫酸盐—氯化物型、硫酸盐型轻、中盐渍化土。与 2011 年相比，渤海沿岸辽宁盘锦和锦州小凌河东侧何屯村、山东滨州无棣县监测区盐渍化范围呈扩大趋势；黄海沿岸部分监测区土壤含盐量略有上升；东海沿岸浙江温州温瑞平原地区土壤盐渍化范围略有上升；南海沿岸监测区个别站位土壤含盐量明显升高。

重点岸段海岸侵蚀状况　我国砂质海岸和粉砂淤泥质海岸侵蚀严重，局部地区侵蚀速度加大。河北滦河口至戴河口、广东雷州市赤坎村和海南海口市长流镇镇海村等砂质岸段侵蚀严重，其中滦河口至戴河口局部岸段侵蚀速度最大，年平均侵蚀宽度为 11.0 米；崇明东滩南侧粉砂淤泥质岸段侵蚀严重，侵蚀速度加快，绣针河口至射阳河口粉砂淤泥质岸段年最大侵蚀宽度 233.0 米。绥中岸段由于加强了海砂开采的管理，海岸侵蚀速度有所减慢。

突发海洋污染事件　广东汕尾“雅典娜”号沉船事故。2012 年 3 月 13 日，在广东汕尾碣石湾海域，载有 7000 吨浓硫酸及 140 吨剩余燃油的韩国籍“雅典娜”号化学品船因船舶压载舱进水导致船体倾斜沉没。应急监测结果表明，事故海域海水 pH 值未发现明显异常，但 3 月中旬至 5 月中旬海面间断出现薄油膜，海水中石油类含量最高达 1.23 毫克/升，超第一、二类海水水质标准值 23.6 倍，海水环境受到石油类污染。

福建莆田“巴莱里”集装箱船搁浅事故　2012 年 3 月 15 日，在福建省兴化湾外、南日岛东北部约 7 海里海域，载有 100 多集装箱农药及 1100 多吨剩余燃油的新加坡籍“巴莱里”集装箱船触礁搁浅，事故导致船体断裂溢油，部分装有有机氯农药的集装箱散落入海，造成局部海域石油类和农药污染。船舶污油泄漏产生的大面积油膜及油块在海面持续漂浮 13 天，沾污周边养殖设施。事故海域海水中检出船载有机氯农药莠去津成份，表层水体中石油类最高含量达 0.30 毫克/升，超第一、二类海水水质标准值 5 倍。

重大溢油事件　蓬莱 19-3 油田溢油事故 2012 年，继续对 2011 年发生的蓬莱 19-3 溢油事故附近海域开展跟踪监测。结果表明，事故海域海水中石油类含量高于溢油事故前平均水平，8 月部分站位海水中石油类含量超第三类海水水质标准。个别站位沉积物中石油类含量超第三类海洋沉积物质量标准。底栖生物体内石油烃含量仍然高于背景值。事故海域浮游生物群落处于恢复中，但仍受到溢油影响，多样性指数低于背景值。浮游动物密度略有恢复，仍处于较低水平，鱼卵仔鱼数量仍然较低。

大连新港“7·16”油污染事件　2012 年，继续对 2010 年发生的大连新港“7•16”油污染事件开展跟踪监测。结果表明，事发海域环境状况呈现一定程度改善，但油污染事件对周边海洋生态环境仍具有一定影响。与油污染事件发生时相比，沉积物中易降解的正构烷烃类污染物含量降低约 40%，难降解的多环芳烃类污染物含量降低约 15%。浮游生物多样性呈恢复态势；潮间带生物群落逐渐恢复，白脊藤壶、短滨螺、太平洋牡蛎等主要动物种群数量增加。但是，事发海域海水和沉积物中石油类含量较高，个别站位海水中石油类含量超第一、二类海水水质标准，沉积物中石油类含量超第三类海洋沉积物质量标准。大连湾顶部和大窑湾口底栖生物多样性指数下降 27%。潮间带底栖藻类物种数量依然较少，孔石莼和缘管浒苔等藻类优势种尚未恢复。

海洋放射性水平　2012 年，我国管辖海域海水的放射性水平和海洋大气 γ 辐射空气吸收剂量率未见异常。田湾、秦山和大亚湾核电站以及在建的海阳、三门、台山和阳江核电站邻近海域海水、海洋沉积物和海洋生物中放射性核素含量处于我国海洋环境放射性本底范围之内。

2011 年 3 月，日本福岛发生核泄漏事故，大量放射性物质进入海洋。为掌握放射性物质的迁移扩散状况，分析核泄漏事故对我国管辖海域及西太平洋海洋环境的影响，国家海洋局连续两年组织实施了西太平洋海洋环境监测。结果表明，2012 年监测海域放射性水平较 2011 年有所下降，但仍受福岛核泄漏事故的显著影响；日本福岛以东及东南方向的西太平洋海域放射性污染范围进一步加大，监测的游泳动物均受到放射性污染。核泄漏事故尚未对我国海洋环境造成影响。

【主要入海污染源状况】　主要河流污染物排海状况　2012 年，经由全国 72 条主要河流入海的污染物量分别为：化学需氧量（CODCr）1388 万吨，氨氮（以氮计）32.8 万吨，硝酸盐氮（以氮计）228 万吨，亚硝酸盐氮（以氮计）6.2 万吨，总磷（以磷计）35.9 万吨，石油类 9.3 万吨，重金属 4.6 万吨（其中锌 40147 吨、铜 3710 吨、铅 2067 吨、镉 226 吨、汞 77 吨），砷 3758 吨。

连续两年实施监测的 50 条河流入海污染物量统计结果显示，2012 年经由河流入海的 CODCr 较 2011 年降低 14%，硝酸盐氮、总磷分别增加 38%、47%。

入海排污口及邻近海域环境质量状况　2012 年 3 月、5 月、8 月和 10 月入海排污口达标排放的比率分别为 50%、51%、54%和 50%，全年入海排污口的达标排放次数占监测总次数的 51%，与 2011 年相比基本持平。监测的 435 个排污口中，139 个入海排污口全年 4 次监测均达标；57 个入海排污口有 3 次达标；65 个入海排污口有 2 次达标；63 个入海排污口有 1 次达标；仍有 111 个入海排污口全年 4 次监测均超标排污，占监测排污口总数的比例较 2011 年增加了 7%。

不同类型入海排污口中，工业类排污口达标排放次数比率最高，为 58%；其次分别为市政类和排污河；其他类排污口达标排放次数比率较 2011 年明显降低，仅为 38%。入海排污口排放的主要污染物是总磷、CODCr、悬浮物和氨氮，达标率依次为 70%、80%、80%和 92%；污水中砷和铜、铅、锌、六价铬等重金属达标率均在 96%以上。2008 年以来，入海排污口污水中主要污染物的达标率呈上升趋势。

入海排污口邻近海域环境质量状况总体依然较差，水体富营养化是入海排污口邻近海域的主要环境问题。

海洋大气污染物沉降状况　海洋大气污染物干沉降　在大连老虎滩、大连大黑石、营口仙人岛、盘锦、葫芦岛、秦皇岛、塘沽、东营、蓬莱、北隍城、青岛小麦岛和珠海大万山等监测站开展了海洋大气污染物的干沉降监测。结果显示，气溶胶中硝酸盐含量最高值出现在秦皇岛监测站，最低值出现在大连大黑石监测站，分别为 25.3 微克/立方米和 3.4 微克/立方米；铵盐含量最高值出现在塘沽监测站，最低值出现在珠海大万山监测站，分别为 8.1 微克/立方米和 1.8 微克/立方米；重金属铜含量最高值出现在葫芦岛监测站，最低值出现在盘锦监测站，分别为 69.4 纳克/立方米和 11.1 纳克/立方米；重金属铅含量最高值出现在秦皇岛监测站，最低值出现在珠海大万山监测站，分别为 147.9 纳克/立方米和 34.7 纳克/立方米。

渤海大气污染物湿沉降　在大连大黑石、营口、葫芦岛、秦皇岛、塘沽、蓬莱等监测站开展了大气污染物湿沉降通量监测。结果显示，硝酸盐湿沉降通量最高值出现在塘沽监测站，最低值出现在秦皇岛监测站，分别为 3.9 吨/平方千米•年和 0.5 吨/平方千米•年；铵盐湿沉降通量最高值出现在营口监测站，最低值出现在塘沽监测站，分别为 1.3 吨/平方千米•年和 0.6 吨/平方千米•年。

海洋垃圾分布状况　海面漂浮垃圾主要为聚苯乙烯泡沫塑料碎片、塑料袋和片状木头等。大块和特大块漂浮垃圾平均个数为 37 个/平方千米；中块和小块漂浮垃圾平均个数为 5482 个/平方千米，平均密度为 14 千克/平方千米。聚苯乙烯泡沫塑料类垃圾数量最多，占 57%，其次为塑料类和木制品类，分别占 23%和 12%。87%的海面漂浮垃圾来源于陆地，13%来源于海上活动。

海滩垃圾主要为塑料袋、聚苯乙烯泡沫塑料碎片和玻璃碎片等。平均个数为 72581 个/平方千米，平均密度为 2494 千克/平方千米。塑料类垃圾数量最多，占 59%，其次为木制品和聚苯乙烯泡沫塑料类，分别占 12%和 10%。94%的海滩垃圾来源于陆地，6%来源于海上活动。

海底垃圾主要为塑料袋、废弃渔网和塑料

瓶等，平均个数为 1837 个/平方千米，平均密度为 127 千克/平方千米。其中塑料类垃圾数量最多，占 74%。

【主要海洋功能区环境状况】 **海洋倾倒区** 2012 年，全国海洋倾倒量为 18922 万立方米，较 2011 年增加 15%，倾倒物质主要为清洁疏浚物。

监测结果表明，倾倒区水深基本满足使用要求，海水水质和沉积物质量均满足海洋功能区环境保护要求，与 2011 年相比基本保持稳定；部分倾倒区及邻近海域的浮游生物和底栖生物多样性指数与 2011 年相比有所下降。总体上，倾倒区功能发挥正常，未对周边海域生态环境及其他海上活动产生明显影响。

海洋油气区 2012 年，全国海上油气平台生产水排海量为 13344 万立方米，较 2011 年增加 4%；钻井泥浆排海量为 53074 立方米，较 2011 年增加 11%；钻屑排海量为 43861 立方米，较 2011 年增加 7%。

监测结果显示，渤海大部分油气区海水监测要素符合第一类海水水质标准，个别油气区石油类含量与历年监测结果相比有所升高，东海、南海油气区海水各监测要素均符合第一类海水水质标准；沉积物各监测要素均符合第一类海洋沉积物质量标准；浮游生物和底栖生物多样性状况与 2011 年相比基本保持稳定。总体上，各油气区环境质量状况基本符合海洋功能区环境保护要求。

海洋保护区 海洋生物物种类保护区 大部分海洋生物物种类保护区环境质量状况良好。保护区海水中化学需氧量、溶解氧和石油类等监测要素符合第一类海水水质标准的站位比例均在 66%以上；沉积物中有机碳、硫化物和石油类等监测要素均符合第一类海洋沉积物质量标准。文昌鱼、中华白海豚、鸟类、珊瑚、红树植物、水仙花等重点保护的野生生物基本保持稳定。

海洋自然遗迹类保护区 大部分海洋自然遗迹类保护区环境质量状况良好。保护区海水中化学需氧量、溶解氧和石油类等监测要素符合第一类海水水质标准的站位比例均在 74%以上；沉积物中有机碳、硫化物和石油类等监测要素符合第一类海洋沉积物质量标准的站位比例均在 95%以上。陆连岛沙堤、海岸沙丘、牡蛎礁、贝壳堤、海底古森林、岛礁等重点保护的海洋自然遗迹基本保持稳定。

海水增养殖区 2012 年，对全国 63 个海水增养殖区开展了监测。结果表明，海水增养殖区环境质量状况基本满足增养殖活动要求。海水增养殖区综合环境质量状况的评价结果显示，等级为“优良”、“较好”、“及格”和“较差”的海水增养殖区所占比例分别为 68%、22%、8%和 2%，海水增养殖区环境质量状况基本满足增养殖活动要求。2006 年以来，环境综合质量等级为“优良”的养殖区所占比例呈增加趋势。

增养殖区海水中化学需氧量、pH、溶解氧和粪大肠菌群等监测要素符合功能区第二类海水水质标准要求的站次比例均在 93%以上，与 2011 年基本持平。部分增养殖区海水中无机氮和活性磷酸盐含量较高，水体呈富营养化状态。其中，东海增养殖区海水中无机氮、活性磷酸盐超标率较高，渤海、黄海和南海相对较低；监测时段内，秋季增养殖区海水中无机氮和活性磷酸盐超标率较高，春季和夏季相对较低。

增养殖区沉积物中粪大肠菌群、石油类、有机碳、硫化物、汞、镉、铅、砷、滴滴涕和多氯联苯等监测要素符合功能区第一类海洋沉积物质量标准要求的站次比例均在 95%以上，部分增养殖区沉积物中铜和铬超标率较高。

增养殖区贝类体内石油烃、总汞、铜、砷、铬、滴滴涕、六六六等监测要素符合功能区第一类海洋生物质量标准要求的站次比例均在 67%以上，麻痹性贝毒含量未见超标。

旅游休闲娱乐区 **海水浴场** 23 个海水浴场水质为优和良的天数占 97%，水质为差的天数占 3%。烟台金沙滩、威海国际、青岛第一海水浴场、广东阳江闸坡和三亚亚龙湾等 5 个海水浴场水质等级为优的天数达 90%以上。北戴河老虎石、连云港连岛和深圳大小梅沙等海水浴场部分时段水体中粪大肠菌群含量偏高。受赤潮影响的海水浴场数量明显高于往年，大连金石滩、连云港连岛和深圳大小梅沙等海水浴场泳季各发生 1 次赤潮，福建平潭龙王头海水浴场泳季发生 2 次赤潮。

23 个海水浴场健康指数为优和良的天数分别占 81%和 16%，健康指数为差的天数占 3%。个别海水浴场水体中粪大肠菌群含量偏高、出现漂浮藻类和垃圾、发生赤潮等是影响浴场健康指数的主要因素。对海水浴场的水质、水文和气象等要素综合评价结果显示，23 个海水浴场适宜和较适宜游泳的天数比例占 81%，不适宜游泳的天数比例占 19%。天气不佳是影响海水浴场游泳适宜度的主要原因，水体中粪大肠菌群含量偏高、出现漂浮藻类和垃圾等也是影响部分海水浴场游泳适宜度的原因。

滨海旅游度假区　17 个滨海旅游度假区的平均水质指数为 4.2，水质为良好及以上的天数占 93%，水质为一般和较差的天数占 7%。浙江嵊泗列岛和海南三亚亚龙湾滨海旅游度假区水质极佳的天数达 100%。在旅游季节，大连金石滩、连云港东西连岛和深圳大小梅沙等滨海旅游度假区各发生 1 次赤潮，福建平潭滨海旅游度假区发生 3 次赤潮，部分时段水质较差；青岛石老人和连云港东西连岛度假区 6 月下旬至 7 月上旬出现漂浮浒苔，部分时段不适宜开展海上休闲和游泳等娱乐活动。

对滨海旅游度假区海面水文和气象状况的综合评价结果显示，17 个滨海旅游度假区的平均海面状况指数为 3.9，海面状况优良。降雨引起的天气不佳是影响度假区海面状况的主要原因。专项休闲（观光）活动指数是根据水质、水文和气象等要素对在滨海旅游度假区内开展各类休闲（观光）活动的适宜度进行的综合性评价。17 个滨海旅游度假区平均休闲（观光）活动指数为 3.9，其中，广东湛江东海岛、广西北海银滩和海南三亚亚龙湾滨海旅游度假区平均休闲（观光）活动指数极佳，非常适宜开展海上观光、海滨观光和沙滩娱乐等多种休闲（观光）活动。　（国家海洋监测中心）

【北海区海洋环境监测】　2012 年，在国家海洋局领导下，国家海洋局北海分局和辽宁省、河北省、天津市、山东省海洋行政管理部门，全面贯彻全国海洋工作会议精神，以科学发展观为统领，以服务海洋经济和社会发展为出发点和着力点，继续开展海洋环境监测工作，深化海-气二氧化碳交换通量、海洋生物多样性监测，加强对绿潮灾害、海洋溢油、日本福岛核泄漏等突发性海洋环境事件的环境影响跟踪监测，做好河北北戴河、山东海阳第三届亚洲沙滩运动会会场等重点海域环境保障工作，有效落实海洋环境监管，全面履行海洋环境保护职责，推动海洋生态文明建设。北海区各级海洋环境监测机构共完成全海域 3350 个站位的现场监测，获得各类海洋环境监测数据 96 万余个。

（国家海洋局北海分局）

【东海区海洋环境监测】　2012 年，国家海洋局东海分局组织江苏省、上海市、浙江省和福建省海洋行政主管部门全面履行海洋环境监督管理职能，对东海区海域的海洋环境开展了监视监测，基本掌握了东海区海域的海水、沉积物、生物多样性和海洋大气状况。对长江口海域“密斯姆”轮碰撞事故等三起重大海洋突发污染事故进行了应急测和评价，同时，对赤潮、绿潮、海洋放射性、海水入侵和土壤盐渍化、重点岸段海岸侵蚀开展了监测，掌握东海区海域的主要海洋环境风险，了解沿海开发活动对海洋环境的影响。另外，年内还组织相关监测机构，对东海区海洋倾倒、海洋石油勘探开发、涉海工程、围填海活动、电厂温排水、海洋保护区和陆源入海排污开展了监督性监视监测，组织开展了东海区海水浴场、滨海旅游度假区和海水增养殖区的海洋环境监测，为各级海洋行政管理部门环境监督管理和海洋环境生态建设、经济社会发展提供了技术支撑和服务保障。

（国家海洋局东海分局）

【南海区海洋环境监测】　2012 年国家海洋局南海分局组织局属各单位和海区地方监测机构开展 4 个航次粤东、粤西海水、沉积物环境监测，4 个航次二氧化碳走航监测，3 个航次珠江口和大亚湾生态监控区监测以及红树林、珊瑚礁、海草床等南海典型生态系统监测；开展了 5 个国家级海洋自然保护区监测；开展了 8 个倾倒区及 43 个海洋石油勘探开发设施周边海域海洋环境监测；开展了南海区 120 个陆源入海排污口监督性监测，并重点监测了 15 个排污口邻近海域的环境质量状况；开展了 4 次珠江口等 10 条主要江河污染物入海总量监测；开展了柘林湾等 15 个典型海水养殖区环境质量监测；开展了北海银滩等 10 个海水浴场和 4 个滨海旅游度假区监测；南海区共完成 2300 个监测站位的现场监测工作，获得各类海洋环境监测数据 90 余万组。　（国家海洋局南海分局）

海洋灾害与海洋环境预报服务

综　述

2012 年，我国沿海共发生 138 次风暴潮、海浪和赤潮过程，各类海洋灾害（含海冰、绿潮等）造成直接经济损失 155.25 亿元，死亡（含失踪）68 人。

与近 10 年（2003～2012 年，下同）海洋灾害平均状况相比，2012 年海洋灾害直接经济损失高于平均值，死亡（含失踪）人数低于平均值。与 2011 年相比，2012 年直接经济损失增加约 150%，死亡（含失踪）人数减少约 11%。

2012 年各类海洋灾害中，造成直接经济损失最严重的是风暴潮灾害，占全部直接经济损失的 81%；死亡（含失踪）人数最多的是海浪灾害，占总死亡（含失踪）人数的 87%。单次过程直接经济损失最严重的是 1211“海葵”台风风暴潮灾害，为 42.38 亿元。2012 年赤潮灾害直接经济损失 20.15 亿元，是近 20 年来最为严重的一年。

2012 年，海洋灾害直接经济损失最严重的省份是浙江省，因灾直接经济损失 42.67 亿元；较严重的省份是山东省、福建省、河北省和广东省，因灾直接经济损失分别为 34.92 亿元、22.76 亿元、20.44 亿元和 17.47 亿元。

2012 年沿海各省（自治区、直辖市）海洋灾害损失见表 1。2012 年各类海洋灾害损失见表 2。

表 1　2012 年沿海各省（自治区、直辖市）主要海洋灾害损失统计

省（自治区、直辖市）	致灾原因	死亡（含失踪）人数	直接经济损失（亿元）
辽宁省	海浪、海冰	0	4.49
河北省	风暴潮	0	20.44
天津市	风暴潮	0	0.04
山东省	风暴潮、海浪、海冰、绿潮	0	34.92
江苏省	风暴潮、海浪	0	6.24
上海市	风暴潮	0	0.06
浙江省	风暴潮、海浪、赤潮	13	42.67
福建省	风暴潮、海浪、赤潮	11	22.76
广东省	风暴潮、海浪	21	17.47
广西壮族自治区	风暴潮	0	5.33
海南省	海浪	23	0.83
合　计	—	68	155.25

续表

表 2　2012 年各类海洋灾害损失统计

灾害种类	死亡（含失踪）人数	直接经济损失（亿元）
风暴潮（含近岸浪）	9	126.29
海浪	59	6.96
海冰	0	1.55
海啸	0	0
赤潮	0	20.15
绿潮	0	0.3
海平面变化	0	—
海岸侵蚀	0	—
海水入侵与土壤盐渍化	0	—
咸潮入侵	0	—
合计	68	155.25

风暴潮灾害与预报

2012 年，我国沿海共发生风暴潮过程 24 次，其中台风风暴潮过程 13 次，9 次造成灾害，直接经济损失 126.29 亿元，死亡（含失踪）9 人；温带风暴潮过程 11 次，未造成灾害。

2012 年风暴潮总体灾情偏重，“韦森特”、“启德”风暴潮过程达到红色预警级别，“海葵”、“苏拉”、“达维”和“三巴”4 次过程达到橙色预警级别，直接经济损失为前 5 年（2007～2011 年，下同）平均值的 1.32 倍，为 2011 年的 2.59 倍。其中，浙江省、山东省和河北省直接经济损失分别为 42.57 亿元、31.59 亿元和 20.44 亿元，占风暴潮灾害全部直接经济损失的 75%。

2012 年台风风暴潮过程发生次数为近 5 年（2008～2012 年，下同）来最多，且影响时段集中，影响范围广，从 7 月 23 日至 8 月 28 日，我国沿海先后经历了 7 次风暴潮过程，影响了我国除辽宁以外的全国沿海地区，还两次出现 2 个台风同时影响不同地区的局面。

2012 年温带风暴潮过程发生次数为近 5 年来最少，且灾害性温带风暴潮过程发生频率低，仅有 1 次超过当地警戒潮位的过程。

冷空气和台风配合产生风暴潮次数较多。“三巴”、“杰拉华”以及“派比安”等台风移动过程中均不同程度和和南下冷空气配合在福建、浙江等地沿海产生不同程度的增水。

沿海各省（自治区、直辖市）风暴潮灾害损失见表 3。各台风风暴潮灾害损失见表 4。

表 3　2012 年沿海各省（自治区、直辖市）风暴潮（含近岸浪）灾害损失统计

省（自治区、直辖市）	受灾人口		受灾面积		设施损毁			直接经济损失（亿元）
	受灾人口（万人）	死亡（含失踪）人数	农田（千公顷）	水产养殖（千公顷）	海岸工程（千米）	房屋（间）	船只（艘）	
河北省	23	0	5.39	10.04	4.15	16000	152	20.44
天津市	—	0	0	0.17	0.8	0	0	0.04
山东省	454.3	0	55.3	224.86	36.65	17658	597	31.59
江苏省	0.04	0	—	42.28	—	233	—	6.15
上海市	0	0	0	0	0.3	0	0	0.06
浙江省	—	0	—	48.47	259.39	0	915	42.57
福建省	1.42	0	4.81	5.78	3.87	6	167	2.64
广东省	204.02	9	108.8	5.88	6.15	1391	506	17.47
广西壮族自治区	69.4	0	—	103.81	21.07	718	1	5.33
合计	752.18	9	174.3	441.29	332.38	36006	2 338	126.29

表 4　2012 年我国沿海地区台风风暴潮（含近岸浪）灾害过程及损失统计

灾害过程		发生时间	受灾地区	死亡（含失踪）人数	直接经济损失（亿元）	死亡（含失踪）人数合计	直接经济损失合计（亿元）
编号	名称						
1205	“泰利”台风风暴潮	6 月 17～21 日	福建	0	0.16	0	0.19
			广东	0	0.03		
1206	“杜苏芮”台风风暴潮	6 月 29～30 日	广东	0	0.01	0	0.01
1208	“韦森特”台风风暴潮	7 月 23～24 日	广东	9	3.85	9	4.29
			广西	0	0.44		
1209	“苏拉”台风风暴潮	7 月 31 日～8 月 3 日	浙江	0	0.58	0	3.06
			福建	0	2.48		
1210	“达维”台风风暴潮	8 月 2～4 日	河北	0	20.44	0	41.75
			天津	0	0.04		
			山东	0	15.99		
			江苏	0	5.28		
1211	“海葵”台风风暴潮	8 月 6～9 日	江苏	0	0.87	0	42.38
			上海	0	0.06		
			浙江	0	41.45		

续表

灾害过程		发生时间	受灾地区	死亡（含失踪）人数	直接经济损失（亿元）	死亡（含失踪）人数合计	直接经济损失合计（亿元）
编号	名称						
1213	“启德”台风风暴潮	8 月 16～18 日	广东	0	13.58	0	18.23
			广西	0	4.65		
1215	“布拉万”台风风暴潮	8 月 27～28 日	山东	0	15.6	0	16.14
			浙江	0	0.54		
1223	“山神”台风风暴潮	10 月 27～29 日	广西	0	0.24	0	0.24
合计						9	126.29

台风风暴潮灾害　（1）1211“海葵”台风风暴潮　8 月 8 日 03 时 20 分前后，台风“海葵”在浙江省象山县鹤浦镇附近登陆，受风暴潮和近岸浪的共同影响，江苏省、上海市和浙江省因灾直接经济损失合计 42.38 亿元。

沿海最大风暴增水 323 厘米，发生在浙江省澉浦站。增水超过 150 厘米的还有上海市黄浦公园站（151 厘米）、吴淞站（150 厘米），浙江省乍浦站（303 厘米）、镇海站（167 厘米）和定海站（155 厘米）。澉浦站、镇海站、乍浦站、定海站和石浦站 5 个潮（水）位站的最高潮位超过了当地警戒潮位，其中，澉浦站超过当地警戒潮位 51 厘米。

江苏省水产养殖受灾面积 32.07 千公顷，直接经济损失 0.87 亿元。

上海市损毁防波堤 0.30 千米，直接经济损失 600 万元。浙江省水产养殖受灾面积 45.31 千公顷，损毁船只 897 艘，损毁码头 48 座，损毁防波堤 115.96 千米，损毁海堤、护岸 137.22 千米，直接经济损失 41.45 亿元。

（2）1209“苏拉”和 1210“达维”台风风暴潮　7 月底至 8 月初，台风“苏拉”和台风“达维”在 10 小时内先后登陆我国沿海，受风暴潮和近岸浪的共同影响，河北省、天津市、山东省、江苏省、浙江省和福建省因灾直接经济损失合计 44.81 亿元。

“苏拉”台风风暴潮最大风暴增水 145 厘米，发生在浙江省鳌江站。增水超过 100 厘米的还有浙江省温州站（137 厘米）、瑞安站（124 厘米）、澉浦站（119 厘米）、乍浦站（110 厘米）和坎门站（101 厘米），福建省厦门站（116 厘米）。鳌江站、瑞安站、乍浦站、琯头站和三沙站等 15 个潮（水）位站的最高潮位超过当地警戒潮位，其中，瑞安站和鳌江站均超过当地警戒潮位 45 厘米。

“达维”台风风暴潮最大风暴增水 178 厘米，发生在江苏省连云港站。增水超过 100 厘米的还有河北省黄骅站（157 厘米），天津市塘沽站（141 厘米），山东省岚山站（150 厘米）、日照站（115 厘米）和潍坊站（104 厘米）。黄骅站、塘沽站、岚山站和烟台站 4 个潮（水）位站的最高潮位超过当地警戒潮位，其中，黄骅站超过当地警戒潮位 37 厘米。

河北省受灾人口 23 万人，损毁房屋 16000 间，淹没农田 5.39 千公顷，水产养殖受灾面积 10.04 千公顷，损毁船只 152 艘，损毁码头 2 座，损毁防波堤 4.15 千米，直接经济损失 20.44 亿元。

天津市水产养殖受灾面积 173 公顷，损毁海堤、护岸 0.80 千米，直接经济损失 415 万元。

山东省受灾人口 281.40 万人，损毁房屋 17623 间，淹没农田 52.30 千公顷，水产养殖受灾面积 93.16 千公顷，损毁船只 538 艘，损毁码头 8 座，损毁防波堤 34.95 千米，直接经济损失 15.99 亿元。

江苏省受灾人口 402 人，损毁房屋 233 间，水产养殖受灾面积 10.21 千公顷，损毁码头 1 座，直接经济损失 5.28 亿元。

浙江省水产养殖受灾面积 2.91 千公顷，损毁船只 10 艘，损毁码头 14 座，损毁防波堤 0.37 千米，损毁海堤、护岸 5.65 千米，直接经济损失 0.58 亿元。

福建省受灾人口 1.42 万人，淹没农田 4.81 千公顷，水产养殖受灾面积 5.74 千公顷，损毁船只 164 艘，损毁码头 18 座，损毁防波堤 1.28 千米，损毁海堤、护岸 2.59 千米，直接经济损失 2.48 亿元。

（3）1213“启德”台风风暴潮 8 月 17 日 12 时 30 分前后，台风“启德”在广东省湛江市麻章区湖光镇登陆，21 时前后在中越边境交界处沿海再次登陆，受风暴潮和近岸浪的共同影响，广东省和广西壮族自治区因灾直接经济损失合计 18.23 亿元。

沿海最大风暴增水 260 厘米，发生在广东省湛江站。增水超过 100 厘米的还有广东省台山站（104 厘米）、北津站（140 厘米）、闸坡站（106 厘米）、水东站（184 厘米）、硇洲站（172 厘米）和南渡站（202 厘米），广西壮族自治区钦州站（106 厘米）。湛江站、北津站和闸坡站 3 个潮（水）位站的最高潮位超过当地警戒潮位，其中，湛江站超过当地警戒潮位 126 厘米。

广东省受灾人口 165.60 万人，损毁房屋 1 069 间，淹没农田 104.40 千公顷，水产养殖受灾面积 1.48 千公顷，损毁船只 449 艘，损毁防波堤 2.50 千米，直接经济损失 13.58 亿元。

广西壮族自治区受灾人口 58.20 万人，损毁房屋 352 间，水产养殖受灾面积 17.96 千公顷，损毁船只 1 艘，损毁防波堤 15.52 千米，直接经济损失 4.65 亿元。

（4）1208“韦森特”台风风暴潮 7 月 24 日 04 时 15 分前后，台风“韦森特”在广东省台山市赤溪镇附近登陆，受风暴潮和近岸浪的共同影响，广东省和广西壮族自治区因灾直接经济损失合计 4.29 亿元。

沿海最大风暴增水 241 厘米，发生在广东省三灶站。增水超过 200 厘米的还有广东省黄埔站（212 厘米）、灯笼山站（213 厘米）和中大站（203 厘米）。三灶站、中大站、珠海站、黄埔站、横门站和广州站 6 个潮（水）位站的最高潮位超过当地警戒潮位，其中，三灶站超过当地警戒潮位 111 厘米。

广东省受灾人口 38.42 万人，死亡（含失踪）9 人，损毁房屋 322 间，淹没农田 4.40 千公顷，水产养殖受灾面积 4.40 千公顷，损毁防波堤 0.41 千米，直接经济损失 3.85 亿元。

广西壮族自治区受灾人口 7.84 万人，损毁房屋 282 间，水产养殖受灾面积 85.30 千公顷，损毁防波堤 0.60 千米，直接经济损失 0.44 亿元。

【风暴潮预警报】 按照国家海洋局《风暴潮、海浪、海啸、海冰灾害应急预案》的要求，2012 年国家海洋预报中心通过中央电视台、中央人民广播电台和沿海省（自治区、直辖市）、计划单列市电视台和广播电台、手机短信平台、国家海洋环境预报中心网站、人民网、新华网、新浪网等新闻媒体，累计对 13 个影响我国沿海的热带气旋、10 次影响我国沿海的温带天气系统过程，向社会公众发布了 92 份风暴潮预警报。其中蓝色Ⅳ级警报 42 份，黄色Ⅲ级警报 35 份，橙色Ⅱ级警报 11 份和红色Ⅰ级警报 4 份，风暴潮预警报期间共发布实况速报 114 份（见表 5）。向海洋局和国家防总报送台风风暴潮预判 11 份，并先后 7 次代表国家海洋局参加国家防总台风应急全国视频会商会议，在会上就风暴潮预警情况做了汇报，相关工作多次得到国家防总的肯定。风暴潮预警报以传真形式呈报国务院应急办公室、国家海洋局，并发往国家防汛抗旱总指挥部办公室、国家减灾委员会、交通运输部总值班室、中国海事局、农业部总值班室、总参作战部、海军司令部等部委，以及中国远洋运输总公司、中国海洋石油总公司、中国石油天然气股份有限公司等多家国家级涉海企事业单位，同时还发往受影响沿海省（自治区、直辖市）政府值班室、防汛指挥部和有关海洋部门，累积发布单位达 4000 多家次。

表 5 2012 年风暴潮预警报发布统计表

灾害过程名	影响省、市、区	红	橙	黄	蓝	速报
1205“泰利”	浙江、福建、广东				6	9
1206“杜苏芮”	福建、广东			2	1	3
1208“韦森特”	广东、海南		1	2	3	8
1209“苏拉”	福建、浙江、上海		5	4	1	14
1210“达维”	山东、河北、天津		2	4	2	7
1211“海葵”	浙江	1	3	1	3	15
1213“启德”	广东、广西、海南	3	0	2	2	9
1214“天秤”	浙江、福建、广东			1	5	7

续表

灾害过程名	影响省市	红	橙	黄	蓝	速报
1215“布拉万”	浙江、上海、江苏、山东、河北、天津、辽宁			3	1	4
1216“三巴”	福建、浙江、上海			4		5
1217“杰拉华”	福建、浙江			2	1	4
1221“派比安”	福建、浙江			3	1	4
1223“山神”	广东、广西、海南				6	6
总计		4	11	28	32	95

温带过程	蓝色警报	黄色警报	实况速报
222	2		2
317		2	2
410		2	2
420	1		
424		2	3
613	2		2
704	1		2
1029	1		1
1104		1	1
1213	3		4
总计	10	7	19

【风暴潮预报技术研究进展】 中国海精细化台风风暴潮集合数值预报系统和中国海业务化温带风暴潮数值预报系统在风暴潮预警报中发挥了重要的作用。2012 年完成了业务化温带风暴潮预报系统的升级工作，将温带风暴潮预报时效由 3 天提高至 5 天，模式产品每天在国家海洋环境预报中心网站发布，供相关部门参考。另外，作为备用业务化模式的渤、黄海地区的精细化温带风暴潮数值预报模式，在温带风暴潮预警报中也起到了对比参考的作用。

完成了中国远洋集团委托的30万吨货轮渤海航线安全进港保障项目的研发，建立了渤海航线增减水预报模式，并首次开展减水预报，为货轮安全进港提供了技术保障。

建立了覆盖整个福建沿海的风暴潮（含近岸浪）耦合漫堤数值预报系统，能够预报风暴潮影响下福建沿海的漫堤危险等级，系统于2013 年汛期期间业务化试运行。

（国家海洋环境预报中心 付 翔 刘秋兴）

海浪灾害与预报

【海浪灾害】 2012 年，我国近海共发生灾害性海浪过程 41 次，其中台风浪 18 次，冷空气浪和气旋浪 23 次。因灾直接经济损失 6.96 亿元，死亡（含失踪）59 人。2012 年，海浪灾害造成的直接经济损失偏重，为前 5 年平均值（3.18 亿元）的 2.19 倍；死亡（含失踪）人数比前 5 年平均值（95 人）有所下降。海浪灾害直接经济损失主要发生在辽宁省和山东省，分别为 4.48 亿元和 1.49 亿元，占海浪灾害全部直接经济损失的86%。沿海各省（自治区、直辖市）海浪灾害损失见表 6。

表 6 2012 年沿海各省（自治区、直辖市）海浪灾害损失统计

沿海地区	死亡（含失踪）人数	水产养殖受灾面积（千公顷）	海岸工程受损长度（千米）	损毁船只（艘）	直接经济损失(万元)
辽宁省	0	—	2.61	163	44753.5
山东省	0	0.54	—	531	14900.0
江苏省	0	0	0	86	932
浙江省	13	0	0	8	562.5
福建省	11	0	0	2	105
广东省	12	0	0	2	81.6
海南省	23	1.75	0.46	23	8281.8
合计	59	2.29	3.07	815	69616.4

【台风浪灾害】 2012 年，我国近海海域共发生有效波高 4 米以上台风浪过程 18 次，其中近海海浪直接造成灾害 7 次，因灾死亡（含失踪）7 人，直接经济损失 9311.8 万元；其余近岸海浪与风暴潮相互作用造成的灾害统计在风暴潮灾害中（见风暴潮灾害与预报部分）。

（1）“帕卡”台风浪。强热带风暴“帕卡”于 3 月 28～31 日在南海南部海面形成 4～5 米的台风浪。

（2）“古超”台风浪。超强台风“古超”于 6 月 18～19 日在东海东部海面形成 4～6 米的台风浪。

（3）“泰利”台风浪。强热带风暴“泰利”于 6 月 18～21 日在南海、台湾海峡、东海东部海面先后形成 4～7 米的台风浪，国家海洋局 QF206 浮标实测最大有效波高 6.2 米。受台风浪的影响，死亡（含失踪）1 人，无直接经济损失。

（4）“杜苏芮”台风浪。强热带风暴“杜苏芮”于 6 月 28～29 日在南海海面形成 4～6 米的台风浪，国家海洋局 QF301 浮标实测最大有效波高 4.4 米。

（5）“卡奴”台风浪。热带风暴“卡奴”于 7 月 17～18 日在东海东部、黄海南部海面形成 4～5 米的台风浪。

（6）“韦森特”台风浪。台风“韦森特”于 7 月 21～24 日在南海海面形成 4～10 米的台风浪，国家海洋局 QF302 浮标实测最大有效波高 7 米，国家海洋局 QF301 浮标实测最大有效波高 6.1 米，国家海洋局遮浪海洋站测得最大有效波高 6 米。受台风浪的影响，无人员伤亡，直接经济损失 2902.8 万元。

（7）“苏拉”台风浪。台风“苏拉”于 8 月 1～3 日在东海南部、台湾海峡海面形成 4～8 米的台风浪，国家海洋局 QF204、QF208 浮标实测最大有效波高 5.5 米，国家海洋局大陈海洋站测得最大有效波高 4.8 米。

（8）“达维”台风浪。台风“达维”于 8 月 1～3 日在东海东部、黄海南部海面形成 4～6 米的台风浪，国家海洋局 QF108 浮标实测最大有效波高 4 米，国家海洋局小麦岛海洋站测得最大有效波高 3.6 米。受台风浪的影响，无人员伤亡，直接经济损失 932 万元。

（9）“海葵”台风浪。强台风“海葵”于 8 月 5～8 日在东海海面形成 4～10 米的台风浪，国家海洋局 QF207 浮标测得最大有效波高 8.4 米，国家海洋局 QF204 浮标测得最大有效波高 8.2 米，国家海洋局大陈海洋站测得最大有效波高 6.5 米，国家海洋局南麂海洋站测得最大有效波高 5 米。受台风浪的影响，无人员伤亡，直接经济损失 293 万元。

（10）“启德”台风浪。台风“启德”于 8 月 15～17 日在南海北部海面形成 4～8 米的台风浪，国家海洋局 QF303 浮标实测最大有效波高 6.4 米，国家海洋局大万山海洋站实测最大有效波高 4.5 米。受台风浪的影响，无人员伤亡，直接经济损失 330 万元。

（11）“天秤”台风浪。强台风“天秤”于 8 月 23～30 日在东海南部、台湾海峡、南海东北部海面形成 4～6 米的台风浪。

（12）“布拉万”台风浪。超强台风“布拉万”于 8 月 26～28 日在东海、黄海海面形成 4～12 米的台风浪，国家海洋局 QF205 浮标实测最大有效波高 9.2 米，国家海洋局 QF106 浮标实测最大有效波高 9.2 米，国家海洋局大陈海洋站实测最大有效波高 5 米。

（13）“三巴”台风浪。超强台风“三巴”于 9 月 14～17 日在台湾海峡、东海、黄海海面形成 4～12 米的台风浪，国家海洋局 QF207 浮标实测最大有效波高 6.9 米。受台风浪的影响，死亡（含失踪）1 人，直接经济损失 30 万元。

（14）“杰拉华”台风浪。超强台风“杰拉华”于 9 月 27～30 日在南海东北部、台湾海峡、东海海面形成 4～8 米的台风浪，国家海洋局 QF204 浮标实测最大有效波高 6 米，国家海洋局南麂海洋站实测最大有效波高 3.5 米。

（15）“格美”台风浪。强热带风暴“格美”于 10 月 2～5 日在南海海面形成 4～6 米的台风浪。

（16）“派比安”台风浪。强台风“派比安”于 10 月 11～18 日在东海海面形成 4～6 米的台风浪。

（15）“山神”台风浪。强台风“山神”于 10 月 25～29 日在南海海面形成 4～7 米的台风浪，国家海洋局 QF303 浮标实测最大有效波高 3.3 米，国家海洋局博鳌海洋站实测最大有效波高 3.1 米。受台风浪的影响，死亡（含失踪）5

人，直接经济损失4824万元。

（16）“宝霞”台风浪。超强台风“宝霞”于12月5～9日在南海海面形成4～8米的台风浪。

【冷空气与气旋浪灾害】 2012年，我国近海海域共发生波高4米以上冷空气浪和气旋浪过程23次，死亡（含失踪）52人，直接经济损失6.03亿元。

（1）“02•02”冷空气浪。2月2日，受冷空气影响，广东汕尾附近海域出现了3.5～5.0米的大浪到巨浪，受其影响，1艘广东籍渔船在距汕尾遮浪角东南23海里处沉没，直接经济损失76.60万元，14名船员落水，其中3人死亡，7人失踪。

（2）“11•10”冷空气与气旋配合浪。11月10日12时至12日10时，受冷空气和低压的共同影响，渤海、黄海和东海东北部海域最大有效波高达6.0米，4米以上灾害性海浪累计持续时间长达36小时。受其影响，辽宁省和山东省因灾直接经济损失合计5.97亿元。辽宁省损毁船只163艘，损毁码头1.00千米，损毁防波堤2.61千米，水产养殖贝类损失严重，因灾直接经济损失4.48亿元。山东省受灾人口1800人，水产养殖受灾面积540公顷，损毁船只531艘，损毁码头15座，因灾直接经济损失1.49亿元。

表7 2012年我国沿海地区海浪灾害过程及损失统计

致灾原因	发生时间	受灾地区	死亡（含失踪）人数	直接经济损失（万元）
冷空气浪	2月2日	广东	10	76.6
冷空气浪	2月11日	浙江	0	20
冷空气浪	2月15日	海南	3	40
冷空气浪	2月17～19日	福建、海南	3	5
冷空气浪	2月26日	海南	2	5
冷空气浪	2月27日	海南	1	0
冷空气浪	3月6日	福建	6	100
冷空气浪	3月23日	海南	2	30
冷空气与气旋配合浪	4月3日	浙江	6	15
气旋浪	4月9日	浙江	2	100
气旋浪	5月30日	浙江	2	8.5
冷空气与气旋配合浪	5月31日	浙江	0	15
1205“泰利”台风浪	6月17～21日	海南	1	0
台风浪	6月25日	广东	2	5
台风浪	6月28日	福建	1	0
气旋浪	7月11日	浙江	0	69
1208“韦森特”台风浪	7月21～24日	海南	0	2902.8
1210“达维”台风浪	8月1～3日	江苏	0	932
1211“海葵”台风浪	8月5～8日	浙江	0	293
台风浪	8月10日	浙江	0	12
1213“启德”台风浪	8月15～17日	海南	0	330
1216“三巴”台风浪	9月14～17日	浙江	1	30
1223“山神”台风浪	10月25～29日	海南	5	4824
冷空气与气旋配合浪	11月10～11日	辽宁、山东	0	59653.5
冷空气浪	11月14日	福建	2	0
冷空气浪	11月15日	海南	1	0
冷空气浪	11月18日	海南	3	0
冷空气浪	11月23～24日	浙江	1	0
冷空气浪	12月14日	浙江	1	0
冷空气浪	12月25～27日	海南	4	150
合计			59	69616.4

【海浪预报】 2012年，国家海洋环境预报中心制作并通过中央电视台新闻频道、中国教育频道、旅游卫视频道、中央人民广播电台、新浪网、新华网、国家海洋局和国家海洋环境预报中心网站等全国性媒体对外发布西北太平洋及中国近海24小时公益性海浪预报、中国沿海共22个主要滨海旅游城市、23个海水浴场、16个滨海旅游度假区、6条海上航线及钱塘江观潮的24～72

小时近海海浪预报。9 月，西北太平洋及中国近海公益性海浪预报的预报时效增加到 48 小时，发布频次亦增加到每天两次（08 时、14 时）。

2012 年，国家海洋环境预报中心继续为处于渤海、东海及南海海域的海上石油平台、海上运输航线提供专项海浪服务，制作海浪预报单合计 12000 余份，为海上生产活动、人员安全等提供科学有力保障。并开始为我国兴建的世界最大桥隧结合工程“港珠澳大桥”项目的岛隧工程提供海浪预报保障，海浪预报时效 144 个小时。

2012 年，国家海洋环境预报中心第四年开展为我国海军的亚丁湾护航保障军事活动提供亚丁湾海区及南海至印度洋航线海域的 24～72 小时海浪预报，为我国海上军事活动提供科学保障。

【海浪预警报】 2012 年，国家海洋环境预报中心、国家海洋局东海、北海和南海预报中心、沿海省（自治区、直辖市）、计划单列市海洋预报（中心）台，按照《风暴潮、海浪、海啸和海冰灾害应急预案》，通过中央电视台、中央人民广播电台和沿海省（自治区、直辖市）、计划单列市电视台和广播电台、手机短信平台、国家海洋局网站、国家海洋环境预报中心网站、新华网、新浪网等新闻媒体发布了 1204“古超”、1205“泰利”、1206“杜苏芮”、1208“韦森特”、1209“苏拉”、1210“达维”、1211“海葵”、1213“启德”、1214“天秤” 、1215“布拉万” 、1216“三巴” 、1217“杰拉华”、1220“格美”、1221“派比安”、1223“山神”、1224“宝霞”台风浪、冷空气浪和气旋浪等 23 次灾害性海浪过程，国家海洋环境预报中心发布海浪警报及紧急警报 144 份(其中红色海浪紧急警报 9 份)、海浪实况速报 251 份；同时还向受灾害性海浪影响的沿海省（自治区、直辖市）、计划单列市人民政府、国家海洋局、国家安全生产应急救援指挥中心、国家减灾委员会办公室、国家防汛抗旱总指挥部办公室、交通运输部总值班室、中国海事局、中国海上搜救中心、交通部救助打捞局、农业部总值班室、农业部渔业局、中国海监总队、总参作战部、海军司令部、中国远洋运输总公司、中国海运（集团）公司、中国海洋石油总公司、中国石油天然气股份有限公司、中国石油化工集团公司、中国海洋石油天津、上海、广州分公司等几十家海洋生产指挥部门和海洋交通运输部门、海洋石油勘探与开采部门发布海浪预警报。

【海浪数值预报模式研究】 2012 年，国家海洋环境预报中心在前期研究的基础上，建立并推出了 3 个示范浴场区域的精细化海浪业务化预报系统并在网络上对外发布。此外，基于最优插值法，建立了海浪谱资料的同化方法，为 HY-2 卫星高度计资料在业务化海浪预报中的应用奠定了基础。

（国家海洋环境预报中心 邢阔 李本霞）

海温与海流预报

【业务预报】 主要发布包括沿海城市单站海温预报、海水浴场海温预报、滨海旅游海洋环境预报、滨海旅游度假区海温预报、海温周预报、海温周实况分析等。目前有五个数值预报系统业务化运行，分别是北太平洋、西北太平洋、中国海、渤海和连云港预报系统，其中连云港预报系统为海流的单一要素预报系统，其他均为温盐流数值预报系统。这些预报产品分别通过网络、电视、广播和报纸等形式向广大用户发布。每月为《中国海洋气候监测月报》的编制提供中国近海月平均海表温度和海表温度距平数据产品。

全年共发布预报产品：

（1）海温周预测 52 期 780 份(传真 15 家)；

（2）电视发布海温预测 52 期；

（3）Internet 网络发布海温周预测 52 期；

（4）Internet 网络发布渤海 72 小时三维海温、海流预测 366 期；

（5）Internet 网络发布中国近海 72 小时三维海温、海流预测 366 期；

（6）中央电视台新闻频道发布 24 小时沿海城市单站海温预测 366 期

（7）在中央电视台发布南 13 个、北 10 个海水浴场海温预测 184 期；

（8）发布滨海旅游海洋环境预测 184 期；

（9）Internet 网络发布海温周实况分析 52 期；

（10）Internet 网络发布连云港海流预测 366 期；

（11）教育台发布 48 小时单站海温预测 366 期；

（12）旅游卫视发布 72 小时的逐日海温预测 366 期；

（13）提供海事局 72 小时逐时潮流预测 366 期；

（14）电视发布西北太平洋海域 72 小时海温海流预测 366 期；

2012 年度沿海城市海温预报新增钓鱼岛海域的海温预报。

此外，为浒苔预测提供海温，海流预测 105 期。

【业务系统研发】 **西北太平洋和渤黄东海数值预报系统** 2012 年基于 ROMS 模式建立了 1/30° 分辨率的黄东海和 1/20° 西北太平洋业务化海流数值预报系统。新环流预报系统的优势主要体现在：考虑了长江、珠江、湄公河等沿岸径流；黄东海预报系统中考虑了潮汐影响，实现了潮与流的非线性耦合；采用热通量订正的方法同化了 MGDSST，较 NUDGING 方法更为合理；在西北太平洋新系统中采用 EnOI 方法同化了高度计资料，对海面高度和流场的数值模拟结果有显著提升。该 ROMS 海流数值预报系统已经实现了业务化试预报，可以提供预报时效为 5 天的海温、海流短期数值预报产品。该预报产品可以为海域内的溢油、搜救等应急活动提供基本环流动力场，为中国近岸精细化海洋模式提供准确的开边界和初始条件。

中国海业务化预报系统之同化模块研发 集合最优插值(EnOI)同化方案，利用历史集合样本来估计模式背景误差，是业务化预报领域主要的多变量同化方案。基于中国近海业务化海流模式开发的 EnOI 同化方案，完成了卫星高度计沿轨资料的同化试验和应用。采用滑动选取静态样本的方法，以当前同化时刻为中心，选取同化时刻前、后 50 天的历史样本作为集合样本，在对局地化方案和消减系数深入研究研究的基础上，显著提高了模式的预报场。同化后的分析场表明：模式中的中尺度特征显著增强；海表面高度的时空变化特征、北赤道流和黑潮的形态和路径均得到显著改善；海表面高度的均方根误差由 11.57 厘米降至 7.73 厘米，降低了 33.19%；温、盐的垂向分布形态也得到一定程度的改善。

边缘海模式研发工作 2012 年度确定了边缘海总体模式及其控制方程，提出了该方程的数值计算方案，完成垂直准静平衡模式的程序编写；完成了静压模式中正压潮波模拟的检验和测速工作已经完成静力数值模式串行程序；分析了边缘海静力数值模式的程序结构，完成程序并行框架设计；完成静力模式程序并行化开发工作，在预报中心神威业务主机顺利实现并行化运行；同时，非静力模块程序编写在紧张有序的进行。

南海数值预报系统 基于公益项目《南海数值预报业务化系统研制及其应用》开展南海海域数值预报系统建设。2012 年，项目在基础数据的收集整合、海上观测、模式研发等方面都有了很大进展。具体为：通过 C-Argo 浮标在南海的布放，收回温盐廓线、浮标轨迹等信息，标志着我国自主研发的深海 Argo 浮标已具备业务化应用的能力；综合多个专项对南海地形和岸线的调查成果，融合出一套高分辨率高准确度的网格化地形产品，为南海海洋模式的开发提供了有力保证；开发了对包含 HY2 卫星信息的多元卫星遥感信息的融合软件，获得专利一项，软件著作权一项；初步开发了高分辨率的三维温盐流、海浪、风场等预报模式，为我国的海洋预报精度更上一个台阶提供了技术基础；跃层、中尺度涡、上升流、海洋锋等诊断模式的开发，为我国首次对中尺度现象的业务化预报奠定了基础；利用数值模式的结果对古代帆船在南海海上丝绸之路的可能路线和航行范围进行的研究，为数值预报的应用方式和范围提供了全新的思路和空间。随着项目的深入开展，有能力在南海海域建成一套的集监测、预报、服务于一体的南海区域中尺度数值预报系统，为南海海上生产、交通运输、资源开发等提供保障。（国家海洋环境预报中心　李云）

海冰灾害与预报

【冰情与灾害】 **冰情概况** 2011～2012 年，渤海和黄海北部的冰情为常冰年（3.0 级）。辽东湾最大浮冰范围出现在 2012 年 2 月 2 日，浮冰离岸最大距离 74 海里，覆盖面积 21001 平方千米；渤海湾最大浮冰范围出现在 2012 年 2 月 8 日，浮冰离岸最大距离 24 海里，覆盖面积 6346 平方千米；莱州湾最大浮冰范围出现在 2012 年

1月24日，浮冰离岸最大距离23海里，覆盖面积3306平方千米；黄海北部最大浮冰范围出现在2012年1月29日，浮冰离岸最大距离25海里，覆盖面积8009平方千米。

冰情灾害 2011/12年，渤海和黄海北部沿岸海域受海冰灾害影响，直接经济损失1.55亿元，较2010/11年减少82%。其中，辽宁省直接经济损失113万元，山东省直接经济损失1.54亿元。

表8 2011/12年渤海及黄海北部冰情

影响海域	初冰日	浮冰最大覆盖面积（平方千米）	浮冰离岸最大距离（海里）	一般冰厚（厘米）	最大冰厚（厘米）
辽东湾	2011年12月1日	21001	74	10～20	45
渤海湾	2011年12月12日	6346	24	5～10	20
莱州湾	2011年12月18日	3306	23	5～10	20
黄海北部	2011年12月16日	8009	25	5～15	35

表9 2011/12年海冰灾害损失统计

省（自治区、直辖市）	受灾人口		损毁船只（艘）	水产养殖损失		直接经济损失（亿元）
	受灾人口（万人）	死亡（含失踪）人数		受灾面积（千公顷）	数量（万吨）	
辽宁	—	0	0	0.08	—	0.01
山东	7.2	0	0	38	—	1.54
合计	7.2	0	0	38.08	—	1.55

【海冰监测与预报研究】 **冰情监测** 2011～2012年冬季，国家海洋环境预报中心完善了立体化海冰监测，包括海冰卫星遥感、沿岸海洋站、破冰船、鲅鱼圈雷达站、白沙湾雷达站、辽东湾石油平台等。海冰组按照中心部署要求，组织了两次渤海海冰沿岸调查，参加了海军的破冰船海冰调查，开展了辽东湾平台海冰雷达监测。2011年12月27日平台测冰雷达开始运转，每天监测平台附近海冰状况，并将监测数据及时提供给国家海洋环境预报中心，通过对数据的反演获取了平台附近冰厚、海冰密集度及海冰运动等信息，为海冰日常预警报提供重要的实测数据，同时也为保障海上石油平台冬季安全生产提供重要的依据。

在发布海冰警报期间，国家海洋环境预报中心每天组织北海预报中心、辽宁海洋环境预报总站、河北省海洋预报台、天津海洋监测预报中心进行海冰灾害远程视频应急会商，将海冰的监测信息和海冰预报向国家各级政府部门汇报，并积极配合公共产品服务部宣传海冰预警报工作。

预报研究 2011～2012年冬季国家海洋环境预报中心发布：年展望1期，月预报4期，旬预报10期，周预报14期；数值预报85期，其中数值周报13期；警报10期。海冰预报比较准确地预测了海冰演变过程，抓住其主要演变过程及特点，为冬季安全生产发挥积极作用。

在完成日常预警报工作的前提下，为中海油、中石油、南京长江油运、大连远洋等提供专项预报服务；为中海油编写的海冰数值预报总结、海冰统计预报总结顺利通过验收。

2012年是公益项目"渤海海冰立体监测及高精度预警报技术研究示范"实施的第二年，国家海洋预报中心主要负责海冰预报技术研究，各项任务按计划顺利实施。国家自然基金国家自然基金项目"渤海防波堤建设对渤海海冰影响"及"海冰动力—热力过程的离散单元模型及应用研究"达到了预期科研目标。另外还参与了"中国海平面变化预测及海岸带脆弱性风险评估技术与应用"、"中国近海短期气候预测技术及应用"、十二五"气候变化对海岸带的影响与风险评估技术"等科研项目。

建立了精细化海冰预报系统，针对辽东湾、渤海湾和莱州湾等重点港口和菊花岛附近海域分别建立了精细化预报模式；完成《海洋预报和警报发布》国家标准的征求意见修改稿。

（国家海洋环境预报中心 刘煜 唐茂宁 赵倩）

赤潮灾害与预报

【赤潮灾害】　2012 年我国海域共发现赤潮 73 次，累计面积约 7971 平方千米，因灾直接经济损失 20.15 亿元。其中，渤海 8 次，累计面积 3869 平方千米；黄海 11 次，累计面积 1333 平方千米；东海 38 次，累计面积 2028 平方千米；南海 16 次，累计面积 741 平方千米。多次或大面积引发赤潮的优势种主要有米氏凯伦藻、中肋骨条藻、夜光藻、东海原甲藻和抑食金球藻等。一些赤潮由两种或两种以上赤潮生物共同形成。

与 2011 年相比，2012 年全海域赤潮发生次数增加 18 次，累计面积增加 1895 平方千米。其中，渤海赤潮发生次数减少 5 次，累计面积增加 3652 平方千米；黄海赤潮发生次数增加 3 次，累计面积减少 2909 平方千米；东海赤潮发生次数增加 15 次，累计面积增加 601 平方千米；南海赤潮发生次数增加 5 次，累计面积增加 551 平方千米。

2012 年，影响面积超过 500 平方千米的赤潮事件如下：

5 月 3 日至 6 月 11 日，日照东附近海域发生赤潮，持续时间 40 天，最大面积约 780 平方千米，赤潮优势种为夜光藻，赤潮水体呈砖红色。

6 月 8 日至 8 月 20 日，秦皇岛沿岸海域发生赤潮，持续时间 74 天，最大面积约 3400 平方千米，赤潮优势种为抑食金球藻，为本年度面积最大的一次赤潮过程。

【赤潮预报】　2012 年共发布全国赤潮生成条件预测 15 期。其中，涉及渤黄海赤潮预测 8 期，东海赤潮预测 4 期，南海赤潮预测 6 期。

表 10　2012 年我国海域发现的主要赤潮一览表

海区	发现日期	赤潮发生海域	面积（千米）	优势赤潮生物	
				优势赤潮生物 1	优势赤潮生物 2
渤海	2012.5.18	秦皇岛近岸海域	16	抑食金球藻	-
	2012.6.8	秦皇岛沿岸海域	3400	抑食金球藻	-
	2012.8.10	北戴河近岸	0.1	暹罗角毛藻	-
	2012.8.28	秦皇岛东山浴场近岸海域	1.3	夜光藻	-
	2012.8.30	秦皇岛山海关石河口附近海域	5	具刺膝沟藻	海洋原甲藻
	2012.10.4	秦皇岛东山浴场至集装箱码头近岸海域	30	多纹膝沟藻	-
	2012.7.16	渤海湾西部海域	16.2	丹麦细柱藻	柔弱拟菱形藻
	2012.8.8	渤海湾西部海域	400	中肋骨条藻	旋连角毛藻
黄海	2012.7.26	大连金石滩附近海域	1	夜光藻	-
	2012.9.11	大连龙王塘附近海域	40	塔玛亚历山大藻	-
	2012.5.3	日照东附近海域	780	夜光藻	-
	2012.5.8	青岛浮山湾附近海域	10	夜光藻	-
	2012.6.19	山东半岛南岸中部黄海海域	10	夜光藻	-
	2012.9.14	青岛福山湾海域	0.4	旋沟藻	-
	2012.10.25	山东烟台体育公园北部至马山寨附近海域	5	红色赤潮藻	-
	2012.5.25	南通以东海域	42		-
	2012.5.25	南通以东海域	95		-
	2012.6.25	连云港以东海域	50		-
	2012.7.13	江苏连云港海州湾海域	300	中肋骨条藻	-
东海	2012.5.29	长江口外海域	21	-	-
	2012.5.29	长江口外海域	12	-	-
	2012.5.29	长江口外海域	16	-	-
	2012.5.29	长江口外海域	80	-	-
	2012.4.27	台州温岭市石塘镇沿海棺材屿至乌屿岛一带海域	10	夜光藻	-
	2012.5.16	浙江台州上、下大陈岛海域	3	米氏凯伦藻	东海原甲藻

续表

海区	发现日期	赤潮发生海域	面积（千米）	优势赤潮生物	
				优势赤潮生物1	优势赤潮生物2
东海	2012.5.18	台州玉环披山至大小洞精一带海域	6	米氏凯伦藻	
	2012.5.18	温州苍南沿岸附近海域	180	东海原甲藻	米氏凯伦藻
	2012.5.19	台州上、下大陈岛沿岸海域	2	米氏凯伦藻	东海原甲藻
	2012.5.23	温州南麂附近海域	40	米氏凯伦藻	东海原甲藻
	2012.5.24	台州玉环坎门一带海域	6	米氏凯伦藻	
	2012.5.24	洞头三盘港、洞头岛东侧、西侧、南侧海域	40	米氏凯伦藻	东海原甲藻
	2012.5.28	台州玉环一带海域	20	米氏凯伦藻	东海原甲藻
	2012.6.1	浙江舟山普陀东极海域	15	米氏凯伦藻	东海原甲藻
	2012.6.3	浙江舟山嵊泗海域	240	米氏凯伦藻	东海原甲藻
	2012.6.6	浙江岱山赤潮监控区	80	米氏凯伦藻	-
	2012.6.14	浙江台州温岭石塘沿海三蒜至钓滨一带海域	80	亚历山大藻	中肋骨条藻
	2012.7.9	舟山嵊山岛东南与枸杞岛西南海域	10	东海原甲藻	-
	2012.7.17	浙江朱家尖东、东南海域	300	红色中缢虫	-
	2012.7.18	浙江嵊泗海域	80	东海原甲藻	中肋骨条藻
	2012.8.12	浙江象山港海域	390	中肋骨条藻	旋链角毛藻
	2012.4.19	厦门平潭岛龙王头滨海旅游度假区以东海域	16	夜光藻	-
	2012.4.27	三都岛附近海域	4	红色赤潮藻（血红哈卡藻）	-
	2012.5.17	平潭岛南侧、西南侧局部海域(芬尾、娘宫码头附近海域)	30	东海原甲藻	-
	2012.5.18	福建三沙湾赤潮监控区海域	130	东海原甲藻	米氏凯伦藻
	2012.5.24	湄洲湾杜厝海湾定附近海域	0.7	米氏凯伦藻	-
	2012.5.25	莆田市湄洲岛洋屿海域附近海域，南日岛东岙重点养殖区海域	2	米氏凯伦藻	-
	2012.5.26	平潭附近海域	80	米氏凯伦藻	东海原甲藻
	2012.5.26	福建黄岐半岛附近海域	40	东海原甲藻	米氏凯伦藻
	2012.5.29	罗源县壁里乡吉壁海域	0.1	东海原甲藻	-
	2012.5.30	福清东翰海域	6	米氏凯伦藻	-
	2012.5.30	长乐松下附近海域	15	米氏凯伦藻	-
	2012.5.30	莆田东岙、娘屿、乐屿岛、赤哆屿养殖区海域	32	米氏凯伦藻	-
	2012.5.30	惠安小岞附近海域	7	米氏凯伦藻	-
	2012.6.5	福建罗源吉壁-新沃附近海域	10	米氏凯伦藻	-
	2012.6.7	福建莆田东岙、官沃、坑口养殖区海域	1	圆海链藻	-
	2012.6.12	福建连江黄岐半岛附近海域	20	中肋骨条藻	刚毛根管藻
	2012.6.28	福建连江附近海域	3	中肋骨条藻	-
南海	2012.3.7	深圳蛇口附近海域	4	红色赤潮藻	血红哈卡藻
	2012.3.23	汕尾碣石湾附近海域	535	脆根管藻	角状弯角藻
	2012.4.3	深圳大梅沙附近海域	10	夜光藻	
	2012.4.10	深圳大鹏湾南澳海域	5	夜光藻	
	2012.5.2	湛江湛江港调顺岛对出海域以南至特呈岛之间海域	33	中肋骨条藻	
	2012.5.9	汕尾碣石湾附近海域	-	丹麦细柱藻	
	2012.5.23	广东惠州港至金门塘海域	1.5	中肋骨条藻	
	2012.7.17	深圳大鹏湾下洞附近海域	10	锥状斯氏藻	
	2012.7.30	湛江东海岛龙海天海水浴场附近海域	4	中肋骨条藻	

续表

海区	发现日期	赤潮发生海域	面积（千米）	优势赤潮生物	
				优势赤潮生物 1	优势赤潮生物 2
南海	2012.7.31	大亚湾东山附近海域	8	锥状斯氏藻	
	2012.8.13	湛江湛江港石门桥以南至特呈岛之间海域	35	中肋骨条藻	
	2012.8.6	深圳大鹏湾溪涌海域	20	锥状斯氏藻	
	2012.8.9	深圳大亚湾七星湾附近海域	3	锥状斯氏藻	
	2012.10.10	广东湛江市徐闻近海海域	7.1	米氏凯伦藻	
	2012.10.12	广东珠海市渔女和野狸岛之间海域	0.02	双胞旋沟藻	
	2012.10.21	深圳赤湾至内伶仃岛附近海域	65	双胞旋沟藻	

【绿潮漂移应急预报保障】 2012 年绿潮漂移应急预报进一步完善，5 月底至 8 月底每日发布绿潮漂移及海洋环境预报，全年共发布《绿潮漂移及海洋环境预报》105 期。2012 年绿潮预报对绿潮灾害事件的处理起到了重要的指导作用，为满足社会实际需求，正在逐步探索提高浒苔爆发时间预报技术，不断丰富预报内容。

（国家海洋环境预报中心　何恩业）

海啸监测与预报

2012 年，我国未发生海啸灾害。国家海洋环境预报中心对 49 次发生在我国周边海域及全球大洋其他海域的海底地震共发布了 90 期海啸信息。根据监测数据分析，其中 7 次地震引发了海啸，这些海啸事件均未对我国产生灾害性影响。

海上突发事故应急预报

【海上溢油应急预报】 2012 年共开展两次三级溢油事故预测，发布《溢油漂移轨迹预测》4 期。预报技术研究方面，建立了人机交互综合预报平台，避免了极端天气下因风场或海流数值预报结果误差较大从而导致搜救预报结果的失误；建立了定期内部应急预报演习机制；联合国家卫星海洋应用中心、中国海监总队，完成一次溢油应急预报联合演习；完成“溢油预报系统客户端平台”的开发和验收工作，开展溢油预报同化技术研究，开展三维溢油预报技术研究，对比不同垂向扩散模拟方案，建立了中长期三维溢油漂移扩散评估模型。

【海上搜救应急预报】 2012 年共开展两次搜救事故预测，发布搜救预报单 5 期。积极参与了全国搜救环境保障系统建设工作，协助开展了中国海上搜救中心 2012 年海上搜救演习的环境预报保障工作。预报技术研究方面，购买 SARMAP 搜救软件并引进其预报技术，引进 LEEWAY 模型，开展各类搜救模型的对比及评估工作。

【应急预报技术研发】 完成承担的海洋公益性行业科研专项经费项目《搜救漂移预报模式和中国近海环境动力模式研制（200905015－02）》，并顺利结题。

参与中韩合作“黄海及东中国海业务化海洋系统”，负责搜救和溢油数值模拟技术交流，完成同韩国之间科学家互访交流的任务。参与“全球变化和海气相互作用”项目实施，参加国家海洋公益性项目“海洋预报业务化系统模块化构建与应用示范”研发，参加十二五项目“全球海洋环境预报系统集成及示范应用”研发，进展顺利。

（国家海洋环境预报中心　李燕）

【海上危险物质泄漏】 2012 年开展了西北太平洋海上污染物输运扩散数值预报技术研究，开发海上污染物输运扩散数值预报系统。为做好西太平洋海洋环境监测预警体系建设，按照国家海洋局要求，针对“3.11”日本强震及海啸引发的核泄漏事故，整理日本核泄漏放射性污染物在福岛第一、二核电站附近以及邻近海域中的扩散分布的时序变化及预测信息，每周编写制作《日本福岛核泄漏事故一周工作汇报》，累计提交工作报告 76 份；编写发布《日本核电站事故发展动态》，累计提交 122 期。

【生态预报技术研发】 搜集整理了历史和近年来生态要素相关资料，基于现有北太平洋水动力模式，结合海洋环境特点，完成了生态要素初始场和边界条件的设定，深入分析了北太平洋主要海洋生态要素的时空分布特征，初步完成了生态方程的参数设定，实现了海洋生态模型和水动力模型的耦合，开展了北太平洋低营养级生态系统的硝酸盐、硅酸盐和叶绿素等主要生态要素的数值模拟，并对模拟结果进行了与观测数据的对比检验，利用现有北太平洋全球预报驱动场，实现了北太平洋表层叶绿素 a、硝酸盐、硅酸盐的当日和未来四日的日平均数值模拟结果的预报业务化试运行。项目的顺利开展，为生态要素模拟预报等工作的进一步改进和完善打下了扎实的基础，拓展了海洋环境预报在生态要素方面的新领域，积极推进了海洋环境预报业务和技术的长远发展。

【赤潮预警预报、应急及损害评估技术】 在“863”课题《赤潮预警预报、应急及损害评估技术》支持下，进行了赤潮生态动力学数值预报技术研究和赤潮漂移与扩散预报技术研究，建立了赤潮漂移与扩散数值预报模型和赤潮生态动力学模型，并开发了相应软件模块。初步完成赤潮漂移与扩散和赤潮生态动力学数值预报系统的建立，实现数值预报系统的业务化试运行。

海洋气候监测与预测

【ENSO 概况】 2011/12 年赤道中东太平洋经历了一次弱的“拉尼娜”事件，随后海温逐步回升，2012 年 6 月开始，赤道中东太平洋经历了一次弱的增暖过程。2012 年 6 月 Nino3 区海温距平首次超过了 0.5℃，之后缓慢升高，于 2012 年 7 月达到峰值，为 0.92℃。但是从 2012 年 8 月开始赤道中东太平洋海温距平开始出现回落，8 月份为 0.73℃，9 月更是降到了 0.5℃以下，为 0.43℃。2012 年 10 月开始，赤道中东太平洋出现海温负距平。

【我国气候异常概况】 **冬季大部地区气温偏低** 自 2012 年 1 月下旬以来，全国大部地区气温总体偏低，内蒙古、黑龙江局地出现连续低温天气。黑龙江漠河、内蒙古图里河、根河、海拉尔、牙克石、陈巴尔虎旗等地的最低气温普遍处在零下 40℃以下。内蒙古呼伦贝尔陈巴尔虎旗的哈吉区域自动站，2 月 3 日观测到零下 50.7℃的极端低温。呼伦贝尔市大部分地区已将近半个月最低气温在零下 40℃以下。与去年同期相比，呼伦贝尔林区和牧区，温度偏低 8℃至 10℃，5 个旗(市)打破了历史同期最低气温极值。

初夏我国黄淮大部干旱 2012 年初夏，我国的黄淮大部降雨偏少，旱情主要分布在山东中南部、江苏北部、安徽北部、河南北部、陕西东南部等地。尤其是 5 月以来，山东全省平均降雨同比偏少近 70%，持续的高温少雨，导致农田土壤失墒严重，逾三成在田作物受旱并呈发展趋势。山东省干旱面积 30 万公顷，其中重旱 10.87 万公顷，给秋收作物特别是玉米生产带来不利影响。河南全省平均降水量仅 11 毫米，较常年同期偏少七成多，旱情影响到秋收作物的生长发育，部分耕地出现了无法播种的现象。安徽沿淮淮北地区的降雨量比常年偏少 4～8 成，部分区域土壤跑墒较快，部分地区的夏栽夏种出现供水紧张。截至 6 月 21 日，全国耕地受旱面积 517.4 万公顷，其中作物受旱面积 308 万公顷，待播耕地缺水缺墒面积 209.4 万公顷，主要分布在河南、安徽、山东等省区。

2012 年汛期（6～8 月）降水异常 2012 年 6～7 月份北方地区降水明显比常年偏多，其中，华北、西北（除新疆地区）、西南、东北中部地区降水较常年偏多最为明显。北方强降水过程频繁，局地暴雨成灾，特别是“7.21”京津冀强降水过程，造成多人死亡，市区大面积内涝，部分路段交通一度中断，城市安全运行受到严重影响。全国中小河流洪水频发，黄河中上游也发生了 1989 年以来最大洪水。东南、华南（除海南）、华中、东北北部和南部地区降水相对常年偏少。

8 月份共有“苏拉”、“达维”、“海葵”、“启德”、“天秤”五个台风在我国登陆，给我国沿海地区带来强降水天气过程。第 9 号台风“苏拉”导致江西 50 多个县遭受暴雨袭击，赣江支流发生超警戒洪水，浙江省大部地区出现大到暴雨，局部地区出现大暴雨。第 10 号台风“达维”造成山东 27 个县(市区)、164 个乡镇受灾，台风暴雨直接受灾人口 103 万人。受台风“达维”北上影响，辽宁大部分地区 3 日、4 日均受到暴雨袭击。受第 11 号台风“海葵”的影响，从 6 日起，宁波市出现暴雨到大暴雨，局部特大暴雨。第 13 号台风“启德”给广东、广西、海南 3 省区带来大暴雨，造成 1 人死亡，2 人失踪，52.6 万人紧急转移。第 14 号台风“天秤”在我国台湾登陆，带来强降水天气过程。第 15 号台风“布拉万”影响我国东北地区和山东半岛，造成大范围强降水。

2012 年入冬以来我国北方大部分地区偏冷 自 2012 年秋季以来，影响我国的冷空气活动频繁。从气候平均来看，9～11 月份冷空气活动次数分别为 1.3 次、3.1 次和 3.5 次，而 2012 年 9～11 月份冷空气活动次数分别是 3 次、4 次、5 次，各月冷空气活动频次均高于气候平均的冷空气活动频次。由于冷空气活动普遍偏强，入冬以来我国东北、华北、新疆北部及黄淮流域气温较常年同期明显偏低，其中东北大部、新疆北部地区气温较常年同期偏低 4℃以上。最近的一次强冷空气活动（21～23 日）导致我国自西向东、自北向南出现大范围的强降温天气，我国大部分地区降温幅度达到 6～8℃，其中内蒙古中东部及华北北部、东北地区中南部降温达 10～12℃，气温创下了历史同期的新低。强降温的同时还伴有多次暴雪过程，新疆北部、西北西部、东北及我国东部大范围地区降雪（水）较常年同期偏多。

【海洋气候监测与预测】 **海洋气候监测** 2012 年共发布全球海洋及中国近海的监测产品《中国海洋气候监测月报》12 期。内容包括上月全球及中国近海海表温度分析；中国近海海洋灾害分析；中国近海及西北太平洋海表温度、近海海冰实况、海浪实况分析；全球及太平洋 5 米深月平均盐度、5 米深月平均流场、海表面高度、10 米高月平均风场分析；中国近海海洋灾害（海啸、海浪、风暴潮和海冰）。同时，通过对我国气候异常的监测，上报极端气候异常事件的服务信息 4 份，包括《云南近期干旱原因分析及趋势预测》、《2012 年 1 月下旬到 2 月上旬我国大部地区天气寒冷的原因分析及近期趋势预测》、《2012 年汛期我国气候预测专报》、《2012 年初夏我国黄淮大部干旱成因分析及预测》；海洋与重大气候事件快报 6 份，包括《2012 年影响和登陆我国的台风偏多成因分析和未来趋势预测》、《2012 年汛期我国洪涝灾害分析和未来趋势预测》、《赤道中东太平洋海温弱增暖过程将于近期结束 2012 年秋冬季赤道中东太平洋海温将处于正常状态》、《赤道中东太平洋海温弱增暖过程已于 9 月结束 2012 年秋冬季赤道中东太平洋海温将处于正常状态》、《2012/13 年冬季赤道太平洋海温及中国气候预测》、《2012 年入冬以来我国北方大部分地区偏冷成因分析及未来预测》。另外为蛟龙号海试项目做了 2 期气候服务保障服务信息。

海洋气候预测研究 2012 年国家海洋预报中心依托全球海气耦合模式、全球大气环流模式、全球海洋-海冰耦合环流模式及区域气候模式等动力模式，以及多种统计诊断预测技术，对在海洋异常背景影响下的中国短期气候异常进行月-季尺度的预测工作。预测对象包括：全球海表温度、中国区月-季尺度的降水、气温及中国近海海温等要素。主要包括：①制作并发布《厄尔尼诺监测和预测》简报 12 期；②参加海洋预报系统的月会商，给出未来一个月全球及中国近海海温预测结果；③根据厄尔尼诺及海洋异常对未来 1～3 个月中国气候的影响，制作并发布《海洋与气候异常展望》12 期。该产品是为深化海洋领域应对气候变化，提高预报服务质量的新尝试；④2012 年分别于 3 月和 11 月召开了两次“短期气候预测会商会”（汛期、冬季），邀请了中国科学院，中国气象局，北京大学等单位的专家进行会商，并将降水、气温及海温等要素的综合预测意见以专报的形式报向国家海洋局相关部门，为相关职能部门制定对策提供参考；⑤参加 3 月份的“全国海洋灾害预测会”，对本年度我国大陆汛期降水、气温、近海海温、季风强度、副高位置及台风个数给出预测意见；参加 10 月份的“海冰预测会”，对我国当年冬季渤海海温及海冰灾害程度给出预测意见。

（国家海洋环境预报中心　韩雪　蔡怡）

台风灾害与预报

【西北太平洋和南海热带气旋概况】 2012 年西北太平洋和南海共有 25 个编号热带气旋（包括热带风暴、强热带风暴、台风、强台风和超强台风，下同）生成，较 2011 年偏多 4 个，但较常年（1949～2011 年，下同）平均值（27.0 个）偏少 2 个。

2012 年西北太平洋和南海热带气旋活动具有如下特点：生成个数偏少；生成源地偏北；登陆个数与常年基本持平；登陆强度偏强；北上影响热带气旋多；双热带气旋活动频繁。

2012 年共有 7 个编号热带气旋先后在我国

登陆，它们是：杜苏芮（DOKSURI）、韦森特（VICENTE）、苏拉（SAOLA）、达维（DAMREY）、海葵（HAIKUI）、启德（KAI-TAK）、天秤（TEMBIN）。2012 年热带气旋登陆数与历史同期基本持平，登陆地点分散，登陆强度总体偏强（表 11）。2012 年热带气旋初次登陆我国时间为 6 月 30 日，接近常年；2012 年热带气旋末次登陆我国时间为 8 月 24 日，较常年偏早。

表 11　2012 年登陆我国的热带气旋概况表

编号	国际编号	台风命名	极值强度	登陆情况			
				最大风速（米/秒）	中心气压（百帕）	时间（北京时）	地点
1206	1206	杜苏芮	强热带风暴	25	985	6 月 30 日 02 时 30 分	广东省珠海市南水镇
1208	1208	韦森特	台风	40	955	7 月 24 日 04 时 15 分	广东省台山市赤溪镇
1209	1209	苏拉	强台风	42	950	8 月 2 日 03 时 15 分	台湾省花莲市
				25	985	8 月 3 日 06 时 50 分	福建省福鼎市秦屿镇
1210	1210	达维	台风	35	975	8 月 2 日 21 时 30 分	江苏省响水县陈家港镇
1211	1211	海葵	强台风	42	965	8 月 8 日 03 时 20 分	浙江省象山县鹤浦镇
1213	1213	启德	台风	38	,968	8 月 17 日 12 时 30 分	广东省湛江市湖光镇
				33	975	8 月 17 日 21 时	中越交界处沿海
1214	1214	天秤	强台风	45	945	8 月 24 日 05 时 15 分	台湾省屏东县
				23	990	8 月 30 日 09 时 30 分	韩国全罗南道南部沿海

【热带气旋造成的灾害】　2012 年，共有 7 个编号热带气旋登陆我国，登陆强度普遍偏强。8 月 2～8 日，“苏拉”、“达维”和“海葵”3 个热带气旋 7 天内接连登陆我国，为 1996 年以来首次。特别是双台风“苏拉”和“达维”在华东沿海登陆间隔不到 10 小时，为有气象记录以来首次。其中双台风“苏拉”和“达维”造成的死亡人口、失踪人口、倒塌房屋、直接经济损失最多，“海葵”造成的紧急转移安置人次最多。据统计，2012 年台风灾害共导致河北、辽宁、吉林、黑龙江、上海、江苏、浙江、安徽、福建、江西、山东、河南、湖北、湖南、广东、广西、海南等 17 个省（自治区、直辖市）5043.2 万人次受灾，94 人死亡或失踪，直接经济损失 1134.8 亿元。其中吉林、黑龙江、河北、辽宁、山东等较少受到热带气旋灾害影响的北方省份灾情异常偏重。

（以上灾情数据由中华人民共和国民政部提供）

【西北太平洋和南海热带气旋综合预报】　在经度 180 度以西、赤道以北的西北太平洋和南海海域上出现的中心附近最大平均风力达到 8 级或以上的热带气旋，按照其出现的先后次序进行编号。热带气旋定位、定强是热带气旋预报的基础，目前中国气象局已建立了利用卫星、雷达、地面常规观测和自动站加密观测、海洋观测、高空观测等多种资料的热带气旋定位、定强业务系统。在编号热带气旋未进入中央气象台的警报发布区（即 48 小时警戒线内），每天进行 00:00UTC、06:00UTC、12:00UTC、18:00UTC（UTC 为世界协调时，下同）4 次定位、定强，并同时发布 24、48、72、96、120 小时预报；当热带气旋进入中央气象台的警报发布区（即 48 小时警戒线内）后，增发 03:00UTC、09:00UTC、15:00UTC、21:00UTC 4 次定位、定强，并同时发布 24、48、72、96、120 小时预报；当热带气旋进入 24 小时警戒线内，增发 01:00UTC、02:00UTC、04:00UTC、05:00UTC、07:00UTC、08:00UTC、10:00UTC、11:00UTC、

13:00UTC、14:00UTC、16:00UTC、17:00UTC、19:00UTC、20:00UTC、22:00UTC、23:00UTC 16次定位、定强。

【西北太平洋和南海热带气旋客观预报】 中国气象局关于热带气旋客观预报方法主要是数值预报模式和动力统计方法。业务运行的模式有 GRAPES_TCM(SGTM)，国家气象中心综合方法、国家气象中心数值预报模式（TMBJ-1），上海台风研究所热带气旋数值预报模式(SHTM)，西北太平洋热带气旋路径综合集成预报（STC），西北太平洋热带气旋强度释用预报（STI），上海综合方法，江苏综合方法，广东综合方法，浙江综合方法，福建综合方法，广西综合方法，海南综合方法，辽宁综合方法，天津综合方法，山东综合方法，河北综合方法，概率圆法热带气旋路径预报（JSPC），南海区域热带气旋数值预报（GZTM），西北太平洋台风强度气候持续性预报方法(TCSP)，南海区域热带气旋路径(强度)遗传神经网络预报（ANNGA），辽宁热带气旋数值预报模式（LNTCM）。

基于TIGGE数据，中央气象台建立了以CMA、ECMWF、NCEP、JMA、KMA 和 UKMO 等 6 家预报中心集合预报产品的超级集合预报系统，集合共139 个成员。

中央气象台基于最优线性无偏估计（BLUE）理论，建立了 T213、T639、ECMWF、JMA 和 UKMO等多家模式的台风路径和强度集成预报方法，该系统根据台风实时路径预报误差和历史路径预报误差确定实时动态集成权重系数进行动态集成。

另外，2012 年中央气象台开展了 GRAPES_TYM区域台风模式的实时预报。

【热带气旋服务情况】 针对 2012 年度的 25个编号热带气旋的预报服务，中央气象台密切跟踪其变化趋势、及时发布热带气旋定位定强信息和预警信息，共计发布 329 期《热带气旋公报》，特别是针对 7 个登陆我国的热带气旋共发布《台风预警》105 期，并及时通过各种媒体发布台风预警信息，极大地减少了台风灾害造成的损失。

2012 年中央气象台有针对性地组织国家级台风预报专家团队成员开展台风专题会商，同时充分调动中央气象台内部台风预报员团队的积极性，及时开展针对性的台风内部会商，充分发挥了预报员团队的作用，台风路径预报的准确率稳中有升。

2012 年，中央气象台 24 小时、48 小时、72 小时、96 小时和 120 小时热带气旋路径预报误差分别为 93 公里、167 公里、241 公里、329 公里和 455 公里，整体上好于 2011 年和最近 5 年的预报水平。

另外，针对全球海域（除西北太平洋和南海海域外）活动的热带气旋，中央气象台每日发布《全球热带气旋监测公报》两次，发布时间为：02:00UTC、10:00UTC。2012 年中央气象台共发布《全球热带气旋监测公报》397 期。

海洋气象预报与服务

【海事天气公报】 2012 年，中央气象台共发布《海事天气公报》1464 期。

责任海区范围 按国际规定，中国承担的责任海区范围从 42° N，137° E 开始，沿印度洋海事卫星覆盖区的东部边界到 0° 、141° E，10° S、127° E，12° S、95° E，5° N、95° E，10° S，97° E，再向东北方向沿海岸线回到42° N，137° E。

报文内容 报文以英语的形式发布。

（1）必须发报的内容。风力≥7 级大风区的范围或地理位置。说明造成大风的热带气旋或温带气旋中心强度（最低气压、风力）、位置、移向、移速；较强冷锋、暖锋和静止锋的位置；

能见度<10 千米的区域；浪高≥2 米的区域，在热带风暴、温带气旋活动区中加发最大浪高。

（2）选择发报的内容。当责任海区内无≥7 级大风出现，或者海区内已经出现有代表性的天气系统和天气现象，则需要从以下内容中选择部分内容发报：较弱冷锋、暖锋和静止锋的位置以及海区内有影响的天气现象等。

广播方式及覆盖范围 为方便船舶及时收到海上安全有关的气象预报和警报，按规定广播须采用国际海事卫星安全网，通过印度洋海事卫星进行广播。该卫星的广播覆盖范围包括了我国承担的全部责任区，能满足用户的接收需要。

广播时次 通过海事卫星安全网定时发布的《海事天气公报》每日 4 次，发布时间分别为 03:30UTC、10:15UTC、15:30UTC、22:15UTC。

另外，报文的内容以中英文双语的形式在中国气象局网站上发布。

【海洋气象公报】 以中文形式描述责任海区的天气实况和预报，具体包括《海洋天气公报》和《海上大风预警》。海洋天气预报/预警的范围是中国近海，发布时间为每日 02:00UTC、10:00UTC、22:00UTC。发布《海洋天气公报》时分发单位为中国气象局网站、中国海上搜救中心以及舟山海洋气象广播电台；发布《海上大风预报》和《海上大风预警》时，分发单位为中国气象局网站、中国海上搜救中心、华风气象影视中心以及舟山海洋气象广播电台。

2012 年，中央气象台共发布《海洋天气公报》1098 期。我国近海责任海区除热带气旋影响外，8 级以上大风过程共有 49 次，其中冷空气过程造成的海上大风共 36 次，温带气旋造成的海上大风共 6 次，冷空气和气旋共同影响造成的海上大风 7 次。对这 49 次过程共发布《海上大风预报》205 期，其中针对 6 次天气过程发布了《海上大风黄色预警》共 47 期。另外，受热带气旋“杰拉华”和冷空气的共同影响，发布《海上大风橙色预警》共 7 期，发布《海上大风黄色色预警》共 2 期；受热带气旋“宝霞”与冷空气的共同影响，共发布《海上大风橙色预警》共 14 期。

【海区预报】 对中国近海海域分别就天气现象、风向、风力、浪高以及能见度分别做 0～12 小时、12～24 小时、24～36 小时、36～48 小时预报。2012 年中央气象台共发布《近海海区预报》1098 期，分发单位为中国气象局网站、华风气象影视中心、中国海上搜救中心以及签约客户。

【北太平洋分析和预报】 分析 0°～60° N、100° E～20° W 范围内，0～48 小时海平面气压场图、500hPa 高度场图的实况和预报。发布时间为每天 03:30UTC。分发单位为中国气象局网站、华风气象影视中心。

【专业海洋气象预报】 中国气象局台风与海洋气象预报中心导航科是国内唯一一家从事海洋气象导航的业务机构，开展全球海洋气象导航业务，并提供各大洋天气要素风场、涌、浪的 120 小时内的预报。具体产品包括：船舶海洋气象导航、船舶监视、航线分析、海区预报、事故分析。

船舶海洋气象导航 在气象专家与高级船长的合作下，根据气象、海况条件为船舶设计安全、经济的航线；并对整个航程的经济效益评估。2012 年，中国气象局台风与海洋气象预报中心共承担了 17 艘次的船舶气象导航业务，涉及船舶包括矿砂船、特型大件特种运输船、杂货船以及渔政执法船，航行海域涵盖全球三大洋各海域。

船舶监视 为船东或租家提供船舶监视服务。监视船舶的航行速度、燃油消耗、航线是否合理等。

航线分析 为船东或租家提供航线评估分析报告。

海区预报 提供我国近海或客户指定海区的天气海况预报服务。

事故分析 海难、海损事故原因分析。

【海洋气象保障服务】 海洋气象春运保障服务 2012 年 1 月 6 日至 2 月 16 日春运期间，共发布 42 期《春运海上大风专报》，其中 2 月 6～8 日共发布 9 次《海上大风黄色预警》，相关的海上大风、预警专报均被海上航运部门、海上搜救中心等引用到其部门的网站上。

“亚沙会”气象服务 2012 年 6 月 16～22 日“第三届亚洲沙滩运动会”在山东海阳市举行，根据《关于做好 2012 年第三届亚洲沙滩运动会气象服务工作的通知》（气减函〔2012〕47 号）的要求和山东省气象局的需求，6 月 13 日～22 日期间，每日制作逐 12 小时的 24 小时预报指导产品，共制作了 10 期专报，为“亚沙会”提供了很好的气象服务。

海峡两岸海上联合搜救演练 2012 年 8 月 28～30 日，针对在厦门至金门之间海域进行海峡两岸海上联合搜救演习，制作了厦门、金门、厦金海域三地 72 小时的预报，为演习的顺利进行做出了有力的气象服务保障。

“厄尔尼诺”和“拉尼娜”灾害与预报

【概况】 2011 年 9 月开始的“拉尼娜”事件于当年 12 月达到峰值，为一次中等强度的中部型“拉尼娜”事件。2012 年 3 月，“拉尼娜”事件结束。夏季（6～8 月），赤道中东太平洋经历了一次明显的暖水波动，之后赤道中东太平洋大部海温总体处于正常略偏暖状态。

【2012年ENSO预测回顾】　对于热带大气和海洋的发展演变过程，中国气象局国家气候中心给予了密切关注，每年组织召开2次以ENSO演变及其影响为核心内容的预测会商会，邀请国家海洋局、科学院大气物理所、北京大学和中国气象科学研究院的有关专家，对当前大气、海洋状况进行充分的分析和讨论，并结合历史上ENSO事件的演变特征，以及国内外各类统计和动力模式预测结果，给出统一预测结论。在2012年3月正确预测出了“2012年4～8月热带太平洋海温和大气处于正常状态”，随后在夏季预测了弱的‘厄尔尼诺’事件将会发生，与实际ENSO阶段性偏暖而总体呈中性状态存在偏差，但在2012年11月根据热带海洋、大气新的发展状态，及时更新了预测“预计2012/2013年冬季，赤道中东太平洋呈现正常偏暖状态。”，预测与实况基本相符。国家气候中心在做好监测预测工作的同时，及时发布了ENSO监测简报和重大气候专报，为国家决策部门和气候预测提供了重要的决策服务信息。

【海表温度演变特征】　2012年1～2月，赤道中东太平洋大部海温仍然维持着拉尼娜状态，最大海温负距平主要位于赤道中太平洋日界线附近。3月，“拉尼娜”事件结束。同时在2月，赤道东太平洋东部异常暖水开始发展，并在6月扩展至赤道太平洋中部，7～8月，暖水波动发展加强，但在9月快速减弱。10～11月，赤道西太平洋有异常暖水向东扩展，使得赤道中东太平洋大部维持弱的正海温距平，其中心位于赤道中太平洋日界线附近。12月，正海温距平明显减弱，赤道东太平洋东部异常冷水开始发展。

【暖池演变特征】　2012年，赤道西太平洋暖池除了在8月偏冷外，其他月份均以偏暖为主；印度洋暖池仅在3月和5月略偏冷，而其他月份也都以偏暖为主。两海区的暖池范围都比常年略偏大，尤其是暖池北部地区。

【次表层海温演变特征】　2012年1～3月，赤道西太平洋次表层为异常暖水控制，而赤道中东太平洋次表层大部为异常冷水，但异常冷水的强度逐渐减弱，范围不断缩小，从而导致海洋表层的拉尼娜事件快速衰减并于3月结束。4月，赤道西太平洋次表层异常暖水逐渐东移，同时赤道东太平洋东部次表层也开始出现异常暖水。5～8月，赤道太平洋次表层大部都为异常暖水控制，暖中心从赤道西太平洋（5月）不断移动到赤道东太平洋（7月），并且在赤道中东太平洋向海洋表层发展，从而促进了海洋表层的一次较强的暖水波动过程。同时在7月，赤道东太平洋东部次表层又有异常冷水开始发展。尽管在9～11月，赤道西太平洋次表层异常暖水再次发生一次向东太平洋传播的过程，但这仅仅维持了赤道中西太平洋表层的正常略偏暖状态。赤道东太平洋东部异常冷水在12月快速发展加强，并不断上翻，从而导致赤道中东太平洋大部海表温度快速下降，由正常略偏暖状态转为略偏冷状态。

【南方涛动演变特征】　2012年，南方涛动指数（SOI）有较大的波动。1～3月为正值，但较前期明显减弱，表现出对逐渐减弱的拉尼娜事件的响应。4～8月SOI转为负值，表现出对赤道中东太平洋暖水波动的响应。但9～11月SOI再次转为正值，表明尽管赤道中东太平洋维持弱的暖海温，但热带大气并没有表现出持续的响应特征。

【850hPa风场演变特征】　在对流层低层850hPa，赤道中东太平洋东部全年都基本由异常西风控制。而在赤道中太平洋（160°E～160°W），1～3月主要维持着异常东风，但3月初至4月中旬有一次明显的西风异常从赤道印度洋东传至赤道中东太平洋，使得赤道中太平洋的东风距平显著减弱，并激发了赤道西太平洋次表层异常暖水的东传，从而导致前期“拉尼娜”事件结束。5～10月，赤道中西太平洋持续由西风距平控制，不仅激发了赤道中东太平洋一次较强的暖水波动过程，而且使得赤道中西太平洋在暖水波动结束后一直维持弱的正海温距平。10月中旬，赤道中西太平洋异常东风开始发展，并在12月中旬明显加强，从而使得赤道中东太平洋弱的暖水开始减弱，冷海温快速发展。

【对流演变特征】　2011年10月至2012年3月，赤道中太平洋的对流活动持续偏弱，向外射出长波辐射（OLR）的正距平中心位于中太平洋日界线附近，反映出热带大气对中部型拉尼娜事件的响应特征。2012年1～12月，赤道西太平洋一直维持弱的 OLR 负距平，表明对流活动略偏强。偏强的对流活动除了在 7 月向东发展到日界线附近外，4～12 月赤道中东太平洋大部地区的对流活动都接近正常。OLR 的发展演变特征表明，尽管拉尼娜事件结束以后，赤道中东太平洋海温发生了一次较强的暖水波动过程，但热带大气的响应并不明显。

【“厄尔尼诺”和“拉尼娜”对我国的气候影响】 受前期拉尼娜事件影响，2011/2012 年冬季，东亚冬季风偏强，全国大部气温显著偏低。同时在 2012 年夏季，西太平洋副热带高压脊线位置偏北，东亚夏季风偏强，导致我国夏季主雨带明显偏北。鉴于气候系统的复杂性以及每次拉尼娜事件在发生时间、强度和爆发类型等方面存在差异，其带来的影响也有显著差异，因此，对 2011/2012 年拉尼娜事件对我国气候异常的影响及其确切成因机制，仍有待于深入的分析研究工作。（中国气象局）

【南海区海洋环境监测】 2012 年国家海洋局南海分局组织局属各单位和海区地方监测机构开展 4 个航次粤东、粤西海水、沉积物环境监测，4 个航次二氧化碳走航监测，3 个航次珠江口和大亚湾生态监控区监测以及红树林、珊瑚礁、海草床等南海典型生态系统监测；开展了 5 个国家级海洋自然保护区监测；开展了 8 个倾倒区及 43 个海洋石油勘探开发设施周边海域海洋环境监测；开展了南海区 120 个陆源入海排污口监督性监测，并重点监测了 15 个排污口邻近海域的环境质量状况；开展了 4 次珠江口等 10 条主要江河污染物入海总量监测；开展了柘林湾等 15 个典型海水养殖区环境质量监测；开展了北海银滩等 10 个海水浴场和 4 个滨海旅游度假区监测；南海区共完成 2300 个监测站位的现场监测工作，获得各类海洋环境监测数据 90 余万组。

联合播发南海海域海况预警预报信息 2012 年 3 月 23 日，南海预报中心与广东海事局广州海岸电台合作，每天通过甚高频无线电话（VHF）、单边带无线电话（SSB）、窄带印字电报（NBDP）、NAVTEX/486 电路等 22 个频道，向中国南海海区广大船员、渔民、海上作业人员、海上通行船舶等发布南海海域海况预警预报信息，该项工作拓宽了海洋灾害预警报信息的受众面。

南海区常规海洋环境观测 国家海洋局南海分局履行南海区预报服务的职责，指导南海区各省（区）、市的海洋预报业务，向南海区各海洋预报机构分发南海区的海洋分析预报指导产品，包括每天发布滨海旅游区、海水浴场的潮汐、海浪、海温预报产品，向区内各海洋预报机构分发南海海洋环境月、旬、周预报，赤潮生成条件预报等。

2012 年南海区台风、风暴潮预警预报 2012 年上半年，针对冷空气大风引起的灾害性海浪，南海预报中心共发布海浪警报 37 期；针对 2012 年第一个影响华南沿岸的 05 号强热带风暴“泰利”，共发布热带气旋预警报信息 29 期（每 3 小时 1 次），海浪警报 7 期，风暴潮预警报 6 期，手机短信 9 万余条，发布海浪实况速报 6 期；针对 2012 年第一个登陆华南的 06 号强热带风暴“杜苏芮”，共发布热带气旋预警报信息 27 期，海浪警报 6 期，风暴潮预警报 6 期，手机短信约 10.5 万条，共发布海浪实况速报 2 期；针对 08 号台风“韦森特”共发布热带气旋预警报信息 28 期，海浪警报 10 期，风暴潮预警报 8 期，手机短信 16 万余条。共发布海浪实况速报 12 期，考虑到“韦森特”带来的增水效应，共发布 13 期南海海洋预警信息快报；针对 13 号台风“启德”共发布热带气旋预警报信息 40 期，海浪警报 10 期，风暴潮警报 11 期，手机短信 14 万余条，共发布海浪实况速报 12 期；针对 14 号强台风“天秤”共发布热带气旋预警报信息 76 期，海浪警报 11 期，风暴潮警报期 5 期，手机短信 23 万余条，发布海浪实况速报 6 期；针对 17 号超强台风“杰拉华”共发布热带气旋预警报信息 36 期，海浪警报 6 期；针对 20 号强热带风暴“格美”共发布热带气旋预警报信息 33 期，海浪警报 4 期；针对 23 号强台风“山神”共发布热带气旋预警报信息 37 期，海浪警报 10 期，风暴潮警报 9 期；针对 24 号超强台风“宝霞”共发布热带气旋预警报信息 32 期，海浪警报 10 期。

（国家海洋局南海分局）

海平面和潮汐预报

【海平面业务化工作】 2012 年，在李克强副总理对海平面工作的批示精神指导下，按照国家海洋局党组会议针对海平面工作的具体部署，全面落实“新”、“实”、“精”、“细”的工作要求，海平面变化监测、预测、影响调查和评估等各项业务化工作稳步开展。

（1）沿海地区海平面变化影响调查。本着科学、具体、实用的原则，编制了《2012年海平面变化影响调查评估工作方案》和《2012年海平面变化影响调查评估技术方案》，工作内容、技术路线和任务分工明确，细化了信息采集内容，量化影响指标，重新编制了《海平面变化影响信息采集表》。沿海各地对海平面变化影响调查评估工作的组织管理更加成熟，在以往工作的基础上，结合本行政区域内的实际情况，信息采集和重点调查更有针对性，最终形成资料翔实的调查成果，信息采集和实地调查成果的质量均有较大提高。

2012年海平面变化影响信息采集表由堤防影响、海洋工程影响、地面沉降基本状况、海岸侵蚀状况、海水入侵与土壤盐渍化状况、咸潮入侵状况、咸潮入侵过程、滨海湿地、红树林、风暴潮灾害和洪涝灾害共8类11个表格组成。开展了海岸侵蚀和浴场沙滩的实地调查，以及风暴潮灾害、咸潮入侵、海水入侵与土壤盐渍化等典型影响事件的跟踪调查。

通过开展我国沿海地区海平面变化影响调查评估工作，全面掌握我国海平面变化的综合影响，为海洋防灾减灾和海洋领域应对气候变化提供基础数据和决策依据，为《2011年中国海平面公报》的编制提供了信息支撑。

（2）2012年《中国海平面公报》编制。完成了《2012年中国海平面公报》的编制工作，并于2013年2月26日发布。公报发布了中国全海域、分海区和沿海各省的海平面变化状况，预测了未来30年中国沿海海平面上升值，分析了海平面变化成因和2012年5月、6月、8月、10等月份的异常变化原因，对风暴潮、海岸侵蚀、咸潮入侵、海水入侵与土壤盐渍化等灾害进行了影响分析，并针对中国沿海海平面变化特点，提出了应对策略。

中国沿海海平面变化总体呈波动上升趋势。1980年至2012年，中国沿海海平面平均上升速率为2.9毫米/年，高于全球平均水平。2012年中国沿海海平面为1980年以来最高值，海平面较2011年高53毫米。2012年，中国沿海海平面变化区域特征和时间特征明显。海平面上升幅度自北向南逐渐加大，渤海、黄海、东海和南海海平面上升幅度均超过100毫米，与2011年相比东海海平面上升最为明显，为66毫米；5月份、6月份、8月份和10月份中国沿海海平面均达1980年以来同期最高值。

2012年，受气候变化和海平面上升累积效应等多种因素的影响，辽宁、山东和江苏等省的部分沿海地区海岸侵蚀、海水入侵与十壤盐渍化等灾害较为严重，2012年的高海平面加剧了江苏、浙江和广东等沿海地区风暴潮的影响，给当地人民的生产生活和经济社会发展造成了一定的危害。

全球海平面上升是由全球气候变暖导致的海水增温膨胀、陆源冰川和极地冰盖融化等因素造成的。中国沿海海平面变化存在区域差异，渤海西南部和长江口沿海海平面上升幅度较大，1980～2012年上升幅度超过150毫米，远高于全国沿海海平面平均上升幅度的100毫米。区域海平面上升幅度较大与局地地面沉降有一定关系。

公报针对不同海洋功能区，分别提出了应对海平面上升的适应策略。

（3）海平面上升风险区划。国家海洋局自2011年开始组织实施全国沿海大型工程风险排查和海洋灾害评估专项工作，海平面上升的风险评估与区划是主要工作内容之一。2012年，国家海洋局组织编制了《海平面上升风险评估与区划技术导则》；开展了国家级海平面上升评估和区划工作，对中国沿海各地的风险等级进行了划分；以河北省为示范区开展了沿海海平面上升风险区划的省级试点工作。海平面上升风险区划工作将为沿海地区海洋经济建设布局、海洋资源开发与利用规划以及沿海大型工程设防等提供决策支撑。

（4）《中国海平面和气候变化月报》编制。统计和分析中国沿海海平面月变化状况，通过分析中国沿海海温、气温、气压和风场变化，以及西北太平洋等临近海域的相关海洋和气象要素的资料分析，全面分析海平面变化与相关要素的关系，研究中国沿海海平面变化和影响特点。2012年共编制完成了12期。

（5）《气候变化与海平面上升研究动态》月刊编辑。追踪气候焦点事件和国内外最新研究进展、气候变化背景下的生态系统响应与应对、国际国内气候变化和海平面上升的相关动态、国内外节能减排技术、气候变化和海平面上升的应对措施等最新信息，为相关领导和研究人员提供应对气候变化和海平面上升的资讯服务。2012年共编辑完成了12期。

（国家海洋信息中心 付世杰）

【基准潮位核定】 2012年是基准潮位核定工作业务化开展的第4年，在往年基准潮位核定工作的基础上，根据《2012年海洋预报减灾工作方案》及2012年度基准潮位核定工作需求，完成了信息采集与处理、实地校核、信息分析及应用研究等工作。

2012年度，共有106个国家海洋局属或共建海洋观测站（点）开展业务化观测工作，其中北海分局28站，东海分局48站，南海分局30站。17个中心站提交了中心站关于基准潮位核定工作的工作报告，青岛、上海中心站工作报告内容较详细。11个中心站的49个海洋站（点）提供了水准测量技术报告。

2012年度继续开展海洋站(点)基础设施改造工作，许多海洋站进行了业务办公楼、观测场的升级改造，更新添加了观测仪器设备。业务工作的变动主要为观测点位置变动、增加观测项目或要素、改变观测方式及调整水准点等等。2012年各项观测工作运行基本正常，但仍存在仪器故障、传输不畅、环境影响等问题造成数据缺测或失真的情况。

2012年新增威海小石岛海洋站，龙口、三沙等10个海洋站相关要素的观测位置有变动，或迁往新址，或启用新观测场，或设临时观测点。连云港、东方等8个海洋站进行了验潮井（室）改造或新建。小石岛、曹妃甸、博鳌和千里岩站增加了观测要素。龙口和防城港改变了部分要素的观测方式。东澳站调整潮高基准面。文登、石浦调整了井内或井外水尺。石浦更换基本水准点。龙海增加基本水准点。东山新增校核水准点，东港设置校核水准点。汕尾由于验潮井结构升级改造，更换工作水准点。

2012年台风或风暴潮对观测产生了一定的影响。2012年11月份，一次严重的风暴潮灾害导致潍坊验潮井仪器损毁，房屋倒塌。嵊山受11号台风影响，8月1日井外水尺被海浪冲走。受2012年8月11号台风"海葵"影响，东海大桥靠船舷梯、井筒被卷走，自动化仪器浸水后报废、小衢山风杆倒塌、大陈井外水尺被大浪冲断、避雷铁塔严重损坏；北仑温盐传感器损坏，部分时段缺测；六横温湿传感器故障。受2012年8月17日台风"启德"影响，湛江临时观测站位移15米左右，部分仪器损坏。硇洲站观测设施设备遭受不同程度的破坏，直接经济损失29.65万元。

2012年，核定了96个站（点）的潮汐观测信息，88个站（点）的表层海水温度观测信息，83个站(点)的表层盐度观测信息，51个站(点)的波浪观测信息，99个站（点）的气象观测信息，56个站（点）GPS观测背景信息和11个站（点）的海冰观测信息；还有105个站（点）的2012年度各观测要素的极值信息、台风及风暴潮信息，89个站（点）的历史极值信息；81个站（点）的水准复测成果记录；53个站（点）的警戒潮位信息；以及天津和宁波两个中心站的地面沉降信息。

2012年，在完成基准潮位核定信息采集整理分析的基础上，加强了实地校核、深层次的信息分析和应用研究工作。

根据2011年基准潮位核定情况和历史资料序列情况，2012年9月12～14日，对辽宁的鲅鱼圈、芷锚湾两个验潮站进行了实地调查，对验潮站的历史搬迁、新旧站址周边的环境状况、验潮仪器的更新情况、现在海洋站所处海域的潮汐、温盐、波浪和气象等的观测现状进行了核查，并对资料核定中出现的问题进行了核实改正。通过观测资料分析，发现西沙站的海平面变化异常，但因西沙站的特殊地理位置不方便实地校核，工作组利用高度计资料和全球海平面观测系统GLOSS资料做了进一步的分析研究，核定了西沙站的潮位资料。

2012年，根据《2012年海洋预报减灾工作方案》要求，为满足基准潮位核定工作需要，编写制定了《基准潮位核定技术指南》。12月11日召开了评审会，评审组认为《基准潮位核定技术指南》在现有工作基础上，充分考虑了影响海洋站观测的各种因素，规范了我国潮位基准核定的技术方法，与国内相关技术标准相协调，整体结构合理，内容系统全面，符合我国现行法律法规。评审会后，工作组针对具体意见进行了认真的修改完善，期望《基准潮位核定技术指南》对基层开展基准潮位核定工作起到指导规范作用，提高观测资料的准确性和基准的一致性，进一步提高海洋业务化观测能力，为科学客观的评估海平面变化、促进防灾减灾事业发展提供可靠依据。

（国家海洋信息中心 范文静 刘克修）

【潮汐潮流预报服务】 2012 年，进行潮汐潮流分析和预报新理论、新方法、新技术的跟踪研究和应用工作，开展了重点海域潮汐潮流精细化数值预报技术研究，实现了印度洋潮汐潮流预报系统业务化运行，建立了全球潮汐预报系统，完成 2014 年《潮汐表》和《T、D 值表》编制、潮汐预报结果下发等业务化工作，为我国海上航运交通、军事活动、海洋工程建设及防潮减灾等工作提供了可靠的信息保障服务。

（1）《潮汐表》编制。2012 年，完成中国沿岸国家海洋局所属的 97 个站点 2011 年潮位观测数据的质控和调和分析工作；利用台站潮汐观测数据，分析验证 2011 年潮汐预报结果，对误差超出预报精度要求的站进行资料校对、重新分析，更换其调和常数，使预报精度得到进一步保证。基于更新后的调和常数，完成中国和全球 2014 年 482 个主港的潮汐预报和 65 个主要海上航线的潮流预报。依据潮汐、潮流预报结果，编制完成“鸭绿江口至长江口”、“长江口至台湾海峡”、“台湾海峡至北部湾”、“太平洋及其邻近海域”、“印度洋沿岸（含地中海）及欧洲水域”与“大西洋沿岸及非洲东海岸”等 2014 年《潮汐表》6 册；编制完成 2014 年中国近海潮流《T、D 值表》1 册。2013 年《潮汐表》发行量达 2 万余册，涉及行业部门 200 多家。

（2）中国近海潮汐潮流预报保障。2012 年，新增钓鱼岛潮汐潮流预报以及黄岩岛、美济礁、曾母暗沙潮汐预报服务，为我国开展海上维权、渔业生产等活动提供了可靠的预报信息服务。

2012 年，根据国家海洋局预报减灾司的要求，国家海洋信息中心向国家海洋局下辖的各海区预报中心、各海洋环境监测中心站和沿海部分省海洋环境预报中心提供了 2013 年中国沿岸验潮站点潮汐预报电子文档。本年度共计向 24 个单位提供了 1024 个站点的 2013 年潮汐预报结果，数据量约 63MB。

（3）全球潮汐潮流预报保障。2012 年，完成了亚丁湾沿岸 10 个潮汐点、3 个潮流点的单站预报及其附近海域潮汐、潮流数值预报工作，为我国舰队顺利完成印度洋海上护航任务提供了有力的保障。

建立了印度洋潮汐潮流数值预报系统，并进行了业务化运行。

同年，建立了全球潮汐预报系统，并开展了试运行工作。

（4）潮汐潮流预报发布与国际交换。2012 年，在中国海洋信息网、中国海事网上发布本年度中国与全球主要港口的潮汐预报结果，为公众提供了便捷的预报服务。

完成了与美国、英国、日本和印度等四国的 2014 年潮汐潮流预报国际交换工作。共计向四国提供了我国沿海 34 个潮汐站点与 2 个潮流站点预报结果，为提高这些国家对我国主要港口潮汐、潮流预报精度提供了基础依据。

（国家海洋信息中心 张建立）

海 洋 信 息 管 理 与 服 务

海洋信息网络建设

【制定国家海洋信息网络及信息安全建设方案】 研究制定了国家海洋局资料整合工作网络互联互通工作方案和技术方案，并开始着手实施，北海区、南海区将实时观测数据传输网与数字海洋专网互联，采取主动抓取方式将两海区分钟级观测资料传回中心，进入数据处理系统；研究制定了海洋系统视频会议平台建设方案报国家海洋局待批；制定并着手实施了计划单列市及舟山、三沙市数字海洋专网建设方案，以此为示范，不断推广到其他网络和节点。

【规划设计、建设维护海洋数据通信传输系统】 起草了海洋观测数据传输技术规程；设计开发了海洋观测数据传输与运行监控软件，应用于北海和南海将实时观测数据由海区向中心传输；维护并不断完善监测数据传输系统，监测数据传输全年正常，实现业务化运行；设计开发了海岛礁测绘专项潮位数据汇集与运控系统；参与开发了海洋经济运行监测数据采集系统，实现由地方到国家的数据报送；运行维护了局应急指挥平台与视频会议系统，直接支撑了海洋维权行动与指挥。

【网络、信息系统及安全的建设、运行管理和技术支撑】 编制了数字海洋信息系统安全管理技术规程，完成了数字海洋主干网、观测数据传输网、电子政务外网、数据共享网等专网的运行维护工作；完成了高性能计算机、数字海洋软硬件平台、海洋环境与地理信息服务平台、局综合信息查询系统等的运行维护；向沿海地区省、市提供信息化和网络建设技术支撑，主要包括天津滨海新区和广西钦州等。

【建设、维护各类海洋信息网络发布系统】 编制了 CMOC-China 网站建设方案；编制了 CODIS 数据集中发布服务网站建设方案；改版了大洋协会网站，并针对蛟龙号 7000 米海试、26 航次、27 航次等热点建立了专题，实时发布信息；建设和持续更新了南海信息网、钓鱼岛—中国的固有领土网站、中国海洋与气候变化网站、数字海洋重点实验室网站、海域使用论证网站、中国海洋信息网、中国海洋经济信息网、数字海洋移动服务平台、海洋科学数据共享网站、东盟论坛等网站信息。

【全国科技兴海信息服务平台建设】 搜集了 2012 年度全国海洋科技成果信息，对成果进行登记、入库。分类、编辑出版 2012 年海洋科技成果汇编，以及 2012 年海洋科技成果统计分析报告。完成了平台信息发布和资料归档。在进行线上信息发布的同时，线下开展了成果供需双方对接推介的信息服务。信息服务平台为海洋科技成果提供方设计了“涉海专利”、“自荐技术”、“网上展厅”信息发布的窗口，为海洋科技成果需求方设计了“企业需求”、“技术难题”信息发布的窗口，利用平台开展了线上成果供需双方的信息征集。线下对征集到的技术需求与难题，有针对性地进行技术匹配，筛选相关的技术成果反馈给技术需求单位，进行技术对接推介。作为国家海洋局海洋科学技术司海洋科技成果推广的技术支撑单位，平台积极组织推介成果信息，与福建省海洋渔业厅共同承办第十届“中国•海峡项目成果交易会”，组织了十多位专家、40 多项成果进行了海洋科技成果推介对接专场会。面向基层，直接服务于地方海洋企业、管理和科研单位，促进海洋科技成果向更多区域和领域辐射。

（国家海洋信息中心网络中心）

数字海洋建设与应用服务

【中国近海数字海洋信息基础框架构建项目成果通过专家鉴定】 2012 年 4 月 24 日，国家海洋局海洋科学技术司在天津组织召开了“中国近海数字海洋信息基础框架构建”项目成果鉴定会。成果鉴定委员会由国家海洋局第二海洋研究所潘德炉院士、清华大学程渝荣教授等 9

位专家组成，鉴定委员会专家听取了项目牵头完成单位国家海洋信息中心所做的项目工作总结与技术报告、系统测试报告、科技查新报告、用户应用报告，并进行了质询和讨论，对项目所取得的一系列成果进行了权威、细致地鉴定。鉴定委员会一致认为，该项目完成了中国近海数字海洋信息基础框架的构建，在国内首次实现了“数字海洋”从科学概念到工程实体的转化，探索了“数字海洋”建设模式，在数字海洋理论研究、关键技术研发、应用服务体系构建等方面有显著创新，推动了“数字海洋”发展，极大提升了我国海洋信息化总体水平。成果填补了国内空白，总体水平达到国内领先、国际先进，其中，多源多尺度海洋时空数据组织与管理、基于球体平台的海洋信息集成与应用服务技术处于国际领先水平。

【数字海洋服务工程建设需求座谈会召开】 为推动数字海洋服务工程的立项工作，2012 年 6 月 7 日，国家海洋局科学技术司在天津组织召开了“数字海洋”服务工程建设需求座谈会。会议邀请国家海洋局东海分局、国家海洋监测中心、国家海洋局第一海洋研究所、国家海洋局第二海洋研究所、海洋战略研究所，海军司令部航海保证部、上海市海洋局、上海海洋大学等单位的专家，针对数字海洋建设的战略与实际需求进行研讨。会议听取了国家海洋信息中心关于数字海洋服务工程建设方案编制情况的报告，针对数字海洋工程建设的必要性、实际需求以及建设目标等内容进行了深入探讨，并达成共识。座谈会的召开，进一步明确了数字海洋服务工程的应用服务需求和建设目标，为进一步推动数字海洋服务工程立项打下了基础。

【国家海洋局科技司成立数字海洋建设方案编写组并召开第一次方案编写会议】 为切实推进数字海洋建设方案的编制工作，保证数字海洋立项工作的顺利开展，经研究决定成立数字海洋建设方案编写组，并于 2012 年 6 月 8 日召开了第一次方案编写会议。编写组成员中除了国家海洋局数字海洋科学技术重点实验室的科研人员，其他均来自数字海洋节点单位和高校。在国家海洋信息中心对方案编写情况做了详细介绍之后，编写组成员根据其所在单位的业务特点和应用服务需求分别负责了方案中相应部分的编写工作。编写完成后，召开了方案讨论会，会上编写人员各抒己见，就如何进一步完善方案发表了各自的看法和建议。国家海洋局科学技术司以及国家海洋信息中心领导对方案做出了进一步指示。通过这次方案编写会，数字海洋方案在很大程度上得到了完善，取得了良好的效果。

【数字海洋服务工程建设方案第二次编写会议在津召开】 继第一次“数字海洋”方案编写会成果举办之后，为对方案做进一步完善和提高，国家海洋局科学技术司于 2012 年 8 月 7 日在天津组织召开了第二次方案编写会。国家海洋局科学技术司副司长雷波出席了会议。该次方案编写会的流程与第一次会议相同。国家海洋信息中心介绍了继第一次方案编写会以来方案编写的进展情况以及所遇到的问题，然后进行了方案讨论和编写工作，并确定了下一阶段的编写方向及任务。雷波副司长就方案编写做了重要指示，指出必须集中精力把这项工作完成好，为方案提交高层专家论证并最终上报国务院做准备。

【参加第四届国际数字地球峰会】 2012 年 9 月 2～4 日，第四届国际数字地球峰会在新西兰惠灵顿召开，会议由惠灵顿市政府和新西兰国土信息部承办，以“科技驱动的数字地球”(Digital Earth and Technology)为主题，共有来自 20 余个国家的 200 多名代表出席了会议。在为期三天的会议中，与会人员就数字环境、活力城市和发展中的数字化三个主题展开交流和研讨。为紧跟国际数字地球研究前沿，促进我国数字海洋建设工作，国家海洋信息中心派员参加了会议，并做了题为《The Research of the Composite Model Services-flow Framework of Digital Ocean Based on Cloud Platform》专题学术报告。通过学习国际数字地球建设方面的成功经验能够为我国数字海洋应用服务工程起到很好的借鉴作用。

【国家海洋局数字海洋科学技术重点实验室揭牌】 2012 年 9 月 5 日，国家海洋局数字海洋科学技术重点实验室揭牌仪式暨第三届中国数字海洋论坛在津召开。国家海洋局陈连增副局长、科技部张国成巡视员、工业和信息化部秦海司长、国家海洋信息中心徐胜主任共同为“国家海洋局数字海洋科学技术重点实验室”揭牌，国家海洋局数字海洋科学技术重点实验室正式成立，标志着我国数字海洋工作迈入一个新的阶段。

根据我国数字海洋发展的总体战略规划，中国数字海洋建设将划分为信息基础框架、透明海洋和智慧海洋建设三个阶段。通过国家“908专项”的实施，已经完成第一阶段的建设任务，取得了一批具有应用价值的重要科研成果。为了促进数字海洋科研成果的应用转化，2011年11月，国家海洋局批准成立数字海洋科学技术重点实验室，实验室培养我国数字海洋领域专业人才，进而提高数字海洋业务保障能力和信息化服务水平，重点围绕数字海洋基础理论研究、数字海洋关键技术研发以及数字海洋集成应用服务技术展开工作，形成特色研究领域与工作范围。由国家海洋信息中心副主任石绥祥研究员担任实验室主任，并成立由何积丰院士、金翔龙院士、潘德炉院士、龚建雅院士等17位国内海洋与信息行业知名专家组成的学术委员会。并召开了第一次学术委员会会议。

【第三届中国数字海洋论坛在津举办】 2012年9月5～6日，第三届中国数字海洋论坛在津召开，该届论坛主题为“海洋事业的数字化进程”，多位海洋和信息化领域知名院士、专家、学者就新世纪、新形势下我国“数字海洋”的发展方向及应用服务作了精彩报告。论坛采取专家主题报告和分会场学术报告的形式进行交流，论坛开幕式上，潘德炉院士、周成虎研究员、李琦教授分别作了以“新兴的海洋卫星遥感资料源”、“云时代海洋空间信息集成与服务”、“下一代数字地球以感知中国”为主题的精彩演讲，介绍了国内外数字海洋相关领域的发展现状和新时期我国数字海洋的发展方向。论坛还举办了“数字海洋关键技术”、“行业应用与数字海洋”两个分会场学术报告，内容涵盖了数字海洋的关键技术、应用服务现状及未来的发展趋势等多个方面。第三届中国数字海洋论坛的成功举办，不仅为广大科技人员以及管理决策者提供一个信息交流、思想共融的平台，也为海洋领域科研人员方便快速地把握数字海洋相关领域的新技术、新发展和新趋势提供了良好的契机，为数字海洋科学技术重点实验室的长效稳定运行和持续健康发展奠定了良好基础。

【数字海洋系统工程理论与关键技术高级研修班在津举办】 为了进一步提高数字海洋业务保障能力和信息化服务水平，促进数字海洋科研成果的应用转化，带动数字海洋领域专业人才培养和科技创新。国家海洋信息中心于2012年9月5～8日在天津举办了数字海洋系统工程理论与关键技术高级研修班，来自沿海省（区）市各局属单位及有关高校的近百名海洋领域业务骨干参加了为期四天的培训。培训期间，由国家海洋信息中心副主任石绥祥对中国数字海洋的发展现状进行了详细的论述分析，随后来自北京大学、清华大学、中国海洋大学等高校及相关科研院所的几位海洋领域知名专家进行了精彩的授课。本次培训内容主要涉及数字海洋系统工程理论和关键技术两个方面，专家们针对下一代数字地球理论框架、数字海洋的运维体系及信息化工程建设等进行了详尽的分析和展望，同时对多维海洋信息表达、海洋标准化制图、数值模式计算、物联网和“海洋云”等数字海洋关键技术进行了深入的讲解和阐述。此次培训采取现场提问与专家解答的形式进行沟通交流，有效促进了学员们对授课内容的及时消化和深入理解。此次数字海洋高级研修班的成功举办，为海洋领域广大科技人员提供一个信息交流、思想共融的平台，方便快速地把握数字海洋相关领域内的新技术、新发展和新趋势，有利于中国数字海洋建设的持续健康发展，是数字海洋专业人才培养的一次成功的实践。

【“908专项”通过总验收，数字海洋作专题汇报演示】 2012年10月26日，新中国成立以来调查规模最大、涉及学科最全、采用技术手段最先进的国家综合性专项“我国近海海洋综合调查与评价”专项（“908专项”）在北京顺利通过总验收，这标志着“908专项”圆满完成了预定任务，向国家递交了一份高水平答卷。

通过908-03项目“中国近海数字海洋信息基础框架构建”的实施取得了一批具有显示度的重要成果：①制定了一批数字海洋管理制度与标准规范；②建成了连接29个单位的数字海洋主干网络；③完成了24个数字海洋数据中心

节点建设；④系统整合了“908 专项”调查资料和国内历史海洋资料；⑤建成了数字海洋数据仓库系统；⑥构建了数字海洋三维可视化平台；⑦发布了 iOcean 数字海洋公众版和移动版；⑧开发了海洋综合管理信息系统；⑨完成了数字海洋系统集成。验收会上，国家海洋信息中心对项目成果做了系统性展示，其中包括框架系统功能的展示、框架系统中所集成数据的展示，以及可视化效果的展示等。

【数字海洋服务工程方案在京通过专家论证】 2012 年 12 月 20 日，国家海洋局在北京组织召开了《国家数字海洋应用服务立项建议书》（以下简称《建议书》）专家论证会议。邀请了中国科学院院士、中国工程院院士及高校和研究所等有关单位的 15 位专家，组成专家论证委员会。专家论证委员会听取了建议书总体编写情况的汇报，并就建议书内容进行了认真质询和审议，形成了四点意见：一是数字海洋应用服务是我国海洋强国建设的一项战略性、基础性重大任务，是我国海洋信息化发展的必然阶段，能够满足我国海洋事业快速发展和建设海洋强国的巨大数据需求、综合信息需求和应用服务需求，意义重大而迫切。二是数字海洋应用服务紧密围绕我国建设海洋强国的战略目标，基于“数字海洋信息基础框架”建设成果，面向国家层面的海洋基础数据获取、综合信息服务、管理决策支撑、海洋文化建设和数据共享等重大基础问题开展工作，符合国家海洋事业发展相关规划。《建议书》目标明确、框架合理、内容全面、体系完整，具有先进性、前瞻性和可操作性。三是数字海洋应用服务工作已有一定基础。通过“数字海洋信息基础框架”建设，为我国数字海洋发展奠定了数据基础、技术基础和应用基础，为专项的实施提供了必要条件。四是数字海洋应用服务专项的实施将产生巨大的社会经济效益，将为国家海洋资源开发、海洋综合管理、海洋经济发展、海洋生态保护、海洋权益维护和国防建设等提供全面、准确的信息服务与高效、快捷的决策支撑。最后，专家论证委员一致同意《国家数字海洋应用服务立项建议书》通过立项论证，并建议根据专家意见进一步修改完善后，尽快上报国务院。

（国家海洋信息中心）

海洋情报服务

【综述】 2012 年，亚太地区经济政治格局经历了深刻变化，我国周边国家动作频频，维护海洋权益的斗争激烈。海洋情报服务工作面对亚太地区日益复杂的海洋政治形势，根据我国发展需要，紧密围绕国家海洋局的各项管理职能，秉承“持续跟踪，及时报道，深度分析，为决策服务”宗旨，围绕 2012 年国际及地区的热点问题开展跟踪研究工作，特别是针对我国周边地区突发事件进行密切跟踪，提供国外的即时信息，为上级主管部门进行战略决策和部署提供准确、及时的国外信息支撑。

【国外海洋发展动态跟踪与分析研究】 2012 年，国外海洋发展动态跟踪与分析研究工作继续强化跟踪体系，根据我国维护海洋权益和保障海洋安全的需要，重点对亚太地区我国周边国家的各种活动进行持续跟踪，搜集、整理和编译了大量第一手信息资料，并作分析研究，针对南海问题、海洋权益维护与管理、亚太海洋地缘政治格局、极地问题等世界热点及关乎我国国家利益和发展的问题进行重点分析研究，对世界海洋国家的海洋科学与经济发展、气候变化与海洋环境保护等领域的新动向给予了必要的关注。做到信息报道及时、准确，研究分析有理有据。除此之外，特别就中美两国在亚太地区海洋领域的关系走向问题介绍了国外专家学者的观点，希冀引发国内的关注。

南海问题方面。2012 年，受国际政治大环境的影响，我国南海周边国家动作频频，不断侵犯我领土主权、侵害我海洋权益、掠夺我海洋资源，域外大国对南海地区海洋事务的介入使原本复杂的地区局势变得更加复杂、更具不确定性。因此，南海区域的政治形势发展成为国外海洋发展动态跟踪与分析研究的一个主要工作重点。为此，从三个方面对南海问题进行研究。一是跟踪南海周边国家有关南海的政策及在南海的活动情况并做分析，撰写完成“印尼在南海的重要利益及其 2011 年南海政策简评”、“浅析近期南海博弈形势及中国的应对之策”、“印尼举办第二十一届‘南海潜在冲突研讨会’”、“越南召开第三届南海问题国际研讨会”、“马来西亚举办南海国际会议”、“菲律宾推动建南海争端对华统一阵线，但东盟分歧重重”、“越南进一步加强海洋与海岛宣传教育工作”、“马来西亚举办第二届南海问题国际研讨会”“越南加强海洋与海岛管理信息系统建设”等文章。二是跟踪研究区域组织和域外大国有关南海的政策及在南海的活动动向，撰写完成“日外相访印尼介入南海问题，中国应重视印尼的地区影响”、“第 20 届东盟峰会与南海争议”、“美在防止南海军事冲突方面有重大利益”、“美国与印尼的海上军事合作及对南海局势的影响”等文章。三是分析研究了国外官员、学者对南海问题发展趋势及解决途径的观点和看法，分别介绍了印度尼西亚战略研究副主席 Jusuf Wanandi 对南中国海及东盟-中国关系的看法、罗伯特•卡普兰对南中国海形势的分析、新加坡国立大学国际法中心主任对南中国海争议区争端解决机制的讨论以及对中菲南海争端的分析、印尼 Jenderal Soediman 大学研究人员 Agus Haryanto 针对东南亚海洋安全合作问题的分析、印度世界事务协会研究主任对印度在南海战略利益的总结分析、越南网政府频道对中国提出的“搁置争议，共同开发”的理解、美国国家战争学院 Zachary Abuza 教授对菲律宾所面临的外部安全挑战的阐述、美国国家亚洲研究局海上政策分析家马克 J. 瓦伦西亚提出的制定南海行为准则的指导原则、菲律宾专家提出的在南沙群岛建立海洋保护区的建议、美国欧亚集团分析师对南中国海困境的分析、印尼大学国际政治观察家巴金达提出的中国及相关国家对南海争议海域拥有“联合主权”的观点、美国亚太政策中心对亚洲海域之争的原因分析及如何为争端降温所做的阐述等。

围绕日本“购岛”事件以及所引发的“国有化”问题，撰写完成了“日本图谋钓鱼岛与牵制中国海洋战略的新动向”、“日本将“尖阁诸岛北小岛”作为国有财产”等文章，介绍了日本神户大学教授坂元茂树提出的日本在将钓鱼岛“国有化”之后对中国应采取的对策。

海洋权益维护方面。近年来，我国海上邻国普遍提高了对海洋的管理和控制，强化海洋权益维护。2012 年，对世界沿海国家海洋权益维护的行动进行跟踪研究，撰写完成“莫桑比克、坦桑尼亚和科摩罗三国签署海上边境划界协议”、“国际海底管理局新接收五份海底区域勘探区申请”、“韩将向联合国提交申请，大陆架延伸至冲绳海槽”等文章。

在地缘政治方面，2012 年，对中国周边的地缘政治形势进行持续跟踪并做分析，撰写完成“韩国专家指出韩中关系七大矛盾领域”、“解读《美国的太平洋世纪》——看中美关系未来走向”、“韩媒称：日主张应拥有集体自卫权是为牵制中国”、“基辛格谈中美关系发展走向”、“中美之间不必零和博弈而要共同演化”等文章，介绍了亨利•基辛格对未来中美关系的分析、澳大利亚国立大学战略与防务研究中心访问学者 Leszek Buszynski 对美中在南海问题上竞争的分析、美国田纳西州大学霍华德贝克公共政策中心著名学者 Thomas P.M.Barnett 认为“处于亚洲世纪的美国需要中国为伙伴”的观点、美国《福布斯》杂志撰稿人 Stephen Harner 对美国国防部 2012 年 1 月发布的战略评估报告所做的评论、日本海洋政策财团研究员小谷哲男对亚洲地缘政治与日本海洋战略的解读、韩国媒体对日本主张拥有集体自卫权的担忧、韩国前总理李洪九对中美冷战及东亚混战的思考、美国海军大学教授 James Kraska 对美国重返亚太战略中中国与日本因素的考虑。

海底地形命名是国家宣誓国家主权、维护海洋权益的一项重要手段。2012 年继续对世界海底地形命名工作进行研究，撰写完成“新西兰海底地形命名暂定标准 NZGBS60000”、“美国海底地形命名政策和指导方针”等报告。

在极地研究方面，研究了世界有关国家有关极地的政策与行动，撰写完成“日本北极战略新动向”、“韩国与新西兰启动在南极的调查合作”、“北极权益之争加剧”、“俄罗斯加强在北极的科技创新”、“2012 南极年度会议赞同新西兰的举措”、“科学家建议划分生物地理区保护南极本土物种”等文章，介绍了外国媒体对我国国家领导人出访北极国家的评论。

在气候变化与海洋环境保护方面，对世界有关国家的实践活动做了研究，撰写完成“拉姆西海湾——马恩岛的第一个自然保护区”、“联合国教科文组织称：印度洋海啸预警系统有效运行”、“英国积极应对海平面上升所带来的威胁”、“联合国启动海洋保护和应对海平面上升计划”、“太平洋小岛屿国家将创建世界最大海洋公园”、“法国多管齐下应对气候变化”、“澳大利亚发布《2012 海洋气候变化报告》”等文章。

在海洋经济方面，撰写完成“法国海洋产业从衰弱走向复苏之路”、“联合国多家机构共同发布《蓝色世界里的绿色经济》”等文章。

在海洋科技方面，撰写完成“IODP2013-2023 新科学计划——国际海洋探索计划”、“美国 2013 财年预算，科学研究和卫星是重点发展领域”等文章。

【编印《国外海洋动态》】 2012 年，在对世界主要海洋大国及我国周边国家、国际组织海洋领域动向进行跟踪与分析研究的基础上，共撰写文章 78 篇，编印成《国外海洋动态》11 期，还特别针对南海问题编辑了《南海问题专刊》。提供了大量具有参考价值的信息，受到相关部门的好评。

【编制《我国公布钓鱼岛标准名称后境外媒体报道汇编》】 2012 年 3 月 3 日，经国务院批准，国家海洋局、民政部公布了钓鱼岛及其部分附属岛屿的标准名称、汉语拼音和位置描述。

为了及时了解国外媒体，特别是日本官方网站和媒体对我国公布钓鱼岛及其部分附属岛屿标准名称的反应，国家海洋局国际合作司和国家海洋信息中心共同组织力量跟踪、收集了有关国家、地区主要媒体最近一段时间内的相关报道，分国家整理并汇集成册，供领导参考。共编辑《我国公布钓鱼岛标准名称境外媒体报道》7 期，又组织人员撰写完成《日本公布 39 个岛屿名称相关情况》参考资料，一并汇集编印成《我国公布钓鱼岛标准名称后境外媒体报道汇编》，提交有关部门参考。

【编印《海洋信息快报》】 2012 年，为了了解国际上对越南公布《越南海洋法》、在南威岛铺设越南国旗及我国设立三沙市、公布南海石油招标区块、赴南海定期巡航等热点事件的关注情况，根据国家海洋局国际合作司指示，国家海洋信息中心对境外媒体的相关报道按照国家进行了系统收集与整理，编印成《海洋信息快报》，每天报送上级主管部门，使上级主管部门能够迅速准确地了解和掌握国际上对这些事件的反应及所持的态度，以便我国决策部门能够制定准确、恰当对策。2012 年共编印《海洋信息快报》约 90 期。（国家海洋信息中心　石莉）

海洋档案管理与服务

【国家海洋局批准《建立全国海洋档案工作协作组方案》】 2012 年 12 月 26 日，国家海洋局批准了《建立全国海洋档案工作协作组方案》（以下简称《方案》）。该《方案》是为落实《全国海洋档案工作“十二五”发展规划纲要》，加强海洋档案工作机制建设，大力推进涉海单位（部门）之间的档案工作协调与合作，促进海洋档案工作“一体化”建设提出的。《方案》借鉴了中央和国家机关及省市档案工作协作组工作机制建设和运行取得的成功经验，按照地区设立京津区、北海区、东海区和南海区 4 个海洋档案工作协作组。各协作组成员由属地主要涉海单位构成，其中京津区包括北京、天津两个直辖市，北海区包括辽宁、河北和山东三省和大连、青岛两个计划单列市，东海区包括江苏、浙江、上海、福建三省（市）和宁波、厦门两个计划单列市，南海区包括广东、广西、海南三省（区）和深圳计划单列市。每个协作组设组长单位 1 个，副组长单位 1 个，在协作组成员单位内推荐产生，负责组织开展本协作组工作。第一届协作组组长单位由国家海洋局档案主管部门提名、成员单位商议确定，分别为国家海洋信息中心、国家海洋局北海分局、东海分局和南海分局；副组长单位由组长单位提名、成员单位商议确定。档案工作协作组的主要任务是，组织成员单位学习与宣传贯彻党和国家有关档案工作方针、政策及档案法律法规，落实全国档案工作、全国海洋工作以及海洋档案工作的规划、计划，落实档案行政管理部门和海洋行政管理部门的各项规定要求，承担或参与海洋档案工作督促检查工作，开展海洋档案工作交流，互通档案业务信息，组织开展调研活动等；目的是通过开展跨系统、跨单位之间的档案协作活动，加强各成员单位之间的联系、交流与合作，形成“比、学、赶、帮”工作氛围，创建相互促进、共同提高的和谐工作局面，实现全面推动全国海洋档案工作的可持续发展，有效保障海洋档案安全和有效利用，大力促进海洋档案资源更好地服务国家海洋事业发展建设。

【推进《机关文件材料归档范围和文书档案保管期限规定》】 2012年4月10日国家海洋局办公室印发通知，要求全局各单位认真贯彻落实国家档案局8号令，进一步加强机关文件材料的归档管理，按照《2012年海洋档案工作要点》（国海办字〔2012〕117号）提出的编制《机关文件材料归档范围和文书档案保管期限规定》（以下简称《规定》）工作要求，结合实际，大力推进《规定》编制工作。截至2012年12月，全局各单位基本完成了《规定》编制工作，大多数单位将《规定》报局审批并印发实施。

【拟定《国家海洋专项档案管理办法》并形成报批稿】 为加强海洋专项档案管理，大力促进海洋专项档案工作制度化、规范化开展，按照《2012年海洋档案工作要点》安排，国家海洋局档案主管部门组织中国海洋档案馆及有关部门档案业务人员组成编写组，根据《中华人民共和国档案法》、《中华人民共和国档案法实施办法》和《海洋档案管理规定》等法律法规，结合海洋专项工作实际拟定的《国家海洋专项档案管理办法》，于2012年10月15日完成了征求意见汇总和处理工作、11月上旬形成了报批稿。

【修订《国家海洋局接收海洋档案进馆办法》并形成报批稿】 为适应海洋档案工作发展需要，按照《2012年海洋档案工作要点》安排，国家海洋局档案主管部门组织中国海洋档案馆对2004年5月22日印发实施的《国家海洋局接收海洋档案进馆暂行办法》进行了修订，于2012年9月12日完成了征求意见汇总处理工作、10月中旬形成了报批稿。

【编制《海洋档案分类与标引规则》】 国家海洋局档案主管部门根据2011年12月19日编写组工作会议形成的意见建议，经研究，国家海洋局办公室于2012年2月27日印发了《关于做好编制〈海洋档案分类与标引规则》〉的通知》，对编制《规则》工作作出深入部署，提出了“一致性、衔接性和可操作”等三项应遵循的基本原则；对编制《规则》方法应把握的基本要领，从“功能、立论、原理、分类、标引”等五个层面提出了要求；对完成编制《规则》（送审稿）的时限提出了要求。同时，明确了组织协调部门、牵头起草单位和参加起草单位及有关人员的工作任务分工。

【国家海洋局档案工作座谈会在北京召开】 2012年12月3日，国家海洋局办公室在北京组织召开了国家海洋局档案工作座谈会。国家海洋局办公室领导到会并讲话，全局各单位档案部门共50多人参加。与会单位代表通报了本单位2012年以来开展的重点工作，汇报了落实《全国海洋档案工作“十二五”发展规划纲要》和完成首次全国海洋档案工作会议部署的重点工作任务情况，交流了贯彻落实国家档案局8号令、9号令工作的主要情况，提出了富有建设性和针对性的工作建议。

会议传达学习了国家档案局有关文件精神，要求全局各单位档案部门要深入学习贯彻党的十八大关于“提高海洋资源开发能力，发展海洋经济，保护海洋环境，坚决维护海洋权益，建设海洋强国”的战略部署，并紧紧围绕“建设海洋强国”这一宏伟目标，高标准谋划好档案工作的开展重点、拓宽领域扎实做好档案资源建设、强化服务努力做好档案开发利用、健全完善规章制度促进档案科学管理上水平。

【专题研究海洋项目档案管理工作】 为深入贯彻落实刘赐贵局长在全国海洋工作会议上的讲话精神，做好各类海洋专项档案管理，国家海洋局办公室于2012年2月17日在北京组织召开了有国家海洋局政策法规和规划司、海域管理司、海岛管理司、海洋环境保护司、海洋科学技术司、海洋预报减灾司、国际合作司等部门有关负责人，以及中国海洋档案馆和国家档案局主管部门负责人参加的档案管理工作座谈会。会议围绕刘赐贵局长在全国海洋工作会议讲话中关于进行若干海洋专项任务梳理的要求，对专项任务档案管理工作涉及的专项性质、组织形式、实施方式以及产生的过程性、成果性文件材料保存载体和归档范围等问题进行广泛讨论。同时，听取了国家档案局主管部门负责人对国家专项档案管理的要求及指导意见。

座谈会取得了3项预期成果：一是档案主管部门全面了解了“十二五”期间以及当前立项和已获批准实施的海洋专项数量、性质、规模、预期目标等情况；二是研究并达成共识，即编制综合性的《国家海洋专项档案管理办法》、按专项分别编制其《归档范围和保管期限规定》。既可保障海洋专项获得批准实施就有档案管理规章可依，又可避免一个专项出台一个档案规定或办法的状况；三是掌握海洋专项实施情况，分轻重缓急将海洋专项档案工作列入年度海洋档案工作要点组织实施。

【“908 专项”任务档案验收和移交进馆工作确定进度安排】 2012 年 9 月 3 日，国家海洋局办公室印发通知，进一步部署“908 专项”任务档案验收和移交进馆工作。《通知》指出，2012 年 7 月国家海洋局档案主管部门组织召开首批“908 专项”任务档案移交进馆暨工作交流会以来，各单位全面落实会议部署，深入开展“908 专项”任务档案整理工作并上报了档案验收和移交进馆工作计划，有些单位还报送了档案验收申请。

《通知》强调，要切实有序推进“908 专项”任务档案工作，实现《2012 年海洋档案工作要点》（国海办字[2012]117 号）确定的工作目标。9 月下旬开始对国家海洋局所属海监总队、北海分局、信息中心、监测中心、预报中心、卫星中心、技术中心、标准计量中心，辽宁、山东省海洋厅局和中科院地理所的 908 专项任务档案进行检查验收；10 月下旬开始对河北、浙江、广东省和广西壮族自治区海洋厅局，中科院海洋所、南海所和中国海洋大学的“908 专项”任务档案进行检查验收；11 月中旬开始对国家海洋局所属第一、二、三海洋研究所和战略所，福建、海南省海洋厅和厦门大学等单位的“908 专项”任务档案进行检查验收。同时，国家海洋局档案主管部门和中国海洋档案馆要进一步加强档案业务指导工作，努力为各单位（部门）做好档案业务咨询服务，做到充分了解掌握各单位“908 专项”任务档案工作情况，根据实际适时调整有关工作安排。

《通知》要求，各单位（部门）报送的档案验收申请应包括承担“908 专项”任务的基本情况、档案数量质量情况，以及档案案卷目录，并附联系人和联系电话；积极与国家海洋局档案主管部门、特别是要与中国海洋档案馆密切联系沟通，采取电话、网络和现场咨询指导等方式将存在的问题消除在验收之前；“908 专项”任务档案验收通过并按验收组意见作相应完善工作后，应采取安全措施，稳妥地将档案运抵中国海洋档案馆，按照交接程序办理交接手续。

【首批“908 专项”任务档案移交进馆暨工作交流会在天津召开】 为全面贯彻落实《国家海洋局关于加强“908 专项”任务档案工作的意见》和“908 专项”领导小组第九次会议精神，按照《2012 年海洋档案工作要点》安排并结合目前档案验收情况，国家海洋局办公室会同科技司（“908 专项”项办）于 2012 年 7 月 13 日在天津成功召开了首批“908 专项”任务档案移交进馆暨工作交流会。来自局属有关单位、沿海省市、有关高校档案部门、“908 专项”办负责人和承担文件材料整理工作的负责人以及移交档案进馆的相关人员共 120 多人参加了会议。

首批“908 专项”任务档案移交进馆的国家海洋局东海分局、南海分局、淡化所和天津市海洋局、上海市海洋局、江苏省海洋与渔业局等六家单位，共移交纸制档案 1713 卷（15718 件），电子档案光盘 290 张、硬盘 15 个共计 7925GB、照片档案 106 卷（3256 张）、大幅图件 1194 幅、录像 606 分钟。

国家海洋局办公室（财务司）和科技司（“908 专项”办）领导出席会议并对下一步“908 专项”任务档案工作进行了布置，同时参加了首批“908 专项”档案移交进馆签字仪式。

与会代表边观览档案实体边咨询并交流了经验，同时表示回到单位后将会议精神向领导汇报，按照会议布置，加快进度，按期、高质量完成 908 专项档案移交进馆任务。

【中国海监总队等 11 个单位“908 专项”任务档案通过验收】 根据中国海监总队、国家海洋局南海分局和海水淡化与综合利用研究所、国家海洋信息中心、国家卫星海洋应用中心、国家海洋技术中心、国家海洋标准计量中心、中科院地理所，以及天津市、上海市海洋局，江苏省海洋与渔业局的申请，国家海洋局办公室按照《2012 年海洋档案工作要点》安排，会同局科技司（“908 专项”办）组织专家组，于 2012 年 2～12 月，分别对上述单位承担且已全部通过验收的国家“908 专项”任务形成的档案进行了验收。验收组专家在认真听取上述单位“908 专项”任务档案工作汇报后，查验了档案实体，经质询、答疑和讨论，一致同意上述单位“908 专项”任务档案通过验收。

**【以“件”为单位进行文件材料整理和归档工

作】 为贯彻落实国家档案局第 8 号令和档案行业标准《归档文件整理规则》，并鉴于开展此项工作是从理论和实践上对档案业务工作进行的突破性改革，国家海洋局档案主管部门按照“认真研究、稳步推进”的原则，在组织调研和学习有关国家部委档案部门工作经验，完成修订《海洋管理机关档案业务规范》（HY/T 057-2011）和《国家海洋局机关文件材料归档范围和文书档案保管期限规定》、编制《国家海洋局机关文件材料归档工作手册》，开展档案人员培训的基础上，国家海洋局办公室于 2012 年 4 月 9 日印发《通知》（海办字[2012]115 号），决定在国家海洋局机关率先开展以“件”为单位进行文件材料整理和归档工作。同时确定 2011 年为以“件”整理归档的初始年度，并针对改革文件材料整理方法的重点内容、涉密归档文件的管理和相关技术保障措施等方面提出了明确要求。

2012 年度国家海洋局系统档案基本情况统计

单位名称	机构数		现有全部专职人员		室存全部档案		本年接收档案		本年移交进馆卷/件	本年利用档案	
	档案处(科)	档案室		女性	全宗	卷数	卷数	件数		卷次	件次
序	1	2	3	4	5	6	7	8	9	10	11
国家海洋局机关	0	1	2	2	1	12476	0	5891	0	600	491
国家海洋局北海分局	0	2	7	6	1	12287	548	0	0	436	307
国家海洋局东海分局	0	1	5	3	1	8621	0	1624	1452	190	750
国家海洋局南海分局	1	1	8	4	1	9961	0	1933	0	194	358
中国海监总队	0	1	0	0	1	903	0	1732	0	32	576
国家海洋信息中心	0	1	3	1	4	4208	133	0	0	223	166
国家海洋环境监测中心	0	1	2	2	1	4899	405	0	0	256	198
国家海洋环境预报中心	0	1	2	1	1	2140	85	0	0	150	120
国家卫星海洋应用中心	0	1	1	1	1	521	0	742	0	10	22
国家海洋技术中心	0	1	2	2	3	2922	71		15	281	142
国家海洋标准计量中心	0	1	3	3	1	1319	78	0	8	510	340
第一海洋研究所	0	1	3	3	1	7872	946	0	0	305	411
第二海洋研究所	0	1	4	3	1	8078	408	0	188	403	335
第三海洋研究所	0	1	2	2	1	10244	1707	0	532	908	567
海水淡化与综合利用研究所	0	1	1	0	1	2335	292	0	127	19	40
中国极地研究中心	0	2	3	1	1	3223	293	0	0	120	110
极地考察办公室	0	1	0	0	1	1815	28	0	0	117	58
大洋协会办公室	0	1	1	1	1	1999	200	0	0	83	32
海洋出版社	0	1	1	1	1	1217	5	0	0	0	30
中国海洋报社	0	1	0	0	1	47	3	0	0	0	10
海洋战略研究所	0	1	0	0	1	579	20	0	0	0	15
国家海洋局减灾中心	0	1	0	0	1	98	24	0	0	93	80
国家海洋局机关服务中心	0	0	0	0	1	98	0	207	0	9	19
合计	1	24	50	36	28	101037	5202	12129	870 1452	4939	5187

（国家海洋局办公室）

海洋咨询服务

【综述】 国家海洋局海洋咨询中心作为国家海洋局的技术保障机构，同时承担中国海洋工程咨询协会办事机构和国家海洋局职业技术鉴定指导中心的职责。2012 年，国家海洋局海洋咨询中心以科学发展观为统领，充分发挥智力优势和平台作用，及时跟踪当前海洋工作发展的新动态、新趋势，科学高效地开展了用海项目评审、重大专项奖金项目评审、海洋行政管理配套制度研究咨询服务、海洋行业职业大典修订和海洋行业职业资格资质管理相关工作，取得了重要进展。

【用海项目评审】 2012 年组织开展了 63 个项目的海域使用论证报告书和 94 个项目的海洋环境影响报告书（表）的评审工作，完成了 55 个项目的海域使用论证报告书和 68 个项目的海洋环境影响报告书（表）的技术审查工作。按照“严格评审质量、提高评审效率”的要求，为国家海洋局用海项目审批提供了技术依据。

在论证报告的评审和技术审查中，认真贯彻落实“五个用海”原则，严格审查项目用海方案，慎提技术审查意见。在评审工作中，以节约利用海岸线及近岸海域资源为目标，根据每个项目用海的合理性进行严谨评估，并积极指导海域论证资质单位和项目用海单位优化用海方案和平面布局。在评审区域建设用海规划等围填海项目时，认真研究和探讨规划各分区用海规模的合理性，按照国家各类工程建设用地面积标准和海域的实际情况，严格控制围填海面积，对于用海需求不明确或者用海面积合理性依据不充分的项目，一律不通过评审。在评审涉及岸线利用的用海项目时，要求建设单位和论证单位按照不占用或少占用岸线、保护自然岸线、延长人工岸线、增加亲水岸线和生态岸线等原则，优化用海平面布置，科学、合理的确定用海方式和规模，最大限度地提高海域和岸线资源的利用率。通过评审和审查，绝大多数用海项目均按照专家意见和技术审查意见对用海方案进行调整或优化了工程平面设计方案，有效节约了海域资源，体现了集约节约用海的理念。

在项目的环评审查过程中，坚决贯彻落实国家节能减排政策和海洋生态文明建设方针，做好项目方案优化和环境污染审查。主要做法是：

保护海洋生态环境，改善近岸海洋环境现状。要求建设单位和评价单位必须结合项目实施提出改善海域环境的对策措施，对于加剧近岸海洋环境污染或不能改善近岸海洋生态环境的项目，不予通过评审。

严格制定环保对策措施，减轻不良海洋环境影响。在环评报告书的审查中，要求明确工程对各类环境敏感目标的影响程度和范围，并提出有针对性的切实有效的环保对策措施。在风电场项目的环评审查中，引导专家充分关注了项目施工期不同施工工艺对海洋环境的影响范围及程度、项目运营期电磁和噪声对海洋环境的影响等内容，要求建设单位和评价单位优化施工方案，同时提出有效的污染防治措施和有针对性的跟踪监测方案，将风电项目施工期和营运期对海洋环境、海洋生态的影响和损失减到最小。

高度关注溢油风险，要求制定风险防范措施。对于存在溢油等事故风险的项目，结合不同海洋工程项目的特点，督促建设单位和评价单位提高对各类溢油风险事故的认识，引导专家关注项目的溢油风险，并要求评价单位在报告书中提出有针对性的、可操作的风险防范对策措施，尽可能避免各类风险事故的发生。

努力规范评审程序，明确评审结论。要求评审专家严格按照评审程序和相关规范的要求，独立出具专家个人意见，全体专家经讨论形成专家组意见，提出对报告书评价结论和项目环境可行性的明确结论，促使专家意见更具客观性和代表性。

【重大专项奖金项目评审】 组织开展了 2012 年度海洋可再生能源专项资金项目的评审工作。2012 年共有 28 个申报项目，其中中央项目申报 17 个，通过评审和筛选，重点推荐项目 7 项，一般推荐项目 10 项，建议资助金额共计 7770 万元；地方项目申报 11 个，重点推荐项目 1 项，一般推荐项目 3 项，备选项目 7 项，建议资助金额共计4000万元。

组织开展了2012年度中央分成海域使用金支出项目的评审工作。完成了申报材料的形式审查，通过形式审查项目219个。在总结经验的基础上，进一步完善了专家评审指标体系和评分标准。经过评审筛选，选出135个重点推荐项目，39个一般推荐项目，27个备选项目和18个不推荐项目。评选结果为促进地方建设和海洋事业发展、科学用好海域使用金提供了有力的技术保障。

【海洋行政管理配套制度研究咨询服务】 为贯彻落实关于加强海上风电建设研究与评审的重要精神，邀请有关专家组成调研组对海上风电建设与规划等情况进行了专题调研。调研期间，通过召开座谈会，现场考察海上风电项目的建设和运营情况等方式，广泛听取意见和建议。调研组查阅了国内外海上风电规划、管理和技术等资料，形成了《我国海上风电场规划与建设调研报告》，并提出了功能区划引领风电布局、风电项目用海补偿、开展噪声和电磁环境影响评价等六项改进风电管理的建议措施。

为提高规划和项目用海审批效能，组织专家完成了《涉海重大建设项目和区域建设用海规划（围填海）统计分析报告》、《重大用海建设项目和区域建设用海规划调研报告》、《区域建设用海总体规划技术审查要求》（征求意见稿）、《县级海域使用管理咨询建议》等。

开展了区域建设用海规划环评的审核研究，结合用海规划环评评审，积极探索、解决规划环评的编制和审核中的重点和难点，在广泛征求专家意见的基础上，形成了规划环评编制大纲，供编制和审核规划环评的部门和单位使用，规范了区域建设用海规划的环境影响评价和审核工作。同时，通过对2002年以来我国海洋工程建设的总体趋势、区域特征和类型特征分析，开展重大用海建设项目和区域建设用海规划调研，完成了《区域建设用海总体规划技术审查要求》等技术规范编制草稿。

自蓬莱19-3事故以后，国家海洋局高度关注海上油田的地质性溢油风险，将其作为海上油田环评审查的重点内容。为全面了解对海上油田钻井和回注等工艺，提高海上油气开采项目环评审批效率，组织召开了地质性溢油风险分析研讨会，邀请了海洋石油开发有关部门和单位的代表参加了会议。会议就海上油田钻井开发工艺、注水过程控制、地质性溢油风险分析、风险防范与控制措施等方面进行了讨论和交流，形成了广泛共识。

为提高建设项目海域管理和海洋环保执法能力，组织专家研究编制了国家重大建设项目海域使用和海洋环境保护执法咨询报告，并定期提交中国海监机构开展执法工作。

为加强全国海洋预报员队伍建设，规范全国海洋预报员队伍管理，保证海洋预报服务质量，在充分调研、专家研讨并广泛征求意见的基础上，组织起草了《海洋预报员上岗资格管理办法》。

【海洋行业职业大典修订】 2012年，为配合人力资源和社会保障部在全国启动了《国家职业分类大典》的修订工作，第一次组织开展海洋行业的职业分类修订。组织开展了400余份问卷调查，进行了修订内容汇总、整理和审查，完成了报告编制，并将报告提交人力资源和社会保障部。通过这次修订，海洋行业承担职业11个，拟新增职业11个，共涉及六个国民经济行业，海洋行业职业分类体系更加健全，增加了海洋特有工种职业分类，进一步优化了海洋行业分类体系，将为海洋行业职业人才建设和发展起到重要的推动作用。

【海洋行业职业资格资质管理】 2012年修订了《海洋工程勘察设计资质评审细则》，对评审程序和方式进行了完善。上半年完成了2个单位申请资质的评审工作，进一步积累了海洋工程勘察设计资质管理经验。根据住房和城乡建设部的要求，全面总结了海洋工程勘察设计行业“十一五”以来的工作情况、行业体制改革、技术创新、加强市场和质量安全管理等方面的经验，将形成总结报告提交住房和城乡建设部。对国内外相关行业近30多个职业资格进行了调查研究，在充分考虑我国海洋经济发展形势和行业人才队伍现状的基础上，分析论证了在我国建立海洋行业职业资格制度的必要性和可行性，形成了《我国海洋行业职业资格制度调研报告》，根据调研报告结合我国海洋行业人才队伍现状，研究起草了《海洋工程师资格认证制度暂行规定》。

（国家海洋局海洋咨询中心　李　鸣）

海洋标准计量工作

规划及制度建设

【编制《亚太区域海洋仪器检测评价中心发展“十二五”规划》】 亚太区域海洋仪器检测评价中心（以下简称“亚太区域中心”）是世界气象组织（WMO）和联合国教科文组织政府间海洋学委员会（IOC）在全球设立的六个区域海洋仪器检测评价中心之一。

为科学规划亚太区域中心的建设与发展，不断提高亚太区域中心各项工作的科学性、先进性和有效性，切实履行好国际组织赋予的亚太地区成员国海洋仪器检测评价服务、技术咨询与培训、仪器标准国际比对等各项职责，在国家海洋局和国家质检总局的指导下，国家海洋标准计量中心根据《国家海洋事业发展“十二五”规划》和《质量发展纲要（2011－2020）》的有关精神，编制了《亚太区域海洋仪器检测评价中心发展“十二五”规划》(以下简称“《规划》”)。

2012 年 4 月形成《规划》初稿，5 月开展了对初稿的征求意见工作，广泛收集、征求了相关专家的意见，经过编写组对意见及建议的汇总、研究、处理等多个环节，7 月形成了征求意见稿，并再次开展了相关单位、部门及专家的意见征求及修改完善工作。10 月在北京组织召开了《规划》专家研讨会。专家组由国家质检总局、国家海洋局所属单位第一海洋研究所、东海分局、信息中心、监测中心和天津市计量监督检测研究院的多名专家组成。国家海洋标准计量中心主任吴爱娜亲率计量中心领导班子成员和有关处室的负责人以及《规划》编写组成员出席了会议。专家组高度认同制定规划的紧迫性、必要性及战略意义，一致认为《规划》内容全面、结构合理，要求尽快上报，同时就《规划》提出了具体的修改意见。会后编写组对《规划》再次修改完善，形成报批稿，上报国家海洋局，并通过审批，开始实施。

【发布《全国海洋标准化“十二五”发展规划》】 2012 年 4 月，国家海洋局和国家标准化管理委员会联合发布了《全国海洋标准化“十二五”发展规划》(以下简称《规划》)，为“十二五”期间全面推进海洋标准化工作明确了指导思想和总体目标，确定了主要任务和保障措施。

《规划》总结了“十一五”时期海洋标准化的工作进展，指出了海洋标准化工作存在的问题，分析了海洋标准化工作面临的形势，提出了将在“十二五”时期实现覆盖全面、保障质量、提升效益的总体发展目标。围绕这一目标及海洋经济建设和海洋事业发展的重点，根据我国标准化战略部署，《规划》确定了将要完成的 8 项主要任务：一是构建层次分明、系统完善的海洋标准体系；二是加大海洋标准制修订力度，“十二五”期间将制修订 118 项国家标准、361 项行业标准，其中 177 项列为重点项目；三是强化标准贯彻实施与监督管理；四是实施标准化科研创新活动；五是建设全国海洋标准信息服务平台；六是推进海洋标准国际化进程；七是引导涉海企事业单位标准化活动；八是加强地方海洋标准化工作。

【编制《海洋计量工作“十二五”发展规划》】 2012 年 1～5 月国家海洋标准计量中心《海洋计量工作“十二五”发展规划》(以下简称“《规划》”)编写组认真研究、贯彻《国家海洋事业发展“十二五”规划纲要》、《国家“十二五”计量发展规划》和《国家计量发展规划(2012-2020 年)》及相关子规划，并根据相关规划的要求，对《规划》的征求意见稿开展了补充调整、修改完善工作，并于 6 月将《规划》的征求意见稿上报国家海洋局环保司。7 月国家海洋局环保司向国家海洋局规划司、国际司、科技司和国家海洋局局属单位、国家海洋局东海分局、国家海洋局北海分局、国家海洋局第二海洋研究所、国家海洋监测中心、国家海洋信息中心、国家海洋预报中心等单位和部门广泛征求意见。8月编写组针对征得的意见进行了汇总，并对意见进行了逐条研讨和处理，并就有关问题与相关单位和部门进行了认真的沟通与交流，达成了意见的统一，进一步修改完善了《规划》征求意见稿。10月召开专家讨论会，继续听取专家意见，再次修改、完善，形成了报批稿，于12月上报国家海洋局环境保护司，颁布实施。

此《规划》将作为“十二五”时期指导、规范海洋计量工作有效开展的重要依据，将推动海洋计量事业全面、协调、健康、可持续发展。

【印发《海洋标准化管理办法》】 2012年12月17日，《海洋标准化管理办法》经国家海洋局局长办公会议审查通过，予以印发，原《海洋标准化管理办法》(国海发[2008]3号)即行废止。该办法规定了海洋标准化组织机构与责任分工、海洋标准的类别与范围、海洋标准制修订程序、海洋标准的实施与监督检查等内容，为进一步落实责任制，完善工作程序，加强监督管理，提升海洋标准的质量和水平，实现海洋标准化服务与管理的协调发展提供了管理依据和制度保障。

【编制“南北极环境综合考察与评估”专项相关管理规章制度】 国家海洋标准计量中心根据承担的“南北极环境综合考察与评估”专项“技术规程及标准制定”专题任务的具体内容，按照国家海洋局极地专项办公室的总体部署和进度安排，对照专项任务书及实施方案的内容，2012年全面开展了极地专项相关管理规章制度的完善及报批工作。

编写组根据“南北极环境综合考察与评估”专项在区域上和工作内容上的特殊性，参考了大量相关资料、文件，经过深入研究、广泛征求意见、多番修改完善后，将6项管理办法整理成报批稿并上报国家海洋局极地专项办公室，等待审批。

2012年5月上报了《南北极环境综合考察与评估专项经费管理办法》，7月上报了《南北极环境综合考察与评估专项资料和成果管理办法》、《南北极环境综合考察与评估专项质量监督管理办法》和《南北极环境综合考察与评估专项技术专家库管理办法》，《南北极环境综合考察与评估专项项目申请与评审管理办法》和《南北极环境综合考察与评估专项考核和验收管理办法》于10月底召开了专家讨论会，听取了来自国家海洋局科技司、第一海洋研究所、第二海洋研究所、第三海洋研究所、中国极地研究中心和中国海洋大学的六名专家的修改意见及建议，经讨论研究、整合意见、修改完善后，于11月完成上报。另外《南北极环境综合考察与评估专项样品管理办法》和《南北极环境综合考察与评估专项工作情况报告制度》2项管理办法已形成初稿，并征求了有关单位专家的意见，待进一步修改完善后上报。

海洋标准化工作

【海洋标准化管理】 **海洋标准进度月报** 为了加快标准制修订工作，促进各项标准计划项目按时完成，对正在制修订的67项国家标准和183项行业标准计划项目实行了海洋标准制修订项目进度月报制度，由全国海洋标准化技术委员会秘书处安排专人与起草单位进行联系和指导，并于每月初向国家海洋局汇报标准制修订进度情况。

海洋标准宣贯 2012年3月29～30日，国家海洋标准计量中心在青岛组织举办了“《海洋微型底栖生物调查规范》海洋行业标准宣贯培训班”。来自国家海洋局第一海洋研究所、中科院南海海洋研究所、黄海水产研究所、厦门大学等全国20家涉海单位的30余名学员参加培训，韩国仁荷大学(Inha University)也派人参加。培训工作由标准起草单位中国科学院海洋研究所具体承办。国家海洋标准计量中心边鸣秋书记出席开班仪式并讲话。中国科学院刘瑞玉院士、郑守仪院士以及徐奎栋研究员、类彦立研究员就标准内容及相关知识进行了讲座和试验演示。此次标准宣贯培训工作得到了学员们的积极响应和一致好评，取得了较好的标准推广应用效果。

《海洋微型底栖生物调查规范》行业标准(HY/T 140-2011)由国家海洋局2011年第4号公告批准发布，自2011年6月1日起正式实施。该标准规定了海洋微型底栖生物调查的基本要求，适用于潮间带、浅海和深海等不同生境的海洋微型底栖生物调查工作。该标准的制定是对国家标准《海洋调查规范 第6部分：海洋生物调查》(GB/T 12763.6-2007)的补充，填补了其中关于微型底栖生物调查内容的空缺，完善了我国海洋生物调查内容。

海洋标准化培训 2012年9月20～21日，10月11～12日全国海洋标准化技术委员会(以下简称“海洋标委会”)分别在天津和杭州举办了两期全国海洋标准化分技术委员会委员标准化培训班，培训内容涉及了我国海洋标准化发展现状、海洋标委会与分委会职责、海洋标准制修订程序、标准研制及审查过程中应注意的质量问题、标准的编写要求及方法等课程。海洋环境保护、海洋观测及海洋能开发利用、海域使用管理、海洋调查技术与方法、海洋工程勘察与测绘、海洋生物资源开发与保护和滨海湿地等分技术委员会委员及秘书处工作人员110余人参加了培训。

【海洋标准归口管理】 **海洋标准立项** 2012年8月7日，海洋标委会秘书处在天津组织召开了2012年度第一批海洋标准立项项目审查会，对申报立项的34项标准计划项目(其中国家标准8项，行业标准26项)进行了审查。并按照《全国专业标准化技术委员会管理规定》的要求，针对申报的8项国家标准征求了全体海洋标委会委员的意见。另外，根据国家海洋局下发的“关于申报2012年度海洋标准计划项目通知”要求，开展了2012年度第二批海洋标准计划项目立项工作。组织海洋标委会秘书处人员对收到的30项标准申报项目进行了审查。

海洋标准技术归口管理 2012年海洋标委会秘书处对国家标准、行业标准制修订各阶段的初稿、征求意见稿、送审稿和报批稿进行了技术审查，组织召开了4项国家标准审查会，34项海洋行业标准审查会；组织进行了4项海洋行业标准送审稿函审；完成了13项国家标准和32项海洋行业标准报批工作，其中2项为强制性国家标准；完成了1项国家标准、2项海洋行业标准出版工作。

《海滨观测规范》国家标准修订 2012年3月1日，中华人民共和国国务院令第615号宣布通过《海洋观测预报管理条例》(以下简称《条例》)，该条例于2012年6月1日正式施行。为了与《条例》配套使用，2012年4月国家海洋局海洋预报减灾司组织召开《条例》配套制度和标准规范编制工作会，会上提出修订国家标准《海滨观测规范》，该项工作由国家海洋标准计量中心组织实施。为确保修订后的《海滨观测规范》符合《条例》的相关规定，标准的覆盖范围由岸站海滨观测，扩大到海上平台观测、浮标潜标观测、雷达观测、卫星遥感观测等其他海洋观测工作，修订后的标准名称更改为《海洋观测规范》，分为6个部分，分别为《海洋观测规范 第1部分：总则》、《海洋观测规范 第2部分：海滨观测》、《海洋观测规范 第3部分：浮标观测》、《海洋观测规范 第4部分：岸基雷达观测》、《海洋观测规范 第5部分：卫星遥感观测》、《海洋观测规范 第6部分：数据处理与质量控制》。

2012年7月23日，国家海洋标准计量中心在天津组织召开了《海滨观测规范》国家标准修订工作研讨会。海洋预报减灾司、北海分局、东海分局、南海分局、卫星中心、信息中心、技术中心、厦门中心站，山东省科学院海洋仪器仪表研究所等单位的14位专家出席了会议。会上重点讨论了《海滨观测规范》国家标准修订框架和标准适用范围，并对修订后的标准名称、观测项目、编写原则、标准各部分划分情况及下一步工作进行讨论。2012年9月21日，应海洋预报减灾司的要求，国家海洋标准计量中心在天津再次组织召开了《海滨观测规范》国家标准修订工作会。海洋预报减灾司、北海分局、东海分局、南海分局、信息中心、预报中心、卫星中心、技术中心等单位的23位专家出席了会议。会上确定了标准的结构、各部分内容及编写任务分工。

【海洋标准化科研工作】 **海洋能专项** 国家为了促进海洋可再生能源产业的快速发展，从2010年开始设立海洋可再生能源专项资金重点支持海洋能开发利用标准的研制。国家海洋标准计量中心申请承担了“海洋能勘查及评价标准的研究和制定(项目编码：GHME2010ZC07)”、“海洋能国际标准研究与基础标准制定(项目编码：GHME2011ZC01)”和“海洋能开发利用技术标准与规范成果整合与集成(项目编码：GHME2012ZC04)”3项海洋可再生能源专项资金项目，组织研究制定海洋能开发利用标准，开展了《海洋可再生能源开发利用标准》海洋行业标准、《海洋可再生能源调查与评估指南》（七个部分）国家标准的立项工作。

极地环境综合考察与评估技术规程及标准制定 2012 年，国家海洋标准计量中心开展了“南北极环境综合考察与评估专项”中“极地环境综合考察与评估技术规程及标准制定”专题的技术规程及标准制定工作。

2012 年 6 月 14 日召开了“极地环境综合考察与评估技术规程及标准制定”进度汇报会。会上，各规程和标准起草组代表就规程和标准的编制情况、进程以及存在的问题进行了汇报，与会专家和代表就各规程的具体情况进行了研讨，确定了下一步工作的具体时间节点。这次会议的召开，推进了南北极专项“极地环境综合考察与评估技术规程及标准制定”专题研究任务的实施，确保了技术规程和标准编制工作的按时完成。另外，本次会议还确定《极地地质和地球物理调查技术规程第 2 部分：海洋考察》、《极地生态环境监测规范》和《极地考察营养与食品保障标准》等 3 项技术规程提供给第 5 次北极科考队带到北极进行试用。

2012 年 6 月 18～19 日，国家海洋标准计量中心在青岛主持召开了《极地海洋水文气象、化学和生物调查技术规程》（送审稿）审查会。会上，审查组听取了规程起草组有关规程编制情况所做的汇报，并逐条讨论了规程送审稿，经质询和讨论，审查组认为，该规程总体上达到审查要求，一致同意通过审查。会后，经过起草组和国家海洋标准计量中心多次修改，形成了技术规程的报批稿，于 2012 年 7 月 25 日上报。

2012 年 10 月 13～14 日标准计量中心在浙江举办了“极地科学考察技术规程编制人员培训班暨极地规程编写情况一对一研讨会”。目的在于使极地规程编制人员更加了解标准的编写方法、程序和要求，提高规程编写质量，确保规程的编制工作顺利完成。同时，一对一研讨还解决了各项技术规程和标准制定过程中遇到的问题，并从标准化角度给予技术指导，切实推进了技术规程和标准制定进度。

2012 年 11～12 月标准计量中心先后举行了《极地考察营养与食品保障标准》（送审稿）、《极地地质与地球物理考察技术规程 第 1 部分：海洋考察》（送审稿）、《极地科学考察总则》（送审稿）、《南极磷虾资源调查与评估技术指南》（送审稿）、《极地大气观测技术规程》（送审稿）、《极地测绘指南》（送审稿）和《极地地质与地球物理考察技术规程 第 2 部分：陆地考察》（送审稿）等 7 项规程的审查会。经过审查会专家质询和讨论，这些规程总体上都达到审查要求，通过审查。其中，《极地地质与地球物理考察技术规程 第 1 部分：海洋考察》、《极地测绘指南》、《极地考察营养与食品保障标准》和《南极磷虾资源调查与评估技术指南》完成了报批稿上报工作。

标准计量中心还开展了《极地空间环境观测规范》、《极地生态环境监测技术指南》、《极地冰冻圈监测技术指南》和《极地天文观测指南》和《极地动植物和环境保护规程》等 5 项规程编制工作，并已形成送审稿。

《极地考察要素分类代码和图式图例标准》和《极地科学考察术语》2 项标准已通过了标准立项审查，完成标准立项工作，相关立项材料已上报主管部门。《极地科学考察术语》起草组在广泛开展调研，查阅资料后，编制形成了大纲。

《极地考察要素分类代码和图式图例标准》起草组通过调研等方式，已收集到大量资料，进一步整理调研信息后，继续开展要素图式图例的研制工作。

海洋计量检测工作

【海洋计量科研工作】 常用海底声呐测量仪器计量检测关键技术研究与示范应用项目 由国家海洋标准计量中心、国家海洋局第一海洋研究所、国家海洋局北海预报中心、山东科技大学、中国海洋大学和天津理工大学 6 家单位共同承担的 2012 年海洋行业科研专项“常用海底声呐测量仪器计量检测关键技术研究与示范应用”项目成功立项。该项目通过研发室内测试平台、校准装置和开展野外实验，解决单波束测深仪、浅水多波束测深系统、侧扫声呐、浅地层剖面仪的计量检测关键技术，建立这 4 种常用海底声呐测量仪器及其辅助仪器的检测和校准技术途径；并结合在典型海域进行示范应用，提出相应的、系统化的海底声呐测量准确性保障技术方案。项目实施周期为 2013 年至 2016 年，其实施将填补我国在常用海底声呐测量仪器校准/检测技术方面的空白，为常用海底声呐测量仪器业务化计量检测奠定基础，为国家或行业制定这些仪器的质量控制政策和标准提供依据。

风速仪检定装置研建工作　2012 年 10 月 24 日，中心以公开招标方式确定了风速仪检定装置的合作研建单位。风速仪检定装置设计风速范围为 0.3～90 米/秒，并设置能够模拟海洋风速仪在浮标、科考船、志愿船等平台使用状态的三维摇摆试验装置，其建成后将承担海洋风速量值传递和风速仪计量检定与测试工作。

海水电导率测量仪检测用恒温槽安装调试　2012 年 8 月，两套海水电导率测量仪检测用恒温槽安装调试完成，并通过中国计量科学研究院的检测，温度波动性和均匀性都优于 0.001℃。这两套恒温槽为国家海洋标准计量中心 2009 年海洋公益性科研专项“多参数海洋化学仪器系统化测评技术研究”研究成果，由主槽、控温辅槽和冷槽组成，分别采用机械搅拌跟磁耦合搅拌的工作方式，用冷槽给主槽快速降温，用控温辅槽实现主槽控温。这两套设备的投入使用，丰富了中心的检测手段，提高了检测的工作效率。

公益项目　海洋公益性行业科研专项经费项目“深海超高压环境模拟系统关键技术研究”，在 2012 年进入实施第二年。按照项目实施方案，完成超高压声听装置研制的研制，并围绕硬件装置分别申请了“超高压水声声频检测压力模拟试验系统”、“100MPa 超高压视频检测压力模拟试验系统”和“100MPa 密封舱体专用视频声频检测系统”3 项实用新型专利。现“超高压水声声频检测压力模拟试验系统”已得到国家知识产权局批准，专利号：ZL201220319300.2。

2012 年 11 月，国家质检总局在北京组织召开了“质检公益性行业科研专项项目验收会议”，通过了由标准中心承担的 2008 年质检公益性行业科研专项“超滤膜性能评价指标体系与检验方法研究”项目。

该项目的主要成果：研制技术标准《超滤膜性能检测方法第 1 部分：总则》，该标准在国内首次系统地对超滤膜的性能做了科学的分类，确定了与各项性能相对应的检测项目，规定了检测过程和检验规则。

【海洋计量能力提升】　**计量检测能力建设**　国家海洋标准计量中心不断加强计量检测能力建设，努力提高工作质量和效率，为海洋调查和海洋观测提供有力技术支撑。根据需求，2012 年中心引进第三台 GUILDLINE 8400B 型实验室盐度计，并配套引入 ACI-2000 读数装置，实现了实验室盐度计自动化读数功能；购置了 FLUKE 1594A 型自动测温电桥和标准铂电阻温度计，实现了标准温度的快速跟踪测量；配置 UV-3600 紫外可见分光光度计、原子荧光分光光度计，扩展了生化仪器检测的能力；配置了 DHI PC-7300 标准活塞式压力计，完善了压力仪器检测装置；按时向上级机构送检各项计量标准器具，保证了海洋特殊量值的准确溯源和传递。

2012 年，经中国合格评定国家认可委员会审批，国家海洋标准计量中心获得海水浊度测量仪、海水 pH 测量仪、海水营养盐测量仪、海水声速仪等 12 项校准项目的授权，并对质量体系文件《HBJ03.82-2011 海水 pH 测量仪校准方法》、《HBJ03.85-2011 海水浊度测量仪校准方法》、《HBJ03.84-2011 营养盐测量仪校准方法》和《HBJ03.142-2011 海水声速仪校准方法》编写适用性报告，组织进行专家函审，形成专家评审建议并形成最终校准方法。

海洋计量检测技术人员队伍　长期以来国家海洋标准计量中心都将人才的培养和再教育作为中心发展的头等大事，鼓励计量检测技术人员将理论知识与实际工作相结合，在工作中不断的提高职业素养。注册计量师制度出台以后，中心鼓励中青年技术人员适应国家由原计量检定员管理制度向注册计量师制度过度的需要，积极报考注册计量师。

注册计量师制度是原计量检定员制度的继承和创新，由国家人力资源和社会保障部和国家质检总局联合发布。注册计量师是指从事计量检定、校准、检验、测试等计量技术工作，并经考试取得相应级别注册计量师资格证书，依法注册后，从事规定范围计量技术工作的专业技术人员。只有通过考试，获得资格证书后依法注册的专业技术人员才能成为注册计量师。注册计量师正式纳入国家职业资格证书统一管理中。

注册计量师分一级注册计量师和二级注册

计量师。一级注册计量师资格考试合格，颁发人事部统一印制，人事部、国家质检总局共同用印的《中华人民共和国一级注册计量师资格证书》，该证书在全国范围内有效。二级注册计量师资格考试合格，由相应省、自治区、直辖市人事行政部门颁发人事行政部门和质量技术监督部门共同用印的《中华人民共和国二级注册计量师资格证书》。

目前，中心持有《中华人民共和国一级注册计量师资格证书》的人员 14 名，占计量检定人员总数的 35%，其中 2011 年 8 人顺利通过一级注册计量师职业资格考试，2012 年 6 人顺利通过一级注册计量师职业资格考试。

积极参与国内外组织的能力验证 国家海洋标准计量中心积极参与国内外组织的水质检测方面的能力验证活动。2012 年，生化仪器与水处理设备检测室共参加实验室能力验证活动 3 次，分别为澳大利亚 PTA 组织的水质 pH、电导率能力验证、北京中实国金国际实验室能力验证研究有限公司组织的水中 pH 值测定能力验证和 CNCA 组织的生活饮用水中氯和砷含量检测的能力验证，其中实验室授权项目的检测结果均为满意。通过积极参与国内外组织的能力验证活动，不仅体现了检测技术人员良好的实验技能，也为将来更好地开展计量检测工作奠定了坚实的基础。

环境试验展览 2012 年 5 月 23 日，国家海洋标准计量中心环境实验室参加了"第十五届中国北京国际科技产业博览会海洋科技展览会"。展览期间，实验室就 2007 年海洋公益性行业科研专项经费项目"海洋仪器的水下环境适应性检测技术研究"的项目成果"JZA3-1 型海洋水下环境综合试验设备"向社会公众展出，同时就设备应用背景及关键技术作了详细讲解。

计量检测业务量和标准海水发放 近年来，国家海洋标准计量中心的计量检测业务量稳步提升，2012 年度共接收送检海洋仪器 1084 台次，比 2011 年同期（751 台次）增长 44%，其中海洋仪器检定校准 646 台次、环境试验 408 台次、膜检测 30 批次，检定校准海洋仪器中水文要素 1030 次、气象要素 123 次、化学要素 152 次、环境试验要素 444 次、膜检测要素 102 次。2012 年共发放标准海水 3320 瓶，比 2011 年（2840 瓶）增长 17%，有效保证了国内盐度量值传递的准确性。

海洋计量管理工作

【海洋计量认证工作】 **计量认证评审** 根据国家认证认可监督管理委员会文件《关于下达 2012 年第一批实验室资质认定评审计划的通知》（认办实函[2012]3 号）和《关于下达 2012 年第二批实验室资质认定评审计划的通知》（认办实函[2012]177 号）的要求，国家计量认证海洋评审组于 2012 年 1～12 月先后对 38 家海洋环境监/检测实验室实施了计量认证复查换证评审、扩项评审和首次评审（详见表 1、表 2 和表 3)。经评审，上述实验室均符合实验室资质认定评审准则的要求。国家认证认可监督管理委员会为首次评审和复查换证实验室颁发了《资质认定计量认证证书》，有效期为三年，为扩项实验室颁发了新增项目的《资质认定计量认证证书附表》。这些获取证书的实验室具备了向社会出具具有证明作用的数据和结果的资质。

2012 年海洋评审组还受理、审查并向认监委上报了 10 家次实验室的人员变更备案资料。

表 1 2012 年通过计量认证复查换证评审的实验室名单

序号	实验室名称	评审时间
1	广州市海洋与渔业环境监测中心（广州市海域使用动态监视监测中心）	2012 年 3 月 23～25 日
2	天津科技大学海洋资源与环境监测中心	2012 年 3 月 24～26 日
3	中国海洋大学海洋监测与检测中心	2012 年 3 月 29～31 日
4	浙江省海洋监测预报中心	2012 年 3 月 30 日至 4 月 1 日
5	青岛环海海洋工程勘察研究院	2012 年 4 月 27～29 日
6	防城港市海洋环境监测预报中心	2012 年 4 月 27～29 日
7	福州市海洋与渔业技术中心	2012 年 5 月 8～10 日
8	辽宁省海洋环境监测总站（辽宁省海洋渔业环境监督监测站）	2012 年 5 月 11～13 日

续表

序号	实验室名称	评审时间
9	宁波市象山港海洋环境监测站	2012 年 5 月 18～20 日
10	海南省海洋监测预报中心	2012 年 5 月 29～31 日
11	国家海洋局第二海洋研究所检测中心	2012 年 7 月 4～6 日
12	江苏省海洋环境监测预报中心（江苏省渔业生态环境监测站）	2012 年 7 月 20～22 日
13	大连市海洋与渔业环境监测中心	2012 年 8 月 24～26 日
14	中国科学院海洋研究所分析测试中心	2012 年 9 月 6～8 日
15	广东省海洋与渔业环境监测中心	2012 年 9 月 7～9 日
16	国家海洋局第一海洋研究所海洋环境测试中心	2012 年 9 月 20～22 日
17	天津市水产研究所海洋生态环境监测站	2012 年 9 月 21～23 日
18	广西红树林研究中心（广西海洋环境与滨海湿地研究中心）	2012 年 10 月 19～21 日
19	国家海洋计量站上海分站	2012 年 10 月 20～22 日
20	国家海洋局威海海洋环境监测站（威海市海洋环境监测中心）	2012 年 10 月 26～28 日
21	国家海洋局天津海水淡化与综合利用研究所检测与监测中心	2012 年 10 月 26～28 日
22	山东省科学院海洋仪器仪表研究所山东省海洋环境监测技术重点实验室	2012 年 11 月 2～4 日
23	国家海洋局第三海洋研究所海洋监测技术中心	2012 年 11 月 23～25 日
24	广东海洋大学海洋资源与环境监测中心	2012 年 11 月 23～25 日
25	国家海洋局潍坊海洋环境监测站（山东省潍坊市海洋环境监测中心站）	2012 年 11 月 23～25 日
26	福建省海洋环境与渔业资源监测中心（福建省水产品质量检测中心）	2012 年 11 月 23～25 日
27	国家海洋局滨州海洋环境监测站（滨州市海洋环境监测站）	2012 年 12 月 14～16 日
28	青岛市海洋环境监测预报中心	2012 年 12 月 14～16 日
29	国家海洋局东海分局舟山海洋工作站（舟山市海洋环境监测预报中心）	2012 年 12 月 14～16 日
30	上海东海海洋工程勘察设计研究院	2012 年 12 月 21～23 日
31	华东师范大学河口海岸学国家重点实验室	2012 年 12 月 21～23 日
32	国家海洋计量站青岛分站	2012 年 12 月 21～23 日
33	国家海洋局东营海洋环境监测站（东营市海洋环境监测预报中心）	2012 年 12 月 22～24 日
34	宁波市海洋与渔业研究院分析测试中心（宁波市渔业环境与产品质量检验监测中心）	2012 年 12 月 27～29 日
35	国家海洋计量站广州分站	2012 年 12 月 27～29 日

表 2 2012 年通过计量认证扩项评审的实验室名单

序号	实验室名称	评审时间
1	深圳市海洋与渔业环境监测站（深圳市水产品质量监督检验中心）	2012 年 12 月 1～2 日
2	国家海洋局厦门海洋环境监测中心站	2012 年 11 月 10～11 日

表 3 2012 年通过计量认证首次评审的实验室名单

序号	实验室名称	评审时间
1	国家海洋局南通海洋环境监测中心站	2012 年 9 月 14～16 日

海洋行业获证实验室自查自纠 根据国家认监委《关于开展 2012 年实验室资质认定专项监督检查工作的通知》(国认实函[2012]104 号）要求，海洋评审组组织海洋行业获得计量认证资质的 62 家实验室开展全面的自查自纠，以迎接国家认监委的专项监督检查。实际共收到 55 家实验室上报的自查材料。海洋评审组根据认监委要求，汇总分析各实验室自查情况，按时向国家认监委上报了自查工作总结。

海洋行业评审员验证培训 根据国家认监委对资质认定评审员继续教育培训的通知要求，2012 年海洋评审组共组织 33 名证书即将到期的评审员报名分 5 个期次参加了国家认监委组织举办的评审员继续教育培训班。

海洋行业实验室资质认定内审员培训 为保障实验室质量管理体系的持续有效运行，2012 年 5 月 5～6 日、12～13 日、26～27 日海洋评审组先后在青岛、宁波、广州各组织举办一期海洋行业实验室资质认定内审员培训班，参加培训学员共 393 人。

海洋环境监/检测机构质量控制专题培训

2012年12月10～12日国家海洋标准计量中心在天津组织举办了海洋环境监/检测机构质量控制专题培训班，来自全国76家海洋环境监/检测机构（其中计量认证获证机构54家）的200余名质量负责人和技术负责人参加了培训。

【其他海洋计量管理工作】　计量检定员和计量标准考评员培训考核　2012年，根据考核委《关于2012年度计量检定员考核工作安排的通知》（考委[2012]001号）文件要求，组织国家海洋计量站和青岛、上海、广州分站共28名计量检定员报名参加了全国计量检定人员首次、增项和复查培训考核，组织完成理论试卷批阅和实际操作考核。

2012年4月13日，国家海洋局人事司组织、国家海洋标准计量中心承办了2012年海洋部门计量检定员考核工作，国家海洋计量站及青岛、上海、广州分站共26名计量检定人员参加了海洋气温和海洋雨量两个项目的考核。国家海洋局人事司已为考核合格人员颁发了部门计量检定员证书。

2012年，国家海洋计量站6名计量检测人员通过国家一级注册计量师考试，取得一级注册计量师资格。

2012年，根据考核委要求，组织完成对姚勇等7名海洋领域国家一级计量标准考评员的复查确认。

国家海洋局部门计量检定规程清理　2012年6～8月，根据国家海洋局和国家质检总局关于部门检定规程清理的文件要求，及时梳理出现有的5项国家海洋局部门检定规程，在国家海洋计量站和青岛、上海、广州分站中广泛征求清理意见，对征求到的清理建议进行了分析汇总，认真组织相关专家进行了论证分析，结合海洋工作实际和筹建全国海洋专用计量器具计量技术委员会的工作部署，形成了“国家海洋局部门计量检定规程清理结果登记表”，并将清理结果经由国家海洋局环保司按时报送到了国家质检总局计量司。

《新中国计量史》海洋计量史料编撰与收集　2012年9月14日，国家海洋计量站派员参加了国家质检总局计量司在中国计量科学研究院昌平实验基地组织召开的《新中国计量史》编撰工作部门座谈会。根据国家质检总局计量司对《新中国计量史》编撰工作的有关要求，草拟了《〈新中国计量史〉海洋计量史料组织编撰工作方案》，向青岛、上海、广州分站下发了《关于组织编撰〈新中国计量史〉海洋计量史料有关工作的函》，布置了海洋计量史料具体编撰工作。经过中心各相关部门和青岛、上海、广州分站的共同努力，海洋计量史料已编撰完成，并按照要求经由国家海洋局环保司上报至国家质检总局计量司。

海洋质量监督工作

【“908专项”质量监督管理工作圆满收官】
2012年6月6日，“908专项”质量监督管理工作总结会在北京召开，标志着“908专项”质量监督管理工作圆满收官。专项实施八年来，国家海洋标准计量中心作为“908专项”项质量监督管理工作机构，在“908专项”办公室的领导下，根据专项任务特点，在专项质量监督管理工作中创新引入全面质量管理理念，建立了较为完善的专项质量管理体系，加强质量保障体系、技术法规体系和计量检测能力建设，组织开展包括质量策划、质量保障、质量监督检查和质量评估等关键环节的全面质量管理，有效保证了232个国家专项任务和11个沿海省市333个省级专项任务的完成质量，切实提高了专项任务承担单位和参与人员质量意识，推动了海洋重大专项质量管理制度化、规范化发展，对促进海洋质量管理工作发展具有重要的指导意义和示范作用。

会议对“908专项”质量监督管理工作给予了高度评价。与会专家一致认为，908专项质量监督管理工作紧紧围绕专项质量方针和目标有序、全面开展，成效显著，达到了专项立项之初设立的质量管理目标，并呈现了出6大亮点：一是创新引入第三方质量技术监督机构，开展全面质量管理，建立了一套行之有效的质量管理体系，为专项顺利实施保驾护航；二是整合标准化和计量检测资源，创建了海洋调查项目质量管理新模式，可对今后海洋重大专项实施质量管理提供理论参考和实践指导；三是908专项技术规程转化行业标准，不仅建立健全了专项的技术法规体系，还为专项成果的转化和推广提供高效渠道；四是海洋计量检测能力大幅提升，不仅保障了专项调查仪器设备和成果数据的准确可靠，还为国家海洋仪器设备产品质量监督检验中心和亚太区域海洋仪器检测评价中心的成立打下坚实基础；五是在海洋领域开展了规模空前的专项质量管理人员和外业调查人员培训，建立了一支训练有素的外业调查和质量管理人才队伍，有效地提高了专项任务人员的质量意识；六是首次在海洋调查项目中明文规定了专项调查任务承担单位的资格准入条件，采取源头控制和定期检查等方式保证专项实施质量，有效地推进了海洋计量认证工作。

【国家海洋仪器设备产品质量监督检验中心通过实验室认可监督扩项评审】 按照 CNAS-CL01:2006《检测和校准实验室认可准则》、CNAS-CL10：2006《检测和校准实验室能力认可准则在化学检测领域的应用说明》、CNAS-CL25：2006《检测和校准实验室能力认可准则在校准实验室的应用说明》及其他相关认可要求，2012 年 1～3 月，国家海洋标准计量中心完成了实验室认可扩项申报与前期自查工作。3 月 24～25 日，接受了中国合格评定国家认可委员会专家评审组实施的“三合一”定期监督扩项评审。评审组认为中心现行质量手册涵盖了 CNAS-CL01 的全部要素，组织结构描述清晰，岗位职责和权限描述清楚，管理体系文件各层次接口清晰，条款描述充分，34 个程序文件基本能支撑整个质量管理活动，管理体系运行能满足实验室认可准则及其应用说明的要求。评审组确认维持原通过评审的 25 大类海洋仪器设备产品检测项目的技术能力，认可了 12 种测量仪器校准技术能力。

此次“三合一”定期监督扩项评审，促进了国家海洋标准计量中心质量管理体系的持续有效运行，也将为亚太区域海洋仪器检测评价中心工作的顺利开展奠定良好的基础。

【国家海洋标准计量中心连续四年获得“计量诚信优秀单位（三星级）”称号】 2012 年 11 月 28～30 日，在南宁召开的“中国计量测试学会 2012 年年会暨计量技术推广交流会”上，国家海洋标准计量中心被评为最高等级的“计量诚信优秀单位（三星级）”，以表彰其在海洋仪器设备计量检定工作中体现出的诚信精神。

国家海洋标准计量中心高度重视计量工作，严格执行《计量法》、《海洋计量工作管理规定》等相关法律法规，坚持“方法科学、行为公正、作风严谨、服务高效”的质量方针，重视海洋仪器设备检定全过程、全要素质量管理，有效规范了海洋仪器设备检定工作，先后通过了国家法定计量检定机构考核、实验室认可、计量认证等多项考核和授权，计量诚信建设获得了全国同行的肯定和认可。这是自 2009 年以来，国家海洋标准计量中心连续四年获此荣誉称号。

【海洋监/检测机构实验室能力验证工作】 受国家海洋局海洋环境保护司委托，国家海洋标准计量中心于 2012 年 10 月～12 月对 60 家海洋监/检测机构组织开展了海洋监/检测机构实验室能力验证工作。

该次能力验证检测项目包括海水中油类、海水盐度、海水中镉、生物体中总汞、沉积物中铬。经初测和补测，最终结果显示：参加海水中油类检测项目的 57 家实验室结果均为“满意”；参加海水中镉检测项目的 57 家实验室，56 家结果为“满意”，1 家结果为“可疑”；参加海水盐度检测项目的 58 家实验室，57 家结果为“满意”，1 家结果为“不满意”；参加生物体中总汞检测项目的 51 家实验室，50 家结果为“满意”，1 家为“不满意”；参加沉积物中铬检测项目的 48 家实验室，47 家结果为“满意”，1 家为“不满意”。　　（国家海洋标准计量中心）

海事服务与救助打捞

海事法制建设

【海事立法】 2012年，交通运输部继续推进《海上交通安全法》《水上交通事故调查条例》《沉船沉物打捞管理条例》修制订工作。推动国务院批准出台的《船舶油污损害赔偿基金征收使用管理办法》，完成交通运输部2012年立法计划中一类海事规章立法项目《船舶散装运输液化气体安全监督管理规定》《海船船员值班规则》《船载货物申报规定》《海员职业保障规定》起草和送审工作。出台《内河交通事故调查处理规定》（修订）、《船舶载运危险货物安全监督管理规定》（修订）、《长江干线船舶港务费征收办法》（修订）、《海船船员值班规则》（修订）。组织开展《防治船舶污染内河水域管理规定》（修订）及《船舶内河载运危险货物安全管理特别规定》《船舶散装固体货物安全管理规定》《船舶载运集装箱安全管理规定》等二类立法项目的研究工作。

开展海事立法后评估工作，制定《中华人民共和国海事局立法后评估管理办法》，自2012年5月1日实施。开展海事规范性文件工作的清理工作，规范海事执法，制定颁布《海事行政强制程序规定》。

【执法监督】 编制海事监管业务工作流程，完成112项工作流程的编写工作，明确海事监管业务工作的法律依据、岗位职责、工作程序、执法要求和案卷归档等内容；加强海事行政执法督察工作，印发《中华人民共和国海事局海事行政执法督察管理办法》，编制专门的培训教材，举办两期海事行政执法甲级督察人员培训班，为126人颁发督察证，指导各省级海事机构开展乙级督察培训工作；规范海事执法形象，完成《海事行政执法视觉形象建设标准》的编辑和征求意见工作；规范海事行政处罚自由裁量，研究细化自由裁量处罚行为和幅度，起草《海事行政处罚自由裁量管理办法》，减小执法的随意性；研究编制海事调查取证规则，对海事执法如何有效取得和运用证据进行研究，帮助执法人员掌握取证的技巧；研究海事行政许可项目，提出立、改、废的具体设想，研究简化执法程序，根据2010年以来生效实施的法规、规章和规范性文件的要求，修订完善《海事行政执法政务公开指南》，完成国务院新一批海事行政许可项目清理和层级拆分工作，对涉及海事行政许可的项目进行梳理。

【船舶检验技术法规和海事标准】 强化海事标准规范化管理，开展《海事标准体系框架》的编制工作。完成国家标准《船员健康检查要求》，行业标准《水上溢油源快速鉴别规程》《转盘/转筒/转刷式收油气机》《吸油拖栏》《溢油分散剂喷洒装置》《应急卸载装置》等6项技术标准。组织研究并审查通过《船舶溢油应急能力评估导则》《海运污染危害性货物评价程序和分类方法》两个标准研究项目，开展《水面溢油回收设备通用技术性能要求》《溢油跟踪浮标系统性能要求》《船舶高污染风险作业操作规程》《固体散装货物海运安全技术要求》等8个行业标准的修订、制定工作。颁布实施《国际航行海船法定检验技术规则》（2012年修改通报）、《国内航行海船法定检验技术规则》（2012年修改通报）、《云南省瑞丽江小型运输船舶检验暂行规定》等船检技术法规，完成《游艇法定检验暂行规定》《珠江水域至香港特别行政区高速船检验规定》等技术法规换版的审定工作，完成《海上移动平台安全规则》（2012）、《内河小型船舶检验技术规则》等技术法规的评审工作，继续推进内河航区划分和海上航区评估试点工作。

（交通运输部海事局）

救助与打捞

【海上应急救助和抢险打捞】 **特殊保障能力** 2012年，出动救捞力量1857次，执行应急救助抢险任务1489起（另组织海上救助志愿者出动

470人次），成功救助遇险人员3382名（其中外籍人员343名）、遇险船舶219艘（其中外籍船舶20艘），清障打捞沉船8艘，打捞罹难者遗体225具，获救财产价值估算约101.8亿元。

抢险打捞能力 打捞单位全年完成经营收入37.1亿元，收支基本平衡。①发挥专业打捞队伍作用，履行公益性职责。完成“东方日出”轮、“布拉里”轮、“海洋石油699”轮和“圣永”轮等重大抢险打捞任务。成功实施“南澳1号”考古发掘打捞工程。②推进“走出去”战略，开拓国际市场。组织开展今后5年中国印尼海上救捞合作项目研究，提出利用中国印尼海上合作基金在印尼建设救捞合作基地的建议。首次参展国际海洋油气技术大会，加强与境外客户的商务合作。上海打捞局“威力”号浮吊工程船进入墨西哥湾海工市场，广州打捞局水工工程拓展到斯里兰卡等国外市场。③加快生产经营结构调整，提高核心竞争力。烟台打捞局甩挂运输业务较2011年增加利润40余万元。上海打捞局启用300米饱和潜水设备，开拓市场。

规划实施 落实《国家水上交通安全监管和救助系统布局规划》和交通部“十二五”规划建设项目。完成4架中型救助直升机采购。3万吨自航半潜船“华海龙”交付使用，氦氧潜水模拟训练系统完成验收，第6批8000千瓦救助船开工建造。5000吨起重能力的大型抢险打捞工程船EPC建造模式获部批准并完成了建造招标工作，5万吨半潜船建造项目可行性研究报告通过部审查，500米饱和潜水支持船获部批准立项，烟台打捞局1.2万吨抬浮力打捞工程船建造项目可行性研究报告获批，上海打捞局1200吨打捞浮筒续建项目获部立项批复。东海救助局长江口横沙基地、大丰救助码头工程、福建莆田湄洲岛基地等项目开工建设，南海救助局小洲基地、船员接待站、滨江西办公楼和广州打捞局新会基地（一期）、烟台打捞局打捞工程船码头工程完成竣工验收。东二飞福州飞行基地起降配套设施项目工可获部批复。

业务合作 紧紧围绕救捞主业，坚持合作共赢，深化对外交流合作。一是加强国际组织事务的参与力度。参加第二届大规模海上人命救助研讨会、国际海上人命救助联盟（IMRF）第21次董事会、第二届拉美救助大会和第58届国际救捞联合会（ISU）年会，正式启动运行IMRF亚太交流合作中心，成功举办IMRF筹资捐赠仪式，扩大中国救捞在国际救捞组织的话语权和影响力。参加国际海事组织（IMO）通信和搜救分委会会议，向IMO第64次环保会提交《沉船应急加温抽油技术的研究》的提案及相关文件。二是举办第七届中国国际救捞论坛。来自13个国家和地区的代表、嘉宾、专家、学者和企业界朋友近300人出席。其间，与荷兰救生协会、瓦锡兰中国有限公司达成了合作意向，与澳大利亚阿德莱德飞行培训学院签订了合作协议。三是加强与港台相关单位的交流合作。与香港特区政府飞行服务队举行第15次、16次技术合作协商会，与香港特区政府消防处签署第2个《技术交流合作五年规划意向书》。组织开展医疗救护培训。与台湾中华搜救协会举行海峡两岸第三次海上救捞技术研讨会，并就六项工作达成共识。参加香港特区政府民航处组织的空难搜救演练，就在香港水域发生航空器突发事件时救捞系统为其提供应急救助工作达成共识。四是密切与国际相关组织的沟通联系。与法国欧直公司、美国西科斯基公司、美国海岸警卫队等单位保持经常性的沟通，参加第17届中俄日韩四国搜救会议、亚洲搜救技术研讨会和第40届国际海事委员会（CMI）大会等国际会议。

（交通运输部救捞局）

海事搜救

2012年，全国共组织协调水上搜救行动1954起，组织、协调参加救助行动各类船艇7316艘次、飞机352架次，成功救助遇险船舶1508艘、人员16392人，救助成功率达96.7%。

【海上搜救机制】 2012年10月13日，国务院印发《国务院关于同意建立国家重大海上溢油应急处置部际联席会议制度的批复》（国函[2012]167号）。2012年12月18日，交通运输部组织召开“国家重大海上溢油应急处置部际联席会议第一次会议”。2012年，中国海上搜救中心（中国海上溢油应急中心）申请《国家重大海上溢油应急预案》编制项目。

【搜救演习】 2012年8月30日，中国海上搜救中心联合中华搜救协会等有关搜救机构在台湾海峡的厦门和金门附近海域成功举办“2012

年海峡两岸海上联合搜救演练”。2012 年 9 月 26 日，交通运输部联合上海市人民政府在上海宝山北锚地成功举办“2012 年东海民用航空器遇险联合搜救演习”。举办 2012 年中日、中韩海上搜救联合通信演习。支持指导长江航务管理局和甘肃、河南、江西、贵州、广东、湖北等地方海事部门开展的内河水上搜救演习。

【应对各类恶劣天气】 加强与国家防总、工信部、国土资源部、中国气象局等部门的合作，通过手机短信平台，及时将低温冰冻、寒潮大风、热带气旋等极端天气预警信息，地震、海啸、泥石流等自然灾害信息发送给各相关单位，2012 年共发布各类预警信息 31 万余条；落实防台风应急预案，成功防抗了“苏拉”、“达维”、“海葵”、“布拉万”等台风的袭击。组织召开“2012 防冻破冰应急协调会”，举办海啸防范与应对工作研讨会，全面部署防抗海冰、海啸工作，做好应急准备，确保防抗工作取得成功。

【打击海盗与护航】 成功处置巴拿马籍货船“XIN HUA MEN”轮遭海盗劫持事件，29 名中国籍船员安全获救。参与中国台湾籍渔船“旭富一号”的接护工作，跟踪被劫持的阿曼籍渔船“NAHAM3”的营救动态，召开“XIN HUA MEN ”轮、“BW Rehine”轮获救船员座谈会，并完成评估报告。修改完善总值守联络组防海盗应急响应程序。

（交通运输部海事局）

海洋科技、教育与文化

海洋科学研究

综 述

2012年是“十二五”的关键之年，是坚持并践行科学发展观，全面贯彻“三个六”工作部署及“五个用海”工作要求，深化落实《国家“十二五”海洋科学和技术发展规划纲要》极为重要的一年，全国海洋科技工作者在各有关部门单位的大力支持下，深入落实全国海洋工作会议和全国创新大会、全国海洋科学技术大会对海洋科技工作的部署，以促进海洋经济稳中求进发展为主线，以大幅提高海洋科技成果转化应用和服务能力为核心，着力做好海洋科技创新和科技兴海工作，在促进沿海海洋经济社会发展、支撑海洋管理和公益服务等工作中取得较好成效。

海洋经济创新示范 一是为落实国家关于发展海洋经济和战略性新兴产业的部署，财政部与国家海洋局共同印发了《关于推进海洋经济创新发展区域示范的通知》，批复了山东、浙江、福建、广东四省实施方案，2012年中央财政安排四省及计划单列市成果转化与产业化、平台资金10.08亿元，以发展海洋生物等战略性新兴产业为抓手，通过科学规划，创新政产学研金体制机制，促进海洋资源的保护与修复，力争培育若干特色明显、优势突出的战略性新兴产业集聚区，推动四省海洋经济跨越式发展；二是积极争取并将海洋生物、海水利用、海洋工程装备等相关内容纳入《国家战略性新兴产业重点产品和服务指导目录》。

“908专项” 广泛动员各方涉海力量共同参与实施的“908专项”，历时8年圆满结束。国家海洋局联合国家发改委、财政部成功召开了908专项总验收会议。全国政协陈宗兴副主席出席会议并做重要讲话，国家海洋局刘赐贵局长作为专项领导小组组长做总结讲话。来自中央、军队有关部门的领导及十多位两院院士共同对专项进行了审核验收。会议对专项取得的成果给予了充分肯定，一致认为“908专项”在我国海洋事业发展进程中具有重要里程碑意义。专项首次获取的我国大陆海岸线长度、海岛数量、准同步及全覆盖的近海海洋环境基础数据，首次查明的新兴海洋资源分布及可开发潜力，系统掌握的我国近海环境基本特征及其变化规律及主要海洋灾害的分布、特点、强度和影响，编撰的一大批反映我国最新海洋调查研究成果的系列图集、专著及工具志书以及创建的数字海洋信息基础框架等成果已在国家层面和沿海各地经济社会发展中得到广泛推广应用。同时，这些成果都为今后一个时期我国开展常态化海洋调查，建设数字海洋服务工程，服务国家海洋事业科学发展，建设海洋强国打牢了坚实基础。

海水利用 一是切实履行海水利用管理职能，出台了《关于促进海水淡化产业发展的意见》(国海发[2012]45号)；二是着力提升海水利用产业管理水平，组织编制海水淡化工程取水、排水要求等一系列海水利用管理标准；三是扎实推进中国海水利用协会筹建，筹建已获民政部批准，并已上报国务院；四是积极做好“十一五”国家科技支撑计划项目收官工作，“海水淡化与综合利用成套技术研究和示范”项目顺利通过科技部验收。

海洋公益性科研 一是加强重大项目调研，刘赐贵局长、陈连增副局长亲自带队调研浙江、广东两省的科技需求，并集中了近2亿元专项资金重点支持两省经济发展；二是争取到财政部2013年立项33项，总经费约4.5亿元，其中重点支持了海洋生态文明建设、北戴河及邻近海域环境整治、南海维权等局重点工作；三是专项管理更加规范有序，2012年作为海洋公益专项专项成果应用转化和监督管理年，编制印发了专项《管理手册》，开展了项目验收和有关项目中期检查，印发了《2007年海洋公益性行业科研专项成果汇编及推广方案》等。四是专项取得了显著的经济效益，创造了大量的就业机会，在蓬莱19-3平台溢油监测、黄岩岛维权等局重点和热点问题上发挥了重要支撑作用。

科技兴海 一是搭建产学研交流平台，加强成果推广和科技兴海宣传。作为特邀支持单位，参加了第十五届北京国际科技博览会，集中展示了科技兴海的最新成就和成果，国家海洋局刘赐贵局长出席并做专题报告，在社会上引起积极反响。与江苏省和福建省分别举办了“中国国际海洋工程技术装备展览会”和“中国•海峡项目成果交易会”，促进海洋科技成果向更多区域和领域辐射；二是积极推进国家科技兴海产业示范基地建设。先后完成了山东、江苏、福建和大连四省（市）申请建立国家科技兴海产业示范基地的初审和调研，现正在开展有关正式评审和相关批复。三是加强工程中心建设。开展了海洋遥测工程技术研究中心的共建，以及其他有关工程中心的筹建。

海洋卫星 一是《陆海观测卫星业务发展规划（2011-2020年）》获国务院批复，后续海洋业务卫星发展得到明确；二是积极推动海洋卫星数据应用，组织召开海洋二号卫星数据发布会，积极推广海洋卫星数据，使卫星数据在海洋防灾减灾、海上维权执法、海域使用管理等领域中发挥重要作用。与欧洲气象卫星组织签署了海洋卫星数据共享谅解备忘录，与法国空间中心、澳大利亚气象局开展卫星数据合作，提升了海洋卫星在国际上的影响力；三是积极组织海洋后续业务卫星立项论证，召开海洋卫星用户需求座谈会，征求了广大用户的需求，形成了卫星研制总要求；组织卫星、运载、发射场、测控和地面应用系统五大系统编制的海洋后续业务卫星立项论证方案。

海洋可再生能源 一是积极推动海洋能发展“十二五”规划出台，与国家能源局积极沟通，组织编制完成规划初稿；二是稳步推进可再生能源专项资金项目管理，落实2012年专项资金项目立项论证工作，加强对已立项项目的监督管理；三是进一步扩大海洋可再生能源国内外影响力，成功组织召开国内首届海洋可再生能源发展年会；四是积极争取财政部2013年专项资金支持，组织开展海洋能开发利用现状调研，整合集成2010年专项资金项目成果，为后续专项资金支持打好基础。

海洋资料整合 资料整合工作涉及面广、敏感度高，国家海洋局海洋科学技术司积极配合局办公室扎实落实有关工作，取得一定进展。一是建立了海洋资料整合领导小组及办公室，明确了组织机构职能，为资料整合工作开展提供机构保障。二是开展了资料梳理与汇交准备。形成了各部门（单位）待汇交的海洋资料清单，年内组织开展首批资料汇交仪式。三是建立资料管理制度。编制并印发了《海洋资料汇交管理办法（试行）》和《海洋资料申请审批管理办法（试行）》。四是推进了网络互联互通。针对局内各业务网络进行了基本情况调研，梳理形成了局内各专网基本情况。开展了网络互联互通试点。

“数字海洋” 一是广泛开展了服务工程需求论证调研，明确了工程的定位、建设需求、建设目标及建设内容。二是加强方案编写工作的组织管理，建立了编写工作组织机构，保证编写工作稳步、有序推进。三是组织开展了建设方案的评审，对立项建议书进行评审把关，在广泛征求海洋资料共享所涉部门和国家综合部门意见的基础上，力争2013年底前完成最终方案的完善及上报。

海洋调查 为适应当前海洋调查工作面临的新形势、新任务，调动一切积极力量共同推动海洋调查工作。积极作为、创新方式，牵头组建了多部门联合的国家海洋调查船队和船队协调委员会，成功举办了国家海洋调查船队成立大会，并与首批申请入队的19艘船舶签订了入队协议书。同时为力求实效，扎实做好国家海洋调查船队运行管理工作，建立了船队联络员机制，编制了《国家海洋调查船队管理细则》，开展了船队船舶综合服务信息系统建设，汇总编制了成员船航次信息和年度用船计划，对新申请入队的 8 艘船舶进行了考核，并积极向国家综合部门申请建造海洋综合科考船，不断壮大船队规模。这为共享海洋调查资源，服务海洋事业发展提供了一个有益的实践模式。另外，海洋调查立法工作稳步推进，组织开展海洋调查立法核心制度论证和专题调研。

《中国近海探秘》拍摄　为做好调查工作的同时注重开展新闻宣传的要求，配合有关部门积极推动以“908 专项”调查为基础的《中国近海探秘》记录片的拍摄，完成了中国近海探秘项目启动和筹备工作，为拍摄做好了充分的前期准备。完成了记录片的定位、拍摄思路等总体策划工作。组织编制了纪录片策划书及脚本。组织收集整理了纪录片相关资料，开展了宣传的预热工作。

还推进了以下几项工作，一是开展了海洋创新成果奖调整改革，与国家奖励体系相接轨，并完成了 2012 年海洋创新成果奖的评审工作。二是组织开展了 2012 年国家科技计划的立项等。　（国家海洋局科技司）

国家科技支撑计划项目

【南海中北部珊瑚礁本底调查】　项目依托单位：中国科学院南海海洋研究所；项目编号：2012FY112400；起始时间：2012～2017；首席科学家：施祺。该项目是国家科技基础性工作专项项目。项目通过对南海中北部珊瑚礁系统的现场调查与典型礁区的定期观测，地质钻探和遥感分析、室内测试与数据整合集成，获取南海中北部珊瑚礁与环境的基本科学数据、资料和样品等实验材料，掌握调查海域的珊瑚礁本底情况。为科学研究、国防建设及国家权益维护提供系统的基础数据资料。2012 年度工作进展：①根据各项任务分别设立了不同的专门调查组，负责制定各自相关调查内容的调查规程，已初步完成的规程包括珊瑚群落调查规程、珊瑚礁遥感调查规程，珊瑚礁区生物及环境调查规程；并培训了课题组成员，收集相关数据资料，准备调查器材设备。②2012 年 9～10 月开展了海南岛珊瑚礁海岸的面上勘查工作，共勘察了环海南岛 100 多个地点的海岸带地貌、珊瑚礁及珊瑚群落分布、人类活动情况，调查了 7 个珊瑚礁岸段的地形地貌、珊瑚群落组成分布、水环境参数等。③围绕地质钻探任务，项目组进行了相关调研工作，收集整理珊瑚岛礁钻探资料，编写了钻探实施细则，准备地质钻探设备，确定了开展地质钻探的工程队，并于 2012 年 12 月 17 日在中国科学院武汉岩土力学研究所召开了地质钻探工作论证专家会，通过了地质钻探工作的总体安排和具体实施方案。

【深海微生物活性物质的挖掘及其利用技术】　项目依托单位：中国科学院南海海洋研究所；项目编号：2012AA092104；起始时间：2012～2015；项目首席科学家：鞠建华。该课题是“863 计划”课题，参加单位有中国海洋大学、中科院海洋研究所等 7 家单位。该课题 2012 年度已经完成课题任务书中制定的第一年度研究内容和考核指标，部分已经超额完成。在以下几个方面取得了比较重要的进展：采集深海沉积物（水深大于 1000 米）环境样品 45 份，建立深海放线菌、真菌等微生物资源的选择性分离方法，分离、保藏 379 株海洋微生物菌株，并进行海洋微生物物种的系统分类及鉴定，实现深海微生物资源的挖掘；筛选出 41 株药用活性显著、代谢产物丰富的深海活性菌株和 19 株具有农业杀菌等显著化学生态活性的深海来源真菌；对经过化学和活性筛选的深海微生物进行大量发酵和次生代谢产物的分离纯化、结构鉴定；对获得的次生代谢产物进行生态学效应和药用活性筛选和评价；获得深海微生物次生代谢产物 150 余个，筛选发现 16 个具有良好的抗菌或抑制肿瘤细胞活性化合物和 11 个具有生态活性化合物；阐明了深海微生物来源活性物质厦霉素的生物合成机制，并揭示生物合成途径中的一种新颖的氧化环化机制；筛选出产酸性、中性、碱性蛋白酶的菌株，并优选出 2 株耐盐性好、蛋白酶活性较高的菌种进行了鉴定和摇瓶发酵产酶条件的优化；并进行蛋白酶的分离纯化工作。

【鱼类虹彩病毒病爆发的细胞基础与分子机制】　项目依托单位：中国科学院南海海洋研究所；项目编号：2012CB114402；起始时间：2012～2016；项目首席科学家：秦启伟。该课题是“973 课题”，完成了 2012 年的计划任务。课题围绕着揭示鱼类虹彩病毒病爆发的细胞基础与分子机制这一关键科学问题，在虹彩病毒流行病学调查、病毒与宿主细胞相互作用及病毒 MicroRNA

等方面取得了以下的进展。①成功构建了红色荧光标记的SGIV重组病毒（SGIV-RFP-MCP），为研究病毒的感染动力学提供了技术平台。②初步研究了SGIV编码的2个基因的功能（SGIV ORF146和SGIV ORF155），SGIV ORF146可能参与调节病毒诱导的免疫反应，而SGIV ORF155可促进SGIV复制。③预测SGIV miRNA的潜在病毒或宿主基因靶标，预测结果表明，SGIV的16个miRNAs中共有10个miRNAs具有潜在的病毒靶基因。另外，对SGIV miRNA宿主靶基因进行初步预测。④初步探讨了ISKNV病毒的侵染途径，证实了ISKNV侵染鳜鱼细胞是通过caveolae依赖的内吞途径。同时，ISKNV的入侵是PH值依赖性的。⑤克隆并鉴定了鱼类（石斑鱼、大黄鱼、斑马鱼和牙鲆）5个与病毒感染、免疫相关的宿主基因。⑥调查了春季南方主要养殖地区虹彩病毒的流行分布情况。正在对检测到的病原进行分离纯化。⑦2012年度上半年已发表（含接受）SCI源刊8篇。（中国科学院）

【太平洋印度洋对全球变暖的响应及其对气候变化的调控作用】 该国家重大科学研究计划项目首席科学家为中国海洋大学"千人计划"入选者谢尚平教授。

2012年度项目针对研究内容开展了全面的工作。分别在以热带印度洋为代表的热带海洋-大气耦合系统，以副热带逆流-黑潮-黑潮延伸体区为代表的副热带海气耦合系统，全球变暖下区域气候响应的不均匀性，以及热带海洋对气候系统尤其是东亚气候的影响这四个方向分别取得一定的进展。其中重要的突破性进展如下：

（1）发现过去60年Walker环流减弱的新证据，并揭示了该环流的减弱是印度洋太平洋海温东西梯度变化的所导致的。此工作发表于2012年11月发表Nature主刊。

项目首席科学家与美国气候学家合作，基于海洋大气动力学的原理，结合数值模拟，通过对多种资料的分析，寻找在物理上最为合理的气候变化特征。发现过去60年中海温的东西梯度变化是Walker环流减弱的主要原因，从而证实了海洋增温不均匀性与大气环流变化的紧密耦合关系。这一重大科学发现，基本解决了气候变化中Walker环流如何变化这一国际性争议问题，是气候变化的有力证据。同时创新性的对海温资料进行了重新订正，发现印—太暖池的海温增暖强度存在很大的不确定性，这对后人进行气候变化研究具有重要借鉴意义。

（2）在全球变暖下降水变化机理的研究领域取得了理论突破。研究表明，在全球变暖下，海温分布型将在赤道地区引起上升运动异常，而在两侧形成下沉运动异常，这一影响常年保持不变；同时，气候平均的上升运动将全球变暖下更湿的大气抬升引起降水增加，而这一影响是南北摆动的。气候态平均的降水作为年平均和季节异常的和表现为"wet-get-wetter"和"warmer-get-wetter"二者共同的影响，二者共同形成了全球变暖下降水的变化。

2012年项目组共发表学术论文43篇，其中SCI收录论文29篇，包括Nature主刊发表论文1篇（第二资助）。

【西北太平洋海洋多尺度变化过程、机理及可预测性】 该国家重大科学研究计划项目首席科学家为中国海洋大学"筑峰工程"教授吴立新。这是继2011年学校首获全球变化研究国家重大科学研究计划资助后，第二年在该计划领域获得资助。

"西北太平洋海洋多尺度变化过程、机理及可预测性"项目瞄准国家保障海洋环境安全、制定应对气候变化策略的需求，围绕"西北太平洋海洋多尺度变化过程及其对大气的调节作用"这一重大科学问题，重点研究西北太平洋中海洋能量串级过程、海洋动力环境变异过程及机理、多尺度海—气相互作用及其气候效应，以揭示西北太平洋海洋多尺度变化过程和机理，阐明西北太平洋海洋动力环境变异的可预测性，服务应对气候变化这一国家重大战略需求。

（中国海洋大学）

【渤海海岸带典型岸段与重要河口生态修复关键技术研究与示范】 该项目是"十一五"国家科技支撑计划项目，由山东省科技厅组织实施，国家海洋局第一海洋研究所等为主要承担单位。本项目设置重要海湾海岸带典型受损生境修复关键技术研究与示范、典型河口污染水域生态修复技术及示范、典型海水增养殖区生态环境修复技术集成与示范和典型人工海岸污染控制与生态构建技术研究及示范等四个课题，在三年内，研究集成了一批渤海海岸带生态综合整治与修复所急需的共性关键技术，通过在渤海的典型岸段和重要河口等代表性生境进行技术示范，对所研究集成的生态修复关键技术进行了检验、完善，以期在渤海生态整治与修复中全面推广与应用中提供必要的技术支撑。项目建立了盐渍化区生态修复技术等12种典型受损生境构建与修复关键技术；建成各类受损生境修复技术示范基地6个，示范基地总面积达333公顷；发表高水平学术论文66篇以上（其中SCI/EI收录论文13篇），申请专利10项以上；培养一批硕、博士研究生和博士后，培训渔民200人次，形成多个生态修复技术专业团队。

项目取得的研究成果将为维护渤海海岸带生态健康，正常发挥其重要的区域生态系统服务功能提供科学理论与实践，为我国渤海海洋环境保护和资源恢复提供技术支持，促进实验示范海区生态系统和海洋资源健康发展。项目的研究成果将为环渤海生态环境保护和生态修复提供可靠的科学依据和坚强的技术支持，对制定渤海综合整治规划具有极其重要的参考价值，同时也将为其他区域海岸带的生境构建和修复提供借鉴。（国家海洋局第一海洋研究所）

近海海洋调查研究

【中国科学院近海海洋开放航次】 2012年，中国科学院南海海洋研究所实施南海北部海洋观测开放航次，是开放航次序列的第一个航次。其科学目的是为研究南海北部环境与资源提供现场试验和观测场所，推动南海北部海洋环境动力变化过程及其生态效应的长期观测研究，重点解决珠江口、华南近岸海域和南海北部生态与环境中的科学问题，为华南沿海地区经济与社会的协调、可持续发展和政府决策提供科学依据。本航次由中国科学院南海海洋研究所“实验3”号综合科学考察船承担。调查海区为南海北部海区及西部局部海区，位于北纬17° 00′ N～23° 00′ N，东经110° 00′ E～114° 00′ E范围内，航次时间为2012年12月。本航次参加单位还包括中国科学院广州地球化学研究所、广州微生物研究所、中科院声学所、广东海洋大学、香港理工大学和国家海洋局第二海洋研究所等7所科研院校。航次共完成CTD大面站位39个，获得全程走航ADCP、表层海水CT数据、自动气象站数据。海洋生物分队拖网9个，采集浮游动物样品19份；培养站位2个，采集DNA 50份，RNA 45份；采水站位26个，采集到微微型浮游生物样品515份，营养盐样品296份，叶绿素样品178份，浮游植物样品122份，海水铝样品215份。

【国家自然科学基金委航次】 2012年，中国科学院南海海洋研究所承担了“国家自然科学基金委共享航次”的三个航次任务，分别为东印度洋考察、南海北部地球物理与南海海洋学综合调查。2～4月，东印度洋综合科学考察航次起航。本次东印度洋航次目标通过强化观测跨赤道流系变化，以及冬季风影响下的印度洋物理海洋、海洋生态与地质沉降等海洋特征，认识冬季风影响下的东印度洋海洋层化、SST、季风内震荡等过程及其关系。6月，“南海北部地球物理科学考察实验研究”航次主要科学目标是开展南海北部滨海断裂带的深部结构和发震构造的探测和研究，分析中新生代含油气盆地（珠江口盆地、台西南盆地等）的基底结构和盆地演化模式，揭示南海东北部与海峡区的地壳深部结构特征，为南海北部油气（水合物）资源和构造演化的研究提供基础数据。9～10月，“南海海洋学综合实验研究（A）”航次的主要科学目标是研究南海海洋环境科学问题，了解和探索南海陆架和深水区域海洋动力、环流与生态过程，以及自然与人类活动对南海海洋生态系统影响的能力，为南海经济与社会的协调、可持续发展与决策提供科学依据。三个共享航次涉及多个学科，参加单位包括中国科学院声学研究所、中国科学院广州地球化学研究所、国家海洋局第二海洋研究所、同济大学、中山大学、中国石油大学和华南理工大学等14个科研院所，出航的科考人员共109人次，其顺利完成为国家基金委共享航次的发展提供了宝贵的经验。（中国科学院）

“863计划”项目

【概述】 2012年，“863计划”海洋技术领域在研项目45项，参与人员数量累计4854人次，其中高级职称比例达到37.9%。同时，培养博士108名，硕士257名。2012年度共支付国拨经费41950万元。共发表论文568篇（其中被EI、SCI、

ISPT 收录 104 篇)，发表著作 18 部；申请国内专利 315 项（含发明专利 231 项)，申请国外专利 4 项（含发明专利 4 项)，获得国内专利授权 115 项（含发明专利 69 项)，获得国外专利授权 1 项（含发明专利 1 项)；获得国家科技二等奖励 1 项。同时，海洋技术领域取得了重要经济效益，转让成果 3 项，转让成果收益 350 万元，成果转化产值新增逾 16 亿元，实现利税逾 1 亿元。

【深水油气勘探开发技术与装备重大项目】 重点解决制约我国深海油气勘探开发技术与装备的瓶颈性问题。攻克深水地震勘探、综合地球物理、深水钻完井、新型平台设计成套技术；研发一批深水油气钻采重大装备制造关键技术，完成一批重大装备成套化工程样机研制；培养深水油气勘探开发高技术研发人才，建设深水油气勘探开发高技术及装备研究基地。到 2015 年，基本掌握深水油气勘探开发的系列核心技术，具备 3000 米水深油气勘探开发技术与装备自主研发能力，推动我国高端海洋工程装备和深水油气勘探开发技术服务产业发展，为我国大规模开展深水区域和海外区块油气田开发提供强有力的科技支撑。

【小型深海移动工作站的研制与海试重大项目】 重点针对小型深海移动工作站研制的技术难点，突破小型深海移动工作站锂电池组应用、应急逃逸、自治式潜器的搭载和对接等关键技术，研发外挂式可回转一体化推进装置，为小型深海移动工作站的后续研制奠定基础，并带动我国深海通用技术和相关产业的发展。

【海底观测网试验系统重大项目】 重点突破布放与维护、系统控制和原位多参数探测等技术，完成光电复合缆与湿插拔接口设备、深海接驳设备系统、海底环境长期实时监测系统、岸基诊断控制管理维护系统等关键设备和系统的研制，形成相应技术标准，在南海建成一个深海海底观测网试验系统，在东海集成建设一个适合浅海浑浊水域的海底观测网试验系统。 （国家科技部）

【南海深水区内波观测技术与试验系统开发】 “南海深水区内波观测技术与试验系统开发”由中国海洋大学赵玮副教授作为项目负责人。属 863 计划重大项目，课题起止年限为 2008 年 8 月 1 日至 2012 年 12 月 31 日。①课题严格按照 863 相关规范进行过程管理和质量控制，强化深海潜标水动力学优化、长期连续潜标关键部件外海长期检验、潜标加工与结构性能测试和外海长期检验等全过程的管理，突破深海内波声学探测、潜标水动力学优化设计等关键技术，优化耐腐防污技术和潜标布放回收技术等通用技术，研制了两套深海内波声学探测系统、三套深海海洋动力环境实时监测潜标和八套深海海洋动力环境自容监测潜标，构建了南海深水区内波观测试验网，进行了连续三年的南海内波生成、传播和演变全过程观测，已回收的 20 套潜标共获取 4986 套天南海深水区海洋动力环境观测数据（尚有 10 套潜标在位运行)，捕捉到了 712 个南海内孤立波生成、传播和演变全过程，这是目前国际上针对南海深水区内波时间最长、质量最好、最系统的观测数据。② 针对南海深水区内波监测的高采样频率、高精度、长期连续观测等技术要求，课题集成中国科学院声学研究所自容式 75 千赫兹和 150 千赫兹 ADCP、国家海洋技术中心温度链、国产玻璃微珠浮力材料等 863 自主技术产品，研发了深海海洋动力环境监测自主潜标。第一套自主潜标于 2010 年 3 月 25 日在南海海域成功布放，并于 2010 年 8 月 13 日成功回收，首次全部采用 863 自主海洋观测设备实现了海洋上层温度、流场等参量的高采样频率长期连续观测。第二套自主潜标已于 2012 年 3 月在南海布放，目前正在运行中。③布放回收长期潜标七十余套次，全部获得成功，获取大量宝贵的海洋动力环境监测数据和潜标布放回收经验，初步形成了深海海洋动力环境监测潜标布放与回收技术规范。④在内波科学研究方面，课题分析获得的南海深水区内孤立波现场观测数据对南海内波空间分布及时间变异的特征与机制进行了系统研究，初步掌握了南海内孤立波生成传播和演变规律，初步实现了南海内孤立波预测，并研发了南海内波信息服务系统。⑤课题注重成果推广应用工作课题研发的服务系统及研究成果已经移交到海军及中海油等相关用户进行试运行。 （中国海洋大学）

【海陆联合深部地球物理勘探关键技术】 本重点项目依托单位是国家海洋局第一海洋研究所，协助单位为中国科学院地质与地球物理研究所、中海油田服务股份有限公司、北京大学、中国海洋大学和中国科学院海洋研究所。课题实施两年以来，项目组在宽频带海底地震仪、便携式海底地震仪、大容量气枪组合阵列等关键问题上进行技术攻关，取得了创新性的成果。其中，研制宽频带七通道海底地震仪 20 台，实现了声学应答装置国产化、整机工作低功耗、姿控地震计信号优良化三项关键技术；研制小型便携式海底地震仪 12 台，利用自制电化学检波器和数字解码水声模块，降低了工艺要求和制作难度，达到国际同等水平；引入 6 条 BOLT 1500LL 型大容量低频气枪，开发了枪组合技术。

基于关键技术的顺利攻关，结合陆域爆破震源在渤海海区布设了 NE、NW 两条海陆联测剖面，实现了“陆域放炮，陆海接收；海域放炮，海陆接收”，获得了海域 500 千米、陆域 260 千米的深地震资料，这是我国首次在浅海开展的真正意义上的海陆过渡带深部地壳结构探测，对于深入认识我国近海及海陆过渡带尤其资源形成和灾害发生的自然规律，探索地球内部结构和演化过程等海洋地质基础科学问题有重要意义。

项目组在相关知识产权保护和人才培养上成效显著，目前已经获得发明专利授权 1 项，计算机软件著作权登记 6 项，发表相关论文 36 篇，培养博士研究生 4 名，硕士研究生 5 名。

（国家海洋局第一海洋研究所）

【深海与极地生物探测获取与应用技术系统研究】 “863 计划”海洋生物项目“深海与极地生物探测获取与应用技术系统研究”于 5 月正式启动。该项目由海洋三所牵头负责实施，以深海和极地生物探测、获取、应用三个方面的技术研发为主要的工作内容，重点研究开发深海生物采样工具，深海生物原位长期观测和定植培养技术，深海微生物分离培养与基因资源获取技术，深海微生物活性物质的发掘及其利用技术和极地海洋微生物资源及活性产物功能利用技术五个部分。该项目是一个多学科综合的项目，最能体现高技术的特征，获得的深海生物基因资源是国际上争夺最为激烈的海洋生物基因资源。（国家海洋局第三海洋研究所）

“973 计划”项目

【我国陆架海生态环境演变过程、机制及未来变化趋势预测】 该项目首席科学家为中国海洋大学赵美训教授。2012 年是项目全面执行的第三年，项目的各项研究工作围绕年度计划有序的开展。本年度各课题和研究组在利用 2011 年度开展的研究航次的基础上，建立了我国陆架海全新世的沉积年代框架，对黄海和东海沉积物样品进行了粒度、有机地球化学、地球化学及微体古生物种类和群落的分析，重建了过去 200 年和全新世的生态环境演变历史，初步探讨了沉积物中有机污染物变化及人类活动对海洋生态的影响。收集了陆架海物理海洋学、生物与化学、人类活动的大量数据、资料，探讨了营养盐潜在限制及生产力空间分布规律，完善了我国陆架海生态动力学耦合模型，数值模拟研究了未来气候预测下我国陆架海生态环境响应及气溶胶和温室气体对北太平洋区域气候的影响，取得了阶段性成果。（中国海洋大学）

“908 专项”

为全面贯彻党的十六大提出的“实施海洋开发”战略部署，实施《全国海洋经济发展规划纲要》，促进我国海洋经济持续快速发展，服务于国家全面建设小康社会的发展目标，国家海洋局针对我国近海基本状况认识程度较低、环境变化较大的情况，提出开展我国近海海洋综合调查与评价的专项建议。2003 年 9 月，国务院正式批准“我国近海海洋综合调查与评价”专项（“908 专项”，以下简称“专项”）立项。2004 年 3 月，国家海洋局联合国家发展改革委和财政部组成专项领导小组，负责专项的组织实施。2012 年 10 月，专项通过总验收。

专项包括三项基本任务，即我国近海海洋综合调查、我国近海海洋综合评价和中国数字海洋信息基础框架构建，在调查与评价的基础上，还开展了专项成果集成任务。综合调查任务采用世界先进的海洋调查仪器设备，动用大小船只 500 余艘，航程 200 多万千米，海上作业约 2 万天，完成了水体调查面积约 102 万平方千米、海底调查面积约 64 万平方千米、海岛海岸带卫星遥感调查面积约 152 万平方千米、航空遥感调查面积约 9 万平方千米，同时完成了海岛、海岸带、海岛海岸带遥感、海域使用现状、沿海社会经济基本情况、海洋灾害、海洋可再生能源和海水资源开发利用等8个专题调查。

综合评价任务完成了气候变化和近海环流变异对沿海地区经济发展影响评价、近岸海洋环境自然变异与污染机制及环境质量评价、海洋生态系统评价等9类课题的52个专题评价，全面深化了对我国近海海洋环境和资源状况的认识，取得了系列专题评价结果。并在此基础上，围绕海洋开发、环境保护和综合管理需要，形成了一批面向公众和政府管理部门的政策建议和公布性成果。

中国数字海洋信息基础框架构建建成了我国国家和沿海省（区、市）标准统一的数字海洋数据仓库，入库总数据量达48000GB；构建了我国第一个数字海洋原型系统，实现了海底、水体、海面多种海洋要素、海洋现象的交互式三维可视化表达、再现和预现；开发了数字海洋信息服务系统，包括面向海洋综合管理的8个专题子系统，面向地方应用的72个特色业务系统，初步形成了海洋信息综合应用与决策支持的服务能力。

成果集成工作采取三级集成方式，对专项获得的所有调查与评价基本成果进行了综合集成。形成了2036册数据集、约6.7万幅图件、3364份技术报告、58份政策建议书与公报、196部专著和3200多篇论文等批量成果。

专项是新中国成立以来调查项目最全、采用技术手段最先进、投资最大的一项重大海洋基础工程。专项历时8年，在中央及沿海地区180余家涉海单位和3万多名海洋工作者的共同努力下，取得了一大批对国家经济社会发展具有深远影响和积极促进作用的丰硕成果。

（1）首次查明了我国近海海洋可再生能源潜力。除台湾省外，我国近海海洋可再生能源总蕴藏量为15.80亿千瓦，总技术可开发装机容量为6.47亿千瓦。其中：潮汐能蕴藏量19286万千瓦，技术可开发装机容量2283万千瓦；潮流能蕴藏量833万千瓦，技术可开发装机容量166万千瓦；波浪能蕴藏量1600万千瓦，技术可开发装机容量1471万千瓦；温差能蕴藏量36713万千瓦，技术可开发装机容量2570万千瓦；盐差能蕴藏量11309万千瓦，技术可开发装机容量1131万千瓦；海洋风能蕴藏量88300万千瓦，技术可开发装机容量57034万千瓦。

（2）初步查清了我国近海海水资源潜力及开发利用状况。我国沿海地区水资源短缺日益严重，11个沿海省（区、市）所属的52个沿海城市中，极度缺水18个、重度缺水10个、中度缺水9个、轻度缺水9个，近90%的城市存在不同程度缺水问题。水资源短缺已经成为制约我国沿海地区经济社会可持续发展的重要瓶颈。我国每年海水直接利用量约620亿吨，每日海水淡化约60万吨，其中用于民用的每日约16万吨，用于工业的每日约44万吨。

（3）总体掌握了我国近海海砂资源的分布和资源量。我国重要海砂资源区面积约30.3万平方千米，估算资源量约4749亿立方米，其中近海陆架出露海砂约3866亿立方米，陆架埋藏砂约883亿立方米。目前，已探明具有工业储量的滨海砂矿产地共91处。

（4）首次评价了我国潜在海水增养殖资源并选划出潜在资源海域。在现有180万公顷海水养殖海域的基础上，新选划出潜在海水增养殖区170.78万公顷，其中池塘养殖区19.11万公顷，底播养殖区69.91万公顷，筏式养殖区64.08万公顷，网箱养殖区17.31万公顷，工厂化养殖0.37万公顷。

（5）首次评价了我国潜在滨海旅游资源并选划出潜在旅游资源区。在中国现有12413处滨海旅游资源点现状基础上，确定了潜在滨海旅游区选划的原则和指标体系。共选划出潜在滨海旅游资源区343处，其中近期可开发的84处，包括15处生态滨海旅游区、7处休闲渔业滨海旅游区、6处观光滨海旅游区、26处度假滨海旅游区、5处游艇旅游区、2处特种运动滨海旅游区、23处海岛综合旅游区。

（6）首次获取我国滨海湿地面积。数据显示，我国滨海湿地总面积为693万公顷（自海岸线至6米水深范围），其中自然湿地面积669万公顷，人工湿地面积24万公顷，分别占总面积的96.5%和3.5%。自然湿地面积中，浅海水域面积499万公顷，其他湿地面积170万公顷，分别占总面积的74.6%和25.4%。

（7）全面掌握了我国主要海洋灾害的分布、特点、强度及影响。风暴潮（含近岸浪）是我国水文气象灾害中最严重的海洋灾害，近20年来（1990～2009年）造成的经济损失高达

2500 亿元，约占全部海洋灾害的 94%；赤潮及外来生物入侵灾害是我国近海最为严重的生态灾害，近 20 年来，赤潮在我国近海平均每年发生 83 次，造成重大经济损失和环境影响，其中东海发生频次最高，占全国的 58%；海岸带地质灾害中，海岸侵蚀和海水入侵最为严重，大陆岸线侵蚀总长度达 3250 千米，沿岸地区海水入侵总面积超过 1.6 万平方千米。

（8）系统厘清了我国海洋经济结构、产业规模和可持续发展战略构想。“十五”以来，海洋经济年均增长速度为 13.5%，远高于同期国民经济的增长速度，海洋经济在国民经济中的地位日益提高；海洋运输业、滨海旅游业等我国海洋经济支柱产业，规模不断扩大，但比较脆弱；海洋化工业、海洋生物医药业等我国新兴海洋产业呈现高速增长趋势；经过综合评价与发展目标预测认为，我国海洋经济仍将保持 8% 以上的发展势头。

（9）系统认识了我国近海海洋生态系统健康状况和服务价值。我国近海海洋环境质量总体良好，但近岸海域污染范围较大，部分河口和海湾水体严重富营养化，环境容量已经有限；近海海洋经济动物资源面临巨大压力，近海渔业资源整体处于衰退状态；近岸海域沉积物质量总体良好，但局部海域和 48 个海湾（河口）沉积物分别不同程度地受到镉、铜、滴滴涕和石油烃等的复合污染；近岸海域生态系统面临的生态风险很大，生态健康逐步恶化，服务功能不断下降。

（10）全面深化了我国近海环境基本特征及其变化规律的科学认识。通过对我国近海水体和海底的调查研究，系统揭示了我国近海物理海洋现象的分布特征、变化规律及形成机制，勾绘出新一代中国近海环流结构图；首次获得了我国近海水体光学特性的系列参数与时空变化规律，发现了近海水体特征光谱与相应水体成份的内在关系；摸清了我国近海海洋化学环境特征及其变化规律；查明了我国近海海洋生物的种类、数量、分布及生态特征，发现了一些海洋生物新种；揭示了我国近海，特别是重点海域的海底地形地貌特征及其区域分布，发现了许多新的重要地貌现象；弄清了我国近海海底沉积物的分布特征、物质来源、古环境演化历史，以及悬浮体的物质组成和运移规律；揭示了我国近海重磁场特征、重磁异常和构造活动分布规律，填补了我国近海地球物理资料空白。

（11）创新建设了体现当前海洋信息化水平的中国数字海洋信息基础框架。创建了中国数字海洋信息基础框架，使我国海洋信息化工作迈上新台阶。建成了覆盖 11 个沿海省（区、市）和 18 个国家海洋局属单位的数字海洋主干网络和视频会商系统，实现了数字海洋 24 个节点的业务化运行；首次建立了国内海洋领域标准统一、质量可靠、内容全面、信息丰富的海洋数据仓库，奠定了数字海洋信息基础；突破多项关键技术，构建了我国第一个基于球体的数字海洋三维可视化平台，奠定了数字海洋技术基础；2009 年 6 月，与 Google Ocean 同期发布了 iOcean 中国数字海洋公众版，建成的数字海洋移动服务平台 iOcean@touch 投入运行。

（12）专项获得的资料和成果已得到广泛应用。一是切实增强了维护权益的服务支撑能力。编制了沿海各省（区、市）海岛海岸带图集和系列高分辨率遥感影像图集，为我国海岛的建档立志和领海基点的制定管理提供了坚实的基础数据支撑。其中，获得的钓鱼岛遥感数据为公布我国钓鱼岛及其附属岛屿共 71 个海岛的标准名称发挥了重要作用，对于维护我国钓鱼岛及其附属岛屿的权益具有重要价值。二是有力促进了我国海洋经济的可持续发展。专项成果已经在沿海省（区、市）海洋经济建设中得到广泛应用。依据专项资料编撰的《山东海情》、《江苏海洋概览》和《海南海情》等，简明扼要地分别将各省的海洋基本状况信息及时发布给政府有关部门和市县政府，为《山东半岛蓝色经济区建设规划》与《黄河三角洲高效生态经济区发展规划》、《江苏沿海地区发展规划》和《海南国际旅游岛开发规划》等国家战略规划的编制和实施，为地方政府决策提供了重要基础数据和科学依据。三是有效提升了我国海洋综合管理决策水平。中国数字海洋信息基础框架建成并投入业务化运行，全面提升了我国海洋综合管理的水平和效率。专项获得的调查资料和评价成果全部进入数字海洋数据仓库系统，为全国海洋功能区划、东海大陆架划界、渤海溢油应急、全国海域地名普查、军事海洋环境保障等提供了基础数据和信息产品支撑。数字海洋主干网路，为国家海洋局应急指挥平台、海洋经济监测评估、海洋环境监测实时数据和海岛信息的传输等提供了保障。开发的70多个特色服务系统在地方海洋经济发展、海洋战略规划、海洋综合管理等众多领域得到了应用，提升了海洋综合管理水平。四是发展完善了我国近海海洋科学理论体系。专项形成了代表我国当前海洋研究最新进展和系统权威的大批成果，发展和完善了海洋科学理论体系。专项获得了许多新发现和新认识，形成了数以万计的数据集、调查研究报告和分析评价报告，编制了数万幅成果图件和遥感影像图，发表3000多篇科学论文，编撰和出版了约200部著作。五是显著提高了我国海洋调查研究整体能力。专项跨越式地提高了我国海洋调查研究与管理的水平，形成了科学有效的四个能力体系：专项培养和造就了以年轻人为主体、从中央到地方多层面的数十支海洋科技队伍；专项形成了支撑海洋遥感、海上观测、陆基测量和海底探测的系统技术体系和整体技术装备能力；建立了有效的质量保障体系；全面形成了开展大型海洋调查活动的组织管理体系。专项制定和执行了34部技术规程，已有2部转为国家标准、5部转为行业标准，并正式发布实施。六是有力推动了我国海洋文化的发展与繁荣。专项编辑出版了一批海洋图书，像《中国区域海洋学》、《中华海洋本草》和《中国海岛志》等大型系列科学专著和志书，都是新中国成立以来海洋领域的奠基之作、代表之作。制作了与专项工作有关的系列影视作品，如《蓝色家园•点亮海岛新生》、《解码数字海洋》和《直击海岛海岸带》等系列专题纪录片和电视宣传片。专项所产生的海洋文化产品，对提高公众认知海洋能力、增强全民海洋意识、繁荣海洋文化等方面都起到了重要作用。（国家海洋局科技司）

国家自然科学基金重要项目

【概况】 2012年度国家自然科学基金批准资助海洋科学项目共437项，比2011年增加61项；总经费31034万元，比2011年增加5258万元。其中，自由申请项目203项，经费16410万元；青年基金项目189项，经费4798万元；其他基金项目45项，经费9826万元（见下表）。

2012年度国家自然科学基金海洋科学学科资助项目目录

1. 面上项目

序号	项目批准号	申请者姓名	项目名称	学科代码	单位名称	批准金额（万元）	起始年月
1	41276001	刘玲玲	热带气旋及其变异对北太平洋浅层翻转环流的影响机制	D0601物理海洋学	中国科学院海洋研究所	83	2013-1-1至2016-12-31
2	41276002	李春	北太平洋风生环流对全球变暖的响应及其对大气环流反馈效应	D0601物理海洋学	中国海洋大学	83	2013-1-1至2016-12-31
3	41276003	鄢全树	西南太平洋劳海盆地幔源区性质及俯冲组分对地幔源区的影响	D0603海洋地质学	国家海洋局第一海洋研究所	84	2013-1-1至2016-12-31
4	41276004	田新朋	深海沉积环境海洋放线菌纯培养策略研究	D0609生物海洋学与海洋生物资源	中国科学院南海海洋研究所	86	2013-1-1至2016-12-31
5	41276005	赖其良	食烷菌多样性与比较基因组研究	D0609生物海洋学与海洋生物资源	国家海洋局第三海洋研究所	75	2013-1-1至2016-12-31
6	41276006	胡建宇	南海北部陆架波观测与分析	D0601物理海洋学	厦门大学	89	2013-1-1至2016-12-31
7	41276007	张文舟	台风影响下台湾海峡环流变异研究	D0601物理海洋学	厦门大学	85	2013-1-1至2016-12-31

续表

序号	项目批准号	申请者姓名	项目名称	学科代码	单位名称	批准金额（万元）	起始年月
8	41276008	陈学恩	南海内波的生成、传播及其三维性	D0601物理海洋学	中国海洋大学	87	2013-1-1至2016-12-31
9	41276009	高山红	黄海平流海雾大气边界层云微物理机制的数值研究	D0601物理海洋学	中国海洋大学	84	2013-1-1至2016-12-31
10	41276010	管长龙	热分层水槽中波浪混合的实验研究	D0601物理海洋学	中国海洋大学	85	2013-1-1至2016-12-31
11	41276011	兰健	南印度洋副热带模态水年际变化特征及其机制研究	D0601物理海洋学	中国海洋大学	85	2013-1-1至2016-12-31
12	41276012	孙即霖	区域海洋热含量异常影响中国气候变化机制的研究	D0601物理海洋学	中国海洋大学	85	2013-1-1至2016-12-31
13	41276013	万修全	天气噪声对大西洋经向翻转环流变异的作用	D0601物理海洋学	中国海洋大学	88	2013-1-1至2016-12-31
14	41276014	王伟	水平温差驱动环流的本征振荡规律研究	D0601物理海洋学	中国海洋大学	88	2013-1-1至2016-12-31
15	41276015	赵栋梁	波浪和降雨对海洋冷皮层和混合层的影响	D0601物理海洋学	中国海洋大学	84	2013-1-1至2016-12-31
16	41276016	赵亮	黄、东海低营养层生态系统对自然环境变化响应的模拟与分析	D0601物理海洋学	中国海洋大学	85	2013-1-1至2016-12-31
17	41276017	李瑞杰	海岸水沙界面通量研究	D0601物理海洋学	河海大学	82	2013-1-1至2016-12-31
18	41276018	左军成	东中国海海平面年际、年代际变化机制	D0601物理海洋学	河海大学	74	2013-1-1至2016-12-31
19	41276019	宋清涛	大气对小尺度海表温度结构的响应	D0601物理海洋学	国家卫星海洋应用中心	78	2013-1-1至2016-12-31
20	41276020	任鲁川	地震海啸危险性分析不确定性评估的全局敏感分析方法	D0601物理海洋学	防灾科技学院	50	2013-1-1至2016-12-31
21	41276021	陈桂英	南海南部湍流混合研究	D0601物理海洋学	中国科学院南海海洋研究所	92	2013-1-1至2016-12-31
22	41276022	经志友	南海北部琼东海域夏季海洋锋的时空变异特征及其动力机制研究	D0601物理海洋学	中国科学院南海海洋研究所	84	2013-1-1至2016-12-31
23	41276023	卢著敏	应用大涡模拟研究陆架海对台风的响应	D0601物理海洋学	中国科学院南海海洋研究所	72	2013-1-1至2016-12-31
24	41276024	谢强	南海深层环流的诊断分析以及底部海盆低盐水形成过程的模拟	D0601物理海洋学	中国科学院南海海洋研究所	90	2013-1-1至2016-12-31

续表

序号	项目批准号	申请者姓名	项目名称	学科代码	单位名称	批准金额（万元）	起始年月
25	41276025	严幼芳	南海上层热含量年际变化的南北差异及其与ENSO的关联	D0601物理海洋学	中国科学院南海海洋研究所	88	2013-1-1至2016-12-31
26	41276026	刘志亮	夏季南黄海西部沿岸环流的三维结构及其变化规律	D0601物理海洋学	中国科学院海洋研究所	82	2013-1-1至2016-12-31
27	41276027	谢基平	基于高分辨数值模式和资料同化的南海北部中尺度涡可预报性研究	D0601物理海洋学	中国科学院大气物理研究所	89	2013-1-1至2016-12-31
28	41276028	黄大吉	黄海暖流的西偏路径和时间演变过程	D0601物理海洋学	国家海洋局第二海洋研究所	95	2013-1-1至2016-12-31
29	41276029	唐佑民	基于集合滤波器的热带印度洋同化系统和热带印度洋海温异常预测的研究	D0601物理海洋学	国家海洋局第二海洋研究所	95	2013-1-1至2016-12-31
30	41276030	吴巧燕	海洋混合层日变化以及对热带气候的影响	D0601物理海洋学	国家海洋局第二海洋研究所	82	2013-1-1至2016-12-31
31	41276031	周锋	物理过程对东海陆架海域底层水体缺氧时空演变的影响	D0601物理海洋学	国家海洋局第二海洋研究所	72	2013-1-1至2016-12-31
32	41276032	梁湘三	黑潮延伸体的空间与时间不稳定性增长及其多尺度动力学研究	D0601物理海洋学	南京信息工程大学	85	2013-1-1至2016-12-31
33	41276033	王坚红	海洋中尺度涡旋动力结构与维持机制研究	D0601物理海洋学	南京信息工程大学	78	2013-1-1至2016-12-31
34	41276034	邱云	孟加拉湾障碍层年际变化及形成机理	D0601物理海洋学	国家海洋局第三海洋研究所	75	2013-1-1至2016-12-31
35	41276035	黄传江	海洋上层湍动能耗散率观测及参数化研究	D0601物理海洋学	国家海洋局第一海洋研究所	78	2013-1-1至2016-12-31
36	41276036	刘学海	近几十年红海水体变暖的外部热成因研究	D0601物理海洋学	国家海洋局第一海洋研究所	72	2013-1-1至2016-12-31
37	41276037	薛梅	基于台风地震信号特征的小尺度地球圈层耦合机制研究	D0602海洋物理学	同济大学	82	2013-1-1至2016-12-31
38	41276038	刘胜兴	浅海水声通信中非规则LDPC码的构造、优化和应用研究	D0602海洋物理学	厦门大学	65	2013-1-1至2016-12-31
39	41276039	陶毅	水声网络协议的跨层设计及其应用研究	D0602海洋物理学	厦门大学	55	2013-1-1至2016-12-31
40	41276040	张宇	海洋动物发声的生物声呐特性和物理机制研究	D0602海洋物理学	厦门大学	89	2013-1-1至2016-12-31

续表

序号	项目批准号	申请者姓名	项目名称	学科代码	单位名称	批准金额（万元）	起始年月
41	41276041	张亭禄	黄/东海水下太阳紫外辐射传输特性及其遥感方法	D0602海洋物理学	中国海洋大学	86	2013-1-1至2016-12-31
42	41276042	杨克成	基于空间映射成像的海水三维体散射函数测量方法研究	D0602海洋物理学	华中科技大学	82	2013-1-1至2016-12-31
43	41276043	李栋梁	含水合物沉积物的声传播特性及多相介质声学模型研究	D0602海洋物理学	中国科学院广州能源研究所	78	2013-1-1至2016-12-31
44	41276044	李保华	中更新世以来地中海溢出流演化及其对全球变化的影响	D0603海洋地质学	中国科学院南京地质古生物研究所	83	2013-1-1至2016-12-31
45	41276045	范代读	钱塘江河口涌潮段沉积作用与地层形成机制	D0603海洋地质学	同济大学	95	2013-1-1至2016-12-31
46	41276046	雷怀彦	天然气水合物成藏体系中产甲烷与甲烷厌氧氧化作用生物标志物和分子生物学研究	D0603海洋地质学	厦门大学	82	2013-1-1至2016-12-31
47	41276047	方念乔	海南岛白垩纪俯冲-碰撞记录与其后南海开裂的转换时限研究	D0603海洋地质学	中国地质大学（北京）	80	2013-1-1至2016-12-31
48	41276048	刘海龄	南海北缘琼南特提斯缝合带断裂构造运动学研究	D0603海洋地质学	中国科学院南海海洋研究所	88	2013-1-1至2016-12-31
49	41276049	丘学林	南沙地块深部地壳结构和南部陆缘构造性质研究	D0603海洋地质学	中国科学院南海海洋研究所	95	2013-1-1至2016-12-31
50	41276050	王淑红	南海北部九龙甲烷礁冷泉活动及其生态影响的沉积记录	D0603海洋地质学	中国科学院南海海洋研究所	85	2013-1-1至2016-12-31
51	41276051	张兰兰	南海深海区的现代放射虫及其对水团的指示意义	D0603海洋地质学	中国科学院南海海洋研究所	82	2013-1-1至2016-12-31
52	41276052	黄朋	末次盛冰期黄海陆架气候变化的钙质结核硼—碳—氧同位素记录	D0603海洋地质学	中国科学院海洋研究所	74	2013-1-1至2016-12-31
53	41276053	王秀娟	裂隙充填型天然气水合物形成的控制条件及其饱和度估算方法	D0603海洋地质学	中国科学院海洋研究所	82	2013-1-1至2016-12-31
54	41276054	万玲	南海南北共轭张裂陆缘的综合地球物理研究	D0603海洋地质学	广州海洋地质调查局	79	2013-1-1至2016-12-31
55	41276055	李小虎	现代海底热液成矿过程中金属元素化学形态与迁移机制：Cu-Fe-Zn 同位素示踪	D0603海洋地质学	国家海洋局第二海洋研究所	83	2013-1-1至2016-12-31

续表

序号	项目批准号	申请者姓名	项目名称	学科代码	单位名称	批准金额（万元）	起始年月
56	41276056	孙春岩	基于ODP水合物典型站位及在南海北部水合物赋存区井中烃类地球化学指标与水合物赋存状态的对比研究	D0603海洋地质学	中国地质大学（北京）	72	2013-1-1至2016-12-31
57	41276057	苏正	海洋天然气水合物藏产气潜力地质评价指标研究	D0603海洋地质学	中国科学院广州能源研究所	83	2013-1-1至2016-12-31
58	41276058	蔡锋	扬子浅滩南部地形地貌精细研究及成因机制分析	D0603海洋地质学	国家海洋局第三海洋研究所	76	2013-1-1至2016-12-31
59	41276059	李云海	闽浙沿岸泥质沉积中心台风沉积过程及其地质记录研究	D0603海洋地质学	国家海洋局第三海洋研究所	82	2013-1-1至2016-12-31
60	41276060	褚宏宪	曹妃甸甸头深槽海底滑坡及稳定性研究	D0603海洋地质学	青岛海洋地质研究所	67	2013-1-1至2016-12-31
61	41276061	翟惟东	中国北方海域近海酸化的时空变异及调控--典型海域比较	D0604海洋化学	国家海洋环境监测中心	82	2013-1-1至2016-12-31
62	41276062	蔡平河	南中国海陆架区颗粒有机碳的跨陆架输运	D0604海洋化学	厦门大学	88	2013-1-1至2016-12-31
63	41276063	蔡毅华	基于231Pa/230Th 活度比值重建近15万年来南海深层环流	D0604海洋化学	厦门大学	90	2013-1-1至2016-12-31
64	41276064	郭卫东	河口区DOM生物可利用性的时空演变及其调控机制	D0604海洋化学	厦门大学	82	2013-1-1至2016-12-31
65	41276065	李春园	南海北部含碳颗粒类型与颗粒碳来源及颗粒有机碳输出的控制因素研究	D0604海洋化学	厦门大学	87	2013-1-1至2016-12-31
66	41276066	王新红	天然放射性单体烃碳同位素示踪海水中多环芳烃的来源和迁移转化过程	D0604海洋化学	厦门大学	78	2013-1-1至2016-12-31
67	41276067	李先国	植被与气候变化在我国渤、黄、东海陆架泥质区中的木质素分子化石和稳定同位素沉积记录	D0604海洋化学	中国海洋大学	84	2013-1-1至2016-12-31
68	41276068	邢磊	黄海全新世沉积有机质来源和组成变化的多参数指标重建	D0604海洋化学	中国海洋大学	88	2013-1-1至2016-12-31
69	41276069	杨茹君	东黄海海水中天然有机配体与溶解态 Fe 的配位容量及其影响因素研究	D0604海洋化学	中国海洋大学	85	2013-1-1至2016-12-31

续表

序号	项目批准号	申请者姓名	项目名称	学科代码	单位名称	批准金额（万元）	起始年月
70	41276070	姚庆祯	长江口及邻近海域沉积物再悬浮对近岸营养盐循环的影响研究	D0604海洋化学	中国海洋大学	84	2013-1-1至2016-12-31
71	41276071	张劲	利用多元地球化学示踪剂解析东海外陆架水团结构及营养盐来源	D0604海洋化学	中国海洋大学	85	2013-1-1至2016-12-31
72	41276072	贾国东	微生物四醚类脂物在南海北部沿海的地球化学特征与环境意义	D0604海洋化学	中国科学院广州地球化学研究所	90	2013-1-1至2016-12-31
73	41276073	曹龙	全球气候变化背景下的海洋碳循环和海洋酸化模拟研究	D0604海洋化学	浙江大学	73	2013-1-1至2016-12-31
74	41276074	李言涛	甲壳素衍生物海水体系缓蚀阻垢能力及磁场协同机制研究	D0604海洋化学	中国科学院海洋研究所	72	2013-1-1至2016-12-31
75	41276075	王瑁	红树林生境异质性的时空尺度效应与鱼类多样性的维持机制	D0605河口海岸学	厦门大学	92	2013-1-1至2016-12-31
76	41276076	王文卿	海平面上升背景下堤前红树林的退化机制与评估	D0605河口海岸学	厦门大学	89	2013-1-1至2016-12-31
77	41276077	叶勇	河口区非胎生红树植物潮间带分带机理	D0605河口海岸学	厦门大学	70	2013-1-1至2016-12-31
78	41276078	张宜辉	红树林和互花米草相互作用对环境变化的多尺度响应	D0605河口海岸学	厦门大学	85	2013-1-1至2016-12-31
79	41276079	吴加学	现代珠江水下三角洲动力沉积过程与沉积体系发育机制	D0605河口海岸学	中山大学	96	2013-1-1至2016-12-31
80	41276080	何青	河口泥沙输运在自然和人类驱动下的响应和源汇转化研究	D0605河口海岸学	华东师范大学	90	2013-1-1至2016-12-31
81	41276081	吴莹	陆源溶解有机碳的迁移转化及其生态环境效应-以长江口为例	D0605河口海岸学	华东师范大学	87	2013-1-1至2016-12-31
82	41276082	黄海军	黄河三角洲地面沉降监测与形成机理研究	D0605河口海岸学	中国科学院海洋研究所	86	2013-1-1至2016-12-31
83	41276083	曹振轶	河口近岸浑浊水区底边界层动力精细结构的原位观测和分析	D0605河口海岸学	国家海洋局第二海洋研究所	78	2013-1-1至2016-12-31
84	41276084	边淑华	粉砂海岸典型剖面极端海况泥沙运动观测及其动力机制研究	D0605河口海岸学	国家海洋局第一海洋研究所	74	2013-1-1至2016-12-31

续表

序号	项目批准号	申请者姓名	项目名称	学科代码	单位名称	批准金额（万元）	起始年月
85	41276085	马慧	多外力作用下带有时延和丢包的海洋平台网络振动控制研究	D0606工程海洋学	中国海洋大学	83	2013-1-1至2016-12-31
86	41276086	白志刚	基于膨胀波的充水皮筏波能发电装置基础实验及粒子流固耦合水动力学研究	D0606工程海洋学	天津大学	75	2013-1-1至2016-12-31
87	41276087	黄彦良	一种低合金高强度钢浪溅区的点蚀机理和氢渗透行为研究	D0606工程海洋学	中国科学院海洋研究所	82	2013-1-1至2016-12-31
88	41276088	张韧	ARGO 资料客观分析与三维温盐场重构技术研究	D0607海洋监测、调查技术	中国人民解放军理工大学	79	2013-1-1至2016-12-31
89	41276089	于新生	沉积物-海水界面氧与pH 两维分布的双荧光传感技术研究	D0607海洋监测、调查技术	中国海洋大学	84	2013-1-1至2016-12-31
90	41276090	田翔	基于稀疏阵的相控阵三维成像声呐系统阵元优化及波束形成算法研究	D0607海洋监测、调查技术	浙江大学	73	2013-1-1至2016-12-31
91	41276091	江天久	鱼毒性藻类及其溶血活性的三维荧光光谱识别研究	D0607海洋监测、调查技术	暨南大学	76	2013-1-1至2016-12-31
92	41276092	秦华伟	深海热液/冷泉远距离探测和定位机理研究	D0607海洋监测、调查技术	杭州电子科技大学	88	2013-1-1至2016-12-31
93	41276093	潘大为	铋基合金电化学传感器用于海水中铁的形态分析研究	D0607海洋监测、调查技术	中国科学院烟台海岸带研究所	82	2013-1-1至2016-12-31
94	41276094	王永杰	全光纤化CTD温盐增敏及长期稳定性研究	D0607海洋监测、调查技术	中国科学院半导体研究所	72	2013-1-1至2016-12-31
95	41276095	朱小华	沿海流场声层析研究	D0607海洋监测、调查技术	国家海洋局第二海洋研究所	95	2013-1-1至2016-12-31
96	41276096	葛人峰	海洋考察船时共享航次调查数据质量评价研究与实施	D0607海洋监测、调查技术	国家海洋局第一海洋研究所	66	2013-1-1至2016-12-31
97	41276097	瞿波	北极的生态系统和二甲基硫对当地气候的影响	D0608海洋环境科学	南通大学	50	2013-1-1至2016-12-31
98	41276098	韩建波	渤海水体中全氟化合物的总量、输入通量和来源研究	D0608海洋环境科学	国家海洋环境监测中心	78	2013-1-1至2016-12-31
99	41276099	梁玉波	北黄海藻毒素来源及在食物网中传递研究	D0608海洋环境科学	国家海洋环境监测中心	84	2013-1-1至2016-12-31

续表

序号	项目批准号	申请者姓名	项目名称	学科代码	单位名称	批准金额（万元）	起始年月
100	41276100	陈长平	海洋硅藻休眠孢子萌发进程中氮代谢的调控机制	D0608海洋环境科学	厦门大学	89	2013-1-1至2016-12-31
101	41276101	李清彪	微生物纳米导线 pili 在河口沉积物异化铁还原过程中的作用机制	D0608海洋环境科学	厦门大学	90	2013-1-1至2016-12-31
102	41276102	王克坚	苯并(a)芘暴露产活性氧介导海洋鱼类抗菌肽的表达机制及其在核转录因子信号通路中的作用	D0608海洋环境科学	厦门大学	92	2013-1-1至2016-12-31
103	41276103	李爱峰	东海贝类养殖区贻贝累积脂溶性毒素的机制及其溯源研究	D0608海洋环境科学	中国海洋大学	25	2013-1-1至2016-12-31
104	41276104	潘进芬	海洋贝类对纳米银的吸收及其生物效应	D0608海洋环境科学	中国海洋大学	80	2013-1-1至2016-12-31
105	41276105	熊德琪	消油剂处理溢油对模式生物海胆的联合毒性效应及机制研究	D0608海洋环境科学	大连海事大学	82	2013-1-1至2016-12-31
106	41276106	鲁中明	珠江河口生态系统对耦合物理-生物地球化学过程的响应	D0608海洋环境科学	广州市香港科大霍英东研究院	78	2013-1-1至2016-12-31
107	41276107	黄椰林	基于转录组测序和居群基因组学的多种红树植物物种形成模式比较	D0608海洋环境科学	中山大学	88	2013-1-1至2016-12-31
108	41276108	王静	区域气候变化背景下南海叶绿素浓度时空变异特征及其成因研究	D0608海洋环境科学	中山大学	89	2013-1-1至2016-12-31
109	41276109	胡宝兰	舟山海岛潮间带氮循环关键环节微生物种群多样性及其对环境变化的响应机制	D0608海洋环境科学	浙江大学	82	2013-1-1至2016-12-31
110	41276110	陈荔	西加毒素在海洋食物链传递之关键因子研究	D0608海洋环境科学	香港城市大学深圳研究院	76	2013-1-1至2016-12-31
111	41276111	林群声	珠江三角洲和长江三角洲新型与未知全氟化合物污染状况及其生态风险	D0608海洋环境科学	香港城市大学深圳研究院	74	2013-1-1至2016-12-31
112	41276112	易立新	天津滨海地下水排放与营养盐输入研究	D0608海洋环境科学	南开大学	87	2013-1-1至2016-12-31
113	41276113	董俊德	海草生态系统生物固氮基因多样性、实时表达特征及固氮贡献率研究	D0608海洋环境科学	中国科学院南海海洋研究所	82	2013-1-1至2016-12-31

续表

序号	项目批准号	申请者姓名	项目名称	学科代码	单位名称	批准金额（万元）	起始年月
114	41276114	张燕英	珊瑚共附生固氮微生物对珊瑚白化的响应	D0608海洋环境科学	中国科学院南海海洋研究所	80	2013-1-1至2016-12-31
115	41276115	宋秀贤	改性黏土治理有害藻华的生态环境效应研究	D0608海洋环境科学	中国科学院海洋研究所	83	2013-1-1至2016-12-31
116	41276116	俞志明	长江口富营养化水域氮循环关键过程中氮稳定同位素特征研究	D0608海洋环境科学	中国科学院海洋研究所	86	2013-1-1至2016-12-31
117	41276117	张清春	秦皇岛“褐潮”原因种的鉴定及其兼性营养特征的研究	D0608海洋环境科学	中国科学院海洋研究所	89	2013-1-1至2016-12-31
118	41276118	赵卫红	多胺对赤潮藻耐环境胁迫效应的调节作用研究	D0608海洋环境科学	中国科学院海洋研究所	80	2013-1-1至2016-12-31
119	41276119	王宗灵	黄海大规模浒苔绿潮起源与早期发生的生态学机理研究	D0608海洋环境科学	国家海洋局第一海洋研究所	82	2013-1-1至2016-12-31
120	41276120	李成华	基于可逆蛋白磷酸化层面上的南移仿刺参应答高温胁迫机制的研究	D0609生物海洋学与海洋生物资源	宁波大学	78	2013-1-1至2016-12-31
121	41276121	潘道东	海洋源嗜酸乳杆菌肽聚糖的免疫调控效应及其信号机制	D0609生物海洋学与海洋生物资源	宁波大学	82	2013-1-1至2016-12-31
122	41276122	徐年军	浒苔繁殖过程的激素调控及其作用机理研究	D0609生物海洋学与海洋生物资源	宁波大学	83	2013-1-1至2016-12-31
123	41276123	徐永健	大海马野生与养殖类群的行为方式与环境适应能力比较	D0609生物海洋学与海洋生物资源	宁波大学	81	2013-1-1至2016-12-31
124	41276124	孙军	印度洋浮游植物功能群初级生产调控因子与碳输出效率研究	D0609生物海洋学与海洋生物资源	天津科技大学	96	2013-1-1至2016-12-31
125	41276125	王鹏	珠江口甲烷生物氧化途径与环境特征关系研究	D0609生物海洋学与海洋生物资源	同济大学	78	2013-1-1至2016-12-31
126	41276126	董云伟	潮间带腹足类对环境变化的代谢响应机制比较研究	D0609生物海洋学与海洋生物资源	厦门大学	85	2013-1-1至2016-12-31
127	41276127	冯丹青	外来入侵污损生物沙筛贝的同种群聚机制研究	D0609生物海洋学与海洋生物资源	厦门大学	83	2013-1-1至2016-12-31
128	41276128	高亚辉	中国沿海骨条藻的种类与遗传多样性研究	D0609生物海洋学与海洋生物资源	厦门大学	96	2013-1-1至2016-12-31

续表

序号	项目批准号	申请者姓名	项目名称	学科代码	单位名称	批准金额（万元）	起始年月
129	41276129	洪万树	海洋潮间带洞穴鱼类性信息素作用的机理研究	D0609 生物海洋学与海洋生物资源	厦门大学	81	2013-1-1 至 2016-12-31
130	41276130	梁君荣	基于转录组测序的假微型海链藻硅吸收与生物硅化相关功能基因研究	D0609 生物海洋学与海洋生物资源	厦门大学	90	2013-1-1 至 2016-12-31
131	41276131	汤凯	典型海洋浮游异养细菌溶解有机质代谢利用的组学比较研究	D0609 生物海洋学与海洋生物资源	厦门大学	68	2013-1-1 至 2016-12-31
132	41276132	王桂忠	不同生态类型的海洋桡足类对硅藻的利用与适应的生态遗传学研究	D0609 生物海洋学与海洋生物资源	厦门大学	78	2013-1-1 至 2016-12-31
133	41276133	张文静	亚热带海湾真核微型浮游生物遗传多样性及其与氮磷的关系	D0609 生物海洋学与海洋生物资源	厦门大学	82	2013-1-1 至 2016-12-31
134	41276134	沈颂东	条斑紫菜核糖体基因簇的研究	D0609 生物海洋学与海洋生物资源	苏州大学	80	2013-1-1 至 2016-12-31
135	41276135	朱虎	水莱茵海默氏菌(Rheinheimera aquimaris）淬灭细菌群体感应的机理研究	D0609 生物海洋学与海洋生物资源	中国石油大学（华东）	85	2013-1-1 至 2016-12-31
136	41276136	王立岩	利用化学表观遗传修饰提高海洋真菌活性成分多样性的研究	D0609 生物海洋学与海洋生物资源	深圳大学	50	2013-1-1 至 2016-12-31
137	41276137	杜国英	底栖微藻垂直迁移特性对群落光合效率的影响	D0609 生物海洋学与海洋生物资源	中国海洋大学	80	2013-1-1 至 2016-12-31
138	41276138	孔令锋	五种广布性海洋贝类的比较系统地理学研究:探讨中国近海贝类遗传格局形成过程和演化机制	D0609 生物海洋学与海洋生物资源	中国海洋大学	84	2013-1-1 至 2016-12-31
139	41276139	宋微波	黄海沿岸的核残亚纲纤毛虫原生动物研究	D0609 生物海洋学与海洋生物资源	中国海洋大学	88	2013-1-1 至 2016-12-31
140	41276140	王悠	PBDEs 对海洋浮游动物生殖机能的毒性效应及基于钙离子信号通路的生殖毒性机制研究	D0609 生物海洋学与海洋生物资源	中国海洋大学	84	2013-1-1 至 2016-12-31
141	41276141	张晓华	南太平洋环流区洋底沉积物及海水的微生物群落演化及功能活性研究	D0609 生物海洋学与海洋生物资源	中国海洋大学	87	2013-1-1 至 2016-12-31
142	41276142	张东	鞭藻虾性分配研究	D0609 生物海洋学与海洋生物资源	中国水产科学研究院东海水产研究所	72	2013-1-1 至 2016-12-31

续表

序号	项目批准号	申请者姓名	项目名称	学科代码	单位名称	批准金额（万元）	起始年月
143	41276143	郭荣波	海洋微藻为媒介的太阳能生物转化气体燃料研究	D0609生物海洋学与海洋生物资源	中国科学院青岛生物能源与过程研究所	80	2013-1-1至2016-12-31
144	41276144	刘天中	海洋能源微藻细胞半干贴壁培养方法的基础研究	D0609生物海洋学与海洋生物资源	中国科学院青岛生物能源与过程研究所	74	2013-1-1至2016-12-31
145	41276145	彭宣宪	迟钝爱德华菌抗血浆杀菌作用的组学研究	D0609生物海洋学与海洋生物资源	中山大学	88	2013-1-1至2016-12-31
146	41276146	佘志刚	南海药用红树林真菌抗结核活性先导化合物的发现和优化	D0609生物海洋学与海洋生物资源	中山大学	79	2013-1-1至2016-12-31
147	41276147	吴玉萍	珠江口海域环境变化对中华白海豚群体动力学影响的研究	D0609生物海洋学与海洋生物资源	中山大学	95	2013-1-1至2016-12-31
148	41276148	邹定辉	气候变化背景下大型海藻的生长策略与光合固碳响应机制研究	D0609生物海洋学与海洋生物资源	华南理工大学	90	2013-1-1至2016-12-31
149	41276149	陈秀兰	深海细菌新型M12家族弹性蛋白酶myroilysin对胶原蛋白的膨胀机制与应用	D0609生物海洋学与海洋生物资源	山东大学	81	2013-1-1至2016-12-31
150	41276150	陈伟	海洋微拟球藻（Nannochloropsis）全细胞生物转化制备生物柴油之机制研究	D0609生物海洋学与海洋生物资源	中国科学院水生生物研究所	78	2013-1-1至2016-12-31
151	41276151	杨万喜	p53在中华绒螯蟹生精细胞凋亡过程中作用的分子机制	D0609生物海洋学与海洋生物资源	浙江大学	82	2013-1-1至2016-12-31
152	41276152	章晓波	深海热液区嗜热菌噬菌体裂解宿主的机制	D0609生物海洋学与海洋生物资源	浙江大学	86	2013-1-1至2016-12-31
153	41276153	何学佳	海洋枝角类在大亚湾生态系统中的生态功能	D0609生物海洋学与海洋生物资源	暨南大学	78	2013-1-1至2016-12-31
154	41276154	王朝晖	华南沿海微表层浮游植物群落结构及其演替趋势研究	D0609生物海洋学与海洋生物资源	暨南大学	86	2013-1-1至2016-12-31
155	41276155	王艳	硅藻PUAs对浮游植物和桡足类的毒性效应及其分子机制	D0609生物海洋学与海洋生物资源	暨南大学	82	2013-1-1至2016-12-31
156	41276156	陈新军	基于角质颚的北太平洋柔鱼生态学研究	D0609 生物海洋学与海洋生物资源	上海海洋大学	85	2013-1-1至2016-12-31

续表

序号	项目批准号	申请者姓名	项目名称	学科代码	单位名称	批准金额（万元）	起始年月
157	41276157	沈和定	肺螺亚纲石磺科贝类由海洋向陆地及至淡水的进化生物学研究	D0609生物海洋学与海洋生物资源	上海海洋大学	75	2013-1-1至2016-12-31
158	41276158	吴旭干	雌激素及其受体对三疣梭子蟹卵巢发育的生理调控	D0609生物海洋学与海洋生物资源	上海海洋大学	78	2013-1-1至2016-12-31
159	41276159	李开枝	南海北部中华哲水蚤的繁殖和种群补充机制	D0609生物海洋学与海洋生物资源	中国科学院南海海洋研究所	81	2013-1-1至2016-12-31
160	41276160	刘胜	大亚湾核电站温排水对区域浮游生物影响效应研究	D0609生物海洋学与海洋生物资源	中国科学院南海海洋研究所	80	2013-1-1至2016-12-31
161	41276161	宋星宇	温排水对大亚湾海域生态系统碳代谢平衡的影响研究	D0609生物海洋学与海洋生物资源	中国科学院南海海洋研究所	81	2013-1-1至2016-12-31
162	41276162	谭烨辉	铝对海洋浮游植物的生长效应及其机理研究	D0609生物海洋学与海洋生物资源	中国科学院南海海洋研究所	77	2013-1-1至2016-12-31
163	41276163	赵哲	海洋弧菌 T3SS 的分子多样性及其与毒力的关联分析	D0609生物海洋学与海洋生物资源	中国科学院南海海洋研究所	76	2013-1-1至2016-12-31
164	41276164	陈华新	海洋聚球藻 CC9311 IV型“光适应”现象分子机制的研究	D0609生物海洋学与海洋生物资源	中国科学院海洋研究所	74	2013-1-1至2016-12-31
165	41276165	崔朝霞	低等蟹类肢孔派的进化线粒体基因组学研究	D0609生物海洋学与海洋生物资源	中国科学院海洋研究所	80	2013-1-1至2016-12-31
166	41276166	刘静	中国鲷总科鱼类系统发育及生物地理学研究	D0609生物海洋学与海洋生物资源	中国科学院海洋研究所	80	2013-1-1至2016-12-31
167	41276167	史大永	海藻中新型PTP1B抑制剂对db/db糖尿病模型的改善与作用机制研究	D0609生物海洋学与海洋生物资源	中国科学院海洋研究所	82	2013-1-1至2016-12-31
168	41276168	孙黎	鱼类致病性荧光假单胞菌铁调控系统的识别、功能分析及其在病害防治中的应用探索	D0609生物海洋学与海洋生物资源	中国科学院海洋研究所	88	2013-1-1至2016-12-31
169	41276169	王玲玲	扇贝脑啡肽能神经系统介导的免疫调节作用	D0609生物海洋学与海洋生物资源	中国科学院海洋研究所	78	2013-1-1至2016-12-31
170	41276170	肖天	潮间带沉积物中海洋趋磁细菌分布规律及多样性研究	D0609生物海洋学与海洋生物资源	中国科学院海洋研究所	80	2013-1-1至2016-12-31

续表

序号	项目批准号	申请者姓名	项目名称	学科代码	单位名称	批准金额（万元）	起始年月
171	41276171	尤锋	性别相关基因及其甲基化在牙鲆性别表型形成中的内分泌反馈调控研究	D0609生物海洋学与海洋生物资源	中国科学院海洋研究所	79	2013-1-1至2016-12-31
172	41276172	张继红	滤食性贝类的碳收支及其在养殖生态系统碳循环中的作用	D0609生物海洋学与海洋生物资源	中国水产科学研究院黄海水产研究所	90	2013-1-1至2016-12-31
173	41276173	许学伟	基于生态基因组学探讨深海多金属结核与钴结核形成机制	D0609生物海洋学与海洋生物资源	国家海洋局第二海洋研究所	73	2013-1-1至2016-12-31
174	41276174	孙颖杰	NV蛋白介导HIRRV逃逸宿主 RLRs 抗病毒信号的分子机制	D0609生物海洋学与海洋生物资源	辽宁省检验检疫技术科学研究所	82	2013-1-1至2016-12-31
175	41276175	俞勇	北冰洋太平洋扇区海洋沉积放线菌多样性及其产新结构化合物潜力的研究	D0609生物海洋学与海洋生物资源	中国极地研究中心	80	2013-1-1至2016-12-31
176	41276176	李钫	对虾白斑综合症病毒泛素连接酶 WSV249的功能及转录调控研究	D0609生物海洋学与海洋生物资源	国家海洋局第三海洋研究所	85	2013-1-1至2016-12-31
177	41276177	谢潮添	坛紫菜高温胁迫应答的定量差异蛋白质组学研究	D0609生物海洋学与海洋生物资源	集美大学	74	2013-1-1至2016-12-31
178	41276178	姚翠鸾	一氧化氮在对虾免疫应答中的角色及调控	D0609生物海洋学与海洋生物资源	集美大学	82	2013-1-1至2016-12-31
179	41276179	李远友	植食性海水鱼类消化利用大型海藻的机制与海藻资源的饲料化利用	D0609生物海洋学与海洋生物资源	汕头大学	82	2013-1-1至2016-12-31
180	41276180	张昊	太阳闪斑的实验和模型研究以及在海洋遥感中的应用	D0610海洋遥感	中国地质大学（武汉）	82	2013-1-1至2016-12-31
181	41276181	冯倩	海洋上非球形沙尘气溶胶散射和辐射特性的理论模拟及遥感应用	D0610海洋遥感	国家卫星海洋应用中心	55	2013-1-1至2016-12-31
182	41276182	陈楚群	遥感海表温度（SST）现场验证新方法	D0610海洋遥感	中国科学院南海海洋研究所	92	2013-1-1至2016-12-31
183	41276183	魏恩泊	主被动 L-波段白冠覆盖海面盐度微波遥感机理研究	D0610海洋遥感	中国科学院海洋研究所	78	2013-1-1至2016-12-31
184	41276184	朱建华	典型藻种特征色素比吸收系数光谱特性及模型研究	D0610海洋遥感	国家海洋技术中心	55	2013-1-1至2016-12-31

续表

序号	项目批准号	申请者姓名	项目名称	学科代码	单位名称	批准金额（万元）	起始年月
185	41276185	王小青	海面受限波雷达信号特性研究	D0610海洋遥感	中国科学院电子学研究所	71	2013-1-1至2016-12-31
186	41276186	丘仲锋	悬浮物粒径对海水光学性质及遥感算法影响研究	D0610海洋遥感	南京信息工程大学	82	2013-1-1至2016-12-31
187	41276187	谢涛	基于卫星SAR图像洋面特征的海表面流速度反演方法研究	D0610海洋遥感	南京信息工程大学	88	2013-1-1至2016-12-31
188	41276188	温家洪	东南极 Lambert 冰川-Amery 冰架系统着地冰/冰架相互作用过程研究	D0611极地科学	上海师范大学	57	2013-1-1至2016-12-31
189	41276189	Pavel Talalay	极地钻探钻井液及其对环境影响的研究	D0611极地科学	吉林大学	75	2013-1-1至2016-12-31
190	41276190	刘喜迎	基于伴随方法的2007-2011年北极海冰面积变化原因研究	D0611极地科学	中国人民解放军理工大学	77	2013-1-1至2016-12-31
191	41276191	卢鹏	北极冰边缘区海冰动力过程研究	D0611极地科学	大连理工大学	76	2013-1-1至2016-12-31
192	41276192	周丽娅	东南极中山站-Dome A冰川学考察断面表面雪和冰芯中微粒矿物特征及其来源研究	D0611极地科学	南京大学	64	2013-1-1至2016-12-31
193	41276193	苏洁	北极冰面融池分布及其在冰-海洋耦合模式中的参数化研究	D0611极地科学	中国海洋大学	87	2013-1-1至2016-12-31
194	41276194	李月芳	冰芯不溶微粒中痕量元素的测试方法及其在格陵兰 NEEM 冰芯中的应用	D0611极地科学	中国科学院寒区旱区环境与工程研究所	80	2013-1-1至2016-12-31
195	41276195	张庆华	极地地区新型持久性有机污染物生物富集机制与环境效应研究	D0611极地科学	中国科学院生态环境研究中心	85	2013-1-1至2016-12-31
196	41276196	钱作勤	北极海冰复合结构内部传热和融化机理研究	D0611极地科学	武汉理工大学	73	2013-1-1至2016-12-31
197	41276197	高郭平	快速变化期北极中层水的通风过程及其主要影响研究	D0611极地科学	上海海洋大学	92	2013-1-1至2016-12-31
198	41276198	金海燕	利用支链GDGT和14C追踪西北冰洋沉积物中的陆源有机物	D0611 极地科学	国家海洋局第二海洋研究所	84	2013-1-1至2016-12-31

续表

序号	项目批准号	申请者姓名	项目名称	学科代码	单位名称	批准金额（万元）	起始年月
199	41276199	张海生	UK37和藻类分子标志物——研究白令海、北冰洋浮游植物群落结构变化对北极气候变暖和 ENSO 的响应和反馈	D0611极地科学	国家海洋局第二海洋研究所	90	2013-1-1至2016-12-31
200	41276200	王召民	南极涛动对大西洋经向翻转环流的影响研究	D0611极地科学	南京信息工程大学	84	2013-1-1至2016-12-31
201	41276201	刘雷保	东南极近岸溢出冰川动力学监测与模拟研究	D0611极地科学	中国极地研究中心	71	2013-1-1至2016-12-31
202	41276202	马红梅	北极 Austre Lovénbreen 冰川底部甲烷释放机制及其生物地球化学过程	D0611极地科学	中国极地研究中心	75	2013-1-1至2016-12-31
203	41276203	刘晨临	RNA 解旋酶在南极海冰衣藻冰冻环境适应中的作用机制	D0611极地科学	国家海洋局第一海洋研究所	76	2013-1-1至2016-12-31

2. 青年科学基金项目

序号	项目批准号	申请者姓名	项目名称	学科代码	单位名称	批准金额（万元）	起始年月
1	41206001	张继才	三维海洋模式空间分布参数设置的伴随法实现及应用	D0601物理海洋学	南京大学	23	2013-1-1至2015-12-31
2	41206002	王辉赞	海洋盐度三维偏度分布特征规律及其成因研究	D0601物理海洋学	中国人民解放军理工大学	26	2013-1-1至2015-12-31
3	41206003	李志刚	激光海表面散射特性及海洋次表层光学参数的激光遥感研究	D0601物理海洋学	中国海洋大学	26	2013-1-1至2015-12-31
4	41206004	王悦	冬季大风事件下渤黄海水交换过程及其对渤海水体更新的影响	D0601物理海洋学	中国海洋大学	25	2013-1-1至2015-12-31
5	41206005	来志刚	枯水期伶仃洋冲淡水的数值模拟与盐度的锋面特征分析	D0601物理海洋学	中山大学	25	2013-1-1至2015-12-31
6	41206006	宋丹	舟山海域上升流观测分析与数值计算	D0601物理海洋学	浙江大学	24	2013-1-1至2015-12-31
7	41206007	肖贤俊	卫星遥感的高度计资料和海表温度资料的协调同化研究	D0601物理海洋学	国家气候中心	27	2013-1-1至2015-12-31
8	41206008	储小青	南海北部岛屿地形在中尺度涡生消、演化过程中的作用	D0601物理海洋学	中国科学院南海海洋研究所	26	2013-1-1至2015-12-31

续表

序号	项目批准号	申请者姓名	项目名称	学科代码	单位名称	批准金额（万元）	起始年月
9	41206009	何映晖	苏禄海环流年际变化及与南海东部环流相关性研究	D0601物理海洋学	中国科学院南海海洋研究所	23	2013-1-1至2015-12-31
10	41206010	佟景全	南海北部西南向陆坡流时空演变特征研究	D0601物理海洋学	中国科学院南海海洋研究所	23	2013-1-1至2015-12-31
11	41206011	曾丽丽	南海盐致障碍层及其对区域海气相互作用的影响	D0601物理海洋学	中国科学院南海海洋研究所	26	2013-1-1至2015-12-31
12	41206012	邓增安	Argo 观测资料在中尺度涡引起的海洋内部示踪物混合参数化中的应用研究	D0601物理海洋学	国家海洋信息中心	23	2013-1-1至2015-12-31
13	41206013	宋军	不同涡旋在黑潮与中国近海水交换过程中的角色研究	D0601物理海洋学	国家海洋信息中心	25	2013-1-1至2015-12-31
14	41206014	刁新源	南黄海春季中层冷水形成机制研究	D0601物理海洋学	中国科学院海洋研究所	27	2013-1-1至2015-12-31
15	41206015	李爽	Stokes 漂流对海洋上混合层影响程度的确定方法研究	D0601物理海洋学	中国科学院海洋研究所	26	2013-1-1至2015-12-31
16	41206016	李峣	中国东南近海跨陆架穿刺锋面的数值模拟及其动力机制研究	D0601物理海洋学	中国科学院海洋研究所	24	2013-1-1至2015-12-31
17	41206017	王宏娜	暖池 El Nino/La Nina 变化特征及其对中国气温的影响	D0601物理海洋学	中国科学院海洋研究所	26	2013-1-1至2015-12-31
18	41206018	王晶	不同类型印度洋偶极子影响热带太平洋年际变化的海洋通道过程	D0601物理海洋学	中国科学院海洋研究所	24	2013-1-1至2015-12-31
19	41206019	王铮	季风和中尺度涡旋对吕宋海峡黑潮路径迟滞变异过程的影响	D0601物理海洋学	中国科学院海洋研究所	24	2013-1-1至2015-12-31
20	41206020	魏传杰	黄海海区的海洋湍流混合特征研究	D0601物理海洋学	中国科学院海洋研究所	25	2013-1-1至2015-12-31
21	41206021	陈长霖	全球变暖背景下海平面上升空间分布不均匀性研究	D0601物理海洋学	国家海洋局第二海洋研究所	25	2013-1-1至2015-12-31
22	41206022	刘增宏	印度洋太平洋上层海洋热含量的变异机制	D0601物理海洋学	国家海洋局第二海洋研究所	23	2013-1-1至2015-12-31
23	41206023	高姗	南海低营养级生态模型营养盐循环过程的数值模拟研究	D0601物理海洋学	国家海洋环境预报研究中心	26	2013-1-1至2015-12-31

续表

序号	项目批准号	申请者姓名	项目名称	学科代码	单位名称	批准金额（万元）	起始年月
24	41206024	程军	热盐环流影响东亚冬、夏季风反位相演变的显著性及机制研究	D0601物理海洋学	南京信息工程大学	26	2013-1-1至2015-12-31
25	41206025	郭景松	东海黑潮锋面涡旋特性及其诱发机制研究	D0601物理海洋学	国家海洋局第一海洋研究所	26	2013-1-1至2015-12-31
26	41206026	宋亚娟	孟加拉湾春季海温增温过程影响局地夏季风爆发的数值研究	D0601物理海洋学	国家海洋局第一海洋研究所	24	2013-1-1至2015-12-31
27	41206027	张敏	全球变暖下亚洲沙尘变化趋势对中国近海叶绿素a及初级生产力的影响	D0601物理海洋学	国家海洋局第一海洋研究所	27	2013-1-1至2015-12-31
28	41206028	邢小罡	基于Bio-Argo的大洋一类水体叶绿素a与物理及生态参数的动态变化关系研究	D0602海洋物理学	中国海洋大学	25	2013-1-1至2015-12-31
29	41206029	许占堂	基于反照率的海冰内部颗粒物和黄色物质的定量研究	D0602海洋物理学	中国科学院南海海洋研究所	26	2013-1-1至2015-12-31
30	41206030	王嘉	利用FGOALS气候系统模式对对流层准两年振荡（TBO）机理的敏感性试验研究	D0602海洋物理学	中国科学院大气物理研究所	26	2013-1-1至2015-12-31
31	41206031	刘宁	参数时变细长线缆信道水下数据传输技术研究	D0602海洋物理学	国家海洋技术中心	22	2013-1-1至2015-12-31
32	41206032	刘正华	南海北部新生代高精度海平面变化研究	D0603海洋地质学	同济大学	25	2013-1-1至2015-12-31
33	41206033	马文涛	南海末次冰期浮游植物生产力与群落结构对东亚季风响应的生态模型模拟	D0603海洋地质学	同济大学	26	2013-1-1至2015-12-31
34	41206034	王婷婷	慢速扩张大洋中脊的非转换断层不连续带演化研究	D0603海洋地质学	同济大学	24	2013-1-1至2015-12-31
35	41206035	蔡周荣	南海西部华光凹陷裂陷过程和动力学机制：一种数值模拟方法的启示	D0603海洋地质学	中山大学	26	2013-1-1至2015-12-31
36	41206036	杜恕环	渤海庙岛剖面记录的近130ka气候环境海岸带沉积信息的研究	D0603海洋地质学	中国科学院南海海洋研究所	25	2013-1-1至2015-12-31
37	41206037	刘见宝	琼东南盆地新生代构造东西分异的动力学机制研究	D0603海洋地质学	中国科学院南海海洋研究所	25	2013-1-1至2015-12-31

续表

序号	项目批准号	申请者姓名	项目名称	学科代码	单位名称	批准金额（万元）	起始年月
38	41206038	邱宁	南海地壳伸展系数的热校正重力反演及其构造涵义	D0603海洋地质学	中国科学院南海海洋研究所	25	2013-1-1至2015-12-31
39	41206039	王彦林	南沙北部郑和群礁海域洋陆边界下构造层形成时代的研究	D0603海洋地质学	中国科学院南海海洋研究所	24	2013-1-1至2015-12-31
40	41206040	张云帆	俯冲碰撞体系的物理模拟：以南海-菲律宾俯冲碰撞体系为例	D0603海洋地质学	中国科学院南海海洋研究所	24	2013-1-1至2015-12-31
41	41206041	韩玉林	南海表层沉积物的磁学性质及其对物源的指示意义	D0603海洋地质学	中国科学院南海海洋研究所	25	2013-1-1至2015-12-31
42	41206042	李翠琳	基于海洋环境噪声的海底浅层沉积物物性参数反演研究	D0603海洋地质学	中国科学院海洋研究所	24	2013-1-1至2015-12-31
43	41206043	钱进	马尼拉俯冲带构造的地震资料精细成像研究	D0603海洋地质学	中国科学院海洋研究所	25	2013-1-1至2015-12-31
44	41206044	孙晗杰	黑潮源区水体结构对早更新世以来西太暖池变动的响应	D0603海洋地质学	中国科学院海洋研究所	27	2013-1-1至2015-12-31
45	41206045	边叶萍	巽他陆架末次冰期以来孢粉搬运距离变化对古气候重建的约束	D0603海洋地质学	国家海洋局第二海洋研究所	24	2013-1-1至2015-12-31
46	41206046	尚继宏	南海东北部俯冲边界构造演化特征	D0603海洋地质学	国家海洋局第二海洋研究所	23	2013-1-1至2015-12-31
47	41206047	杨睿	神狐天然气水合物钻探区地震弹性阻抗正反演研究	D0603海洋地质学	中国科学院广州能源研究所	25	2013-1-1至2015-12-31
48	41206048	叶翔	台湾海峡北部泥质沉积物中的沉积记录与识别	D0603海洋地质学	国家海洋局第三海洋研究所	27	2013-1-1至2015-12-31
49	41206049	胡邦琦	西朝鲜湾潮流沙脊的地质特征及其形成演化机制	D0603海洋地质学	青岛海洋地质研究所	27	2013-1-1至2015-12-31
50	41206050	韩波	利用地质地球物理资料圈定东海古陆核范围	D0603海洋地质学	青岛海洋地质研究所	22	2013-1-1至2015-12-31
51	41206051	梅西	晚更新世古黄海暖流形成演化和环境效应的生物标志物记录	D0603海洋地质学	青岛海洋地质研究所	26	2013-1-1至2015-12-31
52	41206052	王飞飞	山东半岛南部海岸带末次冰期下切谷体系成因及其沉积充填序列研究	D0603海洋地质学	青岛海洋地质研究所	25	2013-1-1至2015-12-31
53	41206053	王中波	长江与黄河碎屑石榴石的元素组成及其物源示踪应用	D0603海洋地质学	青岛海洋地质研究所	27	2013-1-1至2015-12-31

续表

序号	项目批准号	申请者姓名	项目名称	学科代码	单位名称	批准金额（万元）	起始年月
54	41206054	高伟	现代黄河三角洲钓口流路叶瓣体叠覆与演化对海底稳定性的影响机制	D0603海洋地质学	国家海洋局第一海洋研究所	24	2013-1-1至2015-12-31
55	41206055	胡利民	不同能源结构下有机污染物海洋沉积记录的对比：以泰国湾和渤海为例	D0603海洋地质学	国家海洋局第一海洋研究所	27	2013-1-1至2015-12-31
56	41206056	王春娟	基于GIS的Storegga滑坡区天然气水合物分解对海底斜坡不稳定性的区域评价模型研究	D0603海洋地质学	国家海洋局第一海洋研究所	25	2013-1-1至2015-12-31
57	41206057	夏鹏	广西英罗湾中全新世以来红树林演变的沉积物有机碳同位素和孢粉记录及其对气候变化的响应	D0603海洋地质学	国家海洋局第一海洋研究所	29	2013-1-1至2015-12-31
58	41206058	修宗祥	深水陆坡区碎屑流对海底管道潜在冲击影响的定量研究-以荔湾3-1气田为例	D0603海洋地质学	国家海洋局第一海洋研究所	25	2013-1-1至2015-12-31
59	41206059	朱爱美	末次冰期以来冲绳海槽北部及日本海南部陆源碎屑组分演化对比研究	D0603海洋地质学	国家海洋局第一海洋研究所	25	2013-1-1至2015-12-31
60	41206060	徐雪梅	黄海冷水团秋季消退对北黄海表层海水pCO2及海-气CO2交换通量的影响	D0604海洋化学	国家海洋环境监测中心	21	2013-1-1至2015-12-31
61	41206061	郭香会	南海北部上升流中碳酸钙饱和度及其影响因素研究	D0604海洋化学	厦门大学	24	2013-1-1至2015-12-31
62	41206062	张润	南海弱光层固氮作用的研究	D0604海洋化学	厦门大学	25	2013-1-1至2015-12-31
63	41206063	鞠虹	海水淡化MED装置多金属耦合电偶腐蚀的微区电化学研究	D0604海洋化学	中国石油大学（华东）	25	2013-1-1至2015-12-31
64	41206064	许博超	多参数示踪调水调沙影响下的黄河口海底地下水排放过程	D0604海洋化学	中国海洋大学	25	2013-1-1至2015-12-31
65	41206065	朱卓毅	低纬度小河流流域盆地新鲜有机质入海定量化研究	D0604海洋化学	华东师范大学	24	2013-1-1至2015-12-31
66	41206066	江波	以海洋先导物BPN为模板的创新药物分子设计与评价	D0604海洋化学	中国科学院海洋研究所	25	2013-1-1至2015-12-31

续表

序号	项目批准号	申请者姓名	项目名称	学科代码	单位名称	批准金额（万元）	起始年月
67	41206067	孙萌萌	铟掺杂多相结薄膜对金属的光电化学抗腐蚀机制研究	D0604海洋化学	中国科学院海洋研究所	24	2013-1-1至2015-12-31
68	41206068	韦钦胜	长江口外缺氧区沉积物耗氧及有机碳矿化	D0604海洋化学	国家海洋局第一海洋研究所	26	2013-1-1至2015-12-31
69	41206069	工福	海岸带地区210Pb、137Cs、239+240Pu参考剖面研究	D0605河口海岸学	天津地质矿产研究所	29	2013-1-1至2015-12-31
70	41206070	王韫玮	潮滩沉积记录保存潜力与完整性的定量分析方法	D0605河口海岸学	南京大学	25	2013-1-1至2015-12-31
71	41206071	韦惺	中全新世以来岛屿在珠江河网形成演变中的作用	D0605河口海岸学	中国科学院南海海洋研究所	26	2013-1-1至2015-12-31
72	41206072	孔令双	长江口深水航道大风骤淤预测研究	D0605河口海岸学	上海河口海岸科学研究中心	25	2013-1-1至2015-12-31
73	41206073	胡刚	近百年来长江口外泥质沉积区的洪水记录	D0605河口海岸学	青岛海洋地质研究所	27	2013-1-1至2015-12-31
74	41206074	赵海涛	新型浮力摆式波浪能装置的水动力性能研究及优化设计	D0606工程海洋学	国家海洋局第二海洋研究所	23	2013-1-1至2015-12-31
75	41206075	李炜	近海风电场新型加翼单桩基础结构数值模拟及试验研究	D0606工程海洋学	中国水电顾问集团华东勘测设计研究院	24	2013-1-1至2015-12-31
76	41206076	曹煊	海水营养盐微流控芯片分析平台的构建及其应用基础研究	D0607海洋监测、调查技术	山东省科学院	25	2013-1-1至2015-12-31
77	41206077	梁英	用于海水中超痕量铵氮检测的新型荧光试剂合成和方法建立	D0607海洋监测、调查技术	桂林电子科技大学	26	2013-1-1至2015-12-31
78	41206078	王胜平	跨海大桥下GPS信号盲区换能器瞬时基准精密确定方法研究	D0607海洋监测、调查技术	东华理工大学	27	2013-1-1至2015-12-31
79	41206079	黄豪彩	连续监测与保真采样机理及其在人工上升流环境效应研究中的应用	D0607海洋监测、调查技术	浙江大学	27	2013-1-1至2015-12-31
80	41206080	林忠华	中国珠江与长江河口地区传统及新兴卤系阻燃剂环境分布特征与生态风险评估	D0607海洋监测、调查技术	香港城市大学深圳研究院	28	2013-1-1至2015-12-31
81	41206081	李莹	基于表面等离子体共振的微流控芯片快速检测赤潮贝毒素	D0607海洋监测、调查技术	暨南大学	27	2013-1-1至2015-12-31

续表

序号	项目批准号	申请者姓名	项目名称	学科代码	单位名称	批准金额（万元）	起始年月
82	41206082	吴梅林	大亚湾环境因子与浮游植物对季风的季节性响应	D0607海洋监测、调查技术	中国科学院南海海洋研究所	25	2013-1-1至2015-12-31
83	41206083	赵宇梅	海洋pH长期连续监测时漂特性与测量精度分析	D0607海洋监测、调查技术	国家海洋技术中心	25	2013-1-1至2015-12-31
84	41206084	史久林	水下受激布里渊散射增益系数及声子寿命对水体温度依赖性的研究	D0607海洋监测、调查技术	南昌航空大学	26	2013-1-1至2015-12-31
85	41206085	倪晓波	利用浮标实时获取近海跃层数据的技术研究	D0607海洋监测、调查技术	国家海洋局第二海洋研究所	27	2013-1-1至2015-12-31
86	41206086	董志军	我国近岸4种常见水母幼体的荧光定量PCR监测方法建立及应用研究	D0607海洋监测、调查技术	中国科学院烟台海岸带研究所	26	2013-1-1至2015-12-31
87	41206087	梁荣宁	基于表面印迹技术的电位型传感器检测海水中多环芳烃	D0607海洋监测、调查技术	中国科学院烟台海岸带研究所	25	2013-1-1至2015-12-31
88	41206088	蔡惠文	网箱养殖生态系统污染负荷及其生态环境响应研究	D0608海洋环境科学	浙江海洋学院	26	2013-1-1至2015-12-31
89	41206089	贺世杰	中重度风化的混合溢油的碳氢同位素研究	D0608海洋环境科学	鲁东大学	28	2013-1-1至2015-12-31
90	41206090	洪海征	HBCD不同异构体对中国近海代表性桡足类的毒理研究	D0608海洋环境科学	厦门大学	29	2013-1-1至2015-12-31
91	41206091	吴亚平	不同粒径硅藻对海洋酸化的生理生态学响应	D0608海洋环境科学	厦门大学	26	2013-1-1至2015-12-31
92	41206092	何华春	淤泥质潮滩冲淤时空分异的遥感研究--以苏北辐射沙脊群为例	D0608海洋环境科学	南京大学	27	2013-1-1至2015-12-31
93	41206093	张晓玲	东海塔玛亚历山大藻共生菌的物种多样性及产毒能力研究	D0608海洋环境科学	中国水产科学研究院东海水产研究所	25	2013-1-1至2015-12-31
94	41206094	李斌	无机砷在海洋食物链传递中的化学行为及其生态毒理效应	D0608海洋环境科学	山东省海洋水产研究所	25	2013-1-1至2015-12-31
95	41206095	刘慧	海水中羟基多溴联苯醚和溴代二噁英的光化学形成机理研究	D0608海洋环境科学	大连海事大学	27	2013-1-1至2015-12-31

续表

序号	项目批准号	申请者姓名	项目名称	学科代码	单位名称	批准金额（万元）	起始年月
96	41206096	黄旭光	近海海水中镍的形态及生物可给性对浮游植物吸收尿素及其群落结构的影响	D0608海洋环境科学	漳州师范学院	27	2013-1-1至2015-12-31
97	41206097	严宏强	西沙珊瑚岛礁海、气CO2交换的季节变化及其影响因素	D0608海洋环境科学	中国科学院南海海洋研究所	25	2013-1-1至2015-12-31
98	41206098	孔凡洲	典型富营养化海域微微型真核藻类多样性及其与有害赤潮的关系研究	D0608海洋环境科学	中国科学院海洋研究所	27	2013-1-1至2015-12-31
99	41206099	罗璇	中国北部沿海有毒鳍藻产毒特征及其与贝类染毒关系的研究	D0608海洋环境科学	中国科学院海洋研究所	24	2013-1-1至2015-12-31
100	41206100	夏斌	纳米CuO和TiO2颗粒对滤食性贝类的生物有效性及致毒机制研究	D0608海洋环境科学	中国水产科学研究院黄海水产研究所	24	2013-1-1至2015-12-31
101	41206101	赵艳芳	扇贝中镉的存在形式、分布特征与转化机制	D0608海洋环境科学	中国水产科学研究院黄海水产研究所	25	2013-1-1至2015-12-31
102	41206102	王其翔	黄海海洋生态系统服务时空演变特征及机理研究	D0608海洋环境科学	山东省海水养殖研究所	26	2013-1-1至2015-12-31
103	41206103	江志兵	东海束毛藻的时空分布及其固氮、固碳作用研究	D0608海洋环境科学	国家海洋局第二海洋研究所	26	2013-1-1至2015-12-31
104	41206104	张东声	太平洋固氮生物的多样性和生物固氮粒级结构研究	D0608海洋环境科学	国家海洋局第二海洋研究所	23	2013-1-1至2015-12-31
105	41206105	王清	菲律宾蛤仔对无机砷的甲基化及其分子机制研究	D0608海洋环境科学	中国科学院烟台海岸带研究所	26	2013-1-1至2015-12-31
106	41206106	王丹	黄海冷水团海域水华生消关键过程的数值模拟研究	D0608海洋环境科学	国家海洋环境预报研究中心	26	2013-1-1至2015-12-31
107	41206107	薄军	基于转录组学技术研究和建立褐菖鲉响应石油污染的分子生物学标志物	D0608海洋环境科学	国家海洋局第三海洋研究所	27	2013-1-1至2015-12-31
108	41206108	陈光程	河口红树林生态系统对大气温室效应的总体作用研究	D0608海洋环境科学	国家海洋局第三海洋研究所	24	2013-1-1至2015-12-31

续表

序号	项目批准号	申请者姓名	项目名称	学科代码	单位名称	批准金额（万元）	起始年月
109	41206109	李力	沉积物-海水界面重金属化学平衡模型的研究	D0608海洋环境科学	国家海洋局第一海洋研究所	29	2013-1-1至2015-12-31
110	41206110	刘玮	海洋枝角类完整生活史实验监测环境内分泌干扰物质的研究	D0608海洋环境科学	国家海洋局第一海洋研究所	23	2013-1-1至2015-12-31
111	41206111	石洪华	基于全局灵敏度和伴随方法的海洋生态动力学模型参数优化	D0608海洋环境科学	国家海洋局第一海洋研究所	27	2013-1-1至2015-12-31
112	41206112	郑伟	海湾生态系统服务功能时空特征与围填海生态补偿研究—以胶州湾为例	D0608海洋环境科学	国家海洋局第一海洋研究所	27	2013-1-1至2015-12-31
113	41206113	李荣华	管角螺胚胎对卵黄蛋白利用规律及机制的研究	D0609生物海洋学与海洋生物资源	宁波大学	27	2013-1-1至2015-12-31
114	41206114	宋微微	DEAD-BOX 基因家族在曼氏无针乌贼生殖细胞形成和分化中的作用	D0609生物海洋学与海洋生物资源	宁波大学	26	2013-1-1至2015-12-31
115	41206115	凌雪萍	利用基因敲除技术结合蛋白质组学分析裂殖壶菌产 DHA 的氮源调控分子机制	D0609生物海洋学与海洋生物资源	厦门大学	25	2013-1-1至2015-12-31
116	41206116	池姗	大型海藻尿苷二磷酸葡萄糖焦磷酸化酶基因克隆、功能验证、表达差异分析和基因比较学研究	D0609生物海洋学与海洋生物资源	中国海洋大学	25	2013-1-1至2015-12-31
117	41206117	史晓翀	海洋新属新种嗜琼胶卵链菌耐热琼胶酶作用机理研究	D0609生物海洋学与海洋生物资源	中国海洋大学	27	2013-1-1至2015-12-31
118	41206118	姜敬哲	鲍肌肉萎缩症病毒（AbSV）的形态发生及其与宿主血蓝蛋白的关系	D0609生物海洋学与海洋生物资源	中国水产科学研究院南海水产研究所	28	2013-1-1至2015-12-31
119	41206119	秦传新	人工鱼礁构建对典型亚热带近岸海域食物网结构与功能的影响	D0609生物海洋学与海洋生物资源	中国水产科学研究院南海水产研究所	26	2013-1-1至2015-12-31
120	41206120	房燕	四角蛤蜊对典型 PBDEs 胁迫的分子响应机制	D0609生物海洋学与海洋生物资源	山东省海洋水产研究所	25	2013-1-1至2015-12-31
121	41206121	何莹	深海细菌 Shewanella piezotolerans WP3呼吸作用的全局调控研究	D0609生物海洋学与海洋生物资源	上海交通大学	23	2013-1-1至2015-12-31

续表

序号	项目批准号	申请者姓名	项目名称	学科代码	单位名称	批准金额（万元）	起始年月
122	41206122	彭娟	利用微藻联产生物柴油和虾青素的研究	D0609生物海洋学与海洋生物资源	中山大学	26	2013-1-1至2015-12-31
123	41206123	姜佳枚	长江口海区腹毛亚纲纤毛虫的多样性与时空分布研究	D0609生物海洋学与海洋生物资源	上海海洋大学	27	2013-1-1至2015-12-31
124	41206124	李云凯	基于稳定同位素技术的智利外海茎柔鱼（Dosidicus gigas）摄食及洄游史研究	D0609生物海洋学与海洋生物资源	上海海洋大学	24	2013-1-1至2015-12-31
125	41206125	马文明	罗氏沼虾TAP蛋白对精子生成调控机理研究	D0609生物海洋学与海洋生物资源	浙江大学	24	2013-1-1至2015-12-31
126	41206126	董宏坡	海洋硅藻在聚集体形成和下沉过程中宏蛋白质组响应和重要生理代谢改变的追踪	D0609生物海洋学与海洋生物资源	暨南大学	26	2013-1-1至2015-12-31
127	41206127	桑敏	硅藻光系统Ⅱ复合体对氮饥饿的响应机理研究	D0609生物海洋学与海洋生物资源	暨南大学	24	2013-1-1至2015-12-31
128	41206128	湛垚垚	海洋酸化对海胆浮游幼体钙化生长的影响及其机制	D0609生物海洋学与海洋生物资源	大连海洋大学	23	2013-1-1至2015-12-31
129	41206129	綦慧敏	孔石莼多糖磺化衍生物的降血脂作用及机制研究	D0609生物海洋学与海洋生物资源	潍坊医学院	23	2013-1-1至2015-12-31
130	41206130	贺飞	两株深海真菌中活性次生代谢产物的研究	D0609生物海洋学与海洋生物资源	中国科学院南海海洋研究所	27	2013-1-1至2015-12-31
131	41206131	黄思军	中国南海微型蓝细菌与蓝细菌噬菌体的遗传多样性与生态位适应性研究	D0609生物海洋学与海洋生物资源	中国科学院南海海洋研究所	26	2013-1-1至2015-12-31
132	41206132	李刚	太阳紫外辐射对浮游植物光合固碳的促进和抑制效应与其细胞大小的关系	D0609生物海洋学与海洋生物资源	中国科学院南海海洋研究所	27	2013-1-1至2015-12-31
133	41206133	李恒翔	中华双环粒蟹奴幼虫生活史及其寄生机理研究	D0609生物海洋学与海洋生物资源	中国科学院南海海洋研究所	25	2013-1-1至2015-12-31
134	41206134	时伟	冠鲽科（Samaridae）鱼类线粒体基因重排及多种环型基因组并存现象的研究	D0609生物海洋学与海洋生物资源	中国科学院南海海洋研究所	23	2013-1-1至2015-12-31
135	41206135	宋永相	四株深海放线菌抗菌活性次级代谢产物的研究	D0609生物海洋学与海洋生物资源	中国科学院南海海洋研究所	25	2013-1-1至2015-12-31

续表

序号	项目批准号	申请者姓名	项目名称	学科代码	单位名称	批准金额（万元）	起始年月
136	41206136	王广华	海洋浮游细菌培养新技术——海水螺旋藻扩散培养体系的建立和优化	D0609生物海洋学与海洋生物资源	中国科学院南海海洋研究所	23	2013-1-1至2015-12-31
137	41206137	闫阳	石斑鱼虹彩病毒编码的miR-homoHSV在病毒诱导程序性细胞死亡中的作用	D0609生物海洋学与海洋生物资源	中国科学院南海海洋研究所	26	2013-1-1至2015-12-31
138	41206138	张光涛	深海放线菌Streptomyces sp. SCSIO 03032抗肿瘤天然产物Spiroindimicins生物合成研究	D0609生物海洋学与海洋生物资源	中国科学院南海海洋研究所	26	2013-1-1至2015-12-31
139	41206139	张晓勇	南海北部深海真菌的多样性及其生物学功能研究	D0609生物海洋学与海洋生物资源	中国科学院南海海洋研究所	25	2013-1-1至2015-12-31
140	41206140	周国伟	造礁石珊瑚早期发育阶段共生藻多样性及共生建立过程的研究	D0609生物海洋学与海洋生物资源	中国科学院南海海洋研究所	26	2013-1-1至2015-12-31
141	41206141	焦钰	马氏珠母贝珍珠质形成相关microRNA的鉴定与功能研究	D0609生物海洋学与海洋生物资源	广东海洋大学	24	2013-1-1至2015-12-31
142	41206142	单体锋	裙带菜高密度遗传连锁图谱的构建与性别决定位点的定位	D0609生物海洋学与海洋生物资源	中国科学院海洋研究所	27	2013-1-1至2015-12-31
143	41206143	董栋	中国海域蟹型异尾类区系与动物地理学研究	D0609生物海洋学与海洋生物资源	中国科学院海洋研究所	25	2013-1-1至2015-12-31
144	41206144	蒋克勇	凡纳滨对虾肌苷酸代谢通路关键酶基因的克隆、表达及盐度调控机制	D0609生物海洋学与海洋生物资源	中国科学院海洋研究所	23	2013-1-1至2015-12-31
145	41206145	李才文	Amoebophrya在我国近海典型甲藻中的寄生作用研究	D0609生物海洋学与海洋生物资源	中国科学院海洋研究所	25	2013-1-1至2015-12-31
146	41206146	刘峰	海带ROCO和NB-ARC类抗病基因的克隆和表达特征研究	D0609生物海洋学与海洋生物资源	中国科学院海洋研究所	25	2013-1-1至2015-12-31
147	41206147	刘媛	三疣梭子蟹丝氨酸蛋白酶功能多样性及其调控机制	D0609生物海洋学与海洋生物资源	中国科学院海洋研究所	26	2013-1-1至2015-12-31
148	41206148	马林	中国黄海和东海底栖猛水蚤目区系与动物地理学研究	D0609生物海洋学与海洋生物资源	中国科学院海洋研究所	25	2013-1-1至2015-12-31
149	41206149	亓海刚	太平洋牡蛎和葡萄牙牡蛎亚种分化比较基因组学研究	D0609生物海洋学与海洋生物资源	中国科学院海洋研究所	25	2013-1-1至2015-12-31

续表

序号	项目批准号	申请者姓名	项目名称	学科代码	单位名称	批准金额（万元）	起始年月
150	41206150	张文燕	海洋趋磁大杆菌的特性和进化起源研究	D0609生物海洋学与海洋生物资源	中国科学院海洋研究所	24	2013-1-1至2015-12-31
151	41206151	周智	扇贝胆碱能神经系统的免疫调节作用	D0609生物海洋学与海洋生物资源	中国科学院海洋研究所	24	2013-1-1至2015-12-31
152	41206152	李青	壳聚糖氨基正电性与抑菌活性的量化关系研究	D0609生物海洋学与海洋生物资源	中国科学院烟台海岸带研究所	25	2013-1-1至2015-12-31
153	41206153	王义鹏	青环海蛇cathelicidins家族抗菌肽Hc-CATH的构效关系研究	D0609生物海洋学与海洋生物资源	中国科学院烟台海岸带研究所	25	2013-1-1至2015-12-31
154	41206154	杨翠云	细菌群体感应信号分子 AHLs 对海洋污损硅藻附着的影响	D0609生物海洋学与海洋生物资源	中国科学院烟台海岸带研究所	25	2013-1-1至2015-12-31
155	41206155	张晓黎	渤海沉积物中反硝化与厌氧氨氧化脱氮速率及相关功能微生物类群的时空特征	D0609生物海洋学与海洋生物资源	中国科学院烟台海岸带研究所	27	2013-1-1至2015-12-31
156	41206156	张涛	条斑紫菜不同世代光适应机制研究	D0609生物海洋学与海洋生物资源	常熟理工学院	25	2013-1-1至2015-12-31
157	41206157	黄丁勇	大洋深海热液区甲壳动物分类研究	D0609生物海洋学与海洋生物资源	国家海洋局第三海洋研究所	26	2013-1-1至2015-12-31
158	41206158	董纯明	深海弯曲菌 Thalassolituus sp. R6-15低温下烷烃降解机制的研究	D0609生物海洋学与海洋生物资源	国家海洋局第三海洋研究所	24	2013-1-1至2015-12-31
159	41206159	王先艳	中华白海豚对厦门西港的选择利用研究	D0609生物海洋学与海洋生物资源	国家海洋局第三海洋研究所	25	2013-1-1至2015-12-31
160	41206160	张改云	西南印度洋中脊热液沉积环境放线菌的多样性研究	D0609生物海洋学与海洋生物资源	国家海洋局第三海洋研究所	27	2013-1-1至2015-12-31
161	41206161	高春蕾	P-糖蛋白在栉孔扇贝对麻痹性贝类毒素累积和排出过程中的作用研究	D0609生物海洋学与海洋生物资源	国家海洋局第一海洋研究所	25	2013-1-1至2015-12-31
162	41206162	肖洁	我国海水甲壳类中寄生性甲藻（Hematodinium）的种群遗传结构及其分子系统分类地位的研究	D0609生物海洋学与海洋生物资源	国家海洋局第一海洋研究所	25	2013-1-1至2015-12-31

续表

序号	项目批准号	申请者姓名	项目名称	学科代码	单位名称	批准金额（万元）	起始年月
163	41206163	张瑰	利用变分同化结合正则化方法对非线性潮汐模式参数优化的理论分析与数值研究	D0610海洋遥感	中国人民解放军理工大学	26	2013-1-1至2015-12-31
164	41206164	楚晓亮	基于X波段导航雷达的近岸浅水地形信息反演方法研究	D0610海洋遥感	中国海洋大学	26	2013-1-1至2015-12-31
165	41206165	杨倩	风生海中气泡对海色遥感大气校正的影响及定量修正	D0610海洋遥感	山东省科学院	26	2013-1-1至2015-12-31
166	41206166	刘春利	遥感估测南海混合层浮游植物总损失量季节变化和空间分布	D0610海洋遥感	山东大学	27	2013-1-1至2015-12-31
167	41206167	徐星欧	全极化散射计地球物理模型函数研究	D0610海洋遥感	中国科学院空间科学与应用研究中心	25	2013-1-1至2015-12-31
168	41206168	雷惠	基于固有光学特征的东海典型赤潮藻种遥感监测机理研究	D0610海洋遥感	杭州师范大学	26	2013-1-1至2015-12-31
169	41206169	于之锋	基于GOCI影像的潮汐作用下杭州湾悬浮泥沙时空动态研究	D0610海洋遥感	杭州师范大学	26	2013-1-1至2015-12-31
170	41206170	陶邦一	赤潮水体的红光波段高光谱特性监测机理研究	D0610海洋遥感	国家海洋局第二海洋研究所	23	2013-1-1至2015-12-31
171	41206171	张彪	简缩极化SAR海洋溢油探测技术研究	D0610海洋遥感	南京信息工程大学	28	2013-1-1至2015-12-31
172	41206172	任广波	海岸带遥感影像半监督学习自动化分类方法研究——以黄河三角洲滨海湿地分类为例	D0610海洋遥感	国家海洋局第一海洋研究所	26	2013-1-1至2015-12-31
173	41206173	史恭乐	南极乔治王岛始新世化石山植物群及古气候的进一步研究	D0611极地科学	中国科学院南京地质古生物研究所	27	2013-1-1至2015-12-31
174	41206174	李涛	北极快速变化条件下夏季太阳短波辐射能在局地冰洋系统中的分配规律研究	D0611极地科学	中国海洋大学	27	2013-1-1至2015-12-31
175	41206175	王叶堂	高分辨率重建1870年以来的南极冰盖物质积累率	D0611极地科学	山东省海洋水产研究所	26	2013-1-1至2015-12-31
176	41206176	张鹏英	类受体蛋白激酶在苔藓植物适应极地环境中的作用	D0611极地科学	山东大学	23	2013-1-1至2015-12-31

续表

序号	项目批准号	申请者姓名	项目名称	学科代码	单位名称	批准金额（万元）	起始年月
177	41206177	刘婷婷	基于多源遥感影像特征检索的东南极冰流速变化监测研究	D0611极地科学	武汉大学	27	2013-1-1至2015-12-31
178	41206178	付红丽	北极海冰面积快速减退条件下冰间湖的变化及其响应研究	D0611极地科学	国家海洋信息中心	23	2013-1-1至2015-12-31
179	41206179	丁明虎	基于实测数据的南极冰盖表面物质平衡模拟与新算法建立	D0611极地科学	中国气象科学研究院	27	2013-1-1至2015-12-31
180	41206180	杨光	南极夏季普里兹湾桡足类优势种营养策略及对海冰消融的响应	D0611极地科学	中国科学院海洋研究所	26	2013-1-1至2015-12-31
181	41206181	郝锵	北极楚科奇海浮游植物群落粒级构成及其固碳特征对初级生产力的影响研究	D0611极地科学	国家海洋局第二海洋研究所	27	2013-1-1至2015-12-31
182	41206182	孙维萍	南极普里兹湾微量元素沉积地层记录及其来源、通量和浮游植物群落的生态响应	D0611极地科学	国家海洋局第二海洋研究所	23	2013-1-1至2015-12-31
183	41206183	韦利杰	东南极兰伯特冰川东西两侧新近纪孢粉学研究	D0611极地科学	中国科学院地质与地球物理研究所	28	2013-1-1至2015-12-31
184	41206184	李明	北极冰间水道反演和敏感性试验	D0611极地科学	国家海洋环境预报研究中心	24	2013-1-1至2015-12-31
185	41206185	孙启振	南极普里兹湾中尺度气旋活动特征与空间结构研究	D0611极地科学	国家海洋环境预报研究中心	25	2013-1-1至2015-12-31
186	41206186	魏立新	南大洋气旋演变特征及海气通量在其演变过程中的作用研究	D0611极地科学	国家海洋环境预报研究中心	24	2013-1-1至2015-12-31
187	41206187	苏晶文	南极两站地区湖泊沉积物分子化石记录及其古环境意义	D0611极地科学	南京地质矿产研究所	28	2013-1-1至2015-12-31
188	41206188	史贵涛	基于南极冰芯记录的300年来南半球环状模（SAM）的时空演化分异特征研究	D0611极地科学	中国极地研究中心	28	2013-1-1至2015-12-31
189	41206189	张芳	北极黄河站夏季冰川消融对近岸海域微型浮游植物群落的调控作用研究	D0611极地科学	中国极地研究中心	26	2013-1-1至2015-12-31

续表

3. 地区科学基金项目

序号	项目批准号	申请者姓名	项目名称	学科代码	单位名称	批准金额(万元)	起始年月
1	41266001	刘娟	环境参数对激光水中传输衰减特性的影响	D0602海洋物理学	南昌航空大学	55	2013-1-1
2	41266002	陈波	广西沿海主要港湾风暴潮增减水及变化机制研究	D0605河口海岸学	广西科学院	56	2013-1-1
3	41266003	王道儒	琼州海峡及其南岸岬角型线性浅滩形成与演变的动力机制研究	D0605河口海岸学	海南省海洋开发规划设计研究院	54	2013-1-1
4	41266004	王世锋	法螺繁殖生物学研究	D0609生物海洋学与海洋生物资源	海南大学	50	2013-1-1

4. 重点项目

序号	项目批准号	申请者姓名	项目名称	学科代码	单位名称	批准金额（万元）	起始年月
1	41230959	李铁刚	80万年来热带西太平洋上层水体 pH 和 pCO2 演变及影响机理	D0603海洋地质学	中国科学院海洋研究所	296	2013-1-1至2017-12-31
2	41230960	石学法	南海新生代扩张期后岩浆活动及其构造意义	D0603海洋地质学	国家海洋局第一海洋研究所	300	2013-1-1至2017-12-31
3	41230961	王大志	有害藻华形成过程中关键甲藻类群宏转录组学和宏蛋白质组学研究	D0608海洋环境科学	厦门大学	310	2013-1-1至2017-12-31
4	41230962	张偲	季风环流影响下的南海海洋细菌多样性特征及其生物海洋学意义	D0609生物海洋学与海洋生物资源	中国科学院南海海洋研究所	300	2013-1-1至2017-12-31
5	41230963	孙松	黄东海浮游动物功能群变动与生态系统演变	D0609生物海洋学与海洋生物资源	中国科学院海洋研究所	305	2013-1-1至2017-12-31

5. (南海深海过程演变)重大研究计划项目

序号	项目批准号	申请者姓名	项目名称	学科代码	单位名称	批准金额（万元）	起始年月
1	91228101	韩喜球	南海西南次海盆残余扩张中心 MORB 研究：对地幔源区性质和海底扩张历史的约束	D0603海洋地质学	国家海洋局第二海洋研究所	100	2013-1-1至2015-12-31
2	91228201	王风平	南海深部微生物参与有机质、甲烷转化的作用、过程和机制的研究	D0308生物地球化学	上海交通大学	300	2013-1-1至2016-12-31
3	91228202	王东晓	南海深层经向翻转流结构的观测与模拟	D0601物理海洋学	中国科学院南海海洋研究所	400	2013-1-1至2015-12-31

续表

序号	项目批准号	申请者姓名	项目名称	学科代码	单位名称	批准金额（万元）	起始年月
4	91228203	李前裕	微体化石和沉积指标用于追踪南海北部渐新世构造事件和深水环境演变	D0603海洋地质学	同济大学	220	2013-1-1至2015-12-31
5	91228204	刘传联	从室内培养到地质记录探索颗石藻在南海碳循环中的作用	D0603海洋地质学	同济大学	240	2013-1-1至2015-12-31
6	91228205	阮爱国	南海中南礼乐断裂的海底地震仪探查与研究	D0603海洋地质学	国家海洋局第二海洋研究所	300	2013-1-1至2015-12-31
7	91228206	陈多福	南海北部海底冷泉探测及其活动特征研究	D0603海洋地质学	中国科学院广州地球化学研究所	400	2013-1-1至2015-12-31
8	91228207	向荣	南海北部有孔虫、放射虫的现代过程研究及其古环境应用	D0603海洋地质学	中国科学院南海海洋研究所	240	2013-1-1至2015-12-31
9	91228208	吴时国	南海北部淹没碳酸盐台地发育演化及混合沉积研究	D0603海洋地质学	中国科学院海洋研究所	240	2013-1-1至2015-12-31
10	91228209	周力平	南海深部过程的海水14C示踪研究	D0604海洋化学	北京大学	360	2013-1-1至2015-12-31
11	91228210	张玉忠	南海深海有机质的生物降解过程、机制及微生物在碳循环的作用	D0609生物海洋学与海洋生物资源	山东大学	300	2013-1-1至2015-12-31

6.重点项目

序号	项目批准号	申请者姓名	项目名称	学科代码	单位名称	批准金额（万元）	起始年月
1	41230959	李铁刚	80万年来热带西太平洋上层水体pH和pCO2演变及影响机理	D0603海洋地质学	中国科学院海洋研究所	296	2013-1-1至2017-12-31
2	41230960	石学法	南海新生代扩张期后岩浆活动及其构造意义	D0603海洋地质学	国家海洋局第一海洋研究所	300	2013-1-1至2017-12-31
3	41230961	王大志	有害藻华形成过程中关键甲藻类群宏转录组学和宏蛋白质组学研究	D0608海洋环境科学	厦门大学	310	2013-1-1至2017-12-31
4	41230962	张偲	季风环流影响下的南海海洋细菌多样性特征及其生物海洋学意义	D0609生物海洋学与海洋生物资源	中国科学院南海海洋研究所	300	2013-1-1至2017-12-31
5	41230963	孙松	黄东海浮游动物功能群变动与生态系统演变	D0609生物海洋学与海洋生物资源	中国科学院海洋研究所	305	2013-1-1至2017-12-31

续表

7.(南海深海过程演变)重大研究计划项目

序号	项目批准号	申请者姓名	项目名称	学科代码	单位名称	批准金额（万元）	起始年月
1	91228101	韩喜球	南海西南次海盆残余扩张中心 MORB 研究：对地幔源区性质和海底扩张历史的约束	D0603海洋地质学	国家海洋局第二海洋研究所	100	2013-1-1至2015-12-31
2	91228201	王风平	南海深部微生物参与有机质、甲烷转化的作用、过程和机制的研究	D0308生物地球化学	上海交通大学	300	2013-1-1至2015-12-31
3	91228202	王东晓	南海深层经向翻转流结构的观测与模拟	D0601物理海洋学	中国科学院南海海洋研究所	400	2013-1-1至2015-12-31
4	91228203	李前裕	微体化石和沉积指标用于追踪南海北部渐新世构造事件和深水环境演变	D0603海洋地质学	同济大学	220	2013-1-1至2015-12-31
5	91228204	刘传联	从室内培养到地质记录探索颗石藻在南海碳循环中的作用	D0603海洋地质学	同济大学	240	2013-1-1至2015-12-31
6	91228205	阮爱国	南海中南礼乐断裂的海底地震仪探查与研究	D0603海洋地质学	国家海洋局第二海洋研究所	300	2013-1-1至2015-12-31
7	91228206	陈多福	南海北部海底冷泉探测及其活动特征研究	D0603海洋地质学	中国科学院广州地球化学研究所	400	2013-1-1至2015-12-31
8	91228207	向荣	南海北部有孔虫、放射虫的现代过程研究及其古环境应用	D0603海洋地质学	中国科学院南海海洋研究所	240	2013-1-1至2015-12-31
9	91228208	吴时国	南海北部淹没碳酸盐台地发育演化及混合沉积研究	D0603海洋地质学	中国科学院海洋研究所	240	2013-1-1至2015-12-31
10	91228209	周力平	南海深部过程的海水14C示踪研究	D0604海洋化学	北京大学	360	2013-1-1至2015-12-31
11	91228210	张玉忠	南海深海有机质的生物降解过程、机制及微生物在碳循环的作用	D0609生物海洋学与海洋生物资源	山东大学	300	2013-1-1至2015-12-31

8. 国家杰出青年科学基金

序号	项目批准号	申请者姓名	项目名称	学科代码	单位名称	批准金额（万元）	起始年月
1	41225020	杨守业	河流与海洋沉积地球化学	D0603海洋地质学	同济大学	200	2013-1-1至2016-12-31

9. 优秀青年科学基金项目

序号	项目批准号	申请者姓名	项目名称	学科代码	单位名称	批准金额（万元）	起始年月
1	41222037	林霄沛	海洋环流变异机理	D0601物理海洋学	中国海洋大学	100	2013-1-1至2015-12-31

续表

序号	项目批准号	申请者姓名	项目名称	学科代码	单位名称	批准金额（万元）	起始年月
2	41222038	刘桂梅	海洋过程及其资源和环境效应	D0601物理海洋学	国家海洋环境预报研究中心	100	2013-1-1至2015-12-31
3	41222039	夏少红	海洋地球物理学	D0603海洋地质学	中国科学院南海海洋研究所	100	2013-1-1至2015-12-31
4	41222040	史大林	海洋环境生物学	D0608海洋环境科学	厦门大学	100	2013-1-1至2015-12-31

10.创新研究群体科学基金

序号	项目批准号	申请者姓名	项目名称	学科代码	单位名称	批准金额（万元）	起始年月
1	41221004	赵美训	海洋有机生物地球化学	D0604海洋化学	中国海洋大学	600	2013-1-1至2015-12-31

11.国际(地区)合作与交流项目

序号	项目批准号	申请者姓名	项目名称	学科代码	单位名称	批准金额（万元）	起始年月
1	41210008	高会旺	亚洲沙尘沉降对近海和大洋初级生产过程影响的对比研究	D0608海洋环境科学	中国海洋大学	300	2013-1-1至2017-12-31
2	41228007	李晓峰	基于星载SAR和中尺度气象模式的中国近海海气边界层物理现象动力机制研究	D0610海洋遥感	中国科学院遥感与数字地球研究所	20	2013-1-1至2017-12-31
3	41228008	刘兆岩	利用A-Train卫星观测研究海洋上空气溶胶的全球分布以及和风速间的关系	D0610海洋遥感	中国海洋大学	20	2013-1-1至2017-12-31

12.专项基金项目

序号	项目批准号	申请者姓名	项目名称	学科代码	单位名称	批准金额（万元）	起始年月
1	41240038	杜金洲	长江/黄河河口铀的地球化学特征及其潮滩归宿研究	D0604海洋化学	华东师范大学	20	2013-1-1至2013-12-31
2	41240041	鲁义善	溶藻弧菌诱导红笛鲷分泌型/膜型免疫球蛋白基因的表达及定位	D0609生物海洋学与海洋生物资源	广东海洋大学	20	2013-1-1至2013-12-31
3	41240039	方家松	评价深海嗜高压细菌在南海深部碳循环中的作用	D0604海洋化学	同济大学	20	2013-1-1至2013-12-31

13.海洋科学考察船共享航次项目

序号	项目批准号	申请者姓名	项目名称	学科代码	单位名称	批准金额（万元）	起始年月
1	41249901	闫菊	渤黄海科学考察实验研究	NORC2013-01	中国海洋大学	500	2013-1-1至2013-12-31

续表

序号	项目批准号	申请者姓名	项目名称	学科代码	单位名称	批准金额（万元）	起始年月
2	41249902	于非	东海科学考察实验研究	NORC2013-02	中国科学院海洋研究所	400	2013-1-1至2013-12-31
3	41249903	于非	长江口科学考察实验研究	NORC2013-03	中国科学院海洋研究所	280	2013-1-1至2013-12-31
4	41249904	张钒	台湾海峡科学考察实验研究（2013年）	NORC2013-04	福建海洋研究所	270	2013-1-1至2013-12-31
5	41249905	闫菊	南海东北部春季综合科学考察实验研究	NORC2013-05	中国海洋大学	400	2013-1-1至2013-12-31
6	41249906	练树民	南海北部夏秋季节综合科学考察实验研究	NORC2013-06	中国科学院南海海洋研究所	450	2013-1-1至2013-12-31
7	41249907	练树民	南海西部综合科学考察实验研究	NORC2013-07	中国科学院南海海洋研究所	380	2013-1-1至2013-12-31
8	41249908	詹文欢	南海北部地球物理科学考察实验研究	NORC2013-08	中国科学院南海海洋研究所	270	2013-1-1至2013-12-31
9	41249909	于非	西太平洋科学考察实验研究	NORC2013-09	中国科学院海洋研究所	500	2013-1-1至2013-12-31
10	41249910	詹文欢	东印度洋综合科学考察实验研究	NORC2013-10	中国科学院南海海洋研究所	550	2013-1-1至2013-12-31

其他研究

【夏季南极普里兹湾 N_2O 陆缘水边界锋面混合过程研究】 通过分析中国第27次南极考察的实际观测数据，对南大洋普里兹湾水体 N_2O 分布特征、混合过程及形成机制进行了深入的研究，项目进展顺利，取得了较好的阶段性研究成果。研究表明，N_2O 在IS断面浓度范围在14～27nM之间，饱和度异常在-11%～57%之间，仅有IS01站在50米深和底层水出现浓度高值，这可能是陆源输入和沉积物反硝化过程输入的结果。然而，从整体上看IS断面 N_2O 整体上为不饱和状态。表层水体 N_2O 的不饱和特征可能是夏季太阳辐射导致的融冰水持续输入的结果，与此相对应的现象是普里兹湾表层海水的相对高温低盐特征。次表层低 N_2O 饱和异常值则可能是低温陆架水影响的结果。

【西太平洋关键海域的能量和水分循环研究】 通过与中国科学院大气物理研究所季风中心的研究协作，应用该中心的高性能计算服务器开展了东中国海及邻近海域海温异常对东亚季风环流和我国东部夏季气候异常（降水）影响的数值试验，取得了较好的阶段性研究成果。研究结果表明，东中国海及邻近海域海温的异常对中国东部夏季降水有较明显的影响，当东中国海及邻近海域偏暖时，将引起我国长江中、下游地区、黄淮流域、华北地区夏季降水的减少，而使得华南地区、东北南部和朝鲜等半岛地区夏季降水的增加；相反，当东中国海及邻近海域偏冷时，将引起我国长江中、下游地区、黄淮流域和华北地区夏季降水的增加，而使得华南地区、东北南部和朝鲜半岛等地区夏季降水的减少。由再分析资料和理论的分析并结合数值试验的结果表明：东中国海及邻近海域升温后，其东侧大气低空辐合，高空辐散，从而产生上升运动，而在其西侧的长江中、下游、黄淮流域和华北地区引起低空辐散，高空辐合，产生下沉运动，这不利于这些地区夏季降水，从而使这些地区夏季降水减少；并在华南地区引起低空辐合，高空辐散，从而产生上升气流，这有利于该地区夏季降水，从而使这些地区夏季降水增加。

【中国近海海平面、相关要素及海洋灾害对气候变化的响应分析】 通过对近 50 年来东亚低空风场、海平面气压、气温和降水的时空特征、中国近海及邻近海域温盐度的气候变化特征及海温变化与我国气候的关联性、中国近海若干海洋气象要素对气候变化的响应特征以及热带中太平洋海温异常对我国近海 SST 的可能影响。有关 El Niño Modoki（中太平洋增温现象）与当年各季中国近海及邻近海域海表温度（SST）的关系分析结果表明：（1）夏季 El Niño Modoki 与同年秋季中国近海及邻近海域的 SST 有显著的负相关关系，显著相关区域主要分布于黑潮以东的大片海域；（2）夏季 El Niño Modoki 发生期间，菲律宾北部至中国近海及邻近海域的上空盛行异常偏北风，且热带西太平洋表层暖水东流，这不利于热带西太平洋暖水向中纬度地区的输送。分析结果还表明，海洋环境对风场有滞后的响应以及黑潮向北输送有减弱的现象，而这可能正是夏季 El Niño Modoki 影响秋季中国近海及邻近海域海温偏冷的重要原因。

【西太平洋暖池与近海海域热力状态和海气通量变化特征】 项目利用 NCEP/NCAR 的再分析资料、全球海温资料（OISST）及区域气候模式（RegCM3）研究了东亚夏季低层（925 hPa）大气环流对东海及其邻近海域热力异常的响应。研究发现，夏季，当东海及其邻近海域的海温升高 0.5℃和 1.0℃时，在中国东部和东海及其邻近海域上空均会出现一个异常的气旋性环流，而且海温越高，气旋性环流越明显，并在海面上空形成辐合中心；反之，当东海及其邻近海域海温降低时，中国东部和东海及其邻近海域上空将出现一个异常的反气旋性环流，并在海面上空形成辐散中心。东海及其邻近海域夏季海温的异常可通过热力作用影响低层大气的辐合（散）和垂向运动，并影响局地低层大气和上层海洋的相互作用，从而使得东亚大气环流发生改变，进而可能对中国大陆东部气候和近海环境的变化产生重要作用。另外，基于日本气象厅长序列水文再分析资料，通过估算台湾以东黑潮 24° N 断面热输送量，分析了该断面黑潮热输送的低频变异特征，并探讨了热输送变异与我国近海海表温度异常变化以及前期（前秋、前冬和春季）和同期（夏季）热输送变异与我国夏季降水异常变化的关联性。相关分析的结果表明，台湾以东黑潮（24° N 断面）热输送低频变异可能是我国东部近海 SST 变化的一个重要因素。同时，回归分析发现，前期及同期台湾以东黑潮（24° N 断面）热输送变异对我国东部夏季降水异常变化有显著指示性，可能存在较大影响。（国家海洋局第三海洋研究所）

海洋调查

【海洋区域地质调查】 （1）我国管辖海域海洋区域地质调查。继续组织实施我国管辖海域海洋区域地质调查，主要开展了 1∶100 万天津幅、汕头幅等 4 个国际标准图幅的海洋区域地质调查，以及 1∶25 万青岛幅、福州幅、莆田幅海洋区域地质调查。同时，完成了 1∶100 万大连幅、上海幅、海南岛幅、中沙群岛幅等 4 个图幅的海洋区域地质调查的成果报告编写和图件编制工作。

1∶100 万天津幅、汕头幅等 4 个图幅的海洋区域地质调查。2012 年度已完成多道地震测量 730 千米、单道地震测量 11527 千米、浅地层剖面测量千米 4808、重力和磁力测量 11502 千米、侧扫声呐测量 4800 千米、多波束测量 42358 千米、单波束水深测量 11527 千米，海底地质表层取样 441 个站位、浅钻取样 5 个站位，全面完成了年度外业调查任务，正在开展采集资料处理、样品测试分析工作。

1∶100 万大连幅、上海幅、海南岛幅、中沙群岛幅等 4 个图幅的海洋区域地质调查。完成了成果报告编写，1∶100 万地形图、地貌图、地质图、构造图、矿产图、环境地质图等 6 种基础图件，以及磁力异常(DT)图、磁力异常(DT)平面剖面图、布格重力异常图、自由空间重力异常图等辅助性图件的编制。

在 1∶100 万天津幅内，发现沿郯庐断裂带附近构造活动发育，莱州湾、渤海湾南部、曹妃甸以东近岸海区浅层气发育。

在1∶100万汕头幅内，发现空间重力异常整体呈现南高、北低的变化趋势，布格重力异常表现为随着水深加大，异常值增大；磁异常整体表现为北负南正，与重力异常走向基本一致；根据单道地震剖面，共识别出 7 个地震反射界面，划分了 6 个地震层序，对其地质属性进行了初步分析；发现陆坡区共有13种沉积物类型，沉积物平均粒度大小与碎屑矿物丰度关系密切；地球化学元素特征表明，沉积物主要来自华南大陆。

在1∶100万海南岛幅内，通过多波束资料研究，认为神狐海域海底新发现的峡谷与区域构造活动、天然气水合物分解以及底流的侵蚀活动密切相关；利用地震资料结合地质浅钻资料分析，认为海南岛西部陆架晚更新世12万年以来沉积环境经历了干冷－暖湿多次交替，海平面变化经历了 5 次旋回；对海底地貌单元进行了划分，其中二级地貌单元 3 类、三级地貌单元 16 类、四级地貌单元 13 类；通过区内晚第四纪以来沉积地层、沉积环境研究，认为区内发育一套由陆架滨海相、三角洲平原、浅海相向陆坡区半深海，海盆区深海相逐渐过渡沉积体；通过控矿因素分析，指出了区内石油天然气、固体矿产及天然气水合物等矿产资源分布远景区。

在1∶100万中沙群岛幅内，通过热流测量资料分析，发现调查区的中南部、东北边缘存在 3 个异常低热流值区(热流值都在 72mW/m^{2}以下)，东北部存在 2 个异常高热流值区(热流值都在 10^{8}mW/m^{2}以上)，同时发现沿着中央次海盆北部陆洋边界到西北次海盆和中央次海盆边界区，存在着一条高热流带，推测这些热流异常区带与地壳深部结构有关；首次探讨了晚中新世以来南海西北海盆和中央海盆北部的浊积岩体分布和特征，发现了大量晚中新世浊积岩体，表明南海晚中新世海平面的大规模下降，同全球同时期的海平面变化具有一致性；构建了南海北部下陆坡和海盆的构造格架，系统解剖了马尼拉俯冲带的地质构造特征，由西往东可依次划分出三个带：正断层带、过渡带和逆冲带，这三个带从不同角度反映了俯冲作用的发生过程。

1∶25 万福州幅、莆田幅海洋区域地质调查。2012年度完成单道地震测量1934千米、浅地层剖面测量1992千米、多波束测量42000千米、侧扫声呐测量1992千米、单波束水深测量1934千米、海底地质表层取样339个站位，完成了年度外业调查任务，正在开展采集资料处理、样品测试分析工作。

1∶25万青岛幅海洋区域地质调查(试点)。编写了成果报告，编制了1:25万地形图、地貌图、第四纪地质图、构造图、矿产图、环境地质图等 6 种基础图件，以及磁力异常(DT)图、磁力异常(DT)平面剖面图、布格重力异常图、自由空间重力异常图、灾害地质图、表层沉积物类型图、旅游地质图等辅助性图件。同时，编制了1∶25万海洋区域地质调查规范。

在 1∶25 万青岛幅内，系统地划分了调查区海域新近系以来的地层层序，重点分析了晚第四纪以来沉积物的物质成分、类型、沉积结构、地质时代；首次发现山东半岛南部近岸海域存在泥质体，其主要分布在崂山头以北的近岸海区，底界面基本位于现今海平面之下5～40米，其等深线大致平行海岸线，近岸处泥质沉积体的厚度最大可达22.5米，等厚线整体上沿海岸线呈带状分布，往海方向厚度逐渐薄；对青岛幅区域构造单元进行了划分，共划分出三级构造单元 6 个，即高密凹陷、莱阳凹陷、海阳凹陷、牟即构造带、柴沟隆起、大野头隆起等；利用沉积动力资料，对胶州湾海域潮流场、悬浮泥沙分布特征进行了研究，发现胶州湾海域的潮流以往复流为主，具有规则的半日潮流性质，涨潮时外海潮流通过胶州湾口进入湾内，受湾内岸线和海底地形的影响出现分叉，其中一支沿西偏北沿岸流动、另外一支沿北偏西方向向胶州湾湾顶大沽河口流动，还有一支沿东北方向向沧口水道方向流动；胶州湾内悬浮泥沙的主要来源于湾顶区海底泥沙再悬浮，其分布总体格局为是湾顶高、湾口低，东西两侧高、中间低，西侧高于东侧；发现区内建筑用海砂资源丰富，主要为粗砂-中砂-细砂，其中下层为第四纪更新世河谷型海砂、上层为第四纪全新世潮流沙脊型海砂，并圈定建筑用海砂资源有利区 2 个。

(2) 中国海域系列图编制。中国海及邻域地质地球物理及地球化学系列图编制，完成了1:500 万地理底图、空间重力异常图、布格重力异常图、磁力异常图编、莫霍面深度图、地震层析成像图、地质图、大地构造格架图、中国海陆大地构造宏观演化图等编稿原图的编制和相关图件说明书的编写。

在编图过程中针对重点科学问题，继续开展滨太平洋域板块活动及其在中国海区的构造效应、中国海区及邻域岩石层结构特征及其动力学特征、中国海陆周边地质构造与全球构造研究进展等科学问题的研究，对块体构造划分提供了进一步的有利支持。

（3）重点海岸带环境地质调查与评价。2012 年度主要开展辽河三角洲经济区、山东半岛蓝色经济区、长江三角洲经济区、南海北部湾经济区等重点海岸带综合地质调查与监测，南海北部湾全新世环境演变与人类活动影响研究、北部湾广西近岸海洋地质环境与地质灾害调查、华南西部滨海湿地地质调查与生态环境评价等。

2012 年度已完成单道地震测量 7072 千米、浅地层剖面测量 13412 千米、侧扫声呐测量 5315 千米、单波束水深测量 19517 千米、海底地质取样 2589 个站位（计划 2505 个站位）地质和水文浅钻 16 口，完成了年度调查任务。

辽河三角洲经济区海岸带综合地质调查与监测。通过海岸带地质浅钻取样分析、水文监测井观测，结合以往地质资料综合研究，发现辽河三角洲属于短源河流三角洲，沉积物颗粒较粗。由于雨量充沛，气候条件优越，植被和微生物发育，土壤中微生物作用产生了较多的有机胶结物，从而形成对碳有保护作用的团聚体。辽河三角洲植物景观主要为旱地、水田、芦苇沼泽和潮滩，湿地生态系统下伏的地下水分布特征主要为淡水分布层位于地面 200 米以下，50 米以上为微咸水，随着经济的快速发展，尤其是大规模围海造田等人类活动，对海岸带湿地造成了严重影响，导致水资源不足、土地盐渍化等。

山东半岛经济区海岸带综合地质调查与监测。主要开展了浅地层剖面、侧扫声呐测量、沉积动力调查、地质取样、海岸带地质剖面监测、地下水监测。通过对莱州湾海域浅地层测量、水深测量、沉积动力调查、海底地质取样等，初步了解了莱州湾海域浅地层结构、沉积动力，尚须结合钻探开展验证。基于海岸带地下水研究，初步建立了粉砂淤泥质海岸地下水分布模式，并重新划定地下水渗流区、潮汐引起的过渡区和海潮作用区。研究结果表明，人类填海工程加剧了现代咸水入侵进程，过量开采地下水（卤水）引起了地下水位下降，含水层中淡水水头低于附近咸水水头，破坏淡水与海水之间的水动力平衡，造成咸水入侵。

长江三角洲经济区海岸带综合地质调查与监测。主要开展了江苏海岸带潮间带地区 1∶10 万综合地质调查，初步了解了江苏南部海岸潮间带地形特征、底质类型分布特征、浅表层沉积物的结构构造、物质成分、沉积环境及其演化规律等。对海岸带潮间带地区地质调查技术方法进行了总结，为进一步开展潮间带地质调查奠定了基础。同时，开展了上海海岸带及近岸海区、杭州湾以南海区浅地层剖面测量和海底地质取样等工作，初步查明了近岸海区的海底地形地貌特征，以及 50 米以浅沉积物的地层结构，并对区域地壳稳定性进行了评价。

南海北部湾全新世环境演变与人类活动影响研究。继续开展单道地震测量、浅地层剖面测量、海流测量、温盐深测量、地质取样、海水取样等调查，通过资料处理、样品测试、综合研究，进一步建立了北部湾沉积物的地质声学模型，对北部湾全新世气候环境演变和海平面变化过程进行了深入研究，发现海底表层沉积物以黏土质粉砂和粉砂质砂两种类型为主，其次为砂-粉砂-黏土类型。

【海洋固体矿产资源调查】　继续开展辽东湾、台湾海峡西岸近海海砂资源潜力调查，海南岛浅海砂矿资源潜力调查与评价。2012 年度完成浅地层剖面测量 2081 千米、侧扫声呐测量 1020 千米、多波束测量 1100 千米、单波束水深测量 2080 千米、海底地质取样 360 个站位、地质浅钻 20 口总进尺 462.5 米、沉积动力调查 12 个站位，完成了年度调查任务。

辽东湾近海海砂及相关资源潜力调查。通过浅地层剖面测量、侧扫声呐测量、多波束测量、沉积动力调查、地质浅钻取样等调查，发现海砂主要为三角洲和河口冲积类型、潮流沙脊类型，海砂百分含量高值区（S%>50%）分布于六股河河口附近、辽东湾中部、复州湾外、辽东湾东北角以及辽东浅滩海域，其中六股河口海域为最高值区（S%>70%），砂体呈北东向分布，重矿物也位于六股河河口。

【海洋油气资源调查】 继续开展南黄海、南海北部陆坡深水区油气资源调查，2012 年度完成多道地震测量、重力测量、磁力测量、水深测量各 11964 千米，海底地震（OBS）测量 16 个站位，油气化探与微生物取样 200 个站位，油气探井 1 口钻井深度 4446 米，完成了年度调查任务。

南黄海海域油气资源调查。继续开展多道地震测量、油气地球化学取样等调查。针对南黄海地质构造复杂、海相碳酸盐岩地层地震反射能量弱、地震剖面品质差等勘探难题，首次采用双层震源和长排列的地震测量最新技术方法，获取了深部反射衰减小，低频能量强，信噪比高的地震测量资料。同时，开展了海域油气地球化学调查与综合研究，在南黄海中部海域圈定了三个综合地球化学异常区，通过沉积物有机质成熟度分析，初步认为沉积物中有机质与深部油气渗漏有关。

南海北部陆坡深水区油气资源调查。继续开展多道地震测量及相应的重力、磁力和水深测量，地质取样，海底地震(OBS)调查等。初步分析认为，西沙海槽盆地新生界沉积巨厚，大型构造圈闭、地层/岩性圈闭发育；新生代断—坳叠置盆地，古近系多套烃源岩发育，规模较大；多类型储集层发育，具有多套良好的生储盖组合；指出中央坳陷及北部断阶带为油气资源一级远景区。 （中国地质调查局）

海洋重点实验室

【海底科学与探测技术教育部重点实验室（中国海洋大学）】 实验室依托于中国海洋大学海洋地球科学学院，主要从事海底科学与探测技术的基础与开发研究。2001 年 12 月，提请国家教育部对海底科学与探测技术重点实验室立项建设；2002 年 1 月开始，实验室建设正式列入学校“211 工程”和“985 工程”的重点建设项目。

实验室拥有科研人员 48 人,流动人员 10 人,其中“千人计划”1 人,“国家杰出青年基金”获得者 1 人，享受国务院特殊津贴 2 人，入选国家“百千万人才工程”第一、二层次 1 人，“973”计划首席科学家 1 人，教授 24 人（其中博士生导师 15 人），副教授 11 人，讲师 6 人，实验室技术管理人员 7 人。拥有基础设施优良的研究实验场所，总面积约 3000 平方米；初步建成由系列大型仪器设备构成的海底科学与探测技术研究与创新平台，设备总值达 4000 余万元。

2012 年在科研项目共计 236 项，合同经费约 1.1 亿元。其中，“973”计划及重大专项课题 7 项，经费 1179 万元；国家自然科学基金课题 26 项，经费 2077 万元；“863 计划”项目 3 项，获得经费支持 2746 万元；公益项目 2 项，获得经费支持 218 万元；省部委项目 22 项，获得经费支持 3125 万元；横向服务项目 166 项，获得经费支持 2466 万元；其他项目 8 项，获得经费 175 万元。2012 年度，实验室骨干人员共发表学术论文 60 篇，其中 SCI 和 EI 收录 27 篇；出版学术专著 1 部；获发明、实用新型专利和软件著作权 10 项。周华伟教授申请获批准“千人计划”；实验室引进 3 位具有博士学位青年人才。

2012 年实验室邀请专家并主持召开了学术报告 10 余次；全年共有 6 人次参加了国内外学术交流会；先后邀请了 10 余位学者到实验室进行访问或交流，并就海洋地质、海洋地球物理未来的发展方向进行广泛的探讨。李广雪教授研究团队与美国埃克森美孚石油公司开展黄河三角洲的科研合作；李予国教授研究团队与 Helmholtz-Zentrum for Ocean Research (GEOMAR)联合进行内蒙古勘探研究。

【海水养殖教育部重点实验室（中国海洋大学）】 中国海洋大学海水养殖教育部重点实验室于 1994 年建立，是水产养殖国家重点学科的核心组成部分。十多年来，着重开展海水健康养殖应用基础理论研究与新技术的研发，致力于组织和推动相关的重要前沿性课题探索、构筑开放与高层次人才培养的研究平台。主要研究方向有：养殖生态学、营养生理学、遗传育种学和养殖病害学。

实验室在研各类课题 50 余项，2012 年新增科研经费 3000 多万元，其中包括国家“十二五”科技支撑计划 3 项，国家自然科学基金面上项目 18 项、农业部、国家海洋局行业公益性科研专项计划 6 项。2012 年度发表论文 160 余篇，其中 SCI 论文近百篇，获国家授权发明专利 10 余项，申请国家发明专利 30 余项。“海水池塘高效清洁养殖技术研究与应用”获国家 2012 年度科技进步二等奖。

实验室坚持瞄准国际前沿目标和高起点，采取有力措施，积极引进人才，夯实学科基础，优化人才结构，促进梯队建设。近期引进的中国海洋大学筑峰工程二层次何艮教授被聘为“万人计划”第一层次、泰山学者海外特聘专家；引进“英才工程”第一、第二层次优秀青年教师 2 名；2 名副教授晋升为教授。派出 3 位教师赴国外分别开展为期 1 年的研修工作；派出 5 名青年教师赴国外进行短期访问学习。水产动物营养代谢机理及饲料安全研究创新团队获评山东省优秀创新团队。2012 年度培养博士后 2 人，博士生 29 人，硕士生 40 人；目前在读博士后 4 名、博士研究生 110 名、硕士研究生 151 名。通过建设高水平大学公派研究生项目公派联合培养研究生 10 名，到国外攻读博士学位研究生 5 名。

本着公平、公正和开放共享的原则，利用开放运行费 21 万元共开放课题 7 项。组织召开了“贝类遗传育种国际研讨会”，协办“第三届华东地区水产动物营养与饲料科技论坛”，参加了“国际原生动物学家协会 2012 年年会”、“世界水产养殖大会”和“海洋渔业科学与技术国际研讨会”等。美国马里兰大学、英国利物浦大学、日本筑波大学、东北大学、德国波恩大学、美国缅因大学、美国弗吉尼亚理工大学等多所高校和科研单位进行了学术访问。

【海洋化学理论与工程技术教育部重点实验室（中国海洋大学）】　海洋化学理论与工程技术教育部重点实验室于 2005 年被批准立项建设，于 2009 年 5 月通过验收正式成立，主要研究方向有：活性气体的生物地球化学过程及气候效应、有机生物地球化学过程及其对生态环境演变的响应、海水综合利用技术、环境友好型海洋功能材料与防护技术。

实验室在基础研究方面，拥有“海洋有机生物地球化学”国家自然科学基金委创新研究群体；在工程技术开发与应用方面，拥有“环境友好型海洋功能材料与防护技术”教育部创新团队。现有固定人员 61 人，其中中国工程院院士 1 人、“国家杰出青年基金”获得者 2 人、“教育部长江学者”特聘教授 2 人、山东省“泰山学者”1 人、山东省“泰山学者攀登计划”1 人、中国海洋大学“筑峰人才工程”特聘教授 1 人、中国海洋大学“绿卡人才工程”特聘教授 1 人、“教育部新世纪优秀人才”8 人。

2012 年实验室主要新增项目 10 余项，总合同经费 1808 万元，主要包括国家自然科学基金委创新研究群体项目 1 项，教育部创新团队发展计划 1 项、国家自然科学基金面上项目 5 项、青年科学基金项目 1 项，教育部高等学校学科创新引智计划 1 项。目前实验室成员共主持或参加国家、省部级等各类科研项目 100 余项，总合同经费近 1 亿元。2012 年度实验室成员共发表学术论文 184 篇，其中 SCI/EI 论文 85 篇；获得授权发明专利 5 项，已申请受理实用新型、发明专利 18 项。2012 年实验室“海洋有机生物地球化学”国家自然科学基金委创新研究群体获批，该群体成为中国海洋大学第二个、全国海洋领域第六个获得创新研究群体资助的团队；“环境友好型海洋功能材料与防护技术”研究团队获批教育部创新团队，成为中国海洋大学第四个教育部创新团队。2012 年围绕实验室发展的需求，积极引进人才，引进中国海洋大学“青年英才工程”第三层次教师 1 名，青年教师 2 名，工程/实验技术人员 3 名。

实验室主要依托化学化工学院开展人才培养工作，2012 年共有在读硕士生 367 名，在读博士生 108 名。2012 年实验室设立 4 项访问学者及开放课题基金，用于资助优秀的国内外学者来实验室开展合作研究，取得了良好效果。实验室“海洋化学创新引智基地”获批，成为学校获准立项建设第三个创新引智基地，依托基地建设 2012 年实验室邀请 20 余位国内外专家学者来访交流，实验室成员参加国际、国内外学术交流活动 40 余次，营造了良好的学术氛围。

【海洋环境与生态教育部重点实验室（中国海洋大学）】　海洋环境与生态教育部重点实验室于 2002 年经国家教育部批准启动建设，2007 年通过教育部组织的专家验收，2009 年通过教育部组织的专家评估。实验室的总体定位是：围绕国家重大战略需求和国际前沿科学问题，开展海洋环境与生态领域应用基础研究，使之成为科技创新和高层次人才培养基地。主要研究方向包括：近海环境动力过程及其对生态系统的影响；近海典型污染物的环境行为及控制；海岸带工程环境与水资源保护。

2012 年实验室主持或参与在研的国家和省部级科研项目 70 余项，纵向课题到位经费约 2100 余万元。围绕山东省、青岛市等海洋经济发展和地铁建设等社会需求，实验室积极服务地方经济建设，能力不断加强，新增科技服务与咨询等横向项目 120 项，合同经费 1200 余万元。2012 年实验室发表学术论文 180 余篇，其中 SCI/EI/ISTP 收录论文 92 篇，34 篇论文在影响因子大于 2.0 的 SCI 期刊发表，其中在 I、II 区 SCI 期刊发表的论文 25 篇。出版专著/编著 2 部。新申请发明专利 9 项，其中国家发明专利 8 项，软件著作权 1 项，另获授权发明专利 8 项。获 2011 年度山东省水利科学技术进步奖（一等奖）1 项，第四届中国岩石力学与工程学会科学技术奖（二等奖）1 项。2012 年实验室“山东省万人计划”讲座教授在岗 1 人，“学校绿卡计划”讲座教授在岗 1 人，获“教育部新世纪优秀人才”资助 1 人，新引进博士 1 人。研究人员中有博士学位者达 90%。2012 年在实验室学习和工作的博士研究生 79 人，硕士研究生 316 人。

2012 年实验室的学术交流进一步加强。实验室主办了第三届中法大气环境国际研讨会、中国海洋大学渔业海洋学与生物海洋学学术研讨会、“科学人生与环境地学前沿导航”系列讲座，协助举办了第九届全国工程地质大会、第十九届中国大气环境科学与技术大会暨中国环境科学学会大气环境分会 2012 年学术年会、海洋工程地质发展战略研讨会等多个会议，邀请国内外高校、研究所、企事业单位的多名专家交流研究内容，指导学科发展。另外，2012 年教师出国学习、进修、参加会议和进行合作研究等达 40 余人次，在国际会议上做特邀报告 10 余次，接待了国内外来访的科学家 50 人次，营造了良好的学术气氛，有力推动了学科的发展。

【海洋生物遗传育种教育部重点实验室（中国海洋大学）】　中国海洋大学海洋生物遗传学与育种教育部重点实验室建于 20 世纪 50 年代，创建者为著名遗传学家方宗熙先生，是我国海洋生物遗传学与育种技术研究的发祥地，五十多年来为我国海洋生物遗传学理论与育种技术的创立做出了开创性的贡献。1983 年教育部设立海洋生物遗传研究室，2008 年 12 月获批建设教育部重点实验室，2011 年 6 月通过验收正式运行。

实验室所在遗传学科为山东省重点学科，拥有遗传学博士点和硕士点，所依托的海洋生命学院拥有生物学博士学位授予权一级学科和海洋生物学国家重点学科，有生物学和海洋生物学 2 个博士后流动站。实验室面向海洋生物遗传学重大科学问题和蓝色种业发展的重大需求，从分子、细胞、个体和群体等多层次开展海洋生物遗传学与种质资源开发研究。主要研究方向：海洋生物分子遗传学与分子育种、海洋生物细胞遗传学与细胞工程育种、海洋生物基因组学与进化生物学。

实验室共主持和参与“973 项目”（课题）、“863 计划”项目、重大科学研究计划、基金重点项目、省部委项目等 70 项；2012 年新增 973 课题、国家重大科学研究计划项目、科技支撑计划项目、国家自然科学基金项目等各类项目 20 项，新增项目经费达 4540 余万元。2012 年实验室共发表学术论文 50 余篇，其中 SCI 收录 38 篇；获得专利授权 4 项，软件著作权证书 1 项，申请专利 5 项；水产新品种证书 1 项，汕头市科学技术奖一等奖 1 项。实验室现有固定人员 22 人，其中教授 7 人，副教授 10 人，队伍中有山东省“泰山学者”特聘教授 2 人，山东省有突出贡献的中青年专家 2 人，青岛市专业技术拔尖人才 2 人，国务院特殊津贴获得者 2 人，“教育部新世纪优秀人才”人才 4 人，固定研究人员全部具有博士学位。实验室现拥有 1 个“教育部长江学者”特聘教授岗位、2 个山东省“泰山学者”特聘教授岗位。2012 年，实验室培养博士生 15 名，硕士研究生 27 名。2012 年，实验室主办了“方宗熙教授诞辰 100 周年纪念会暨学术研讨会”，邀请国内 30 余位知名专家做主题报告；实验室组织了海洋生物遗传学与育种教育部重点实验室学术论坛 18 次，共有国内外 20 名专家、学生做了专题报告。实验室成员参加国际、国内外学术交流活动 30 余次，特邀学术报告 18 人次，营造了良好的学术氛围，有效提升了实验室在国际学术界的影响力。

【海洋药物教育部重点实验室（中国海洋大学）】 实验室前身为山东海洋学院水产系海洋药物研究室，创建于1980年，是我国较早从事海洋药物研究与开发的科研机构之一，也是“211工程”、“985工程”重点建设单位。1994年，被山东省确定为省级重点实验室，2003年11月，经国家教育部批准立项建设“海洋药物教育部重点实验室”；2007年1月，通过教育部专家组验收。2010年，顺利通过生命领域教育部重点实验室评估。

实验室以海洋生物资源为基础，以危害人类生命与健康的重大疾病防治药物研究为目标，定位为海洋药物的应用基础研究。主要研究方向有：海洋糖化学与糖生物学、海洋天然产物化学、药理学、海洋药用生物资源学。

实验室拥有固定研究人员50名，其中教授20名，副教授13名；博士生导师14名，硕士生导师28名；94%的专任教师具有博士学位，65%的专职教授有国外留学或工作经历。队伍中有中国工程院院士1名，山东省“泰山学者”海外特聘专家1名，“教育部新世纪优秀人才”5名；“十二五”国家863计划海洋技术领域主题专家1名、第十三届国家自然科学基金委员会二审专家1名，山东省有突出贡献中青年专家1名，享受国务院政府特殊津贴专家2名。

2012年，实验室在研各级各类项目共计97项，实验室新立项项目经费2517.8万元；发表SCI/EI收录论文86篇，其中在Org. Lett、Bioresource Technology 、Organic & Biomolecular Chemistry 等国际知名学术期刊上发表影响因子3.0以上的论文32篇；获授权发明专利8项，申请发明专利15项。团队建设方面，有1人荣获省“突出贡献中青年专家”称号，有1人入选“教育部新世纪优秀人才”。2012年，培养博士21人、硕士45人。实验室保持积极开展国内外合作交流的传统，成功举办了“海洋药物高层论坛”，来自国内海洋药物及其相关研究领域的100余位专家学者应邀到会；有来自美国德克萨斯大学安德森肿瘤中心、美国佐治亚大学、加拿大哥伦比亚大学等国内外知名学者30余人次来实验室进行学术交流，实验室有60余人次参加Gordon Research Conference on Marine Natural Products、26th International Carbohydrate Symposium、海洋863高层论坛、第六届天然有机化学研讨会、2012年中国药学大会等国内外学术研讨会，有10余人次做大会报告或特邀报告。

【物理海洋教育部重点实验室（中国海洋大学）】 物理海洋教育部重点实验室成立于1987年，以海洋环流动力学、海洋波动与混合、海洋-大气相互作用与气候为主要方向。设有博士点和博士后流动站；拥有大型风-浪-流水槽、内波水槽、旋转水槽、SGI超级计算机、计算机集群及一大批先进的外海和室内观测仪器，是3500吨“东方红2号”科学考察船的主要用户。

2012年，实验室主持在研“973课题”、”863计划”、重大科学研究计划、基金重大项目、基金重点项目、省部委项目等143项；新增重大科学研究计划项目、”863计划”、科技基础性工作专项、国家自然科学基金等41项，合同额8558万元，实际到账经费7000余万元。全年实验室成员共发表各类学术论文92篇，其中Nature系列论文2篇，PNAS论文2篇，SCI论文36篇；英文学术专著《Understanding of Sea Fog over the China Seas》及中文学术专著《渤黄东海月平均风和气温场图集（1960-2007）》出版；实验室不仅注重基础科学研究，同时在应用基础科学等领域持续开展各项工作，取得了包括2个专利与4项软件著作权在内的一批成果。

实验室共有成员56人，其中科研技术人员50人，包括中科院院士2人，“国家杰出青年基金”获得者2人，”千人计划”学者2人，“教育部长江学者”特聘教授1人，”泰山学者”特聘教授2人，教授28人，副教授6人，博导24人；2012年，实验室主任吴立新获“教育部长江学者”特聘教授称号、当选国际CLIVAR大计划科学指导委员会委员，实验室副主任林霄沛获得中组部“青年拔尖人才”称号。2012年9月，“泰山学者”海外特聘教授罗义勇作为实验室的正式一员，以全职身份与实验室签订聘任合同并随后开始了工作；引进澳大利亚CSIRO（联邦科学与工业研究组织）Cai Wenju研究员为“绿卡教授”、北卡州立大学何若萤教授为“泰山学者”特聘教授；2012年实验室共招收硕士、博士生123人，博士后入站6人，为社会输送博士、硕士生 79 人，博士后出站 2 人；新加盟实验室 4 名师资博士后、2 名专职科研人员、1 名工程技术人员，为实验室长远发展和人才梯队建设奠定基础。

2012 年，实验室成员对外合作与交流活动频繁，共参加国际、国内会议 60 余人次，其中国际会议 35 人次，大会报告 23 人次，国内会议特邀报告 10 人次；出访及接待国内外来访讲学 66 人次。同年度，实验室发起赫崇本海洋高端论坛，邀请国内外海洋学科的顶级专家学者做前沿成果报告，努力树立高端学术论坛的国际品牌。同时邀请国内外知名学者做特邀学术报告 40 余场，听众计 5000 多人次。实验室设立“短访计划”取代以往的开放基金，3 名国外学者受到短访计划支持在实验室进行为期 3～6 个月的工作，与实验室成员就共同关心的问题进行了合作研究。中德海洋科学中心继续发挥中德交流的桥梁作用，与基尔大学、不莱梅大学、莱布尼茨热带海洋生态中心、亥姆霍兹基尔海洋研究所等合作在德举办“第八届中德海洋科学暑期讲习班”及“第二届中德海洋科学双边研讨会”，会议取得圆满成功。

【海洋能源利用与节能教育部重点实验室（大连理工大学）】 海洋能源利用与节能教育部重点实验室于 2008 年 10 月由教育部批准立项，2011 年 9 月正式通过验收。实验室以解决国家、东北三省经济发展对能源制造技术及能源高效利用技术发展的强烈需求为目标，在海洋能源高效利用与工业节能等方面开展基础和应用研究，建设成为国际上具有重要影响力的海洋能研究平台，为国家、东北三省的经济与社会可持续发展及国家能源安全提供科学技术支持和保障。

实验室主要研究方向为：①天然气水合物开发及其利用基础研究。主要研究内容有天然气水合物的成藏机理及分布规律研究、天然气水合物的勘探与开采技术基础研究、基于水合物特性的温室气体减排研究。②海洋能和海洋资源的高效利用研究。主要研究内容有海水淡化和水电联产技术基础研究、风、浪、流发电技术研究、海水太阳池研究。③热力系统与动力装置节能研究。主要研究内容有低热值燃料超绝热燃烧、运载器高效热动力技术研究、高性能海洋能量转换透平优化研究。④能源与节能发展战略研究。主要研究内容有经济、能源与环境发展战略及政策与对策研究、全球气候变化对中国社会经济影响及适应对策研究、温室气体处理战略研究。

实验室固定人员 45 人(其中 2012 年新增 2 人)，其中研究人员 44 人，教授（研究员）27 人（2012 年新增 2 人），博士生导师 24 人，副教授 12 人，讲师 4 人。固定人员中“教育部长江学者”特聘教授 1 人，“国家杰出青年基金”获得者 3 人，享受国务院特殊津贴专家 2 人，“教育部新世纪优秀人才”2 人，辽宁省百千万人才工程百人层次 2 人，千人层次 4 人，大连市优秀专家 2 人，辽宁省优秀青年教师 1 人。研究人员中，具有博士学位人员占 83%，是实验室的主要研究力量。

2012 年，共完成和承担各类科研项目 152 项，其中国家科技重大专项子课题 1 项，国家“973 课题”（含子项目）2 项，国家 863 计划（含子项目）1 项，国家自然基金项目 35 项，其他省部委科研课题多项。2012 年发表学术论文 298 篇，SCI 检索 58 篇，EI 检索 52 篇。授权发明专利 11 项，实用新型专利 4 项。实验室具有一支学术水平高、知识结构和年龄结构合理的研究队伍。

“动力机械及工程学科”作为国家重点（培育）“动力工程及工程热物理”一级学科建设的重要组成部分，“211 工程”和“985 工程”一期、二期都对实验室进行了重点建设。使实验室在学术队伍、科学研究、方向凝练、人才培养和科研条件诸方面都有了长足的进步，达到实验室预期建设目标。2012 年分别招收博士生和硕士生 40 人和 175 人，形成了较大的高层次人才培养规模，积极为国家经济建设和科技发展培养博士与硕士研究生。

实验室注重国内外合作研究与学术交流，通过与国外同行建立合作与学术联系，邀请国外专家讲学、积极参加国际学术会议和出国进修讲学等形式，活跃了学术思想和气氛，对于把握国际相关领域的研究动态、提高学术水平、扩大学科影响起到了重要的作用。2012 年期间，参加国际学术会议 15 次，参会人员 40 人。参加国内学术会议 35 次，参会人员 45 人。2012

年 5 月宋永臣教授与其他 5 名实验室成员参加了在日本北海道举行的 Fiery Ice 会议；并带领二氧化碳课题组参加了 11 月在日本京都举行的第十一届温室气体控制技术国际会议。2012 年实验室副主任沈胜强教授被聘任为国际原子能机构核能海水淡化技术工作组专家。

实验室与美国威斯康星大学、日本东京大学、东京工业大学、北海道大学、群马大学、早稻田大学、琦玉大学、日本产业技术综合研究所、英国拉夫堡大学、诺丁汉大学、金斯顿大学、希洛瓦特大学、奥地利格拉茨技术大学、德国海德堡大学和亚琛技术大学等十余所国外著名大学或研究所建立并保持着紧密的学术交流与合作关系，来自这些大学的兼职或客座教授数十人，保证了研究水平与国际同步。实验室积极创造条件使科研人员及时掌握学术领域最新成果。通过国际合作提高了研究水平，极大地促进了青年教师的成长。

【应用海洋生物技术教育部重点实验室（宁波大学）】　应用海洋生物技术教育部重点实验室于 2005 年被批准立项建设，于 2008 年 2 月正式通过教育部的验收，并向社会开放运行。主要研究方向有：海洋生物活性物质和水产品高值化、海洋生物基因资源的研究与开发、海水养殖生物优良种苗的繁育和种质保存、海洋环境保护与生物修复。

实验室拥有固定人员 89 人，其中中国工程院院士 1 人、浙江省特聘教授（钱江学者）3 名、“新世纪百千万人才工程”国家级人选 2 名、“教育部新世纪优秀人才”2 人、“教育部长江学者”创新团队资助计划 1 项、浙江省高校中青年学科带头人 5 人、浙江省 151 人才工程 19 人、宁波市“4321”人才工程 8 人。

2012 年实验室新增各类科研项目 105 项，总合同经费 3953 万元，主要包括其中国家自然科学基金面上项目 14 项，主持国家“863 计划”重点项目 1 项，参与 3 项，国家星火计划一般项目 6 项，参与重大项目 1 项，国家科技富民强县专项 1 项，参与国家科技支撑计划 2 项，参与海洋公益性行业项目 1 项；教育部留学回国人员科研基金 1 项。2012 年度实验室成员共发表学术论文 242 篇，其中 SCI/EI 论文 59 篇；获得授权发明专利 51 项，申请受理专利 72 项。2012 年实验室相关研究成果获得 2011 年度浙江省科学技术奖二等奖 1 项、浙江省科学技术奖三等奖 1 项；获得 2012 首届中国水产学会范蠡科学技术奖二等奖 1 项，中国水产科学研究院科技进步奖二等奖 1 项；获 2012 年度宁波大学青年学术创新奖（自然科学）奖二等奖 1 项、三等奖 2 项。实验室人员在参与科技创新活动、推进科技合作等方面做出了突出贡献，2 人获得浙江省农业科技成果转化推广奖；1 人获宁波市农业科技创新突出贡献奖，2 人获宁波市农业科技创新创业先进人物。

实验室主要依托海洋学院开展人才培养工作，2012 年学院所在学科水产学博士点共增列渔业经济学、海洋资源利用、渔业工程与材料等三个二级学科博士点，为实验室培养高层次创新人才提供了学科基础。2012 年获得“水产”学科博士后科研流动站，为实验室进一步培养高层次人才、创造高新研究成果、拓展学术领域、扩大学术交流构建了一个更高的发展平台。2012 年培养博士 3 人，硕士生 110 人，授予学位 113 人；招收博士生 17 人，硕士生 145 人。2012 年实验室依托学院开展了“水产品加工企业综合能力培训项目”、“海洋经营管理人才高研班”、“渔业干部培训、“宁波市优秀农民进高校”、“营养师”“食品检验工”等国家职业技能资质培训，为地方培养海洋经济发展所需人才达 1300 多人次。2012 年实验室承办第二届中国海洋经济投资洽谈会专题论坛——海洋产业科技创新与人才培养高端论坛暨首届甬台海洋科技合作论坛、第八届世界华人虾蟹养殖研讨会 2 次重大的学术会议，邀请了 30 多位专家学者做学术报告，实验室研究人员参加了各类国内外学术会议 30 多人次，营造了浓厚的学术氛围。实验室加强与地方政府和企业的合作，2012 年签署共建技术合作中心 7 家，为加快实验室的科技成果转化与应用提供了良好的合作平台。

【大洋渔业资源可持续开发教育部重点实验室（上海海洋大学）】　实验室于 2008 年 10 月经教育部批准，由上海海洋大学承担建设。2012 年 5 月通过教育部科技司验收。

实验室瞄准“扶持和壮大我国远洋渔业”和“走出去”国家战略目标，跟踪捕捞学和渔业资源学国际发展前沿，围绕大洋渔业资源开发过程中涉及的开发对象、开发地点和开发手段 3 个主要方面，结合学科发展前沿和趋势和我国大洋性公海渔业产业需求，设立渔业资源数量变动机制及开发策略、高效节能生态型捕捞技术和基于 3S 的渔情预报技术三个研究方向，开展应用基础研究，以增强我国履行国际公约的能力和分享公海大洋性渔业资源的能力，更好地维护我国公海渔业权益。

2012 年，重点实验室成员在鱿鱼类、金枪鱼类、南极磷虾和中上层鱼类等研究领域积极申报或合作申报各类国家级、省部级项目，取得了丰硕的成果。在学校及相关职能部门的大力支持下，2012 争取到的各类科研项目 42 项，项目合同经费2180万元。其中新增主持国家863计划 3 项，国家自然科学基金项目 2 项，教育部博士学科点专项 1 项，国际合作项目 1 项，参与农业行业专项 1 项，获农业部各类项目 18 项，其中公海探捕项目 5 项。实验室完成的“西南大西洋阿根廷滑柔鱼资源开发”、“秋刀鱼渔捞装备项目”等 6 项成果通过验收和鉴定，参与的项目“海洋一号卫星星地一体化系统及其应用”获得了海洋工程科学技术奖一等奖，“浙江沿岸渔业资源增殖放流技术研究”获得了浙江省科学技术奖三等奖。2012 年度共发表学术论文 87 篇，其中 SCI 文章 17 篇，EI 论文 8 篇，CSCD 论文 46 篇，共出版教材和参考书共计 5 部，共获得授权专利 8 项，其中发明专利 2 项，实用新型专利 5 项，外观专利 1 项，获软件著作权 8 项。

2012 年，实验室主任陈新军教授领衔的大洋性鱿鱼资源可持续开发创新团队入选农业科研杰出人才及其创新团队计划。共选派 4 名青年教师赴美国缅因大学和日本海洋大学等国外科研机构参加或完成访问学者工作鼓励和资助青年教师参与区域性渔业管理组织会议以锻炼和培养青年教师，2012 年共有 21 人次青年教师参加区域性渔业管理会议召开的科学会议。2012 年，实验室共招收硕士研究生 80 名，博士研究生 8 名，毕业硕士研究生 40 名，博士研究生 7 名，获得上海市研究生优秀成果（学位论文）3 项，其中博士论文 1 项。

2012 年，实验室承办的太平洋旗鱼工作组会议（主办方：太平洋金枪鱼科学委员会 ISC），第四届 IOTC 温带金枪鱼工作组会议（主办方：印度洋金枪鱼委员会 IOTC），与美国国家海洋大气局（NOAA）和北太平洋金枪鱼科学委员会（ISC）联合主办的国际学术研讨会。

实验室成员参加各类国际学术会议近 40 人次，国内学术会议 30 人次，共有 17 个批次国际知名专家、学者访问实验室，并在实验室开展短期讲学、学术交流合作。

【滨海土木工程结构与安全教育部重点实验室（天津大学）】 滨海土木工程结构与安全教育部重点实验室针对我国城市化进程加速和沿海区域经济建设和社会发展快速增长的战略需求，以保障我国尤其是滨海地区城市与土木工程建设安全为研究目标，以滨海地区软土地基和腐蚀环境等复杂条件以及地震、强/台风、波浪和爆炸等动力作用为研究特色，瞄准城市与土木工程及其相关领域国际研究前沿，系统开展软土地基及土－结构动力相互作用理论，混凝土结构、材料及其耐久性设计理论，钢结构、空间结构及其全寿命设计理论，以及工程结构灾害效应及抗灾性态设计理论等方向的研究工作，以期解决城市与土木工程建设的关键科学问题，实现土木工程结构从承载力安全设计向耐久性设计、全寿命设计和抗灾性态设计的转变和跨越，从而大幅度提高我国尤其是滨海地区城市与土木工程的安全性和抗灾能力。

2012 年实验室承担纵向科研项目 48 项，包括国家科技支撑计划课题、“973 计划”课题、“863 计划”子课题、国家自然科学基金重点项目和面上项目等；横向科研项目 60 余项；科研经费 3500 余万元。出版专著 1 部，发表论文 80 余篇；申请国家发明专利 20 项，获批 6 项；获得国家科技进步奖二等奖 1 项，天津市青年科技奖 1 人。选留青年教师 3 人，培养研究生 160 名。实验室设立实验室开放基金 4 项，每项 2.5 万元/项。采用实验室大型加载反力架体系、电液伺服加载系统和空间多向节点加载装置，完成了天津市住宅集团、天津市建工工程总承包有限公司和天津宝丰混凝土桩杆有限公司等多家企业的科研合作项目。

【滨海湿地生态系统教育部重点实验室（厦门大学）】 滨海湿地生态系统教育部重点实验室（厦门大学）于 2007 年底获批建设、2011 年

11 月通过教育部验收正式运行。实验室是建立在厦门大学著名生物学家金德祥、唐仲璋、林鹏等多位先驱几十年工作的基础上，以环境科学、海洋科学、水生生物学和动物学等国家重点学科为依托的部级重点实验室。

实验室瞄准滨海湿地生态系统与全球变化的重大科学前沿，直面国家对沿海区域生态安全与环境保护的重大需求，立足基础研究和应用基础研究，以多学科交叉为基础、以技术创新为动力，主攻亚热带滨海湿地和海陆界面生态系统的结构、功能及环境修复。实验室借鉴国际化管理模式，科研和学术氛围浓厚。

2012 年获批或启动科研项目共计 35 个，获得科研经费 4500 万元，其中国家自然科学基金项目重点项目 1 项，国家自然科学基金优秀青年科学基金项目 1 项、国家自然科学基金面上项目 13 项；国家自然科学基金青年项目 1 项；国家科技支撑计划项目 1 项；海洋公益性行业科研专项 2 项；其他政府部门项目 4 项，横向项目 15 项。纵向项目经费比例占总经费 91.9%，所有在研项目进展顺利。

2012 年度，共发表 SCI 论文 37 篇，其中 JCR 一区 6 篇、二区 10 篇；2012 年度授权的国家发明专利有 10 项，出版著作 7 部。2012 年 9 月，包括“教育部长江学者”、“国家杰出青年基金”在内的海洋环境科学领域 22 名优秀学者加盟实验室，促进了实验室学科交叉和融合，并提升了整体实力。2012 年，李庆顺教授入选福建省“百人计划”；史大林教授获国家自然科学优秀青年科学基金资助；陈炳章副教授入选教育部“教育部新世纪优秀人才”。

实验室依托生态学、环境科学与工程、海洋科学等多个学科，均已形成了“本－硕－博－博士后”完整的人才培养体系。2012 年，重点实验室培养了博士生 19 人，硕士生 47 人。共举办了 10 期“资源与生态学知名学者”学术讲座，邀请到美国伍兹霍尔 Don Anderson 教授、德国拜罗依特大学 Gerhard Gebauer 教授等 10 位国际知名学者来厦访问、交流，活跃了实验室学术气氛。

实验室加强内部交流，2012 年 9 月 29 日召开，旨在探讨实验室研究方向微调、队伍的整合及第二届学术委员会组建等重大问题，会议加快新加盟成员对实验室的了解、加强成员间的交流，为实验室后续工作奠定基础。同时，成员频繁出访，前往美国、瑞典、比利时、日本等国家及地区开展项目合作、访问交流，参加学术会议达 48 人次。此外，通过项目合作、学术交流、资源共享等形式，实验室保持与复旦大学、中科院城市环境研究所等多所科研院校良好的合作关系。

【海相储层演化与油气富集机理教育部重点实验室（中国地质大学<北京>）】 海相储层演化与油气富集机理教育部重点实验室以中国地质大学（北京）能源学院为基础，瞄准海相地层油气地质与勘探开发理论与技术前缘，以海相盆地形成演化特征及其动力学过程、海相盆地储层形成与保持机理、海相储层预测与评价、海相盆地油气藏成藏机理、海相油气资源预测与富集规律为研究方向，立志创建中国特色的海相油气地质理论与培养海相油气勘探开发的高级技术人才。

针对实验室研究方向，实验室配套建设了盆地与构造、沉积与储层、非常规储层评价、地球化学与成藏、油气藏开发机理与数值模拟、非常规油气藏提高采收率、能源信息 7 个实验室。实验室拥有一批科研及教学仪器设备，为实验室参与国际竞争以及服务于国民经济主战场、促进高水平原创性科学研究和高层次创新人才培养提供了有效的技术平台。实验室由固定研究人员和客座研究人员共同组成。固定研究人员 73 名，其中教授 29 人，副教授及以下研究人员 44 人，实验室管理人员 4 名；客座研究人员 17 名。

2012 年的各类科研究项目 66 项，其中，973 课题、国家自然科学基金、国务院各部门级等纵向项目 30 项，横向及其他项目 36 项。实验室人员以实验室为第一单位并以第一作者和第二作者发表论文共 184 篇，其中 SCI 论文 27 篇，EI 论文 14 篇，专著及教材 2 部；获发明专利及软件著作权 5 项；获省部级科技奖 2 项。

培养博士研究生 78 名，硕士研究生 137 名；培养 1 名博士研究生赴德国进行联合培养。①与中国地质大学（北京）相关学科合作。建立了校内紧密型合作研究队伍，实现了多学科交叉与融合；②与国内有关单位合作与交流，包括合作研究、成果、资料与资源共享等。实验室与国土资源油气资源战略研究中心、有关省市地质矿产研究院、煤田地质与工程勘察设计院、中国石油、中国石化及中海油等三大石油公司开展了紧密的合作；③与国际合作与交流。2012 年 3 月成功组织并主办的“第一届中深层地热资源高效开发与利用会议”；2012 年 8 月，实验室 20 名研究人员参加了“第 34 届国际地质大会”，2 次国际学术研讨会上与国内外学者进行了充分的学术交流。

【海岸与海岛开发教育部重点实验室（南京大学）】 南京大学海岸与海岛开发教育部重点实验室坚持“开放、流动、联合”的发展理念，以地球系统科学的理论为指导，以海岸海洋，即整个海陆过渡带——海岸带、大陆架、大陆坡及大陆隆为主要研究对象。近期研究又深入扩展至地貌过程与古气候变化、极地—海洋的气候环境变化、海陆环境联系的机制、沿海城镇与旅游规划管理，以及海岸海洋灾害的特征、机制及评估等方面。

实验室拥有固定人员 47 人，其中教授 19 人，副教授和讲师 21 人、工程技术人员 7 人。有 1 人为中国科学院院士，2 人为“教育部长江学者”特聘教授，3 人为“国家杰出青年基金”获得者。中国科学院院士陶澍教授任实验室学术委员会主任，鹿化煜教授任实验室主任，中国科学院院士王颖教授为实验室名誉主任。

2012 年新增科技部国家重大科学研究计划项目 1 项；国家自然科学基金 12 项；江苏省自然科学基金 2 项；其他纵向科研项目 10 项。新增横向科研项目 12 项。2012 年实验室共发表 SCI 论文 40 篇，EI 论文 2 篇，国内一流和核心刊物 67 篇。出版专著、教材 3 本。实验室成员获 11 项奖励和荣誉：其中王颖院士获第三届中国地理科学成就奖。刘永学和刘绍文两位副教授入选“教育部新世纪优秀人才”。干谦博士受邀担任知名国际刊物《GE-MARINE LETTERS》编委。实验室的研究生田野获 2011～2012 年度“白人会英才奖”。

实验室与国内外同行开展了广泛合作，多位成员到国外参会和科研合作，并聘请国外海洋领域著名学者来我实验室工作和讲学。4～5 月由王颖院士领衔主讲，《MARINE GEOLOGY》主编、加拿大 BEDFORD 海洋研究所 David Piper 教授等国外著名地理与海洋学者加盟开设了南京大学研究生院“海洋科学”精品课程。2012 年实验室有 6 项国际合作项目；共有 20 位国外专家来访实验室；主办或参与主办学术会议 5 次；实验室共有 48 人次参加国内学术会议。

（中国教育部）

【热带海洋环境国家重点实验室】 2012 年是热带海洋环境国家重点实验室建设的重要阶段，在中国科学院、广东省和依托单位中科院南海所的支持下，实验室基础设施建设渐显成效，海上观测、室内分析测试、数值计算等技术条件得到显著的提升，为科研工作的开展提供了有力的支撑，为国家重点实验室的发展奠定了良好的基础。2012 年度，实验室科研人员在国家 973 计划和自然科学基金委等支持下，围绕实验室主要研究方向，运用海上现场观测和卫星遥感观测、室内分析测试、数值模拟分析等手段，加强创新探索和综合集成，取得了一系列科研成果，发表论文 129 篇，其中 SCI 收录 92 篇，参与编写专著两本，获得发明专利授权 7 项，广东省科学技术一等奖 1 项，海洋工程科学技术二等奖 1 项。同时实验室新增科研任务 43 项，计划经费达 5534.3 万元。实验室在队伍建设方面也取得了良好的进展。李芊博士入选国家“青年千人计划”，王卫强博士入选中国科学院“百人计划”，曹文熙研究员入选中国科学院“现有关键技术人才”计划，唐丹玲研究员担任“全球海洋遥感协会”主席。实验室主办了“世界大洋中的风生环流”讲习班、“第十二届全国二类水体水色遥感研讨会”、“第七届全国海洋资料同化研讨会”等学术会议，邀请了国内外 32 家科研单位的 45 位专家学者来实验室访问、讲学，开展合作研究，为青年科研工作者及研究生搭建良好的学术交流平台，加强了实验室与国内外的学术交流与合作，开拓了研究视野，为实验室今后的发展奠定了坚实的基础。

【中国科学院边缘海地质重点实验室】 2012 年是中国科学院边缘海地质重点实验室依托单位转入中国科学院南海海洋研究所的第一年，也是全面实施国家“十二五”规划，的重要一年。实验室紧紧围绕中国科学院提出的“三个基地、四个一流”的奋斗目标，着重围绕中国科学院“创新 2020”的战略重点及“135 规划”部署，制定出了未来发展的中长期目标：1 个重大突破即南沙地块裂离和 1 个重点培养方向即热带海洋沉积过程及其环境变化响应。本年度实验室在科研资源争取、成果产出、人才培养和引进等各个方面均取得了良好进展。本年度新增科研项目 40 项，总经费 5647.7 万元，是上年总经费的 2.84 倍。其中包括国家重大科学研究计划（973 项目）1 项、国家科技基础性工作专项 1 项、国家基金重点项目 1 项、国家基金优秀青年基金 1 项、国家基金面上和青年项目 18 项。本年度共发表论文 103 篇，其中 SCI/SCIE 收入论文 46 篇，在国际重要影响刊物如 Geology、Chemical Geology、3P、G-Cubed 等 2.0 以上刊物上发表论文近 20 篇。本年度新引进“百人计划”2 名，其中到位 1 名；新进博士毕业生/博士后出站人员 7 名；新招收博士后研究人员 2 名，博士生 5 名、硕士生 8 名，进一步加强了研究室的科研力量。此外，本年度实验室新增价值 300 万元以上仪器 2 台，并已投入使用；国内外学术交流与合作得到进一步加强。

（中国科学院）

【中国科学院海洋生物资源可持续利用重点实验室】 中国科学院海洋生物资源可持续利用重点实验室成立于 2006 年 12 月，依托于中国科学院南海海洋研究所，是在广东省海洋药物重点实验室和广东省应用海洋生物学重点实验室的基础平台上建设而成。实验室瞄准国际海洋生物学科前沿领域的核心科学问题和国家重大需求，围绕中国科学院“创新 2020”和中国科学院南海海洋研究所“135”规划，面向南海及其邻近大洋，开展具有明显区域特色的海洋生物资源可持续利用的理论与技术创新研究，致力于打造具有国际竞争力的科研创新团队，成为我国海洋生物资源研究和高水平科技创新人才培养基地。本年度重点实验室新增和在研项目共 252 项，其中国家级项目 133 项（“973 项目”1 项）、国际及地区合作项目 5 项，省部级项目 114 项，其他项目 30 项。国家级项目新增经费 5114.1 万元，其他项目新增经费 1776.8 万元。实验室新增及在研项目总经费达到 2 亿元。论文发表 142 篇，其中 SCI(SCI-E)论文 88 篇，中文核心期刊 38 篇，其他论文 16 篇；申请、授权和公开专利 58 项，其中授权专利 11 项、公开专利 31 项及申请专利 16 项。编写专著 5 部。

【国家海洋局数字海洋科学技术重点实验室】 国家海洋局数字海洋科学技术重点实验室（以下简称“实验室”）于 2011 年 11 月 1 日获批成立，依托国家海洋信息中心，隶属于国家海洋局，担负着引进吸收国内外数字海洋及相关领域先进科研成果，支撑服务我国数字海洋发展的重任。

实验室重点开展数字海洋基础理论与方法、数字海洋关键技术、数字海洋集成与应用服务技术等相关研究工作，并按照开放性的思路和要求进行建设，创新体制机制，充分发挥依托单位的科技资源和软硬件环境优势，努力实现资源的整合、开放、共享，深化产学研合作，真正起到高新成果的“孵化器”和成果应用转化“桥梁”的作用，促进新技术和新成果尽快转化为业务化保障能力，缩短从科技研发到将科研成果应用于业务保障的周期，提升自主创新能力，由此逐步发展，形成本实验室特色研究领域与工作范围。

实验室建设的近期目标主要是：推动数字海洋信息基础框架建设成果的应用，开展数字海洋发展规划的研究，开展数字海洋服务工程的立项与建设；开展数字海洋基础理论与关键技术攻关，争取在重点研究领域与方向上取得突破，奠定实验室建设的技术基础、人才队伍基础和科研条件基础。实验室建设中长期目标是，形成较为完善的数字海洋基础理论与技术体系，全面解决数字海洋发展过程中的关键技术难题，搭建开放型数字海洋科技创新平台，从技术和人才上全方位保障我国数字海洋发展，将实验室建设成为在国内外相关领域具有重要影响力的科研机构。

实验室由国家海洋信息中心副主任石绥祥研究员担任实验室主任，金继业工程技术带头人担任实验室副主任，并成立由何积丰院士、金翔龙院士、潘德炉院士、龚建雅院士等 17 位国内海洋与信息行业知名专家组成的学术委员会。科研梯队建设上，实验室目前共有工作人员 30 名，其中高级职称 20 人，博士学位获得者 7 人，75%以上具有硕士学历。年龄结构上，以中青年学者为主，专业上覆盖海洋信息化规划、物理海洋、计算机科学、遥感与地理信息系统等领域。

2012 年主要成就：实验室承担项目课题共计 33 项，其中包括国家自然科学基金 3 项，海洋局青年基金 5 项，海洋局公益性专项 3 项，项目经费达 1100 万元；2012 年实验室围绕数字海洋科技研发以及海洋学研究，共发表高水平论文 10 余篇，其中包括 SCI 论文多篇，同时还申请获得软件著作权 2 项；实验室人员牵头完成的“中国近海数字海洋信息基础框架构建”获得国家海洋局 2012 年海洋科学技术特等奖；实验室 3 名科研人员参加了在新西兰举办的 2012 年第四届国际数字地球峰会，并做了关于数字海洋的主题报告；实验室举行了一系列国内学术交流活动，包括举办第三届中国数字海洋论坛、数字海洋高级研修班等，促进了数字海洋建设工作的交流合作，扩大了实验室的对外影响。（国家海洋信息中心）

【国家海洋局海洋灾害预报技术研究重点实验室】 国家海洋局海洋灾害预报技术研究重点实验室成立于 2010 年 8 月，是国家海洋局针对海洋防灾减灾应用基础研究部门开放的重点实验室，以国家海洋环境预报中心为依托单位。重点实验室的现任主任为王辉研究员，学术委员会主任为谢立安教授。实验室的科研团队以依托单位研究人员为主，现有固定成员 31 位和流动成员 3 位。另聘请了 4 位海外客座研究员和 4 位国内客座研究员。

2012 年实验室继续保持了健康良好的发展态势，本年度实验室人员共主持科研项目 39 项（国家科技支撑项目 1 项，国家科技支撑项目子课题 6 项，国家自然科学基金项目 5 项，国家“973”、“863 计划”课题 6 项，海洋公益性科研专项 5 项，海洋公益性协作项目 9 项，其他项目 7 项）。新增项目 7 项。2012 年实验室共发表论文 22 篇。

在国际合作工作方面，2012 年共接待国外专家、学者来访 15 团/次，赴外访问、学习、合作研究 10 次，主办国际会议 1 次，促进了国际间交流与合作，提高了实验室的国际影响力；派固定成员借调工作于联合国教科文组织政府间海洋学委员会，积极参与国际事务，学习国际先进技术。

通过举办“实验室学术年会”，“数值模式培训班”，“LoMF 学术论坛”等学术活动，展示了实验室的学术成果，开拓了研究视野，促进了实验室整体学术水平与科研能力的提高。

2012 年实验室通过招收全职固定成员、博士后，聘请兼职研究员，充实了科研队伍，促进了业务化海洋学、资料同化、耦合模式发展、近海海洋环境动力学等方面的交流和合作。

实验室于 2012 年 9 月由国家海洋环境预报中心业务楼搬到北业务附属用房 2 楼，共有固定成员办公室 4 间，学生办公室 3 间，博士后办公室 1 间，客座办公室 1 间，小型学术报告厅 1 间。（国家海洋环境预报中心）

【国家海洋局海洋环境科学和数值模拟重点实验室】 该重点实验室以国家海洋局第一海洋研究所为依托单位。现任实验室主任为乔方利研究员，学术委员会主任为王斌研究员。实验室现有科研人员 70 名，其中中国工程院院士 2 名，中国科学院院士 1 名（兼职），美国工程院院士（兼中国工程院外籍院士）1 名，研究员 11 人，副研究员 15 人。具有博士学位的 34 人，45 岁以下科研人员占 90%。享受政府特殊津贴 6 人，百千万人才 2 人；在读博士研究生 9 人，在读硕士研究生 22 人，在站博士后 5 人。

实验室面向国家经济建设、海洋安全等重大需求，以增进对中国近海及全球大洋重要海洋动力过程及其规律的认识、提高海洋学研究对国家可持续发展的贡献等为主要工作目标，以物理海洋学为主要研究范畴，涉及海洋环境科学相关的交叉性前沿领域。实验室综合应用数学、物理学方法，发展海洋调查技术、数据分析技术、数值模拟技术和信息技术，以现场调查、实验、海洋遥感和数值模拟为主要研究手段，研究海洋环境及其演变机理。自实验室成立以来，提出海洋动力系统发展思路，自主发展了海浪、风浪流耦合等先进的数值模拟体系并实现业务化运行。在波浪动力学、近海及大洋环流、潮汐潮流、全球气候变化等学科领域取得了多项高水平研究成果。在推动海洋科学与技术进步的同时，为近海工程、海上油气田开发和海洋安全等领域提供了高水平科技支撑。目前设立“中国近海、大洋及极地海洋动力学”、“海洋调查和实验技术”、“海洋数值模拟与数据分析技术”和“海洋动态信息技术”等 4 个学科方向。

2012 年，实验室共申请获批项目 23 项，其中国家自然科学基金 3 项，国家“863 计划”重大项目课题 1 项，国家科技部、海洋局专项 10 项，开发项目 9 项等。主要在研项目有：国家重点基础研究发展计划项目“南大洋-印度洋海气过程对东亚及全球气候变化的影响”，国家重点基础研究发展计划项目课题“南海环流和海峡水交换对海气相互作用的影响”，国家 863 重大项目课题“南海及周边海域风浪流耦合同化精细化数值预报与信息服务系统”，国家自然科学基金重点项目“大气-海浪-环流相互作用机理研究及耦合数值模式改进”，海洋局国际合作项目“中印尼合作卡里马塔海峡水交换观测研究”，科技部国际合作项目“中印尼合作南海-西印尼海-印度洋水交换及其气候效应”，国家海洋局海洋可再生能源专项资金项目“波浪能重点开发利用区资源勘查和选划(OE-W01 区块)”等。

2012 年度，海洋环境科学与数值模拟国家海洋局重点实验室、数据分析与应用国家海洋局重点实验室承办国际学术研讨会 2 次：“联合国教科文组织政府间海洋学委员会海洋动力学与气候区域培训与研究中心 ODC 第二届培训班”和“年代与多年代际变化国际研讨会”，该实验室科学家共参加国内外学术交流 22 人次。该年度接受刊用或正式发表文章 45 篇，其中 SCI/EI 文章 29 篇；专著 4 部；发明专利 1 项。

【国家海洋局海洋沉积与环境地质重点实验室】 该重点实验室以国家海洋局第一海洋研究所为依托单位，于 2002 年经国家海洋局批准成立。实验室实行主任负责制，注重发挥学术委员会的学术指导作用。现①②③④⑤任实验室主任为石学法研究员，学术委员会主任为秦蕴珊院士。重点实验室下设粒度与悬浮体、矿物、微体古生物、元素地球化学、同位素地球化学、土工、岩心无损测试、重磁和地震探测等专业实验室，还设有地球物理数据处理中心和海洋地质样品库。重点实验室现有重力仪、磁力仪、海底地震仪、多接收同位素质谱仪、环境扫描电子显微镜、X 射线衍射仪、电感耦合等离子质谱仪、多参数岩心扫描测试系统、电子探针等大型仪器设备 90 余台/套。

经过十余年的建设，重点实验室在上级主管部门和依托单位的大力支持下，对科技人员的专业结构和年龄结构进行了合理调整，基本形成了一支以中青年科学家为主体、学科发展齐全的海洋地质地球物理调查与研究队伍。现有固定科研人员 62 人，其中包括研究员（教授级高工）20 人（博导 7 人），副研究员（含高工）20 人，助理研究员（含工程师）15 人，研究实习员（含助理工程师）7 人，中青年科研人员（45 岁以下）占总人数的 85%。

根据海洋地质学科的发展前沿、国家需求、依托单位的优势和支撑条件，重点实验室设立了 5 个研究方向：①海岸带陆海相互作用过程；②海洋沉积与古环境演化；③海洋地球物理场与岩石圈动力学；④深海成矿作用与矿产资源评价；⑤海底探测和信息技术。在海洋环境地质方面，实验室着重于海洋沉积过程、过去全球变化的海洋记录及其环境效应、海岸带演变过程及工程地质与灾害地质研究；在海洋沉积与矿产资源研究方面，实验室侧重于大洋富钴结壳和热液硫化物成矿作用研究；与此同时，还开展了对资源与环境有重大影响的海底岩石圈的演变、海底构造等学科前沿领域的研究工作；在海底探测技术方面，实验室着力发展海洋沉积物取样技术、高分辨率地震探测技术、海底地形探测技术，并大力开展沉积物现场测试技术、海底样品保存技术和海洋地质地球物理综合信息解释技术，形成完善系统的海底探测技术体系。以此为推动我国海洋地质科学的发展做出积极贡献，为我国经济建设及社会发展提供决策依据和建议，为实现国家海洋局的职能提供技术支撑。

重点实验室的调查研究区遍及河口海岸带、陆架、边缘海、大洋和南北极地区，在陆架泥质沉积作用、中-高纬度边缘海古环境演化、边缘海地球物理特征及构造演化、海底多金属成矿系统和海底探测技术等方面形成了一些特色研究成果。并与俄罗斯、韩国、德国、法国、泰国、马来西亚等十几个国家和地区的海洋研究机构建立了良好的合作关系。

【国家海洋局海洋生物活性物质重点实验室】 该重点实验室有固定研究人员 38 人，其中 21

人具有高级职称，36 人具有硕/博士学位。主要以极端海洋环境（包括南北极、深海底部、河口咸淡水交混处和滨海盐碱荒滩）中生物活性物质为主要研究对象，瞄准国际发展前沿，以现代生物技术为手段，进行生物活性物质有关的基础理论研究和应用基础研究。推动海洋经济的发展，积极研究开发海洋食品、保健食品、药品、农业增产剂和杀菌剂、生物功能材料和精细化学产品等，并积极推进研究成果的产业化。同时利用现代分析仪器为支撑，以化学、生物分析方法及技术为手段，解决生命科学、海洋科学、环境科学及信息材料科学中相关问题，大力发展环境检测监测、生物活性物质的分离、结构鉴定、活性检测技术等研究。

实验室占地 2200 多平方米，拥有比较完备的生物活性物质研发所需的各类现代分析及生物仪器设备，共计 80 余台套，总价值达 3000 万元。2012 年度新增仪器设备 10 台套，价值 400 多万元。2012 年在研及新申请国家级和省市研究课题 30 余项，研究经费约 2400 余万元；正式发表研究论文 48 篇，其中 SCI 16 篇。

2012 年在研及新增各类课题 30 余项，总经费额度达 2400 余万元；其中 2012 年新增包括国家自然科学基金项目 3 项，863 项目 1 项，海洋公益性行业科研专项 2 项，极地专项项目 5 项，纵向经费额度达 1000 余万元。国家自然科学基金在研项目 10 项。2012 年重点实验室在核心以上刊物发表论文 48 篇，其中 SCI 论文 16 篇；获得国家发明专利授权 4 项，申请国家发明专利 4 项；论文获极地科学优秀论文奖三等奖 1 项。

【国家海洋局海洋数据分析与应用重点实验室】 该重点实验室现有研究员 2 人，副研究员 1 人，助理研究员 3 人，博士后 1 人，硕士生 3 人，在黄锷院士的领导下，组成了自适应数据分析方法、海洋与气候系统数据分析和数值预测技术等三个主要研究团队，形成以优秀研究人才为学科带头人、以中青年科学家为科研骨干，以博士后、研究生为基础的人才梯队。

该实验室于 2010 年经国家海洋局批准成立。在黄锷院士带领下，发挥自身优势，主要围绕自适应数据分析方法、海洋与气候变化数据分析和海洋与气候系统预测技术开展研究工作，取得一批原创性成果，在国际国内影响重大的期刊上发表学术论文 10 余篇，申请发明专利 1 项。实验室还先后承担了国家级省部级等 10 余个科研项目，包括国家“973 项目”，国家自然科学基金面上项目，国家自然科学基金青年基金等。

实验室非常重视国内外学术交流，提升自身影响力。2012 年 9 月份筹备并成功召开了“CLIVAR/WCRP Workshop on Decadal and Multi-decadal Variability in Pacific and Indian Ocean - The Ocean's Role in Global Climate Change”国际学术研讨会，来自美国、英国、法国、澳大利亚、日本和中国等国家的 50 多位学者参加了本次会议，其中 23 位科学家做了学术报告，包括美国科学院院士 John M. Wallace，美国工程院院士、中国工程院外籍院士黄锷教授和中国工程院院士袁业立研究员。同年 11 月，筹备并成功举办了“海洋灾害检测预警技术培训班”，7 位教师分别来自美国、澳大利亚和中国，学员为来自柬埔寨、印度尼西亚、肯尼亚、马来西亚、马尔代夫、巴基斯坦、斯里兰卡、坦桑尼亚和泰国的官员和研究人员，并编制了英文技术指南《Ocean Hazards Observing and Early Warning System: A Step Line towards Ocean Hazards Adaptation in Developing Countries》，获得较高评价。实验室还多次派出成员参加国际会议，国际培训班等学术活动，并与欧美等国多所大学建立了学术联系，与国内外的交流合作日益增加，营造良好的学术氛围。

【国家海洋局海洋生态环境科学与工程重点实验室】 该重点实验室以国家海洋局第一海洋研究所为依托单位，围绕海洋生态与环境、海洋资源开发和海洋环境保护等主要领域，以海洋生态学和环境科学为主要研究范畴，探讨典型海洋生态系统的动力学机制，研究近海生态环境污染机理与控制策略，预测海洋环境灾害发生趋势，开发有效的防治技术，为重要海洋生境和生物资源的保护提供科学依据。实验室的主要研究方向为：生源要素海洋生物地球化学循环、近海碳化学研究及固碳能力评估、海洋污染鉴别与生物修复技术、海洋生物多样性与系统演变、海洋生态系统安全与生态灾害、海洋生态系统评估与管理技术、海洋可持续开发利用。

实验室有固定研究人员 51 人，其中 19 人具有高级职称，20 人具有博士学位。在站博士后 3 名、在读博士研究生 8 名。实验室以海洋生态学和海洋环境科学为基础，开展现代海洋调查和观测，发展实验生态学和数值模拟技术，研究海洋中的主要生态过程以及其在自然和人为多重胁迫作用下的改变，揭示海洋环境与生态系统演变的机理，为维护海洋生态安全和生态系统的有效利用与管理提供科学支撑，为维持海洋生态系统的服务功能和实现海洋产业的可持续发展提供服务。重点实验室是国家海洋科学高层人才的培养基地，通过前沿性和前瞻性的基础、应用基础研究以及技术开发，培养既能从事创新研究又能解决海洋开发中关键问题的复合型人才。学科方向：海洋生物地球化学循环、海洋生物多样性与保护、海洋生态安全、海洋生态灾害研究与对策、海洋生态系统综合评价、海洋生态规划与管理、海洋环境保护与污染防控、海洋可持续开发与利用。

【国家海洋局现代分析技术及中药标准化青岛市重点实验室】　该重点实验室以国家海洋局第一海洋研究所为依托单位，现有科研人员共 17 名，高级研究人员 7 人，中级研究人员 10 人。具有博士（后）学位的 8 人，在职攻读博士学位 5 人，40 岁以下人员占总人数近 80%。

经过多年的建设，实验室占地 2000 多平方米，拥有前沿的现代分析及生物仪器设备 80 多台套，仪器设备总投资 2200 多万元。2012 年新增仪器设备 3 台套，包括 ICP-MS，活细胞工作站，显微操作系统，价值 260 多万元。

实验室依托国家海洋局第一海洋研究所，紧紧围绕青岛市及周边地区的优势产业和高新技术产业的发展，强调多学科结合及交叉，充分发挥自身优势，竭力扩大应用范围；以现代分析仪器、方法及技术为手段，解决生命科学、海洋科学、环境科学及信息材料科学中相关问题为主要研究目标。

实验室大力发展应用基础研究，为经济建设及政府职能服务；同时作为青岛市重点实验室，在青岛市科技局、崂山区科技局等各级地方政府的资金和政策支持下，实验室紧紧围绕青岛市及周边地区的优势产业和高新技术产业的发展，强调多学科结合及交叉，充分发挥自身优势，加强产学研的结合，相继成立了“崂山生物医药测试研发平台”、“现代分析仪器及分析技术工程培训中心”，与多家企业签订了合作研究的协议，提高了产品的科技含量，提升了企业的市场竞争能力，促进了地方经济的发展。

实验室围绕现代分析技术及天然药物研究相关领域，始终坚持“发展前沿科技，解决实际问题”，以“创新引导研究方向，任务带动学科发展”。已经形成四个主要研究方向：海洋生态环境检测与监测新技术新方法研究、海洋微生物及微藻质能、海洋环境污染要素的分子识别检测技术研究、元素形态分析技术及应用。

2012 年在研及新申请国家级和省市级研究课题 48 项，研究经费约 1600 多万元；其中 2012 年新增科技部基础科研专项项目 1 项，海洋公益性行业科研专项 1 项，海洋局技术支撑项目 3 项，横向项目 1 项，其他青岛市、各类基金项目 11 项，新增经费达到 839 万元。

实验室研究人员在 2012 年度，正式发表研究论文 47 篇，其中 SCI、EI 收录文章 10 篇；申请专利 2 项，授权专利 2 项。

2012 年实验室孙承君博士获得“泰山学者”称号。　　　　（国家海洋局第一海洋研究所）

【国家海洋局卫星海洋环境动力学重点实验室】　卫星海洋环境动力学国家重点实验室（SOED）的前身是国家海洋局海洋动力过程与卫星海洋学重点实验室，集中了国家海洋局第二海洋研究所在物理海洋、海洋遥感和海洋生态等方面的传统优势和人才力量，于 2006 年 7 月由科技部批准建设，2010 年通过验收。首届学术委员会主任为中国科学院院士巢纪平，现任学术委员会主任为中国科学院院士吴国雄，实验室主任为国家特聘专家、首批国家海外高层次人才“千人计划”入选者陈大可研究员。

卫星海洋环境动力学国家重点实验室是国家海洋局系统第一个也是目前唯一的国家重点实验室。作为国家部门公益性研究机构的组成部分，实验室承担着大量的国家专项任务，在注重科学研究的同时强调实际贡献。因此，实验室定位的基本原则是：国家重大需求与科学前沿并重，应用基础研究与基础研究并重，高新技术开发与科学创新并重，打造特色鲜明的、代表国家水平的、具有国际影响力的一流海洋科研基地。实验室设立三个主要研究方向：海洋卫星遥感技术与应用、近海动力过程与生态环境、大洋环流与短期气候变化。实验室的特色主要表现在三个方面：一是有机结合物理海洋学与卫星海洋学，形成了一个国际海洋界非常罕见的学科交叉研究平台；二是开发和集成海洋观测高新技术，在卫星遥感和Argo应用等方面处于国内领先和国际先进水平；三是自主研发军民兼用海洋环境监测和预报系统，满足国防建设和防灾减灾的国家需求。

在承担科研项目方面，2012 年实验室共承担科研项目 96 项，其中新上课题 41 项，结题验收 23 项。在研项目中，主持和参加“973 计划”课题 8 项，“863 计划”课题 4 项，国家科技支撑计划课题 1 项，科技部科技基础专项 1 项，国家自然科学基金项目 11 项（其中杰青 1 项，重大研究计划重点支持项目 2 项），国家专项 25 项。到位科研经费 6518 万元。特别值得一提的是，新获批国家“973 计划”项目 1 项，国家自然科学基金项目 11 项，在项目申请上取得了相当好的成绩。

在科研成果方面，2012 年共发表科学论文 98 篇，其中 SCI/EI 收录 72 篇；出版专著 1 部，编著 2 部；获得专利 2 项，计算机软件著作权登记 5 项；SCI 论文数量比上一年度年增加 26 篇，论文质量有显著提高。许建平研究员牵头的“我国 Argo 大洋观测系统及其资料同化与短期气候预测”项目获 2011 年度海洋工程科学技术奖一等奖，并以第二署名单位获得 2012 年度国家科技进步奖二等奖。在总结 Argo“973 项目”成果的基础上，实验室在《Atmosphere-Ocean》国际 SCI 期刊编辑出版了 Argo-China 专刊，既体现了大型项目在集中团队科研力量、促进团队科研水平提高方面的重要作用，也使得团队的科研成果有了国际化的、集中的显示度。

在人才队伍方面，实验室现有固定人员 44 人，其中研究人员 37 人，占总人数的 84%；技术支撑及管理人员 7 人。研究人员中有中国科学院院士 1 人，中国工程院院士 1 人，国家“千人计划”特聘专家 2 人，国家杰出青年科学基金获得者 1 人，国家“青年千人计划”入选专家 1 人，基本形成了一支以高水平学术带头人为核心，中青年科学家为中坚力量、团结向上、充满活力的科研团队。此外，实验室还有流动人员 29 名，包括兼职“海星学者”、兼职研究员、客座研究员和博士后研究人员。

【国家海洋局海底科学重点实验室】 国家海洋局海底科学重点实验室成立于 1997 年，是国家海洋局首批设立的重点实验室之一。实验室以应用基础研究为重点开展创新性研究，以海底构造与事件地质、海底资源与成矿系统和海底探测与信息系统为主要研究方向，揭示海底的基本特征、变化规律与动力过程，重点突破海底演变机制及其对资源环境控制的关键科学问题，发展海底科学的学科理论体系及深海高新技术，为国家宏观决策提供科学依据，成为海底科学合作研究与交流的窗口和载体。实验室依托单位国家海洋局第二海洋研究所，现任实验室学术委员会主任刘光鼎院士，实验室名誉主任金翔龙院士，实验室主任初凤友研究员。

实验室拥有固定人员 60 人，是一支中青年为主、规模适当、年龄结构和专业结构合理的高素质科研队伍。其中，博士生导师 8 人，硕士生导师 20 人；博士 32 人，研究员 23 人。 1 人入选浙江省特级专家，6 人入选浙江省“151 人才工程”和国家海洋局“双百人才”。6 人在国际学术组织任职，11 人在国内学术组织担任职务。

近年来，实验室通过部门投入和自筹资金不断加大能力建设的投入。目前实验室拥有的勘测分析设备总值达 1 亿余元，其中室内数据处理、解译和样品分析测试设备 4000 余万元。外业设备实行分类管理，完善了海底地形地貌、综合地球物理、海底地震、综合地质、底质环境和深海资源的自主调查能力，突出了精细、近底、可视、快速特色；内业方面，组建了 6 个专业实验室，形成岩矿分析、同位素分析、原位沉积学分析和综合地球物理解译等内业分析特色。2012 年地质实验室大型仪器设备运行正常，运行效率较去年有大幅提升，开放、共享范围稳步扩大，已开发的实验方法得到成功运用，实验新方法研究也取得突破进展，成果显著。

2012 年，实验室圆满完成多项任务的外业调查工作。完成了大洋4个航次的外业调查工作，组织实施了大洋26航次6个航段的调查；完成2个航次的近海多波束调查，包括海洋公益性行业专项项目“珠江口、台湾浅滩地形变化监测管理保障系统”年度外业工作，以及6个航段的1∶25万莆田幅海洋区域地质调查（多波束）外业调查；完成2个合作调查航次，包括两岸大陆架合作调查“2012年度福建台湾海峡地震海陆联测”和中尼联合海洋调查“尼日利亚西部大陆边缘海洋科学联合调查研究”的外业工作。参与完成3个航次的极地考察，包括2人次参与完成第五次北极科学考察，2人次参与完成南极半岛附近海域及普里兹湾海域的调查。

2012年，实验室承担科研项目共计8类70余项，包括973计划课题3项，863计划课题3项，国家自然科学基金项目18项，海洋公益性行业专项项目8项，国家专项10项，维权与国际合作项目7项等。围绕实验室主要研究方向，对外资助开放基金课题6项；发表学术论文50余篇，其中SCI、EI来源期刊论文24篇；出版专著（编译）4部，图集1部；获得专利3项。

【国家海洋局海洋生态系统与生物地球化学重点实验室】 国家海洋局海洋生态系统与生物地球化学重点实验室（LMEB）是在国家海洋局第二海洋研究所原海洋化学研究室、海洋生物学研究室基础上，整合其他相关优势学科组建而成。实验室主要面向我国海洋可持续发展的国家需求和海洋生态环境研究的前沿科学问题，重点开展海洋生态系统结构与功能，生源要素的生物地球化学循环，海洋污染及其生态效应、海洋监测技术和生物技术多学科交叉研究。现任实验室主任为张海生研究员，实验室学术委员会主任为唐启升院士。

2012年，实验室在科学研究、技术开发、项目执行、平台建设、学术交流、人才培养等方面都取得了长足的进展，为实验室今后的健康持续发展打下了坚实的基础。

实验室拥有固定人员54名，其中，研究人员48名，辅助人员6名。实验室拥有海洋化学、海洋生物两个硕士点，目前共有硕士生导师13名，博士生导师2名。招收海洋化学、海洋环境化学和海洋生物学等方向的硕士、博士研究生。每年招收硕士研究生8～10名，博士研究生1～3名（包括联合培养）。实验室设置“海洋生态学”、“海洋生物地球化学”、“海洋环境演变与生态效应”、“海洋环境监测与生物技术”四个研究方向，并设有原子吸收、营养盐分析、总有机碳分析、高效液相色谱、气相色谱、海洋标准物质研制与生产、初级生产力、浮游生物、底栖生物、微生物和电镜、无机有机前处理等15个实验室。

2012年，实验室共承担和参与各类纵向科研项目58项，当年新获批39项。其中海洋公益性行业专项项目10项，国家自然科学基金项目9项（其中重点1项，面上3项，青年基金5项），973计划课题1项，863计划课题2项，国家专项15项，其他各类基金项目21项。2012年实验室共发表第一作者文章39篇，其中SCI 10篇，学报级13篇；非第一作者文章22篇，其中SCI 9篇，学报级13篇。技术创新方面也颇多收获，本年度授权专利1项，新申请专利2项；编写和参与编写专著2部。共计19人次参加了大洋第24、26和27航段调查，9人次参加了南极第28次及五次北极考察，7人次参加了全球变化与海气相互作用专项调查。

2012年，实验室加大了对公共支撑平台建设的投入，在2009～2012年修缮计划及其他国家项目的支持下，逐渐引入了高精密度的分析仪器以及极端环境监测设备，展开了对生态实验楼的装修改建工作，并于5月完成全部迁入工作，实验室能力建设得到很大提高。加大了人才培养和学术交流的力度，进行了频繁的学术交流和互访活动，参加了多个国际重要学术会议，并以项目形式开展了实质性的国际合作。2012年4月，美国路易斯安那大学Michael John Dagg教授、台湾“国立中山大学”许德惇教授应邀来访；2012年10月，“国际海洋金属联合组织（IOM）”首席环境专家Valcana Stoyanova来访，讨论了有关大洋环境资料及人员交换等问题。 （国家海洋局第二海洋研究所）

【国家海洋局海洋生物遗传资源重点实验室】 国家海洋局海洋生物遗传资源重点实验室创建于1991年，依托于国家海洋局第三海洋研究所，是我国第一个从事海洋生物基因工程研究的实验室，主要研究领域涉及深海微生物及其功能基因，海洋生物病毒及宿主相互作用，海洋生物资源可持续利用。2005 年 1 月实验室被科技部批准为厦门市和科技部共建的国家重点实验室培育基地。

实验室拥有实验楼面积 4500 平方米，主要仪器设备 200 多台（套），总价值 5500 多万元。实验室拥有一支素质优良的海洋生物遗传资源研发队伍，固定人员 44 人。其中，院士 1 人，国家杰出青年基金获得者 1 人，高级职称 19 人，3 人入选“国家百千万人才工程”，5 人享受政府人才津贴，近 5 年来，实验室先后有 14 人次获省部级奖项 5 项。

实验室于 2002 年成立了中国大洋生物基因资源研发基地，2008 年成立了中国大洋深海生物及其基因资源研究开发中心，2005 年建立了我国第一个海洋微生物菌种资源共享平台中国海洋微生物菌种保藏中心，2012 年，作为国家微生物资源平台的重要组成部分，进入以资源共享为主的运行服务阶段，初步实现了深海生物样品、资源的共享。

近 5 年来，实验室承担各级各类科研项目 83 项，累计合同经费 9318 万元，发表研究论文 247 篇，其中 SCI 收录论文 187 篇，最高影响因子为 9.380，达到本研究邻域国内领先水平，共申请发明专利 37 项，获授权 5 项；获省部级奖项 5 项，主要包括国家海洋局科技进步奖一等奖 1 项，二等奖 2 项，国家海洋局创新成果一等奖 1 项，二等奖 1 项。

2012 年，实验室继续围绕国家海洋发展战略，坚持长远发展目标，以深海（微）生物及基因资源调查研究深海(微)生物资源潜力评估与应用开发、以及重要海水养殖生物遗传资源的应用基础研究为主要研究方向，基础研究与资源开发并重，加强协同创新，充分发挥本单位在海洋生物资源的海上调查优势，积极组织国内优势力量，承担国家重大项目，在深海生物资源调查和海洋基因资源研究开发方面取得了显著进展。

2012 年，实验室新增科研项目 32 项，新增课题合同经费累计 6201 万元，共发表研究论文 51 篇，其中 SCI 收录 37 篇，参与编撰专著一部，新申请专利 5 项，获授权 1 项，牵头启动了海洋 863 领域深海专项——深海与极地探测获取与应用技术系统研究；组织了大洋“十二五”重大项目——深海（微）生物勘探与资源潜力评估第一批课题的立项实施，并组织第二批课题的立项与评审；启动了海洋公益性科研专项——新型海洋微生物制品开发的关键技术研究与示范应用”。这些重大项目的启动，为实验室在“十二五”期间发展打下了很好基础。

2012 年，实验室继续发挥大洋生物基因研发基地的带动作用，完成了本年度的大洋生物资源调查，加强了基础条件和共享平台建设；组织实施了大洋第 26 航次、27 航次的深海生物资源调查，获取了大量珍贵样品；完成了中国海洋微生物菌种保藏管理中心与中国大洋生物样品馆的新址搬迁，完成了实验室、样品库与菌种中心的装修改造工程。菌种库运行服务良好，并新增入库菌种 1000 多株，实现了菌种与大洋生物样品的资源共享。

2012 年，实验室继续加强国际、国内合作交流。依托科技部国际合作项目与法国、德国开展了深层次的合作与交流，与法国西布列塔尼大学欧洲海洋研究所签订了科技合作协议，派人参加了由外交部组织的“国家管辖范围以外海洋生物多样性的养护和可持续利用问题”联大工作会议，邀请多位国内外专家学者来室交流，并派多位科研人员参加国际国内学术会议。2012 年，实验室重点加强了实验室管理，成立了实验室管理委员会，调整了领导班子，明确了责任分工，并继续加强人才队伍建设，引进博士 2 人，并协助威斯康星大学陈士成博士成功入选厦门市双百人才工程。

【国家海洋局海洋大气化学与全球变化重点实验室】 国家海洋局海洋-大气化学与全球变化重点实验室成立于 2002 年，依托国家海洋局第三海洋研究所，是我国率先开展海洋大气化学的观测和研究的实验室，开辟了与全球变化科学密切相关的大气-海洋生物地球化学研究领域。实验室紧跟国际前沿、坚持创新、突出特色，努力建设成为具有鲜明特色的海-气系统科学和全球气候变化科学的国际研究中心。

实验室现有科研人员 24 人，其中研究员 7 人，副研究员 1 人，助理研究员 6 人，具有博士学位研究人员 8 人，外聘请客座研究人员 9 名人，与清华大学、中国科技大学等国内高校联合培养硕博士研究生，现有在读研究生 11 名。

实验室主要研究方向包括：①海洋-大气生物地球化学循环研究；②全球变化区域响应与对策研究；③极区海洋和大气化学研究；④同位素海洋化学和海洋核放射监测技术研究；⑤应对气候变化的海藻生物技术研发。

实验室先后在南极大陆、南大洋、北冰洋、白令海、黑潮流域、东中国海、台湾海峡和南中国海的气溶胶化学，碳、氮、硫、铁等化学物种循环研究中取得了重要进展，参加和承担了国家“八五”、“九五”项目、908专项、973项目，国家自然科学重点基金、国家公益项目、基础性工作和条件平台、海洋行业专项经费项目等专项和课题以及横向任务计100多个。实验室先后完成台湾海峡、南海等区块的大气化学调查，福建、浙江、山东等近海放射性调查等任务；连续执行中国南极科学考察以及中国北极科学考察的现场作业和室内分析等任务。在碳循环、气溶胶和极地科学等领域具有较高的科研水平，处于国内领先、国际先进水平，并享有一定的知名度。近年来，实验室发表在一级刊物上的论文近200篇，国家发明专利2项，出版专著8部，先后派出60多人参加国际学术交流，并与多国外著名大学和科研机构建立起来广泛的合作与交流关系。

实验室现有各类大型仪器和研究平台20多台（套），2012年，实验室新增价值300多万元的仪器设备，逐渐建立起岸基、船舶、浮标、移动车和遥感等近岸、大洋和极区的由国际一流观测技术和设备组成的立体观测体系，初步形成了为促进海洋大气化学、大气-海洋生物地球化学以及全球变化科学和气候变化科学等学科发展，提升海洋领域应对气候变化的适应性研究和为科学认知海洋在气候变化中的响应和反馈作用提供科学依据的能力。

2012年，实验室在研项目共有29项；新增科研项目17项，新增科研合同总额约1006万元，在国内外高水平学术刊物上发表论文30多篇，出版专著5部，包括美国Deep-Sea Research II专刊《中国国家北极科学考察的生物地球化学研究》(Biogeochemical Studies from the Chinese National Arctic Research Expeditions (CHINAREs))。《应用实测和遥感数据估算南大西洋和印度洋的海-气二氧化碳月通量》和《南半球费雷尔环流变率及其与热带和亚热带海洋表面温度的联系》分别获得了2011年度极地优秀论文一、二等奖。

2012年，实验室派出科研人员参与完成了中国第28次南极考察、中国第5次北极科学考察、西北太平洋海洋放射性监测2012年第一航次；一批海洋行业公益项目、国家973、863等项目课题、中美碳循环合作计划等国际合作项目正在有序推进中。

实验室于2008年度首次设立开放基金，截至目前已资助了4批次共32个项目，发表论文34篇，其中SCI（包括SCIE）12篇，较好地推动了实验室与国内其他学术机构的研究合作与交流，很好促进了实验室在相关研究能力方面的提升。　（国家海洋局第三海洋研究所）

【国家海洋局海洋溢油鉴别与损害评估技术重点实验室】　该实验室于2007年7月挂牌成立，主要通过溢油监测与鉴别技术、溢油的生态环境影响、溢油应急处置及生态修复等研究方向与多学科的交叉研究，深入了解海洋溢油的特征和规律，准确查明各种溢油来源，并对其造成的海洋生态环境损害做出客观评估，为修复受损的海洋生态环境、发展海洋突发事件研究的理论体系、发展相应的高新技术提供技术平台，为我国海洋防灾减灾和维护国家海洋权益提供科学依据。

2012年完善了实验室在线审批系统软件，实现了开放基金项目评审已经实现网上申报、专家网上评审、评审结果自动统计，评审出2013年度开放基金资助项目海洋溢油远程鉴别分析数据同化技术研究、近海溢油事故的次生海水环境问题对有孔虫的胁迫研究等20项，资助经费93万元。

【山东省海洋生态环境与防灾减灾重点实验室】　该实验室于2009年10月经山东省科学技术厅与山东省财政厅联合批准建设，主要在海洋生态环境保护与海洋防灾减灾方面开展研究工作，主要研究方向包括：海洋生态环境监测与评价技术研发与应用、海洋灾害预测预警技术研究与应用、海洋管理与信息技术。依托国家海洋局北海分局的海洋科技力量，面向山东省海洋生态环境的发展与保护，为山东省海洋经济发展提供技术支撑，解决山东省海洋生态环境发展与保护的关键问题，促进山东省在海洋生态环境发展与保护方面的技术进步与产业发展。

2012 年完成了《山东省重点实验室年度考评报告（2011）》、《山东省重点实验室绩效考评报告》的编写上报工作，评审出 2012 年度开放基金资助项目海洋环境评价中插值方法的选择与改进、大沽河湿地沉积物重金属污染评价方法优化及沉积环境演变研究等 20 项，资助经费 82 万元。（国家海洋局北海分局）

【赤潮重点实验室】 海洋赤潮灾害立体监测技术与应用国家海洋局重点实验室（简称“赤潮重点实验室”）于 2008 年 4 月 20 日揭牌成立。赤潮重点实验室挂靠国家海洋局东海分局，归口国家海洋局科学技术司管理，主要依托于东海分局所属单位为成员单位开展工作，日常事务由赤潮重点实验室办公室协调推进。实行学术委员会指导下的主任负责制和民主评议的科学管理制度。

赤潮重点实验室是东海分局促进科学研究和成果转化应用、培养具有创新精神及实践能力的复合型海洋人才和开展学术交流的重要基地。以“开放、流动、联合、竞争”为原则，面向国内外同行，开展海洋（赤潮）灾害与立体监测技术研究。

实验室紧紧围绕“加大海洋科技的支撑作用，加强对项目的科学管理，打造海区特色的产、学、研、用紧密结合的科技平台”目标，制定了实验室“十二五发展规划”，完善了实验室管理办法、基金管理办法，开展了实验室开放研究基金的立项和管理，公布重点实验室基金 20 项。

2012 年，实验室各成员单位负责或参与在研课题共计 97 项，研究经费 4523.5 万元，研究人员 742 人次；发表学术论文 43 篇，出版专著 5 部，获得软件著作权 5 项；新培养研究生、博士及其他技术人员 60 人；举办了多项重大课题技术研讨会，参加 5 次国际学术交流会。

（国家海洋局东海分局）

【国家海洋局南海维权技术与应用重点实验室】 2012 年，国家海洋局南海维权技术与应用重点实验室作为第一承担单位申请的《基于水声技术的非法作业船只远程监听装备产品化与应用示范》获 2013 年海洋公益性项目立项支持，作为第二协作单位参与申报了 2013 年海洋公益性项目《船载全天候激光成像及波浪遥测装备产品化与应用示范》；2012 年 5 月，重点实验室与广州海格通信集团股份有限公司联合申报了国家发改委、财政部联合组织卫星及应用产业发展专项《运动卫星通信系统研发》项目。

（国家海洋局南海分局）

海 洋 技 术

海洋观测和监测技术

【渤海海洋生态环境监测技术】 “十一五”专项“渤海海洋生态环境监测技术系统”项目进展顺利。其中，“船载海洋生态环境监测技术系统”课题优化了水样采集与分配系统、设备监控与数据处理系统，并将其在“向阳红 08”船上进行了系统集成。“遥感海洋生态环境监测技术系统”课题完成了基于 POS 同步的机载设备集成及高光谱数据压缩；建立了赤潮、溢油和海冰地物波谱数据库；完成了赤潮、溢油和海冰航空遥感和卫星遥感信息提取研究及有关软件设计；完成了 LIDAR 滩涂精确快速测量、海岸侵蚀、河口变迁有关软件设计，建立了多源遥感数据库。“重点监控区海洋生态环境连续监测技术系统”课题突破了大浮标的双机并行控制技术、水质传感器长期连续在线监测技术、小型水质监测浮标的数据采集控制技术等关键技术，研制了相关关键设备；完成了大浮标系统、小型水质监测浮标系统的装调、布放，实现了海上运行；对2009～2012年海冰特征信息进行了系统整理和分析，完成了陆基套频海冰监测雷达系统的研制，开展了海冰观测的初步业务化试验。“渤海海洋生态环境监测技术系统集成与示范”课题基本完成了海洋环境监测数据建设，研发完成了溢油、赤潮和海冰预警预测系统、环境监测数据质量控制系统、海洋生态环境综合状况评价系统等应用软件模块，并开展系统集成及业务化试运行；开展了 4 个航次海试，进行数据比对，完成了 8 台船载仪器设备第三方检验报告；开展了浮标、海冰雷达、航空和卫星遥感的系统运行和数据集成工作。项目研究过程中，发表学术论文17篇，申请专利10项。

【全球海洋环境数值预报关键技术】 “十二五”国家科技支撑计划“全球海洋环境数值预报关键技术系统集成研究及应用”项目进展顺利。开展了海面风场、全球海浪、海洋环流和极地海冰数值预报关键技术研究，其中部分技术例如海浪的双向嵌套技术、海面风和卫星资料同化技术已经在国家海洋环境预报中心的业务系统中使用，为2012年汛期的台风会商、海浪灾害预报都提供了有效的支持；北极极区预报系统的建设为2012年第5次北极考察提供了北极海冰数值预报试验产品，获得了一致好评。项目研究过程中，发表学术论文21篇，申请专利 1 项，获得软件著作权 1 项，培养博士生 8 名、硕士生12名。 （国家海洋局科技司）

【可回收投放式剖面监测浮标】 可回收投放式剖面监测浮标是国家海洋技术中心承担的863海洋环境立体监测技术项目。由于台风外围主要受低气压系统的影响，该区域海面比较平静，风速较小，适合浮标的布放。台风到来 1～2天前，在预测台风必经路径上距台风中心 300千米外布放剖面监测浮标（具体可以根据实际预测台风的速度及其海况来定），实时的监测台风过境前后海洋动力要素的变化，并分析台风对海洋环境的影响。项目组通过理论计算、建立数学模型和试验研究等手段，设计浮标结构和驱动装置，控制浮标上升下潜运动，从而满足了恶劣环境下剖面测量的要求。根据台风等极端海洋动力现象，可回收投放式剖面监测浮标设定的主要测量参数包括海流、温盐、湍流等。可回收投放式剖面监测浮标入水后，在预定的 30～500 米深度的水下采集剖面数据，完成剖面测量后浮出水面发送监测数据和定位信息。实验者根据定位信息回收浮标，对浮标的原始测量数据再次下载和处理。在项目研制过程中，获得实用新型专利 1 项。该项目于 2012年 9 月通过科技部验收。

【边远岛的利用与监控技术研究与示范】 该项目为2008年海洋公益性行业科研专项经费重点项目。国家海洋技术中心作为项目承担单位，联合国家海洋局第一、第二海洋研究所和海口海洋环境监测中心站共同完成了本项目的实施工作。该项目在海南三亚建设了一套边远岛利用与监控示范系统，集成了卫星遥感监控、水上目标视频监控、水下目标被动声呐阵列监控、岛基地震监测、水下地质灾害监测、岛基水文气象自动观测等多种技术，实现了对边远岛的自然属性和人类开发活动状况以及周边海域的水上和水下目标、边远岛的海洋环境及地质灾害实时监测。本项目建设了岸基数据中心，构建了边远岛利用与监控辅助决策系统，为边远岛的开发利用、管理、维权和防灾减灾提供辅助决策支持。示范系统正式开始工作以后，现场监测数据总量达到 500G，为辅助决策系统提供了可靠的资料。通过资料整理、分析，形成了各类边远岛监控的数据产品和监控案例。该项目于 2012 年 8 月通过国家海洋局验收。研究过程中，项目组开发了 7 个专用软件，其中取得计算机软件著作登记权 1 项。发表论文 16 篇，其中 SCI/EI 检索 7 篇。申请发明专利一项：水下地质灾害监测系统（201120212142.6）。

【快速高可靠海洋水质监测仪器通用化技术研究与示范】 该项目为国家海洋技术中心承担的 2008 年海洋公益性行业科研专项经费项目。项目对适用于实验室和调查船的营养盐自动分析仪、水下现场的多参数水质仪和浊度测量仪，进行产品化设计，进一步提高了仪器可靠性和稳定性，完成仪器样机各三台，并在国家海洋局天津海洋环境监测中心站、国家海洋环境监测中心和国家海洋局上海金山海洋环境监测站进行了为期三个月的现场示范试验。

在项目研制过程中，突破了微弱信号提取处理、低功耗设计及小型化设计等技术难点，实现小型化、高集成度的浊度传感器和多参数水质仪设计；对仪器部件及外壳的制作工艺进行提高改进，实现整体布局和内部结构优化，提高了仪器的可靠性和可维性；固化成熟技术，开发了系列专用模具和装配调试工具，采用标准化设计，有效提高了部件及仪器制作效率和一致性；进一步研究营养盐现场快速测量技术，改进自动分析流程，优化流路设计，有效提高了营养盐现场自动分析速度；提高仪器性能，完善传感器、主要部件的设计和制作工艺，形成组装、调试工艺文件，为实现产品化奠定基础。该项目于 2012 年 2 月通过海洋局验收。该项目的研究成果已在调查船、浮标及海洋监测站得到应用，对海洋环境监测、赤潮监测预警以及海洋科学研究具有重要的意义。

【天津滨海新区风暴潮监测预报预警技术与示范】 该项目是国家海洋技术中心承担的 2008 年海洋局海洋公益性行业科研专项经费项目，项目建立了天津滨海新区高时空密度的风暴潮监测、预报与预警系统并实现了业务化运行。通过新增设三个风暴潮自动观测站并整合原有的观测站，构成了全面覆盖重点区域的天津滨海新区高时空密度的风暴潮监测网。新增设的风暴潮自动观测站采用风能和太阳能互补发电新技术保证了测站在偏远地区的能源自给，采用高可靠、低功耗嵌入式技术实现了测站在野外恶劣环境下的可靠运行，利用 GPRS 和 3G 网络通讯技术实现了分钟级别的水文和气象观测数据和现场视频图像的实时获取，采用系统集成技术构建的数据集成平台实现了各个测站观测数据的实时汇集、质量控制和分发，从而实现了滨海新区风暴潮的全面准确、实时、自动监测。结合天津市滨海新区基础地理信息数据，采用国际先进的 ADCIRC 模型，建立了适合天津滨海新区的精细化风暴潮数值预报模式，实现了分辨率 100～500 米的精细刻画和时效 24～60 小时的区域精细化增减水预报。在增水大于 100 厘米的情况下，预报误差不超过 30%的保证率达到了 80%。建立了空间分辨率达到百米量级的高分辨率的风暴潮漫滩数值模式，并且按照危害程度制定了 4 级淹没风险等级。该风暴潮监测系统实时观测数据已并入国家海洋观测专网，并通过互联网开展了每天两次预报发布的业务化预报服务。系统及时准确地监测并预报了 5 次风暴潮过程以及 2011 年第 9 号“梅花”热带风暴和 2012 年第 10 号“达维”台风过程，为天津市海洋局作防潮减灾部署工作赢得了时间，避免了重大人员伤亡和财产损失。

该项目于 2012 年 8 月通过国家海洋局验收。在项目研制过程中，发表论文 4 篇，获得专利 1 项（海洋台站在线监测系统 ZL2012200578111）。项目将实时监测、精细化预报与灾害预警和灾害评估等技术集成，并与公益性服务相结合，探索实现我国沿海重要城市风暴潮防灾减灾的一种新的技术与服务的集成模式。该项目研制的新型全自动观测站适合沿海偏远地区使用，为实现提高我国沿岸观测站网密度提供了一种可靠、便捷、廉价的选择。区域精细化风暴潮预报模式和漫滩模式为实现重点地区个性化预报提供了一种技术手段。项目成果已纳入国家海洋局观测业务化体系，为天津市海洋局、天津市防潮办、天津市海洋环境监测预报中心等部门提供实时观测数据共享服务和预报产品，为其及时掌握风暴潮过程，准确发布风暴潮预报，合理制定防灾应急预案，及时高效地实施防灾部署提供了有力的保障。

（国家海洋技术中心）

【X波段雷达探测技术】 项目名称：X波段雷达产品化技术研究；完成单位：北京盈想东方科技发展有限公司；主要承担人：丘仲锋。经过五年的持续研究，我国自主研发的X波段雷达测波系统突破总体设计、算法反演及系统标定等关键技术，完成技术设计和样机研制，研制的产品样机已进入产品测试阶段。2012年，海试样机海上试验的无故障工作时间已超过9个月，最长连续工作时间达到12个月，系统稳定性、可靠性显著增强，有效波高、流向等部分指标有望超过国外同类型产品。

【相控阵三维声学摄像声纳工程化技术】 项目名称：相控阵三维声学摄像声纳；完成单位：中国船舶重工集团公司第七一五研究所，主要承担人：沈斌坚。我国研制的相控阵三维声学摄像声纳研究取得重大突破，研制的海试样机成功地完成了一系列现场试验。试验结果表明，我国自主研制相控阵三维声学摄像声纳各项指标均达到或超过英国Coda公司的产品，使我国成为世界上第二个掌握该项技术的国家。与目前国际上通用的图像声纳（如侧扫声纳、多波束声纳）相比，摄像声纳具有成像清晰、实时性好、允许载体高速运动和具有动目标检测与识别的优点。系统海上试验，无故障工作时间已超过300小时，最长连续工作时间达到22小时，2012年6月该项目在青岛通过专家验收。该技术在海洋经济建设和国防建设中有广泛的应用前景。

【剪切流传感器技术】 项目名称：面向海洋湍流测量的翼型剪切流传感器；完成单位：天津大学；主要承担人：刘玉红。经过两期863计划课题的支持，历时五年，我国自主研制的剪切流传感器经过大量稳定性与可靠性试验，完成了技术定型，已进入产业化阶段，并具备了其搭载平台－海洋微结构湍流剖面仪的开发能力。目前，剪切流传感器技术水平与国外同类产品技术水平相当，可满足我国海洋监测和相关科学研究的需求，结束了我国在此方面的测量仪器依赖进口的局面。我国研制的剪切流传感器及微结构湍流剖面仪剖面测量最大深度可达1000米，可实现空间分辨率为5～10毫米的系列化生产。研制的剪切流传感器与微结构湍流剖面仪已被国家海洋技术中心、中国海洋大学、中船重工710研究所等单位用于海洋湍流观测，在我国南海、吕宋海峡、西北太平洋等海域获得了第一手宝贵的深层海洋湍流观测数据，为我国海洋科学研究及海洋高端科学仪器的发展提供了强有力的技术支撑。

【合成孔径声纳探测技术系统】 项目名称：合成孔径声纳系统研究；完成单位：中国科学院声学研究所；主要承担人：张春华。经过三个五年的持续发展，我国自主研制的合成孔径声纳系统完成技术设计定型，并投入实际应用，产业发展迈出坚实步伐。2012年，在阿曼海域圆满完成科技部中国-阿曼“郑和沉船遗骸探查”国际合作项目二期任务。沉船探测历时14天，总航程一千余千米，共计对10个目标区域进行了高精度扫测，确定了6个沉船目标。该项目不仅取得了圆满的成功，也是我国863计划成果的一次成功应用案例。

【水下与空中蓝绿激光通信技术】 项目名称：水下与空中平台蓝绿激光通信关键技术研究，完成单位：中科院上海光学精密机械研究所，主要承担人：贺岩。该项目在水下全固态蓝绿激光器技术以及真实海况下的蓝绿激光通信体制方面取得重要进展，研制了蓝绿激光通信试验系统，先后开展了两次水池试验和两次海上机载飞行试验，获取了大量水下激光穿越海气界面后的光场分布原始数据，率先在国内实现真实海况下的水下与空中移动平台激光通信，并在水下传输距离、通信速率以及航高等方面创造了一系列国内记录。2010年研制完成国内首套蓝绿激光通信机载海上飞行试验系统，开展了首次试验，成功实现了水下约30米与空中1000米的良好通信；2011年，成功实现了水下80米与空中2189米的良好通信，通信速率超过2.5kbps，误码率优于10^{-5}。

【大气波导实时探测技术】 项目名称：大气波导实时探测技术研究；完成单位：北京雷音电子技术开发有限公司；主要承担人：马东林。2012年6月20日，大气波导实时探测技术研究重点项目通过验收，并取得预期成果。2011年8月，在领域办成立的第三方专家组的督导下，在渤海湾进行了海上比测试验和第三方独立检验，外海试验表明，课题圆满完成了合同规定的研究内容，最大探测距离、定量探测距离、反演剖面输出距离间隔、反演诊断时间等核心技术指标都取得了重要突破。

【区域性海洋监测系统技术】 项目名称：区域性海洋监测系统技术；完成单位：福建省海洋环境与渔业资源监测中心；主要承担人：林法玲。2012年3月21日，“区域性海洋监测系统技术”重大项目在北京通过验收。该重大项目是863计划海洋技术领域十一五启动重大项目，经过两个五年的持续支持，我国建设完成863计划福建示范区区域海洋立体监测网系统，并进入业务化运行，基本具备了区域海洋立体环境监测能力，不仅在业务化示范运行中获取了大量宝贵的近海监测数据，同时，所研发的防灾系列辅助决策系统已成为福建省海洋防灾减灾辅助决策的重要技术支撑地方经济建设中发挥了重要作用。我国自主研发的21种海洋监测设备，在示范运行中得以进一步改进、完善，不断走向成熟，通过实施质量控制和规范化海上试验，制定了《海洋仪器设备规范化海上试验工作规程》等标准，加快了项目技术成果的产品化进程。其中高频地波雷达、UCTD、自持式剖面循环探测浮标、实时传输潜标等产品已中标国家重大专项，相关成果基本占领国内市场，包括大深度声相关计程与海流剖面仪、相控阵声学海流剖面仪、6000米CTD、UCTD、自持式剖面循环探测浮标、实时传输潜标，并取得了突破性进展。通过福建示范区的试验和应用，我国对大型海洋监测系统的顶层设计和组织实施能力有了较大的提升。

【我国深海内波观测试验网系统】 项目名称：南海深水区内波观测技术与试验系统开发；完成单位：中国海洋大学；主要承担人：赵玮。2012年4月8日，“东方红2”号海洋综合调查船在厦门靠港，结束了2012年春季航次。该航次成功回收了2011年4月布放的9套深海内波观测潜标，结束了南海深海内波观测试验网为期一年的运行试验，并重新布放了10套深海内波观测潜标，系统观测南海内波生成、传播及演变全过程。至此，我国南海深海内波观测试验网进入全面准业务化运行。

“南海深水区海洋动力环境立体监测技术研发”课题的主要任务是围绕南海深水区海洋资源开发、维护国家海洋安全的迫切需求，着眼未来深远海观测技术的发展趋势，发展海洋内波观测技术，研制各类型深海海洋动力环境监测潜标，构建南海深水区内波观测试验网。为了实现课题的研究目标和技术指标，保证南海深水区内波观测试验网的长期稳定运行，课题组攻克了潜标水动力学优化技术、内波声学探测技术、潜标布放回收技术等一系列技术难点，并研发了适合南海内波长期连续观测的深海海洋动力环境自容监测潜标、深海海洋动力环境实时监测潜标、内波声学监测潜标、深海海洋动力环境自主监测潜标等不同类型的潜标系统。至今，该课题已进行了大量海上试验，在南海深水区成功布放及回收各类内波观测潜标28套次，积累了大量潜标布放回收经验，初步形成深海潜标布放及回收规范，并获取了为期两年的南海内波观测数据，这是迄今为止国际上关于南海内波观测最系统、时间最长、质量最高的观测数据，为我国开展深远海长期连续观测及科学研究奠定了技术及数据基础。

【深海空间站水池试验平台关键技术】 项目名称：小型深海移动工作站总体设计技术研究，完成单位：中国船舶重工集团公司第七〇二研究所；主要承担人：崔维成。“十一五”863计划重点项目“深海空间站关键技术研究”顺利通过验收。该项目突破了超大潜深耐压结构的设计技术，完成了深海空间站水池试验平台研制，并在水池中进行了试验平台主要性能和功能的考核与演示验证，为“十二五”863计划重大项目“小型深海移动工作站的研制与海试（I期）”的实施奠定了技术基础。

【深海底边界层原位环境监测系统】 项目名称：深海海底边界层原位监测技术；完成单位：中国海洋大学；主要承担人：赵广涛。2012 年 9 月 12～19 日，我国自主研发的深海海底边界层原位环境监测系统（Benvir）搭载“海洋四号”调查船在南海海域成功进行了第二次深海试验。本次试验区位于南海 1000 余米水深的陆坡区，该区海底地形剧烈起伏，且分布有巨厚的软泥沉积（表层含水量超过 100%）。试验采用地质缆盲投方式，共成功实施 2 个站位的投放、回收以及坐底观测试验，获取了近海底界面的多传感器时序观测数据和环境信息，整个试验取得圆满成功。达到了海试预期目的，为其在海底界面生物地球化学过程研究、海底水合物系统及其勘探试采过程中的环境效应监测评估等方面应用奠定了基础。（国家科技部）

【全球海面典型环境要素数值预报关键技术研究】 该国家科技支撑计划课题“全球海面典型环境要素数值预报关键技术研究”由中国海洋大学管长龙教授作为课题负责人。

课题进度按计划进展顺利，初步建立了全球海面风场数值预报系统、全球海浪数值预报系统。主要开展了以下几方面的工作：①全球大气预报模式。引进美国环境预报中心（NCEP）的 GSM(Global Spectral Model) 全球谱模式。进行了 2012 年 5 月 18 日至 7 月 31 日的 T126L64 业务化试运行数值预报试验，进行了 2012 年 6 月和 7 月的检验评估。检验结果初步表明：GSM 模式计算稳定，预报精度较高。②全球大气同化模式。引进美国环境预报中心（NCEP）的三维变分同化系统 GSI（Gridpoint Statistical Interpolation），利用美国国家大气研究中心中尺度模式（WRF-ARW）以及美国国家海洋和大气管理局（NOAA）三维变分同化系统 GSI,建立了全球大气准业务化系统。该准业务化系统包括完整的资料下载、同化模式 GSI、预报模式 GSM 和后处理模块。③全球大气准业务化系统试运行结果。分别计算了该预报个例与 NCEP 业务预报的不同要素、不同空间层次的误差。检验结果表明：该准业务化系统，预报效果较好，其预报精度接近 NCEP 的业务预报。④全球海浪预报模式。引进全球海浪预报模式 NWW3，优化和完善海浪参数化方案，合理设计业务流程，建立全球海浪业务预报系统，对预报结果进行初步检验；利用最优插值方案为 NWW3 模式建立有效波高同化模块；收集整理国内外的卫星高度计数据，建立卫星观测数据质量控制方法，开展海浪同化试验和结果检验。

【基于观测网的海底动力环境长期实时监测系统研发和集成】 该 863 计划课题“基于观测网的海底动力环境长期实时监测系统研发和集成”由中国海洋大学李培良教授作为课题负责人。

该课题针对我国海底观测网建设的迫切需求，在国家 863 计划海洋领域“十一五”研究成果的基础上，进一步突破海底动力环境监测高稳定性、可靠性集成技术，集成大量程 ADCP，CTD，ADV，高精度压力传感器和水声 MODEM 研发一套满足深海海底动力环境长期监测工作要求，具有低功耗、良好稳定性和可靠性的多参数、多层次的基于观测网的海底动力环境长期实时监测系统。系统通过接驳盒可以实现海底动力环境长期实时监测，建立深海的水声通信节点，形成深海海底动力环境原位实时监测能力。

（中国海洋大学）

海洋遥感技术

【海洋卫星工程技术】 2012 年，我国第一颗自主海洋动力环境卫星 HY-2A 卫星正式交付使用，数据产品正式对外发布，HY-1B 卫星继续超期服役。海洋卫星地面应用系统实现双星在轨运行管理。HY-1B 卫星与 HY-2A 卫星相结合，大幅提升了我国海洋卫星的调查和监测能力，进一步完善了我国海洋立体监视监测体系。

2012 年 4 月，国家海洋局组织召开了海洋业务卫星立项论证工作启动会，研究制定了海洋业务卫星立项论证工作计划。并就 HY-1C/D 星和 HY-2B 卫星用户需求以及相关载荷的研制方案进行了初步调研。

2012 年 6 月 6 日，国家海洋局在北京组织召开了 HY-1C/D 卫星用户需求座谈会。来自国防科工局、总参气象水文局、海司航保部、中科院、中国航天科技集团公司的领导和专家，以及全国各地 40 多个部门及单位的代表出席了会议。座谈会在全面总结 HY-1A/B 卫星研制、应用成功经验的基础上，对 HY-1C/D 卫星的用户需求进行了征集，并就技术方案进行了研讨，为做好 HY-1C/D 卫星的立项论证工作奠定了良好基础。同时又正式致函各卫星用户对 HY-2B 卫星的需求进行了书面意见征求。

2012 年 8 月，在综合多方用户需求与专家意见后，初步确定了 HY-1C/D 卫星和 HY-2B 卫星的主要功能与技术指标，形成了《海洋业务卫星工程研制总要求（初步）》，并分别于 2012 年 10 月 10 日和 10 月 20 日完成 HY-1C/D 卫星和 HY-2B 卫星研制总要求评审。

【海洋卫星及地面应用系统】 2012 年，HY-1B 卫星和 HY-2A 卫星双星在轨运行，海洋卫星地面应用系统运行稳定。

HY-1B 卫星搭载的海洋水色扫描仪（COCTS）和海岸带成像仪（CZI）工作状态稳定。2012 年全年，HY-1B 卫星共探测 1485 轨，其中境内探测 740 轨，境外探测 745 轨。COCTS 可见光载荷工作 27745 分钟，COCTS 红外载荷工作 51370 分钟，CZI 载荷工作 19369 分钟。HY-2A 卫星搭载的雷达高度计、微波辐射计、微波散射计和校正辐射计四个载荷采用全时工作模式，工作状态稳定。

2012 年海洋卫星地面站共接收 HY-1B 卫星数据 3139 轨，原始数据量达 1.5TB。其中，牡丹江站接收 1026 轨，北京站接收 1059 轨，海南站接收 1054 轨。卫星地面站共接收 HY-2A 卫星数据 2269 轨，原始数据量达 4.3TB。其中，牡丹江站接收 776 轨，北京站接收 750 轨，海南站接收 743 轨。

海洋卫星杭州备份站（国家海洋局第二海洋研究所海洋环境动力学国家重点实验室地面站），2012 年接收了 HY-1B、HY-2A、TERRA、AQUA、NOAA-15、NOAA-16、NOAA-18、NOAA-19、FY-2 、MTSAT 等 10 颗卫星数据共计 24817 轨，存贮归档数据量 5.9TB。

海洋卫星地面应用系统全年共处理、制作 HY-1B 卫星产品 7.6TB，HY-2A 卫星产品 9.46TB，MODIS 产品 9.47TB。

2012 年，共向国内用户分发海洋水色卫星数据产品 32.17TB。其中，HY-1B 卫星数据产品 26.72TB，MODIS 数据产品 5.45TB。

2012 年，共向国内外用户分发 HY-2A 卫星数据量达到 5.79TB，大部分数据进入国内业务化应用部门。国外用户达到 11 家，主要包括欧洲气象卫星开发组织、法国国家空间研究中心、美国国家海洋和大气局、澳大利亚气象局等。

【海洋卫星应用技术】 （1）海表温度监测。利用 HY-2A 卫星扫描微波辐射计以及 HY-1B 卫星、EOS/MODIS 等光学遥感卫星数据，制作了中国海及邻近周边海域的日海温、周平均和月平均海温产品及全球年平均海温数据产品。海洋预报和渔业部门利用这些海温产品开展相应的海温预报和海洋渔业环境产品研制，服务于社会公众和相关海洋产业部门。

（2）海洋水色监测。利用 HY-1B 卫星数据，结合 EOS/MODIS 产品资料，定期制作了我国管辖海域及周边海域的 10 天平均、月平均、季平均的叶绿素浓度分布等海洋水色信息，不定期制作了大洋部分区域的海洋水色环境信息产品，并提交海洋渔业等相关行业和部门使用。

（3）海冰灾害监测。2011 年 12 月至 2012 年 3 月，我国渤海和黄海北部海域进入结冰期，海冰灾害严重影响了渤海和黄海北部区域海上生产等活动。国家卫星海洋应用中心综合利用多颗光学和雷达卫星影像资料对渤海和黄海北部海冰冰情进行了监测，制作海冰冰情实时监测通报 105 期，并通过传真、电子邮件和网站的方式向国家海洋局机关有关业务司、国家海洋环境预报中心、国家海洋局北海分局和环渤海三省一市等部门和单位提供。

根据卫星监测结果，2012 年辽东湾最大浮冰范围出现在 2 月 2 日，为 74 海里；渤海湾最大浮冰范围出现在 2 月 8 日，为 24 海里；莱州湾最大浮冰范围出现在 1 月 24 日，为 23 海里；黄海北部最大浮冰范围出现在 1 月 29 日和 1 月 30 日，为 25 海里。

（4）绿潮灾害监测。2012 年的绿潮卫星业务化监测工作从 5 月上旬开始至 8 月初结束。监测期间针对黄海和东海海域，利用 HY-1B、EOS/MODIS、环境一号（HJ-1）等光学卫星数据和 SAR 数据开展综合监测，并向海洋管理、海洋预报等部门和单位发布绿潮监测通报 77 期。5 月 16 日首先在东海发现绿潮，并发布 2012 年第一次卫星监测通报。

（5）海上溢油监测。2012 年，应用欧空局 ENVISAT 卫星、加拿大 RADARSAT-2 卫星、意大利 COSMO-SkyMed 卫星以及我国遥感卫星等 SAR

数据，对渤海、东海和南海的重点海区进行了全天候实时监测，全年共使用 SAR 数据 182 景，发布监测报告 175 期，其中溢油异常报告 36 期，为海洋维权执法提供辅助决策支持。

（6）海上风暴监测。2012 年，HY-2A 卫星成功监测到全年全部 25 次海上风暴过程，及时将监测信息提供有关部门，为我国海洋环境预报、海洋防灾减灾工作提供了重要信息服务。

2012 年第 14 号热带风暴“天秤”于 8 月 19 日 08 时在菲律宾以东洋面上生成，20 日 14 时发展为强台风，HY-2A 卫星对此次热带风暴进行了连续跟踪观测。

（7）渔场渔情信息服务。应用 HY-2A 卫星和 HY-1B 卫星资料并结合国外海洋卫星资料，对太平洋金枪鱼、北太平洋柔鱼、东南太平洋茎柔鱼、西南大西洋鱿鱼、中大西洋金枪鱼等，开展每周一次的业务化渔情分析与预报，并向 9 家渔业企业提供了渔情和海况分析等服务，为我国远洋渔业生产服务。

（8）海洋环境预报。2012 年，国家海洋局海洋环境预报中心及北海分局、东海分局、南海分局各分局预报中心继续应用海洋卫星资料开展业务化海洋环境预报工作。①海冰预报。利用 HY-1B 卫星遥感资料制作海冰遥感和预报信息产品，将产品应用到海冰常规和数值预报中，提高了海冰预报的准确性和时效性。②海浪预报。利用 HY-2A 卫星高度计的有效波高资料，结合海上浮标和船舶报等海浪观测资料，制作西北太平洋及我国近海的海浪实况分析图，并将卫星高度计测波资料用在预报检验中，提高了海浪预报的精度。③海面风场预报。利用 HY-2A 卫星散射计反演的风场资料，开展了我国近海及临近海域 72 小时海面风场预报。自 2012 年 9 月 11 日起，国家海洋局国家海洋预报台正式发布钓鱼岛附近海域的海洋环境预报。HY-2A 实况风场的有效应用，进一步提升了海面风场预报的精确度，可以为这一海域的渔民海上作业、过往船只的交通运输和有关部门的维权巡航活动提供更加精细化的安全保障服务。

（9）海洋科学研究。①HY-2A 卫星南极周边海域海面风场和海浪遥感调查研究。基于 2011 年 10 月 1 日至 2012 年 9 月 30 日的 HY-2A 卫星散射计和高度计数据，开展了南极周边海域的海面风场和海浪遥感调查，对其时空分布特征进行了统计分析。②HY-2A 卫星散射计资料的三维变分同化应用研究。应用 HY-2A 卫星提供的准实时海面风场资料，开展了海面风场散射计资料的应用评估和数值同化研究工作。三维变分同化对比应用试验结果来看，同化分析对低层台风中心位置改变不大，但对外围风场有明显的改善。③我国东海近海的赤潮监测。2012 年，应用 HY-1B 卫星，结合其他卫星资料，对我国东海近海的赤潮进行监测，4～10 月共发现有疑似赤潮事件发生的天数为 38 天。5 月 18 日通过 HJ-1 卫星 CCD 影像，发现舟山市中街山列岛以东海域的疑似赤潮区和浙江大陈岛以东海域疑似赤潮区。5 月 19 日，现场观测证实了相关海域赤潮爆发。④海温产品融合。HY-2A 扫描辐射计反演的海表面温度产品已广泛用于大洋渔场预报产品等科研工作。为进一步提高海温产品精度和时效性，开展了 HY-2A 与热带测雨卫星（TRMM）的海面温度产品融合研究。⑤HY-2A 卫星散射计风场数据与浮标观测数据比测分析。将 HY-2A 卫星散射计风速数据与东海区 QF205，QF206，QF207 和 QF208 四个大型浮标观测风速数据进行对比分析，结果显示 HY-2A 卫星散射计反演风速与浮标观测风速数据对比结果相符较好，风速的平均偏差约 1.6 米/秒，均方根误差约 1.8 米/秒，表明 HY-2A 卫星散射计风场可作为高精度的海上实况资料和预警报业务中重要的参考观测数据。

（国家卫星海洋应用中心）

【大气校正的新算法】　大气校正是海洋水色卫星遥感的最关键技术之一。美国航空航天局（NASA）、欧空局（ESA）标准大气校正算法均是基于近红外波段离水辐亮度很小、可以忽略不计的前提假设。该假设对于中低浑浊度的开阔大洋和陆架水体适用，但对近海或者内陆浑浊水体不成立。为了解决近海浑浊水体的大气校正问题，国际上提出了多种基于生物-光学模型或短波红外的方法，但效果都不甚理想。本技术通过分析黄东海近海浑浊水体光谱，发现由于陆源有机物（黄色物质、有机颗粒）的强烈吸收，蓝紫光波段离水辐亮度相对长波段很小，可忽略不计，进而首次提出了基于蓝紫光波段的浑浊水体大气校正算法，并利用辐射传输模拟进行了理论推导，还用现场数据对此算法进行了验证。结果表明，该算法可以较精确地反演各波段离水辐亮度，从而解决了近海浑浊水体出现的离水辐亮度负值问题。

【区域性海洋水色遥感参数反演算法】 在海洋水色光谱数据库系统和我国海洋二类水体光学特征研究的基础上，结合水光学遥感辐射传输模型，开发出统计与半分析相结合的二类水体的海洋水色参数反演区域性算法；通过对相关参数的系统性精度验证，二类水体的海洋水色参数反演精度指标达到了国际上对海洋水色遥感的要求，解决了国际通用算法无法在我国海区应用的问题，形成了适合我国海区的海洋水色遥感参数的区域性反演模型。以该模型为基础，制作了规范化的叶绿素 a 浓度、悬浮泥沙浓度、黄色物质、透明度、海表温度、吸收系数等 16 种遥感参数的专题产品，服务于相关部门和海洋科学研究。

【“海洋二号”卫星资料处理新方法】 “海洋二号”卫星（HY-2A）是我国第一颗海洋动力环境卫星，于 2011 年 8 月成功发射。校正微波辐射计是其主要载荷之一，主要是为雷达高度计提供湿对流层路径延迟的校正，此外还可提供水汽含量等参数。国家海洋局第二海洋研究所承担了 HY-2A 卫星地面应用系统校正微波辐射计数据处理软件的研制工作，包括算法研究、软件开发和产品验证等，开发的处理软件已在国家卫星海洋应用中心进行业务化应用。系统的协同软件测试表明，模块工作稳定，性能良好，产品已由国家卫星海洋应用中心于 2012 年 3 月开始对外发布。验证结果表明，湿对流层路径延迟与美国 Jason-1/2 的结果具有很好的一致性。

【图像对象层次变化检测的新方法】 在发展多种类型的面向对象的变化检测途径的基础上，提出了一种遥感影像多光谱数据多尺度分割的新方法。该方法应用 Canny 边缘检测算法于多光谱影像的边缘检测，检测到的边缘特征然后被用于多尺度分割循环，作为相邻图像对象的合并过程被分割控制准则，该准则有效地结合了边缘信息和多尺度分割尺度。边缘的显著性被相邻分割区域测量后去执行边缘的评价。该方法基于半分区结构，由三个步骤构成：单一边缘检测，分离像素分组，和显著特征计算。被边缘分割的半分区的光谱距离被计算、比较，并集成到边缘信息。结果表明该方法在沿海地区的卫星多光谱图像上很适用。

【基于遥感的钓鱼岛海区海岛和地理实体界定与研究】 针对钓鱼岛及其附属岛屿海岛与地理实体调查界定工作的需要，开展了定位处理技术、海岛界定技术和地理实体界定技术等关键技术研究，以及海岛界定与名称标准化处理、地理实体界定与名称标准化处理、三维地理信息系统研制等工作。基于多时相高分辨率遥感资料自主定位评价和相对定位偏差分析的定位处理技术、基于卫星高度计潮汐分析和多时相遥感图像特征相结合的海岛界定技术、基于地形遥感测量分析和水系分析的地理实体界定技术等关键技术，并通过集成，突破了在钓鱼岛海区进行海岛和地理实体界定的技术难题，确保了钓鱼岛海区海岛与地理实体调查界定结果的可靠性，为我国无法进行现场实测条件下的海岛和地理实体界定提供了关键技术和集成处理系统。 （国家海洋局第二海洋研究所）

海洋生物技术

【吲哚倍半萜生物合成研究】 中国科学院南海海洋研究所海洋微生物代谢工程与生物合成学科组从中国南海 880 米深的海洋沉积物中分离到的链霉菌 *Streptomyces sp.* SCSIO 02999 的发酵液中，获得了吲哚倍半萜类化合物 *xiamycin A（XMA，1）*，以及 4 个新的结构类似物 *oxiamycin（OXM，2）*，*dixiamycin A（DXMA，3）*和 *dixiamycin B（DXM B，4）*，和 chloroxiamycin（5）。OXM（2）含有一个罕见的七元氧环（2,3,4,5-四氢噁庚英环）；DXM A（3）和 B（4）则是从自然界中首次发现的 N-N 偶联的位阻异构二聚体，它们由两个吲哚倍半萜结构单体（XMA）通过两个 sp3 杂化的 N 原子之间的立体异构轴相连形成，其中二聚体的抗菌活性优于单体。研究人员紧接着通过基因组扫描的方法确定了 XMA/OXM 的生物合成基因簇。该基因簇包含了 18 个可能与 XMA/OXM 生物合成相关的基因。研究人员通过基因敲除的方法对其中的 13 个基因进行了突变，其中敲除芳香环羟化酶 xiaK 基因获得的突变株发酵能积累化合

物 *indosespene (6)*，以及少量的 XMA（1），但大多数生物合成基因的突变株不再产生 XMA/OXM 或者其代谢中间体。通过体内喂养实验，研究人员初步证实了 *indosespene (6)* 是 XMA 和 OXM 的生物合成中间体，并且可能是吲哚氧化酶 XiaI 的直接底物。在随后的体外生化实验中，重组表达的 XiaI 能催化 indosespene(6) 反应生产 *prexiamycin (7)*，后者能自发氧化生成 XMA（1），从而揭示了吲哚倍半萜生物合成途径中的一种新颖的氧化环化机制。部分研究结果发表于 Eur. J. Org. Chem. 和 J. Am. Chem. Soc. 。

【鱼类-重金属研究】 中国科学院南海海洋研究所海洋生态学科组首次对我国沿海海洋野生鱼类肌肉组织中的微量元素含量进行了大范围调查，并选择花身鯻 *Terapon jarbua* 为主要研究对象，通过放射性分析技术，探讨了 As 在水相和食物相吸收途径的生物可利用性及两种吸收方式在海洋鱼类中的相对重要性，水相和食物相暴露后花身鯻肌肉组织中 As(III) 和 As(V) 的生物转化和解毒策略，以及 As 在海洋鱼类体内的生物动力学，取得了创新性研究成果。研究发现，珠江口鱼类肌肉组织中微量元素 Al、Cr、Ni 和 Pb 含量最高，而海口鱼类肌肉组织中 Al、Fe 和 Pb 含量最低。所计算的 10 种微量元素的危险商值（HQ）均小于 1，因此通过消费海洋野生鱼类所摄入的微量元素对人体并无明显的健康危害。根据模型计算表明，食物相吸收是 As 在鱼体内生物累积的主要途径，而且水相和食物相吸收的相应贡献不仅与被捕食者的生物浓缩因子（BCF）有关，还与鱼体的总摄入率有关。本研究证明了花身鯻对 As(V) 的生物可利用性很低。水相和食物相 As(III) 和 As(V) 暴露对鱼体生长没有影响。该研究得出海洋鱼类至少有 2 种 As 的解毒策略，包括 As(V) 还原为 As(III)，而后甲基化为无毒的有机砷（AsB）形式和金属粘连蛋白（MTLP）的产生。研究指出，As(III) 和 As(V) 对海洋鱼类无潜在的毒害。研究系统掌握了中国沿海海洋野生鱼类微量元素的污染状况，评价这些海洋野生鱼类是否对人类健康存在潜在危害，为消费者选择海洋野生鱼类提供了有利 指导。同时，阐明了 As 在海洋鱼类细鳞鯻体内的生物可利用性，以及无机 As 在海洋鱼类细鳞鯻体内的生物转化和解毒策略，为 As 毒理学的深入研究和环境危险评估提供了理论基础。研究成果发表在环境科学领域顶级期刊 Journal of hazardous materials 和 Aquatic toxicology 上。

【深海放线菌次级代谢产物研究】 中国科学院南海海洋研究所海洋微生物代谢工程与生物合成学科组从深海来源的放线菌中发现了一系列结构新颖的活性次级代谢产物，对三株深海放线菌开展了次级代谢产物的研究工作，共发现了 9 个结构新颖的活性化合物。采用 PCR 扫描特定生物合成基因的策略，研究人员锁定菌株 SCSIO 03032 具有生产双吲哚生物碱的潜力，从而快速发现了 4 个结构独特的吲哚生物碱 *spiroindimicins A-D (1-4)*，具有罕见的[5,6]或者[5,5]螺环骨架，其中，含有[5,5]螺环的化合物 *spiroindimicins B-D (2-4)* 表现出了较强的体外抗肿瘤活性；从菌株 SCSIO 01299 中分离得到一个新天然产物 *deoxynyboquinone (5)* 和三个新颖的双阿扎夸酮类化合物 *pseudonocardians A-C (6-8)*，具有很强的抗菌活性（MIC 1 - 4 μg/ml）和体外抗肿瘤活性（IC50 0.01 - 0.21 μM）；从菌株 SCSIO 01127 中获得的大环内酯类新化合物 *lobophorins E (9)* 和 F (10) 比已知化合物 *lobophorin A* 在抗菌和抗肿瘤活性方面表现更为优越。这些成果引起国际同行的关注，美国 Rutgers 大学的 Lutz 和 Falkowski 教授在 Science 中 的一篇视点文章里，认为这些研究属于“目前为数不多的从深海可培养放线菌中筛选和发现新颖活性次级代谢产物的优秀报道”。研究成果表明，深海放线菌及其次级代谢产物潜力巨大，值得进一步关注和加强研究力度。相关研究的最新成果在线发表于 Organic Letters。

【海洋微生物抗感染药物的生物合成研究】 中国科学院南海海洋研究所海洋微生物天然产物及其生物合成学科组筛选到一株来自南海沉积土的放线菌 *Streptomyces* sp. SCSIO1666，该菌生产替达霉素但对海盐有依赖性；以酮基合成酶为探针克隆了其生物合成基因簇，对 7 个生物合成基因进行了置换突变和代谢产物分析，推断了其生物合成途径，发现 trdK 是生物合成途径中的负调控基因，其突变株使替达霉素的产量提高了一倍以上；随后通过体内突变、体外蛋白生化测试和光谱位移分析报道了 trdL 是一种新颖的并与 FAD 以双共价键形式结合的氧化酶，负责后修饰 10 位羟基脱水形成酮基。研究人员分析了生物合成途径中的 trdE 基因，该基因编码一种 16 家族糖基水解酶，具有糖基水解酶家族的典型催化保守位点 E145XD147XXE150。由于替达霉素分子中没有糖基结构单元，该基因的功能是个谜。研究人员构建了 trdE 突变株，发现突变株积累一个新的生物合成中间体 *pre-tirandamycin*，为该分子聚酮-聚肽生物合成模块上释放下来的最早的前体化合物。体外蛋白表达和生化实验表明，TrdE 催化 *pre-tirandamycin* 脱水形成替达霉素 C，负责 C-11/C-12 双键的形成。为解析其催化机制，研究人员对 TrdE 中具有糖基水解酶特征的三个保守氨基酸和 4 个具有潜在脱水作用的组氨酸进行了定点突变，对点突变蛋白进行 CD 谱测定和酶反应动力学参数表征，发现糖基水解酶的保守催化位点对酶活力的维持起着至关重要的作用，揭示了 E150 是该酶的活性催化位点，提出了可能的脱水催化机制。有别于天然产物中酮基还原酶-脱水酶双结构域催化形成双键，TrdE 具有糖基水解酶的典型特征，但利用其催化中心在替达霉素生物合成中催化双键的形成，这代表了一种天然产物双键形成的新机制，以上结果发表在《美国化学会志》上，文章发表后，很快被 Nature Chemical Biology 杂志选为亮点论文，并发表“Hidden by homology”的评述，评论认为“TrdE 功能的阐明对于其他生物合成途径中类似未知功能酶的确认有着重要的参考意义”。

【海洋微生物次生代谢的生理生态效应及其生物合成机制】 截至 2012 年，中国科学院南海海洋研究所《海洋微生物次生代谢的生理生态效应及其生物合成机制》国家“973 项目”，已分离保藏海洋微生物菌株 1925 株，有效发表新属 3 个，新物种 13 个；新增分离鉴定 124 个结构新颖次生代谢产物，获得生理生态活性先导化合物 12 个，3 个生理活性显著的化合物正在进行作用机制研究，阐明了多个具有新颖生态功能化合物的生态机制，建立了适合海洋化学生态学的研究模型；完成 3 株生产菌遗传系统及全基因组文库的构建，完成 6 株海洋放线菌的全基因组扫描测序，其中 1 株完成全基因组精细图的绘制；克隆与鉴定了 6 个生物合成基因簇，获得 10 个生物合成中间体，完成了 5 个生物合成酶的生物学功能鉴定；参编专著 1 部，在 JACS、OL 等杂志发表 SCI 论文 76 篇，申请发明专利 16 项、已授权专利 4 项，培养博硕士研究生 30 名，获广东省科技发明奖一等奖 1 项，何梁何利奖 1 名，培养国家杰青和中科院“百人计划”各 1 人，获国际、国内特邀报告 7 次。

【西沙群岛珊瑚礁生态修复与特色生物资源增殖利用关键技术与示范】 中国科学院南海海洋研究所承担的《西沙群岛珊瑚礁生态修复与特色生物资源增殖利用关键技术与示范》国家科技支撑计划项目，人工繁育出糙刺参苗 10.2 万多头和花刺参苗 20 万头；在永兴岛试验海区和赵述岛示范海区成功进行了增殖放流，放流 1～4 厘米/头的糙刺参参苗 102070 头，8～15 厘米/头的糙刺参稚参 298 头，试验示范区面积达到 100 公顷；突破了热带刺参人工繁殖与增殖关键技术。发现长棘海星含有丰富的虾青素，且对小鼠没有毒性，以长棘海星为原料发明了海洋观赏动物小丑鱼饲料，创建了通过资源化利用来控制珊瑚敌害生物长棘海星的新技术。建立了梅花参和热带刺参糙刺参的移植技术，梅花参成参的移养成活率 100%，糙刺参成参的移养成活率达 95%。确定了两种珊瑚的白化病为传染性疾病，获得了 3 株具有明显致病性的菌株，并进行了人工感染实验。热带刺参的人工繁殖、育苗、养殖、增殖放流和产品加工等关键技术已成功地应用到广东、广西、海南三省区。课题共发表论文 15 篇，SCI 论文 12 篇。申请发明专利 12 项，已公开 9 项。

【超微型光合生物对南海生物泵的贡献与生态调控】 中国科学院南海海洋研究所承担的 2012 年度国家自然科学基金重点项目《超微型光合生物对南海生物泵的贡献与生态调控》研究重点放在南海不同区域（北部陆架、中部海盆和南部岛礁）超微型光合生物的水平与垂直分布与环境的关系研究。分别于 2012 年 6 月 24～29 日在珠江口和 2012 年 8 月 6 至 9 月 12 日在南沙科技断面进行了考察。采集了各调查站位的表层及部分站位不同深度标准层的浮游植物样品、200 米垂直拖网浮游动物样品，以期研究南海浮游生物的空间分布特征及其与理化因子的关系；对部分典型站位进行了悬浮颗粒有机物（POM）样品的采集，以探讨南海典型海域颗粒有机碳的空间分布规律及其与浮游生物多样性的联系；另外，采集了不同水层超微型浮游植物的样品及其分子生物学样品，研究南海超微型浮游植物的空间分布及其分子生物多样性特征。获得了南海中部，中层和深海沉积物捕获器的微微型生物样品，研究南海超微型的沉降过程与通量，通过流式细胞仪和荧光显微技术，结合水文观测资料，理化环境的同步观测，弄清对不同海区超微型光合生物的时空分布，沉降过程及对碳通量的贡献，摸清超微型光合生物的水平与垂直分布与环境的关系。

（中国科学院）

【迟钝爱德华氏菌弱毒疫苗研制】 项目名称：迟钝爱德华氏菌毒力相关功能基因研究及疫苗开发；完成单位：华东理工大学；主要承担人：吴海珍。课题组成功获得了迟钝爱德华氏菌 WED 减毒活疫苗、EIBAV1 弱毒活疫苗两个疫苗，试验证明其在免疫大菱鲆 4 个月后相对免疫保护率仍大于 80%。弱毒活疫苗 EIBAV1 已完成临床前实验室研究及产品的中间试制，建立了稳定的生产工艺及产品质量检验规程，报农业部申请的临床试验已获批准。这是国内首个获准临床试验的海水鱼类细菌活疫苗，显示出良好的应用前景。

【新型海洋生物制品研究开发】 项目名称：新型海洋生物制品研究开发，完成单位：中国科学院大连化学物理研究所，主要承担人：杜昱光。开发了高效制备海藻寡糖、高活性壳聚糖等生产工艺技术，建成了千吨海洋生物农药生产线；以海藻多糖为主要原料研制成功了植物空心胶囊，并获得 SFDA 颁发的生产批文；以海洋功能性壳聚糖为原料研制获得 4 个医用止血产品。

（国家科技部）

【海洋生物细胞分子育种关键技术】 该 863 计划课题“海洋生物细胞分子育种关键技术”由中国海洋大学张全启教授作为课题负责人。本课题主要研究无脊椎动物细胞建系技术、海洋动物配子和胚胎保存技术，建立海洋动物种质库的信息化管理技术；培育海洋动物四倍体成体；进行海洋鱼类生殖干细胞分离、培养、移植及“借腹”怀胎技术研究；开发鱼、虾、贝高通量分子标记筛查和分型技术；开发适用于群体、家系及个体的分子鉴定、标识技术和相关软件；与重要性状关联的基因型及其遗传效应的全基因组分析技术，构建基因型和表型性状关联的 G-P 模型和相应数据库；研发分子设计育种技术平台及育种方案优化。

【基于全基因组信息的贝类遗传选育】 该“863 计划”课题“基于全基因组信息的贝类遗传选育”由中国海洋大学王师教授作为课题负责人。本课题围绕着项目总体目标中的“大力发展基于组学信息的育种技术，培育具有优良性状的海水养殖新品种”，通过构建栉孔扇贝等全基因组工作框架图，进行基因组结构与基因组学分析；高通量开发微卫星、SNP 等标记，构建栉孔扇贝和牡蛎的高精度遗传图谱；发展基于基因组学信息的育种技术，建立栉孔扇贝和牡蛎的全基因组选择技术，培育高产、抗逆的优良品种，实现贝类养殖良种化。 （中国海洋大学）

【南海北部基础生物生产过程及其对碳循环的调控研究-深化与集成】 该项目为国家自然科学基金重大研究计划“全球变化与区域响应”重点项目，是上一重点基金项目“南海基础生产力结构的物理-生物海洋学耦合过程及其对碳循环的影响”的延续项目。该项目以前一项已结题重点项目为基础，重点开展南海北部基础生物生产力结构与生产过程，主要生物功能群在碳循环中的作用及其调控机制的研究；深化对“季风-环流-营养要素-基础生物生产-生物泵”系统的作用与反馈的研究。阐明中尺度涡和河流输入对该生产过程与调控机制的影响，探明南海北部碳的源汇格局与通量的季节与年际变化及其生物海洋学与生态学的控制机制，初步揭示其与全球变化的关系。”主要进展和成果包括：①阐明了南海北部基础生物生产与代谢的关键物理-生物海洋学耦合调控过程。揭示浮游植物群落演替是南海北部初级生产力季节变化的重要原因之一。②分析并揭示了 1976～2004 年间南海北部季风、环流和营养盐的主要特征和变化趋势及生态系统与生物资源的响应。③阐明基础生物生产与代谢对碳循环、生物泵效率和水层碳通量的调控过程与机制。④遥感反演结果表明，南海北部初级生产力分布呈现由近岸向陆架、陆坡和开阔海依次降低的趋势。⑤揭示了南海北部中尺度冷涡和暖池的生态学效应。⑥通过 ROMS-CoSINE 模型的系统集成，深入研究南海物理变化、生态系统响应和碳循环的生物地球化学调控，揭示南海 CO_2 的源汇格局了。本项目共产生论文 35 篇，其中 SCI 收录 10 篇。

【我国陆架海现代生态环境变化的主要受控因子甄别】 本项目为国家重点基础研究发展计划(“973 计划”)“我国陆架海生态环境演变过程、机制及未来变化趋势预测”的第 3 课题。课题通过历史资料分析、多学科现场调查和受控生态实验，在季节尺度上查明我国陆架海浮游植物、浮游动物、底栖生物的生物量和群落结构的空间变化，确定对整个生态系统起决定作用的关键种和标志种；估算长江冲淡水、黑潮等水团变化对营养盐等关键环境因子的影响；通过受控模拟生态实验和典型过程的现场调查，了解生态结构演替和关键环境因子的受控关系及其过程速率；通过典型案例（如黄海冷水团、长江口锋面、象山港）研究自然变化、农业施肥、养殖活动和近海重大工程等人类活动对海洋生态结构的影响；通过边缘海高分辨率钻孔沉积硅藻的变化规律，重建地质历史上温暖气候背景条件下的海洋环境。

课题收集整理了大量营养盐、叶绿素、初级生产力、浮游植物、浮游动物等资料，给出了黄、东海主要生态环境参数总体的气候态分布，对生态模式研究、古环境记录研究和现场调查设站具有重要意义。证实长江口营养盐主要受冲淡水控制，Si 可能为潜在限制因子，P 亦有不同程度限制影响。通过同步开展分级叶绿素和 HPLC 色素、分级初级生产力研究，比较全面地了解初级生产过程及其粒度结构，同类研究目前在国内还比较少开展；通过典型生态区的现场调查，结合模拟试验，为定量预测陆架海海洋生态环境变化趋势提供可靠验证数据，使物理-生态耦合模式可信度得到较大提高。项目运行 2 年多来，已发表论文 30 余篇，其中 SCI（SCIE）论文近 10 篇。

【深海近底层生物幼体高保真直视取样技术】 该课题是在前期“863 计划”的“大口径多联可控开闭网技术”、“样品保压技术”和“在线实时视频与数据监控并远程传输技术”的基础上进行改进与完善，并突破保温和定点大流量过滤采集近底层生物幼体的关键技术，研制采集深海近底层生物幼体样品的实用样机，进行海试并结合大洋调查任务进行应用。2012 年上半年完成样机的机械部件加工以及电控部件的制作，并完成主要部件的测试，2012 年 8～9 月份进行了总装联调，2012 年 10 月于千岛湖进行了湖试，湖试中发现了一些问题，经改进之后于计划 11 月底再进行了一次水池试验，计划于 2013 年初搭载调查船进行海试。

【海洋微生物纺织用酶（过氧化氢酶）开发】 该课题 2011 年 7 月至 2012 年 6 月：①针对过氧化氢酶高产菌，开展菌株产酶性质研究。②酶产量达不到实际生产要求情况下，开展过氧化氢酶蛋白分离纯化工作，通过氨基酸序列测定，设计兼并引物获取高效产酶菌过氧化氢酶基因，进行异源表达，构建过氧化氢酶基因工程菌。③优化过氧化氢酶生产菌发酵工艺，包括 pH 流加工艺和碳氮源配比工艺。本年度主要取得以下几个成果：申请专利 1 项，投稿 SCI 论文两篇；新获取海洋过氧化氢酶高产菌株 8 株；确定目标产酶菌；通过发酵工艺优化，实现 4 升小试发酵试验，发酵生产周期为 27 小时，通过优化产酶条件，产酶能力达 75522 U/mL，远远超出项目要求。

【东海有毒赤潮针胞藻的形态及分子特征分析】 该项目于 2012 年 4 月份从东海赤潮发生的区域进行了样品的采集，样品经低温保存至实验室，初步利用逐级稀释法和培养板分离法对样品进行了分离和纯化，经过多次的分离纯化，基本上得到纯化的类似针胞藻藻种。同时，将上述藻种在培养箱中进行传代培养和扩大培养，为后续实验提供种源。另一方面，较为系统地搜集了关于针胞藻的文献资料，对该类藻的基本研究动态和前沿做了初步的了解，并且对针胞藻研究的内容、重点及难点形成了初步认识。为后面实验的规划设计及所要突破的重点难点提供依据。 （国家海洋局第二海洋研究所）

【WSSV 入侵虾细胞的途径和方式研究】 项目采用高剂量的 WSSV 粒子，分别对凡纳滨对虾的鳃、消化道、甲壳进行感染发现 WSSV 主要经过消化道和鳃而非体表甲壳来感染对虾。进一步研究发现除去囊膜后，病毒失去了感染性，暗示着病毒囊膜中含有与病毒感染相关的蛋白因子。以鳌虾血细胞以及造血干细胞这两类细胞为实验对象。发现 WSSV 对血细胞和造血干细胞这两类细胞的侵染以及在其中增殖的情况存在明显差异，具体细节还有待进一步的分析。

【两种不同亚型大黄鱼 IL-8 基因的分子及功能研究】　2012 年度，该项目获得了 2 个大黄鱼不同亚型的 IL-8：LycIL8a 和 LycIL8b。LycIL8a 和 LycIL8bcDNA 全长分别为 285nt 和 300nt，编码 94aa 和 99aa 的蛋白。系统进化分析显示，LycIL8b 与鱼类的 IL-8 同源性更高，形成一个分支，而 LycIL8a 则独立形成一个分支，与哺乳动物关系更近些。LycIL8a 和 LycIL8b 基因组结构基本一致，均由 4 个外显子和 3 个内含子组成。在所有受试组织中为组成型表达，LycIL8a 在心脏中表达量最高，而 LycIL8b 在肝脏中表达量最高。poly(I:C) 刺激后，LycIL8a 和 LycIL8b 在脾脏组织中显著下调，在 48h 达到最低值；三联疫苗诱导后 LycIL8a 下调表达，而 LycIL8b 在 12 小时短暂上调后，表达量降低，最后慢慢恢复。在肾脏组织中，poly(I:C) 刺激后 LycIL8a 和 LycIL8b 都发生了上调表达，而三联疫苗诱导后没有明显变化。重组表达的 LycIL8a 和 LycIL8b 蛋白对大黄鱼外周血白细胞具有趋化活性，在浓度为 100 微克/毫升趋化活性最强。重组的 LycIL8a 和 LycIL8b 蛋白在体外能够增加外周血白细胞超氧自由基的产生，说明 LycIL8a 和 LycIL8b 具有促进呼吸爆发的作用。但 LycIL8a 诱导呼吸爆发产生的作用明显强于 LycIL8b，其在蛋白浓度为 6 ng/ml 时诱导活性达到最大值（增加 3.1 倍），而 LycIL8b 在蛋白浓度为 6ng/ml 时几乎没有促进呼吸爆发的作用，当浓度达到 2000ng/ml 时活性达到最大值（增加 4.1 倍）。这些结果表明大黄鱼两种不同亚型 IL-8 在组织分布、表达调控及功能活性等方面存在一定的差异。

【Poly（I:C）诱导大黄鱼脾脏转录组研究及免疫相关基因分析】　聚肌胞苷酸胞嘧啶核苷酸 [Polyinsinic polycytidylic acid, Poly(I:C)] 是一种双链 RNA 小分子，有病毒类似物的作用，能诱导一些细胞因子的产生，具有免疫调节的作用，被广泛的应用于鱼类抗病毒相关机制的研究。项目构建了 Poly（I:C）诱导大黄鱼脾脏的 Solexa cDNA 文库，得到了 28，177，864 小片段，使用 SOAP de novo 软件把这些基因片段组装成 108，237 scaffolds，和 NCBI 数据库进行比对，一共得到了 15192 个单一基因。在这些基因中，发现了大量的免疫和信号转导相关基因，得到全长或部分序列信息，主要包括 Toll-like receptors：TLR-1，TLR-2，TLR-3，TLR-5B，TLR-22；白细胞介素：IL-1β，IL-2，IL-6，IL-8，IL-10，IL-12，IL-17d；补体：C1q，C3b，C6；干扰素：I 型干扰素 IFN-1，IFN-2；干扰素调控因子：IRF-1，IRF-2，IRF-3，IRF-4，IRF-5，IRF-6，IRF-7，IRF-8，IRF-9，IRF-10；转录因子主要有 JAK-STAT 信号通路分子：JAK-1，JAK-2，STAT-1，STAT-3，STAT-4，STAT-5，STAT-6；MAPK 信号通路分子等；还有大量的细胞因子，趋化因子，免疫球蛋白，CD 分子，蛋白激酶 C 和 Caspase 等。使用 Real-time PCR 对其中一些基因进行了分析，有利于了解病毒感染早期大黄鱼体内的免疫应答过程。

【深海真菌资源获取及其在生物柴油、不饱和脂肪酸开发上的潜力评估】　2012 年，该项目利用大洋 21 航次、23 航次的深海样品分离获得深海真菌 337 株，包括 144 株丝状真菌及 193 株酵母菌。完成 79 株丝状真菌及 92 株酵母菌的分类鉴定。同时，利用 23 航次东太平洋多金属结核区与富钴结壳区 5 个站位的 12 个大洋样品构建深海真菌 ITS 序列克隆文库，分析深海环境中不依赖培养的真菌的多样性。测序结果显示这一海区的深海真菌主要由子囊菌亚门和担子菌亚门组成，其中子囊菌亚门占优势地位。相对于已有的报道，研究发现了更多类别的担子菌亚门的深海真菌存在。此外还有许多未培养的真菌序列，显示深海环境中存在着极其多样性的真菌资源，有待于进一步的发掘利用。同时完成了 21 航次、23 航次获得的 193 株深海酵母的油脂产生菌的筛选，获得 7 株产油酵母。对产油酵母的油脂成分进行了分析，得到的油脂主要由油酸、亚油酸、棕榈酸、硬脂酸甲酯等组成。

【深海嗜热古菌 *Thermococcus sp.* 4557 DNA 聚合酶的克隆与功能研究】　在对深海热液区微生物的调查研究中，分离得到了一株嗜热古菌

Thermococcus sp. 4557。对该菌进行了全基因组的测序与分析，找到一个 Family B DNA 聚合酶（T4557 DNA 聚合酶），其氨基酸序列与 Thermococcus sp. 9oN-7 DNA 聚合酶的相似性最高，达 93%。酶学分析表明，T4557 DNA 聚合酶具有 3’→5’ 外切酶活性及较好的热稳定性，其半衰期为 280 分钟，约为商品化 Taq DNA 聚合酶的 4 倍，而其保真性为 Taq DNA 聚合酶的 1.16 倍。对 PCR 反应的缓冲液进行了优化，其最适缓冲液组成为 10 mM Tris-HCl (pH 8.2～8.4)，4 mM MgCl2，50 mM KCl。在该条件下 T4557 DNA 聚合酶可扩增到长达 8 kb 的 DNA 片段，具有扩增长片段的应用潜力。T4557 DNA 聚合酶不仅扩充了 DNA 聚合酶资源，同时，对该酶的进一步研究将为 Family B DNA 聚合酶的研究提供更多的信息。

【南大西洋热液区盲虾共附生微生物多样性分析】 本研究热液盲虾样品由“大洋一号”考察船 22 航次于 2011 年 6 月获得，采集自南大西洋洋中脊热液区，选取 4 只不同盲虾个体，四只不同个体的相似性极高，确定其最相似盲虾种类为 *Rimicarisexoculata*，分属于 2 个亚型 *haplotype 5* 和 *haplotype 13*，同源性达 99%，该物种为南大西洋热液区的特有物种。采用非培养方法构建了盲虾共附生微生物 16S rRNA 基因文库，并进行群落结构多样性分析。结果发现，盲虾鳃部（*gill chamber*）共附生微生物群落构成以变形菌门（Proteobacteria）为主（92%～98.99%）；盲虾肠部（gut）的菌群结构与虾腮中的菌群结构有较大差异，并且个体差异也较为明显。分析推测，盲虾腮部与外界直接接触，具有硫氧化功能的 ε-变形菌纲占有绝对比重，腮部的共附生微生物群落更接近热液区水体中的微生物群落结构；虾肠道中的共附生菌群落中具有铁氧化功能的脱铁杆菌比重上升，硫氧化功能的 ε-变形菌为主要组成，肠部菌群结构可能与个体的年龄及健康状况有关。

【深海热液区嗜热铁还原菌株的分离及铁还原机制研究】 从南大西洋洋中脊硫化物样品中分离了两株嗜热铁还原菌：TPF01360 和 TPF01960，属于梭菌目（*Clostridia*）。其中 TPF01360 相似性最高的菌株为 *Halothermothrix orenii*（86.9%），为疑似新属；TPF01960 相似性最高的菌株为 *Caloranaerobacter azorensis*（97.3%），为疑似新种。菌株 1360 和菌株 1960 均能够还原难溶的 FeOOH 和铁氧化物，并能在一定培养条件下生成磁铁矿。半透膜实验表明，菌株不是通过细胞直接接触还原铁化合物，而是菌株分泌电子穿梭体（*shuttle*）进行电子传递并最终还原铁化合物。这类穿梭体应该是一类腐殖酸（*humic acid*）物质，在培养过程中添加 AQDS（*anthraquinone-2,6-disulfonate*）可以增加菌株 1360 和菌株 1960 的铁还原能力，提高 FeII 的浓度；相反，氨基二乙酸(NTA)则对该过程没有促进作用，说明菌株不能还原 Fe (III)-NTA 复合物。

【深海热液区超嗜热古菌新种 *Palaeococcus pacificus sp.* nov. DY20341T 的菌株鉴定及全基因组分析】 超嗜热古菌 *Palaeococcus pacificus sp.* nov. DY20341T 分离自东太平洋热液区其与热球菌目 *Palaeococcus* 属中的菌株 *Palaeococcus ferriphilus* 同源性最高，为 95.7%，疑为新种。分析其理化特性发现该菌株为绝对厌氧菌，可利用单质硫、硫酸盐作为电子受体，不能还原亚硫酸盐，硫代硫酸钠，铁（III）或硝酸盐。添加单质硫可促进其生长。对该菌株进行全基因组序列测定与分析，发现 DY20341T 染色体为 1857348bb，环状结构；无染色体外遗传结构。Glimmer3.02 预测含 2001 个可读框，其中 78.11%有明确的生物学功能，分配到具体（COG）的集群；49.83%（997/2001）的 ORF 可预测到具体的酶学编号。平均基因大小为 845bp，CDS 的范围从 38 到 1749 个氨基酸组成。使用 tRNAscan-SE1.21 和 RNAmmer1.2 预测发现 2 个 rRNA 基因位点，46 个 tRNA 基因。菌株 DY20341T 的基本能量代谢形式包括：糖酵解，*Pentose phosphate* 途径），反向三羧酸循环。基因组中共包括 5 个氢化酶基因簇，2 个胞内氢化酶基因簇，代谢类型不如 *Thermococcus*，*Pyrococcus* 两属的其他菌株丰富，如无纤维素降解系统的基因，无琼脂糖降解系统，但具有 4 个淀粉酶基因，10 个蛋白酶基因，转运系统也相对丰富。在该菌株基因组中未发现转运片段及转移因子。

【南大西洋参与硫氧化细菌的多样性分析】

该研究基于微生物分子生态学方法，对南大西洋参与硫氧化微生物进行了多样性研究。选取 10 个包括南大西洋热液硫化物及其附近沉积物样品，进行硫氧化细菌的分离培养。总共分离得到 121 株细菌，包括 28 个不同的属，其中变形菌是主要的类群。不同培养基分离到的菌株的种属差异较大。进一步对获得的菌株进行了硫氧化特性的研究。结果表明大部分菌株属于产酸硫氧化菌，其中 38 株产酸能力较强高；获得 8 株产碱硫氧化细菌，表明南大西洋热液环境存在两种不同的硫氧化代谢过程。同时研究不同浓度硫代硫酸钠对各菌株生长的影响。结果表明 10 株菌具有明显利用硫代硫酸钠的能力。其中菌株 Strain L10M1-6，在异养条件，能利用 20mM 的硫代硫酸钠进行硫氧化生长。16S rRNA 基因序列结果表明该菌与食烷菌 *Alcanivorax dieselolei* 具有最高的序列同源性，目前还无文献报道食烷菌 *Alcanivorax dieselolei* 具有硫氧化功能，对该菌的研究大部分集中在石油烃的降解方面。进一步研究发现部分相关的一些烃类降解菌能够在含硫代硫酸钠及石油烃的无机盐培养基中降解石油烃，而在缺少硫代硫酸钠的培养基中则无降解效果。烃类物质在海洋环境尤其是热液区中常由于地热活动而普遍存在，推测研究所分离的这类菌株在热液环境中可能同时参与了烃类的降解和硫氧化过程。StrainL8M3-4 与 *Thiomicrospira thermophila* 具有最高的序列同源性。该菌在自养条件下，能利用硫代硫酸钠进行硫氧化生长。此外，在新鞘氨醇菌（L10M1-7）、海杆菌（1A2-1、1A2-3）中，均发现了利用硫代硫酸钠进行硫氧化生长的现象。推测这些微生物在南大西洋热液环境中可能参与了硫氧化过程。目前正在对这些菌株的硫氧化性质进行进一步的研究。

【深海热液环境高温产氢菌的多样性研究】 该研究针对深海热液环境展开高温产氢菌的研究工作，以期获得特殊生境中的产氢微生物资源和氢酶资源。从不同深海热液环境样品，构建了细菌 16S rRNA 基因文库，进行测序，并进一步分离纯化，共获得 5 株高温产氢菌。16S rRNA 基因鉴定结果表明这些菌与 *C. azorensis* 同源性为 97%～99%。选择菌株 *C. sp.* H53214 进行后续的产氢特性研究。采用响应面法优化该菌株产氢培养基。该菌在最适条件下，3-6 h 内达到最高产氢速率，18 小时达到最高产氢量为 2401 mL/L medium，最高产氢得率为 2.9 mol/mol Glucose。检测了在最佳产氢条件下利用 11 种不同底物的产氢能力。结果表明该菌株能利用所有底物发酵产氢，其中以利用葡萄糖、淀粉、麦芽糖产氢量最大，分别为 2267 mL/L medium、 2166 mL/L medium 及 1963 mL/L medium；利用羧甲基纤维素钠、微晶纤维素、木聚糖产氢量分别为 661 mL/L medium、728 mL/L medium 及 736 mL/L medium。

【西北冰洋表层沉积物中细菌种群结构及生物地理分布特征研究】 为了进一步获取北极地区珍贵的微生物资源，研究在细菌 16S rRNA V6 高变区 solexa 高通量测序的基础上，对来自西北冰洋楚科齐陆架（CS）、大加拿大海盆陆坡（CBS）和大加拿大深海海盆（CBIZ）的 11 个站位表层沉积物中的细菌种群结构和地理分布特征进行了分析。高通量测序结果表明，来自不同采样区域的细菌种群结构存在明显差异，但来自同一采样区域样品间的微生物种群结构类似。总体上而言，西北冰洋表层沉积物中细菌种群呈现明显的生物地理分布特征。不同采样区域细菌种群结构差异分析结果表明，δ-、γ- and α-变形菌门的细菌分别是 CS，CBS 和 CBIZ 区域中的代表类型。PCA 分析结果表明沉积物中有机物含量水平是影响细菌种群结构的重要因素之一。该项目首次利用高通量测序技术分析了北冰洋，特别是北冰洋高纬度地区表层沉积物中细菌的种群结构，为后续分离、保藏和研究利用此区域的微生物资源提供参考。

【北极地区表层沉积物和表层海水中石油烃降解微生物研究】 北极表层沉积物中多环芳烃降解微生物种群结构分析：以 PAHs 为唯一的碳源和能源对北冰洋高纬度地区 4 个站位共计 12 个沉积物样品进行富集培养。中共富集分离得到 145 株可培养菌株，其中 γ-*proteobacteria* 的 *Pseudoalteromonas* 是低温降解菌群可培养菌株中的优势种属。PAHs 降解实验结果表明，靠近北极点的 BN12 站位的三个不同层次的富集菌群对 PAHs 的降解效果最好，而所有可培养菌株中对 PAHs 降解效果较好的 2 个菌株也是分离自此站点，它们分属于海单胞菌（*Marinomonas*）和鞘脂菌属（*Sphingobium*)。利用PCR-DGGE技术对25 ℃富集菌群进行种群结构分析发现，25 ℃富集驯化的降解菌群中主要优势菌为 *Cycloclasticus*，*Pseudomonas*，*Pseudoalteromonas* 和 *Halomonas* 属的菌株。本研究首次报道了北冰洋高纬度地区表层沉积物中PAHs降解菌群的结构，研究结果后续进一步分离降解菌群中特殊的降解菌株奠定基础。

北极表层海水中氯代十六烷降解菌的多样性分析：以 $C_{16}H_{33}Cl$ 为唯一碳源和能源从12个北极表层海水样品中富集分离得到112株可培养菌株。发现19株菌株能够降解氯代十六烷，其中食烷菌（*Alcanivorax*)、红球菌（*Rhodococcus*）表现出很好的乳化和降解现象，海杆菌（*Marinobacter*）也有较好的降解效果。DGGE分析显示，富集驯化的降解菌群中主要优势菌为 *Alcanivorax*，*Parvibaculum* 和 *Thioclava* 属的菌株。本研究结果表明，北极地区白令海和楚科齐海表层海水中卤代烃降解菌主要是 α-*proteobacteria*，γ-*proteobacteria*，*Actinobacteria* 和 *Bacteroidetes*。该研究首次报道了北极海水卤代烷烃降解菌多样性，研究结果对于认识北极环境中的降解菌资源与生物多样性有参考价值。

【食烷菌基因组研究】 对33株食烷菌基因组测序采用高通量Illumina测序技术进行测序，采用Paired-End方法构建500bp文库，按照同源基因类分析方法对36株食烷菌进行分析，36株食烷菌共有的130570个蛋白编码基因，根据两两之间50%比对区域覆盖度及10%至90%比对结果相似度，可以归为13854至54811个同源基因类，占总蛋白编码基因数的10.61%至41.98%。其中按10%至30%相似度的结果相差不大，因此同源基因类分析的最低相似度标准为30%。随着两两之间比对相似度标准的提高，食烷菌属的泛基因组从13854个增加到54811个，而核心基因组则从1410个减少到41个，同时也注意到食烷菌属单株菌特有的同源基因类总数从5568增加到30616个。按分布范围不同将同源基因类进行分组进行统计，结果发现仅在少数食烷菌中特异出现的基因数量也占据很大比例。这说明食烷菌属是一个比较开放的种属，它通过基因水平转移等方式获取大量特有基因。泛基因组与核心基因组分析：按照50%比对覆盖度和50%比对相似度（氨基酸水平），36株食烷菌总共130570个蛋白编码基因可以归为17118种同源基因类，也就是食烷菌的泛基因组大小。其中食烷菌属核心同源基因类有1288种（包含46723个编码蛋白基因），占了总基因数的35.8%，但仅占同源基因类总数的7.5%，而占总基因数6.0%的各种特异基因却占了同源基因类总数的45.1%。说明食烷菌属通过基因水平转移等方式获取了大量的基因类型。按照50%比对区域覆盖度和50%比对结果相似度标准，绘制了食烷菌属泛基因组增加、核心基因组减少及新基因增加趋势图。从泛基因组趋势图可以看出，食烷菌属的新基因还在随着测序菌株的增加而不断增加。

【长链烷烃降解单加氧酶（AlmA）基因在海洋细菌中的多样性研究】 对采集的烷烃降解菌进行了扫描，首先设计了简并引物AlmAdf/AlmAdr，通过条件优化的PCR反应程序，共获得了162条almA基因序列，主要来自变形菌纲的α和γ亚纲，最常见的属包括 *Alcanivorax*、*Bacillus*、*Marinobacter* 和 *Salinisphaera*。还发现 *Alcanivorax* 等优势菌中有多个不同的almA基因。这是对长链烷烃氧化酶AlmA多样性的首次报道。

【食烷菌烷烃降解基因多样性与降解机制研究】 从 *Alcanivorax hongdengensis strain* A-11-3菌株中发现了三套烷烃单加氧酶系统，包括2个alkB基因、3个P450基因和2个almA基因。通过基因组DNA的Fosmid文库构建，分别获得了菌株A-11-3的2个alkB基因和3个P450基因的基因簇。为了进一步验证这些基因的功能，分别将其在 *P. putida* GPo12（pGEc47△B）和突变株 *P. fluorescens* KOB2D1中异源表达。结果表明，这些alkB和P450在菌株A-11-3中分别编码了一个有功能的烷烃羟化酶。RT-PCR分析表明，alkB和P450的底物范围为短链或中链长的直链烷烃，alkB1和P450 3基因还能被支链烷烃（Pristane）诱导表达；almA1基因被长链烷烃（C28-C32）诱导表达，而almA2基因中能在更宽范围的长链烷烃（C24-C34）和支链烷烃诱导下上调表达，但两者均不受22碳以下烷烃（C9-C22）的诱导。此外，分析发现在 alkB 和 P450 的上游或下游总有一个调节基因存在，这些调节基因分别是 TetR、GntR 、Ara/xyls、AraC 和 MscS。

【Alcanivorax dieselolei B-5 烷烃降解机理的研究】 为了获得长链烷烃降解的相关基因，共获得 20 个突变子。通过对这些突变子转座子的插入位置和侧翼序列的分析，13 个不同的功能基因被发现。这些基因中 12 个基因与其他食烷菌的相关基因又较高同源性。其中，一个基因编码一个黄素结合的单加氧酶蛋白与 *A. borkumensis* SK2 和 *Acinetobacter sp.* DSM17874 的黄素结合的单加氧酶分别有 69%和 49%的同源性，我们统一定名为 almA 基因。对突变库中筛选到长链烷烃突变子序列的分析中除了 almA 基因外还发现了两类调节基因，它们分别是 almR 基因和 cyo 基因。我们也发现突变 Cyo 基因的突变子表现出烷烃降解效果的明显下降。Cyo 基因编码了一个细胞色素氧化酶，是细胞电子传递链的组成部分。转录调节基因 almR 突变后对长直链烷烃降解效果也明显的提高及 almA 基因表达提高。这说明 almR 基因负调节 almA 基因表达，详细的调节机制需要进一步研究。我们也发现突变 mcp 基因的突变子表现出烷烃降解效果的明显下降。有报道称，该基因参与细菌对烷烃趋化作用。此外，我还发现突变 ompT 基因的突变子表现出烷烃降解效果的明显下降，通过进一步实验验证该基因编码一个通道蛋白，为烷烃进入细胞胞内的转运蛋白。

【药物及保健功能活性筛选与应用基础研究】 2012 年，该项目初步建成模式动物果蝇与斑马鱼药物筛选平台，基于果蝇新建 HNF4、TNF、EGFR、InR、HBVPolymerase、HBx 等稳定转基因果蝇系，建立了 10 多种肿瘤、炎症或神经退行性疾病模型。利用 InR、TNF、EGFR、EphB4 等模型初步建立高通量筛选技术平台 。利用斑马鱼模式动物开展了海洋药物筛选和环境毒理等方面的研究：利用 Tol2 转座子介导的 Gal4-UAS 系统构建斑马鱼病理模型；利用斑马鱼研究钯离子对胚胎发育的影响及其分子机制。开展抗致病活性深海微生物的筛选。对两株具有良好细胞毒活性的深海真菌进行了化合物分离鉴定，获得 25 个化合物，其中细胞毒活性化合物 5 个，其中的化合物 B2e2 选择性抑制肝癌细胞的增值，但对正常肝细胞无抑制活性。对深海耐嗜好压菌 *Shewanella piezotolerans* WP3 分离的细胞毒活性化合物(－)-*Praeruptorin A* 进行了蛋白质组学差异表达分析，获得差异表达蛋白 17 个。建立快速筛选海洋抗菌活性物质的微孔板刃天青显色法：采用刃天青为指示剂，96 孔微孔板为反应容器，用酶标仪进行荧光数据采集，分析样品对受试菌的生长抑制作用。这种方法可应用于病原性真菌（黑曲霉和近平滑念珠菌）及革兰氏阴性和阳性细菌（嗜水气单胞菌、金黄色葡萄球菌和弧菌）的抗菌活性物质筛选，具有处理量大、快速、准确、重复性好的特点，为有效抗菌药物的筛选提供一个新的有效方法。已申请 1 项发明专利“一种快速筛选抗黑曲霉的活性物质的方法”，专利号 201210346418.9。抗菌活性物质筛选：以黑曲霉、近平滑念珠菌、金黄色葡萄球菌和创伤弧菌等人体致病菌作为指示菌，对 11 个属的 33 个深海来源霉菌所制备的 902 个馏分进行抗菌活性筛选，结果发现，对单株指示菌有 50%以上抑制作用的馏分为 719 个，对四个指示菌都有 50%以上的抑制作用的馏分为 17 个，这些具有广谱抗菌作用的馏分分离自 7 个菌属的 12 个菌株，大部分未见有关生物活性产物的报道。由这些菌株出发有望于分离提取新的抗菌活性化合物。

【海洋微生物小分子活性物质的制备技术】 该项目完成了多不饱和脂肪酸绿色制备工艺研究，建立了分子蒸馏和连续制备色谱技术系统。分子蒸馏系统用于多不饱和脂肪酸混合物的预分离，可在远低于常压下沸点温度的高真空条件下进行非平衡连续蒸馏，物料被加热时间极短，可有效防止多不饱和脂肪酸受热氧化分解或聚合，环境污染小，易于工业化连续生产。连续制备色谱用于多不饱和脂肪酸的精分离：在固定色谱柱床的基础上，采用程序控制，定期起闭切换进出料液和洗脱液的阀门，使进料、出料、洗脱液的进出口位置不断变化，达到类似化工的精馏的连续分离操作，与 HPLC 制备色谱相比，分离制备可不间断的连续出料，同时大大降低高纯度制备的质耗比（制备 1g 的纯品所消耗的溶剂量）。完成了大体积发酵液高效过滤、小分子化合物富集洗脱、固体发酵物中小分子化合物萃取、小分子化合物馏分高通量分高通量浓缩干燥等等多技术集成的小分子化合物分离工艺流程与工作平台的建立，已经完成七十株菌株二千多个化合物馏分的制备。

【藻红蛋白生物发光特异抗体关键工程化技术开发与应用研究】 2012年，该项目建立了低温浸溶，匀浆、离心处理，膜过滤及层析纯化的工艺技术方法，从海洋红藻丝状体中分离纯化出高纯度、具有强荧光性的藻红蛋白；开展了高纯度藻红蛋白吸收光谱的特征性研究，通过采用连续光波长扫描，获得了藻红蛋白的特征吸收光谱曲线；开展了高纯度藻红蛋白特征性荧光发射光谱的研究，通过采用适宜波长激发光，连续光波长扫描，获得了藻红蛋白的特征性荧光发射光谱曲线；实施开展了高纯度藻红蛋白的理化特性研究，通过采用变性和非变性聚丙烯酰胺凝胶电泳的方法，确定了藻红蛋白的总分子量，蛋白亚基的组成和分子量。采用等电聚焦电泳技术，获得了藻红蛋白分子的等电点值；充分研讨了藻红蛋白和免疫球蛋白抗体 IgG 氨基酸酸基团的特点，初步探讨出藻红蛋白和抗体结合的有效技术和方法，获得了RPE-抗体聚联物形成的条件，取得了重要进展。目前实验研发工作继续在加强进行之中。

（国家海洋局第三海洋研究所）

【海洋水产病害防治关键技术研究】 该国家科技支撑计划课题“海洋水产病害防治关键技术研究”由中国海洋大学战文斌教授作为课题负责人。本课题的目标与任务：开发我国海水养殖常发性、暴发性病毒病、细菌病及寄生虫病的快速检测试纸、免疫检测芯片、基因检测芯片、LAMP 试剂盒等先进检测产品；建立现场快速诊断技术及多病原多样品的高通量检测技术；实现海水养殖动物病原的现场、快速、高通量检测，进行疾病发生的风险评估和预警。优化病害诊断检测产品的制备工艺、质控体系，进行规模化生产和示范应用，以满足海水养殖动物疾病监控预警需求，指导疾病准确有效防治，提升我国水产病害防治技术水平，保障海水养殖业持续健康发展。（中国海洋大学）

海水淡化与综合利用技术

【海水淡化与综合利用成套技术】 “十一五”国家科技支撑计划“海水淡化与综合利用成套技术研究和示范”项目通过了验收，该项目突破了大型海水淡化、海水直接利用和海水化学资源利用领域的一系列成套技术，建成了一批万吨级乃至十万吨级的海水利用示范工程，项目取得的研究成果获海洋创新成果二等奖 3 项、海洋工程科学技术二等奖 1 项，为海水利用产业发展提供了有力的技术支撑。

（国家海洋局科技司）

【浓海水钙法制备氢氧化镁产业化技术与示范】 由国家海洋局天津海水淡化与综合利用研究所完成“浓海水钙法制备氢氧化镁产业化技术与示范”成果于 2012 年 4 月 28 日通过国家海洋局组织的专家鉴定，成果总体达到国际先进水平。针对浓海水钙法制备氢氧化镁过程中硫酸钙伴生析出的技术难题，首创浓海水钙法制取氢氧化镁常温连续合成及杂质分离产业化技术，实现了氢氧化镁和杂质的分离，其核心技术“含硫酸盐卤水和含钙卤水制取硫酸钙的方法”和“合成氢氧化镁反应器”已申请国家专利并获授权；突破了钙法浓海水制取膏状氢氧化镁产业化关键技术，研发了制备氢氧化镁产业化成套装备，实现了海水卤水钙法低成本制备膏状氢氧化镁的产业化；建立了万吨级示范装置并已运行两年以上，研发的技术成果还成功应用于甘肃金川集团高含盐废水资源化处理中，经济效益显著，推广应用前景广阔。

【浓海水综合利用新工艺技术】 由国家海洋局天津海水淡化与综合利用研究所完成“浓海水综合利用新工艺”成果于 2012 年 4 月 28 日通过国家海洋局组织的专家鉴定，成果总体达到国际先进水平。通过对元素提取顺序及产品品种优化、元素提取工艺接口条件、化学元素综合利用集成等技术的研究，突破了各元素提取顺序间的链接集成、常用元素全利用、盐水净化、浓海水制取液体盐等关键技术，开发了浓海水常量元素全利用和浓海水“零排放”综合利用新工艺，研发了成套的技术与装备，建立了30立方米/日浓海水综合利用新工艺全流程中试装置，提取的溴、镁化物、钾盐、钙盐、液体盐等产品质量达到相关标准，为大规模浓海水综合利用和盐化企业升级改造提供了技术支撑。该技术成果成功应用于福建惠安电厂 8 万吨/日海水淡化浓海水日晒制盐等项目，制备的产品质量符合相关标准要求，具有生产效率高、经济效益显著等诸多优势。该技术成果推广应用前景广阔，对于推动海水淡化与综合利用事业发展，建设环境友好型社会具有重要意义。

【“硼酸镁晶须连续化生长结晶控制技术与工程示范”成果顺利通过专家鉴定】 由国家海洋局天津海水淡化与综合利用研究所完成“硼酸镁晶须连续化生长结晶控制技术与工程示范”成果于2012年4月28日通过国家海洋局组织的专家鉴定,成果总体达到国际先进水平。硼酸镁（Mg2B205）晶须是一种新型复合材料增强剂，具有轻质、高强、高韧、耐高温、耐腐蚀、耐磨损等优异特性，可广泛应用于汽车、电子、航空、航天、兵器等领域。该成果攻克了高温助熔剂法制备硼酸镁晶须的原料预处理、结晶窑炉设计、结晶控制和连续化生长、窑炉尾气吸收等关键技术，核心技术申请国家发明专利并获授权（ZL200710058972.6）；建成了我国首例采用连续煅烧生长结晶技术的百吨级硼酸镁晶须示范工程，生产的硼酸镁晶须产品硼酸镁含量大于99%、直径在0.5～2微米、长径比大于10、长度和直径分布均匀，产品质量稳定。与上海交通大学、东北大学、辽宁大学合作研发的镁基、聚合物基硼酸镁晶须复合材料增强效果显著，材料性能优异，展现出广泛的应用前景。该成果以海盐化工产品和苦卤为原料制备硼酸镁晶须，为海水镁资源的高值化利用提供了技术支撑。

【华能天津IGCC电站海水循环冷却技术】 2012年11月6日，华能天津绿色煤电项目（整体煤气化燃气—蒸汽联合循环发电技术，简称IGCC）竣工投产。电站位于天津滨海临港工业区，装机容量1×265兆瓦，被列为国家“十一五”和“863计划”重大项目，电站的成功投产标志着我国清洁煤电技术跻身国际前列。电站冷却系统采用海水循环冷却技术，凝汽器为钛材，海水循环量为17400立方米/每小时，海水补充水取自渤海湾，经沉淀、过滤处理后进入系统。机组配置一座逆流式自然通风海水冷却塔，钢筋混凝土结构，淋水面积3000平方米，采用聚氯乙烯填料，填料高度1.25米。海水循环冷却系统采用可生物降解的聚环氧琥珀酸阻垢剂和氯锭杀生剂控制结垢和防海生物附着，冷却浓海水排入天津盐场制盐，无废水排放，经济环境效益显著。

【灵山岛300吨/日反渗透海水淡化示范技术】 2012年，由国家海洋局天津海水淡化与综合利用研究所承担的“灵山岛300吨/日反渗透海水淡化示范工程”项目顺利完成。此工程是2011年海洋公益性行业科研专项经费项目“海岛适用的系列海水淡化技术装备及应用研究”的系列示范工程之一。该项目设计采用双膜法海水淡化工艺，并采用自主研制的差动式能量回收装置、国产超滤膜和国产反渗透膜，关键设备国产化率超过75%，为国产化程度最高的反渗透淡化装置。项目充分考虑了海岛用水特点，应用了完整的淡化水后处理工艺，提高了淡化水管网输送安全性，产品水质在符合国家生活饮用水卫生标准的基础上，更加符合海岛居民生活用水习惯。2012年11月，该工程顺利通过了由胶南市海洋与渔业局、胶南市积米崖港区管委会组织的验收工作。

【我国出口印尼2×3000吨/日MED海水淡化装置成功投运】 印度尼西亚BANTEN2×3000吨/日MED海水淡化装置是印度尼西亚BANTEN3×315兆瓦火电项目重要的配套设备，用于供给锅炉补给水和全厂生活用水。该项目位于中爪哇省北海岸Banten省Tangerang市Lontar村，雅加达以西约80千米，与印度尼西亚西爪哇省INDRAMAYU 2×4500吨/日MED海水淡化工程同期建设，同属于我国出口印度尼西亚的6台套MED蒸馏海水淡化装置，均由国家海洋局天津海水淡化与综合利用研究所承担设计，众和海水淡化工程有限公司承建，是我国首次出口国外的拥有完全自主知识产权的大型海水淡化设备，标志着中国的海水淡化设备研发已经达到国际水平。装置主体由7效蒸发器加1效冷凝器串联组成，总长55米，宽6米，高12米，总重350吨。该装置的设计与电厂匹配合理，高效利用燃煤电厂低品位蒸汽，对原料海水适应能力强、低温操作抗垢耐蚀、负荷调节灵活，产水纯度高、自动控制先进、制造和运行维护成本低，具有较高的性价比和国际市场竞争力。

（国家海洋局天津海水淡化与综合利用研究所）

海底探测与油气勘探开发技术

【深水高分辨率浅地层探测技术】 国家海洋局第一海洋研究所承担的“十一五”专项“南海深水油气田勘探开发关键技术及装备”重大

深水高分辨率浅地层探测技术”课题顺利通过了专家验收。该课题在高能量相干发射等离子体震源、数字高分辨率接收电缆、多通道中央记录系统和数据后处理系统等方面取得了创新性成果，形成了一套适合300～3000米工作水深的高分辨率浅地层探测系统样机，并在南海深水区取得了275千米的实测剖面数据。课题实施期间，还为国家沿海重大工程建设和深水油气田勘探开发提供了技术服务，取得了良好的应用效果。 （国家海洋局科技司）

【1500米水深海底管道S型铺设技术】 依托国家863课题“深水海底管道铺设技术”研究，中国海油在深水海管铺设工艺和计算分析技术、深水立管安装工艺和计算分析、深水铺管关键设备和试验技术等方面取得8项创新性成果，形成一套适用于3000米水深S型铺管成套技术并已直接应用在首艘深水起重铺管船“海洋石油201”上，以上技术成果在国内首个深水油气田开发项目（荔湾3-项目）1500米水深海管的S型铺设任务中得到应用。该技术的创新应用在中国海油深水铺管技术上具有里程碑意义。 （中国海洋石油总公司）

海岸与近海工程技术

【静态海洋装备用防污材料的研发】 该国家支撑计划课题“静态海洋装备用防污材料的研发”由中国海洋大学于良民教授为课题负责人。海洋防污材料与应用技术是人类探索海洋和开发利用海洋资源的关键保障条件。随着国家海洋战略的实施，海洋油气勘探开发设备、海洋环境监测设备等面临的海洋生物附着污损危害问题日益突出。海洋油气开发平台的导管架、输油管、海洋监测仪器等静态海洋装备都不可避免地遭受海洋生物的附着污损，尤其在我国地处亚热带、热带的南海海域，海洋生物的附着污损情况尤为严重。大量的海洋生物附着在静态海洋装备上，一方面改变了装备的动、静态力学特性，在极端情况下，甚至还可能受到强海风、海浪的作用，造成拔桩或导管架扭曲断裂；另一方面对装备产生腐蚀，导致海洋监测设备失灵，严重缩短其使用寿命。因此，海洋装备的静态防污一直是海洋油气勘探开发和海洋环境监测领域的关键保障条件。

在此背景下，针对我国海洋油气资源开发和海洋监测等领域静态海洋装备对防污材料与应用技术等关键保障条件的迫切需求，在前期深海通用防污涂料的探索研发所积累的具有自清洁作用含辣素功能结构树脂、二硫代丙酰胺与超细氧化亚铜复配防污剂体系和防污期效可达2年的船舶用防污涂料的基础上，进一步提升树脂的综合性能和复配技术水平，突破静态防污性能、应用技术等关键技术，开发出防污期效2年以上的静态海洋装备用防污材料与应用技术，实现量产并在海洋平台、构筑物、仪器等海洋装备上应用。

【300千瓦海洋能集成供电示范系统】 863计划课题“300千瓦海洋能集成供电示范系统”由中国海洋大学史宏达教授作为课题负责人。本课题以海洋能发电装置及多能互补与集成管理电力系统为攻关目标，研发百千瓦级波浪能及潮流能发电装置，构建300千瓦海洋能集成供电系统，并完成示范运行，推动海洋能高效、低成本规模化利用，为集成化供电为代表的新型海洋能应用模式提供关键技术支撑。

（中国海洋大学）

海洋可再生能技术

【海洋能开发利用关键技术】 “十一五”国家科技支撑计划“海洋能开发利用关键技术研究与示范”项目进展顺利。其中，完成了100千瓦摆式波浪能电站、15千瓦温差能发电装置的建设及现场安装调试，开展了示范运行，并通过了国家海洋局组织的课题验收；完成了海洋能发电系统综合测试技术研究，并通过了课题验收；150千瓦潮流能电站、100千瓦漂浮式波浪能电站、20千瓦海流能装置也已基本具备示范运行条件。项目研究过程中，发表学术论文49篇，申请专利21项，培养博士生1名、硕士生10名。 （国家海洋局科技司）

【浙江省嵊山岛海洋再生能源多能互补独立电力系统示范工程】 在海洋可再生能源专项资金的支持下，中国船舶重工集团第711研究所将在浙江省嵊山岛开展海洋可再生能源多能互补独立电力系统示范工程建设。2012年进展：落实了示范工程项目用海、用地等配套措施；完成了海域使用、海洋环评等工作；完成总体方案设计、施工设计及波浪能、太阳能、风能、生物质能等关键发电设备的设计与采购工作。

【10 千瓦新型高效波浪能发电装置】 在海洋可再生能源专项资金支持下，广东中大南海海洋生物技术工程中心有限公司研制的一种采用多浮子耦联能量吸收增效系统的 10 千瓦新型高效波浪能发电装置已正式在广东省阳江市海陵岛海域发电试运行。目前正在开展 20 千瓦扩建工作。

【适应低能流密度的复合波浪能转换模式及关键技术】 在海洋可再生能源专项资金支持下，广东省海洋与渔业服务中心与华南理工大学共同开发了一种基于漂浮、阵列的“摆式振荡浮子”波能转换装置。该装置于 7 月份投入广东省阳江市海陵岛海域进行海试试运行，经历了台风和海上雷电的侵袭，目前仍在海上运行。

【120 千瓦漂浮式液压海浪发电站】 在海洋可再生能源专项资金支持下，山东大学开发的一种 120 千瓦漂浮式液压海浪发电站已于 11 月在山东威海驴岛海域进行了装置的第一次海试。该装置在海上实际运行了将近 6 个月。

【2012 年海洋可再生能源专项资金项目】 2012 年海洋可再生能源专项资金顺利完成项目申报、专家评审、预算批复、任务合同书签订、启动实施等工作。国家海洋局共收到全国各地申报的 31 个项目，其中海洋能电力系统规模化应用示范工程 7 个，海洋能海上试验场一期研建项目 11 个，海洋能开发利用成果集成 13 个。来自教育部、工信部、中科院、中国船舶重工集团公司、国家核电技术有限公司、中国国电集团公司、国家电网公司、中国节能环保集团公司等所属的高校、科研院所、大型央企和国家海洋局属单位以及辽宁省、山东省、浙江省、青岛市、宁波市等省（市）的地方企事业单位参与了申报。经过评审，2012 年共有 8 个专项资金项目获得财政部批复立项，其中海洋能电力系统规模化应用示范工程 2 个，海洋能海上试验场一期研建项目 3 个，海洋能开发利用成果集成 3 个，共获得财政支持资金额 1.177 亿元。

【国家“908 专项”海洋能项目】 2012 年 7 月，国家海洋技术中心承担的 908 专项“近海海洋可再生能源调查与研究”、“海洋可再生能源开发利用前景评价”、“我国近海海洋可再生能源调查与研究成果集成”、“苏沪沿海海洋风能资源调查与研究”和“近海岛屿综合开发利用示范试验研究”等五个国家 908 专项任务全部通过了国家海洋局 908 专项办公室组织的项目验收。其中“苏沪沿海海洋风能资源调查与研究”和“近海岛屿综合开发利用示范试验研究”达到了优秀水平。908 专项涉及的档案资料正式移交国家海洋档案馆。

【我国海洋可再生能源开发利用现状调研】 7 月和 11 月，国家海洋局联合财政部分别赴广东和山东省有关地区开展了海洋能开发利用调研，现场查看了海洋可再生能源专项资金项目支持的波浪能、潮流能等装置的海上试验情况，并听取了国内海洋能专家对海洋能发展的意见和建议。两次调研活动均由国家海洋局陈连增副局长带队，调研活动受到地方政府高度重视，广东省副省长刘昆会见了调研组一行。

【《中国近海海洋—海洋可再生能源》专著及《中国近海海洋图集—海洋可再生能源》图集成果鉴定会议】 在“908 专项”支持下，2012 年 4 月国家海洋技术中心在天津组织召开了《中国近海海洋—海洋可再生能源》专著及《中国近海海洋图集—海洋可再生能源》图集成果鉴定会议，与会专家听取了专著编写及图集编绘工作汇报，对专著和图集进行了认真的审议和质询。专著和图集在集成国家 908 专项调查数据资料和历史资料基础上，对我国各类海洋可再生能源资源进行了首次系统的评估，提出的计算和评估方法科学合理，具有创新性。该专著和图集以大量的数据和图件对成果的表述，可为我国海洋可再生能源开发利用战略和规划的制定提供科学依据。作为我国首部集海洋可再生能源调查和综合评价及应用的专著和图集，填补了国内空白，可以为我国海洋可再生能源的研究、应用和管理提供重要的技术支撑。

（国家海洋局海洋可再生能源管理中心）

海 洋 教 育

【综述】 随着国内外对海洋的重视程度加大，特别是海洋发展成为沿海国家发展战略以来，海洋相关专业人才培养工作得到了快速发展。

【海洋领域高校办学及专业建设】 我国设置海洋相关专业的高校有近百所，除中国海洋大学、大连海事大学、浙江海洋学院、广东海洋大学等海洋特色高校以外，一些综合类、理工类大学如同济大学、浙江大学、厦门大学和山东大学等均开设了海洋相关专业。

2012 年 9 月，教育部正式发布《普通高等学校本科专业目录（2012 年）》。新目录进一步优化海洋教育专业结构，在理学、工学门类中设置海洋科学和海洋工程两个专业类，下设海洋科学、海洋技术、船舶与海洋工程等 7 个专业。同时，在水利类、矿业类、交通运输类、水产类、药学类、公共管理类等专业类下设港口航道与海洋工程、航海技术、海洋渔业科学与技术等 6 个专业。截至 2012 年，普通高等学校本科专业目录内的相关专业有海洋科学、海洋技术、港口航道与海岸工程、航海技术等 168 个专业点，毕业生 8692 人，招收新生 9707 人，在校生 38417 人。除此之外，部分高校还设置了普通高等学校本科专业目录外的部分专业，如海洋经济学、海洋管理、海洋生物资源与环境、水资源与海洋工程、港口海岸及治河工程等。

设有海洋科学专业的学校有：中国海洋大学、广西民族大学、河海大学、天津科技大学、南京信息工程大学、南京大学、北京航空航天大学北海学院、上海海洋大学、大连海事大学、中国地质大学(武汉)、浙江海洋学院、淮海工学院、厦门大学、大连海洋大学、深圳大学、钦州学院、海南大学、青岛科技大学、中山大学、中国地质大学(北京)、温州医学院、广东海洋大学、河北农业大学。

设有海洋技术业的学校有：河北联合大学、浙江海洋学院、中国海洋大学、广东海洋大学、盐城工学院、天津科技大学、浙江工业大学、上海海洋大学、河北农业大学、河海大学、南通大学杏林学院、河北工业大学、河北工业大学城市学院、淮海工学院、大连海洋大学、厦门大学、南通大学。

设有港口航道与海岸工程专业的学校有：西安理工大学、天津科技大学、天津城市建设学院、湖北汽车工业学院科技学院、湖南农业大学、西安文理学院、沈阳化工大学、西北农林科技大学、太原师范学院、巢湖学院、大连大学、中国矿业大学(北京)、广东海洋大学寸金学院、上海电力学院、燕山大学、宜宾学院、河北农业大学、淮南师范学院、华东理工大学、西安邮电大学、山东科技大学、海南大学、西安工业大学、烟台大学、广西大学景德镇陶瓷学院科技艺术学院。

设有航海技术专业的学校有：兰州交通大学、成都理工大学工程技术学院、河海大学、吉林农业大学发展学院、成都东软学院、南京理工大学泰州科技学院、西南交通大学希望学院、湖南文理学院芙蓉学院、中国石油大学(华东)、苏州科技学院、西安建筑科技大学、上海师范大学天华学院、南昌大学科学技术学院、陕西科技大学、广东石油化工学院、南京理工大学、三峡大学、武汉大学珞珈学院。

设有船舶与海洋工程专业的学校有：内蒙古师范大学、西南大学、北方民族大学、中南林业科技大学、西安石油大学、厦门大学嘉庚学院、淮阴师范学院、内蒙古农业大学、宁夏理工学院、青岛工学院、兰州理工大学技术工程学院、广东石油化工学院、山东大学、安阳师范学院、湖南工业大学、内蒙古科技大学、长春理工大学、成都理工大学广播影视学院、西华大学、安徽建筑工业学院、天津科技大学、福建中医药大学、南京理工大学、上海师范大学、大连大学、吉林农业大学、新疆大学、仲恺农业工程学院、华北电力大学、西南大学、四川大学锦城学院。

设有海洋渔业科学与技术专业的学校有：西南大学、淮海工学院、四川农业大学、商丘师范学院、安徽农业大学、佛山科学技术学院、河北科技师范学院。

设有海洋油气工程专业的学校有：青岛滨海学院、山东理工大学、山东科技大学、北京理工大学、河北工程大学、安徽大学。

设有海洋工程与技术专业的学校有：南京邮电大学通达学院、巢湖学院、华南师范大学、蚌埠学院。

设有海洋资源开发技术专业的学校有：攀枝花学院、青海民族大学、宁波大学、北京师范大学珠海分校、天津理工大学、南昌大学。

设有海洋药学专业的学校有：九江学院。

设有海洋资源与环境专业的学校有：中国海洋大学、山东大学、大连海事大学、扬州大学、宁波大学、大连海洋大学、浙江海洋学院、中山大学、淮海工学院。

设有海事管理专业的学校有：大连海事大学、武汉理工大学。

【海洋领域的学科设置与建设】根据国务院学位委员会、教育部印发的《学位授予和人才培养学科目录（2011年）》，海洋领域现有“海洋科学”、“船舶与海洋工程”、“水产”三个一级学科，共有博士学位授予权点30个、硕士学位授予权点67个，其中，一级学科博士点23个，二级学科博士点7个；一级学科硕士点37个，二级学科硕士点30个。

学位授予单位可根据国家经济和海洋事业发展对高层次人才的需求，结合学科基础，在相关一级学科学位授权权限内，自主设置与海洋学科相关的二级学科。目前，南京大学、山东大学和厦门大学等31个学位授予单位自主设置了52个“海洋与船港机械装备技术”、“海洋工程结构”和“海洋生物技术”等相关二级学科。

2012年，我国海洋领域相关学科授予博士学位400余人，硕士学位2000余人。

（中国教育部）

【中国海洋大学】　中国海洋大学是一所以海洋和水产学科为特色的教育部直属重点综合性大学，国家“985工程”和“211工程”重点建设高校之一，涵盖理学、工学、农学、医（药）学、经济学、管理学、文学、法学、教育学、历史学等学科门类。学校前身是始建于1924年的私立青岛大学，2002年改为现名。现辖崂山、鱼山和浮山3个校区，设有17个院、1个基础教学中心、1个社会科学部、69个本科专业，现有12个博士后流动站、13个博士学位授权一级学科、80个博士学位授权学科（专业）、34个硕士学位授权一级学科点、192个硕士学位授权学科（专业）、13个类别硕士专业学位授权点，是国家首批工程博士专业学位授权点，拥有一级学科国家重点学科2个、二级学科国家重点学科10个（含培育学科1个）、教育部重点实验室7个、教育部工程研究中心4个、农业部重点实验室1个、山东省重点实验室2个、山东省工程技术研究中心1个、山东省高校重点实验室9个、青岛市重点实验室4个、青岛市工程研究中心1个。国家海洋药物工程技术研究中心、联合国教科文组织中国海洋生物工程中心、由教育部和国家海洋局共建的中国海洋发展研究中心设在学校。学校还拥有2个国家基础科学研究和教学人才培养基地，1个国家生命科学与技术人才培养基地，3个教育部—国家外国专家局“111计划”学科创新引智基地。拥有国家投资价值数亿元，供教学、科研使用的3500吨级海上流动实验室——东方红2号海洋综合调查船。青岛海洋科学与技术国家实验室一期启动区综合楼及高性能科学计算与系统仿真平台已完工，即将投入使用；作为山东半岛蓝色经济区重点项目和青岛“蓝色硅谷”核心区的二期建设工程已经启动，将为国家和地方的海洋事业发展提供空间载体和科技支撑。自“十一五”以来，学校共主持国家级各类项目近900项；获得国家技术发明一等奖1项、二等奖2项，国家科技进步二等奖6项，省部级二等奖以上科技奖励51项；申请发明专利968件，获得发明专利授权517件，其中国际发明专利13件。

科技项目与经费　2012年，学校实到科技经费首次突破5亿元。

国家自然科学基金　国家自然科学基金获资助项目119项，资助经费首次突破9000万元，获资助项目的学科结构继续保持“全面开花”的良性发展态势，其中青年科学基金呈现强劲增长势头。

国家重大科技项目　承担国家重大项目能力持续增强，再次获得国家重大科学研究计划项目和国家科技重大专项水专项课题各 1 项，分别获资助经费 2600 万元和 1400 余万元，并牵头组织 863 计划重大项目 1 项(约 1.6 亿元)、863 计划主题项目 1 项（近 1500 万元）、国家科技支撑计划项目 2 项（合计约 4000 万元）。

公益性行业科研专项和部委专项　继续保持良好增长势头，已成为学校科技经费的重要来源之一，全年经费达到 9000 余万元。

国际科技合作基地、项目及人才一体化　全年获批国际科技合作经费 2000 余万元，经费数创历史新高。高等学校学科创新引智基地（简称“111 计划”）建设取得新突破，新增海洋化学创新引智基地，另有 1 个基地通过评估获得滚动支持，至此学校“111 计划”学科创新引智基地总数达到 3 个。国际科技合作项目的合作广度和深度进一步加强，获批科技部国际合作项目 4 项、国家自然科学基金委重大国际合作研究项目 1 项。

横向项目　全年新签订横向项目合同额近 1.8 亿元。由学校牵头完成的鸥飞工程海洋环评工作获得地方和行业主管部门的一致好评。全面参与 2014 年青岛世界园艺博览会建设，拟承担世园会植物馆海洋植物展区的建设、运营与科技保障工程，项目合同经费近 5000 万元，成为学校单项经费最高的技术服务项目。

科技成果　2012 年，学校连续第七年获国家科技奖励，董双林教授主持完成的“海水池塘高效清洁养殖技术研究与应用”项目获得国家科技进步二等奖。获教育部自然科学一等奖 1 项、国家海洋局海洋创新成果二等奖 2 项、青岛市科技进步一等奖 1 项、青岛市自然科学一等奖 1 项(本年度此奖项唯一获奖项目)。被 SCI、EI、ISTP 收录论文 1500 余篇，其中 SCI 收录论文 775 篇，SCI 论文所发表杂志按 2011 年影响因子≥3 的约占 1/4，发表在《Nature Climate Change》和《Nature Methods》等高水平杂志上的论文不断涌现。申请国家专利 156 件，其中发明专利 134 件，占 86%；获得国家专利授权 100 件，其中发明专利 87 件，占 87%；获得国际专利授权 1 件；申请计算机软件著作权登记 37 项。

“211 工程”与“985 工程”建设　2012 年，学校完成“211 工程”三期建设校内验收，参加国家抽查及第三方验收获得高度好评，学科建设思路和建设成效得到专家的充分认可。完成国家新一轮“985 工程”建设阶段检查和总结工作。通过青岛市政府共建中国海洋大学三期建设项目专家评审，完成青岛市 4 家单位会签，本年度 8000 万元共建经费已落实到校。对 2012 年和 2013 年“985 工程”建设任务和改革内容进行统筹安排。继续探索并完善“重点专项工作组”工作模式，规范相关管理流程，为实现建设目标提供机制保障。以教育部重点实验室综合改革试点工作为牵引和带动，推进学校体制机制改革与创新。

科技创新平台建设　2012 年，学校获批建设青岛市海洋仪器与装备工程研究中心；获批建设青岛市海洋可再生能源重点实验室。山东省海洋工程重点实验室、山东省糖科学与糖工程重点实验室获省财政奖励性建设经费 45 万元，青岛市现代服务业数字工程技术研究中心获青岛市经费支持 50 万元。

学科建设　2012 年，学校在农学、材料科学、生物学与生物化学三大学科（领域）相继进入 ESI 全球科研机构前 1%，至此学校已在 7 大学科（领域）跻身 ESI 全球科研机构前 1%行列。经国务院学位委员会第 29 次会议审议批准，学校获批增列法学博士一级学科，并相应增加 9 个博士二级学科。

科技人才队伍建设　2012 年，学校以深化实施“人才强校战略”为契机，积极利用国家“千人计划”和山东省“泰山学者建设工程”，大力实施“筑峰/绿卡/繁荣/英才”人才工程，集聚一批活跃在国内外学术前沿和国家重大战略需求领域的一流科学家、学科领军人才、学术带头人和优秀青年学术才俊。其中，美国德州理工大学周华伟教授入选国家“千人计划”，美国罗德岛大学罗义勇、美国塔夫斯大学赵呈天、美国橡树岭国家实验室王玮、美国北卡州立大学何若荧 4 人入选“泰山学者海外特聘专家”；引进德国 Marum 研究所 Christoph Waldmann 博士为“筑峰人才工程”特聘教授，聘任青年法学家桑本谦、台湾淡江大学苏志伟 2 人为“繁荣人才工程”特聘教授；聘任美国弗州理工大学焦燕、香港科技大学刘红斌 2 人为“绿卡人才工程”讲座教授；美国耶鲁大学刘伟治、美国南卡罗莱纳大学唐群委、新加坡国立大学李志华 3 人受聘“青年英才工程”第一层次岗位，美国加州大学尔湾分校陈慕雁、新加坡国立大学厉萍、美国佛罗里达国际大学李雁宾、清华大学刘卫先 4 人受聘“青年英才工程”第三层次岗位。学校吴立新教授入选“长江学者”特聘教授，李广雪教授、徐祥民教授受聘山东省“泰山学者”特聘教授，林霄沛教授入选国家首批青年拔尖人才支持计划。

国际科技合作与交流 2012 年，中国海洋大学进一步拓展与德克萨斯 A&M 大学、不来梅大学等院校的战略合作伙伴关系，推动发展与东英吉利大学等世界知名高水平大学新的战略合作伙伴关系，与伍兹霍尔海洋研究所、纽约州立石溪大学、罗德岛大学、密苏里大学哥伦比亚分校、西班牙海洋研究组织西班牙海洋创新基金会、越南海洋研究所、加拿大滑铁卢大学、澳大利亚塔斯马尼亚大学、韩国高丽大学等 11 个国家的 20 个院校签署合作协议或备忘录。新建中韩海洋发展研究中心。为师生出国（境）交流、研修或攻读学位提供服务，全年师生出国（境）1049 人次。 （中国海洋大学）

【浙江海洋学院】 浙江海洋学院是一所以海洋为特色，理学、农学、工学、文学、管理学、经济学等学科协调发展的多科性省属高校，也是中国大陆五所海洋类院校之一。该校位于中国东海之滨的千岛新城——舟山市，毗邻国际大都市上海市、国际港口城市宁波市和“海天佛国”普陀山。创建于 1958 年，时称浙江水产学院，创立之初就以实施本科教育为主。1985 年建立宁波分院，后于 1995 年划归宁波大学，成为宁波大学发展的重要力量，其中水产养殖学科为宁波大学取得首个博士点。1998 年由原浙江水产学院和舟山师范专科学校合并组建，更名为浙江海洋学院。此后舟山卫生学校、浙江水产学校、浙江省海洋水产研究所、舟山石化学校、舟山商业学校等学校（单位）相继并（进）入，是浙江省唯一一所因海而生以海洋命名的本科高校。半个世纪以来，学校数易校址，历经变迁，积淀成了“海纳百川、自强不息”的校训精神。在这一校训精神的指引和鼓舞下，学校趁势而上，加快发展，快速实现了突破万人规模、通过教育部本科教学工作水平评估，并已发展成为一所具有硕士学位授予权且与区域经济社会发展紧密结合的海洋类高校，拥有省内最大的综合性海洋水产研究机构，是迄今为止海洋领域唯一一个“国际科技合作基地”。

浙江海洋学院坚持以海洋学科为特色，以学科建设为龙头、科学研究为支撑，多学科协调发展，积极推进协同创新，全面提升科研水平与社会服务能力。现有本科专业 42 个，省“重中之重”学科、省级重点学科 7 个；硕士学位一级学科海洋科学、水产、船舶与海洋工程授权点 3 个，二级学科点 11 个，涵盖理、工、农、管理等四大学科门类，农业推广硕士专业学位授予领域 7 个，并开展同等学力人员攻读硕士学位研究生教育。同时学校与中国海洋大学、厦门大学、浙江大学、西安交通大学等高校开展了合作培养研究生工作，2006 年至 2012 年已经联合培养博士 20 余名。拥有国家级特色专业 2 个，省级重点专业 9 个，省“十二五”优势专业 4 个。截止 2012 年底，涉海创新团队、省级教学团队 12 个，省教学名师 3 名。著名物理海洋学和环境海洋专家、中国科学院院士冯士筰为学校名誉校长；著名海洋腐蚀与防护学家、中国工程院院士侯保荣，著名海洋遥感专家、中国工程院院士潘德炉等一批知名专家和社会名流受聘为学校的客座教授。聘请著名地质专家、中国科学院院士、中国地质大学前任校长殷鸿福等专家在学校设立“院士专家工作站”。拥有省教学示范中心、人才培养模式创新实验区 7 个，省部级以上重点实验室、科技创新平台 21 个，省级精品课程 17 门，出版编著省级重点建设教材 24 部。

浙江海洋学院通过加强学科、科研基地和队伍建设，不断拓展项目申报渠道，增强了科研竞争力。2012 年，学校的科研项目合同经费达 5947.7 万元，到校经费为 6009.1 万元。其中，国家级项目合同经费达 1509 万元，比去年(386 万元)增加了 288.9%，翻了两番多；基金类项目数及经费总额增长迅速。2012 年获得各级各类科研项目总数 348 项。共取得国家级项目 27 项，其中国家科技支撑计划项目 1 项，国际合作项目 1 项，国家社科基金 1 项，国家自然科学基金 15 项，星火计划 9 项。省部级项目 69 项，统计全校总量，其中教育部留学回国人员科研启动基金 1 项，农业部财政资金项目 1 项，省科技厅项目11项，省自然科学基金项目26项，省哲学社会科学规划6项。同时，“我国政府海洋管理体系创新研究”获得国家社科基金立项，是继2011年国家社科基金后期资助项目后的一项新的突破。

2012年，共获得各类科研成果奖25项，其中厅局级以上成果19项。其中，获得国家教育部一等奖，国家专利局中国专利优秀奖，中国海洋工程咨询协会二等奖等。专利申报量和授权量有了突破性增长，2012年全年共申报专利850余项，比去年（450项）增加了88.89%，获得授权329项，是上一年度的2.37倍。其中，获得发明专利授权50项，是上年的1.47倍。学校坚持走国际化、开放式的办学道路，积极开展对外交流与合作。与浙江沿海企业单位、政府部门以及国内外大院名校组建了40余个科技创新服务载体。建有国家海洋设施养殖工程技术研究中心、农业部渔业环境及水产品质量检验测试中心、农业部国家水产品头足类加工技术研发专业分中心、中国海洋文化研究中心、浙江省海洋增养殖重点实验室、海洋养殖装备与工程技术重点实验室、海洋生物种质资源发掘利用工程实验室、海洋生物医用制品重点工程技术研究中心、水产品加工技术研究重点实验室、船舶工程重点实验室等国家和省部级创新平台，开设浙江省远洋渔业培训中心、中国石化销售公司舟山培训中心等。建有国家科技部海洋领域国际科技合作基地和国家外国专家局中国海洋科技创新引智园区（共建），与美国、加拿大、日本、俄罗斯、白俄罗斯、挪威等国（境）外40多所高校和科研机构建立了紧密的合作关系，与日本东京海洋大学等一批高校开展了学生互换交流项目，与挪威生命科学大学等若干高校与科研机构开展了联合培养博士研究生项目，每年均选派一定数量的优秀学生赴国（境）外相关高校攻读硕士、博士学位。连续参与中国海洋文化节相关活动，主办中国海洋文化论坛、国际海洋科技论坛，东海发展论坛等各种学术会议，为推动区域海洋经济社会发展做出了重要贡献。（浙江海洋学院）

海洋文化和体育

海洋新闻工作

【中国海洋报社】 中国海洋报社，简称“海洋报社”，是国家海洋局所属的事业单位，主要任务是负责《中国海洋报》的编辑、出版和发行工作。《中国海洋报》是由国家海洋局主管、中国海洋报社主办的面向全国海洋界的综合性报纸。

《中国海洋报》主要宣传党和国家涉海战略、方针、政策和法律法规；报道国家海洋局、沿海地方厅局及其所属单位的中心工作、重大活动，展示沿海地区海洋经济发展的成果。为加强我国海洋管理，促进海洋经济进步，普及海洋科学知识，推动海洋事业全面发展，做好宣传和舆论引导工作起到了积极作用。该报2012 年每周一、三、五出版，每期对开 4 版，主要向读者提供海洋政策法规、海洋管理、海洋执法、海洋环保、海洋科技、海洋经济、海洋教育、海洋文化、海洋科普、国际海洋等方面的信息。

2012 年，海洋报社在国家海洋局的正确领导下，充分发挥海洋舆论主阵地作用，认真贯彻国家海洋局党组的部署，大力宣传海洋事业的各项新成就，多层次、多样化、全方位报道全年海洋工作的开展，报纸质量和宣传效果得到稳步提升，较好地完成了各项工作任务。

多媒体宣传全面发展，海洋宣传工作显成效。2012 年，《中国海洋报》全面反映海洋重点工作，全年完成 170 期 880 个版面的采访、编辑工作任务，并对国家海洋局各项重点工作都作了及时报道，做出了正确的政治和舆论导向，受到舆论的广泛支持和好评。

围绕海洋中心工作，海洋新闻宣传实现新跨越。加强宣传，及时报道国家海洋局内各项重点工作。其中包括对围填海计划指标出台、海域海岛动态监视监测系统建设、海洋生态文明建设、渤海海洋环境综合整治、科博会首届海洋科技专题展举行、蛟龙号 7000 米级海试、6·8 世界海洋日暨海洋宣传日、中国海监维权执法行动、我国最大规模极地专项启动、中国第五次北极科考队开辟东北航道及访问冰岛、中国大洋第 26 航次科考、亚太区域海洋仪器检测评价中心成立、首届海洋工程技术奖和双十佳颁奖大会举行、积极与柬埔寨、斯里兰卡、尼日利亚、德国等开展国际交流合作、参加韩国丽水世博会获得金奖、东海区海洋督察先行试点、沿海省市“908 专项”验收、国家“908 专项”通过总验收、全国海洋功能区划、天津、河北等 8 个省级海洋功能区划、全国海洋保护规划、海洋观测预报管理条例、领海基点保护范围选划与保护办法、中央海岛保护专项资金管理办法、海洋生态文明示范区建设管理暂行办法、关于促进海水淡化产业发展的意见等重要政策、法规、意见、办法的发布实施，国家海洋局、民政部受权公布我国钓鱼岛及其附属岛屿标准名录、国家海洋局、民政部受权公布我国钓鱼岛海域部分地理实体标准名称、我国“十二五”海洋标准规划发布等重点工作都进行了深入报道和解读，深受读者的好评。

2012 年，《中国海洋报》进一步加大对各类重大海洋活动、热点事件策划报道力度，紧紧围绕社会公众关注的热点问题展开宣传。在蓬莱 19-3 渤海溢油事件、黄岩岛争端、钓鱼岛维权、蛟龙号 7000 米深潜的成功、“海洋二号”卫星的成功发射、《海域法》颁布实施 10 周年等重大事件的宣传报道中，海洋报社发挥了媒体的舆论监督和舆论引导功能，积累了大量第一手信息，增强了报纸的思想性、可读性，收到了较好的宣传效果，也为局各相关部门搜集整理了大量基础素材。

2012 年，中国海洋报社《海监周刊》共出版 49 期报纸，围绕各海区、省、自治区、直辖市及沿海各级各地海监的主要工作，并及时捕捉、宣传海监工作中的亮点，研究、探讨海监工作的各种问题，受到中国海监总队和广大海监工作者的欢迎与认可。

（1）深入开展“走转改”活动，展现海洋基层风貌。2012年，海洋报社10多位记者先后深入全国11个沿海省（区、市），报道“走基层”作品100余篇，向大家传递第一手的新闻素材。结合“海域法”颁布实施十周年，组织记者开展了走基层海域行宣传报道活动，喜迎十八大宣传报道活动，派记者赴国家海洋局北海分局、无锡蛟龙号水池实验现场、2011年度海洋人物单位及天津滨海新区、北部湾、南澳岛等沿海地区进行实地采访，并以走基层船队行、走基层人物篇、走基层团队行、走基层聚焦深潜、走基层维权行，较好地为海试、海洋日和十八大的召开等进行了“预热”，既烘托气氛，又加深了社会公众对海洋工作的了解和认识。

积极筹备《中国海洋报》周五刊工作。经国家海洋局批准，《中国海洋报》从2013年1月1日起正式改为周五刊运行。自2012年8月开始，报社全体高度重视，积极筹备，在提高办报质量、调整内部机构、改善办公条件、加强人才队伍建设等方面开展了大量工作。

抓好时效性，继续做好《中国海洋手机报》工作。2012年，《中国海洋手机报》共计发送240期，约计50多万条，内容涵盖海浪预报、要闻、看点、海洋快讯、沿海动态、国际海洋、历史上的今天等七大基础栏目，接收范围涵盖近百家涉海单位和部门，并与周三刊报纸的深度报道形成互补，增强了《中国海洋报》的品牌影响力及宣传覆盖率。

扩大宣传方式，《中国海洋报》微博发挥重要作用。2012年，《中国海洋报》新浪官方微博作为报社富有影响力的信息源，在突发事件和热点事件中已成为不可或缺的传播载体。它以及时、快速发布海洋资讯的特点，提供了与读者随时互动交流的便利条件。《中国海洋报》微博全年发布微博900余条，关注粉丝达18000余人。其间，共做过包括“关注两会”、“2012年世界海洋日暨全国海洋宣传日”、“中国第28次南极考察”、蛟龙号载人潜水器7000米级海试”、“鲸涛探北极•中国第五次北极考察”、“我在这里•记者走转改”、“聚焦908”、“中国海监•维权巡航”、“悦看南极•中国第29次南极科学考察”等10余个微直播专题，受到众多网民及读者的关注，积极引导海洋舆情正面发展，取得了良好的效果。

（2）发挥中国海洋在线网络优势传播海洋信息。2012年，中国海洋在线网在第一时间全面、准确、快速地发布海洋资讯，成为海量、权威的海洋新闻信息和海洋企事业单位资讯发布平台。海洋在线开辟了走基层、南极行、卫星应用、海洋人才栏目，并制作了走向大洋20周年展览、2012全国两会看海洋、走向海洋纪录片、2012世界海洋日、蛟龙潜深洋、学习贯彻党的十八大精神6个专题，共更新新闻8000条，图片4000张。

打造影视精品，动态展示海洋新风貌。2012年，中国海洋报社影视中心共制作海洋影视作品17部。其中，影视中心拍摄制作的《海洋中国》专题片，在巴西里约举行的联合国可持续发展大会上成为中国海洋的形象宣传片，得到一致好评。同时，中心制作完成的厦门国际海洋周的广告宣传片也在央视一套《朝闻天下》的黄金时段播出。海洋报社影视中心本着精益求精的原则，努力打造精品，在宣传海洋工作的同时，积累了大量宝贵的涉海视频资料，为海洋信息资源建设提供了有力的支持。

策划落实海洋重大宣传活动。2012年，海洋报社围绕局内重大宣传工作，认真策划，积极参与。完成了2012世界海洋日暨全国海洋宣传日主场活动策划及会务任务；承办“2011年度海洋人物”评选工作；组织策划了“走向大洋二十年”展览；承办国家“908”专项总验收会成果展览；两会期间，策划实施了“两会看海洋”专版宣传活动，将《中国海洋报》定期送到每位参会代表手中；“5•12全国防灾减灾日”期间，策划实施了“海洋防灾减灾”专版宣传活动；与国家海洋局南海分局共同创办“南海分局专版”；撰写并执行2012年度海洋防灾减灾工作宣传策划方案；撰写《海域法》实施十周年专版宣传活动方案等。

（3）务实求发展，稳步推进报社自身建设。海洋报社全面贯彻落实党的十八大、十七届五中、六中、七中全会精神，始终坚持以邓小平理论和“三个代表”重要思想为指导，深入贯彻落实科学发展观，组织各类学习教育活动，强化组织建设和制度建设，深化创先争优活动，开展反腐倡廉工作，并以“党建带团建、团建促党建”的作风建设模式开展工作，以此推动海洋报社各项工作再上新台阶。

（4）不断加强自身队伍及组织建设。2012年，海洋报社继续把党组织建设和党员队伍素质建设作为一项基础性工作来抓，坚持报社党委的集体领导，以各支部工作为重点，注重发挥党支部的战斗堡垒作用。同时，结合海洋报改周五刊，在做好版面、栏目策划和定位的同时，在加强人才引进及人员培训工作方面，做到努力提高新闻工作者自身的素质。面临重要的任务，不断加强学习，以客观公正的态度，准确朴实的文风，甘于吃苦的精神，丰富广博的学识，投入到海洋新闻工作当中。进一步提高采编人员“全媒体”素质，做到采写、编辑、摄影、摄像样样精通，继续推动记者站、新闻通讯站建设，以及特约记者、特约评论员、新闻通讯员队伍建设。同时，大力培养组织协调能力强，经营策划能力强的经营管理人才。

2012 年，海洋报社职工近百人次参加了系统内外各种业务培训，4 人获得中级专业技术资格。在第二十六届中国产业经济新闻奖评选中，《中国海洋报》刊登的一篇文章及一个版面获得二等奖，三篇文章获得三等奖。在《国土资源文化摄影展》中，海洋报社两幅摄影作品获得入选奖。

抓住机遇，做好转企工作。2012 年 11 月 8 日，非时政类报刊出版单位体制改革工作联席会议办公室正式批复了中国海洋报社转制工作方案，海洋报社把握机遇，加强自身制度建设和能力建设，凝心聚力，按方案科学推进转企工作。海洋报社扩大报纸发行范围，丰富宣传渠道，以增强报纸传播力和舆论引导力为方向，走内涵式发展道路，建设成为专、精、特、新的现代报刊出版企业，更好地服务于海洋事业发展。

筹建中国海洋摄影家协会，记录美丽海洋。为了进一步弘扬海洋文化，海洋报社创新思路，于 2012 年 10 月 15 日发起成立中国海洋摄影家协会，并于 12 月 1 日在广西南宁成功召开中国海洋摄影家协会成立筹备会，完成了组织机构建设。目前，协会已发展到近 400 名会员，会员涉及国家海洋局机关、局属各单位、沿海省厅、涉海高校及海洋摄影爱好者。协会将不断创新活动方式，开展各项海洋摄影比赛活动，记录海洋建设、海洋风光、海洋生物、海洋民俗、海洋人物。从不同角度展示了美丽中国、美丽海洋，积极宣传祖国海洋文化建设成果。

（中国海洋报社）

海洋出版工作

【海洋出版社】 **工作概况** 2012 年，海洋出版社以邓小平理论、“三个代表”重要思想和科学发展观统领出版工作，认真贯彻落实科学发展观对出版行业和文化产业的要求，把握正确的出版方向。在国家海洋局党组的领导下，围绕国家海洋事业发展的需要，全社职工齐心协力，共同努力，练内功、谋发展，2012 年度各项工作稳步发展。海洋出版社始终不移地致力于海洋科技著作和科普图书的出版，并将现代企业理念贯彻于出版社的发展中，不断发掘市场潜力，扩大选题方向和读者群。

工作特点 在全国文化大发展、大繁荣的历史机遇前，恰逢海洋事业蓬勃向上的好时机。立足于海洋出版社科学发展之路，结合自身实际情况，以全面贯彻落实党的十八大精神和全国海洋工作会议精神为总抓手，以构建海洋文化建设平台为己任，积极推动海洋文化平台建设，努力打造基础牢固、合理、逐步完善、发展壮大的海洋文化建设平台，为海洋强国建设提供健康向上的精神食粮，充分发挥海洋系统文化出版单位的积极作用，为海洋强国建设做出更多更大的贡献。

（1）图书出版方面。2012 年 908 专项的出版任务比较繁重，出版了很多成果图书，并配合维权工作做出了积极的贡献。一是落实了部分 908 专项成果的出版，配合国家海洋局组织的 908 专项成果总验收；由海洋出版社出版的《中国海洋物种和图集》、《中国区域海洋学》两套丛书的首发式暨赠书仪式，在中央电视台的新闻联播节目中播出。二是在海洋维权的热点时期，以高度的政治责任感，出版了《钓鱼岛——中国的固有领土》和《黄岩岛》读本，社会反响巨大，社会效益显著。还配合央视纪录片的播出，出版了同名图书《走向海洋》，不仅取得了良好的经济效益，也取得了不错的社会效益，该书已列入向全国党员推荐书目中。三是努力开拓海洋文化、海洋历史及海洋权益、法律等方面的研究成果的出版。全年共出版图书 331 种，同比增长 12%。新版书 253 种，增长 30%；正式出版海洋类新书 172 种，占正式出版新版图书品种的 68%。

（2）在期刊出版方面。全社各类期刊均保证质量，按期出刊。海洋学报英文版创刊 30 周年纪念大会成功召开，国家海洋局王宏副局长亲临指示。2012 年 3 篇优秀论文获得马塔切纳（意大利）青年优秀论文奖。《海洋学报》英文版获得“2012 中国最具国际影响力学术期刊”奖牌，中文版同时获得“2012 中国国际影响力优秀学术期刊”证书。《太平洋学报》全年出刊 12 期，发稿约 150 篇，为配合我国海洋维权斗争，学报加大维权方面的论文发表量，全年发表相关论文 30 多篇，还特别组织一期钓鱼岛问题研究专辑。在 2012 年中国人民大学期刊评价中心组织的 50 种重点来源期刊评比中，在 400 多种政治类期刊中，《太平洋学报》位列第 17 位（2011 年 27 位），并获得“论文综合评价奖”。《海洋开发与管理》密切关注海洋热点、难点、重点问题，特别是抓住党的十八大和“全国海洋工作会议”胜利召开的契机，积极出版专刊，约请刘赐贵局长发表署名文章，扩大期刊的影响力。《海洋世界》杂志出刊 12 期，增刊 1 期；刊发 18 个封面故事大选题，刊发海洋热点时事报道十余篇，发表各类海洋科普文章共计 300 余篇；全年累计发行 9 万余册。

（3）在新业务的拓展方面。瞄准出版前沿，开拓数字出版工程。在财政部资金的支持下，进行海洋数字出版平台的构建工作，该工作已经取得阶段成果，2013 年将组建数字出版中心。

（4）在发行工作方面。重新梳理了内部工作流程，对重点工作环节实施控制，加大与各编辑中心的沟通，做到信息传递及时、业务处理及时、跟踪回访及时。2012 年发行中心实现发货码洋 3981 万元、净发货实洋 1809 万元，达到并超过了年初预定的目标任务。

重点图书 《中国区域海洋学》，苏纪兰总主编。该书是一部全面、系统反映我国海洋综合调查与评价成果，并以海洋基本自然环境要素描述为主的系列丛书，属“908 专项”中近海环境与资源综合评价内容，在以往调查和研究工作基础上，结合了“908 专项”获取的最新资料和研究成果。该专著在编写过程中，力图吸纳近 50 年来国内外学者在本海区研究的成果，尤其是近 20 年来的最新进展。该书按专业分八个分册，分别为海洋地貌学、海洋地质学、物理海洋学、化学海洋学、生物海洋学、渔业海洋学、海洋环境生态学和海洋经济学，可供从事海洋科学以及相关学科的科技人员参考，也可供海洋管理、海洋开发、海洋交通运输和海洋环境保护等部门的工作人员及大专院校师生参阅。

《中国海洋物种和图集》，黄宗国、林茂主编。该书是我国近海海洋综合调查与评价专项（908 专项）的重要成果，系统梳理和整编海洋相关领域各类历史典籍和科学文献资料，全面总结现代海洋科学最新研究成果，收录了我国海域 59 个门类 28000 余种海洋生物，其中包括 908 专项调查发现的 3 新属 43 新种海洋生物。编绘了 18000 余种物种形态图，阐明了我国海洋生物种类的分布、各类群的分类地位。这是我国首次系统编著的海洋生物物种、形态图和与其内容相匹配的海洋生物多样性知识基础典籍。

《中国海洋灾害地质学》，叶银灿等著。该书是我国第一部海洋灾害地质学的专著。全书共分 19 章，第 1～3 章论述了海洋灾害地质学产生的历史背景、研究进展及我国海域的灾害地质环境，提出了海洋灾害地质和海洋地质灾害的分类与分级方案；第 4～17 章对我国海域的主要海洋灾害地质类型作了专题论述，内容包括海洋灾害地质的孕灾环境、灾变机制、发育规律与成灾过程、存在的或潜在的危险性及防治对策等；第 18 章对我国海域海洋灾害地质类型的分布规律与发育的基本特征作了论述，并提出了海洋灾害地质区划方案；第 19 章论述了海洋地质灾害的灾情评估和风险分析方法。

《钓鱼岛——中国的固有领土》，国家海洋信息中心编。为反制日本政府的侵权行径，根据中央统一部署，经商外交部，国家海洋局组织编制了《钓鱼岛——中国的固有领土》宣传册。该宣传册旨在对外宣传我国政府立场主张、钓鱼岛主权属于中国的历史和法理依据，指出日本主张钓鱼岛主权没有历史和法理依据等。

《海洋地学丛书》，中国科学院海洋研究所秦蕴珊院士担任编委会主任，何起祥、许靖华、丁冬、莫杰、蔡乾忠、姚长新等十位地学专家执笔完成。该套图书以优美沉稳的叙述风格和深入浅出的行文方式，将世界海洋地学的发展历史、地质构造的演化、海陆环境的变迁、海底世界的神奇和丰富的海洋资源，以及当今海洋科技的发展为读者娓娓道来。通过介绍，使读者既了解相关海洋科学知识，地质演变的重大事件，又知道辽阔的海洋、深邃的海底蕴藏有比陆地更为丰富而巨量的矿产资源，待人类去勘探、开发和利用。

《走向海洋》，《走向海洋》节目组编著。该书以同名纪录片脚本为线索，通过回顾几千年来中华民族“辉煌与屈辱并存”的海洋之路，进一步阐述海洋、海权对于中华民族实现复兴的至关重要以及介绍新中国建立后，国家对此的投入和所获积极成就。说明我们构建“海洋强国”的梦想不再是遥不可及。

《大海国》，盖广生著。该书回眸历史，讲述中华民族近现代伟人对海洋、海权的不懈追求，以及新中国建立后，国家对此的投入和所获积极成就。介绍了我国对海洋的开发利用、对海洋权益的重视。

《中国海洋发展报告 2012》，国家海洋局海洋发展战略研究所课题组编著。该书全面论述我国海洋事业发展的战略与政策、法律与权益、经济与科技、资源与环境等方面的重大理论和实践问题，客观评价海洋在建设和谐社会、实施可持续发展战略中的作用，系统报道国内外海洋事务的发展现状和趋势，向有关部门提出关于中国海洋发展战略的对策和建议，为社会公众普及海洋意识、提高海洋意识提供参考。

《见证中国核潜艇》，杨连新编著。该书以时间顺序为主线，详细地介绍了中国核潜艇从立项、研制、试验、交艇到部队训练直至最后形成战斗力的全过程，展现了中国核潜艇人为中国潜艇事业百折不挠、奋勇顽强的拼搏精神。本书作者为亲身经历者，因而汇集了大量历史资料、图片和实物，使其更具专业性、权威性和真实性，是目前国内研究中国核潜艇历史的一本非常有价值的史料性读物。

《基于海岸带综合管理的海洋生物多样性保护管理技术》，陈彬等编著。我国是一个海洋生物多样性丰富的国家，随着我国沿海经济社会的快速发展，海洋和海岸带的生态系统和生物多样性受到威胁。本书基于海岸带综合管理的理念，形成了海洋生物多样性主要影响源分析、海洋生物多样性评价、海洋生物多样性保护规划、基于 GIS 的海洋生物多样性保护管理支持系统等系列海洋生物多样性保护管理技术，并在泉州湾开展了示范应用。

《方宗熙文集》，《方宗熙文集》编委会编。方宗熙教授是我国著名的海洋生物学家，我国海藻遗传育种的主要开创者和奠基人，也是我国著名的教育家和科普作家。本书主要收录了方宗熙多年发表过的论文 100 余篇，以及方宗熙的传略，纪念文章等，并配有照片和手迹。《方宗熙文集》的出版是对他科学一生的真实写照，也是一生科学的辉煌总结。

《海岸带产业成长机理与经济发展战略研究》，晏维龙著。该书是国家软科学研究项目“海岸带产业成长机理与经济发展战略研究”的项目成果专著，它将海洋经济、产业经济、区域经济、空间经济等学科知识相结合，对海岸带经济发展战略进行较详细的描述和解读。

《接收南沙群岛——卓振雄和麦蕴瑜论著集》，赵焕庭主编。该书为卓振雄和麦蕴瑜两位学者关于南沙群岛多年研究的报告论著集，除整理收集该地区自然环境和经济资源的资料外，还对外国侵占南沙群岛的经过和我国收复南沙群岛的过程作了介绍。

《物理海洋学基础》，吕华庆主编。在长期的科学研究实践中，物理海洋学研究是以温度场、盐度场、密度场为基础而展开的，研究领域包括波浪动力学、潮汐学、海流理论、地震海啸理论、海水热力学等。该教材是以温、盐、密、浪、潮、流为主干进行编写的，适用于海洋气象学、海洋工程和物理海洋学专业本科高年级学生。

《浙江洞头海产贝类图志》，张永普等编著。该书详细介绍了洞头海域的软体动物，共收录软体动物 213 种，隶属于 5 纲 24 目 87 科。每种均有原色照片，并对其分类地位、形态特征、生活习性等进行了详细描述，可供高等院校的生物科学、生物技术、海洋生物等专业的师生野外实习参考；同时可作为从事于海洋贝类分类、海洋资源、水产养殖的科研人员，渔业管理工作、贝类爱好者参考。

《水产养殖学专业基础课程实验》，陈国华主编。该书为专业基础课程实验，包括《组织胚胎学》、《水产动物生理学》、《海洋生态学》、《水生生物学》、《鱼类学》、《水产动物营养与饲料》、《水产动物遗传育种学》和《水环境化学》等八门课程的实验教学内容。

《国民海洋观》，高建平，唐洪森编著。该书主要对国民进行了“海权观”宣传教育，有利于凝聚国力与民心。当代中国既已走和平发展兴国之路，更需要依靠实施海洋战略作保障，将海洋视为实现可持续发展战略的根本出路。所以，建立国民海洋教育体系，强化国民海洋意识，提升国民海洋观认知水平，普及海洋教育工作势在必行。

《海洋科技产业论》孙吉亭等著。该书内容包括：海洋科技与海洋科技产业的作用，海洋科技发展历程，海水增养殖和水产品精深加工产业，海洋装备制造业，海洋医药和生物技术，海水综合利用产业。

《冰消期地貌》，徐兴永，于洪军著。该书是作者多年从事海洋地质研究工作时所收集的地貌形态的各类照片的集合。它分门别类地讲述了我国沿海地区由于冰川和海洋侵蚀所造成的各种地貌形态，图文并茂地呈现给读者，深入浅出。

《古代中国的海洋观——中国古代海洋文献导读》，梁二平，郭湘玮著。该书共介绍了近140种中国古代海洋文献，内容包括文献作者及成书年代、体裁及内容、版本及流传、文献价值几个方面，为研究古代中国的海洋观、研究海洋历史地理及文化的读者提供帮助。

【中国海洋大学出版社】 2012年，中国海洋大学出版社共出版各类图书380种，其中新书239种，重印书141种。在239种新书中，海洋类32种，教材专著类85种。在保证社会效益前提下，2012年实现销售收入1608万元，比上年增长34%，销售码洋4824万元，比上年增长34%，实现利润110余万元，比上年增长120%；上缴国家税金115万元，比上年增长91%，取得了明显的经济效益。

“人文海洋普及丛书”隆重首发。由知名海洋学家、中国海洋大学校长吴德星教授总主编的“人文海洋普及丛书”首发式，于2012年5月26日上午在青岛书城隆重举行。山东省新闻出版局副局长杨树国，青岛市人大常委会副主任徐航，市文广新局副局长殷庆威，市教育局副局长周民书，中国海洋大学校长吴德星、副校长李华军以及山东省新闻出版局、青岛市文广新局、青岛市教育局、中国海洋大学、青岛新华书店集团有关部门的负责人，中国海洋大学附属中学、青岛太平路小学等中小学师生代表共计100余人参加了首发式。“人文海洋普及丛书”（共6本）是吴德星校长带领海大专家教授组成的编写团队，历时半年多创作出版的面向全国青少年的人文海洋精品图书。2012年，该丛书的实际发行量已达6600套，产生了良好的社会反响。

另外，出版社社委会经多方调研并充分听取编辑、发行人员的意见，先后启动了“图说海洋科普丛书”与“魅力中国海书系”出版项目。在全社员工的共同努力下，两个项目进展顺利，“图说海洋科普丛书”（共5册）年内已基本完成编创工作，将于2013年初正式出版发行；“魅力中国海书系”（共12册）预计于2013年5月公开出版发行。

“中国海洋文化史长编”出齐。国家“十一五”重点规划项目“中国海洋文化史长编”年内全部完成出版工作。该套书包括《先秦秦汉卷》、《魏晋南北朝隋唐卷》、《宋元卷》、《明清卷》、《近代卷》5卷，是一部较为完整系统的中国海洋文化史长编，全书分系统钩稽阐述了中国海洋文化发展史的精神文化、制度文化、经济文化、社会文化及其海外影响与中外文化海路传播等内容，是学界和社会各界了解和进一步深化研究中国海洋文化的具有工具书性质的重要文献。

“海洋科普全媒体出版与展示教育产业化平台”获资助。2012年12月，出版社申报的国家文化产业发展专项资金项目“海洋科普全媒体出版与展示教育产业化平台”获国家财政部批准，获得资助金额100万元。该项目是适应数字出版发展的时代要求，结合学科优势和出版事业发展目标而设计的特色化的数字出版业务切入点，该项目的实施将为数字出版业务发展创造简捷有效的平台。

成功协办全国大学社图书订货会。根据中国大学出版社协会的工作安排，第二十五届全国大学出版社图书订货会于 2012 年 11 月在青岛国际会展中心举行。来自全国 105 家大学出版社参加了图书展销活动。中国海洋大学出版社作为驻青大学出版社，是主要协办单位。

继续深化发行体制改革。在前两年发行改革的基础上，2012 年出版社对发行部进行了第三次改革，并发布了《关于深化发行体制改革的指导意见》，现设立四个区域发行部和网络销售部。

启动第二次内部运行机制改革。出版社社委会经过广泛调研、并多次征求本社相关干部职工的意见，确定年内启动第二次内部运行机制改革。

2012 年度海洋、水产类图书出版情况

《海岛旅游可持续发展模式》，刘康，2012 年 4 月版。

《海洋欢乐谷》，丁剑玲，2012 年 4 月版。

《水运工程监理》，刘桂林，2012 年 4 月版。

《海洋探索》，傅刚，2012 年 5 月版。

《海珍食话》，杨立敏，2012 年 5 月版。

《海洋旅游》，方百寿，2012 年 5 月版。

《海洋民俗》，曲金良，2012 年 5 月版。

《海洋艺术》，康建东，2012 年 5 月版。

《海洋文学》，朱自强，2012 年 5 月版。

《海洋生物学实验》，朱丽岩，2012 年 6 月版。

《涉海英语视听说教程》，杨红，2012 年 8 月版。

《涉海英语读写教程（理科卷）》，李玲，2012 年 8 月版。

《涉海英语读写教程（文科卷）》，郭艳玲，2012 年 8 月版。

《涉海英语读写教程（工科卷）》，邹磊磊，2012 年 8 月版。

《辽东湾斑海豹科普影像》，田继光，2012 年 8 月版。

《国家鲆鲽类产业技术体系系年度报告（2011）》，研发中心，2012 年 8 月版。

《世界海洋科技名人》，王雪凤，2012 年 9 月版。

《航海基础英语》，王平洲，2012 年 9 月版。

《轮机基础英语》，王平洲，2012 年 9 月版。

《水产生物遗传育种学实验》，郑小东，2012 年 9 月版。

《中国水产品质量安全管理体系研究》，孙波，2012 年 9 月版。

《海洋•人类•和谐》，吴春晖，2012 年 10 月版。

《中国海洋文化史长编（明清卷）》，曲金良，2012 年 11 月版。

《勇者乐海——第二届科学人文未来论坛实录》，王蒙，2012 年 12 月版。

《海洋高端产业全球创新资源分布路线图》，盖健，2012 年 12 月版。

《海水健康养殖与质量控制》，李楗，2012 年 12 月版。

《海洋可再生能源发展现状与展望》，于华明，2012 年 12 月版。

《青岛近海风暴潮灾害损失与海洋经济安全预警》，殷克东，2012 年 12 月版。

《山东省海岛开发活动的环境效应评价》，黄海军，2012 年 12 月版。

《海关监管与征税实务》，刘迅，2012 年 12 月版。

《中国海洋文化史长编（魏晋南北朝隋唐卷）》，曲金良，2012 年 12 月版。

《中国海洋文化史长编（宋元卷）》，曲金良，2012 年 12 月版。　（中国海洋大学出版社）

海洋宣传

【综述】　2012 年，国家海洋局宣传教育中心以邓小平理论和“三个代表”重要思想为指导，以科学发展观为统领，认真贯彻落实党的十七届六中全会精神以及“十二五”规划战略部署，在局党组的正确领导下，按照“三定”方案确定的职责范围，不断加强海洋宣传工作力度，重点推动全民族海洋意识提高，海洋文化建设工作，较好地完成了各项工作任务。

【宣传策划工作】　**积极联系主流媒体宣传海洋工作。**为营造助推海洋事业发展的舆论氛围，充分发挥主流媒体作用，积极联系主流媒体，跟踪新闻报道情况，使今年新闻宣传工作形成了宣传层次高、宣传范围广、宣传效果好的局面。全年完成新闻接待活动50余次，接待记者600余人次。

2012年海洋日活动宣传效果进一步扩大。6月8日是联合国正式确定的“世界海洋日”，也是我国的“全国海洋宣传日”（以下简称海洋日）。在6月8日当天开展大规模庆典，宣传好海洋日成为国家海洋局每年的保留节目，也是每年宣传工作的一项重点。

2012年海洋日的主题是“海洋可持续发展”，国家海洋局创新活动形式、丰富活动内容，在北京举办了海洋日主场活动——中外优秀纪录片首映礼暨年度海洋人物颁奖仪式。活动当天吸引到数十家媒体在现场进行采访、报道。同时，国家海洋局又配合活动主题策划了电视媒体的宣传，围绕6月8日全国海洋日，中央电视台新闻频道立足多种视角展开充分报道。一是强化热点联动。围绕当前南海局势，关注国家海洋局当天发布的南海非敏感区域《南海及其周边海洋国际合作框架计划》，并采访国家海洋局负责人，权威解读“我领海权益保护与国际合作”等高关注度话题，表达我国推动南海及周边海洋国际合作、促进合作区域经济稳定发展的立场；二是强化主题性解读。围绕2012年“海洋与可持续发展”主题，关注国家海洋局发布的《我国近岸海域发现40多种新物种》等内容。同时，组织记者提前深入沿海多地，探访各地对“海洋垃圾”影响海洋生态环境问题的治理情况，并以体验探访视角关注各地保护海洋生态、推动海洋资源利用可持续发展的举措，突出参考与借鉴功能。

在电视专题宣传方面，中央电视台科教频道《地理•中国》与《走进科学》栏目组在海洋局人员陪同下分别奔赴广西、杭州、天津等地，制作播出了海洋环保、海洋科技题材的节目，收到了良好的社会反响。

同时，6月8日前后，在中央电视台、中国教育电视台播出国家海洋局制作的海洋公益广告和海洋歌曲MV。

首次举办“我们的海洋——第一届海洋中国新年音乐会”。2012年12月27日，“我们的海洋——第一届海洋中国新年音乐会”在人民大会堂圆满举行，中国国家交响乐团和俄罗斯国家交响乐团联袂为中国公众带来了中外海洋主题名曲，演出现场吸引了近6000名观众到场聆听。在接下来的一周时间内，俄罗斯国家交响乐团在天津、上海、厦门三大海洋城市进行了五场巡演。这次音乐会选择的曲目均为中外知名海洋主题音乐，喜闻乐见的形式和鲜明的主题有机结合，向社会公众传达了关爱海洋的理念。这是我国首次以来举办海洋主题的新年音乐会，上座率良好，现场观众及媒体舆论反响热烈。

在演出前，已经吸引了《人民日报》、中新社、央视网、人民网、新华网、中国广播网、光明网、《中国日报》、中国新闻网、中国经济网、21CN、新浪网、网易等数十家媒体的关注，纷纷对音乐会的主题、亮点进行报道。据不完全统计，音乐会当天，仅新华社发布的稿件《首届海洋中国新年音乐会成功上演》第一时间获得48家媒体转载，音乐会次日，新华社发布的稿件《首届海洋新年音乐会成功上演 海洋音乐备受瞩目》获得52家媒体转载。

成功举行“全国大学生首届海洋文化创意设计大赛”。2012年10月25日，“全国大学生首届海洋文化创意设计大赛”获奖作品颁奖典礼在中国海洋大学崂山校区隆重举行。本次大赛由国家海洋局宣传教育中心与中国海洋大学共同主办。本次大赛共吸引了全国128所高校的大学生参赛，其中包括兰州大学、四川大学、武汉理工大学、中国地质大学（武汉）、北京工业大学等83所内陆高校，征集作品达2380多件。作品类型涵盖了平面设计、景观设计、包装设计、造型设计、动漫视频、形象策划等类别。各高校，尤其是内陆高校对活动参与之踊跃，反响之强烈，为海洋宣教活动树立了新的标杆，同时充分体现了当代大学生关注海洋、热爱海洋的真挚情怀。

圆满完成“科学发展 成就辉煌”大型图片展。按照国家海洋局领导指示，具体承担并出色完成“科学发展 成就辉煌”大型图片展海洋部分的筹展工作。其中，蛟龙号模型受到党和国家领导人的高度关注，胡锦涛等中央政治局常委先后驻足观看，关心地询问“蛟龙”号研制、海试、未来应用等情况。

【公众教育工作】 开展“全国海洋意识教育

基地”建设。2012年以在全国范围内推进“全国海洋意识教育基地”建设为重点，精心选择具有海洋宣传教育资源优势、区位优势和人才优势的学校、场馆，加快推进教育基地建设。截至2012年12月底，累计建成12个全国海洋意识教育基地，分布在北京、山东、浙江、上海、福建、广东、海南等7个省市，覆盖了大学、中学、小学3个教育阶段及全国部分海洋类场馆。包括3个大学类教育基地：广东海洋大学（国家海洋局共建高校）、福州大学（“211工程”重点建设高校）、浙江海洋学院；3个中学类教育基地：山东省青岛第三十九中学（中国海洋大学附属中学）、上海海洋大学附属大团高级中学、山东省昌乐二中；2个小学类教育基地：北京市海淀区向东小学、浙江省舟山市普陀区沈家门小学；3个场馆类教育基地：北京海洋馆、青岛海洋科技馆（青岛水族馆）、山东省日照市水产研究所（海洋科普馆）；1个执法类基地：中国海监西中南沙执法站。随着基地建设工作的推进，全国海洋意识教育基地已经成为普及海洋知识、弘扬海洋精神、传播海洋文化的重要场所，为增强社会公众的海洋意识发挥了积极作用。同时，为了推动基地管理的制度化、规范化，2012年制定出台了《全国海洋意识教育基地管理暂行办法》，对申建范围、申报条件、命名程序、基地职责、管理评估等进行了全面规范，为落实国家海洋局赋予宣传教育中心“实施国家级海洋意识宣传教育基地建设”的职责提供了制度保障。

指导举办全国和地方海洋教育论坛。2012年5月23日，青岛市首届中小学海洋教育论坛在首个海洋意识宣传教育基地——青岛第三十九中学（中国海洋大学附属中学）举行。来自青岛7区5市教育局及30余所中小学校的代表共200余人参加了论坛。该论坛作为全国第一个中小学海洋教育论坛，为今后探索和开展海洋教育工作和海洋创新人才培养工作积累了宝贵经验。2012年10月16～17日，由国家海洋局宣传教育中心指导，全国海洋意识教育基地——北京市海淀区向东小学发起的“2012全国少年儿童海洋教育北京论坛”在北京召开。来自北京、山东、辽宁、浙江、天津、福建、江苏、内蒙古等9个省（区、市）的16所小学相互交流，分别从海洋教育理念、海洋教育校本课程设计、海洋教育实践活动、海洋教育思考等不同角度分享经验。与会学校自发成立了全国第一个少年儿童海洋教育协作体，以联盟的形式共同促进海洋教育发展。

我国首套中小学海洋意识教育系列教材编写工作启动。2012年底，为推进海洋知识“进校园，进课堂，进教材”工作，以普及海洋知识、提升海洋意识为宗旨，启动首套面向全国中小学生的海洋意识教育系列教材的组织编写。拟编教材将组织一线海洋教育者编写，分为小学、中学两个阶段，力求集知识性、趣味性、通用性于一体，适合中小学生认知特点。整套教材拟定于2013年底前完成编写，以此构建海洋知识“进学校、进课堂、进教材”工作的重要内容支撑，并以此推动全国海洋意识宣传教育培训体系建设。

联合社会各方力量做好海洋意识宣传教育工作。2012年3月至9月，联合全国海洋意识教育基地——北京海洋馆、北京市少工委办公室、《中国儿童报》等单位组织了“爱海洋•爱环保”儿童书画大赛活动，共征集书画作品3546件，在北京市乃至全国部分省市产生了影响，在加强少年儿童海洋意识教育方面收到了良好效果。2012年3月7日，“学雷锋红领巾志愿者在行动”——红领巾讲解员、海洋环保小记者启动仪式在北京海洋馆举行，该活动旨在宣扬“学习雷锋精神”，践行“爱国、创新、包容、厚德”的北京精神，推行青少年海洋环保、海洋科普普及的理念，通过打造良好的青少年海洋意识教育平台，唤起更多青少年对海洋的关注和热爱，倡导公众关注海洋生物及环境，展现青少年的精神风貌。2012年3月15日，由国家海洋局宣传教育中心主办，全国首个“海洋意识宣传教育基地”——青岛三十九中（海大附中）承办的大型海洋文化纪录片《走向海洋》观片座谈会在青岛举行，来自国家海洋局、国家海洋局北海分局等单位的专家以及中国海洋大学、青岛市首批海洋教育特色学校的学生参与座谈，在学生中产生了良好反响。2012年5月12日，配合海洋减灾中心做好了5•12防灾减灾宣传活动，主场活动设在全国海洋意识宣传教育基地——青岛第三十九中学。2012年6

月 8 日，指导开展了辽宁省“万里海疆行”大型书画展活动，共展出120幅书画作品、149幅青少年书画作品，反映了全国 57 个沿海城市的发展风貌，充分利用书画艺术的形式宣传海洋精神、普及海洋知识、传播海洋文化。2012 年 7 月24日，指导开展了“新疆曾经是海洋”展馆专家论证会，推动海洋意识教育走进内陆地区。

【文化研究工作】 参与完成 2012 韩国丽水世博会中国馆创意设计和组织建设工作。该馆荣获 2012 丽水世博会最高奖项——A 类展馆创意展示类“世博会奖”金奖，这是我国自 1982 年办博以来第一次获世博会金奖，也是发展中国家国家馆首次获世博会金奖。中国馆向世界宣传了我国改革开放以来海洋事业取得的成就，传播了我国的海洋文化，表明了中国致力于科学开发海洋、保护海洋环境、建立人与海洋和谐共生关系的不懈努力。宣教中心盖广生、钱秀丽两名同志荣获由国家海洋局和中国贸促会颁发的“韩国丽水世博会中国馆先进个人”称号。

做好国家海洋博物馆筹建等海洋公共文化服务设施建设。国家海洋博物馆将作为集收藏保护、展示教育、科学研究、交流传播、休闲旅游和社会服务等功能于一体的世界优秀的海洋博物馆于 2015 年在天津滨海新区建成，国家海洋局宣传教育中心承担了编写《国家海洋博物馆展陈大纲》的重要任务。中心高度重视此项工作，组织国家海洋自然、历史、人文、博物馆设计等各领域的知名专家成立编写组，共10余家单位70余人参与，进行多次会议讨论及现场调研，经过两次评审及一次函审，历时 4 个月，根据评审意见反复修改后形成阶段性成果，经过了专家委员会和国家海洋博物馆管理委员会审定。下一步，中心将根据藏品-展品的落实情况，调整展示内容方案，并进一步完成《国家海洋博物馆展陈大纲》的细化工作。

2012 年，国家海洋博物馆筹建事宜的指导工作：一是配合天津方面将《国家海洋博物馆建设项目项目建议书》会签稿上报国家发改委并获批立项；二是与天津市海洋局在国家海洋博物馆筹建工作协调机制下召开协调会议，保证了工作协调及时、到位；三是对国家海洋博物馆的建设规划进行了指导；四是配合做好国家海洋博物馆管理委员会组建工作；五是组织开展了全国海洋文物馆藏资源调查工作。开展海洋文物调查在我国尚属首次。自 2012 年 7 月至 12 月，经过历时近半年的工作，最终实现了对广东、福建、浙江、上海、山东等沿海 5 省（市）海洋文物馆藏情况以及 21 个省级行政单位、85 家文博机构的 634 件三级以上珍贵海洋文物的系统梳理，初步摸清了全国文物系统（不含国家博物馆、故宫博物院）馆藏的三级以上珍贵海洋文物情况，为指导国家海洋博物馆筹建工作、推进我国海洋文化建设提供了丰富详实的第一手资料。

编制完成《广西壮族自治区海洋文化及海洋文化发展策划》。为推动海洋强国建设、服务地方海洋文化建设，国家海洋局宣传教育中心编制了《广西壮族自治区海洋文化及海洋文化发展策划》，邀请来自北京大学、文化部民族民间文艺发展中心、中国传媒大学等单位的专家参与调研、研讨和编写，并形成了成果。《策划》提出广西海洋文化发展的目标任务和主要措施，并根据现有资源和文化元素，策划了主题鲜明、支撑作用强的海洋文化产业发展方案。2012 年 11 月 29 日，国家海洋局宣传教育中心在广西南宁组织召开“广西海洋文化及产业发展策划评审会”，来自广西壮族自治区旅游局、区文联民间文艺家协会、区文物局、区党委外宣办和广西北部湾书画院的评审专家讨论后一致认为，《策划》内容丰富、指导性强，将对广西文化建设工作起到重要的支撑作用，能够指导下一阶段的广西海洋文化建设。

完成《全国海洋文化发展规划纲要》征求意见和修改完善工作。为进一步推动《全国海洋文化发展规划纲要》的编写工作，2012 年 9 月 25 日，国家海洋局向外交部、发展改革委、财政部、文化部等有关部委和各海洋厅（局）发《国家海洋局办公室关于征求全国海洋文化发展规划纲要（征求意见稿）意见的函》（海办规字（2012）477 号），共有 22 家回函提出修改意见。宣教中心认真汇总、整理各单位关于《规划纲要》的修改意见，并于 2012 年 12 月上报有关材料。《规划纲要》涵盖经济、社会发展、军事、交通、贸易以及区域等方面问题，具有涉及面广、影响较大的特点，整理各部委、单位的修改意见，有利于提高编写质量和指导性、科学性，为《规划纲要》的继续编制和组织实施打下了更好的基础。

支持中国海洋文化理论体系课题获国家社科基金重大项目立项。2012 年 11 月，中国海洋文化理论体系研究项目近日获得国家社科基金重大项目立项。该项目由中国海洋大学申报，国家海洋局宣传教育中心对该项目给予支持并负责子课题中国海洋文化发展理论研究的研究。该项目由中国海洋文化学科理论研究、中国海洋文化本体理论研究、中国海洋文化价值理论研究、中国海洋文化发展理论研究 4 个子课题构成，是我国海洋文化研究领域获得的第一个国家最高级别的重大理论研究项目，也是落实《中宣部与国家海洋局加强海洋意识宣传教育工作方案》中关于力争将海洋文化研究课题列入国家社科基金重大项目的具体举措，标志着我国的海洋文化理论研究已经上升到国家人文社会科学重大规划建设领域，成为其中的重大研究课题，充分体现了国家对海洋文化理论研究的高度重视。

积极搭建海洋文化创作交流平台。为贯彻落实党的十八大关于建设海洋强国的战略部署，进一步弘扬海洋文化，提高全民族的海洋意识，宣教中心高度重视各类海洋文化活动，积极在“2013 年舟山群岛•中国海洋文化节”期间搭建海洋文化创作交流的平台，一是主办首届“美丽海洋”全国海洋摄影大赛，二是支持首届中国海洋文化“浪花奖”评奖活动。为保障活动顺利开展，宣教中心多次召开筹备工作会议，积极联系有关单位，认真落实各项事宜。目前，“浪花奖”评奖活动启事已在中国文化报、中国海洋报等多家媒体发布，现正面向全社会征集作品，摄影大赛也在有序推进中。两项活动的成功举办，将促进更多的优秀海洋文化成果不断涌现，多方位、多视角地展现中华海洋文化魅力，对于推动海洋文化大发展大繁荣具有积极的意义。

积极开展海洋文化产品（精品）创作工作。为了加快海洋文化产品的创作和生产，国家海洋局宣传教育中心积极推进大型海洋纪录片《中国近海探秘》（暂定名）的稿本创作和筹备拍摄工作。目前，稿本创作已经基本完成，待审查通过后，将进入拍摄制作阶段。《中国近海探秘》（暂定名）全十集，分别从中国近海海洋的自然状况、空间范围、生态环境、经济发展、生产方式、人海关系、生活样式、精神面貌以及面对的国际环境、周边挑战等方面的内在需求与价值认同，打造出中国关于海洋自然人文的纪录影像精品，向广大观众和全国人民生动形象地展现：生命生态自然美丽的海洋、人居环境活色生香的海洋、文化人情丰富多彩的海洋、管理科技人海合一的海洋、经济贸易全球贯通的海洋、探险创新登极越深的海洋、海洋海岛命悬安危的海洋、灾害灾难抗防并举的海洋、行进步伐铿锵有力的海洋、强国建设梦想成真的海洋。

【网站与舆情编辑】　国家海洋局政府网站内容管理工作。作为海洋宣传工作和政府信息公开的重要平台，国家海洋局政府网站 2012 年对社会发布信息 5215 条，制作网站宣传专题 16 个。目前，国家海洋局网站已成为各类媒体采集海洋工作消息的主要来源和渠道，2012 年被评为最有影响力网站。为进一步丰富局网站内容，在及时、准确发布国务院文件、统计公报、部门预决算及三公经费预决算、政府采购、国家海洋局文件、行政许可、行政征收、应急服务、新闻稿件等基础上，主动公开行政许可事项、人事任免、领导重要活动、工作会议、重大决策、规范性文件、发展规划等事项，扩大了行政事务公开的领域和范围。针对社会关注的热点内容，如蓬莱 19-3 油田溢油处置、钓鱼岛巡航等，策划制作网站专题，有效地引导舆论；全面报道“蛟龙”号载人潜水器 7000 米级海试等重大海洋工作，及时公开台风风暴潮和海浪灾害防御工作信息，提高了信息发布的及时性、准确性、权威性。策划制作“世界海洋日暨全国海洋宣传日”宣传栏目，吸引社会各界对海洋事业的关注，弘扬中国的海洋文化。

国家海洋局政府网站升级改造。国家海洋局政府网站是全国海洋行政管理机构的权威发布平台，为更好地完成信息公开工作，网站开展内容管理与发布系统升级改造建设，完成上线试运行，并开展局政府网站首页改版工作。

国家海洋局机关大屏幕改版。充分发挥局机关大屏幕作为机关工作交流平台的重要作用，完善播放形式，采取图文并茂的方式展示我局主要工作，增加视频内容，策划制作“全国海洋工作会议”、“世界海洋日暨全国海洋宣传日”等宣传专题，不断丰富大屏幕播放内容，全年共播发大屏幕信息361条。

海洋舆情监测分析工作。全面、及时搜集社会各界对海洋工作的意见和建议，为妥善回应社会关切提供重要参考。2012年全年，共制作《海洋舆情》（日报）265期，《海洋舆情》（印刷版）45期，《海洋权益舆情》37期，《海岛舆情》11期，海洋电视舆情12期，专项分析报告10次。针对蓬莱19-3油田溢油处置、钓鱼岛巡航、“蛟龙”号载人潜水器7000米级海试等社会关注的热点问题，客观分析媒体报道和公众评论情况，为妥善引导舆论提供参考依据。全面整理归纳专家学者对海洋事业发展的意见和建议，综合反映社情民意和舆情动向，摘录境外媒体对我国海洋工作的看法，介绍国外海洋开发经验等，为各级领导干部提供决策参考。

（国家海洋局海洋宣传教育中心）

海洋体育

【帆船帆板】 1月22～28日，世界杯帆船赛美国迈阿密站举行，中国选手徐莉佳获得激光雷迪尔级第一名。

1月23～29日，2012年亚洲帆板锦标赛在泰国芭提雅举行。来自中国、韩国、日本、中国香港、新加坡、泰国、马来西亚、中华台北、印尼等十支代表队的100多名运动员参加了男子RS:X级、女子RS:X级、男子T293级、女子T293级、男子米氏级、女子米氏级等六个竞赛项目。唯一代表中国前往泰国参赛的深圳福田帆板队员孙丽美，经过七天9轮比赛的激烈争夺，最终获得女子RS:X级金牌。中国香港队员陈晞文、陈慧琪分别获得银牌和铜牌。

2月4～19日，“沃尔沃环球帆船赛”第四站在三亚举行。7月8日，2011～2012赛季沃尔沃环球帆船赛落下大幕。法国安盟号以253分获得赛季总冠军，西班牙看步/新西兰酋长号夺得亚军，美国彪马号获得季军，首次参赛的中国三亚号积51分，名列第六。三亚号由海南三亚市旅游局支持，是沃尔沃环球帆船赛历史上参赛的第一支中国船队。同时中国三亚号还获得了最佳岸上团队奖、戴维-斯威特（中国三亚号）获得最佳新人奖。

2月16～25日，第十五届亚洲帆船锦标赛在马来西亚兰卡威举行，中国选手黄贻凯、陈国兴分别获得男子帆板RS:X第一名、第二名。中国选手周进福获得男子帆船芬兰人级第三名。中国选手伍佳惠获得女子帆板RS:X级第一名。集体项目中女子帆船470级分别获得第一名、第三名。男子帆船470级分别获得第三名、第六名。

3月9～19日，阿罗哈2012年环海南岛国际大帆船赛举行，先后举行了三亚场地赛、环岛西线拉力赛、海口场地赛、环岛东线拉力赛四个阶段的比赛，赛程环绕海南岛一周，全程500海里，以三亚市为起、终点港，海口市为唯一经停港，是我国目前第一个大帆船多日拉力赛。来自澳大利亚、新西兰、加拿大、美国、丹麦、英国、马来西亚、日本、中国香港和中国大陆等国家和地区23支船队、250余名船员参赛。是历届环海南岛国际大帆船赛中航线最长、历时最久、规模最大的一届。最终亚派号、得润号、Plus1号分获环岛A组的冠、亚、季军，京京号、雅图号、华帝聚能号分获环岛B组的冠、亚、季军，京京号获得大赛的总冠军。

4月17～20日，国际极限帆船赛青岛站“双星”杯比赛在青岛奥林匹克帆船中心海域举行，9支船队、45名顶极国际航海运动高手参加。2012国际极限帆船系列赛全球共设8站，青岛站是本次赛季的第二站，9支船队经过四天30轮的激烈角逐，最终阿曼浪潮马斯喀特队夺得青岛站比赛冠军，奥地利红牛队与罗斯柴尔德队分获亚、季军。首次参加极限帆船赛的中国之队名列第九。

5月5～7日，第三届城市俱乐部帆船公开赛（CCOR）在青岛奥林匹克帆船中心举行。来自日本、韩国、中华台北、香港、三亚、广州、上海、大连、烟台、青岛及有关部队院校等境内外的30家航海俱乐部的35支代表队参赛。本届比赛共设“法伊26（FE 26）”统一设计级龙骨帆船、博纳多（First40）级龙骨帆船、飞虎（FT-30）级三个级别，竞赛级别在往届单一的航线赛基础上，增设了长距离赛。

6月5～11日，第四届海峡杯帆船赛举行。本次比赛有来自深圳、厦门、无锡、香港及台湾的17艘帆船174名选手参赛，比赛将在厦门至高雄的海域举行。赛事分为高雄绕标赛和高雄至厦门海峡赛两个赛段，全程约150海里，航行时间约24至30小时。深圳亚派号、深圳加一号、香港北极星三号分别A组第一、二、三名，B组前三名分别是深圳雅图号、厦门金壮号和厦门征程号。

7月29日至8月11日，2012年夏季奥运会帆船帆板项目在伦敦韦茅斯-波特兰港举行，8月6日，中国选手徐莉佳在激光雷迪尔级女子单人艇比赛中累积35分获得该级别冠军，这是继殷剑夺得北京奥运会RS:X级女子帆板金牌后，中国选手在奥运会上获得的第二枚帆船帆板金牌，同时也是中国首次夺得帆船项目的奥运金牌。在本次奥运会上，中国选手李玲获得女子帆板RS:X级第14名。中国选手王爱忱获得男子RS:X级第18名。中国选手施健获得男子帆船激光级第43名。集体项目中女子帆船470级获得第11名、男子帆船470级获得第20名。

8月18日至9月2日，第四届青岛国际帆船周举行。以“帆船之都，助推城市蓝色跨越”——以传承奥运精神，突出帆船运动城市特色为主旨，与青岛发展蓝色经济、建设蓝色经济核心区相结合，彰显青岛后奥运时代打造“帆船之都”城市文化品牌的理念和信心。本届帆船周以高端蓝色滨海资源、高端文化赛事产品、高端帆船产业为引领，推出以奥林匹克帆船文化交流、国际帆船品牌赛事为核心，涵盖帆船普及、帆船产业、帆船文化、青少年帆船交流、户外时尚运动、旅游商贸娱乐休闲等八大板块近50余项活动，力争打造运动与文化、激情与梦想、竞技与娱乐相互交融的国际奥林匹克文化与国际帆船运动界盛会，成为青岛“帆船之都”城市文化品牌的核心载体和“蓝色经济核心区”的品牌节庆。此外，“市长杯”第四届威海—青岛国际帆船拉力赛、“鲁商杯”第四届青岛国际帆船赛、国际OP训练营暨OP帆船邀请赛、全国帆板精英赛也同期举行。

8月15日，2012年亚太HOBIE级帆船锦标赛、中韩黄海国际帆船交流活动场地赛同时在山东省威海举行。本届亚太HOBIE级帆船锦标赛共有来自日本、韩国、香港、北京、贵州、青岛、威海等22支队伍45名运动员参加。中韩黄海国际帆船交流活动是威海市重要帆船赛事之一，8月10日由仁川出发，途经威海、青岛，并于8月22日返回终点站仁川港，全程1280千米，历时128小时。

10月26～29日，第六届中国杯帆船赛深圳大亚湾举行。本届中国杯帆船赛延续往届赛制设置，4天内完成包括港深拉力赛、环岛赛、场地赛在内的共计8场比赛。来自33个国家和地区的99支船队报名参赛，赛事规模创历史之最。中国本土船队海南自由岛获得Soto27组第二。中国本土船队华帝聚能号、北京航海中心队分别获得博纳多First40.7组第一、二名。

10月27日，以“中国航海，世界未来”为主题的第四届亚洲航海文化发展（大鹏）论坛在深圳大梅沙京基喜来登酒店举行。航海文化论坛邀请世界各国航海界人士，交流航海界最新的动态，共同促进航海运动、航海文化、航海产业在中国的发展。

【航海模型】　7月5～11日，第5届TAFISA世界群众体育运动会在立陶宛希奥利艾举行，共有59个国家和地区的6895名运动员参加130项的体育比赛、文化和科学活动及各国传统体育项目展示和论坛及研讨会。运动会共设48个比赛和展示项目。以国家体育总局副局长冯建中为团长的35人代表团参加体育舞蹈和航海模型两个项目的比赛和健身气功的展示活动，获得6枚金牌4枚银牌1枚铜牌。期间举行国际群体协会执委会会议等多项国际会议，国际群体协会副主席冯建中参加会议。

7月25至8月13日，2012年第十八届世界航海模型锦标赛在德国罗斯劳市举行，中国航海模型运动队在领队庄志清同志的带领下，共派出25人参赛，教练2人，运动员24人（二人教练兼运动员）。

9月19～20日，第十六届航海模型仿真项目锦标赛在克罗地亚达里耶卡市举办。中国航海模型代表团在领队姜波、副领队王力伟、彭德秋的带领下，一行24人参加。本次世界锦标赛共有来自19个国家和地区的250名运动员参赛，所设有C1至C7七个项目，中国队有31艘模型赛参加了C1至C6的6个项目的角逐。

7月12～20日，2012年航海模型动力艇项目世界杯赛在俄罗斯科洛姆纳市举行。以姜玉龙为领队、赵景强为副领队的中国代表队共 24 人参加了该项目的比赛。来自 13 个国家和地区近 150 多名运动员，经过近十天的激烈角逐，中国运动员共夺得了八金、三银、两铜，破两项世界纪录的好成绩。周建明以 10.44″的成绩打破了 F1E-1KG 级 10.44″的世界记录。

张林强以 146.91 分的成绩打破了 F3-E 级 10.44″的世界记录。

8 月 18～22 日，2012 年“古龙食品杯”全国航海模型锦标赛在厦门市举行。共有来自全国各省、自治区、直辖市和香港特别行政区的 24 支航海模型代表队、300 多名运动员、裁判员、教练员参与其中。本届锦标赛共决出个人奖 20 项、团体奖 3 项，评出航海模型体育道德风尚奖运动队 4 支，运动员 28 人。评出航海模型优秀裁判员 3 人。

【沙滩排球】 4 月 17～21 日，世界沙滩排球巡回赛巴西利亚站比赛举行，中国选手张希/薛晨获得女子组冠军。

4 月 24～29 日，世界女子沙滩排球巡回赛三亚站比赛举行，中国选手张希/薛晨获得铜牌。

5 月 1～6 日，世界沙滩排球大满贯赛上海站比赛，中国选手张希/薛晨获得女子组冠军。

5 月 7～13 日，世界沙滩排球大满贯赛北京站比赛举行，努梅德/斯崔尔（荷兰）和拉丽萨/朱莉安娜（巴西）分获男女冠军。中国选手吴鹏根/徐林胤止步男子组 16 强，薛晨/张希无缘女子组 8 强。

5 月 31 日至 6 月 3 日，2012 国际排联世界女沙挑战赛在韩国首尔举行，中国选手王凡/岳园获得第 4 名。世界沙排挑战赛是国际排联为更好地推广沙滩排球运动而新设立的一项赛事。

6 月 7～12 日，世界沙滩排球大满贯赛莫斯科站比赛举行，中国选手张希/薛晨获得女子组冠军。

6 月 16～22 日，第 3 届亚洲沙滩运动会在山东海阳举行，来自亚奥理事会全部 45 个国家和地区的 1601 名运动员参加沙滩排球、沙滩卡巴迪、沙滩手球、沙滩足球、沙滩藤球、沙滩篮球、龙舟、动力滑翔伞、公路轮滑、木球、攀岩、帆板、滑水等 13 个大项 49 个小项，其中，攀岩和轮滑首次成为亚沙会比赛项目。中国队 235（运动员 168）人参加除沙滩卡巴迪外 12 个项目 47 个小项比赛，获得 14 枚金牌 10 枚银牌 12 枚铜牌，居金牌榜和奖牌榜首位。

6 月 17 日，2012 沙滩排球大满贯赛罗马站比赛结束，中国选手薛晨/张希获得女子组比赛第 5 名，吴鹏根/徐林胤获得男子组第 25。

6 月 18 日，在山东海阳举行的第 3 届亚洲沙滩运动会沙滩排球比赛中，中国选手陈春霞/胡安娜获得女子组银牌。中国男子沙排选手李焯新/张立增在先胜首局的情况下，最终遭对手逆转，无缘 4 强。

7 月 5～7 日，世界沙滩排球大满贯瑞士站比赛在格施塔德举行，中国选手薛晨/张希获得第 5 名。

7 月 12～15 日，世界沙滩排球大满贯赛德国站比赛在柏林举行，中国选手薛晨/张希获得女子组亚军。

8 月 1 日，2012 年伦敦奥运会男子沙排小组赛在皇家骑兵卫队阅兵场进行，中国选手吴鹏根/徐林胤遭遇小组赛三连败，无缘 16 强。

8 月 8 日，在伦敦奥运会沙滩排球女子组铜牌争夺战中，中国选手薛晨/张希名列第四。

9 月 13～22 日，第 12 届国际伊塞克湖运动会在吉尔吉斯斯坦举行，来自中国、俄罗斯、哈萨克斯坦、土库曼斯坦、塔吉克斯坦和吉尔吉斯斯坦等 6 个国家 9 个地区共 2000 余名运动员参加 15 个项目比赛。新疆区体育局组团代表中国参加乒乓球、田径、沙滩排球、3 人篮球、网球、掷飞镖等 6 项比赛，获得 12 枚金牌 15 枚银牌 7 枚铜牌。

11 月 8～9 日，世界沙滩排球巡回赛理事会会议在瑞士洛桑召开。会议总结 2012 年世界沙排巡回赛总体情况、伦敦奥运会沙排比赛，讨论 2013～2014 年赛事的展望和变革及 2013～2014 年，世界沙排巡回赛和世锦赛赛历、南京青奥会，2016 年里约热内卢奥运会增加参赛队和资格席位分配计划。中国代表向前、宋悦参加。

（体育年鉴）

海 洋 军 事

海洋军事成就

【中国海军学员“国际传统海员比赛”创佳绩】 4 月 24～27 日，第十五届“国际传统海员比赛”在土耳其海军学院举行，来自中国、土耳其、英国、韩国等 11 个国家的海军学员参加帆船、游泳、救生和船艺等 4 个项目的比赛。海军航空工程学院 4 名学员和大连舰艇学院 2 名学员组成的参赛队伍夺得船艺项目 1 枚金牌、船艺和游泳项目各 1 枚银牌、游泳项目 1 枚铜牌和总分第 2 名的好成绩。航空工程学院学员郭昊打破船艺比赛项目纪录，填补了我国选手在该项纪录中的空白。“国际传统海员比赛”是土耳其海军学院举办的一项国际性海员赛事，主要邀请世界各国海军院校学员参加，每年举办一次。

【大连舰艇学院帆船队国际大赛创佳绩】 4 月 29 日至 5 月 1 日，第 29 届意大利国际帆船赛在意大利海军学院举行，来自 8 个国家的 21 支代表队参赛，比赛首次采用了“三叉戟”型帆船。大连舰艇学院帆船队战胜了意大利、英国、澳大利亚等传统强队，夺得“国际军事院校杯”、“国际海军院校杯”两项冠军，并获得“国际军事杯”亚军和“里窝那•海军城市杯”季军，取得总排名第一的优异成绩。2007 年以来，大连舰艇学院已连续 6 年参加了此项国际赛事，此前参赛最高名次为第四名。

【海军首个“海洋观教育基地”在刘公岛揭牌】 5 月 20 日，第六届“海洋观教育日”活动暨“海军——威海市甲午战争博物馆成立‘海洋观教育基地’揭牌仪式”在威海市刘公岛举行。这是海军成立的首个“海洋观教育基地”。“海洋观教育日”活动是海军与清华大学于 2007 年联合创建的具有海军特色的国防教育主题活动，旨在加强海军与清华大学在装备科研、人才培养等方面的合作，激发清华学子关注海洋、关注海权、关注海防、投身海军的理想追求。这项活动已辐射并带动了全国部分城市、院校、企业共同参与，进一步凝聚了国民热爱海洋、经略海洋的共识，共同推进和谐海洋建设。目前已有 3 万余名地方各级领导干部、50 余万名大中小学师生、30 余万人次拥军企业职工参与了海洋观宣传教育活动。

【海军首艘深潜救生艇创多项纪录】 5 月 16 日，隶属于北海舰队某防险救生支队的海军首艘深潜救生艇“864 艇”，出色完成 10 余项重大援潜救生训练保障任务，实现了首次大深度实艇对接并转移艇员、首次跨辖区开展联合援潜救生任务，首次在复杂水文环境下实艇对接等多项纪录。“864 深潜救生艇”是国内唯一一艘执行大深度援潜救生的新装备，被誉为海上援潜救生“深海 120”，具备机动速度快、救生人数多、救生效率高等特点，是一种能在大深度对失事潜艇艇员实施集体脱险救生的先进装备。

【海军首艘某新型测量船交付使用】 5 月 20 日，海军首艘某新型测量船通过测量系统的专项试验验收，正式交付某海测船大队使用。这标志着我国中近海海区有了综合测量平台，填补了该领域的国内空白。该船采用特殊船体设计，具有很强的稳定性和耐波性，装备包括海洋水深、海洋重力、海洋磁力、海底地形地貌等测量系统，可为海上作战、训练提供及时准确可靠的战场环境信息保障。船上装备了综合测量控制及处理系统，可通过各种测量设备同步配合工作，确保了多种要素同步控制、同步测量，实现了从测量作业到成果处理全部自动化作业，这也是该技术在海军测量船上首次使用，达到国内一流水平。

【海测人才培养跨入国际优质培训体系】 5 月 22 日，在阿根廷布宜诺斯艾利斯召开的国际“两师”资格认证委员会第 35 届年会上，大连舰艇学院海洋测绘系再次全票获得国际海道测量师和海图制图师“双 A”级培训资格认证。组建 60 年来，该系为我国和军队培养了 7000 名高素质的顶级海洋测绘人才，标志着我军海洋测绘专业技术人才培养全方位进入国际培训体系，在国际海洋测绘界处于领先地位。

2002年和2003年，该系代表中国获得国际海道测量师和国际海图制图师“双A”级培训资格认证，揭开了培养具有国际标准海洋测绘顶级人才的新篇章。10年来，该系为国家和军队完成5期海道测量师、海图制图师培训，百余名毕业生成为我国交通海事、航道港务、勘察测绘和海军部队的专业技术骨干和领军人物。

【北海舰队3项成果获国家专利】 8月29日，北海舰队某驱逐舰支队防化业务长利用2年时间研发的“舰艇核生化污染洗消方法”、“洗消废液排放装置”和“洗消液调配装置”3项技术革新成果获得国家发明专利。这些创新成果，解决了舰艇在核生化条件下进行有效消除的全过程问题，战时可为舰艇部队提供可靠的核生化洗消保障。

【我国决定提交东海部分海域200海里以外大陆架划界案】 9月16日，外交部表示中国政府决定向《联合国海洋法公约》设立的大陆架界限委员会提交东海部分海域200海里以外大陆架划界案。国家海洋局相关技术准备工作已基本就绪。2009年5月，中国向该委员会提交了关于确定200海里以外大陆架外部界限的初步信息，表示中国正在进行提交划界案的准备工作，并将在适当时候提交。

【我国第一艘航空母舰正式交付海军】 9月25日，我国第一艘航空母舰“辽宁舰”按计划完成建造和试验试航工作后，在中国船舶重工集团公司大连造船厂正式交付海军。中共中央总书记、国家主席、中央军委主席胡锦涛出席交接入列仪式，向海军接舰部队授予军旗和命名证书。中共中央政治局委员、中央军委副主席郭伯雄宣布第一艘航空母舰舰名和舷号，我国第一艘航空母舰经中央军委批准命名为“中国人民解放军海军“辽宁舰”，舷号为“16”。中国第一艘航空母舰“辽宁舰”顺利入列，是我军发展史上的一个重要里程碑。仪式结束后，胡锦涛登上辽宁舰，检阅了海军仪仗队。

【辽宁舰完成入列后首次科研试验和训练】 10月中下旬，辽宁舰正式交付海军后首次出海开展相关科研试验和军事训练等工作，并按计划顺利完成相关科目内容，达到预期目的。

【“歼-15”飞机在“辽宁舰”成功起降】 11月25日，我国第一艘航母辽宁舰顺利进行了歼—15飞机起降飞行训练。航母平台和飞机的技术性能得到了充分验证，舰机适配性能良好，达到了设计指标要求。首次着舰试验成功，是继辽宁舰顺利交接入列之后取得的又一重大成果，标志着舰载战斗机训练取得突破性进展。

【海装某军代室3项成果获军队科技进步奖】 由军装备部广州局某军代室自主设计研发的某型消磁系统误差测试仪正式装备部队。这一成果的应用，填补了部队消磁系统误差测试产品的空白。近年来，由该室自主研发的5种新装备，荣获军队科技进步二等奖1项、三等奖2项。

【海军出版社《世界海运图》荣获裴秀奖银奖】 11月下旬，中国地图编制领域最高奖裴秀奖评选结果正式颁布，海军出版社编制的《世界海运图》荣获裴秀奖银奖，这是海军首次获得该奖项的银奖。裴秀奖是我国地图编制领域最高奖，每两年评选一次。《世界海运图》准确反映了世界港口及各国港口之间的海上航线的分布，方便用户直观了解世界海运形势，可供作战指挥机关和国家经济建设、科学技术、文化教育等部门使用。

军事交流互访

【斯里兰卡海军代表团访问东海舰队某水警区】 2月26～28日，斯里兰卡海军代表团在斯海军东部军区司令科伦贝格少将的率领下，在对东海舰队某水警区进行了为期3天的友好访问。访问期间，双方进行座谈交流，参观我某新型护卫舰，并游览上海著名景点。

【吴胜利司令员会见乌克兰海军司令】 2月14日，海军司令员吴胜利上将在北京海军机关会见乌克兰海军司令马克西莫夫上将一行。双方就加强团组互访、推动两国海军舰艇互访、拓展两国海军装备技术合作等进行了坦诚、务实的会谈，为下一步两国海军交流与合作打下坚实基础。这是乌克兰海军司令首次访华。其后，马克西莫夫上将还拜会了总参谋长陈炳德上将，访问北海舰队，参观潜艇学院和某新型驱逐舰。

【法国海军“葡月”号护卫舰访问青岛】 3月5～9日，法国海军“葡月”号护卫舰(舷号F734)

停靠青岛，进行了为期 5 天的友好访问。访问期间，中法海军官兵相互参观舰艇并开展文体比赛交流活动，还与我海军“洛阳”号护卫舰在青岛外海举行了海上联合演练。这是该舰第 3 次访问青岛。

【加拿大国防参谋长访问东海舰队】 3月9日，加拿大国防参谋长纳丁泽克上将一行 11 人访问了东海舰队某水警区。纳丁泽克上将与该水警区司令员沈浩少将进行了坦诚友好的交谈，并参观了我国自行研制的某新型导弹护卫舰。该水警区是纳丁泽克上将此次访问的唯一一个海军部队。

【巴海军代表团访问东海舰队】 3 月 22～24 日，巴基斯坦海军战争学院院长尚卡尔少将率领学员代表团一行 27 人对东海舰队某水警区进行了友好访问。尚卡尔少将与该水警区司令员沈浩少将进行了坦诚友好的交谈，代表团参观了沪东中华造船厂和我国自行研制的某新型导弹护卫舰。

【吴胜利司令员会见巴基斯坦海军参谋长】 4 月 22 日，海军司令员吴胜利上将在北京海军机关会见来华访问的巴基斯坦海军参谋长阿西夫•桑迪拉上将。双方就推进两国海军高层互访、军舰互访、院校交流、军技合作，加强护航交流、拓展护航合作领域等进行了坦诚务实的会谈，达成广泛共识，为进一步深化两国海军的交流与合作打下坚实基础。其后，阿西夫•桑迪拉上将还拜会了国防部部长梁光烈上将，并访问东海舰队。

【“郑和”舰环球行】 4 月 16 日，“郑和”号训练舰在指挥员、海军副参谋长廖世宁少将的率领下开始了“和谐使命—郑和舰环球行”的航程。这是我海军时隔 10 年后第二次组织环球航行，也是我海军单艘舰艇首次执行环球航行任务。“郑和”舰环球行将访问越南、马来西亚、印度、意大利、西班牙、加拿大、厄瓜多尔、法属波利尼西亚、汤加、印度尼西亚、文莱等 11 个国家及港口，停靠吉布提、牙买加、澳大利亚等 3 国港口，总航程 3 万多海里，历时 5 个多月。

随舰出访的官兵中有 110 人为大连舰艇学院的学员，其中女学员 13 名。他们将完成海图标绘、天文观测、地理观测等航海相关科目的训练实习，并通过参观访问、文体活动，与到访国海军进行友好交流。环球航行期间还将邀请部分国家海军院校学员分阶段随舰远航，与中国海军学员一起同吃同住同训练，参与海上实习训练活动。此次环球航行也是“郑和”舰服役以来第 10 次出访。

【“郑和”舰访问越南】 4 月 23～25 日，“郑和”舰停靠越南胡志明市西贡港码头，进行了为期 3 天的友好访问。中越两国海军官兵通过参观座谈、文体活动等开展友好交流。“郑和”舰还举行甲板招待会，并向我驻越使领馆工作人员、当地华人华侨及越海军官兵开放。这是“郑和”舰第二次访问越南，该舰曾于 2008 年访问越南岘港。

【“郑和”舰访问马来西亚】 4 月 29 日至 5 月 3 日，“郑和”舰停靠马来西亚巴生港，对马来西亚进行友好访问。访问期间，海军副参谋长廖世宁少将一行先后拜会了马来西亚海军、舰队及国防大学领导，应邀出席了马来西亚海军欢迎招待会，参观了卢木特海军基地。随舰出访的海军学员代表与马来西亚国防大学学员开展了文体交流活动。“郑和”舰举行了甲板招待会，并向华人华侨、当地民众及马来西亚海军官兵代表进行了开放。此外，来自巴基斯坦、孟加拉国的 4 名海军学员按计划结束了随“郑和”舰分阶段实习训练的航程，从巴生港离舰，1 名印度海军学员开始随舰实习训练。

“郑和”舰还与马来西亚海军“杰巴特”号护卫舰在马六甲海峡中线以东靠近马来西亚一侧海域，进行了编队运动及通信联合演练。

【汤加国王出席“郑和”舰甲板招待会】 8 月 13 日，汤加王国图普六世国王率汤加政府和军队高层官员，出席了“郑和”舰举行的甲板招待会。环球航行出访指挥员、海军副参谋长廖世宁少将向图普六世国王介绍了此次郑和舰在“和谐世界”、“和谐海洋”理念指导下，环球航行访问及中外学员随舰远洋实习训练的情况。

【“郑和”舰停靠澳大利亚补给休整】 8 月 22 日，“郑和”舰抵达澳大利亚凯恩斯港进行为期 3 天的补给休整。凯恩斯是郑和舰环球航行出访的第十二站。自 4 月 16 日起航以来，该舰已先后完成对 11 个国家港口的友好访问和停靠任务，航经了印度洋、大西洋、太平洋，穿越台湾海峡、新加坡海峡、马六甲海峡、直布罗陀海峡等多个海峡，并顺利通过了苏伊士运河和巴拿马运河，航程已达 2.4 万多海里。目前已有来自巴基斯坦、孟加拉国、韩国、印度、美国、加拿大、法国等 7 个国家的 13 名海军学员随郑和舰分航段实习。

【“郑和”舰访问印度尼西亚】 9 月 4～7 日，郑和舰对印度尼西亚进行了为期 4 天的友好访问。访问期间，海军副参谋长廖世宁少将一行拜会了印尼海军东部舰队参谋长兼代理司令、海军教育训练司令部司令、海军学院院长等，参观了印尼海军学院、新型舰艇。我出访官兵及随舰教员、学员赴印尼海军学院参观并开展了对口座谈交流，双方学员进行了混合编组的文体比赛，2 名随舰实习学员还赴印尼海军学院进行了为期一天的驻训交流。我随舰军乐队与印尼海军军乐队进行了联合演出，“郑和”舰举行甲板招待会，并向印尼海军人员、当地民众和华人华侨进行了开放参观。

根据交流计划，由印尼海军选派的 1 名少尉军官、文莱海军选派的 2 名中尉军官，从泗水港登舰，参加“郑和”舰环球航行的分航段实习训练。已有来自巴基斯坦、孟加拉国、韩国、印度、美国、加拿大、法国、印尼、文莱等 9 个国家海军的 16 名学员随“郑和”舰实习训练，其中包括 2 名女学员。印尼泗水是“郑和”舰环球航行访问的第十三站。按照计划，该舰下一站将访问文莱。

【吴胜利司令员会见俄海军副参谋长】 4 月 23 日，海军司令员吴胜利上将在青岛会见了中俄海上联合军事演习俄方总导演、俄海军副参谋长苏哈诺夫少将。吴胜利在会见中表示希望两国海军以此次联合演习为起点，不断推进多领域、多层次的联演活动，并逐步形成机制化，切实为两国全面战略协作伙伴关系注入新的活力。苏哈诺夫表示，俄罗斯海军一直把中国海军看成自己的战略伙伴，对这次联演非常重视。相信这次联演一定能提升两国战略协作与战略互信水平，成为两国两军关系发展新的里程碑。随后，海军司令员吴胜利参观了俄参演舰艇“瓦良格”号导弹巡洋舰和“维诺格拉多夫海军上将”号大型反潜舰。

【海军首次派船参加国际海道测量大会】 4 月 23～27 日，第 18 届国际海道测量组织大会在摩纳哥举行，我海军“钱三强”号海洋测量船在指挥员、北海舰队副参谋长李玉杰率领下参加此次大会，这也是中国首次派船参加这一国际会议。会议期间，我方与世界有关国家在海道测量领域进行了技术交流。

【澳大利亚海军“巴拉瑞特”号护卫舰访问上海】 5 月 17～21 日，在中澳两国建交 40 周年之际，澳大利亚海军“巴拉瑞特”号护卫舰在舰长乔纳森•厄尔利海军中校率领下，对上海进行了为期 5 天的友好访问。厄尔利中校率澳舰主要军官拜会了东海舰队某水警区司令员沈浩少将和上海市政府领导，中澳官兵相互参观了军舰。来访澳舰还与我海军一艘军舰在长江口附近海域举行通信、编队运动、联合搜救等演练。

【“钱三强”号测量船访问印尼雅加达】 5 月 25 日，海军“钱三强”号测量船，在任务指挥员、北海舰队副参谋长李玉杰的率领下，靠上雅加达丹戎不碌港码头，开始对被誉为“千岛之国”的印度尼西亚进行为期 4 天的访问。这是人民海军测量船首次执行访问任务。

【海军训练代表团访问意大利】 6 月 14～19 日，海军副司令员徐洪猛中将率海军训练代表团对意大利进行了成功访问。其间，代表团参观考察了意大利塔兰托海军基地、“加富尔”号航母、海军训练中心、海军软件中心和海军学院，会见了意大利海军参谋长卢伊吉•比内利•曼泰利中将。这是继中国海军 81 舰来访后，两国海军又一重要军事交流活动。徐洪猛表示两国海军在护航反海盗方面保持了密切合作，要进一步加强护航的协作和交流，继续开展指挥官会面、情报交流、驻舰考察等活动。曼泰利表达了保持两国海军高层互访、继续推动舰艇互访、扩大人员交流的良好意愿，希望进一步增进两军的传统友谊，拓展海军间务实性交流与合作。

【吴胜利司令员出访土耳其】 9 月 3～10 日，海军司令员吴胜利上将率团对土耳其进行了正式友好访问。访问期间，吴胜利会见了土国防部长耶尔马兹，与土海军司令比尔盖尔上将就两国海军务实合作进行了深入会谈。土国防部长耶尔马兹表示希望两国海军在军事训练方面进一步加强交流。土海军司令比尔盖尔对吴胜利司令员提出的加强交流合作建议予以积极回应，希望两国海军相关部门抓紧研究和协调，力争尽早落实双方合作项目。此访是时隔20年后我海军司令员再次访问土耳其。

【丁一平会见巴基斯坦海军学院代表团】　9月13日，海军副司令员丁一平中将在海军机关会见了来访的巴基斯坦海军学院代表团团长扎西德•伊亚兹准将一行。丁一平在会见时表示中国海军愿不断加强与巴海军的友好交往与务实合作，继续推动双方在团组和军舰互访、院校交流、护航行动等各方面的友好合作。此前，巴基斯坦海军学院代表团一行还访问了海军大连舰艇学院。

【丁一平会见朝鲜海军代表团】　9月18日，海军副司令员丁一平中将在海军机关会见了来华访问的朝鲜海军代表团团长、朝鲜人民海军副司令员许常文少将一行。丁一平在会见时表示中国海军愿意与朝鲜海军共同努力，为发展两国、两军特别是两国海军的友好关系，为维护朝鲜半岛和东北亚和平与稳定作出积极的贡献。许常文少将表示要深化两国海军友好关系，共同应对安全威胁。许常文一行还访问了北海舰队、上海某水警区，参观我舰艇部队、通信部队、潜艇学院等。

【吴胜利司令员会见美海军部长马伯斯】　11月27日，海军司令员吴胜利上将在北京海军机关会见来华访问的美国海军部长马伯斯。双方就两国关系发展、两国海军交流合作等问题进行了坦诚务实的会谈，达成重要共识，为进一步深化两国海军的交流与合作打下坚实基础。这是美国海军部长时隔28年后再次访华。马伯斯还拜会了国防部长梁光烈上将、外交部领导。

11月29日，马伯斯在海军副司令员徐洪猛中将陪同下抵达东海舰队，参观了新型舰艇和潜艇及“和平方舟”医院船。东海舰队司令员苏支前中将会见了马伯斯一行，双方就共同关注的问题进行了广泛交流，期待今后在亚丁湾、索马里海域执行护航任务的舰艇加强合作，在双方编队指挥员海上会面、联合演练的基础上，进一步在情报信息共享、紧急情况下相互支援等方面加强合作，能继续开展更多领域的双边合作，共同维护亚太地区的和平与安宁。

【吴胜利司令员会见波兰海军司令马特海阿】

12月17日，海军司令员吴胜利上将在北京海军机关会见波兰海军司令马特海阿中将一行。双方进行了坦诚、深入、务实的工作会谈，达成广泛共识，为今后两国海军加强合作打下坚实基础。这是波兰海军司令首次访华，也是中国海军接待的第一个波兰海军代表团。此前，马特海阿访问了海军北海舰队，参观了潜艇学院和新型潜艇。随后，马特海阿中将拜会了国防部长梁光烈上将，赴上海参观新型护卫舰。

【海军举行护航舰艇开放日活动】　12月25～28日，海军组织护航舰艇在命名城市开展开放日活动，以此纪念中国海军舰艇编队护航4周年。活动旨在宣传和谐海洋理念，展示海军完成多样化军事任务、维护国家海外利益的决心和能力，扩大海军影响，密切军地军民关系。参加此次开放日活动的护航舰艇舟山舰、青岛舰、深圳舰和广州舰，每艘舰艇搭载1架直升机和10名特战队员，特战队员携带轻武器、潜水、侦察、通信、防护等特战装备，分别停靠在青岛、舟山、深圳和广州港口。护航舰艇开放日活动采取向开放地党政机关、企事业单位、学校、社会团体等派票的形式进行。市民不仅可以登舰参观，与护航舰艇、直升机、特战装备零距离接触，还将有机会观摩随舰特战队员反海盗演示等。

军事训练演习

【中俄联演海上实兵演习】　4月24～26日，“海上联合—2012”中俄海上联合军事演习海上实兵演习在青岛附近海域举行，演习共有水面舰艇23艘、潜艇2艘、固定翼飞机13架、直升机9架、特战分队2个。其中，俄方水面舰艇7艘、直升机4架、海军陆战队员20名。演习课题是“海上联合保交作战”，分作战筹划、实兵演习、海上阅兵和交流研讨4个阶段实施。在历时3天的实兵演习中，先后完成联合护航、联合防空、联合反潜、联合反劫持、联合搜救、联合补给和对海、对潜、对空实弹射击等演习科目。此次演习旨在发展两国全面战略协作伙伴关系，深化两军、特别是两国海军间的务实合作，提高两国海军遂行海上联合军事行动应对安全威胁和挑战的能力，增强两国海军共同维护地区海上安全与稳定的信心。

【中泰两国海军陆战队举行联合训练】 中泰两国海军陆战队于 5 月 9～29 日在广东湛江和汕尾举行了代号为“蓝色突击—2012”的联合训练。这是 2010 年后中泰两国海军陆战队再度举行的联合训练。此次联合训练以反恐为主题，目的是增进两国海军陆战队相互学习和了解，加强友好交流与合作，共同提高应对多种安全威胁的能力。

【中美两国海军举行首次联合反海盗演练】 9 月 17 日，中国海军第十二批护航编队益阳舰与美国海军第 55 编队“温斯顿•丘吉尔”号导弹驱逐舰，在亚丁湾海域举行首次联合反海盗演练，科目为联合登临检查。采取中美双方轮流指挥，双方舰员混编组成 3 支突击小组，乘小艇登临由“温斯顿•丘吉尔”舰模拟的商船，检查核实模拟商船的文书、船员、物资装载等情况。这次演练提高了我护航编队与外军反海盗合作水平，增强了与外军的交流合作和联合护航能力，进一步促进了中美之间的军事合作交流。

【我舰艇编队进入西太平洋海域例行训练】 11 月 28 日，由导弹驱逐舰“杭州”舰、“宁波”舰，导弹护卫舰“舟山”舰、“马鞍山”舰，综合补给舰“鄱阳湖”舰以及舰载直升机等兵力组成的中国海军远海训练舰艇编队分批通过宫古海峡，进入西太平洋海域，开展例行性训练。编队重点进行昼夜连续航行与防御、编队远海作战与补给、为大型水面舰艇护航、舰机协同联合搜救等科目训练。此次训练是东海舰队年度计划内的例行性安排，目的在于锻炼提高部队长时间、远距离海上作战能力，全面提升部队遂行多样化军事任务的能力。在中国海军编队通过海峡时，日本自卫队出动了第 6 护卫队“春雨号”护卫舰和第 5 航空群的 P3-C 侦察机，对中国舰队进行监视和跟踪。

【北海舰队机动型救生钟首次与新型潜艇对接演练】 11 月 29 日，北海舰队某海上防险救生支队在黄海完成首次组织机动型救生钟与新型潜艇对接救援演练。他们仅用 16 分钟就成功实现救生钟与新型潜艇水下实艇对接，并模拟转移 2 名艇员。此次演练的成功，标志着该型救生钟救援范围基本覆盖辖区所有型号潜艇。

【我海军舰艇编队在钓鱼岛附近海域巡航】 12 月 10 日，由东海舰队导弹驱逐舰宁波舰、杭州舰，导弹护卫舰舟山舰、马鞍山舰组成的舰艇编队在西太平洋顺利完成编队训练科目后，通过与那国岛和西表岛之间的与西水道，10 日上午抵达我国钓鱼岛附近海域巡航。编队组成为。10 月 16 日，由北海舰队 7 艘舰艇组成的编队也曾在该海域进行了巡航。

中国海军亚丁湾护航

【中国海军护航四年】 2008 年 12 月 26 日，中国海军首批舰艇编队从海南三亚启航，奔赴 4400 海里之外的亚丁湾、索马里海域执行护航任务，由此拉开了中国海军交替轮换、常态化护航的帷幕。中国海军舰艇编队赴亚丁湾、索马里护航，也被外界视为中国海军走向远洋的标志。

从 2008 年 12 月至 2012 年 12 月的 4 年时间里，中国海军先后向亚丁湾、索马里海域派出了 13 批护航编队，共计 34 艘舰艇、28 架直升机、10000 余名官兵，成功接护、解救、救助、武力登船营救 60 余艘船舶，100%保证了被护船舶和人员的安全。2009 年 1 月 6 日至 2012 年 8 月 9 日，中国海军护航编队共为 4758 艘船舶护航。

4 年来，中国海军护航编队在护航模式上由最初的临时性编组护航调整为有计划的周期性编组护航，大大简化了护航程序，扩大了护航受益面。护航方式在伴随护航、区域护航、随船护卫的基础上，又扩展了接力护航、应召护航等多种方式，有效提高了护航兵力利用率。在护航区域上，向亚丁湾东西两端延伸，向索马里东部海域拓展，扩大了护航区域。

4 年来，在护航行动上，中国海军远海兵力运用能力、远海组织指挥能力、远海兵力投送能力和远海遂行任务能力，经受了全方位的锻炼。

【第十一批护航编队从胶州湾起航】 2 月 27 日，海军第十一批护航编队从青岛某军港起航，奔赴亚丁湾、索马里海域接替第十批护航编队执行护航任务。编队由“青岛”号导弹驱逐舰、“烟台”号导弹护卫舰、“微山湖”号综合补给舰和 2 架舰载直升机、特战队员组成，共 700 余人。这是中国海军自 2008 年 12 月开展护航行动以来，由北海舰队第一次组织执行护航任务。

3 月 15 日，由“青岛”舰、“烟台”舰和“微山湖”舰组成的海军第十一批护航编队抵达亚丁湾东部海域，与第十批护航编队会师。随后，两批护航编队执行第一次联合护航任务，为中国“杉海”、印度“阿帕纳”、马耳他“韦尔米娜”等7艘中外商船护航。

3月17日，第十批、十一批护航编队在“海口”舰举行任务交接仪式，双方移交了相关资料、器材和备品配件。随后，第十一批护航编队正式接替第十批护航编队担负亚丁湾、索马里海域的护航任务。

【第十一批护航编队“微山湖”舰靠港休整】 4月19日，海军第十一批护航编队“微山湖”舰抵达沙特吉达港，开始第二轮为期4天的靠港补给休整。第十一批护航编队在执行护航任务以来已停靠阿曼塞拉莱港进行过一轮补给休整。

【第十批护航编队访问泰国】 4月21～25日，我海军第十批护航编队“海口”舰、“运城”舰和“青海湖”舰停靠泰国梭桃邑，进行了为期5天的正式友好访问。访泰期间，编队指挥员李士红少将拜会了泰国军队要员，就反海盗问题等进行交流。编队官兵参观了泰国“查克里•纳努贝”号直升机航母，“海口”舰、“运城”舰对泰国公众进行了开放，并在“海口”舰举行了甲板招待会。此前，我海军第十批护航编队对莫桑比克进行了友好访问。这是中国海军舰艇编队首次访问莫桑比克。

【第十一批护航编队与北约508特混编队指挥官互访交流】 4月27日，中国海军第十一批护航编队指挥员、北海舰队副司令员杨骏飞少将与北约508特混编队指挥官西南•阿斯米•托逊少将在亚丁湾中部海域进行了互访交流。北约508特混编队是亚丁湾、索马里海域国际反海盗行动的重要力量，由美国、希腊、意大利、土耳其等国舰艇组成，编队现任指挥官由土耳其海军托逊少将担任，旗舰为土耳其“吉雷松”号护卫舰。托逊少将一行3人登上我护航编队“青岛”舰。会谈中，双方相互介绍了各自护航兵力组成、护航组织方式、护航方法及情报信息收集等情况，探讨分析了当前亚丁湾、索马里海域护航形势，并就护航中的信息共享、情报交流等方面的合作，交换了意见。我护航编队指挥员杨骏飞少将一行4人回访了土耳其“吉雷松”号护卫舰。

【第十批护航编队停靠香港】 4月30日，海军第十批护航编队导弹驱逐舰“海口”舰和导弹护卫舰“运城”舰停靠香港维多利亚港昂船洲海军码头，香港特区政府行政长官曾荫权登上“海口”舰参观，并与护航编队互赠纪念品。停靠期间，编队将组织指挥员接受媒体公开采访，护航舰艇对市民开放参观，并安排官兵轮流休整。

【第十批护航编队返航】 5月5日，海军第十批护航编队“海口”舰、“运城”舰和“青海湖”舰完成亚丁湾、索马里海域护航任务并出访后，顺利返回湛江军港。海军第十批护航编队自2011年11月2日从湛江起航，历时186天，总航程98000多海里，共完成40批240艘中外船舶护航任务，有效处置13批46艘次疑似海盗目标袭扰，解救被海盗船只追袭商船1艘，被护船舶百分之百安全。完成护航任务后，编队先后对莫桑比克、泰国进行了友好访问，并停靠香港向市民开放。

【第十一批护航编队与美盟151编队指挥官非正式互访】 7月9日，中国海军第十一批护航编队预备指挥所指挥员王大忠大校与美盟151编队指挥官钟安浩少将，在阿曼塞拉莱港进行了非正式互访，双方就护航经验和当前海盗活动规律情况特点进行了深入交流。钟安浩少将一行8人登上了正在阿曼塞拉莱港补给休整的中国海军第十一批护航编队“烟台”舰，参观了驾驶室和飞行平台等部位。随后，王大忠大校一行6人回访了美盟151编队旗舰——韩国“王建”号导弹驱逐舰，并参观了该舰的指挥部位和主要武器装备。

【第十一批、十二批护航编队会师亚丁湾】 7月18日，第十二批护航编队抵达亚丁湾西部海域，与正在这里执行护航任务的第十一批护航编队顺利会师。会合后，两编队组织共同护航和任务交接。23日，两个编队举行分航仪式后，第十一批护航编队将执行出访任务。

【第十一批护航编队抵以色列访问】 8月13～16日，由中国海军第十一批护航编队青岛舰、烟台舰和微山湖舰组成的舰艇出访编队停靠以色列海法港，进行了为期4天的友好访问。访问期间，编队指挥员杨骏飞少将拜会了以军地政要，参观了以色列海军海法基地及以色列海军培训基地。中以双方海军官兵开展多项交流活动。这是中国海军舰艇首次访问以色列。

【第十二批护航编队指挥员会见北约 508 编队指挥官】 8 月 19 日，第十二批护航编队指挥员周煦明少将一行 6 人登上荷兰海军“鹿特丹”号船坞登陆舰，与北约 508 编队指挥官荷兰海军本•贝克林准将会面，双方就今后两支护航编队在亚丁湾海域开展深入交流与合作进行了友好交谈并达成共识。这是中国海军护航编队指挥员和北约“508”编队指挥员的第 5 次会面。

【第十一批护航编队凯旋】 9 月 13 日，由青岛舰、烟台舰和微山湖舰组成的第十一批护航编队抵达青岛某军港。此次是北海舰队首次派出水面舰艇兵力执行护航任务。自 2012 年 2 月 27 日起航以来，在 6 个多月的时间里，编队共完成 43 批 184 艘中外船舶伴随护航任务，驱离可疑海盗船只 58 批 126 艘次，解救遭海盗追击中外船舶 3 艘次，救治中外船员 4 人，确保了所有被护船舶人员和编队自身百分之百安全。在完成护航任务后，编队还先后对乌克兰、罗马尼亚、土耳其、保加利亚、以色列等 5 国进行了友好访问。创造了中国海军护航编队任务时间最长、单架直升机飞行时间最长、编队指挥所编成人数最少、访问国家最多等多个“之最”。

【第十二批、十三批护航编队完成任务交接】 11 月 21 日，亚丁湾东部某海域，第十二批、十三批护航编队在益阳舰举行了任务交接仪式。第十二批护航编队指挥所移交了护航相关资料、器材和备品备件，详细介绍了当前亚丁湾、索马里海域海盗活动情况。双方还就接护任务、对外军事合作交流、护航训练、政治工作和后装保障等内容进行了交流。

第十二批舰艇护航编队“益阳”号和“常州”号导弹护卫舰、“千岛湖”号综合补给舰在为期五个月的护航任务期间，编队共护航 46 批，护送中外船舶 204 艘，驱离疑似海盗船 41 艘，解救遭海盗袭击船舶 1 艘，实现了被护船舶百分之一百安全、我方人员装备百分之一百安全。

11 月 27 日，第十二、十三批护航编队在亚丁湾分航，第十二批护航编队返航执行对澳大利亚、越南出访任务。

【第十二批护航编队访问澳大利亚】 12 月 18～22 日，由“益阳”号和“常州”号导弹护卫舰、“千岛湖”号综合补给舰组成的出访编队停靠澳大利亚悉尼乌鲁姆鲁港，对澳大利亚进行了为期 5 天的正式友好访问。编队指挥员周煦明少将一行拜会了澳大利亚舰队代理司令米德准将，双方进行了热情友好的交流。中澳海军官兵进行了反海盗经验交流，相互参观对方军舰，并组织足球、篮球友谊赛，以及甲板招待会等活动。这是中国海军舰艇编队今年第二次抵达澳大利亚。这次护航编队访澳恰逢中澳建交 40 周年，它象征着中澳两国在政治、经济、文化和国防方面的合作有了进一步发展。

（《人民海军》报社）

极地与国际海域

极 地 工 作

综　述

2012 年是极地考察“十二五”规划承上启下的一年，党的十八大做出了“建设海洋强国”的部署，我国极地事业在党和国家领导人的亲切关怀和指导下，在全国人民和社会各界的关心、支持下，全体中国极地工作者开拓进取、勇于创新，取得了新的辉煌业绩。在科学发展观的引领下，我国极地考察的重点工作稳步推进，制度建设日趋完善，战略研究深入进行，国际合作不断扩展。

党中央、国务院领导对海洋和极地事业高度重视。中共中央政治局常委、国务院总理温家宝对北极国家冰岛进行访问并见证了中、冰双方海洋与极地科技合作备忘录的签署。2012 年春节前夕，中共中央政治局常委、国务院副总理李克强通过视频和电话连线，亲切慰问极地考察队员，向正在冰雪极地执行考察任务的队员致以节日的问候和新春的祝福。

2012 年，极地考察各项重点工作有序开展。新建极地科学考察站的选址调研工作开始实施；“南北极环境综合考察与评估”专项工作正式启动，各子专题工作全面展开；“新建极地科学考察破冰船”项目完成了基本设计合同的签署，开始进入扩充概念设计与基本设计阶段。在第 5 次北极考察中，“雪龙”号极地科学考察船首次穿越东北航道，实现了横跨太平洋-北冰洋-大西洋海上作业调查，并创造了多项新的考察纪录。中国第 28 次南极考察队克服了冰情复杂、机械故障带来的困难和影响，顺利完成了各项任务。昆仑站二期建设、极地考察国内基地二期工程开始实施。

极地考察制度建设取得明显成效。极地战略、规划与立法工作取得长足进展，增强了对极地发展问题的研判能力。《极地考察突发事件总体应急预案》等一批与极地工作相关的重要管理规定相继出台，提高了科学管理水平。

国际合作与对外交流不断扩展。我国在极地事务中的国际地位日益提高，与冰岛等北极国家在北极事务上的合作取得了新的突破。“雪龙”号极地科学考察船访问冰岛期间，中国第 5 次北极考察队受到了冰岛总统的接见和各界的欢迎，并与冰方签署了建立联合极地观测台的备忘录。

展望未来，要在党的十八大精神的指引下，紧密团结在以习近平同志为总书记的党中央周围，进一步落实科学发展观，继续推动我国极地事业又好又快发展。

【党和国家领导人重视极地考察事业】　李克强副总理春节慰问极地考察队员　2012 年 1 月 19 日，中共中央政治局常委、国务院副总理李克强通过视频和电话连线，亲切慰问中国极地考察队员，向正在冰雪极地执行考察任务的队员致以节日的问候和新春的祝福。慰问活动由国家海洋局党组书记、局长刘赐贵主持。财政部部长谢旭人、国土资源部部长徐绍史、国家发展和改革委员会副主任杜鹰、国务院副秘书长丁学东、国务院研究室副主任宁吉喆等参加慰问。

温家宝总理访问冰岛　2012 年 4 月 20～22 日，国务院总理温家宝对冰岛进行了正式访问。访问期间，温家宝总理出席了国家海洋局党组书记、局长刘赐贵与冰岛外交部长签署《中国国家海洋局与冰岛外交部海洋与极地科技合作备忘录》的签字仪式。

温家宝总理见证中德签署关于加强中德海洋与极地领域合作的联合声明（2013-2020） 2012年8月30日，国务院总理温家宝和德国总理默克尔在北京共同主持第二轮中德政府磋商。国家海洋局党组书记、局长刘赐贵在两国领导人的见证下与德国教育和研究部部长签署了《中国国家海洋局与德国教育和研究部关于加强中德海洋与极地领域合作的联合声明（2013-2020）》。

极地考察活动

【南极考察】 全面完成中国第28次南极考察及后勤保障工作　根据国家海洋局批准的中国第28次南极科学考察总体方案，雪龙船执行“一船三站”考察保障任务和大洋考察计划。考察队2011年10月29日离开上海，赴天津进行极地科普宣传，11月3日自天津启程前往南极，2012年4月8日返抵上海，历时163天，航程28464海里。长城站考察人员、物资仍通过国际航运实施。

第28次南极考察的总人数为220人，长城站区考察48人，其中越冬12人；中山站区考察54人，其中越冬17人；昆仑站区考察26人；南大洋考察23人；国际合作1人；随船人员68人（含船员45人）。

第28次南极考察执行科学考察任务33项，其中长城站14项（含越冬项目1项），中山站9项（含越冬项目4项），南大洋7项，昆仑站3项。

实施2012/2013年度中国第29次南极考察 根据国家海洋局批准的中国第29次南极考察总体工作方案，雪龙船执行“一船两站”（中山、昆仑站）考察保障任务和大洋考察计划。2012年10月30日离开上海赴广州，11月5日从广州启航前往南极。2013年4月9日返抵上海，历时162天，总航程29000余海里（包括3500海里大洋调查）。长城站考察人员、物资仍通过国际航运实施。

第29次南极考察队由239人组成，其中科考及相关人员106人，后勤保障38人，工程建设32人，管理、新闻宣传及科普14人，新站调研专业人员7人，雪龙船员42人。按照度夏和越冬划分，其中两站越冬人员为40人。

第29次队开展极地专项、后勤保障、工程建设、科普宣传四类工作。共执行科学考察任务41项（含专项22项），其中长城站13项（含专项3项、越冬项目2项），中山站11项（含专项5项、越冬项目6项），南大洋6项（全部为专项），昆仑站9项（含专项8项），随船科考项目2项。

长城站区域 主要开展了生物、生态、地质、地球物理、空间物理、海洋、大气和环境等科学考察项目。

中山站区域 主要开展生态环境、冰川、地质和地球物理等科学考察项目及风能驱动机器人——“极地漫游者”在冰盖复杂地形的自主导航控制与应用研究。在南极罗斯海区域、内陆冰盖考察途中、初步确定南极新站位置。

昆仑站区域 主要实施深冰芯钻探工程，钻取长度分别为3.83米、3.57米、3.59米3支冰芯；利用中国自主研发的“南极巡天望远镜”(AST3)，获取第一批南极地区最大口径天文学光学望远镜观测数据；此外，还开展南极内陆冰盖导航与测绘、冰盖断面和昆仑站近现代冰雪界面生态地质学监测和调查、气象观测、中山站-Dome A磁力计链维护及内陆队员医学检测等项目。

大洋考察 主要在普里兹湾及邻近海域执行极地环境综合考察专项计划，深入开展物理海洋与海洋气象、海洋地质、海洋地球物理、海洋化学、海洋生物与生态等多学科综合考察，系统掌握考察区域的海洋水文、海洋气象、地球物理场与地质构造、海洋重力、海洋地磁、海洋化学和海洋生物等环境基本信息和第一手资料，初步开展油气、天然气水化合物、生物等资源潜力评估。

南极新建站选址调研 根据第29次南极考察现场实施计划，中国第29次南极考察队开展了南极新建站址的调研，完成新建站重点区域选址调研报告。选定伊丽莎白公主地新建考察站坐标为东经76°58′，南纬73°51′，海拔高度 2621 米。维多利亚地新建考察站地理坐标为南纬 74° 55′，东经 163° 42′。同时也考察了毛德皇后地新建站选址地周边环境情况、东南极航空网运行情况，南非开普敦后勤支持保障体系情况。

后勤保障和服务　根据第 29 次南极考察现场实施计划，南极后勤保障以及工程建设项目 12 项，其中长城站 2 项，包括安全监视集中控制系统建设和极地半导体照明及发光健康实验研究；中山站 7 项，包括风力、太阳能发电新能源微网建设，新发电栋和新宿舍楼等工程建设；昆仑站 3 项，包括深冰芯钻探场地建设、综合栋二期工程、昆仑站及沿途环境保护等。雪龙船卸运长城站、中山站、昆仑站、直升机用油等各类考察物资约 5600 立方米、2900 吨。

【北极考察】　2012 年度参加北极考察的年度总人数为 179 人，由教育部、国土资源部、中国科学院、中国气象局、国家海洋局、中国电子科技集团、山东省科学院等中央和地方 27 家科研单位研究人员组成。其中参加北极黄河站考察 60 人（含越冬 3 人）；第 5 次北极科学考察 119 人。

2012 年北极黄河站开展项目 19 项，其中，国家自然基金项目 1 项，财政部极地专项 6 项。主要围绕空间物理、冰川、生态环境变化监测等学科开展研究。

同年 7 月 2 日至 9 月 28 日开展的中国第 5 次北极科学考察是在“十二五”期间实施“南北极环境综合考察与评估”专项的首次北极考察，围绕极地环境与气候变化主题而设定的 5 个项目是以“雪龙”号极地科学考察船为平台，重点对传统考察区域（北冰洋—太平洋扇区的白令海、楚科奇海）和新增考察区域（北冰洋—大西洋扇区的弗雷姆海峡、挪威海、格陵兰海）进行多学科综合环境考察。“雪龙”号极地科学考察船第一次穿越北极东北航道、冰岛海域、斯瓦尔巴德附近海域（北冰洋扇区）等。考察时间 89 天，总航程 17802 海里。完成 103 个站位的海洋学调查，1 个锚碇长期观测站位大型海气耦合浮冰观测，1 个长期冰站海冰气综合观测和 6 个短期冰站观测。

本次考察还邀请了冰岛、法国、美国和中国台湾等国家和地区的科学家就极地、海洋、环境、航运等相关领域展开务实合作，推进极地领域双边合作协议的实质性履行，共同促进北极地区的和平、稳定和可持续发展。

极地研究

【进展和成果】　**地球科学**　（1）基于火山信号的冰芯定年研究。研究获得了冰穹 A 地区的积累率信息以及该地区记录的火山活动信息，还发现了很可能成为标志年层的火山信号。与此相关的研究成果已发表在国际 SCI 期刊《Journal of Glaciology》上。

（2）北极黄河站冰川末端变化研究。基于冰川区地形图和实地 GPS 测量数据，分析了四种用于计算冰川末端变化量的方法，提出使用最短距离的特征点法计算冰川末端变化量，相关文章发表在《冰川冻土》上。

（3）极地冰下生物地球化学过程研究。基于生物地球化学过程以其独特的视角，从生物学和地球化学学科交叉的角度，对于诠释冰下环境微生物生存及其对全球气候的影响提供了一条新途径。相关成果发表在《地球科学进展》上。

（4）格罗夫山陨石回收相关数据发布服务。随着 Grove 山地区陨石回收的增多，研究人员发现南极地区的陨石富集具有特殊机制。针对已收集陨石数据信息，开发了基于 ArcObjects 的应用软件和基于 ArcIMS 的网络工具。

（5）南极海域卫星测高重力异常反演。基于 ERS-1/GM 和 Geosat/GM 等卫星测高数据，提出了新的卫星测高波形重定算法子波形阈值法，并利用验潮数据和船测重力异常，表明阈值水平选取 0.1 的子波形阈值法反演重力异常精度最高。该结果在《Computers and Geosciences》上发表。

（6）东南极重点区域冰流速获取。基于 ERS、Envisat 及 PALSAR 雷达影像，获得了重点区域的冰面流速，为进一步分析冰流速的年际、季节变化打下基础。

（7）重建西北冰洋晚第四纪的古海洋与古气候演变历史。该项目在 2011 年 10 月 1 日至

2012年9月30日之间发表学术论文6篇，其中SCI检索论文1篇；硕士研究生论文1篇；国际学术会议和交流提交的研究成果3篇；国内学术会议和交流提交的研究成果9篇。

（8）基于ENVISAT-ASAR数据的“雪龙号”破冰船冰区航线导航。北京师范大学在第28次南极科考中利用近实时的ENVISAT-ASAR数据对雪龙船在冰区航行进行导航取得成功。本次导航工作为雪龙船快速突破冰区阻隔、顺利到达中山站提供了科学可行的参考依据。

（9）极端环境无线传感器网络观测平台运行2年。北京师范大学发明的极端环境无线传感器网络观测平台已经安全正常运行2年。表明该平台工作正常，可以用于极地环境监测。

（10）南极冰盖表面高程制图监测研究进展。本研究选取了南极ICESAT GLAS数据，开展了南极冰盖制图研究。结合GLAS12数据产品的特点，制定了5种判断指标进行GLAS12数据的质量检查，通过自主开发的“南极冰盖高程制图软件系统”完成基于星载激光雷达和Envisat RA-2高度计数据、空间分辨率为1000米的南极冰盖高程模型。我国多次南极考察实测GPS数据验证表明，在南极半岛等地形复杂区域精度改进显著。

（11）我国首套极地深层冰雷达取得重要进展。中国科学院电子学研究所研制完成国内首套宽带相干极地深层冰雷达系统设备，并参加了我国第28次南极内陆科学考察。

（12）中山站航空摄影测量。本次航空摄影测量2个摄区，达尔克冰川摄区面积100平方千米，20条航线，868张航片，21个地面铺标点，摄区范围包括协和半岛、达尔克冰川；印度登陆点摄区面积72平方千米，15条航线，648张航片，8个地面铺标点，摄区范围包括印度巴拉提站所在的华西半岛、海珠半岛、三角半岛、熊猫岛等；复测达尔克冰川监测点。

生命科学 （1）极地微生物学研究。发现了1个南极细菌新属。对北冰洋深海放线菌多样性及其次生代谢基因开展研究。白令海北部区域浮游细菌的多样性调查成果已在《Polar Biology》上发表。比对分析了南北两极存在的腰鞭毛类遗传多样性，该成果已在《Advances in Polar Science》发表。对南极普利兹湾海冰中氨氧化细菌、氨氧化古菌多样性及其生态功能进行分析。开展北极植物样方微生物群落结构及功能变化的研究。

（2）极地环境监测与研究。环境监测与评价，该研究成果已在《Marine Pollution Bulletin》、《Environmental Monitoring and Assessment》和《Environmental Geochemistry and Health》上发表。传统有机污染物研究，该研究成果已在《Journal of Geophysical Research》上发表。新型有机污染物研究，该研究成果已在《Environmental Science & Technology》和Chemosphere》上发表。

（3）南极近岸海域（长城站）环境监测系统对海啸的反映。利用南极近岸环境监测系统所获得的数据，发现海平面的变化导致了不同水平面间环境因子的混杂。

（4）南极近岸海域（长城站）环境监测系统对藻华的监测。监测到了在2010年12月中期及2012年2月后期发生的藻华，监测发现两次藻华发生的机理不同，引发种有差异，发生时呈现出不同的生物量变化。

（5）极地微藻荧光分析技术研究。探索了三种荧光分析技术在极地微藻群落生理学分析上的综合应用。

（6）北极海域生态系统信息平台初步建立。现已完成了整个信息平台的框架开发，建成了海洋环境、海冰生物、浮游生物、底栖生物四大数据库，现正进行实际数据的收集，以开展信息平台的实际功能验证。

物理科学 （1）北冰洋海冰漂流类型季节变化和多年变化特征的分析。通过对1979年1月至2006年12月的月平均海冰漂流矢量场数据进行分析，可将北冰洋海冰的漂流分为4种主要常见类型。该成果已在《Advances in Polar Science》发表。

（2）1985～2006年间加拿大海盆中层水增温过程和深度趋同现象的研究。研究结果表明，整个加拿大海盆几乎已经被增暖中层水所覆盖，按照加拿大海盆海底地形的特征将其分为五个海域。分析表明，中层水深度的这种趋同现象与中层水位势密度的变化有着重要的联系。该成果已在《Acta Oceanologica Sinica》发表。

（3）北冰洋加拿大海盆上层海洋夏季淡水含量变化。北极海冰近年来快速减少，北冰洋淡水含量也出现了急剧变化。加拿大海盆作为北冰洋淡水的主要存储区域，研究其淡水含量变化对于认识北冰洋淡水收支有重要意义。该成果已在《Advances in Polar Science》发表。

（4）极区海洋-海冰耦合系统和冰/雪高分辨率热力学模型(HIGHTSI)海冰参数化实验及海冰模拟研究。基于MIT的海洋环流模式MITgcm和网格嵌套技术，进行了南极海冰的数值模拟研究工作，实现了 Prydz 湾海冰的高分辨率数值模拟。完成了2000～2009年南极海冰的数值模拟工作，对比分析了 2008 年南极考察期间 Prydz 湾重冰情的可能成因。

（5)南极 Amery 冰架前缘冰间湖模拟研究。根据冰海耦合模式与卫星数据相结合研究了南极 Amery 冰架前缘冰间湖的分布及其变化。卫星图片显示，即使普里兹湾冰封时，湾内的 Amery 冰架前缘仍保持有大片无冰或薄冰的区域，即存在冰间湖。相关成果发表在《海洋学报》。

（6）基于不同再分析强迫场的海冰模拟敏感性研究。研究表明，数值模拟基本捕捉到了 2007 年夏季海冰分布特征，比较气候态结果，07 年夏季超过 4m 的海冰范围明显减少。

（7）海冰模式参数化与现场观测对比验证研究。研究表明，近冰面温度在二月初时出现了-50° C 的最低值。不同浮标温度数据的相关性非常好，不过也能注意到 27824 号的冰温数据比 27823 的冰温低 10° C 左右，但同时冰面气温却比后者稍高。

（8）面向模式驱动和气候变化应用的海-冰-气数据库系统。主要进行了“面向模式驱动的海-冰-气数据库系统”和“面向气候变化应用的模式数据输出和后处理系统”两个部分的建设。

（9）海冰和冰山漂移监测技术及其反演研究。基于 AVHRR 可见光与热红外数据，将国际上发展较为成熟的小波变换法与最大互相关法相融合，开发了“基于 AVHRR 数据的极区海冰反演模块”。

（10）昆仑站深冰芯钻探点选址研究。综合冰穹 A 地区的已有气象、气候、冰厚、冰下地形及其浅冰芯等研究结果，冰穹 A 满足大冰厚、低的雪积累率、低流速和低温、冰岩界面平坦等钻取最古老冰芯的必要条件。相关成果发表在《Advances in Polar Science》。

（11）行星际磁场对日侧极光激发的调制：基于新奥尔松日侧 557.7/630.0nm 极光观测的统计研究。根据行星际磁场条件、太阳风-磁层耦合参数对综观结果进行分类研究，对典型事件进行详细分析，系统研究了日侧极光激发与不同磁层动力学过程之间的关系。该研究成果已发表于《J. Geophys. Res》。

（12）重联层内部等离子体特征研究。利用美国 THEMIS 卫星 2007 年 8 月 26 日 5:30～9:00 期间在日侧磁层顶的观测数据，我们对卫星一次完整穿越低纬重联层事件进行了详细分析研究。该结果已在《J. Geophys. Res》发表。

（13）极区电离层对日侧磁重联的响应研究。利用 Cluster 卫星和我国双星（探测一号卫星，TC-1）的观测数据，对卫星观测到的一系列磁通量管传输事件（FTEs）进行了深入分析研究。该结果已在欧洲的《Ann. Geophys.》上发表。

（14）南极中山站观测到SC之后极光亮度减弱以及对流反转。利用南极中山站的全天空成像仪、昭和站高频雷达对午后的一个激波极光事件进行了详细的研究。该结果已发表在《J. Geophys. Res》。

（15）北极黄河站观测的 PMAFs 事件的统计研究。本文利用北极黄河站 2003～2009 年的高质量的三波段全天空成像仪（ASI）的极光观测数据，统计研究了 PMAFs 事件与对应太阳风参数的依赖性关系。该结果已在《J. Atmos. Sol. -Terr. Phys.》发表。

（16）北极极隙区纬度电离层 NmF2 观测与 IRI 模式的比较研究。利用太阳黑子低年 2007

年 EISCAT Svalbar Radar (ESR)的电离层观测数据，分不同地磁活动条件和季节对 F2 层峰值电子密度（NmF2）的日变化特征进行了统计分析，结果表明，春夏秋三季磁地方时正午时软电子沉降对 NmF2 有着明显的影响。该结果已在《中国科学》英文版发表。

（17）太阳活动低年南北极电离层 F2 层观测与国际参考电离层对比研究。对比结果表明，由于 IRI-2007 模式较好的考虑了太阳光辐射电离影响，在太阳活动低年夏季观测与模拟结果符合得较好；冬季，地磁共轭的两站观测到的 F2 层临频变化规律不同，ESR 的观测出现了白天异常，且 IRI 在冬季的预测在南北两极都与实测结果符合得较差，这说明 IRI-2007 模式没有考虑极隙区软电子沉降和极光卵区粒子沉降引起的 F2 层临频的变化。该结果已在《极地研究》发表。

（18）日侧弥散极光事件研究。研究表明，随着太阳风动压的增强，日侧磁层顶受到压缩，磁层内波粒相互作用导致投掷角散射增强，使得沉降进入极光卵赤道侧电离层的高能粒子数密度增大，进而导致日侧弥散极光强度增强。研究结果已被《极地研究》接收。

（19）Pc2 离子回旋波在日侧外磁层远离赤道区域的激发。研究表明，离子回旋波而不是环式磁力线共振。但波的能量沿磁力线往返弹跳而不是单向朝电离层传播的特点，显示一个新的波激发机制，即该离子回旋波在远离赤道日侧外磁层磁场极小值区域激发。输入实时太阳风参数的磁层模型计算表明日侧磁层的磁场极小值区域确实远离赤道，卫星同时观测的离子通量和投掷角分布亦支持该新的波激发机制。该成果已经发表在《Geophysical Research Letters》。

（20）垂直激波面涟漪对离子动力学的影响，研究结果表明，激波冲浪加速机制和激波漂移加速机制并存，一个亮点是不但在激波的斜坡附近能够产生冲浪加速离子，而且在激波脚区域也可以产生激波冲浪加速离子。激波冲浪加速离子占所有离子数的百分比随离子初始能量的增大而增大。激波面涟漪会使入射离子更弥散，改变离子的加速机制。该成果已发表在《J. Geophys. Res》。

（21）新生离子对超临界垂直激波条件下横越激波电场成分的影响。主要结论是当新生粒子比较少时（25%），激波面是非稳态的。激波面的法向电场从上游到下游可以分成三个部分。当新生粒子比较多时（25%），稳态激波脚的幅度变大完全由洛仑兹项支配，激波斜坡和过冲的幅度变小且完全由霍尔项支配。该成果已发表在《Astrophysics and Space Science》。

（22）行星际磁场背向亚暴极区电离层电动力学特征研究。结果表明，在该亚暴膨胀相起始后，午夜之前西向电集流急剧增强，且等效电流体系表现为夜侧双涡，同时伴随夜侧增强的南向电场。由于极弱的直接驱动过程，卸载过程引起的电离层效应得到清楚显示。卸载过程在膨胀相期间起绝对主导性作用。同时，夜侧电导率的增强是电集流区域电流急剧增强的主要原因。该研究结果已发表在《空间科学学报》。

（23）星载紫外极光图像极光卵边界的提取方法研究。提出了一种新的星载紫外极光图像极光卵边界的提取方法。该方法利用一种基于模糊局部信息 C 均值聚类方法，对紫外极光图像进行分割，并根据极光卵的环状特性，提取较完整的极光卵极向/赤道向边界。该研究成果已发表在《极地研究》。

（24）南极巡天望远镜 AST3-1。中国于 2012 年建成我国首台南极光学巡天望远镜 AST3-1，并配备了目前世界上最大的单芯片 10K×10K CCD 相机的望远镜。我们成功利用 AST3-1 观测了一型窄线塞弗特星系 PKS0558-504 的周天内光变。研究成果即将投稿《极地研究》。

（25）斯隆望远镜中类星体 He I★吸收线系统研究。对详细研究的个源，对比测量所得柱密度和模型，我们发现吸收气体位于离星系中心数千光年的大尺度。研究成果将陆续发表在《Astrophysics Journal》、《Astrophysics Journal Supplement》等刊物。

（26）类星体 2175Å 尘埃吸收体研究。利用 SDSS DR9 类星体光谱样本、采用“光谱对”

的方法和数值化的消光曲线即可计算得到其中潜在的2175 Å尘埃吸收体，最终将得到显著区别与对照样本3σ的2DA样本（～500个）。数值模拟显示该方法得到样本完备度为～95%，错误率仅为-1%～2%。

【极地重点/共建实验室学术活动】 （1）国家海洋局极地科学重点实验室。承担在研项目123项，实施开放研究基金课题18项。在国内外学术刊物上发表论文60篇，其中SCI期刊论文38篇，获得国家软件注册权1项。新引进博士学位研究人员2名，在站博士后2名。实验室共接待国外来访人员58人次，派出了出国考察、参加会议人员49人次。接待了比利时王储、澳大利亚南极局局长等重要人物来访，与比利时极地秘书处签署了合作协议，与日本极地所续签合作协议，承办了2012年SuperDARN国际研讨会。此外，实验室还派员参加了IPY蒙特利尔大会、南极研究科学委员会（SCAR）会议、南极局局长理事会（COMNAP）会议、北极科学高峰周会议（ASSW）、极地亚洲论坛等大型国际会议，并深入推进中冰双边合作。在中冰两国总理见证下，国家海洋局与冰岛外交部签署了海洋与极地科技合作谅解备忘录，中国极地研究中心分别与冰岛研究中心和冰岛大学签署了关于在上海建立中国—北欧北极合作研究中心和在冰岛建立联合极光观测台的合作谅解备忘录。国际合作有序发展，极大地推动了实验室科研和支撑能力的提高。

（2）国家海洋局海洋-大气化学与全球变化重点实验室。2012年1月10～11日，召开了2011年实验室年会，2012年11月2～4日在厦门召开了2012年度实验室年会。实验室主要围绕极地大洋和近海科考与研究；西北太平洋海洋放射性调查研究；全球变化与区域应对气候变化研究；应对气候变化的海藻生物技术研发开展工作。2012年以来实验室参加了8次国际大型学术会议交流，在国内外有影响的多种期刊上共发表论文8篇，待刊6篇。获得国家海洋局工程技术奖二等奖一项，发明专利一项，计算机软件登记2项。在人才培养方面2012年以来实验室毕业硕士研究生一名，新招硕士研究生2名。联合培养博士研究生2名。

（3）武汉大学中国南极测绘研究中心。中心承担7项国家自然科学基金项目，1项“863计划”子课题，1项“973”子课题，以及“十二五”极地专项“南北极环境综合考察”中5项极地测绘相关子课题。获中国测绘学会2011年优秀测绘工程奖金奖1项。发表学术论文22篇，其中三大检索论文12篇。2月10日，在哈尔滨召开第二届学术委员会。参加国际南极研究科学委员会（SCAR）2012年科学大会。6月，派员参加国际冰川学会IGS在美国Fairbanks召开的“IGS 2012 全球变暖条件下的冰盖和冰川”国际学术会议，并展示了相关研究成果。6月，派员参加了在香港中文大学举行的2012地理信息国际学术会议，并做报告。7月2～6日，联合武汉大学学生社团联合会举办“国际大学生环境保护学术报告邀请赛”。7月14～25日，中心派员SCAR下属的地理信息工作组(SC-AGI)2012年度工作会议。8月1～21日，派员赴德国与德国海德堡大学和科隆大学的Olaf Bubenzer教授所领导的团队开展“中德合作南极大陆垂直运动/海平面升降运动研究”。

（4）中国海洋大学-国家海洋局极地考察办公室共建极地海洋过程与全球海洋变化重点实验室。实验室承担在研极地课题20项，2011年结题课题8项，在海冰现场观测与遥感、海冰变化与预测、海洋锋面与环流、海平面变化、北极航道等方面取得了研究进展，在国内外学术刊物上发表南北极研究论文13篇，其中SCI论文3篇；在国际学术会议上交流报告7篇；获得专利授权2项。接待专家、学者来访和讲学8团次，13人次赴国外进行科学考察和学术交流。实验室于2012年7月10日召开了第一届学术委员会第三次会议。与会委员认真听取了实验室工作报告，对实验室一年来取得的成绩予以了肯定，并在发展方向、目标规划、存在的问题等方面提出了建设性的意见。

（5）中国科技大学-国家海洋局极地考察办公室极地生态地质联合实验室。2011年6月至2012年8月期间，实验室共发表学术论文26篇，其中SCI收录期刊文章21篇。实验室与国内外许多研究团队建立了良好的合作关系，一年来多次邀请国内外学者来讲课和交流，同时也派出人员参加国外的考察和工作。2012 年 5 月举办了“极地海洋系统高端讲座”进行地球物理、生态地质方面的讲座。实验室已被中国科技大学作为一个新兴学科在“211”工程三期和“985”三期建设中继续扶持，充实仪器和设备，进一步强化人才队伍建设，培育极地科学研究人才。

（6）极地医学联合实验室。完成了国家“南北极综合考察与评估”专项中”南极冰穹 A 低氧复合高寒环境对第 28 次南极考察内陆队员生理和心理评估、“国家自然基金”项目的“南极越冬睡眠、昼夜节凑改变对认知、心理和安全的影响”等课题。发表报告和学术论文 4 篇，参加国际国内学术交流活动各一次。

【中国极地战略研究基金】　2012 年组织对 2010 年的 19 个基金项目进行了中期检查，19 个项目全部按合同，提交了中期评估报告，根据专家的审议结果，同意给予后续的支持，现在各项目进展顺利，将于 2012 年底，组织结题验收。2012 年组织了对 2011 年的 9 个青年基金项目中期检查，9 个项目按合同提交了中期评估报告，项目进展顺利，继续给予了后续的支持，根据项目的进展情况，拟将结题验收工作安排在 2013 年下半年进行。

2012 年中国极地战略研究基金申请工作于 2012 年 10 正式启动，为了配合 2012 年国家正式启动的“国家南北极环境综合考察与评估”专项任务，2012 年中国极地战略研究基金支持范围和目的做了适当的调整，在征求了各方专家意见的基础上，形成了几点共识，基金设立重点项目，主要支持国家专项任务的后期集成工作，为了更好的培育极地青年人才，基金青年项目的支持和资格范围适当扩大，单设社会科学类项目给予支持。

【中国极地考察重大项目年度情况】　（1）新建极地科学考察破冰船。根据国务院确定的“与国外联合设计、国内建造”的建设原则，经国际招标、国内外专家评审，芬兰阿克北极公司为极地科学考察破冰船项目基本设计中标单位，2012 年 7 月 31 日签署了极地科学考察破冰船项目基本设计合同。中国船舶工业集团公司第七〇八研究所为详细设计中标单位，2012 年 10 月 22 日签署详细设计合同。至此，极地科学考察破冰船项目设计单位全部确定。该船设计满载排水量约 15000 吨，船长 122.5 米，破冰厚度不低于 1.5 米加 0.2 米雪。为了弥补我国在破冰船设计建造规范上的空白，经国家海洋局批准，项目有关单位于 2011 年 8 月正式确定中国船级社和英国劳氏船级社为项目设计建造阶段的入级船级社，极地科学考察破冰船项目采用双船级共同审查。国外设计单位和船级社的确定，标志着国务院“与国外联合设计”的原则得到落实。

（2）南北极环境综合考察与评估（简称极地专项）。2012 年是该专项全面实施极地专项的第一年，取得了一系列的突破。中国第 28 次南极考察队首次在南极半岛海域开展了 40 个站位的海洋综合考察，首次在南极普里兹湾海域成功布放两台我国自主研发的海底地震仪（OBS）；首次在南极普里兹湾海域回收了长达一年多生物捕获器潜标系统一套；首次在南极半岛使用 MULTINET 网，成功对深海不同层次浮游生物进行了采样；首次在南极半岛海域开展海洋重力、磁力和测深地球物理区域调查，完成磁力测线约 1111 千米。南极半岛海域的考察填补了南大洋断面大、纵、深综合观测的空白，这也是在长期科学规划指导下，首次进行的目标明确、连续性强、覆盖面广、重点突出的综合性观测。为我国极地专项的正式启动和实施奠定了良好的科学基础。

昆仑站队执行南极内陆考察，开始实施昆仑站深冰芯钻探工作，成功获取了 120 米的冰芯；完成了第一台 AST3 巡天望远镜的安装，使我国极地天文学领域的发展进入新的阶段；自主研制雷达测量获得了冰盖断面雷达剖面图，表明我国已经具备了研制冰雷达这种特殊雷达系统的能力。

第五次北极科考是执行极地专项的首次北极调查任务，涉及极地专项项目三的五个专题，实现了考察学科和内容的新突破。“雪龙”号船成功穿越了北冰洋，首次实现了北太平洋水域、北冰洋太平洋扇区、北冰洋中心区、北冰洋大西洋扇区和北大西洋水域的准同步考察；首次在北冰洋、太平洋和大西洋扇区实施了系统的地球物理观测，获得无法通过数据共享获得的重力、磁力和地层剖面等基础数据，为我国的北极海域海底构造研究奠定了基础；在冰岛周边海域开展了中冰海洋合作调查，开创了中国与环北冰洋国家深入合作的成功先例，极大地拓展了我国的北极研究领域。

（3）南极新建站建设项目。为围绕气候变化的核心议题，开展更加持续的环境观测，更系统的研究南极大陆，建设南极考察强国，维护国家海洋、极地权益，国家海洋局极地考察办公室组织了战略、科技、后勤等方面的专家就南极新建站进行了不同专题的论证，形成了新站选址调研方案，并在中国第29次南极考察中现场执行。与此同时，国家海洋局成立了极地考察能力建设领导小组及领导小组办公室，并重点专题研究部署了南极新建考察站的相关工作。目前，项目建议书、环境影响评估报告等前期工作正在紧锣密鼓地进行中，争取2014年完成第一个站点的建设工作，2015年开始第二个站点的建设工作。

（4）固定翼飞机。国家有关部门已经批准购置美国Basler公司BT-67型固定翼飞机。2012年7月，根据有关部门的要求，中国极地研究中心对固定翼飞机项目的机载科研装备、医疗设备、起降与燃动保障装备进行了论证，增加的机载科研装备配备了冰盖深部探测冰雷达、航空重力仪和航空磁力计等设备。同时，开展了固定翼飞机运行管理相关的配套工作调研。

极地国际合作

【国际会议】 （1）组团参加可持续性北极观测网络（SAON）会议。2012年1月24～25日，可持续性北极观测网络（SAON）指导工作第一次会议在挪威特罗姆瑟弗拉姆中心召开，国家海洋局派出两位代表参加了会议。会议修改了SAON委员会章程，限制了非北极理事会成员国在委员会中的地位。

（2）组团参加斯瓦尔巴综合观测系统-预研项目（SIOS-PP）政策委员会第一次会议。2012年2月7～8日，斯瓦尔巴综合观测系统-预研项目（SIOS-PP）政策委员会第一次会议在挪威奥斯陆召开。包括我国在内的11个主要成员国和2个次要成员国的33名代表参加了会议。会议主要围绕SIOS的组织结构、法律框架和运行机制的可能形式开展了讨论，并探讨了通过SIOS-PP项目取得的研究成果。

（3）派员参加北极理事会（AC）春季高官会。2012年3月28～29日，北极理事会（AC）春季高官会在瑞典斯德哥尔摩举行。理事会8个成员国、6个原住民组织永久参与方、11个观察员和临时观察员国家、12个观察员组织共180余位代表与会。由外交部、科技部、交通运输部、国家海洋局、中国气象局组成的我国代表团作为临时观察员参加了会议。会议听取了AC下设6个工作组的工作进展情况汇报，讨论了加强AC机构建设、北极地区气候变化、生物多样性、油污预防与处理，以及海空运输等问题，并初步核准了相关项目报告，决定将有关成果进一步提交副部长级会议批准。

（4）组团参加北极科学高峰周会议（ASSW）。2012年4月19～22日，北极科学高峰周会议（ASSW）在加拿大蒙特利尔市召开，国家海洋局组团参加了会议。会议期间，国际北极科学委员会（IASC）改选了理事会，我国IASC国家代表、中国极地研究中心主任杨惠根成功当选IASC副主席，这是我国科学家首次进入IASC理事会执行委员会。

（5）组团参加欧洲地球物理年会会议（EGU）。2012年4月21～29日，欧洲地球物理年会（EGU）在奥地利召开，来自世界各国近万名地球物理学家（含空间物理和空间天气学家）参加了会议。会议主要围绕欧洲地球科学最新观测和研究成果及未来的发展方向开展研讨。

（6）组团参加国际极地年（IPY）总结大会。2012年4月21～28日，主题为“从知识到行动”的国际极地年（IPY）总结大会在加拿大蒙特利尔市举行。我国极地冰川、海洋、大气、生物、地质和环境等自然科学以及极地社会科学等领域的 20 名代表参加了大会，IPY 中国行动计划首席科学家杨惠根应邀作大会报告，部分参会人员作了分组报告或展板报告，并参与了相关讨论。

（7）组团参加第 18 届极地科学国际研讨会。2012 年 5 月 22～24 日，主题为“极地研究合作的里程碑”的第 18 届极地科学国际研讨会在韩国济州岛举行。我国代表应邀做了大会报告和展板报告，并与参会的韩国、美国和日本专家交流和商议了北极古海洋学研究合作事宜。

（8）主办超级双子极光雷达网（SuperDARN）国际研讨会。2012 年 5 月 27 日～6 月 1 日，中国极地研究中心在上海主办了 2012 年超级双子极光雷达网（SuperDARN）雷达国际研讨会，来自美国、英国、法国、日本、俄罗斯、加拿大、澳大利亚等国家及国内近 80 位专家学者参加了此次会议。会议围绕 SuperDARN 对南北半球电离层的多点多尺度探测，研讨了该雷达网的最新观测和研究成果及未来的发展方向。

（9）组团参加首届中国-比利时海洋科学和极地合作联委会会议暨研讨会。2012 年 6 月 4～7 日，首届中国-比利时海洋科学和极地合作联委会会议暨研讨会在比利时布鲁塞尔召开，双方科学家围绕海洋生物及生态系统、气候变化与极地科学展开了研讨。

（10）派员参加第 35 届南极条约协商会议（ATCM）和第 15 届南极环境保护委员会（CEP）会议。2012 年 6 月 11～20 日，第 35 届南极条约协商会议（ATCM）和第 15 届南极环境保护委员会（CEP）会议在澳大利亚霍巴特召开。28 个《南极条约》协商国、6 个非协商国及国际组织的代表参会。外交部和国家海洋局组成的中国代表团参加了会议。

本届会议举行了 ATCM 全体大会，CEP 会议、法律和制度工作组、旅游和非政府活动工作组、运行工作组等分组会议，围绕各成员国和相关国际组织会前提交的工作文件（WP）、信息文件（IP）、相关决议进行了讨论，通过了 11 项有法律约束力的措施，15 项不具有法律约束力的决定和决议，最终形成了 ATCM 会议报告。会议欢迎马来西亚和巴基斯坦加入《南极条约》，至此，《南极条约》缔约国的数量达到了 50 个。我国代表团积极参与了关于区域保护和管理、南极动植物保护、环境监测、垃圾清理等议题的讨论，向会议通报了我国考察队的相关情况。

（11）组团参加第 4 届南极数据管理委员会（SCADM）年会。2012 年 7 月 13～14 日，第 4 届南极数据管理委员会（SCADM）年会在美国波特兰市召开，包括我国在内的多国人员参加了会议。会议从数据的采集、管理、共享和应用以及加强与推动国际极地年南北极数据成果的共享与服务等方面进行学术交流，特别对南极研究科学委员会（SCAR）系列数据产品与 SCAR 跨学科项目的结合应用进行了深入讨论。

（12）组团参加第 32 届南极研究科学委员会（SCAR）会议。2012 年 7 月 13～25 日，第 32 届南极研究科学委员会（SCAR）会议在美国波特兰召开。会议第一阶段主要召开了物理科学组、生命科学组、地质科学组三个常设科学组会议、重大科学研究项目工作组会议，以及开放科学大会。我国科学家赵越在地质工作组做了中国近期亮点工作报告。会议第二阶段为 SCAR 国家代表会议，听取了三个常设科学组及其他工作组的会议报告，决定接受委内瑞拉为 SCAR 准会员国，并选举了新一届 SCAR 主席和副主席。

（13）组团参加第 24 届国家南极局局长理事会（COMNAP）会议。2012 年 7 月 15～19 日，第 24 届国家南极局局长理事会（COMNAP）会议在美国波特兰召开，大会全体会议讨论了开展多国参与的跨学科、大范围的科考项目、溢油应急计划普查、南极航行船舶强制性规定、成立专门的搜救工作组、南极医疗设施数据库重建、能源管理和新能源、无土栽培等议题。大会分组会议讨论了在南极半岛、罗斯海和东南极地区开展后勤合作、后勤保障领域技术创新、南极卫星通讯等重点议题。我国与会代表积极参与会议讨论，就与我南极考察有关的议题介绍情况，分享信息，并与澳大利亚、韩国、印度代表团进行了专门接触，就落实《中澳南极合作谅解备忘录》、韩国新站选址经验以及合租破冰船等话题进行了深入交流。

（14）组团参加第 13 届极地科学亚洲论坛（AFOPS）。2012 年 8 月 6～7 日，第 13 届极地科学亚洲论坛（AFOPS）会议在印度新德里召开。包括中国在内的各成员国向会议报告了本国上年度南极和北极考察项目执行情况及取得的科学成果，通报了下年度科考和航行计划。我国代表团在会上做了“中国 2011～ 2012 年度南北极考察”、“中国南极内陆科学研究进展”等报告，并向会议详细介绍了南极巡天望远镜、深冰芯钻探及深冰雷达探测等最新科学研究进展情况。会议决定，AFOPS 出版物的出版工作正式启动，第一期出版物由中国主办，由中国极地研究中心的 Advances in Polar Science 期刊专门举办一期 AFOPS 科学专刊。

（15）组团参加北极理事会（AC）北极监测与评估项目工作组(AMAP)会议。2012 年 10 月 3～5 日，北极理事会（AC）北极监测和评估项目工作组（AMAP）会议在瑞典斯德哥尔摩召开。该工作组负责对北极环境状况和面临的威胁进行全面监测及评估，并向 AC 提出相关的行动建议。我国代表作为观察员介绍了我国北极考察情况，收集了相关信息，交流了工作进展。

（16）派员参加第 31 届南极海洋生物资源养护公约委员会（CCAMLR）会议。2012 年 10 月 22 日～11 月 1 日，第 31 届南极海洋生物资源养护公约委员会（CCAMLR）会议在澳大利亚霍巴特举行。外交部、农业部和国家海洋局组团参加了会议，积极参与了海洋保护区、磷虾捕捞与管理、对渔船的港口国管控和贸易措施等的讨论，充分表达了我国的主张与关切。

（17）组团参加新奥尔松科学管理委员会（Ny-SMAC）会议。2012 年 11 月 12～13 日，新奥尔松科学管理委员会（Ny-SMAC）会议在荷兰格罗宁根举行。国家海洋局组团参加了会议。会议听取了挪威王湾公司的信息通报以及斯瓦尔巴科学论坛的工作报告，探讨了如何推动大气、海洋、陆地和冰川等旗舰项目。

（18）组团参加北极理事会（AC）秋季高官会议。2012 年 11 月 14～15 日，北极理事会（AC）秋季高官会议在瑞典哈帕兰达举行。会议听取了 AC 下设的 6 个工作组的工作进展报告，并就气候、环境、生物多样性、海洋、人类发展等议题进行了讨论。国家海洋局组团代表我国参会，以临时观察员的身份听取了会议各项议题。

【对外合作和交流】　（1）中国政府代表团赴南极长城站视察慰问。2012 年 1 月 2～14 日，国家海洋局党组书记、局长刘赐贵率中国政府代表团赴南极长城站视察，并慰问南极考察队员。代表团全面考察了我南极长城站、“雪龙”船经过能力建设改造后的成果，听取了我国极地考察“十二五”发展规划及其实施等方面情况的介绍，召开了考察队员座谈会，实地调研了长城站周边的智利、俄罗斯、乌拉圭及韩国等国的南极考察站。期间，刘赐贵局长强调指出，为把我国由极地考察大国建设成为考察强国，要努力做到主题意识和大局意识、分散的科考和综合效益、短期研究和长期研究、软件建设和硬件建设、环境科考和资源科考、科研成果与实际运动“六个结合”。

（2）中日韩三国南极考察越冬队员培训交流。中日韩三国南极冬训项目人员培训交流已持续开展了 8 年，对于相互学习、取长补短、完善培训项目取得了积极作用。2012 年 2 月 4～12 日，国家海洋局极地考察办公室邀请了日韩两国的人员参加中方冬训，并于 2 月 25 日至 3 月 5 日组织人员参加了日本冬训。

（3）中冰极地交流与合作。2012 年 4 月 14～24 日，中国极地研究中心派员访问冰岛，在冰岛阿库雷利地区围绕中冰联合极光观测台选址、建设条件、环境影响等问题开展了实地调查研究。2012 年 6 月 18～23 日，冰岛研究中心、冰岛大学、冰岛北极门户网站人员访问国家海洋局，双方进一步就“雪龙”号冰船第五次北极考察期间访冰事宜、共建极光观测台及设立合作研究中心等事项进行了具体的磋商，达成了共识。

（4）澳大利亚新任南极局长访问国家海洋局。2012 年 4 月 16～18 日，应国家海洋局极地考察办公室邀请，澳大利亚南极局新任局长托尼•弗莱明（Tony Fleming）来京访问，与国家海洋局副局长陈连增举行了会谈。访问期间，弗莱明局长与国家海洋局极地考察办公室讨论签署中澳《南极合作谅解备忘录》事宜，并商定于 6 月份召开南极条约协商会议期间在澳大利亚霍巴特正式签署。弗莱明局长还访问了中国极地研究中心，就科研和后勤保障合作及人员交流等问题展开进一步交流。

（5）国土资源部部长徐绍史、国家海洋局局长刘赐贵访问丹麦所属自治领地格陵兰。2012 年 4 月 24～25 日，应格陵兰工业和矿产资源部邀请，国土资源部部长徐绍史、国家海洋局局长刘赐贵访问了丹麦所属自治领地格陵兰。格陵兰自治政府总理库皮克•柯雷斯特会见了徐绍史部长和刘赐贵局长一行。这是首个中国政府高级代表团访问格陵兰。刘赐贵局长向格方介绍了我国北极科考和海洋科研工作的有关情况。双方就推动建立长期稳定的海洋与极地领域合作交流机制、建立北极研究联合体，推动在极地科学、气候变化、冰川学等领域的合作等问题进行了探讨。徐绍史部长和刘赐贵局长还访问了格陵兰自然资源研究所和格陵兰大学。

（6）组团参加“中国在北极”中国和加拿大社会科学研讨会。2012 年 4 月 30 日，加拿大魁北克大学蒙特利尔分校举办了“中国在北极”学术研讨会。加拿大外交与防务政策研究主席斯蒂芬•罗斯教授等多位加方研究人员，以及中方参会人员分别做了大会报告。双方还就北极国际治理问题、中国在北极的活动及加拿大北极主权立场以及中加在北极事务方面可能合作的领域进行了研讨。

（7）参加“北极问题：中国与北欧国家对话”探讨会。2012 年 5 月 10 日，中共中央对外联络部当代世界研究中心和瑞典斯德哥尔摩国际和平研究所在北京联合举办了“北极问题：中国与北欧国家对话”研讨会。瑞典、芬兰外交部人员，挪威、丹麦驻华使馆人员及，瑞典、芬兰、挪威的研究人员，以及我国外交部、发改委、国家海洋局等部委、研究院所、高校和公司人员共 30 多位代表参加了研讨会。会议就北极地区治理、国际法与北极地区的发展、北极航道的前景和不确定因素、中国和北欧国家在北极的合作机遇等问题进行了研讨。

（8）派员参加中美海洋与极地事务对话。2012 年 5 月 22～23 日，国家海洋局极地考察办公室派员参加了外交部组织的中美海洋与极地事务对话，中美双方就互相关心的海洋和极地事务交换了信息和意见，增进了了解与互信。

（9)组团参加第 2 届中加北极问题研讨会。2012 年 6 月 18～30 日，第 2 届“中加北极问题研讨会”在建安大哈利法克斯举行。国家海洋局海洋发展战略研究所与加拿大达尔豪斯大学等加拿大 5 所大学的 20 多位代表进行了研讨，中方代表就我国的北极政策、西北航道、北极科研法律制度等议题作了大会发言，并与加方学者进行了深入交流。

（10）北极黄河站“十五”建设项目验收团考察北极黄河站。2012 年 8 月 5～14 日，由相关部委人员组成的北极黄河站“十五”建设项目验收团，对北极黄河站“十五”建设工程进行了实地考察和竣工验收，并就北极科学考察能力建设进行了调研。

（11）国家海洋局派出代表团考察慰问北极黄河站。2012 年 8 月 12～20 日，国家海洋局派出由有关部委组成的代表团对我国北极黄河站进行考察，对工作在黄河站的考察队员进行慰问，并顺访了芬兰阿克北极技术有限公司。代表团考察了黄河站的建设和科考工作，调研了站区周边的 GPS 跟踪站和卫星天线观测场等设施，召开了队员座谈会，并对北极考察工作提出了建设性的意见和建议。

（12）中国第五次北极考察暨雪龙船访问冰岛。2012 年 8 月 16～20 日，应冰岛总统和政府邀请，中国第五次北极考察队暨“雪龙”船访问冰岛。访冰期间，冰岛总统和冰岛政府官员、科研人员、企业家社团和普通市民参观了“雪龙”号船，并在冰岛举行了两场科学研讨会。这是中国北极考察队和考察船首次应邀正式访问北极国家，受到了冰岛科学界和公众的热烈欢迎，冰岛总统盛赞考察队和“雪龙”号船访冰是开启北极全球合作的破冰之旅，为中冰两国合作奠定了新的基石。此次访问和交流，展示了我国的极地研究的水平，进一步推动了中冰两国在北极研究方面的实质性合作。

（13）新建极地科学考察破冰船项目赴芬兰、德国调研。2012 年 8 月 19～27 日，新建极地科学考察破冰船项目扩充概念设计技术交底和设备调研工作团赴芬兰、德国进行了技术交流和考察。调研团与芬兰阿克北极技术有限公司进行了基本设计技术交底工作，并与推进设备的 3 家主要潜在供应商、大型声学设备和科学调查绞车系统的可能合作伙伴进行了技术交流。

（14）首届“中俄北极合作论坛”举行。2012 年 9 月 3 日，由国家海洋局极地考察办公室资助、中国海洋大学主办的“中俄北极合作论坛”在青岛举办。来自俄罗斯 5 所大学和研究机构的学者和来自国内 7 家部委、大学和研究机构的专家学者 30 余人与会。与会代表就中俄北极合作、北极区域治理、国际法与北极地区的发展、北极航道的开发利用、中国参与北极理事会相关活动等问题进行了沟通交流。

（15）美国海岸警卫队官员访问中国极地研究中心。2012 年 9 月 13 日，美国海岸警卫队（USCG）太平洋区司令左昆中将、驻华联络官康百利上校一行 4 人访问中国极地研究中心。中方介绍了中国极地研究中心以及中国极地考察的情况，其后美方介绍了 USCG 在美国极地考察中的作用以及其对北极事务的观点。

（16）澳大利亚塔斯马尼亚州州长访问国家海洋局。2012 年 9 月 14 日，国家海洋局陈连增副局长会见了澳大利亚塔斯马尼亚州州长莱拉•吉丁斯一行。澳塔斯马尼亚州霍巴特市是通往南极的重要门户之一，澳方介绍了霍巴特的地理、政治、经济、政策和国际合作等方面的资源和便利条件，希望能够在南极科学研究和后勤保障等事务方面加强塔州和中方相关部门的联系和合作。陈连增副局长介绍了中澳南极考察合作的历史和中国极地考察五年规划。双方共同表达了加强科研和后勤合作的愿望。吉丁斯州长还于 9 月 19 日顺访了中国极地研究中心。

（17）加拿大新斯科舍省经贸团访问中国极地研究中心。2012 年 9 月 17 日，加拿大新斯科舍省省长戴里尔一行 11 人访问了中国极地研究中心。戴里尔省长介绍了加方无人水面水下船只、造船、声学传感器和仪表、海洋信息与通信技术等领域的优势，以及在海洋研究和咨询服务方面的能力。通过访问，双方加深了相互了解，并表达了建立长期的合作关系的愿望。

（18）澳大利亚联邦可持续发展、环境、水资源、人口、社区部部长托尼•贝克访问国家海洋局。2012 年 9 月 24 日，国家海洋局党组书记、局长刘赐贵在北京会见了澳大利亚联邦可持续发展、环境、水资源、人口、社区部部长托尼•贝克一行。国家海洋局副局长陈连增、澳大利亚联邦可持续发展、环境、水资源、人口、社区部常务副部长保罗•格莱姆斯，副部长约翰•麦克奎恩，澳大利亚驻华大使孙芳安等参加会见。双方就进一步推动两国在南极科学考察与研究和后勤服务领域的深入合作，特别是推动南极冰芯研究方面的合作进行了友好深入的交流。

【双边协议】　（1）中国极地研究中心与日本国立极地所续签合作协议。2012 年 2 月 16 日，中国极地中心与日本国立极地研究所续签了《中国极地研究中心与日本国立极地研究所极地科学与技术合作协议》。

（2）同济大学与俄罗斯科学院远东分院太平洋研究所关于北极沉积物与古环境记录合作协议。同济大学和俄罗斯科学院远东分院太平洋研究所共同申请的中俄（NSFC-RFBR）合作项目“西北冰洋过去的环境变化：来自沉积物的记录”获得国家自然科学基金委批准和资助。2012 年 4 月 11 日，双方科学家签署了“中俄双边北极合作建议项目：海洋沉积物和古环境记录”合作与交流合作协议，项目执行期限为 2012 年 1 月至 2013 年 12 月。

（3）中冰海洋和极地科技合作谅解备忘录。2012 年 4 月 20 日，国务院总理温家宝访问冰岛，并出席了由国家海洋局局长刘赐贵与冰岛外交部部长奥叙尔•斯卡费丁松签署的《中国国家海洋局与冰岛外交部海洋与极地科技合作谅解备忘录》的签字仪式。《备忘录》确定，两国将进一步加强在海洋政策和立法、海洋监测、预报和研究、气候变化对环境的影响、海洋环境保护、海洋和极地科技研究，以及北极考察、科研船只在连接北太平洋和北大西洋的新航线航信的相关研究等领域的合作。

（4）国家海洋局极地考察办公室与澳大利亚南极局签署《南极合作谅解备忘录》和《南极合作计划》。为协调、分享资源和数据，开展关于南极极其环境的科研合作，提高南极后勤运作的效率，实现资源的最佳利用，2012 年 6 月 13 日，国家海洋局极地考察办公室和澳大利亚南极局在澳大利亚霍巴特签订了中澳《南极合作谅解备忘录》和《南极合作计划》。双方一致同意，在条件允许的情况下，在科学研究、后勤运作、管理经验、人员交流等方面开展紧密合作，并在相关国际组织中协调立场。

（5）中国极地研究中心与冰岛研究中心等签署合作备忘录。2012 年 8 月 17 日，中国第五次北极考察队访问冰岛，与冰岛举行了第二届中冰研讨会，冰岛总统出席了会议。会上，中国极地研究中心与冰岛研究中心签署了在上海建立中国-北欧北极研究合作中心的谅解备忘录，与冰岛大学签署了在冰岛北部建立联合极光观测台的谅解备忘录。

（6）中德签署《关于加强中德海洋与极地领域合作的联合声明》。2012 年 8 月 30 日，国家海洋局党组书记、局长刘赐贵参加了由国务院总理温家宝和德国总理默克尔共同主持的第二轮中德政府间磋商，向两国总理汇报了中德海洋与极地合作情况。在两国领导人的见证下，刘赐贵局长与德国教育和研究部部长阿内特•沙万签署了《中国国家海洋局与德国教育和研究部关于加强中德海洋与极地领域合作的联合声明（2013-2020）》。

【两岸交流】 台湾科研人员参加了中国第 28、29 次南极考察，开展了“南极海域海洋生物多样性及其所含生理性物质”等项目的考察和研究。台湾科研人员还参加了 2012 年 10 月举行的中国极地科学学术年会，做了大会报告，并与大陆学者进行了广泛的交流。

对外合作项目支持 为扩展合作渠道，提高参与对外合作的积极性，推动对外合作项目的开展，国家海洋局极地考察办公室为对外合作项目提供了指南和经费支持。2012 年度共收到符合要求的申请 32 份，通过项目申请人电话答辩、专家提问、专家评议、极地考察办公室审批和签约等程序，对 17 个项目提供了资金资助，其中社会科学类 2 项、科学研究类 15 项。

极地科研及其他

【极地软科学研究】 （1）“极地国家利益战略评估”专题研究。该专题自 2012 年度围绕基础性、战略性、前瞻性问题积极展开研究，并针对《努克宣言》发表之后的北极地区新形势、“雪龙”号穿越东北航道的法律问题、各国北极新政策等实务决策亟需的应急性问题展开了专门研究，取得了丰硕成果。2012 年年度共有 34 家高校和科研院所，150 多位专家参与研究，涉及战略、政策、法律、国际政治、经济、文化、社会、航运、信息管理等多个学科，共形成多份研究报告。

（2）极地政策与双边合作研究。国家海洋局国际合作司（港澳台办公室）和中国极地研究中心联合项目。2012 年，在中国极地研究中心组织下，上海国际问题研究院、华东政法大学、南京大学、上海交通大学、国家海洋局第二海洋研究所、武汉大学 6 家单位参与。本年度围绕“北极传统安全、能源安全与北极国家政策比较”、“北极地区国际法律问题研究”、“北极圈国家的北极政策资料收集与研究”等课题展开了研究。

（3）北极航道分析与应用研究。中国海洋发展研究中心课题，国家海洋局极地考察办公室承担，参与单位包括中国极地研究中心、国家海洋环境预报中心、中国海洋大学、大连海事大学和中国远洋运输集团。课题组完成了《北极航道分析与应用研究报告》，并于 2012 年 3 月 18 日通过专家组的验收。

（4）南极生物勘探法律规制研究。国家海洋局极地考察办公室项目，中国海洋大学承担。项目旨在梳理国际法中和南极生物勘探有关的规定，分析 ATCM 围绕相关议题的争论以及我国现有法律体系中的相关规定，通过国际比较研究，提出我国国内管理层面的完善建议。项目已按照合同要求完成了 2011 年和 2012 年上半年的研究工作，于 2012 年 6 月通过了中期检查。

（5）北极区域发展与中国北极活动评价指标构建。国家海洋局极地考察办公室项目，中国极地研究中心承担，上海国际问题研究院参与。此课题目标是建立业务化的北极发展动态监测、预测和评估系统。项目完成了创造性工作，确定了评价指标体系内容框架，主要包括北极和平指数、北极发展指数和中国参与指数，完成了三指数系统 82 个指标中的 62 个指标数据的收集，完成了 1 份研究报告和 29 张图集，并于 2012 年 12 月结题。

【学术交流】　（1）“北极与俄罗斯”专题研讨会。2012 年 3 月 29 日，由上海国际问题研究院主办的“北极与俄罗斯”研讨会在上海举行，这是一次由自然科学、社会科学和政府部门的专家共同探讨俄罗斯北极问题的专题会议。来自国家海洋局极地考察办公室、外交部条法司、中国地质研究所、中国社会科学院、江南社会学院、西北政法大学、同济大学、第二军医大学和上海国际问题研究院等机构的 20 余位专家、学者和政府官员围绕俄罗斯北极开发和中俄北极双边合作的主题展开深入交流与探讨。

（2）“中国在北极”国际学术研讨会。2012 年 4 月 30 日，加拿大魁北克大学蒙特利尔分校举办了“中国在北极”国际学术研讨会。会议分别由加拿大外交与防务政策研究主席斯蒂芬•罗斯教授，吉尔莫斯大学惠特尼•拉肯巴尔博士，拉威尔大学费尔德里克•拉瑟尔博士，蒙特利尔大学陈志明博士，上海国际问题研究所程保志博士，国家海洋局极地考察办公室徐世杰处长和加拿大阿尔伯特大学姜闻然博士做大会报告。中加学者还就中国对加拿大北极主权的立场、中国对加拿大北极资源的态度以及中加在北极事务方面可能合作的领域召开了研讨。

（3）“北极问题：中国与北欧国家对话”研讨会。2012 年 5 月 10 日，中共中央对外联络部当代世界研究中心与瑞典斯德哥尔摩国际和平研究所在北京联合举办了“北极问题：中国与北欧国家对话”研讨会。来自瑞典外交部、芬兰外交部、挪威驻华使馆、丹麦驻华使馆、瑞典斯德哥尔摩国际和平研究所、澳大利亚悉尼罗伊国际事务研究所、以及国内外交部、社科院、发改委、交通部、国家海洋局、上海国际问题研究院、同济大学、中远集团等政府部门、研究机构的 30 多位官员和学者出席了研讨会。与会者分别就北极地区的治理、国际法与北极地区的发展、北极航道的前景和不确定因素、中国和北欧国家在北极的合作机遇等问题进行了研讨。

（4）第 2 届中加北极问题研讨会。2012 年 6 月 18～30 日，第 2 届“中加北极问题研讨会”在加拿大哈利法克斯举行。来自加拿大达尔豪斯大学、维多利亚大学、卡尔加里大学、圣哲罗姆大学、蒙特利尔大学的 15 名加方学者参加了此次会议。以国家海洋局海洋发展战略研究所高之国所长为团长的 6 名中方学者分别就中国的北极政策、西北航道、北极科研法律制度、中国北极科研活动、中加极地研究合作、中国北极事务研究现状等题目做了大会发言，并与加方学者在北极相关问题上进行了深入交流。

（5）首届“中俄北极合作论坛”。2012 年 9 月 3 日，由国家海洋局极地考察办公室资助、中国海洋大学主办的“中俄北极合作论坛”在青岛举行。来自俄罗斯公共管理研究院、俄罗斯科学院、莫斯科国立外交学院、俄罗斯南北极研究院和俄罗斯圣彼得堡大学的 5 名俄方学者和来自国家海洋局极地考察办公室、上海国际问题研究院、中国地质科学院地质力学研究所、武汉大学、国家海洋局第一海洋研究所、国家海洋局海洋发展战略研究所、中国极地研究中心、中国科技大学、中国海洋大学、中国石油天然气集团公司等政府机构、高校、科研院所和企业的 20 多位中方学者出席了会议。与会者分别就中俄北极合作、北极地区的治理、国际法与北极地区的发展、北极航道的开发利用、中国加入北极理事会等问题进行了交流。

（6）2012 年中国极地战略与权益研讨会。2012 年 10 月 16 日，由中国极地研究中心、上海国际问题研究院联合主办的“2012 年中国极地战略与权益研讨会：北极开发与合作”在上海顺利举行。来自全国各地的相关政府部门的领导、科研机构及高校的学者等 30 余名代表参会。研讨会紧扣当前北极问题的焦点，围绕“北极国际合作”、“北极资源开发”及“北极航运发展”开展了研讨。

（7）中外极地政策比较研究国际学术研讨会。2012 年 11 月 23 日，武汉大学组织召开了“中外极地政策比较研究国际学术研讨会”。来自国家海洋局极地考察办公室、武汉大学政治与公共管理学院、武汉大学中国边界与海洋研究院、复旦大学、华中师范大学、中国极地研究中心、国家海洋局海洋发展战略研究所 10 多位中方专家以及新西兰和挪威的外方学者参会。

【规章制度建设】 为加强南极考察管理，保障南极考察活动的顺利实施，促进南极考察人员队伍建设，提高南极考察队员的能力和水平，适应极地工作发展的新形势，实现南极考察管理的科学、规范、高效，2012 年国家海洋局制定并颁布了《南极考察队管理规定》，《南极考察计划管理规定》，《南极考察培训工作管理规定》及《迎送极地科学考察队活动管理办法》。

同时，为贯彻国家突发事件总体应急预案有关精神，提高处置极地考察各类突发事件的能力，在认真总结我国极地考察历次应急现场处置经验与措施，借鉴国际主要极地考察国家应急管理相关制度的基础上，2012 年继续深化完善了中国极地考察突发事件应急预案体系，国家海洋局制定并颁布了《极地考察航空器突发事件应急预案》，《极地考察船现场处置预案》，《极地考察直升机现场处置预案》等三个预案，制定《北极冰站防熊现场处置预案》并通过专家评审。

【极地科普宣传教育】 （1）科普宣传教育平台。目前，国家海洋局极地考察办公室已与 9 家国内海洋馆合作成立了“极地科普教育基地”。9 个科普教育基地多以当地海洋馆设施为基础，通过极地动物展、极地考察成果展和邀请极地考察人员现场讲述极地科考等多种方式开展极地科普宣传与教育活动，收到了很好的效果，得到了社会各界的一致好评。

2012 年初，黑龙江极地科普教育基地对极地科普馆进行重新装修，建成独立的科普展馆，完善了极地科考史展览区、极地科考成果展览区、极地风光、南极石及标本展区，新建了三维演示报告厅等展示设施，增加和丰富各类图片和实物展品，将其打造成极地科普教育基地品牌。

（2）科普宣传教育活动。28 次考察队随队媒体共发表各类文字报道 300 多条，中央电视台播发新闻报道 40 余条，《中国海洋报》4 次使用整版报导本次南极考察队。考察队充分利用“微博”这种新型媒体，与广大网友积极互动，截至 2012 年 3 月 20 日，28 次南极考察的各类微博，收到网友留言超过 3 万条。这些宣传报道提升了我国极地考察的社会影响力。

2012 年 6 月 27 日，“雪龙号”科学考察船搭载中国第五次北极科学考察队离开上海极地考察国内基地码头，于 6 月 29 日抵达青岛市奥帆中心码头，停靠 4 天，7 月 2 日上午从青岛出发，前往北极执行科学考察任务。考察队在青岛停留期间，国家海洋局与青岛市人民政府共同开展系列极地科普宣传教育活动，主要内容有：在青岛市图书馆举办极地科普知识展览、举办极地考察专题讲座和报告会、邀请青岛市民代表参观“雪龙号”船等，共接待市民 5000 多人次。

考察期间，新华社、中央电视台、《中国海洋报》随队记者开展了卓有成效的报道工作，围绕雪龙船访问冰岛、穿越北极航道、跨越北冰洋科学考察等重大活动进行了集中报道，对冰岛总统进行了联合专访，共制作并播出视频 21 条，开设了微博访谈，发表新闻稿件 80 篇，图片 162 幅，引起国内外的广泛关注。同时，积累拍摄科考视频资料 800 多分钟和图片 13000 幅，为极地考察留下珍贵档案。

国家海洋局极地考察办公室与厦门科技馆联合开展极地科普展区的布展，并开始试运行，国家海洋局极地考察办公室与厦门市有关方面进行交流，研讨进一步加强双方在极地科普方面的合作。

为配合 2012 年全国海洋宣传日活动的宣传，2012 年初国家海洋局极地考察办公室联系极地科普教育基地，决定支持大连极地馆发起的“企鹅的感动”大型公益活动，借助社会平台宣传海洋和极地的环境保护，倡导低碳生活理念；活动于 4 月开始，将在全国范围内选拔 8 位环保志愿者赴南极实地考察极地生态环境。

国家海洋局极地考察办公室选派人员赴大连、天津、青岛、成都，面对大学、中学和小学，进行了 10 场南北极考察演讲，宣传海洋事业和极地考察工作成绩，引起社会各界的普遍关注，取得了良好的社会效应。

（3）极地考察相关文化产品、出版物。国家海洋局极地考察办公室与深圳广电集团联合制作的三十集电视纪录片《中国南极记忆》制作完成，并进行了播出，取得了很好的社会反响。《中国南极记忆》是中国首部以南极考察为题材的大型科学探索纪录片，全片在 900 分钟的时间里分 30 集向观众讲述了中国南极考察近 30 年的历史。

（国家海洋局极地考察办公室　中国极地研究中心）

国际海域

综述

2012年，中国大洋矿产资源研究开发协会（以下简称“中国大洋协会”）在国际海域调查研究等各项工作中取得了新的进展。积极参与国际海底管理局事务，中国成功连任国际海底管理局理事会A组理事会成员国。参加国际海底管理局第18届会议代表团和中国常驻国际海底管理局代表处在第一时间成功递交了中国大洋协会位于西北太平洋的富钴结壳矿区申请；蛟龙号载人潜水器，继2009～2011年先后成功完成1000米、3000米和5000米级海试后，于2012年6月3日至7月16日在西太平洋马里亚纳海沟附近开展了7000米级海上试验，并取得了巨大成功；“大洋一号”科学考察船执行了大洋第26航次任务，在西北印度洋、北大西洋、南大西洋、尼日利亚几内亚湾和西南印度洋五个重点区域开展了海底多金属硫化物、深海环境和深海生物多样性等多项调查工作，并发现两处海底多金属硫化物热液区；启动了多金属硫化物、富钴结壳、多金属结核资源评价以及生物研究等重大项目。

中国大洋矿产资源研究开发协会活动

【大洋协会第六届常务理事会第六次会议】 大洋协会第六届常务理事会第六次会议于2012年1月18日在北京召开，协会秘书长金建才主持会议，协会常务理事、常务理事代表及协会办公室有关人员共20人参加了会议。会议审议了协会2011年工作总结和2012年重点工作任务，审议协会2011年大事记和2012年中国大洋工作会议安排等事宜。

会议充分肯定了2011年协会工作取得的成绩。2011年蛟龙号载人潜水器圆满完成5000米级海试，多金属硫化物勘探合同顺利签订，大洋航次调查工作在“量”和“质”上都有了新突破，我国7个海底地名提案获国际海底地名分委会通过。这些工作极大提高了我国参与国际海域事务的能力，切实维护了我国在国际海域的权益。

会议原则同意协会办公室提出的2012年重点工作安排，同意2012年中国大洋工作会议方案。会议要求协会办公室要精心筹划、周密部署好蛟龙号载人潜水器7000米级海试工作；要加大海上调查工作力度，加强环境研究，全力保障我国国际海底区域矿区申请工作和勘探合同的履行；要积极探索与南太岛国开展海洋资源合作开发；要切实推进大洋综合调查船和载人潜水器支持母船的立项和大洋立法工作取得实质性进展；要进一步提高大洋专项管理水平，推进项目管理的制度化和科学化。

【大洋协会第六届常务理事会第七次会议】 大洋协会第六届常务理事会第七次会议于2012年9月6日在北京召开，协会秘书长金建才主持会议，协会常务理事、常务理事代表及协会办公室相关人员共22人出席了会议。会议通报了国际海底管理局第18届会议情况、国际海底新资源工作进展情况；听取了蛟龙号载人潜水器7000米级海试成果及后续工作部署、审议了即将召开的协会六届三次理事会工作报告。

会议认为当前国际海底区域活动竞争加剧，形势复杂，新资源申请主体呈现多元化，环境保护已成为国际海底竞争中的热点，资源开采成为国际海底管理局未来的关注重点。会议要求协会办公室加强对国际海域形势的综合研判，积极组织开展针对性研究，做好新资源申请准备，把握住矿区申请时机，在国际海域活动中力争主动。

会议同意蛟龙号载人潜水器在未来3～5年内开展试验性应用，并将试验性应用纳入大洋航次序列统筹规划，统一部署，在确保安全前提下，发挥蛟龙号载人潜水器在资源调查、环境评价、科学研究等方面的性能优势，推动我国深海科技达到国际先进水平。

会议原则同意协会六届三次理事会的工作报告，认为工作报告全面总结了过去一年来协会工作情况，点面结合，亮点突出，并对协会2013年重点工作任务进行了系统部署，具有很强的可操作性。

【大洋协会第六届理事会第三次会议】 大洋协会第六届理事会第三次会议于2012年9月26～27日在浙江宁波召开，协会秘书长金建才主持会议，协会常务理事、理事及代表等共72人参加了会议。会议审议了协会理事长王飞代表常务理事会所作的《中国大洋协会第六届理事会第三次会议工作报告》，听取了外交部条法司司长黄惠康关于周边海洋安全形势及我外交战略、海洋二所副所长李家彪关于2012年三大洋航次调查进展、国家深海基地管理中心主任刘峰关于蛟龙号载人潜水器海试及试验性应用设想的报告，增补了理事单位。

会议认为当前国际海域活动形势复杂多变，资源竞争加剧，环境工作重要性凸显，深海采矿出现积极动向，多领域双边及多边国际合作愈发重要，协会应加强对国际海域形势的综合研判与把握，紧紧抓住新资源申请这一重点，精心谋划，认真准备，在国际海底新一轮蓝色圈地运动中力争主动；协会要提升参与国际海域活动的综合能力，加快推进综合调查船和潜水器支持母船建造，加强重大装备研发及维护保障，完善业务支撑平台，谋划启动深海重大项目，切实提升我国在国际海域的综合竞争实力。

会议认为蛟龙号载人潜水器7000米级海试取得成功，极大地提振了我国科技界进军深海大洋的信心。会议要求协会办公室要充分考虑蛟龙号载人潜水器的技术条件和保障能力，抓紧论证并适时启动蛟龙号载人潜水器试验性应用航次工作。

会议原则通过《中国大洋协会第六届理事会第三次会议工作报告》。会议认为2012年我国大洋工作成果丰硕，亮点纷呈，进一步提升了我国在国际海域事务中的话语权和影响力，为《国际海域资源调查与开发“十二五”规划》的顺利实施奠定了坚实基础。会议同意国家海洋局北海分局等单位提出的理事调整，同意增补海鹰企业集团有限责任公司、国家海洋局宣传教育中心、中科院地质与地球物理所三家单位为协会理事单位。

【大洋协会机构编制调整，加挂“中国大洋事务管理局”牌子】 中央机构编制委员会办公室于2012年4月19日印发《关于中国大洋矿产资源研究开发协会机构编制调整的批复》（中央编办复字[2012]59号），同意中国大洋矿产资源研究开发协会加挂“中国大洋事务管理局”牌子，财政补助事业编制增加至38名。

中国在国际海底管理局的活动

【国际海底管理局主要工作】 国际海底管理局（管理局）第18届会议于2012年7月16～27日在管理局所在地牙买加金斯敦举行，会议审议、通过并核准了《“区域”内富钴铁锰结壳探矿与勘探规章》；核准韩国政府、法国海洋开发研究院提交的两份多金属硫化物勘探工作计划和基里巴斯马拉瓦研究与勘探有限公司、英国海底资源有限公司和比利时G-TEC海洋矿物资源公司提交的三份多金属结核勘探工作计划；核准“克拉里昂-克利珀顿区”环境管理计划；召开了纪念《联合国海洋法公约》开放签署30周年特别会议；改选了20位理事会成员，选举了秘书长；通过了2013～2014年财政预算。

【中国在国际海底管理局的主要活动】 中国成功连任国际海底管理局理事会A组理事会成员国；建设性参与了国际海底管理局理事会讨论《“区域”内富钴铁锰结壳探矿与勘探规章》，使得管理局接受了我主导提出的面积条款建议；参加国际海底管理局第18届会议各项议题的讨论在第一时间成功递交了中国大洋协会位于西北太平洋的富钴结壳矿区申请。

【国际海底管理局秘书长尼尔.A.奥敦特先生一行访华】 2012年11月22～30日，国际海底管理局秘书长尼尔.A.奥敦通、副秘书长迈克•劳治及高级法律顾问张克宁一行来华访问。在华期间，奥敦通一行参加了“大陆架和‘区域’制度科学与法律问题国际研讨会”以及“执行海洋法公约第82条有关问题研讨会”。会议期间，国家海洋局局长刘赐贵，国家海洋局副局长、中国大洋协会理事长王飞会见了奥敦通，中国大洋协会秘书长金建才与奥敦通等人进行了会晤，并就管理局有关工作、双方今后的合作进行了会谈，还特别就共同关心的资源申请以及勘探工作计划核准问题深入交换了意见。

国际海区域资源调查与研究

【大洋第24航次】 2012年4月20日，“海洋18号”船于湛江起航执行大洋第24航次，2012年6月8日结束，历时49天，主要在西北印度洋多金属硫化物调查区开展多波束地形、重力和磁力测量，兼顾调查水文环境并采集浮游生物样品。

本航次任务的顺利完成，为下一步开展的国际海底区域资源精细调查打下了坚实的基础。航次超额完成设计任务，达到了预期目标。

【大洋第26航次】 我国“大洋一号”科考船自2012年4月28日从三亚起航以来，历时245天，航程38030海里，在完成大洋26航次第6航段科考任务后，于2012年12月28日返航青岛，来自国内外35家单位的186人参加了航次工作。

本航次在五个重点海区：西北印度洋、北大西洋、南大西洋、尼日利亚几内亚湾和西南印度洋开展了海底多金属硫化物、深海环境和深海生物多样性等多项调查工作，共完成多波束测线约8454.7千米，重力测线8241.4千米，浅地层剖面8454.7千米，ADCP测线8454.7千米；完成电视抓斗取样56站，ROV探测取样3站，电视多管3站，重力柱8站，生物组合取样器6站，Biones拖网1站，获得多金属硫化物样品3586.05千克、岩石样品3458.4千克、沉积物样品5156.7千克，获得大量生物和基因样品；完成摄像测线27条，MAPR测线56条，Mets测线20条，化学原位传感器测线28条，LCTD测线14条，拖曳式资源综合探测系统测线8条36.5千米，单道地震和磁力测线1717千米，CTD42站。

（1）新发现两处海底多金属硫化物热液区。在印度洋脊发现一处非活动海底热液区，在北大西洋脊赤道北附近发现一处海底热液活动区。使我国发现的多金属硫化物海底热液区增加到35处；

（2）在南大西洋开展了系统完整的生物调查，并利用无人缆控潜水器（ROV）观测到正在喷发的黑烟囱。对该区的热液生物群落组成有了较系统的了解，同时为地质环境特征、生物群落和微生物分布等研究获取了大量样品和数据资料；

（3）在南大西洋进行地质取样作业时利用电视抓斗成功获取1.2吨多金属硫化物，创造了我国单次多金属硫化物获取纪录；

（4）在TAG热液区成功完成8条拖曳式资源综合探测系统测线作业，获得了大量数据资料，可以对我国自主研制的拖曳式资源综合探测系统的应用效果进行充分验证。获得了宝贵的南大西洋多金属硫化物矿藏资料，为我国今后在多金属硫化物热液区域的研究增加了重要的新技术手段；

（5）在北大西洋由科考队独立成功应用无人缆控潜水器（ROV）开展深海观测作业，标志着我国无人缆控潜水器应用走向成熟；

（6）成功开展誉为“中尼两国海洋科技合作的开创性之旅”的中尼首次联合调查航次，使中非海洋科技领域合作进入新阶段。本航次分别停靠塞浦路斯的利马索尔、巴西的福塔莱萨、里约热内卢、尼日利亚的拉各斯和南非的开普敦进行人员轮换和物资补给工作，特别是塞浦路斯和尼日利亚为首次停靠，通过船舶开放日、邀请使领馆、华人及当地有关部门人员参观等一系列活动，展示了我国大洋科考的风采，增进了友谊。

2012年9月2日“大洋一号”船在尼日利亚海域发生化学实验室失火事故，全体科考队员奋力自救成功。大洋26航次原计划2013年5月2日结束，因为失火事故航次任务被迫进行缩减调整，“大洋一号”船于2012年12月28日返航回到青岛。

【大洋第27航次】 “海洋六号”船6月2日从广州出发赴太平洋执行大洋第27航次任务，9月28日返回广州，航次时间119天，航行里程11800余海里（约22000千米），来自9家单位的75人参加了航次工作。①完成为中国蛟龙号7000米级海试的技术保障，并开展相关科学问题调查。为配合蛟龙号海试，“海洋六号”船提前出发到达海试区，开展了温盐深、海流和多波束海底地形地貌测量，为蛟龙号顺利下潜提供了精确的海洋环境基础资料，并为其6次下潜提供了警戒护航。同时，“海洋六号”船还在海试区及邻近区域，开展了综合地球物理调查、地质取样、环境生物调查等。②完成了特定海区海山富钴结壳和多金属结核资源调查任务。富钴结壳资源调查是中国大洋科考航次的主要任务，本航次“海洋六号”船采用深海浅钻、箱式取样、深海摄像、浅地层剖面测量、单道地震调查、重力测量和磁力测量等多种手段开展调查工作，超额完成航次任务。③完成调查区环境与生物调查任务。“海洋六号”船在某海山布放了深海环境调查锚系，在西太平洋海山区、7000m 调查区和航渡过程中，开展了环境调查工作，同时开展了现场生物和水体的分析测试和预处理、现场沉积物土工测试。

通过本航次科学考察，中国科学家获得了 5 个方面的科考成果。第一，进一步摸清了西太平洋调查区海山结壳资源分布状况，初步圈定 4 个成矿富集区，为下一步矿区评价奠定了基础；第二，首次在西太平洋海山周边的深海盆地区发现多金属结核，初步圈定出成矿区分布范围；第三，建立起我国首个海山区深海多目标立体环境监测系统，为未来富钴结壳开采的环境影响评价及成矿理论研究提供科学依据；第四，开展世界最深海沟——马里亚纳海沟科学考察，实现中国科学家首次对世界最深处的地形地貌精细探测，测量获得海沟“挑战者深渊”最深处水深为 10923 米，测量误差小于±20 米，这是我国现有调查船测量记录的最深水深记录；第五，为蛟龙号下潜提供精确的水文、地形等基础资料，绘制了下潜区域大比例尺高精度地形图，首次获取了海试区全深度温度、盐度和海流剖面。

2012 年 8 月 15 日，在西太平洋某典型海山东、西两侧不同水深位置成功布放了 7 套锚系潜标。最长的锚系达 1100 米，锚系主要由 CTD（包括 TD），海流计，沉积物捕获器等 30 多套观测仪器组成，能够长时间收集整个剖面的水文、生物、化学等数据。如此大规模地布放锚系潜标，在我国大洋科考中尚属首次。这些锚系将在一年后收回，所获资料不仅能为海山区结壳开采环境影响评估提供依据，有助于研究海洋环境的周年变化以及对成矿环境的影响。

【重大项目管理与实施】 2012 年，根据国际海域最新形势，为更好地履行多金属结核、多金属硫化物勘探合同，拓展富钴结壳和深海生物资源研究，协会启动了多金属硫化物、富钴结壳、多金属结核资源评价以及生物研究等重大项目。同时，按相关专业领域启动了 35 个研究课题。

【多金属结核合同区资源综合评价】 收集梳理了多金属结核历年调查数据和有关文献资料，整理完善了多金属结核资源评价方法，完成了海底多金属结核光学图像软件设计，初步确定了声学和光学数据的后处理方法，完成了 23 航次结核地质采样样品及沉积物样品的分析与处理，进行了海区及其领进区域的水文特征、上层营养盐特性和合同区内底栖生物变化的研究。分析了大洋 22 航次多金属结核航段有关海底地形地貌、物理海洋学、化学营养盐叶绿素 a、海底底栖生物基因流和海洋微生物多样性，初步建立了深海巨型底栖生物基因流研究方法。完善了多金属结核和富钴结壳合并冶炼试验方案，进行了还原熔炼二组单元试验和自催化还原氨浸的合并探索性试验。多金属结核与富钴结壳联合还原熔炼中铜钴镍收率分别为 98.8%、98.0%和 94.3%；合并还原氨浸中铜钴镍回收率分别为 92.63%、85.35%和 92.22%。收集更新了多金属结核相关金属的市场情况，初步完成了多金属结核的采矿模型，构建了多金属结核资源采、选、冶技术的初步经济评价模型。发表学术论文 4 篇，申请发明专利 1 项。

【富钴结壳资源评价】 在资源综合评价方面，重点开展了数据资料收集整理、资源评价方法研究、勘查工作方案和评价指标初步研究等工作。根据海山富钴结壳分布特点，结合国际海底管理局通过的富钴结壳勘探规章要求，提出了一般勘探阶段富钴结壳资源勘探网度的建议。确定了评价模型实施方案，初步选定数据处理和资源评价方法，并对收集的结壳调查及测试分析数据，以及多波束、重力、磁力等背景数据，进行了初步处理，初步形成结壳勘查区要素图层数据集。

在重点区域地质图编制方面，研究了大比例尺海底地形图和地质图的编制方法，编制了 20 幅重点区域地形图和三维地形图（比例尺 1:5 万），为编制地质图准备基础资料。

在潜在资源定量评价及空间预测方面，共

收集公开发表结壳化学测试数据约 1200 多站，合计 5000 余条，勘查区火山及年龄数据约 300 个，另外还收集了水深地形、重力、磁力、沉积物厚度等网格化数据，以及部分多波束测量原始数据；收集包括多波束测深数据、结壳资源数据、浅剖数据以及海底摄像等相关数据资料。还对勘查区国内外相关文献进行了收集和学习，并从中搜集公开发表数据信息。对分形、协同克里格、泛克里格、证据权回归等数据处理及资源评价方法进行了学习和研究。

在空间分布特征与控矿因素方面，基本确定了研究的典型海山，并利用航次工作开展了微地形选区调查，同时进行了视像观测和对应取样，初步获得了对典型海山结壳分布和成矿特征的一般认识。

在成矿对比与资源潜力评价方面，对全球大洋富钴结壳数据进行了收集和初步整理，采集了海水样品。同时，还对富钴结壳的控矿要素进行了深入研究，改进了 U 系年代学的测试方法。

在伴生有用元素分布特征及成矿远景评价方面，收集和采集了 310 个富钴结壳样品，60 个基岩样品；同时，就富钴结壳伴生有用元素测试方法进行了开发，完成了富钴结壳稀土元素、铂族元素化学赋存状态研究；开展了富钴结壳伴生有用元素矿物相方法研究。

在矿床特征与资源评价方面，利用阶段性掌握的资料，初步完成了调查区部分海山富钴结壳矿床特征和资源评价的研究工作。

在环境梯度及其对底栖生物成带分布的效应研究方面，在典型海山区东、西两侧布放了 7 套综合锚系，并在调查区开展了 CTD 观测与采水、浮游生物网、多管和箱式沉积物采样，共采集了 5015 份各类环境样品，为后续研究奠定了很好的基础。同时开展了海山东侧视像剖面资料分析和 210Po/210Pb 不平衡及其颗粒动力学研究，完成了 4 篇学术论文的撰写，培养博士和硕士研究生各 1 名。

在加工利用方面，完成了国内外富钴结壳选冶与综合利用技术成果总结与集成，进行了选、冶系统初步配置方案研究，相关研究达到或超过了预定任务指标。

【多金属硫化物资源评价】 2012 年，开展了国内外资料收集整理、数据样品资料的处理分析、电磁法勘探技术研究、电化学传感器应用研究等多方面的研究工作，取得阶段性成果。

在资源评价方面，组织协调项目各课题的实施，统筹规划海上勘探工作，收集研究所需的数据资料和样品，并协同其他课题收集研究的数据资料，构建西南印度洋多金属硫化物数据库，为项目研究提供支撑。

在资源评价方法研究方面，搜集了北大西洋 10° N-30° N 地区和西南印度洋中脊典型热液区的资料，包括水深、重力、磁力、沉积物厚度、洋壳年龄、大洋扩张速率、火山地震活动点等，并对研究区数据进行了筛选和初步分析、处理；结合陆地矿产勘探分析了热液硫化物矿床的成矿原理和勘查技术方法，洋底热液硫化物矿床相关的控矿因素，初步建立了中小比例尺海底多金属热液硫化物矿床找矿预测概念模型。

在矿体三维特征勘探方法研究方面，开展了地电模型、瞬变电磁探测数据处理与解释理论研究和整体设计。参加了大洋 26 航次第二航段中北大西洋热液区航海试验；并开展了深海拖曳式瞬变电磁法在 TAG 热液区的试验研究；收集、整理北大西洋 TAG 热液区地形、地质、地球物理资料；对 26 航次中在 TAG 热液区的瞬变电磁探测资料进行了初步分析。通过理论研究，初步建立了深海瞬变电磁正反演算法和地电模型。

在非活动/隐伏矿床找矿标志和方法研究方面，查阅了相关国内外文献资料的基础上，对热液区地形构造进行分析。归纳了海洋岩石、矿物和沉积物的磁性特征及其与磁法勘探之间的关系，海水、沉积物和岩矿石的电阻率特征和部分岩矿石的极化特征及其与相应的电法之间的关系；对以往的大洋样品进行了磁化率测定；开展了水槽模型的电法探测效果的实验研究；开展了海洋瞬变电磁法的数值模拟实验研究。收集了大量与大洋悬浮颗粒物矿物学相关的研究论文。

在超慢速扩张洋脊成矿作用研究方面，重点在西南印度洋脊合同区的硫化物硫化物勘探和区域放弃，同时把落脚点放在西南印度洋脊代表性热液活动区，综合运用多种手段，开展超慢速扩张洋脊成矿作用研究。

在西南印度洋脊区域地质研究方面，收集和整理印度洋和西南印度洋脊的区域地质资料，以及合同区的多波束和重力磁力资料的分析和整理以及地质取样资料的分析整理，汇编实际材料图，申请样品。

在西南印度洋多金属硫化物资源勘探区化学基线及其变化研究方面，利用以前航次中采集的样品开展了近地化学环境变化研究。该项目发表论文8篇（其中SCI/EI，3篇），专利2项(发明专利1项，其中新型实用专利1项)；相关人员或团队相关科技奖励两项（海洋工程咨询奖；教育部科学技术进步奖）。

【深海（微）生物勘探与资源潜力评价研究】 2012年，在深海（微）生物资源获取、应用潜力评价等方面取得了明显进展。一是深海微生物资源海上调查取得新突破。2012年7～8月，组织实施了大洋26航次生物航段的调查任务，在南大西洋中脊采集到大量的生物样品；二是深海微生物资源拥有量持续上升。从大洋样品中新分离获得1300多株微生物；完成了18个微生物新种的基本分类鉴定工作；完成了170个深海样品的多样性分析；建立了环境样品流式细胞分选单细胞与基因组扩增技术。三是深海微生物资源应用潜力评估取得良好进展。初步建立深海微生物馏分样品库，完成了650株海洋微生物代谢产物指纹图谱的分析，从大洋样品中筛选获得产酶菌株400多株；克隆了15个污染物降解相关酶的基因，对36个蛋白酶进行了分离纯化，获得了20个蛋白酶N端序列；进行了甲醛脱氢酶发酵条件优化完成了深海异源表达系统宿主菌 Shewanella piezotolerans WP3 能量利用体系的研究；初步阐明了高温条件下深海噬菌体GVE2感染导致宿主Geobacillus sp. E263裂解的过程。该项目共发表23篇SCI论文。

【大洋海底地理实体命名提案】 2012年10月，IOC-IHO全球海洋通用制图指导委员会（GEBCO）海底地名分委会（SCUFN）第25次会议在新西兰召开，委员会审议通过了中国大洋协会办公室组织编制的9个大洋海底地理实体命名提案，基本情况如下：

9个命名提案中，太平洋5个（维翰海山、魏源海山、潜鱼平顶山、织女平顶山、牵牛平顶山)，印度洋2个（乔岳海山、鹭飞深海海丘），大西洋3个（宵征海山、凯风海山、采蘩海山），分别分布在大洋协会富钴结壳、多金属结核和多金属硫化物调查区。所通过的9个提案已被委员会纳入其地名数据库中，根据中国大洋协会办公室的命名体系方案，上述名称是分别从《诗经》风、雅、颂篇中选取的。

深海装备应用及发展

【蛟龙号载人潜水器7000米级海上试验】 2012年6月3日至7月16日在西太平洋马里亚纳海沟附近开展了7000米级海上试验，并取得了巨大成功。

7000米级海试中，蛟龙号共完成6次下潜试验，其中3次超越7000米，最大下潜深度达到7062米；对潜水器289项、水面支持系统24项功能和性能指标进行了逐一验证，对关键指标进行了多次验证；开展了坐底、定深定高航行、近底巡航和海底微地形地貌精细测量等作业内容，取得了生物、沉积物样品和水样，并记录了大量海底影像资料，展示了蛟龙号开展科学研究、资源勘探的能力和广阔的应用前景。海试过程中，8名潜航员和试航员共完成18人次下潜，8人下潜深度均超过7000米，充分锻炼了潜航员队伍。

海试完成后，中共中央政治局常委、国务院副总理李克强和中共中央政治局委员、国务委员刘延东分别发来贺电或致电，对蛟龙号7000米级海试的成功表示和慰问。7000米级海试的成功标志着我国具备载人到达全球99.8%深海海底进行勘探、开发和作业的能力，蛟龙号成为世界上工作水深最大的同类作业型载人潜水器。随着海试工作的全面完成，蛟龙号将进入试验性应用阶段，以满足中国海洋科学研究的迫切需要。

【4500米级深海资源自主勘查系统】 4500米级深海资源自主勘查系统是国家高技术研究发展计划（863计划）支持的深海潜水器技术与装备重大项目中的专项课题。2012年2月，中国大洋协会作为业主与中国21世纪议程管理中心（863海洋技术领域办）正式签订合同，随即组织相关单位开展研制工作。

2012年3月，4500米级深海资源自主勘查系统总师组成立，总师组成员由中科院沈阳自动化研究所、国家海洋局第二海洋研究所、中科院声学所、中船重工第702所推荐的具有丰富潜水器设计经验的人员担任。2012年5月，4500米级深海资源自主勘查系统完成初步设计并通过评审。

【6000 米无人无缆潜器（AUV）实用化改造基本完成】 2012 年 3 月，6000 米无人无缆潜器（AUV）实用化改造项目的详细设计通过了专家评审。其重点对潜器的能源设计、释放与回收、声学定位、探测等系统进行了详细设计，在此基础上完成了本体的研制。

【海龙号 ROV 系统在大洋第 26 航次应用概况】 2012 年，海龙号 ROV 应用于大洋 26 航次的第 2 和第 3 航段多金属硫化物资源和生物环境综合调查任务中。ROV 在大洋深海定点观测和取样上的重要作用再次通过这些成功的应用得到体现，使海龙号 ROV 成为大洋科考目前必不可少的尖端利器。具体使用情况如下：

2012 年 6 月，大洋 26 航次第二航段，在北大西洋 Lost City 和 Broken Spur 海域使用海龙号 ROV 进行调查，成功观测到多个碳酸盐烟囱，获取了烟囱体上的珊瑚样品，还成功抓取了 28 千克的石样。

2012 年 8 月，大洋 26 航次第三航段，在南大西洋再次通过定点作业，观测到活动的热液喷口，以及大量的虾、螃蟹、鱼和贝壳等生物群。在进行了精细观测的同时，抓取了 14 千克的热液硫化物黑烟囱样品。

同往年的 ROV 应用相比，2012 年大洋 26 航次的 ROV 成功应用无疑具有典型的应用价值，主要体现在：

（1）ROV 作业团队首次独立完成 ROV 作业，操作水平更为娴熟，团队所具有的 ROV 设备日常维护保养、故障排除的能力和水平日益提高，所有这些都为 ROV 大洋科考应用提供了有效保障。

（2）应用 ROV 进行定点精细调查和观测，实现的成功率高，应用效果明显。同时，大洋科学调查对 ROV 的应用需求已开始从传统的、简单的精细调查观测向复杂、多样化的精细调查取样转变。

（3）经过实用性改造后的海龙号 ROV 系统使用更加安全，配套的作业工具研发和使用，有效提升了 ROV 的作业能力。

海龙号 ROV 系统是我国目前唯一的一套自主开发并取得成功应用的大型深海 ROV 系统，其应用发展模式目前在国内尚无现成的应用模式可参考借鉴。因此，在系统应用上所取得的任何突破，无疑都具有开创性意义。

大洋工作能力建设

【中国大洋生物研究开发基地】 组织编写了相关研究报告，由中国工程院、中国科学院 10 位院士联名上报并得到了国务院领导的批示。完成了大洋生物馆新库房的搬迁工作，建立了大洋样品冷藏库、冷冻库、菌种库、实验室，样品馆面积共 800 平方米。新增保藏大洋微生物 800 株。涵盖 123 属、232 种，分离自三大洋生物样、海底岩石、沉积物等生境。

【大洋地球与环境科学研究中心】 （1）组织国内相关领域专家，编写完成《国际海域环境行动方案》。为加强我国国际海域环境工作顶层设计，从战略和规划的角度围绕我国国际海域未来 5～10 年的环境科学重点研究任务和相应的研究计划开展了系统的研究。明确了我国大洋（国际海域）未来 5～10 年的发展方向，确定了四大研究计划：多金属结核区环境影响试验研究计划，海山生态梯度变化研究计划，热液活动对生态环境的影响研究及以大洋（国际海域）对气候变化影响和响应的相关机理研究为核心的其他大洋环境科学研究，以及国际合作的方式和配套的保障措施。

（2）积极推进“西南印度洋洋中脊热液成矿过程与硫化物矿区预测”国家 973 项目的研究工作。依托大洋协会中国大洋地球与环境科学研究中心平台申请获得的国家 973 项目“西南印度洋洋中脊热液成矿过程与硫化物矿区预测”立项，2012 年 1 月正式启动。该项目是我国深海大洋基础科学研究的第一个国家级科学研究计划，对于增加国家金属资源战略储备、维护我国在国际海底权益并提升我国在国际海底管理局的话语权以及提升我国深海科学技术水平等具有十分重要的作用。此外，项目的开展为组织、培养和锻炼国内从事深海科学研究的高水平人才队伍提供了绝佳的机会。

（3）承办第 41 届国际水下矿业研讨会。结合“请进来，走出去”的方式，积极开展广泛的国际合作，进一步扩大大洋协会的国际影响力，2012 年 10 月 16～20 日第 41 届国际水下矿业研讨会（The 41st Conference of the Underwater Mining Institute）在中国上海举行。国际海洋矿物协会（IMMS）主席 Georgy

Cherkashov、矿业冶金勘探协会（SME）主席 Drew Meyer 出席大会并致辞，来自 22 个国家的 88 位外籍专家和 32 位中方专家参加了该次研讨会。

【中国大洋样品馆】　（1）规章制度建设。修订完善《大洋样品管理细则（试行）》；起草了大洋样品分析测试数据汇交管理办法（草案）。

（2）大洋样品馆建设与运行。开展样品现场管理信息系统功能完善，开展了样品综合管理信息系统升级重构，开发样品在线申请审批系统；购置了岩心切割机，设计加工Φ=78 毫米岩心样品存储 D 型管；完成了临时存放于大洋样品库房中的其他专项样品搬迁出库和库房样品架布局调整。依照样品馆安全运行责任制，明确责任、分工负责，持续开展样品馆楼房和各库房日常巡视，邀请消防大队片区负责人排查样品馆楼房消防安全隐患，对重大设备实行定期维护与日常巡检相结合的模式，坚持消除安全隐患于未然；接待来访与科普宣传：接待各类来访 71 团次、1705 人次，顺利完成了“高校博士团走向海洋”、“海洋开放日活动——小学生走进大洋样品馆”、“青岛电视台小记者团”等大型接待任务，顺利完成外事接待任务近 20 次。接待多加媒体来馆拍摄宣传片或专访 8 次，采写报道在《中国海洋报》、《半月谈》、《半岛都市报》等发表。完成或提供展品参加大型展览展会 8 次。

（3）大洋样品管理。航次现场使用样品申请审批管理，受理大洋 24 航次、26 航次、27 航次和蛟龙号 7000 米级海试航次现场使用样品申请 91 份，编制样品使用分配建议 334 条，编制现场使用样品转运回国方案 91 条，确保了航次现场样品的有序使用。大洋调查航次现场条件保障与技术支持，为大洋 26 航次、27 航次提供大洋样品周转箱等各类保存器材，为大洋 26 航次、27 航次培训了样品现场管理员，维护了大洋 26 航次、27 航次现场样品管理系统基础信息，为大洋 26 航次、27 航次现场样品管理系统应用提供了即时技术支持。接收了大洋 26 航次、27 航次和蛟龙号 7000 米级海试航次调查样品 271 站、10 余吨。完成了大洋 22 航次、24 航次、27 航次和蛟龙号 7000 米级海试航次等 4 个航次样品现场管理信息统计，完成了大洋 22 航次、27 航次和蛟龙号 7000 米级海试航次等 3 个航次入馆样品的清点整理。完成大洋 22 航次、23 航次、27 航次和蛟龙号 7000 米级海试航次等 4 个航次样品的编码入库，累计描述入库样品 2667 件，获得照片 2795 张、9.47GB，产生纸质资料 897 页。完成了大洋 22 航次、23 航次、24 航次、27 航次和蛟龙号 7000 米级海试航次样品管理文件资料整理，整理样品资料 8504 页。受理样品使用申请 44 份，完成其中 20 份申请样品分配，分配样品 1970 件。

【中国大洋数据库建设与运行】　2012 年，大洋资料中心业务平台围绕大洋标准规范建设、资料收集与处理、数据库维护与运行及数据资料服务四个方面开展，完成了全年的大洋资料收集与服务，实现了大洋资料的科学有效管理。

（1）大洋标准规范建设。为实现大洋资料的规范化、标准化、体系化管理，在以往工作基础上，制定完善了《大洋航次调查现场资料汇交要求》、《大洋资料汇交细则》、《大洋数据库标准 V3.0 版》、《大洋元数据标准 V3.0 版》，规范了大洋资料汇交与管理。

（2）资料收集与处理。2012 年大洋资料中心共新增 3 个航次调查现场资料及 79 个研究项目（课题）成果资料，共新增各类纸质资料 765 件，28,593 页，新增电子资料总数据量 522GB。对 2012 年收集到的数据资料进行整理和预处理，包括清单编制、预立卷、归档、完整性与齐全性检查等并对其进行了分类整理，形成 2012 年大洋原始调查数据集及清单。并对原始数据及整理数据进行了备份。标准化处理，对 2012 年收集的数据资料进行了标准化处理，包括格式转换、代码转换、元数据提取、资料处理报告与质量评价报告编写等内容。2012 年共完成水文、气象、地质、地球物理等标准化数据 48876 站次。产品制作，在 2011 年工作基础上，制作完成大洋调查数据光盘产品 V3.0 版，填充了 2012 年大洋调查成果内容。补充制作了我国 CC 区环境调查数据集产品，内容包括 CC 区 CTD、ADCP、沉积物分析数据集。共 42 个数据集，总计 130400 站次。

（3）数据库维护与运行。完善已建的各类调查资料数据库，对部分数据库结构进行了调整，并新增专题数据库。开展数据库系统运行的日常维护，对部分大数量表进行查询检索效率优化，定期完成数据库离线备份，对数据库运行中警告/异常日志处理，保证了数据库系统的业务化运行。2012 年大洋数据库运行正常。

（4）资料服务。通过提供基础数据与数据产品为我国多金属热液硫化物矿区申请提供基础数据及辅助决策信息。为我国执行多金属结核合同区提交国际海底管理局环境数据提供基础数据服务，共提交标准数据集 42 个，并附中英文数据格式说明，总计 130400 站次，数据总量为 75MB。

【大洋能力建设工作组】　大洋综合资源调查船和载人潜水器支持母船立项及评审工作（1）在完成了两型新船功能需求书审定的基础上，形成了两型新船项目建议书的上报稿，1 月 12 日国家海洋局规划司以国海计字[2012]8 号文，“关于报送建造大洋综合资源调查船和载人潜水器支持母船项目建议书的请示”，正式上报国家发改委。根据国家发改委对大洋两型新船建设项目请示件作补充说明的要求，先后两次进行了补充材料的集中编写工作，在充分沟通的基础上，3 月 5 日，向国家发改委正式提交了有关大洋两型新船建设项目请示件的补充说明的函。完成了《大洋综合资源调查船建设项目建议书补充报》和《载人潜水器支持母船建设项目建议书补充报告》。

（2）为做好两型新船的立项评审，国家发改委评审中心领导及相关专家先后于 4 月 13 日和 4 月 24～25 日对向阳红 09 船和“大洋一号”船进行了实船调研，并与能力组人员进行了座谈交流。能力组向调研的领导和专家汇报了“大洋一号”总体及主要性能、操控支撑系统、调查装备系统、实验室系统、现状与不足等船舶基本情况；国内外同类船对比、新综合资源调查船概念方案以及“大洋一号”船调查装备系统及新船调查装备技术方案等。汇报了蛟龙号载人潜水器概况、蛟龙号海上作业流程、载人潜水器支持母船船载装备需求以及“向阳红 09”船不能满足载人潜水器作业的说明等。使领导和专家认识到建造大样样综合资源调查船和载人潜水器支持母船的必要性和紧迫感。

（3）6 月 1～2 日，国家发改委评审中心在北京组织相关专家对大洋两型新船建设项目建议书进行了评审。为做好会议汇报和答辩，能力组全体人员、国家海洋局规划司、办公室以及相关人员参加了评审会。能力组人员从项目背景、必要性和依据、立项前期的工作等进行了汇报；从信息化、模块化、舒适化、便捷化、绿色化、国际化的新型综合资源调查船设计理念阐述了大洋综合资源调查船概念方案、使命任务及主要技术要求、投资估算汇总以及调查技术装备系统的配置等；以安全性、 合理性、适航性、 先进性、装备支持能力等为建设目标，汇报了载人潜水器支持母船概念方案、国外基本情况对比、蛟龙号任务使命与装备需求、相关科学调查能力、调查装备、总体方案、投资估算等。大洋两型新船立项顺利通过了发改委项目投资评审中心组织的专家评审。

（4）根据专家评审意见和国家发改委评审中心的要求，组织编写并正式提交了《关于“建造潜水器支持母船项目建议书评审意见”的回复》、《关于“建造大样综合资源调查船项目建议书评审意见”的回复》。先后提交关于“关于大洋两型新船未来年度运行费用的说明”、“大洋两型新船建设项目工作进展情况汇报”等相关资料。

（5）11 月 8 日，国家发改委关于建造大洋两型新船项目建议书的批复“发改投资[2012]3433 号”下达到大洋协会办公室。能力组工作从立项阶段正式转入可行性研究阶段及初步设计阶段。

船舶及装备技术论证与专题研究　（1）完成新船建设前期的关键技术方案的 7 专题研究论证，形成相关系统方案的技术论证研究报告包括船载装备集成方案论证、搭载装备集成方案论证、国际主流船舶调查装备调研、船型优化设计技术研究、调查系统优化布置研究、标准集装箱与特种集装箱搭载技术研究、通导系统集成方案论证研究等。8 月 13 日，大洋两型新船建设前期论证专题报告评审会在北京召开，7 个专题报告通过了技术评审。专家组认为大洋两型新船预言论证的研究体现了两型新船功能需求书的设计原则，其研究成果可以作为下一步可行性研究和初步设计的技术依据。

（2）为使新船具有先进性和合理性，能力组针对新船调查装备系统方案、大样新船信息系统技术方案、大洋新船内装技术方案、总体及舱室布置；载人潜水器支持母船调查装备系统技术方案、潜水器支持母船总体及舱室布置等专题进行了研讨和报告编写。

（中国大洋矿产资源研究开发协会）

海洋国际交流与合作

海洋国际交流与合作

综　述

2012 年是我国海洋事业发展史上极其重要的一年。国家海洋局按照中央统一部署和指示，全力推进海洋维权和海洋外交工作，坚决捍卫我国领土主权和海洋权益，务实开拓海洋合作新局面，深入参与国际海洋事务，对促进周边与国内稳定大局、有效维护和拓展我海洋权益、发展互利共赢的合作关系都做出了新的贡献。

维护岛屿主权与海洋权益工作取得显著成效。中国海监执法船编队在黄岩岛海域长期值守，成功驱赶和阻拦试图进入黄岩岛泻湖的菲渔船和公务船，实现了对黄岩岛的动态管控。针对日本政府非法“购买”钓鱼岛，及时研究提出系列反制措施，配合有关部门选划并公布了钓鱼岛领海基点基线，公布了钓鱼岛及其附属岛屿地名，发布了海洋预报，编写了钓鱼岛问题白皮书和宣传册。配合外交部，于 12 月 14 日正式向联合国提交我国东海部分海域 200 海里以外大陆架划界案，重申了我东海大陆架自然延伸至冲绳海槽的主张。有力反制越南公布“海洋法”的侵权行为，有效宣示我南海主权。

海洋维权重大热点问题研究取得重要成果。对南海权益、油气资源开发、南海行为准则、北极合作等问题及时提出工作建议。围绕钓鱼岛、黄岩岛等海上重大热点问题，向有关部门及时提供了 20 多篇研究报告。配合有关部门，参与中越北部湾湾口外海域划界与共同开发磋商以及低敏感领域合作磋商，参与中韩海域划界磋商，为海域划界提供法理和技术支撑。参与中日海洋事务磋商、中美、中英、中欧盟海洋和极地非正式磋商，就海洋合作、海洋法和极地事务等进行立场协调与沟通。

海洋外交成为我发展对外合作关系的新亮点。国务院批准发布了《南海及其周边海洋国际合作框架计划（2011-2015）》。海洋合作成为国家领导人外事活动的重要成果。在国家海洋局建议和推动下，温家宝总理在东亚峰会上提出的“海上新丝绸之路”——中国-东盟海洋合作伙伴关系倡议，得到各方的积极响应。国家海洋局领导陪同王岐山副总理出席以海洋为主题的韩国丽水世博会中国馆日活动，国家海洋局与贸促会共建的中国馆获世博会金奖。

互利共赢的海洋合作新模式取得积极成效。中印尼海洋与气候中心建设得到双方的高度重视，获得中印尼海上合作基金首批资助，中印尼巴东海洋联合观测站初步实现业务化运行。中泰气候与海洋生态系统联合实验室已开始运行，开展了第三次中泰联合海洋调查，在安达曼海的泰国专属经济区内成功投放了第一个深海观测浮标，首次实现对该海域海洋环境的业务化观测。

海洋合作的良好局面进一步形成和发展。我与柬埔寨涉海部门实现高层互访，就签署双边海洋合作协议、开展交流合作达成共识。与文莱就海洋环境保护合作达成一致。国家海洋局代表团访问了巴基斯坦、斯里兰卡、坦桑尼亚、塞舌尔和肯尼亚，签署研究所间合作文件，建立了合作机制，与斯里兰卡、巴基斯坦、桑给巴尔就共建联合研究机构、观测站等事宜达成共识。首次与非洲国家联合实施海洋调查，利用“大洋一号”船在几内亚湾成功开展中国——尼日利亚大陆架联合调查。

与发达海洋国家合作的成果不断深化。《中美海洋与渔业科技合作框架计划（2011-2015）》纳入中美第四轮战略与经济对话成果，双方同意合作开展南大洋、印度洋海洋观测、再分析与预测项目（ISOCORE）。中俄海洋科学研讨会达成联合开展亚北极、北极航道考察的共识。中德发表开展海洋和极地研究联合声明，并召开首届中德海洋与极地科学研讨会，就制定海洋与极地重大合作项目达成共识。

在国际组织和地区机制中的影响力进一步凸显。全面参与联大海洋与海洋法决议非正式磋商、公约缔约国会议、联合国海洋事务非正式磋商进程、联合国教科文组织政府间海洋学委员会（海委会）、伦敦公约等重要涉海事务。出席联合国可持续发展大会并主办“蓝色经济——中国可持续发展的推动力”主题边会，首次联合国全球海洋论坛等国际组织在境外举办海洋日活动，发表海洋宣言。在联大全球海洋环境状况评估经常性进程中发挥主导作用，牵头召开东亚和东南亚区域研讨会，并被作为示范推广。成功举办第二届发展中国家海洋可持续发展部长级研讨班。

在地区海洋事务中的主导地位进一步巩固。举办亚太经合组织（APEC）蓝色经济论坛，发表以发展蓝色经济理念和倡议为主要内容的“论坛联合主席声明”。我国提出的编写 APEC 海洋可持续发展报告获得 APEC 海洋和渔业工作组批准。成功联合美国国家海洋与大气局举办 APEC 海洋空间规划培训班。世界气象组织—海委会亚太区域海洋仪器检测评价中心在天津挂牌成立。我国提出的“南中国海区域海啸预警与减灾系统建设方案”得到地区成员国的认可，并同意由我承办南中国海海啸咨询中心。在海委会西太分委会下牵头实施多个地区合作项目，组织开展形式多样的活动，以我为主导的合作机制得到进一步强化。我国提出的 12 个海底地名提案获得国际组织审议通过。北太平洋海洋科学组织年会同意由我牵头建立北太平洋放射性核科学研究工作组，我代表当选海洋环境质量委员会主席。设立中国政府海洋奖学金，多次举办培训班，为与我友好的国家和重要合作伙伴培训人才 150 余人。

有效利用多种资金助力公众海洋意识和地方海洋管理水平的提高。与保护国际、中国海洋石油总公司成功举办 2012 年“世界海洋日暨全国海洋宣传日”主场活动。组织地方政府实施东亚海项目，参加第四届东亚海大会、地方政府网络论坛等活动，为推动地方发展海洋经济和环境保护注入新活力。黄海大海洋生态系项目第二期获得全球环境基金批准。参与国家应对气候变化国际合作框架计划和国家适应气候变化战略编写。启动中-意应对气候变化项目并在温州开展海洋生态系统适应气候变化能力建设示范。联合举办 2012 厦门国际海洋周。

在南北极、公海和国际海底领域的合作取得显著成效。雪龙船首次穿越东北航道访问冰岛并举行系列活动，冰岛总统格里姆松出席研讨会并接见考察队员。我与冰岛签署了共建极光观测台和中国-北欧北极研究中心的合作协议，得到两国领导人的高度评价。深入参与北极理事会高官会议并提供技术支撑，积极推动我国成为永久观察员国。拓展与环北极国家的合作，与俄罗斯就实施东西伯利亚海和楚克奇海联合调查达成共识，与丹麦（格陵兰）就共同开展北极科学研究达成一致。与澳大利亚、智利、阿根廷等就南极后勤保障合作达成共识。

维护国家海洋权益

【召开维护钓鱼岛主权和海洋权益座谈会】 2012 年 9 月 20 日，维护钓鱼岛主权和海洋权益座谈会在北京召开。国家海洋局刘赐贵局长出席座谈会并发表重要讲话，陈连增副局长作总结讲话。来自国务院有关部门、地方海洋厅（局）、中海油以及科研院校的代表共 70 多人参加了座谈会。刘赐贵局长指出，要充分认识维护钓鱼岛主权和海洋权益斗争的长期性、艰巨性、复杂性，加强对形势的分析和研判，从历史、法理、行政管理和海上维权巡航等方面进一步加大工作力度。国家海洋局将继续依据法律法规和工作职责，认真落实维护钓鱼岛主权和海洋权益的一系列工作部署，在关乎国家领土和海洋权益的核心问题上绝不退让，集中精力、勇于担当，直至取得维护海洋权益斗争的最终胜利。座谈会分为钓鱼岛主权属我的历史和法理依据、维护钓鱼岛主权和海洋权益的措施建议两个专题。来自武汉大学、福建师范大学、上海交通大学、中国人民大学、国家海洋局海洋发展战略研究所、国家海洋信息中心的 6 位专家从钓鱼岛的历史和法律依据角度，论证了中国对钓鱼岛主权拥有充分的历史和法理依据，提出了开展海峡两岸合作的建议。来自国家海洋局海岛管理司、中国海监总队、农业部渔政指挥中心、中海油和海军军事学术研究所的 5 位专家，从实际工作角度，围绕海上维权执法、渔业管护、资源开发、海岛管理等方面建言献策，提出了维护钓鱼岛主权和海洋权益的具体措施建议。

【发表《钓鱼岛是中国的固有领土》白皮书】 2012 年 9 月 28 日，《钓鱼岛是中国的固有领土》白皮书首发仪式在北京西单图书大厦举行。《人民日报》、新华社、《光明日报》、《中国海洋报》等 20 多家媒体参加了首发仪式。国家海洋局海洋发展战略研究所副所长张海文、中国社会科学院中国边疆史地研究中心研究员李国强出席了首发仪式并现场解读了白皮书。《钓鱼岛是中国的固有领土》白皮书分中文、英文、日文 3 种版本同时面向国内外发行。白皮书约 7000 字，分为钓鱼岛是中国的固有领土、日本窃取钓鱼岛、美日对钓鱼岛私相授受非法无效、日本主张钓鱼岛主权毫无依据、中国为维护钓鱼岛主权进行坚决斗争等 5 个部分，系统、全面、完整的阐述了钓鱼岛是中国的固有领土这一事实。

【出版《钓鱼岛——中国的固有领土》宣传册】 2012 年 9 月 20 日，在国家海洋局组织下，由国家海洋信息中心编写的《钓鱼岛——中国的固有领土》宣传册正式出版发行。宣传册以图文并茂的形式，选印了古今中外部分历史文献记载和舆图，充分说明中国最早发现、命名、利用和长期管辖钓鱼岛的历史事实，有力驳斥了日本依据“先占”原则主张钓鱼岛主权的谬论，同时指出美国和日本战后通过《旧金山合约》对钓鱼岛私相授受的行为是非法的和无效的。宣传册用中、英、日三种文字印刷，将面向国内外广泛发行。

【出版《中国钓鱼岛地名册》】 国家海洋局组织编制的《中国钓鱼岛地名册》由海洋出版社于 2012 年 7 月正式出版发行。该书以图文并茂的形式向读者解读了我国钓鱼岛及其附属岛屿等地理实体的标准名称。地名册分为概况、地名、附录 3 个部分。概况部分包括了钓鱼岛及其附属岛屿的分布示意图和位置示意图。地名部分包括钓鱼岛、黄尾屿等 71 个岛屿及其周边海域部分地理实体的名称、名称含义、面积、长度、宽度、位置以及现场照片、位置示意图和三维效果图，并以大量文献和史料再次明确钓鱼岛自古以来就是中国的固有领土，体现了近年来我国依据海岛保护法开展的海域海岛地名管理工作。

【反制越南公布“海洋法”】 2012 年 6 月 21 日，越南国会通过《越南海洋法》，该法将中国的西沙群岛和南沙群岛包含在所谓越南“主权”和“管辖”范围内。中国政府再次重申西沙群岛和南沙群岛是中国领土，中国对上述群岛及其附近海域拥有无可争辩的主权。任何国家对西沙群岛和南沙群岛提出领土主权要求，并依此采取的任何行动，都是非法的、无效的。国家海洋局开展了有力反制越南公布“海洋法”的行动，组织中国海监执法船编队在南海开展了大规模的定期维权巡航，组织专家发表系列文章对越南的非法行径进行批驳。

【维护我国 200 海里以外大陆架权益】 2012 年，我国在 200 海里外大陆架划界维权斗争中取得重要胜利，主要表现在：一是我国专家再次高票当选大陆架界限委员会委员，确保了我在大陆架界限委员会的话语权。二是成功组织实施中国-尼日利亚西部大陆架联合调查航次，第一次利用中国调查船与非洲国家在其管辖海域开展联合科学调查；三是举办第三届大陆架和国际海底区域制度科学与法律问题国际研讨会，加强了各方对我有关主张的理解与支持。四是组织编制了我国东海部分海域 200 海里以外大陆架划界案，12 月 14 日正式提交至联合国，向国际社会重申了我东海大陆架自然延伸至冲绳海槽的主张。

多边交流与合作

【出席联合国可持续发展大会并举办系列活动】 2012 年 6 月 14～20 日，以王宏副局长为团长的国家海洋局代表团赴巴西里约出席了联合国可持续发展大会。海洋议题是本届大会七大主要议题之一，大会高度重视海洋议题的磋商。6 月 18 日下午，国家海洋局在里约运动员村“中国角”主办了“蓝色经济——中国可持续发展的推动力”的主题边会，中国筹委会副团长、国家海洋局王宏副局长代表中国政府致欢迎辞，国内相关海洋主管部门官员和专家围绕全球蓝色经济发展的政策与实践、机遇与挑战同出席会议的各国代表进行了探讨。与会各方对中国在发展可持续海洋经济的实践和设想有了初步认识，并对中国促进世界海洋经济与海洋可持续发展做出的努力给予了高度评价，纷纷表示将就“蓝色经济”相关议题继续与我国官员和专家进行交流。6月16日，“里约+20”海洋日在里约运动员村“公约馆”举行，此次盛会由全球海洋论坛、联合国开发计划署、全球环境基金和中国国家海洋局等共同主办。6月15日，国家海洋局王宏副局长率中国代表团一行访问了保护国际基金会（CI）巴西办公室。CI 巴西办公室执行秘书和海洋官向代表团全面介绍了巴西生态保护和海洋项目的执行情况，并希望与中国在海洋环境监测系统建设等方面加强合作。同时，CI 巴西办公室还表示将积极促进中巴两国在海洋领域的合作并提供支持。

【第67届联大“海洋和海洋法决议”非正式磋商会议】 第67届联大分别于2012年10月1～5日和11月14～20日在美国纽约联合国总部举行了两轮“海洋和海洋法决议”非正式磋商会议。中国外交部和国家海洋局派员参加上述两轮会议。本轮磋商的协调员为特立尼达和多巴哥大使 Eden Charles。美国、日本、俄罗斯、中国、欧盟、77 国集团（G77）等 20 多个国家和组织的代表派员与会。联大海洋和海洋法决议磋商是对该年度联合国框架下各种涉海活动、机构和倡议等的梳理和总结。本次会议主要对2012年度涉海决议条款进行磋商。会议采用协商一致的原则，最终形成“海洋和海洋法决议”草案，交由联大表决通过。各方代表较为关注的问题包括设立区域海洋中心、气候变化、生物多样性等。2012 年正值《公约》开放签署30周年，我国提出的有关世界各国纪念《公约》签署30 周年举行活动的案文，经协商后获各方一致通过。

【第三届大陆架和国际海底区域制度科学与法律问题国际研讨会】 2012年11月22～23日，国家海洋局海洋发展战略研究所和国家海洋局第二海洋研究所共同主办的第三届大陆架和国际海底区域制度科学与法律问题国际研讨会在京召开。国家海洋局副局长陈连增、外交部条法司司长黄惠康出席开幕式并致辞。大陆架界限委员会、国际海底管理局、国际海洋法法庭、联合国海洋事务和海洋法司的主要领导和重要成员，以及来自20多个国家的知名海洋法专家与科学家共160余人参加了本次会议。

【国家管辖范围以外海域生物多样性养护和可持续利用问题非正式特设工作组会议】 2012年5月7至11日，“国家管辖范围以外海洋生物多样性的养护和可持续利用问题”联大不限成员名额非正式特设工作组会议在纽约联合国总部召开。国家海洋局国际合作司、中国大洋协会、国家海洋局第三海洋研究所等派员参加了该会议。会议由斯里兰卡常驻联合国代表帕利塔•科霍纳和荷兰外交部法律顾问利斯贝特•莱茵扎德任共同主席。会议最后审议并通过了提交大会的建议，内容包括国家管辖范围以外区域海洋生物多样性特别是海洋遗传资源的养护和可持续利用，分享惠益问题，还涉及划区管理工具等措施，包括海洋保护区、环境影响评估、能力建设和转让海洋技术等。

【联合国“经常程序”专家组会议】 2012 年11月26日至12月1日，“联合国就海洋环境包括社会经济方面的状况作出全球报告和评估的经常程序”（简称经常程序）专家组会议在美国纽约联合国总部召开，来自英国、巴巴多斯、澳大利亚、智利、阿根廷、韩国、加拿大、中国等国家的专家组成员和 IOC 及 UNEP 的代表参加了本次会议。与会人员就经常程序第一轮海洋环境评估报告的撰写要求、主要章节的框架、任务分配以及能力建设等关键问题进行磋商讨论，以推动撰写工作迅速展开。在下一阶段中国将继续加强对“经常程序”工作的参与和支持；组织优势力量，保障相关章节编写工作的完成；充分发挥我国提名至专家库中专家的作用，积极参与相关章节的编写工作。

【经常程序东亚和东南亚海区域研讨会】 2012年2月21～23日，经常程序东亚和东南亚海区域研讨会在海南三亚召开。此次研讨会由国家海洋局和外交部共同主办，国家海洋环境监测中心和海南三亚珊瑚礁国家级自然保护区管理处承办。来自东道国中国以及东亚和东南亚海区域成员国、国际和区域组织、非政府组织代表、“经常程序”秘书处、“经常程序”专家组成员共70余人出席会议。本次研讨会为本区域各国和有关国际组织以及“经常程序”秘书处和专家组提供了一个良好的沟通与交流机会。研讨会报告将作为“经常程序”第一轮评估的成果之一提交联合国“经常程序”秘书处。

【经常程序特设全体工作组第三次会议】 2012年4月23～27日，经常程序特设全体工作组第三次会议在美国纽约联合国总部召开。来自30多个成员国的代表、政府间海洋学委员会、国际粮农组织、联合国环境规划署等政府间组织代表、非政府组织的代表以及“经常程序”专家组成员参加了本次会议。中国外交部和国家海洋局联合组团参加了此次会议。会议主要内容是就经常程序第一轮综合评估实施方案中包括评估大纲、专家组职责和工作方法、第一轮海洋评估的准备情况（包括区域研讨会的进展情况）、能力建设和信息交流策略等具体问题，在上两次会议基础上开展进一步的审查和评议，以尽快推动第一轮评估的实质性开展。

【《联合国海洋法公约》第82条执行问题国际研讨会】 2012年11月26日，由国家海洋局海洋发展战略研究所与国际海底管理局共同主办“《联合国海洋法公约》第82条执行问题国际研讨会”在北京召开。国际海底管理局秘书长奥顿特、外交部条法司副司长贾桂德和国家海洋发展战略研究所副所长张海文在开幕式上致欢迎辞。国际海底管理局主要成员及前秘书长南丹先生出席本次研讨会，大陆架界限委员会和联合国海洋事务和海洋法司也应邀派代表出席研讨会。来自18个国家的官员、知名法律学者和科学家共50多人参加了本届研讨会。本届研讨会将就外大陆架资源的地位、执行《公约》第82条的指南、公平分享外大陆架上非生物资源的开发应缴的费用和实物的潜在选择、相关争端的解决等方面问题，展开为期5天的交流与讨论。来自巴西、英国和加拿大等9个国家代表将分别介绍各国在第82条适用方面的实践经验。研讨会最终成果将形成一系列的实施第82条所需要的配套规则和合同的建议草案。

【政府间海洋学委员会西太平洋分委会第九次大会】 2012年5月8～12日，政府间海洋学委员会西太平洋分委会第九次大会在韩国釜山召开。10个西太分委会成员国派代表团出席了本次大会，联合国环境规划署西北太平洋行动计划（NOWPAP）代表作为观察员参加了会议，国家海洋局组团参加了本次大会。会上，我国提交的“黑潮延伸体区域的海气相互作用及其对气候的影响项目”和“热带西太平洋海域的有害水母分布研究工作组”得到批准，将在海委会西太分委会框架下实施。本次大会以协商一致的方式选举泰国 Somkiat 博士（普吉海洋生物中心主任）担任西太分委会下一届主席，韩国 Lee Youn-Ho 博士（韩国海洋研究与开发研究院副院长）担任第一副主席，越南 Vo Si Tuan 博士（越南海洋研究所副所长）担任第二副主席。大会同时对国家海洋局国际合作司张占海司长过去四年以主席身份对西太分委会发展做出的贡献表示赞赏。

【海底地名分委会第25次会议在新西兰举行】 IOC-IHO全球海洋通用制图指导委员会(GEBCO)海底地名分委会(SCUFN)第25次会议于2012年10月23～27日在新西兰国土信息部召开。来自德国、美国、俄罗斯、法国、新西兰、巴西、阿根廷、智利、中国、日本、韩国等11个国家的25名委员和观察员参加了本次会议。我国由外交部边海司胡炜、SCUFN中国委员林绍花、国家海洋局第二海洋研究所高金耀、国家海洋信息中心李四海、邢喆等5人组成的中国代表团参加了会议。会议全面回顾了自SCUFN-24次会议以来的各项行动计划执行情况，审议通过了由9个成员国2012年新提交的58个提案中的46个海底地名命名提案，我国提交的15个提案中有12个提案通过了SCUFN委员会的审查，有3个提案被挂起。本次会议还审查通过了日本、新西兰和 GEBCO 海底地名录库中的历史提案共计224个。会议对 SCUFN 的海底地名命名标准（B-6）进行了讨论修改，增加了部分海底地名标准术语及其定义，原则审议通过了 SCUFN 提案表准备技术指南，会议还通报了 IHO 方面新当选的智利籍委员。

【国家海洋局纪委书记吕滨率海洋世界遗产考察代表团访问联合国教科文组织世界遗产中心】 2012年12月5～7日，国家海洋局纪委书记吕滨率海洋世界遗产考察代表团访问了联合国教科文组织（UNESCO）世界遗产中心、法国联合国教科文组织全国委员会，并会见了中国常驻联合国教科文组织代表团。在 UNESCO 世界遗产中心（以下简称“世界遗产中心”），吕滨与该中心主任柯舒尔•饶、亚太部主任景峰等官员举行会谈。吕滨指出，中国在海洋世界遗产方面的工作刚刚起步。中国国家海洋局高度重视此项工作，愿与世界遗产管理部门加强交流合作，推动中国海洋环境和海洋遗产的保护水平，促进中国海洋文化的发展和繁荣。柯舒尔•饶主任围绕世界遗产中心开展的海洋世界遗产项目进行了介绍。他表示世界遗产中心作为联合国教科文组织处理世界遗产事宜的组织联络部门，愿同有关国家一道推动海洋世界遗产工作的开展。在法国联合国教科文组织全国委员会，吕滨会见了该委员会威廉•法布维秘书长，认真听取了法国在海洋世界遗产方面的工作情况，特别针对海洋遗产的选址、申报和管理等环节进行了深入交流和探讨。

【2012 国际海啸培训班】 2012 年 9 月 24～27 日，由联合国政府间海洋学委员会西太分委会（WESTPAC）和 ICG/PTWS 共同发起、中国国家海洋环境预报中心主办的 WESTPAC-ICG/PTWS 2012 国际海啸数值模式和风险评估培训班在北京召开。来自南中国海周边国家及我国的约 30 余位海啸领域青年科学工作者参加培训。国家海洋局将定期举办此类海啸国际培训班，以期不断提高南中国海周边各国的海啸预警防御水平和人才队伍建设水平。

【亚太区域海洋仪器检测评价中心成立】 2012 年 5 月 20 日，联合国教科文组织政府间海洋学委员会、世界气象组织亚太区域海洋仪器检测评价中心(简称亚太区域中心)在天津正式成立。国家海洋局局长刘赐贵，联合国教科文组织助理总干事、海委会执行秘书温迪•沃森•怀特，国家质量监督检验检疫总局副局长孙大伟，天津市副市长熊建平出席揭牌仪式并致辞。刘赐贵、温迪•沃森•怀特、孙大伟、熊建平、陈连增共同为该中心揭牌。为促进亚太区域中心的发展，刘赐贵局长提出四点要求：一是严格按照海委会和世界气象组织对亚太区域中心的能力要求，尽快提升其能力，扩展国际互认的校准项目，向各成员国提供更加优质的服务；二是推进形成亚太区域相关合作机制，做好亚太区域中心长期发展规划，逐步实现该中心业务的可持续发展；三是加强与国家质量监督检验检疫总局和国际组织的合作，特别是要在国家质检总局的指导下，把我国海洋领域优势技术推向国际，为亚太区域各成员国提供参考和借鉴，促进亚太区域各成员国海洋观测资料质量的提升；四是加强人才队伍建设，着力引进、培养具有国际视野、熟悉国际规则、掌握国际标准计量质量前沿技术的高层次专业技术人才，不断提升亚太区域中心的服务能力和国际影响力。

【南中国海区域海啸预警与减灾区域工作组第二次会议】 2012 年 10 月 16～18 日，联合国教科文组织政府间海洋学委员会（UNESCO/IOC）太平洋海啸预警与减灾系统政府间协调组（ICG/PTWS）南中国海区域海啸预警与减灾区域工作组第二次会议在马来西亚吉隆坡召开。本届会议由 UNESCO/IOC 主办，马来西亚气象局协助承办。来自联合国教科文组织政府间海洋委员会的官员、南中国海周边国家代表以及其他组织代表等 20 多人出席了会议。国家海洋局代表团一行 8 人参加会议。会议通过了我国于第一次工作组会议提交的《南中国海海啸预警与减灾系统建设方案》，并决定于 2013 年向 ICG/PTWS 第 25 次大会正式提交此方案。会议还通过了中国国家海洋环境预报中心继续承办海啸模式国际培训班的建议。

【国际海啸培训班】 由联合国政府间海洋学委员会西太分委会（WESTPAC）和 ICG/PTWS 共同发起、中国国家海洋环境预报中心主办的 WESTPAC-ICG/PTWS 2012 国际海啸数值模式和风险评估培训班于 2012 年 9 月 24～27 日在北京召开。培训班邀请了中国、日本、美国、中国台湾等 8 位国内外海啸研究领域顶尖科学家担任授课专家，受训对象主要来自南中国海周边国家及我国的约 30 余位海啸领域青年科学工作者。培训主要包括海啸基础知识、COMCOT、FVWAVE 等国际通用海啸模式的应用介绍，以及海啸灾害风险评估等方面的内容。

【UNESCO/IOC-ODC 第二期培训班】 2012 年 7 月 16～22 日，联合国教科文组织政府间海洋学委员会海洋动力学与气候区域培训与研究中心（简称 UNESCO/IOC-ODC）第二期培训班在青岛成功举办。此次培训引起了更多国家和海洋学者的参与和关注，共收到了来自16个国家的84

份申请。实际参加培训学员来自俄罗斯、韩国、朝鲜、日本、卡塔尔、印度、泰国、越南、新加坡、马来西亚、印度尼西亚、毛里求斯、秘鲁、柬埔寨和中国等 15 个国家，总共 67 人，其中国外学员 37 名，国内 30 名。邀请了美国 5 名和中国的 2 名专家为学员授课，重点讲述了海洋中的大尺度、中尺度和小尺度动力学基础和前沿问题。

【《伦敦公约》签署 40 周年纪念仪式及缔约国协商会议】　2012 年 10 月 30 日，《伦敦公约》签署 40 周年纪念仪式及缔约国协商会议在伦敦举行。英国环境、食品及乡村事务部，各国驻英国使馆，国际海事组织代表以及我国代表约 150 人出席了庆典。迄今为止，《公约》已有 87 个缔约国，《议定书》缔约国有 42 个，其中 36 个是《公约》及《议定书》双缔约国。中国国家海洋局国际合作司副司长陈越以《公约》及《议定书》缔约国协商会议主席的身份致辞。她回顾了《公约》及《议定书》40 年来为保护全球海洋环境所做出的积极努力，指出未来将面临的新挑战，呼吁更多国家加入《议定书》，同国际社会一道为防止海洋污染共同做出努力。2012 年 10 月 29 日至 11 月 2 日，《公约》缔约国协商会议及《议定书》缔约国会议在伦敦召开。会议就如何规范海洋施肥及其他地球工程活动，二氧化碳在海床地质结构中的封存、出口及跨境转移，以及提高发展中国家的遵约能力等议题进行了充分讨论。会议通过了《制定鱼类废物行动清单和行动水平的指南》及《伦敦议定书手册》等文件，其中中国的海洋倾废管理许可证制度被《伦敦议定书手册》列为成功案例。

【APEC 海洋中心管委会第一次会议】　2012 年 2 月 10 日，APEC 海洋可持续发展中心管理委员会（简称 APEC 海洋中心管委会）第一次会议在珠海召开。来自国家海洋局、沿海省市海洋部门、涉海高校的代表共 50 余人参加了本次会议。国家海洋局党组成员、副局长、APEC 海洋中心管委会主任陈连增主持会议并作重要讲话。陈连增指出，一是尽快出台中心发展规划、2012 年工作计划以及上报国务院关于 APEC 海洋中心有关工作的几个文件。二是认真规划和实施 2012 年的工作；要办好研讨会和论坛；积极申请 APEC 海洋专项基金，承担与国际接轨的任务和项目；要加强中心的能力建设，组建国际海洋专家队伍。三是加大宣传力度，做好网站建设，办好工作通讯，扩大中心在国内、国际的影响力。四是充分利用国内的各种资源，发挥全国海洋领域专家、学者的作用。

【亚太经合组织海洋与渔业工作组第一次会议】　2012 年 5 月 24～26 日，亚太经合组织海洋与渔业工作组（OFWG）第一次会议在俄罗斯喀山举行。会议由俄罗斯担任东道主。本次海洋与渔业工作组第一次会议共有 15 个经济体出席，包括：澳大利亚、智利、中国、中国香港、印度尼西亚、日本、韩国、马来西亚、巴布亚新几内亚、秘鲁、俄罗斯、中国台北、泰国、美国和越南。根据会议的既定议程，会议审议通过了由中国牵头编制 APEC 海洋可持续发展报告的倡议，同意中国举办第二届 APEC 蓝色经济论坛和海洋空间规划培训班，较为圆满完成了各项任务。

【亚太经合组织海洋空间规划培训班】　2012 年 9 月 23～28 日，“亚太经合组织海洋空间规划培训班”在中国厦门举办。本次培训班由中国国家海洋局、美国国家海洋与大气管理局、印度尼西亚海洋与渔业部联合支持，由 APEC 海洋可持续发展中心主办，围绕全球海洋空间规划历史与发展现状，海洋空间规划的制定、实施、监测与评估，以及海洋空间规划在海域使用中的地位及未来展望等议题开展培训研讨。此次培训班吸引了来自澳大利亚、智利、中国、印尼、韩国、马来西亚、俄罗斯、中国台北、泰国、美国、越南等 11 个 APEC 经济体的代表，以及斯里兰卡、柬埔寨的代表共 45 位教员与学员参加。来自中国、美国、澳大利亚等 APEC 经济体的多位资深海洋空间规划专家作专题报告。

【国家海洋局局长刘赐贵会见出席第二届 APEC 蓝色经济论坛的国际组织官员】　2012 年 12 月 5 日，国家海洋局局长刘赐贵在北京会见了出席第二届亚太经合组织（APEC）蓝色经济论坛的国际组织代表—全球海洋论坛主席、著名国际海洋专家碧莲安娜•奇钦•塞恩，东亚海环境保护伙伴关系计划理事会主席、区域海洋合作的重要发起者和领导者蔡程瑛，亚太经合组织秘书处项目经理娜塔莉•尼，保护国际基金会全球副总裁塞巴斯蒂安•特伦，以及国际海洋学院主席奥尼•贝纳姆。刘赐贵局长提出四点建议：一是希望与全球海洋论坛尽快签署合作谅解备忘录，在海洋管理、蓝色经济、海洋合作机制等领域，推广新的理念、开展新的实践、拓展新的合作空间；二是中国国家海洋局要进一步深入参与东亚海环境管理伙伴关系计划相关活动，共同为本地区海洋的可持续发展做出贡献；三是希望APEC 秘书处支持中方主办2014 年第四届亚太经合组织海洋部长会议，将海洋合作纳入领导人讨论议题，积极推进区域在海洋领域的务实合作；四是中方愿加强与保护国际基金会在海洋生态保护、海洋保护区网络建设、海洋宣传等方面的联系和合作。

【第二届亚太经合组织蓝色经济论坛】 2012 年 12 月 6 日，以“发展蓝色经济，促进可持续发展”为主题的第二届亚太经合组织（APEC）蓝色经济论坛在天津开幕。国家海洋局局长刘赐贵，天津市副市长熊建平，亚太经合组织秘书处项目经理娜塔丽出席论坛开幕式并致辞。国家海洋局副局长陈连增、柬埔寨环境部部长莫马列、中国海洋石油总公司董事长王宜林等作特邀报告。来自 14 个国家和地区代表以及 10 个国际组织的约 200 名代表齐聚一堂，共谋蓝色经济发展。刘赐贵局长就合作推动亚太地区蓝色经济发展提出三点倡议：一是加强亚太区域对话交流，推广蓝色经济发展的成功经验；二是增强亚太区域能力建设，助推蓝色经济发展主流化；三是构建区域合作网络，夯实蓝色经济发展的基础。

【APEC 海洋可持续发展报告国际研讨会】 2012 年 12 月 8 日，APEC 海洋可持续发展报告国际研讨会在天津举行。本次研讨会为第二届亚太经合组织（APEC）蓝色经济论坛的边会。会议由 APEC 海洋可持续发展中心（简称 APEC 海洋中心）主办，得到了 APEC 秘书处、APEC 海洋与渔业工作组和中国国家海洋局的高度重视和支持。来自亚太区域的智利、巴布亚新几内亚、印尼、韩国、菲律宾、俄罗斯、中国台北、越南以及中国共 9 个 APEC 经济体成员出席了会议。会议对报告的编写框架进行了讨论，并形成广泛共识。中方出席单位包括国家海洋局国际合作司、国家海洋发展战略研究所、国家海洋局第三海洋研究所/APEC 海洋中心、国家海洋环境监测中心、南开大学、厦门大学以及保护国际基金会等的代表。

【国家海洋局副局长王宏率中国代表团出席 JCOMM 第四次届会】 2012 年 5 月 23～31 日，联合国教科文组织政府间海洋学委员会/世界气象组织海洋学与海洋气象学联合技术委员会（JCOMM）第四次届会在韩国丽水召开。来自韩国、美国、英国、俄罗斯、日本等 40 个国家或国际组织的 200 余位 JCOMM 代表参加了本次届会。国家海洋局王宏副局长率领中国代表团出席了本次届会，并代表接受了世界气象组织、海委会对中国承建亚太区域海洋仪器监测评价中心的授权书。王宏副局长表示中国政府历来重视海洋观测标准和计量体系的建设，并介绍了亚太区域中心的承建单位中国国家海洋标准计量中心的历史与已经具备的能力。同时，代表中国政府郑重承诺，将在政策、资金和人力等方面对该中心未来的能力建设继续给予全力的支持，督促其不断提高自身能力，认真做好每项工作，积极提供各种服务。

【发展中国家海洋可持续发展高级研讨班】 2012 年 10 月 29 日，2012 年发展中国家海洋可持续发展高级研讨班在京开班。该研讨班由中国商务部和国家海洋局共同主办，国家海洋局副局长陈连增、商务部对外援助司副司长余应福出席开幕式并致辞，坦桑尼亚桑给巴尔畜牧渔业部部长阿布迪拉•杰哈德•哈桑代表全体参会代表致辞。来自坦桑尼亚桑给巴尔、东帝汶、斐济、汤加、瓦努阿图、巴基斯坦、斯里兰卡、泰国、毛里求斯等国的部级领导和高级官员，以及国家海洋局相关部门和局属单位负责人共 30 余人参加了会议。会上，国家海洋局相关部门领导分别就海洋经济、海域使用、海岛管理、海洋环境保护、海洋防灾减灾、海洋国际合作等领域作了专题报告，与会代表就如何实施海洋管理，促进海洋可持续发展等议题进行了深入交流和讨论。会后，研讨班的全体参会代表参观了国家海洋环境预报中心和国家卫星海洋应用中心。本研讨班为期 7 天，与会者还赴天津和厦门进行访问和考察，并出席了 2012 年厦门国际海洋周有关活动。

【全球海洋观测伙伴关系第十三次年会】 2012 年 1 月 9～11 日，全球海洋观测伙伴关系（POGO）第十三次年会在美国召开。来自 18 个国家和地区的海洋研究机构负责人以及联合国教科文组织/政府间海洋学委员会（IOC）、政府间全球观测组织等 9 个国际组织的官员和代表共 59 人参加了此次年会。此次会议主要围绕海洋观测能力建设、国际科学协调与宣传、大型观测项目与活动、海洋与地球观测新行动、海洋防灾减灾与灾害响应观测、新兴海洋观测国家能力发展等议题进行了讨论。旨在促进全球海洋学研究，尤其是推动综合性全球海洋观测系统的实施。

【WMO-IOC 亚太区域中心管理委员会、专家咨询委员会成立】 2012 年 11 月 9 日，世界气象组织（WMO）、政府间海洋学委员会（IOC）海洋学与海洋气象学技术联合委员会（JCOMM）亚太区域海洋仪器检测评价中心（以下简称“亚太区域中心”）管理委员会、专家咨询委员会成立会议暨第一次全体会议在京召开。国家海洋局副局长、亚太区域中心管理委员会主任王飞，国家质检总局总工程师、亚太区域中心专家咨询委员会主任刘卓慧出席会议并致辞。王飞宣布了亚太区域中心管理委员会、专家咨询委员会人员名单，并颁发专家咨询委员会聘书。会议介绍了 2012 年亚太区域中心工作及 2013 年工作计划。与会委员就委员会职责、议事规则、亚太区域中心 2013 年工作计划进行了讨论。

【第二届 JCOMM 亚太区域海洋仪器检测技术研讨会】 2012 年 12 月 3～5 日，由亚太区域海洋仪器检测评价中心（以下简称亚太区域中心）主办第二届的 JCOMM 亚太区域海洋仪器检测技术研讨会在天津顺利召开。国家海洋标准计量中心主任、亚太区域中心管理委员会执行主任吴爱娜，世界气象组织（WMO）科学官 Charpentier Etienne，联合国教科文组织政府间海洋学委员会（UNESCO/IOC）项目主管 Gross Thomas 等领导和专家共同出席了此次研讨会。本次研讨会共有来自美国、法国、澳大利亚、中国等 4 个国家的 8 名专家为来自韩国、朝鲜、泰国、巴基斯坦、斯里兰卡、中国及中国香港等 7 个国家或地区的 50 多名学员授课。会议期间，国际组织官员、成员国代表和亚太区域中心领导就亚太区域中心 2013 年工作进行了讨论，亚太区域中心将在 2013 年将开展海洋仪器检测评价、海洋仪器国际比对、第三届亚太区域中心培训研讨会、建立区域联络机制等工作。各国代表一致认为，亚太区域中心通过制定标准、开展海洋仪器检测和国际比对，对提高观测资料质量，推动建立全球海洋观测质量保障体系建设具有重要作用。

【北太平洋海洋科学组织（PICES）2012 年会】 北太平洋海洋科学组织（North Pacific Marine Science Organization, PICES）第二十一届年会于 2012 年 10 月 12～21 日在日本广岛市召开，来自加拿大、中国、韩国、俄罗斯、美国、日本等 6 个成员国，以及 23 个国家、37 个国际和区域组织等近 500 参加了此次会议。今年会议主题为“自然和人为压力对北太平洋生态系统的影响：科学挑战和可能的解决方案”，包括各工作组会议、财务会议、大会理事会、科学理事会等会议。共设置了 14 场分会，8 场研讨会，生物海洋学、渔业科学和物理海洋与气候学 3 场论文研讨会，以及海报展会等众多科学分会。此外，会议期间召开了 6 个咨询委员会、6 个常设委员会，4 个分委员会，1 个科学小组和 6 个工作组所属科学机构的会议，讨论各机构管理执行情况以及下一年度工作安排。

【第十一届东亚海环境管理伙伴关系计划执委会会议】 2012 年 10 月 27～28 日，第十一届东亚海环境伙伴关系计划（PEMSEA）执委会会议在北京召开，除菲律宾的执委委员请假未出席此次会议，全体执委委员、PEMSEA 秘书处代理执行主任、日本运输政策研究机构理事长和我国代表出席了此次会议。此次执委会议题是讨论为 PEMSEA 寻求成为独立国际组织需要解决的一系列问题，包括 PEMSEA 秘书处机构改革和重组计划、建立财务和审计等制度的可持续运营计划和讨论 2015 年东亚海大会主办方案等。会议重点讨论了 PEMSEA 的机构改革和重组，以期最终在全球环境基金（GEF）结束对项目的资助时，能够自行筹集机构运转所需资金。

【处理南海潜在冲突研讨会第二十二次会议】 处理南海潜在冲突研讨会第二十二次会议于 2012 年 11 月 22～24 日在印尼万隆市召开。参加研讨会的代表共 60 余人，分别来自中国、中国台北、东盟 7 国（缅甸、柬埔寨、老挝未派人参加），代表均以个人身份参加研讨会。印尼外交部东盟总司司长在会上就南海近期形势发展作了专题报告。会议对研讨会进程进行了评估、研讨会资深顾问印尼无任所大使贾拉尔通报了“特别基金”的捐赠和使用情况，讨论了已有项目的进展情况，个别参会人员提及了未来可能开展的项目设想。国家海洋信息中心秦莉在研讨会上介绍了“南海数据库网络及资料交换”项目主网站的运转和维护情况，提出了建立历次研讨会文件材料的数据库、网站增加各方研究机构和研究人员信息栏目等工作计划。与台湾联合举办的“东南亚海洋教育培训网络（SEA-NET）”项目进展良好。2012 年由台湾举办，国家海洋局派出 5 人赴台参加了培训与交流。2013 年将由大陆承办该项目。研讨会前一天，印尼方主办了研讨会框架下“海平面上升”项目的工作组会，国家海洋局国际合作司徐贺云在工作组会上作了推动南海合作的专题报告，与会方对我政府海洋奖学金表达了兴趣。印尼方决定2013年举办卫星和验潮技术培训班。

【地球观测组织（GEO）第九次全会】　地球观测组织（Group on Earth Observations, GEO）第九次全会于2012 年11月22～23日在巴西伊瓜苏市召开，GEO 的各成员国和欧盟以及各参加组织都派团参会。本次全会的重点是对 GEO 2012～2015 年工作计划项目的执行情况和“GEOSS 十年执行计划”的目标进行评估，并就POST-2015 战略规划工作提请大会讨论，会议主要讨论了地区成员国事务，尤其是涉及到本地区的执委会成员更新、加强区域合作促成 GEO 目标在本地区实现，以及本地区的地球观测数据共享等相关事宜。在全会期间，我国代表团举办了全球地表特征参量和地表覆盖产品发布会。此外，我国还组织了 GEO 地球观测技术的展览，展出了中国的气象卫星、海洋卫星、测绘卫星和减灾小卫星的成果。

【DBCP-28 及 JTA 32 会议】　应主办方澳大利亚气象局（BOM）邀请，2012 年 10 月 2～9 日，国家海洋标准计量中心组团参加了在澳大利亚弗里曼特尔市召开的联合国世界气象组织（WMO）和政府间海洋学委员会（IOC）海洋学与海洋气象学联合技术委员会（JCOMM）数据浮标合作组（DBCP）第二十八届年会暨 ARGOS 卫星通讯联合费用协议（JTA）第三十二届年会。来自 JCOMM14 个成员国的共 70 多位代表出席了此次会议。国家海洋标准计量中心代表团参加此次会议的中心任务是围绕亚太区域中心的未来发展，探索与 DBCP 开展合作的新思路、新途径，逐步参与 JCOMM 各项观测计划的质量监督与控制。

【第十五届有害藻华国际学术会议】　第十五届有害藻华国际学术大会于 2012 年 10 月 28 日至 11 月 2 日韩国昌原召开，国家海洋局第二海洋研究所组团参加了此次国际赤潮界的学术盛会。第十五届有害藻华国际学术大会由国际有害藻类学会主办，旨在为各国从事赤潮研究的科学家以及相关管理者提供新近研究成果交流的平台，来自各国的 500 余名科学家以及管理人员出席了这一学术盛会。我国有 66 名相关科学家（包括海外华人科学家）参加，会议包括 22 个专题。

【第十届国家海岸港口与海上结构会议】　应伊朗驻华使馆、伊朗港口与海事组织的邀请，国家海洋技术中心组团于 2012 年 11 月 17～23 日，赴伊朗参加了在德黑兰召开的第十届国际海岸、港口与海上结构会议（ICOPMAS）。ICOPMAS 会议每两年举行一次，是伊朗官方举办的最具有影响力的国际会议之一。第十届 ICOPMAS 会议由伊朗港口与海事组织（Ports and Maritime Organization，PMO）主办，主题是“可持续发展的海岸、港口与海上结构”。会议设水动力学与海洋工程、港口与海岸管理、港口与海岸工程、离岸工程与管道以及海洋环境与安全等 5 个板块共 20 个议题，共有 200 余人参会。受欧美制裁等因素影响，参会的国际代表并不多，共有来自中国、荷兰、瑞典、西班牙、英国、澳大利亚、阿根廷、日本等国家的 20 余名国际代表参加了会议。

【东亚海第四届大会】　2012 年 7 月 9～13 日，第四届东亚海大会在韩国昌原市举行。来自世界 25 个国家和地区，23 个国际和地区政府间组织和非政府间组织的代表，特别是东亚海海洋环境管理伙伴关系计划（PEMSEA）成员国的高层政府代表、地方官员、企业代表、专家、学者以及其他利益相关者近千人参加了本次大会。国家海洋局组团参加大会。大会期间还举办了第四届东亚海部长论坛，东亚海11个成员国的涉海部长及高官代表出席了论坛，并签署了昌原部长宣言，大会期间还举办了第三届东亚海青年论坛和题为“蓝色创新、技术和实践”的环境展览。

【“西太平洋海域海洋灾害气候变化的响应”第四次海上调查完成】　“西太平洋海域海洋灾害对气候变化的响应”国际合作计划由我国主导提出，旨在加强与西太平洋分委会（IOC/WESTPAC）成员国的海洋科技国际合作，加深对海洋灾害与气候变化之间联系的科学认识，进一步提高我国在该地区的海洋科技影响，对我国与南海及周边国家和地区的实质性科技合作起到推动作用。该项目由国家海洋局第一海洋研究所乔方利研究员担任责任人，澳大利亚、印尼、韩国、马来西亚、菲律宾、俄罗斯、泰国、美国、越南等十个西太分委会成员国科学家参加，项目预计实施期限为2009—2018年（2009—2014年为第一阶段），研究区域为（7～15°N，110～145°E）台风源地地区，棉兰老海和泰国湾作为海洋生态对气候变化研究的重点区域。该项目第四次（2012年）科学考察航次计划是根据“西太平洋海域海洋灾害对气候变化的响应”项目的实施计划安排，在前三个航次的调查研究基础上制定的。本航次调查队由来自国家海洋局第一海洋研究所、第三海洋研究所、中科院南海海洋研究所、同济大学、中国海洋大学、国家海洋局北海分局、泰国东方大学和印度尼西亚海洋和沿海资源研究发展中心等国内外8家科研院所涉及水文、气象、生物和化学四个领域的共30位科研工作者组成。第四航次海上调查任务于2012年9月1日从青岛起航，经过5天航行于9月6日到达A01站开始大面站观测。期间于9月16～17日完成了25小时海浪及海洋上层混合连续观测任务，9月22日完成全部大面站作业，9月28日抵达青岛，本航次按计划顺利地完成了全部既定的水文、气象、生物、化学等四个学科26个调查项目共33站的调查任务。

（国家海洋局国际合作司）

【海洋环境保护国际合作】　2012年1月联合国环境署在菲律宾马尼拉召开的《保护海洋环境免受陆上活动污染全球》执行情况第三次政府间审查会议。来自中国、美国、日本等65个国家、多个国际公约秘书处、政府间组织和非政府组织等派代表参加了会议。会议主要针对营养物质、海洋垃圾、污水问题，全球行动计划（GPA）在2012～2016年的政策指南，以及GPA在2012～2016年工作计划等议题展开讨论，最终审议通过了一份《保护海洋环境免受陆地活动影响全球行动计划的马尼拉宣言》。会议普遍认为应在全球、区域、国家层面上大力推动GPA的实施，特别是把营养物质、海洋垃圾、污水问题作为2012～2016年GPA的工作重点抓住了当前海洋环境保护关键和要害，应不遗余力加以落实。

2012年11月西北太平洋行动计划(NOWPAP)第十七次政府间会议于在韩国济州举行，来自中国、俄罗斯、日本、韩国四个成员国、NOWPAP区域协调处及区域中心、黄海大海洋生态系统项目（YSLME）等机构的30余名代表参加了会议。会议主要讨论了2012年NOWPAP实施进展、特殊监测与海岸带环境评估区域中心联络员会议的职权范围修改、区域协调处协调员和副协调员在富山、釜山办公室之间轮值、NOWPAP与国际海事组织合作事宜、NOWPAP信托基金增资、NOWPAP未来财政状况的应对措施等议题。并就上述议题通过了三项决议。　（环境保护部）

双边和地区交流与合作

【国家海洋局局长刘赐贵出席胡锦涛主席访问印尼的国事活动】　2012年3月23日，国家海洋局局长刘赐贵出席了中华人民共和国国家主席胡锦涛为印度尼西亚共和国总统苏西洛•尤多约诺举行的欢迎仪式、并参加了双边会谈。在两国领导人的共同见证下，刘赐贵局长和印尼海洋与渔业部沙立夫•苏达卓部长共同签署了《中华人民共和国国家海洋局和印度尼西亚共和国海洋与渔业部关于发展中国-印尼海洋与气候中心的安排》（简称《安排》）。通过签署《安排》，将中国—印尼海洋与气候中心提升为国家级中心，标志着中印尼海洋合作迈上了新台阶，谱写了国际海洋合作的新篇章。

【国家海洋局局长刘赐贵与印尼海洋与渔业部部长沙立夫•苏达卓会谈】　2012年3月22日，

国家海洋局局长刘赐贵在京会见印尼海洋与渔业部部长沙立夫•苏达卓和秘书长盖尔文•朱素夫一行。国家海洋局副局长陈连增和局机关相关部门主要负责人，以及印尼海洋与渔业部相关部门负责人参加了会见。刘赐贵简要回顾了中印尼长期以来在海洋领域合作的进展情况，并提出五点建议：一是建立双方高层领导互访与对话机制；二是共同支持中印尼海洋与气候研究中心的建设和发展；三是积极申请中印尼海上合作基金，加强中印海洋与气候研究中心能力建设；四是推动《2011 年-2015 年南海及周边海洋国际合作框架计划》的实施；五是加强在亚太经合组织等多边框架下的合作，共同推动蓝色经济在亚太区域的发展。沙立夫•苏达卓表示，双方在海洋领域的合作取得了长足进步，尤其是通过建立中印尼海洋与气候研究中心，共同推动了双方在海洋科研领域的合作，取得了丰硕的成果，这对于促进双方经济社会发展具有重要作用。

【国家海洋局代表团访问印尼并出席第六届中印尼海洋科研与环保研讨会】 2012 年 11 月 7～9 日，应印尼海洋与渔业部邀请，以国家海洋局国际合作司司长张占海为团长的中方代表团于访问了印尼海洋与渔业部，并出席了在印尼梭罗举行的第六届中印尼海洋科研和环保研讨会。2012 年 11 月 8 日，第六届中印尼海洋科研与环保研讨会在印尼梭罗举行。会议由张占海与印尼海洋与渔业部研究开发局局长罗姆帕斯共同主持。议题包括：海洋气候变化观测与研究；海洋环境保护；海洋资源开发与利用；蓝色经济；能力建设。来自双方海洋科研机构与管理部门的专家学者和管理人员共 70 余人参加了会议。双方围绕海洋科学研究、蓝色经济理念、海水淡化设备与技术示范、海洋生物技术研发、蓝色碳汇、能力建设与培训，中印尼中心与联合海洋观测站建设等内容进行了深入讨论。

【国家海洋局副局长陈连增会见印尼科学院副院长伊斯干达•祖卡纳恩】 2012 年 11 月 13 日，国家海洋局副局长陈连增在京会见了印尼科学院副院长伊斯干达•祖卡纳恩一行。双方就如何在海洋科研、海洋环保等领域展开合作进行了会谈。陈连增提出三点建议：一是双方在 2007 年签署的《中印尼海洋领域合作谅解备忘录》和《关于建设中印尼海洋与气候中心的安排》的框架下，开展海洋科研、海洋环保、海洋防灾减灾等领域的合作。二是支持印尼科学院和海洋三所共建海洋生态实验站，并将该实验站的建设纳入中印尼正在制定的《中印尼海洋领域合作共同行动计划（2013—2017）》中。三是 2012 年 7 月中方制定了《中国政府海洋奖学金计划》，希望印尼科学院积极参与到海洋奖学金计划中，推荐优秀青年学者来中国攻读硕士、博士学位，中方愿为青年学者来华提供协助和便利。伊斯干达•祖卡纳恩表示，印尼科学院和海洋三所共建海洋生态实验站对提高印尼科研水平，促进地区经济发展意义重大，双方应不断拓宽合作领域，继续拓展合作项目。

【中国与印尼将共建生态观测站】 为推进中国和印尼海洋生态站建设及热带典型海洋生态系统生物多样性研究工作的合作，2012 年 11 月 12～16 日，国家海洋局第三海洋研究所与印尼科学院海洋研究中心在厦门联合召开首届中印尼海洋生物多样性研讨会，来自中印尼双方的 40 多位科研人员围绕海洋生物多样性保护进行了深入的探讨和交流。为推动中印尼双方海洋科学研究取得实质性成果，双方将在印尼北苏拉威西海的比通地区共同建设生态观测站，以开展长期的热带典型海洋生态系统的合作研究，重点关注气候变化和热带海洋生态系统之间的关系，中印尼海洋生物多样性的异同以及基于生态系统的海洋管理等热点问题。

【中印尼海洋与气候中心项目获中印尼海上合作基金资助】 2012 年 12 月 6 日，中印尼海上合作委员会首次会议在北京召开，会议宣布中印尼海上合作基金首批资助四个项目，中印尼海洋与气候中心项目位列其中。本次会议是落实 2012 年 3 月两国外长签署的《中华人民共和国政府与印度尼西亚共和国政府海上合作谅解备忘录》的重要会议，旨在推动两国航行安全、海上安全、海军对话与合作以及海洋科研与环境保护等领域的合作。

【中泰两国海洋领域合作】 2012 年 4 月 17 日，温家宝总理在人民大会堂举行了迎接泰国总理英拉的欢迎仪式和双边会谈。国家海洋局局长刘赐贵出席了上述活动，并在两国总理的见证下，与泰国自然资源与环境部部长披查•仁颂布苏共同签署了《中华人民共和国国家海洋局与泰王国自然资源与环境部关于建立气候变化与海洋生态系统联合实验室的安排》(简称《安排》)。该《安排》是继中、泰两国于 2011 年 12 月 23 日在曼谷签署《中华人民共和国国家海洋局与泰王国自然资源与环境部关于海洋领域合作的谅解备忘录》以来，两国政府间签署的又一份重要合作文件，是近年来中泰海洋领域合作顺利发展的新成果，标志着中泰两国海洋领域合作迈上了新台阶。根据《安排》，中泰气候与海洋生态系统联合实验室将由中国国家海洋局第一海洋研究所和泰国普吉海洋生态中心共同负责运行。

2012 年 11 月 15～18 日，国家海洋局第一海洋研究所与泰国普吉海洋生物中心联合执行了联合国教科文组织政府间海委会西太分委会框架下区域合作项目——亚洲季风爆发监测及其社会和生态影响，在安达曼海区进行的第三次科学考察，于 16 日成功在安达曼海的泰国经济专属海域投放了第一个深海观测浮标，首次实现了对该海域的海洋环境实时监测。在中、泰双方科研人员的努力下，浮标系统被成功布放于泰国附近安达曼海，深度 2551 米。浮标布放工作完成后，科考队还执行了 13 个历史站位的水文观测。安达曼海观测浮标的投放是立足泰海洋领域，辐射中缅、中印海洋合作的重要一环。

【中泰首届海洋领域合作联委会会议】　2012 年 4 月 17 日，中泰首届海洋领域合作联委会会议在京举行。国家海洋局副局长陈连增、泰国自然资源与环境部常务秘书长楚特•特拉楚出席开幕式并致辞。国家海洋局相关单位主要负责人以及泰国自然资源与环境部相关部门主要负责人参加了会议。陈连增副局长提出 4 点建议：一是夯实双边合作交流的平台和机制。中方将积极支持中泰气候与海洋生态联合实验室的建设和发展，加快能力建设，推动合作项目的实施，并提供经费的保障。二是发挥中泰海洋领域合作的牵头和协调作用，充分发挥科研和教育等机构的作用。三是中方欢迎泰方的机构和人员积极参与实施《南海及其周边海洋国际合作框架（2011 年—2015 年)》，积极申请中国-东盟海上合作基金和其他经费来源，支持该框架下中泰合作项目的开展。同时，中方也愿意邀请泰方青年科学家来华攻读硕士、博士学位，并提供相应资助。四是加强双方在政府间、国际和地区组织等多边框架中的支持和配合，共同推动地区海洋科技合作项目的开展。特拉楚对陈连增副局长提出的 4 点建议表示认同，泰方对于中方提出的《框架计划》以及相关科研项目非常感兴趣，希望双方能够就此进行进一步交流和磋商，并以此次联委会为契机，共同推动泰中双方在海洋领域的合作健康、顺利地发展。

【国家海洋局局长刘赐贵会见泰国资源与环境部部长】　2012 年 4 月 18 日，国家海洋局局长刘赐贵在京会见泰国自然资源与环境部部长披查•仁颂布苏。国家海洋局副局长陈连增，泰国自然资源与环境部常务秘书长楚特•特拉楚，国家海洋局相关部门和单位的主要负责人，泰国自然资源与环境部相关部门主要负责人参加了会见。刘赐贵局长提出四点建议：一是建议加快中泰气候与海洋生态联合实验室建设；二是尽快制定中泰海洋领域合作五年规划；三是积极申请中国-东盟海上合作基金，共同实施《南海及其周边海洋国际合作框架计划（2011-2015)》，推动海上务实合作；四是在中国-东盟峰会上发起关于海上互联互通的合作倡议。披查•仁颂布苏表示，泰国自然资源与环境部愿与中国国家海洋局在应对海岸侵蚀、海洋生态环境保护、海洋环境监测预报、海洋科技创新等方面加强合作，积极交流管理经验、科研数据和成果以及有利于海洋与海岸带资源可持续利用管理的政策法规，共同促进双方合作取得新的进展。

【第一届中—泰气候与海洋生态联合实验室管理委员会会议暨第四届中—泰海洋科技合作研讨会会议】　2012 年 6 月 5～8 日，第一届中—泰气候与海洋生态联合实验室管理委员会暨第四届中-泰海洋科技合作研讨会会议在湖南省张家界市召开。来自中、泰两国海洋领域的近 30 名专家参加了研讨会。会议期间，双方科学家充分交流了中-泰双方自 2011 年至今在海洋与气候变化、海洋生态系统、海洋地质与地球物理研究三个领域的合作研究成果以及最新研究进展。通过进一步探讨与深刻沟通，确定了中-泰合作项目的近期工作重点以及具体工作安排。第一届管委员会会议明确了中-泰未来五年的主要合作领域，建立了联合实验室的运行机制，为实施以联合实验室为主要支撑平台的中—泰海洋领域合作奠定了坚实的基础。

【中—越低敏感海洋领域合作】 2012年11月7日，中越海上低敏感领域合作专家工作组第二轮磋商在越南首都河内举行。中方代表团团长为外交部边海司副司长易先良，成员包括国家海洋局、交通部海事局、中国地质调查局等。越方由外交部海洋司黎贵琼司长担任团长，国防部、公安部、交通部、科技部、环境资源部、农村事务部、地质研究院等部门参加。此次会议是在2012年5月在北京举行的首轮磋商的基础上举行的，与会双方详细介绍了拟实质性推动的合作项目，其中越方提出包括北部湾海洋与岛屿的科技研究与环境管理合作、红河三角洲外围现代沉积环境研究项目等在内的4个项目，中方提出包括中越湄公河及邻近海域生态环境综合评价研究、中越南海海上搜救环境预报等在内的多个合作项目。双方同时就合作的原则、区域、内容和方式等问题进行了磋商。

【中—马海洋合作】 2012年10月29日，国家海洋局第一海洋研究所夏长水和王关锁赴马来西亚进行预报系统安装，并对其相关业务人员进行了培训。系统安装和培训在位于马来西亚纳闽直辖区的马来西亚国家气象局海洋气象与水文分局举行。该预报系统于2012年11月5日起开始业务化试运行，预报产品包括海浪、三维温度、三维流场和水位等，预报时效为72小时这个预报系统是马来西亚第一个综合海洋环境预报系统。该系统的建立能够提升其海洋环境预报能力，为该地区的防灾减灾、航运安全和生态环境保护提供科技支持。该预报系统目前处于业务化试运行状态。

【中—韩海洋科学共同研究中心举行第八、九届领导换届仪式】 2012年5月4日，中韩中心第八、九届领导换届仪式在国家海洋局第一海洋研究所举行。国家海洋局国际合作司陈越副司长、韩国国土海洋部海洋政策局吕基东事务官、国家海洋局第一海洋研究所马德毅所长、韩国海洋研究院姜正极院长、青岛海洋地质研究所周永青书记、中国科学院海洋研究所王凡副所长、山东省科学院海洋仪器仪表研究所刘孟德所长、山东社会科学院海洋经济研究所孙吉亭所长等单位领导出席了换届仪式。换届仪式由国家海洋局第一海洋研究所乔方利副所长主持。会议宣布任命国家海洋局第一海洋研究所张朝晖博士担任中韩中心第九届主任，韩国海洋研究院具本观研究员担任副主任。

【韩国海洋警察厅3011训练舰访问中国海监总队】 2012年9月4～6日，以韩国海洋警察厅装备技术局金光俊为团长的韩国海洋警察厅3011训练舰访问团应邀访问中国海监总队，并顺访中国海监东海总队。韩国海警厅训练舰此次来访，是自2009年12月中国海监总队与韩国海洋警察厅正式建立合作机制以来，首次开展执法船交流活动，对开展中国海监与国外执法机构合作具有积极的示范作用，开创了中国海监对外合作的新局面。

【中—朝海洋合作】 2012年3月27日至4月4日朝鲜水文气象局一行2人赴国家卫星海洋应用中心就海洋遥感技术等方面的问题展开技术交流合作。卫星中心针对水色遥感、海冰监测、海温监测等主题对遥感数据应用进行了全面的阐述。此次交流帮助朝鲜专家更加全面细致地了解我国海洋遥感应用的现状，也与他们针对感兴趣的问题进行了探讨交流。朝鲜专家在交流中也向我方介绍了朝鲜在相关方面的研究进展，以及有待解决的问题，双方进行了充分地讨论。

【全国人大常委会委员长吴邦国和斯里兰克总统马欣达•拉贾帕萨共同见证签署《中斯海岸带与海洋领域合作谅解备忘录》】 2012年9月17日，斯里兰卡总统在总统府与应邀正式来访的中国全国人大常委会委员长吴邦国举行了会谈。海洋领域合作成为两国领导人会谈的一项重要内容，吴邦国委员长在讲话中表示将加强中斯两国在海洋科研、气候变化、防灾减灾等方面的合作。会后，受国家海洋局委托，外交部副部长张志军与斯里兰卡国防与城市发展部秘书长格塔巴亚•拉贾帕萨在两国领导人见证下共同签署了《中华人民共和国国家海洋局与斯里兰卡国防与城市发展部关于海岸带与海洋领域合作的谅解备忘录》(简称《谅解备忘录》)。根据《谅解备忘录》，双方将成立海洋合作联合委员会，通过互派官员与专家访问、组织联合科学试验和海上调查、共同制定和实施合作项目，共同举办研讨会、培训班等方式，着力推动在海洋经济、海岸带与海洋环境监测与保护、海岸带与海洋生态多样性养护和修复、海洋能源开发与管理、海岸带与海洋功能区划、海岸带、海岛与海洋政策、法律和法规、海岸带灾害管理与应对气候变化以及海岛保护等方面的合作。

【国家海洋局副局长陈连增率团访问斯里兰卡】 2012 年 3 月 5 日，应斯里兰卡渔业与水产资源开发部、国防与城市发展部、水产资源研究开发局、印度洋海洋事务合作秘书处邀请，国家海洋局副局长陈连增率团访问了上述部门。访问期间，双方就加强海洋管理部门和科研机构间的相互了解，促进海洋学者的相互交流，邀请斯方机构和人员参与《南海及其周边海洋国际合作框架计划（2011-2015)》的实施，以及推动双方在海洋科学研究、海洋环境保护、海洋观测、防灾减灾、应对气候变化、能力建设与人员培训等领域的务实合作等事宜进行了工作会谈，取得了丰硕成果。期间，国家海洋局第一海洋研究所与斯里兰卡水产资源研究开发局签署了所际间海洋领域合作意向书。

【国家海洋局副局长陈连增率团访问柬埔寨环境部】 2012 年 7 月 16 日，国家海洋局副局长陈连增率代表团访问了柬埔寨环境部，与柬埔寨国务大臣、环境部部长 Mok Mareth 等进行了双边会谈。陈连增副局长提出了三点具体建议，一是双方尽快召开专家研讨会，确定具体合作领域，提出合作项目建议；二是邀请柬埔寨环境部和相关海洋部门出席将于 2012 年 11 月在中国举办的 APEC 第二届蓝色经济论坛、发展中国家海洋可持续发展高级别研讨班和厦门国际海洋周等活动；三是在加深两国海洋科研合作的基础上，逐步深化政府间的海洋合作，建立高层海洋对话机制，在适当时机签署海洋合作协议。Mok Mareth 部长对陈连增副局长的建议给予了积极响应和支持。这是中国和柬埔寨海洋领域的第一次高层访问，双方在海洋科研、环境保护、应对气候变化等领域达成了广泛合作共识，取得了丰富成果，开创了中柬两国海洋合作的新篇章。

【国家海洋局局长刘赐贵与柬埔寨环境部部长莫马列举行会谈】 2012 年 12 月 5 日，国家海洋局局长刘赐贵在北京会见前来参加第二届亚太经合组织蓝色经济论坛的柬埔寨环境部部长莫马列，双方就进一步加强海洋领域合作进行了交流探讨。刘赐贵局长提出了三点建议：一是希望中国国家海洋局与柬埔寨环境部签署海洋领域合作的谅解备忘录，使中、柬海洋领域合作机制化。二是中国国家海洋局与柬埔寨环境部建立高层领导互访与对话机制，以此商讨中、柬海洋领域合作中的重大事项。三是在中国东盟框架下建立“中国-东盟海洋合作与发展论坛”，以海洋科研、海洋环保、防灾减灾、公益服务、海洋政策、蓝色经济等为主题，邀请东盟各国海洋管理部门的官员和学者参加，利用中国-东盟海上合作基金推动海洋领域的务实合作。刘赐贵表示，中方愿意在海洋技术、装备、海洋人才培养等方面为柬方提供相应支持，资助更多的柬埔寨青年来华攻读海洋类硕士、博士学位，或进行海洋技术知识的专业培训。

【中—文合作】 2012 年 7 月 18 日，国家海洋局副局长陈连增率代表团访问了文莱交通部。文莱政府高度重视中国代表团的访问，其交通部部长 Pehin Abdullah、常务秘书（副部长）Alaihuddin Taha、副常务秘书（副部长）Mutalib Yusof、交通部海洋局执行局长 Salihin Aspar 和各部门主管等均参加了双边会谈。会谈中，陈连增副局长指出，此次来访旨在加强双方海洋部门的互相了解，探讨两国在海洋领域的合作可能，并提出了在海洋溢油事故处理、建设南中国海海啸预警系统建设、共同实施《南海及其周边海洋国际合作框架计划》和签署两国部门间海洋合作协议等方面的具体合作建议。Pehin Abdullah 部长对陈连增副局长的建议给予了积极回应，希望加强与中国的交流与合作。

【2011～2015 年中国国家海洋局与美国国家海洋和大气管理局海洋与渔业科技合作框架计划》签署】 2012 年 5 月 3～4 日，第四轮中美战略与经济对话在北京举行。期间，中国国家海洋局副局长陈连增与美国国家海洋和大气管理局助理局长罗伯特•德里克以通信方式签署了《2011-2015 年中国国家海洋局与美国国家海洋和大气管理局海洋与渔业科技合作框架计

划》（简称《框架计划》）。根据《框架计划》，双方确定了海洋在气候变化中的作用、数据交换与服务、海洋灾害预警预测及其应急管理、海洋生态系统与全球碳循环研究、海洋高新技术研发与应用、海洋政策、管理以及国际海洋事务合作等 8 个优先合作领域，通过召开中美海洋科学论坛、适时建立中美海洋科学联合实验室/联合研究中心以及在国际组织、政府间组织或国际科学计划或项目下开展合作等方式，推动双方海洋科技与管理人员的交流与合作，开展印度洋、南大洋气候观测、再分析与预测为主题的多学科海洋研究，增强两国在应对气候变化、防灾减灾、海洋生态与生物多样性保护、海洋环保等领域的能力，进一步促进两国海洋事业的共同发展和繁荣。

【国家海洋局局长刘赐贵会见加拿大诺瓦斯科舍省省长达雷尔·雷克斯特】 2012 年 9 月 13 日，国家海洋局局长刘赐贵在京会见加拿大诺瓦斯科舍省省长达雷尔·雷克斯特一行。中加双方可以在海岸带的综合管理、海洋环境保护、海洋生态文明建设、海洋执法、海上溢油应急处置等方面进行互利合作，建立长期互访制度；加强在海洋防灾减灾方面的交流与合作，分享经验，共同防御灾害，减少损失。同时，双方可在海洋能开发利用等方面加强沟通与交流，积极开发风能、潮汐能、波浪能等海洋可再生能源，加强海水淡化、海洋生物等领域的经验交流，发展海洋旅游、渔业生产、油气勘探等产业，促进双方海洋经济健康有序发展。

【中—加北极合作】 2012 年 4 月 30 日，加拿大魁北克大学蒙特利尔分校举办了“中国在北极”学术研讨会。加拿大外交与防务政策研究主席斯蒂芬·罗斯教授，吉尔莫斯大学惠特尼·拉肯巴尔博士，拉威尔大学费尔德里克·拉瑟尔博士，蒙特利尔大学陈志明博士，及中方代表做了大会报告。双方还就中国对加拿大北极主权的立场、中国对加拿大北极资源的态度以及中加在北极事务方面可能合作的领域进行了研讨。

2012 年 6 月 18～30 日，第二届“中加北极问题研讨会” 在加拿大哈利法克斯举行。国家海洋局与加拿大达尔豪斯大学、维多利亚大学、卡尔加里大学、圣哲罗姆大学、蒙特利尔大学的共 21 名代表出席会议。6 名中方代表分别就中国的北极政策、西北航道、北极科研法律制度、中国北极科研活动、中加极地研究合作、中国北极事务研究现状等议题做了大会发言，与加方学者在北极相关问题上进行了深入交流。

【第二届中俄海洋科学研讨会】 2012 年 10 月 10～13 日，“第二届中俄海洋科学研讨会”在俄罗斯符拉迪沃斯托克召开。本次会议由俄罗斯科学院远东分院太平洋海洋研究所主办、国家海洋局第一海洋研究所、极地研究中心及中国大洋协会协办。来自俄罗斯 11 个机构的 84 名科学家及来自中方的 8 个机构的 30 名科学家为此次会议做出了贡献。会议主题为“21 世纪的海洋环境与资源”，下设四个专题：海洋地质过程及其效应，物理海洋学与全球气候变化，大洋矿产资源及其成矿作用，海洋生态系统演化。

【中—俄北极合作】 2012 年 9 月 3 日，“中俄北极合作论坛”在青岛召开。俄罗斯公共管理研究院、俄罗斯科学院、莫斯科国立外交学院、俄罗斯南北极研究院和俄罗斯圣彼得堡大学的 5 位俄方学者和国家海洋局、上海国际问题研究院、中国地质科学院地质力学研究所、武汉大学、中国科技大学、中国海洋大学、中国石油天然气集团公司等单位的 20 多位中方学者出席会议。与会代表就中俄北极合作、北极地区的治理、国际法与北极地区的发展、北极航道的开发利用、中国加入北极理事会等问题进行了沟通交流。

【国家海洋局科技代表团访问英国】 2012 年 8 月 18～27 日，国家海洋局科技司雷波副司长一行六人对英国国家海洋中心南安普敦总部、利物浦分部，英国南极局等单位进行了访问和学术交流。双方在 NEMO 海洋数值模式改进和应用、海洋酸化和生物地球化学过程、洋中脊地质过程、生物多样性和基因资源、海洋地质和古海洋学、南北极科考等方面达成了初步的合作意向，希望通过下一步召开双边海洋科学研讨会和科学家之间的一对一联系，进一步推进实质性的合作。

【国家海洋局局长刘赐贵与德国教育和研究部部长阿内特·沙万签署“关于加强中德海洋与极地领域合作的联合声明”】 2012 年 8 月 30 日，国家海洋局局长刘赐贵出席了国务院总理温家宝为德国总理默克尔举行的欢迎仪式，并参加了由两国总理共同主持的第二轮中德政府磋商，向两国总理汇报了中德海洋与极地合作情况。在两国领导人的见证下，刘赐贵局长与德国教育和研究部部长阿内特•沙万签署了《中国国家海洋局与德国教育和研究部关于加强中德海洋与极地领域合作的联合声明（2013-2020）》（简称《联合声明》）。根据《联合声明》，双方将重点在以下 3 个领域加强合作：气候变化和海洋酸化的海洋生态系统响应，深海地球科学与技术，极地科学技术。双方将通过科技、管理及政府人员的交流，举办科学研讨会以及探讨建立海洋科学联合实验室、研究中心等方式开展合作，目的是促进对海洋变化规律的科学认识，增强应对气候变化的能力，保护海洋环境，减少海洋灾害以及维持海洋生态系统平衡。《联合声明》的签署，标志着中德海洋合作迈上了新台阶，开启了中德海洋合作的新篇章。

【第十七届中德海洋科技合作联委会会议暨首届科学研讨会】　第十七届中德海洋科技合作联委会会议暨首届中德海洋与极地科学研讨会于 2012 年 12 月 11～12 日在杭州举行，国家海洋局国际合作司副司长陈越和德国教研部地球系统司副司长克里斯蒂安•阿莱克担任会议共同主席，中德两国海洋与极地研究领域的科技专家及管理人员 40 余人出席了会议。此次联委会会议主要任务是落实今年国家海洋局局长刘赐贵与德国联邦教研部部长莎万签署的《国家海洋局与德国联邦教育和研究部关于加强中德海洋与极地领域合作的联合声明（2013～2020）》，深化中德两国在海洋和极地领域的合作。双方一致同意在气候变化、海洋酸化与海洋生态系统，深海研究与技术，以及极地研究等三方面加强合作，并在《联合声明》框架下制定综合性的未来合作项目。

【中国海监总队代表团赴法国开展围填海执法工作考察和交流】　2012 年 9 月 12～21 日，中国海监总队代表团赴法国开展围填海执法工作考察和交流。法国是最早制定了《海岸带整治、保护及开发法》《海岸公物法》等法律的国家。其在海岸带管理模式、管理制度和实践方面都有很好的做法，非常值得我们学习和借鉴。明确的政府职能定位及系列的配套措施，使法国的海洋战略及海洋法律政策在中央与地方利益平衡、监管机构的职能分工与配合中起到非常重要的作用。法国的实践，对我国海洋管理有着诸多重要的启示。

【国家海洋局纪委书记吕滨率海洋世界遗产考察代表团访问法国】　2012 年 12 月 5～7 日，国家海洋局纪委书记吕滨率海洋世界遗产考察代表团访问了法国联合国教科文组织全国委员会。吕滨会见了该委员会威廉•法布维秘书长，认真听取了法国在海洋世界遗产方面的工作情况，特别针对海洋遗产的选址、申报和管理等环节进行了深入交流和探讨。

【国家海洋局局长刘赐贵随温家宝总理访问冰岛】　2012 年 4 月 20 日，国家海洋局局长刘赐贵陪同国务院总理温家宝搭乘专机前往冰岛共和国访问。在雷克雅未克机场，刘赐贵局长参加了冰岛总理西于尔扎多蒂为温家宝总理举行的欢迎仪式。随后，刘赐贵局长还出席了两国总理间的双边会谈，并在两国总理的见证下，与冰岛外交部部长奥叙尔•斯卡费丁松签署了《中国国家海洋局与冰岛外交部海洋与极地科技合作谅解备忘录》（简称《备忘录》）。《备忘录》确定，两国将进一步加强在海洋政策和立法、海洋监测、预报和研究、气候变化对环境的影响、海洋环境保护、海洋和极地科技研究，以及北极考察、科研船只在连接北太平洋和北大西洋的新航线航行的相关研究等领域的合作。

【中—冰北极合作会议】　2012 年 6 月 19 日，中国-冰岛北极合作会议在京召开。国家海洋局国际合作司司长张占海，冰岛驻华大使柯丝婷等出席会议并致辞。来自国家海洋局国际合作司、极地考察办公室、中国极地研究中心、第一海洋研究所有关领导，冰岛研究中心、北极门户网、冰岛大学科学学院的相关负责人等近 20 人参加会议。此次会议旨在落实今年 4 月中冰两国总理见证下刘赐贵局长与冰岛外交部长奥叙尔•斯卡费丁松签署的《中国国家海洋局与冰岛外交部海洋与极地科技合作谅解备忘录》，并就该备忘录列入的“雪龙”号极地考察船访问冰岛、共建极光观测站及设立海洋与极地联合研究中心等事项进行磋商。会议还就中冰联合极光观测站建设、加强中冰社会科学研究合作事宜进行了细致深入的探讨，并就中冰联合极光站建设签署了相关会谈纪要。

【中—冰第二届北极研讨会】 2012年8月17日，第二届中冰北极研讨会在冰岛大学召开，来自中国第五次北极考察队的科学家以及冰岛极地研究专家共同就北极科学考察、北极环境监测、北极海冰变化等领域开展学术交流。冰岛总统奥拉维尔•格里姆松参加研讨会并就全球北极合作问题发表讲话。研讨会上，中国极地研究中心与冰岛研究中心签署了在上海建立中国—北欧北极研究合作中心的谅解备忘录，与冰岛大学签署了在冰岛北部建立联合极光观测台的谅解备忘录。根据备忘录，中国极地研究中心和冰岛研究中心将在上海建立中国—北欧北极研究中心，这是我国成立的首个以北极问题社会科学研究为主的国际合作研究中心，主要研究领域涵盖气候变化适应与可持续发展、东北亚与北欧北极经济合作、中国与北欧国家北极合作战略与政策等，合作研究机制包括设立合作研究项目、轮流举办会议、学者互访、信息资料交流、出版年度报告等；中国极地研究中心还将与冰岛大学在冰岛北部建立中冰联合极光观测台，开展夜侧极光的长期连续观测，为极地环境综合考察提供重要监测要素，为我国空间天气监测预报提供关键参数。

【首届中国—比利时海洋科学和极地合作联委会会议暨研讨会】 2012年6月4～7日，首届中国-比利时海洋科学和极地合作联委会会议暨研讨会在比利时布鲁塞尔召开。本届中比联委会会议是根据国家海洋局2011年与比利时科技政策办公室签署的《海洋和极地领域合作谅解备忘录》召开的首届会议，旨在就海洋科学和极地议题进行深入的交流，探讨未来合作方向，为逐步推进实质性合作奠定基础。

【中—丹合作】 2012年4月23日，应丹麦气候、能源和建筑部邀请，国土资源部部长徐绍史、国家海洋局局长刘赐贵访问该部，与莫顿•柏克副常务秘书举行了工作会谈。徐绍史部长提出了三点建议：①加强部际交流，寻求合作空间。中国国土资源部与丹麦气候、能源和建筑部建立更加紧密联络机制，就双方共同关心的国际重大热点问题进行探讨，共同为人类经济社会的可持续发展做出贡献。②进一步加强两国地质调查局合作。通过续签中国地质调查局与丹麦地质调查局的合作谅解备忘录，加强双方在地下水调查、评价、监测、保护和管理，以及水文地质填图、碳捕获和存储、人员培训等领域开展务实合作。③加强两国海洋科研部门的合作。进一步密切双方海洋科研机构和人员的交流与合作，加强双方在北极科学研究、气候变化对冰川、海洋以及北极环境的影响研究。莫顿•柏克副常务秘书完全赞成徐绍史部长提出的三点建议，并建议丹麦气候、能源和建筑部高度重视发展与中国国土资源部在气候变化、地质矿产、二氧化碳封存等领域的合作关系，将继续推动双方地质调查局在已签署的合作谅解备忘录框架下开展务实合作，促进两国在地质与矿产资源、气候变化研究、海洋与极地工作的发展。

【中—荷合作】 2012年9月12～21日，中国海监总队代表团赴荷兰开展围填海执法工作考察和交流。应荷兰南荷兰省政府基础设施和环境部的邀请，代表团来到了南荷兰省政府和议会，前议会议员、现省政府顾问、区域水协会会长罗纳德•沃特曼博士介绍了荷兰围填海造地概况和具有里程碑意义的须德海拦海大坝、三角洲多功能填海造陆项目、玛斯平原垦地项目情况；代表团长律志武介绍了中国海监职责与海洋行政执法情况；双方针对围填海项目管理、运行监测和执法监管等问题进行了交流与研讨。罗纳德•沃特曼博士陪同代表团成员来到位于荷兰南部的鹿特丹港，实地考察玛斯平原垦地项目二期填海工程。

【中国—意大利气候变化合作项目《适应气候变化的沿海地区生态系统能力建设》启动会召开】 2012年9月14日，中国-意大利气候变化合作项目《适应气候变化的沿海地区生态系统能力建设》启动会在温州召开。国家海洋局国际合作司司长张占海、国家发展和改革委员会应对气候变化司巡视员高广生、意大利环境、领土和海洋部项目主管Alessandro Celestino、浙江省海洋与渔业局副局长俞永跃、温州市人民政府副市长仟卡明出席会议并致辞。该项目是基于《中意气候变化合作框架》的重要内容，将通过评估气候变化、人类活动等对海岸带生态系统的影响，制定我国第一个《海岸带生态系统适应气候变化的行动方案》，将为温州市乃至全国沿海城市海岸带生态系统提高适应气候变化的能力，促进海洋经济的可持续发展发挥很好的技术指导和示范作用。

【国家海洋局副局长王飞率海洋环境保护代表团访问意大利】 2012年11月22～25日，应意大利环境国土海洋部的邀请，国家海洋局王飞副局长率海洋环境保护代表团访问了意大利。王飞副局长介绍了国家海洋局在海洋环境保护方面的职能及相关工作，听取了该部关于自然与海洋保护方面的主要工作介绍。通过交流发现，双方在海洋保护区及海洋公园建设、海上污染的应急管理、海洋灾害的响应和评估等方面有着共同的兴趣，双方认为有必要进一步加强在上述领域的合作，为制定相关的合作框架与计划奠定基础。

【中—希海洋合作】 2012年11月27日，国家海洋局副局长王飞一行访问希腊海运海洋事务及爱琴海部，该部海岸警卫队副总司令班提斯•德米特里对王飞一行的到来表示欢迎，他说，中希两国在海洋领域有着良好的合作关系，已经签署了海运方面的双边合作协议，他希望在海洋环境保护方面与国家海洋局开展相关合作。王飞介绍了中国国家海洋局的主要职能，特别是海洋环境保护方面开展的工作。他指出，中国国家海洋局与希腊海运海洋事务及爱琴海部在海洋环保、海岸海岛开发利用及海上执法等方面有着相似的职能，双方可以在上述领域开展交流与合作，希望通过此次访问进一步发展务实的合作关系。

【中—西海洋合作】 2012年12月3日，国家海洋局纪委书记吕滨率海洋世界遗产考察代表团一行访问了西班牙教育、文化和体育部，受到了该部历史遗产保护总局助理副局长艾瑟•罗德瑞圭兹女士的热情接待。艾瑟•罗德瑞圭兹女士对我代表团来访表示欢迎，并介绍了西班牙教育、文化和体育部在世界遗产方面的职能和保护世界遗产方面所作的努力。西班牙在海洋世界遗产的申报和管理方面具有一定的经验，愿同中国开展相关交流和合作。吕滨感谢西班牙教育、文化和体育部对国家海洋局代表团的邀请，他指出，海洋世界遗产工作对于大力宣传和弘扬海洋文化具有重要作用，中国是海洋大国，也是世界遗产大国，但尚未有一处海洋世界遗产。希望通过加强与世界遗产管理部门的交流和合作，了解国外先进经验，推动中国海洋环境和海洋文化的保护水平，提升国民的海洋意识，促进中国海洋文化的繁荣和发展。

【国家海洋局局长刘赐贵会见澳大利亚可持续发展、环境、水资源、人口和社区部部长托尼•贝克】 2012年9月24日，国家海洋局局长刘赐贵在京会见了澳大利亚可持续发展、环境、水资源、人口和社区部部长托尼•贝克一行。2012年是中澳建交40周年，澳大利亚作为南极科学考察中走在世界前列，历年来对中国南极考察工作给予了大力支持，两国友谊深厚。刘赐贵局长建议中澳两国应继续拓宽合作领域，加强海洋环境保护和生物多样性保护、海洋环境保护、海洋观测、海洋与气候变化和南极保护区等领域的交流与合作；推动中国沿海地区与澳大利亚在发展蓝色经济领域的交流合作，加大在海洋旅游、海水淡化、海洋生物医药、海洋新能源开发等方面的合作，共同促进海洋经济可持续发展。托尼•贝克对刘赐贵局长提出的建议表示赞同，希望进一步深化澳大利亚与中国在海洋科技、海洋环境保护与开发、蓝色经济领域等方面得交流与合作，特别是南极科学考察方面的合作，推动两国在南极科考、南极冰芯研究方面的迅速发展；推进两国港口领域的合作，为两国的南极科学考察提供服务。

【国家海洋局副局长陈连增会见澳大利亚塔斯马尼亚州州长莱拉•吉丁斯】 2012年9月14日，国家海洋局副局长陈连增在京会见了澳大利亚塔斯马尼亚州州长莱拉•吉丁斯一行。陈连增指出，中澳极地领域合作不仅提高了双方南极科学考察水平，而且也为人类和平利用南极做出了重要贡献，希望莱拉•吉丁斯州长在未来极地领域合作中能够提供支持。莱拉•吉丁斯表示，塔斯马尼亚州政府正在通过改造港口、新建南极考察楼等措施努力提高当地极地科考基础设施水平，以便为各国南极科考活动提供更好的服务，希望今后双方能够在极地科考领域进一步加强交流与合作。下一步，澳大利亚联邦政府负责南极事务的相关部门负责人也将访华，届时双方可以就极地领域合作方面进行进一步的沟通。

【中—肯海洋合作】 2012年8月22日，应肯尼亚环境与矿产资源部、气象局、国家环境管理局邀请，国家海洋局副局长陈连增率团访问了肯尼亚。就加强双方海洋领域合作，推动在海洋科学研究、环境保护、海洋观测、防灾减灾、应对气候变化、海洋资源开发利用、能力建设与人员培训等领域的务实合作进行了工作会谈，取得了丰硕成果。陈连增副局长提出了五点建议：①适时签署中肯海洋领域合作协议，建立长期、稳定的双边海洋领域合作关系；②支持双方海洋研究机构的人员互访交流与合作研究，推动共建联合海洋观测站和联合实验室，构建合作平台；③中方将支持肯方青年科学家申请“中国政府海洋奖学金”计划，并为肯方青年学者来华攻读硕士、博士学位提供资助；④加强双方在政府间、国际和地区组织等多边框架中的支持和配合，共同推动区域海洋科学合作项目的倡议和实施；⑤邀请肯方高级官员来华出席发展中国家海洋可持续发展高级研讨班、厦门国际海洋周、APEC 第二届蓝色经济论坛等系列活动。阿鲁拉副局长高度评价了中方海洋领域工作所取得的成绩，表示肯方期待与中方建立稳定的合作关系，进一步加强在海洋科学研究、能力建设及人员培训等方面的合作。

【“大洋一号”中尼首次合作航次胜利凯旋】 2012 年 8 月 29 日，“大洋一号”执行中国-尼日利亚西部大陆边缘地球科学联合调查航次顺利返回拉各斯，此次联合调查是贯彻国家海洋局海洋科学技术发展战略精神，是我国第一次与非洲国家开展的大规模的现代化海洋科技合作调查，增强了我国在非洲国家中的影响力，也是大洋一号第一次开展大规模的国际海洋科技合作调查，推动了两国间的海洋政府机构、海洋研究所以及海洋科学家的交流，体现了大洋一号是和平使者，在推动海洋领域国际合作方面做出了重大贡献。

【加纳、喀麦隆学者访问国家海洋局第二海洋研究所】 2012 年 11 月 16～20 日，应国家海洋局第二海洋研究所（以下简称“海洋二所”）李家彪副所长的邀请，联合国大陆架界限委员会喀麦隆籍委员 Emmanuel Kalngui 教授和加纳籍委员 Isaac Owusu Oduro 教授对海洋二所进行访问。海洋二所正式聘请 Emmanuel Kalngui 教授为客座教授，并由李家彪副所长为其颁发聘书。Emmanuel Kalngui 教授作题为“喀麦隆海洋研究现状”的报告，还详细介绍了成立中非国家海洋研究所的设想，希望加强国际合作与交流，并表达了与中方合作的意愿。Isaac Owusu Oduro 教授作题为“非洲地质和矿产资源”的报告。

【“大洋一号”船在南非举行开放日活动】 南非开普敦当地时间 2012 年 11 月 18 日，正在执行中国大洋第 26 航次大洋考察任务的“大洋一号”船在南非首都开普敦举行了开放日活动。中国驻南非开普敦总领馆总领事梁梳根出席活动并致辞，总领馆副总领事童德发、办公室主任刘轩、全非洲中国和平统一促进会开普敦分会会长胡建华等和华人、华侨代表以及“大洋一号”船全体人员参加了活动。梁梳根在致辞中高度评价了“大洋一号”船全体人员的工作，认为他们是大洋科学考察的先行者，为祖国寻找资源、提高人们生活水平做出了贡献。

【中国—东盟南海海洋防灾减灾研讨会】 2012 年 7 月 17 日，中国-东盟南海海洋防灾减灾研讨会在昆明召开。来自中国以及柬埔寨、印尼、老挝、马来西亚、缅甸、文莱、新加坡、泰国和越南等东盟国家的专家学者约 50 人出席了本次会议。此次研讨会是中国与东盟国家落实《南海各方行为宣言》第四次高官会通过的“2012 年工作计划”第一个具体合作项目，是落实《南海各方行为宣言》框架下海上务实合作的具体行动。会议围绕南海海洋灾害（海浪、风暴潮、海啸等灾种）监测与预测、南海海洋气象及短期气候监测与预测、南海环境与生态灾害监测与预测、南海海洋灾害预警战略与管理等议题进行深入讨论和交流。

【中国—东盟南海海洋环境与监测技术研讨会】 2012 年 10 月 17～18 日，中国—东盟南海海洋环境与监测技术研讨会在厦门召开。此次会议由国家海洋局主办、国家海洋局第三海洋研究所承办。来自中国和东盟国家的共 70 多位官员、专家、学者出席会议。国家海洋局、外交部派员与会。本次研讨会是执行我国与东盟国家在落实《南海各方行为宣言》第四次高官会议通过的“2012 年工作计划”的一个项目。与会代表围绕南海海洋生态环境监测与评价技术展开深入的讨论，就加强中国与东盟国家的海洋科技合作、促进海洋监测与技术领域的交流、推进南海务实合作、创造南海区域和谐环境达成广泛共识。

【2013 年南海及周边海洋国际合作项目评审

会】 2012年10月30日，2013年南海及周边海洋国际合作项目评审会在京召开。项目评审专家组听取了2012年南海及周边海洋国际合作项目承担单位专家关于与印尼、泰国、越南等国在研合作项目的进展情况和成果汇报，对项目执行情况进行了评价并提出了建设性意见。专家组还对29项2013年立项项目申请进行了评审，针对各项目的设计提出了具体修改建议。据悉，《南海及其周边海洋国际合作框架计划》已经公布并予以实施。

【中国与南海及其周边海洋国家海洋合作】 《南海及其周边海洋国际合作框架计划(2011～2015)》(以下简称《框架计划》)实施将近一年。12月27日，中国国家海洋局海洋领域国际合作新闻发布会召开，会议介绍了中国与南海及周边海洋国家的海洋合作取得的四个方面的主要成果，以及未来进一步加强区域合作的设想。中国国家海洋局新闻发言人石青峰介绍了四个方面的主要成果。一是海洋合作成为各国高层共识，是中国国家领导人与南海及其周边海洋国家领导人双边会谈的重要内容之一。在国家领导人的见证下，相继共同签署了中泰、中印尼、中斯(里兰卡)、中马(来西亚)等海洋领域合作文件。二是建立了机制化的合作平台和机构。如，中国国家海洋局与印尼海洋与渔业部在雅加达共建了中印尼海洋与气候中心，与泰国自然资源与环境部在普吉共建了中泰气候与海洋生态系统联合实验室。中国国家海洋局与教育部联合建立了“中国政府海洋奖学金”，为南海及周边海洋国家培养优秀海洋人才。三是与周边国家共同实施了一批合作项目。中国与印尼、泰国、马来西亚等国家开展了季风观测、海气相互作用等一批双边合作项目。目前，中国正在牵头制定《南中国海区域海啸预警与减灾系统建设方案》。四是开辟了发展“蓝色经济”的合作新领域。中国国家海洋局已成功主办了两届APEC蓝色经济论坛，研讨发展蓝色经济的理念，共同构建“蓝色经济示范区网络”，推广成功的发展模式等。

【中国—斯里兰卡合作】 遵循中国科学院加快推进“走出去”的发展战略，围绕中国科学院“创新2020”战略中“立足南海，跨越深蓝”定位，保障中科院南海海洋研究所年度印度洋考察航次可持续、顺利的进行，充分利用自己的区域优势，大力发展与南海周边以及其他国家的国际合作，2012年1月，以中国科学院副院长丁仲礼院士为团长的中科院访问团一行6人访问斯里兰卡卢胡纳大学，与卢胡纳大学校长Prof. Susirith Mendis、副校长Prof. Gamini Senanayake等进行友好会谈。在中斯双方见证下，南海所副所长王东晓，卢胡纳大学校长Susirith Mendis教授在合作备忘录书上签字。双方就成立联合科学小组，对共同感兴趣的科学问题，如水文气象、海洋生物、海洋遥感等多个领域开展研究等合作达成共识。同时对双方的科研观测给予相互支持与配合。4月，中科院南海海洋所副所长王东晓一行访问了卢胡纳大学，与该校渔业与海洋科学技术学院专家洽谈合作事宜。卢胡纳大学十分重视与中国科研机构的合作，希望在气象水文、海洋生态等方面开展长期的合作研究，加快卢胡纳大学海洋观测站建设。2012年新增的广州市科技与信息化局国际合作项目“珠江口咸潮预测预报技术平台”是中斯双方深化合作的体现。12月，中科院南海海洋所副所长王东晓、人事教育处领导及海洋观测站建设人员一行5人应邀再次访问卢胡纳大学。双方就为斯方提供研究生培养进行了初步的洽谈，我方愿意接受斯方以研究生、访问学者、TWAS计划等形式到我所进行深造，为斯方硕士点的建立培养人才队伍。同时，海洋观测站建设人员已按原计划将设备安装完毕，系统调制通过，工作正常。海洋观测站的顺利建设，为中科院南海海洋所实时获得印度洋气象现场监测数据提供了有力支持。

【中—德南海北部湾海岸带合作】 中国地质调查局广州海洋地质调查局与德国波罗的海海洋研究所，继续开展我国南海北部湾与德国波罗的海全新世环境演变对比研究。2012年5月，德方专家12人、中方专家20多人在广州进行了第三次成果研讨。随后，将最新研究成果在2012年欧洲地球物理学会年会、第34届国际地质大会上发表。主要成果包括，在沉积物物理性质研究的基础上，建立沉积物地质声学模型，进一步开展南海北部湾与德国波罗的海全新世环境演变对比研究，预测南海北部湾环境变化趋势。

【中—法南海西南海盆深部地壳结构探测与研究合作】 2012年3月，中国地质调查局广州海洋地质调查局派遣2名技术人员赴法国国家科学研究中心和法国巴黎高等师范学院进行海底地震数据处理技术培训，并开展西南海盆深部地壳结构共同研究。经研究发现，西南海盆具有明显的断陷盆地特征，存在两套不同类型的沉积，分别为同裂谷期构造层和后裂谷期构造层。同裂谷期构造层由古近系组成，包括始新统和渐新统。进一步确定了西南海盆地壳的形成机制和扩张形成时间。

【中—波南海北部湾及邻域晚更新世以来沉积环境及气候演化研究合作】 中国地质调查局广州海洋地质调查局和波兰什切青大学于 2012 年 1 月、2012 年 8 月分别在什切青市、广州市召开了第二、第三次工作会议。重点围绕南海北部湾及邻域地震地层、沉积环境、地球化学、水动力条件及古气候研究等方面的地质问题进行学术研讨。在南海北部湾及邻域晚更新世以来构造与地震层序、岩心的年代框架、沉积微体古生物、地球化学和粒度分析，海平面变化特征、古地磁年代学等方面取得许多研究成果。进一步提高了我方的样品处理、定量分析、化石鉴定等技术水平。

【中—美海岸带和滨海湿地研究合作】 中国地质调查局青岛海洋地质研究所与美国地质调查局国家湿地研究中心、海岸带和流域研究中心、路易斯安那州立大学等单位，继续开展海岸带和三角洲湿地的研究合作。2012 年重点开展了滨海湿地生态系统的固碳能力探测与评价研究。美国路易斯安那州立大学 Edward Laws 教授荣获了 2012 年第十届青岛市政府“琴岛奖”，对合作成果予以了充分肯定。

与港澳台地区的交流与合作

【国家海洋局局长刘赐贵会见澳门特别行政区行政长官崔世安】 2012 年 3 月 6 日，国家海洋局党组书记、局长刘赐贵在京会见澳门特别行政区行政长官崔世安。刘赐贵首先对崔世安一行的到来表示热烈欢迎，对澳门特区政府及崔世安特首长期以来对海洋工作的高度重视表示感谢。崔世安说，澳门未来的发展离不开国家海洋局的关心和帮助，希望国家海洋局能一如既往地指导和支持澳门的工作。为进一步促进澳门经济社会发展，还请国家海洋局在澳门新城区填海造地、澳门疏浚物处置、为澳门特区提供技术服务等方面继续予以大力帮助和支持。

【第三届海峡两岸海洋论坛召开】 2012 年 12 月 10～11 日，第三届海峡两岸海洋论坛在台湾省台北市召开。以国家海洋局港澳台办公室主任、中国海洋学会理事张占海为团长的中国海洋学会代表团一行 10 人赴台湾出席本届论坛。张占海主任代表中国海洋学会代表团在开幕式上致辞并做了《加强两岸海洋合作，推动海洋事业共同发展》的主旨报告。本届论坛设置了海洋环境监测及检测、海洋生态保护、气候变化背景下海岸保护的调整措施、海岛低碳生态可持续发展、海洋可再生能源开发、海洋海岸环境影响评估等 7 个议题，共有 16 个学术报告在论坛上发表。来自海峡两岸海洋管理部门、海洋科研院所及工程企业的管理人员、专家和学者近 200 人出席了本届论坛。

【第六届海峡两岸“鱼类生理与养殖”学术研讨会】 2012 年 11 月 23～28 日，中国科学院南海海洋研究所主办的第六届海峡两岸“鱼类生理与养殖”学术研讨会在广州从化召开。本次会议议题为“健康可持续发展的水产养殖”，会议收到学术论文摘要共 126 篇，来自祖国大陆地区、台湾地区、香港地区、及新加坡等地 180 余位专家学者应邀出席。会议学术委员会荣誉主席朱作言院士、学术委员会主席林浩然院士、台湾“中央”研究院廖一久院士、台湾海洋大学校长张清风教授等两岸专家出席会议并作大会报告。会议围绕“水生生物生理及养殖”与“水生生物营养、免疫及疾病”两个专题分别展开，共有 57 位两岸专家学者同与会代表分享了他们的研究进展与科研成果，内容包括鱼、虾、贝类等水生动物，依领域而言涵盖了生理、生化、性别分化、发育、遗传育种、营养、免疫、疾病以及水产养殖等。海峡两岸“鱼类生理与养殖”学术研讨会自 2007 年以来至今已成功举办了六届，大力推动了海峡两岸的学术交流与合作。学术研讨会无论在参加人数与组织规模上均为历届之最。会议得到了中科院、国家自然科学基金委的大力支持。

附　录

附录 1　2012 年海洋科研项目获奖成果

【国家级成果获奖项目】　海上"绥中 36-1"油田丛式井网整体加密开发关键技术　获 2012 年国家科技进步奖二等奖，该项目是由中海油研究总院、中海石油（中国）有限公司、中海石油（中国）有限公司天津分公司、中海油能源发展股份有限公司采油技术服务分公司、中国石油大学（华东）、长江大学、中国石油大学（北京）共同完成。

【省部级成果奖获奖项目】　南海北部海域天然气水合物首钻目标优选关键技术　获 2012 年度国土资源部科学技术二等奖。该项目由中国地质调查局广州海洋地质调查局完成。

联合区块首批重点构造评价与井位建议　获 2012 年度中国地质调查局成果一等奖。该项目由中国地质调查局广州海洋地质调查局完成。

南黄海盆地油气普查与评价、南海北部陆坡深水区西沙海槽盆地油气资源普查　获 2012 年度中国地质调查局成果二等奖。该项目由中国地质调查局广州海洋地质调查局完成。

黄河三角洲滨海湿地系统综合地质调查与评价　获 2012 年度中国地质调查局成果二等奖。该项目由中国地质调查局青岛海洋地质研究所完成。

冀东南堡油田 4 号构造 14 号、15 号人工岛及进岛通道工程勘察（详勘）、青岛齐耀瓦锡兰菱重麟山船用柴油机有限公司一期工程车间岩土工程勘察　获 2012 年度青岛市城乡建设委员会优秀建设工程勘察设计一等奖。该项目由中国地质调查局青岛海洋地质研究所完成。

凡纳滨对虾良种选育关键技术及产业化应用　获 2012 年广东省科学技术一等奖（技术发明）由中国科学院南海海洋研究所、广东粤海饲料集团有限公司、湛江市东海岛东方实业有限公司、湛江海茂水产生物科技有限公司、广东海兴农集团有限公司、广东广垦水产发展有限公司、茂名市金阳热带海珍养殖有限公司、雷州市海威水产养殖有限公司、中山市阜沙镇永健水产养殖场、电白县新科养殖有限公司完成。

南海及邻近海域藻华形成演变过程机制与遥感监测方法　获 2012 年广东省科学技术一等奖（基础研究），由中国科学院南海海洋研究所、香港中文大学、中国科学院南京地理与湖泊研究所、暨南大学完成。

2012 年度海洋科学技术奖获奖项目名单

特等奖：

1．中国近海"数字海洋"信息基础框架构建

推荐单位：国家海洋信息中心

主要完成单位：国家海洋信息中心、国家海洋局东海分局、国家海洋局北海分局、国家卫星海洋应用中心、国家海洋局第二海洋研究所、国家海洋局第一海洋研究所、江苏省海洋与渔业局、福建省海洋与渔业厅

主要完成人：石绥祥、林绍花、徐胜、李四海、金继业、苏诚、高延铭、张峰、邹斌、魏红宇 、高金耀、崔晓健、刘海行、谢伟军、林海华

一等奖：

1．海上石油平台溢油在线监控系统

推荐单位：国家海洋局北海分局

主要完成单位：国家海洋局北海环境监测中心、国家海洋局北海信息中心、中国海洋大学

主要完成人：崔文林、宋文鹏、周玲、贾永刚、王娟、卜志国、高延铭、刘金涛、曲亮、高晓慧、姜独祎、单春芝、郎印海、张凯临、徐晓玮

2．海洋生态动力学模型研究及应用

推荐单位：国家海洋环境预报中心

主要完成单位：国家海洋环境预报中心

主要完成人：王辉、刘桂梅、刘钦政、柴扉、黄良民、高姗、宋星宇、王大奎、李云、杨静、于庆龙、李燕、朱学明、王兆毅、柳艳菊

3．我国近海海洋光学与遥感调查研究

推荐单位：国家海洋技术中心

主要完成单位：国家海洋技术中心、国家卫星海洋应用中心、国家海洋局第二海洋研究所

主要完成人：李铜基、汪小勇、林明森、何贤强、唐军武、毛志华、朱建华、邹斌、周虹丽、韩冰、杨安安、毕大勇、丁静、丁又专、董月娥

4．中国第三次北极科学考察与研究

推荐单位：国家海洋局第二海洋研究所

主要完成单位：国家海洋局第二海洋研究所、中国极地研究中心、中国海洋大学、国家海洋局第三海洋研究所、国家海洋局第一海洋研究所、中国气象科学研究院、中国科学院海洋研究所、厦门大学、大连理工大学、中国科学技术大学

主要完成人：张海生、袁绍宏、赵进平、陈立奇、何剑锋、陈建芳、卞林根、李志军、陈敏、谢周清、王汝建、程振波、高众勇、张光涛、王建忠

5．海上油田采油污水减排技术开发与应用

推荐单位：天津市海洋局

主要完成单位：中海油天津化工研究设计院、中海石油（中国）有限公司深圳分公司、中海石油（中国）有限公司湛江分公司

主要完成人：王素芳、滕厚开、刘玉民、郑书忠、靳晓霞、林蓓、谢日彬、秦立峰、姚光源、郝兰锁、李家俊、李锋、陈军、胡徐彦、孙继

6.水产品加工副产物的高值化开发与应用技术研究

推荐单位：福建省海洋与渔业厅

主要完成单位：福建省水产研究所、厦门洋江食品有限公司、晋江市阿一波食品工贸有限公司

主要完成人：吴成业、许永安、刘智禹、李庐峰、王茵、苏永昌、刘淑集、林国发、叶玫、廖登远、位绍红、吴靖娜、李宁波、王奇欣、刘海新

7.重要藻类关键功能基因发掘与利用的方法学原理

推荐单位：中国科学院海洋研究所

主要完成单位：中国科学院海洋研究所、中国科学院烟台海岸带研究所

主要完成人：秦松、姜鹏、赵方庆、王寅初、陈华新、葛保胜、李富超、林瀚智、崔玉琳、梁成伟、张亦陈、张晓雯、崔红利、邓祥元、苏忠亮

8．400 英尺水深自升式钻井平台设计建造关键技术开发及应用

推荐单位：中国船舶重工集团公司

主要完成单位：大连船舶重工集团有限公司

主要完成人：张恩国、殷学林、董庆辉、刘文民、曲广杰、刘刚、盛永军、李虎清、羊维瓒、薛涛、马来润、孙晓楠、穆凌云、孙德壮、郭洪生

9．“爱伦湾”海带培育及其全产业链区域示范应用

推荐单位：中国海洋大学

主要完成单位：中国海洋大学、寻山集团有限公司、威海长青海洋科技股份有限公司

主要完成人：刘涛、李晓波、刘翠、金月梅、樊强、池姗、赵翠、卞大鹏、王振华、冯荣芳、王立超、崔竞进、陈怡静、孙静、钱浩

二等奖：（49 项）

1．国家海洋局海洋观测网管理信息系统

推荐单位：国家海洋局北海分局

主要完成单位：国家海洋局北海预报中心、青岛科技大学

主要完成人：曹丛华、黄娟、王宁、李海涛、于智斌、宫生义、胡伟、郭敬天、黄蕊、高龙军

2.海洋倾废综合业务在线协同式管理模式研究与应用示范

推荐单位：国家海洋局东海分局

主要完成单位：国家海洋局东海信息中心

主要完成人：贾建军、叶娜、吴振南、覃如府、苏诚、彭立功、陈慧、王艺宁、雒伟民、张峰

3.疏浚泥资源化利用(固化)的中试示范研究

推荐单位：国家海洋局南海分局

主要完成单位：国家海洋局南海海洋工程勘察与环境研究院、河海大学、江苏聚慧科技有限公司、深圳市盐田港同惠投资股份有限公司

主要完成人：谢健、朱伟、石萍、汪顺才、田海涛、王亮、满志清、屈建平、何桂芳、董雷

4. 略

5.海洋主要产业循环经济发展模式与滨海电厂示范区研究

推荐单位：国家海洋信息中心

主要完成单位：国家海洋信息中心、中国海洋大学、天津国投津能发电有限公司

主要完成人：林绍花、何广顺、王晓惠、周怡圃、李长如、方胜民、徐丛春、周洪军、李巧稚、董伟

6.天津市建设项目用海规模控制指导标准研究与制定

推荐单位：国家海洋信息中心

主要完成单位：国家海洋信息中心、天津市海洋局

主要完成人：何广顺、杨健、胡恩和、何川、王倩、李亚宁、徐文斌、谭论、王万峰、崔晓健

7.典型围填海综合评估体系与应用示范研究

推荐单位：国家海洋环境监测中心

主要完成单位：国家海洋环境监测中心、国家海洋局第一海洋研究所、国家海洋局第二海洋研究所、国家海洋局第三海洋研究所、河北省海洋与水产科学研究院

主要完成人：于永海、索安宁、吴桑云、羊天柱、黄发明、李怡群、赵振良、于东升、许雪峰、刘大海

8. 略

9. 新型潜在滨海旅游区评价与选划研究

推荐单位：国家海洋技术中心

主要完成单位：国家海洋技术中心、国家海洋局海洋发展战略研究所

主要完成人：齐连明、刘容子、吴姗姗、焦永科、张祥国、刘明、李明杰、张凤成、王艳茹、董月娥

10. 海洋生态资本评估理论、方法与应用研究

推荐单位：国家海洋局第一海洋研究所

主要完成单位：国家海洋局第一海洋研究所、中国海洋大学、国家海洋局海洋发展战略研究所、中国科学院生态环境研究中心、国家海洋技术中心、山东省海水养殖研究所

主要完成人：陈尚、夏涛、李京梅、刘容子、石洪华、张朝晖、杜国英、张涛、欧阳志云、李锋

11. 我国海岸带典型生态系统演变模拟及定量化管理技术研究与应用

推荐单位：国家海洋局第一海洋研究所

主要完成单位：国家海洋局第一海洋研究所、交通运输部天津水运工程科学研究所、青岛海洋地质研究所

主要完成人：石洪华、刘大海、彭士涛、郑伟、陈小英、张学雷、周然、徐宗军、连展、李淑江

12.西北太平洋Argo剖面浮标观测及其应用研究

推荐单位：国家海洋局第二海洋研究所

主要完成单位：国家海洋局第二海洋研究所、国家海洋环境预报中心、国家海洋局南海预报中心

主要完成人：许建平、刘增宏、梅山、吴迪生、王桂华、陈幸荣、周水华、孙朝辉、张建华、张娟

13. 海上单道地震与浅地层剖面交互处理解释系统

推荐单位：国家海洋局第二海洋研究所

主要完成单位：国家海洋局第二海洋研究所

主要完成人：丁维凤、潘国富、胡涛骏、傅晓明、来向华、苟诤慷、张济博

14. 基于海岸带综合管理的海洋生物多样性

保护研究与示范

推荐单位：国家海洋局第三海洋研究所

主要完成单位：国家海洋局第三海洋研究所、国家海洋环境监测中心、福建省海洋环境与渔业资源监测中心、国家海洋局第一海洋研究所

主要完成人：陈彬、温泉、丁德文、杨琳、王金坑、黄浩、俞炜炜、郑森林、杜建国、蒋金龙

15．中国海洋生物种类名录和图谱

推荐单位：国家海洋局第三海洋研究所

主要完成单位：国家海洋局第三海洋研究所

主要完成人：余兴光、林茂、黄宗国、李瑞香、陆斗定、王春光、王彦国、项鹏、王雨、林更铭

16．核电海域放射性检测新技术与辐射防护评价

推荐单位：国家海洋局第三海洋研究所

主要完成单位：国家海洋局第三海洋研究所、清华大学工程物理系、中科华核电技术研究院-苏州热工研究院有限公司

主要完成人：尹明端、曾志、何建华、唐森铭、上官志洪、余雯、门武、马豪、张晓峰

17．10 万吨级海水循环冷却成套技术与示范

推荐单位：国家海洋局天津海水淡化与综合利用研究所

主要完成单位：国家海洋局天津海水淡化与综合利用研究所、浙江国华浙能发电有限公司

主要完成人：侯纯扬、武杰、闫子政、吴芸芳、李亚红、王维珍、宫广正、张连强、尹建华、成国辰

18．硼酸镁晶须连续化生长结晶控制技术与工程示范

推荐单位：国家海洋局天津海水淡化与综合利用研究所

主要完成单位：国家海洋局天津海水淡化与综合利用研究所

主要完成人：张旖、王俐聪、王玉琪、刘骆峰、曹冬梅、张雨山、黄西平、张家凯、刘伟、王颖

19．浓海水综合利用新工艺

推荐单位：国家海洋局天津海水淡化与综合利用研究所

主要完成单位：国家海洋局天津海水淡化与综合利用研究所

主要完成人：张家凯、蔡荣华、张雨山、王俐聪、刘骆峰、曹冬梅、黄西平、郭淑元、王玉琪、高春娟

20．大港滩海赵东海上油田高效开发配套技术研究与应用

推荐单位：天津市海洋局

主要完成单位：中国石油大港油田对外合作项目部

主要完成人：赵万优、王争进、李漱岩、马乔、张志平、马晓东、吴泓、赵仕民、杨岭、邓泽进

21．黄河三角洲海参池塘生态养殖模式的构建与示范

推荐单位：山东省海洋与渔业厅

主要完成单位：山东省海洋水产研究所、烟台大学、东营市渔业技术推广站

主要完成人：杨建敏、杨秀兰、宋向军、王际英、张利民、刘相全、王卫军、王育红、孙国华、刘义豪

22．山东近海经济生物产卵场、索饵场及其生态环境评价

推荐单位：山东省海洋与渔业厅

主要完成单位：山东省海洋水产研究所、烟台大学

主要完成人：吕振波、王茂剑、邱盛尧、杨秀兰、李凡、张焕君、杨艳艳、魏振华、刘义豪、王波

23．基于海洋微生物附着腐蚀条件下的金属间化合物复合化研究

推荐单位：上海市海洋局

主要完成单位：上海海事大学、山东大学

主要完成人：尹衍升、董丽华、刘涛、李嘉、范润华、常雪婷

24．四角蛤蜊深加工综合利用及功能性保健品的研发

推荐单位：江苏省海洋与渔业局

主要完成单位：南京中医药大学、江苏省海洋水产研究所、江苏康缘药业股份有限公司、南京海昌中药集团股份有限公司

主要完成人：吴皓、万夕和、王令充、程建明、刘睿、文红梅、狄留庆、卞慧敏、肖伟、王李宝

25．日本蟳工厂化育苗生产技术研究

推荐单位：江苏省海洋与渔业局

主要完成单位：淮海工学院、连云港海洋源水产开发有限公司

主要完成人：许星鸿、徐加涛、孙颖颖、徐国成、吴建新、阎斌伦、浦寅芳、戴言、郑伟、李庭古

26．海洋工程高性能混凝土复合矿物外加剂的研制与应用

推荐单位：浙江省海洋与渔业局

主要完成单位：浙江大学、浙江合力新型建材有限公司

主要完成人：詹树林、丁小富、钱晓倩、樊先平、孟涛、申乾宏、杨剑明、徐强、杨辉

27．海洋环境多维多域可视化表达及高效处理技术

推荐单位：浙江省海洋与渔业局

主要完成单位：浙江大学

主要完成人：张丰、杜震洪、刘仁义、李荣亚、李睿、欧阳安蛟、张宵宇、黄克玲、方磊、曹敏杰

28．水产品新型智能活体运输关键设备与技术的研究与开发

推荐单位：浙江省海洋与渔业局

主要完成单位：浙江海洋学院、浙江东海海洋研究院、浙江大海洋科技有限公司、舟山市东方水处理设备厂、平阳县南麂岛开发有限公司

主要完成人：朱爱意、徐梅英、张建设、桂福坤、缪飞舟、谢佳彦、蔡厚才、江丽华、邬纪明

29．三疣梭子蟹营养生理研究与配合饲料开发

推荐单位：浙江省海洋与渔业局

主要完成单位：浙江省水产技术推广总站、宁波天邦股份有限公司、浙江省微生物研究所

主要完成人：何中央、丁雪燕、陆裕肖、邱晓力、黄福勇、高红建、薛辉利、郑天伦

30．渔船综合节能关键技术研发及示范

推荐单位：浙江省海洋与渔业局

主要完成单位：浙江海洋学院、岱山县高亭船厂、舟山市海洋与渔业局

主要完成人：张晓君、谢永和、严旭光、张吉萍、汤富定、王立军、郭观明、杜振煌、李俊来、李刚强

31．基于星虫和海蜇功能基因和功能蛋白的探究

推荐单位：宁波市海洋与渔业局

主要完成单位：宁波大学

主要完成人：苏秀榕、李晔、李成华、张春丹、周君、刘艳、王中华、杨文新、夏长革

32．N-乙酰氨基葡萄糖等海洋甲壳多糖衍生物

推荐单位：福建省海洋与渔业厅

主要完成单位：石狮市华宝海洋生物化工有限公司

主要完成人：刘文穗、陈彬永、王敦涛、何守胜、沈远玲、陈传比

33．古蚶苗种规模化繁育及养殖技术研究

推荐单位：海南省海洋与渔业厅

主要完成单位：海南省水产研究所

主要完成人：陈傅晓、谭围、唐贤明、蒲利云、曾关琼、李向民、王荣霞、李芳远、冯全英、沈铭辉

34．重要海水养殖动物病害发生和免疫防治研究

推荐单位：中国科学院海洋研究所

主要完成单位：中国科学院海洋研究所、中山大学、中国水科院黄海水产研究所、浙江大学、中国海洋大学

主要完成人：相建海、彭宣宪、宋林生、黄倢、邵建忠、战文斌、莫照兰、刘保忠、李富花、李惠

35．海洋微型底栖生物调查规范制定及多样

性研究

推荐单位：中国科学院海洋研究所

主要完成单位：中国科学院海洋研究所

主要完成人：徐奎栋、类彦立、孟昭翠、杜永芬、李承春、代仁海

36. 栽培长心卡帕藻生产卡拉胶

推荐单位：中国科学院海洋研究所

主要完成单位：中国科学院海洋研究所、国家海洋局第一海洋研究所、上海北连生物科技有限公司、陵水豪天实业有限公司

主要完成人：刘建国、刘松、王晋源、林伟、刘晨临、姜鹏、庞通、郑照亮、黄晓航、王金峰

37. 夏鲆（♂）与牙鲆（♀）杂交种规模化生产技术的建立与应用

推荐单位：中国科学院海洋研究所

主要完成单位：中国科学院海洋研究所、日照市海洋水产资源增殖站、青岛金沙滩水产开发有限公司

主要完成人：李军、肖志忠、马道远、徐世宏、尤锋、刘清华、肖永双、滕照军、薛祝家

38. 三疣梭子蟹育种的遗传学基础

推荐单位：中国科学院海洋研究所

主要完成单位：中国科学院海洋研究所

主要完成人：崔朝霞、刘媛、郭恩棉、王鸿霞、宋呈文、王双艳、李倩倩、李希红、吴丹华、李喜莲

39. 长江口人工牡蛎礁生态系统构建关键技术研究及应用

推荐单位：中国水产科学研究院东海水产研究所

主要完成单位：中国水产科学研究院东海水产研究所、交通运输部长江口航道管理局、上海市环境监测中心、上海绿意生物科技有限公司、上海艾利维水环境技术有限公司

主要完成人：陈亚瞿、叶维钧、冯俊、张锦平、沈新强、全为民、施利燕、朱剑飞、汤琳、李文正

40. 黄海浒苔绿潮爆发的生物生态学基础及其资源化利用技术研究

推荐单位：中国水产科学研究院黄海水产研究所

主要完成单位：中国水产科学研究院黄海水产研究所、聊城大学、青岛出入境检验检疫局、山东理工大学、青岛科技大学

主要完成人：叶乃好、李德茂、庞国兴、张晓雯、徐东、毛玉泽、柳淑芳、高政权、陈利梅、范晓

41. 南海主要经济海藻精深加工关键技术研究与应用

推荐单位：中国水产科学研究院南海水产研究所

主要完成单位：中国水产科学研究院南海水产研究所

主要完成人：李来好、杨贤庆、戚勃、郝淑贤、吴燕燕、陈胜军、岑剑伟、马海霞、黄卉、魏涯

42. 电解法船舶压载水处理技术

推荐单位：中国船舶重工集团公司

主要完成单位：青岛双瑞海洋环境工程股份有限公司

主要完成人：刘光洲、付洪田、孙明先、王文茂、于青、王智磊、王洪仁、王海涛、丁慧、韩严

43. 略

44. 海上溢油应急多功能环保船舶关键技术开发与应用

推荐单位：中国海洋石油总公司

主要完成单位：中海油能源发展股份有限公司、中海石油环保服务（天津）有限公司、中海石油（中国）有限公司天津分公司、中海石油（中国）有限公司深圳分公司、中海石油（中国）有限公司湛江分公司

主要完成人：张武奎、罗国英、朱生凤、朴庆利、张德林、周振涛、鲁红革、陈隆盛、李中、孙险峰

45. 重要海水养殖动物组织细胞系的建立及其应用

推荐单位：中国海洋大学

主要完成单位：中国海洋大学

主要完成人：樊廷俊、姜国建、杨秀霞、丛日山、于苗苗、葛源、赵君

46. 海洋油气田二氧化碳腐蚀及高效缓蚀控制技术

推荐单位：华中科技大学

主要完成单位：华中科技大学、中海石油（中国）有限公司湛江分公司、中海油能源发展股份有限公司采油技术服务南海分公司

主要完成人：郭兴蓬、付朝阳、柯吕雄、欧光尧、郑家燊、朱其佳、唐和清、张万兵，邱于兵、王洪臣

47. 反常波多极化SAR成像模拟、参数反演及洋面特征检测技术

推荐单位：武汉理工大学

主要完成单位：武汉理工大学、南京信息工程大学

主要完成人：谢涛、何宜军、陈伟、旷海兰

48. 青蟹新型抗菌肽 Scygonadin 的分离鉴定、免疫机制与功能研究

推荐单位：厦门大学

主要完成单位：厦门大学

主要完成人：王克坚、黄文树、许婉芳、彭会、乔琨、陈慧芸、陈芳奕

49. 马氏珠母贝夜荧光珍珠培育技术

推荐单位：广东海洋大学

主要完成单位：广东海洋大学

主要完成人：宋文东、纪丽丽、谷长生、方富永、苗艳丽、罗杰、梁飞龙、符韶

【2012 年度海洋工程科学技术奖】

特等奖 2 项

1. 海洋一号卫星星地一体化系统及其应用

主要完成单位：国家卫星海洋应用中心，航天东方红卫星有限公司，国家海洋局第二海洋研究所，国家海洋技术中心，中国科学院上海技术物理研究所，国家海洋环境预报中心，国家海洋局第一海洋研究所，中国海监北海航空支队，上海海洋大学

主要完成人：蒋兴伟，刘建强，林明森，白照广，唐军武，刘　廷，谢春华，王　华，孙从容，邹　斌，王其茂，何贤强，毛志华，张　杰，张汉德，李宝辉，王丽丽，冯　旗，陈新军，丁　静

2. 海洋浅层钻井工程安全作业关键技术研究及应用

主要完成单位：中海油研究总院，中国石油大学（北京），中海石油（中国）有限公司天津分公司，中海石油（中国）有限公司湛江分公司，中海石油（中国）有限公司深圳分公司，中海油能源发展股份有限公司监督监理技术分公司，中海石油（中国）有限公司上海分公司

主要完成人：姜　伟，杨　进，周建良，刘书杰，刘良跃，张春阳，汪顺文，李　中，杨立平，谢仁军，谢梅波，邓建明，罗　勇，黄　熠，王平双，赵景芳，范白涛，张伟国，张海山，徐国贤

一等奖 7 项

1. 印度洋多金属硫化物找矿与评价研究

国家海洋局第二海洋研究所，北京先驱高技术开发公司，广州海洋地质调查局，国家海洋局第三海洋研究所，北京大学，中国地质大学（北京），青岛海洋地质研究所一等奖

主要完成人：陶春辉，李家彪，韩喜球，周怀阳，邵宗泽，王春生，周东辉，武光海，邓希光，李怀明，苏　新，刘敬彪，朱永灵，顾春华，崔汝勇

2. 海洋浅地层高分辨率多道地震探测技术及其应用

国家海洋局第一海洋研究所，浙江大学，中国石油集团东方地球物理勘探有限责任公司西安物探装备分公司，中国海洋大学，吉林大学，金华市荣华电气科技有限公司，西安虹陆洋机电设备有限公司

主要完成人：刘保华，王揆洋，闫克平，连艳红，贾永刚，张晓培，韩国忠，黄逸凡，裴彦良，王荣华，刘晨光，雷　斌，李西双，孟庆生，解秋红

3.《全国海洋功能区划（2011－2020 年）》研究编制

国家海洋环境监测中心，国家海洋技术中心，国家海洋信息中心，大连海事大学，天津师范大学，国家海洋局海洋发展战略研究所

主要完成人：关道明，夏登文，阿　东，付元宾，柯　昶，胡恩和，栾维新，刘百桥，王权明，徐　伟，李　方，韩爱青，马红伟，王伟伟，张子鹏

4. 海洋微生物资源采集与国家海洋微生物

资源共享平台建设

国家海洋局第三海洋研究所，中国极地研究中心，中国海洋大学，国家海洋局第一海洋研究所，厦门大学，青岛科技大学，山东大学威海分校

主要完成人：邵宗泽，陈　波，池振明，曲凌云，焦念志，孙风芹，李光玉，赖其良，刘秀片，叶德赞，徐　俊，汤熙翔，郑天凌，刘　杰，杜宗军

5. 高等级大长度 110kV 光电复合交联海底电缆的研制开发与产业化

宁波东方电缆股份有限公司，宁波海缆研究院工程有限公司

主要完成人：夏　峰，张　悦，周则威，叶世杰，张永明，陈　凯，钟科星，张晨江

6. 万吨级反渗透海水淡化示范工程

杭州水处理技术研究开发中心有限公司，舟山市六横水务有限公司

主要完成人：谭永文，杨　波，杨尚宝，王承丰，白海浪，潘巧明，王　华，唐万明，戴城怿，傅红兵

7. 北海区海洋灾害立体实时观测预警系统

国家海洋局北海预报中心，中国海洋大学，山东科技大学

主要完成人：曹丛华，江崇波，黄　娟，郭敬天，胡　伟，高　松，张　薇，辛和平，傅　刚，王瑞富，王　强，王致中，黄　蕊，郭可彩，管新诗

二等奖 14 项

1. 离岸抗风浪网箱高效养殖技术集成与示范

主要完成单位：中国水产科学研究院黄海水产研究所，大连天正实业有限公司，威海正明海洋科技开发有限公司，胜邦塑胶管道系统集团有限公司

主要完成人：关长涛，刘圣聪，黄　滨，崔　勇，李　娇，孟雪松，常　青，姜泽明，陆光炯

2. 涉海工程对生物资源影响评价与生态恢复关键技术的研究和应用

主要完成单位：中国水产科学研究院东海水产研究所，国家海洋局第二海洋研究所，国家海洋环境监测中心，浙江省海洋水产研究所，江苏省海洋水产研究所

主要完成人：徐兆礼，曾江宁，向友权，王健国，徐汉祥，沈新强，王翠华，姚国兴，康　伟

3. 海洋轻型可搬迁式钻机设计与建造技术研究

主要完成单位：天津中海油工程设计有限公司

主要完成人：苏继锋，李学军，王长军，李松梅，郝　云，王　宁，李　强，胡小娟

4. 海洋倾废动态实时监控系统

主要完成单位：国家海洋局东海信息中心，同济大学，中国船舶重工集团有限公司第七〇五研究所

主要完成人：贾建军，叶　娜，吴振南，覃如府，王宏伟，苏　诚，彭立功，王艺宁，裴军峰

5. 南海海洋环境数值试验平台

主要完成单位：中国科学院南海海洋研究所热带海洋环境国家重点实验室

主要完成人：彭世球，李毅能，王东晓，赖文锋，刘段灵

6. 中国近海上升流分布与形成机制研究

主要完成单位：国家海洋局第一海洋研究所

主要完成人：乔方利，吕新刚，夏长水，王关锁，袁业立

7. 声学地层剖面与单道地震数据采集、处理与解释系统

主要完成单位：国家海洋局第二海洋研究所

主要完成人：丁维凤，潘国富，沈家法，来向华，苟诤慷，傅晓明，应元康，胡涛骏，张济博

8. 海洋工程钢筋混凝土结构腐蚀与防护修复技术

主要完成单位：中国科学院海洋研究所，日照港集团有限公司

主要完成人：李伟华，孔宪雷，侯保荣，杜传志，匡立平，陈　刚，田惠文，厉建海，孙丛涛

9. 大型浮体浅水效应技术及应用

主要完成单位：中海油研究总院，上海交通大学，中国船舶工业集团公司第七〇八研究

所

主要完成人：曾恒一，范　模，杨建民，赵耕贤，杨葆和，田　楠，肖龙飞，李新仲，陈荣旗

10. 海洋生物毒素“替曲朵辛”原料药产业化关键工程技术研发与应用

主要完成单位：国家海洋局第三海洋研究所，厦门朝阳生物工程有限公司

主要完成人：易瑞灶，洪　专，洪碧红，谢全灵，陈伟珠，张怡评，陈　晖，方　华，杨志文

11. 全国海洋人才发展战略规划研究

主要完成单位：国家海洋信息中心

主要完成人：何广顺，周金弟，李双建，郭景鹏，王晓惠，徐丛春，于保华，周怡圃，魏　婷

12. 浓海水钙法制备氢氧化镁产业化技术与示范

主要完成单位：国家海洋局天津海水淡化与综合利用研究所

主要完成人：黄西平，张雨山，王俐聪，刘骆峰，高春娟，王玉琪，郭淑元，曹冬梅，蔡荣华

13. 高性能七电极电导率传感器

主要完成单位：国家海洋技术中心

主要完成人：李建国，兰　卉，贾文娟

14. 复杂荷载作用下近海风电场风机基础的分析理论和设计方法

主要完成单位：河海大学

主要完成人：郑金海、陈　达、高玉峰、陶爱峰、黎　冰、王　军、申宽育、胡永柱、李振作

【科技获奖项目简介】　2012 年度获国家科技奖励成果简介

海水池塘高效清洁养殖技术研究与应用。20 世纪 80 年代，我国海水池塘养殖业迅猛发展，但传统的高密度、单养的养殖模式不仅对饲料利用率低且对环境负面影响十分严重，因此，创建健康的海水池塘养殖模式、提高饲料利用率、减少养殖污染已成为国家亟待解决的重大问题。为此，1993～2008 年的 16 年间，项目组围绕高效清洁生产主线完成了 10 项国家计划科研任务，在基础研究的基础上，系统地创建、优化了海水池塘对虾、刺参、牙鲆和梭子蟹的综合养殖结构，创建了无公害的水质调控技术和生态防病技术，实现了经济效益和环境效益双赢，为促进海水池塘养殖增长方式的转变和可持续发展提供了养殖模式和关键技术支撑。

该项目的技术难点和重点是科学地创建既增产、增收又能实现资源节约、环境友好的养殖模式。本项目的主要创新点包括：

（1）在方法学上，创建了陆基围隔实验系统，克服了水族箱实验失真、池塘试验的起始条件难均一等缺陷，引领水产养殖的现场研究从经验走向可重复、检验的科学方法。

⑵依据三个策略（通过养殖生物间的营养关系实现养殖废物的资源化利用，通过养殖种类或系统间的生态功能互补作用调控水质，养殖水体时间、空间和饵料资源的充分利用）开创性地构建、优化出我国海水池塘主养动物的 17 个综合养殖模式：系统地创建和优化出 9 个对虾高效清洁养殖模式，其中对虾-青蛤-江蓠的 1:1.3:8.3 结构，使对虾产量提高 18.5%，N 利用率提高 48%，还额外收获青蛤和江蓠产量，产出/投入比提高 39%；创建出刺参-海蜇-对虾-扇贝综合养殖模式，仅刺参与扇贝、对虾混养就可使刺参生长速度提高 49.3%，还额外获得可观的对虾产量，充分体现了即增产又强化环保的功能；创建、优化出 3 个梭子蟹综合养殖模式，其中虾蟹混养使总产量提高 2.4 倍，对投入 N 的利用率提高 2.8 倍；创建出牙鲆快速养成和清洁养殖模式，牙鲆-一色蟾蛏-海蜇-对虾综合养殖模式的产出/投入比达到 2.33，并显著减少了氮、磷排放。

（3）新发现浮游动物越冬休眠卵携带并传播 WSSV，发明了封闭围栏、切断对虾 WSSV 传播途径的无公害生态防病技术，使 358 公顷示范区对虾养殖成功率达 99%。

（4）系统地研究了滤食性鱼类、贝类和大型海藻调控水质技术，发明的对虾与滤食性鱼类网隔式混养方法可使对虾产量提高 13.1%，同时获鱼产量 1224 千克/公顷，还节约优质饲料；发明的青蛤-江蓠原位修复池塘水质技术，使池塘水中 TN 含量减少 43%，对投入 N 的利用率提高 110%。

（5）发明了多种环保型饲料、肥料，为清

洁生产提供了保障性生产资料。该项目的技术成果已在山东、江苏、辽宁、浙江部分地区规模化应用，近 3 年技术应用面积累计 5.77 万公顷，新增产值 24.0 亿元。

山东省科技厅组织专家对本项目的“优化结构模式”成果进行了鉴定，认为：该成果经济效益、环境效益显著，总体上达到同类研究国际领先水平。该项目的技术成果已授权国家发明专利 13 项、实用新型专利 11 项；制定地方标准 3 个、企业标准 2 个，获农业部无公害农产品 4 个；发表论文 257 篇，其中 SCI（EI）收录论文 71 篇；培养硕士生 84 名、博士生 45 名；部分成果已获省级一等奖 1 项、二等奖 2 项。（中国海洋大学）

凡纳滨对虾良种选育关键技术及产业化应用　凡纳滨对虾（俗称南美白对虾）养殖是我国水产养殖的支柱性产业。目前我国养殖年产量 130 万吨，年种苗需求量超过 5000 亿尾，对良种选育技术有重大需求。由于凡纳滨对虾原产于南美洲，我国引进和培育的均是人工繁育养殖群体，易产生遗传衰退，已出现生长速度减慢、淡化养殖成活率低、规格参差不齐等典型的种质衰退现象，导致我国优质亲虾每年都要依赖大量进口。因此，良种选育是关系到我国养殖成败和产业可持续发展的关键。该项目针对凡纳滨对虾良种选育及产业化应用的关键科技问题进行研究：①创立了家系配套杂交育种和制种核心技术，发现并利用了可遗传的淡水耐受性状，选育出“中科 1 号”新品种，获得国家水产新品种权。该新品种在生长速度、淡水耐受力和整齐度上具有显著优势。②发明了高灵敏度和高特异性的病原快速检测技术及试剂盒、配套的亲虾培育饲料及水质调控关键设施和物理标签等，解决了育种材料的保持、选留与淘汰以及饲料营养影响性状正常表达和育种过程中长期保持水质稳定的关键技术难题。获得授权发明专利 16 项。近 3 年，本项目直接新增产值 69.6 亿元，新增利税 5.4 亿元，节支 2.2 亿元。推广良种虾苗 1049 亿尾，无节幼体 2350 亿尾，新型饲料 65.5 万吨，推广养殖面积 8.97 万公顷，实现社会效益 270 亿元。

南海及邻近海域藻华形成演变过程机制与遥感监测方法　2012 年广东省科学技术一等奖（基础研究）项目简介：认识南海生态环境过程对我国维护海洋权益、发展海洋经济、加强海洋管理具有重要战略意义和实用价值。海洋藻华由浮游植物大量爆发引发，可改变海洋生态系统，影响渔业资源。有害藻华也是重要的海洋灾害。但受观测手段的限制，早期的研究极大地限制对藻华过程的分析。该研究紧抓卫星遥感这一革命性手段，充分利用多尺度多时空数据，围绕藻华生消规律-动力学机制-生态环境效应-遥感监测与评估方法的主线，开展系列研究。①首次提出“南海西部强风-上升流-藻华”形成演变的动力理论与概念模型，揭示季风与气候变化对藻华过程的调控机理，阐述南海常态藻华格局及其演变特征。论文被美国地球物理联合会作为亮点论文专题评论。②率先研究海啸等海洋灾害的生态效应，揭示台风、海啸等引发的突发性藻华过程的三维结构与生消规律，阐明台风引发藻华对海洋初级生产过程的重要意义。③系统分析南海有害藻华的时空分布特征与机理，提出相应的灾害风险评估体系。④发展多种针对富营养、高叶绿素水体的遥感反演与空间数据挖掘，发展高分辨率数据获取与海量信息存取技术。研究历时 15 年，显著提升对藻华过程及调控机制的认识，形成较为完整的理论体系，具有重大科学价值，得到学术界认可。第一作者、通讯作者发表期刊论文 235 篇，SCI 收录 107 篇，主要论文发表于 JGR、GRL、MEPS 等国际主流杂志。出版 4 本专著和 34 专著章节。主办第 9 届全球海洋遥感大会等 15 个国际大会和培训。培养 70 多名硕博士，提升我国在相关学科领域的国际地位。

附录 2　中国海洋学术团体及活动

【中国海洋学会】　2012 年，中国海洋学会参与中国科协的“全国优秀科技工作者”评选推荐工作，有 2 人获评。联合三家学会尝试开展了 2012 年度中国海洋十大科技进展评选活动，共有 500 余名领导专家、学者和会员代表积极参与评选，得到了热烈响应。组织落实了国家民政部社会团体的评审工作，完成了《中国海洋学会年鉴》编撰工作；积极探索为理事、单位会员服务，向理事、单位会员、分支机构、地方学会、主管和挂靠单位提供了《学科发展报告》、《学术论文集》和相关研究资料。秘书处人员结构得到了优化，党的工作进一步加强，积极探索网络信息与研究工作化进程，逐渐加强自身能力建设和扩大学会影响力。召开了第七届三次常务理事会，2012 年度学会工作会议。

学术交流会议 5 次　女科学家、学术交流、科普工作和科技开发与产业化工作委员会会议。由中国海洋学会、中国太平洋学会和河北省海洋局共同在石家庄市主办了第六届海洋强国战略论坛。中国海洋学会研究成立了海洋女科学家工作委员会。作为 2012 厦门国际海洋周重要活动之一的“首届海洋女科学家论坛”在厦门市隆重召开。中国海洋学会与中国声学学会以及美国海军研究办公室等机构在北京共同主办了第三届国际海洋声学会议。会后发表学术论文百余篇。会议研讨的范围广泛，不再局限于单一的浅水声学研究领域，还将涉及深海声学等研究内容，因此会议的名称改为国际海洋声学会议。会议将在不同国家、不同研究机构的专家之间建立起更加紧密的联系，对推动我国海洋声学研究进一步发展具有重要意义。

科普活动会议 5 次　中国海洋学会联合中国大洋协会、天津淡化所、极地办、深海基地、海洋卫星等多家单位，参加了全国第五届中国（芜湖）科普产品博览交易会，中国海洋学会承担了中国科协“科技与社会——2049 展望系列研究——海洋科技与蓝色经济”、“海洋科学史研究”和“社会力量开展海洋科普事业实践及对策研究”等课题任务，进展顺利，并完成了阶段性验收。策划举办了“管好用好海洋、造福子孙后代”为主题的海洋科普活动。为落实国家海洋局刘赐贵局长在全国海洋工作会议讲话中提出的“做好《海域使用管理法》颁布实施十周年等海洋法律法规的宣传和普法工作”任务，中国海洋学会联合国家科学图书馆，成功主办了以“管好用好海洋、造福子孙后代”—纪念《海域使用管理法》颁布实施十周年普法科普展览活动。共同承办了科学家与媒体面对面“说资源、话南海”为主题的海洋科普活动。为贯彻全国海洋工作会议关于“有效引导海洋工作舆论环境，及时回应并妥善引导社会舆论”的精神，中国海洋学会借助中国科协“科学家与媒体面对面”科普平台，紧紧围绕南海资源及新能源开发等海洋科学问题，邀请国务院参事张洪涛教授等 5 位知名专家参加，与现场 30 多家新闻单位记者共同研讨南海资源问题。先后有 90 多家媒体对活动进行了广泛报道，扩大了本次活动的宣传范围，也为“6.8”海洋宣传日活动的前期预热和造势发挥了积极的作用。参与开展了“弘扬防灾减灾文化，提高防灾减灾意识”科普活动。2012 年的防灾减灾日期间，中国海洋学会按照中国科协的统一部署，参加了北京市防灾减灾科普展，期间组织海洋环境预报中心的专家在现场为公众作海洋防灾减灾相关问题的咨询解答，共接待咨询人数达 130 人次，制作展出了 14 块《加强防范，减轻海洋灾害》的科普展板，向本次活动赠送了一批关于海洋防灾减灾知识的科普读物，向现场群众发放“加强防范，减轻海洋灾害”的科普宣传册和《海洋世界》杂志 600 多份，公众反映较好。适时组织了海洋知识与热点问题讲座。针对当前社会各界广泛关注的海洋权益斗争，5 月 22 日，应中国科协的邀请，组织两个学会的相关专家，为中国科协干部举行了涉及国际海洋热点问题和我国海洋周边环境的海洋法律知识讲座，受到 200 多位科协干部的热烈欢迎。

期刊会议 3 次　《海洋学报》11 月召开了创刊 30 周年座谈会，并对一批获奖人员进行了表彰。中国海洋学会推荐《海洋学报》刊登的三篇论文获得马塔切纳青年优秀论文奖。参与中国科协的“全国优秀科技工作者”评选推荐工作，有 2 人获评。联合三家学会尝试开展了

2012 年度中国海洋十大科技进展评选活动，共有 500 余名领导专家、学者和会员代表积极参与评选，得到了热烈响应。

国际会议　由中国海洋学会（CSO）、韩国海洋学会（KSO）共同在韩国大邱主办中韩黄海生态环境保护研讨会暨第三届中韩海洋科学技术学术会议。会议旨在为中韩两国的海洋专家与学者提供交流平台，共同关注“黄海海洋生态环境保护”，共同分享中韩两国海洋科学家在该领域的研究成果，推动中韩两国科学家在“黄海海洋生态环境保护”领域的交流与合作，为促进黄海周边环境生态发展、科学发展、可持续发展发挥积极作用。

中国海洋学会第七届三次常务理事会　3 月 25 日，中国海洋学会在福建宁德召开了第七届三次常务理事会。中国海洋学会王曙光理事长、雷波常务副理长兼秘书长、孙松、林龙福、周守为、潘德炉副理事长出席了会议，常务理事及代表 24 人出席了会议，会议由王曙光理事长主持。研究了新增常务理事、理事和批准所属遥感等 3 个专业委员会完成换届，新成立了海洋学会热带海洋分会，成立女科学家工作委员会，更换了科普委员会组成人员。增加了涉及军事、工程、社科等领域的 3 名常务理事和 13 名理事，使学会的理事结构更趋合理，覆盖面更广。海洋遥感、海洋信息专业委员会完成换届。新成立热带海洋分会，成立女科学家工作者委员会，更换了科普委员会组成人员，聘任了各工作委员会副主任及委员，修订了全国海洋科普教育基地评估暂行办法。

2012 年度学会工作会议　3 月 25 日，中国海洋学会在重庆召开了 2012 年度学会工作会议。会议传达学习了全国海洋工作会议要点，安排了 2012 年学会活动计划，还围绕“如何做好学会工作”行了经验交流；先后还召开了女科学家、学术交流、科普工作和科技开发与产业化工作委员会会议。

《中国海洋学学科史》研究项目会　11 月 15 日，2012—2013 年度《中国海洋学学科史》研究项目开题会在杭州召开。中国海洋学会常务副理事长兼秘书长雷波、国家海洋局第二海洋研究所、中国科学院苏纪兰院士及来自海洋领域的 12 位专家学者参加了本次会议。中国科协学会学术交流处杨书宣处长、项目负责人黄珏到会，就如何编撰好海洋学科史给予具体指导，会议由雷波常务副理事长兼秘书长主持。

首届海洋女科学家论坛　11 月 4 日在厦门召开了首届海洋女科学家论坛，200 余名中国女性海洋科技人才汇聚一堂，以“蓝色经济，绿色增长中女性科学家的影响力”为主题进行研讨，为女性如何在促进我国海洋科技创新与海洋经济发展中发挥独特优势与积极作用建言献策。全国政协人口资源环境委员会副主任、中国海洋学会理事长王曙光，中国科学技术协会副主席、中国女科技工作者协会常务副会长程东红，国家海洋局副局长陈连增、厦门市副市长张灿民等领导出席论坛开幕式。

第三届国际海洋声学会议　5 月 21 日，第三届国际海洋声学会议在北京召开。会议由美国佐治亚理工学院、美国华盛顿大学和中国科学院声学研究所共同发起，中国海洋学会、中国声学学会、中国科学院、国家自然科学基金委员会以及美国海军研究办公室、美国声学协会等部门和机构共同主办。在为期 5 天的会议中，来自国内外的百余位海洋声学领域专家将从传送与声学层析术、水下传播、海床声学与反向，分散、反射以及噪音、海洋生物声学、信号处理 6 个方面发表近 70 次专题演讲，并就相关国家海洋声学研究发展进程进行回顾。

第六届海洋强国战略论坛　11 月 22 日，由中国海洋学会、中国太平洋学会和河北省海洋局共同主办的第六届海洋强国战略论坛在石家庄市隆重召开。本届论坛以“保护渤海环境，推动海洋生态文明建设”为主题，提出举科学之力、聚专家之智，共同探讨海洋强国的战略内涵，探索决策海洋强国的理论，寻求建设海洋强国的政策，走向海洋强国的路径。全国政协人口资源环境委员会副主任、中国海洋学会理事长王曙光，中国太平洋学会会长张登义，国家海洋局副局长王宏等出席了论坛。来自中国工程院、农业部渔业局、河北省海洋局、国家海洋信息中心、国家海洋环境监测中心、大连海事大学、河北工业大学、辽宁师范大学等 11 个单位的院士、专家和学者，分别从不同角度就渤海环境污染、保护等问题作了相关报告。来自海洋界有关部门、科研院所、高等院校、企业等各方代表共330余人参加本次论坛。

中韩黄海生态环境保护研讨会暨第三届中韩海洋科学技术学术会议 5月30日，由中国海洋学会（CSO）、韩国海洋学会（KSO）主办，中韩海洋共同研究中心（CKJORC）协办的“中韩黄海生态环境保护研讨会暨第三届中韩海洋科学技术学术会议在韩国大邱召开。

来自中国海洋学会、国家海洋局第一海洋研究所、国家海洋局第二海洋研究所、国家海洋环境监测中心、中科院海洋研究所、韩国海洋学会、韩国海洋研究院、韩国国立渔业研究院、韩国极地研究中心、韩国釜庆国立大学、釜山国立大学、韩国忠南大学等单位的23位中韩两国的科学家与代表出席了本次研讨会。

以“蓝色的海洋我们的家”为主题的咨询服务 2012年，举行以“蓝色的海洋我们的家”为主题的贯穿全年的海洋实践活动。专家进校讲海洋:根据教材和实践活动内容，制定海洋科普大课堂宣讲内容，邀请科学教育专家导师团专家走进课堂，通过“大课”的形式对学生进行讲座，让学生了解专业的海洋科普知识。2012年结合教材对学生进行了“神秘的海底生物”“海洋遥感”、“海底资源”“南北两极”“船的历史”等方面的专家讲座。

专题演播看海洋:为了让更多的同学了解海洋，亲近海洋、热爱海洋，学校在校园电视台开辟了“海洋视窗精彩时光”栏目，利用中午时间为同学们播放精美的视频，通过这个窗口让学生们了解更多海底世界的秘密。活动后，学校下发精心设计的实践作业，优秀作业展出在班内的展板、校内的展牌上，让学生们在交流中分享自己的思考和探索海底世界的美好愿望。至今为止播放包括《青岛水族馆》《海底奇葩——美丽的珊瑚花》《奇异的南极世界》《雪龙号之行》四期节目，效果很好。

全国海洋科普教育基地会议 2012年4月，中国海洋学会全国海洋科普教育基地会议在重庆召开，学校在会上进行了经验交流，2012年10月，举行全国少年海洋教育北京论坛，并争取到2013年全国少年儿童青岛论坛的承办权。2012年“中国海洋学会、国家海洋局第一海洋研究所赠送海洋设备剪彩仪式”举行，雷波副司长，李培英副所长参加了仪式，全校师生备受鼓舞。学校的海洋科普教育工作被国家《海洋杂志》、山东省少儿频道、青岛电视台，和《青岛日报》、《青岛早报》、《财经日报》等各大报刊媒体予以报道。在第28个教师节来临之际，青岛市委李群书记亲临同安路小学慰问老师。李书记鼓励孩子们要好好学习，掌握更多的科学知识，长大了做一名世界一流的海洋科学家。

6月10日，山东广播电视台组织30多位小记者走进了同安路小学。活动分为三个板块：倾听介绍，了解海洋知识；参观氛围，感受海洋气息；动动巧手，制作海洋礼物。通过这种开放活动，宣讲海洋知识，带动更多的人去了解海洋、保护海洋！11月17日，山东广播电视台又组织了50多位小记者和他们的爸爸妈妈走进学校。活动中六年级的同学代表为小记者介绍了两极的迤逦的风光和丰富的物产，然后小记者团又参观了学校的海洋生物馆和海洋权益教育馆，小记者们了解了国家的海洋陆地国土面积，知道维护海洋权益的重要性，了解了许多奇特的海洋生物，最后对学校领导进行了采访。小记者纷纷表示在同安路这个海洋学堂里收获真大！

11月24日，中国海洋学会联合中国大洋协会、天津淡化所、极地办、深海基地、海洋卫星等多家单位，参加了全国第五届中国（芜湖）科普产品博览交易会，组织了3位潜航员与3位航天员历史性会面，并作报告，以蛟龙号、海洋卫星、科考船等小比例实物模型和图书及科普展板、现场播放908专项科技成果宣传短片的形式参会；并以小型海水淡化装置作为与观众互动展品、请参观者品尝淡化海水；另以海洋科普图书、画册、挂图、电子出版物和小比例科普船模，作为科普交易产品等内容。以此进一步提升全民海洋科学素质和海洋意识。

科普期刊座谈会 2012年《海洋工程》获得中国科协能力专项每年50万元的奖励经费支持。《海洋学报》11月召开了创刊30周年座谈会，并对一批获奖人员进行了表彰。《海洋工程》获得中国科协能力专项每年50万元的奖励经费支持。

2012年的防灾减灾日期间，中国海洋学会按照中国科协的统一部署，参加了北京市防灾减灾科普展，期间组织海洋环境预报中心的专家在现场为公众作海洋防灾减灾相关问题的咨询解答，共接待咨询人数达 130 人次，制作展出了 14 块《加强防范，减轻海洋灾害》的科普展板，向本次活动赠送了一批关于海洋防灾减灾知识的科普读物，向现场群众发放“加强防范，减轻海洋灾害”的科普宣传册和《海洋世界》杂志 600 多份，公众反映较好。

海洋创新成果奖　海洋创新成果奖设立以来，中国海洋学会并积极协助承接办奖的具体工作，并得到了局领导的高度肯定，也积累了丰富的办奖经验，具有扎实的办奖基础。

9 月 16～19 日，2012 年度海洋创新成果奖评审会在合肥召开。中国海洋学会承担了该奖的组织评审工作。经过为期一年的时间，圆满完成了申报、推荐、纸质和网上初审，会议对经初审的 116 项海洋科技成果和 13 本海洋科技图书进行了评审。国家海洋局副局长陈连增出席会议并发表重要讲话。海洋科学技术司、国家海洋局学会办公室、中国海洋学会秘书处和国家海洋局北海分局等单位的相关负责人参加了评审会。　（中国海洋学会）

【中国海洋湖沼学会】　2012 年，中国海洋湖沼学会召开了第十次全国会员代表大会以及“紫菜研究新进展”“全球变化和人类活动影响下的水环境问题及对策”、“藻类分类及多样性”等专题学术交流会 6 次，参会人员近 900 人，交流论文 600 余篇，260 余人做口头报告。协办了第二届中国湖泊论坛。

学会第九届理事会以及海洋遥感专业委员会和化学分会顺利完成换届选举，评选出第二届曾呈奎海洋科技奖。组织开展了首届学会先进分支机构和优秀学会工作者评选工作。举办了海洋动力过程与气候变化研究生暑期学校，以及技术培训和科技咨询服务 33 次。

2012 年学会主办的四种科技期刊《中国海洋湖沼学报》（英文）、《海洋与湖沼》、《水生生物学报》和《湖泊科学》运行良好，共计出版 15700 册，发表文章 610 篇。

《海洋与湖沼》编辑部申请的 2012 精品科技期刊工程项目获得中国科协批准，获得连续三年每年 15 万元的资助。《湖泊科学》继 2010 年之后再次荣获“中国百种杰出学术期刊”称号。《湖泊科学》一篇论文（程曦等，淀山湖氮磷营养物 20 年变化及其藻类增长响应，湖泊科学，2008，20（4）：409-419）首度入选 2011 年中国百篇最具影响国内学术论文。

5 月 19 日，由中国海洋湖沼学会、中科院海洋所、青岛市教育局、科技局联合主办，青岛市少年科学院承办，第五届青岛市中、小学生“我心目中的海洋”主题绘画比赛在青岛举行。来自市内四区 100 名同学参加了比赛。

2012 年 5 月“海洋防灾减灾日”，潮汐与海平面专业委员会制作了有关宣传材料，开展了主题为“气候变化与海平面上升－我们的生存环境在日益恶化”宣传活动。

学术交流　（1）举办了鱼类学分会学术年会。9 月 15～18 日鱼类学分会学术研讨会在甘肃兰州市召开。会议由甘肃省水产研究所、中国水产科学研究院长江水产研究所（农业部淡水生物多样性保护重点实验室）以及甘肃省冷水性鱼类种质资源与遗传育种重点实验室联合承办。甘肃省农牧厅、甘肃省科技厅、甘肃省动物学会、甘肃省水产学会、永靖虹大三文鱼有限责任公司、甘肃文祥生态渔业有限公司等单位为本次会议的召开给予了大力支持。来自全国各地 60 多家高校和科研单位的 320 余人参加了会议，其中包括来自香港及台湾的多位著名学者和渔业工作站的基层工作人员。

学术研讨会共收到会议摘要 248 篇，墙报 18 篇。林浩然院士等 10 位知名学者作了精彩的大会主题报告，还有 33 位专家作了专题报告，81 名研究生进行了学术交流并角逐“最佳研究生学术报告奖”。大会报告内容涵盖了鱼类学研究的各个领域，从最基础的鱼类形态分类、系统地理学到鱼类生理生化及遗传育种，鱼病、养殖等，再到宏观的鱼类生态及生物多样性与资源保护。参会者以饱满的激情就鱼类学研究的最新成果进行了广泛的交流和讨论，充分体现了我国鱼类学蓬勃发展的现状。大会评选出 18 名最佳研究生学术报告奖。

（2）举办了中国海洋湖沼学会第十次全国会员代表大会暨学术研讨会。11 月 4～6 日，中国海洋湖沼学会第十次全国会员代表大会暨学术研讨会在青岛召开。中国科协副主席、山东科协主席、中国水产科学研究院黄海水产研究所唐启升院士，中国科学院海洋研究所秦蕴珊院士、穆穆院士，厦门大学焦念志院士，山东省科技厅副厅长李乃胜，青岛市科协副主席吕祖利，中国海洋湖沼学会第九届理事会理事长、中国科学院海洋研究所相建海研究员，学会副理事长张长宽教授、丁平兴教授、桂建芳研究员等领导和专家出席大会，来自全国各分会、专业委员会和地方分会的 300 余名代表参加了大会。中国海洋湖沼学会第九届理事会秘书长、中国科学院海洋研究所所长孙松研究员主持开幕式。

唐启升院士代表中国科协致贺词，相建海理事长代表中国海洋湖沼学会第九届理事会做工作报告。桂建芳副理事长宣读了中国海洋学会等兄弟学会发来的贺信，张长宽副理事长做了关于《中国海洋湖沼学会关于章程修改的说明》的报告，丁平兴副理事长做了第九届理事会财务工作报告。分组讨论会上，大家就以上几个报告，结合当前形势以及学会建设与发展进行了深入研讨，肯定了学会近五年的工作，总结了经验和不足，对学会今后的发展提出了很好的建议。

大会通过无记名投票方式选举产生了中国海洋湖沼学会第十届理事会 120 人。11 月 4 日晚召开了第十届理事会第一次会议，选举产生了第十届常务理事会 40 人，选举中国科学院海洋研究所孙松所长为第十届理事会理事长，选举丁平兴、桂建芳、焦念志、马德毅、沈吉、吴德星、杨红生、张海生为第十届理事会副理事长，选举杨红生为第十届理事会秘书长。

学术研讨会以全球变化下的海洋与湖沼为主题，组织了 4 个大会特邀主题报告，分别为厦门大学焦念志院士的“海洋微型生物碳泵与全球变化”、中科院南京地理与湖泊所沈吉研究员的“湖泊生态系统对全球变化的响应”、中国海洋大学吴德星教授的“我国陆架海海温长期变化及其机制”，以及中国科学院海洋研究所孙松研究员的“全球变化下的海洋生态系统”。另外，在海洋生态系统演变与生态灾害；海洋动力过程及海气相互作用；海洋腐蚀、污损及其控制；全球变化下的河口海岸；中国边缘海及邻近大洋地质过程与演化；全球变化下的水产养殖；生物地球化学循环与生态安全；应对全球变化的海洋生物技术；水体环境遥感监测与预警；湖泊与流域十个专题下组织了 146 个专题学术报告，36 个墙报，收到论文摘要 163 篇，与会代表就海洋湖沼科学前沿领域和研究热点进行了大会交流和专题学术研讨，在所属各分支机构的共同努力和积极组织下，学术研讨会取得了良好效果。

中国海洋湖沼学会第十次全国会员代表大会暨学术研讨会圆满完成了各项议程，11 月 6 日下午闭幕。

（3）举办了第八届世界华人虾蟹养殖研讨会。11 月 17～18 日，中国海洋湖沼学会甲壳动物分会与宁波市科学技术协会主办，宁波大学和宁波市海洋与渔业局承办的“第八届世界华人虾蟹养殖研讨会”在宁波万豪酒店举行。中国海洋大学麦康森院士、中国科学院海洋研究所相建海研究员、宁波市科学技术协会副主席汤丹剑、宁波市海洋与渔业局总工程师黄澜、宁波大学副校长冯志敏等出席了大会开幕式。

参加大会的相关虾蟹养殖技术领域的高校和科研院所共 30 多家，与会代表 200 余人，大会收到论文摘要 120 篇。

大会以“健康养殖与食品安全”为主题，中国海洋大学麦康森院士、中国科学院海洋研究所相建海研究员、台湾大学罗竹芳教授、中山大学何建国教授、美国德州农工大学 John Kennedy Crockett 教授、香港中文大学朱嘉濠教授、美国佛罗里达理工学院林俊达教授、美国夏威夷海洋研究所李正森教授等 20 位海内外知名专家分别在大会上做主题报告。大会同时设有“营养与饲料”、“健康养殖”和“遗传育种”三个分会场。世界各地华人从事虾、蟹类研究的科技专家，虾、蟹养殖业者以及与虾、蟹养殖相关的管理与企业界人士共话虾、蟹健康养殖的新模式与新技术，维护养殖生态系统的可持续，实现虾、蟹养殖的生态化，确保虾、蟹产品的安全，提高虾、蟹养殖综合经济效益，提升虾、蟹养殖水平，为中国乃至世界虾、蟹健康养殖事业的发展做出更大贡献。

科普活动　第二届曾呈奎海洋科技奖评选 经同行专家通信评议、评审委员会评审、公示、奖励委员会审议批准，评选出第二届“曾呈奎海洋科技奖”突出成就奖 2 名和青年科技奖 3 名。中科院海洋所费修绠研究员、厦门大学洪华生教授获突出成就奖，国家海洋局第三海洋研究所陈新华教授、同济大学刘志飞教授、中国科学院海洋研究所曾志刚研究员获青年科技奖。

11 月 6 日在中国海洋湖沼学会第十次全国会员代表大会闭幕式上举行了颁奖仪式。山东省科技厅副厅长李乃胜，中国海洋湖沼学会理事长、中科院海洋所所长孙松，中国海洋大学校长吴德星，中科院海洋所党委书记王启尧，中国海洋湖沼学会副理事长丁平兴、秘书长杨红生为获奖者颁发奖杯和证书。

其他活动　举行刘瑞玉院士书籍资料捐赠仪式。2012 年 7 月 16 日，刘瑞玉院士在青岛不幸逝世，享年 90 岁。他逝世后，党和国家领导人胡锦涛、温家宝、李长春、习近平、李克强、刘延东、李源潮、俞正声、朱镕基、韩启德、杜青林通过不同方式对刘瑞玉院士的逝世表示沉痛哀悼。根据中央政治局委员李长春同志批示精神，中宣部下发文件要求中央主要媒体对刘瑞玉院士先进事迹进行宣传报道。《人民日报》、新华社、《光明日报》、《经济日报》、中央人民广播电台、中央电视台、《科技日报》、《中国青年报》及所属新闻网站进行了全面事迹宣传，山东省、青岛市地方主要媒体同时进行了重点报道。九三学社中央，山东省委统战部，中科院海洋所分别以不同形式开展深入向刘瑞玉院士学习活动。

刘瑞玉院士生前曾任中国海洋湖沼学会第二届理事会常务理事，第三届理事会秘书长，第四届理事会副理事长，第五届理事会理事长，第六至第九届理事会名誉理事长，见证了学会从无到有，从弱到强的发展历程，为学会的发展壮大做出了卓越的贡献。

刘瑞玉先生去世后，留下了大批的文献书籍和珍贵学术资料，按照刘瑞玉先生的遗愿，刘先生的家属把这些书籍资料无偿捐赠给学会挂靠单位中国科学院海洋研究所。

11 月 4 日，是刘瑞玉先生 90 岁诞辰纪念日。中国海洋湖沼学会第十次全国会员代表大会与会代表共同缅怀刘瑞玉院士崇高的学术精神和高尚道德品格，追忆刘瑞玉院士的先进事迹。11 月 6 日，中国海洋湖沼学会第十次全国会员代表大会闭幕式上，中科院海洋所宋林生研究员代表中青年科学家发起向刘瑞玉院士学习的倡议，举行了刘瑞玉院士书籍资料捐赠仪式。中科院海洋所党委书记王启尧代表研究所接受了捐赠。　　（中国海洋湖沼学会）

【上海海洋湖沼学会】　上海市海洋湖沼学会成立于 1949 年 8 月，是国内最早的学术团体之一。学会接受业务主管单位上海市科协的指导、社团管理局的监督管理，挂靠单位为国家海洋局东海分局。学会现有海洋资源与环境、湖沼与河口资源、海洋生物技术、海洋工程、海洋安全与减灾防灾、海洋信息技术等 9 个专业委员，19 家会员单位，35 名理事成员，1281 名会员。

学会的基本任务是积极开展国内外学术交流活动；大力普及海洋湖沼科学技术知识；努力推动科技成果转化和高新技术产业化；积极参与国家和全市性的科技发展战略和经济建设中重大项目的科学论证；发现、举荐和培养人才；表彰、奖励在科技活动中取得优异成绩的会员和科技工作者。

学会的业务范围为学术交流、科普宣传、课题研究、教育培训、咨询服务、成果转化、科技评价。

国内外学术交流　2012 年 3 月在上海海洋大学组织召开了学术年会，期间共征集汇编了涉及海洋环境、海洋生物技术、海洋科技、海洋防灾减灾等范畴的论文 39 篇。学会理事就学会论文汇编出版、拓展 9 个专业委员会工作等事宜进行交流讨论并形成意见。根据理事讨论决定，学会将筹备成立专门的学术委员会，开展海洋科技论文的审稿、海洋科技论文文集的出版发行等事宜，同时学会还将筹备建立“海洋科技奖项，以此激发年轻海洋科技人员从事海洋科技研发的热情，促进海洋科研成果的转化应用。

受上海市海洋局、国家海洋局东海分局委托，精心组织，全力协助，2012 年 6 月在韩国丽水世博期间，承办了以“人海相依•和谐发展”为主题的“2012•上海–釜山海洋研讨会”。会议就海洋经济产业转型架构、生物能源和航运等海洋资源开发保护、港口物流和海事案件监测评价等进行了交流讨论。会前组织中方征集论文 17 篇，入选论文集 8 篇，参会交流 3 篇。

受上海市海洋局委托，会同宝山区、上海海事大学等有关部门，于 12 月 4 日，共同承办了在上海宝山召开的“蓝色经济、绿色发展”为主题的“2012 上海海洋论坛”。会议期间组织了题为“海洋安全、环境与能源—暨中法海洋学术研讨会” 分论坛，上海海事大学副校长、学会副理事长金永兴致词，来自国内外海洋领域的七名专家、学者有分论坛上作了学术交流。

海洋咨询和服务　积极参与上海市科委“科技创新行动计划”社会发展领域——海洋科技专项“观测系统工程选址及应用研究”项目工作，承担子项目研发任务；参与由市科协资助立项的政府咨询类项目；承担了“上海海洋学科发展报告”项目研究，于 2012 年 11 月完成并结题验收；组织编制完成了《杭州湾北岸海洋经济创新发展区战略研究（浦东新区）》现状情况分析报告；组织会员承担海洋开发专项课题《春晓油气田至宁波海底管理局部海域安全评估研究》项目，依照合同按时完成并结题验收；受上海市海洋局委托，由学会承担的国家 908 专项—《上海近海海洋综合调查与评价后评估》，按时开展后评估工作，完成评估报告编写并提交成果；组织完成“赤潮条件预报技术”、“中国海平面监测预报技术评价业务”、“908 成果展示电子沙盘模型设计与制作”、“滨海电厂热污染影响及其模拟预测”、“全球变化与海气相互作用专项—西北太平洋物理海洋与气象调查资料收集和处理”、“洋山港区泥沙风暴冲淤预测数值模型评价”、“建设军民兼用海洋安全环境保障体系”、“海洋观测系统运行状态监控技术研究—状态监控示范”等项目评价。

海洋科普教育　2012 年 5 月 12 日，学会联合理事长单位和上海市浦东新区金杨街道开展了“积极防灾减灾、构建和谐社区”，“防御海洋灾害、减轻灾害损失”和“认真贯彻实施《海洋观测预报管理条例》”为主要内容的海洋防灾减灾宣传进社区活动。向公众普及宣传滨海旅游小常识，以及东海区沿海多发、频发的风暴潮、灾害性海浪、海啸、赤潮灾害等知识。

配合《动手做》报社承办由国家海洋局东海分局、上海市海洋局、市科协和上海中国航海博物馆，于 2012 年 9 月 23 日在航海博物馆联合举办的“海洋，我们的家园”—2012 年江浙沪青少年动手做大赛。

【中国海洋工程咨询协会海洋装备分会】　中国海洋工程咨询协会海洋装备分会是中国海洋工程咨询协会的分支机构之一，由国家海洋局东海分局和中船重工 702 所共同发起，并于 2012 年 12 月 23 日在上海成立。成立大会上选举产生了 86 名成员组成的理事会，33 名理事会成员被选为常务理事。

分会的主要任务是组织开展海洋工程装备行业发展的重大问题研究，为国家海洋工程装备产业发展和与此相关的重大海洋事务管理决策提供咨询服务，并向政府部门提出海洋装备行业立法、政策、规划、制度建议，参与海洋装备产业相关政策、规划、制度和技术标准的研究制定和宣传贯彻工作。同时向会员单位提供行业相关的法律法规、政策规划、科学技术、市场分析、企业管理等资讯服务；组织举办海洋装备行业发展论坛、举办国内外行业研究会、展示会、推介会等活动，研究行业问题、交流经验、探讨发展、展示成果。

【中国海洋工程咨询协会海洋资源开发分会】
2012 年 12 月 29 日，中国海洋工程咨询协会海洋资源开发分会成立大会暨第一次会员代表大会在广州召开，标志着海洋资源开发分会正式成立。分会挂靠单位为国家海洋局南海分局，分会秘书处为常设办事机构设在国家海洋局南海海洋工程勘察与环境研究院。

海洋资源开发分会的宗旨是遵守国家宪法、法律、法规和政策，以党的“十八大”精神为指导，全面贯彻落实科学发展观，致力提高海洋资源开发能力，构建海洋资源开发技术研发、推广应用以及政策保障的咨询服务平台，为涉海部门研究相关政策和协调海洋开发工作服务；搭建政府与会员之间的桥梁，为建设美丽中国、和谐海洋服务；推动海洋资源的合理利用和开发、海洋资源的有效保护，促进海洋生态文明建设和海洋经济可持续发展。

海洋资源开发分会的组织机构包括：会员代表大会、常务理事会、秘书处。第一次会员代表大会表决产生了理事共 59 名，常务理事 32 名和理事会领导 16 名。理事会领导包括名誉会长李立新，会长成纯发，副会长张海生等 13 名，秘书长谢健。分会的最高权力机构是会员代表大会，常务理事会是会员代表大会休会期间的执行机构，在会员代表大会闭会期间处理分会日常事务。会员代表大会的主要职能是：制定或修改本分会工作细则；选举和罢免分会会长、副会长、秘书长、常务理事、理事；审议分会工作报告和财务报告；决定分会重大变更和终止事宜。

【中国海洋工程咨询协会环境生态专业委员会】 2012 年 5 月 25 日，中国海洋工程咨询协会环境生态专业委员会在海洋三所挂牌成立。这是中国海洋工程咨询协会成立的第一个分支机构，将有力促进我国海洋工程环境生态专业领域的支撑服务整体水平提高。原国家海洋局局长、中国海洋工程咨询协会会长孙志辉，原国家海洋局纪委书记、副会长周茂平，局党组成员、副会长李春先，海洋工程咨询中心主任、协会秘书长潘新春，海洋三所余兴光所长、尹卫平书记、蔡锋副所长等共同为环境生态专业委员会揭牌。中国海洋工程咨询协会环境生态专业委员会，团结全国广大海洋环境生态专业领域的机构及专业人才，加强合作、共同发展，积极开展重大理论和专业问题研究和交流活动，提高整体咨询服务水平，为促进我国海洋生态环境保护事业发展提供全面、有力的技术保障。

【中国太平洋学会】 2012 年是迎接党的十八大召开，宣传、贯彻十八大精神的一年，中国太平洋学会在国家海洋局党组的领导与大力支持下，各会员单位和各位理事积极参与、努力办会，全会上下齐心协力、聚智献谋，一年来学会工作取得了显著的成绩。紧紧围绕国家转变发展方式、调整经济结构和海洋的中心工作，深入扎实地践行科学发展观，坚持民主办会、学术立会、交流促会，精心组织全国海洋社会科学研究力量开展学术研究，集中研究与海洋管控能力相关的突出问题，在维护海洋权益、开发海洋资源、强化海洋安全等方面，为国家的海洋事业提供理论支持。学会凝聚专家学者的能力逐渐增强，在海洋社会科学领域的地位显著提升，在社会上的影响力也继续扩大。

学术研究 社会学术团体的性质决定了学会是一个开放式的“实体”，组织管理宽松化、组织活动灵活、组织建设既要按需予以调整，也要保持相对稳定性，学会工作人员抓住社团的这些特点，确定了学会组织建设和发展的工作方向，以学术研究带动、促进组织建设，以为国服务的精神、团体组织的力量和学科的特色组建分支机构，不断加强学会组织建设。2010 年分别成立了学术研究工作委员会和海洋经济分会，学会将这些新成立的机构着力加以扶持，既帮助寻找研究项目，又协助拓展队伍，让它们能够在社会上立足，在发展上有自动力，在学术研究和学术交流上有创新力。至 2012 年，这两个机构已走上正轨，能够自行组织活动，尤其是学术研究工作委员会，能够通过多种形式策划课题，寻找经费支持，有重点地开展学术研究活动，承担起学会核心工作的一部分；海洋经济分会和海洋管理专业委员会、太平洋地区合作委员会也有较突出的表现。海洋经济分会举办了全国海洋经济研讨会并编辑出版学术刊物《海洋经济》，海洋管理专业委员会举办了两届全国海岛论坛，这些活动办得有声有色并产生了良好的社会影响。在学会组织建设方面，一方面加强与已建机构的联系和工作指导，鼓励各专业机构突出专业特色，依靠所在地方的力量，积极开展组织建设工作，拓展工作领域，扩充研究力量，提高组织建设的质量。另一方面加强对新申报机构的考察和审批工作，本年度审批了三个分支机构：南海研究分会、东海研究分会和福建分会，其中南海分会已挂牌成立，另外两个分会也在积极推进之中，待条件成熟再择机成立。另外，海洋文化分会也在考虑中。组织建设是学会开展工作的基本条件和重要基础，所以学会始终把组织工作作为重要任务予以高度重视，着力抓好，不断扩大学会分支机构的重要覆盖面。

组织实施 学会的研究工作主要由在学术研究工作委员会。2012 年是我国海洋方向安全事态多发期，东海钓鱼岛争端，因日本非法“购岛”和“国有化”，激化争端态势和恶化中日关系；在南海，菲律宾非法在黄岩岛海域抓扣我渔民，与我行政执法船长时间对峙，我南海主权受到严峻挑战。中国太平洋学会以学术研究为龙头，以国家海洋权益、海洋安全为重点，加大海洋维权和海洋安全战略的研究力度。在这一年度，学术研究工作开展得比较活跃，共承担 4 个项目：争议岛屿史地考证研究、中国海洋安全战略研究、中国海洋管理哲学研究和郑和下西洋及相关问题研究，其中郑和下西洋相关问题研究今年年中已结题，并通过专家评审，获得了“国内先进”的评审结论。在今年的学术研究工作中，一手抓研究团队建设，发扬学术民主的传统，提高学术研究的理论创新能力，使研究工作更有学术氛围、更有活力地开展起来；另一手抓研究课题策划，紧密结合国家海洋战略需要，策划符合我国海洋经济与社会发展需求、适应海洋新形势发展的研究课题，通过立项申请，争取有关方面的支持。此外，还着力抓好课题计划任务的落实，切实做好项目实施、项目管理、成果评审、成果呈报等工作。尤其是在课题成果的运用上下功夫，对不同研究阶段的研究成果，根据海洋工作的实际，及时为课题委托方提供针对性强的对策建议报告，为国家海洋事业提供适应实践发展需要的理论支持。2012 年，海洋热点问题越来越多，南海、东海岛屿争端愈加严峻，中国需要有效的反制措施。为此，三四月份，黄岩岛对峙事件一发生，利用“争议岛屿史地研究”这一课题的成果，完成了《关于我国权益岛屿问题研究和对策建议的报告》，报告涉及南沙岛礁、钓鱼岛、苏岩礁的争议问题，以及我国南海“断续国界线”问题等，为后来应对日本非法“购岛”和“国有化”，以及菲律宾和南海声索国的挑衅行为，提前做了反制的理论和对策准备。同时，以争议岛屿史地考证研究为依托，针对日本非法“购岛”和“国有化”的活动，完成了《关于以“琉球地位未定”作为反制日本的对策建议》，并提交国家有关部门，这就是学会发挥智库作用和迈入智库行列的第一步。

学术交流　学术交流是学会工作的重点和立会之本，也是推动和促进学术研究的有效途径，通过学术交流广泛联系专家学者，吸纳具有创新性的学术观点，增强学会在学界的影响力。2012 年，学会围绕太平洋地区形势和我国海洋岛屿争端的事态，积极选择适应形势的议题，通过灵活多样的形式，有重点地开展学术交流活动。先后成功主办了海洋强国论坛、海岛经济论坛、东北亚及东亚安全形势论坛等大型学术活动。同时，召开了海洋权益争议对策研讨会、中国海洋安全战略研究开题报告会、中国海洋管理哲学阶段性成果汇报座谈会，还与青岛国家海洋科学研究中心、中国海洋湖沼学会等单位联合举办海盐科技文化座谈会等。同时，学会还利用学会召开年会，加入学术交流内容，邀请国家海洋局刘赐贵局长到会作重要讲话，邀请全国人大常务委员会原副委员长成思危和民盟中央原副主席冯之浚到会作学术主旨报告，还邀请张国有、杜钢建、孙书贤、张文木等专家学者作专题学术报告。

2012 年，学会组织举办的学术交流活动密度大、内容广、形式多样，其突出特点是：①与当前海洋形势紧密结合；②学术气氛浓，生动活泼、交流顺畅；③参加人数多、影响大；④形式灵活多样，富有成效。这些学术活动的成功举办，不仅增强了学会组织学术交流活动的能力，提升学术交流的水平和质量，而且推动和促进了学会承担课题的深入研究和理论创新。同时，对于促进太平洋区域研究和我国海洋经济与社会发展，以及推进我国海洋综合管理，提升开发、管控海洋能力，实施海洋安全战略和海洋强国战略具有重要意义。

咨询建议　学会充分利用学术研究和学术交流中体现出来的新理论、新观点，将其作为学术活动成果，及时提炼成有针对性的海洋发展形势需要的报告，报送国家有关部门参阅，为海洋相关部门进行科学决策提供咨询建议。4 月份，针对我国东南沿海岛屿争端，多次组织召开研讨会，形成了《关于我国权益岛屿问题研究和对策建议的报告》。7 月份，针对我国海洋安全及海上航道安全的形势，撰写了“开辟两洋出海口和中国出海通道的建议案”。10 月份，针对日本非法“购岛”、“国有化”，企图侵占我钓鱼岛，又提出了“关于将‘琉球地位未定’作为反制日本的对策建议”。这一系列咨询建议简明扼要，抓住问题实质，操作性强，有效应对当前我国海洋安全形势。报告均报送外交部、国家海洋局及有关管理部门参阅，并得到了好评。

期刊和网站　学会直接主办的有《太平洋学报》、《太平洋通讯》（内部刊物）和中国太平洋学会网站；此外，海洋经济分会还主办了《海洋经济》杂志，太平洋学报编辑部还从优秀论文中集专题出版《太平洋论丛》，现已出版《论国策》、《论美国》两部文集。从现代媒体理论来说，这些均属于宣传媒体。《太平洋学报》为月刊，刊登的论文质量、发行数量、社会影响力都有较大的提高，学术声誉、社会知名度的学术地位明显攀升。在中国人民大学复印资料中心对近 400 种政治类期刊评比中，《太平洋学报》的综合排名从去年的第 27 名上升至第 17 名。不定期的《太平洋通讯》已出刊 3 期，初见成效，均得到多方好评。学会网站总点击量已接近 50 万人次，较 2011 年以前提升 20 倍以上。学会网现已有专人值守，负责内容更新和后台维护。

工作经验　（1）中国太平洋学会原则上属于社会科学类学会，与自然科学为主的中国海洋学会有明显的分工、分界，承担起了海洋社会科学的学科组建和研究任务。要发挥社会学术团体的作用，依托学会力量，凝聚专家，组建团队，策划项目，寻求支持，立项研究，为我国的海洋事业提供社会学、历史学、政治学、法学、管理学等多学科的理论支撑。学术研究工作委员会的成立，是学会成立近 30 年来的一种创新。它承担了学会的主要核心工作，开展多方面的学术研究，让学会焕发了新的活力。

（2）中国太平洋学会立足社会科学领域，着力开拓海洋社会科学研究，推动学科建设。为此，在国家海洋局及其科技司和学会办公室的大力支持下，已会同中国海洋学会、中国湖沼学会组织海洋科研创新奖，并将海洋社会科学项目纳入其中，这一建议已获科技部批准。学会已组织人员起草了海洋社会科学奖励办法和标准、范围、评审程序等。2013 年学会将组建评奖专家组，接受申报。这一项工作很有意义，它将成为学会工作的新亮点，成为学会联络专家学者的新渠道，也将成为学会立足海洋社会科学领域的新支点。

（3）继续做好现有开题项目的研究工作，努力完成课题研究的既定计划。现有的 3 个研究项目，议题重大，形势紧迫，国家急需，应发挥科学创新精神，拓展研究领域，精心实施、深入研究，做好项目管理和成果管理工作，使新理论、新观点尽快在海洋实际工作中得到应用。因此，要做好成果的总结和提炼，针对海洋工作新形势、新任务提出对策建议，充分体现学会咨询建议、献计献策的智库作用。

（4）学术交流是学会的常态工作，应着力做好，使之成为彰显学会功能、增强学会影响力、活跃学术气氛的一项学术活动。做到年年有计划，月月有安排，委派专人负责，务必做到活动策划精细、组织实施到位，不断提升学术交流的规模和规格，提高学术交流的效率、水平和质量。除了学会直接主抓的学术交流活动外，各分支机构应挖掘潜力，利用所在地区的资源优势，开展学术交流活动，充实学会的工作内容。在这方面，太平洋地区合作专业委员会和海洋管理专业委员会做得比较好，学术交流活动频次高、规格高、效果好，这是值得肯定的。

2012 年，贯彻落实国家“十二五”规划、以实际行动贯彻落实党的十八大精神。当前世界经济疲软仍未见明显复苏，我国海洋问题愈发严峻，这些是必须面对的，也是开展研究工作、开展学术交流的议题和契机。学会工作的成绩是肯定的，应该说，基本完成 2012 年的工作计划，各项工作有突破、有创新。但有许多工作还做得不够，还有许多工作有待去做，需要各位理事加倍努力，迎接挑战，开创学会工作新局面。　（中国太平洋学会　陈泽卿）

【中国水产学会】　支撑服务工作　（1）3 月在浙江温州召开了 2011 年度全国渔业统计年报汇总会。来自 30 个省（区、市）的渔业统计人员、主要省（区、市）分管渔业统计工作的有关同志计 60 多位代表参加了会议。会议对 2011 年全国渔业统计数据进行集中汇总，同时对当前渔业统计的制度与方法进行研讨，并对 2012 年渔业统计工作进行了总体部署。

（2）2012 年中国水产学会分别在海口、大连举办了两期渔业统计人员培训班，北京、天津等 20 余个省（区、市）名渔业统计人员参加了培训；在桂林举办了全国渔业重点县渔业主管部门负责人统计培训班。来自全国 26 个省（区、市）渔业重点县渔业主管部门 90 名负责人参加了此次培训班。培训班的举办对统计人员素养和业务水平的提高，对渔业主管部门领导提高对依法统计重要性的认识，重视并加强对统计工作的支持产生了积极的推动作用，取得了明显实效。

（3）5 月，中国水产学会邀请相关专家在京召开了渔民家庭收支情况调查样本户轮换工作研讨会。会上国家统计局有关方面专家对新一轮的样本户轮换初步方案进行介绍，与会专家进行了研讨并提出修改建议。为进一步做好渔民家庭收支情况调查工作，学会在大连组织召开了新一轮渔民家庭收支调查工作培训会议。与会代表针对开展新一轮渔民家庭收支调查工作方案进行了充分讨论，统一了认识。

（4）2012 年，中国水产学会编制了《2011 年全国渔业统计数据手册》，印刷出版了《2012 年中国渔业统计年鉴》，提前完成了任务。同时，为方便领导查询使用统计数据，学会编辑制作了两种规格大小的《全国渔业主要统计数据卡片》。

科普惠渔工作　（1）学会于 5 月中旬在湖南岳阳召开了全国水产品批发市场信息员培训班。来自全国各地水产品信息采集定点批发市场的信息员和部分水产品市场信息分析专家组成员近 70 名代表参加。培训会首次邀请优秀信息员进行汇报交流，引起信息员广泛共鸣。通过学习借鉴优秀市场在信息采集方面的经验，肯定自己的成绩，也认识到自己的不足。

（2）截至 2012 年底，共收集水产品市场价格信息 22720 次，比上年同期增加 25%；价格信息条目 346743 条，比上年同期增加 23%；品种日成交量条目 353409 条，比上年同期增加 31%；月成交额和成交量信息 761 次，与上年同期持平；市场月度分析文章 997 篇，比上年同期增加 60%；省级分析文章 216 篇，比上年同期增加 25%。通过对以上信息的汇总、整理、分析，及时掌握了全国水产品批发市场运行情况，了解了影响价格波动的因素。现学会每月定期向渔业局上报全国水产品市场运行情况简报一篇、水产品批发市场月度数据报表一份；报送季度分析分章一篇。

（3）3 月，中国水产学会召开了渔业国际贸易跟踪研究专家座谈会，交流当前渔业国际贸易重点问题和渔业国际贸易研究进展情况，讨论 2012 年度渔业国际贸易重点研究内容和研究计划。设立《水产品国际贸易及产业政策研究》、《日本金枪鱼养殖业发展进展及对我国金枪鱼产业的影响》、《溢油后海产品质量安全问题及渔业管理》、《大地震后日本渔业及水产品市场动向跟踪研究》、《鳗鱼产品跟踪研究》、《渔业走出去战略研究》等 6 个课题，供专家研究，并与专家签订课题研究合同。

（4）中国水产学会每月下载水产品进出口海关数据，撰写水产品进出口研究报告，分析水产品国际贸易形势，研判水产品进出口贸易变动原因和趋势，并将研究报告及时提交给部渔业局。编辑 2011 年度《品进出口贸易统计年鉴》。

（5）5 月，中国水产学会完成了“品贸易发展现状与展望”以及“WTO 渔业补贴谈判现状与趋势”，并提交给由牛盾副部长主编的《2011 年农产品贸易发展报告》。两个报告对 2011 年水产品国际贸易和渔业补贴谈判进展进行了回顾、总结和展望。

（6）8 月下旬，中国水产学会与农业部渔业局在贵阳召开了水产品对外贸易形势分析座谈会。水产品贸易研究专家、部分水产品出口大省渔业主管部门和行业协会代表共 20 多人参加了会议。会上对 2012 年以来欧债危机持续发酵，主权信用危机恶化，发达经济体市场需求持续低迷的市场现状进行了分析，认为 2012 年水产品出口贸易将是 2008 年金融危机以来形势较为复杂、严峻的一年，与会专家们结合现状及趋势提出了进一步促进水产品贸易发展的有效建议。

（7）5 月中旬，中国水产学会在辽宁盘锦举行 2012 年水产科技活动周暨“863”计划“主要养殖甲壳类良种培育”项目启动仪式。来自全国有关单位的 200 余人参加了启动仪式。水产科技活动周是学会主办的品牌科技下乡活动之一，与水科院黄海水产研究所合作已经连续举办 5 届。本次活动的主题是“水产科技创新推动产业发展”，活动包括启动仪式、科技讲座、现场参观、科技服务等，并向当地渔民赠送了渔业科技成果应用指导手册、甲壳类病害防治及健康养殖书籍、手册、光盘等技术资料近万份（册）。

（8）3 月 23～25 日，学会水产生态健康养殖与设施化养殖培训班在北海成功举办，来自全国 12 个省市的近 70 名各地渔业行政主管部门、水产科研院校、水产技术推广机构以及水产企业的有关管理和技术人员参加了培训。分别就水产养殖新品种开发与市场前景、水产生态养殖发展方向、水产设施化养殖及废水处理、水生生物重大疫病的防治等一系列关系到水产养殖业健康发展，关系到水产品质量安全，关系到水产养殖的节能减排等重大技术进行了讲解推介。

（9）中国水产学会与云南省渔业技术推广站共同主办的重大水生动物疫病防治及应急监测技术培训班于 4 月 11～14 日在昆明举办。来自 17 个省市的 150 名多基层水产管理人员、技术推广人员和企业技术人员参加了培训。培训班深受学员的欢迎。

科普活动　（1）6 月 16 日，作为 2012 年全国食品安全宣传周最重要的活动之一，中国科协主题活动在中国科技馆举行。学会围绕“吃鱼健康 科学选用”这一主题，从水产品营养与健康、科学认识有毒鱼贝和科学挑选烹饪三个方面向群众普及水产品质量安全方面的知识，开展了专家咨询、有奖答卷、标本展示、免费赠书、现场药残快速检测演示等活动。活动中学会展示水产加工品、活体及标本 20 余种，免费发放了 1000 余册科普图书。

（2）2012 年，学会组织、出版《水产健康养殖新技术丛书》、《水产养殖病害防治丛书》、《水产健康养殖问答丛书》等三个系列丛书近 20 本、科普展板 3 套、共 80 个，挂图 6 张。

（3）2012 年 8～9 月，学会主办主题为“关注水产品质量安全，我们在行动！”的水产科普进社区、进学校活动，分别在华威西里社区、东铁营街道等 6 个社区和多家学校开展了科普宣传活动。向社区居民、学校师生普及水产科普知识活动中，学会累计发放科普图书 6000 余册，奖品 4000 多份，赠送相关单位 24 套《食品安全宣传挂图》，接待科普咨询近千余人次，发放并回收问卷 1000 份。

（4）9 月 15～16 日，2012 年全国科普日活动全国学会专家咨询活动在中国科技馆举办。活动围绕“食品健康”的主题，通过多种形式的科普宣传活动，体现党和政府对百姓生活和食品健康的重视。本次活动展出知识展板 6 块、展品 30 多件，累计发放《水产品营养与健康》等各种宣传资料 800 余份，奖品 2000 多件，接待科普咨询 600 余人次，回收问卷近 700 份。

（5）2012 年科普资源的主题是水产品质量安全和水生生物病害防治。学会组织专家进行科普资源集成开发力度，努力扩大科普资源的共享范围，推动科普创作的繁荣，积累了资源。2012 年开发的图书有《渔业科技成果渔民指导手册（一）（二）》，《盐碱地水产养殖技术汇编》，《节能减排宣传》手册和 3 套展板 80 多个，水生生物病害防治挂图一套等。

积极开展学术交流，继续搭建智力助渔平台　8 月下旬，在大连召开第十二届全国水产青年学术年会。会上，大连海洋大学副校长陈勇教授、食品工程学院院长汪秋宽教授、国家海洋局环境监测中心樊景凤研究员在大会上分别做了题为“现代海洋牧场技术研究与集成”和“褐藻可持续高效利用探讨”和“海洋环境中致病性微生物的监测与评价研究进展”的主题报告。来自全国 16 家高校、科研院所的 237 位青年专家、学者参加了本次会议。期间共有 136 位青年专家、学者就生物技术、遗传育种、水产养殖、营养饲料、病害与防治、渔业资源与生态环境、渔业经济与管理等方面在各自专题分会场上做了学术报告。

中国水产学会分支机构的活动精彩纷呈，助渔惠民成效凸显　（1）2012 年学会海水养殖分会、水产品加工和综合利用分会、观赏鱼分会、水产生物技术专业委员会、水产动物营养与饲料专业委员会、渔业资源与环境分会、渔业装备技术专业委员会、渔业工程专业委员会、鲑鱼类专业委员会等分别举办了学术研讨会或分会年会。水产捕捞专业委员会等 10 个分支机构组织开展了科技咨询、科技培训、展览、编辑出版论文集、出国进行学术交流等工作。

（2）2012 年，各分支机构充分发挥学科优势和技术优势，积极组织会员参与渔业科技促进年活动。海水养殖分会、鱼病和渔药专业委员会认真开展科技下乡活动，组织会员专家深入基层，送技术、送知识到村边到塘头，为生产一线的渔民排忧解难；《水产学报》《科学养鱼》《淡水渔业》和《海洋渔业》编辑部积极组织力量，深入促进年活动现场摆摊设点，为当地渔民释疑解惑，送发技术资料，推广先进适用技术；渔业装备技术专业委员会和宁波海洋世界、东海水产研究所标本馆等科普教育基地积极开展节能减排、低碳渔业技术推广和科学知识普及工作，为提高广大民众的科学素质，促进和谐社会建设做贡献。

会员服务工作　(1) 按照中国科协《关于开展全国优秀科技工作者推荐评选工作的通知》精神，学会秘书处向有关水产科研、院校和水产技术推广单位发送了通知，各单位共上报候选人 7 名。其中，科学研究院系统通过基层民主推荐、人事部门审核、综合考核和领导班子集体研究确定共向院推荐了5名初步人选。院人才工作处对 5 名人选的上报材料进行了整理和审核。根据推荐评选条件，院组织专家对各单位上报的人选进行了评审。在此基础上，经秘书处领导研究，最终确定向科协推荐陈松林、薛长湖和何中央 3 名候选人。另外，在推荐第九届中国女科学家奖候选人工作中，学会按照推荐程序和要求，最终上报了 2 名中国女科学家奖候选人。

(2) 2012 年，中国水产学会新发展个人会员 640 人，单位会员 34 个，个人会员总数达 19130 人，单位会员达 182 个。学会着力为会员搭建多种展现自我，促进学术交流与合作的平台，让广大会员在平台上展现学术成果，创新学术思路，启迪学术灵感，交流工作经验，开展科研合作。一年来共举办各种学术会议、研讨会、沙龙 20 多场，参加各种学术交流活动的会员 2000 多人次。为会员学术水平的提高，为学科的交叉融合和发展，为创新成果的培育和会员的成长创造了条件。

换届大会　(1) 9 月 28 日，中国水产学会第九次全国会员代表大会在南昌召开。来自全国 30 个省、自治区、直辖市及计划单列市水产学会和有关科研教育及企事业单位所推荐的 159 名代表出席了会议。中国农学会以及美、英、韩等 10 家国内外学会致信祝贺。

中国水产学会第八届理事长唐启升院士做了题为《发挥优势 开拓奋进 为构建创新型和谐渔业作出新贡献》的工作报告。会议认为，学会“八大”以来，在农业部和中国科协的领导下，以邓小平理论和“三个代表”重要思想为指导，坚持以科学发展观统揽全局，全面贯彻党的十七大精神，紧密结合学会工作实际，认真落实“八大”提出的各项任务，围绕工作大局，紧扣渔业工作重点，坚持民主办会，积极探索社会主义市场经济条件下的学会工作规律，充分发挥学术交流主渠道、科普工作主力军、国际民间科技交流与合作主要代表的作用，努力推进学会改革，各项工作取得了新的进展。第八届理事会切实履行职责，坚持民主办会，用科学发展观的重要思想统领学会工作，把握大局、开拓进取、团结一致、扎实工作，为学会各项工作的发展作出了重要贡献。

会议选举产生了由 170 人组成的学会第九届理事会，其中常务理事 61 人。贾晓平当选为学会新一届理事长，司徒建通、孙松、吴厚刚、张显良、麦康森、赵进东、潘迎捷、魏宝振等 8 人当选为副理事长，司徒建通当选为秘书长。大会决定了学会名誉职务人选：张延喜、唐启升担任名誉理事长；王衍亮、刘身利、刘筠、朱作言、张合成、张铭羽、卓友瞻、周应祺、相建海、钱志林担任名誉副理事长；林浩然、赵法箴、徐洵、曹文宣、雷霁霖、管华诗担任顾问。大会期间，还颁发了首届学会范蠡奖，共颁发一等奖 2 个，二等奖 6 个。

学术年会　11 月 7 日，学会以“强化科技支撑 促进成果转化”为主题，在郑州召开 2012 年学会学术年会。共有来自全国各地 430 余名水产科技工作者参会。会上颁发了 2011 年学会学术年会优秀论文，30 篇优秀论文受到表彰。中国科学院院士朱作言、科学研究院副院长刘晴、台湾海洋大学教授、台湾水产学会秘书长廖正信分别做了题为《我国科学发展状况分析》《渔业科技进展与“十二五”发展重点》《台湾远洋渔业产业链之挑战与发展》的大会主题学术报告。会期两天共进行了五个专题学术报告的研讨，口头报告交流 152 余篇。

科技扶贫　5 月底，学会在河北省海兴县举行“水产科技扶贫——盐碱地水产养殖项目”苗种赠送投放仪式。来自全国有关单位共 400 余人参加了仪式。 本次“水产科技扶贫--盐碱地水产养殖项目”是经民政部民间组织管理局立项，获得 2012 年中央财政专项资金支持，是学会积极参与社会服务，履行社会责任，主动长入地方经济建设主战场承接的又一项水产科技扶贫工作。在本次活动中，学会还授予海兴县瑞澄科技水产养殖合作社“盐碱地水产养殖示范基地”牌匾，并向当地渔民赠送了罗非鱼鱼种 20 万尾、凡纳滨对虾 300 万尾、水质改良剂一批、《盐碱地水产养殖百问百答》《渔药手册》等技术图书

1000余册。目前，这些技术在海兴县直接受益者达600多人，在沧州市达1100多人。

国际交流 (1) 5月22～24日，中国水产学会和中国海洋大学联合举办的“食品生物技术与海参精深加工国际研讨会”在青岛召开。来自联合国粮农组织及美、韩、日等近10个国家和国内相关院校、研究所及企业的专家学者200多人相聚一堂，共议海洋食品加工技术开发，特别是就加强国际海洋食品加工和质量安全控制技术方面的交流与合作，促进世界各国渔业的共同发展等议题展开有益的深入探讨。

(2) 5月底至6月初，学会组织专家出访澳大利亚和新西兰。此次出访的主要任务是参加在西澳举办的中澳人工渔礁合作项目研讨会，考察两国海洋渔业发展的有关情况。研讨会上，双方专家就各自人工鱼礁建设情况，特别是建设人工鱼礁的科学依据、现代技术和管理作了介绍，双方指定了合作项目专家，并就下一步合作草案进行了协商。通过考察访问，进一步深化了对澳新两国海洋渔业发展情况的了解，促进了在人工鱼礁领域的进一步交流与合作，取得了很好的效果。

(3) 学会与中国国际农业交流协会合作共组织国内19家涉渔企事业单位的有关专家学者赴拉美三国进行考察访问，开展技术交流和水产经贸洽谈。访问期间，代表团分别拜会了智利农业部、厄瓜多尔渔业协会以及巴西农业部，与相关的渔业主管部门进行了专题会谈，并与三国有关的企业进行了广泛的接触或交流。

(4) 6月，韩国水产学会与学会共同签署了《学会与韩国水产学会学术交流协议》。双方都希望通过共同举办小型、高端、跨学科的学术交流活动，加深两国水产科研学术领域的交流，通过进行自由的学术交流和讨论，从不同学科角度和视野交流学术见解，提出加强两国水产领域科技合作的意见和建议。

(5) 10月中下旬，学会组织一行17人参加在美国东部城市坦帕举办的美国第六届沿海和河口水生生物栖息地恢复大会，随后访问了美国国家海洋大气局和加拿大安大略省自然与资源部。美国沿海和河口水生生物栖息地保护协会（简称 estuaries.）专门与学会代表团举办了两会合作会谈。在会谈中，双方介绍主要职能和活动情况。就共同关心的问题进行了热烈的讨论，双方都认为两会应该建立正常的合作交流机制，在渔业科研、资源保护等方面加强交流与合作。 （中国水产学会）

【中国渔业协会】 加强分支机构建设 2012年中国渔业协会新成立了淡水龙虾分会和南海渔业分会。成立淡水龙虾分会的目的是维护从业者利益，保护野生淡水龙虾资源，同时，加强国内同行业间的交流，不断提高淡水龙虾产业的水平，拓展淡水龙虾行业多元化、多层次市场空间。成立南海渔业分会的目的是协助政府做好南海渔业管理工作，加强行业自律，沟通行业内外关系，加强与国内外有关组织的交流和合作，提高行业整体素质，维护会员的合法权益，推动南海渔业健康稳定和可持续发展。

推进产业品牌建设，帮助会员企业创名牌拓市场。一是经协会专家委员会评审，分别授予福建省福州市“中国鱼丸之都”、浙江省余姚市“中国生态甲鱼之乡”、山东省蓬莱市“中国海参苗种之乡”、浙江省衢州市开化县“中国清水鱼之乡”、浙江省湖州市德清县“中国青虾之乡”荣誉称号。二是根据会员企业的要求，出具证明，向国家工商总局推荐了7家企业产品参加评选“中国驰名商标”。三是与有关单位联合主办了“首届中国（合肥）龙虾节”、“2012中国（大连）首届世界海洋大会”、“2012中国（上海）国际水族用品博览会”、“中国-东盟渔业投资与贸易洽谈会”。协办了“第二届中国鲈鱼文化节暨海西新经济高峰论坛”和“2012第四届海峡（福州）渔业周”等大型活动。四是与北京餐饮协会合作，在北京举办东方海洋三文鱼推荐活动。

促进铜合金网衣网箱运用，促进水产健康养殖发展。经中国水产科学研究院东海水产研究所三年多时间的试验，证明海洋养殖中使用铜合金网衣网箱的技术能达到高效、健康、环保的作用。为推广这项技术，协会与国际铜业协会、水科院东海所、有关铜合金网衣网箱制造企业、水产养殖企业和金融机构共同发起成立了“铜合金网衣网箱健康养殖产业联盟”。

加强国际交流与合作，促进渔业国际交流发展。2月，林毅秘书长率大连獐子岛渔业集团股份有限公司、山东东方海洋科技股份有限公司、大连凯洋世界海鲜股份有限公司等会员企业的领导，随国家副主席习近平、农业部部长韩长赋出席在美国艾奥瓦州召开的中美农业高层研讨会，并作了主题发言。4 月，林毅秘书长率团赴韩国参加“韩国水协中央会 50 周年庆典”活动。5 月，在大连召开中韩民间渔业协议会，中韩双方就 7 起遗留海事案件进行了磋商。会议着重就倡导共同水域文明执法和公平执法问题交换了意见。会上，还促成了台州市涉外渔业协会与韩国釜山近海延绳钓协会、济州岛渔船主协会的合作，签署了合作协议。6 月，林毅秘书长赴越南出席“第二届世界渔业合作组织大会”。11 月，由齐景发会长率团赴韩国济州岛出席中日韩民间渔业协议会，三方就维持海上安全作业秩序、三国渔业资源管理和三国民间交流合作方案进行磋商。同期举行的中韩民间渔业协议会上，中韩两会就涉韩违规渔船担保金问题和中韩遗留海事案件处理进行了商讨。2012 年，接待了韩国水协中央会代表团来华考察，并前往山东省威海、青岛市考察水产养殖、加工企业，并与水产科研单位参观、座谈。接待大日本水产会远洋鱿钓代表团来华考察，并前往浙江省舟山市考察访问水产品市场，并与舟山市远洋渔业协会进行座谈交流。

完成主管部门交办的工作。按时完成中国渔政指挥中心每月一期的《周边国家与地区渔业动态》编辑工作。根据要求，重点加强了关于中韩、中日、中越北部湾三个渔业协定执行工作及韩国、日本、越南及其它周边国家渔业执法方面最新信息的报道；与部渔业局、中国农林水利工会联合召开了第七次联席会议，确定了今年的工作计划，重点关注渔民生产生活困难问题，切实维护渔民权益。7 至 8 月，联合组团赴辽宁、山东开展了渔业政策性保险和渔民生产生活状况调研。撰写了“关注渔民生产生活困难，切实维护渔民权益的调查报告”得到了有关部门的重视。配合部渔业局组织开展了休闲渔业调研工作；筹办涉韩违规渔船担保工作。自 2001 年《中韩渔业协定》生效以来，我国渔船在涉韩水域违反韩国法律法规事件逐年增加，我国渔民与韩国海警冲突事件时有发生，且事态严重性不断升级。在我国渔船违规后，由于韩方处理时间过长，渔民语言不通，且不了解韩国法律，滋生了一些打着代缴罚款、快速解决案件为幌子的黑中介，他们勾结韩方人员违规处理案件并从中牟利，不仅使我国渔民遭受很大的经济损失，也导致我国渔业主管部门无法掌握违规事件的真实数量和情况。为此，中韩渔业联合委员会决定，中韩两国各指定一个民间组织作渔船违规担保单位，依规处理相关案件，协助交纳罚款，加快处理过程，切实维护我国涉外渔民的合法权益。农业部渔政指挥中心指定学会为中方唯一担保单位。

（中国渔业协会）

【中国海洋工程咨询协会】　2012 年，中国海洋工程咨询协会坚持实践科学发展观，按照协会《2011-2015 年发展规划纲要》和理事会一届三次会议的要求，开拓进取，奋力拼搏，各项工作都取得了明显成效。

沿海大型工程海洋灾害风险排查工作。沿海大型工程海洋灾害风险排查是国务院交给协会的一项重要工作。2012 年，按照国务院办公厅的具体要求，组织有关理事和会员单位编制完成了“海洋灾害风险排查工作方案”，并征求了有关部门意见。同时制定了《沿海大型工程海洋灾害风险排查技术工作方案》，上报国家海洋局批准实施。6 月初，按照海洋灾害种类分为 3 个标段组织完成了排查技术规程编制招投标，充分利用会员单位的技术力量开展编制工作。各承担单位的技术规程编制任务已顺利完成，并汇总形成了征求意见稿。

南海海域管控能力研究。为积极推进南海资源开发，促进南海权益维护，组织理事和会员单位的专家开展了南海海域管控问题专题研究，并与海南省海洋与渔业厅、西南中沙群岛工委（办事处）等单位进行协作，研究提出了加强西南中沙群岛管控能力建设、推进南海海域实施重大建设项目的工作方案。三沙市成立后，为促进三沙市建设和发展，切实落实并行使南海行政管辖权，决定组织筹办“三沙建设发展与海洋工程技术交流会”，得到了国家海洋局、海南省人民政府、中国工程院有关部门及专家的高度重视和大力支持，征集了 80 多篇论文，筛选编印了论文集，特邀部分院士和资深专家做专题报告，全面完成了交流会筹备工作。

海洋工程科学技术奖和“双十佳”评选表

彰活动。2012 年初完成了首届海洋工程科学技术奖评选，评出一等奖 10 项，二等奖 19 项。同时，在海洋工程咨询行业完成了首届“十佳单位”和“十佳标兵”评优活动（简称“双十佳”）。2012 年 3 月 31 日，在北京隆重召开了颁奖大会。国家领导人和国务院有关部门领导同志出席会议。国家海洋局刘赐贵局长在大会上发表了重要讲话，高度肯定了海洋工程科学技术奖和“双十佳”评选工作。会议取得了圆满成功，在社会上引起了强烈反响，全面宣传了协会工作，扩大了协会的社会影响。

为提高评审效率和质量，2012 年上半年组织开发了海洋工程科学技术奖网上评审系统，实现了项目网上申报、评审、管理等功能。2012 年度海洋工程科学技术奖申报工作继续得到各方面的支持，全国共有 80 多项成果申报，经过形式审查、盲评、初审、公示和复审，评定特等奖 2 项、一等奖 7 项、二等奖 14 项。

海洋工程科学技术奖获奖项目都是近年来我国海洋工程研究和开发领域自主创新、联合攻关、产学研共同努力的重要成果，总体上代表了我国海洋工程领域的最高科技水平。2011 年度一等奖中有 4 个项目推荐参加了 2012 年度国家科技奖评审，其中 2 个项目获得国家科技进步二等奖。

海洋工程建设运行监测工作。2012 年年初，根据组织调查统计的 2010 年度全国海洋工程建设运行数据编制发布了我国首份海洋工程建设年报，取得了积极的效果和良好的反响。2012 年下半年组织相关理事单位，调查统计了 2011 年海洋工程建设运行状况，编制完成了《2011 年中国海洋工程建设年报》。同时，开展了年报制度研究，制定了“海洋工程调查统计报表制度”，纳入了海洋综合统计体系，为全国海洋工程建设运行监测建立了长效机制。

为彻底摸清我国沿海地区海洋工程建设和运行状况，决定开展一次全国海洋工程摸底调查，组织专家编制完成了调查方案，经国家海洋局同意，纳入全国海洋经济普查于 2013 年一并统筹实施。

分支机构建设。为不断壮大协会发展规模，有关理事单位研究提出了 5 个分支机构建设方案，获得了国家海洋局、地方省级民政部门和民政部的批准，完成了登记核准手续。在有关单位的努力下，环境生态专业委员会、海洋装备分会、海洋资源开发分会于 2012 年分别挂牌成立，海洋可再生能源分会、深海技术与开发分会 2 个分支机构筹建工作也在紧张进行。另外，有关单位还提出了海洋卫星工程分会、海洋工程信息统计专业委员会 2 个分支机构的建设方案。分支机构的建设和运行，不仅壮大了协会发展规模，而且为协会开展工作提供了强大的技术基础和保障。

项目咨询服务。中国海洋工程咨询协会积极利用资源和智力优势，主动为用海企业提供政策、规划、技术、工程项目前期研究论证等各类咨询服务。2012 年对舟山国家石油储备基地、日照钢铁精品基地、垦利 3-2 油田群开发工程、江苏滨海海上风电场、厦金（厦门—金门）海缆项目、广西液化天然气（LNG）项目、盘锦港 30 万吨级原油码头工程等 50 多个国家重大建设项目提供了咨询服务，按照集约节约用海和节能减排的要求，优化了项目建设方案，改进了生态环境保护措施，促进了海洋资源合理开发，为海洋生态文明建设做出了重要贡献。

加强自身建设打造高效服务平台。为促进会员共享信息资源，扩大协会影响，组织创建了协会门户网站，2012 年 3 月举办了隆重的开通仪式。2012 年协会门户网站正式运行 1 周年，全年网站发布新闻 500 余条，更新项目动态近 50 个，访问流量达 10 万人次，还对网站结构进行了完善，增加了部分子系统。协会门户网站为会员单位、管理部门和海洋工程咨询机构提供了便捷有效的信息服务。

为提高协会的学术地位，作为第一主办方与海洋出版社共同主办中文核心期刊《海洋开发与管理》，重组了编委，进行了改版。2012 年共发行学术刊 6 期、管理刊 6 期，积极扩大了协会在学术交流方面的影响作用。经报新闻出版主管部门批准，2013 年增刊为 18 期，其中学术刊为 12 期，每月一刊。

（国家海洋局海洋咨询中心　李　鸣）

附录 3 涉海机构、单位简介

【国家海洋局东海分局】 东海分局是国家海洋局派驻东海区负责监督管理海域使用、海洋环境保护和海岛保护、承担海区海洋经济运行监测评估、开展海洋公益服务、海洋权益维护的海洋行政主管部门。管辖北起江苏连云港赣榆南至福建漳州诏安东抵我主张专属经济区外部界线的南黄海和东海海域。东海分局的海洋工作紧紧围绕服务海洋经济发展的中心开展，在加强海洋管控能力、海洋防灾减灾、海洋环境保护和海洋科学技术等方面取得了显著成就，为东海区的海洋经济发展提供了强有力的支撑。

东海分局机关设 11 个处室。办公室（新闻信息办、保卫处）、政策法规与规划处（监督管理处）、海域和海岛管理处、海洋环境保护处、海洋科学技术处、海洋预报减灾处（海洋服务保障办公室）、人事处（东海总队政治处）、财务处（资产管理处）、党委办公室、纪检监察办公室（审计办公室）、离退休办公室。

中国海监东海总队机关设 5 个处室。指挥处、行政执法处、维权执法处、装备技术处、机要处。

截至 2012 年末，东海分局职工总数 1605 人，其中，公务员 103 人、专业技术人员 534 人、管理岗位人员 293 人、工人岗位人员 475 人。专业技术人员中教授级高级工程师 26 人，高级工程师 60 人。

截至 2012 年末，东海分局拥有海监船艇 19 艘，其中千吨级以上 7 艘、800 吨级 2 艘、300 吨级 2 艘、执法艇 8 艘；装备有海监飞机 3 架，其中固定翼飞机 2 架、直升机 1 架；海上布放运行的海洋大型资料浮标 6 个；投入观测运行高频地波雷达 3 对，X 波段测波雷达 10 台。

东海分局具备承担海洋调查监测、海洋环境观测预报、海洋地质勘探、水下地形测量、水动力和气象要素观测、生物种类鉴定、放化残素分析、海洋灾害预测预报、海域使用论证、海洋功能区划编制、海洋环境评价和海洋倾倒区选划等的业务技术能力。

【国家海洋局第一海洋研究所】 始建于 1958 年，是重点从事海洋基础研究、应用基础研究和高技术开发，促进海洋管理、公益服务、海洋经济发展及海洋安全提供科技支撑的综合性海洋研究所。主要研究领域为：中国近海、大洋和极地海域自然环境要素分布及变化规律，海洋资源与环境地质，海洋灾害发生机理及预测方法、海洋生态环境变化规律，遥感海洋学和海洋信息系统，海洋环境评价、保护和治理，海洋高新技术发展以及海洋综合管理科学等。拥有职工约 535 人，院士 5 名（工程院院士 3 人，科学院院士 1 人，外籍院士 1 人）；国家百千万人才工程第一、二层次人才 3 人，泰山学者 2 人，享受国务院政府特贴 8 人；正高级职称 69 人，副高 135 人；博士生导师 20 人，硕士生导师 51 人；已形成一支规模适宜、水平较高、年龄和学历结构基本合理的海洋科研队伍。拥有 6 个硕士点、2 个博士点（共建）和博士后流动工作站。

2012 年在研课题 269 项。其中：科技部项目包括 863 课题 7 项、973 课题 12 项、科技支撑项目 8 项、科技基础性工作专项 3 项，国家自然科学基金项目 53 项，国家海洋局专项包括全球变化专项国家任务 15 项、海洋公益性行业科研专项经费项目 56 项（牵头主持项目 11 项，协作项目 45 项）、海洋可再生能源能专项 2 项、极地专项 16 项、“十二五”大洋课题 3 项、海洋局业务化项目 20 项、海洋局青年基金 30 项，省市地方及各部委科技项目 9 项，各类重点实验室开放基金 9 项，其它各类项目共 26 项。2012 年获国家自然科学基金委资助 28 项，其中面上项目 8 项（平均额度 77.1 万元），重点项目 1 项(300 万)，青年基金 19 项（平均额度 25.4 万）。资助总金额 1400 万元，是 2011 年经费总数的 2 倍。2012 年共发表研究论文 261 篇，其中 SCI 79 篇，EI\SCIE 15 篇，学报级论文 73 篇；编写学术著作 8 部，出版图集 1 部，软件著作权登记 15 项；申请专利 11 项，发明专利授权 20 项，实用新型授权 5 项；获省部级科技进步奖 4 项。

2012 年，该所国际合作取得显著成效。依托于该所的中国-印尼海洋与气候中心提升为国家级中心，同印尼的合作迈上新台阶；中-泰气候和海洋生态系统联合实验室协议签署，正式启动建设。该所与俄罗斯科学院远东分院太平洋海洋研究所共同开展的古气候古环境联合研究取得阶段进展，合作领域继续拓展。开拓了与斯里兰卡、柬埔寨、马尔代夫、肯尼亚等国家海洋领域的合作，并与斯里兰卡国家水产资源研究开发局、柬埔寨智慧大学、肯尼亚气象局及肯尼亚海洋与渔业研究所签署了合作谅解备忘录或合作意向书。

2012 年，该所马德毅所长任中国第五次北极科学考察队首席，首次穿过北极东北航道，创我国历次北极科学考察多项之最；该所在海洋温差能发电方面实现技术上的新突破，实现了海洋温差能发电由原理向实际的转换，是我国海洋温差能发电的里程碑；该所科学家在中国大洋第 26 航次第 5 航段科考中任首席科学家，成功在南大西洋中脊获取 1.2 吨多金属硫化物，成为我国大洋科考史上又一个里程碑。

【国家海洋局第二海洋研究所】　国家海洋局第二海洋研究所创建于 1966 年，是一座学科齐全、科技力量雄厚、设备先进的综合型公益性海洋研究机构。主要从事中国海、大洋和极地海洋科学研究；海洋环境与资源探测、勘查的高新技术研发与应用。作为国内从事海洋调查与研究的主要单位之一，建有一个国家重点实验室——卫星海洋环境动力学国家重点实验室和三个国家海洋局开放实验室——国家海洋局海底科学重点实验室、海洋动力过程与卫星海洋学重点实验室、国家海洋局海洋生态系统与生物地球化学重点实验室以及一个所级重点实验室——工程海洋学重点实验室，包含海洋工程勘测设计研究中心、检测中心、海洋标准物质中心、海洋科技信息中心等技术服务机构和技术支撑体系。近年来，先后成立了中国大洋矿产资源勘查技术与深海科学研究基地、国家海洋卫星中心杭州站、国家海岛开发与管理研究中心。主编出版海洋综合性国内学术核心期刊《海洋学研究》。拥有国家计量认证合格单位证书、ISO9001 质量管理体系认证证书、国家级海洋工程勘察设计甲级证书和海洋测绘甲级证书等资质证书，拥有与国际接轨的、可用于近岸到深海海洋调查研究所需的、总价值上亿元的多专业内外业仪器设备。

现有专业技术人员 400 余人，科学院院士 1 人，工程院院士 2 人，浙江省特级专家 2 人，研究员 87 人，副研究员及高级工程师 98 人；24 人享受政府特殊津贴，国家“千人计划”高层次人才 3 人，1 人入选国家“百千万人才工程”，3 人次担任 973 首席科学家，60 余人分别进入国家海洋局“双百人才工程”和“浙江省 151 人才工程”。是国务院学位委员会 1981 年首批批准的理学硕士学位授予单位；拥有物理海洋学、海洋地质学、海洋遥感、海洋化学、海洋生物学等 10 多个学科专业分别依托国内外著名大学、研究所招收博士研究生，具有单独招收博士后研究人员的博士后科研工作站，有为国内外访问学者提供工作和合作研究的职位。

2012 年新增科研课题 190 余个，科学基金项目申报持续保持稳定增长态势，申报类型不断扩展，创新团队的申报尤具意义；申报国家基金项目 69 项，获得资助项目 25 项，成功申报 1 项 973 项目；发表科技论文 238 篇，其中 SCI 75 篇，EI 29 篇，发表专著图集 18 部，授权发明专利 8 项，软件登记 6 项；获国家科技进步奖 1 项（第二单位），海洋创新成果奖一等奖 1 项，海洋工程技术奖一等奖 1 项，二等奖 1 项。韩喜球当选十八大代表，陶春辉获全国先进科技工作者，李家彪当选新一届大洋中脊计划联合主席。

2012 年共邀请接待了来自加拿大等 10 个国家和地区的代表团共 25 批 50 余人次的考察访问、讲学、开展项目合作研究和人员培训等；先后派出了 49 批 123 人次赴美国等 14 个国家和地区参加合作研究、出席国际学术会议和访问考察和培训；与巴基斯坦海洋研究所签署《国家海洋局二所与巴基斯坦海洋研究所海洋科技合作框架协议》；中巴海洋合作取得实质性进展；与塞舌尔国家公园管理局签署开展海洋科学研究合作的框架协议；与瓦格宁根大学 IMARES 公司在浙江温州联合举办“中-荷动态潮汐能技术研讨会”，与战略所共同主办第九届海峡两岸海洋科学论坛（大陆）、第三届“大陆架和国际海底区域制度科学与法律问题国际研讨会”。

【国家海洋局第三海洋研究所】　国家海洋局第三海洋研究所（简称海洋三所），创建于 1959 年 11 月 27 日，隶属于国家海洋局，位于美丽的厦门市东海之滨，是国家公益类综合型海洋科学研究机构。

海洋三所目前拥有员工 470 多人，有中国工程院院士 1 人，国家杰出青年基金获得者 1 人，享受政府特殊津贴专家 20 人，入选国家“百千万人才工程”2 人，入选福建省“百千万人才工程”3 人，厦门市拔尖人才 3 人，副高级职称以上科技人员 126 人，具有硕士、博士学位人员 224 人，是 1984 年国务院学位委员会批准的硕士学位授予单位，拥有 4 个硕士学位授予点，并与清华大学、中国科技大学等高校联合招收博士研究生，建有博士后科研工作站，本所招收和联合培养在读硕、博士研究生 163 人。

海洋三所拥有 4 大研究领域，16 个研究方向，12 个研究部门（含 2 个国家海洋局重点实验室，1 个国家海洋局工程技术中心，依托海洋三所建有 APEC 海洋可持续发展中心）。建所 50 多年来，面向国家需求和国际海洋科学前沿，海洋三所在深海微生物及生物基因资源研究、海洋与全球变化研究、海洋生物多样性与生态环境保护研究、海洋环境监测技术研究、台湾海峡与南海应用海洋学研究、海洋生物制药与保健品研发等领域的研究和开发具有特色，开展了许多开创性、基础性和应用性的研究工作。

近五年来，海洋三所先后承担完成包括国家“863”、“973”、自然科学基金、重大国家专项在内的纵向科研项目 700 多项，已发表论文 1800 多篇，其中 SCI、EI 收录近 400 篇，出版各类专著、大型调查报告百余部，获得国家自然科学奖 1 项，国家科技进步奖 2 项，省部级科技进步三等奖以上 70 多项，申请并获得授权专利 106 项，部分成果达国际先进水平。

厦门所部占地面积 6.3 万平方米，漳州科技兴海基地 145 亩，科研实验与办公用房 3 万平方米，现有各类先进的海洋仪器设备 2 亿多元，其中大型海洋调查仪器设备 570 余台件、大型实验室分析系统 46 个；馆藏中外科技书刊 8 万多册，主办中国自然科学核心期刊《台湾海峡》，是国家海洋标准委员会生物资源开发与保护分技术委员会、中国生态学会海洋生态专业委员会依托单位。拥有我国迄今为止最大的灰鲸标本和十万多份馆藏生物标本、拥有国家级深海微生物资源库。

海洋三所持有《中华人民共和国计量认证合格证书》，甲级《海域使用论证资格证书》、甲级《建设项目环境影响评价资格证书》、甲级《工程勘察证书（海洋工程勘察综合类）》、甲级《工程设计证书（海洋工程设计-沿岸工程）》、甲级《海域使用测量资质证书》、甲级《测绘资质证书》、乙级《地质勘察资质证书》、乙级《环境工程设计证书》等各类技术服务证书，在海洋发展规划、环境保护规划和重大基础建设等方面的海洋管理和海洋经济发展提供了大量的基础性、支撑性技术服务。

科研项目与经费　2012 年实现科研、开发和成果转化经费总收入 6.35 亿元，项目经费到款 5.82 亿元（其中纵向经费到款 5.17 亿元（含造船经费 2.25 亿元），横向经费到款 0.65 亿元）。与 2011 年相比，全年经费总收入增加 0.92 亿元（不含造船经费 2.25 亿元），增长 28%，创历史新高。

2012 年，新签纵向科技项目合同 140 项，合同金额 18763 万元，其中国家自然科学基金 18 项（包括重点项目 1 个，面上项目 8 个和青年科学基金项目 9 个），资助总金额为 1138 万元，与往年相比，今年海洋三所在申报项目数量、获资助项目数量和获资助总金额方面都有比较大的突破。国家海洋局青年基金 9 个项目（含重点项目 1 个）获得资助，资助总金额 58 万元，获得福建省科技厅资助项目 7 项，各类开放实验室基金获批 5 项。

科研成果　2012 年，发表论文 200 余篇，其中 SCI 60 余篇，申请专利（受理）5 项，授权专利 1 项；获国家海洋局海洋创新成果奖一等奖 1 项、二等奖 3 项，首届海洋工程科学技术奖一等奖 1 项，二等奖 1 项。出版了《中国海洋物种和图集》、《中国近海海洋图集-海洋化学》、《中国近海海洋图集-海底地形地貌》、《福建省 908 专项调查评价总报告》、《福建省 908 专项海岸带调查报告》、《福建省海湾志》、《福建海情》、《闽江入海物质变化对沿海地区影响》等专著。

牵头启动了海洋 863 领域深海专项“深海与极地探测获取与应用技术系统研究”；组织了大洋“十二五”重大项目“深海（微）生物勘探与资源潜力评估”第一批课题的立项实施，并组织第二批课题的立项与评审。牵头启动了 2012 年海洋公益性行业科研专项“几种重要海洋药用生物种质资源发掘、保藏和利用”项目和“药源生物活性物质产业化应用关键技术的研究和示范”项目。“水下文物探测保护体系与示范研究”获得海洋公益性行业专项批准。

组织实施了大洋第 26 航次、27 航次的深海生物资源调查，获取了大量珍贵样品；完成了中国海洋微生物菌种保藏管理中心与中国大洋生物样品馆的新址搬迁，完成了实验室、样品库与菌种中心的装修改造工程。菌种库运行服务良好，并新增入库菌种 1000 多株，实现了菌种与大洋生物样品的资源共享。4 人参与第 28 次南极科学考察，11 人参加第五次北极科学考察。

编制完成《中央分成海域使用金支出项目（海域、海岸带整治修复）申报指南》、《海域海岸带整治修复项目申报书大纲与编写要求》和《海域、海岸带整治修复项目实施方案范本》完成《广西区海域海岛整治与生态修复规划》的编制和评审。

科技开发与技术服务　2012 年，新签订技术开发服务项目 150 余项，合同总额 7870 万元。承接了古雷石化产业园区、宁德（漳湾）临港工业区和琅岐岛等区域建设用海项目；承接了福州至平潭铁路跨海工程、沈海复线福鼎至秦屿段沙埕港特大桥、漳湾至连江浦口福州段高速公路、厦门第二西通道工程、厦门港后石港区 3#泊位工程等交通运输项目的前期咨询工作；承接了神华罗源湾港电储一体化工程、神华湄洲湾港电一体化工程、神华国华福建漳州后石电厂 8#机组扩建工程等国家大型企业在沿海地方的经济开发项目；承接了广西东兴市万尾岛复岛工程等多个工程的海域使用金返还项目；承接了厦门海砂资源开采项目调查研究内容设计、福州市海域采砂临时用海规划等海砂开采项目；承接了厦门马銮湾潮汐电站工程、中铁源昌海水热泵式空调系统取排水工程等新能源示范项目。

承接了厦门、泉州、龙海等地方海洋环境保护规划工作，对重大影响海洋生态保护的项目，积极提出方案调整建议；承接了平潭龙凤头沙滩修复工程、厦门会展中心沙滩修复工程等海洋生态修复工程；编制国家海岛整治修复及保护项目 5 个；编制海岛保护专项资金项目 3 个；开展海岛生活污水处理试点研究、海岛生态实验基地试点与技术研究工作和试点海岛的资源综合调查工作；组织开展福建宁德水域、泉州湾和东山湾、广西三娘湾和广东江门的白海豚种群数量、分布、栖息地状况和饵料资源等调查工作。

科技成果转化　实施国家海洋局海洋生物资源综合利用国家工程技术研究中心申报。海洋生物活性产物分离纯化、海洋藻类规模培养、海洋生物发酵、化学对照品和国家标准样品和化学修饰等五个研发技术平台的建设取得阶段成果，部分平台已可为相关产业提供技术服务。海洋生物资源综合利用技术研发公共服务平台获批，项目总投资 5500 万元。启动海洋中药材研发平台建设，专项经费 300 万元，启动海洋药源生物种质工程技术平台和海洋功能生物分子活性筛选中心等新平台的建设。组织编写《厦门海洋经济创新发展区域示范总体实施方案》和《厦门市海洋战略性新兴产业发展推进行动计划（2012 年度）》，承担完成福建省海洋药源产业技术路线图的编制工作，配合厦门市海洋与渔业局编写《厦门市加快海洋经济发展人才保障实施办法》和《厦门市加快海洋经济发展人才保障目录》，组织编制完成《宁德市海洋经济发展规划》。

启动 2012 年海洋公益性行业专项“几种重要海洋药用生物种质资源发掘、保藏和利用”项目和“药源生物活性物质产业化应用关键技术的研究和示范”项目；几种重要海洋微生物（微藻）活性产物关键工程化技术研发与示范应用项目获得 2013 年海洋公益性行业专项 1800 万元经费资助。

高纯度河豚毒素一类戒毒新药研究与开发项目进入Ⅱ期 A 段临床试验已经完成，B 段临床试验进入前期论证。海沧生物毒素生产基地建设进入内部设计装修阶段。高纯河豚毒素（TTX）供给基地高技术产业化示范工程项目已顺利通过验收。海洋生物毒素‘替曲朵辛’产业化项目和海洋生物多糖产业化项目列入厦门市 2012 年重点建设项目。化学对照品和国家标准样品平台研发的 DHA 乙酯和 EPA 乙酯标准物质已经获得国家证书，海洋藻类规模培养平台研发的海洋微藻高密度异养发酵生产 DHA 技术已经成功向企业转化。

科技人才培养与队伍建设　2012 年度公开

招聘选拔录用各类人才44名，其中博士或副高以上人员23名。制定了《2012年度职工培训计划》，共有183人次参加了专业技术知识培训或岗位通用知识培训或综合素质培训。陈士成入选厦门市双百人才，陈新华被推荐为国家海洋局2012年度享受政府津贴人选。完成2012年硕士研究生招生工作，共招收新生20名。与清华大学签订《共建研究生社会实践试点基地协议》，第一批两名博士已经到海洋三所开展暑期实践活动。与厦门大学签订联合培养研究生意向书，拟向教育部申请联合培养硕士研究生40名，博士研究生10名，博士后工作站共引进3名博士进站工作，2名博士完成研究任务出站。

科研基地建设　2012年12月，海洋三所漳州科技兴海研发基地正式开工建设，2012年已完成土基地科研综合楼二期桩基工程三分之一工程量，方回填工程量90%，临时用电建设，围墙工程招标等工作。开展国家平潭海岛研究中心筹建工作，组织筹建工作组入驻，委托甲级工程咨询单位修编该中心项目建议书。

2012年完成学术报告厅加固改造工程、海洋微生物菌种资源保藏库的改造工程、海洋生物遗传重点实验室旧楼的装修改造工程、生物发酵技术实验平台功能改造工程等大型修缮项目4项，投入资金1180万元；正在实施旧仪器劳保仓库改造为标本库修缮工程、放射实验室改造装修工程、环境整治与美好工程等修缮项目3项。

国际科研合作与交流　全年共派出50批134人次出国（境）参加学术会议、培训、学术访问和极地考察，接待境外专家来访24批98人次，举办了APEC海洋空间规划培训班、首届中-印尼海洋生物多样性研讨会，开展中—印尼海热带海洋生态系统生物多样性联合调查、中泰Pak Phanang地区海岸侵蚀合作研究。参与APEC海洋与渔业工作组战略规划和2012年工作计划的撰写，并派员参加5月份在俄罗斯喀山召开的APEC海洋与渔业工作组第一次会议。组团参加7月在韩国昌原举办的东亚海大会，与东盟生物多样性中心（印度尼西亚）、PEMSEA等联合组织举办专题研讨会。参与主持在台北举办的第十三届APEC海洋环境可持续发展圆桌会议，与台湾“国立海洋生物博物馆”围绕珊瑚礁、海洋真菌和海洋生物活性物质分离技术、海洋生物多样性等方面开展了互访交流和联合调查研究，参加在台湾海洋大学举办的第二届两岸海洋生物多样性研讨会。与美国南加州大学生命与地球科学系暗能量生物圈调查中心、法国西布列塔尼大学欧洲海洋研究所的极端环境微生物学实验室、德国莱布尼兹波罗的海研究所等建立了合作关系。继续开展中美碳循环合作计划等国际合作研究项目。

附录 4　2012 年国家海洋局局级以上机构变动及干部任免情况及现职领导干部名录

局领导

局　长：刘赐贵

副局长：陈连增、张宏声、王　飞、王　宏

党组书记：刘赐贵

纪委书记：吕　滨

党组成员：刘赐贵、陈连增、张宏声、王　飞、王　宏、吕　滨

总工程师：孙书贤

办公室（财务司）：

主　任（司　长）：石青峰

党委书记：刘建成

副主任（副司长）：赵光磊

副主任（副司长）：王　群

巡视员：肖银水

副巡视员：孙春季

变动情况：

2012 年 4 月 28 日，国海党发【2012】27 号，任命刘建成同志为中共国家海洋局办公室（财务司）委员会书记。2012 年 2 月 20 日，国海人字【2012】100 号，任命王群为国家海洋局办公室（财务司）副主任（副司长）。2012 年 2 月 27 日，国海人字【2012】103 号，任命肖银水为国家海洋局办公室（财务司）巡视员，免去肖银水的国家海洋局办公室（财务司）副主任（副司长）职务；任命孙春季为国家海洋局办公室（财务司）副巡视员。

政策法规和规划司：

司　长：王殿昌

副司长：于　建

副巡视员：魏国旗

变动情况：

2012 年 2 月 20 日，国海人字【2012】100 号，任命于建为国家海洋局政策法规和规划司副司长；免去翁立新的国家海洋局政策法规和规划司副司长职务。

海域管理司：

司　长：于青松

副司长：司　慧

副巡视员：刘立芬

变动情况：

2012 年 2 月 20 日，国海人字【2012】100 号，任命司慧为国家海洋局海域管理司副司长，2012 年 5 月 17 日，国海人字【2012】287 号，免去阿东的国家海洋局海域管理司副司长职务；2012 年 2 月 27 日，国海人字【2012】103 号，任命刘立芬为国家海洋局海域管理司副巡视员。

海岛管理司：

司　长：吕彩霞

副司长（挂职任舟山市副市长）：王　忠

副司长：李文君

变动情况：

2012 年 2 月 20 日，国海人字【2012】100 号，任命李文君为国家海洋局海岛管理司副司长。

海洋环境保护司：

司　长：李晓明

副司长：陈力群

副司长：许国栋

变动情况：

2012 年 2 月 20 日，国海人字【2012】100 号，任命许国栋为国家海洋局海洋环境保护司副司长。

海洋科学技术司：

司　长：周庆海

副司长：邱志高

副司长：雷　波

副司长：康　健

海洋预报减灾司：

司　长：王　锋

副司长：易晓蕾

副司长：王　华

国际合作司（港澳台办公室）：

司　长（主任）：张占海

副司长（副主任）：陈　越

副司长（副主任）：梁金哲

副巡视员：梁凤奎

变动情况：

2012 年 2 月 27 日，国海人字【2012】103

号，任命梁凤奎为国家海洋局国际合作司副巡视员

人事司：

司　长：房建孟

巡视员兼副司长：周金弟

变动情况：

2012 年 4 月 28 日，国海人字【2012】258 号，任命房建孟为国家海洋局人事司司长，免去李春先的国家海洋局人事司司长职务；2012 年 4 月 28 日，国海人字【2012】260 号，免去洪福忠的国家海洋局人事司常务副司长职务；2012 年 2 月 20 日，国海人字【2012】100 号，免去叶强的国家海洋局人事司副巡视员职务。

直属机关党委：

专职副书记：高丰舟

国家海洋局纪委、监察部驻国家海洋局监察专员办公室

纪委书记：吕　滨

纪委副书记、专员：庄　敏

变动情况：

2012 年 2 月 20 日，国海党发【2012】7 号，免去丁磊的国家海洋局纪律检查委员会副司级纪检员职务

离退休干部办公室：

副主任：高增田

审计办公室：

主　任：　赵凤东

中国海监总队：

国家海洋局副局长兼总队长：张宏声

常务副总队长、党委书记：孙书贤

政委、党委副书记、纪委书记（兼）：米国中

副总队长：吴强　肖惠武　吴　平

国家海洋局极地考察办公室：

主　任：曲探宙

党委副书记兼纪委书记、副主任：秦为稼

副主任：吴　军　翁立新

变动情况：

2012 年 2 月 20 日，国海人字【2012】96 号，任命翁立新为国家海洋局极地考察办公室副主任。

国家海洋局北海分局：

局长、党委副书记（兼）、中国海监北海总队总队长（兼）：洪福忠

党委书记、副局长（兼）、中国海监北海总队政委（兼）：滕征光（部委正司级）、中国海监北海总队常务副总队长（兼）：刘心成

副局长：郭明克、王　斌

党委副书记兼纪委书记：滕祖文

变动情况：

1. 2012 年 1 月 30 日，国海人字【2012】39 号，任命房建孟为中国海监北海总队总队长（兼）、免去刘心成兼任的中国海监北海总队总队长职务；任命刘建成为中国海监北海总队政委（兼）；任命刘心成为中国海监北海总队常务副总队长（兼）。

2. 2012 年 2 月 20 日，国海人字【2012】97 号，任命王斌为国家海洋局北海分局副局长。

3. 2012 年 4 月 28 日，国海党发【2012】26 号，任命滕征光为中共国家海洋局北海分局委员会书记，免去刘建成的中共国家海洋局北海分局委员会书记职务；任命洪福忠为中共国家海洋局北海分局委员会副书记，免去房建孟的中共国家海洋局北海分局委员会副书记职务。

4. 2012 年 4 月 28 日，国海人字【2012】259 号，任命洪福忠为国家海洋局北海分局局长、免去房建孟的国家海洋局北海分局局长职务。

5. 2012 年 4 月 28 日，国海人字【2012】261 号，任命滕征光为国家海洋局北海分局副局长（兼）；免去刘建成的国家海洋局北海分局副局长职务；国海人字【2012】262 号，任命洪福忠为中国海监北海总队总队长（兼），免去房建孟的中国海监北海总队总队长（兼）职务；任命滕征光为中国海监北海总队政委（兼），免去刘建成中国海监北海总队政委（兼）职务。

国家海洋局东海分局：

局长、党委书记、中国海监东海总队总队长（兼）、中国海监东海总队政委（兼）：刘刻福

副局长、中国海监东海总队常务副总队长（兼）：刘振东

党委副书记兼纪委书记：周振华

副局长：贾建军、魏泉苗、阿　东

常委、副巡视员：黄火旺

副巡视员：潘增弟

变动情况：

1. 2012 年 9 月 24 日，国海人字【2012】660

号任命刘刻福为国家海洋局东海分局局长，免去张惠荣的国家海洋局东海分局局长职务。

2. 2012 年 9 月 24 日，国海党发【2012】45 号，免去张惠荣同志的国家海洋局东海分局党委副书记。

3. 2012 年 1 月 30 日，国海人字【2012】40 号，任命张惠荣为中国海监东海总队总队长（兼）、免去刘振东兼任的中国海监东海总队总队长职务；任命刘刻福为中国海监东海总队政委（兼），任命刘振东为中国海监东海总队常务副总队长（兼）。

4. 2012 年 9 月 24 日，国海人字【2012】661 刘刻福任中国海监东海总队总队长（兼），免去张惠荣的中国海监东海总队总队长职务（兼）。

5. 2012 年 2 月 20 日，国海人字【2012】98 号，任命阿东为国家海洋局东海分局副局长。

国家海洋局南海分局：

局长、党委副书记（兼）、中国海监南海总队总队长（兼）：成纯发

党委书记、副局长（兼）、中国海监南海总队政委（兼）：钱宏林

副局长：杨炼锋

副书记、副局长（兼）、中国海监南海总队常务副总队长（兼）：陈怀北

副局长：于　斌、林　端、刘高潮

常委、巡视员：万向京

大洋矿产资源研究开发协会办公室

主　任：金建才

党委书记兼纪委书记：沈继刚

副主任：李　波

国家海洋局学会办公室

主　任：雷　波

国家海洋信息中心

主　任：徐　胜

党委书记：李东旭

副主任：李东旭（兼）、曲绍生、何广顺、石绥祥

党委副书记兼纪委书记：丁　磊

变动情况：

2012 年 2 月 21 日，国海党发【2012】6 号文，任命丁磊为国家海洋信息中心党委副书记兼纪委书记。

国家海洋环境监测中心

主任兼党委副书记：王玉银

党委副书记兼纪委书记：于洪军（主持党委工作）

副主任：关道明、韩庚辰、叶　强

变动情况：

1、2012 年 2 月 21 日，国海人字【2012】99 号文，任命叶强为国家海洋环境监测中心副主任；

2、2012 年 8 月 1 日，国海党发【2012】42 号文，任命于洪军为国家海洋环境监测中心党委副书记兼纪委书记（主持党委工作）；免去周永有的国家海洋环境监测中心党委书记兼纪委书记职务。

国家海洋环境预报中心

主任：王　辉

党委书记：宋学家

副主任：宋学家（兼）、王亚杰、于福江

党委副书记兼纪委书记：李晨阳

国家卫星海洋应用中心

主任：蒋兴伟

党委书记：屈强

副主任：屈强（兼）、林明森、刘建强

国家海洋技术中心

主任：罗续业

副主任：侯纯扬、夏登文

党委副书记兼纪委书记：卜玉兵

国家海洋标准计量中心

主任：吴爱娜

党委副书记兼纪委书记：边鸣秋

副主任：姚勇、隋军

中国极地研究中心

主任：杨惠根

党委书记：袁绍宏

副主任：袁绍宏（兼）、刘顺林、李院生

党委副书记兼纪委书记：朱建钢

变动情况：

2012 年 6 月 25 日，国海党发【2012】31 号文，任命朱建钢为中国极地研究中心党委副书记兼纪委书记；免去袁绍宏兼任的中国极地研究中心纪委书记职务。

国家深海基地管理中心

主　任：刘　峰

党委书记兼纪委书记：刘保华

副主任　刘保华（兼）、王为群

党委副书记：刘 峰（兼）

变动情况：

1. 2012 年 8 月 1 日，国海人字【2012】512 号文，免去高振会的国家深海基地管理中心副主任职务；

2. 2012 年 8 月 6 日，国海人字【2012】538 号文，任命刘峰为国家深海基地管理中心主任，免去刘保华的国家深海基地管理中心主任职务；任命刘保华为国家深海基地管理中心副主任（兼）。

3. 2012 年 8 月 6 日，国海党发【2012】43 号文，任命刘峰为国家深海基地管理中心党委副书记（兼）。

国家海洋局海洋减灾中心

主 任：高忠文

党委副书记 高忠文（兼）（主持党委工作）

副主任 张义钧（兼）、李永昌、王文明

党委副书记兼纪委书记 张义钧

变动情况：

1. 2012 年 7 月 6 日，国海人字【2012】453 号文，任命高忠文为国家海洋局海洋减灾中心主任；任命张义钧（兼）、李永昌、王文明为国家海洋局海洋减灾中心副主任。

2. 2012 年 7 月 6 日，国海党发【2012】35 号文件，任命高忠文任国家海洋局海洋减灾中心党委副书记（兼）（主持党委工作），任命张义钧为国家海洋局海洋减灾中心党委副书记兼纪委书记。

国家海洋局第一海洋研究所

所 长：马德毅

党委书记兼纪委书记 徐承德

副所长：徐承德（兼）、乔方利、李培英、孙永福、高振会

变动情况：

1. 2012 年 7 月 20 日，国海党发【2012】37 号文，免去王湘桢的国家海洋局第一海洋研究所党委副书记职务。

2. 2012 年 8 月 1 日，国海人字【2012】513 号文，任命高振会为国家海洋局第一海洋研究所副所长。

3. 2012 年 8 月 1 日，国海党发【2012】41 号文，任命徐承德任国家海洋局第一海洋研究所纪委书记（兼）；免去于洪军的国家海洋局第一海洋研究所党委副书记兼纪委书记职务。

国家海洋局第二海洋研究所

所 长：张海生

副所长：沈家法、李家彪、郑玉龙、石建左

党委副书记兼纪委书记：沈伟林

变动情况：

1. 2012 年 6 月 12 日，国海党发【2012】30 号文，免去郑连福的国家海洋局第二海洋研究所党委书记职务；

2. 2012 年 6 月 18 日，国海人字【2012】357 号文，免去郑连福的国家海洋局第二海洋研究所副所长（兼）职务。

国家海洋局第三海洋研究所

所 长：余兴光

党委书记：尹卫平

副所长：尹卫平（兼）、蔡峰、陈玉荣、张海峰

党委副书记兼纪委书记：吴日升

变动情况：

1. 2012 年 5 月 17 日，国海人字【2012】286 号文，免去赵榕田的国家海洋局第三海洋研究所副所长职务。

2. 2012 年 7 月 31 日，国海人字【2012】507 号文，任命陈玉荣、张海峰为国家海洋局第三海洋研究所副所长。

国家海洋局天津海水淡化与综合利用研究所

所 长：李琳梅

党委书记：钱金玉

副所长：韩家新

党委副书记兼纪委书记：赵 楠

总工程师：阮国岭

变动情况：

1. 2012 年 6 月 25 日，国海党发【2012】32 号文，任命赵楠为国家海洋局天津海水淡化与综合利用研究所党委副书记兼纪委书记；免去钱金玉兼任的国家海洋局天津海水淡化与综合利用研究所纪委书记职务。

2. 2012 年 9 月 25 日，国海人字【2012】668 号文，免去张耀江的国家海洋局天津海水淡化与综合利用研究所副所长职务。

国家海洋局海洋发展战略研究所

所 长：高之国

副所长：张海文、贾　宇

国家海洋局海洋咨询中心

主　任：潘新春

副主任：许丽娜、柯昶

国家海洋局宣传教育中心

主　任：盖广生

副主任：李航

海洋出版社

社　长：隋吉学

党委书记兼纪委书记：马瑞

总编辑：杨绥华

副社长：牛文生

中国海洋报社

社长兼总编辑：盖广生

党委书记兼纪委书记：赵晓涛

副社长：翟亚娜

国家海洋局机关服务中心

主任：单明学

副主任：叶加平、张正树

党委副书记：单明学（兼）

图书在版编目（CIP）数据

中国海洋年鉴. 2013 / 《中国海洋年鉴》编纂委员会编.
-- 北京 : 海洋出版社, 2013.12
ISBN 978-7-5027-8761-5

Ⅰ. ①中… Ⅱ. ①中… Ⅲ. ①海洋－中国－2013－年鉴 Ⅳ. ①P7-54

中国版本图书馆 CIP 数据核字(2013)第 296147 号

中 国 海 洋 年 鉴

（1982 年 创 刊）

编　　辑：《中国海洋年鉴》编辑部
地址：天津市河东区六纬路 93 号　　邮编：300171
电话：（022）24010853　　传真：（022）24011262
E-mail：coy@mail.nmdis.gov.cn
责任编辑：张 荣　刘　勃
出　　版：海洋出版社
网址：http：//www.oceanpress.com.cn
地址：北京市海淀区大慧寺路 8 号　　邮编：100081
印　　刷：国家海洋信息中心印刷厂
开本：787mm×1092mm　1/16　　字数：1000 千字
印张：32.8（插页：36 页）　　印数：1～2000 册
版次：2013 年 12 月第 1 版　　2013 年 12 月第 1 次印刷
定价：220.00 元（精）